ABNORMAL PSYCHOLOGY
IN A CHANGING WORLD
ELEVENTH EDITION

第11版

变态心理学

杰弗里·S. 尼维德（Jeffrey S. Nevid）

[美] 斯潘塞·A. 拉瑟斯（Spencer A. Rathus） 著

贝弗利·格林（Beverly Greene）

林颖 盛文哲 韦炜◎译

人民邮电出版社
北 京

图书在版编目（CIP）数据

变态心理学 / （美）杰弗里·S. 尼维德
(Jeffrey S. Nevid)，（美）斯潘塞·A. 拉瑟斯
(Spencer A. Rathus)，（美）贝弗利·格林
(Beverly Greene) 著；林颖，盛文哲，韦炜译.
11 版. -- 北京：人民邮电出版社，2025. -- ISBN 978
-7-115-65751-0

Ⅰ. B846

中国国家版本馆 CIP 数据核字第 2024CD4051 号

内 容 提 要

提到"正常""常态"，你会想到什么？提到"异常""变态"，你又会想到什么？生活在现代社会中的每个人可能都有一些异于常人的表现或行为，那么我们该如何划分正常行为与异常行为之间的界限呢？很多人都觉得自己"社恐"、有强迫症，或者感到抑郁，这些是心理障碍吗？还是说它们仅仅是一些适应不良的行为或表现？这些问题的答案，都可以在本书中找到。

本书的三位作者都是长期从事心理障碍与异常行为研究、教学和临床实践工作的临床心理学家，他们不仅学术造诣深厚，而且有丰富的临床和教学经验。他们基于最新版的《精神障碍诊断与统计手册》和前沿的研究成果对本版进行了调整。全书共 15 章，前三章和最后一章为总论，集中介绍了变态心理学的学科性质和研究方法，主要的理论观点及相关的法律问题；第 4 章至第 14 章着重介绍了临床上比较常见的心理障碍，包括它们的临床表现、诊断标准、成因及具体的治疗方法等。

本书既可作为心理学专业老师和学生的教材或参考书，又可供心理咨询师、心理治疗师及相关专业人士在实践中参考，同时本书也有助于普通读者了解和认识变态心理学及异常的行为和表现。

◆ 著　[美] 杰弗里·S. 尼维德（Jeffrey S. Nevid）
　　　[美] 斯潘塞·A. 拉瑟斯（Spencer A. Rathus）
　　　[美] 贝弗利·格林（Beverly Greene）
　　译　林　颖　盛文哲　韦　炜
　　责任编辑　杨　楠　黄肖歌
　　责任印制　彭志环

◆ 人民邮电出版社出版发行　　北京市丰台区成寿寺路 11 号
　　邮编 100164　电子邮件 315@ptpress.com.cn
　　网址 https://www.ptpress.com.cn
　　涿州市京南印刷厂印刷

◆ 开本：880×1230　1/16
　　印张：40.5　　　　　　　　　　　　2025 年 5 月第 1 版
　　字数：1100 千字　　　　　　　　　2025 年 6 月河北第 5 次印刷
　　著作权合同登记号　图字：01-2020-7501 号

定　价：168.00 元
读者服务热线：**（010）81055656**　印装质量热线：**（010）81055316**
反盗版热线：**（010）81055315**

作者介绍

杰弗里·S. 尼维德（Jeffrey S. Nevid）博士是美国圣约翰大学的心理学教授。他在大学教授本科生和研究生，并担任博士研究生的临床督导师。他在纽约州立大学奥尔巴尼分校获得临床心理学博士学位，并曾以临床心理学家的身份任职于位于纽约州特洛伊市的撒玛利亚医院（Samaritan Hospital）。另外，尼维德博士还曾任职于美国西北大学心理健康评估与研究中心，并担任美国国家心理健康研究所（National Institute of Mental Health，NIMH）的博士后研究员。尼维德博士也是美国职业心理学委员会（American Board of Professional Psychology）认证临床心理学家，美国心理学会（American Psychological Association，APA）、美国临床心理学学会（Academy of Clinical Psychology）会员，是多家专业学术期刊的编委会成员，并担任《咨询与临床心理学杂志》（Journal of Consulting and Clinical Psychology）副主编。

尼维德博士已累计发表学术作品和专业论文 200 多部，其研究成果分别发表在《咨询与临床心理学杂志》、《健康心理学》（Health Psychology）、《职业医学杂志》（Journal of Occupational Medicine）、《行为疗法》（Behavior Therapy）、《美国社区心理学杂志》（American Journal of Community Psychology）、《职业心理学：研究与实践》（Professional Psychology: Research and Practice）、《临床心理学杂志》（Journal of Clinical Psychology）、《神经与精神疾病杂志》（Journal of Nervous and Mental Disease）、《心理学教学》（Teaching of Psychology）、《美国健康促进杂志》（American Journal of Health Promotion）、《人格评估杂志》（Journal of Personality Assessment）、《物质滥用治疗杂志》（Journal of Substance Abuse Treatment）及《心理学与心理治疗：理论、研究和实践》（Psychology and Psychotherapy: Theory, Research, and Practice）等学术期刊上。同时，尼维德博士还著有《选择：性传播疾病时代的性行为》（Choices: Sex in the Age of DTDs）及心理学入门教材《心理学：概念与应用》（Psychology: Concepts and Applications），并与斯潘塞·A. 拉瑟斯博士合著了另外几本心理学与健康领域的高校教材。2015 年，本书第 9 版获得了由美国心理学会第 56 分会（创伤心理学分会）授予的"大学心理学教材儿童虐待问题最佳报道奖"，用以表彰本书对与儿童虐待有关的创伤障碍这方面内容做出的卓越贡献。尼维德博士还致力于参与教育科研项目，以帮助学生成为更高效的学习者。

斯潘塞·A. 拉瑟斯（Spencer A. Rathus）博士在纽约州立大学奥尔巴尼分校获得了哲学博士学位，现任教于美国新泽西学院。他的研究兴趣包括心理评估、认知行为疗法及异常行为等。拉瑟斯博士还编制了拉瑟斯自信量表（Rathus Assertiveness Schedule），该量表被业内奉为经典。此外，他还编写了多本大学教材，包括《心理学》（PSYCH）、《人类发展》（HDEV）及《儿童与青少年：发展之旅》（Childhood and Adolescence: Voyages in Development）等。另外，他的著作还包括与露易丝·菲赫纳 – 拉瑟斯（Lois Fichner-Rathus）博士合著的《如何更好地度过大学时光》（Making the Most of College），与苏珊·鲍恩（Susan Boughn）合著的

《艾滋病：每个学生必备的知识》（*AIDS: What Every Student Needs to Know*），与尼维德博士合著的《行为疗法》（*Behavior Therapy*）、《心理学与生活的挑战》（*Psychology and the Challenge of Life*）、《你的健康》（*Your Health*）、《健康学》（*HLTH*），以及与尼维德博士和露易丝·菲赫纳-拉瑟斯博士合著的《变化世界中的人类性学》（*Human Sexuality in a Changing World*）等。除此之外，拉瑟斯博士还是美国心理学会心理学预科和本科教育多样性问题特别工作组及教育事务委员会（Board of Educational Affairs，BEA）大学心理学专业能力特别工作组的成员。

贝弗利·格林（Beverly Greene）博士是美国圣约翰大学心理学教授、美国心理学会第 7 分会会员及美国临床心理学学会会员。她是获得认证的临床心理学家，同时在众多学术期刊的编委会任职。她在阿德菲大学获得临床心理学博士学位，是美国心理学会女同性恋、男同性恋和双性恋议题研究分会系列丛书《心理学视角下的女同性恋、男同性恋和双性恋议题的心理学视角》（*Psychological Perspectives on Lesbian, Gay, and Bisexual Issues*）的创始联合主编。格林博士还是《心理学家必备宝典》（*Psychologists Desk Reference*）、《女性祈祷班：家庭动力、犹太人身份和心理治疗实践》（*A Minyan of Women: Family Dynamics, Jewish Identity and Psychotherapy Practice*）及《有色人种女性的心理健康：转折、挑战与机遇》（*Psychological Health of Women of Color: Intersections, Challenges and Opportunities*）等著作的联合编辑。格林博士累计出版专业出版物 100 多部，其中 10 部因对心理学文献的贡献而荣获美国国家级奖项。

格林博士曾获 2003 年美国心理学会女性心理学委员会杰出领导奖、1996 年美国心理学会同性恋和双性恋关爱委员会杰出成就奖、2004 年美国心理学会少数族裔议题研究学会杰出职业贡献奖、2000 年美国心理学会女性心理学分会传承奖、2004 年美国心理学会第 45 分会颁发的少数族裔研究杰出高级职业贡献奖，以及 2005 年美国心理学会第 12 分会颁发的斯坦利·苏杰出专业贡献奖（表彰其在临床心理学领域对多样性的贡献）。格林博士与他人合著的《对非裔美国妇女的心理治疗：心理动力学观点与实践的创新》（*Psychotherapy with African American Women: Innovations in Psychodynamic Perspectives and Practice*）一书获得了 2001 年女性心理学协会杰出出版物奖。2006 年，她还获得了哥伦比亚大学教师学院跨文化圆桌会议颁发的珍妮特·赫尔姆斯学术与指导奖，以及美国心理学会第 12 分会颁发的佛洛伦斯·哈尔彭杰出专业贡献奖（表彰其在临床心理学领域的贡献）。格林博士曾于 2009 年获得美国心理学会颁发的杰出高级职业贡献奖（表彰其在心理学领域对公共事业的贡献），并曾担任美国心理学会理事会选举代表及理事会女性和公共利益核心小组的委员。她也是 2012 年女性心理学协会犹太女性核心小组学术奖和该协会 2012 年埃斯平学术奖的获得者，后者旨在表彰她对种族、宗教和性取向的融合研究做出的重大贡献。2013 年，格林博士在美国国家多元文化会议暨峰会上被授予杰出长者称号。2015 年，她因在推动少数族裔心理学发展方面的杰出高级职业贡献获得亨利·托姆斯奖。

译者简介

林颖，心理学硕士，厦门朴生心理联合创始人，心理分析及正念取向双重背景心理咨询师，福建省 12355 青少年服务台心理咨询专家。长期致力于青少年心理健康与成人早期依恋关系的理论研究与实务工作。参与编（译）的著作有《沙盘游戏疗法案例与应用》（The Practice of Sandplay Therapy）、《人类与象征》（Man and His Symbols）、《正念的心理治疗师——临床工作者手册》（The Mindful Therapist: A Clinician's Guide to Mindsight and Neural Integration）、《成长中的"危"与"机"：写给家长和教师的青少年心理健康指南》（At Risk Youth: A Comprehensive Response for Counselors, Teachers, Psychologists, and Human Service Professionals，Sixth Edition）、《我有病，我装的：解开装病背后的心理谜团》（Playing Sick?: Untangling the Web of Munchausen Syndrome, Munchausen by Proxy, Malingering, and Factitious Disorder，Classic Edition）。

盛文哲，发展与教育心理学硕士，厦门朴生心理联合创始人，心理动力学取向咨询师，福建省 12355 青少年服务台心理咨询专家。长期致力于边缘性人格病理及复杂发展创伤的心理动力学评估与干预的理论研究与实务工作。参与编（译）的著作有《沙盘游戏疗法案例与应用》、《成长中的"危"与"机"：写给家长和教师的青少年心理健康指南》、《中年成长：突破人生瓶颈的心理自助方案》（Living Your Unlived Life）、《我有病，我装的：解开装病背后的心理谜团》。

韦炜，发展与教育心理学硕士，心理学副教授，福建省心理学会理事。长期从事心理健康教育与临床心理咨询工作。先后发表文章 10 余篇，主编、参编教材 6 部，主持省市级课题 4 项。曾获厦门市优秀教师、全国高职院校心理健康教育工作先进个人、首届全国高职院校心理健康教育工作十佳教师、福建省大学生心理健康教育工作优秀工作者、全国心理教育工作先进个人等荣誉称号。

前言

欢迎阅读《变态心理学》(第11版)。在本版中，我们将一如既往地精选相关科学领域最新的研究进展，进一步拓宽读者对异常行为的理解。本书的主要目标是以一种既能激发读者的兴趣、又能使复杂的内容易于理解的方式来呈现科学的进展。我们会通过分享许多以第一人称叙述的故事来讲述那些被心理健康问题折磨之人的经历和痛苦，还会从我们及其他从业者的临床档案中提炼一些简短的案例，以展现变态心理学研究中的人文关怀。

在变态心理学的学习中，我们有五个基本目标。

1. 帮助读者区分正常行为与异常行为，以获得对异常行为模式更好的理解。
2. 帮助读者对书中所涉及的那些被心理健康问题折磨之人的经历和痛苦有更深切的体会。
3. 帮助读者理解异常行为模式这一概念的来源。
4. 帮助读者理解该领域最新的研究进展怎样塑造了我们对异常行为的认知。
5. 帮助读者理解心理障碍是如何被分类和治疗的。

本版新增内容

本版涵盖了变态心理学领域最新的研究进展，更新了心理障碍患病率的数据，并加入了新的案例和小故事。本版的重点内容如下。

第1章 本章新增了美国监狱中患有严重精神疾病的囚犯比例的最新数据，并更新了因精神疾病而无家可归的相关内容。此外，本章还新增了美国国立卫生研究院(National Institutes of Health，NIH)关于目前受严重精神或心理障碍影响的美国人比例的最新数据。

第2章 本章涵盖了有关遗传学对精神病理学的贡献的最新研究，以及表观遗传学和异常行为之间相关性的最新研究进展。图2-5呈现了遗传和环境因素对各种心理障碍相对影响的比例，图2-9中的数据也已更新。此外，"批判性思考：治疗师应该为来访者提供线上治疗吗"专栏已经过重新调整，并增加了有关治疗应用程序的内容。

第3章 "数字时代下的异常心理"专栏介绍了将智能手机治疗应用程序用于症状追踪的最新研究成果。关于跨诊断模型的部分，本章也做了更新。

第4章 本章介绍了关于种族歧视对健康的消极影响的新研究、关于饱受战争蹂躏的国家平民群体中创伤后应激障碍发病率的最新研究，以及关于文化适应压力的最新研究。"深度探讨：令人困扰的记忆可以被抹去吗"专栏更新了有关药物普萘洛尔使用的内容。

第5章 本章介绍了各种焦虑相关障碍的最新患病率及关于这些障碍治疗方法的最新研究进展(包括虚拟治疗)，以及关于焦虑相关障碍的遗传因素的最新研究。本章还介绍了一个新的案例——NBA全明星凯文·乐福与惊恐发作抗争的故事。

第6章 "水中的女人：一个关于分离性遗忘症的案例"对一位女士反复失踪的细节做了更新。"深度探讨：通过冥想对抗应激相关疾病"专栏涵盖了关于超觉冥想和正念冥想的新内容。本章还增加了关于心血管护理中种族差异的最新研究。

第 7 章　本章介绍了将屏幕使用时间与青少年自杀相关行为联系起来的最新研究、关于对难治性抑郁障碍使用氯胺酮药物的最新研究、关于创造力与精神障碍之间关系的最新研究，以及有关定期体育锻炼在对抗抑郁障碍中的作用的最新研究。本章还介绍了首个获美国联邦政府批准用于治疗产后抑郁的药物，扩展了经颅磁刺激治疗严重抑郁障碍的覆盖范围，以及其他许多最新的发展。"数字时代下的异常心理"专栏更新了一项最近的研究，该研究将 Facebook 与较低的情绪健康水平联系起来。图 7-2、图 7-4、图 7-8 和图 7-9 中的数据已更新为 2017—2018 年的数据。

第 8 章　本章重点关注了全美国阿片类物质的流行、青少年群体中电子烟使用量的飙升，以及这些行为带来的风险，并更新了高中高年级学生群体中物质使用障碍和酗酒的流行情况的最新统计数据。"数字时代下的异常心理"专栏还介绍了网络成瘾领域的最新研究成果。

第 9 章　本章介绍了关于进食障碍、睡眠 - 觉醒障碍患病率的最新数据、与种族和性别相关的肥胖问题的流行率的最新数据，以及虚拟现实技术在进食障碍治疗中的广泛应用。

第 10 章　本章对"数字时代下的异常心理：网络性成瘾——一种新型心理障碍"专栏进行了更新，并在最后列出了该障碍的一系列预警信号。关于性欲倒错的部分更新了相关表述和术语。关于性功能失调的部分介绍了这一领域最新的研究进展，包括患病率的最新统计数据。

第 11 章　本章开篇新增了一个案例："精神分裂症不会把我变成怪物"。本章还包括对精神分裂症患病率的最新统计数据，并介绍了关于该疾病发展过程中的生物化学因素、遗传因素和脑异常的最新研究成果。

第 12 章　本章纳入了反社会型人格障碍患病率的最新数据，以及关于人格障碍的一系列最新的研究进展，包括分裂型人格障碍和精神分裂症可能具有共同的遗传基础的证据。

第 13 章　本章更名为"儿童和青少年的异常行为"。其中，关于孤独症（自闭症）谱系障碍和注意缺陷 / 多动障碍的内容介绍了有关其患病率、潜在原因、治疗方法的最新研究。另外，关于儿童抑郁障碍的内容包含了儿童抑郁障碍与网络霸凌和社交媒体使用之间的新联系。

第 14 章　本章介绍了关于阿尔茨海默病及其他神经认知障碍的最新研究进展。图 14-1 包含了最新的统计数据。

第 15 章　本章介绍了关于精神病性障碍患者出现暴力行为的风险及因精神错乱而无罪的判决结果的新发现。"批判性思考：我们该重振疯人院吗"专栏也有所修改。

保持我们的焦点不变

本书主要有以下六个目标。

1. 呈现变态心理学研究中的人文关怀。
2. 采用理解异常行为的交互主义或生物 - 心理 - 社会模型。
3. 探索神经科学研究给变态心理学研究带来的诸多贡献。
4. 紧跟变态心理学研究领域的前沿发展。
5. 在不断变化的世界中审视关键问题，以帮助我们了解变态心理学，包括数字技术带来的各种变化。
6. 采用以读者为中心的讲述方式，重点帮助读者在阅读过程中有所收获。

聚焦于变态心理学研究中的人文关怀

这是本书的一大特色，这一设计可以让读者更好地了解变态心理学研究秉持的基本人文关怀面向。虽然我们研究的是心理障碍，但我们始终坚信：我们所探讨的其实是那些被心理问题困扰的人的真实生活状态。我们也相信，本书绝不仅仅是一本培训手册，更不是对心理疾病及其症状和治疗方法的机械汇编。本书是一套精良的学习辅助工具，它不仅向读者敞开了一扇了解异常行为研究的大门，还让读者真切地感受到有心理问题的患者所面临的困难及其做出的艰辛抗争。

我们会介绍许多真实人物的案例，他们被诊断患有各种不同类型的心理障碍。同时，我们会使用一种独特的叙述方式，即采用第一人称视角来讲述真实的案例，从而帮助读者更好地进入那些与心理障碍抗争的人的内心世界。

本书的每一章都至少会提供一个采用第一人称视角叙述的案例，这可以帮助读者直接进入那些被心理障碍困扰之人的世界。在案例中，读者可以感受到采用第一人称视角叙述的魅力，心理障碍患者会使用他们自己的语言来讲述自己的故事。采用第一人称视角有助于打破阻隔"我们"和"他们"的"藩篱"，鼓励读者认识到心理健康问题是我们所有人都应该关心的问题。在每一章，读者都会读到一些令人备感沉痛的案例。其中一些案例如下。

- "杰瑞在州际公路上惊恐发作"（惊恐障碍）
- "野兽回来了"（重性抑郁障碍）
- "杰西卡的'小秘密'"（神经性贪食）
- "如履薄冰"（边缘型人格障碍）
- "精神分裂症不会把我变成怪物"（精神分裂症）
- "被焦虑吓瘫"（勃起障碍）

聚焦于数字时代下的异常心理

在过去的生活和学习情景中，药片（Tablet）是用来缓解疼痛的东西，课本（Text）是教授课程使用的教材，而网（Web）则是蜘蛛编织而成的东西。可时至今日，这些词有了全新的含义，因为现代科技的发展给人们的生活带来了翻天覆地的变化。当今的年轻读者是数字时代的原住民，他们从未体验过那些没有手机、笔记本电脑和互联网的日子。

个人技术的转变是适应不断变化的世界最重要的挑战之一。在本书中，我们介绍了电子通信技术的发展是如何被应用于心理障碍的评估和治疗的，以此来分析技术的变革对变态心理学研究的影响。另外，我们还介绍了网络使用和社交媒体对行为产生的心理影响，包括对网络成瘾问题的关注。

我们设置"数字时代下的异常心理"专栏是为了强调个人技术是如何改变我们对变态心理学的研究方式的。我们在本书的上一版中开创了这一专栏，并在本版中对其进行了拓展。读者将会看到智能手机和社交媒体被用作研究工具（第 1 章）、社交媒体的使用给身体意象带来的风险（第 9 章），以及网络成瘾问题（第 8 章）和网络性成瘾问题（第 10 章）。

聚焦于交互主义取向

我们在撰写本书时始终秉承这样一种信念，即采用生物－心理－社会取向的观点可以更好地理解变态心理学。因为这种观点综合考虑了心理因素、生物学因素、社会文化因素及这些因素之间的相互作用在异常行为模式的发展过程中所扮演的角色。在整本书中，我们都将强调交互主义取向的价值，并将其作为贯穿始终的主题。我们着重介绍了一个非常重要的交互模型——素质－应激模型——希望可以帮助读者更好地理解导致各种异常行为的因素。

聚焦于神经科学

我们一直致力于整合神经科学的前沿成果，以促进人们对异常行为模式的理解，我们在之前的版本中已经为此奠定了坚实的基础。

读者将会了解精神分裂症的内表型研究模式、探索表观遗传学这一重要新兴领域的最新进展，以及脑部扫描技术如何应用于心理障碍的诊断并被用来探究冥想状态下的大脑的工作原理。读者还可以了解使用药物提高暴露疗法对创伤后应激障碍治疗效果的可能性，以及正在兴起的、聚焦于与创伤后应激障碍有关的痛苦记忆是否有可能被消除的大脑研究。

聚焦于紧跟前沿研究的步伐

本书将这一领域的最新研究成果与科学进展结合起来，以使读者对变态心理学有更深入的了解。为了保证本书的参考文献紧跟前沿的研究成果，我们对近些年相关领域的大量科学文献进行了细致的梳理，仅出现在本书中的最新参考文献就多达近 1000 条。我们还更新了本书中有关心理障碍患病率的最新数据。另外，我们还通过一种足够吸引人并更易于理解的方式将这些最新研究进展中的复杂内容呈现给读者。

聚焦于探索不断变化的世界中的关键问题

"深度探讨"专栏让我们有机会进一步探讨反映该领域的前沿问题及当代社会所面临的问题。大多数"深度探讨"专栏的内容都聚焦于神经科学研究的进展。

聚焦于以读者为中心的讲述方式

一直以来，我们都在不断反思自己的教学方法，以找到更好的方式帮助读者取得更大的收获。为了帮助读者更深刻地理解异常行为，我们使用了许多学习辅助策略。例如，我们在每章的开篇部分采用正误判断测试来吸引读者的注意，激发读者的兴趣；我们用自评问卷来鼓励读者通过自我审视参与到学习中；我们还将各类心理障碍进行汇总，以图或表的形式呈现出来，并围绕核心内容总结出每章小结，这些都可以帮助读者更好地理解书中的内容。

■ 每章开篇的正误判断测试

本书每章的开篇都是一组正误判断题，用以激发读者对本章内容的好奇心。其中的很多题目都是对先入为主的观点和民间说法的挑战，用以揭穿不实观点、澄清误解；另一些题目则突出了该领域最新的研究进展。有读者多次向我们反馈，他们觉得这个专栏既刺激又充满挑战。

在每一章，当我们就某一主题展开讨论后，正误判断题都会被重新审视并得到解答。因此，读者可以据此判断自己先入为主的观点是否正确。

■ 自评问卷

这些针对不同主题的问卷可以让读者更好地参与到对每章内容的讨论中，并鼓励读者评估自己的态度和行为模式。在一些案例中，读者可能会更明显地意识到那些令人担忧的问题，如抑郁状态、药物或酒精使用的问题，这些可能也是需要心理健康专业人士重视的问题。我们精心编制和筛选了一些问卷，确保它们能给读者提供有用的信息，供读者反思，并促进读者更好地阅读和学习。

■ "一目了然"的图、表概览

我们对各种心理障碍做了系统、清晰的总结。读者对这些图或表的作用给出了大量积极的反馈，这让我们感到十分欣慰。

■ 每章小结

每章的小结部分提供了关于每章开头列出的学习目标的答案。这一部分为读者提供反馈，并可以使读者将自己的答案与书中所提供的答案进行对照。

一本整合的"百科全书"

我们希望通过整合一些关键特征帮助读者对变态心理学形成系统而连贯的理解。

DSM-5 的整合

我们将《精神障碍诊断与统计手册》(第五版)(*Diagnostic and Statistical Manual of Mental Disorders, Fifth Edition*, DSM-5)的诊断标准应用于全文,同时使其贯穿于全书的许多模块中。本书涉及 DSM-5 中大量新增的诊断,包括囤积障碍、经前期烦躁障碍、破坏性心境失调障碍、重度和轻度神经认知障碍、躯体症状障碍、疾病焦虑障碍、纵火狂、快速眼动睡眠行为障碍和社交(语用)交流障碍。

尽管我们高度认可 DSM 在心理和精神障碍分类中的重要性,但我们认为,了解变态心理学的过程并不是参加 DSM 的培训课程或精神诊断研讨会。同时,我们还提醒读者注意到 DSM 的局限性。

多样性的整合

我们研究了与异常行为模式相关的诸多因素,包括种族、文化、性别、性取向及社会经济地位等。我们认为读者必须理解问题的多样性是怎样影响异常行为的概念及心理障碍的诊断和治疗的。我们也相信,关于多样性的内容应该被直接整合到全文中,而不是被单独提出来。

理论观点的整合

很多读者认为,针对某一问题似乎必须只有一种理论观点是最终正确的,其他观点都是错误的。我们检验了许多不同的理论观点,它们都促进了我们对变态心理学的理解。为此,我们专门设立了"理论观点的整合"专栏。我们还探索了涉及心理因素、社会文化因素和生物学因素相互作用的潜在影响路径。我们希望通过考虑多种因素及其相互作用的影响,让读者认识到从更广泛的角度看待复杂问题的重要性。

批判性思考的整合

我们非常鼓励读者深入思考变态心理学中的核心概念,包括每章包含的"批判性思考"专栏。首先,"批判性思考"专栏凸显了该领域当前的争议并包含了一些问题,这对读者来说是一种挑战,促使读者进一步思考正文中所讨论的一系列议题。其次,每章最后的批判性思考题对读者来说也是一种挑战,要求读者仔细而批判性地思考每章所讨论的概念,并且回答这些概念是怎样与读者自身或读者认识的人的经历联系在一起的。

"批判性思考"专栏介绍了目前在该领域的诸多争议,并给出了一些可供读者进行批判性思考的问题。刚开始阅读本书时,读者可能会期望我们所提供的变态心理学的知识是面面俱到、无可争议的定论。但读者很快就会认识到,虽然我们已经学习了很多关于心理障碍的基础知识,但仍有更多知识亟待我们去探索和了解。读者也将明白,目前这一领域仍然存在许多争议。通过对这些争议的关注,我们非常鼓励读者可以对这些重要的问题进行批判性的思考,并吸取不同的观点。该特色专栏涵盖如下相关主题。

"治疗师应该为来访者提供线上治疗吗"

"是什么导致了抑郁在性别上的差异"

"我们该如何应对阿片类物质危机"

"精神疾病是一个神话吗"

布鲁姆教育目标分类体系的整合

在每章的开头,我们都会介绍该章的学习目标,并按照符合教学评估要求的 IDEA 模型组织全文的内容和相关材料。IDEA 模型总结了变态心理学研究中的四个关键学习目标,这四个目标分别为:

- 能够识别(Identify)神经系统的各部分、变态心理研究的主要贡献者、一般诊断类别中的具体障碍等;
- 能够定义(Define)或描述(Describe)关键术语和概念;
- 能够评价(Evaluate)或解释(Explain)异常行

为的潜在机制和过程；

- 能够将异常行为的概念应用（Apply）到现实生活的具体事例中。

IDEA 模型与著名教育学者本杰明·布鲁姆（Benjamin Bloom）提出并被广泛应用的教育目标分类体系相融合。布鲁姆教育目标分类体系是按照认知复杂性不断递进的层次进行排列的。低层次的教育目标包括对基本知识和核心概念的理解；中层教育目标涉及对知识的应用；更高层次的教育目标则包括分析、综合和评价等高水平的能力。

IDEA 中确定的学习目标对应了布鲁姆教育目标分类体系中的三个基本层次；"认识、定义和描述"这一学习目标与布鲁姆教育目标分类体系中的基本认知技能水平（即初始分类体系中的"了解"和"理解"或修订分类体系中的"记忆"和"理解"）相对应；"应用"这一学习目标与布鲁姆教育目标分类体系中的"将心理学概念应用于生活实例"的中级技能相对应；"评价和解释"这一学习目标则与布鲁姆教育目标分类体系中更复杂、更高阶的技能，包括与心理知识的分析、合成和评价相关的技能（或如修订后的布鲁姆教育目标分类体系中所体现的"分析"和"评价"领域）相对应。通过围绕这些学习目标进行测试，教师不仅可以评估学生对知识的整体掌握情况，还可以评估学生在布鲁姆教育目标分类体系中对更高层次技能的掌握情况。

目录

第 1 章
# 引言和研究方法
>>> 001

第 **4** 章

应激相关障碍

>>> 137

第 **5** 章

焦虑障碍和强迫及相关障碍

>>> 167

第6章

分离障碍、躯体症状及相关障碍，以及影响躯体健康的心理因素

>>> 211

第 **7** 章

心境障碍与自杀

>>> 253

第 **8** 章

物质相关及成瘾障碍

>>> 307

第 **9** 章

进食障碍和睡眠 - 觉醒障碍

>>> 355

第 10 章

性与性别相关障碍

>>> 389

第 11 章

精神分裂症谱系及其他精神病性障碍

>>> 427

第 **12** 章

人格障碍和冲动控制障碍

>>> 465

第 13 章

儿童和青少年的异常行为

>>> 509

第 **14** 章
神经认知障碍及衰老相关障碍
>>> 557

# 第 15 章
# 变态心理学与法律
>>> 585

第 1 章

引言和研究方法

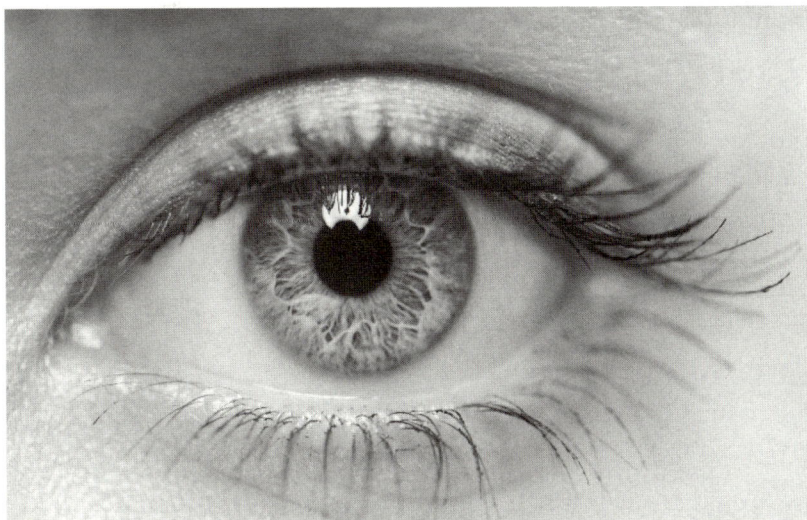

Piotr Krzeslak/Shutterstock

本章音频导读，
请扫描二维码收听。

▽ 学习目标

1.1.1 识别专业人士用于确定行为是否异常的标准，并将这些标准应用于书中所讨论的案例。

1.1.2 描述美国心理障碍的当前患病率和终生患病率，并描述不同性别和年龄群体的患病率差异。

1.1.3 描述异常行为的文化基础。

1.2.1 描述异常行为的鬼神学模型。

1.2.2 描述异常行为医学模型的起源。

1.2.3 描述中世纪时期对精神疾病患者的治疗。

1.2.4 识别精神疾病治疗的主要改革者，描述道义治疗的基本原则，以及 19 世纪和 20 世纪初精神疾病患者治疗方面发生的变化。

1.2.5 描述精神病院在精神卫生系统中的作用。

1.2.6 描述社区心理健康运动的目标和成果。

1.3.1 描述异常行为的医学模型。

1.3.2 识别异常行为的主要心理学模型。

1.3.3 描述关于异常行为的社会文化观点。

1.3.4 描述关于异常行为的生物 – 心理 – 社会观点。

1.4.1 识别科学的四个首要目标。

1.4.2　识别科学方法中的四个基本步骤。

1.4.3　识别指导心理学研究的伦理原则。

1.4.4　解释自然观察法的作用，并描述其主要特征。

1.4.5　解释相关法的作用，并描述其主要特征。

1.4.6　解释实验法的作用，并描述其主要特征。

1.4.7　解释流行病学方法的作用，并描述其主要特征。

1.4.8　解释血缘关系研究的作用，并描述其主要特征。

1.4.9　解释个案研究的作用，并描述其局限性。

在进一步阅读之前，请先完成正误判断测试，看看自己对相关知识的掌握情况。接着，在阅读本章的内容时，请对照穿插其中的参考答案来确认你的答案。

正误判断

正确　错误

☐　☐　凡是不常见的行为都是异常行为。

☐　☐　每年，每 100 个美国成年人中就有一人受到精神障碍或心理障碍的困扰。

☐　☐　在不同的文化中，人们对像抑郁这样的心理问题的体验可能会有所不同。

☐　☐　几百年前，伦敦的夜间消遣活动可能包括观看当地精神病院里的患者。

☐　☐　尽管社会对同性恋的态度正在发生改变，但精神病学家仍然将同性恋归类为一种精神障碍。

☐　☐　在最近的一项实验中，疼痛患者表示，即使他们被告知自己服用的药片只是安慰剂，他们还是感觉疼痛有所缓解。

☐　☐　最近的证据表明，人体每一个细胞的细胞核中都包含上百万个基因。

☐　☐　可以对去世的人进行个案研究。

变态心理学（Abnormal Psychology，又被译为"异常心理学"）是心理学的一个分支，它研究的是心理障碍患者的异常行为及帮助其恢复正常的方法。**心理障碍**（Psychological Disorder）是一种与严重的情绪困扰（如焦虑或抑郁）、行为或功能受损（例如，难以长期持续做一份工作，甚至无法分清现实和幻想）有关的异常行为模式。

在本书中，我们会以一个与心理障碍做斗争的人的案例开始对变态心理学的学习。通过"第一人称"的叙述，我们得以了解这些心理障碍患者的内在世界和经历。

"令人毛骨悚然的东西"

你知道吗，我从没想过要去见心理医生或其他类似的人。我叫菲尔，是一名警察摄影师，我需要给那些令人毛骨悚然的东西（如尸体）拍照。犯罪现场并不像你在电视上看到的那样，它们要恐怖得多。可能是因为我已经习以为常了，所以它从未困扰过我，至少一开始时是这样。在从事这份工作之前，我是一名电视新闻航拍师。我会拍一些火灾和救援现场。现在，我对坐在汽车的后排座位或乘坐电梯感到十分紧张。除非别无选择，否则我不会乘坐电梯。乘坐飞机就更是如此，不仅仅是直升机，我现在不乘坐任何类型的飞机。

我想，那时的我比较年轻，越年轻，胆子就越大。有时，我还会悬在直升机外面拍摄照片，但一点也不害怕。而现在，仅仅是想到乘坐飞机就会让我心跳加速，但我并不是害怕飞机失事，这是最可笑的地方。当然，这种可笑不是令人愉快的感受，而是古怪。只要想到他们关上门把我困在里面，我就会瑟瑟发抖，我也不知道这是为什么。

对变态心理学的研究不仅可以通过在科学期刊上发表的那些对心理障碍的原因和治疗方法进行深入研究的文章来阐明，也可以通过受其影响的个人故事来论述。在本书中，我们会从一些人用自己的语言来叙述的个人故事中学习。通过"第一人称"的叙述，研究者可以进入这些人的世界，他们挣扎于各种影响其情绪、思维和行为的心理障碍。其中一些故事可能会让你想起身边人的经历，甚至是你自己的经历。我们邀请你与我们一起探索这些疾病的特点和成因，同时探讨能够帮助那些面临困扰之人的有效方法。

现在，让我们稍微停一下，思考一个重要的区分。虽然心理障碍和精神障碍（Mental Disorder）这两个术语经常被互换使用，但我们更倾向于使用"心理障碍"这一术语。这样做的主要原因是，"心理障碍"这一术语将对异常行为（Abnormal Behavior）的研究完全放在了心理学领域。除此之外，精神障碍（又叫精神疾病，Mental Illness）这一术语来自医学模型（Medical Model）的观点，即将异常行为模式当作潜在疾病或脑部功能紊乱的症状（Insel & Cuthbert，2015）。尽管医学模型是当代理解异常行为的一个重要观点，但我们认为需要用更广阔的视角来理解异常行为，尤其是将心理学视角和社会文化视角整合起来。

在本章，我们首先会谈及定义异常行为的困难之处。我们从历史中了解到，不同的理论对异常行为有不同的看法。我们将按照时间发展的顺序来介绍"异常行为"这一概念的发展及异常行为的治疗方法。我们了解到，在过去，治疗通常是指对表现出异常行为的人做什么，而不是为他们做什么。然后，我们会介绍当今的心理学家和其他领域的学者研究异常行为的一些方式。

1.1　我们如何定义异常行为

我们会时不时地感到焦虑或抑郁，但这是异常的吗？在重要的工作面试或期末考试前感到焦虑完全是正常的。失去一位亲近的人、考试或工作失利时感到抑郁也是正常的。所以，正常行为与异常行为之间的界限在哪里？

一个可能的答案是，当焦虑和抑郁这样的情绪状态与情境不匹配时，可能就会被认为是异常的。考试失利时感到情绪低落是正常的，但如果在成绩良好或优秀时依然感到情绪低落，那就不正常了。在工作面试前感到焦虑是正常的，但如果在进入百货大楼或拥挤的电梯时感到恐慌，那就不正常了。

异常与否可能还与问题的严重程度有关。虽然在工作面试前感到焦虑是正常的，但如果感觉紧张到心脏快要跳出来，并因此而取消面试，那就不算正常了。在这种情况下感到非常焦虑，以致大汗淋漓、衣服都湿透了，这也是不正常的。

正误判断

凡是不常见的行为都是异常行为。

错误 不常见或在统计学上偏离正常状态的行为不一定是异常行为，杰出的行为也可能是偏离常模或异常的。

1.1.1 判断异常行为的标准

识别专业人士用于确定行为是否异常的标准，并将这些标准应用于书中所讨论的案例。

心理健康专业人士会使用各种各样的标准来判断某个行为是否为异常的。下面列举的就是一些最常用的评估标准。

1. **不常见**。不常见的行为往往会被认为是异常的，如只有少数人表示看到或听到并不真实存在的东西。在一些文化中，"看到或听到并不真实存在的东西"可能会被视作异常的，但这样的体验在另一些文化中则可能会被认为是正常的。除此之外，在某些情况下，一些尚未开化的原始社会并不会将听到并不真实存在的声音或出现其他形式的幻觉看作不寻常的。

   然而，在进入百货大楼或拥挤的电梯时感到惊恐是不常见的，也会被认为是异常的。不常见的行为本身并非异常行为。例如，只有一个人可以保持百米游泳的世界纪录，虽然这项纪录的保持者与其他人都不同，但我们并不会认为这个人是异常的。所以，罕见或统计学上

的偏离并非给行为贴上异常标签的充分条件。不过，常见与否是判断行为是否异常的常用标准之一。

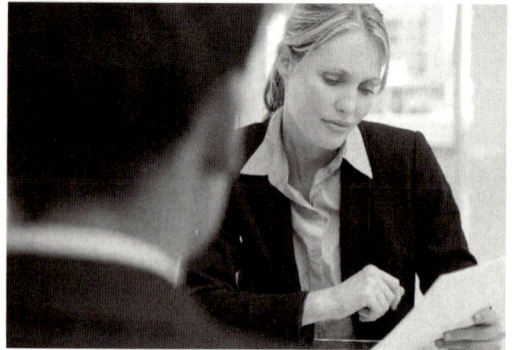

在什么样的情况下，焦虑是异常的

当焦虑等消极情绪被判断为过度或不恰当时，就会被认为是异常的。在求职面试中，一定程度的焦虑往往被认为是正常的，只要它不太严重，不妨碍面试者充分发挥。不过，如果一个人只要乘坐电梯就感到十分焦虑，就会被认为是异常的。

2. **社会偏差**。所有的社会都有用于定义哪些行为在何种情况下可以接受的标准。在一种文化中被认为正常的行为，可能在另一种文化中会被视作异常的。例如，在美国文化中，人们常常会认为，如果一个人假定所有陌生男性都是狡诈的，那么这个人会被认为是过分怀疑他人、不信任他人的。但是，这种怀疑在蒙杜古马人看来却是合理的。蒙杜古马人是人类学家玛格丽特·米德（Margaret Mead，1935）所研究的一个食人族部落。在这个部落的文化中，陌生男性往往被认为是对他人心怀恶意的，所以不信任他们是很正常的。源于某种文化实践和信仰的标准是相对的，而不是普遍真理。

   所以，临床工作者在判断什么是"正常"、什么是"异常"时需要充分考虑文化差异。除此之外，对一代人来说是异常的东西，对下一代人来说可能就是正常的。例如，在 20 世纪 70 年代中期之前，同性恋一直被精神病学家归

类为精神障碍（见"批判性思考：什么是异常行为"专栏）。但如今，精神病学家已经不再将同性恋视作一种精神障碍了，而且很多人认为，当前美国的社会标准应该将同性恋视作在正常范围内的行为差异。

当判断正常与否基于是否符合一定的社会标准时，有些不守常规的人可能会被错误地贴上有心理问题的标签。我们可能会将自己不认可的行为归为"病态"，而不是接受这样一种情况，即这种行为可能是正常的，即使它会让我们感到困惑或被冒犯。

3. **对现实的错误感知或解释。** 在一般情况下，我们的感觉系统和认知过程会使我们形成对环境的精确心理表征。看到不存在的东西和听到不存在的声音会被认为是幻觉。在很多文化中，幻觉往往被认为是潜在精神障碍的征兆之一。同样，持有不现实的想法或妄想，如认为美国中央情报局或黑手党正在抓捕自己，也可能被认为是出现心理问题的征兆——除非这些是真的。[正如美国前国务卿亨利·基辛格（Henry Kissinger）所说："偏执狂也会有敌人。"]

在美国，说一个人可以通过祈祷跟上帝对话是正常的。但是，如果一个人坚持认为自己真的看到了上帝或听到了上帝的声音，可能就会被认为有心理问题。

4. **显著的个人痛苦。** 由令人困扰的情绪（如焦虑、恐惧或抑郁）引发的痛苦状态可能是异常的。但是，正如我们之前所提到的，焦虑和抑郁有时是面对情境的一种适应性反应。我们的生活中的确会出现真实的威胁和丧失，而对这些情境缺乏情绪反应也会被视为是异常的。适当的痛苦感并不会被认为是异常的，除非这种感觉在痛苦的来源被移除后（在大多数人都适应了之后）仍然持续了很长时间，或者这种感觉过

于强烈，以至于损害了个人的日常生活功能。

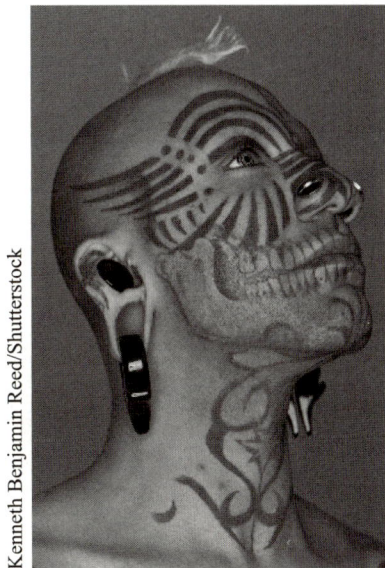

这个人是异常的吗

对异常现象的判断要考虑其所属社会的社会标准和文化标准。你觉得这个男人身体上的装饰是异常的标志，还是一种时尚的表达？

5. **适应不良或自我挫败的行为。** 一种行为如果引发了不愉快的体验而非自我满足可能就会被视作异常行为。一个人承担预期角色或适应其所在环境的能力受损也可能会被视作异常的。根据这些标准，损害健康、社会及职业功能的严重酗酒行为可能就是异常的。以对进入公众场合感到极度害怕为特征的场所恐怖症也可能是异常的，因为它既不常见，也适应不良，而且会损害个体完成工作和承担家庭责任的能力。

6. **危险性。** 对自己或他人具有危险性的行为可能会被视为异常的。在考虑这一点时，社会背景也至关重要。在战争时期，那些牺牲自己的生命或不顾自身安危冲向敌人的人被认为是英勇的爱国之士。但是，那些因为正常生活中的压力而威胁要自杀或尝试自杀的人却常常会被认为是异常的。

偶尔跟对方队员打斗或争吵的足球或曲棍

球运动员被认为是正常的。考虑到运动项目的特点，那些没有攻击性的橄榄球或曲棍球运动员在大学或职业赛事中是无法长久立足的。但是，那些经常与其他队员发生争执的运动员可能会被视为异常的。在现代生活中，身体攻击行为是最常出现的适应不良行为。除此之外，作为解决冲突的方法，身体攻击往往是无效的——虽然它很常见。

综上所述，异常行为有多个定义。在具体情况下，有些标准可能比另一些标准更重要。但在大多数情况下，我们需要综合运用这些标准来定义异常行为。

应用评估标准

让我们回顾一下本章开篇介绍的菲尔的案例。菲尔患有幽闭恐怖症，即对密闭空间过分恐惧（这是一种焦虑障碍，我们会在第5章更详细地对其进行探讨）。我们可以思考一下，在判断菲尔的行为是否异常时可以应用哪些标准。菲尔的行为符合上述很多条评估标准。首先，他的行为并不常见（相对而言，几乎很少有人会因害怕密闭的空间而回避乘坐飞机或电梯）。其次，这一行为伴有显著的个人痛苦，他的恐惧也损害了他承担工作和家庭责任的能力。但是，他对现实并没有错误的感知，他知道自己对这些情境的恐惧超过了这些情境实际的危险程度。

我们将在本书的其他案例中看到，在判断一个人的行为是否跨越了从正常到异常的界限时，人们其实会使用不同的标准。

同时患有两种及以上心理障碍的人并不少见。根据精神病学家的说法，这些来访者表现出了共病（Comorbid）。共病让治疗变得复杂，因为这要求临床医生制定可以治疗两种或更多心理障碍的方案。

认识和划分异常行为是一回事，理解和解释异常行为又是另一回事。哲学家、医生、自然科学家和心理学家用各种各样的方法或模型解释异常行为。有些方法源自迷信的观点，有些方法则借助宗教来进行解释。现在，一些观点主要受生物学影响，而另一些观点则更偏心理学取向。在考察过去及当前理解异常行为的各种方法之前，我们不妨先了解一下文化信仰在判断异常行为中的重要作用。

1.1.2 异常心理——统计学的角度

描述美国心理障碍的当前患病率和终生患病率，并描述不同性别和年龄群体的患病率差异。

异常行为问题似乎只与一小部分人有关。毕竟，只有一小部分人去过精神病院。大多数人其实从未向心理学家或精神病学家等心理健康专业人士寻求过帮助。曾以精神错乱为由企图逃脱刑罚的人更是少之又少。我们中的大多数人可能都会至少有一位让人感觉"古怪"的亲戚，但有多少人会觉得自己有"精神异常"的亲戚呢？然而，实际情况是，异常行为以各种各样的方式影响着我们的生活。让我们了解一下这些数字吧。

如果我们只考虑那些可诊断的精神障碍，那么大约每两个美国人中就有一人（46%）在其一生中的某个阶段会受到精神障碍的直接影响（Kessler, Berglund, et al., 2005；见图 1-1）。每年有近 1/5 的美国成年人（18.9%）受到严重的精神障碍或心理障碍的影响（National Institutes of Health, 2019）。

> **正误判断**
>
> 每年，每 100 个美国成年人中就有一人受到精神障碍或心理障碍的困扰。
>
> **错误** 实际上，大约每五个美国成年人中就有一人受到精神或心理障碍的困扰。

根据世界卫生组织（World Health Organization, WHO）的报告，在其所调查的 17 个国家中，美国是可诊断的心理障碍的患病率最高的国家（Kessler et al.,

2009）。美国女性比男性更有可能罹患心理障碍，尤其是心境障碍（将在第 7 章讨论；"Women More at Risk"，2012）。此外，受心理障碍影响的年轻人（18 ～ 25 岁）的数量是 50 岁以上成年人的两倍（National Institutes of Health，2019）。

如果我们将家庭成员、朋友和同事的精神健康问题包括在内，再将那些以纳税和支付医疗保险费的形式为治疗付款的人，以及那些因生病、暂时休假和工作表现变差导致工作效率降低、产品成本增加的人也考虑进来，那么很显然，我们所有人都在某种程度上受到了心理障碍的影响。

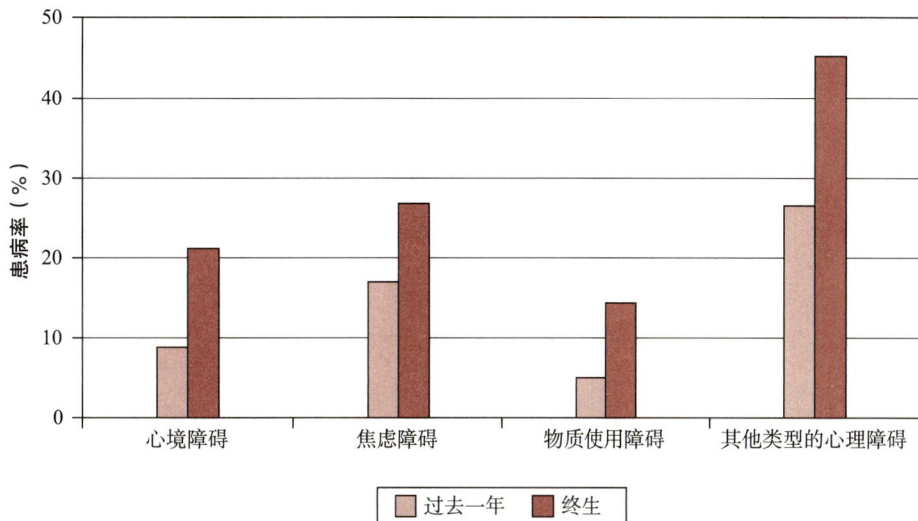

图 1-1　心理障碍过去一年的患病率和终生患病率

该图基于 9282 名说英语的 18 岁及以上美国居民的代表性样本绘制。我们看到的百分比是指过去一年或在一生中的某个阶段符合这几种主要的心理障碍诊断的人。心境障碍包括重性抑郁障碍、躁狂发作和心境恶劣（将在第 7 章讨论）。焦虑障碍包括惊恐障碍、不伴随惊恐障碍的场所恐怖症、社交焦虑障碍、特定恐怖症和广泛性焦虑障碍（将在第 5 章讨论）。物质使用障碍包括酒精或其他物质滥用（将在第 8 章讨论）。

资料来源：Kessler，Chiu，et al.，2005；Kessler，Berglund，et al.，2005.

美国卫生总署的心理健康报告

美国卫生总署在 2000 年发布了一份报告，将美国民众的注意力吸引到了精神健康问题上，从这一点来看，这份报告在今时今日仍然适用。

下面是这份报告的一些重要结论［Satcher，2000；U.S. Department of Health and Human Services（USDHHS），1999］。

- 心理健康反映了大脑功能和环境影响之间复杂的交互作用。
- 大部分精神障碍都有有效的治疗方法，这些方法包括心理治疗、心理咨询等心理干预手段，以及精神药理学治疗或药物治疗。当心理治疗和精神药理学治疗相结合时，治疗效果常常更明显。
- 在心理健康领域，开发的有效预防项目的进展

一直很慢。因为我们不了解精神障碍的发病原因，也改变不了已知的影响治疗的因素，如遗传易感性。尽管如此，我们还是开发出了一些有效的预防项目。

- 虽然每年有 15% 的美国成年人会因心理健康问题接受某种形式的帮助，但还有很多有需要的人未能获得帮助。
- 从更广阔的视角出发并考虑心理健康问题发生的社会和文化背景是理解这些问题的最佳方法。
- 在设置和提供心理健康服务时，需要考虑少数族裔的观点和需求。

美国卫生总署的报告为我们研究变态心理学提供了一些背景信息。在接下来的内容中，我们将看到，同时考虑生物学因素和环境因素的视角能让我们更好地理解异常行为。我们也认为，在努力理解异常行为和发展有效的治疗服务的过程中，我们需要充分考虑社会因素和文化因素（或社会文化因素）。

1.1.3　异常行为的文化基础

描述异常行为的文化基础。

正如前文所述，在一种文化中被认为正常的行为在另一种文化中可能会被认为是异常的。例如，澳大利亚原住民相信他们可以跟自己祖先的灵魂进行交流。他们还相信自己可以与其他人，特别是自己的亲属共通梦境。在澳大利亚土著文化中，这些信仰是正常的。但假如这些信仰出现在美国文化中，它们很可能会被当成妄想，也就是专业人士所认为的精神分裂症的常见症状之一。因此，判断异常行为的标准必须把文化规范充分地考虑进来。

克雷曼（Kleinman，1987）举了一个关于美洲原住民出现"幻听"的例子，以说明诊断精神"异常"要充分考虑文化背景的特殊性。

10 名接受过一致的评估技术和诊断标准培训的精神科医生对 100 名近期经历过丧亲（包括失去配偶、父母或子女）之痛的美洲原住民进行了精神状态评估与

一位传统美洲原住民治疗者

许多传统美洲原住民将疾病原因分为两类，一类源于自身文化之外的影响（"白人的疾病"），另一类源于导致个体无法与传统部落生活和思维和谐相处的疾病（"印第安人的疾病"）。传统的治疗方法，如图中所示，可能会被用来治疗印第安人的疾病，而"白人的药物"则可能被用来帮助人们解决那些被认为源自本地之外的问题，如酗酒和吸毒问题。

诊断。结果显示，这些人几乎都在哀悼期的第一个月里听到了他们逝去的亲人在灵魂升天之际向他们发出的召唤。然而，即便不同的观察者给出的判断是一致的，对这些报告内容是否意味着精神状态异常的判定还是需要建立在充分了解这个群体的行为规范和丧亲体验的正常范围的基础上。

在美洲印第安文化中，丧亲者说他们听到了逝去亲人的灵魂所发出的召唤是很正常的事情。像这种符合其所属文化背景的行为就不应该被视作异常行为。

健康和疾病的概念在不同的文化中差异显著。传统的美洲印第安文化将疾病分为两类，一类是源于外部文化的"白人的疾病"，如酗酒和物质滥用；另一类是源于导致个体无法与传统的部落生活和思想和谐相处的"印第安人的疾病"（Trimble，1991）。传统的医治者和男女药剂师会被请去治疗印第安人的疾病。而当他们认为疾病源于部落之外时，就会向"白人的药物"寻求帮助。

异常行为在不同的文化中有着不同的模式。例如，西方人体验到焦虑是因为担心抵押贷款和失业。但是，在许多非洲文化中，焦虑表现为害怕生育失败、做梦或抱怨巫术（Kleinman，1987）。澳大利亚原住民可能会对巫术产生强烈的恐惧，同时相信一个人会面临来自邪恶灵魂的致命威胁（Spencer，1983）。年轻的澳大利亚原住民女性在恍惚状态中的缄默、无法移动和没有回应等行为也很常见。如果这些女性在一小时或几天内没有从恍惚状态中恢复过来，可能就会被送到宗教场所接受治疗。

我们用来描述心理障碍的常用词语，如"抑郁"或"心理健康"，在其他文化中可能具有不同的含义。这并不意味着其他文化中不存在抑郁。相反，这意味着我们需要学习不同文化中的人是如何体验包括抑郁和焦虑状态在内的痛苦情绪的，而不是将我们的观点强加到他们的体验上。与西方人相比，东方人一般会

更关注抑郁的身体或躯体症状，如头痛、疲劳或虚弱，而非内疚或伤心等内在感受（Kalibatseva & Leong，2011；Ryder et al.，2008；Zhou et al.，2011）。

> **正误判断**
>
> 在不同的文化中，人们对像抑郁这样的心理问题的体验可能会有所不同。
>
> **正确** 例如，与西方人相比，东方人更多地会将抑郁和躯体症状联系起来。

这些差异阐明了我们在将异常行为的概念应用到其他文化中之前确定其是否有效的重要性。沿着这个思路开展的研究已经表明，与我们概念中的精神分裂症相关的异常行为模式在哥伦比亚、印度、丹麦、尼日利亚或其他国家都普遍存在（Jablensky et al.，1992）。除此之外，精神分裂症在这些国家中的患病率也非常相近。但是，不同文化背景下的精神分裂症在某些特征方面是存在差异的（Myers，2011）。

有关异常行为的观点在每个社会中都不尽相同。在西方文化中，医学疾病模型和心理学模型在解释异常行为方面占据显著地位。而在传统土著文化中，异常行为模型往往包含一些超自然的原因，如被恶魔或魔鬼附体。举例来说，在菲律宾民间，心理问题常被归咎于"灵魂"的影响或被"脆弱灵魂"附体（Edman & Johnson，1999）。

1.2 关于异常行为的历史观点

纵观西方文化的历史，异常行为的概念在某种程度上是在当时盛行的世界观的影响下形成的。在过去的几百年间，有关超自然力量、恶魔和邪恶灵魂的信念占据了统治地位（正如我们刚才讲到的，现在仍有一些社会认为这些信念是真的）。在过去，异常行为常被视作被附体的征兆。而在现代社会，主流的——但绝

不是普遍的——世界观开始转向相信科学和理性。在西方文化中，异常行为开始被视为生理和心理社会因素的产物，而非被恶魔附体。

1.2.1 鬼神学模型

描述异常行为的鬼神学模型。

为什么每个人的头上都有一个洞？在出土的石器时代人类骸骨上，考古学家发现他们每个人的头颅上都有一个鸡蛋大小的洞。对这些洞的一种解释是，我们的史前祖先认为异常行为是由邪恶灵魂附体造成的。这些洞可能来自**环锯术**（Trephination），即在头颅上钻个洞来释放那些暴躁的灵魂。愈合的新骨说明，有些人在经历这种"医疗手术"后存活了下来。

出于对环锯术的恐惧，有些人开始遵守部落的准则。由于没有相关的文字记录环锯术的真实目的究竟是什么，因此其他解释也是有可能的。例如，手术可能只是为了移除头部受伤后的骨头碎片或瘀血肿块（Maher & Maher，1985）。

直到欧洲启蒙运动之前，认为异常行为由超自然力量造成的观念，也就是鬼神学，一直占据着主导地位。古代人用神的举动来解释自然现象：古巴比伦人认为，恒星和行星的运动表达了众神之间的冒险和冲

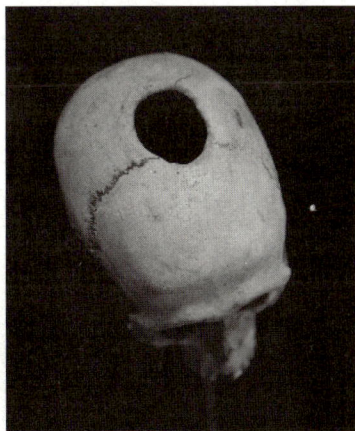

Prisma Archivo/Alamy Stock Photo

环锯术

环锯术是指在一个人的头颅上钻一个洞。一些研究者猜想这是古代的一种手术。或许，环锯术是用来释放那些导致异常行为的"恶魔"的。

突；古希腊人认为，神在玩弄人类——神将灾难降临到不尊敬他们或傲慢的人类身上并使其心智变得疯狂。

在古希腊，举止异常的人会被送到供奉医神埃斯科拉庇俄斯（Aesculapius）的庙宇中。希腊人相信，埃斯科拉庇俄斯会趁这些痛苦的人在庙宇中睡觉时前来看望他们，并通过梦向他们提供康复的建议。休息、营养均衡的饮食和锻炼也是治疗的一部分。不可治愈之人则会被投石并赶出庙宇。

1.2.2　医学模型的起源："病态体液"
描述异常行为医学模型的起源。

并非所有的古希腊人都相信鬼神学模型。希波克拉底（Hippocrates，约公元前 460 年—公元前 377 年）为异常行为的自然主义解释播下了种子，其他古代医生，尤其是盖伦（Galer，约公元 130 年—公元 200 年），则让它生根发芽。

希波克拉底是古希腊黄金时代备受赞誉的医生，他挑战了那个时代的主流观点，提出躯体疾病和心理疾病是由自然原因导致的，并非由于被超自然力量附体。他认为，人类躯体和心理的健康依赖于**体液**（Humor）或体内的重要流体——黏液、黑胆汁、血液和黄胆汁——的平衡。他认为，体液失衡会导致行为异常：一个无精打采或萎靡不振的人有过多的黏液，我们所说的"冷静"一词就源于此；黑胆汁过剩会导致抑郁障碍；血液过多会使人具有开朗的性格，如高兴、自信和乐观；黄胆汁过多则会让人"性情乖戾"和易怒。

虽然如今的科学家已经不再赞同希波克拉底的体液学说，但他的理论打破了鬼神学的垄断。这个理论预示，现代医学模型——认为异常行为源于潜在的生物学过程——即将出现。希波克拉底还为现代思想做出了其他贡献，更准确地说，是为现代医学实践做出了贡献。他将异常行为模式划分为三个至今仍然适用的主要类型：描述过度抑郁的忧郁症（Melancholia）、表示过度兴奋的躁狂症（Mania），以及概括了现在被称为精神分裂症的怪异行为的精神错乱（Phrenitis，源自希腊语，意为"脑部炎症"）。时至今日，医学院校依然会让学生宣誓遵守希波克拉底提出的医学伦理誓言——希波克拉底誓言，以示对他的尊敬。

盖伦是一位为罗马皇帝及哲学家马可·奥勒留（Marcus Aurelius）提供医疗服务的古希腊医生，他继承并发扬了希波克拉底的思想。盖伦的一大贡献是发现动脉运输的是血液，而非人们之前认为的空气。

1.2.3　中世纪时代
描述中世纪时代对精神疾病患者的治疗。

中世纪或中世纪时代覆盖了欧洲近千年的历史，从大约公元 476 年到 1450 年。盖伦去世后，对超自然原因的信仰，尤其是鬼神附体学说的影响力越来越大，最终主导了中世纪的思想。这种学说认为，异常行为是被邪恶灵魂或魔鬼附体的征兆。罗马帝国衰落后，天主教成为西欧宗教体系的中心。虽然附体这种信念在古埃及和古希腊的文字记载中都有所提及，但天主

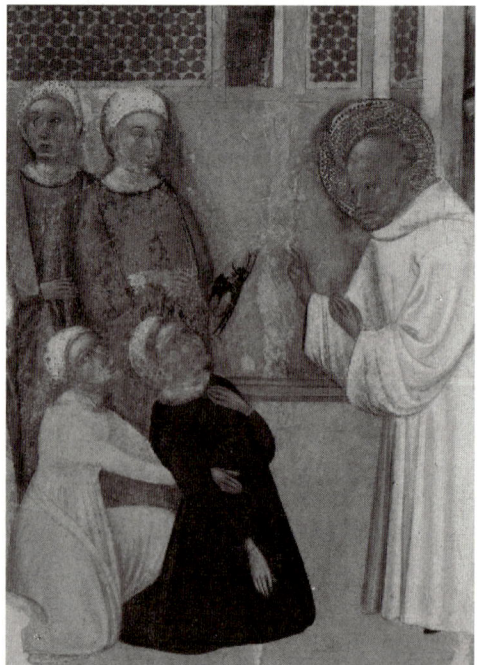

Bassa, Ferrer/Index Fototeca/Bridgeman Images

驱魔术

这幅中世纪的画作描绘了驱魔术这一习俗，它被用来驱除被认为附身于人身上的恶灵。

教复兴了这种说法。教会对附体所采用的治疗方法是驱魔。驱魔者试图劝服邪恶灵魂离开被"附"的身体。劝服的方法包括祈祷、施咒、在受害者面前摇晃十字架、击打和鞭笞受害者，甚至让受害者挨饿。如果受害者继续表现出不得体的行为，还有更强硬的措施，如使用拉肢刑具，这是一种用于严刑拷打的刑具。毫无疑问，接受这些"治疗"的人希望魔鬼能赶紧离开他们的身体。

文艺复兴——古典学术、艺术和文学的伟大复兴——始于 15 世纪的意大利，并逐渐传播到了整个欧洲。具有讽刺意味的是，虽然文艺复兴被视为中世纪向现代世界的过渡时期，但对女巫的恐惧也在这一时期到达了顶峰。

巫术

在 15 世纪末到 17 世纪末的这段时间里，如果你随意惹恼了邻居，那你的日子可不会好过。在这段时期发生了大量的迫害事件，尤其是将女性指控为女巫的事件。教会官方认为女巫与魔鬼勾结、举行邪恶的撒旦仪式、吞食婴儿并毒害庄稼。1484 年，教皇英诺森八世（Pope Innocent VIII）下令处死女巫。两位多米尼加牧师编纂了一本臭名昭著的女巫猎杀手册，名为《女巫之锤》（*Malleus Maleficarum*），专门用来帮助宗教审判官辨识女巫嫌疑人。在接下来的两个世纪里，成千上万人被指控为女巫并被处死。

猎杀女巫的过程需要经过一种新形式的"诊断"测试。被怀疑为女巫的人会被浸入水池中进行水上漂浮测试，以此来测验她们是否被魔鬼附身。这种测试基于熔炼的原理，在熔炼过程中，纯金属会沉淀到底部，杂质则会浮在表面上。那些在漂浮测试中沉没和溺水的嫌疑人会被判定是纯洁的，那些侥幸逃脱的嫌疑人则会被认为是魔鬼的同伙。正如那句老话所说：照做是死路一条，不照做也是死路一条。

现代学者曾一度相信那些所谓的女巫的确患有心

漂浮测试

这种所谓的测试是中世纪时代的权威人士用来测验一个人是否被恶魔附体或是否为女巫的一种方式。那些设法浮在水面上的人会被认为是不洁的。在右下角，你可以看到一位可怜的不幸之人，她的手脚被捆住，无法始终保持漂浮在水面上，但溺水反而可以消除人们认为她被恶魔附体的怀疑。

理障碍，而她们正是因为所表现出的异常行为才惨遭迫害的。很多女巫嫌疑人的确承认了自己的怪异行为，如会飞、与魔鬼发生性关系，这些与现代概念中由精神分裂症引发的紊乱行为有关。但是，由于女巫是在审判官的严刑逼供下屈打成招的，而审判官一门心思只想找到指控女巫的证据，因此这些供词的可信度会大打折扣（Spanos，1978）。现在我们知道，严刑拷打和其他形式的恐吓足以造就虚假供词。虽然一些以女巫身份被迫害的人的确表现出了异常行为，但大部分人并没有这种表现（Schoenman，1984）。相反，指控某人是女巫成了摆脱讨厌的人、打击政治上的竞争对手、争夺财产及镇压异教徒的便捷手段（Spanos，1978）。在英国的村庄里，被指控的人大多是贫穷的未婚老年女性，她们因生活所迫向邻居乞讨食物。如果有不幸降临到那些拒绝给予帮助的人身上，他们可能就会指控乞讨者对他们下了诅咒。如果某位女性普遍不受欢迎，对她的指控也会随之而来。

当时的人们认为，恶魔在异常行为和巫术中都起着一定的作用。虽然一些被恶魔附体的受害者被认为是因为自己做了错事而遭到痛苦的惩罚的，但另一些人则被视为是无辜的受害者，他们没有犯错却被恶魔附体了。人们还认为，女巫背弃了上帝并自愿与魔鬼勾结，因此女巫更应该遭到严刑拷打并被处死（Spanos，1978）。

历史的步伐并不总是沿直线前进的。尽管异常行为的鬼神学模型在中世纪和文艺复兴的大部分时期占据主导地位，但它并没有完全取代人们对自然主义取向的信仰。例如，在中世纪的英国，只有在一个人被法律部门认为是"疯子"的案例中才会出现用魔鬼附体来解释怪异行为的情况（Neugebauer，1979）。大多数对不常见行为的解释涉及自然原因，如生理疾病或脑损伤。实际上，在英国，人们会把精神错乱的人安置在医院里，直到他们的精神恢复正常（Allderidge，1979）。文艺复兴时期的比利时医生约翰·韦耶（Johann Weyer，1515—1588 年）也引用了希波克拉底和盖伦的观点，认为异常的行为和思维模式是由生理问题引起的。

收容所

到 15 世纪末和 16 世纪初，收容所或疯人院开始在整个欧洲出现。很多收容所的前身是麻风病院，由于中世纪之后麻风病的减少，这些医院也就没有存在的必要了。收容所常常为乞丐和有精神问题的人提供帮助，但里面的状况骇人听闻。住院者被锁链锁在床上，躺在自己的排泄物中，或者彷徨无助地游荡。有些收容所变成了供公众参观的场所。在伦敦一家名为伯利恒圣玛丽医院（St. Mary's of Bethlehem Hospital）——"Bedlam"（疯人院）一词即由此衍生而来——的收容所里，大众可以买票观看住院患者的怪异行为，就像我们如今会花钱观看马戏团的表演或动物园里的动物一样。

正误判断

几百年前，伦敦的夜间消遣活动可能包括观看当地精神病院里的患者。

正确 伦敦的绅士阶层在夜晚可能会去参观当地的收容所伯利恒圣玛丽医院，该医院也正是"bedlam"（疯人院）一词的由来。

1.2.4 改革运动和道义治疗

识别精神疾病治疗的主要改革者，描述道义治疗的基本原则，以及 19 世纪和 20 世纪初精神疾病患者治疗方面发生的变化。

18 世纪末和 19 世纪初，法国人让－巴蒂斯特·皮桑（Jean-Baptiste Pussin）和菲利普·皮内尔（Philippe Pinel，1745—1826 年）的努力开启了现代心理治疗的新纪元。他们认为，行为异常的人遭受疾病的折磨，因此应该对他们进行一些人道的治疗方式。这个观点在当时并不被接受，因为精神错乱的人被视为社会的威胁，而不是需要治疗的患者。

1784—1802 年，皮桑——一个外行人——被安排在巴黎的一家大型精神病院［比塞特医院（LA BICÊTRE）］工作，负责安置那些"无法被治愈的疯狂患者"。虽然皮内尔常因将该精神病院的住院患者从锁链中解放出来而备受尊重，但皮桑才是第一个将"无法被治愈的疯狂患者"从锁链中解放出来的人。当时，人们认为，如果不用锁链束缚这些不幸的人，他们就会成为危险的人，他们的行为也无法预测。皮桑却认为，如果能友善地对待他们，就不需要锁链。正如他所预测的那样，解开锁链后，大多数患者都变得易于管理和平静。他们可以在医院的庭院里散步，呼吸新鲜空气。皮桑还禁止工作人员严厉地对待住院患者，并辞退了那些无视他指示的雇员。

皮内尔在 1793 年成为该精神病院不治之症病房

（Incurables' Ward）的医学主任，并延续了皮桑开创的对待患者的人道原则。他不仅禁止了粗暴的医疗措施，如放血和清除体内异物，还将患者从黑暗的地牢转移到了通风良好、光照充足的房间。皮内尔还会花很多时间与住院患者聊天，他相信表现出理解和关心可以帮助患者恢复正常的功能水平。

这种治疗理念被称为道义治疗（Moral Therapy）。该疗法基于这样一种信念，即在轻松和良好的环境中提供人性化的治疗有助于患者恢复正常的功能。差不多在同一时期，威廉·图克（William Tuke）在英国开始实行类似的改革。随后，多萝西娅·迪克斯（Dorothea Dix，1802—1887 年）在美国也开始实行改革。另一位具有影响力的人物是美国医生本杰明·拉什（Benjamin Rush，1745—1813 年），他也是独立宣言的签署者之一和反奴隶运动的早期领导者。拉什被认为是美国精神病学之父，他于 1812 年撰写了美国第一本精神病学教科书《关于精神疾病的医学探究与观察》（*Medical Inquiries and Observations Upon the Diseases of the Mind*）。他认为，发疯是由脑内血管充血造成的。他建议使用放血、清除体内异物和洗冷水澡的方式缓解由充血导致的压力。但他也鼓励费城医院的工作人员以友善、尊重和理解的态度对待患者，以此来推进道义治疗。同时，他还主张在治疗过程中应用职业疗法、音乐和旅行等方式（Farr，1994）。他的医院成了美国第一家收治心理障碍患者的医院。

多萝西娅·迪克斯是波士顿的一名教师，她在美国各地游历，公开谴责安置有精神问题的患者的监狱和救济院的恶劣环境。在她的不懈努力下，美国建立了 32 家治疗心理障碍患者的精神病院。

历史的退步

19 世纪后半叶，认为异常行为可以被道义治疗成功治愈的思想遭到了冷遇。接踵而至的是对精神疾病患者的一段冷淡时期，大家认为异常行为模式是无法

"疯人院"

在 18 世纪的伦敦，观看伯利恒圣玛丽医院里的患者所表现出的一些怪异行为成了城镇绅士阶层（如图中部两位穿着华丽的女性）的消遣项目。

改变的（Grob，1994，2009）。美国的精神病院虽扩大了规模，但只提供基本的看护服务。情况日益恶化，精神病院成了可怕的地方。当时的一位纽约州的官员称，住院患者常常会被发现"在自己的排泄物中打滚"（Grob，1983）。约束衣、手铐、围栏床、约束带和其他工具都被用来限制易激动或具有暴力倾向的患者。

这种情况一直持续到 20 世纪中期。20 世纪 50 年代中期，美国精神病院的患者数量已增至 50 万。虽然一些州的医院提供良好且人道的照顾，但很多医院仅仅是能够让人容身的庇护所而已。住院患者挤在病房里，那里甚至缺乏基本的卫生设施。精神疾病患者所住的后备病房其实就是仓库。也就是说，他们被遗忘和抛弃，几年没有康复或回归社会的希望。许多人得不到专业的治疗和照顾，甚至被缺乏训练且监管不力的工作人员虐待。最终，这些极其恶劣的条件让人们发出了精神卫生系统需要改革的呼声。这些改革迎来了 **去机构化**（Deinstitutionalization）运动，这是一项让大批患者离开州立医院，将负担从州立医院转移到社区治疗机构的政策。整个美国的精神病院住院人数从 20 世纪 50 年代的近 60 万下降到了今天的 4 万左右

18 世纪，法国改革家菲利普·皮内尔在比塞特医院
释放被囚禁的精神疾病患者

皮内尔延续了皮桑的工作方式。他不仅禁止了粗暴的医疗措施，如放血和清除体内异物，还将患者从黑暗的地牢转移到了通风良好、光照充足的房间。此外，皮内尔还会花很多时间与住院患者聊天，他相信表现出理解和关心可以帮助他们恢复正常的功能水平。

（"Rate of Patients"，2012）。一些精神病院彻底关闭了。

　　使患者从精神病院大规模撤离的另一个因素是一类新型药物——吩噻嗪类（Phenothiazines）药物——的研发和问世（Sisti et al.，2018）。这种抗精神病药物在20世纪50年代被用于治疗精神疾病，有助于减轻与精神分裂症相关的典型行为模式。吩噻嗪类药物能够减少精神疾病患者永久住院的需要，让很多患有精神分裂症的人可以出院，住进重返社会训练所、集体之家，或者独立生活。

1.2.5　现代精神病院的作用

描述精神病院在精神卫生系统中的作用。

　　如今，美国的大多数州立医院都比19世纪和20世纪初的医院有更完善的管理水平，能够提供更人性化的医护服务。但在某些地方，条件恶劣的医院还持续存在着。现在的州立医院一般都是以治疗为导向的，并且关注如何让住院患者做好回归社区生活的准备。州立医院作为完整治疗体系的一部分，为那些在限制较少的社区环境中无法正常生活的人提供结构化的环境。当住院治疗帮助患者恢复到更高的功能水平后，患者可以重新融入社区。如有需要，患者还可以接受

后续服务和过渡性住所支持。如果社区医院无法提供配套服务，或者患者需要更好的照顾，那么他们可以根据需要再次入住州立医院。对那些年轻且症状较轻的人来说，他们在州立医院的住院时间往往比过去的更短，因此他们只需要持续到病情允许他们重新进入社会时就能出院。但是，对那些年长且病程较长的患者来说，他们可能还没有能力掌握独自生活所需的大部分技能（如购物、做饭、清洁等），部分原因可能是州立医院已经成为这些患者成年后唯一的家。

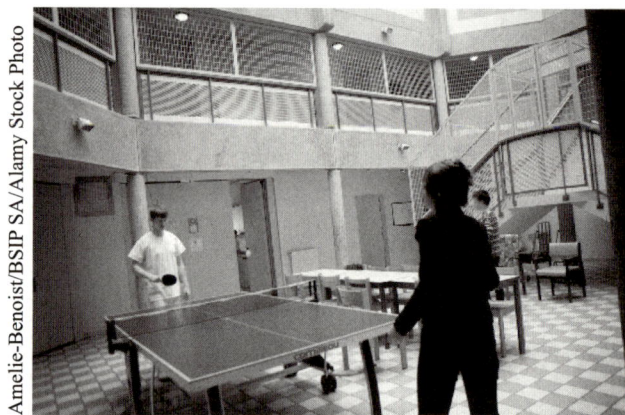

现代精神病院

在去机构化政策的影响下，如今的精神病院提供一系列服务，包括对陷入危机或需要安全治疗环境的人进行的短程治疗。医院还为那些在限制较少的社区环境中无法正常生活的人提供结构化设置下的长程治疗。

1.2.6　社区心理健康运动

描述社区心理健康运动的目标和成果。

　　1963年，美国国会建立了被称为社区心理健康中心（Community Mental Health Centers，CMHCs）的全国性医疗体系，其目的是为那些功能有限的机构提供除长期看护服务之外的其他选择。社区心理健康中心负责为从州立精神病院出院的患者提供持续性的支持和心理健康服务。但社区心理健康中心的数量不足以满足成千上万患者的需求，也无法通过提供全面的社区服务和结构化的住院治疗设置（如重返社会训练所）来满足新患者的住院需求。

人们希望通过开展社区心理健康运动和制定去机构化的相关政策来帮助精神疾病患者回归社会，过上更加独立且充实的生活。但是，去机构化常常因无法达到预期的目标而受到批评。当患者从州立医院出院时，成千上万个只具备有限的自理能力的人会在社区里生活，而这些社区却缺乏正常生活所需的足够住房和其他形式的支持。虽然社区心理健康运动取得了一些成功，但很多出现严重和持久心理健康问题的患者未能获得他们在适应社区生活的过程中所需的一系列心理健康和社会服务（Lieberman，2010；Sederer & Sharfstein，2014）。社区精神卫生系统也未能获得充足的资金，以实现其向有需要的患者提供全面的社区护理这一首要目标（Sisti et al.，2018）。除此之外，美国司法部最近公布的一项研究显示，如今美国监狱中有高达 37% 的囚犯患有严重的精神疾病，这引发了关于监狱是否已成为"新时代的收容所"这一令人不安的问题（Husock & Gorman，2018）。接下来，我们将会看到，社区精神卫生系统所面临的另一个主要问题就是精神疾病患者无家可归的问题。

去机构化和因精神疾病而无家可归的人

在城市街道上游荡、在公交车站和火车站睡觉的无家可归者中有很多是从精神病院出院的患者或行为异常的人。在去机构化政策生效前，他们可能在医院接受治疗。但由于缺乏足够的支持，他们常常会在街道上面临非人性化的情境，这比在医院更糟糕。很多人会转而服用非法药物，这导致他们的问题变得更加复杂。在过去，一些年轻的精神疾病患者可能会留在医院，但随着去机构化的实行，他们会被转移到可以提供帮助的社区支持项目中。

据估计，美国无家可归的人中大约有 20%～30% 患有严重的心理障碍，如精神分裂症（Yager，2015）。而且，很大一部分无家可归者还存在严重的躯体疾病或神经心理损伤，如记忆、学习和注意力问题，这会直接导致他们在找工作和维持工作方面处于弱势地位

（Bousman et al.，2011；Glick & Olfson，2018）。此外，在无家可归者中，高达半数的人同时有物质滥用问题，这些问题基本上得不到任何有效的治疗（Yager，2015）。

缺乏可用的住房、过渡性护理机构及有效的病患管理也是导致精神疾病患者无家可归的重要因素（Glick & Olfson，2018；Maremmani et al.，2017；Stergiopoulos, Gozdzik, et al.，2015）。一些具有严重精神问题的人在急性发作期会被反复送进社区医院进行短期住院治疗。他们来回辗转于医院和社区之间，就好像被困在一扇旋转门里。他们从医院出来，却面临没有足够住房和社区服务的情况，有些患者基本上只能自己照顾自己。尽管很多州立医院已经关闭，其他医院也减少了病床数量，但这些州无法提供足够的资金来支持社区所需的服务，这些服务原本可以替代对长期住院的需求（Sisti et al.，2018）。

仅靠精神卫生系统本身并不足以提供足够的资源来解决因精神疾病而无家可归的人所面临的多方面问题。帮助这些人摆脱无家可归的境况需要让服务满足他们的需求，并努力整合以下几个方面：提供心理健康和酒精与物质滥用项目，让他们获得像样的、负担得起的住房，以及提供其他就业和社会服务（Glick & Olfson，2018；Stergiopoulos, Gozdzik, et al.，2015）。另一个困难之处在于，那些有严重心理问题的无家可归者往往不会主动寻求心理健康服务。许多人因为之前糟糕的住院经历而不认可心理健康服务，住院时，他们曾遭到恶劣的对待，感到不被尊重或被忽视。显然，我们要为那些需要接受住院护理的人提供更加人性化、结构化的治疗方式（Glick & Olfson，2018）。而且，社会不仅需要更密集的宣传和干预以帮助无家可归者得到他们所需的服务，还需要更多可以为无家可归者提供更高质量服务的项目（Stergiopoulos, Gozdzik, et al.，2015）。总而言之，因精神疾病而无家可归这一问题对美国国家精神卫生系统和整个社会来说还是非常复杂且令人困扰的。

因精神疾病而无家可归的人

许多无家可归的人都有严重的心理问题，但心理健康和社会服务系统并没有给予他们足够的关注。

去机构化：一项仍未兑现的承诺

虽然去机构化可能还没达到预期的成果，但已经有很多成功的社区项目可以使用了。不过，这些项目仍然经费不足，也很难触及很多需要持续社区支持的人。要想兑现去机构化的承诺，就要为患者提供持续的护理，以及获得像样的住房、有报酬的工作及社交和职业技能训练的机会。大多数有严重精神障碍的人，如精神分裂症患者，都会住在社区，但只有大约一半的人正在接受治疗（Torrey，2011）。

有些颇具前景的全新服务可以改善对慢性心理障碍患者的社区护理情况，如心理社会康复中心、家庭心理教育团体、保障性住房、职业发展项目及社交训练项目。但是，这些服务还是太少了，难以满足很多可能从中获益的患者的需要。社区心理健康运动要想兑现其最初的承诺，就必须扩大社区支持的力度，并获得充足的经费支持。

1.3 关于异常行为的当代观点

我们在前面提到过，附体或鬼神学的观点一直持续到 18 世纪，那时社会开始转向用理性和科学来解释自然现象和人类行为。彼时，刚刚兴起的生物学、化学、物理学和天文学从观察和实验的科学方法中获得

知识。科学观察也发现了某些疾病的微生物原因并提出了一些预防方法。与此同时，一些关于异常行为的科学模型也逐渐开始出现，包括代表生物学、心理学、社会文化和生物–心理–社会观点的模型。我们在本章会简单介绍以上几种模型，它们出现的历史背景则会在第 2 章有更全面的探讨。

1.3.1 生物学观点

描述异常行为的医学模型。

随着医学的发展，德国医生威廉·格里辛格（Wilhelm Griesinger，1817—1868 年）提出了一种新的观点，即异常行为的根源是脑部疾病。格里辛格的观点影响了另一位德国医生埃米尔·克雷佩林（Emil Kraepelin，1856—1926 年），他在 1883 年撰写了一本极具影响力的精神病学教科书。在该书中，他将精神障碍类比为躯体疾病。格里辛格和克雷佩林的贡献为现代医学模型的发展铺平了道路，该模型试图用生物缺陷或生理异常而非邪恶的精神来解释异常行为。根据医学模型，那些举止异常的人承受着由精神疾病或精神障碍造成的痛苦，医生可以根据这些疾病独特的病因和症状对其进行分类。虽然采用医学模型的人并不认为每种精神障碍都是生物缺陷的产物，但他们坚持认为将异常行为以其独有的特征或症状为基础进行分类是有价值的。

克雷佩林将精神障碍或精神疾病分为两种主要类型：**早发性痴呆**［Dementia Praecox，该词词根的意思是"早熟的（过早的）精神失常"］，现在被称为精神分裂症；躁狂–抑郁性精神病（Manic-Depressive Insanity），现在一般被称为双相障碍（Zivanovic & Nedic，2012）。克雷佩林认为，早发性痴呆是由体内生物化学物质失衡导致的，而躁狂–抑郁性精神病则是由机体新陈代谢异常引起的。他的主要贡献是建立了一套精神疾病分类系统，为现在的诊断系统奠定了基石。

19 世纪末，异常心理的医学模型得到了支持。因

为人们发现在梅毒的晚期阶段，导致疾病的细菌能够直接侵入大脑，并导致一种名为**麻痹性痴呆**（General Paresis，源自希腊语 "Parienai"，意思是 "放松"）的异常行为。麻痹性痴呆会伴随一些躯体症状和心理障碍，包括人格和心境的改变，以及渐进性的记忆功能和判断力的衰退。后来，随着治疗梅毒的抗生素的问世，这种疾病已变得极为罕见。

由于历史原因，科学家对麻痹性痴呆似乎比较感兴趣。由于发现了麻痹性痴呆和梅毒之间的关系，科学家乐观地认为，其他类型的行为紊乱的生物学原因也会很快被发现。随后，阿尔茨海默病（将在第 14 章讨论）——一种脑部疾病，是引发痴呆的主要原因——的发现进一步支持了医学模型。但是，现在我们已经知道，大多数心理障碍其实是诸多复杂因素相互作用的结果。科学家至今尚在努力地探索其中很多重要的影响因素。

变态心理学中的很多术语都被 "医学化" 了。因为受到医学模型的影响，我们常常说行为异常的人是精神疾病患者，也常常提及异常行为的症状，而非其特点或特征。另一些受医学模型影响的术语包括**综合征**（Syndrome），它被用来表示某种特定疾病或病况的一组症状群；还有精神卫生（心理健康）、诊断、患者、精神病院、预后、治疗方法、治疗、治愈、复发和缓解期等。

与鬼神学模型相比，医学模型是一个重大进步。该模型认为，异常行为应该由具备相关知识的专业人士治疗而非被惩罚，它用慈悲取代了厌恶、恐惧和迫害。但是，医学模型也引发了争议，那就是某种异常行为到何种程度才应该被视作精神疾病。我们将在下文的 "批判性思考" 专栏中讨论什么是异常行为。

1.3.2　心理学观点

识别异常行为的主要心理学模型。

虽然医学模型在 19 世纪产生了一定的影响，但

一些科学家提出了异议，他们认为仅凭器质性因素不能充分地解释多种异常行为类型。在法国巴黎，当时备受尊敬的神经病学家让 – 马丁·沙可（Jean- Martin Charcot，1825—1893 年）尝试利用催眠的方式治疗歇斯底里症（Hysteria，又被称为癔症），这种疾病以无法用器质性病变解释的瘫痪或肢体麻木为主要特征（有趣的是，歇斯底里症在维多利亚时期很常见，但现在已经很罕见了）（Spitzer et al.，1989）。当时的主流观点认为，歇斯底里症患者的神经系统出现了问题，从而引发了症状。但是，沙可及其助手示范了通过催眠暗示将歇斯底里症患者身上的症状移除的方法，反过来，他们也可以在普通患者身上诱导出歇斯底里症的症状。

在当时观看沙可演示的观众中，有一位年轻的奥地利医生，名叫西格蒙德·弗洛伊德（Sigmund Freud，1856—1939 年）（Esman，2011）。弗洛伊德通过推理认为，如果歇斯底里症的症状可以通过催眠术消除或出现——仅仅是 "观念上的暗示"——那么这些症状肯定源于心理因素而非生物学因素（Jones，1953）。弗洛伊德总结道，无论是什么心理因素导致了歇斯底里症，它们都存在于清醒的意识领域之外。这个领悟开启了异常行为的首个心理学观点，即**心理动力学模**

Bettmann/Getty Images

沙可在进行临床教学

巴黎神经病学家让 – 马丁·沙可展示了一位女患者，她表现出歇斯底里症中具有戏剧性的行为，如瞬间陷入昏厥状态。沙可对年轻的西格蒙德·弗洛伊德产生了重要的影响。

型（Psychodynamic Model）。对于与沙可相处的那段经历，弗洛伊德这样写道："我被这样一种可能性冲击，即某种力量强大的心理过程隐藏在人类的意识之外（Sulloway，1983）。"

同时，弗洛伊德还受到比他年长 14 岁的维也纳医生约瑟夫·布洛伊尔（Joseph Breuer，1842—1925 年）的影响。布洛伊尔也使用催眠的方式治疗了一位名叫安娜·O 的 21 岁女孩，她有一些歇斯底里症式的困扰，如肢体瘫痪、感觉麻木及视觉和听觉受到干扰，却无法找到任何明确的医学原因（Jones，1953）。安娜·O 是布洛伊尔的患者，但弗洛伊德对她进行了一些探索和研究。她自觉颈部"瘫痪的"肌肉让她无法转动头部，左手手指不能移动让她无法自己进食。布洛伊尔认为她的症状有很强的心理因素。他鼓励安娜·O 谈论自己的症状，有时是在催眠状态下进行。通过回忆和谈论与症状出现相关的事件——特别是引发恐惧、焦虑或内疚感觉的事件——安娜·O 的症状得到了缓解，至少在一段时间内是这样。安娜·O 将治疗称为"谈话治疗"，或者半开玩笑地将其称作"扫烟囱"。

歇斯底里症的症状被认为代表着那些被压抑的情绪（即被遗忘但并未消失的情绪）转换成了躯体不适。在安娜·O 的案例中，当把情绪带到表面并"移除"时，症状就消失了。布洛伊尔将治疗效果称为"宣泄"（Catharsis，来自希腊语"Kathairein"，意思是"清洁或净化"），即情绪的净化与释放。

弗洛伊德提出的理论模型是历史上第一个针对异常行为的心理模型。我们将在第 2 章看到，其他有关异常行为的心理学观点很快会出现，如行为主义、人本主义和认知取向模型。每个模型及当代医学模型都带来了一系列治疗心理障碍的特定方法。

1.3.3 社会文化观点

描述关于异常行为的社会文化观点。

在理解异常行为的根源时，我们是否应该考虑行为发生的更广泛的社会背景呢？社会文化理论家认为，异常行为可能是由社会而非个人原因造成的。相应地，心理问题也可能根植于社会的弊病，如失业、贫穷、家庭破裂、不公平、被忽视和缺少机会。社会文化因素还关注心理健康与社会因素之间的关系，如性别、社会阶层、种族和生活方式等诸多因素。

社会文化理论家也观察到，一旦一个人被贴上"精神疾病"的标签，这个标签就很难被摘除。它还会歪曲其他人对"患者"的反应。那些被归类为"精神疾病患者"的人被污名化和边缘化。工作机会消失，友谊破裂，"患者"会更加感到被社会孤立。社会文化理论家让人们关注被贴上"精神疾病患者"标签的社会后果。他们认为，社会需要为那些长期有心理或精神健康问题的人提供获得有意义的社会角色的机会，而不是将他们边缘化。

1.3.4 生物 - 心理 - 社会观点

描述关于异常行为的生物 - 心理 - 社会观点。

异常行为模式是否太过复杂，以至于无法用任何一种模型或观点来理解？很多心理健康专业人士都认

Scherl/Sueddeutsche Zeitung/Alamy Stock Photo

Interfoto/Personalities/Alamy Stock Photo

西格蒙德·弗洛伊德（左图）和
贝莎·帕彭海姆（安娜·O，右图）

照片上的弗洛伊德大约 30 岁。贝莎·帕彭海姆（Bertha Pappenheim，1859—1936 年）在心理学文献中更多是以"安娜·O"的名字被大家了解的。弗洛伊德认为，她的症状表明，她内心被压抑的情绪转换成了躯体不适。

为，将生物学、心理学和社会文化领域的因素都考虑进来是理解异常行为的最佳方法（Levine & Schmelkin, 2006）。

生物 – 心理 – 社会模型（Biopsychosocial Model），或者交互作用模型，正是本书理解异常行为根源的方法。我们认为，充分考虑心理障碍发展过程中的生物学、心理学和社会文化因素之间的相互作用是至关重要的。虽然我们对这些因素的理解不一定十分完整，

但我们必须考虑所有可能的联系、多种因素的影响及其相互作用。

有关心理障碍的观点不仅为解释也为治疗提供了框架（见第 2 章）。科学家可以通过这些视角进行预测或假设，抑或研究和探究异常行为的成因和治疗方法。例如，医学模型促进了对遗传和生物化学治疗的探究。接下来，我们将介绍心理学家和其他心理健康专业人士研究异常行为的方法。

批判性思考
什么是异常行为

正常行为和异常行为之间的界限在哪里？这个问题在心理健康领域和更广泛的社会中仍然是一个有争议的主题。与躯体疾病不同，心理障碍或精神障碍无法通过 X 线或血液样本检测出来。对这些障碍的分类基于临床判断，而非全部基于事实。而且，正如我们在前文中所指出的，这些判断会随着时间的推移发生改变，在不同的文化中也有所不同。例如，医学专业人士曾一度认为自慰是一种精神疾病。虽然直到今天，有些人还是站在道德的立场上反对自慰，但专业人士已经不再将其当作精神疾病来看待了。

我们不妨思考一下其他一些可能会模糊正常和异常之间界限的行为。例如，在身体上穿孔是异常行为吗，或者它只是一种时尚的表达（你觉得在身体上穿多少孔才算"异常"呢）？过度购物行为或过度使用网络是某种精神疾病的表现吗？欺侮是某种潜在心理障碍的症状吗，或者它只是一种不良行为？心理健康专业人士以我们下文提到的标准为基础做出他们的判断。但是，即便在专业人士的圈子里，关于某些行为究竟是否应该被归类为异常行为或精神障碍的争论仍在继续。

持续时间最长的争论之一是围绕同性恋议题展开的。美国精神医学学会（American Psychiatric Association）一直将同性恋归类为精神障碍，直到 1973 年。在那一年，该学会投票决定将同性恋从 DSM（将在第 3 章讨论）中去除。然而，这个决定在精神病学家中并未获得一致认可。很多人反驳道，这个决定更多的是受政治原因而非科学结果的推动。也有些人反对通过投票的方式做出这样的决定。毕竟，仅仅因为一次投票就把癌症从公认的医学疾病范畴中去除，这合理吗？难道不应该由科学标准而非大众投票来决定这类判断吗？

正误判断

尽管社会对同性恋的态度正在改变，但精神病学家至今仍将同性恋归类为一种精神障碍。

错误　1973 年，精神病学家已经将同性恋从精神障碍的名单中剔除了。

你是怎样认为的？同性恋是正常性取向中的不同类别，还是一种异常行为？你的判断有哪些依据和标准？你有哪些证据支持自己的想法呢？

在 DSM 体系中，判断个体是否患有精神障碍是基于行为模式是否伴随情绪困扰或（且）心理功能严重受损来进行的。研究者发现，与异性恋者相比，男

女同性恋者往往有更高的自杀率，并体验到更强烈的情绪困扰，尤其是焦虑和抑郁（Cochran, Sullivan, & Mays, 2003; King, 2008）。虽然同性恋者比异性恋者更容易出现心理问题，但这并不能说明这些问题一定是其性取向导致的结果。

同性恋青少年是在社会充满根深蒂固的偏见和怨恨的背景下了解自己的性取向的。在与不包容同性恋的社会文化的抗衡中，实现自我接纳是非常困难的，这会导致很多同性恋青少年考虑或尝试自杀。作为成年人，男女同性恋者常常忍受着社会对他们的偏见和消极态度，包括在向家人表明自己的性取向（出柜）后得到的消极反应。同性恋者遇到的一系列社会压力，如污名化、偏见和歧视等，可能会直接导致他们的心理健康出现问题（Meyer, 2003）。

从这个角度看，我们就不难理解为什么很多男女同性恋者会出现心理问题了。正如临床心理学领域的权威人物 J. 迈克尔·贝利（J. Michael Bailey, 1999）所写："毫无疑问，处在一个会因同性恋而遭到鄙视、嘲笑，并因此而感到哀伤和恐惧的社会中，年轻人肯定很难面对自己的同性恋倾向。"

我们要接受"社会的不包容是引发同性恋者心理问题的根源"这一说法吗？批评者认为，我们应该认识到其他因素也在起作用。为什么同性恋者更容易出现心理问题，尤其是自杀倾向？为

Pololia/Fotolia
同性恋是精神障碍吗

美国精神医学学会将同性恋划分为精神障碍，这种状况一直持续到 1973 年。要想判断某种行为模式是否为精神障碍或心理障碍，应该参照哪些标准呢？

了对这个问题做出判断，科学家还需要更多证据。

我们不妨想象这样一个社会，在这个社会中，同性恋是正常的，而异性恋者被排斥、鄙视或嘲笑。在这样的社会中，我们会发现异性恋者更容易出现心理问题吗？这样的证据会让我们认为异性恋是一种精神障碍吗？你是怎么认为的？

在对这一议题进行批判性思考时，请尝试回答以下问题。

- 你如何判断某个行为（如社交场合下的饮酒、购物或上网行为）是否越过了从正常到异常的界限？
- 你有没有一套在所有情况下通用的评估标准？你的标准和本书中提到的标准有什么不同？
- 你认为同性恋是异常的吗？为什么是或为什么不是？

1.4 变态心理学的研究方法

变态心理学是科学心理学的一个分支，这一领域的研究基于科学方法（Scientific Method）的应用。在探索科学方法的基本步骤前，让我们先来了解一下科学的四个首要目标：描述、解释、预测和控制。

1.4.1 科学的目标：描述、解释、预测和控制

识别科学的四个首要目标。

要想理解异常行为，我们必须首先学习如何描述它。描述异常行为可以让我们认识它，并为解释它提供基础。描述应该是简洁明了、客观公正的，并且应

基于认真的观察。让我们一起来看一个片段，你可以把自己当作下文提到的这个心理学研究生，此时教授要求你描述放在桌子上的一只实验小白鼠的行为。

想象你是一名新入学的心理学研究生，你在本学期开学的第一天坐在研究方法课堂的教室里。授课的是一位大约 50 岁的杰出女教授，她走进教室，手里拿着一个笼子，里面装着一只小白鼠。教授把小白鼠从笼子里拿出来，放在桌子上。她要求学生们观察小白鼠的行为。你是一名认真的学生，你密切地关注着小白鼠的一举一动。这只小动物移动到桌子边缘，停下来，越过边缘往下看，似乎在用它的胡须颤动着触碰桌面。它沿着桌子的边缘活动，不时停下来朝着桌面颤动胡须。

教授将小白鼠拿起来，放回笼子里。她让学生们描述这只小动物的行为。

一名学生回应道："这只小白鼠似乎在寻找逃跑的路线。"

另一名学生说："它在侦察周围的环境。""侦察？"你心里想，这名学生是看了太多有关战争的电影了吧。

教授把每个人的回应都写到了黑板上。一名学生举起手，并说道："这只小白鼠正在环顾它所处的环境，它可能在寻找食物。"

教授鼓励所有人说出自己的想法。

"它在四处张望。"一名学生说。

"它正在逃跑。"另一名学生说。

到你了。你努力想让自己的回答科学一点，于是你说："我们不知道它的动机是什么，我们所知道的仅仅是它在环顾周围的环境。"

"它是如何做的？"教授问。

"通过视觉。"你自信地回答。

教授写下这个回答，然后转向学生们，摇了摇头。"每个人都观察了这只小白鼠，"她说，"但是，没有一个人描述它的行为。相反，大家做出了一些推测，例如，小白鼠'在寻找逃跑的路线'，或者'环顾它所处的环境'，或者'寻找食物'，等等。这些推测并非完全没有道理，但它们是推测，而不是描述。这些推测有可能都是错的。你们知道吗，这只小白鼠根本看不见。它从一出生就看不见。它不可能四处张望，至少不能用它的视觉。"

这个有关盲鼠的片段说明我们对行为的描述可能会受自身期望的影响。我们的期望反映的是我们对行为的先入之见或我们所信奉的理论模型，而这些可能会让我们以某种特定的方式看待事件，如小白鼠的运动和其他人的行为。用"环顾"和"寻找"某种东西描述教室里的小白鼠是一种推论，我们基于动物如何探索环境的理论模型对观察做出了推测或得出了结论。描述需包含一系列精确的叙述，例如，这只小动物围绕桌子运动，它向每个方向移动了多远，它暂停了多长时间，它是怎么把自己的头从一边移向另一边的，等等。

不过，推论在科学中也很重要。推论让我们从具体事例跃至一般规律——提出行为的法则和原理，最后构建出行为的模型或理论（Theory）。如果不通过模型和理论对现象进行描述，那些毫无联系的、零乱的观察就会令我们感到十分困惑。

理论可以帮助科学家解释令人困惑的数据，并预测未来的情况。预测那些可能影响某些事件出现的因素很重要。例如，地质学研究寻找那些影响地球引力的线索，这可以预测像地震和火山爆发这样的自然事件。研究异常行为的科学家会探索那些蕴藏在外显行为、生物学过程、家庭互动中的线索，用以预测异常行为的进一步发展，同时寻找那些可以预测个体对不同治疗方法的反应的因素。虽然理论模型可以帮助科学家解释或理解已经发生的事件或行为，但这还远远不够。有效的模型和理论必须能够预测某些行为的发生。

控制人类行为（尤其是具有严重问题的人的行为）的想法备受争议。美国社会对待异常行为的历史，包括驱魔和残酷的身体约束等虐待，使控制人类行为的想法变得尤为令人难以忍受。但是，在科学范围内，"控制"这个词并不意味着人们像牵线木偶一样因受到胁迫而服从他人的命令。例如，心理学家会尊重个体的尊严，而人类尊严这个概念要求人们可以自由地做出决定和选择。在这样的背景下，控制行为意味着使用科学知识帮助人们达成自己的目标，并更有效地利用自身的资源来完成这些目标。在当今的美国，即使是帮助专业人士约束那些受到严重困扰的人，其目标也是帮助他们克服易激惹的情绪、重新获得做出有意义的选择的能力。伦理规范明令禁止在研究或实践中使用具有伤害性的方法。

包括心理学家在内的各类科学家都会使用科学方法来提高对异常行为进行描述、解释、预测和控制的能力。

1.4.2 科学方法

识别科学方法中的四个基本步骤。

科学方法旨在通过收集客观的证据来检验关于世界的假设和理论。收集客观的证据需要具备缜密的观察和实验方法。现在，让我们一起来看一下在实验中使用科学方法的一些基本步骤。

1. **提出研究问题**。科学家一般会基于以往的观察和现有的理论来提出研究问题。例如，心理学家会基于对抑郁障碍的临床观察及其潜在机制的理论认识提出研究问题，如某种实验性药物或某种特定的心理治疗方法是否有助于人们克服抑郁障碍。

2. **用假设的形式表述该研究问题**。假说（Hypothesis）是有待通过实验进行检验的预测。例如，科学家可能会假设，假如给临床抑郁障碍患者服用某种实验性药物，其抑郁症状会比服用安慰

剂（糖丸）得到更好的改善。

3. **检验该假设**。科学家会通过实验来检验假设，这需要控制研究变量并观察其中的差异。例如，科学家会给一组抑郁障碍患者服用某种实验性抗抑郁药物，同时给另一组抑郁障碍患者服用安慰剂，以此来检验关于实验性药物有效性的假设。通过这样的方式，他们就可以检验出在一段时间内服用实验性抗抑郁药物的人是否会比服用安慰剂的人有更明显的症状改善。

4. **得出该假设的相关结论**。在最后阶段，科学家会根据他们的研究发现得出关于假设准确性的结论。心理学家会使用统计学方法确定组间差异是否显著。对心理学家来说，当两组数据之间不存在真实差异的概率（或可能性）小于 5% 时，即可合理地判定观察到的组间差异是显著的。当经过精心设计得出的研究结果无法证实该假设时，科学家就会重新思考该假设背后的理论。所以，新的研究发现往往会带来对理论的修正，继而让科学家提出新的假设，并推动相关的后续研究。

在讨论心理学家和其他人研究异常行为所使用的主要研究方法之前，让我们先来了解一下研究中的伦理原则。

1.4.3 研究中的伦理原则

识别指导心理学研究的伦理原则。

伦理原则是用于保障个人尊严、保护人类福祉和保持科学诚信的基本准则（APA，2002）。心理学家的职业伦理规范禁止他们使用可能对研究对象或来访者的心理或身体造成伤害的方法。心理学家也必须遵守伦理原则，在研究中保护作为研究对象的动物。

美国的大学和医院等机构都建有审查委员会，被称为机构审查委员会（Institutional Review Boards，IRBs），它们会根据伦理原则对研究提案进行审查。研

究项目必须在机构审查委员会批准后才能开始。伦理原则中的两个重要原则是知情同意（Informed Consent）原则和保密（Confidentiality）原则。

知情同意原则要求人们有权自由选择是否参与研究。被试必须充分了解研究的目的和方法、研究的风险和益处，他们对是否参与研究的决定是在充分知情的情况下做出的。被试有权在任何时候自由退出研究而不受到任何惩罚。在某些情况下，研究者会保留或隐瞒一些信息，直到所有数据收集完成。例如，在实验性药物的安慰剂对照研究中，研究者告诉被试他们可能会服用安慰剂（Placebo），而非药物。在信息有所保留或隐瞒的研究结束后，研究者必须告知被试真实情况。也就是说，被试必须得到关于研究的真实方法和真实目的及为什么事先隐瞒他们等信息。研究者要在研究结束后根据服用安慰剂的被试的意愿为其提供服用药物的选择。

被试还拥有自己的身份不被暴露的权利，也就是研究者必须遵守保密原则，安全存放被试的研究记录，并且不将他们的身份信息透露给其他人。

美国联邦政府规定，大多数将动物用于研究的机构必须成立一个动物护理与使用委员会，以监督对动物进行人道护理和治疗的程序，并检查饲养动物的相关设施。下面，我们将讨论异常行为的研究方法。

1.4.4　自然观察法

解释自然观察法的作用，并描述其主要特征。

在使用自然观察法（Naturalistic Observation Method）的研究中，研究者会在行为发生的地方实地观察行为。人类学家通过在未开化的社会中观察人们的行为模式来研究人类的多样性。社会学家会在城市中追踪青少年群体的活动。心理学家会花几周的时间在火车站和公交车站观察那些无家可归者的行为，他们甚至还会观察身材苗条的人和体重超标的人在快餐店的饮食习惯，从而寻找导致肥胖的线索。

PhotoAlto Agency RF Collections/Alix Minde/Getty Images

自然观察

在自然观察中，心理学家会在街道、家庭、餐馆、学校及其他可以直接观察行为的场所进行研究。例如，心理学家会不引人注目地待在学校的操场上，观察那些好斗或有社交焦虑的孩子是如何与同伴互动的。

科学家会努力让自己在自然观察现场不引人注目，从而最大限度地减少自己对所观察行为的干扰。然而，观察者的出现可能会影响被观察的行为，这一影响因素也必须被考虑进来。

自然观察可以提供有关人们行为的信息，但无法揭示人们为什么会这样做。例如，它可能显示经常出入酒吧和喝酒的人会打架斗殴，但这些观察结果并不表明酒精会直接导致攻击性的产生。正如我们接下来要介绍的，因果问题最好通过对照实验的方法加以探索。

1.4.5　相关法

解释相关法的作用，并描述其主要特征。

在研究异常行为时，科学家常用到的一个方法就是相关法（Correlational Method），它涉及使用统计学方法来考察两个或多个变化的因素之间的关系，这些因素被称为变量。例如，我们将在第 7 章看到负性思维和抑郁症状之间存在统计学上的关系或相关性。用于表达两个变量之间的关系或相关性的统计量被称为**相关系数**（Correlation Coefficient），其取值范围在 -1.00 ～ +1.00。如果一个变量（负性思维）的数值越高，另一个变量（抑郁症状）的数值也越高，这两个变量之间就呈正相关。如果一个变量的数值越高，另一个变量的数值就越低，则二者之间呈负相关。正相关用正号表示，负相关用负号表示。相关系数越高（越接近 -1.00 或 +1.00），变量之间的关系就越紧密。

相关法并不涉及操纵研究者感兴趣的变量。在上面的例子中，研究者并没有操纵人们的抑郁水平或负性思维。相反，他们只是使用统计学方法来考察这些变量之间是否有关系。因为研究者没有直接操纵变量，所以两个变量之间的相关性并不能证明它们之间存在因果关系。两个变量之间可能存在相关关系，却不存在因果关系。例如，儿童脚的尺码与他们的词汇量相关，但脚的尺码变大并不会导致词汇量的增加。我们将在第 7 章看到，抑郁症状和负性思维之间存在相关性。虽然负性思维可能是导致抑郁的一个因素，但其因果关系也可能是反方向的，即可能是抑郁导致了负性思维。又或者，因果关系可能是双向的，即负性思维导致了抑郁，而抑郁反过来又影响了负性思维。此外，抑郁和负性思维可能都反映了一个共同的致病因素，如压力，而它们之间并不存在因果关系。总而言之，我们不能只从相关关系来推断变量之间是否存在因果关系。如果要回答因果关系的问题，研究者就需要使用实验法。在该研究方法中，研究者要对一个或多个变量进行操纵，并且在控制条件下观察它们对其他变量或结果变量的影响。

虽然相关法不能确定因果关系，但它仍能完成预测这一科学目标。如果两个变量是相关的，科学家就可以用一个变量预测另一个变量。虽然因果关系复杂且有些模糊，但对相关关系的认识也能帮助科学家进行预测。例如，对酗酒、家族史和饮酒的态度三者之间的相关性的了解，可以帮助科学家预测哪些青少年更容易出现饮酒问题。了解哪些因素能预测未来的问题有助于针对高风险人群采取直接的预防措施。

纵向研究

纵向研究（Longitudinal Study）是相关研究的一种类型，在这类研究中，被试在一段时间内需要接受周期性的测试或评估，可能为期几十年。通过对被试进行长时间的研究，研究者试图找出可以预测异常行为模式（如抑郁障碍或精神分裂症）发展的因素或事件。预测是基于出现在不同时间点的事件或因素之间的相关性进行的。但是，这类研究耗时太长又花费不菲，它需要的时间可能比初始研究者的寿命还长。所以，长期的纵向研究相对来说并不常见。在第 11 章，我们会介绍一项广为人知的纵向研究——丹麦的一项追踪母亲患精神分裂症且自己也处在高患病风险中的儿童的研究。

1.4.6　实验法

解释实验法的作用，并描述其主要特征。

实验法（Experimental Method）让科学家得以阐述因果关系，在这种方法中，科学家会在将其他可用于解释结果的因素的影响控制在最低程度的条件下操纵因果因素，并测量其影响。

"实验"这个术语可能会引起一些困惑。概括地说，一项实验是对一个假设的试验或检验。从这个观点来看，任何用于检验假设的方法都可以被看作实验，包括自然观察法和相关法。但是，研究者通常会将"实验法"这个术语的使用限定在旨在通过操纵可能的因果因素来揭示因果关系的研究上。

在实验研究中，研究者会操纵或控制那些被假设为原因的因素或变量，它们被称为**自变量**（Independent Variable）。为了确定操纵自变量的效果而被观察的因素则被称为**因变量**（Dependent Variable）。实验者测量而非操纵因变量。表 1-1 列出了研究者在对异常行为的研究方面感兴趣的自变量和因变量示例。

表 1-1　实验研究中的自变量和因变量示例

自变量	因变量
治疗类型：不同类型的药物治疗或心理治疗	行为变量：对适应能力、活动水平、进食行为、吸烟行为的测量
治疗因素：短程治疗或长程治疗、住院治疗或门诊治疗	生理变量：对心率、血压和脑电波活动等生理反应的测量
实验操纵：饮用饮料的类型（含酒精或不含酒精）	自评变量：对焦虑、心境、婚姻或生活满意度的测量

在一项实验中，被试会接受自变量的影响——例如，他们在实验室环境下饮用的饮料类型（含酒精或不含酒精）。然后，实验者会观察或检查这个自变量是否会对他们的行为产生不同的影响，或者更准确地说，这个自变量是否会影响因变量。例如，如果他们饮用的是含酒精的饮料，那么他们的行为是否会更具攻击性。实验需要足够数量的被试，以便检测出实验组之间统计学意义上的差异。

实验组和对照组

控制良好的实验会将被试随机分配到实验组和对照组（Mauri，2012）。实验组（Experimental Group）会接受实验处理，对照组（Control Group）则不会。两组在其他条件上保持一致。通过随机分配（Random Assignment）和保持其他条件一致，实验者就可以得出结论，是实验处理而非未被控制的因素（如室温或实验组和对照组之间被试类型的差异）解释了实验结果。

为什么实验者要将被试随机分配到实验组和对照组呢？试想一下，在一项考察酒精对行为影响的研究中，假设我们让被试自己决定他们是进入实验组（喝含酒精的饮料），还是进入对照组（喝不含酒精的饮料），这样，两组之间的差异可能就是由潜在的选择因素（Selection Factor）而非实验操纵造成的。

那些选择了含酒精饮料的被试可能在人格上与选择了不含酒精饮料的被试有所不同，例如，他们可能更愿意探索或冒险。因此，实验者就无法得知是自变量（饮料类型）还是选择因素（两组被试类型的差异）最终导致了所观察行为的差异。随机分配的方式通过确保被试的特征在两组中随机分布来控制选择因素。

因此，推测组间差异源于两组所接受的处理不同而非组成两组的被试之间的差异就是合理的。当然，显著的处理效果也可能源于被试对他们所接受的处理的期望，而非处理本身的有效成分。换句话说，知道自己饮用的是含酒精的饮料可能会影响你的行为，这与含酒精的饮料本身的作用之间存在巨大的区别。

控制被试的期望

为了控制被试的期望，实验者会采用一些程序，使被试处于盲态（Blind）或不让他们知晓自己正在接受何种处理。例如，在一项检验某种抗抑郁药物的研究中，被试并不知道自己接受的是活性药物还是安慰剂（一种与活性药物外形相似的非活性药物）。实验者会使用安慰剂来控制这样一种可能性，即治疗效果源于个人的期望而非药物本身的化学成分或具体的心理治疗技术（Espay et al.，2015；Schabus et al.，2017）。

在单盲安慰剂对照研究（Single-Blind Placebo-Control Study）中，被试被随机分配到两个处理条件中——接受活性药物（实验条件）或非活性安慰剂（安慰剂控制条件），但他们对自己究竟接受了何种处理是不知情的。另外，让实验者对被试接受了哪种物质也保持不知情同样很重要，这样可以避免结果受到实验者自身期望的影响。因此，在双盲安慰剂对照研究（Double-Blind Placebo-Control Study）的情况下，实验者和被试都不知道被试是接受了活性药物还是安慰剂。

双盲研究同时控制了被试和实验者的期望。但单盲和双盲研究的一个主要局限在于，被试和实验者有时可以"看穿"单盲或双盲设计。副作用或明显的药物效果、安慰剂和活性药物之间不同的味道或气味，都可能为识别活性药物提供线索，从而导致双盲设计像有缝隙的百叶窗一样。尽管如此，双盲安慰剂对照设计仍然是最严谨、最常用的一种实验设计，尤其是在药物治疗研究方面。

一般来说，安慰剂效应（Placebo Effect）在有关疼痛或消极情绪状态（如焦虑和抑郁）的研究中最明显（Meyer et al.，2015；Peciña et al.，2015）。一个可能的原因是，与那些通过客观手段测量的生理因素（如血压）相比，疼痛和情绪状态等主观体验会更多地受到暗示的影响。最近的一些研究表明，即使人们被告知自己所服用的是安慰剂，他们也会报告疼痛有所缓解，这无疑是可以充分说明暗示力量的一个例子（Kam-Hansen et al.，2014；Locher，Nascimento，et al.，2017；Schafer，Colloca & Wager，2015）。在试图解释安慰剂对缓解疼痛的作用机制时，研究者怀疑服用安慰剂在阻断疼痛信号传至大脑或促进内啡肽释放方面的作用与止痛药类似，内啡肽是大脑中具有镇痛作用的天然化学物质（Fox，2014；Marchant，2016）。

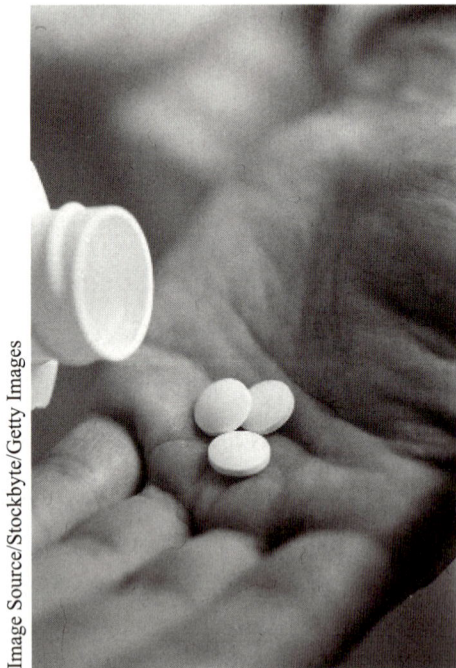

Image Source/Stockbyte/Getty Images

我们可以给你提供一剂安慰剂吗

你是否觉得服用安慰剂有助于缓解疼痛，即使疼痛患者知道他们正在服用的是安慰剂？

正误判断

在最近的一项实验中，疼痛患者表示，即使他们被告知自己服用的药片只是安慰剂，他们还是感觉疼痛有所缓解。

正确　即使被试被告知正在服用安慰剂，安慰剂效应也可能会出现。

安慰剂对照组也在心理治疗研究中被用于控制主观期望。举例来说，如果你要研究治疗方法 A 对心境的作用，那么你可以将被试随机分配到接受新疗法的实验组或（没有接受治疗的）对照组。但是，在这种情况下，实验组可能会因参与治疗产生的期待（而非实验者所使用的某种治疗方法）而表现出更大幅度的改善。反观对照组，虽然被试会因时间的推移表现出积极的变化，但这并不是因为对治疗成功有主观期望而产生的安慰剂效应。

为了控制安慰剂效应，实验者有时会使用注意安慰剂（Attention-Placebo）对照组。在这个组中，被试会接受一种可靠或可信的治疗，这种治疗包含所有治疗方法共有的非特异性因素（如来自治疗师的关注和情感支持），但不包含积极治疗方法中的特定治疗成分。一般来说，注意安慰剂治疗会用对被试问题的一般性讨论来替代实验性治疗中的特定治疗成分。但遗憾的是，虽然实验者可以对接受注意安慰剂的被试进行盲态处理，不让他们知道自己是否正在接受实验性治疗，但他们的治疗师一般都能意识到自己正在实施哪种治疗方法。因此，注意安慰剂方法可能无法用来控制治疗师的期望。

实验效度

实验研究的好坏通常要看它们是否有效或可靠。效度有很多方面，包括内部效度、外部效度和结构效度。我们在第 3 章将会看到，"效度"这个术语也适用于测验和测量的范围,它是指这些测量工具在多大程度上测量了它们想要测量的东西。

当观察到因变量的变化是由自变量或治疗变量的变化引起时,实验就具有了 **内部效度**(Internal Validity)。假设一组患有抑郁障碍的被试接受了一种新型抗抑郁药物治疗(自变量),而且在一段时间后,实验者观察到他们心境和行为的变化(因变量)。治疗进行了几周后,实验者发现大多数被试的状况都有所改善,并声称这种新型药物是治疗抑郁障碍的有效方法。但不要这么武断地下结论!实验者怎么知道是自变量而不是其他因素使被试的状况得到改善呢?也许,被试的病情是随时间的推移自然好转的;也许,他们状况的改善是由其他事情引起的。实验缺乏内部效度在一定程度上是因为实验者没有控制好其他因素(被称为"混淆变量",或者对效度的威胁因素),而这些因素可能会对结果提出对立假设。

实验者通过将被试随机分配到治疗组或对照组来控制备择假设(Mitka,2011)。随机分配有助于确保被试的相关属性(如智力、动机、年龄、种族等)在组别之间是随机分布的,而不是某一组被试拥有更多某些属性。通过将被试随机分配到不同组别,实验者可以确信,治疗组和对照组之间的显著差异反映的是自变量(治疗)的影响,而非混淆的选择因素的影响。设计严谨的研究包含足够大的被试样本,并保证实验组和对照组之间的差异达到统计学上的显著水平。

外部效度(External Validity)是指实验研究的结果能否被推广到其他被试、环境和时间上。在大多数情况下,实验者对将某项研究的结果(例如,在抑郁人群样本中使用一种新型抗抑郁药物的效果)推广到更大的人群(所有抑郁的人)中感兴趣。样本对目标人群的代表性越好,研究的外部效度越高。例如,在研究城市中的无家可归者的问题时,研究者需要招募无家可归者的代表性样本,而非关注少量的可以参与研究的无家可归者,这是至关重要的。获得代表性样本

的一种方式是随机抽样。在随机抽样中,目标人群中的每一位成员被选中的机会都是一样的。

研究者可能希望将某个研究的结果通过重复的方式进行扩展,重复是指在其他环境下、从其他人群中抽取样本或在其他时间点重复进行实验的过程(Brandt et al.,2013;Cesario,2014;Simons,2014)。如果一种对多动(Hyperactivity)问题的治疗方法可能对农村贫困地区的儿童有帮助,而对富裕或城市地区的儿童没有帮助,那么这种治疗方法的外部效度可能就具有一定的局限性,即这种治疗方法不能被推广到其他样本或环境中。但这并不意味着这种治疗方法效果不佳,而是说它的效果只能在特定的人群或环境中才能发挥出来。

结构效度(Construct Validity)是一种概念上更高层次的效度,它是指治疗效果在多大程度上可以被自变量所代表的理论原理或理论构想所解释。例如,一种药物可能具有可以预测的效果,但并非研究者所认为的理论原因起了作用。

试想一个关于新型抗抑郁药物治疗的假设性实验研究。研究可能因为控制严格而具有内部效度,因为可以被推广到严重抑郁人群的样本中而具有外部效度。但是,如果药物并非因研究者所提出的原因而起作用,那么它就缺乏结构效度。也许,研究者猜测这种药物可以通过提高神经系统中某种化学物质的水平来发挥作用,但实际上这种药物是通过提高这些化学物质受体的敏感性而起作用的。我们可能会问:"那又怎么样呢?"毕竟,药物还是起作用了,从即时的临床应用方面来说的确如此。但是,更好地理解为什么这种药物有效可以增加我们对关于抑郁障碍的理论知识的了解,从而开发出更有效的治疗方法。

科学家或许永远也不会对研究的结构效度有明确的结论。他们认识到对结果的现有理论解释可能最终会被更好地解释这些发现的其他理论所推翻。

1.4.7　流行病学方法

解释流行病学方法的作用，并描述其主要特征。

流行病学方法（Epidemiological Method）考察的是异常行为在不同的环境或人群中出现的概率。流行病学研究的一种类型是**调查法**（Survey Method），该方法是通过访谈或问卷的形式开展的。通过调查，研究者可以确定不同的心理障碍在整体人群中的概率，也可以查明这些心理障碍在以种族、族裔、性别或社会阶层等因素分类的亚群体中的概率。某种心理障碍出现的概率可以用两种概念来表达：一是**发病率**（Incidence），指在一段时间内的新增病例数；二是**患病率**（Prevalence），指在一段时间内某种心理障碍在人群中的总病例数。所以，患病率同时包含了新增病例和持续存在的病例。

虽然流行病学研究不具备实验的效力，但它可以指向医学疾病和心理障碍的潜在原因。通过发现疾病或障碍在特定人群或地点中的"集群"，研究者可以确定这些高风险人群的特征。不过，流行病学研究无法控制选择因素。也就是说，它们无法排除这样一种可能性，即存在其他未知因素导致某一特定人群成为高风险人群。所以，流行病学研究必须考虑其他可能的原因，而且这些原因必须在未来的实验研究中得到检验。

样本和总体

在最理想的情况下，研究者会对所研究对象总体中的每一位成员进行调查，这样可以确保调查结果准确地代表了要研究的总体。而在实际情况中，除非所研究对象总体的定义非常狭窄（例如，指定研究对象的总体为跟你住在宿舍同一楼层的学生），否则对特定人群中的每一位成员进行调查即便不是完全不可能的，也是极其困难的。即便是人口普查员，也无法在总体人群中对人们进行逐一调查。所以，大多数调查都基于总体中的样本或子集。研究者在建立样本时必须确保这个样本能够充分地代表目标总体。例如，如果一位研究者希望通过访谈在夜间咖啡店里喝咖啡的人来研究当地社区的吸烟率，那么他很可能会高估当地真实的吸烟率情况。

获取代表性样本的一种方法是**随机抽样**（Random Sampling）。在随机抽样中，研究者所研究对象总体中的每一位成员都有同等概率被选中。流行病学家有时会通过在目标社区中对一定数量的家庭进行随机调查来建立随机样本。通过在美国各个社区的随机样本中重复这个过程，总体样本会接近总体美国人群，即便只是抽取了总体人群中的一小部分。

随机抽样经常会与随机分配相混淆。随机抽样是指在目标总体中随机选择个体参加调查或研究的过程。与之相反，随机分配（Random Assignment）是指研究样本中的成员被随机分配到不同的实验条件或处理方式中的过程。

1.4.8　血缘关系研究

解释血缘关系研究的作用，并描述其主要特征。

血缘关系研究试图研究遗传和环境在决定被试行为方面所起的作用。遗传在决定众多特质方面起着重要作用。我们的遗传结构使我们的行为成为可能（人类可以行走和奔跑），同时也对我们施加了限制（人类不能在没有人工设备的帮助下飞翔）。遗传不仅在决定我们的生理特征（如头发的颜色、眼睛的颜色、身高等特征）方面起作用，而且在我们的许多心理特征中扮演着重要角色。关于遗传的科学被称为遗传学。

基因是遗传的基石，调控着各种特质的发展。染色体是一种储存我们基因的棒状结构，存在于身体细胞的细胞核中。一个正常的人体细胞包含 46 条染色体，它们以成对（23 对）的形式组织在一起。染色体中包含大而复杂的脱氧核糖核酸（Deoxyribonucleic Acid，DNA）分子。基因沿着染色体的长度分段分布。科学家认为，一个人体细胞的细胞核中有高达 20 000～25 000 个基因（Lupski，2007；Volkow，2006）。

数字时代下的异常心理
用智能手机和社交媒体作为研究工具

电子技术为研究者提供了机会，使他们能够从人们的日常生活中收集实时数据，并筛选在线服务收集到的数据。利用这些技术，研究者正在将数据收集的范围扩展到实验室之外，或者超越使用传统调查方法的限制。他们使用智能手机从研究的参与者那里收集数据，通过给他们发送短信或电子信息提示，让他们在一天中的特定时间报告自己的行为、症状、情绪和活动。他们还从社交网站上挖掘数据。例如，康奈尔大学的研究者分析了超过 5 亿条 Twitter 信息，以了解推文中所用词语的情感基调（表达快乐的词语与表达悲伤的词语）在一天中是否会发生变化（Weaver, 2012）。事实上，人们倾向于在一天中的早些时候使用更积极的词语，而在一天中的晚些时候，推文则传达出更忧郁的基调。研究者迈克尔·梅西（Michael Macy）总结道，"我们发现人们在早餐时间最快乐，然后就开始走下坡路了"（Weaver, 2012）。也许早晨欢乐、下午忧郁的一个原因在于，当人们从平静的睡眠中醒来时，他们可能会感到精神焕发，但随着一整天的时间过去，他们会感到疲劳或有压力，好心情可能就会逐渐消失。

Cyberstock/Alamy Stock Photo

Twitter、Twitter，我现在心情如何

心理学家正在深入研究 Twitter 上的文章，以便更多地了解人们的情绪状态。他们发现，人们在一天中的早些时候发推文时，会倾向于使用表达快乐的词语。

正误判断

最近的证据表明，人体每个细胞的细胞核中都包含上百万个基因。

错误 虽然尚无人知道准确的数字，但科学家认为每个人体细胞的细胞核中存在 20 000 ～ 25 000 个基因。

由我们的遗传密码指定的一系列特质被称为**基因型**（Genotype）。我们的外表和行为不仅由我们的基因型决定，也受环境因素的影响，如营养、学习、锻炼、意外、疾病和文化。一系列可以被观察到或表达出来的特质被称为**表现型**（Phenotype）。一个人的表现型体现了遗传和环境的影响。拥有某种心理障碍基因型的人具有遗传易感性，这导致他们在面对应激性生活事件、身体和心理创伤或其他环境因素时更有可能发展出这种障碍（Kendler, Myers, & Reichborn-Kjennerud, 2011）。

血缘关系越近的人拥有的相同基因就越多。孩子分别从父亲和母亲处获得一半的基因。因此，父母中的一方与他们的后代之间在遗传基因上有 50% 的重叠。同样，同胞（兄弟姐妹）之间也有一半的基因是相同的。

如果遗传因素起作用，那么异常行为会在家族中遗传。为了确定异常行为是否具有遗传风险，研究者会锁定一个患有这种心理障碍的人，然后研究这种心理障碍在这个人的家族成员中是如何分布的。首先被诊断的个案被称为**索引病例**（Index Case）或**先证者**（Proband）。如果这种心理障碍在家族成员中的分布随这些成员与索引病例的血缘关系的远近而变化，那么这种心理障碍可能就存在遗传风险。但是，血缘关系越近的人生活在同样的环境背景下的可能性也越大。出于这个原因，双生子研究和寄养子研究的价值尤为突出。

双生子研究

有时，一个受精的卵细胞（即受精卵）会分裂成两个独立的细胞，这两个独立的细胞会成长为两个独立的个体。在这种情况下，基因构成几乎是 100% 重叠的，而这样的后代被称为同卵双生子或同一受精卵的双生子（Monozygotic Twin，MZ）。有时，女性在一个月里会排出两个卵细胞或卵子，并且这两个卵细胞都受精了。在这种情况下，受精卵会成长为异卵双生子或不同受精卵的双生子（Dizygotic Twin，DZ）。异卵双生子的基因构成存在 50% 的重叠，跟其他兄弟姐妹是一样的。

同卵双生子在研究遗传和环境的相对影响中非常重要，因为同卵双生子之间的差异是环境影响而非遗传影响的结果。在双生子研究中，研究者会识别出同卵双生子或异卵双生子中有特定障碍的个体，然后研究双生子中的另一个。如果同卵双生子（几乎拥有 100% 的基因重叠）比异卵双生子（拥有 50% 的基因重叠）更有可能同时患有某种障碍，那就表明遗传因素在起作用。同病率（Concordance Rate）这个术语是指双生子具有同样的特质或患有同种障碍的概率。接下来我们将了解到，研究者发现，对于某些异常行为模式，如精神分裂症和重性抑郁障碍，同卵双生子的同

Louis-Paul st-onge Louis/Alamy Stock Photo

双生子研究

同卵双生子的基因几乎 100% 相同，异卵双生子或其他兄弟姐妹之间的基因只有 50% 相同。如果能证实同卵双生子比异卵双生子更有可能患有同一种障碍，就会为这种障碍的遗传因素提供有力的证据。

病率要高于异卵双生子的同病率。

然而，即便在同卵双生子中，环境这一影响因素也无法被完全排除。例如，家长和老师常常会鼓励同卵双生子以相似的方式行事。换句话说，如果双生子中的一个做出了 X 行为，那么另一个也会被期待做出 X 行为。期望会以某种方式影响行为，并造成自证预言。因为双生子与一般人群之间存在差异，所以研究者在将双生子研究推广到更广泛的人群中时要非常谨慎。

寄养子研究

寄养子研究（Adoptee Study）为遗传因素影响心理特质和障碍的观点提供了有力的证据。试想一下，孩子在很小的时候——可能从出生开始——就被养父母养育。这些孩子虽然与他们的养父母拥有相同的环境背景，但没有相同的遗传基因。假设我们可以将这些孩子的特质和行为模式与其亲生父母和养父母进行比较，如果这些孩子的某些特质或障碍更接近其亲生父母而非养父母，那么我们就有足够的证据表明这些特质和障碍是受遗传因素的影响而产生的。

对分开养育的同卵双生子的研究为异常行为的形成过程中遗传和环境的相对作用提供了更加强有力的证据。但是，这种情况十分罕见，现有的文献中只有很少的几个例子。虽然寄养子研究可能代表了用于解释异常行为模式中遗传因素的最有力证据来源，但我们应该认识到，寄养子并非一般人群中的典型情况，正如双生子一样。在下文中，我们将探讨寄养子研究和其他血缘关系研究在寻找许多心理疾病的遗传和环境影响方面所发挥的作用。

1.4.9 个案研究

解释个案研究的作用，并描述其局限性。

个案研究在异常行为的理论发展和治疗方面产生了重要影响。弗洛伊德主要就是基于个案研究（如安娜·O 的案例）发展他的理论模型的。同样，支持其他

理论观点的治疗师也报告了各自的个案研究。

个案研究的类型

个案研究（Case Study）是对个体进行深入的研究。一些个案研究是基于历史资料进行的，涉及那些已经去世数百年的个体。例如，弗洛伊德曾对文艺复兴时期的艺术家和发明家列奥纳多·达·芬奇（Leonardo da Vinci）进行了个案研究。更常见的情况是，个案研究反映了对个体治疗过程的深入分析。这些研究通常包含个体的背景和对治疗反应的详细资料。治疗师试图从某位来访者的治疗经历中搜集信息，以期对其他治疗师治疗类似的来访者有所帮助。

正误判断

可以对去世的人进行个案研究。

正确　有研究者曾经对已经去世数百年的人进行个案研究，如弗洛伊德对达·芬奇的研究，这样的研究基于历史记录而非访谈。

尽管个案研究可以提供丰富的资料，但其研究设计的严谨性远远不如实验研究。人们在讨论历史事件时难免会出现记忆扭曲或空白，尤其是童年时期的一些事件。一些人可能会故意给事件添上其他色彩，以期给访谈者留下好印象；另一些人则希望通过夸大或伪造事实让访谈者感到震惊。访谈者本身可能也会在无意中引导被访谈者朝着预期的方向报告历史信息。

单被试实验设计

传统的个案研究无法控制其他变量，所以研究者发展出了更加成熟的方法，即单被试实验设计（Single-Case Experimental Design，有时也被称作单参与者研究设计）。在这个设计中，被试要成为自己的对照组。最常见的单被试实验设计形式是 A-B-A-B 设计或反转设计（Reversal Design）（见图 1-2）。这个方法涉及对个体在四个连续阶段的行为进行重复测量。

研究者试图从设计中寻找被观察行为的改变与治疗同时出现的证据。如果问题行为在引入治疗后减少（在治疗阶段和第二次治疗阶段），而在第二次基线阶段的基线水平重新出现（"反转"），实验者就可以确信治疗出现了预期效果。

在一个个案研究中，阿兹林和彼得森（Azrin & Peterson，1989）使用了一种控制性眨眼治疗来消除一位 9 岁女孩严重的眼睛抽搐问题——她在某一瞬间会用力紧闭眼睛。当女孩在家里时，这种抽搐每分钟会发生 20 次。在诊室里，实验者在基线阶段（A）测量了眼睛抽搐或眯眼在 5 分钟内出现的概率。然后，实验者请女孩每 5 秒钟轻轻眨一下眼睛（B）。实验者推测，自主地"轻轻"眨眼会激活运动（肌肉）反应，这些反应与引发抽搐的肌肉反应是不相容的，因此会抑制抽搐。正如图 1-3 所示，抽搐在对竞争性反应（轻轻眨眼）进行短短几分钟的练习后就被消除了，但在取消竞争性反应的反转阶段（第二次基线阶段，A）又回到

图 1-2　A-B-A-B 设计

1. 基线阶段（A）。这个阶段在治疗开始前，它让实验者可以在治疗开始前确定行为的基线水平。

2. 治疗阶段（B）。这个阶段测量的是来访者接受治疗时出现的目标行为。

3. 第二次基线阶段（A 阶段的重复）。在这个阶段，实验者会暂时取消或停止治疗。这是反转设计中的反转阶段，因为治疗被取消，我们预期治疗的正面效果应该会有所反转。

4. 第二次治疗阶段（B 阶段的重复）。治疗重新开始，目标行为将会被再次评估。

了基线水平。在第二次治疗阶段（B），正面效果很快又出现了。这位女孩还被要求在家里经常练习为期 3 分钟的眨眼反应，并在抽搐出现或感觉有强烈的眨眼冲动的情况下练习眨眼反应。她的抽搐症状在治疗的最初六周内就消除了，在两年后的随访评估中，这种症状也未再出现。

无论实验设计控制得有多好，或者其结果有多令人印象深刻，单被试实验设计的外部效度都不高，因为它们不能表明对一个人有效的治疗是否对其他人同样有效。重复有助于提高外部效度。因此，我们需要提供对一组个体进行对照实验的结果，作为有关治疗有效性和可推广性的更有说服力的证据。

科学家会使用不同的方法来研究其感兴趣的现象。但是，所有的科学家都拥有一种持怀疑态度的、冷静

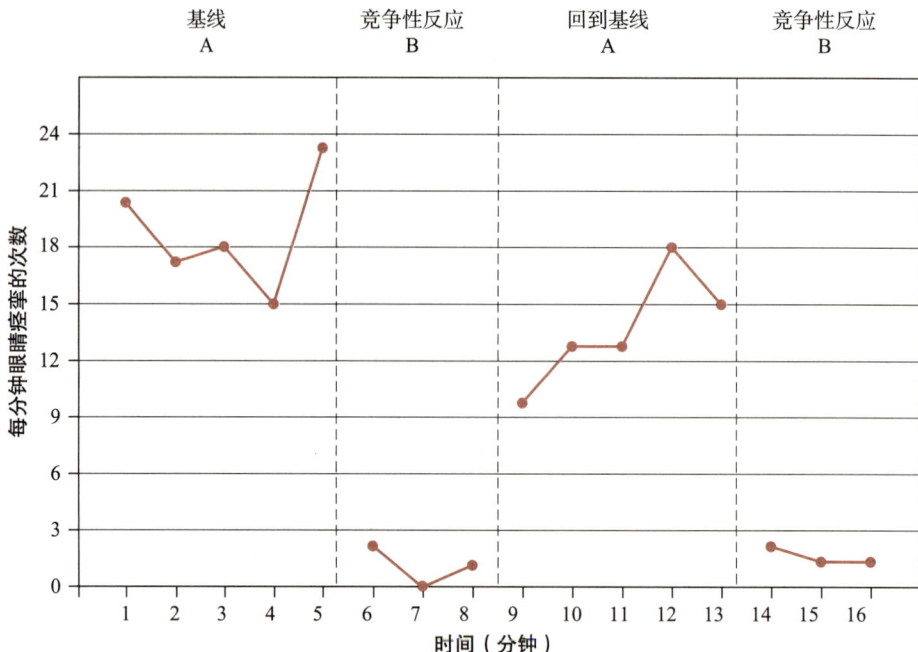

图 1-3　阿兹林和彼得森在研究中使用的 A-B-A-B 设计

请注意目标反应，即每分钟眼睛抽搐的次数，在第一次 B 阶段引入竞争性反应时是如何减少的。在第二次 A 阶段，当竞争性反应被撤回时，目标反应率又增加到接近基线水平。当第二次 B 阶段重新引入竞争性反应时，目标行为再次减少了。

且敏锐的思维方式，即批判性思维（Critical Thinking）。在进行批判性思考时，他们愿意挑战很多人习以为常的传统观点。科学家始终保持开放的头脑，寻找证据支持或驳斥某些信念或论断，而非依靠感受或直觉做出判断。

深度探讨
对异常行为的批判性思考

通过大众媒体——电视，广播，包括书籍、杂志和报纸在内的印刷媒体，以及与日俱增的互联网媒体——我们置身于心理健康的信息洪流中。我们可能会听到新闻报道介绍一种新型药物在治疗焦虑、抑郁或肥胖等方面"取得了重大突破"。之后我们才知道，所谓的取得了重大突破并不代表能达到预期效果，甚至有严重的副作用。有些媒体报道是准确、可信的，而有些可能会造成误

导、有偏差，或者只包含一半真相、夸大其词或缺乏有证据支持的结论。

要想在一片混乱和困惑中理清思绪，我们需要运用批判性思维技能，即用怀疑的态度对待我们听到和看到的信息。批判性思考者会权衡证据，评估论断是否经得起推敲。这意味着需要从争论的两端考察论断。我们中的大多数人会理所当然地认定一些"真相"。但是，批判性思考者会亲自评估论断和结论。

在学习本书的过程中，我们鼓励你运用批判性思维技能，对所接收的信息保持怀疑的态度——仔细检查术语的定义，评估论点之间的逻辑关系，以现有的证

据评估论断。以下是批判性思维的关键特征。

1. 保持怀疑的态度。不要仅凭表面价值就认可某些观点，哪怕这些观点是由德高望重的科学家或权威的教科书作者提出的。我们不仅要自己考虑证据，还要寻找额外的信息，考察信息来源的可靠性。

2. 考虑术语的定义。观点的正确与否取决于它们使用的术语是如何被定义的。请思考这样一个观点："压力对你是有害的"。如果我们将压力定义为需要我们耗尽所有精力去应对的麻烦事及来自工作或家庭的应激事件，这个观点就是有事实基础的。但是，如果我们将压力定义为需要我们去适应的环境或情况（见第 5 章），可能包括新婚、孩子出生等生活事件，那么即便应对这些情况可能很困难，这类压力也是正面的。接下来我们会看到，我们确实需要一定程度的压力来保持活跃和警惕。

3. 权衡论点所基于的假设或前提条件。请思考这样一种情况：我们在比较心理障碍在各个种族中出现的概率之间的差异，假设我们发现了差异，我们就能推断出种族的不同是造成这些差异的原因吗？如果我们可以假定各个种族在其他因素上是一致的，那么这个结论可能是有效的。但这些差异也可能来自临床医生在进行诊断时对某些种族所持的刻板印象，而非障碍发生率的真实差异。

4. 牢记相关并非因果。试想一下抑郁和压力之间的关系。有证据表明，这两个变量之间呈正相关。也就是说，抑郁的人更有可能遇到高水平的压力（Drieling, Van Calker, & Hecht, 2006；Kendler, Kuhn, & Prescott, 2004）。但是，压力会导致抑郁吗？答案是可能会。或者，抑郁引发了更大的压力。毕竟，抑郁症状本身就充满压力，当一个人发现履行生活责任的难度增加时，可能会引发更大的压力。又或者，这两个变量之间并没有因果关系，而是通过第三个变量（如潜在的遗传因素）联系起来的。有没有可能是人们遗传了一组基因，让他们对抑郁和压力更易感呢？

5. 考虑结论所基于的证据类型。有些结论，即便是看似"科学"的结论，也可能基于轶事或个人认可而非可靠的研究。现在有许多关于所谓记忆恢复的争论，据说有些记忆会在成年期突然浮现，通常是在心理治疗或催眠过程中出现的、涉及在童年期遭受父母或家庭成员性虐待的事件。这些被恢复的记忆真的准确吗（见第 6 章）？

6. 避免过分简化。请思考这样一个观点："酗酒会遗传"。在第 8 章，我们将回顾遗传因素可能造成酗酒体质的证据，至少在男性中是这样。但是，酗酒及精神分裂症、抑郁障碍、癌症和心脏病等健康问题的起源是很复杂的，它们反映的是生物学因素和环境因素的相互作用。例如，人们可能遗传了某种心理障碍的易感性，但如果他们生活在健康的环境中或学会有效地管理压力，他们就有可能避免患上这种心理障碍。

7. 避免过度概括。在第 6 章，我们将看到大多数日后发展出多重人格的人都在童年期遭受过严重的虐待。但这是否意味着遭受虐待最多的儿童就会发展出多重人格呢？答案是不一定。实际上，只有少数人会发展出多重人格。

本章小结

1.1 我们如何定义异常行为

1.1.1 判断异常行为的标准

识别专业人士用于确定行为是否异常的标准，并将这些标准应用于书中所讨论的案例。

心理障碍是一种与显著的情绪困扰、功能或行为受损有关的异常行为模式。心理学家认为，当行为符合以下标准的组合时，可以被视为异常的：（1）不寻常或在统计学上不常见；（2）为社会所不容或违反社会规范；（3）充满对现实的错误感知或解释；（4）与显著的个人痛苦相关；（5）具有适应不良性或自我挫败性；（6）具有危险性。

菲尔的案例展现了幽闭恐怖症这种心理障碍，它涉及对封闭场所的过度恐惧。根据不常见、个人痛苦及履行职业和家庭责任的能力受损等标准，他的行为属于异常行为。

1.1.2 异常心理——统计学的角度

描述美国心理障碍的当前患病率和终生患病率，并描述不同性别和年龄群体的患病率差异。

在美国，近一半的成年人在其一生中的某个阶段都会受到可诊断的心理障碍的影响；目前，每年大约有 1/5 的人受到影响。女性更容易患上心理障碍，18 ～ 25 岁的年轻人受影响的可能性约为 50 岁以上成年人的两倍。

1.1.3 异常行为的文化基础

描述异常行为的文化基础。

在一种文化中被视为正常的行为在另一种文化中可能被视为异常的。在不同的文化中，健康和疾病的概念也有所不同。异常行为模式在不同的文化中也有不同的表现形式，解释异常行为的社会观点或模型在不同的文化中也有所不同。

1.2 关于异常行为的历史观点

1.2.1 鬼神学模型

描述异常行为的鬼神学模型。

鬼神学模型代表了古代的一种信念，即异常行为是恶魔、邪恶灵魂或超自然力量的体现。在中世纪，异常行为被认为是被魔鬼附体的标志，驱魔的目的是驱除折磨人们的恶魔。

1.2.2 医疗模型的起源："病态体液"

描述异常行为医学模型的起源。

虽然对异常行为的鬼神学解释在早期的西方文化中占据主导地位，但一些医生，如希波克拉底，支持自然原因。希波克拉底提出了一个对异常行为模式进行分类的系统，并认为异常行为源于潜在的生物学过程，从而为现代医学模型奠定了基础。

1.2.3 中世纪时代

描述中世纪时代对精神疾病患者的治疗。

精神病院，或者疯人院，在 15 世纪末和 16 世纪初出现在整个欧洲，为那些行为严重失常的人提供住所。这些收容所的条件极其恶劣，居住者的行为有时会被展示出来，供公众娱乐。

1.2.4 改革运动和道义治疗

识别精神疾病治疗的主要改革者，描述道义治疗的基本原则，以及 19 世纪和 20 世纪初精神疾病患者治疗方面发生的变化。

主要的改革者包括法国的让 - 巴蒂斯特·皮桑和菲利普·皮内尔、英国的威廉·图克和美国的多萝西娅·迪克斯。道义治疗的支持者认为，如果精神疾病患者得到有尊严和理解性的治疗，他们就可以恢复功能。随着 19 世纪道义治疗的兴起，精神病院的状况普遍得到了改善。然而，19 世纪后半叶道义治疗的衰落导致人们认为"精神错乱者"无法被成功治愈。在这段冷漠的时期，精神病院的状况逐渐恶化，只提供监护式护理。直到 20 世纪中叶，公众对精神疾病患者困境的关注才促进了社区心理健康中心的发展，并使其成为长期住院的替代方案。

1.2.5　现代精神病院的作用

描述精神病院在精神卫生系统中的作用。

如今，精神病院为处于急性危机中的人和无法适应社区生活的人提供结构化的治疗环境。

1.2.6　社区心理健康运动

描述社区心理健康运动的目标和成果。

社区心理健康运动旨在为有严重心理健康问题的人提供基于社区的治疗。由于去机构化政策的实施，美国州立精神病院的住院人数大幅减少。然而，在去机构化的政策下，许多患有严重和持续性心理健康问题的人并未得到他们适应社区生活所需的高质量护理和全方位服务。社区心理健康运动尚未解决的一个挑战是，大量有严重心理问题的无家可归者没有在社区得到充分的照顾。

1.3　关于异常行为的当代观点

1.3.1　生物学观点

描述异常行为的医学模型。

医学模型将异常行为模式（如躯体疾病）概念化为一系列症状，即综合征，这些症状被认为具有生物学性质的独特成因。

1.3.2　心理学观点

识别异常行为的主要心理学模型。

心理学模型关注异常行为的心理根源，并通过精神分析、行为主义、人本主义和认知理论进行研究。

1.3.3　社会文化观点

描述关于异常行为的社会文化观点。

社会文化模型强调更广泛的视角，考虑异常行为发生的社会背景，包括与人类多样性、社会经济水平及歧视和偏见相关的因素。

1.3.4　生物 - 心理 - 社会观点

描述关于异常行为的生物 - 心理 - 社会观点。

如今，许多理论家都认同一种基础广泛的观点，即生物 - 心理 - 社会模型，该模型假设生物学、心理学和社会文化领域的多种因素在异常行为模式的发展中相互作用。

1.4　变态心理学的研究方法

1.4.1　科学的目标：描述、解释、预测和控制

识别科学的四个首要目标。

科学方法侧重于四个首要目标：描述、解释、预测和控制。

1.4.2　科学方法

识别科学方法中的四个基本步骤。

科学方法有四个步骤：（1）提出研究问题；（2）用假设的形式表述该研究问题；（3）检验该假设；（4）得出该假设的相关结论。

1.4.3　研究中的伦理原则

识别指导心理学研究的伦理原则。

指导心理学研究的伦理原则包括两个：（1）知情同意原则；（2）保密原则，即保护研究的参与者记录的机密性，不向他人透露他们的身份。

1.4.4　自然观察法

解释自然观察法的作用，并描述其主要特征。

在自然观察法中，研究者在行为发生的实地进行观察，以便更好地理解自然环境中行为发生的情况。观察者需要确保他们不会影响他们正在观察的行为。

虽然自然观察法可以提供关于自然发生的行为的信息，但它不能精确地指出因果关系。

1.4.5　相关法

解释相关法的作用，并描述其主要特征。

相关法探索变量之间的关系，以便预测未来的事件、提出行为的潜在原因，并理解变量之间的相互关系。研究者使用统计学方法衡量变量之间的关联或相关性。然而，相关研究并不能证明因果关系，因为研究中的变量是由实验者观察或测量的，而不是直接操纵的。纵向研究是一种相关研究，在这种研究中，参与者在很长的一段时间（有时甚至跨越几十年）内，以周期性间隔被反复研究。

1.4.6　实验法

解释实验法的作用，并描述其主要特征。

实验法通过在受控条件下操纵自变量来检验因果关系。研究者使用随机分配的方式确定哪些被试接受实验性治疗，哪些不接受（对照组）。研究者可以使用单盲和双盲研究设计控制潜在被试和实验者的期望。研究者会根据内部效度、外部效度和结构效度对实验进行评估。

1.4.7　流行病学方法

解释流行病学方法的作用，并描述其主要特征。

流行病学研究检查不同的人群或环境中异常行为的发生率，以便更好地了解心理障碍在整体人群中的分布情况。这些研究可以指出可能的因果关系，但它们缺乏实验研究的那种分离因果因素的能力。

1.4.8　血缘关系研究

解释血缘关系研究的作用，并描述其主要特征。

血缘关系研究，包括双生子研究和寄养子研究，试图区分环境和遗传因素对异常行为的影响。然而，这些类型的研究有其局限性，因为基于双生子和被收养儿童的研究结果可能无法被推广到一般人群中。同卵双生子之间的相似性也可能反映了共同的环境因素，而不是基因重叠。

1.4.9　个案研究

解释个案研究的作用，并描述其局限性。

个案研究提供了关于心理障碍患者的个人生活和治疗的丰富资料，但由于难以获得准确无误的来访者成长史、可能存在的治疗偏见及缺乏对照组，个案研究有其局限性。单被试实验设计有助于研究者克服其中的一些局限性。

批判性思考题

请在阅读本章内容的基础上，回答以下问题。

- 举例说明可能在一种文化中被认为正常，但在另一种文化中被认为异常的行为（本章提到的行为除外）。
- 有关异常行为的看法是怎样随着时间的推移而变化的？社会对待那些被认为有异常行为的人的方式发生了哪些变化？
- 为什么我们不能认为两个相关变量之间存在因果关系？
- 安慰剂对照研究有哪两种主要的类型？它们想控制的是什么？这些研究设计的主要局限是什么？
- 在研究异常行为时，研究者如何区分遗传和环境的影响？

第 **2** 章
当代视角下的
异常行为与治疗方法

TunaStyle/Alamy stock photo

本章音频导读，
请扫描二维码收听。

⌄ 学习目标

2.1.1　识别神经元、神经系统和大脑皮层的主要部分，并描述它们的功能。

2.1.2　评价关于异常行为的生物学观点。

2.2.1　描述异常行为的心理动力学模型的关键特征，并评价其主要贡献。

2.2.2　描述异常行为的学习模型的关键特征，并评价其主要贡献。

2.2.3　描述异常行为的人本主义模型的关键特征，并评价其主要贡献。

2.2.4　描述异常行为的认知模型的关键特征，并评价其主要贡献。

2.3.1　评价心理障碍发生率的种族差异。

2.3.2　评价社会文化观点在理解异常行为中的作用。

2.4.1　描述异常行为的素质－应激模型。

2.4.2　评价关于异常行为的生物－心理－社会观点。

2.5.1　识别三种主要的专业助人者的类型，并描述其受训背景和职业角色。

2.5.2　描述以下几种心理治疗形式的目标和技术：心理动力学疗法、行为疗法、人本主义疗法、认知疗法、认知行为疗法、折中治疗、团体治疗、家庭治疗和伴侣治疗。

2.5.3　评价心理治疗的有效性和非特异性因素在治疗中的作用。

2.5.4　评价多元文化因素在心理治疗中的作用及少数族裔在使用心理健康服务方面的阻碍。

2.6.1　识别精神类药物或精神科药物的主要类别及每种药物的范例，并评价其优缺点。

2.6.2　描述电休克治疗的应用，并评价其疗效。

2.6.3　描述精神外科手术的应用，并评价其疗效。

2.6.4　评价生物医学方法。

在进一步阅读之前，请先完成正误判断测试，看看自己对相关知识的掌握情况。接着，在阅读本章的内容时，请对照穿插其中的参考答案来确认你的答案。

正误判断

正确　错误

☐　☐　焦虑会导致消化不良。

☐　☐　科学家尚未发现任何可引发精神疾病的特定基因。

☐　☐　未来，科学家或许能够通过抑制或激活某些基因来治疗甚至预防心理障碍。

☐　☐　根据著名认知治疗理论家的观点，情绪问题是由人们对生活经历所持的信念引起的，而不是由这些经历本身引起的。

☐　☐　在美国，有些心理学家在受训后可以开药。

☐　☐　在经典精神分析中，来访者需要说出任何出现在脑海中的想法，无论这些想法听起来有多微不足道或愚蠢。

☐　☐　抗抑郁药物只能用来治疗抑郁障碍。

☐　☐　向重性抑郁障碍患者的大脑施加电击，通常有助于缓解其严重的抑郁症状。

在下面这段第一人称的叙述中，一位年轻女子向她的治疗师透露了一个秘密，这个秘密她一直对家人甚至未婚夫都守口如瓶。

杰西卡的"小秘密"

我不想让肯（她的未婚夫）发现。我不想把这件事带入婚姻。也许我早该告诉他，但我就是做不到。每当我想告诉他时，话到嘴边都被我咽了回去。我想，我必须在婚礼前解决这个问题。我必须停止暴饮暴食和催吐，但我就是控制不了我自己。你知道，我想停止这一切，但我总会想到那些我吃进去的食物，它们让我感到恶心。我想象自己会变得肥胖和臃肿，于是不得不冲进洗手间催吐。接着，我会继续暴饮暴食，再把它们全部吐出来。这让我觉得自己好像获得了掌控权，但实际上并非如此。

催吐时，我有一个小仪式。我会走进洗手间，打开水龙头往洗手池里放水。这样就没人听见我呕吐的声音了。这是我的小秘密。离开洗手间前，我会确认一切都清理干净了，然后喷一点来苏水（一种消毒剂）。没人怀疑我有问题。哦，这么说也不准确。唯一一个对此有所怀疑的人就是我的牙医。他说我的牙齿已经因为胃酸而出现蛀蚀。我才 20 岁，牙齿已经开始出现蛀蚀。这难道还不可怕吗？

现在，我即使没有暴饮暴食也会催吐。有时，仅仅是正常吃饭也让我想要催吐。我就是想把这些食物尽快排出体外——你懂的，要快。一吃完晚饭，我就会找借口去洗手间。我不是每次都这样做，但一周至少有几次。有时，午饭后我也会这样做。我知道自己需要帮助。我挣扎了很长时间才决定来这里，我还有三个月就要结婚了，我必须停下来。

杰西卡会找借口离开饭桌去洗手间，用手指抠喉咙，吐出她在晚饭时吃的东西。有时，她会先暴饮暴食一顿，然后再强迫自己呕吐。你可能想起了我们在第 1 章中描述过的那些被心理健康专业人士用来判断行为异常的标准。杰西卡的行为显然符合这些标准中的若干条。暴饮暴食和催吐会引起严重的健康问题，如出现蛀蚀的牙齿（见第 9 章），以及社会问题（这也是杰西卡要保守这个秘密的原因，她害怕这个问题会毁掉她即将步入的婚姻）。从这个意义上讲，这类行为既是个人痛苦的来源，也是适应不良的。这类行为从统计学上来说也是罕见的，尽管可能没有你想象中的那么罕见。杰西卡被诊断为神经性贪食，这是一种进食障碍，我们将在第 9 章进行详细的讨论。

我们该如何理解这种不常见且适应不良的行为呢？很早以前，人们就开始寻找对奇特或怪异行为的解释了，但那时的人们常常依赖于迷信或超自然的解释。在中世纪，大多数人认为异常行为是由魔鬼和其他超自然力量引起的。即便在古代，也有一些思想家，如希波克拉底和盖伦，开始寻找异常行为的自然解释。今天，迷信和鬼神学当然已经让位于自然科学和社会科学的理论模型。这些理论模型不仅为科学地理解异常行为铺平了道路，也为如何治疗有心理障碍的人指明了方向。

在本章，我们将通过一些当代视角来理解异常行为，包括来自生物学、心理学和社会文化领域的具有代表性的观点。今天，许多学者认为异常行为模式是复杂的现象，只有全面考虑各种理论视角才能形成最佳的理解。每个视角都为研究异常行为打开了一扇窗，但没有一个视角可以完全涵盖这一主题的全貌。稍后，我们将在本章看到，无论通过生物学还是心理学视角理解异常行为，都能为这些问题提供特定的治疗方法。

2.1 生物学观点

从希波克拉底的时代开始，科学家和医生就逐渐形成了生物学观点。该观点关注异常行为的生物学基础，以及使用基于生物学的方法，如用药物治疗心理障碍。生物学观点促成了医学模型的发展，直到现在，该模型仍然是理解异常行为的一股强有力的力量。采用医学模型的人认为，异常行为代表着潜在障碍或疾病（被称为精神疾病）的症状，而这些疾病是由生物学原因引起的。但是，医学模型并非生物学观点的同义词。我们可以仅提及生物学观点，但不采用医学模型的原则。例如，害羞这种行为模式可能有很大的遗传（生物学）成分，但我们并不能就此认为它就是某种潜在的"障碍"或疾病的"症状"。

近年来，我们对异常行为的生物学基础的了解逐渐增多。在第 1 章，我们关注的是研究遗传或遗传学作用的方法。接下来，我们还会发现，遗传学在许多类型的异常行为中都发挥着作用。

我们也知道其他一些生物学因素与异常行为的发生有关，尤其是神经系统的功能。为了更好地了解神经系统在异常行为模式中的作用，我们首先需要了解神经系统是如何被组织起来的，以及神经细胞之间是如何相互交流的。在第 4 章，我们将研究人体的另一个系统，即内分泌系统，以及它在人体面对压力时所起的重要作用。

2.1.1 神经系统

识别神经元、神经系统和大脑皮层的主要部分，并描述它们的功能。

假如你没有神经系统，你可能永远也感觉不到紧张，但是，你也永远看不见、听不见、动不了了。然而，再冷静的人也有神经系统。神经系统由神经元（Neuron）组成，这是一种在整个身体中传递信号或"信息"的神经细胞。这些信息让我们在被小虫子叮咬时感到瘙痒，在溜冰、写一份研究报告、解决一个数学问题时协调我们的视线和肌肉，抑或让我们在出现幻觉时听到或看到一些并不存在的东西。

每个神经元都有一个内含细胞核的细胞体，它通过代谢氧气来完成细胞的工作（见图 2-1）。名为树突（Dendrite）的短纤维以细胞体为中心向四周伸展，以接收来自邻近神经元的信息。每个神经元都有一个从细胞体伸出去的树干状轴突（Axon）。如果轴突要传递脚趾和脊髓之间的信息，它们可以延长至将近 1 米。轴突的末端是一些小的分支结构，这些结构被称为轴突终端（Terminal）。有些神经元被髓鞘（Myelin Sheath）包裹着，它是一层有助于加快神经冲动传导速度的绝缘体。

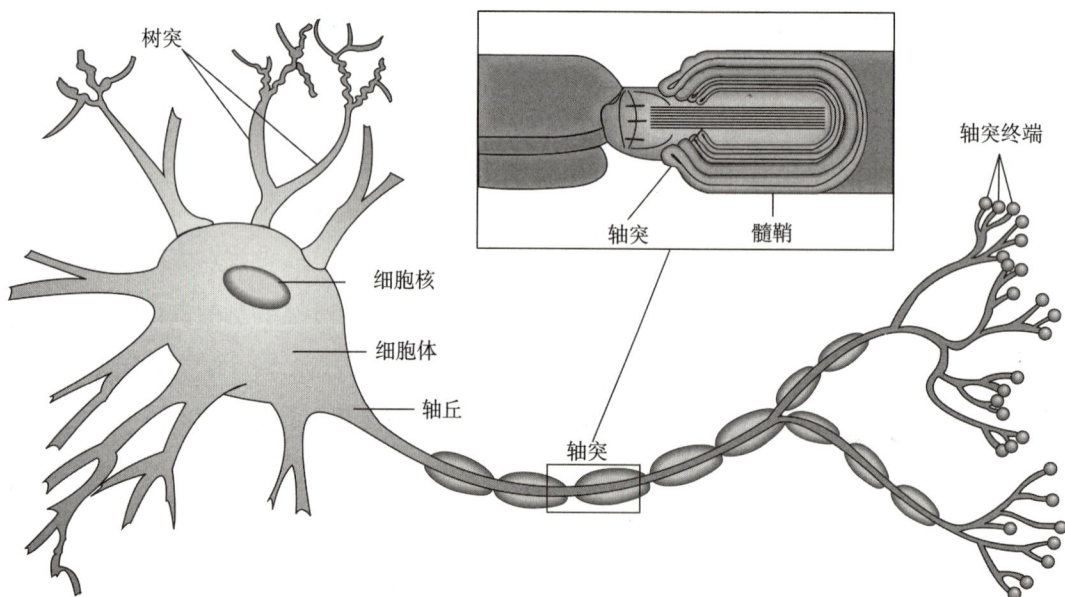

图 2-1　神经元的解剖图

典型的神经元由细胞体（或胞体）、树突及一个或多个轴突组成。神经元的轴突包裹在髓鞘中，髓鞘将其与周围的体液隔离，并促进神经冲动（神经元内部传递的信息）的传导。

神经元沿着这样的方向传递信息：信息从树突或细胞体沿轴突传递到轴突终端，随后这些信息从轴突终端传递至其他神经元、肌肉或腺体。神经元以化学物质为载体将信息传递给其他神经元，这种化学物质叫神经递质（Neurotransmitter）。神经递质引发接收信息的神经元产生化学变化。这些变化让轴突以电的形式传导信息。

神经元之间的连接部位叫突触（Synapse），它是传

输神经元和接收神经元之间的接合处
或微小间隙。信息不是像火花一样跳
过突触，而是由轴突终端将神经递质
释放到突触间隙中，就像无数只船被
一下子释放到海里一样（见图 2-2）。
每种神经递质都有独特的化学结构。

　　每种神经递质只能与某个接收神
经元的"港口"或**受体位点**（Receptor
Site）相匹配。我们可以把这种关系
类比为锁和钥匙的关系。只有匹配的
钥匙（神经递质）才能开启相应的
锁，引发突触后（接收）神经元向前
传递信息。

　　一些神经递质的分子一旦被释
放，便会到达其他神经元受体位点的
端口。一些在突触间隙中"游荡的"
神经递质或被酶分解，或被轴突终端
再次吸收（即再摄取的过程），以此
来防止接收信息的细胞继续被激活。

　　治疗精神障碍的药物，包括治疗焦虑障碍、抑郁障
碍和精神分裂症的药物，通过影响大脑中神经递质的活
性而起效。因此，在异常行为模式的发展过程中，大脑
中神经递质系统工作的异常起着重要作用（见表 2-1）。

　　例如，抑郁与大脑中的化学物质失衡有关，这种
失衡涉及多种神经递质，尤其是血清素（5-羟色胺）的
功能紊乱（见第 7 章）。血清素是一种存在于大脑中的、
用于调节情绪的关键化学物质，因此它会对抑郁起作

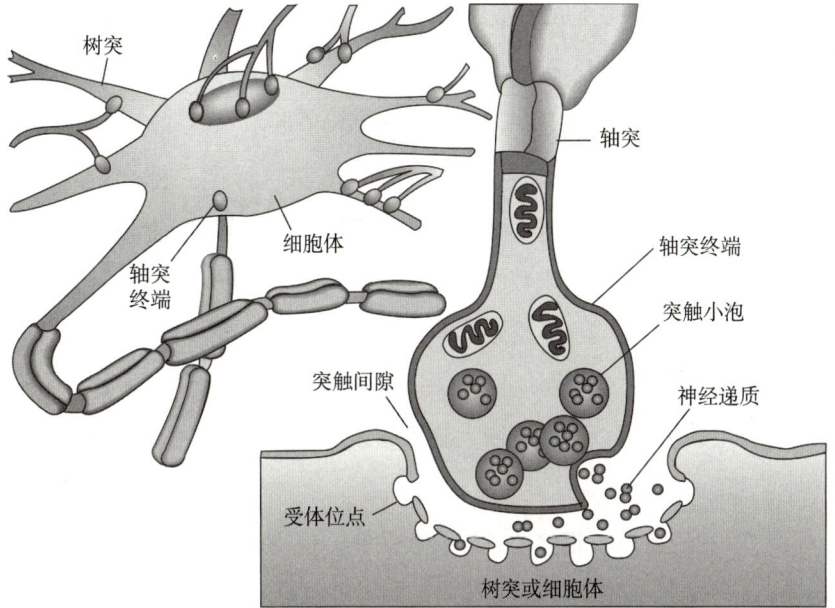

图 2-2　神经冲动在突触间的传导

该图展示的是神经元的结构和神经冲动在神经元之间传导的模式。神经元以电化学形式通过突触（神经元之间的微小间隙）传递信息（被称为神经冲动）。以神经递质（存储在轴突终端的突触小泡中）为载体的"信息"被释放到突触间隙中，然后被接收神经元的受体位点接收。成千上万个细胞元以某种方式被激活，引起诸如思维和心理图像之类的心理事件。不同类型的异常行为模式与传递或接收神经信息的异常有关。

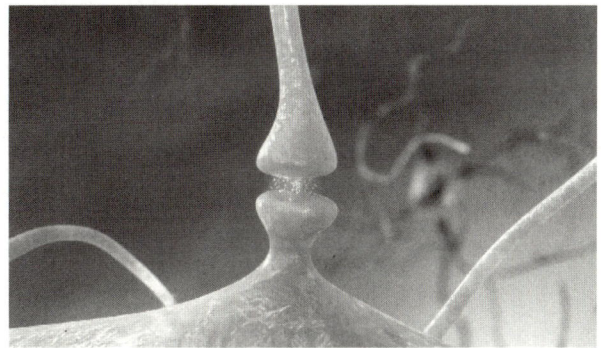

神经元之间的连接
神经元通过向突触间隙释放神经递质分子来传递信息。

表 2-1　神经递质的功能及其与异常行为模式的关系

神经递质	功能	与异常行为模式的关系
乙酰胆碱	控制肌肉收缩，形成记忆	在阿尔茨海默病患者中发现其水平降低（见第 14 章）
多巴胺	调节肌肉收缩，涉及学习、记忆和情绪的心理过程	大脑过度使用多巴胺与精神分裂症的发生、发展有关（见第 11 章）
去甲肾上腺素	涉及学习和记忆的心理过程	其紊乱与心境障碍（如抑郁障碍）有关（见第 7 章）
血清素	调节情绪状态、饥饱感和睡眠	其紊乱与抑郁障碍和进食障碍有关（见第 7 章和第 9 章）

用。百忧解和左洛复是两种应用最广泛的抗抑郁药物，它们同属于一类药物，都可以用于增加大脑中血清素的可利用性。血清素还与焦虑障碍、睡眠障碍和进食障碍有关。

阿尔茨海默病是一种记忆和认知功能进行性丧失的脑部疾病，它与大脑中神经递质乙酰胆碱水平的降低有关（见第 14 章）。神经递质多巴胺的异常与精神分裂症的发展有关（见第 11 章）。用于治疗精神分裂症的抗精神病药物可以通过阻断大脑中的多巴胺受体而产生明显的效果。

尽管神经递质与很多心理障碍相关联，但精确的因果机制仍有待确定。

神经系统各部分

神经系统由两个主要部分组成：**中枢神经系统**（Central Nervous System）和**周围神经系统**（Peripheral Nervous System）。中枢神经系统由脑和脊髓组成，负责控制身体功能及运行更高级的心理功能，如感觉、知觉、思维和问题解决等。周围神经系统由两部分神经组成，这些神经具有以下功能：一部分接收感觉信息（来自眼睛和耳朵等感觉器官的信息）并将其传递到脑和脊髓；另一部分从脑或脊髓发出信息，至肌肉使肌肉收缩，至腺体使腺体分泌激素。图 2-3 展示了神经系统的组成。

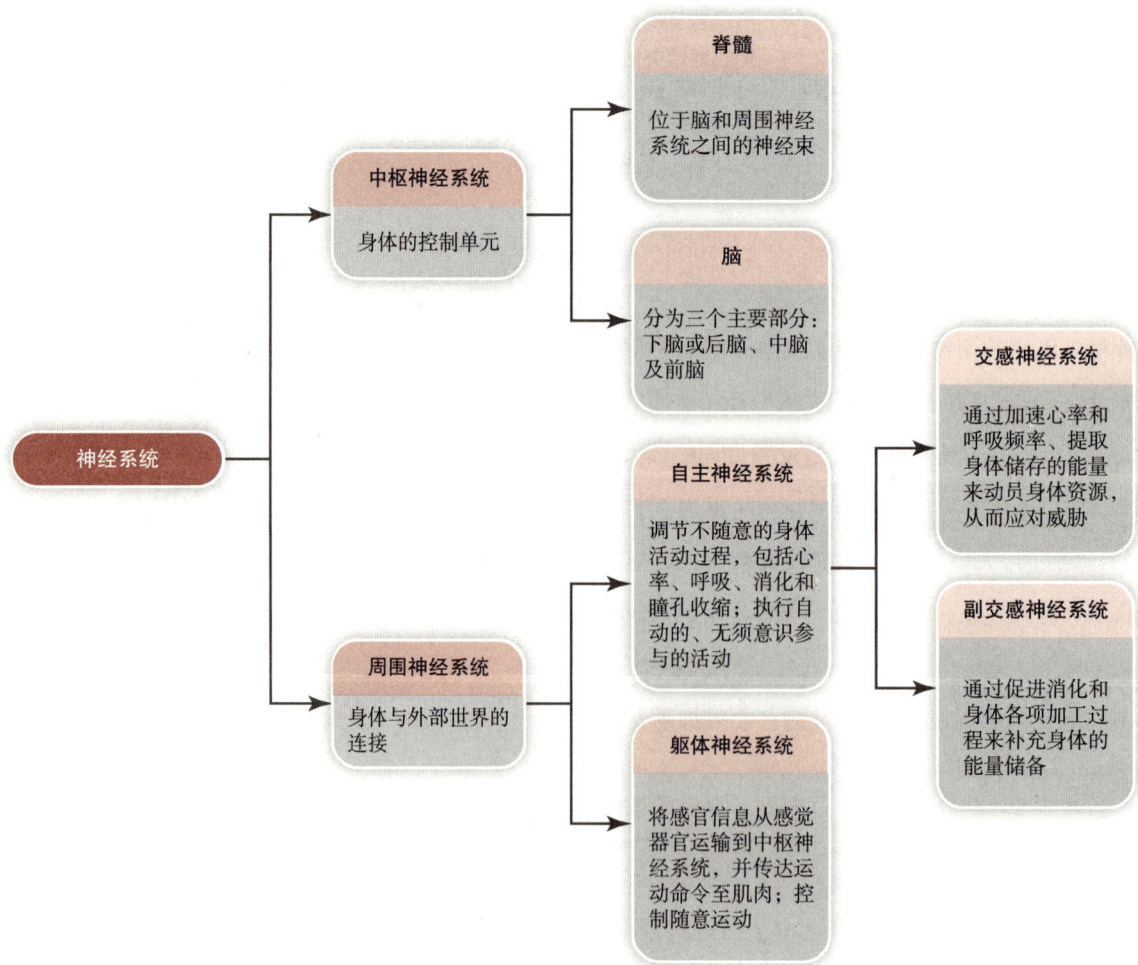

图 2-3　神经系统的组成

资料来源：From Nevid. *Psychology*，4E. © 2013 South-Western，a part of Cengage Learning，Inc. Reproduced by permission.

中枢神经系统

我们从头部后方脊髓与脑的相接处开始，从后往前对中枢神经系统的所有部分进行总述（见图 2-4）。脑部靠下的部分叫后脑（Hindbrain），由延髓、脑桥和小脑组成。延髓（Medulla）在维持基本的生命活动（如心率、呼吸和血压）中起着重要作用。脑桥（Pons，又被称作桥脑）传递有关身体运动的信息，同时涉及与注意力、睡眠和呼吸相关的功能。

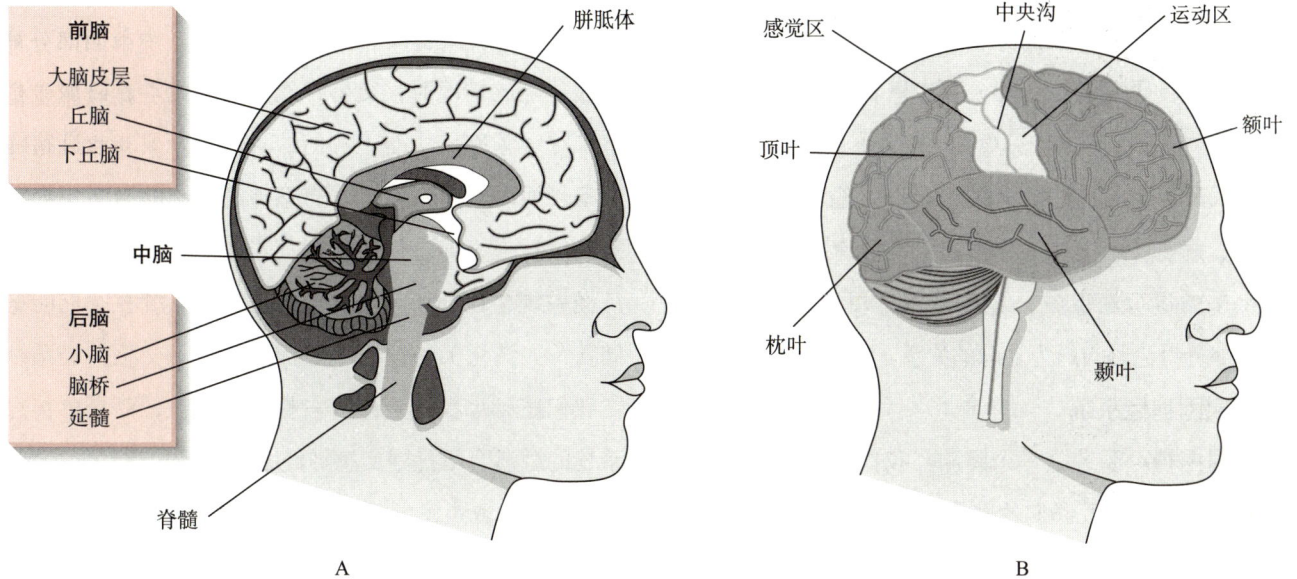

图 2-4　脑区分布图

图 A 呈现的是后脑、中脑和前脑的各个部分。图 B 呈现的是大脑皮层的四个脑叶：额叶、顶叶、颞叶和枕叶。在图 B 中，感觉（触觉）区和运动区分布在中央沟的两侧。研究者正在研究各种异常行为模式与脑结构功能或构造异常之间的潜在关系。

脑桥后方是小脑（Cerebellum）。小脑调节平衡和运动（肌肉）行为。小脑损伤会降低运动协调能力，导致摔跤和肌肉张力丧失。

中脑（Midbrain）位于后脑上方，包括连接后脑和脑部上方（即前脑）的神经通路。网状激活系统（Reticular Activating System，RAS）始于后脑，向上延伸穿过中脑直至前脑下方。网状激活系统由一个网状的神经元网络组成，在调节睡眠、注意力和觉醒状态方面起着至关重要的作用。刺激网状激活系统可提高警觉性。另外，抑制剂，如酒精，会抑制中枢神经系统的活动，从而降低网状激活系统的活动水平，并导致眩晕甚至神志不清（关于抑制剂和其他物质的作用，我们将在第 8 章进一步讨论）。

脑前部的一大片区域叫前脑（Forebrain），包括丘脑、下丘脑、边缘系统、基底神经节和大脑。丘脑（Thalamus）用于中转感觉（如触觉和视觉）信息到位置更高的脑区。丘脑也与网状激活系统协同工作，对睡眠和注意力进行调节。

下丘脑（Hypothalamus）是一个微小的、豌豆大小的结构，位于丘脑下方。下丘脑对调节体温、血液中液体的浓度、繁殖过程及情绪和动机状态都至关重要。通过在动物的下丘脑部位植入电极并观察电流接通时产生的影响，研究者发现，下丘脑涉及一系列动机驱力和行为，包括饥饿、口渴、性欲、养育行为和攻击性。

下丘脑连同部分丘脑及其他一些邻近的相互连接的结构，共同组成了边缘系统（Limbic System）。边缘系统在情绪加工和记忆中起着重要作用。它也调节了基本的驱力，包括饥饿、口渴和攻击性。基底神经节（Basal Ganglia）位于前脑的底部，帮助调节姿势运动和协调性。

大脑（Cerebrum）[①]是整个脑部至高无上的部分。它负责更高级的心理功能，如思考和问题解决等。大脑的表层盘绕着类似山脊和山谷的沟壑。这个表层区域叫大脑皮层（Cerebral Cortex），它是大脑思考、计划和执行的中枢，也是意识和自我意识的所在之处。

脑结构和脑功能的异常与各种形式的异常行为相关。例如，研究者在精神分裂症患者的大脑皮层和边缘系统中发现了异常（见第11章）。下丘脑与特定类型的睡眠障碍有关（见第9章），基底神经节的衰退和亨廷顿氏病有关，这是一种可能引发情绪紊乱和偏执甚至痴呆的退行性疾病（见第14章）。我们将在本书的后续部分讨论脑与行为之间的关系。

周围神经系统

周围神经系统是一个将脑与我们的感觉器官（如眼睛、耳朵等）及我们的腺体和肌肉联系起来的网络。这些神经通道让人们可以感知自己所处的世界，并通过运用肌肉、移动肢体来做出反应。周围神经系统由两个主要部分组成——躯体神经系统和自主神经系统。

躯体神经系统（Somatic Nervous System）将信息从我们的感觉器官传递至大脑进行加工，从而产生视觉、听觉、触觉及其他感觉体验。由大脑发出的命令向下传递，经过脊髓到达躯体神经系统中与肌肉相连的神经，这个过程让我们可以随意控制自己的运动，如抬胳膊或行走。

心理学家对自主神经系统（Autonomic Nervous System，ANS，又被称作植物神经系统）特别感兴趣，因为它在情绪加工中起着重要作用。"自主"可被理解为"自动的"。自主神经系统负责调节腺体和不随意过程，如心率、呼吸、消化及瞳孔的扩张，即使在睡眠中也是如此。

自主神经系统有两个分支：交感神经系统（Sympa-thetic Nervous System）和副交感神经系统（Parasympa-thetic Nervous System）。这两个分支在大多数时候起相反的作用。自主神经系统的两个分支控制着许多器官和腺体。交感神经系统主要涉及进行体力活动或应对压力时动员身体资源的过程，如从个体的储备中提取能量用于应对威胁或危险（见第4章）。当我们面对威胁或危险的情况时，交感神经系统会启动，以加速心率和呼吸频率，从而让我们的身体做好战斗或逃跑的准备。面对威胁刺激时，交感神经系统的激活也会涉及情绪反应，如恐惧或焦虑。当我们放松时，副交感神经系统会让心率降低。副交感神经系统在补充能量储备（如消化）的过程中最活跃。由于交感神经系统在我们感到恐惧或焦虑时占据主导地位，而交感神经系统的激活会干扰副交感神经系统对消化活动的控制，因此，恐惧或焦虑可能会导致消化不良。

正误判断

焦虑会导致消化不良。

正确　焦虑伴随着交感神经系统的兴奋性增强而出现，这会干扰副交感神经系统对消化活动的控制。

大脑皮层

大脑中负责诸如思维和语言运用等更高级心理功能的两大部分被称为大脑左半球和大脑右半球。每个半球的外层或覆盖层被称为大脑皮层。每个半球被分为四个部分，即脑叶（Lobe），如图2-4所示。枕叶（Occipital Lobe）主要负责加工视觉刺激。颞叶（Jemporal Lobe）负责加工声音或听觉刺激。顶叶（Parietal Lobe）负责加工触觉、温度觉和痛觉，顶叶的感觉区接收来自全身皮肤感受器的信息。额叶（Frontal Lobe）运动区（也被

[①] 除这部分内容外，其他涉及"大脑"的表述均不特指"Cerebrum"，而是脑的泛称，即"Brain"，并且"脑""大脑""脑部"等表述在全书中会根据具体内容交替使用。——编者注

称为"运动皮层"）中的神经元控制肌肉运动，使我们能够行走和移动四肢。前额皮层（Prefrontal Cortex，额叶中位于运动皮层前方的部分）可以调节更高级的心理功能，如思维、问题解决和语言运用。

2.1.2　评价关于异常行为的生物学观点

评价关于异常行为的生物学观点。

我们将在下文中看到，很多异常行为模式都与生物学结构和过程有关。很多心理障碍都与遗传因素、神经递质的功能紊乱及潜在的脑部异常或缺陷有关。对于某些疾病，如阿尔茨海默病，生物学过程起着直接的致病作用。（然而，即便如此，确切的原因仍不得而知。）但对于大多数疾病，我们需要检查生物学因素和环境因素的相互作用（Gandal et al.，2016）。

每个人都拥有独特的遗传密码，这个密码在决定我们罹患各种类型的生理和心理疾病的风险方面起着重要作用。大量证据表明，遗传因素与很多心理障碍有关，包括精神分裂症、双相障碍（躁郁症）、重性抑郁障碍、酒精中毒、孤独症、阿尔茨海默病所致的痴呆、焦虑障碍、阅读障碍及反社会型人格障碍（Agerbo et al.，2015；Duffy et al.，2014；Kendler et al.，2011；Sullivan et al.，2018；The Brainstorm Consortium et al.，2018）。

增加我们罹患心理障碍风险的遗传特性包括基因变异（个体基因组中某些基因的变化）和基因突变（代际传递时发生的基因改变）。图 2-5 分解了遗传因素、共有的环境因素（如共同的家庭和邻居）及非共有的环境因素（如个人生活经历）对罹患各种心理或精神疾病风险［被称为"责任"（Liability）］的相对贡献。

科学家正在积极寻找与精神分裂症、心境障碍和孤独症等心理障碍有关的特定基因。希望在不久的将来，我们可以阻断有缺陷或

有害基因的作用，或者增强有益基因的作用。

基因在决定许多心理障碍的易感性方面起着重要作用。然而，如果要探究这些疾病的起源，基因又不足以说明全部问题。与某些由单一基因引起的生理疾病不同，心理疾病是一种复杂的行为现象，涉及多个基因和环境因素的共同作用（Nigg，2013）。

人类基因解码

在这里，我们看到人类基因组的一部分——人类的遗传密码。科学家认识到基因在决定很多心理特质和障碍的易感性上扮演着重要角色。但是，这些易感性是否会表现出来则取决于遗传因素和环境影响的交互作用。

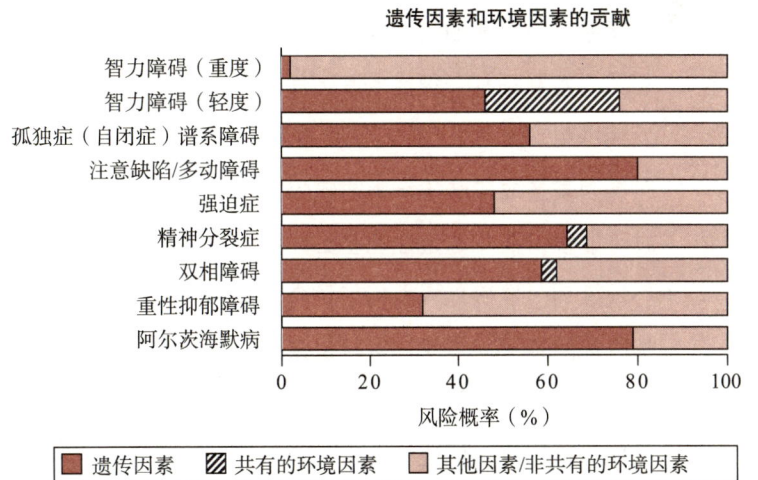

图 2-5　遗传和环境因素在心理障碍中的作用

在这里，我们可以看到在不同类型的疾病中，遗传因素、共有的环境因素（如在同一个家庭中长大）及其他因素/非共有的环境因素（如个体的成长经历）所起的作用。

资料来源：Gandal, M. J., Leppa, V., Won, H., Parikshak, N. N. & Geschwind, D. H. (2016). The road to precision psychiatry: Translating genetics into disease mechanisms. *Nature Neuroscience*，19，1397–1407.

在心理学中，有关异常行为遗传基础问题的争论由来已久，甚至可以说，它是分歧最久的争论了。这种争论被称为天性与教养争论。如今，这个争论已经从最初天性和教养的完全对立演变为讨论我们的行为在多大程度上是天性（遗传）的产物，又在多大程度上是教养（环境）的产物。

最近的一项对双生子研究的大规模文献综述基本上认为这两方面势均力敌：基因和环境分别解释了大约一半的人格特质和疾病的差异（Poldermane et al.，2015）。目前，科学家正在研究基因和环境因素（如压力）之间复杂的相互作用，以更好地理解异常行为模式产生的决定因素（Eley et al.，2015；Mann et al.，2018；Tabak et al.，2016）。天性与教养的争论仍在继续，下面我们就以下这些要点进行探讨。

1. **基因并不决定行为结果。** 遗传因素对心理障碍的发展有一定的影响，其中证据最确凿的就是精神分裂症。然而，即便对那些遗传因素几乎百分百相同的同卵双生子来说，如果其中一个罹患精神分裂症，另一个同样罹患精神分裂症的概率也略小于 50%。换句话说，基因本身并不足以解释精神分裂症或其他任一心理障碍的发病机制。

2. **遗传因素造成了特定行为或疾病发生的易感性或可能性，而非确定性。** 基因并不会直接导致心理障碍。准确地说，它们只会使某种障碍发生的风险或可能性增加。从母亲受孕的那一刻起，我们的基因就被承载在染色体中，不会被环境直接影响。但是，基因对身体和心智的作用可能会受到环境因素的影响，如生活经历、家庭关系和生活压力（Kendler，2005；Moffitt，Caspi，& Rutter，2006）。甚至种族特点和性别可能也会影响基因对身体的作用（Williams et al.，2003）。

3. **多基因决定论对心理障碍的影响。** 在遗传因素承担一定责任的心理障碍中，往往涉及多个基因而非单个基因的作用（Hamilton，2008；Uhl & Grow，2004）。科学家尚未发现任何可以由单个基因的缺陷或变异解释的心理障碍。

正误判断

科学家尚未发现任何可引发精神疾病的特定基因。

正确 科学家认为，与精神疾病相关的复杂行为模式是由多个基因而非单个基因造成的。

4. **遗传因素和环境影响在塑造人格及决定人们对心理障碍的易感性的过程中相互作用。** 当代有关天性与教养的争论可以归结为对天性和教养共同作用的理解，而非天性与教养的相互对立。

当基因对环境影响的敏感性增加时，基因 – 环境的交互作用就显现出来了（Dick，2011）。例如，严厉或忽视的教养方式可能会导致孩子出现心理问题，但并不是所有暴露在严厉的养育环境中的孩子都会发展出心理障碍。某些人的遗传倾向使他们对环境因素的消极影响更加敏感（Polanczyk et al.，2009）。环境因素也会影响遗传特质的表达，我们将在"深度探讨：表观遗传学——有关环境如何影响基因表达的研究"专栏中继续讨论这个主题。

随着对异常行为模式的生物学基础持续不断的了解，我们应该认识到生物学和行为之间的联系是双向的。研究者已经发现了心理因素与许多生理疾病和环境因素之间的联系（见第 4 章）。研究者也正在研究心理治疗与药物治疗相结合的方式。这种方式对治疗诸如抑郁障碍、焦虑障碍和物质使用障碍之类的问题可能会比单独采用其中任何一种治疗方式都更有效。

深度探讨

表观遗传学——有关环境如何影响基因表达的研究

蕴藏在有机体脱氧核糖核酸（DNA）中的遗传密码为有机体的形成提供了一整套指令。例如，遗传密码决定了某些细胞专为（人类的）肺而非（鱼类的）鳃所用。同样，某些细胞只为诸如眼睛的颜色、身高、发色和发质这类身体特质所用。遗传密码也会影响行为特征的发展，如智力、人格特质和罹患各种心理障碍的倾向。在本书中，我们将介绍遗传因素在焦虑障碍、心境障碍和精神分裂症等心理障碍中所起的作用。大多数心理障碍，在某种程度上讲甚至是所有的心理障碍，都受遗传因素的影响。但反过来的情况是怎样的呢？环境会影响基因的工作方式吗？答案是肯定的。

表观遗传学（Epigenetics）领域关注的是环境因素（如压力和接触传染性生物体）会如何影响我们的遗传编码或基因型，以及它们在我们的身体和行为特征的发展中的表达（Barker, Walton, & Cecil, 2018; Feinberg, 2018; Richetto et al., 2017）。基因对身体或行为特征的影响取决于它们是否得以积极地表达。除了精子和卵子只含有半套基因信息外，其他每个人体细胞都包含一整套完整的基因。但每个细胞中可能只有 10% ~ 20% 的基因具有活性（Coila, 2009）。因此，为眼睛颜色编码的基因只在眼睛这个部位具有活性，而在身体的其他部位没有活性。

环境因素会通过影响身体中某些化学物质的释放来左右基因的表达，这些化学物质可以开启或关闭某些基因。遗传密码或 DNA 序列并没有改变，因为表观遗传变化不涉及突变。相反，表观遗传过程会影响基因执行其功能的能力

（DeAngelis, 2017）。童年期的严重受虐经历等环境因素可能会引发身体内的化学变化，给特定的基因"贴上标签"，从而激活或压抑这些基因的表达（Yehuda & Flory, 2018）。这些"标签"可能会成为有机体的遗传基因传递给后代，并影响基因在未来几代人身体中的工作方式（Yehuda et al., 2015）。

设想一下，你的计算机中安装了很多软件，包括让你可以畅游网络的浏览器。但是，你得先启动计算机，才能激活某个软件。否则，在你按开机键之前，这台计算机只不过是个静置在那里的黑箱子。

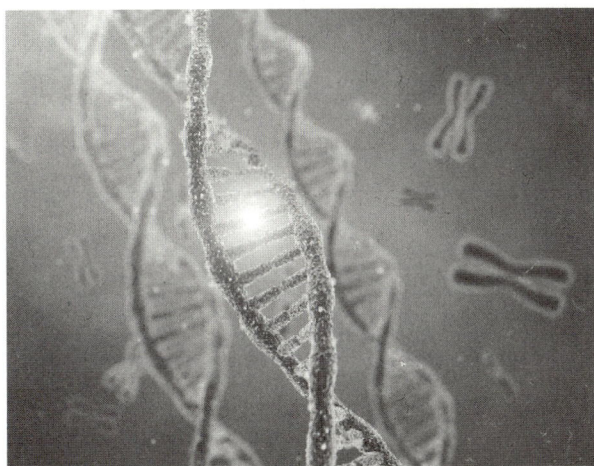

心理障碍的基因表达

科学家正在研究抑郁障碍等心理障碍的基因表达。科学家希望，在未来的某个时刻，他们能通过打开或关闭特定基因来改变基因表达，从而治疗抑郁障碍或其他心理障碍。

现在，让我们来看看这种方式在基因中是如何运作的。我们的基因中内置的编码如同一种生物软件，决定了我们有手而不是爪子，有棕色或黑色的眼睛而不是蓝色的眼睛。它们是否会被表达或激活则受到环境因素的影响，这些环境因素要么开启这些基因的开关，要么关闭它们（Murphy et al., 2013）。早期的生活经历，如遭受重大压力、节食、遭受性虐待或身体虐待及暴露在含有毒化学物质的环境中，可能会决定某些基因在之后的生活中能否被开启或保持休眠状态。

让我们来看看这与异常行为研究之间的关系。研

究者已经了解到，大脑中的生物化学变化会影响与抑郁障碍和精神分裂症的发展相关的基因的功能（Jaffe et al., 2016; Lockwood, Su, & Youssef, 2015）；另一些研究者已经将与压力相关的基因的某些变化与青少年自杀行为的风险增加联系起来（Jokinen et al., 2018）。早期的不良生活经历，如童年期的严重受虐经历，也可能影响基因表达，为日后出现抑郁障碍等心理健康问题埋下伏笔（Lutz et al., 2017; McKinney, 2017）。

不良的生活经历如何影响基因表达？矫正性的积极影响是否能使基因表达正常化？通过这些做法，我们是否可以防止某些心理障碍的发展？以上种种问题仍有待进一步研究（Dubovksy, 2017）。在最近的一项有趣的研究中，加拿大的研究者报告称，仅仅是抱着并安抚婴儿就能留下影响婴儿日后的基因表达的印记（Moore et al., 2017）。

表观遗传学领域的研究仍处于起步阶段，但科学家希望更多地了解环境因素是如何影响基因表达的。在未来的某一天，他们可以通过抑制或激活某些基因来治疗或预防心理障碍。

正误判断

未来，科学家或许能够通过抑制或激活某些基因来治疗甚至预防心理障碍。

正确　表观遗传学领域的进展带来了希望，也许科学家有一天能够直接控制与精神障碍和躯体障碍相关的基因。

2.2　心理学观点

大约在 19 世纪末，由于克雷佩林、格里辛格及其他人的贡献，异常行为的生物学模型的影响日益突出，这时，另一种了解异常行为的方法开始出现。这种方法强调异常行为的心理根源，并被广泛认为主要是由奥地利医生西格蒙德·弗洛伊德的研究奠定的。随后，其他心理学模型也逐渐出现，包括行为主义、人本主义和传统的认知理论。我们将从弗洛伊德的贡献和心理动力学模型的发展入手，开始对心理学观点的学习。

2.2.1　心理动力学模型

描述异常行为的心理动力学模型的关键特征，并评价其主要贡献。

心理动力学理论建立在弗洛伊德及其后继者所做的贡献上。弗洛伊德的**精神分析理论**（Psychoanalytic Theory）认为，心理问题根植于无意识的动机和冲突，这些动机和冲突的根源可以追溯到童年时期。弗洛伊德将对无意识心理的研究推向了重要地位（Lothane, 2006）。对弗洛伊德来说，无意识的动机和冲突围绕着原始的性本能和攻击本能，以及将这些原始冲动排除在意识之外的需求。但是，我们为什么要隐藏这些冲动，不让其被意识觉察呢？正如弗洛伊德所认为的那样，如果我们充分觉察到自己最基本的性欲望和攻击欲望——依弗洛伊德所说，包括乱伦和暴力冲动——我们的意识自我就会被足以压垮我们的焦虑所淹没。根据弗洛伊德的理论，异常的行为模式正是这些动力在无意识中激烈斗争时表现出来的"症状"。患者可以觉察到症状，却无法觉察到作为症状根源的无意识冲突。下面我们一起来了解一下精神分析理论中的关键要素。

心理结构

我们可以将弗洛伊德的心理结构模型比作一座冰山，只有浮于意识层面以上的山顶这一小部分是可见的（见图 2-6）。弗洛伊德将"浮于水面之上"的区域称为心理活动中的**意识**（Conscious）。意识为心理结构中与我们当前感知一致的部分，更大一部分的心理活动停留在意识层面之下，在意识层面之下的两个区域被称为前意识和无意识。

存在于**前意识**（Preconscious）中的是未被觉察的记忆，但当我们将注意力集中在这些记忆上时，它们就会被带入意识层面。例如，你的电话号码一直存在于你的前意识里，直到你将注意力集中在它身上时，你才能觉察到它。**无意识**（Unconscious）是心理活动中最庞大、最神秘的一部分。无意识的内容即便能被带入意识层面，也需要个体付出极大的努力。弗洛伊德认为，无意识是我们的基本生物性冲动或驱力的储藏室，他将这种冲动或驱力称为本能——大多为性本能和攻击本能。

人格结构

根据弗洛伊德的结构假说，人格被分为三个心理实体或心理结构：本我、自我和超我。

本我（Id）是原始的、与生俱来的心理结构。它是我们的基本驱力和本能冲动的储藏室，包括饥饿、口渴、性欲和攻击性。本我完全在无意识状态下运作，遵循**快乐原则**（Pleasure Principle），即要求即时满足本能需求，根本不考虑社会规则、习俗或他人的需求。

在生命的第一年，婴儿会发现并非自己的每一个要求都会得到即时满足。他必须学会应对延迟满足。**自我**（Ego）在这一年开始发展，以组织合理的方式来应对挫折。代表着"理性和理智"的自我努力克制着本我的需求（Freud，1933/1964），并指导个体的行为符合社会习俗和期望。这样，个体既可以获得满足又不必牺牲社会赞许。例如，你的意识被本我中强烈的饥饿感淹没，如果放任本我，它可能会促使你狼吞虎咽地吃掉手边的任何食物，甚至是抢走他人盘中的食物。但是，自我会给你出一个主意，叫你去做一个三明治或倒一杯牛奶。

自我受**现实原则**（Reality Principle）支配。它既会考虑什么是切实可行的方案，也会考虑本我的欲望。自我为发展自我意识夯实了基础，让我们成为独一无二的个体。

在童年中期，**超我**（Superego）通过内化我们的父母和生活中其他重要人物的道德标准和价值观发展起来。超我以"良知"或内在的"道德卫士"的姿态存在，监控自我并裁决是非。当超我发现自我没能坚守超我的道德标准时，它将以内疚和羞愧的形式对个体施以惩罚。自我介于本我和超我之间，它在尽力满足本我欲望的同时，确保不冒犯超我的道德标准。

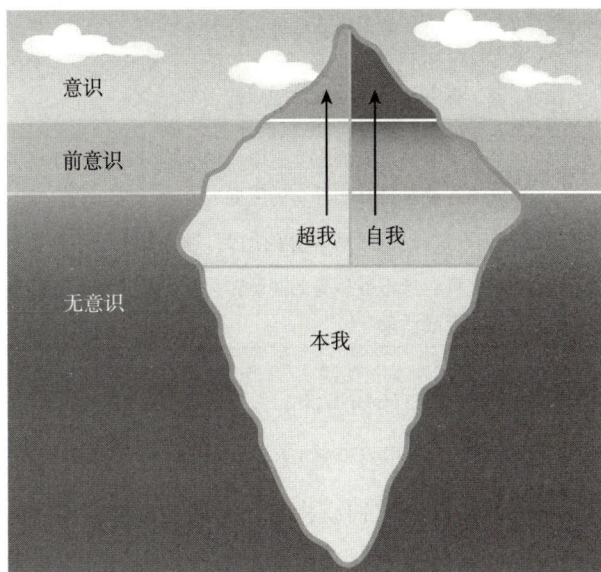

图 2-6　弗洛伊德的心理结构理论

在经典的弗洛伊德理论中，人类的心理被比作一座冰山，无论何时，只有冰山的一小部分能进入意识层面并被觉察。尽管前意识的内容在我们集中注意力时可以被带入意识层面，但本我的冲动和愿望仍隐藏在无意识的隐秘之处。自我和超我在这三种意识层面运行，而本我深藏于无意识中。

防御机制

尽管自我的一部分进入了意识层面，但它的某些活动是在无意识状态下进行的。在无意识状态下，自我作为"监察人"或"审查官"，筛选来自本我的冲动。它使用**防御机制**（Defense Mechanism）（心理防御）来阻止社会不能接受的冲动进入意识。如果没有防御机制，我们童年时期最黑暗的罪孽、本我的原始需求及来自超我的谴责可能会导致我们无法正常生活。压抑或动机性遗忘，即将不被接受的愿望、欲望或冲动驱逐到无意识中，是最基本的一种防御机制（Boag，2006）。有关其他防御机制的描述见表 2-2。

表 2-2　心理动力学理论中的防御机制类型

防御机制	描述	示例
压抑	将不被接受的愿望、欲望或冲动驱逐到无意识中	一名男性无法意识到自己对父亲怀有憎恶或有施暴的冲动
否认	拒绝接受存在具有威胁性的冲动或不安全行为的现实	一个有心脏问题的人拒绝承认自己病情的严重性，回避寻求医疗帮助或更健康的生活方式
合理化	为不被接受的行为进行自我辩解，以此来进行自我欺骗	一名实施强奸的男性为自己的行为开脱，他认为被强奸女性的穿着和举止非常具有挑逗性，所以她是"自找的"
置换	将自身不被接受的冲动从一个具有威胁性的对象转移到更安全或威胁性较小的对象上	一名在工作中被老板痛斥的女性回家后和女儿大吵了一架
投射	将自身的冲动或愿望归咎于另一个人	一个充满敌意且喜好争辩的人认为其他人无法控制自己的情绪
反向形成	采取与自身的真实愿望或信念截然相反的立场，以保持对自身真实冲动的压抑	一名难以接受自身性冲动的女性大肆批评色情作品
退行	行为倒退回早期发展阶段，通常发生于压力之下	一名男性在婚姻破裂后变得十分依赖父母
升华	将自身不被接受的冲动转化为更易于被社会接受的追求或活动	一名女性将自己的攻击冲动转化为对艺术的追求

因此，无意识的动力冲突发生在本我和自我之间。竭力寻求表达机会的生物性驱力（本我）与自我抗争，而自我则努力抑制它们或将它们导向被社会接受的方式。如果这些冲突不能被顺利解决，它们可能就会导致行为问题或心理障碍的产生。因为我们不能直接看到无意识的活动，所以弗洛伊德便发展出了一种被称为精神分析的心理侦查方法，我们稍后会详细讨论。

使用防御机制来应对焦虑、内疚和羞愧等情绪被视为正常的。这些机制让我们在日常生活中能够限制来自本我的冲动。弗洛伊德认为口误和健忘代表着被压抑在意识之外的隐秘动机。如果一位朋友本来打算说"我听到你说的了"，结果说成"我讨厌你所说的"，那么这位朋友可能正在表达被压抑的厌恶冲动。但是，防御机制也可能引发异常行为。在巨大的压力下，退行到婴儿状态的人显然无法适应性地应对当前的情境。

Dulcie Wagstaff/Moment/Getty Images

退行

这是一种退行的表现吗？在弗洛伊德的理论中，自我可能通过防御机制来保护自己免受焦虑或极端压力的伤害——其中就包括退行，指的是出现与心理发展早期阶段相关的行为。

性心理发展阶段

弗洛伊德主张，性驱力是在人格发展中占据统治地位的因素，即便在童年时期也是如此。弗洛伊德认为，在人生的最初几年里，儿童与世界最基本的关系是围绕着对感官愉悦或性快感的追求组织起来的。根据弗洛伊德的观点，所有让感官愉悦的活动，如吃东西或排泄，本质上都是"与性有关的"。（弗洛伊德所说的"与性有关的"，或许更接近当今人们所说的"感官的"。）

根据弗洛伊德的观点，对性快感的追求代表了一种主要的生命本能的表达，他把这种驱力叫作性本能，它是保存和延续生命的基本动力。他将包含于性本能

否认

否认是自我通过阻止自己觉察潜在的威胁从而抵挡焦虑的一种防御机制。不认真对待"吸烟有害健康"的警告，可以被视为否认的一种表现。

性心理发展的口欲期

根据弗洛伊德的观点，儿童在早期与世界的互动大部分是通过嘴巴完成的。

中并可以实现其功能的能量称为力比多（Libido）或性能量。弗洛伊德认为，在儿童成熟的过程中，力比多能量通过存在于身体不同部位的性快感表达出来，这些部位被称为性欲发生区。根据弗洛伊德的观点，人类发展的不同阶段本质上是性心理发展的不同阶段，因为它们对应着力比多能量从一个性欲发生区转移到另一个性欲发生区。弗洛伊德提出，人类存在五个性心理发展阶段：口欲期（生命的第一年）、肛欲期（生命的第二年）、性器期（从 3 岁开始）、潜伏期（大致为 6～12 岁）和生殖期（从青春期开始）。

在生命的第一年，即口欲期，婴儿通过吮吸母亲的乳房或咬周围的一切物品来获得性快感。以吮吸和咬的形式表现出的口腔刺激是性满足与获取营养的源泉。在性心理发展的肛欲期，儿童通过收缩和放松控制体内废物排泄的括约肌来获得性满足。

性心理发展的下一个阶段是性器期，通常从 3 岁开始。该阶段的主要性欲发生区是性器区域（男孩是阴茎，女孩是阴蒂）。弗洛伊德认为，处于性器期的儿童会产生与异性父母乱伦的无意识欲望，并开始将同性父母视为竞争对手，这恐怕是弗洛伊德理论中最受争议的部分了。弗洛伊德将这种冲突称为俄狄浦斯情结（也叫恋母情结），这源于古代国王俄狄浦斯在毫

不知情的情况下弑父娶母的希腊神话。俄狄浦斯情结的女性版本被弗洛伊德的追随者命名为厄勒克特拉情结（也叫恋父情结，但弗洛伊德本人并未如此命名），这源于希腊神话中厄勒克特拉的故事：她为了给父亲（阿伽门农）报仇，杀死了谋害她父亲的凶手（她的母亲及其情夫）。弗洛伊德认为，俄狄浦斯冲突代表着童年早期的核心心理冲突，如果个体无法成功地解决这一冲突，心理问题将在个体今后的生活中显现出来。

对男孩来说，成功解决俄狄浦斯情结是指压抑想与母亲乱伦的欲望并对父亲产生认同。这种认同将有助于其发展出与传统男性性别角色有关的具有攻击性的、独立的性格。对女孩而言，成功解决厄勒克特拉情结是指压抑想与父亲乱伦的欲望并对母亲产生认同，这将有助于其获得与传统女性性别角色有关的较为被动的、依赖的性格。

无论俄狄浦斯情结是否已经被完全解决，它在儿童五六岁时都会发展至决定性阶段。儿童会通过对同性父母产生认同，以超我的形式内化父母的价值观。随后，儿童会在童年晚期进入性心理发展的潜伏期，他们会将兴趣转向学校和娱乐活动。

性驱力会在生殖期再次被唤起（这一时期始于青春期），并在性征发育成熟、结婚及生育子女的过程中

达到顶峰。对异性父母的性感觉经过潜伏期的压抑后会在青春期再次出现，但会被置换或转移到其他异性身上。在弗洛伊德看来，生殖期的成功适应也包括通过与异性发生性行为而获得性满足，这些性满足一般都是在婚姻的背景下获得的。

弗洛伊德提出的关键理念之一，是儿童在性心理发展的每个阶段都可能经历冲突。例如，口欲期的冲突围绕婴儿是否获得足够的口腔部位的满足而展开。过多的满足使婴儿期望生活中的一切都无须付出努力即可获得。相反，过早断奶可能会导致婴儿产生挫败感。任一阶段过少或过多的满足都可能导致儿童在该阶段产生**固着**（Fixation），进而形成该阶段所特有的人格特质。口欲期固着包括对"口腔活动"的过度渴望，这在以后的生活中可能会表现为吸烟、酗酒、过量进食和咬指甲。就像婴儿依赖母亲的乳房以维持生存和获得口腔愉悦的满足感一样，口欲期固着的成年人也可能在他们的人际关系中表现得黏人和依赖。根据弗洛伊德的观点，如果未能成功地解决性器期冲突（即俄狄浦斯情结），个体可能会拒绝接受传统的男性化或女性化角色，进而发展为同性恋。

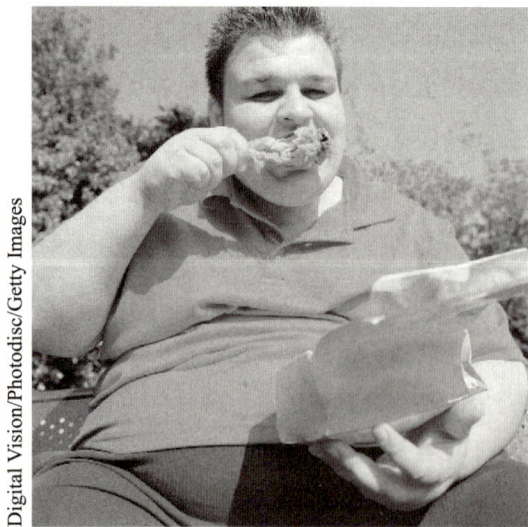

口欲期固着

弗洛伊德认为，在性心理发展的特定阶段，满足过少或过多都会导致固着，从而导致与该阶段相关的人格特质，如过度热衷于口腔活动。

其他心理动力学理论家

多年来，心理动力学理论的逐步形成也有来自其他心理动力学理论家的贡献，这些理论家赞同弗洛伊德的某些核心原则，如行为反映了无意识动机、内部冲突，以及对焦虑的防御性反应。但是，很多心理动力学理论家在某些议题上与弗洛伊德的观点存在显著的分歧。例如，与弗洛伊德相比，他们较少强调性和攻击等基本本能，而较多关注有意识的选择、自我导向和创造力。

卡尔·荣格　瑞士精神病学家卡尔·荣格（Carl Jung，1875—1961 年）曾是弗洛伊德核心圈子的成员。他在发展自己的心理动力学理论时与弗洛伊德决裂，并将自己的理论称为分析心理学（Analytical Psychology）。荣格认为，理解人类行为必须同时考虑自我意识、自我导向及本我的冲动和防御机制。他认为，我们不仅拥有个体无意识（被压抑的记忆和冲动的储存库），还继承了集体无意识。集体无意识包含原始意象，或者**原型**（Archetype）。原型反映的是我们人类的历史，包括模糊、神秘、神话般的意象，孕育万物且慈爱的母亲，年轻的英雄，智慧的老人，邪恶、黑暗的恶魔形象，以及重生或复活的主题。根据荣格的观点，虽然原型停留在无意识中，但它们会影响我们的思想、梦境和情绪，并使我们对故事和电影中的相关文化主题产生共鸣。

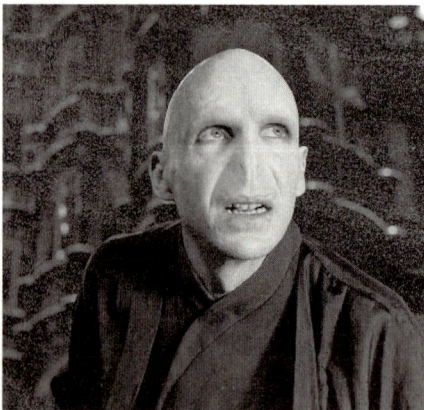

原型的力量

像《哈利·波特》（Harry Potter）和《星球大战》（Star Wars）这类电影之所以如此引人入胜，或许是因为它们都以善恶之争为原型。

阿尔弗雷德·阿德勒 和荣格一样，阿尔弗雷德·阿德勒（Alfred Adler，1870—1937 年）曾在弗洛伊德的核心圈子里占有一席之地。但是，随着他发展出自己的理论，他也与弗洛伊德分道扬镳了。他认为，人们主要受自卑情结而非弗洛伊德所坚持的性本能所驱动。对一些人来说，自卑感源于身体缺陷及由此产生的补偿需求。然而，由于童年时期的弱小，我们所有人都会产生一定程度的自卑感。这些感觉会引发一种强烈的追求优越感的驱力，促使我们去追求卓越和社交优势。不过，在健康的人格中，力争优势的驱力会有所缓和，并表现为乐于助人。

和荣格一样，阿德勒认为自我意识在人格的形成中起着重要作用。阿德勒曾提到创造性自我（Creative Self）的概念，它是人格中自我意识的一个面向，致力于克服阻碍并发展个人潜能。阿德勒提出的创造性自我假说将心理动力学理论的重点从本我转向了自我。因为主张潜能根植于每个独特的个体，所以阿德勒的观点被称为个体心理学（Individual Psychology）。

卡伦·霍妮 一些心理动力学理论家，如卡伦·霍妮（Karen Horney，1885—1952 年），强调的是亲子关系在情绪问题发展过程中的重要性。她坚持认为，当父母非常严苛或冷漠时，孩子会发展出一种深植于内心的基本焦虑（Basic Anxiety），她将其描述为一种"在潜在的充满敌意的世界中感到孤立无援"的感觉（Quinn，1987）。对父母心怀怨恨的儿童可能会发展出一种敌意，她将其命名为基本敌意（Basic Hostility）。和弗洛伊德一样，她也认为儿童会压抑自己对父母的敌意，因为他们害怕失去父母或遭受报复和惩罚。但是，对敌意的压抑会引发更多的焦虑和不安全感。由于霍妮与其他弗洛伊德后继者的努力，心理动力学的关注点从性驱力和攻击驱力转到了社会对个体发展的影响上。

近些年来的一些心理动力学模型也更多地强调自体或自我，而较少像弗洛伊德的模型那样强调性本能。

时至今日，大多数精神分析学家都认为人们被两个层面的动机所驱使：以成长为导向的、有意识的自我追求和较原始的、受冲突驱动的本我驱动。海因茨·哈特曼（Heinz Hartmann，1894—1970 年）是**自我心理学**（Ego Psychology）的创始人之一。自我心理学假设自我有其自身的能量和动机，存在寻求教育、献身于艺术与诗歌、推动人类进步等选择，并不像弗洛伊德所看到的那样，仅仅是一种防御形式的升华。

埃里克·埃里克森 埃里克·埃里克森（Erik Erikson，1902—1994 年）也受到了弗洛伊德的影响，并凭借自身的能力成为一位重要的理论家。与弗洛伊德关注性心理发展相反，他关注的是社会心理发展。埃里克森认为，社会关系和个体身份认同比无意识过程更重要。弗洛伊德的发展理论是以生殖期结束的，而埃里克森的发展理论则始于青春期早期。他认为，人格会随着我们处理生命中各个阶段的社会心理挑战和危机而在整个成年期持续被塑造。例如，根据埃里克森的观点，青少年所面临的主要社会心理挑战是发展自我同一性（Ego Identity），即对他们是谁及他们信仰什么有明确、清晰的认识。

玛格丽特·马勒 作为当代流行的心理动力学流派之一，**客体关系理论**（Object-Relations Theory）关注儿童如何发展他们生活中的重要他人，尤其是父母的象征性表征（Blum，2010）。客体关系理论家玛格丽特·马勒（Margaret Mahler，1897—1985 年）认为，儿童在 3 岁前与母亲分离的过程对儿童的人格发展至关重要（将在第 12 章进一步讨论）。

根据心理动力学理论，我们在生活中会将父母意象的一部分内摄或整合到我们的人格中。例如，你可能会将父亲强烈的责任感或母亲取悦他人的渴望内摄到自己身上。当我们害怕因死亡或拒绝而失去他人时，内摄的力量会更加强大。因此，我们可能更倾向于整合那些不赞成我们或与我们的看法不一致的人的特点。

在马勒看来，这些由他人的意象和对他人的记忆

卡伦·霍妮

埃里克·埃里克森

玛格丽特·马勒

所形成的象征性表征会影响我们的感知和行为。当内摄的他人的态度与我们自己原有的态度发生矛盾时，我们就会经历内心的冲突。我们所感知到的东西可能会被歪曲，或者看起来不那么真实。我们的一些冲动和行为可能看起来不像我们自己所为，似乎它们出其不意地就那样出现了。带着这种冲突，我们可能难以分辨他人对我们的影响终结于何处，而我们的"真实自我"又从何处开始。马勒的治疗方法的目标在于帮助来访者把他们自己的想法和感受与来自内摄性客体的想法和感受区分开来，这样他们就能作为独立的个体而成长了。

心理动力学视角下的正常与异常

在弗洛伊德的模型中，心理健康是心理结构中本我、自我和超我保持动态平衡的结果。心理健康的人的自我会强大到足以控制本我的冲动，也能经受住超我的谴责。一些原始冲动有恰当的出口，如婚姻中成熟性欲的表达，既减少了本我带来的压力，也减轻了自我遏制剩余冲动的负担。由在合理范围内表现宽容的父母抚养的孩子，可能会发展出不会过度苛责的超我。

心理障碍患者的心理结构是失衡的。一些无意识冲动可能会"泄露"到意识层面，从而产生焦虑或引发心理障碍，如歇斯底里症（又叫癔症）和恐怖症。

这些症状表达了人格各部分之间的冲突，又保护自我免于意识到内心的混乱。例如，一个人害怕刀是为了防止自己意识到自己无意识的攻击冲动，如用刀杀人或攻击自己。只要维持这个症状（患者让自己远离刀），这种谋杀或自杀的冲动就会继续被遏制和隔离。如果超我变得过于强大，就会产生过多的内疚感并导致抑郁。那些蓄意伤害他人而毫无内疚感的人被认为超我发育不完全。

弗洛伊德认为，那些导致心理障碍的潜在冲突起源于童年期，并被埋藏在无意识的深处。通过精神分析，他试图帮助人们发现这些潜在的冲突，并学习如何处理它们。这样一来，他们就可以使自己从这些明显的症状中解脱出来。

然而，无休止的警觉和防御会为人们敲响丧钟。自我的力量会被削弱，在极端情况下，自我还会失去控制本我的能力。当本我的强烈欲望向外溢出，而力量被削弱或发育不完全的自我无法牵制它时，就会导致精神病（Psychosis）。一般来说，精神病以古怪的行为和想法、错误的现实感知为特征，如出现幻觉（听到实际并不存在的声音或看到实际并不存在的东西）。患者在讲话时可能会变得语无伦次，并做出怪异的姿势和手势。精神病的主要形式之一是精神分裂症（见

第 11 章）。

弗洛伊德将心理健康与爱和工作的能力等同起来。正常人可以深入地关爱他人，在亲密关系中获得性满足，从事富有成效的工作。为了实现这些目标，性冲动必须在与异性伴侣的关系中表现出来。其他冲动必须被引导（升华）至社会认可的富有成效的活动中，如工作、对艺术或音乐的享受及创造性的表达。

其他心理动力学理论家，如荣格和阿德勒，则强调人们需要发展与众不同的自己——一股可以引导行为、助力发展个人潜能的力量。阿德勒认为，心理健康还包括在一个或多个需要人为努力的舞台上胜出，以补偿自卑感。马勒则认为，异常行为源于个体未能发展出独特且个体化的身份认同。

对心理动力学模型的评价

心理动力学理论已经渗透进一般的文化形态中（Lothane，2006）。即使是从来没有读过弗洛伊德著作的人，也会用口误寻找象征性意义，并假定异常的状态可以追溯到童年早期。像自我和压抑这样的术语变成了日常用语，尽管它们的日常意义与弗洛伊德所指的并不完全相同。

心理动力学模型使我们意识到我们并不能清晰、透彻地了解自己（Panek，2002）——我们的行为可能受自己根本没意识到或只是朦朦胧胧意识到的隐藏的驱力和冲动所驱使。再者，弗洛伊德有关童年期性欲的理念既具启蒙性又备受争议。在弗洛伊德之前，人们都将儿童视作天真、纯洁、与性欲根本沾不上边的人。然而，弗洛伊德认识到，年幼的孩子，甚至是婴儿，也会通过刺激口腔、肛门和性器区域寻求快感。但是，有关原始驱力导致乱伦的欲望、家庭内部的竞争和冲突的理念仍然备受争议，即便是在心理动力学圈子里也是如此。

许多批评家，甚至包括弗洛伊德的部分后继者，都认为他过于强调性冲动和攻击冲动，而忽略了社会关系。批评家还认为，心理结构——本我、自我和超我——充其量只比描写内心冲突的精彩虚构小说或诗意表达好一点。很多批评家认为，弗洛伊德对心理过程的假设并不是科学的概念，因为它们无法被直接观察或检验。例如，治疗师可以猜测一位来访者之所以"忘记"某次预约，是因为他"无意识地"不想参加那次会谈。但是，这样的无意识动机也许经不起科学的验证。心理动力学取向的研究者也开始发展科学的方法以检验弗洛伊德的许多概念。他们认为，越来越多的证据支持存在日常意识范围之外的无意识过程，以及包括压抑在内的防御机制（Cramer，2000；Westen & Gabbard，2002）。

2.2.2　学习模型

描述异常行为的学习模型的关键特征，并评价其主要贡献。

弗洛伊德及其后继者提出的心理动力学模型是关于异常行为的第一个主要的心理学理论。其他相关的心理学理论在 20 世纪初也开始出现。**行为主义**（Behaviorism）的观点由发现条件反射的著名生理学家伊万·巴甫洛夫（Ivan Pavlov，1849—1936 年）和行为主义之父、美国心理学家约翰·华生（John Watson，1878—1958 年）确立。行为主义的观点关注学习在解释正常行为和异常行为中的作用。从学习的观点来看，异常行为表现为习得或学习到了不恰当的、适应不良的行为。

从医学和心理动力学的视角来看，异常行为是潜在的生理或心理问题的症状表现。然而，从学习理论的视角来看，异常行为本身就是问题。在这一视角下，异常行为与正常行为的习得方式是一样的。但为什么有些人的行为表现异常呢？这可能是因为他们的学习过程和大多数人不一样。例如，一个人在孩提时代曾因为自慰受到严厉的惩罚，成年后他可能会在性方面感到焦虑。糟糕的养育方式，如对不良行为的随意惩罚及对良好行为不给予表扬或奖励，都可能导致反社会行为。遭受父母的虐待或忽视的孩子可能会更多地关注内心世界的幻想而非外部世界，并且很难区分现实与幻想。

华生和其他行为主义学家［如哈佛大学心理学家 B. F. 斯金纳（B. F. Skinner, 1904—1990 年）］认为，人类行为是遗传基因和环境或情境影响的产物。与弗洛伊德一样，华生和斯金纳都摒弃了个人自由、选择或自我导向等概念。然而，弗洛伊德认为，我们是受无意识力量驱动的。与此不同的是，行为主义学家认为，我们是环境影响的产物，我们的行为被环境塑造和操纵。行为主义学家还认为，我们应当把心理学研究限制在行为本身，而不应该把焦点放在潜在的动机上。按照这种观点，治疗应关注塑造行为，而不是探求心理活动的运作机制。在正常和异常行为的塑造方面，行为主义学家关注两种学习形式所起的作用，即经典条件反射（Classical Conditioning）和操作性条件反射（Operant Conditioning）。

经典条件反射的作用

生理学家伊万·巴甫洛夫对条件反射（现在被称为条件反应）的发现纯属偶然。在他的实验室里，他将狗系在一个装置上（如图 2-7 所示），研究狗对食物的唾液反应。在这个过程中，他观察到这些动物甚至在吃东西之前就已经开始分泌唾液和胃液了。这些反应看起来是由食物推车被推进房间时发出的声音引起的。巴甫洛夫随后进行的实验表明，动物可以学会对其他刺激（如铃声）做出分泌唾液的反应，前提是这些刺激与喂食是关联在一起的。

狗通常不会因为铃声而分泌唾液，因此巴甫洛夫推断，出现这种现象是因为狗学会了这种反应。他将其命名为条件反应（Conditioned Response，CR）或条件反射，因为它与巴甫洛夫命名的无条件刺激（Unconditioned Stimulus，US）——在此例中为食物——

成对出现，能自然引起唾液分泌（见图 2-8）。看见食物就会分泌唾液，这是一个不用学习的自然反应，巴甫洛夫称之为无条件反应（Unconditioned Response，UR）。铃声则是先行的中性刺激，巴甫洛夫称之为条件刺激（Conditioned Stimulus，CS）。

你可以识别出日常生活中的经典条件反射的例子吗？在候诊室里听到牙医的牙钻声，你会感到害怕吗？牙钻的声音可能是一种条件刺激，它可以引起恐

图 2-7 伊万·巴甫洛夫在条件反射实验中使用的装置

巴甫洛夫通过这样的装置来演示条件反射的过程。左边是一面双向镜，研究者站在镜子后面摇铃。铃响后，研究者会把肉放在狗的舌头上。在铃铛和肉成对出现几次后，狗学会了听到铃声就做出分泌唾液的反应。唾液通过试管引入小瓶，唾液量被用来测量条件反射的强度。

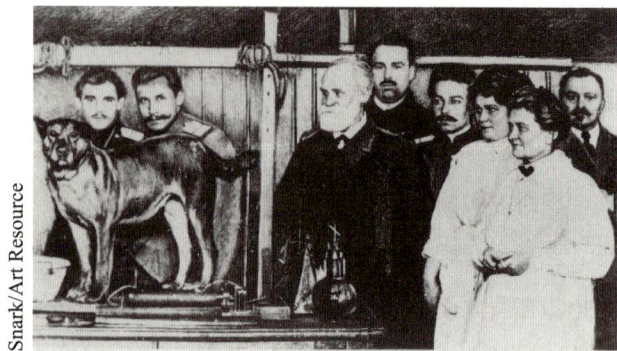

Snark/Art Resource

伊万·巴甫洛夫

生理学家伊万·巴甫洛夫（中间蓄着白胡子的那位）在向他的学生展示经典条件反射实验的装置。经典条件反射的原理如何解释过度的、非理性的恐惧——心理学家所说的恐怖症——的形成呢？

条件反射前

| 中性刺激
（铃声） | → | 没有反应或
定向反应 |

| 无条件刺激
（食物） | → | 无条件反应
（唾液） |

条件反射中

| 条件刺激
（铃声） | ⇢ | |

| 无条件刺激
（食物） | → | 无条件反应
（唾液） |

条件反射后

| 条件刺激
（铃声） | → | 无条件反应
（唾液） |

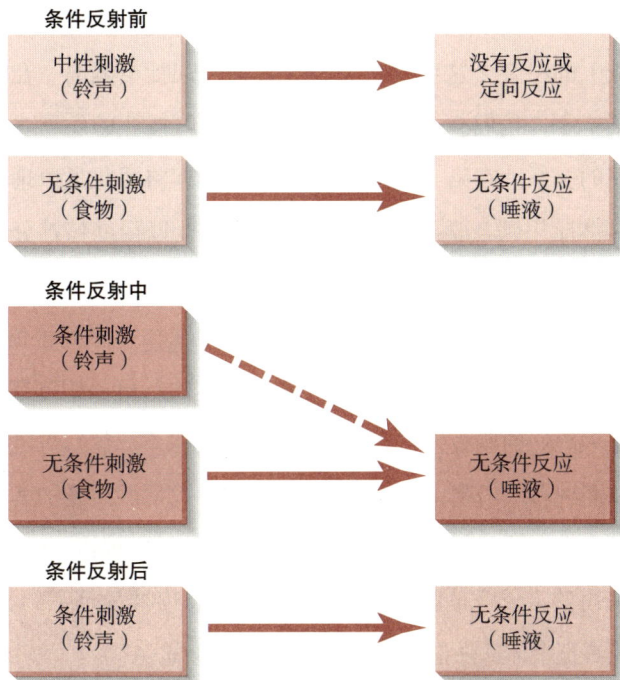

图 2-8　经典条件反射过程示意图

在条件反射前，将食物（无条件刺激）放在狗的嘴里就会自然地诱发狗的唾液分泌（无条件反应）。然而，铃声是一个可能会引起某种定向反应而非唾液分泌的中性刺激。在条件反射的过程中，当食物被放到狗的舌头上时，铃声（条件刺激）响起。经过几轮条件反射的试验后，即使没有食物伴随出现，铃声响起也会引起唾液分泌（条件反应）。由此，巴甫洛夫认为这只狗已经被条件化，或者说已经学会了对条件刺激做出条件反应。学习理论家认为，对不具伤害性的刺激产生非理性的、过度的恐惧可能是通过经典条件反射的原理习得的。

惧和肌肉紧张的条件反应。

恐怖症或过度的恐惧也可能是通过经典条件反射习得的。例如，在电梯中有过创伤经历的人，可能会发展出关于乘坐电梯的恐怖症。在这个例子中，一个先行的中性刺激（电梯）与一个令人厌恶的刺激（创伤）配对或联结，从而导致了条件反应（恐怖症）。

约翰·华生演示了恐惧反应是如何通过经典条件反射获得的。华生与研究助理罗莎莉·雷纳（Rosalie Rayner，后来成为华生的妻子）一起对一个 11 个月大的男孩进行了经典条件反射实验，让他发展出了对白鼠的恐惧，后来这个男孩以"小阿尔伯特"（Little Albert）的名字在心理学史上广为流传（Watson &

Rayner，1920）。在条件反射实验之前，这个男孩没有表现出对白鼠的恐惧，实际上他还会伸手抚摸白鼠。随后，每当这个男孩伸手抚摸白鼠时，华生就在男孩的脑袋后面用锤子用力地敲打一根钢棍，发出令人厌恶的声响。这刺耳的声响和那只白鼠反复配对出现后，小阿尔伯特表现出了条件反射，即使刺耳的声响不出现，他也对白鼠充满了恐惧。

从学习理论的观点来看，正常行为是对包括条件刺激在内的刺激产生的适应性反应。毕竟，如果我们在有了一两次被烧伤或差点被烧伤的经历后，还不能学会远离热炉，我们可能就要反复忍受不必要的烧伤之苦了。另外，在条件反射的基础上习得的不恰当的、不具适应性的恐惧可能会严重破坏我们适应社会的功能。第 5 章将阐述条件反射是如何帮助我们解释像恐怖症这样的焦虑障碍的。

操作性条件反射的作用

经典条件反射可以解释简单的反射性反应。例如，对与食物有关的线索分泌唾液，以及对与痛苦或令人厌恶的刺激配对的刺激产生恐惧情绪反应。但是，经典条件反射不能解释像学习、工作、社交活动或准备饭菜这类较复杂的行为。行为心理学家斯金纳将这类复杂的行为称为操作性反应，因为它们通过作用于环境，来产生效果或结果。在操作性条件反射中，反应是通过其产生的结果而习得并得到巩固的。

我们习得的像在课堂上举手这样的反应或技能会导致**强化**（Reinforcement）。强化物是指环境（刺激）中出现的可以增加先行行为频率的因素。

当强化物出现时，引发具有奖励性质的结果的行为会被强化。也就是说，这些行为更有可能再次出现。随着时间的推移，这些行为就变成了习惯（Staddon & Cerutti，2003）。例如，你很可能会养成在课堂上举手这个习惯，因为在早期的学校经历中，你的老师只有在你第一个举手时才对你做出积极的反应。

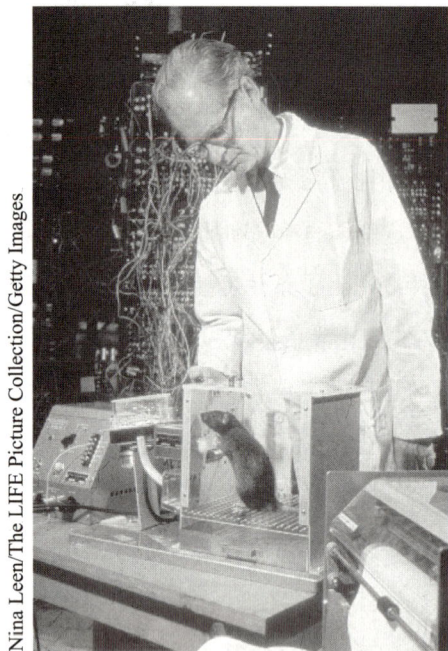

Nina Leen/The LIFE Picture Collection/Getty Images

B. F. 斯金纳

强化物的类型

斯金纳提出了两种类型的强化物。引入或呈现正强化物（Positive Reinforcer）——也常被称为奖励——会导致行为频率的增加。斯金纳的大多数工作都集中在研究动物的操作性条件反射上，如对鸽子进行的实验。如果一只鸽子在啄按钮时会获得食物，它就会继续啄这个按钮，直到吃饱为止。如果我们在为他人开门时得到了友善的回应，我们就更有可能养成为他人开门的习惯。移除负强化物（Negative Reinforcer）也会增加行为的频率。如果把一个正在哭泣的孩子抱起来可以让孩子停止哭泣，那么这个行为（抱起孩子）就会被负强化（变得更频繁），因为它移除了负强化物（哭声，一个令人厌恶的刺激）。

适应性的、正常的行为包括学习可以导致强化的反应或技能。我们既会学习那些可以让自己获得正强化物或奖励（如食物、金钱和认可）的行为，也会学习那些可以帮助自己移除或避免负强化物（如疼痛和不被认可）的行为。但是，如果早期的学习环境没有提供学习新技能的机会，我们努力发展获得强化所需技能的过程可能就会受到阻碍。例如，缺乏社交技能

可能会减少我们获得社会强化（来自他人的认可或称赞）的机会，这反过来又会导致抑郁和社会隔离。在第 7 章，我们会介绍强化水平的改变与抑郁的发展之间的关系。在第 11 章，我们会介绍如何将强化的原理具体应用到与学习相关的治疗项目中，以帮助精神分裂症患者发展出更具适应性的社会行为。

惩罚与强化

惩罚（Punishment）可被视为强化的反面。惩罚是令人厌恶的刺激，它会减少先行行为的频率。惩罚可以以多种形式出现，包括身体上的惩罚（打屁股或施加其他令人痛苦的刺激）、移除强化刺激（关掉电视机）、处以罚款（开停车罚单等）、取消特权（"你被禁足了"），或者把个体从强化环境中移出去（"面壁思过"）。

在继续后面的内容之前，让我们先区分一下两个常常被混淆的术语：惩罚和负强化。它们之所以容易被混淆，是因为一个令人厌恶或痛苦的刺激到底是作为惩罚还是作为负强化物，取决于当时的情境。如果是惩罚，那么引入或施加这个令人厌恶或痛苦的刺激会削弱先行的行为。如果是负强化，那么移除这个令人厌恶或痛苦的刺激则会巩固先行的行为。一个婴儿的哭声可以被看作惩罚（如果它削弱了哭前的行为，如将你的注意力从婴儿的身上移开），也可以被看作负强化物（如果它巩固了导致哭声消失的行为，如抱起婴儿）。

惩罚，尤其是身体上的惩罚，可能并不能消除不良行为，尽管它可能会在一段时间内压制这些行为。当撤除惩罚后，这些行为可能还会再次出现。惩罚的另一个局限在于，它不能让受欢迎的其他行为得以发展。惩罚也可能导致人们从这样的学习情境中退出。受到惩罚的儿童可能会旷课、退学。此外，惩罚可能会引发愤怒和敌意而非建设性的学习，尤其是在惩罚反复出现、性质严重的情况下，它可能会变成虐待。在包括某些类型的人格障碍（见第 12 章）和分离障碍（见第 6 章）在内的异常行为模式中，儿童虐待都产生了很大的影响。

心理学家认识到，强化比惩罚更可取。但是，奖

励良好的行为需要先关注这些行为，而不是只关注那些不良行为。一些出现品行问题的孩子只有在做出不良行为时才能得到他人的关注。因此，其他人可能在不经意间强化了这些孩子的不良行为。学习理论家指出，成年人需要告诉孩子哪些是受欢迎的行为，并在孩子表现出这些行为时进行有规律的强化。

现在让我们来了解一下当代的学习模型，它被称为社会认知理论（曾被称为社会学习理论），该理论关注的是认知因素在学习和行为中的作用。

社会认知理论

社会认知理论（Social Cognitive Theory）代表着很多理论家曾做出的贡献，如阿尔伯特·班杜拉（Albert Bandura，1925—2021 年）、朱利安·B. 罗特（Julian B. Rotter，1916—2014 年）和沃尔特·米歇尔（Walter Mischel，1930—2018 年）。社会认知理论家引入了思维或认知，通过观察或**示范**（Modeling）学习的作用，扩展了传统的学习理论（Bandura，2004）。例如，一位害怕蜘蛛的恐怖症患者可能是因为在现实生活中、电视或电影里看到了他人对蜘蛛的恐惧反应而习得这种恐惧的。

社会认知理论家认为，正如环境会影响人一样，人也会对环境产生影响（Bandura，2004）。社会认知理论家同意华生和斯金纳这些传统行为主义学家的观点，认为关于人性的理论应该与可观察到的行为联系起来。但是，他们提出在解释人类行为时，还需要考虑个人内部的因素，如对特定目标的**期望**（Expectancy）、置于该目标上的价值观，以及观察学习。例如，我们将在第 8 章看到，与那些对药物的治疗效果持较少积极期望的人相比，持更多积极期望的人更有可能服药，并且使用的剂量也更大。

对学习模型的评价

学习理论的观点孕育了一种治疗模型，即**行为疗法**（Behavior Therapy，也叫行为矫正）。行为疗法涉及系统地应用学习原理帮助人们改变不良行为。行为治

疗技术已经帮助人们克服了许多心理问题，其中包括恐怖症和其他焦虑障碍、性功能失调和抑郁障碍。此外，以强化为基础的项目已被广泛应用于帮助父母学习更好的教养技能和帮助儿童在课堂上学习等领域。

批评者认为，单单是行为主义并不能解释丰富的人类行为，而人类的体验也不能被简化为可观察到的反应。很多学习理论家，尤其是社会认知理论家，也对环境影响（奖励和惩罚）机械地控制着我们的行为这一绝对的行为主义观点感到不满。人类有思想和梦想，会制定目标、立下志向，但行为主义似乎甚少提及这些对人类来说意味着什么。

社会认知理论家拓宽了传统行为主义的范围，但批评者仍然认为，社会认知理论家太少关注遗传对行为的贡献，也不能充分解释诸如自我意识和意识流等主观感受。接下来我们将看到，主观感受在人本主义模型中如何占据了核心地位。

观察学习

根据社会认知理论，大多数人类行为是通过模仿或观察学习而习得的。

2.2.3　人本主义模型

描述异常行为的人本主义模型的关键特征，并评价其主要贡献。

20 世纪中期，人本主义心理学出现了。它从心理动力学模型和行为或学习模型中脱颖而出，强调人类应自由、有意识地做决定，让生命充满意义和目标。

两大人本主义心理学家——美国心理学家卡尔·罗杰斯（Carl Rogers，1902—1987 年）和亚伯拉罕·马斯洛（Abraham Maslow，1908—1970 年）认为，人类天生就有**自我实现**（Self-Actualization）的倾向——力争施展所有个人才能。我们每个人都拥有非凡的特质和才能，这使每个人都有自己的感受、需求，以及对生活的看法。只有认可和接受我们真实的需求和感受，对自己坦诚相待，我们才能带着意义和目标真正地活着。也许，我们不能决定自己能否实现每一个愿望和梦想，但对自己的真实感受和主观体验的觉知，可以帮助我们做出更有意义的选择。

在人本主义看来，要想了解异常行为，我们需要了解人们在力求自我实现和努力了解真实的自我时遇到的阻碍。为了实现这一点，心理学家必须学会从来访者自身的视角出发来观察这个世界，因为来访者对世界的主观看法会让他们以自我提升或自我挫败的方式解释和评估他们的体验。人本主义观点尝试了解他人的主观体验，也就是关于人们"存在于这个世界上"的意识流体验。

异常行为的人本主义概念

罗杰斯认为，异常行为源于歪曲的自我概念。父母可以通过向孩子表达**无条件的积极关注**（Unconditional Positive Regard）来帮助他们发展

积极的自我概念。也就是说，在任何时候，不管孩子的行为如何，父母都要鼓励他们，并让他们知道自己是值得被爱的。父母可能不赞同孩子的某一特定行为，但他们需要告诉孩子，他们不认可的是这个不良行为，而不是孩子这个人。但是，如果父母对孩子采取的是**有条件的积极关注**（Conditional Positive Regard），只有当孩子按照父母期望的方式行事时才接纳孩子，孩子可能就会学着否认所有被父母拒绝认可的想法、感受和行为。孩子可能会发展出有条件的价值，也就是说，他们会认为自己只有按照某些特定的、被他人认可的方式行事，才是有价值的。例如，那些只有在顺从时才能得到父母认可的孩子，可能会否认自己曾感觉到愤怒。一些孩子意识到固执己见是行不通的，因此他们很害怕自己的意见与父母的意见相左。父母的不认可会导致他们把自己看成"坏孩子"，认为自己的感受是错误的、自私的，甚至是邪恶的。为了维持自尊，他们可能不得不否认自己的真实感受，或者否认自己的某一部分。结果，他们就发展出了歪曲的自我概念：孩子与真实的自我形同陌路。

罗杰斯认为，当我们感觉到自己的感受和想法与反映他人对我们期望的歪曲的自我概念不一致时，我们就会变得焦虑。例如，父母希望我们乖巧、听话，而我们却感到自己变得愤怒或叛逆。因为焦虑是令人不悦的，所以我们可能会否认自己的那些真实存在的感受和想法。这样，我们真实自我的实现就被限制了。

我们会把自己的心理能量转向继续否认和自我防御，而非将其导向个人成长。在这种情况下，我们绝不可能了解自己真实的价值或个人天赋。挫败和不满纷至沓来，为异常行为的出现埋下祸根。

Michael Rougier/The LIFE Picture Collection/Getty Images

Bettmann/Getty Images

卡尔·罗杰斯（左）和亚伯拉罕·马斯洛（右）：人本主义心理学的两大领军人物。

无条件的积极关注是如何形成的

罗杰斯认为，父母可以帮助孩子培养自尊，让他们走上自我实现的道路，方法是向他们展示无条件的积极关注——基于他们的内在价值鼓励他们，而不管他们当时的行为如何。

根据人本主义心理学家的观点，我们无法既实现他人的所有愿望，又保持真实的自我。但这并不意味着自我实现总会引发冲突。罗杰斯认为，人们只有在努力实现自己独特的潜能受挫时，才会伤害他人或做出反社会行为。如果父母和其他人以爱和宽容的态度对待孩子的不同之处，孩子也会成长为有爱、宽容的人，尽管他们的一些价值观和喜好与其父母的选择有所不同。

在罗杰斯看来，自我实现的途径包括自我发现和自我接纳的过程，即触摸我们的真实感受，接纳它们作为我们自身的一部分，并按照能真实反映它们的方式行事。这些就是罗杰斯心理治疗方法的目标，他的疗法又被称为来访者中心疗法或以人为中心疗法。

对人本主义模型的评价

人本主义模型在理解异常行为方面有其优势，即它把大部分注意力放在了意识层面的体验上，其治疗方法的重点是将人们导向自我发现和自我接纳。人本主义运动将一系列概念引入现代心理学：自由选择、本善、个人责任和本真性。颇具讽刺意味的是，人本主义流派的主要优势——注重意识层面的体验——恰巧也是其最大的缺点。意识层面的体验是私密和主观的，这使得它很难被量化和客观地研究。心理学家如何确保他们能准确地透过来访者的视角观察世界呢？人本主义学家可能会反驳说，我们不能在研究意识的挑战

面前畏首畏尾，因为这样做会否认那些对人类来说极具意义的本质。

批评者认为，自我实现的概念——对马斯洛和罗杰斯来说是非常基础的概念——不能被证实或证伪。像心理结构一样，自我实现的力量不能被直接测量或观察，而是从假设中推断出来的。自我实现还对行为进行了循环解释。当观察到某人正在努力奋斗时，如果把努力奋斗归结为自我实现的倾向，那么我们从中能了解到什么呢？自我实现倾向的本源是什么，这仍是一个谜。同样，当观察到某人没有奋发图强时，把缺少努力归结为自我实现的受阻或受挫，我们又能有何收获？我们仍然必须确定挫败的根源。

2.2.4　认知模型

描述异常行为的认知模型的关键特征，并评价其主要贡献。

"认知"（Cognitive）这个词源于拉丁语，意为"知道"或"认识"。认知理论家的研究对象是伴随或潜伏于异常行为中的认知——思想、信念、期望和态度。他们关注现实是如何被我们的期望、态度等认知影响的，关注有关世界和我们自身处境的错误或有偏差的信息是如何导致异常行为的。认知理论家认为，决定我们情绪状态的是我们对生活事件的解释，而非事件本身。

信息加工模型

认知心理学家常常用计算机科学的概念来解释人类如何加工信息，以及这些过程可能如何出错，从而导致涉及异常行为的问题。在计算机术语中，信息通过敲击键盘上的按键输入计算机（编码，以使信息能被计算机接受为输入），然后将信息存储在工作记忆中，以供解决问题时使用，如执行统计或算术操作。你也可以将信息永久地存储在存储介质中，如硬盘或闪存盘，这些信息随后可以以打印或显示在计算机屏幕上的方式被提取或输出。

在人类身上，有关外部世界的信息通过个体的感

觉和知觉过程输入，经过处理（解释或加工）、存储（存入记忆）、检索（从记忆中提取），最后以行为的方式输出。心理障碍则可能代表信息加工过程中出现的干扰或破坏。输入受阻或被扭曲，存储、检索或信息加工过程出错都可能导致扭曲的输出（如怪异的行为）。例如，患有精神分裂症的人可能在提取和组织思维方面出现困难，这会导致他们出现混乱的输出，表现为言语不连贯或妄想。还有，他们可能在集中注意力和过滤诸如令人分心的噪声等无关刺激方面也出现困难，这可能代表了他们在信息加工的初始阶段（即感觉输入阶段）就出现了问题。

信息加工还可能被认知理论家所说的认知歪曲或错误思维所扭曲。例如，抑郁的人倾向于夸大他们所经历的不幸事件的重要性，如在工作中得到不好的评价或遭到约会对象的拒绝，并发展出对自己的个人境况过于消极的看法。阿尔伯特·艾利斯（Albert Ellis，1913—2007 年）和亚伦·贝克（Aaron Beck，1921—2021 年）等认知理论家认为，认知歪曲或非理性思维模式会导致情绪问题和适应不良的行为。

社会认知理论家赞同认知理论家的许多基本观点，他们主要关注社会信息的编码方式。例如，具有攻击性的男孩和青少年很可能会错误地将他人的行为编码为威胁（见第 13 章）。他们认定其他人在并无冒犯之意时也是不友善的。具有攻击性的儿童和成年人的行为模式可能会诱发他人的强硬行为或敌对行为，这正好证实了他们的攻击性预期。强奸犯，尤其是约会强奸犯，可能误解了女性表达的意愿。例如，他们可能会错误地认为那些说"不要"的女性实际上是在说"要"，并认为她们只是在玩"欲擒故纵"的把戏。

阿尔伯特·艾利斯

心理学家阿尔伯特·艾利斯（Ellis，1977；Ellis，1993；Ellis & Ellis，2011）是一位杰出的认知理论家，他认为负性事件本身不会导致焦虑、抑郁或异常的行为。恰恰相反，是我们对不幸经历所持的非理性信念，

促成了消极情绪和适应不良的行为。试想一下，一个人丢了工作并为此而感到焦虑、意志消沉。从表面上看，被解雇似乎是直接导致这个人痛苦的原因，但是，痛苦实际上源于对丧失所持的信念，而非丧失本身。

艾利斯用"ABC 理论"解释了引发痛苦的原因。被解雇是一个诱发事件（Activating Event，A），最终结果或后果（Consequence，C）是情绪困扰，但是，诱发事件（A）和结果（C）是以各种信念（Belief，B）为中介的。这些信念可能包括"那份工作是我生命中最重要的东西""我真是一个没用的失败者""我的家人要挨饿了""我再也找不到这么好的工作了""我对此无能为力"等。这些夸张的、非理性的信念会导致抑郁，滋生无助感，还会转移我们的注意力，使我们不能正确地评估自己可以做什么。

阿尔伯特·艾利斯

认知理论家阿尔伯特·艾利斯认为，消极情绪源于我们对自己所经历事件的评判，而非事件本身。

这个情况可以用如下内容来表示。

诱发事件 → 信念 → 结果

艾利斯指出，当人们面对丧失时，出现对未来的忧虑和失望是很正常的。但是，秉持非理性信念会让人们将失望灾难化，导致深深的悲痛和抑郁状态。非理性信念——"我必须拥有每一个我生命中的重要人物的爱和认可，否则我就是一个毫无价值的、不可爱

的人"——会削弱人们的应对能力。在艾利斯的后期
著作中,他强调了非理性信念或自我挫败信念的苛刻
本质——倾向于在我们身上施加"必须""应该"这样
的字眼(Ellis,1993)。艾利斯指出,渴望他人的认可
是可以理解的,但是,如果假定一个人必须拥有他人
的认可才能生存或才能感觉到自己有价值,就是非理
性的了。如果我们做每件事都能出类拔萃,这当然是
非凡的成就。但是,如果要求自己一定要做到这一点,
或者认为如果自己做不到这一点就无法忍受,这就是
十分荒谬的。艾利斯发展出了一种名为**理性情绪行为
疗法**(Rational Emotive Behavior Therapy,REBT)的治
疗模型,旨在帮助人们与这些非理性信念辩论,并用
更理性的信念替换它们(我们稍后还会继续讨论)。

亚伦·贝克

亚伦·贝克,著名的认知理论家,关注思维错误或认知歪曲如何
影响人们在面对不幸的事件时产生的消极情绪反应。

正误判断

　　根据著名认知治疗理论家的观点,情绪问题
是由人们对生活经历所持的信念引起的,而不是
由这些经历本身引起的。

　　正确　艾利斯认为,情绪困扰是由人们对所
经历事件的信念而非事件本身决定的。

　　艾利斯承认童年经历与非理性信念的来源有关,
但他坚持认为,是这种信念在"当下"的不断循环往
复给人们带来了持续的痛苦。对大多数焦虑和抑郁的
人来说,获得更多幸福的秘诀不在于发现和释放内心
深处的冲突,而在于认识和矫正对自我的非理性要求。

亚伦·贝克

　　另一位杰出的认知理论家、精神病学家亚伦·贝
克提出,抑郁可能源于思维错误或认知歪曲,例如,
完全以自身的缺点或失败为基础来评判自己、以消极
的眼光解释事件[如同透过蓝色(忧郁)的镜片看世
界](Beck et al.,1979;Beck,2019)。

透过蓝色(忧郁)的镜片看世界

认知治疗师认为,我们解读生活事件的方式塑造了我们的情绪反
应和行为。有抑郁倾向的人会以夸大挫折和贬低成就的方式透过
蓝色(忧郁)的镜片看世界。认知治疗师需要帮助来访者用理性
的选择来取代这些不合理的信念。

　　贝克重点论述了四种引发情绪困扰的认知歪曲类型。

1. **选择性提取。**人们可能会有选择地提取(仅仅
聚焦于)自身经历中反映自己缺点的部分,而
忽略证明自己足够胜任的证据。例如,一名学
生可能只关注自己在某一次数学测验中得了中
等成绩,而忽略自己多次名列前茅的事实。

2. **过度概括。**人们可能会根据一些孤立的经历做

出过度的概括。例如，某人因为在一次约会中被拒绝，便认为自己注定会孤独一生。

3. **夸大**。人们可能会夸大不幸事件的重要性并小题大做。例如，一名学生可能会灾难化一次考试失败的后果，并断然地认定自己将因不及格而被学校勒令退学，而且自己的人生也将因此被完全毁掉。

4. **绝对化思维**。绝对化思维是指以非黑即白的观点看待这个世界，没有灰色地带。例如，拥有绝对化思维的人可能会认为，如果自己所做的工作没有获得最高的赞扬，就是彻底的失败。

跟艾利斯一样，贝克也发展出了一种主要的治疗模型，即**认知疗法**（Cognitive Therapy），该疗法致力于帮助有心理障碍的个体识别和纠正错误的思维方式（见稍后部分的讨论）。

对认知模型的评价

我们将在下文中看到，认知理论家对我们理解异常行为模式和发展治疗方法产生了巨大的影响。学习流派和认知流派的交叉产生了**认知行为疗法**（Cognitive–Behavioral Therapy，CBT），它是一种把重点放在矫正自我挫败的信念和外显行为上的治疗方法。

认知观点的一个主要问题是其应用范围。认知理论家把更多的注意力放在与焦虑和抑郁相关的情绪障碍上。在处理更复杂的异常行为模式（如精神分裂症）方面，他们所发展的治疗方法或概念模型的影响力较小。除此之外，我们将在第7章看到，对于抑郁，我们还不清楚到底是歪曲的认知模式引发了抑郁，还是抑郁导致了认知歪曲。

2.3 社会文化观点

异常行为到底是由心理动力学理论家认为的驱力引起的，还是由学习理论家认为的习得适应不良的行为造成的？抑或如社会文化观点所指出的，要想更全面地解释异常行为，必须考虑社会和文化因素，包括与种族、性别和社会地位相关的各个因素？我们在第1章曾指出，社会文化理论家从社会缺失而非个人身上寻求异常行为的原因。一些较激进的社会文化理论家，如托马斯·萨斯（Thomas Szasz），甚至否认心理障碍或精神疾病的存在。萨斯争辩道，"异常"仅仅是社会给那些行为偏离社会可接受准则的人所贴的标签（Szasz，1970；Szasz，2011）。按照萨斯的说法，这个标签是用来污名化那些离经叛道者的。

在接下来的内容中，我们将介绍异常的行为模式与诸如性别、种族和社会经济地位等社会文化因素之间的关系。现在，让我们来看一下有关种族与心理健康之间关系的最新研究。

2.3.1 种族与心理健康

评价心理障碍发病率的种族差异。

面对日益增长的人口和种族多样性，研究者开始研究心理障碍患病率的种群差异。了解同一障碍在不同群体中的比例不同，可以帮助规划者为最需要的群体制定预防和治疗方案。

当比较特定障碍在不同的种族群体中的发病率时，我们需要考虑收入水平或社会经济地位。少数族裔往往处于更低的社会经济地位。总的来说，随着收入的增加，个体患严重心理疾病的风险会降低，这一趋势表明，经济压力会对心理健康产生影响（Weissman et al.，2015）。家庭收入接近或低于贫困线的人比收入较高的人更容易患上包括心境障碍和物质使用障碍在内的严重心理疾病（Sareen et al.，2011；Weissman et al.，2015）。

对少数族裔来说，遭受种族主义、歧视和压迫也是压力的一个重要来源，会对心理健康造成损害（Chavez-Dueñas et al.，2019；Hartmann et al.，2019）。例如，研究证据显示，遭受明显的歧视会导致拉丁裔女性面临更大的酗酒风险，而拉丁裔男性则会因此而面临更大的物质滥用风险（Verissimo et al.，2014）。加利福尼亚大学洛杉矶分校最近对低收入的非裔和拉丁裔美国人进行的一项研究表明，遭受歧视的经历与出现以抑郁、焦虑和创伤后应激障碍等形式存在的心理困扰的风险增加有关（Liu，Prause et al.，2015；Myers et al.，2015）。在这一群体中，与心理困扰相关的其他因素包括性虐待史，在家庭、亲密关系或社区中遭受暴力，以及长期害怕受到伤害或被杀害。

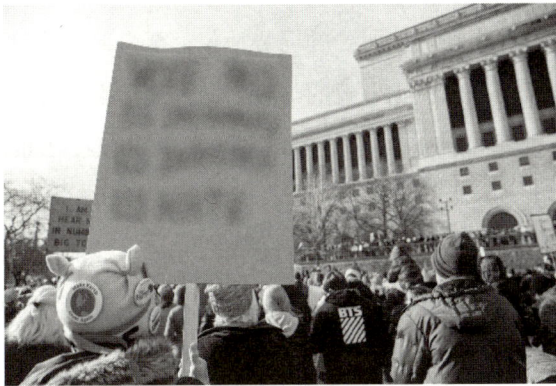

应对歧视

遭受歧视是一种文化形式的压力，可能对少数族裔群体的心理健康造成损害。

研究者还需要解释种族子群体之间的差异，如包含多个子群体的西班牙裔美国人和亚裔美国人之间的差异。例如，在考虑到教育背景差异的情况下，从美洲中部移民到美国的西班牙人的抑郁水平整体而言高于从墨西哥移民到美国的西班牙人的抑郁水平（Salgado de Snyder，Cervantes，& Padilla，1990）。

在解释心理障碍发病率的种族差异时，研究者应该保持谨慎并进行批判性思考。这种差异反映的是人种或种族，还是种族间可能存在差异的其他因素，如社会经济水平、生活条件或文化背景？

对种族间心理障碍发病率差异的分析表明，传统上处于弱势地位的群体

（非西班牙裔美国黑人和西班牙裔美国人）过去一年的心理障碍或精神疾病发病率低于欧裔美国人的心理障碍或精神疾病发病率（见图 2-9）。亚裔美国人的患病率也普遍低于美国总人口的患病率（Kim & Lopez，2014；Ryder et al.，2013；Sue et al.，2012）。但是，研究者在对心理障碍的持久性进行比较后发现，西班牙裔美国人和美国黑人的心理障碍的持续时间往往要长于欧裔美国人的（Breslau et al.，2005）。

我们能从这些有关心理障碍持续时间的发现中了解到什么呢？另一些分析发现持久性方面的差异并不随社会经济水平的变化而变化（Breslau et al.，2005）。但这些差异反映的是否可能是获取高质量服务的差异呢？此处的数据显示，成年美国白人使用心理健康服务的可能性大约是成年美国黑人或西班牙裔美国人的两倍，难以承受治疗成本和无法获得保险涵盖范围内的服务机会往往是少数族裔较少使用心理健康服务的原因（SAMSHA，2015）。可想而知，获取高质量的心

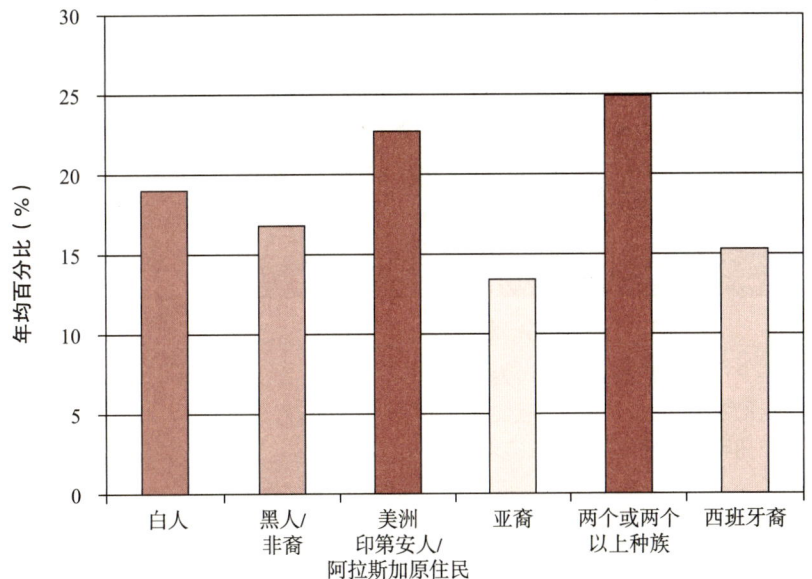

图 2-9 过去一年美国成年人患各类心理障碍或精神疾病的情况（按种族划分）

我们可以看到，在美国，成年白人（非西班牙裔白人）比黑人、西班牙裔和亚裔成年人有更高的心理障碍或精神疾病患病率，成年白人与美洲印第安人或阿拉斯加原住民成年人的患病率相似。报告属于两个或两个以上种族群体的人群患病率最高。

资料来源：Substance Abuse and Mental Health Service Administration [SAMHSA]，*Racial/Ethnic Differences in Mental Health Service Use among Adults, 2015.*（Data from 2008 to 2012.）

理健康服务会有助于缩短心理障碍的持续时间。

美洲原住民（美洲印第安人、阿拉斯加原住民和夏威夷原住民）也是传统上处于弱势地位的少数群体，其抑郁障碍和物质使用障碍等精神障碍的患病率也很高（Gone et al., 2019; Nelson & Wilson, 2017; Skewes & Blume, 2019）。他们也是美国和加拿大最贫困的群体之一。生活在部落保留地的美洲印第安人所面临的高压力和贫困是导致抑郁障碍高发的因素之一（Kaufman et al., 2013）。在美洲印第安人和阿拉斯加原住民中，物质使用障碍的发病率是普通人群的两倍多（Skewes & Blume, 2019）。在 10～14 岁的青少年中，原住民的自杀死亡率比其他种族群体的高出近四倍。实际上，美洲原住民中的男性青少年和青年的自杀率位居美国之首（USDHHS, 1999）。

异常行为的根源

社会文化理论家认为，异常行为的根源不在于个体，而在于整个社会的各种弊病，如贫困、社会衰败、种族和性别歧视、缺乏经济机遇等。

当你根据刻板印象想象草裙舞、夏威夷式宴会、广阔的热带海滩时，你可能会认为夏威夷原住民是无忧无虑的。但是，现实却呈现出一幅不同的画卷。研究种族和异常行为之间关系的一个目的就是揭穿错误的刻板印象。与其他美洲原住民一样，夏威夷原住民在经济上处于弱势地位，承受着较多的躯体疾病和精神健康问题。夏威夷原住民比夏威夷的其他居民寿

命更短，这在很大程度上是因为他们面临着更高的罹患严重疾病的风险，包括高血压、癌症和心脏病（Johnson et al., 2004）。他们还表现出与这些危及生命的疾病相关的更高比例的风险因素，如吸烟、酗酒和肥胖。与其他夏威夷居民相比，夏威夷原住民还具有更高的精神健康问题发生率，包括较高的男性自杀率、酒精中毒率、物质滥用率及反社会行为发生率。

包括夏威夷原住民在内的美洲原住民的心理健康问题及其在经济上所处的弱势地位，至少部分反映了由欧洲文化殖民化导致的与自己的土地和生活方式的疏离和被剥夺感（Gone et al., 2019; Rabasca, 2000）。原住民往往将心理健康问题，特别是抑郁和酗酒问题，归咎于由殖民化造成的传统文化的崩溃。抑郁在原住民中之所以如此普遍，可能反映了原本与自然和谐相处的世界已经没落。

无论不同的种族群体在精神病理学上的潜在差异是什么，与欧裔美国白人相比，少数族裔群体的成员往往难以充分地利用心理健康服务（Lee, Xue, et al., 2014; USDHHS, 2001）。例如，美洲原住民通常会从传统的治疗者而非心理健康专业人士那里寻求帮助（Beals et al., 2005）。其他少数族裔群体的成员通常会向牧师或巫师求助。而那些寻求专业心理健康服务的人也可能会过早地退出治疗。与拉丁裔患者进行工作的治疗师可能会想与精神导师和传统治疗师联系，以帮助家庭和个人应对压力（Chavez-Dueñas et al., 2019）。稍后，我们将探讨美国社会中限制各个少数族裔群体充分利用心理健康服务的阻碍。

2.3.2 对社会文化观点的评价

评价社会文化观点在理解异常行为中的作用。

美国康涅狄格州纽黑文市的一项经典研究证实了社会阶层与严重心理障碍之间的联系。该研究发现，来自较低社会经济群体的人更容易因为精神问题而被送入精神病院（Hollingshead & Redlich, 1958）。英国伦敦的

一项最新研究表明，精神分裂症——一种情况严重、病程迁延的心理或精神疾病（见第 11 章）——在经济困难、受教育程度较低、犯罪率较高、过度拥挤和贫富差距较大的社区中往往有更高的发病率（Kirkbride et al.，2012）。

有两个主要的理论观点被用来解释社会经济地位和严重精神健康问题之间的联系。第一个观点是社会因果模型（Social Causation Model）。该模型认为，来自较低社会经济群体的人之所以更有可能出现严重的行为问题，是因为与其他生活较为宽裕的人相比，贫困的生活让他们承受了更大的社会压力（Costello et al.，2003；Wadsworth & Achenbach，2005）。第二个观点是向下迁移假说（Downward Drift Hypothesis）。该假说认为，诸如酗酒这样的问题行为使人们沦落到了社会底层，这也可以解释低社会经济地位与严重的行为问题之间的联系。

社会文化理论家将注意力聚焦在可能引起异常行为的社会应激源上，这的确是一个需要关注的方面。在这一部分，我们讨论了有关性别、种族和生活方式等社会文化因素是如何帮助我们了解异常行为及我们对那些被认定患有心理疾病的人的反应的。稍后，我们将讨论种族和文化因素是如何影响治疗过程的。

2.4 生物 - 心理 - 社会观点

我们已经通过一些代表生物学观点、心理学观点和社会文化观点的模型或视角了解了有关异常行为的当代观点。对同一个现象有不同的看法，并不意味着如果某一个模型是正确的，其他模型就是错误的。没有任何一种理论观点可以单独解释我们在本书中提到的那些复杂的异常行为模式。每一种观点都在一定程度上有助于我们理解异常行为，但是，没有任何一种观点提供了完整的视图。表 2-3 对这些观点做出了总结。

表 2-3 关于异常行为的不同观点

观点	模型	关注点	关键问题
生物学观点	医学模型	异常行为的生物学基础	神经递质在异常行为中扮演着什么角色？遗传起什么作用？脑异常又起什么作用？
心理学观点	心理动力学模型	异常行为背后的无意识冲突和动机	某些特定的症状是如何表征或象征无意识冲突的？个体出现心理问题的童年根源是什么？
	学习模型	塑造异常行为发展的学习经验	异常行为模式是如何习得的？在解释异常行为时，环境起了什么作用？
	人本主义模型	阻碍自我觉察和自我接纳的事物	人的情绪问题是如何反映扭曲的自我形象的？在通往自我接纳和自我实现的道路上，人们会遇到什么阻碍？
	认知模型	异常行为背后的潜在错误认知	罹患特定类型心理障碍的人的认知风格是什么？个人的信念、想法及解释事件的方式在异常行为模式的发展中起什么作用？
社会文化观点	—	影响异常行为发展的社会弊病，如贫困、种族歧视和长期失业；异常行为与种族、性别、文化及社会经济水平之间的关系	社会阶层地位与罹患心理障碍的风险有什么关系？各种障碍在不同的性别和种群之间有差异吗？如何解释以上差异？对被贴上精神疾病标签的人污名化会产生什么影响？
生物 - 心理 - 社会观点	—	异常行为发展中的生物学因素、心理因素、社会文化因素之间的相互作用	在面对生活压力时，遗传或其他因素是如何使个体更容易罹患心理障碍的？生物学因素、心理因素和社会文化因素在复杂的异常行为模式的发展过程中是如何相互作用的？

资料来源：Adapted from J. S. Nevid（2013）. *Psychology：Concepts and applications*（4th ed.）. Belmont，CA：Cengage Learning.

我们要讨论的最后一个观点，即生物－心理－社会观点，采用了比其他模型更广阔的视角来解释异常行为。它在解释心理障碍的发展时，囊括了生物学、心理学和社会文化领域等诸多因素的影响，也考虑了三者之间的相互作用。我们稍后会谈到，大多数心理障碍的发生源于多个因素，也源于这些因素之间的相互作用。对于某些障碍，尤其是精神分裂症、双相障碍和孤独症，生物学影响似乎是最显著的原因。而另一些障碍，如焦虑障碍和抑郁障碍，更可能是由生物学因素、心理因素和环境因素之间错综复杂的相互作用引起的（Weir，2012b）。

研究者对潜藏在多种障碍类型背后纵横交织的复杂因素网的理解才刚刚开始。即便是那些主要受生物学因素影响的障碍，也会受心理因素或环境因素的影响，或者相反。例如，某些恐怖症可能是习得的，个体将创伤性或痛苦的经历与特定物体联系起来（见第 5 章）。但是，有些人可能遗传了某种特质，这种特质使他们更容易发展成后天性或条件性恐怖症。

现在，让我们进一步了解生物－心理－社会模型中的一个最主要的模型，即素质－应激模型。该模型认为，心理障碍源于易感因素（本质上主要是生物学因素）和生活压力的交互作用。

2.4.1 素质－应激模型

描述异常行为的素质－应激模型。

素质－应激模型（Diathesis-Stress Model）最初是为了更好地理解精神分裂症而发展出来的一种理论框架（见第 11 章）。该模型认为，特定的心理障碍，如精神分裂症，源于**素质**（Diathesis，罹患某种疾病的易感性或倾向，通常是遗传性的）和生活压力的合并或交互作用（见图 2-10）。近年来，素质－应激模型也被用来理解其他心理障碍，包括抑郁障碍和注意缺陷/多动障碍（Van Meter & Youngstrom，2015）。

某种疾病是否会发展取决于个体素质的本质，以及个体在生活中所经历的应激事件的类型和强度。可能会影响疾病发展的生活应激源包括分娩并发症、童年期创伤或严重的疾病、童年期性虐待或身体虐待、长期失业、失去挚爱或重大医疗问题（Jablensky et al.，2005）。

在某些情况下，具有特定疾病（如精神分裂症）素质的人，如果在生活中遇到的压力一直很小，或者发展出了处理压力的有效方式，他们就不会发展出这种疾病，或者只会表现出轻微的症状。但是，一个人所拥有的素质越强，引发某种疾病所需的压力就越小。在某些情况下，个体的素质可能很强大，以致即便个体生活在几乎没有压力的生活环境中，也会罹患这种疾病。

在通常情况下，素质或易感体质本质上都是遗传因素。例如，携带某种基因变异增加了个体罹患特定障碍的风险。但是，素质也有可能以其他形式出现。心理方面的素质，如适应不良的人格特质和消极思维方式，也可能增加个体在面对生活压力时对心理障碍的易感性（Morris，Ciesla，& Garber，2008；Zvolensky et al.，2005）。例如，在面对诸如离婚或失业这样的负性生活事件时倾向于责备自己的人，往往会在面对此类压力事件时有更高的罹患抑郁障碍的风险

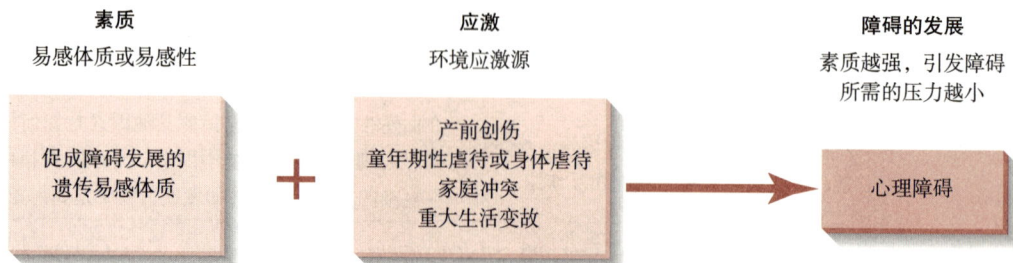

素质   应激   障碍的发展
易感体质或易感性 环境应激源   素质越强，引发障碍
             所需的压力越小

| 促成障碍发展的遗传易感体质 | + | 产前创伤
童年期性虐待或身体虐待
家庭冲突
重大生活变故 | → | 心理障碍 |

图 2-10 素质－应激模型

（Just，Abramson，& Alloy，2001；见第 7 章）。

2.4.2 对生物 – 心理 – 社会观点的评价

评价关于异常行为的生物 – 心理 – 社会观点。

生物 – 心理 – 社会观点通过考虑生物学因素、心理因素和社会因素的相互作用，为异常行为的研究带来了急需的交互主义的关注。该模型认为，除了少数例外情况，心理障碍或其他异常行为模式是由多种原因引起的复杂现象。没有任何单一的原因会导致精神分裂症或惊恐障碍的发展。此外，不同的人可能会在不同原因的组合的作用下罹患同一障碍。生物 – 心理 – 社会模型的优点是它的复杂性，但这也许恰恰是它最大的缺点。然而，研究者在了解异常行为模式潜在原因之间的相互作用方面所做的努力，不应被其复杂性所阻碍。知识体系的积累是一个持续不断的过程，我们现在所了解到的就比几年前要多得多，我们确信，未来我们一定会了解更多。

杰西卡的案例——结语

现在，让我们简要地回顾一下杰西卡的案例。她是我们在本章开篇时介绍的一位罹患神经性贪食的年轻女性。生物 – 心理 – 社会模型引导我们同时考虑生物学因素、心理因素和社会文化因素在解释其贪食行为中的作用。我们将在第 9 章做更进一步的介绍，有证据支持生物学影响的作用，如遗传因素和神经递质活性失调；同时，也有证据支持社会文化因素的作用，如社会强加给年轻女性的社会压力让她们恪守不切实际的瘦身标准；还有证据支持心理影响的作用，如对身体形象不满意、以完美主义思想和绝对化思维（"非黑即白"）为特征的认知因素及潜在的情绪问题和人际问题。可能正是多种因素的相互作用才导致了神经性贪食和其他进食障碍。我们甚至可以以素质 – 应激模型为基础为神经性贪食构建一个潜在的因果模型。从这一角度考虑，我们可以提出，遗传的易感体质（素质）影响了大脑中神经递质的调节，并在某些情况下与社会和家庭压力相互作用，最终导致了进食障碍的发展。

在第 9 章，我们还会回过头来考虑这些起作用的因素。现在，我们只需简单地了解像神经性贪食这样的心理障碍是一种复杂的现象，了解它们的最好方法是同时考虑多种因素的影响及其相互作用。

2.5　心理治疗方法

卡拉是一名 19 岁的大二学生，她已经连续好几天哭个不停了。她感觉自己的世界正在崩塌，因为她的大学学业岌岌可危，她认为自己会令父母失望。自杀的想法不时掠过她的脑海。每天早上，她都很难让自己从床上爬起来。她还把自己与朋友们隔离开来。她的痛苦似乎是从天而降的，尽管她能明确地觉察到生活中的一些压力：几门功课不及格、最近与男朋友分手，以及与室友之间出现的一些适应问题。

为她做检查的心理学家给出的诊断是重性抑郁障碍。如果没有摔断腿，她本来可以在一名有资质的专业人士那里接受标准的治疗。但是，卡拉或其他患有心理障碍的人所接受的治疗不仅会因所涉及的心理障碍的类型不同而有所差异，还会因专业助人者的治疗取向和专业背景而有所差别。一位精神病学家可能会推荐使用抗抑郁药物治疗，也可能会合并一些形式的心理治疗。一位认知流派的心理学家可能会建议开展认知治疗项目来帮助卡拉识别那些潜藏在抑郁之下的适应不良的想法。而一位心理动力学治疗师可能会建议她开始接受治疗，以挖掘可能源于童年时期并成为她抑郁根源的内心冲突。

在接下来的部分，我们会介绍治疗心理障碍的不同方法。虽然心理健康服务已经被广泛建立起来，但仍然有很大一部分需求未被满足，大多数被诊断患有精神障碍的人要么没有接受治疗，要么所接受的治疗还远远不够（Kessler，Demler，et al.，2005；González et al.，2010）。

在后面的内容中，我们将介绍针对特定障碍的治疗方法。但在这里，我们将重点放在治疗本身上。我们会看到有关异常行为的生物学和心理学观点孕育出的相应的治疗方法。不过，我们首先来看一下治疗心理或精神障碍的专业助人者的主要类型及他们在其中扮演的不同角色。

2.5.1 专业助人者的类型

识别三种主要的专业助人者的类型，并描述其受训背景和职业角色。

很多人不清楚提供心理健康服务的专业人士的资质和训练水平的差别。人们会产生这样的困惑不足为奇，因为的确有很多不同类型的专业助人者，而每种类型又代表着各式各样的受训背景和实践领域。例如，

在美国，临床心理学家和咨询心理学家是指完成了心理学的高等研究生培训并获得心理学从业执照的人。精神病学家则是擅长诊断和治疗情绪障碍的医生。专业助人者的三个主要群体是临床心理学家、精神病学家和临床社会工作者。表 2-4 说明了他们及其他专业助人者的受训背景和实践领域。

不幸的是，在美国，许多州对治疗师或心理治疗师头衔的使用并不限于那些受训的专业人士。在这些州里，任何人都可以在没有执照的情况下以心理治疗师的身份开业并开展"治疗"工作。因此，人们在寻求帮助时应该首先询问专业助人者的受训背景和执业资格。现在，我们要介绍心理治疗的主要类型，以及它们与自身理论模型之间的关系。

表 2-4　专业助人者的主要类型

类型	描述
临床心理学家	拥有美国认可的学院或大学的心理学博士学位（可以是哲学、心理学或教育学博士）。临床心理学的培训通常包括四年的博士研究生课程学习，随后是为期一年的临床实习，以及完成博士学位论文。临床心理学家专门从事实施心理测验、诊断心理障碍和开展心理治疗等工作。截至本书（原著）写作期间，美国有五个州（爱达荷州、艾奥瓦州、新墨西哥州、路易斯安那州和伊利诺伊州）已经立法允许那些完成专门培训项目的心理学家拥有开具精神科药物的处方权（Bradshaw，2017；Linda & McGrath，2018）。在心理学家和精神病学家之间，以及在心理学领域内，是否应该允许心理学家拥有精神科药物处方权仍然是一个备受争议的话题。
咨询心理学家	同样拥有心理学博士学位，并完成为他们能在大学咨询中心和心理健康服务机构找到职位而准备的研究生培训。咨询心理学家通常为有心理问题的人提供咨询服务，这些心理问题的严重程度比临床心理学家所治疗的轻一些，如大学生活适应困难或职业选择的不确定性等问题。
精神病学家	拥有医学博士学位，完成精神病学住院医师培训项目。精神病学家是专门诊断和治疗心理障碍的医生。作为有执业资格的医生，他们可以开具精神科药物的处方，也可以实施其他医学治疗方法，如电休克治疗。许多精神病学家也会利用他们在住院实习期间或专门的培训机构学到的知识开展心理治疗。
临床或精神病学社会工作者	拥有社会工作硕士学位，利用自身有关社区机构和社区组织的知识帮助那些患有严重精神障碍的人获得所需的服务。例如，临床或精神病学社会工作者可以帮助精神分裂症患者在离开医院后更好地适应社区生活。许多临床社会工作者也会开展心理治疗或其他特殊形式的治疗，如婚姻治疗或家庭治疗。
精神分析师	通常是指那些完成大量额外的精神分析培训的精神病学家或心理学家。作为培训的一部分，他们自己也必须接受精神分析。
咨询师	完成咨询领域的研究生课程（如心理健康咨询或康复咨询）并获得硕士学位。咨询师在很多场所工作，包括私人机构、学校、大学心理测验和咨询中心、医院和健康诊所。许多咨询师专门从事职业测评、婚姻治疗或家庭治疗、康复咨询或物质滥用咨询。咨询师可能还会帮助那些出现较轻行为困扰的人、患有慢性疾病或使人衰弱的疾病的人，或者正在从创伤经历中恢复过来的人。有些咨询师是接受过牧师咨询项目培训的牧师，他们可以帮助教区居民更好地应对个人问题。
精神科护士	通常是注册护士，拥有精神科护理学硕士学位。他们可能会在精神病治疗机构或治疗严重心理障碍患者的团体医疗诊所工作。

资料来源：From Nevid. *Psychology*，4E. © 2013 South-Western，a part of Cengage Learning，Inc. Reproduced by permission.

2.5.2 心理治疗的类型

描述以下几种心理治疗形式的目标和技术：心理动力学疗法、行为疗法、人本主义疗法、认知疗法、认知行为疗法、折中治疗、团体治疗、家庭治疗和伴侣治疗。

心理治疗（Psychotherapy）通常被称为"谈话治疗"，它是一种基于心理框架的结构化治疗形式，由来访者和治疗师之间一次或多次的言语交流组成。心理治疗可用于治疗心理障碍，帮助来访者改变适应不良的行为或解决生活中的问题，或者帮助他们发展独特的潜能。表 2-5 概述了心理治疗的主要类型。

心理动力学疗法

西格蒙德·弗洛伊德开创了首个心理治疗模型，他将其称为**精神分析**（Psychoanalysis），并将其用于治疗患有心理障碍的人。精神分析也是**心理动力学疗法**（Psychodynamic Therapy）的首种形式。心理动力学疗法是一个通用术语，指的是基于弗洛伊德传统的各种心理治疗形式，旨在帮助人们洞察并解决导致异常行为的无意识动力斗争或冲突。通过化解这些冲突，自我将不再需要维持防御行为——恐怖症、强迫行为、癔症症状，因为这些行为是为了保护自我免于意识到内心的混乱不安而产生的。

表 2-5 心理治疗的主要类型概览

治疗类型	代表人物	目标	治疗时长	治疗师取向	主要技术
经典精神分析	弗洛伊德	获得领悟，解决无意识心理冲突	长程，通常会持续数年	被动的、解释性的	自由联想、释梦、诠释
当代心理动力学疗法	很多	关注发展性领悟，但比经典精神分析更侧重自我的功能、当前的人际关系及适应性行为	比经典精神分析短	更直接地探索来访者的防御机制，更多的来回讨论	直接分析来访者的防御机制和移情关系
行为疗法	很多	直接改变问题行为	相对短程，通常持续 10～20 次会谈	指导性的、主动的问题解决方式	系统脱敏、逐级暴露、示范、强化技术
人本主义疗法	卡尔·罗杰斯	自我接纳和个人成长	视具体情况而定，但比经典精神分析短	非指导性的，允许来访者引导治疗过程，治疗师则充当共情的倾听者	使用反应技术，创造温暖、接纳的治疗关系
艾利斯的理性情绪行为疗法	阿尔伯特·艾利斯	用理性信念替代非理性信念，做出适应性的行为改变	相对短程，通常持续 10～20 次会谈	直接的，有时治疗师会面质来访者的非理性信念	识别并挑战非理性信念，布置行为方面的家庭作业
贝克的认知疗法	亚伦·贝克	识别并纠正歪曲或自我挫败的思维和信念，发展适应性的行为	相对短程，通常持续 10～20 次会谈	合作性地邀请来访者加入检查思维和信念并对其加以验证的过程	识别并纠正歪曲的思维；布置行为方面的家庭作业，包括现实检验
认知行为疗法	很多	使用认知技术和行为技术改变适应不良的行为和认知	相对短程，通常持续 10～20 次会谈	直接的、主动的问题解决方式	认知技术和行为技术相结合

弗洛伊德用一句话总结了精神分析的目标：本我所在之处，自我必将到场。这就意味着，精神分析在某种程度上可以借助意识自我来了解本我的内在运作。经过这个过程，一名男性可能会意识到，他心中未平息的对强势或拒绝型母亲的愤怒对他成年后与女性建立亲密关系造成了阻碍。一名手部失去知觉且无法用医学解释的女性可能会逐渐认识到，这是她对自己的自慰冲动所产生的罪恶感的体现，失去知觉可以让她失去将这些冲动付诸行动的能力。通过直面隐藏的冲动及这些冲动所引发的冲突，来访者可以学会控制自己的情绪，找到更具建设性、更容易被社会接受的方式来处理自己的冲动和愿望。这样，自我就能更自由地专注于更具建设性的兴趣了。

弗洛伊德用于实现这些目标的主要方法有自由联想、释梦和对移情关系的分析。

自由联想

自由联想（Free Association）是一个将头脑中出现的任何想法说出来的过程。自由联想可以逐渐打破阻碍无意识过程意识化的防御。来访者被告知不能审查或筛选想法，而是让脑海中的想法"自由地"徜徉。虽然自由联想可能始于闲聊，但它最终可能会带来更加有个人意义的材料。

自我会继续致力于保护个体免于觉察到威胁性的冲动和冲突。当触及更深层、更具冲突性的材料时，自我会表现出阻抗，即不愿意回忆、不能记起或讨论那些令人不安或具有威胁性的东西。当冒险触及对家人的厌恶情绪或性渴望等敏感内容时，来访者可能会报告他们的大脑突然一片空白。他们可能会突然转移话题，或者谴责分析师企图窥探那些过于个人化或难以启齿的隐私。或者，他们可能会在一次触及敏感信息的会谈之后不经意间"忘记"下一次的会谈预约。阻抗的迹象通常提示了一些有意义的信息，分析师会不时地把对这些信息的解释传达给来访者，从而帮助他们更好地洞察内心深处的感受和冲突。

正误判断

在经典精神分析中，来访者需要说出任何出现在脑海中的想法，无论这些想法听起来有多微不足道或愚蠢。

正确 在经典精神分析中，来访者被要求报告任何出现在脑海中的想法，这种方法被称为自由联想。

释梦

对弗洛伊德来说，梦代表着"通往无意识的捷径"。人在睡觉的时候，自我的防御能力会有所减弱，一些不被接受的冲动会在梦中得以表达。由于自我的防御并未完全解除，冲动便以伪装或象征的形式表现出来。在精神分析理论中，梦有两个层次的内容。

1. 显性内容：做梦者体验到或报告的梦境材料。
2. 隐性内容：梦所象征和代表的无意识材料。

弗洛伊德的咨询室

这是弗洛伊德进行精神分析的咨询室。患者会躺在著名的躺椅上，上面盖着一条彩色的毯子。弗洛伊德会坐在一旁，以免干扰患者的自由联想。

一名男性可能会梦见自己在乘坐飞机飞行。飞行就是梦的表面或显性内容。弗洛伊德认为，飞行可能象征着勃起，因此这个梦所隐含的内容可能是与对阳痿的恐惧相关的无意识问题。由于这些象征因人而异，因此分析师会要求来访者对梦的显性内容进行自由联想，从而为寻找隐性内容提供线索。尽管梦可能像弗洛伊德所认为的那样具有心理意义，但研究者却没有找到任何一种独立的方法来确定这些梦到底意味着什么。

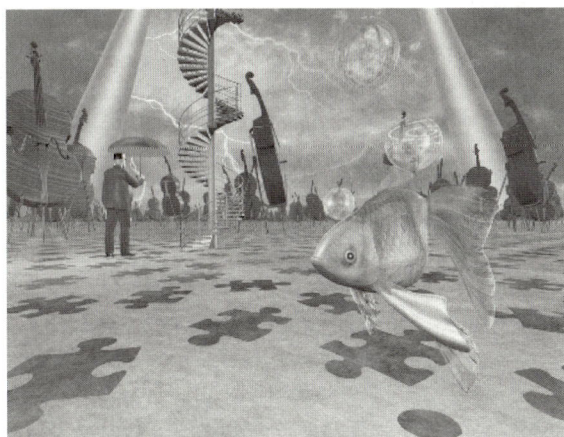

梦的意义是什么

弗洛伊德认为，梦代表着"通往无意识的捷径"。释梦是弗洛伊德用来揭示无意识内容的主要技术之一。

移情

弗洛伊德发现，来访者对他的反应不仅出于个体间的互动，还反映了他们对自己生活中的重要他人的感受和态度。一位年轻的女性来访者可能把弗洛伊德视作父亲的形象，并把对自己父亲的感受置换或转移到弗洛伊德身上。一位男性来访者也可能将弗洛伊德视为父亲，并用敌对的方式对待他，弗洛伊德认为这种回应方式反映了这位男性来访者未解决的俄狄浦斯情结。

分析和修通**移情关系**（Transference Relationship）的过程是精神分析一个必不可少的部分。弗洛伊德认为，移情关系为来访者再现童年期与父母的冲突提供了媒介。来访者可能会把对父母的愤怒、爱或嫉妒的感受转移到分析师身上。弗洛伊德将这种童年期冲突的再现称为"移情神经症"（Transference Neurosis）。

只有帮助来访者对这种神经症进行成功的分析和修通，精神分析才能取得成功。

童年期冲突通常涉及未解决的愤怒、被拒绝或需要爱的感受。例如，一位来访者可能把来自治疗师的一个很小的批评视作一种毁灭性的打击，这是来访者的一种自我厌恶情绪的转移，它来自一直被压抑的童年期被父母拒绝的经历。移情也可能扭曲或影响来访者与他人（如配偶或雇主）之间的关系。一位来访者可能会将配偶与父母中的一方联系起来，从而向对方提出过多的要求，或者不公正地谴责对方不够敏感或体贴。或者，一位曾被前任爱人虐待的来访者可能不会再给其他人或爱人一个机会。分析师要帮助来访者认识到这些移情关系，尤其是治疗性移情，并修通那些导致当前自我挫败行为的童年期感受和冲突的残留物。

根据弗洛伊德的观点，移情是双向的。弗洛伊德认为，有时咨询师也会把自己潜在的感受转移到来访者身上，也许是把一名年轻男性视为竞争者或把一名女性视为拒绝自己爱意的对象。弗洛伊德把这种投射到来访者身上的感受称为**反移情**（Countertransference）。正在受训的精神分析师本人也需要接受精神分析，以帮助自己发现可能在治疗关系中产生反移情的动机。在培训过程中，精神分析师会学习监控自己在治疗中的反应，从而更好地觉察反移情在何时、以何种方式影响治疗过程。

虽然在精神分析治疗中，对移情的分析是很重要的方法，但要建立并修通移情关系通常需要数月甚至数年的时间。这也是精神分析往往耗时较长的原因之一。

当代心理动力学疗法

虽然一些精神分析师仍然继续实践弗洛伊德式的传统精神分析，但一些更短程、强度更低的心理动力学疗法已经出现。这些治疗方法可能每周只需一到两次，这对那些寻求更短程、花费更低的心理治疗的来访者来说是有帮助的（Grossman，2003）。

与传统的精神分析师一样，当代心理动力学治疗师也会探索来访者的心理防御和移情关系——这个过程被描述为"剥洋葱"（Grothold，2009）。然而，与传统的精神分析不同的是，当代心理动力学治疗师会更多地关注来访者当前的关系，更少关注与性相关的议题（Knoblauch，2009）。他们也更多地强调来访者在与他人的关系中做出的适应性改变。与弗洛伊德的观点相比，许多当代心理动力学治疗师更加注重埃里克·埃里克森、卡伦·霍妮及其他理论家的观点。与传统的治疗相比，这些治疗采用了更加开放的对话，更直接地探索来访者的防御和移情关系。正如接下来的案例片段所示，治疗师通常与来访者面对面坐着，并且更频繁地进行双向的口头交流。在这个案例片段中，请注意治疗师如何通过诠释来帮助来访者洞察他与妻子的关系实际上涉及他童年与母亲关系的移情。

提供诠释

来访者告诉治疗师，他在感到心烦意乱时并不会寻求妻子的帮助，也不会告诉她自己需要她做些什么。他希望自己不用把感受告诉妻子，妻子也能理解他。治疗师指出他对妻子的这种期待很像孩子对母亲的期待。这促发了来访者 9 岁时的一段记忆。他从自行车上摔下来，受伤了，于是回到家想向母亲求助。但母亲不仅没有安慰他，反而非常生气，并冲他吼道："我已经被你爸爸的事情弄得焦头烂额了，你还要给我惹出更多麻烦。"来访者告诉治疗师，从那以后，他就再也没有向母亲寻求过帮助。于是，治疗师为来访者提供了一个诠释，认为他把自己对母亲的态度带入了婚姻。治疗师解释道，或许来访者预期自己的妻子会像他母亲一样对他漠不关心，或者因为太忙而顾不上他的需求。来访者一开始替妻子辩解，说她总是把他放在第一位。治疗师指出，也许在意识层面他确实是这么认为的，但在内心深处，所有人或所有女性的拒绝都会让他感到害怕，也可能他仅仅害怕来自亲密关系中的女性（如他的妻子）对他的拒绝。治疗师继续解释道，

他把这种态度带入当下的夫妻关系中，不再指望妻子愿意或能够理解他的期待，或者不再指望妻子愿意为他伸出援手。治疗师进一步解释道，生命早期情感上的痛苦体验也许会改变我们对自己和他人的感知，并影响我们与他人的关系。

资料来源：Adapted from Basch（1980）.

一些心理动力学治疗师把更多的关注点放在自我而非本我的作用上。这些治疗师，如海因茨·哈特曼，通常被称为自我分析师（Ego Analyst）。而另一些心理动力学治疗师，如玛格丽特·马勒，则被视为心理动力学中的客体关系流派。他们致力于帮助来访者把自己的感受和想法从融合或内摄了重要他人的部分感受和想法中分离出来。这样，来访者才能作为一个个体而发展——作为他自己而发展，而不是迎合他所认为的他人对他的期望而发展。

尽管心理动力学疗法不再像过去那样处于统治地位，但它仍然是一种被广泛应用的治疗形式。多年来，确切地说，几十年来，它仍然缺乏基于对照研究试验的证据来证明其有效性。然而，如今越来越多的证据支持当代心理动力学疗法治疗焦虑和抑郁等问题的有效性（Bögels et al.，2014；Driessen et al.，2015；Keefe et al.，2014；Leichsenring & Schauenburg，2014；Leichsenring et al.，2013；Leichsenring et al.，2014；

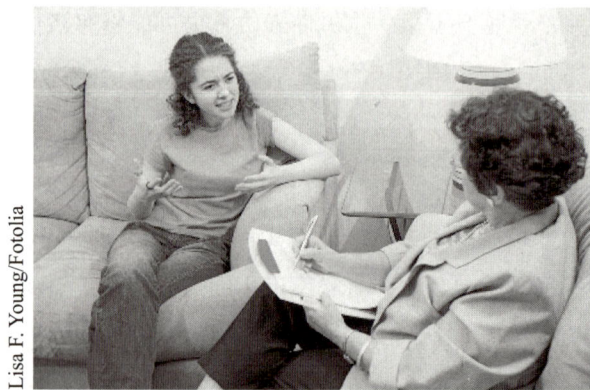

Lisa F. Young/Fotolia

当代心理动力学疗法

与传统的弗洛伊德式精神分析相比，当代心理动力学疗法通常更短程，包含与来访者之间更直接的、面对面的互动。

Levy, Ablon, & Kächele, 2013)。现在, 让我们从行为疗法开始, 一起来看看其他形式的治疗。

行为疗法

行为疗法是系统地应用学习原理治疗心理障碍的方法。由于行为疗法的关注点是改变行为, 而非改变人格或深入挖掘过去, 因此它相对短程, 通常持续几周或几个月。与其他治疗师一样, 行为治疗师寻求与来访者建立良好的治疗关系, 但他们认为, 行为疗法的特殊效果源于基于学习的技术, 而非治疗关系本身。

行为疗法最初作为帮助人们克服恐惧和恐怖症的方法而广受关注, 这些问题已被证实从领悟取向治疗师那里收效甚微。行为治疗师使用的方法有系统脱敏、逐级暴露及示范。**系统脱敏**(Systematic Desensitization)涉及一种治疗程序, 即让来访者暴露于恐惧程度逐渐升级的刺激(以想象、呈现图片或幻灯片的形式), 同时让来访者保持深度放松。首先, 来访者通过放松技术, 如渐进式放松(第 6 章将会讨论), 让自己达到深度放松状态。接着, 来访者被要求想象(或者通过一系列图片观看)逐渐引发焦虑的场景。如果这些场景唤起了来访者的恐惧, 来访者就需要再次进行放松练习, 回到放松状态。这个过程将一直重复, 直到来访者可以忍受这个场景而不再感到焦虑。然后, 来访者将针对恐惧刺激等级中的下一个场景进行练习。这个过程将一直持续下去, 直到来访者可以在想象等级中最令其痛苦的场景时仍然保持放松状态。

在**逐级暴露**(Gradual Exposure, 也被称为现实暴露, 意思是"身临其境")中, 人们通过将自己置于那些生活中的真实情境来克服恐怖症, 这些情境中包含着恐惧刺激。与系统脱敏一样, 来访者按照自己的节奏逐步通过一系列越来越引发焦虑的刺激。例如, 如果一个人害怕蛇, 他可能会先隔着房间观看一条无害的、被关在笼子里的蛇, 然后慢慢地接近这条蛇并与之互动。来访者只有在完成某一等级的练习时完全感

觉平静, 才能继续进行下一等级的练习。逐级暴露通常会与认知技术结合使用, 认知技术致力于以冷静、理性的想法替代引发焦虑的非理性想法。

在治疗性示范中, 个体通过观察他人的表现学习期望的行为。例如, 来访者可以观察并模仿那些成功进入引发恐惧的情境或接触引发恐惧的物体的人。在观察示范者的行为后, 来访者可以在治疗师或示范者的协助或指导下执行目标行为。在每一次尝试的过程中, 来访者都会从治疗师那里获得大量的强化。阿尔伯特·班杜拉及其同事是治疗性示范的先驱, 他们在运用这种技术来治疗儿童的各种恐怖症方面都取得了巨大的成功, 尤其是在害怕蛇或狗等动物方面。

行为治疗师还会使用基于操作性条件反射的强化技术塑造期望出现的行为, 例如, 训练父母和老师在孩子表现出恰当行为时给予表扬, 从而强化这些行为, 同时忽略孩子表现出的不恰当行为, 从而让这些行为消退。在治疗性机构中, 治疗师可以使用**代币制**(Token Economy)来增加更具适应性的行为。如果住院患者表现出恰当的行为, 如自己梳洗或整理床铺, 治疗师就使用代币奖励他们。最终, 累积的代币可以用来兑换他们想要的奖品。代币制也被用于治疗患有品行障碍的儿童。

在后面的内容中, 我们将讨论其他行为治疗技术, 包括厌恶条件反射(用于治疗物质滥用问题, 如吸烟和酗酒)和社交技能训练(用于治疗社交焦虑障碍及与精神分裂症相关的技能缺陷)。

人本主义疗法

心理动力学治疗师倾向于关注来访者的无意识过程, 如内部冲突。与此相反, 人本主义治疗师侧重于来访者的主观意识体验。人本主义疗法的主要形式是**以人为中心疗法**(Person-Centered Therapy), 由心理学家卡尔·罗杰斯创立(Rogers, 1951; Raskin, Rogers, & Witty, 2011)。

以人为中心疗法

罗杰斯认为，心理障碍主要源于他人在我们通往自我实现的道路上设置的阻碍。当他人选择性地对我们童年期的感受和行为给予认可时，我们可能会否认自我批评的那部分。为了获得社会认可，我们会戴上社交面具或伪装自己。我们学会了"被看见而不是被听见"，甚至可能会对自己内心的声音充耳不闻。随着时间的推移，我们会发展出歪曲的自我概念，这些自我概念与他人对我们的看法一致，却不能反映我们的真实初衷。于是，我们可能会变得适应不良、心情低落，对自己究竟是谁及自己是一个怎样的人感到困惑。

以人为中心疗法在治疗关系中创造温暖和接纳的条件，从而帮助来访者觉察并接纳真实的自己。罗杰斯认为，治疗师不应该将自己的目标或价值观强加给来访者。他们治疗的中心，恰如这一疗法的名称所暗示的，是来访者这个人本身。

以人为中心疗法是非指导性的。治疗的进程和方向由来访者而非治疗师把握和引导。治疗师在治疗中会运用反映——不夹杂任何解释、不带任何评判地重述或叙述来访者表达出来的感受。这会鼓励来访者进一步探索自己的感受，与更深层次的感受产生联结，并触及曾因社会谴责而被否认的那部分自我。

罗杰斯强调创造温暖的治疗关系的重要性，这种关系将鼓励来访者进行自我探索和自我表达。有效的以人为中心治疗师具备四种基本品质或特征：无条件的积极关注、共情、真诚和一致性。首先，治疗师必须有能力向来访者表达无条件的积极关注。与来访者过去从父母或其他人那里接受的有条件的认可相反，治疗师必须无条件地将来访者作为一个人来接纳，即便治疗师有时会认为来访者的选择或行为难以接受。无条件的积极关注可以为来访者提供安全感，鼓励他们对自己的感受进行探索，而不惧怕社会的不认可。当来访者感到自己被接纳或珍视时，他们就会更愿意接纳自己。

其次，表现出**共情**（Empathy）的治疗师能够准确地反映或镜映来访者的体验和感受。治疗师努力通过来访者的视角或参照框架看待这个世界。他们认真地倾听来访者，将自身对事件的评判和解释放置一旁，这种共情将鼓励来访者与自己隐隐约约能感觉到的感受产生联结。

再次，**真诚**（Genuineness）是一种开放地分享自身感受的能力。罗杰斯承认自己有时在治疗过程中也会产生消极情绪，通常是无聊感，但他会尝试开放地向来访者表达这些感受，而不是将其隐藏起来（Bennett，1985）。

最后，**一致性**（Congruence）是指一个人保持其想法、感受和行为的一致性。具有一致性的人，其行为、想法和感受是相互融合且协调一致的。具有一致性的治疗师将成为来访者学习心理完整性的典范。

认知疗法

世上之事物本无善恶之分，思想使然。

——莎士比亚（Shakespeare），
《哈姆雷特》（*Hamlet*）

莎士比亚这句话的意思并不是说不幸或疾病是不痛苦或容易处理的。他的意思是，我们评价不幸事件的方式会加剧或减轻我们的不适感，并影响我们的应对能力。几百年后，像亚伦·贝克和阿尔伯特·艾利斯这样的认知治疗师也将这个简单、文雅的表述作为他们治疗方法的箴言。

认知治疗师注重帮助来访者识别和纠正错误的思维方式、歪曲的信念和自我挫败的态度，正是这些认知方式引发或导致了情绪问题。他们认为，像焦虑和抑郁这样的消极情绪是由人们对事件的解释而非事件本身引起的。现在，我们将介绍认知疗法的两种主要类型：阿尔伯特·艾利斯的理性情绪行为疗法和亚伦·贝克的认知疗法。

理性情绪行为疗法

阿尔伯特·艾利斯（Albert Ellis，1993；Albert

Ellis，2001；Albert Ellis，2011）认为，像焦虑和抑郁这样的消极情绪并不是由负性事件本身引起的，而是由我们以不是理性的方式对负性事件进行解释或评价引起的。试想一下这样一个非理性信念：我们必须一直得到那些对我们重要的人的认可。艾利斯认为，希望得到他人的认可和爱是可以理解的，但是，如果认为没有这些认可和爱，我们就无法生存，这就是非理性的了。另一个非理性信念则是，我们必须是全能的，在所追求的每件事上都应该取得成功。我们注定是不可能满足这些非理性期待的，当我们失败时，我们就会体验到消极的情绪后果，如抑郁和低自尊。像焦虑和抑郁这样的情绪困扰并非由负性事件直接引发，而是由于我们戴着具有自我挫败信念的"有色眼镜"，曲解了这些事件的意义。在艾利斯的理性情绪行为疗法中，治疗师会主动与来访者的非理性信念及这些信念建立的前提进行辩论，从而帮助来访者发展出新的、更具适应性的信念。

理性情绪行为治疗师帮助来访者用更有效的人际行为替代那些自我挫败或适应不良的行为。艾利斯常常会给来访者布置特定的任务或家庭作业，例如，在专横跋扈的亲戚面前表达不同意见，或者向某人提出约会邀请。他还会协助来访者练习或预演适应性的行为。

亚伦·贝克的认知疗法

精神病学家亚伦·贝克（Beck，2005；Beck & Weishaar，2011）创立了认知疗法。与理性情绪行为疗法一样，认知疗法侧重于帮助人们改变错误或歪曲的思维方式。迄今为止，认知疗法是发展最快、研究最广的心理治疗模型（Beck & Dozois，2011）。

认知治疗师鼓励来访者认识并改变错误的思维方式，也被称为认知歪曲（Cognitive Distortion），如夸大负性事件的重要性和贬低个人成就的倾向。贝克认为，这些自我挫败的思维方式潜藏在像抑郁这样的消极情绪状态之下。就像戴着有色眼镜一样，这些歪曲或错

误的思维方式影响了一个人对人生经历及外部世界的反应（Smith，2009）。认知治疗师要求来访者记录他们在面对令人困扰的事件时出现的想法，并留意想法和情绪反应之间的关系。接着，他们会帮助来访者与这些歪曲的想法进行辩论，并且用理性的想法替代这些歪曲的想法。

认知治疗师也会布置行为方面的家庭作业，例如，鼓励有抑郁情绪的人用结构性的活动填满自己的空闲时间，如做园艺或做家务。另一种类型的家庭作业是现实检验：咨询师会要求来访者在现实中检验他们的消极信念。例如，咨询师要求一位感觉自己不受任何人欢迎的来访者打电话给两三位朋友，并记录朋友在电话中的反应。然后，治疗师可能会让来访者在作业中报告："他们立即挂断了电话吗？还是他们对你的来电感到高兴？他们表现出有兴趣跟你再聊一聊或找时间出来聚一聚吗？你觉得没有人对你感兴趣的结论有什么证据支持吗？"这样的练习可以帮助来访者用理性的选择替代歪曲的信念。

由贝克和艾利斯发展的治疗方法可以被归类到认知行为疗法中，我们接下来会谈及这个治疗方法。然后，我们会介绍治疗师为整合不同治疗流派的原理和技术所做的不懈努力。在了解更多信息之前，我们先来回顾一下表 2-5 中对各个心理治疗类型的总结。

认知行为疗法

当今，大多数行为治疗师都认同一种较广义的行为治疗模型，即认知行为疗法。认知行为疗法致力于整合帮助来访者改变外在行为及内在想法、信念和态度的治疗技术。认知行为疗法基于这样一种假设，即思维模式和信念会影响行为，认知方面的改变可以引起期望的行为和情绪改变。认知行为治疗师注重帮助来访者识别和纠正潜藏在情绪问题之下的那些适应不良的信念和负性自动思维。

认知行为疗法是行为疗法和认知疗法两种治疗传

统的结合（Rachman，2015）。认知行为治疗师会使用各式各样的认知技术和行为技术，包括行为治疗（如通过暴露疗法帮助来访者直面引发恐惧的情境）和认知技术（如认知重构——改变适应不良的想法，使之更理性、更具适应性）。认知行为疗法在治疗一系列情绪障碍的对照试验中的结果令人印象深刻，这些情绪障碍包括抑郁障碍、惊恐障碍、广泛性焦虑障碍、社交焦虑障碍、创伤后应激障碍、场所恐怖症、强迫症、神经性贪食和人格障碍等（DiMauro et al.，2012；Hofmann et al.，2012；McEvoy et al.，2012；Öst et al.，2015；Resick et al.，2012；Watts et al.，2015）。但是，正如包括药物治疗在内的其他治疗方法一样，认知行为疗法也不是万能的，很多来访者要么对认知行为疗法无反应，要么在几年后的评估中再次表现出症状（Durham et al.，2012）。这一点更强调了进一步改进当前治疗方法的必要性。

折中治疗

每一种主要的有关异常行为的心理学模型——心理动力学、行为主义、人本主义和认知取向——都发展出了不同的心理治疗方法。虽然很多治疗师将自己视为某一流派的治疗师，但有些治疗师也在实践**折中治疗**（Eclectic Therapy）。折中治疗是指整合来自不同治疗取向的原理和技术，从而在治疗某一特定来访者时达到最佳效果（Norcross & Beutler，2011）。例如，折中或整合治疗师可能会使用行为疗法的技术帮助来访者改变某些适应不良的行为，同时使用心理动力学疗法的技术帮助来访者在问题的童年根源方面获得领悟。

目前，22% 的临床心理学家认为自己是折中 / 整合理论取向的治疗师（Norcross & Karpiak，2012；见图 2-11）。折中取向的治疗师往往更年长、经验更丰富（Beitman，Goldfried，& Norcross，1989）。也许，他们已经从经验中认识到汲取各种治疗方法的长处并将其应用于临床实践的价值。

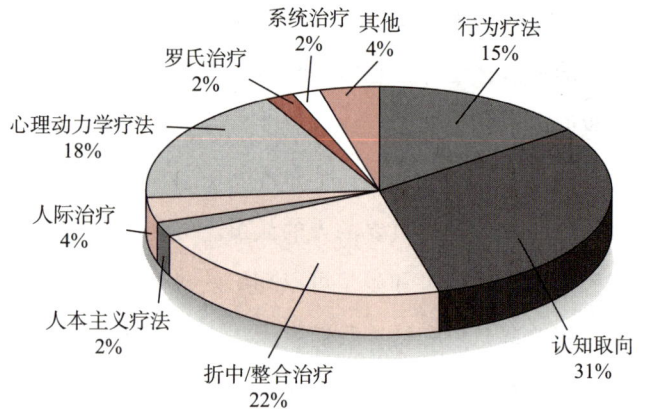

图 2-11　临床心理学家的治疗取向

最近的一项美国调查表明，在临床心理学家中，认知取向和折中 / 整合治疗取向是两大最热门的治疗取向。

资料来源：Adapted from Norcross & Karpiak（2012）.

折中主义分为两类：技术折中主义和整合折中主义。技术折中主义治疗师运用来自不同治疗流派的技术，却并不一定认同这些技术所代表的理论立场。他们会站在实用主义的立场上使用那些他们认为最可能对来访者起作用的技术。

整合折中主义治疗师则努力整合不同的理论取向——将不同的理论概念和方法汇集到一种整合的治疗模式的框架下。虽然现在已经出现了整合各种心理治疗方法的提议，但该领域尚未就整合心理治疗的原理和实践方法达成共识。并非所有的治疗师都认可整合治疗是理想的、可以实现的目标。反对者认为，将不同治疗方法的元素糅杂在一起会导致技术上的混乱，因为其缺乏一致的概念化模型。尽管如此，人们对整合治疗的兴趣仍在不断增加，我们也希望出现新的治疗模型，以整合不同流派的精华。

团体治疗、家庭治疗和伴侣治疗

一些治疗方法将治疗的范围扩展到了团体、家庭和伴侣上。

团体治疗

在**团体治疗**（Group Therapy）中，一组来访者同时与一位或一对治疗师见面。与个体治疗相比，团体治疗有一些独特的优势。首先，因为团体治疗同时治疗多位来访者，所以对个体来访者来说，团体治疗的费用更低。其次，很多临床医生认为，团体治疗在治疗具有相似困扰的多位来访者时效率更高，如主诉为焦虑、抑郁、缺乏社交技能或需要使用离婚手段抵御生活压力的来访者。来访者可以了解与自己具有相似困扰的人是如何应对类似问题的，并从团体成员和治疗师那里获得社会支持。团体治疗还会为团体成员提供解决人际关系问题的机会。例如，治疗师或团体成员可能会向某位成员指出，他在团体中的行为如何反映了他在团体之外的行为模式。团体成员也可以在支持性的氛围下相互演练社交技能。

尽管团体治疗拥有以上优点，但来访者还是可能出于以下原因选择个体治疗。有些来访者可能不希望在团体中暴露自己的问题；有些来访者更希望治疗师只关注自己；还有些来访者因为在社交中过于拘谨，所以在团体设置中会感觉不舒服。由于这些问题的存在，团体治疗师要求在团体中分享的内容必须保密，团体成员之间必须相互支持，不能做出非建设性的行为，并保证每位团体成员都能获得足够的关注。

Fotolia

团体治疗

与个体治疗相比，团体治疗有哪些优势？它的缺点是什么？

家庭治疗

在**家庭治疗**（Family Therapy）中，治疗的单位是家庭而非个体。家庭治疗的目标是帮助遇到麻烦的

Nullplus/Istock/Getty Images

家庭治疗

在家庭治疗中，家庭，而不是个人，是治疗的单位。治疗师要帮助成员之间更有效地沟通，以不伤害他人的方式表达分歧。治疗师还要试图防止家庭中的某位成员成为家庭问题的替罪羊。

家庭解决其冲突和问题，从而让作为一个整体的家庭具有更好的功能，并减少家庭冲突给各位家庭成员带来的压力。在家庭治疗中，家庭成员可以学会更有效地沟通、更具建设性地表达他们的不同意见（Gehar，2009）。家庭冲突通常会出现在生命周期的过渡阶段，这时，家庭模式会因为一位或多位家庭成员的变动而发生转变。例如，父母与孩子之间的冲突常常在青春期出现，此时孩子需要寻求更大的独立性或自主性。低自尊的家庭成员可能无法忍受其他家庭成员表现出不同的态度或行为，从而抵抗其他家庭成员为改变或独立所做出的努力。家庭治疗师要与家庭成员一起解决这些冲突，帮助他们适应生活中的变化。

家庭治疗师可以敏锐地觉察到，家庭总会找到一位家庭成员当作问题的替罪羊或"被认定的患者"。备受困扰的家庭似乎总会有这样一种迷思：改变这个被认定的患者（即"害群之马"），家庭就会重回正轨。家庭治疗师鼓励所有家庭成员共同解决他们之间的分歧和冲突，而不是找出一位家庭成员当替罪羊。

很多家庭治疗师都采用系统的观点来理解家庭的运作方式及家庭内部可能出现的问题。他们认为，某位家庭成员出现问题行为代表着家庭系统内部沟通和角色关系的瘫痪。例如，一个孩子可能因为要与其他

兄弟姐妹争夺父母的关注而出现尿床行为。从系统的观点来看，家庭治疗师可能会更加关注如何帮助家庭成员理解孩子行为背后隐含的信息，并改变他们与孩子之间的关系，从而更充分地满足孩子的需要。

伴侣治疗

伴侣治疗（Couple Therapy）关注的是解决伴侣之间的冲突，包括已婚和未婚的伴侣（Baucom et al., 2015; Doss et al., 2015; Epstein & Zheng, 2017; Hewison, Casey, & Mwamba, 2016）。与家庭治疗一样，伴侣治疗也聚焦于改善沟通和分析角色关系。例如，伴侣中的一方可能占据主导地位，拒绝任何涉及分享其权力的要求。伴侣治疗师会帮助双方将角色关系公开化，这样，双方就可以探索其他让关系更加令人满意的相处方式。

2.5.3 评价心理治疗方法

评价心理治疗的有效性和非特异性因素在治疗中的作用。

那么，心理治疗的有效性究竟如何呢？心理治疗起作用吗？某些心理治疗形式比另一些更有效吗？某些心理治疗形式是否对某类来访者或某类问题更有效？

使用元分析

心理治疗的有效性得到了研究文献的有力支持。对科学文献的综述通常采用一种被称为元分析（Meta-analysis）的统计技术，它可以将众多研究的结果进行平均，以评价总体有效性。

一项经典的有关心理治疗效果的元分析总结了 375 项对照研究，每项研究都将不同类型的心理治疗（如心理动力学疗法、行为疗法和人本主义疗法）与对照组进行了对比（Smith & Glass, 1977）。在这些研究中，接受过心理治疗的来访者的平均水平要好于 75% 未接受心理治疗的人。一项更大的、包含了 475 项对照研究的元分析的结果表明，在治疗结束时，接受过治疗的来访者的平均水平要优于 80% 未接受心理治疗的人

（Smith, Glass, & Miller, 1980）。

随后的元分析还表明，特定的心理治疗形式会产生积极的效果，如认知行为疗法和心理动力学疗法（Butler et al., 2006; Cuijpers, van Straten, et al., 2010; Okumura & Ichikura, 2014; Shedler, 2010; Tolin, 2010; Town et al., 2012）。研究已证明，心理治疗不仅在临床研究中心的严格控制环境中有效，在更贴近一般临床实践的真实环境中同样有效（Shadish et al., 2000）。心理治疗的最大收效往往出现在治疗的最初几个月内。在对照研究中，至少 50% 的患者在大约第 13 次治疗时表现出了临床上的显著改善；到第 26 次治疗时，出现显著改善的人数比例上升到了 80%（Anderson & Lambert, 2001; Hansen, Lambert, & Forman, 2002; Messer, 2001）。然而，我们应该认识到，仍有很多来访者在治疗发挥作用前就退出了治疗。

虽然有证据支持心理治疗的有效性，但研究者缺乏证据来说明心理治疗是如何起效的，即什么因素或过程导致了治疗性改变。在与对照（非治疗）组进行比较时，不同形式的心理治疗产生了差不多同样水平和程度的效果（Clarkin, 2014; Kivlighan et al., 2015; Steinert et al., 2017; Wampold et al., 2011）。这意味着，跨越不同形式的心理治疗的一些共同因素的作用可能要比它们各自独有的技术所起的作用更大，这些共同因素被称为非特异性治疗因素（Nonspecific Treatment Factor）（Crits-Christoph et al., 2011; Norcross & Lambert, 2014）。

非特异性因素或共同因素包括对改善的期待及治疗师与来访者关系中的一些特征：（1）治疗师表现出的共情、支持和关注；（2）治疗联盟，或者来访者对治疗师和治疗过程发展出的依恋；（3）工作联盟或有效的工作关系，在这种关系中，治疗师和来访者共同识别和面对来访者所面临的重要问题和困扰。强有力的治疗联盟，尤其是在治疗前期建立的联盟，与更好的治疗效果有关（Constantino, Coyne, et al., 2017; Falkenström et al., 2019; Zilcha-Mano, 2017）。在这

里，我们应该补充一点，除了由特定形式的治疗带来的特定积极改变之外，联合治疗和其他非特异性治疗因素本身可能也会带来积极的改变（Goldfried，2012；Marcus et al.，2014；Zilcha-Mano et al.，2014）。

我们应该就此得出"不同的心理治疗有相同的效果"这个结论吗？不尽然。不同的治疗方法可能在总体效果上相差无几，但一些治疗方法可能对治疗某些患者或某种类型的问题更有效（Steinert et al.，2017）。我们还应该考虑到，判断治疗效果究竟如何，治疗师本人所起的作用可能比具体的治疗形式所起的作用更大（Wampold，2001）。

总而言之，某些形式的心理治疗是否比另一些形式的心理治疗效果更好，这仍然是一个悬而未决的问题。或许，研究者是时候把更多的注意力放在探讨哪些因素让某些治疗师的治疗效果比另一些治疗师的治疗效果更好上了，如治疗师的人际关系技能、表现共情的能力及与来访者发展良好的治疗关系或治疗联盟的能力（Laska，Gurman，& Wampold，2014；Prochaska & Norcross，2010）。

研究者提出的另一个问题是：特定的治疗方法在实验室里的效果与在临床诊所中的效果一样吗？以下两种类型的研究可以考察这些效果——疗效研究和效能研究。疗效研究探讨的是在实验室环境的严格控制下，某种治疗是否比对照程序更有效。但事实是，某种治疗在实验室里有效，但在临床诊所中却不一定有效。这个问题则是效能研究的关注点，它考察的是治疗师在现实生活中治疗来访者时，某种治疗方法是否有效（Onken et al.，2014；Weisz，Ng，& Bearman，2014）。

实证支持的治疗方法

实证支持的治疗方法是指那些在治疗特定类型的问题行为或心理障碍时已被设计严谨的研究证实有效的心理治疗方法（见表 2-6）。实证支持的治疗方法（又称循证方法）的认证清单可能会发生变化，如果其他治疗方法在治疗特定类型的问题上的效果得到了科学证据的支持，那么这些方法就会被加入该清单。但是，我们应该注意，将某种治疗方法加入实证支持的治疗方法清单中并不代表它在任何情况下都是有效的（Holmes et al.，2018）。

治疗关系

在成功的心理治疗过程中，治疗师和来访者之间建立了一种治疗关系。治疗师通过专注的倾听尽可能清楚地理解来访者的体验及试图传达的信息。资深的治疗师对来访者的非言语信息也很敏感，如手势和姿势可能透露出来访者潜在的情感或冲突。

表 2-6　实证支持的治疗方法示例

治疗方法	该治疗方法有效的条件
认知疗法	头痛（见第 6 章） 抑郁障碍（见第 7 章）
行为疗法或行为矫正	抑郁障碍（见第 7 章） 患有发育障碍的人（见第 13 章） 遗尿症（见第 13 章）
认知行为疗法	惊恐障碍（见第 5 章） 广泛性焦虑障碍（见第 5 章） 神经性贪食（见第 9 章）
暴露疗法	场所恐怖症与特定恐怖症（见第 5 章）
暴露与反应阻断	强迫症（见第 5 章）
人际心理治疗	抑郁障碍（见第 7 章）
父母训练项目	有对立行为的儿童（见第 13 章）

让我们以下面这句话结束对这部分的讨论：只问哪种治疗方法最好是不够的。相反，我们应该问以下

问题：哪种治疗方法对哪种问题效果最好？哪些来访者适合哪种类型的治疗？每种治疗的优势和劣势是什么？虽然实证支持的治疗方法让我们向针对特定障碍寻找匹配的治疗方法这一方向迈出了一步，但是，要想弄清楚具体采用哪种治疗方法、由谁来开展治疗、在什么条件下开展治疗对某位来访者是最有效的，仍然是具有挑战性的问题。

总而言之，心理治疗是一个复杂的过程，它综合了促成适应性改变的共同因素和特定技术。实践者需要同时考虑特异性因素和非特异性因素及二者的相互作用对治疗产生的影响（Raykos et al., 2014；Schramm et al., 2017）。

在继续新的内容之前，我们应该注意到心理治疗可以改善脑功能这一振奋人心的消息的可能性。最近，研究者报告，接受认知行为疗法的社交焦虑者与自我控制和情绪调节过程相关的脑区出现了结构性改变（Steiger et al., 2017）。具体来说，脑部扫描显示，这些区域的神经元之间有更强的连接性，这是与情绪加工相关的脑功能趋于正常化的标志。这些研究发现再次凸显了我们在理解异常行为问题时所面临的一个重要议题，即身心之间的关联远比我们想象的要紧密得多，尽管不少人对此仍心存疑虑。

批判性思考
治疗师应该为来访者提供线上治疗吗

更好的心理健康服务会不会与我们只有几步之遥？如今，你几乎可以在网络上做任何事情——从预订演唱会门票到下载音乐甚至是完整的电子书（当然，前提是合法获取）。你还可以从在线治疗师那里获得咨询或治疗服务。线上咨询师和治疗师使用视频通话、电子邮件及其他电子或电话服务为有情绪和人际关系问题的人提供帮助。利用电子技术提供或增强健康服务，包括心理健康服务，被统称为**远程医疗**（Telehealth）。

远程医疗的例子包括短信、电子邮件、计算机辅助治疗、实时视频会议、移动应用程序及在线咨询或治疗。例如，治疗师可以定期通过短信或其他电子系统与他们的患者保持联系，或者让患者每天记录自己的症状。

有些治疗师则完全通过网络提供治疗，如使用基于互联网的视频会议。然而，当心理学家和其他专业助人者向那些素未谋面的人提供网络治疗服务时，可能会出现伦理和可靠性问题。例如，目前我们仍不清楚心理学家和其他心理健康专业人士是否（或在何种条件下）可以合法地向自己的执业执照所在地之外的居民提供线上服务（Novotney, 2018）。许多治疗师也表达了这样的顾虑，仅仅通过计算机或电话等方式与来访者进行互动，将阻碍他们捕捉非言语线索和肢体动作——更深层的心理困扰往往是从这些信息中透露出来的，这些非言语信息可能比打字、视频或电话交谈所传达的要多得多（Drum & Littleton, 2014）。

治疗师对在治疗中使用现代科技所涉及的伦理问题的担忧是理所当然的，如未经授权获取来访者的记录、在社交网站上传播（发布）来访者的信息。另一个问题是，在线治疗师可能与他们的来访者相隔甚远，因此他们可能无法在来访者面临情绪危机时为他们提供更加密集的服务。专业人士担心，毫无戒心的来访者会成为不合格的实践者或冒牌医生的受害者。目前还没有体系可以保证只有具备执业资格和资历足够的实践者才可以提供线上治疗服务。

线上治疗的一个潜在优势在于可以为那些因为害羞或感到难为情而回避寻求帮助的人提供帮助。线上咨询可以让一些人对接受帮助感觉更舒服，并成为建立面对面治疗关系的第一步。网络治疗和电话服务还可以为那些因无法自如行动或住在偏远地区而无法接受帮助的人提供服务（Saeed & Pastis，2018）。目前较流行的一种线上治疗或咨询形式是使用线上治疗模块或应用程序，为患有各种心理问题的人提供信息和治疗策略。

越来越多的研究证实，使用不同的远程服务对各种心理问题的治疗都有所助益，这些问题包括焦虑障碍、创伤后应激障碍、抑郁障碍、失眠、强迫症、病理性赌博、酒精滥用和烟瘾（Beevers et al.，2017；Comer et al.，2017；Elison et al.，2017；Espie et al.，2019；Karyotaki et al.，2017；Kendrick & Yao，2017；Matthews et al.，2017；Mitchell，2017；Taylor, Peterson, et al.，2017）。不过，我们必须采取适当的保障措施以确保这些服务的使用是合乎伦理且可靠的。一些线上治疗被用作独立的治疗模块，而另一些则作为传统面对面治疗的补充或辅助性（额外）支持存在（Weir，2018b）。需要注意的是，治疗师有责任保证服务质量，并对实施过程加以监督。

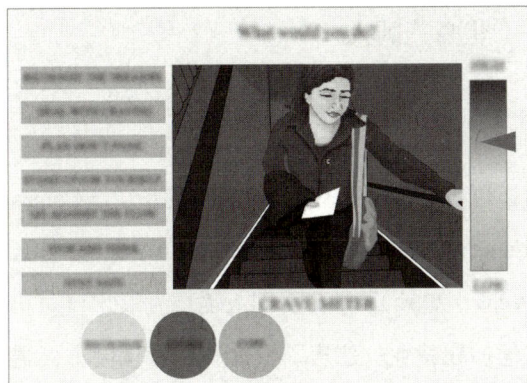

计算机辅助治疗

这个计算机交互视频被用作认知行为治疗项目的一部分，旨在帮助有物质滥用问题的人学习戒断技巧。这是影片中的一个场景，一个有吸毒问题的女人正走上公寓的楼梯。然后，她会面对一些与毒品有关的线索，如她的男朋友鼓励她吸毒。每到一个关键节点，场景就会暂停，旁白会提供一些应对诱惑的策略。当影片继续播放时，这个女人就会使用其中的一些应对技巧，如去拜访一位鼓励她戒毒的朋友。

资料来源：Adapted from National Institute on Drug Abuse.

智能手机应用程序日益流行，它们既可用作传统治疗的附加支持，也可用作单独的治疗工具（Firth et al.，2017；Franklin et al.，2016；Kuhn et al.，2017；Lui, Marcus, & Barry，2017）。例如，类似"打败抑郁"（Beat the Blues）和"情绪健身房"（MoodGYM）等帮助人们对抗抑郁的应用程序在使用时几乎不需要治疗师的指导或监督。在一项研究中，参加实验的大学生需要完成一次简短的演讲，这项任务旨在引发高水平的焦虑，实验组的学生在发表演讲前玩了一款分散注意力的电子游戏（Dennis & O'Toole，2014），与控制组的学生相比，那些玩了电子游戏的学生报告的焦虑水平更低，表现出的紧张状态也更少。这些发现表明，玩电子游戏有助于转移人们对即将到来的困难情境的注意力。公众似乎迫切想要使用自助应用程序，但目前仍缺乏支持其有效性的确凿证据（Clough & Casey，2015；Leigh & Flatt，2015）。

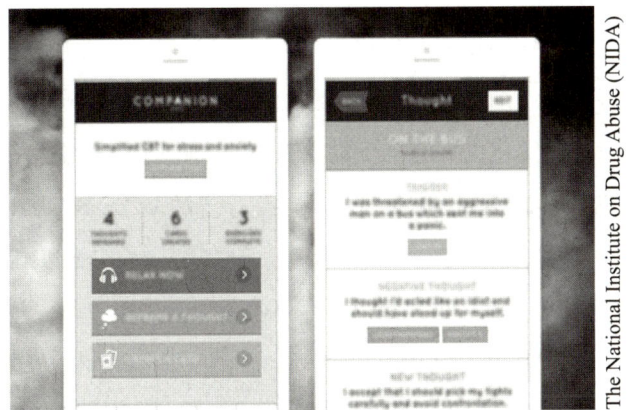

智能手机应用程序

压力与焦虑陪护是一款智能手机应用程序，人们可以用它来监测自己的想法和感受，该程序还可以提供建议，帮助使用者改变消极的想法，发展放松技巧和其他应对技能。然而，自助治疗方案和智能手机应用程序的有效性仍然存在疑问。

总而言之，心理学家并没有把线上治疗排除在外，但对线上治疗的使用仍然保持谨慎态度（Glueckauf et al.，2018；Mora, Nevid, & Chaplin，2008）。人们可以简单地将治疗应用程序下载到手机或笔记本电脑上，但目前仍缺乏足够的同行评议研究来支持这些治疗应用程序的有效性。相比之下，将智能手机应用程序当作追踪工具，帮助来访者记录每天的症状，这一点存在较少争议。相关内容我们将在下一章详细探讨。

你认为在线心理服务的价值如何？在对这一议题进行批判性思考时，请尝试回答以下问题。

- 提供线上治疗的治疗师面临着怎样的伦理问题和实际问题？
- 线上治疗的潜在好处是什么？潜在风险又是什么？
- 如果你需要心理健康服务，你会寻求基于网络的治疗或使用智能手机应用程序吗？为什么？

2.5.4 心理治疗中的多元文化议题

评价多元文化因素在心理治疗中的作用及少数族裔在使用心理健康服务方面的阻碍。

我们生活在一个越来越丰富多彩的多元文化社会中，因此，人们不仅会将个人背景和经验带到治疗中，还会将他们的文化习得过程、规范和价值观带到治疗中。正常与异常的行为都是在文化和社会背景下出现的，显然，为了给来自不同背景的人提供恰当的服务，治疗师需要具备文化胜任力（Stuart，2004）。

治疗师需要对文化差异及其如何影响治疗过程保持敏感。文化敏感性不仅要求治疗师有良好的意图，还必须对文化因素有准确的认识，并且有能力运用这些知识发展出具有文化敏感性的治疗方法（Comas-Diaz，2011a；Comas-Diaz，2011b；Inman & DeBoer Kreider，2014）。除此之外，治疗师需要避免种族刻板印象，并对不同种族的来访者的价值观、语言和文化信仰保持敏感性。那些高度评价咨询师具有良好多元文化胜任力的来访者，也往往会认为这些咨询师拥有共情的能力和良好的整体胜任力，这也许并不令人意外。但是，一项关于专业心理学家的调查发现，他们在实践中应用的多元文化心理治疗胜任力相对较少（Hansen et al.，2006）。

某种治疗对某个群体起作用，并不意味着它对另一个群体也必然有效（Windsor，Jemal，& Alessi，2015）。正因如此，我们才需要确认特定的治疗对不同人群或种族的有效性（Chavira et al.，2014；Huey，Jr.，& Tilley，2108；Kanter et al.，2015），以及具有特定文化适应性的治疗是否比标准化治疗更有效（Pineros-Leano et al.，2016）。秉承着这样的原则，最近的一项研究发现，针对恐怖症的具有文化特异性的行为疗法在治疗亚裔美国人方面比标准的行为疗法更有效，对那些文化不适应的来访者而言尤其如此（Pan，Huey，& Hernandez，2011）。这个结果表明，治疗师在使用成熟的治疗方法时，应该思考如何将文化特异元素整合进来，以提高对不同种族群体成员的治疗效果（Huey，Jr.，& Tilley，2018；Hall et al.，2016）。

接下来，我们将讨论在治疗中涉及的美国社会中的主要少数族裔群体，包括非裔美国人、亚裔美国人、西班牙裔美国人和美洲原住民。

非裔美国人

非裔美国人长期受到种族歧视是一个不争的事实，这对有色人种的心理适应产生了恶劣的影响，我们必须在此背景下理解他们的文化历史（Comas-Diaz & Greene，2013；Comas-Díaz，Hall，& Neville，2019；Greene，2009）。非裔美国人需要发展出应对机制来处理他们在就业、住房、教育和医疗保健方面遇到的大量种族歧视问题。例如，许多非裔美国人对潜在的虐待和剥削非常敏感，这是他们赖以生存的工具，他们也可能采取高度怀疑和保留的态度。因此，在治疗的早期阶段，治疗师需要意识到非裔美国人中的来访者可能倾向于减少自我暴露，从而避免展现自己的脆弱（Sanchez-Hucles，2000）。治疗师不应该把这种怀疑的态度与偏执混为一谈。

文化敏感性

治疗师需要对文化差异及其如何影响治疗过程保持敏感。他们需要避免种族刻板印象，并对不同种族的来访者的价值观、语言和文化信仰保持敏感性。治疗师使用来访者的语言进行治疗，可以让那些英语不流利的来访者（针对西方国家）获益。

除了非裔美国人中的来访者可能会呈现出来的心理问题外，治疗师通常还需要帮助来访者发展应对机制，从而更好地处理他们在日常生活中遇到的种族隔阂。一些非裔美国人还会将主流文化长期以来对黑人的负面刻板印象内化，治疗师也需要熟知这一点。

非裔美国人在很多情形下都会遭遇种族歧视。例如，他们在住房和就业方面所遇到的歧视非常明显——只要知道他们是黑人，就不会再考虑他们的具体情况。但是，有些情形下的歧视更加微妙和难以觉察，如商店保安的怀疑目光。休（Sue，2010）认为，微妙的歧视所带来的伤害更大，因为它让受害者在想要回应时不确定自己该如何回应。

要想具有文化胜任力，治疗师不仅要了解他们所服务群体的文化传统和语言，还要认识到自己的种族态度及这些潜在的态度会如何影响治疗过程。治疗师也与社会中的其他人一样暴露在对非裔美国人充满负面刻板印象的环境中，所以，如果治疗师的这些刻板印象还没有得到及时的处理，他们就必须认识到这些刻板印象将对自己与非裔美国人的治疗关系造成破坏。多元化社会工作的核心原则是愿意开放地审视自己的种族态度及其可能对治疗过程产生的影响。除此之外，

斯诺登（Snowden，2012）指出，治疗师必须认识到环境风险因素对非裔美国人的心理和身体健康的影响，如无法获得高质量的健康服务。

治疗师还必须充分了解非裔美国人家庭的文化特征：其文化具有强烈的亲属联结，家庭中通常还包括非血缘关系的成员（例如，父母的一位亲密朋友会替父母承担一定的抚养责任，可能被称为"阿姨"）；强烈的宗教和灵性取向；数代共同居住；性别角色的适应性和灵活性（非裔美国女性外出工作的历史很长）；将抚养孩子的责任分散到不同的家庭成员身上（Jackson & Greene，2000；Williams & Cabrera-Nguyen，2016）。对非裔美国人来说，社会支持在缓冲遭受种族歧视的心理影响方面尤其重要（Odafe，Salami，& Walker，2017）。

亚裔美国人

对文化保持敏感的治疗师不仅可以理解其他文化的信仰和价值观，还能将这些知识整合到治疗过程中。一般而言，亚洲文化主张一个人在谈论自己及自己的感受方面保持克制。亚洲文化不鼓励公开表达情绪，这可能会妨碍亚裔美国来访者在治疗中表达自己的感受。在传统的亚洲社会中，如果一个人不能控制自己的情绪，尤其是消极情绪，人们会认为他缺乏良好的教养。如果治疗师用西方文化的标准衡量那些表现出被动、情绪克制的来访者，可能就会认为他们害羞、不合作或回避，可是这些表现在亚洲文化中是适宜的（Hwang，2006）。

临床医生还指出，亚裔美国人中的来访者通常会通过诸如胸闷或心悸之类的躯体症状来表达焦虑等心理困扰（Hinton et al.，2009）。沟通方式的差异可以部分地解释他们将情绪问题躯体化的倾向（Zane & Sue，1991）。也就是说，亚裔美国人可能更多地通过躯体化术语来表达情绪困扰。

在某些情况下，治疗的目标可能会与某种文化的

价值观相悖。表现在各种心理治疗方法中的关注自我发展的美国社会的个人主义，可能与亚洲文化以群体或家庭为中心的价值观发生冲突。服务于亚裔美国人中的来访者的治疗师可能需要更多地强调"我们"而非"我"，以突出他们与来访者之间的社会联结的重要性（Hayes, Muto, & Masuda, 2011）。

使用具有文化适宜性的术语表述治疗过程可能有助于建立良好的治疗关系，如强调亚洲文化中心灵、身体和精神之间的紧密联系（Hwang, 2006）。治疗师还可以将反映东方哲学或文化传统的技术融入治疗中，如加入正念冥想，这是一种已被广泛应用的冥想方式（见第 4 章）。他们还可以在治疗中利用与文化相关的资源，如联系紧密的大家庭、具有文化特色的社区项目等（Hays, 2009）。

西班牙裔美国人

虽然西班牙裔美国文化中的亚文化在不同方面都有所差异，但很多亚文化都有着共同的文化价值观和信仰，如看重家庭和亲属关系、重视尊重和尊严（Chavez-Dueñas et al., 2019）。治疗师需要了解，传统西班牙裔美国人看重家庭成员之间相互依赖的价值观可能会与美国主流文化所强调的独立和自力更生的价值观有所冲突。

治疗师不应该想当然地认为同一种疾病给不同种族带来的影响是相同的。最近的一项研究再次带来警醒，该研究显示，与非拉丁裔白人相比，拉丁裔美国人的焦虑障碍康复率较低，但这两个群体的重性抑郁障碍康复率相似（Bjornsson et al., 2014）。美国的拉丁裔移民在与抑郁做斗争的同时，还要尽力解决充满压力的文化议题，如由移民带来的问题，并在适应美国文化和保持对原籍国的认同之间取得平衡（Alarcón, Oquendo, & Wainberg, 2014）。

治疗师还要尊重不同价值观之间的差异，而非试图将主流文化价值观强加给来访者。治疗师还应该认识到，心理障碍在不同的种族中可能有不同的表现。

例如，根据最近对美国纽约布朗克斯区和波多黎各圣胡安市儿童的一项研究，大约 5% 的西班牙裔儿童受到文化相关综合征的影响（见第 3 章）（López et al., 2009）。治疗师还应该接受训练，超越只在办公室里工作的界限，进入西班牙裔美国人的社区，了解西班牙裔美国人的日常生活，如社交俱乐部、酒吧、社区商店及美容美发店。

美洲原住民

包括有色人种在内的那些长久以来未充分得到服务的群体是最需要心理健康服务的群体（Wang et al., 2005）。美洲原住民的例子就是明证，他们接受的服务严重不足，部分原因是分配给印第安健康服务机构用于服务这一人群的经费不足（Gone & Trimble, 2012）。在接受服务方面的不平等还源于服务提供者与服务接受者之间存在的文化鸿沟（Duran et al., 2005）。如果心理健康专业人士可以符合美洲原住民的习俗、文化和价值观的框架下提供服务，他们就更有可能为这些原住民提供有效的帮助（Gone & Trimble, 2012）。例如，很多美洲原住民期望治疗师在治疗中说得更多，而自己只要被动地配合治疗就行。他们的这些期望与美洲原住民文化中传统治疗者的角色是一致的，却与许多传统心理治疗中以来访者为中心的方法有冲突。手势、眼神接触、面部表情和其他非言语表达方面的差异，也会妨碍治疗师与来访者进行有效的沟通（Renfrey, 1992）。

心理学家已经认识到，对美洲原住民而言，将包括当地土著仪式在内的部落文化元素融入心理健康项目十分重要（Csordas, Storck, & Strauss, 2008）。例如，在美洲印第安人和阿拉斯加原住民中，诸如灵屋仪式的传统习俗被证明可能具有治疗价值（Skewes & Blume, 2019）。净化和洗礼仪式对美国和其他地方的许多印第安人都有治疗作用，如非洲古巴的萨泰里阿教、巴西的乌班达教和海地的伏都教等（Lefley, 1990）。那些认为自己的问题源于未能平息邪恶神灵的怒火或完成规定仪式的人常常会从净化仪式中寻求帮助。

家庭纽带

治疗师接受的训练包括理解和尊重文化因素，如拉丁裔家庭成员之间密切的代际关系。

尊重文化差异是开展具有文化敏感性的治疗的关键特征。多元文化治疗方面的训练越来越多地出现在治疗师的训练项目中。具有文化敏感性的治疗秉持一种尊重的态度，鼓励人们讲述自己的故事，也讲述有关其文化的故事（Coronado & Peake，1992）。

少数族裔使用心理健康服务的阻碍

与美国白人相比，美国有色人种获得心理健康服务及必要的心理健康护理的机会都更少（Blumberg，Clarke，& Blackwell，2015）。而且，他们所接受的心理健康服务质量也更差（USDHHS，2001）。存在这种差距的主要原因是，很大一部分少数族裔群体仍然没有保险或保险不足，因而负担不起心理健康服务的费用。尽管在《平价医疗法案》（Affordable Care Act）的推动下，包括心理健康在内的医疗服务的可获得性有所提高，但仍缺乏足够的证据表明这些措施已经成功地缩小了这种差距。

这些医疗差距导致的一个严重后果就是，少数族裔不得不承受这些未被诊断和治疗的心理健康问题的重担（Neighbors et al.，2007）。医疗保健中种族差异的一个例子是，患有孤独症（自闭症）谱系障碍的拉丁裔儿童往往比白人儿童、非拉丁裔儿童更晚得到确诊

（Zuckerman et al.，2014）。文化因素是少数族裔心理健康服务使用不足的另一个原因。心理健康诊所通常不是有色人种寻求帮助的首选，他们可能会向教堂、急诊室、朋友、家人或初级保健医生寻求帮助，而不是向心理学家和精神病学家等心理健康专业人士寻求帮助。不愿寻求心理健康服务至少在一定程度上反映了少数族裔群体中长期存在的对心理疾病的污名化现象（Vega，Rodriguez，& Ang，2010）。

通过了解少数族裔在接受治疗时面临的以下阻碍，我们就可以更好地理解为什么他们很少使用门诊心理健康服务（Cheung，1991；López et al.，2012；Sanders Thompson，Bazile，& Akbar，2004；Sue et al.，2012；Venner et al.，2012）。

1. **文化不信任**。少数族裔常常因为缺乏对心理健康服务的信任而不寻求帮助。这种不信任可能源于文化抑或个人被压迫或歧视的经历，或者过往的服务提供者无法满足其需求的经历。如果少数族裔来访者认为大部分治疗师及其服务机构都是冷冰冰、没有人情味的，他们就不太可能信任这些治疗师及其服务机构。

2. **心理健康知识的缺乏**。多数拉丁裔不会寻求心理健康服务，可能是因为他们缺乏有关精神障碍与治疗精神障碍的知识。例如，增加拉丁裔群体对精神分裂症和抑郁障碍的了解，也许会让更多面临这类问题的人被成功转介给心理健康专业人士。

3. **制度方面的阻碍**。少数族裔可能难以触及便利设施，因为这些设施离他们的家很远，或者没有公共交通工具可以抵达。除此之外，少数族裔常常会因工作人员的言行举止而感觉自己很笨，因为他们不熟悉门诊流程，而他们在请求协助时也常常被烦琐的手续所束缚。

4. **文化方面的阻碍**。许多新移民，尤其是那些来

自东南亚国家的新移民，以前几乎没有与心理健康专业人士接触过。他们可能对心理健康问题有不同的理解，或者认为心理健康问题不如生理问题那么严重。一些少数族裔的亚文化期望由家庭成员来照顾那些有心理问题的成员，他们可能会拒绝向外求助。其他文化阻碍包括社会经济地位较低的少数族裔成员与大多是中产阶级白人的工作人员之间的文化差异，以及在少数族裔社区寻求心理治疗时经常伴随的污名化和病耻感。

5. **语言方面的阻碍**。语言方面的差异让少数族裔成员难以描述自己的问题或难以获得需要的服务，而心理卫生机构可能也缺乏资源，无法雇用精通其所服务社区的少数族裔居民语言的心理健康专业人士。

6. **经济和可获得性方面的阻碍**。上文也提及经济负担通常是少数族裔寻求心理健康服务时的一个重要阻碍，很多少数族裔成员都住在经济较为贫困的地区。除此之外，许多少数族裔成员居住在农村或交通闭塞的地区，那里可能缺乏或很难获得心理健康服务。

推动心理健康服务的使用，在很大程度上有赖于心理健康体系能够开发出纳入文化因素的项目，以及培养工作人员成为具有文化敏感性的服务提供者，包括纳入少数有能力使用社区居民语言的工作人员和专业人士（Le Meyer et al., 2009；Sue et al., 2012）。少数族裔成员对心理健康体系的文化不信任可能源于这样一种印象，即许多心理健康专业人士都存在种族偏见，而且这种偏见会影响他们对少数族裔成员的评估和治疗。

2.6 生物医学治疗

生物医学治疗，尤其是精神类药物（也被称为精神科药物）治疗，在美国精神病学领域越来越受到重视。现在，每五个美国成年人中大约就有一人在服用精神类药物（Smith，2012）。生物医学治疗通常由医生开展，其中大多数医生接受过精神病学或**心理药理学**（Psychopharmacology）的专门训练。许多家庭医生或全科医生也会给自己的患者开具精神类药物。

生物医学方法在治疗某些异常行为方面取得了惊人的成功，虽然它存在一定的局限性。例如，药物可能存在令人不快或危险的副作用。精神外科手术作为一种治疗形式几乎已经被淘汰，因为早期的治疗过程会产生严重的有害影响。

2.6.1 药物治疗

识别精神类药物或精神科药物的主要类别及每种药物的范例，并评价其优缺点。

在治疗不同类型的心理障碍时，医生会使用不同种类的精神类药物或精神科药物。但是，所有种类的药物都作用于大脑中的神经递质，以使神经元之间传递神经冲动的化学物质达到平衡。精神类药物并不能治愈精神障碍或心理障碍，但它们常常有助于控制这些疾病所具有的令人不安的症状或特征。精神类药物的主要类型包括抗焦虑药物、抗精神病药物、抗抑郁药物，以及用于治疗双相障碍患者的躁狂和心境波动的锂盐和其他药物。后面我们会讨论其他精神类药物（如兴奋剂）的使用。

抗焦虑药物

抗焦虑药物［Antianxiety Drug，也被称为"Anxiolytic"，该词源自希腊语"Anxietas"（意为"焦虑"）和"Lysis"（意为"溶解"）］是用来对抗焦虑并缓解肌肉紧张状态的。抗焦虑药物包括一些轻度镇静剂，像苯二氮䓬类药物，如地西泮和阿普唑仑，还有一些催眠镇静剂，如三唑仑。

抗焦虑药物可以抑制中枢神经系统特定区域（包括交感神经系统）的活动水平，从而降低呼吸频率和心率，缓解焦虑和紧张状态。使用抗焦虑药物的副作用包括疲劳、嗜睡和运动协调能力受损。这类药物也存在被滥用的风险。最常用的处方镇静剂——安定——已经成为让人们对其产生心理和生理依赖的一种被滥用的药物。

由于这些药物有可能导致心理或生理依赖，并有被滥用的风险，特别是在与酒精或其他药物一起使用的情况下，因此医学专家建议，它们只能用于在短期内缓解焦虑，而不能作为长期治疗的手段（Bernard et al., 2018; Mueller, 2017）。

短时间服用抗焦虑药物对治疗焦虑和失眠是安全、有效的。但是，药物本身并不会教人们使用新技能或以更具适应性的方式处理问题。恰恰相反，人们可能只是学会依赖化学物质来应对问题。经常服用镇静剂会遇到的另一个问题是**反跳性焦虑**（Rebound Anxiety）。很多经常服用抗焦虑药物的人都表示，一旦他们停止服用这些药物，焦虑或失眠就会再度来袭，并且变本加厉。

抗精神病药物

抗精神病药物（Antipsychotic Drug）又被称为神经阻滞剂，常被用于治疗精神分裂症和其他精神病性障碍的显著特征，如幻觉、妄想和意识混乱状态。在20世纪50年代被引入并用于治疗的许多药物，包括氯丙嗪、硫利达嗪和氟奋乃静，都属于吩噻嗪类化学物质。吩噻嗪类药物通过在大脑中的受体位点阻断神经递质多巴胺的作用来控制精神病特征。虽然精神分裂症的病因仍不清楚，但研究者怀疑它与多巴胺系统的异常有一定关系（见第11章）。氯氮平是一种不同于吩噻嗪类药物的神经阻滞剂，可有效治疗那些对其他神经阻滞剂没有反应的精神分裂症患者。但是，氯氮平需要在严格的监控下使用，因为它可能存在危险的副作用。

神经阻滞剂的应用大大降低了对症状严重的患者进行限制性治疗（如身体约束或将患者禁闭在软壁病房里）的需要，也降低了长期住院的需要。

神经阻滞剂也存在一定的问题，包括可能出现像肌肉僵直和震颤这样的副作用。虽然这些副作用可以通过服用其他药物得以控制，但长期使用抗精神病药物（可能不包括氯氮平）可能会引起不可逆的、极具破坏性的运动障碍，即迟发性运动障碍（见第11章），表现为不可控制的眨眼、面部扭曲、咂嘴，以及嘴部、眼部和肢体的不自主运动。

抗抑郁药物

目前使用的**抗抑郁药物**（Antidepressant）主要有四类：三环类抗抑郁药（Tricyclic Antidepressant, TCA）、单胺氧化酶类抑制剂（Monoamine Oxidase Inhibitor, MAOI）、选择性5-羟色胺再摄取抑制剂（Selective Serotonin-Reuptake Inhibitor, SSRI）和5-羟色胺去甲肾上腺素再摄取抑制剂（Serotonin-Norepinephrine Reuptake Inhibitor, SNRI）。三环类抗抑郁药和单胺氧化酶类抑制剂可以提高大脑中去甲肾上腺素和血清素这两种神经递质的可利用性。一些常用的三环类抗抑郁药有丙米嗪、阿米替林和多塞平。单胺氧化酶类抑制剂则包括像苯乙肼这样的药物。三环类抗抑郁药比单胺氧化酶类抑制剂更受欢迎，因为它们可能引起的严重副作用较少。

选择性5-羟色胺再摄取抑制剂专门对脑中血清素的水平起作用。这类药物包括氟西汀（百忧解）和舍曲林（左洛复）。选择性5-羟色胺再摄取抑制剂通过抑制传输神经元对血清素的再摄取（再吸收）来增加血清素的可利用性。5-羟色胺和去甲肾上腺素再摄取抑制剂，如文拉法辛，通过抑制传输神经元对血清素和去甲肾上腺素的再摄取来提高这两种与情绪状态相关的神经递质的水平。

抗抑郁药物在治疗很多心理障碍上都有效，包括惊恐障碍、社交焦虑障碍、强迫症（见第5章）和神经性贪食（一种进食障碍），我们之前在杰西卡的案例中提到过，见第9章。随着对这些心理障碍潜在病因研究的继续开展，我们可能会发现大脑神经递质功能的异常在其发展过程中所起的重要作用。

锂盐和其他抗惊厥药物

碳酸锂是一种金属锂盐的压片式药品，它可以用于治疗双相障碍（曾被称为躁郁症，将在第 7 章讨论）患者的躁狂症状并稳定其心境波动。但是，患有双相障碍的人可能不得不无限期地持续服用锂盐来控制症状。此外，锂盐具有潜在的药物毒性，医生必须严格监控持续服用该药物的患者血液中的药物浓度。用于治疗癫痫的抗惊厥药物（如双丙戊酸钠）同样具有抗躁狂和稳定心境的效果，有时也会用于治疗对锂盐不耐受的双相障碍患者（见第 7 章）。

表 2-7 根据不同的类别列出了各种精神类药物。

表 2-7 主要精神类药物

	通用名	商品名	临床用途	可能的副作用或并发症
抗焦虑药物	地西泮 氯氮䓬 劳拉西泮 阿普唑仑	安定 利眠宁 阿蒂凡 赞安诺	焦虑障碍、失眠	嗜睡、疲劳、协调能力受损、恶心
抗抑郁药物	三环类抗抑郁药			
	丙米嗪 阿米替林 多塞平	妥富脑 依拉维 Sinequan	抑郁障碍、神经性贪食、惊恐障碍	血压变化、心脏节律异常、口干、意识混乱、皮疹
	单胺氧化酶类抑制剂			
	苯乙肼	Nardil	抑郁障碍	眩晕、头痛、睡眠问题、易激惹、焦虑、疲劳
	选择性 5-羟色胺再摄取抑制剂			
	氟西汀 舍曲林 帕罗西汀 西酞普兰 草酸艾司西肽普兰	百忧解 左洛复 赛乐特 喜普妙 来士普	抑郁障碍、神经性贪食、惊恐障碍、强迫症、创伤后应激障碍（左洛复）、社交焦虑障碍（赛乐特）	恶心、腹泻、焦虑、失眠、多汗、口干、眩晕、嗜睡
	5-羟色胺和去甲肾上腺素再摄取抑制剂			
	度洛西汀	欣百达	抑郁障碍、广泛性焦虑障碍	恶心、胃痛、没胃口、口干、视线模糊、嗜睡、关节或肌肉疼痛、体重增加
	文拉法辛	郁复伸	抑郁障碍	恶心、便秘、口干
	去甲文拉法辛	倍思乐	抑郁障碍	嗜睡、失眠、眩晕、焦虑
	其他抗抑郁药物			
	安非他酮	威博隽 载班	抑郁障碍、尼古丁依赖	口干、失眠、头痛、嗜睡、便秘、震颤

（续表）

	通用名	商品名	临床用途	可能的副作用或并发症
抗精神病药物	**吩噻嗪类药物**			
	氯丙嗪 硫利达嗪 三氟拉嗪 氟奋乃静	Thorazine Mellaril Stelazine Prolixin	精神分裂症和其他精神病性障碍	运动障碍（如迟发性运动障碍）、嗜睡、坐立不安、口干、视线模糊、肌肉僵直
	非典型抗精神病药物			
	氯氮平	Clozaril	精神分裂症和其他精神病性障碍	潜在的致命性血液疾病、癫痫发作、心率加快、嗜睡、眩晕、恶心
	利培酮	维思通	精神分裂症和其他精神病性障碍	感觉不能静坐、便秘、眩晕、嗜睡、体重增加
	奥氮平	再普乐	精神分裂症和其他精神病性障碍	低血压、眩晕、嗜睡、心悸、疲劳、便秘、体重增加
	阿立哌唑	Abilify	精神分裂症、躁狂、与抗抑郁药物合并使用治疗抑郁障碍	头痛、紧张、嗜睡、眩晕、胃灼热、便秘、腹泻、胃痛、体重增加
	其他抗精神病药物			
	氟哌啶醇	Haldol	精神分裂症和其他精神病性障碍	与吩噻嗪类药物的副作用或并发症类似
抗躁狂药物	碳酸锂	Eskalith	双相障碍中的躁狂发作和心境波动	震颤、口渴、腹泻、嗜睡、虚弱、缺乏协调性
	双丙戊酸钠	Depakote	双相障碍中的躁狂发作和心境波动	恶心、呕吐、眩晕、腹部绞痛、无法入睡
兴奋剂类药物	哌甲酯	利他林、专注达	注意缺陷/多动障碍	紧张、失眠、恶心、眩晕、心悸、头痛、可能暂时延缓身体发育
	苯丙胺–右苯丙胺复方制剂	Adderall		

资料来源：From Nevid. *Psychology*，4E. © 2013 South-Western，a part of Cengage Learning，Inc. Reproduced by permission.

2.6.2　电休克治疗

描述电休克治疗的应用，并评价其疗效。

电休克治疗（Electro-Convulsive Therapy，ECT）看起来非常粗暴，其应用仍然备受争议。在治疗时，医生需将电击输送到患者的脑中，电击的强度需要足以引起像癫痫发作一样的痉挛。虽然很多对抗抑郁药物无反应的重性抑郁障碍患者在接受电休克治疗后得到了显著改善（Kellner et al.，2012；Oltedal et al.，2015），但电休克治疗会让患者丧失对治疗期间发生事件的记忆，后期复发率也很高（见第 7 章）。一般来说，只有在尝试其他侵入性较小的方法失败后，才会考虑使用电休克治疗。

正误判断

向重性抑郁障碍患者的大脑施加电击，通常有助于缓解其严重的抑郁症状。

正确　对其他侵入性较小的治疗无反应的重性抑郁障碍患者，其病情通常会通过电休克治疗获得快速的改善。

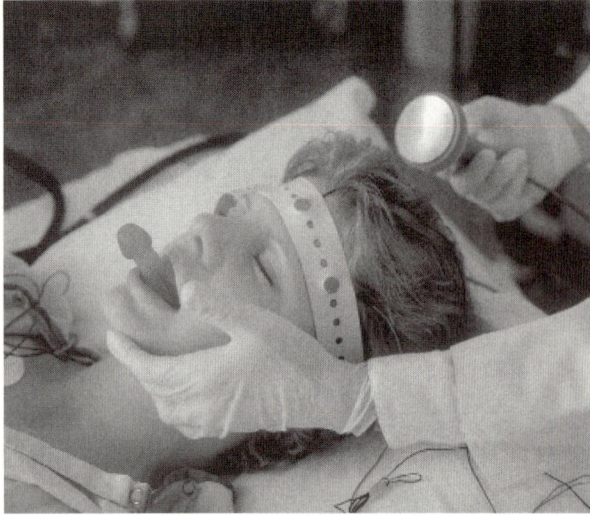

电休克治疗

电休克治疗对其他治疗方法无法处理的严重或持久的抑郁有效。然而，电休克治疗仍然是一种备受争议的治疗方法。

2.6.3 精神外科手术

描述精神外科手术的应用，并评价其疗效。

精神外科手术比电休克治疗更具争议性，现已很少被使用。历史上最常见的精神外科手术是前额叶切除术，现已不再被使用。该手术方法是将连接丘脑和前额叶的神经通路切断。手术的基本原理是：极度精神紊乱的患者的问题源于丘脑、下丘脑等低级脑中枢产生的情绪冲动过度兴奋，通过切断丘脑与位于额叶的高级中枢之间的连接，患者的暴力或攻击倾向就可以得到控制。因为没有证据表明手术的效果，而且手术常常导致严重的并发症甚至死亡，所以这类手术已被弃用。20 世纪 50 年代，可用于控制暴力或问题行为的精神类药物的问世，几乎完全取代了精神外科手术（Hirschfeld，2011）。

近年来，更多成熟的精神外科手术被引入治疗。现代手术对诸如强迫症等特定障碍的脑回路有更深入的了解，手术方法也更完善。它们只处理大脑中很小的部位，所造成的损害也远小于前额叶切除术。这些方法可用于治疗患有严重强迫症、双相障碍和重性抑郁障碍却无法从其他治疗中获益的人（Carey，2009b；

Shields et al.，2008；Steele et al.，2008）。

另一项实验性技术是脑深部电刺激（Deep Brain Stimulation，DBS）。这是一种外科手术，在手术中，医生会将电极植入患者的大脑，通过电刺激大脑深层结构。对于保守治疗无法治愈的重性抑郁障碍和强迫症，DBS 则显示出良好的治疗前景（Dubovsky，2015；Fenoy et al.，2016；Kohl & Kuhn，2017；Rao et al.，2018）。该治疗的基本假设是，精确的刺激也许有助于使参与调节情绪状态的脑回路正常化。然而，由于这些方法的有效性仍需进一步验证，并且其可能引发严重的并发症，因此这类技术目前仍被归类为实验性疗法（Scharre et al.，2018）。

2.6.4 对生物医学方法的评价

评价生物医学方法。

毫无疑问，生物医学方法帮助了很多患有严重心理问题的人。成千上万曾经住院接受治疗的精神分裂症患者因为服用抗精神病药物而重返社区、恢复正常生活。抗抑郁药物在很多情况下都可以帮助缓解抑郁症状，并且对治疗其他障碍也有效果，如惊恐障碍、强迫症和进食障碍。电休克治疗可以帮助很多尝试过其他方法但没有取得效果的人缓解抑郁症状。但是，精神类药物和诸如电休克治疗之类的生物医学方法并不能治愈疾病，也不是万灵丹。药物治疗和电休克治疗通常有着令人不安的副作用，像安定这样的药物也可能让人产生生理依赖。除此之外，心理治疗在治疗焦虑障碍和抑郁障碍时可能与药物治疗有同样的效果（见第 5 章和第 7 章）。

医务工作者有时急于使用自己的处方权来帮助患者，而忽略了对患者进行仔细的评估、了解患者的生活并将他们转介至心理治疗（Boodman，2012）。我们不应该期盼用一粒药丸来解决生活中遇到的所有问题（Sroufe，2012）。当然，面对前来寻求药物治疗以期解决生活问题的患者，医生往往也倍感压力。

研究者收集的证据表明，在治疗抑郁障碍、焦虑障碍和物质滥用障碍等问题时，将心理治疗与药物治疗相结合有时要比单独使用其中一种方法更有效（Cuijpers et al., 2011；Lynch et al., 2011；Oestergaard & Møldrup，2011；Schneier et al., 2012；Sudak, 2011）。

本章总结

2.1　生物学观点

2.1.1　神经系统

识别神经元、神经系统和大脑皮层的主要部分，并描述它们的功能。

神经系统由神经元组成，神经细胞之间通过名为神经递质的化学物质载体来传递信息，神经递质会通过神经元之间的微小间隙，即突触，来传导神经冲动。

神经元由以下部分组成：执行细胞代谢功能的细胞体（或胞体）；树突，即接收来自邻近神经元的信号（神经冲动）的丝状结构；轴突，即一种长长的电缆状结构，传导神经元的神经冲动；突触小泡，即轴突终端的细小分支结构；髓鞘，即某些神经元中的绝缘层，能加速神经冲动的传导。

神经系统主要由两部分组成：中枢神经系统和周围神经系统。中枢神经系统由脑和脊髓组成，负责控制身体功能及运行更高级的心理功能，如感觉、知觉、思维和问题解决等功能。周围神经系统由两部分组成：躯体神经系统，负责在中枢神经系统、感觉器官和肌肉之间传递信息；自主神经系统，负责控制身体的无意识过程。自主神经系统有两大分支：交感神经系统和副交感神经系统。这两大分支在大部分时候起相反的作用：交感神经系统动员身体资源来进行体力活动或对压力做出反应；副交感神经系统恢复身体能量储备并在放松时控制身体。大脑皮层由四个脑叶组成：枕叶，参与处理视觉刺激；颞叶，参与处理声音或听觉刺激；顶叶，负责触觉、温度觉和痛觉；额叶，负责控制肌肉运动（运动皮层）和高级心理功能（前额皮层）。

2.1.2　评价关于异常行为的生物学观点

评价关于异常行为的生物学观点。

生物学因素（如大脑中神经递质功能的紊乱、遗传和潜在的脑异常等）与异常行为的发展有关。然而，生物学并不是命运，基因也无法决定最终的行为结果。在异常行为的发展过程中，天性与教养、环境与遗传有着复杂的相互作用。遗传因素造成了某种倾向或可能性，从而导致个体发展出特定的行为模式或障碍，但这绝不是确定的。当遗传因素起作用时，涉及的往往是多个基因，而非单个基因。

2.2　心理学观点

2.2.1　心理动力学模型

描述异常行为的心理动力学模型的关键特征，并评价其主要贡献。

心理动力学模型反映了弗洛伊德及其后继者的观点，包括卡尔·荣格、阿尔弗雷德·阿德勒、卡伦·霍妮、埃里克·埃里克森和玛格丽特·马勒的观点。他们认为，异常行为是由心理原因引起的，这些心理原因源自人格内部潜在的心理力量。心理动力学模型促进了心理动力学疗法的发展，并聚焦于无意识过程的重要性。然而，批评者认为该理论模型过分强调性冲动与攻击冲动，并且其所涉及的部分抽象概念很难得到科学验证。

2.2.2　学习模型

描述异常行为的学习模型的关键特征，并评价其主要贡献。

华生和斯金纳等学习理论学家认为，学习的原理既可以用来解释异常行为，也可以用来解释正常行为。学习理论模型催生了行为疗法及另一个更广泛的概念模型，也就是社会认知理论。但是，批评者认为该理论既不能很好地解释自我意识和主观体验的重要作用，也忽略了遗传因素对异常行为的作用。

2.2.3 人本主义模型

描述异常行为的人本主义模型的关键特征，并评价其主要贡献。

卡尔·罗杰斯和亚伯拉罕·马斯洛等人本主义理论家认为，了解人们在力求自我实现和努力了解真实的自我时遇到的阻碍是至关重要的。人本主义模型增加了人们对意识和主观体验的重要性的关注，却因难以实现对个体的心理体验和自我实现进行客观的研究而受到批评。

2.2.4 认知模型

描述异常行为的认知模型的关键特征，并评价其主要贡献。

亚伦·贝克和阿尔伯特·艾利斯等认知理论家专注于研究歪曲和自我挫败的认知在理解异常行为中的作用。认知模型催生了认知疗法，进而推动了认知行为疗法的出现，但批评者认为认知行为疗法过于狭隘地关注情绪障碍，而且一直无法解决认知歪曲究竟是抑郁障碍的因还是果这一问题。

2.3 社会文化观点

2.3.1 种族与心理健康

评价心理障碍发病率的种族差异。

总体来说，欧裔美国人（非西班牙裔美国白人）往往比西班牙裔美国人（拉丁裔美国人）或非西班牙裔美国黑人有更高的心理障碍患病率。亚裔美国人往往有较低的心理障碍患病率。美洲原住民抑郁和酗酒的比例高得惊人，部分原因是他们长期以来被美国主流文化疏离和边缘化。

2.3.2 对社会文化观点的评价

评价社会文化观点在理解异常行为中的作用。

通过考虑与心理障碍发展相关的社会文化因素，包括社会阶层、种族、贫困和种族主义的作用，社会文化观点对于拓宽我们对异常行为的看法是很重要的。社会文化理论家非常重视社会压力在异常行为中的作用。研究支持社会阶层和严重心理障碍之间的联系。

2.4 生物－心理－社会观点

2.4.1 素质－应激模型

描述异常行为的素质－应激模型。

素质－应激模型认为，虽然一个人可能具有某种特定心理障碍的倾向或素质，但某种障碍是否真的会出现，取决于素质与诱发应激的生活经历之间的相互作用。

2.4.2 对生物－心理－社会观点的评价

评价关于异常行为的生物－心理－社会观点。

生物－心理－社会观点的重要性在于，该理论认为，理解异常行为的最佳方式是考虑生物学因素、心理因素和社会文化因素之间的相互作用。尽管生物－心理－社会模型已经成为主导的概念模型，但其复杂性也可能是其最大的弱点。

2.5 心理治疗方法

2.5.1 专业助人者的类型

识别三种主要的专业助人者的类型，并描述其受训背景和职业角色。

临床心理学家完成了临床心理学的博士研究生培训，通常拥有博士学位，可以实施心理测验、诊断心理障碍和开展心理治疗。精神病学家是完成精神病学住院医师培训项目的医生，他们可以开处方药，开展其他生物医学治疗，也可以提供心理治疗。临床或精神病学社会工作者完成了社会工作或社会福利研究生院的培训，通常拥有硕士学位。他们帮助严重的精神障碍患者接受所需的服务，并可能开展心理治疗、婚姻治疗或家庭治疗。

2.5.2　心理治疗的类型

描述以下几种心理治疗形成的目标和技术：心理动力学疗法、行为疗法、人本主义疗法、认知疗法、认知行为疗法、折中治疗、团体治疗、家庭治疗和伴侣治疗。

心理动力学疗法起源于弗洛伊德的精神分析。精神分析师使用自由联想和释梦等技术来帮助人们洞察自己的无意识冲突，并借助其成人人格来解决这些冲突。当代心理动力学疗法在探索患者的防御和移情关系方面通常更短程、更直接。

行为疗法应用学习原则来帮助人们做出适应性的行为改变。行为治疗技术包括系统脱敏、逐级暴露、示范、操作性条件反射和社交技能训练。

人本主义疗法关注的是患者在此时此地的主观意识体验。罗杰斯的以人为中心疗法帮助来访者更好地觉察并接纳内在那些曾因社会谴责而被否认的真实感受。有效的以人为中心治疗师具备无条件的积极关注、共情、真诚和一致性等品质。

认知疗法侧重于改变适应不良的认知，它们被认为是造成情绪问题和自我挫败行为的根源。艾利斯的理性情绪行为疗法侧重于与导致情绪困扰的非理性信念进行辩论，并以更具适应性的信念和行为来取而代之。贝克的认知疗法侧重于帮助来访者识别、质疑并改变诸如夸大负性事件和贬低个人成就之类的歪曲认知。认知行为疗法是一种较广义的行为疗法，它将认知和行为技术结合在了一起。

折中治疗主要分为两大类：一类是技术折中主义，这是一种实用主义方法，它借鉴了不同治疗流派的技术，但不一定认同这些技术所代表的理论立场；另一类是整合折中主义，它是指一种治疗模式，试图整合不同的理论取向。

团体治疗提供相互支持和分享学习经验的机会，以帮助个体克服心理问题并发展出更具适应性的行为。家庭治疗师与有冲突的家庭进行工作，帮助家庭成员解决分歧。家庭治疗师侧重于澄清家庭成员之间的沟通，化解角色冲突，防止某位家庭成员成为替罪羊，并帮助家庭成员发展出更大的自主性。伴侣治疗师侧重于帮助伴侣改善沟通并解决分歧。

2.5.3　评价心理治疗方法

评价心理治疗的有效性和非特异性因素在治疗中的作用。

与对照组进行比较的心理治疗结果的元分析研究所得出的证据强有力地支持了心理治疗的有效性。然而，这里仍有悬而未决的问题，即不同类型的心理治疗的相对有效性是否存在差异。循证方法是指那些在设计严谨的科学研究中被证实有显著疗效的心理治疗方法。

非特异性因素包括治疗师的共情、支持和关注，以及治疗联盟和工作联盟的发展，也就是不同类型的治疗中共有的因素。治疗效果究竟在多大程度上是由特定的治疗方法带来的，又在多大程度上是由不同的治疗方法所共享的非特定因素带来的，这依然是个未解之谜。

2.5.4　心理治疗中的多元文化议题

评价多元文化因素在心理治疗中的作用及少数族裔在使用心理健康服务方面的阻碍。

治疗师要对文化差异及其对治疗过程的影响保持敏感。在对不同文化群体的成员使用某些形式的治疗时，治疗效果可能会有所不同。具有文化胜任力的治疗师理解并尊重可能给心理治疗实践带来影响的文化差异。阻碍少数族裔群体使用心理健康服务的因素包括：对其他形式的帮助的文化偏好、对心理健康系统的文化不信任、文化和语言方面的阻碍、经济和可获得性方面的阻碍。

2.6 生物医学治疗

2.6.1 药物治疗

识别精神类药物或精神科药物的主要类别及每种药物的范例，并评价其优缺点。

精神类药物的三大类别是抗焦虑药物、抗抑郁药物和抗精神病药物。抗焦虑药物（如安定）可以在短期内缓解焦虑，但不能直接帮助人们解决问题或应对压力；抗抑郁药物（如百忧解和左洛复）有助于缓解抑郁症状，但无法治愈抑郁障碍，也有产生副作用的风险。抗焦虑药物和抗抑郁药物也许并不比心理治疗更有效。锂盐和其他抗惊厥药物在许多情况下有助于稳定双相障碍患者的心境波动。抗精神病药物有助于控制明显的精神病特征，但长期使用这些药物会产生严重的副作用。

2.6.2 电休克治疗

描述电休克治疗的应用，并评价其疗效。

电休克治疗是指对大脑进行一系列电击，它可以使重性抑郁障碍的病情得到显著改善，对其他治疗方法没有反应的患者来说，电休克治疗也能有所帮助。

然而，电休克治疗是一种侵入性治疗，与高复发率相关，并伴有记忆丧失的风险，特别是丧失有关治疗期间发生事件的记忆。

2.6.3 精神外科手术

描述精神外科手术的应用，并评价其疗效。

精神外科手术是指对大脑采用侵入性外科技术来控制严重紊乱的行为。作为一种治疗形式，精神外科手术由于其所导致的不良后果及其他更多侵入性较小的治疗方法的问世，基本上已被淘汰。

2.6.4 对生物医学方法的评价

评价生物医学方法。

药物治疗或电休克治疗等生物医学治疗不仅有助于缓解焦虑、抑郁和躁狂等令人不安的症状，还有助于稳定双相障碍患者的心境波动，并控制精神分裂症患者的幻觉和妄想，但无法真正治愈疾病。此外，心理治疗在治疗焦虑和抑郁方面可能与药物治疗同样有效，而且不会产生药物副作用和可能的生理依赖的风险。在某些情况下，将心理治疗和药物治疗相结合也许比单独使用其中一种方法更有效。

批判性思考题

请在阅读本章内容的基础上，回答以下问题。

- 举一个你自己或他人行为的例子，说明防御机制可能起的作用。具体是哪种防御机制在起作用？

- 以你的个人经历为例说明你的思维方式反映出的一个或多个贝克提到的认知歪曲，如选择性提取、过度概括、夸大和绝对化思维等。这些思维方式对你的情绪有什么影响？对你的动机水平有什么影响？你可能会如何改变这些思维方式呢？

- 为什么在解释异常行为时有必要考虑多种观点？

- 不同类型的专业助人者在其受训背景和承担的角色方面有何不同？

- 如果你因心理障碍而寻求帮助，你会更倾向于寻求哪种类型的治疗？为什么？

- 为什么治疗师在治疗不同群体的成员时考虑文化因素很重要？哪些文化因素是值得考虑的？

第**3**章
异常行为的分类与评估

TommL/E+/Getty Images

本章音频导读，
请扫描二维码收听。

学习目标

3.1.1 描述 DSM 的主要特征。

3.1.2 描述文化相关综合征的概念并识别几个例子。

3.1.3 解释为什么 DSM 具有争议性，并评价其优缺点。

3.2.1 识别评估测验和测量的信度的方法。

3.2.2 识别评估测验和测量的效度的方法。

3.3.1 识别三种主要的临床访谈类型。

3.3.2 描述两种主要的心理测验：智力测验和人格测验，并了解每种测验的具体例子。

3.3.3 描述神经心理评估的用途。

3.3.4 识别行为评估的方法，并描述功能分析的作用。

3.3.5 描述认知评估的作用，并了解认知测量的两个例子。

3.3.6 识别生理学评估的方法。

3.3.7 描述社会文化因素在心理评估中的作用。

在进一步阅读之前，请先完成正误判断测试，看看自己对相关知识的掌握情况。接着，在阅读本章的内容时，请对照穿插其中的参考答案来确认你的答案。

正误判断

正确　错误

□　□　在印度，一些男性患有一种心理障碍，他们极度害怕失去自己的精液。

□　□　某个心理测验可能非常可靠，但同时也可能是无效的。

□　□　虽然并不完全科学，但根据一个人头部隆起的程度可以确定其人格特质。

□　□　使用率最高的人格测验要求人们解释他们从一系列墨迹中看到了什么。

□　□　现在已经有相关的手机应用程序，可用于筛查婴儿是否有孤独症行为。

□　□　尽管科技进步了，但现在的医生仍然需要通过做手术来研究大脑是如何运作的。

□　□　接受磁共振成像的人就像被放到了一个大磁场中。

□　□　脑部扫描技术的进步使医生可以通过磁共振成像技术来诊断精神分裂症。

我们将从接下来的这份第一手资料中了解惊恐发作（Panic Attack）是一种什么感觉。在这个案例中，一个人在高速公路上开车时突然惊恐发作了。

"杰瑞在州际公路上惊恐发作"

访谈者：你能告诉我，你为什么来这里吗？

杰瑞：嗯……从今年年初开始，我便出现了惊恐发作，我之前都不知道惊恐发作是什么。

访谈者：你体验到了什么症状呢？

杰瑞：心跳加速、出汗等。

访谈者：你的心跳开始加速。

杰瑞：然后，我不能待在一个地方，可能是电影院，也可能是教堂……好像我身上有什么事情要发生，我必须马上起身离开。

访谈者：你还记得第一次发生这种情况的时间吗？

杰瑞：嗯，记得，我当时在……

访谈者：跟我说一说，你经历了什么？

杰瑞：我当时正在州际公路上开车，我可能已经开了 10～15 分钟。

访谈者：嗯。

杰瑞：突然，我觉得很恐慌，我的心跳开始加速。

访谈者：你当时注意到自己很害怕吗？

杰瑞：是的。

访谈者：你心跳加速，开始出汗。还有其他反应吗？

杰瑞：我担心如果继续在州际公路上开车，我可能会出车祸，所以我完全无法开车了。

访谈者：你当时做了什么？

杰瑞：我把车开到了最近的出口并停下来，然后下了车。我以前从来没有经历过这样的情况。

访谈者：那真是……

杰瑞：完全在意料之外……

访谈者：完全在意料之外？你认为发生了什

么呢?

杰瑞:我不知道。

杰瑞:当时我以为自己心脏病发作了。

访谈者:你刚刚知道自己……

访谈者:心脏没有问题。

资料来源:Excerpted from *Panic Disorder*:*The Case of Jerry*, found on the Videos in Abnormal Psychology.

杰瑞开始在访谈者的引导下讲述他的故事。心理学家和其他心理健康专业人士会通过临床访谈和各种方法来评估异常行为,包括心理测验、行为评估和生理数据监测。临床访谈是医生在评估异常行为的过程中形成诊断印象(在此案例中为惊恐发作)的一种重要方法。医生会将患者呈现的问题和相关特征与诊断标准相匹配,从而形成诊断印象。

心理或精神障碍的诊断代表着基于某些异常行为的共同特征或症状对异常行为模式进行分类的一种方式。早在古代,人们就已经开始对异常行为进行分类了。希波克拉底根据他提出的体液(身体内维持生命所必需的液体)理论对异常行为进行分类。虽然希波克拉底的理论后来被证明是错误的,但他对某些精神健康问题的分类大体上与今天的医生所使用的诊断类型是相对应的(见第 1 章)。例如,他对忧郁症的描述与现在的抑郁的概念很相似。在中世纪,一些"权威人士"曾将异常行为分为两类:一类是由恶魔附体引起的,另一类是由自然原因引起的。

19 世纪的德国医生埃米尔·克雷佩林是第一位基于与异常行为模式有关的具有区分性的特征或症状发展出完整的分类模型的现代理论家(见第 1 章)。现在最常用的分类系统——DSM——中的很大一部分内容都是基于克雷佩林的工作发展和延伸而来的。

为什么对异常行为进行分类如此重要呢?一方面,分类是科学的核心。如果不对异常行为模式命名或将其归类,研究者就无法与他人交流自己的发现,试图理解这些障碍的进展也会停滞不前。另一方面,重要的决定都是在分类的基础上做出的。例如,某些心理障碍对一种治疗的反应比对另一种治疗的反应更好,

对一种药物的反应比对另一种药物的反应更好。分类还可以帮助医生预测行为。例如,精神分裂症的病程在一定程度上是可以预测的。此外,分类还可以帮助研究者识别具有相似异常行为模式的人群。例如,通过将某个人群归类为抑郁障碍患者,研究者可以找到有助于解释抑郁障碍起源的共同因素。

在本章,我们会从 DSM 开始介绍异常行为的分类和评估。

3.1 异常行为模式是怎样分类的

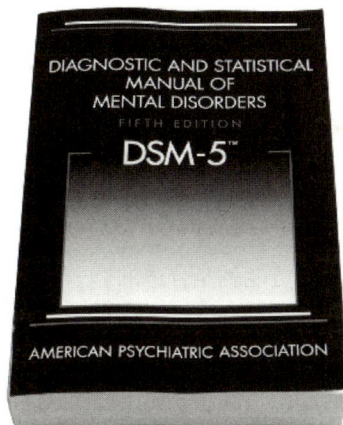

DSM-5

DSM 现已发行至第 5 版,它是一本对精神障碍进行分类的诊断手册。它列出了临床医生用于诊断特定精神障碍的具体标准。

DSM 于 1952 年开始推行。最新的版本是出版于 2013 年的 DSM-5。虽然 DSM 在美国被广泛使用,但在世界范围内使用最广泛的诊断手册是《疾病和有关健康问题的国际统计分类》(*International Statistical Classification of Diseases and Related Health Problems,* ICD),目前已发行至第十一版(ICD-11)。该手册由世

界卫生组织出版，是一本包含一系列可诊断的精神障碍和躯体障碍的手册。由于 DSM 与 ICD 是彼此兼容的，因此根据 DSM 做出的诊断也可以在 ICD 系统内进行编码。其他诊断系统也在使用中，如美国国家心理健康研究所开发的研究领域标准（Clark et al.，2017）。该系统集成了行为研究和神经科学基础研究的众多研究成果，为诊断评估提供了更坚实的研究基础。DSM 被心理健康领域的专业人士广泛使用，所以我们接下来会对它进行详细介绍。但是，也有很多心理学家和其他心理健康专业人士对 DSM 提出了批评，如认为 DSM 过于依赖医学模型等。

在 DSM 中，异常行为模式被归类为精神障碍。精神障碍包含情绪困扰（通常为抑郁或焦虑）和功能严重受损（难以承担工作、家庭和社会层面的责任），或者使人们面临个人痛苦、疼痛、残疾或死亡风险的行为（如自杀企图、反复服用有害药物等）。

我们也应该注意到，某种行为模式可能体现了对应激事件的一种受期许或在文化适应范围内的反应，如因痛失亲人或爱人所表现出的一些悲痛反应，这种反应并不会被 DSM 视作精神障碍。但是，如果个体的行为在一段较长的时间后仍然严重受损，那么对其做出精神障碍的诊断可能就是合适的。

3.1.1　DSM 与异常行为模型

描述 DSM 的主要特征。

与医学模型一样，DSM 将异常行为视作潜在障碍或病理的迹象或症状。但是，DSM 不认为异常行为一定是由生物学原因或缺陷引起的。它承认大多数精神障碍的原因尚未明确：有些障碍可能是由生物学原因引起的；有些障碍则可能是由心理原因引起的；还有些（很可能是绝大部分）障碍的最佳解释方式是多因素模型，即需要同时考虑生物学因素、心理因素、社会因素（社会经济、社会文化和种族）和物理环境因素之间的交互作用。

DSM 使用"精神障碍"一词来描述临床综合征（症状群），涉及一个人在认知、情绪或行为功能方面的严重紊乱。在大多数情况下，精神障碍与严重的情绪困扰或缺陷（难以满足社会、职业或其他重要的生活功能）有关。例如，在第 7 章，我们会讨论重性抑郁障碍。这种精神障碍主要表现为以下一组症状和问题行为：明显的情绪低落、丧失对日常生活中的活动的兴趣或愉悦感、无价值感、难以集中注意力或清晰地思考、食欲和睡眠模式发生改变、反复出现死亡或自杀的想法，以及其他相关的症状表现。因此，该综合征由一系列与情绪困扰（抑郁情绪）、认知功能变化（难以集中注意力或清晰地思考、有自杀念头）和行为变化（对日常活动失去兴趣）相关的症状组成。另外，做出诊断并非要满足所有症状全部出现的条件。DSM 规定了做出特定诊断所需达到的最低标准。

进行检查的临床医生会确定患者的症状是否符合 DSM 针对特定精神障碍的诊断标准。只有当患者表现出的症状或特征符合这种精神障碍的最低标准时，临床医生才能做出诊断。而且，临床医生还必须确定这些特定症状不是由潜在的疾病引起的。尽管医学专业人士会广泛使用"精神障碍"一词，但心理学家经常用"心理障碍"一词来替代"精神障碍"，以表示这样一个事实，即这些紊乱的行为模式会涉及一个人心理功能的严重受损。我们在本书中会采用"心理障碍"一词，因为我们认为将对异常行为的研究放在心理学的背景下更为合适。此外，"心理"这个术语的优点在于，它包含了行为模式及严格意义上的"精神"体验，如情绪、思想、信念和态度。DSM 对人们所患的疾病进行分类，而不是对人进行分类。因此，临床医生不会将一个人归类为精神分裂症或抑郁障碍。相反，他们会说这个人所患的是精神分裂症或重性抑郁障碍。这种术语上体现出来的差异不仅仅是语义差异。给一个人贴上精神分裂症的标签会带有一种不幸和污名化的含义，即一个人的身份是由这个人所患的疾病来定义的。

DSM 是描述性的，而不是解释性的。它描述的是异常行为的诊断性特征，或者用医学术语来说，是症状。它并没有解释这些异常行为的起源，也不采用任何特定的理论框架，无论是心理动力学理论还是学习理论。医生可以通过使用 DSM 的分类系统，将患者的行为与定义某种精神障碍的特定诊断标准进行对照，并由此做出诊断。

DSM-5 将精神障碍分为 20 个大类，包括焦虑障碍、精神分裂症谱系及其他精神病性障碍，以及人格障碍。表 3-1 列出了 DSM-5 中 20 种障碍的诊断类别或组别，以及每一类别的示例，并列出了本书将在哪些章讨论这些类别。

表 3-1　DSM-5 中的精神障碍类别

诊断类别	特定障碍的示例
神经发育障碍（见第 13 章）	孤独症（自闭症）谱系障碍 特定学习障碍 交流障碍
精神分裂症谱系及其他精神病性障碍（见第 11 章）	精神分裂症 精神分裂症样障碍 分裂情感性障碍 妄想障碍 分裂型人格障碍（见第 12 章）
双相及相关障碍（见第 7 章）	双相障碍 环性心境障碍
抑郁障碍（见第 7 章）	重性抑郁障碍 持续性抑郁障碍（心境恶劣） 经前期烦躁障碍
焦虑障碍（见第 5 章）	惊恐障碍 恐怖症 广泛性焦虑障碍
强迫及相关障碍（见第 5 章）	强迫症 躯体变形障碍 囤积障碍 拔毛障碍
创伤及应激相关障碍（见第 4 章）	适应障碍 急性应激障碍 创伤后应激障碍
分离障碍（见第 6 章）	分离性遗忘症 人格解体 / 现实解体障碍 分离性身份障碍
躯体症状及相关障碍（见第 6 章）	躯体症状障碍 疾病焦虑障碍 做作性障碍
喂食及进食障碍（见第 9 章）	神经性厌食 神经性贪食 暴食障碍

（续表）

诊断类别	特定障碍的示例
排泄障碍（见第 13 章）	遗尿症（尿床） 遗粪症（无法控制排便）
睡眠－觉醒障碍（见第 9 章）	失眠障碍 嗜睡障碍 发作性睡病 与呼吸相关的睡眠障碍 昼夜节律睡眠－觉醒障碍 梦魇障碍
性功能失调（见第 10 章）	男性性欲低下障碍 勃起障碍 女性性兴趣 / 唤起障碍 女性性高潮障碍 延迟射精 早泄
性别烦躁（见第 10 章）	性别烦躁
破坏性、冲动控制及品行障碍（见第 12 章和第 13 章）	品行障碍 对立违抗障碍 间歇性暴怒障碍
物质相关及成瘾障碍（见第 8 章）	酒精使用障碍 兴奋剂使用障碍 赌博障碍
神经认知障碍（见第 14 章）	谵妄 轻度神经认知障碍 重度神经认知障碍
人格障碍（见第 12 章）	偏执型人格障碍 分裂样人格障碍 表演型人格障碍 反社会型人格障碍 边缘型人格障碍 依赖型人格障碍 回避型人格障碍 强迫型人格障碍
性欲倒错障碍（见第 10 章）	露阴障碍 恋物障碍 易装障碍 窥阴障碍 恋童障碍 性受虐障碍 性施虐障碍
其他精神障碍	其他特定的精神障碍

资料来源：Reprinted with permission from the *Diagnostic and Statistical Manual of Mental Disorders*，Fifth Edition（Copyright ©2013）. American Psychiatric Association. All Rights Reserved.

DSM-5 为每个诊断类别中的每种特定障碍都提供了一套诊断标准。下面的内容呈现了广泛性焦虑障碍的诊断标准。

DSM-5 诊断标准
广泛性焦虑障碍

1. 在 6 个月或更长的时间里，对诸多事件或活动（如工作或学校表现）表现出过分的焦虑和担心（焦虑性期待）。

2. 个体难以控制这种担心。

3. 这种焦虑和担心与以下 6 种症状中的至少 3 种（儿童只需 1 种）有关（在过去 6 个月里，至少一些症状在多数日子里存在）：

  （1）坐立不安、感到激动或紧张；

  （2）容易疲倦；

  （3）注意力难以集中或头脑一片空白；

  （4）易怒；

  （5）肌肉紧张；

  （6）睡眠障碍（难以入睡或难以保持睡眠状态，或者休息不充分、质量不满意的睡眠）。

4. 这种焦虑、担心或躯体症状引起了具有临床意义的痛苦，或者导致社交、职业或其他重要功能方面的损害。

5. 这种障碍不能归因于某种物质（如滥用的毒品、药物）的生理效应或其他躯体疾病（如甲状腺功能亢进）。

6. 这种障碍不能用其他精神障碍来更好地解释（例如，惊恐障碍中的焦虑或担心惊恐发作、社交焦虑障碍中的负性评价、强迫症中的被污染或其他强迫思维、分离焦虑障碍中的与依恋对象的离别、创伤后应激障碍中的创伤性事件的提示物、神经性厌食中的体重增加、躯体症状障碍中的躯体不适、躯体变形障碍中的感觉外貌存在瑕疵、疾病焦虑障碍中的感觉有严重的疾病，以及精神分裂症或妄想障碍中的妄想信念的内容）。

3.1.2 文化相关综合征

描述文化相关综合征的概念并识别几个例子。

某类异常行为模式会在一些文化中出现，在另一些文化中却相当罕见或鲜为人知，这类异常行为模式被称为文化相关综合征（Culture-Bound Syndrome）。

文化相关综合征可能反映的是某种文化中普遍存在的民间迷信和信仰模式的夸大表现形式。例如，对人恐怖症（Taijin-Kyofu-Sho，TKS）这一心理障碍在日本年轻男性中很常见，而在其他地方却很罕见（Kinoshita et al.，2008）。这种心理障碍的特征是过度害怕让他人难堪或冒犯他人。这种综合征与日本传统文化中避免让他人感到尴尬或羞愧的价值观相关。对人恐怖症患者可能担心自己在他人面前脸红，这并不是因为他们害怕自己感到尴尬，而是害怕自己让他人

Kyodo/AP Images

异常行为模式的文化基础

文化相关综合征往往是一种对文化信仰和价值观的夸大表现形式。对人恐怖症这一心理障碍表现为过分害怕让他人难堪或冒犯他人。这一心理障碍在日本年轻男性群体中很常见，似乎与日本文化中强调礼貌和避免让他人感到尴尬的价值观有关。该图为 2018 年日本王室公主绚子的丈夫守谷慧在离开东京的家去上班时向记者鞠躬的场景。

感到尴尬；患有对人恐怖症的人还会害怕大声地把自己的想法说出来，以免无意间冒犯了他人。

　　美国的文化相关综合征有神经性厌食（见第 9 章）和分离性身份障碍（曾被称为"多重人格障碍"，见第 6 章）。这些异常行为模式在一些不发达的文化中鲜为人知。表 3-2 列出了 DSM 中确定的其他一些文化相关综合征。

3.1.3　评价 DSM

解释为什么 DSM 具有争议性，并评价其优缺点。

　　DSM 的一个主要优点是它依赖于一系列具体的诊断标准。DSM 允许临床医生将患者的症状主诉和相关特征与一系列特定标准进行对照，以确定特定诊断是否符合患者的症状。使用特定的诊断标准有利于统一评判规则，让不同的心理健康专业人士使用共同的标准来形成诊断印象。

　　一个诊断系统要想成为有用的诊断系统，就必须具备信度和效度。如果使用 DSM 的不同评估人员在评估同一人时可以得出相同的诊断结果，那就说明 DSM 具有良好的信度或一致性。如果诊断与观察到的行为是相对应的，那么该系统就具有良好的效度。例如，被诊断为社交焦虑障碍的人应该在社交情境中表现出异常的焦虑水平。另一种效度的形式是预测效度，也就是预测某种障碍接下来的发展进程或对治疗的反应的能力。例如，含锂盐的药物通常会对那些被诊断为双相障碍的人起作用（见第 7 章）。同样，用于减少恐

表 3-2　来自其他文化的文化相关综合征示例

文化相关综合征	描述
杀人狂症	这种障碍主要出现在东南亚、太平洋岛屿、传统波多黎各和纳瓦霍文化中的男性身上。它描述的是一种解离状态（意识或自我身份的突然改变），在这种情况下，一个正常人会突然暴怒、攻击他人，有时还会杀人。在发作期间，个体可能会感觉一切都是自动发生的，自己就像机器人一样。这种暴力行为可能针对人或物，而且常常伴随被迫害的感觉。发作后，个体会恢复到正常的功能状态。在西方，人们用"失控"来形容这种丧失自我并充满暴力的疯狂发作。"失控"（Amuck）一词来自马来西亚语"Amoq"，意为"激烈地卷入战斗中"。
神经病发作	这是描述拉丁美洲和地中海地区拉丁裔人群情绪困扰状态的一种方式，它最常见的特征包括不受控制地大喊大叫、哭喊、颤抖、感觉一股暖流或热气从胸部上升到头部，以及言语或身体方面的攻击行为。这些发作通常由影响家庭的压力事件（如听到家庭成员去世的消息）引起，并且伴随不受控制的情绪。发作后，个体很快会恢复到正常的功能水平，并且可能会忘记发作期间发生的事情。
精液流失恐怖症	一种见于印度男性的障碍（将在第 6 章详细讨论），表现为对在夜间遗精、射精或排尿时失去精液（实际上，精液一般并不会混在尿液里）的强烈恐惧和焦虑。在印度文化中，人们普遍相信失去精液会让一个男人元气大伤。
昏厥	这种障碍主要发生在美国南部和加勒比海地区的人群中，症状包括突然崩溃或昏厥。这种障碍在发作时可能毫无征兆，在发作前，个体也可能会有头晕目眩或头脑中有东西"晃动"的感觉。虽然个体的眼睛是睁着的，但他们看不见东西。个体可以听见其他人在说什么，也能理解正在发生什么，但就是感觉无力动弹。
幻影病	一种出现在美洲印第安人群中的障碍，表现为感觉被死亡和先人的"鬼魂"包围。这种障碍的症状有做噩梦、感觉虚弱、没有胃口、恐惧、焦虑及有一种不祥的预感。其他症状也可能会出现，包括幻觉、失去意识和精神错乱。
恐缩症	这种综合征（将在第 6 章详细讨论）主要出现在东南亚国家，它是指一种极度焦虑的状态，害怕外生殖器（男性的阴茎、女性的外阴和乳头）不断缩小，甚至缩回体内并导致死亡。
鬼魂附体	这个术语在北非和中东的很多国家中使用，用于描述鬼魂附体的体验。在这些国家的文化中，被鬼魂附体常被用来解释解离状态（意识或自我身份的突然改变），其特征可能是大喊大叫、用头撞墙、大笑、唱歌或大哭。受到影响的人可能会对他人冷漠、退缩、拒绝进食或拒绝承担他们的日常责任。

资料来源：Adapted from the DSM-5（American Psychiatric Association，2013）；Dzokoto & Adams（2005）；and other sources.

惧的行为技术往往会对被诊断为特定恐怖症（如恐高症）的人起作用（见第 5 章）。

正误判断

在印度，一些男性患有一种心理障碍，他们极度害怕失去自己的精液。

正确 精液流失恐怖症是一种发现于印度的文化相关综合征，男性会对失去精液表现出强烈的恐惧。

总体而言，DSM 中许多类别的信度和效度都得到了证据支持，包括许多焦虑障碍和心境障碍，以及酒精和药物使用障碍（Grant，Harford，et al.，2006；Hasin et al.，2006；Tolin et al.，2016）。但是，一些诊断类别（尤其是人格障碍）的效度仍然受到质疑（Smith et al.，2011；Widiger & Simonsen，2005）。

除此之外，许多观察者还认为 DSM 需要对文化和种族因素在诊断评估中的重要性更加敏感，而且要关注不同的文化中被视为正常或异常的行为类型的差异（Alarcón et al.，2009）。我们应该注意到，DSM 列出的符合诊断标准的症状和问题行为是按照在美国受训的精神病学家、心理学家和社会工作者的共识制定的。如果美国精神医学学会邀请在亚洲或拉丁美洲受训的专业人士来编写诊断手册，可能就会制定出不同的诊断标准，甚至完全不同的诊断类别。

但是，不乏公平地说，在评估异常行为时，这一版的 DSM 比之前的版本更多地强调了文化因素。DSM 认识到，不熟悉个体文化背景的临床医生可能会将个体的行为错误地划分为异常行为，而实际上，在个体所处的文化中，这些行为是正常的。DSM 还认识到，异常行为在不同的文化中可能有不同的表现形式，而有些异常行为模式是存在文化特异性的。

DSM 具有争议性的原因

DSM 的批评者就该诊断系统提出了各种各样的担忧。一个常见的批评是，DSM 武断地设定了一定的时间限制，如规定重性抑郁障碍的症状必须持续两周以上才能被诊断。另外的批评者则对 DSM 所基于的医疗模型提出了疑问。在 DSM 中，正如躯体症状被看作潜在躯体疾病的征兆一样，问题行为同样被看作潜在精神障碍的症状。"诊断"这一术语的使用假定医学模型是对异常行为进行分类的恰当基础，但一些临床医生认为，异常行为或其他行为其实是十分复杂且有意义的，不能将它们仅仅作为症状来对待。他们坚信，医学模型过于关注个体内部可能发生的事情，而对行为的外部影响因素的关注度远远不够，如社会因素（社会经济、社会文化和种族）和物理环境因素。其他一些争议主要涉及以下几个方面。

分类与维度

DSM 所面临的一个问题是其对分类模型的依赖。也就是说，临床医生会对具体的病例做出"是或否"的类别判断。分类模型通常用于医学分类，如判断女性是否怀孕或患者是否患有癌症。然而，批评者认为，确定精神障碍诊断的标准是武断的，因为它们依赖于在可能的症状列表中需要出现的指定数量的症状或特征。例如，诊断重性抑郁障碍（将在第 7 章讨论）需要至少 9 个诊断标准中的 5 个。但为什么是 5 个？为什么不是 6 个或 7 个，甚至 4 个？确定某一特定诊断所需症状数量的过程需要 DSM 的开发人员做出判断。

DSM 所面临的另一个常见问题是，它基于一种"有或无"的标准。我们在本书中遇到的许多问题，如焦虑、抑郁和反社会行为，都存在严重程度的范围，没有任何明确的标准可以确定一个诊断应该具体适用的情况。与此相关的是，分类模型无法直接评估障碍的严重程度。两个人可能出现了某种障碍的相同数量的症状，他们的症状都达到了诊断标准，但他们在障碼的严重程度上存在明显的差异。为了解决这一局限性，DSM-5 对分类模型进行了扩展，包括许多疾病的维度成分。这个维度成分让评估者有机会识别那些"灰色阴影"。对于许多疾病，评估者不仅要确定其是否存在，还要按照从"轻微"到"非常严重"对症状的严重程度进行评估。

许多 DSM 的批评者认为，它应该被一种基于维度模型的评估系统取代（Kotov et al.，2017）。维度模型的理念为，焦虑障碍、抑郁障碍和人格障碍等异常行为模式并非一系列离散的类别，而是在一般人群中也会出现的情绪状态和心理特质，所以那些异常行为或障碍代表着连续轴上的极端或不适应的情况。而接下来的关键是确定它位于这一连续轴上的什么位置（如给定特质的第 95 个百分位），从而建立诊断具体疾病的阈值。

对 DSM 分类方法的另一个批评是，它没有考虑跨诊断类别的异常行为所存在的一些相似特征。例如，重性抑郁障碍（将在第 7 章讨论）与其他障碍有一些共同特征，如社交焦虑障碍——一种焦虑障碍（见第 5 章），患者由于极度害怕被拒绝或他人的负面评价而避免社交互动。这些共同特征或潜在的过程可能都包括一种共同的倾向，即倾向于把负性事件灾难化或"小题大做"，或者当失望发生时倾向于责怪自己。最近，英国的研究者报告，情绪不稳定不仅像众所周知的那样在情绪障碍中很常见，在其他广泛的心理障碍中也很常见，包括人格障碍和精神分裂症（Patel et al.，2015）。

目前，研究者正在推动研究一种全新的概念模型，即跨诊断模型（Transdiagnostic Model），该模型致力于识别那些跨越不同障碍和诊断类别的相互联系或共同特征（Barch，2017；McTeague et al.，2017；Norton & Paulus，2017）。这方面的研究正在顺利进行中。最近的一项研究表明，缺乏追求奖赏性活动的动机是抑郁障碍和精神分裂症等心理障碍的共同特征，而且这一缺陷可能反映了大脑奖赏回路中神经元网络的异常（Sharma et al.，2017）。研究者希望可以通过识别各种障碍之间的共同特征，最终研发出聚焦于这些障碍背后的核心过程的新疗法（Clarkin，2014；Javi Steele et al.，2018）。

行为与障碍

行为研究取向的心理学家认为，无论是理解异常行为还是其他行为，最好的方法都是考察个人与环境之间的交互作用。DSM 致力于判断人们"患有"什么"障碍"，而不是了解他们在特定的情境中具有多高的功能水平。相反，行为模型会更多地关注行为而非潜在的过程，即更关注人们做了什么，而非他们"是谁"或"患有什么障碍"。当然，行为学家和行为取向治疗师也会使用 DSM，其中一个原因是美国的心理健康机构和健康保险公司要求使用统一的疾病诊断编码；另一个原因是他们希望可以与其他临床从业人员使用同一语言体系进行沟通、交流。许多行为取向治疗师把 DSM 诊断编码看作一种给异常行为模式命名的便捷方法，也是一种对问题进行全面的行为分析的简略表达方式。

污名化与贴标签

批评人士还抱怨，DSM 通过给人们贴上精神障碍的诊断或标签，使他们被污名化。我们的社会对被贴上精神障碍标签的人存在强烈的偏见。他们经常被其他人甚至家庭成员孤立，并在住房和就业方面遭受他人的歧视——精神病歧视（Sanism）（Perlin，2002—2003）。这与其他形式的偏见，如种族歧视、性别歧视和年龄歧视是类似的。

尽管受到如此多的批评，DSM 还是成为大多数美国心理健康专业人士日常工作中不可或缺的一部分。它可能是在几乎所有专业人士的书架上都能找到的一本参考手册，而且每本都会因被反复翻看而卷起页脚。

在下文的"批判性思考"专栏中，这个领域的著名研究学者托马斯·威迪格（Thomas Widiger）博士分享了他对 DSM 的看法，他将其称作"精神病学的圣经"。威迪格博士还讨论了评估人格障碍（如反社会型人格障碍）维度的方法。关于反社会型人格障碍和其他人格障碍特征的描述，请参见第 12 章的内容。

批判性思考
DSM——精神病学的圣经

如果你是一位临床心理学家，你很可能会出于许多原因不喜欢美国精神医学学会的 DSM。首先，它处于与临床心理学行业存在专业和职业竞争的行业控制之下。其次，它可被视为保险公司用于限定临床实践范围的手段。例如，医疗保险公司可能会根据患者的诊断限制保险包含的会谈次数（保险甚至可能不会包含对某些障碍的治疗）。我不确定 DSM 受到质疑的原因在多大程度上是合理的，但我相信它们的确促成了 DSM 受到的一些批评。最后，也是最根本、最重要的原因，DSM 其实真的没那么好用。对某种障碍的诊断应该有助于识别该障碍的某一特定病理原因，并且有助于寻找可用于治疗患有这种障碍的患者的特定治疗方法。然而，根据 DSM 做出的诊断做不到这一点，至少现在做不到。

尽管有这些缺点，DSM 仍然是一份十分必要的资料。医生和研究者需要使用同一语言体系就心理病理学模式进行沟通，而这正是 DSM 的主要功能。在 DSM 面世以前，临床实践中充斥着过多用大相径庭的名字来描述同一事物或用同一名字描述不同事物的情况，简单来说，那时的局面混乱不堪。

许多专家批评 DSM 给人们贴标签。我们与来访者进行沟通，并不希望将其进行分类。然而，标签必不可少，我们需要用术语（如分类）来描述来访者所呈现的问题。其实，问题并不在于贴标签这个行为本身，而是被诊断为精神障碍给患者带来的消极影响，以及人们对那些被诊断为各种精神障碍的患者的刻板印象。我们将简要地依次探讨这些问题。

遗憾的是，许多人因自己的精神疾病诊断、接受的心理治疗或精神病学治疗而感到羞耻或尴尬。在某种程度上，这种羞耻或尴尬其实反映了一种误解，即只有一小部分人才有心理问题，才会被诊断为精神障碍。我一直搞不懂，为什么我们会那么自信地认为自己无论在过去、现在还是将来都不会罹患任何精神障碍。实际上，我们都曾经遭受、正在遭受或将会遭受躯体障碍的折磨。精神障碍其实也一样。为什么在面对精神障碍时，人们的态度会如此不同呢？并不是每个人生来就拥有完美的基因，或者被完美无缺的父母养育长大，又或者顺利走过不被任何压力、创伤或心理问题困扰的一生。

刻板印象也是存在问题的——将凡是被诊断为某种精神障碍的人通通堆放在同一个诊断类别中，认为这个类别里的所有人都拥有同样的特征。诊断系统无法将每个人的心理病理学发展历程考虑进来，也不能识别出特定个体所呈现出的问题和独特的症状模式。

大多数精神障碍都源于生物易感性和生物倾向与重要的环境和社会心理因素之间复杂的交互作用，这些因素所施加的影响通常会持续一段时间。精神障碍的症状和病理都会受到神经生物学、社会关系、认知和其他因素的影响，从而导致一系列形成个体心理病理历程特点的症状和主诉。这个复杂的原因关系网与个体心理病理发展历程的独特性很难单凭任一诊断类别被准确地描绘出来。我们倾向于选择通过分类的维度模型对一个人进行更加个性化的描述，如人格障碍分类的五因素模型（Five-Factor Model）。

这五个广泛的领域分别是外倾性、宜人性、尽责性、神经质或情绪不稳定性，以及开放性或非常规性。这五个领域中的每个单独的领域都可以被进一步划分为一些更具体的方面。例如，宜人性可以被分解为以下元素：信任对不信任、坦率对欺骗、自我牺牲对剥削、顺从对攻击、谦虚对傲慢，以及善良怜悯对冷酷无情。

对临床心理学来说最重要的是，五因素模型所包含的领域和方面可以很好地描述所有人格障碍。例如，反社会型人格障碍涵盖了低尽责性（低深思熟虑、低自律性和低责任感）和高对抗性（冷酷无情、剥削和攻击性）的很多方面。在精神障碍患者身上观察到的油腔滑调和无所畏惧，可由异常低水平的自我意识、焦虑和脆弱等神经质的各方面来解释。这种方法可以为每位患者提供个性化的描述，甚至有助于减轻精神障碍诊断带来的污名化问题。所有人都表现出不同程度的神经质、宜人性或对抗性，以及不同程度的尽责性。人们不再会认为某种人格障碍与正常的心理功能之间具有质的区别，相反，人们会认为这些人格障碍患者的人格特质只不过是一些较为极端、适应不良的变体而已，而我们所有人都具有这些人格特质。

在对这一议题进行批判性思考时，请尝试回答以下问题。

● 我们真的需要一本权威的诊断手册吗？为

什么？

● 我们如何解决社会中对精神障碍诊断所持有的消极、贬低性的看法？

托马斯·威迪格博士

托马斯·威迪格博士是美国肯塔基大学的心理学教授。他在迈阿密大学获得临床心理学博士学位，并在康奈尔大学医学院完成实习。他目前担任《变态心理学杂志》（*Journal of Abnormal Psychology*）、《人格障碍杂志》（*Journal of Personality Disorders*），以及《临床心理学年度评论》（*Annual Review of Clinical Psychology*）的副主编。同时，他曾是 DSM-5 工作组的成员，以及 DSM-IV 的研究协调员。

DSM-5 中的变化

DSM 自 1952 年面世以来，每隔一段时期就会修订一次。最新的版本是在历时数年的修订后于 2013 年正式发布的。这次的修订是对 DSM 的一次重大调整。负责修订 DSM 的委员会由该领域的一些顶尖专家组成，他们对 DSM-IV 进行了仔细的分析研究，认真地考察了其中哪些部分效果不错，哪些部分需要修订，从而

改进手册的临床效用（在实践中使用的情况如何）并着重讨论医生和研究者所提出的诸多问题。

DSM-5 包含了一些新的障碍（见表 3-3），也对一些已经存在的障碍进行了重新分类，或者将其与其他障碍一起合并在新的诊断条目中。例如，阿斯伯格综合征和孤独症被重新划分到"孤独症（自闭症）谱系障碍"这个大类中（将在第 13 章讨论）。拔毛障碍从

表 3-3　DSM-5 中的新增障碍示例

障碍名称	主要特征	诊断分类	本书中的位置
囤积障碍	收集物品（如书本、衣物、家庭用品，甚至是垃圾邮件）的冲动	强迫及相关障碍	第 5 章
破坏性心境失调障碍	儿童频繁、过度地发脾气	抑郁障碍	第 13 章
轻度和重度神经认知障碍	包括思维、记忆和注意力在内的心理功能水平明显下降	神经认知障碍	第 14 章

"冲动控制障碍"类别被移到了"强迫及相关障碍"这个新的类别中（将在第 5 章讨论）。病理性（强迫性）赌博也从"冲动控制障碍"类别被移到了"物质使用及成瘾行为"这一新的诊断类别中（将在第 8 章讨论）。创伤后应激障碍则从"焦虑障碍"类别被移到了"创伤及应激相关障碍"这一类别中（将在第 4 章讨论）。

有关 DSM-5 的争议

DSM-5 于 2013 年问世后引发了人们对一系列问题的猛烈批评，在精神健康专业领域及广泛的社会层面，这些问题至今仍在被持续地讨论，其中包括但不限于以下批评。

- **可诊断障碍范围的扩大。**这是最常见的批评之一，人们担心的是新的精神障碍的急剧增加，这一问题被称为诊断膨胀（Frances & Widiger, 2012）。具有讽刺意味的是，DSM-IV 工作组的主席、精神病学家艾伦·弗朗西斯（Allen Frances）现在成了 DSM-5 的主要批评者之一。弗朗西斯将 DSM-5 的通过称作"对精神病学来说悲哀的一天"（"Critic Calls", 2012）。在一次尖锐的批评中，弗朗西斯认为，引入新增的障碍及改变现有障碍的定义可能会增加处理问题行为（例如，儿童反复发脾气的行为现在被归为一种新的精神障碍类型，名为破坏性心境失调障碍）的医学化倾向，还会对处理可预期的生活问题（例如，老年人的轻度认知改变或日常遗忘行为现在被归为一种新的精神障碍类型，名为轻度神经认知障碍）造成极大的影响。诊断膨胀可能会导致被贴上精神障碍或精神疾病标签的人数大大增加。

- **精神障碍分类的变化。**另一种频繁出现的批评声音是 DSM-5 改变了许多障碍的分类方法。如前文所述，很多障碍被重新分类或划分到更宽泛的诊断类别中，如阿斯伯格综合征（见 13 章）。习惯于使用之前的诊断分类的心理健康专业人士质疑改变分类是否合理，并且质疑这些改变是否会引起诊断的混乱。关于分类的争论很可能会一直持续下去，直到下一版 DSM 面世。

- **某些障碍诊断标准的变化。**批评者认为，DSM-5 对多种障碍的临床定义或诊断标准的修改，可能会改变适用于这些诊断的个案数量，很多诊断标准的改变并未得到充分的效度验证。人们对用于诊断孤独症（自闭症）谱系障碍的症状群或特征群发生的变化表示担忧，认为这些重要的改变会极大地影响被诊断为孤独症及相关障碍的儿童的数量（Smith, Reichow, & Volkmar, 2015）。

- **编制的过程。**其他批评者认为，DSM-5 的编制过程是秘密进行的，因此它没能整合各领域顶尖研究者和学者的贡献，而且 DSM-5 显然不是在足够多的实证研究基础上进行修订的。

DSM-5 的另一个重要改变是它对大部分障碍类别都更加强调维度评估，这一点得到了广泛认可。它指导医生对障碍的相对严重程度进行判断，而不是简单地诊断某种障碍是否存在，如通过标明症状的频率、自杀风险或焦虑的水平。然而，还有许多心理学家认为，DSM-5 的编制者没有将评估的分类模型彻底转为维度模型（第 12 章将进一步讨论有关人格障碍的维度模型）。

为什么这些变化和争论对心理学家和精神病学家以外的众多人士也具有十分重要的意义呢？答案在于，诊断实践的变化可能产生深远的影响，DSM-5 会对临床医生如何识别、概念化、分类并最终治疗精神障碍或心理障碍产生影响。例如，艾伦·弗朗西斯认为，将反复发脾气归到精神障碍的类别下会进一步增加"在幼儿身上过度且不恰当地使用精神类药物的情况"

（cited in "Critic Calls", 2012）。不过，在理想情况下，诊断实践的变化会改善对患者的照顾情况，时间会告诉我们 DSM-5 究竟是不是更好。但在美国，它是否会继续成为使用最广泛的诊断系统，还是会被另一个修订版所取代，甚至是被另一套诊断系统（如 ICD）取代，仍然是未知数。

尽管经过了多年的争论、编辑和探讨，DSM-5 最终还是在诸多争议下问世了。DSM 各版本之所以始终伴随着争议，部分原因是达成共识非常困难。让委员会达成共识的尝试让人想起西方一句古老的格言：骆驼是委员会设计出的马。总而言之，DSM 仍然是一个正在执行的标准，一本将在可预见的未来继续面临争议、需要经过仔细探讨的手册。

现在，让我们一起来了解评估异常行为的各种方法。我们首先要考虑评估方法的基本要求，即它们必须是可靠且有效的。

3.2 评估标准

临床工作者要在分类和评估的基础上做出重要决定。例如，他们推荐使用哪种治疗方法取决于他们对来访者所呈现行为的评估。所以，评估方法（如诊断分类）必须是可靠且有效的。

3.2.1 信度

识别评估测验和测量的信度的方法。

评估方法的信度（Reliability）与诊断系统的信度一样，是指它的一致性（Consistency）程度。例如，如果一个测量身高的仪器所测量的结果忽高忽低，那就说明这个测量仪器是不可靠的。同样，不同的人都应该可以检查标尺，并对被测量对象的身高达成一致意见。那些会随着温度的轻微变化而收缩或膨胀的标尺就是不可靠的，这样的标尺很难得到最终正确的数值。

对异常行为的可靠测量必须在不同的情况下都得到相同的结果。

如果一个测验的不同部分可以得到一致的结果，那就说明这个评估方法具有内部一致性（Internal Consistency）。一方面，如果抑郁量表中不同项目之间的反应不是高度相关的，那就说明这些项目可能并不是用来测量相同特征或特质的（这里指的是抑郁）；另一方面，有些测验的目的就是测量一系列不同的特质或特征，例如，常用的人格测验——明尼苏达多项人格测验——就包含了对各种与异常行为相关特质的测量。

如果评估方法在不同的时间点可以得到相似的结果，那就说明这个方法具有重测信度（Test-Retest Reliability）。如果我们每次用同一个体重秤称体重时都得到不同的结果，我们就不会相信这个体重秤，除非我们在两次称重之间故意让自己吃得很饱或挨饿。同样的原则也适用于心理评估方法。

最后，一个需要基于不同观察者或评分者判断的评估方法必须具有评分者信度（Interrater Reliability），即所有评分者的评分必须表现出高度的一致性。例如，两位老师可能用同一个行为评分量表评估一个孩子的攻击性、多动性和社会化程度。如果这两位老师对同一个孩子的评估是相似的，那么这个量表就具有良好的评分者信度。

3.2.2 效度

识别评估测验和测量的效度的方法。

效度（Validity）是指评估方法必须是有效的，这意味着用于评估的工具必须能测量出人们需要测量的东西。假设一个测量抑郁的量表实际上测量的是焦虑，那么使用这样的量表可能会让测验者得出错误的诊断结果。效度有多种测量方法，包括内容效度、效标效度和结构效度。

评估方法的**内容效度**（Content Validity）是指这个工具的内容在多大程度上可以代表与想要测量的特质相关的行为。例如，抑郁的特征包括悲伤和拒绝参加曾经喜欢从事的活动等。为了具备内容效度，评估抑郁的方法必须包括对这些领域的关注。

效标效度（Criterion Validity）代表的是这个测量方法在多大程度上与一个独立、外部的效标（标准）相关，而这个效标所测量的东西正是该方法想要测量的东西。预测效度（Predictive Validity）是效标效度的一种形式。一个具有良好预测效度的测验或评估方法可以用来预测未来的表现或行为。例如，如果在一个测量反社会行为的测验上得分高的人随后表现出比低分者更多的违法犯罪行为，就说明这项测验具有预测效度。

另一个针对某种障碍诊断的效标效度的测量方法是考察它能否识别出那些符合该障碍诊断标准的人。在这里，有两个重要的概念：灵敏度和特异性。灵敏度（Sensity）是指一个测验能在多大程度上正确地识别出患有所测量障碍的人。缺乏灵敏度的测验会产生大量的假阴性——那些实际上患有这种障碍的人被识别为未患该障碍。特异性（Specificity）是指一个测验在多大程度上可以避免将实际上并未患某种障碍的人识别为患者。缺乏特异性的测验会产生大量的假阳性——那些实际上并未患这种障碍的人被识别为患者。

通过对一个测验的灵敏度和特异性进行统计，医生就可以判断该测验是否能够正确地将个体进行分类。

结构效度（Construct Validity）是指一个测验在多大程度上可以反映其所想测量的潜在结构或特质的理论模型。以某个焦虑测验为例，焦虑感并不是一种具体的物体或现象，它无法被直接测量、计数、称重或触摸。焦虑感是一个用于帮助我们解释类似约会时出现心怦怦跳或突然说不出话等现象的理论架构。焦虑可以通过自陈报告（来访者对自己的焦虑水平进行评分）和生理技术（测量来访者手心出汗的程度）间接测量。

焦虑测验的结构效度需要基于焦虑的理论模型，用测验结果预测其他预期会出现的行为。例如，你的理论模型预测，在邀请某人约会时，那些社交焦虑的大学生会比更平静的大学生讲话更不连贯，但他们在私下演练邀请过程时并不会出现这种情况。如果一个实验性测验的结果符合这些预测中的模式，我们就可以认为有证据支持测验的结构效度。

即便一个测验是可靠的（它给了你一致的反馈），你仍然有可能无法测量自己想要测量的东西。例如，19 世纪，颅相学家认为他们可以通过测量人们头部隆起的程度来评估他人的人格。他们的规尺为测量对象头部隆起和突出的程度提供了一种可靠的测量方法，但是，这种测量方法却无法有效地评估测量对象的心理特质。可以这么说，这些颅相学家其实是在黑暗中瞎摸乱撞。

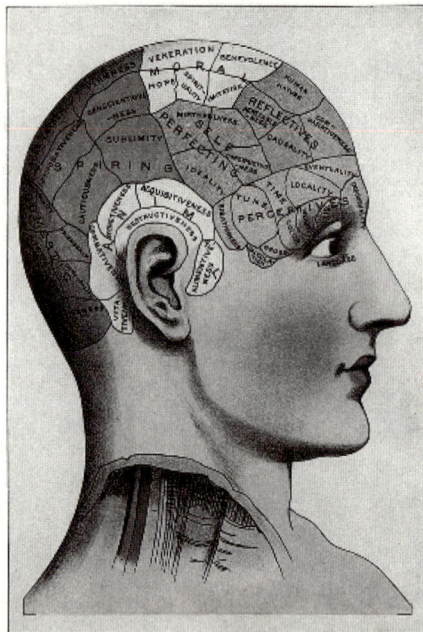

颅相学

19 世纪的颅相学观点认为，人格和智力是以大脑某个部位的尺寸大小为基础的，可以通过测量一个人头部隆起的程度来进行评估。人们认为，大脑中与心理功能高度发达区域相对应的部分会凸显出来（现在，这一观点已经被推翻了）。随着头骨的增大，它们会在头部形成小隆起，可以用精确的仪器进行测量。

3.3 评估方法

精神障碍或心理障碍的诊断是将来访者呈现的问题或症状与一套特定障碍的诊断标准进行对照的过程。目前，我们尚缺乏能够可靠诊断出抑郁障碍、焦虑障碍或精神分裂症等心理障碍的实验室血液检测或脑部扫描方式（Dengler，2018）。临床医生会使用不同的评估方法来做出诊断，包括访谈、心理测验、自陈量表、行为测量和生理测量。然而，评估的作用远远不止分类。一个全面的评估会呈现出关于来访者在人格和认知功能方面的丰富信息。这些信息可以帮助临床心理学家对来访者的问题获得更多理解，并且推荐合适的治疗方法。在大多数情况下，正式的评估包含与来访者进行一次或多次临床访谈，从而形成诊断印象和治疗计划。在某些情况下，更加正式的心理测验会测查来访者的心理问题及智力、人格和神经心理功能。

3.3.1 临床访谈

识别三种主要的临床访谈类型。

临床访谈（Clinical Interview）是使用最广泛的一种评估手段。访谈通常是临床医生与来访者的第一次面对面接触。临床医生一开始通常会让来访者用自己的话来描述其困扰，问一些类似这样的问题："你可以向我描述一下你最近遇到的问题吗？"（治疗师知道不能问"是什么让你到这里来的呢"，以免得到类似"汽车""公交车"或"我的社工"这样的回答。）接着，临床医生通常会深入探讨来访者主诉的各个方面，如行为异常或不适感、问题发生的环境、过往出现问题的经历，以及问题如何影响了来访者的日常功能。临床医生会询问可能的诱发事件，如生活环境、社会关系、就业情况或学业情况的变化等。临床医生也会鼓励来访者用自己的语言来描述问题，以便从来访者的角度理解问题。例如，本章开篇的案例中的访谈者就在和杰瑞讨论促使他前来寻求帮助的困扰。

建立融洽的关系

技巧娴熟的访谈者会通过与来访者建立融洽的关系来获得其信任，以帮助其放松，并鼓励其坦诚地进行沟通。

虽然访谈的形式多种多样，但大部分访谈都包含以下主题。

1. **身份识别信息。**这一点是指有关来访者社会人口学特征的信息，如地址、电话号码、婚姻状况、年龄、性别、种族、宗教、职业及家庭构成等。

2. **对当前问题的描述**。来访者如何看待这个问题？来访者报告了哪些造成困扰的行为、想法或感受，以及它们是从何时开始出现的？它们如何影响来访者的功能？

3. **心理社会史**。描述来访者成长史的信息，如教育、社交、职业史及早期家庭关系等。

4. **就医史 / 精神疾病史**。访谈者会询问来访者的就医史和精神疾病史，以及住院史。例如，当前的问题是先前问题的复发吗？如果是，那么以前来访者是如何处理这个问题的？治疗是否成功？为什么成功或为什么不成功？

5. **医疗问题 / 药物治疗**。这一点是指对当前的医疗问题和治疗方法的描述，包括药物治疗。访谈者应该注意，当前的医疗问题是否会对当前的心理问题造成影响。例如，治疗某些疾病的药物可能会影响人们的情绪和一般唤醒水平。

访谈者还需要留意来访者的言语和非言语行为，对来访者的着装打扮、表现出来的情绪和集中注意力的能力做出判断。访谈者还需要判断来访者的思维和感知过程的清晰度和完整性，以及来访者的定向力水平或对自己和周围环境的意识（他们是谁、他们在哪里、当前的日期是什么）。这些临床判断是形成对来访者精神状态初始评估的重要组成部分。

访谈形式

临床访谈主要有三种类型。在**非结构化访谈**（Unstructured Interview）中，临床医生会以自己的方式（而非以标准化的方式）进行提问。在**半结构化访谈**（Semistructured Interview）中，临床医生会根据一个用于收集必要信息的问题大纲进行提问，但可以灵活安排问题的提问顺序。为了追问重要信息，临床医生还可以询问其他方向的一些问题。在**结构化访谈**（Structured Interview）中，临床医生需要遵循特定的顺序来询问一系列预设的问题。

非结构化访谈的主要优点在于其自发性及对话式的风格。因为访谈者并不受限于使用特定的问题，所以这种访谈是一个与来访者主动进行信息交换的过程。非结构化访谈的主要缺点是缺乏标准化，不同的访谈者可能以不同的方式来提问。例如，一位访谈者可能会问："你最近心情怎么样？"而另一位访谈者可能会问："在过去的一两周里，你哭过吗？"来访者的回应可能会根据问题的措辞而有所不同。同样，对话式的访谈过程可能无法触及那些关键的、用于形成诊断的临床信息，如自杀倾向。

半结构化访谈更具结构性、更加统一，但同时也会牺牲一些自发性。有些临床医生更愿意进行半结构化访谈，因为他们既能遵循一般性的问题大纲，又拥有一定的灵活度，在想要询问一些重要的问题时可以适度偏离访谈提纲。

结构化访谈（又被称作标准化访谈）可以为完成诊断判断提供最高水平的信度，这也是结构化访谈在研究中被频繁使用的原因。DSM 结构化临床访谈（Structured Clinical Interview for the DSM，SCID）同时包含了封闭式问题和开放式问题，前者用于确定表明某种诊断类别存在的行为模式是否出现，后者则可以让来访者详细阐述他们的问题和感受。SCID 指导临床心理学家在访谈过程中对诊断假设进行检验。

在访谈过程中，临床医生也可以通过**精神状态检查**（Mental Status Examination）来评估来访者的认知功能。具体的检查内容各不相同，但基本上会包括以下要点。

- 仪容仪表：来访者着装和仪容的得体性。
- 心境：访谈过程中主要呈现出来的情绪基调。
- 注意力水平：保持注意力集中并回答访谈者问题的能力。
- 感知和思维过程：清晰地思考并区分现实与幻想的能力。

- 定向力：知道他们是谁、在哪里，以及当前的日期。
- 判断能力：在日常生活中做出合理的生活决策的能力。

无论进行何种类型的访谈，访谈者都需要整合所有可获得的信息来形成诊断印象，这些信息来自访谈、来访者的背景资料及当前呈现的问题。

计算机化的访谈

你参加过在线测验或在计算机上进行的测验吗？你大概率有参与计算机评估的经验，可能是职业筛查测评，也可能是在学术课程中。

计算机评估在临床情境中得到了越来越广泛的应用。在计算机化的临床访谈中，来访者会在计算机屏幕上回答有关他们的心理症状和相关担忧的问题（Trull & Prinstein，2013）。计算机形式的访谈可以帮助访谈者识别出可能让来访者感到尴尬或不愿意向现场访谈者透露的一些问题（Taylor & Luce，2003）。人们在计算机面前透露的信息可能比在访谈者面前透露的更多。也许在访谈过程中，如果没有人看着自己，人们就会觉得不那么难为情，又或许计算机似乎更愿意花时间记录来访者所有的困扰。

然而，计算机可能缺少那些有助于探索敏感问题的人际间接触，例如，对一个人内心最深处的恐惧、关系议题和性相关议题的探索。计算机也缺乏判断人们面部表情细微差别的能力，这些细微的差别可能会比打字或口头回答更能揭示他们内心深处的困扰。然而，总体而言，已经有证据表明，对从来访者处获得信息和进行准确的诊断来说，计算机程序与技能娴熟的访谈者的能力相当（Taylor & Luce，2003）。而且，计算机程序也比个人访谈的成本更低，更节省时间。

大多数反对使用计算机访谈的人似乎都来自临床医生群体而非来访者群体。一些临床医生认为，在处理来访者的深层困扰时，面对面的目光接触是很有必

要的。临床医生还应该认识到，由于计算机实施的诊断访谈有时会产生具有误导性的结果，因此计算机评估应该与受过良好训练的临床医生的临床判断相结合（Garb，2007）。遗憾的是，在很多情况下，访谈结果往往通过计算机软件程序来呈现，而不是通过训练有素的专业人士来做出解释。虽说计算机可能永远也无法完全替代人类访谈者，但结合使用计算机评估和访谈者评估可能会达到有效性和灵敏度之间的完美平衡。

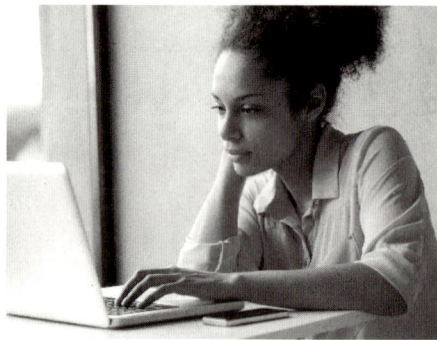

你会对计算机敞开心扉吗

你会更倾向于将你的问题告诉一台计算机，还是一个活生生的人？为什么？

最近的另一个变化就是计算机化或在线心理评估的引入。心理学家正在利用互联网及其他电子手段（如电子邮件、短信和在线视频会议等）进行心理评估，而这在过去都是需要心理学家亲自实施的。尽管现在心理测验（如智力测验）的实施过程仍然需要心理学家来把控，但我们可能很快就可以通过与计算机而不是人类交互来进行标准化的智力测验了（Vrana & Vrana，2017），就像我们接下来所要讨论的韦氏智力测验一样。

3.3.2 心理测验

描述两种主要的心理测验：智力测验和人格测验，并了解每种测验的具体例子。

心理测验是一种结构化的评估方法，用于评估相对稳定的特质，如智力和人格。测验通常在大量被试中进行标准化，并提供将来访者的得分与平均值进行比较的常模。将没有心理障碍的人和患有心理障碍

的人的测验结果进行比较，研究者可以针对有助于指示异常行为的反应模式类型获得一些见解。虽然研究者往往会将医学测验的结果作为黄金标准，但也有证据表明，心理测验在预测标准变量（如潜在条件或临床结果）方面的能力实际上与许多医学测验不相上下（Meyer et al., 2001）。在这里，我们将介绍两种主要的心理测验类型：智力测验和人格测验。

智力测验

对异常行为的评估常常包含对来访者智力方面的评估。正规的智力测验帮助临床医生诊断智力残疾。他们可以用其来评估那些可能由其他障碍引发的智力损伤，如由大脑损伤造成的器质性精神障碍。同时，通过智力测验，临床医生还能掌握来访者在智力方面的优势和劣势，以此来更好地制定与来访者能力相匹配的治疗方案。

尝试给智力下定义的努力激起了该领域内的诸多争论。韦氏智力测验是最常使用的一种智力测验，它是由大卫·韦克斯勒（David Wechsler, 1975）主持编制的。韦克斯勒将智力定义为"一种理解世界……并且……在应对世界中的困难时足智多谋的能力"。在他看来，智力涉及人们对世界的心理表征及适应世界要求的方式。

世界上第一个正式的智力测验是由法国人阿尔弗雷德·比奈（Alfred Binet, 1857—1911 年）开发的。1904 年，巴黎的学校官员委任比奈开发了一个测验，以识别那些无法应对常规的课堂要求的儿童，以及需要特殊课程来满足其需要的儿童。比奈和他的同事西奥多·西蒙（Theodore Simon）所开发的智力测验包含记忆任务和评估儿童在日常生活中会用到的其他心理能力（如数数）的简短测验。他们所开发的这一测验后来演变成斯坦福 – 比奈智力量表（Stanford-Binet Intelligence Scale），现在该量表仍被广泛用于测量儿童和年轻人的智力水平。

智力，即一个人在智力测验中的得分，常常以智力商数分数或 IQ 的形式来表示。智商分数是基于一个人的智力测验分数与其所在年龄组常模的相对差异（偏差）而得出的。100 代表标准人群中的平均值（算术平均数）。在正常人群中，答对问题数量多于平均水平的人，其智商分数在 100 以上；答对较少问题的人的智商分数则低于 100。

韦氏智力测验是当今应用最广泛的一种智力测验，不同的年龄组会使用不同的版本。韦氏智力测验将问题组合分类到不同的分测验或子量表中，每个子量表测量不同的智力能力（表 3-4 展示的是成人版测验的示例）。因此，我们可以通过韦氏智力测验来了解一个人的相对优势和劣势，而不仅仅是得到一个总体的分数。

表 3-4　与韦氏成人智力测验类似的项目示例

项目	示例
理解	为什么人们需要遵守交通规则？ "早起的鸟儿有虫吃"是什么意思？
算术	约翰想买一件价格为 31.50 美元的衬衫，但他只有 17 美元，他还需要多少钱才能买到这件衬衫？
相似性	订书机和回形针有什么相似之处吗？
数字广度	正序：听下面这串数字，并以相同的顺序重复说给我听——6 4 5 2 7 3。倒序：听下面这串数字，并以相反的顺序重复说给我听——9 4 2 5 8 7。
图片补全	识别图片中缺失的部分，如图 3-1 的手表中缺失的部分。
拼图	使用图 3-1 中的方块拼成右侧展示的样子。
字母 – 数字顺序	听下面这串字母和数字，先从大到小说出数字，再以从前到后的顺序说出字母——S-2-C-1。

资料来源：From Nevid. *Psychology*，4E. © 2013 South-Western，a part of Cengage Learning，Inc. Reproduced by permission.

韦氏智力测验包含的分测验有言语技能、知觉推理、工作记忆和加工速度。将这些分测验的分数合并在一起会得到一个总体的智商分数。图 3-1 展示的是类似于韦氏成人智力测验中两个知觉推理测验的项目。

韦氏智商分数是基于回答者的答案在多大程度上偏离其同龄人群的分数而得出的。各个年龄组的总体测验分数平均分都是 100。韦克斯勒让智商分数形成一个分布，50% 的人都会落在 90 ～ 110 的"广泛平均值"内。

大多数智商分数都集中在平均值附近（见图 3-2）。只有 5% 的人的智商分数超过 130 或低于 70。韦克斯勒将得分在 130 或以上的人称为"智力超常者"，而将那些得分在 70 以下的人称为"智力缺陷者"。

图片补全

这张图里少了什么

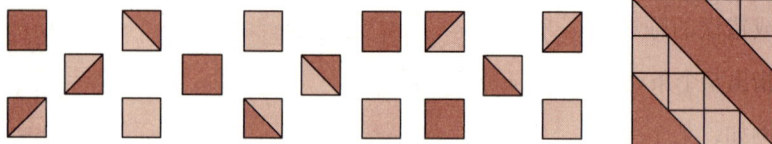

拼图

将这些方块放到一起组成右侧的图案

图 3-1 与韦氏成人智力测验中两个知觉推理分测验类似的项目

知觉推理分测验测量诸如非言语推理能力、空间感知和问题解决的能力，以及感知视觉细节的能力。

资料来源：Wechsler Adult Intelligence Scale（WAIS）. Copyright © 1955 NCS Pearson, Inc. Reprinted with permission. All rights reserved. "Wechsler Adult Intelligence Scale" and "WAIS" are trademarks, in the US and/or other countries, of Pearson Education, Inc. or its affiliate（s）.

临床心理学家使用智商分数量表来评估来访者的智力水平，并用以辅助精神发育迟滞的诊断。智商分数低于 70 则是诊断智力缺陷的标准之一。

接下来，我们会介绍两种用于评估人格的测验类型：客观测验和投射测验。临床心理学家用人格测验来更多地了解来访者的潜在人格特质、需求、兴趣及困扰。

客观测验

你喜欢汽车杂志吗？你会在夜里轻易被噪声吵醒吗？你会为焦虑或不可控制的颤抖而苦恼吗？**客观测验**（Objective Test）是一种自陈式的人格量表，用类似上述列出的项目来衡量人格特质，如情绪不稳定性、男性化 / 女性化及内向性。人们需要对有关他们的感受、想法、困扰、态度、兴趣及信念等方面的问题或陈述给出回答。

如何能让人格测验具有客观性呢？客观性并不像物品的宽度那样能被测量。毕竟，人格测验依赖于被试给出的有关其兴趣、感受及状态等方面的主观报告。

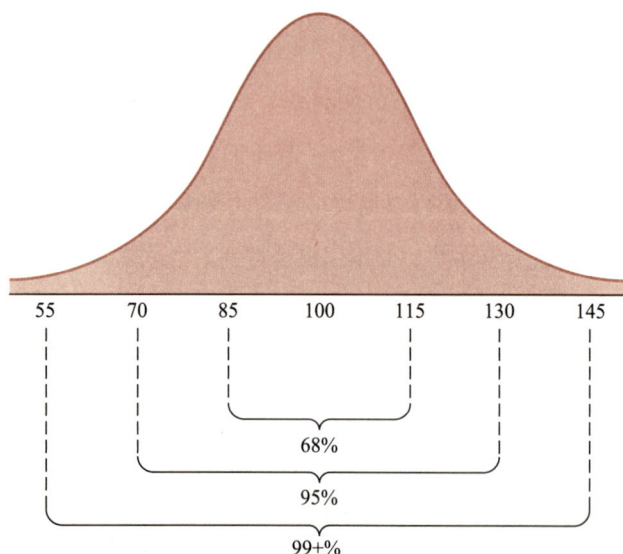

图 3-2 智商分数的正态分布

智商分数的分布类似于一条钟形曲线，心理学家将其称为正态曲线。韦克斯勒对偏离的智商分数进行了定义——平均分数（平均值）为 100 分，标准差为 15。标准差是一个用来表示平均值附近分数变化或离散情况的统计量。在这里，我们看到在平均值上下一个、两个和三个标准差的分数分布。需要注意的是，大约有 2/3 的人都分布在平均值上下的一个标准差之内（85 ～ 115）。

更确切地说，研究者所认为的"客观"，是通过限制可能回答的范围，让这些测验可以被客观地计分。这些测验是在实证证据的基础上开发出来的，其效度可以得到保证，从这方面来讲，我们可以认为它们是客观的。被试可能需要选择适用于自己的形容词、对正确或错误的陈述作答、从清单中选择偏好的活动，或者指出某个条目"总是""有时"或"从不"适用于自己。例如，某个测验项目可能会让你对这样一个陈述进行"正确"或"错误"的判断："我在人群中会感觉不舒服。"在这里，我们聚焦于在临床实践中常用的两种客观的人格测验：明尼苏达多项人格测验（Minnesota Multiphasic Personality Inventory，MMPI）和米隆临床多轴问卷（Millon Chinical Multiaxial Inventory，MCMI）。

明尼苏达多项人格测验

明尼苏达多项人格测验的修订版 MMPI-2 包含超过 567 个正误判断的陈述，这些陈述评估的是兴趣、习惯、家庭关系、身体健康问题、态度、信念及心理障碍的行为特征。它被广泛用于人格测验，并辅助临床医生诊断异常行为模式。MMPI-2 包含多个独立量表，特别甄选出来的诊断组（如被诊断为精神分裂症或抑郁障碍的患者）回答这些量表中条目的方式会与参照组的回答方式不同。

请看一下这个假设性条目："我经常阅读侦探小说。"你很可能会在 MMPI-2 中找到类似的条目。如果抑郁人群倾向于从与参照组不同的角度回答这个条目，那么这个条目就会被放在抑郁量表中。MMPI-2 里的条目分别被放在不同的临床量表中（见表 3-5）。在特定量表上得分等于或高于 65 会被认为具有临床意义。MMPI-2 还包含效度量表，用来评估来访者是否从社会赞许（"假装好"）或不赞许（"假装坏"）的方向歪曲测验答案。测验中的其他量表被称为内容量表，测量的是个体具体的主诉和困扰，如焦虑、愤怒、家庭问题和低自尊等一系列问题。

表 3-5 MMPI-2 临床量表

量表编号	量表名称	与明尼苏达多项人格测验相似的条目	高分者的样本特质
1	疑病	我的胃经常困扰我；我时不时会感到全身疼痛	有许多躯体问题、多疑的失败者态度、常常被人认为吹毛求疵或要求苛刻
2	抑郁	我似乎对什么都不感兴趣；我的睡眠常被一些令人担忧的想法所打扰	抑郁心境、悲观、担忧、沮丧、无精打采
3	癔症	我有时会莫名其妙地感到兴奋；他人对我好的时候，我往往会轻信他们的话	幼稚、自我中心、对问题毫无洞察力、不成熟、面对压力时会出现躯体问题
4	精神病态	父母常常不喜欢我的朋友；我的行为有时会让我在学校遇到麻烦	难以接纳社会价值观、叛逆、冲动、反社会倾向、家庭关系紧张、糟糕的工作史和学业史
5	男性化－女性化倾向	我喜欢阅读电子类的书（男性化倾向）；我希望在剧院工作（女性化倾向）	男性表现出女性化特征：对文化和艺术感兴趣、女子气、敏感、被动；女性表现出男性化特征：攻击性、男子气、自信、主动、坚定、强健
6	妄想	我在生活中本来可以更成功，但人们没有给我公平的机会；如今相信任何人都不安全	多疑、警惕、责备他人、怨恨、冷漠，可能有一些妄想
7	精神衰弱	我是一个时常担心某些事情的人；我好像比我认识的大多数人都有更多恐惧的事情	焦虑、恐惧、紧张、担忧、不安全感、难以集中精神、强迫、自我怀疑
8	精神分裂	有时一些事情对我来说是不真实的；我有时能听到其他人听不到的声音	混乱且不合逻辑的思维，感觉疏离且不被理解，社会孤立或退缩，可能出现明显的精神病性症状，如幻觉或妄想信念，可能会导致离群、孤僻的生活方式

（续表）

量表编号	量表名称	与明尼苏达多项人格测验相似的条目	高分者的样本特质
9	轻躁狂	有时我承担的任务要比可能完成的任务多，人们注意到有时我说话的语气是非常急促的	精力充沛、躁狂（可能出现）、冲动、乐观、热爱社交、主动、反复无常、易激惹，可能有过度膨胀或夸大的自我形象或不切实际的计划
10	社会内向	我不喜欢吵闹的聚会；我并不会十分积极地参加学校活动	害羞、拘谨、退缩、内向、缺乏自信、保守、在社交场合感到焦虑

MMPI-2 是基于独立量表及量表间的关系进行解释的。例如，在寻求治疗的人群中常见的"2-7 档案"指的是量表 2（抑郁）和量表 7（精神衰弱）的得分具有临床显著性的一种测验模式。临床医生可能会参考其他描述或不同档案。

在通常情况下，MMPI-2 反映的是与其测量的诊断类别相关的人格特质。例如，在量表 4（精神病态）上得分高代表作答者比一般人更不守规范、更叛逆，这些特征常见于反社会型人格障碍患者。但是，由于 MMPI-2 与 DSM 诊断标准并不是一一对应的，因此这些分数不能用来形成临床诊断。最初开发于二十世纪三四十年代的 MMPI，并不能用于提供与 DSM-5 一致的诊断判断。即便如此，MMPI 还是可以在充分参考其他证据的情况下提示可能的诊断的。此外，许多临床医生会通过 MMPI 获得作答者人格特质和可能潜藏在其心理问题下的特征等一般信息，而不是将其用于诊断。

MMPI-2 的效度得到了大量研究结果的支持（Butcher，2011；Graham，2011）。这个测验可以成功地区分精神障碍组和对照组，也可以成功地区分患有不同心理障碍（如究竟是焦虑障碍还是抑郁障碍）的个体。此外，MMPI-2 的内容量表还可以在临床量表外提供大量额外的信息，这可以帮助临床医生更详细地了解来访者的具体问题（Graham，2011）。

米隆临床多轴问卷

米隆临床多轴问卷可以帮助临床医生形成诊断，尤其是对人格障碍的诊断（Millon，1982）。米隆临床多轴问卷（现在是第三版，MCMI-III）是人格障碍测评领域唯一一种客观的人格测验。与 MCMI-III 相反，MMPI-2 关注的是与其他临床障碍相关的人格特质，如心境障碍、焦虑障碍和精神分裂症。一些临床医生可能会同时使用这两种工具来获得更多人格特质方面的信息。MCMI-III 中也有用于评估抑郁和焦虑的量表，但这些量表的效度遭到了质疑（Saulsmana，2011）。

对客观测验的评价

客观测验或自陈测验相对容易施测。一旦施测者向来访者说明指导语，并确认他们可以阅读和理解测验中的条目，来访者就可以自己完成测验，无须施测者一直陪同。因为这些测验只有有限的回答选项，如要求一个人回答一个条目是正确还是错误的，所以它们的评分具有较高的评分者信度。这些测验往往会反映出在临床访谈或行为观察中无法获得的信息。例如，我们可能了解一个人对自己有消极看法，而这种消极看法无法通过外在行为直接表达出来，也无法在访谈中被开放地谈论。考虑到所有方面，在某些情况下，临床医生可能会从自陈测验中获得更多有价值的信息；而在另一些情况下，临床医生会从临床访谈中获得更多有价值的内容（Cuijpers et al.，2010）。因此，他们可能会在评估中将二者结合起来。

自陈测验的缺点在于，它只有唯一的信息来源，即个体本身。此外，测验可能存在潜在的作答偏差，如给出社会赞许的回答，而非个体内心真实的感受。出于这个原因，像明尼苏达多项人格测验这样的自陈量表会包含一个效度量表，用于帮助筛查作答偏差。

但是，测验内置的效度量表可能无法检测出所有来源的偏差。施测者可能还需要寻找一些信息用于佐证，如可以对一些熟悉来访者行为的人进行访谈。

进一步讲，如果一个测验只能用于识别可能患有某种障碍的人，那么它的效用就会被一些更经济的诊断方法取代，如结构化临床访谈。临床医生希望从人格测验中得到的信息远不止诊断分类，明尼苏达多项人格测验恰恰展现了其在提供潜在的人格特质、问题行为、人际关系及兴趣模式等丰富的信息方面所具有的价值。但是，心理动力学取向的批评者认为，自陈量表无法测量无意识过程。此外，只有那些具备良好的阅读能力、可以对语言材料进行作答，并且能对冗长、乏味的任务保持注意力的高功能个体才能进行自陈测验。而那些精神混乱、不稳定或糊里糊涂的来访者可能无法完成这类测验。

投射测验

与客观测验不同，投射测验（Projective Test）不会提供清晰、具体的作答选项。施测者会向来访者呈现一些模棱两可的刺激，如模糊的墨迹，然后请他们做出回应。之所以使用"投射"一词，是因为这些人格测验源于心理动力学的理论观点，认为人们在对模棱两可的刺激的解释中，会强加或投射自己隐藏在无意识中的心理需要和动力。

心理动力学模型认为，造成困扰的潜在冲动和愿望本质上往往与性或攻击性有关，而它们会被我们的防御机制隐藏起来，不被意识所觉察。虽然投射测验这样的间接评估方法可以为无意识心理过程提供线索，但是更多行为主义取向的批评者认为，投射测验的结果基于临床医生对测验作答的主观解释，而非实证证据。

人们已经开发了很多投射测验，包括一些看人们怎样填充缺少的词语以完成句子的测验，以及看人们如何画人物或其他物体的测验。其中最著名的两种投射测验分别是罗夏墨迹测验（Rorschach Inkblot Test，RJT）和

主题统觉测验（Thematic Apperception Test，TAT）。

罗夏墨迹测验

罗夏墨迹测验是由瑞士精神病学家赫尔曼·罗夏（Hermann Rorschach，1884—1925 年）编制的。在孩提时代，罗夏就对把墨汁滴在纸上，再把纸折成对称的图形这个游戏十分感兴趣。他注意到，不同的人会从同一个墨迹中看到不同的东西。他相信，这些人"感知到的东西"不仅带有墨迹本身的特点，还可以反映他们的人格特征。罗夏在兄弟会的绰号是"Klex"，在德语中，它的意思就是"墨迹"。作为一名精神病学家，罗夏对成百上千款墨迹进行了反复试验，试图找出那些可用于诊断心理问题的墨迹类型。最终，他找到了似乎可以胜任这项工作并且可以在一次会谈中完成施测的 15 款墨迹。因为罗夏的出版商在出版该主题测验的第一版时经费不足，无法将所有 15 款墨迹全部出版，所以如今我们使用的只有 10 款墨迹。罗夏从未有机会知道他的墨迹测验会变得多么受欢迎和具有影响力。因为很不幸的是，在以他的名字命名的测验出版 7 个月后，他便因突发的阑尾破裂并发症去世，享年 37 岁（Exner，2002）。

在罗夏墨迹测验的 10 款墨迹中，其中有 5 款是黑白的（见图 3-3），另外 5 款是彩色的。每款墨迹都被

Pearson Education

图 3-3　这看起来像什么

在罗夏墨迹测验中，施测者会向被试呈现一些模棱两可的墨迹图，并请他们描述每一幅墨迹图看起来像什么。罗夏推测，人们会把自己的人格投射到答案中。但这个测验是否能得出科学、有效的结论，仍然备受争议。

印在单独的卡片上，并按一定的次序呈现给被试。施测者会请被试说出这些墨迹可能代表什么或让他们想起了什么。接着，施测者会让他们解释他们的看法是根据墨迹的哪些特征（如颜色、形状、质地）得出的。

正误判断

使用率最高的人格测验要求人们解释他们从一系列墨迹中看到了什么。

正确 罗夏墨迹测验是一种使用十分广泛的人格测验。在该测验中，人们对墨迹所做出的反应被认为可以反映其人格的不同方面。

使用罗夏墨迹测验的临床医生会根据被试回答的内容及形式给出相应的解释。例如，他们可能会认为那些在回答中提及整体墨迹的人表现出了将事件以有意义的方式整合起来的能力。那些只关注墨迹某个微小细节的人可能有强迫倾向，而那些关注负面（白色）空间的人可能以自己独特的方式看待问题，这提示其可能具有消极或顽固的特质。

与墨迹的形式或轮廓相一致的回答是具有足够的**现实检验**（Reality Testing）能力的表现。在墨迹中能看到运动的人可能说明他们具有一定的智慧和创造力。内容分析可以揭示一些潜在的冲突。例如，从墨迹中只能看到动物而看不到人的成年来访者可能在与他人交往方面存在问题。

主题统觉测验

主题统觉测验是由哈佛大学心理学家亨利·莫瑞（Henry Murray）在 20 世纪 30 年代编制而成的。"Appreception"（统觉）是一个法语单词，意为"基于现存想法（认知结构）或过往经历进行解释（新的想法或印象）"。主题统觉测验包含一系列卡片，每张卡片上都描绘了一种模棱两可的场景（见图 3-4）。来访者对卡片的回应可以反映他们的内在经验和对生活的看法，可能还会揭示他们内心深处的需要和冲突。

在测验中，作答者需要根据每个场景回答以下问题："场景中正在发生什么故事？是什么导致了场景中的故事发生？主角正在想什么？他感受到了什么？接下来会发生什么？"心理动力学取向的理论家认为，人们会把自己和场景中的主角联系起来，将潜在的心理需要和冲突投射到他们的回答中。更直白地说，这些故事揭示了作答者在自己生活的类似情境中可能会如何进行解释或行动。TAT 的结果还可以反映来访者对他人的态度，尤其是对家庭成员和伴侣的态度。

对投射测验的评价

投射测验的信度和效度仍然是大家广泛研究和争论的主题。从某种角度来说，对一个人回答的解释在某种程度上依赖于施测者的主观判断。例如，两位施测者可能对罗夏墨迹测验或主题统觉测验的同一个回答有不同的解释。

虽然罗夏墨迹测验已经引入了更完善的评分系统，提高了分数的标准化程度，但其信度仍然备受争议。即便施测者可以对被试的回答进行可靠的计分，对这些回答的解释，即这些回答意味着什么，仍然是一个尚未解决的问题（Garb et al., 2005）。

虽然在某些情况下使用罗夏墨迹测验得到了一些

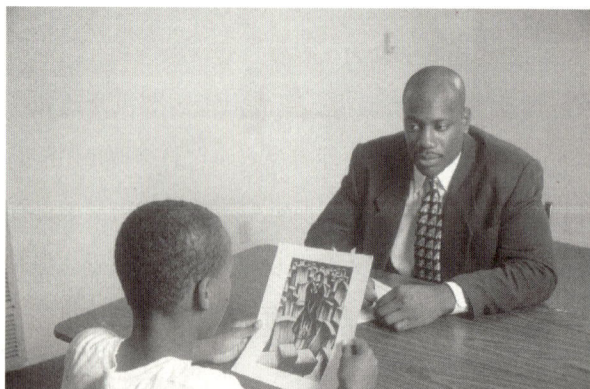

图 3-4 给我讲一个故事吧

在主题统觉测验中，施测者会向被试呈现一系列图片（与此处展示的图片类似），然后请被试讲述场景中正在发生什么故事。被试还需要描述是什么导致了这个场景中的故事发生，以及这个故事最终会如何发展。你讲述的故事究竟是如何反映你人格中的各种特征的呢？

证据支持，如用以测评个体的思维和感知过程的受损情况（Mihura et al.，2013，2015；Wood，Garb，et al.，2015），但批评者声称，该测验总体上缺乏足够的效度证据来支持其在临床环境中的广泛应用（Wood et al.，2010；Wood，Garb，et al.，2015）。投射测验的支持者认为，投射测验的模糊性实际上是一种优势，正因为没有明确正确的答案，才可以显著降低作答者给出社会赞许答案的倾向。

投射测验（如罗夏墨迹测验和主题统觉测验）的效度或有效性可能更多地说明了图画本身的特征，而不是个体潜在的人格特质（Taylor，Martin，et al.，2017）。总而言之，有关罗夏墨迹测验的效度和临床效用的问题仍然存在激烈的争论，目前尚没有清晰的结论。

投射测验的拥护者指出，通过投射测验允许被试自由表达，可以有效减少他们给出社会赞许的回答。大约 20 年前，心理学家乔治·斯特里克（George Stricker，2003）对该领域的僵局给出的评价至今仍然颇有道理："这个领域的支持者和反对者之间存在着分歧，双方都能提供适当的证据，并且可以有效驳斥对方的证据，从而支持己方的观点。"

3.3.3　神经心理评估

描述神经心理评估的用途。

神经心理评估（Neuropsychological Assessment）是指通过测验的方式来确认心理问题是否反映了一些潜在的神经系统损伤或脑损伤。如果你怀疑自己存在神经系统损伤，就需要一位神经病学家（专门研究神经系统障碍的医生）进行神经学评估。你可能还需要咨询一位临床神经心理学家，请他进行神经心理评估（如行为观察和心理测验），以寻找可能的脑损伤的征兆。神经心理测验可以配合磁共振成像技术及计算机断层扫描技术等脑成像技术一起使用，以揭示脑功能和潜在异常行为之间的关系。神经心理测验的结果不仅可以说明患者是否存在脑损伤，还可定位可能受到

影响的大脑区域。

本德视觉运动格式塔测验

最早编制且至今仍被广泛使用的神经心理测验是本德视觉运动格式塔测验（Bender Visual Motor Gestalt Test，以下简称本德测验），目前已出版了第二版，即本德测验 II（Brannigan & Decker，2006）。本德测验包括一些能够表现不同格式塔知觉原理的几何图案。首先，来访者需要按照要求绘制给出的几何图案。可能存在脑损伤的征兆包括旋转图案、歪曲形状，以及错误地表现图案之间的关系（见图 3-5）。接着，施测者会让来访者凭记忆再现这些几何图案，因为神经系统的损伤可能会影响记忆功能。虽然本德测验是一种用于发现可能存在的器质性损伤的方便且经济的方法，但人们已经编制出了具有同样功能且更加成熟的成套测验，包括被广泛使用的霍尔斯特德 – 里坦神经心理成套测验（Halstead-Reitan Neuropsychological Battery）。

霍尔斯特德 – 里坦神经心理成套测验

心理学家拉尔夫·里坦（Ralph Reitan）将其导师——实验心理学家沃德·霍尔斯特德（Waid Halstead）——的测验进行修订、编制，进而开发了这套测验。这套测验用于研究器质性受损人群的大脑与行为之间的关系。这套测验可以测量感知、智力和运动技能及表现。这一系列测验可以让心理学家观察测验结果的模式，以及揭示特定脑损伤类型的不同缺陷表现模式，如头部创伤后的脑损伤模式（Allen et al.，2011；Holtz，2011；Reitan & Wolfson，2012）。霍尔斯特德 – 里坦成套测验包含许多分测验，具体包括以下内容。

1. **类别测验**。这个测验测量的是抽象思维能力，以个体在联系不同刺激时形成规则或类别的熟练程度为指标。屏幕上会闪现一系列形状、大小、位置、颜色和其他特征各异的刺激，被试的任务是分辨出将这些刺激联系在一起的规则，如形状或大小，然后通过按键指出每组刺激中

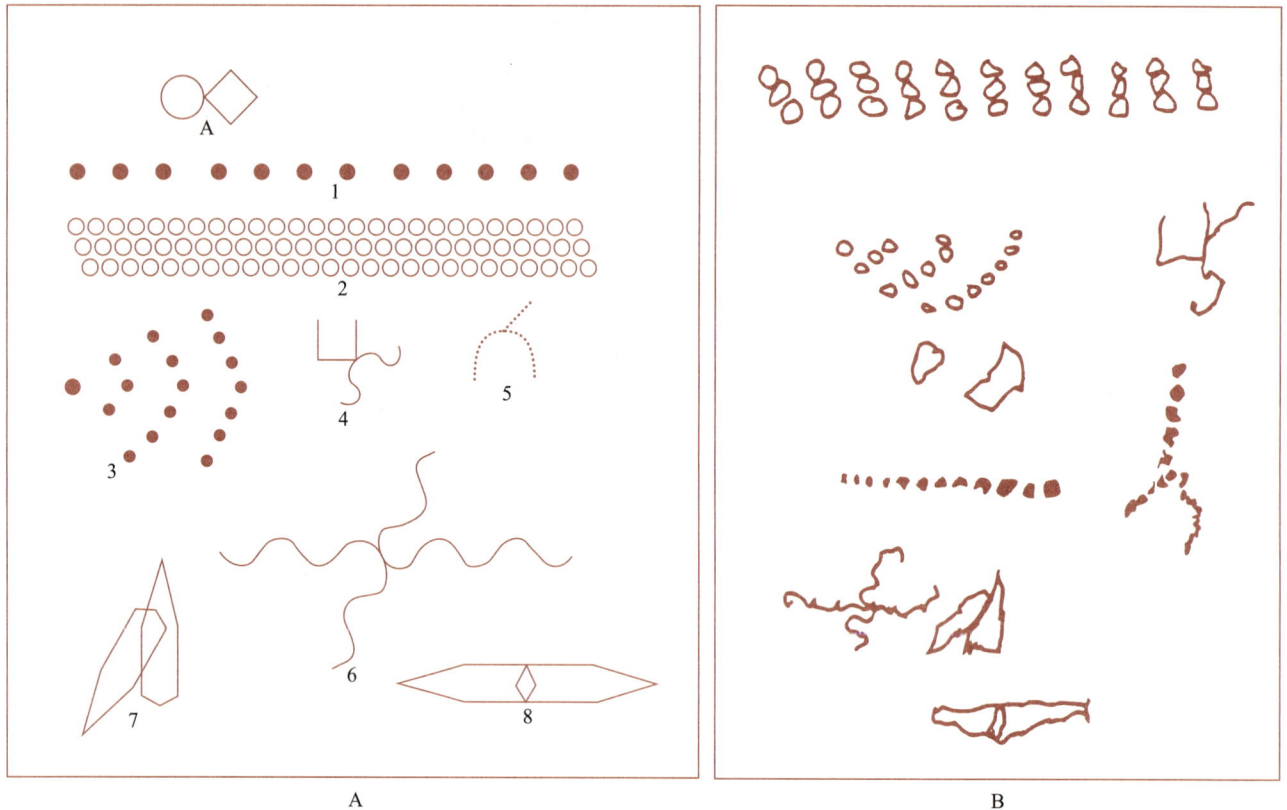

图 3-5　本德测验

本德测验旨在评估器质性损伤。A 部分展示的是需要作答者进行复制的一系列图案；B 部分展示的是一个已知患有脑损伤的人的画作。

的哪个刺激代表了正确的分类。通过分析正确和错误选择的模式，被试一般能学会识别正确选择的规则。在通常情况下，被试在这个测验中的表现反映了其大脑皮层额叶的功能水平。

2. **节奏测验。** 这是一项关于专注力和注意力的测验。被试会听到 30 对已经录好的节拍，并被要求指出每对节拍是相同还是不同的。在这个测验中表现不佳常与大脑皮层右颞叶损伤有关。

3. **触觉操作测验。** 这个测验要求被试蒙上眼睛，把不同形状的积木放入相应槽板上的凹陷处。然后，被试需要再凭记忆将槽板上的形状画出来，以此作为对视觉记忆功能的测量。

3.3.4　行为评估

识别行为评估的方法，并描述功能分析的作用。

传统的人格测验旨在测量潜在的心理特质和倾向，如明尼苏达多项人格测验、罗夏墨迹测验和主题统觉测验。被试在这些测验中的作答情况被认为是心理特质和倾向的标志，而这些特质和倾向在决定人的行为中起重要作用。例如，在罗夏墨迹测验中，某些回答反映了被试的潜在特质，如心理依赖性，在一般情况下，这会影响人们与他人产生联结的方式。与之相对应，**行为评估**（Behavioral Assessment）将测验结果视为发生在特定情境下的行为样本，而非潜在人格特质的标志。根据行为主义的观点，行为主要由环境或情境因素决定，如刺激线索和强化，而非由潜在特质决定。

行为评估关注的是对特定情境（如学校、医院或家庭环境）中的行为进行观察，其目的是在与现实生活情境类似的场合中对个体的行为进行抽样，从而最大限度地将测验情境和标准联系起来。施测者不仅可以在家庭、学校或工作环境中对被试进行观察和测量，还可以在诊所或实验室创造情境，设计出与个体在日常生活中所面临的问题类似的情境。

施测者可以对问题行为进行功能分析（Functional Analysis），这是一种对诱发问题行为的前因、刺激线索、后果及维持行为的强化物进行分析的方法。治疗师对问题行为出现的环境条件有所了解可以帮助其与来访者一起工作，改变诱发和维持问题行为的相关条件。施测者可以开展行为访谈，通过提问更多地了解问题行为的历史和情境。例如，如果一位来访者因惊恐发作前来寻求帮助，行为访谈者可能会询问来访者惊恐发作的具体经历——在什么时间和地点、以什么样的频率、在什么情况下会出现惊恐发作。访谈者会寻找可能引发惊恐发作的线索，如思维模式（如有关死亡或失控的想法）或环境因素（如进入大型商场）。访谈者还会探究维持惊恐发作的强化物的相关信息。当惊恐发作出现时，来访者逃离情境了吗？逃跑行为会被焦虑解除后的轻松感强化吗？来访者学会通过回避惊恐发作出现时自己所处的情境来减轻预期焦虑了吗？

施测者还会用观察法将问题行为与刺激和维持问题行为的强化物联系起来。下面我们一起来看看凯瑞的案例。

心理学家可以直接使用家庭观察来评估凯瑞与其父母之间的互动情况，也可以在诊所中通过单面镜来观察凯瑞及其父母的行为模式。这样的观察可以发现是什么行为导致了孩子的不顺从问题。举例而言，凯瑞的不顺从问题可能出现在父母模糊的要求之后（例如，父母一方说"你要乖乖地玩"，然后凯瑞却用扔玩具来回应）或不一致的要求之后（例如，父母一方说"现在去玩玩具吧，但别把东西搞得一团糟"，凯瑞接着就乱扔玩具）。通过行为观察，心理学家可以建议凯瑞的父母改善亲子间的沟通方式，并对期望行为进行引导和强化。

直接观察（Direct Observation）或行为观察是行为评估的标志性方法。通过直接观察，临床医生可以观察并量化问题行为。通过对观察内容进行录像，临床医生可以进行后续分析，从而识别行为模式。观察者需要接受训练，从而识别和记录目标行为模式。人们已经开发出了行为编码系统来提高记录的信度。

直接观察既有优点也有缺点。优点之一是直接观察不依靠来访者的自陈报告，而自陈报告可能会因想要给他人留下好印象或不好的印象而被歪曲。除了可以对问题行为进行精确测量外，行为观察还可以提供一些行为干预措施。例如，一位母亲可能会说她的儿子多动，很难安静地坐下来完成家庭作业。通过使用单面镜观察，临床医生发现，这个男孩只有在遇到一个让他无法马上解决的难题时才会变得躁动不安。接着，临床医生会教授这个男孩一些有效应对挫折的技

超级捣乱分子
凯瑞的案例

凯瑞是一个 7 岁的小男孩，由他的父母带来接受评估。他的母亲将他称为"超级捣乱分子"。他的父亲抱怨他不听任何人的话。如果凯瑞的父母拒绝给他买他想要的东西，他就会在超市里乱

发脾气、大声尖叫、不停地跺脚。在家里，他会把自己的玩具猛砸到墙上，玩具被摔坏后，他会要求父母再买一个新的。有时，他又会闷闷不乐，好几个小时不跟任何人说话。在学校里，他会变得很拘谨，很难集中注意力，学习进步缓慢，而且有阅读困难。他的老师抱怨他的注意力有限，看起来没什么学习的动力。

巧和解决具体学业问题的方法。

不过，直接观察也有一些不足之处。一个问题是，临床医生在用行为主义术语定义问题方面可能缺乏共识。在对孩子的多动行为进行编码时，临床医生必须先对孩子行为的哪些方面代表多动达成共识。另一个可能存在的问题是，直接观察的结果缺乏信度，即在不同的时间点和不同观察者之间的测量缺乏一致性。当一位观察者对各种具体行为的编码存在不一致，抑或两位或更多观察者对同一个行为的编码不一致时，信度就会降低。

观察者还可能表现出反应偏差。一位已经敏感地觉察到孩子具有多动行为的观察者可能会把行为的正常变化视作多动的微妙线索，并错误地将其记录为多动行为。所以，临床医生可以通过盲察，即不让观察者知道观察目标，将偏差降至最低。

反应性（Reactivity）是另一个可能存在的问题。反应性是指被观察的行为受测量它的方式所影响的倾向。例如，人们在知道自己被观察的情况下可能会尽最大努力做到最好。转变观察方法可以降低反应性，如使用隐藏摄像头或单面镜来观察。然而，由于伦理的考量或实际情况的限制，改变观察方法并不总是可行的。另一种方法是在收集数据前就进行多次观察，让被试习惯被观察的状态。还有一个可能存在的问题是观察者偏移（Observer Drift）效应，即随着时间的推移，观察者或评分者会偏离其接受训练时的编码系统的倾向。有一种方法有助于控制这一问题，那就是定期对观察者进行再培训，从而保证他们可以持续依照编码系统进行观察（Kazdin，2003）。不过，随着时间的推移，观察者也可能会感到疲劳或分心。因此将观察时间限制在一定范围内并进行频繁的中途休息，可能会有所帮助。

行为观察只能测量外显行为。许多临床医生也希望评估个体主观或私密的体验，如抑郁和焦虑的感受或歪曲的思维模式。这些临床医生可以同时使用直接观察和其他允许被试报告其内在体验的评估方式。坚定的行为主义取向的临床医生往往会认为自陈报告的方式不可靠，而将数据收集限制在直接观察这一方法上。

除行为访谈和直接观察外，行为评估还可以通过其他方法来开展，如自我监测、人工或模拟测量，以及行为评估量表。

自我监测

训练来访者在日常生活中记录或监测他们自身的问题行为是一种在问题行为发生的情境中进行观察的方法。在自我监测（Self-Monitoring）中，来访者承担了在问题行为自然出现的情境中对其进行评估的责任。

一些容易计数的行为，如进食、吸烟、咬指甲、扯头发、学习或社交活动，都是适合进行自我监测的行为。自我监测可以产生高度准确的测量结果，因为行为是在发生时被当场记录的，而不是根据记忆重构的。

有多种有效的方法可以用来追踪目标行为。例如，行为日记或日志是一种记录摄入的热量或吸烟量的简便方法。这样的日记或日志可以用表格的形式来记录问题行为发生的频率和问题行为发生的情境（如时间、场合、内心感觉等）。对进食行为的记录可以包含进食食物的类型、热量，进食行为发生的地点，伴随进食行为的情绪状态，以及进食行为所带来的结果（如来访者进食后的感受）。通过与临床医生一起回顾进食行为日记，来访者可以找出有问题的进食行为模式，如在感觉无聊或看到电视上播放的食物广告时就会进食，并想出更好地处理这些问题的方法。

行为日记还可以帮助来访者增加那些他们渴望但出现频率较低的行为，如自我肯定行为和约会行为。优柔寡断的来访者可能会记录一些需要做出自我肯定的情况，并记录下自己对每种情况的真实反应。接着，来访者和临床医生可以共同回顾这些日记，重点关注其中那些有问题的情境并对自我肯定的反应进行演练。一位对约会感到焦虑的来访者可能需要记录自己与潜在约会对象接触时的感受。为了测量治疗效果，临床医生可以鼓励来访者在治疗开始前进行一段基线期的自我监测。目前已经有临床医生开始使用像智能手机这样的便携式电子设备帮助来访者追踪日常生活中的特定行为（Clough & Casey，2015；见下文"数字时代下的异常心理"专栏中对智能手机的介绍）。

然而，自我监测这一方法也并非完美无瑕。因为有些来访者并不可信，也无法始终准确地记录。他们可能会变得健忘、马虎，抑或因为尴尬或害怕被批评而减少报告非期望行为的次数，如过度进食或吸烟行为。为了降低这些偏差，临床医生可以在来访者同意的情况下从其他人（如来访者的配偶）那里收集数据，以此来确认自我监测数据的准确性。但是，像单独进食或私下吸烟这样的私密行为则难以用这种方式确认。临床医生有时也可以使用其他确认方法，如生理数据测量。例如，血液中的酒精浓度可以用来验证来访者报告的饮酒行为；分析来访者呼吸中的一氧化碳浓度可以用来确认其戒烟行为报告。

记录非期望行为会促进人们更好地意识到改变问题行为的必要性。因此，如果自我监测可以促进非适应性行为的改变，临床医生就可以将其用在治疗中。例如，在体重管理项目中，临床医生可以将人们的注意力转向他们摄入食物的热量上。但是，自我监测本身并不足以产生期望的行为改变。要想让行为发生改变，改变的动机和技巧也非常重要。

模拟测量

模拟测量（Analogue Measure）是指在实验室或控制场景中模仿行为自然发生的情境。角色扮演练习是常见的一种模拟测量方式。想象一下，一位来访者很难质疑像教授这样的权威人物。临床医生可能会向来访者描述这样一个场景：你很努力地完成了一篇期末论文，却得到了很差的成绩（可能是 D 或 F）。于是，你去找教授，他问你"有什么问题"，这时，你会怎么做？来访者在这个场景中的行为可以反映其在自我表达方面的缺陷，这些缺陷可以在治疗或自我肯定训练中得到处理。

行为接近任务（Behavioral Approach Task，BAT）是一种被广泛应用的模拟测量方式，即让患有恐怖症的患者逐渐接近其害怕的物体，如蛇（Ollendick et al., 2011；Vorstenbosch et al., 2011）。接近行为会被分解成不同水平的反应，例如，从距离 6 米远的地方观看蛇，触摸装蛇的笼子，进而触摸蛇。BAT 会在控制情境中直接测量刺激反应，被试的渐进行为可以通过给每个水平赋予分数来进行量化。BAT 被广泛用于衡量治疗效果，它可以测量治疗过程中恐怖症患者接近其恐惧对象的极限程度。

GraphicsRF/Fotolia/Fotolia

行为接近任务

这是评估恐怖症行为的一种方法，它可以用来测量一个人接近或与恐惧刺激互动的程度。在这里，我们看到一位患有恐蛇症的女士伸出手去触摸一条（无毒的）蛇。其他一些患有恐蛇症的患者可能无法触摸蛇，甚至不能待在有蛇的地方，除非蛇被安全地关在笼子里。

行为评定量表

行为评定量表（Behavioral Rating Scale）是一种包含问题行为的频率、强度和范围等信息的清单。与自陈式的人格量表不同，行为评定量表评估的是具体行为，而非人格特质、兴趣或态度。

父母经常用行为评定量表来评估孩子的问题行

为。例如，儿童行为清单（Child Behavior Checklist, CBCL）可以帮助父母评估孩子表现出来的 100 多种问题行为（Achenbach & Dumenci, 2001; Ang et al., 2011），包括拒绝吃饭、不服从、打人、不合作及毁坏自己的东西等。

通过使用这个量表，临床医生会得到一个问题行为总分及各个维度（如不良行为、攻击行为和身体问题）的分量表分数。临床医生可以将孩子在这些维度上的得分与同年龄样本的常模进行比较。

数字时代下的异常心理
进入智能手机时代的症状监测

如今，很多治疗师开始将智能手机应用程序作为一种治疗工具来使用，从而跨越治疗室的限制，监测来访者在日常生活中的想法、行为和症状。这样一来，治疗师就不必等到每周的治疗会谈时间才让来访者报告他们的想法、情绪和行为变化。通过使用智能手机应用程序，治疗师可以随时了解来访者的个人情况（Clough & Casey, 2015; Marzano et al., 2015）。一些应用程序会提示用户在一天中的不同时间对自己的情绪或症状进行评分。来访者的这些信息会通过无线方式传输给治疗师，治疗师会记录他们的进展，并在数据中寻找模式，识别症状何时出现，然后再有针对性地进行治疗。症状追踪或监测通常会被整合到治疗应用程序中（见第 2 章），以帮助人们应对焦虑、抑郁及失眠等问题。其中一些治疗应用程序是可以单独使用的辅助工具，其他一些应用程序则可以配合传统治疗形式来使用。

iMoodJournal 是一款独立的症状监测应用程序，可以帮助用户每天监测自己的情绪，并识别情绪变化的触发因素。举例来说，智能手机应用程序会这样辅助治疗师进行治疗：通过一款应用程序，进食障碍患者可以通过短信向治疗师报告自己的症状，然后治疗师通过电子化的方式向患者发送针对性的反馈和建议（Bauer et al., 2012）。另一个例子是 CareLoop 这款移动应用程序，抑郁障碍患者可以用它每天多次评估和记录自己的情绪状态，每次大约需要一分钟（CareLoop, 2015）。数据信息会被发送给治疗师，一旦他们检测到症状复发的迹象，便会提供治疗干预。同时，人们还可以使用该应用程序的短信版本。在一项针对戒烟的治疗项目中，当参与者感到对香烟有强烈的渴望时，便可以向其治疗师发送"渴望"一词，这会促使治疗师给出一些有效抵制吸烟诱惑的建议（Free et al., 2011）。应用程序作为治疗工具，在治疗中的应用程度具有不可估量的发展前景，但这需要依靠开发者和治疗师充分的想象力。

杜克大学的科研人员开发了一款应用程序，可用于筛查婴儿的孤独症行为迹象（Hashemi et al., 2014）。另一个例子是 PTSD Coach，这款由美国政府参与开发的应用程序可以帮助那些患有创伤后应激障碍的患者管理症状并为其连接所需的服务（Kuehn, 2011c）。这个应用程序可以成为具有执业资格的专业人士进行常规治疗的有力补充。此外，还有一个十分有趣的应用案例是关于一位强迫性囤积障碍患者的。他的家里堆满了书籍、杂志、纸箱和其他各种不需要的物品。患者用户通过应用程序将她的居住空间的照片发送给治疗师，这样治疗师就可以监测她的治疗进展了（Eonta et al., 2011）。

其他心理健康工作者如今也将手机短信和其他一些电子手段作为干预工具来使用（O'Leary et al., 2015）。例如，对于心脏病患者，医疗护理人员正在使用一种名为 TEXT ME 的短信程序，他们通过每天多次发短信与患者保持联系。这使他们能够更密切地监测患者的症状，并提示他们保持健康的行为（Chow et al.，2015）。尽管症状监测应用程序比自我指导类治疗应用程序具有更加显著的进步，争议性也更小，但我们仍然建议，我们需要来自行业内的充足证据来进一步证明它们的实用性和有效性（Goldberg et al.，2018）。

> ## 正误判断
>
> 　　现在已经有相关的手机应用程序可用于筛查婴儿是否有孤独症行为。
>
> 　　**正确**　杜克大学的研究者已经开发了一款应用程序，用于筛查表现出孤独症行为迹象的婴儿（尽管它尚未被用来诊断孤独症）。

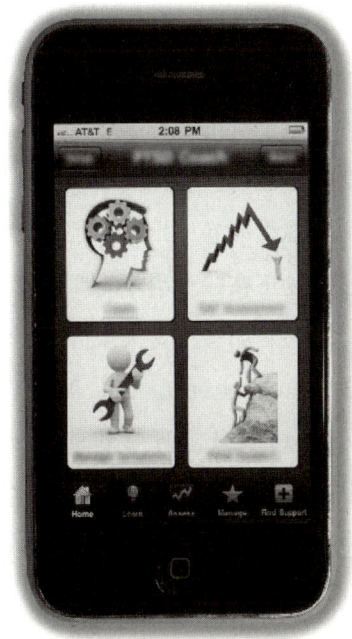

PTSD Coach

美国政府开发了一款名为 PTSD Coach 的手机应用程序，以帮助创伤后应激障碍患者管理自己的症状并获得所需的服务。

资料来源：U.S. Department of Veterans Affairs.

3.3.5　认知评估

描述认知评估的作用，并了解认知测量的两个例子。

　　认知评估（Cognitive Assessment）是对认知（想法、信念和态度）的测量。认知取向治疗师认为，那些持有自我挫败的认知或认知功能失调的人在面对充满压力或令人失望的生活经历时更有可能出现抑郁等情绪问题。治疗师会帮助来访者用自我肯定、理性的思维模式替代功能失调的思维模式。

　　现在已经有几种认知评估的方法被开发出来了。最直接的一种方法是思维记录或思维日记。患有抑郁障碍的来访者可以随身携带这样的日记本，并在出现功能失调的想法时对其进行记录。在早期工作中，亚伦·贝克（Beck et al.，1979）设计了一款思维日记——每天对功能失调的想法进行记录，以帮助来访者找出与问题情绪状态相关联的思维模式。当来访者体验到消极情绪（如愤怒或伤心）时，就记录以下内容：

1. 情绪状态出现时的具体情境；
2. 来访者的脑海中出现的自动思维或具有干扰性的想法；
3. 自动思维所代表的有问题的思维类型或类别，如选择性提取、过度概括、夸大或绝对化思维等（见第 2 章）；
4. 对这些令人困扰的想法的理性回应；
5. 情绪后果或最终的情绪反应。

　　思维日记可以成为治疗项目的一部分，来访者可以通过思维日记来学习用理性的思维替代功能紊乱的思维。

　　自动思维问卷（Automatic Thoughts Questionnaire，ATQ；Hollon & Kendall，1980）可以帮助人们评价 30 项负性自动思维出现的频率和强度。负性自动思维是指突然进入我们脑海中的消极想法。自动思维问卷中的示例条目包括：（1）我认为自己无法坚持下去；（2）我讨厌自己；（3）我让他人失望了。

将每一条目出现的频率相加就可以得到总分。高分说明一个人具有抑郁的思维模式。图 3-6 展示了一些类似于在自动思维问卷中出现的条目。自动思维问卷被广泛用于测量正在接受治疗的抑郁障碍患者的认知改变情况，尤其是那些接受认知行为疗法的患者的认知改变情况（Hamilton et al.，2012）。

另一个认知测量工具是功能失调性态度量表（Dysfunctional Attitudes Scale，DAS），它是一套相对稳定的用于测量与抑郁障碍相关的潜在态度或理论假设的量表（Weissman & Beck，1978）。该量表包括诸如"如果我爱的人不爱我，我就会感到自己一无是处"这样的条目。被试用 7 点量表来评估他们对每个观点的支持程度。功能失调性态度量表测量的是普遍认为会导致个体产生抑郁的潜在假设，因此它也可以被用来检测抑郁障碍的易感性（Chioqueta & Stiles，2007；Moore et al.，2014）。

认知评估为心理学家开辟了一个崭新的领域，让人们得以了解混乱的思维与异常行为之间是如何联系起来的。20 多年前，认知治疗师和认知行为治疗师才开始探索斯金纳所说的"黑匣子"（人们的内心状态），以了解思维和态度是如何影响情绪状态和行为的。

行为主义对认知技术的异议在于，临床医生缺少直接的方法来确认来访者的主观体验及他们的想法和信念。这些都是私密的体验，虽然它们可以被报告出来，但无法被直接观察和测量。尽管想法是私密的内在体验，但以评定量表或清单的形式报告的认知是可以通过参考外部标准来进行量化和验证的。

3.3.6　生理学评估
识别生理学评估的方法。

生理学评估（Physiological Assessment）研究的是人们的生理反应。例如，焦虑一般会伴随自主神经系统的交感神经分支的唤醒（见第 2 章）。因此，焦虑的人会心率加速、血压升高，而这些可以直接通过脉搏和血压计进行测量。人们在焦虑时会出很多汗，在出汗时，人们的皮肤会变湿，从而更容易导电。流汗可以通过电流反应或皮肤电反应［Galvanic Skin Response，GSR；它是以意大利物理学家、内科医生、电学研究领域的先驱路易吉·伽伐尼（Luigi Galvani）命名的］进行测量。GSR 评估的是经过皮肤（一般是手部皮肤）上两点之间的电流量。研究者假设，一个人的焦虑水平与皮肤上传导的电流量大小有关。

皮肤电反应只是通过与身体相连的探测器或传感器测量生理反应的一个例子。另一个例子是脑电图（Electroencephalogram，EEG）——通过将电极贴在头皮上来测量脑电波（见图 3-7）。

肌肉紧张程度的变化也常常与焦虑或紧张状态

下面这些消极的无意识想法可能会突然出现在一个人的脑海中，并对他的情绪和动机水平产生消极影响。治疗师可以使用诸如自动思维问卷之类的问卷来帮助来访者识别他们的自动思维，并使用理性的思维来取而代之。

- 我是一个失败者
- 我不知道自己究竟是怎么了
- 我认为最坏的事情就要发生了
- 我到底是怎么了
- 事情总是出错
- 我一无是处

- 我十分无能
- 我要是能变成另外一个人就好了
- 我想我要失败了
- 我总是不如他人
- 我永远都不会成功
- 我对自己真的很失望

图 3-6　一些类似于在自动思维问卷中出现的条目

资料来源：Adapted from Hollon & Kendall（1980）.

相关。这些变化可以通过肌电图（Electromyograph，EMG）进行测量，即通过与目标肌肉群相连接的传感器对肌肉紧张程度进行监测。将肌电图探测器放在前额处可以指示与紧张性头痛相关的肌肉紧张。

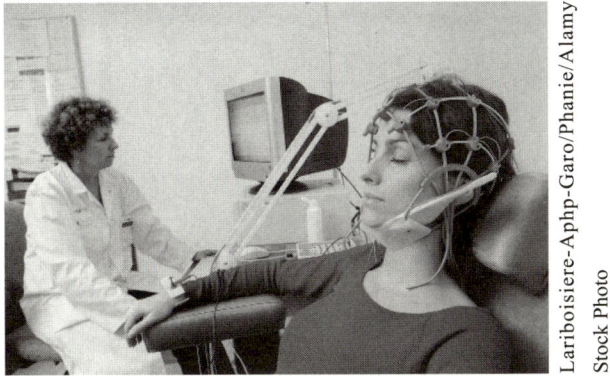

图 3-7 脑电图

脑电图可用于研究正常人群与患有精神分裂症或器质性脑损伤等问题的人群之间的脑电波差异。

脑成像和记录技术

医学技术的发展让人们在不做手术的情况下研究大脑的运作成为可能。最常见的技术是脑电图，即记录脑电活动情况的技术。脑电图探测的是贴在头皮上的两个电极之间传导脑电活动的数量或脑电波。某些脑电波模式与人们放松的精神状态有关，也与睡眠的不同阶段有关。脑电图可用于检查与心理障碍相关的脑波模式，如精神分裂症和脑损伤。医学工作人员也可以通过脑电图发现脑异常，如肿瘤。

脑成像技术生成的图像反映了脑的结构和功能情况。计算机断层（Computed Tomography，CT）扫描——也被称为计算机多轴断层（Computerized Axial Tomography，CAT）扫描——是指使用一束精密的 X 线对头部进行扫描（见图 3-8），从多个角度测量经过的射线。通过计算机程序，医生和研究者可以将这些测量数据整合到大脑结构的三维图像中。这些以前需要通过手术才能得到的脑损伤和其他结构缺陷（如肿瘤）的证据，现在可以在监测器上显示出来。

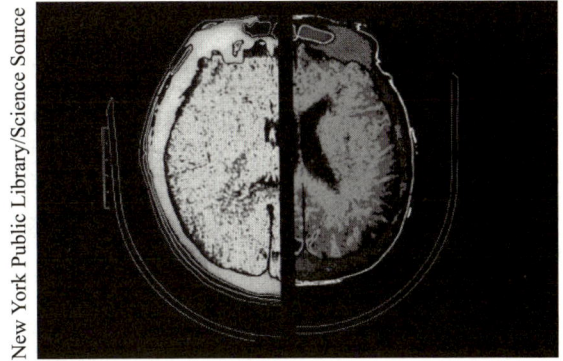

图 3-8 计算机断层扫描

这是阿尔茨海默病患者（图中右半部分）与健康对照组被试（图中左半部分）的脑部计算机断层扫描对比图。这些图像经过染色处理以突显阿尔茨海默病患者脑组织的破坏和萎缩情况（我们将在第 14 章讨论阿尔茨海默病）。

正误判断

尽管科技进步了，但现在的医生仍然需要通过做手术来研究大脑是如何运作的。

错误 脑成像技术的发展让人们可以在不进行外科手术的情况下了解大脑的功能运作。

另一种成像技术是正电子发射断层（Positron Emission Tomography，PET）扫描，它可用于研究大脑不同区域的功能情况（见图 3-9）。这种技术是将微量

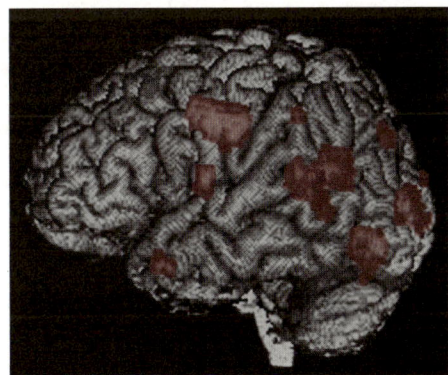

图 3-9 对幻觉进行的正电子发射断层扫描成像

该图是一位 23 岁的精神分裂症患者出现幻觉时左脑的 PET 图像，红色区域显示该部分的脑活动增强。患者报告，在他的幻觉中，他会看到有色人种跟他说话。右脑和后脑的红色区域负责处理视觉图像信息，而中上方的红色区域则负责处理听觉信息。这些图像证实了患者确实曾"看到和听到"幻觉。

放射性化合物（示踪剂）与葡萄糖混合后经静脉注射到人体血液中。当示踪剂随血流到达脑部时，通过检测它所释放的正电子（带正电的粒子），就可以揭示神经活动的模式。大脑不同区域代谢葡萄糖的过程可转化为计算机可呈现的神经活动图像，代谢更旺盛的区域对应更高的神经活跃度。当我们听音乐、解决数学问题或使用语言时，可以用正电子发射断层扫描技术来了解哪个部位或区域是最活跃的。正电子发射断层扫描技术也可用来揭示精神分裂症患者的脑活动异常情况（见第 11 章）。

第三种成像技术是磁共振成像（Magnetic Resonance Imagingm，MRI）。在磁共振成像技术中，一个人会被安置在一个产生强磁场的圆环形管道中。用发明者的话来说，磁共振成像的基本工作原理就是将人置于一个大磁场中（Weed，2003）。然后，特定频率的无线电波会对准人的头部，因此大脑发出的信号可以从多个角度进行测量。与计算机断层扫描一样，这些信号会被整合到由计算机生成的脑图像中，该图像能揭示与心理障碍（如精神分裂症和强迫症）相关的脑异常。

正误判断

接受磁共振成像的人就像被放到了一个大磁场中。

正确 磁共振成像就像一个产生强磁力的大磁场，将无线电波对准头部，可以生成脑图像。

在磁共振成像技术中，有一种叫功能性磁共振成像（functional Resonance Imaging，fMRI）的技术，可以用于确认人们在进行某项任务（如使用视觉、记忆或言语）时被激活的大脑区域（见图 3-10）。功能性磁共振成像技术监测的是大脑的不同区域对氧气的使用情况，这反映了在特定任务中大脑不同区域的相对活

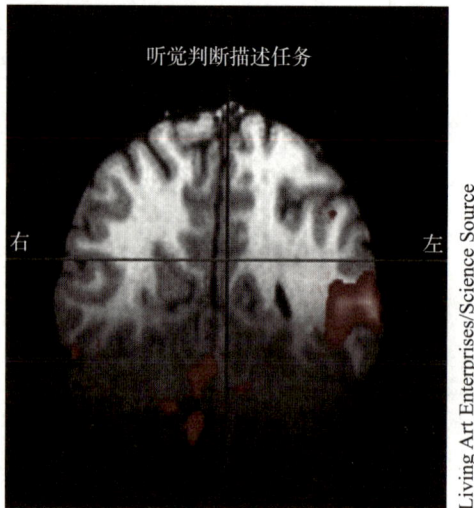

听觉判断描述任务

右　　　　　左

Living Art Enterprises/Science Source

图 3-10　功能性磁共振成像

功能性磁共振成像是一种特殊类型的磁共振成像技术，它可以让研究者确定个体在做某些任务时被激活的大脑区域。用红色表示的区域就是一个人在完成"按要求说出一对词语是否匹配"的任务时被激活的大脑区域。左半球（在图中显示为右侧）上大块的红色区域正是大脑皮层中负责语言加工的区域。

跃程度或参与程度。在一项功能性磁共振成像研究中，研究者发现，当可卡因成瘾者处于对可卡因渴求的状态时，他们的某个脑区会更活跃，而正常人在观看令人抑郁的录像时，该脑区也会变得活跃（Wexler et al.，2001）。这表明，抑郁情绪和药物成瘾之间存在生理上的联系。

最后，研究者还会使用精密的脑电图记录技术来呈现精神分裂症患者或其他心理障碍患者的大脑各区域的脑电活动情况。在图 3-11 中我们可以看到，很多电极被连接到头皮的不同区域，将有关脑活动的信息传输到计算机中。计算机会分析这些信号，并通过生动的图像显示正在运行的脑电活动。在后面的内容中，我们会看到现代成像技术是如何促进我们对不同类型的心理障碍的理解的。脑部扫描技术是否可以用来诊断精神障碍？我们将在下文的"深度探讨"专栏中详细讨论这个有趣的问题。

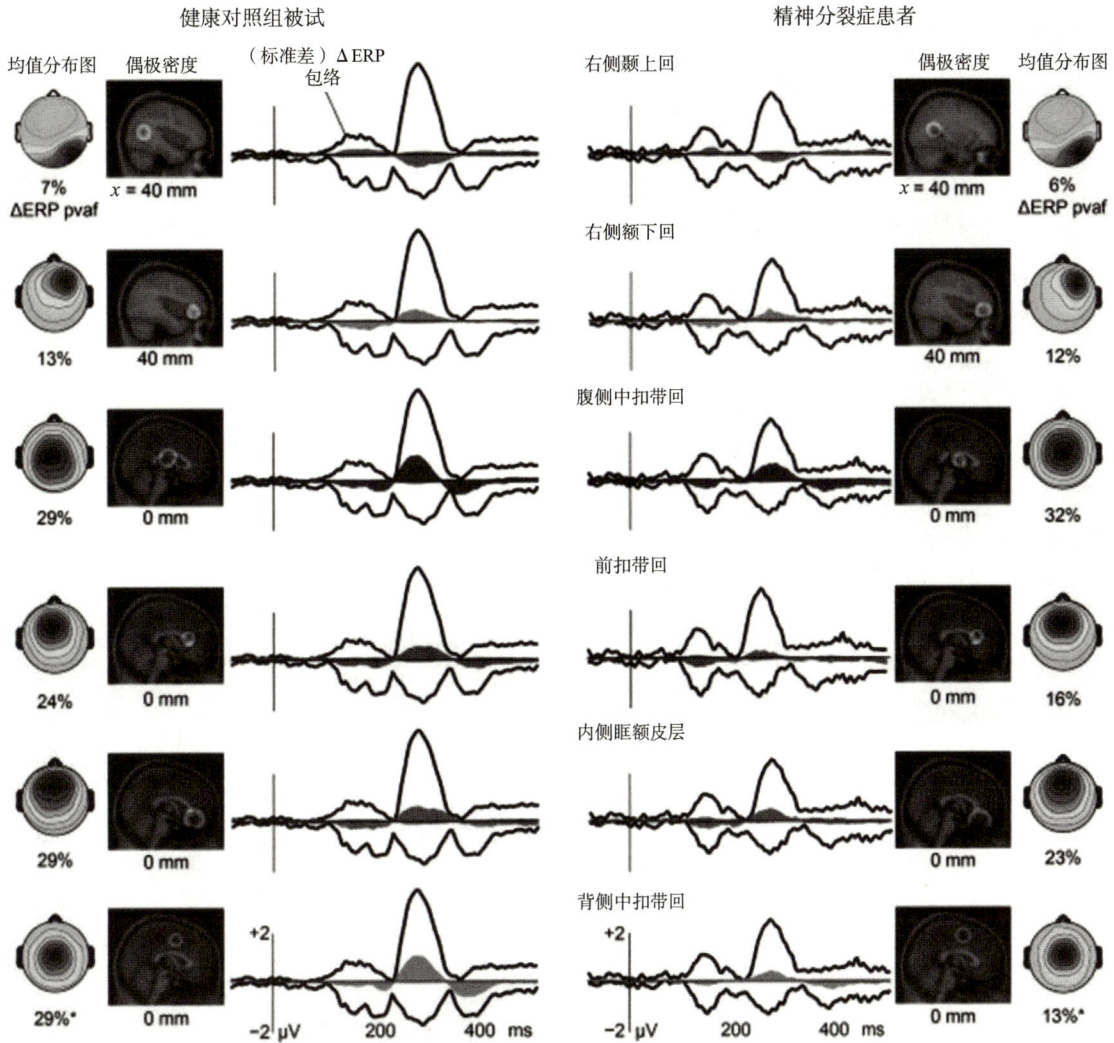

图 3-11　精神分裂症患者与健康对照组被试的脑电波模式对比图

当精神分裂症患者和健康对照组被试听到同一系列哔哔声时，研究者使用脑电图设备来监测他们的脑电活动模式。大脑不同区域产生的脑电图如图所示。这显示出精神分裂症患者的大脑在处理声音方面存在缺陷。研究者希望精神分裂症患者可以从旨在提高感官信息处理能力的认知练习中获得帮助。

深度探讨
脑部扫描可以发现精神分裂症吗

答案是：目前还不能。不过，朝着这个方向所做的努力已经取得了一定的进展（Bullmore，2012；Ehlkes，Michie，& Schall，2012）。科学家希望脑部扫描能帮助临床医生更好地诊断和治疗心境障碍、精神分裂症和注意缺陷/多动障碍等心理障碍。研究者致力于从精神疾病患者的脑部扫描中寻找具有特异性的标志，就像医生用成像技

术来检测肿瘤、组织受损和脑损伤一样。

正误判断

脑部扫描技术的进步使医生可以通过磁共振成像技术来诊断精神分裂症。

错误　现在还不行，但也许有一天我们能够通过脑成像技术来诊断心理障碍。

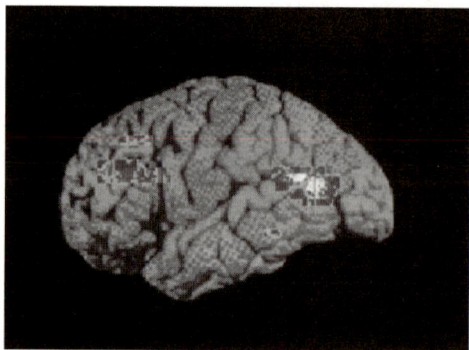

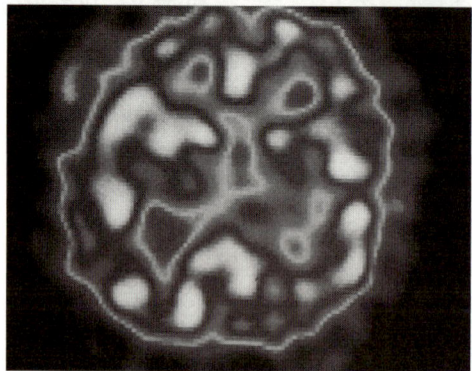

Source WDCN/Univ. College London/Science

Tim Beddow/Science Source

心理健康领域曾一度满怀热情，认为脑部扫描可以为心理问题的诊断开启新纪元，这种乐观的估计现在被证明为时尚早。哈佛大学教授、美国国家心理健康研究所前所长史蒂文·海曼（Steven Hyman）博士给出了这样的解释："我认为，除部分观点鲜明的异议者外，科学界认为成像技术很快会对精神病学产生影响，这过于乐观了……在过分乐观情绪的影响下，人们忘记了大脑是人类探究史上最为复杂的物体，想要知道哪里出了问题并不那么容易（Carey，2005）。"

研究者面临的问题之一是，精神分裂症这类障碍的脑异常标志是很细微的，或者处于一般人群的正常变化范围之内，一些异常也会出现在其他障碍中。但是，不断出现的证据表明，在对精神分裂症早期阶段的患者进行脑部扫描时，可以检测到一些可分辨的脑异常（Ehlkes，Michie，& Schall，2012）。研究者现在正努力通过成熟的脑成像技术来锁定这些脑异常的特定指标。立足现在，展望未来，我们有理由相信，脑部扫描技术将来一定会被广泛应用于诊断精神分裂症，就像现在它们被用来诊断脑部肿瘤一样。

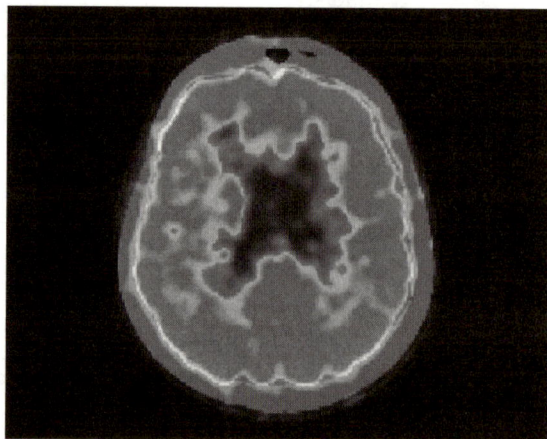

BanksPhotos/E+/Getty Images

哪些脑部扫描结果可以表明患者患有精神分裂症
目前还无法确定，但研究者希望有一天他们能够通过使用脑部扫描检测出精神分裂症和抑郁障碍的特异性标志，从而对这些障碍进行精确的诊断。

3.3.7 心理评估中的社会文化因素
描述社会文化因素在心理评估中的作用。

研究者和临床医生必须在评估人格特质和心理障碍的过程中时刻关注来访者的社会文化和种族背景。例如，在对来自其他文化背景的人进行测验时，严谨的、能准确反映原条目含义的翻译是非常必要的。临床医生还要认识到，那些在一个文化环境中可靠、有效的评估方法，在另一个文化环境中可能就不一定可靠或有效了，即便在它们被准确翻译的情况下（Cheung，Kwong，& Zhang，2003）。

研究者需要充分考虑社会文化因素的影响，这样才能避免在评估中带入文化偏差（Braje & Hall，2015）。换句话说，施测者需要确保自己没有将信仰或实践中的文化差异识别为异常或偏差行为。对评估工具的翻译不仅是对文字的翻译，还需要提供一些指导说明，以鼓励施测者重视文化信仰、行为规范和价值观的重要性，这样施测者在评估异常行为模式时才会考虑来访者的背景。

研究者还需要将心理测量工具放到微观的文化环境中仔细考察。例如，贝克抑郁量表（Beck Depression Inventory，BDI）是一种在美国被广泛使用的抑郁症状量表，在被用于区分美国的少数族裔群体和其他文化中的抑郁和非抑郁人群时具有良好的效度（Grothe et al.，2005；Yeung et al.，2002）。中国的一项研究表明，MMPI-2 可以用来预测中国军队中的新兵对军队生活的适应程度（Xiao，Han，& Han，2011）。

其他研究者发现，在门诊部和住院部对非裔美国患者和欧裔美国（非西班牙裔白人）患者进行比较时，没有发现 MMPI-2 存在临床上显著的文化偏差（Arbisi，Ben-Porath，& McNulty，2002）。在其他研究中，研究者发现，MMPI-2 可以有效检测出美洲印第安部落成员

的问题行为和症状（Greene et al.，2003；Robin et al.，2003）。

治疗师必须认识到，在进行多文化评估时要考虑来访者语言偏好的重要性。在翻译过程中，一些原意会丢失，有时甚至会被歪曲。例如，在对以西班牙语为母语的人进行英语访谈时，与用母语进行访谈相比，用英语进行访谈会更倾向于肯定他们出现了心理问题（Fabrega，1990）。同样，治疗师可能也无法理解不同语言中的习惯用语和微妙之处。例如，一位在外国出生并在当地接受培训的母语非英语的精神科医生曾报告，有一位患者表现出了妄想信念，即他觉得他离开了自己的身体。后来人们发现，这位临床医生是根据患者在被问及是否感到焦虑时的回答进行评估的。"是的，医生，"患者回答，"我有时感觉自己紧张得要受不了了（Jumping Out of my Skin，直译为从自己的皮肤里跳出来了）。"

本章总结

3.1 异常行为模式是怎样分类的

3.1.1 DSM 与异常行为模型

描述 DSM 的主要特征。

DSM 现在已经发行第 5 版了（DSM-5），它根据精神障碍的类别对各种异常行为模式进行了分类，而且基于具体的诊断标准，它能够在每个类别中确定具体的障碍类型。

3.1.2 文化相关综合征

描述文化相关综合征的概念并识别几个例子。

文化相关综合征是一种异常的行为模式，只存在于或主要存在于特定的文化中，如东南亚国家的恐缩症和印度的精液流失恐怖症。

3.1.3 评价 DSM

解释为什么 DSM 具有争议性，并评估其优缺点。

DSM-5 引起了许多关注，包括对可诊断疾病的扩展、精神疾病分类的改变、特定疾病诊断标准的改变，以及在开发过程中缺乏研究证据的关注。

DSM 系统的主要优点是它对每种疾病使用特定的诊断标准。其缺点包括某些诊断类别的信度和效度问题，以及一些批评人士认为的对异常行为模式的分类遵循医学模型框架。一些研究者倾向于用维度模型来替代分类模型。

3.2 评估标准

3.2.1 信度

识别评估测验和测量的信度的方法。

评估技术的信度表现在多种方面，包括内部一致

性、重测信度和评分者信度。

3.2.2 效度

识别评估测验和测量的效度的方法。

效度是基于内容效度、效标效度和结构效度的测量来确定的。

3.3 评估方法

3.3.1 临床访谈

识别三种主要的临床访谈类型。

临床访谈涉及使用一套问题，旨在从寻求治疗的人那里收集相关的信息。三种主要的临床访谈类型分别为：非结构化访谈（临床医生可以按照自己的提问风格进行访谈，而不必遵循特定的脚本）、半结构化访谈（临床医生遵循预设的提纲来指导他们的提问，但可以自由地从其他方向岔开）和结构化访谈（临床医生严格按照预设的问题顺序进行提问）。心理功能评估的计算机化方法已然成为临床工作的主流。

3.3.2 心理测验

描述两种主要的心理测验：智力测验和人格测验，并了解每种测验的具体例子。

心理测验是一种结构化的评估方法，用于评估诸如智力和人格等相对稳定的特征。智力测验，如韦氏智力测验，在临床评估中用于各种目的，包括获得确定智力残疾或认知障碍的证据，以及评估认知的优劣势。

客观人格测验，如明尼苏达多项人格测验，使用结构化的项目来测量心理特征或特质，如焦虑、抑郁和男性化 / 女性化。这些测验在某种意义上被认为是客观的，因为它们利用了对项目可能反应的有限范围，并基于一种经验或客观的测验构建方法。客观测验易于管理，可靠性高，因为有限的回答选项允许客观评分。然而，它们可能受潜在的反应偏差的限制。

投射测验，如罗夏墨迹测验和主题统觉测验，要求个体解释模棱两可的刺激，其依据是受测者的答案能揭示个体的无意识过程。然而，投射测验的信度和效度仍然存在争议。

3.3.3 神经心理评估

描述神经心理评估的用途。

神经心理测验是一种正式的结构化测验，用于识别可能的神经系统损伤或脑损伤。霍尔斯特德 – 里坦神经心理成套测验揭示了提示潜在脑损伤的认知功能缺陷。

3.3.4 行为评估

识别行为评估的方法，并描述功能分析的作用。

行为评估的方法包括行为访谈、自我监测、人工或模拟测量、直接观察和行为评定量表。行为施测者可以进行功能分析，用来确定问题行为的前因和后果。

3.3.5 认知评估

描述认知评估的作用，并了解认知测量的两个例子。

认知评估侧重于测量思想、信念和态度，以帮助识别扭曲的思维模式。具体的评估方法包括使用思维记录或思维日记，以及使用评定量表，如自动思维问卷和功能失调性态度量表。

3.3.6 生理学评估

识别生理学评估的方法。

生理功能的测量包括心率、血压、皮肤电反应、肌肉紧张和脑电波活动。脑成像和记录技术，如脑电图、计算机断层扫描、正电子发射断层扫描、磁共振成像及功能性磁共振成像，可以探测大脑的内部运作和结构。

3.3.7 心理评估中的社会文化因素

描述社会文化因素在心理评估中的作用。

在一种文化中可靠和有效的测验方法，在另一种文化中可能就不可靠或有效了，即便它被准确地翻译。在评估来自其他种族或文化背景的人时，施测者也需要避免带入自己的文化偏差。例如，他们需要确保自己不会给那些在他们自己的文化或种族群体中被认为不正常的行为贴上异常的标签。

批判性思考题

请在阅读本章内容的基础上，回答以下问题。

- 为什么对临床医生来说，在诊断心理障碍时考虑文化因素很重要？

- 思考关于使用投射测验的争论：你是否相信一个人对墨迹或其他非结构化刺激的反应能够揭示这个人潜在人格的某些特征？为什么能或为什么不能？

- 你做过智力测验或人格测验这类心理测验吗？你的体验如何？如果你做过，你从测验中学到了什么？

- 杰米抱怨，自从哥哥去年在车祸中去世以来，她一直感到很抑郁。心理学家可以用哪些评估方法来评估她的精神状况？

第**4**章
应激相关障碍

SeventyFour Images/Alamy Stock Photo

本章音频导读，
请扫描二维码收听。

∨ 学习目标

4.1.1 评价应激对健康的影响。

4.1.2 识别并描述一般适应综合征的不同阶段。

4.1.3 对生活变化与心理和躯体健康之间关系的相关证据进行评价。

4.1.4 评价文化适应压力对心理适应的影响。

4.1.5 识别调节应激的心理因素。

4.2.1 描述适应障碍的定义及其主要特征。

4.2.2 识别适应障碍的特定类型。

4.3.1 描述急性应激障碍的主要特征。

4.3.2 描述创伤后应激障碍的主要特征。

4.3.3 描述有关创伤后应激障碍的概念性理解。

4.3.4 描述创伤后应激障碍的治疗方法。

在进一步阅读之前，请先完成正误判断测试，看看自己对相关知识的掌握情况。接着，在阅读本章的内容时，请对照穿插其中的参考答案来确认你的答案。

正误判断

正确　错误

☐　☐　当你阅读本页的内容时，你体内数以百万计的微生物"战士"正在执行搜索和歼灭任务，寻找并消灭外来入侵者。

☐　☐　出人意料的是，应激会让你对感冒的抵抗力更强。

☐　☐　写下创伤经历可能会对你的躯体和情绪健康有好处。

☐　☐　如果移民群体抛弃自己的文化传承，转而接受东道主文化的价值观，那么他们会表现出更好的心理适应状态。

☐　☐　乐观主义者或许拥有充满希望的期待，但实际上悲观主义者拥有更强的心血管功能和免疫功能。

☐　☐　如果你因为最近的一次分手而难以将精力集中在学业上，那么你可能正在遭受某种心理障碍的困扰。

☐　☐　暴露于战争环境是最常见的一种与创伤后应激障碍相关的创伤。

尽管"9·11"事件已经过去多年了，但与许多亲历者一样，关于那一天的恐怖记忆依然在我脑海中挥之不去，历历在目。

——杰弗里·S.尼维德

"快跑！楼要塌了"

2001年9月11日，当我走进位于纽约市皇后区的圣约翰大学的教室时，我问道："出什么事了吗？"那个可怕的日子纵然已过去许多年了，我的记忆依然鲜活。学生们都聚集在窗边，没人回答我的问题。但有一名学生指向窗外，脸上带着我一辈子也不会忘记的痛苦表情。不一会儿，我就看见滚滚浓烟从世界贸易中心的一座塔楼中升起，在距离其西边大约两万米的地方依然清晰可见。接着，第二座塔楼也突然变身火海，我们都目瞪口呆。紧接着，更不可思议的事情发生了，一座塔楼突然消失了，另一座塔楼也不见了。一名学生刚刚走进教室，问道："它们去哪儿了？"另一名学生回答："它们消失了。"发问的学生继续问道："消失了，这是什么意思？"

我们从远处目睹了这起众所周知的恐怖事件，但许多人却直接经历了这一灾难性事件，其中包括成千上万个像托宾警官这样的人，他们冒着生命危险去拯救其他人。

托宾警官讲述了她在看到第一座塔楼在她周围倒塌时内心升起的恐惧，她心想自己不可能跑得过它。人们朝她跑来，大声尖叫着："快跑！快跑！楼要塌了！"她当机立断，跳上巡逻车的后座，希望能起点防护的作用，但爆炸的威力太大了，她直接被抛向空中，越过了一道混凝土护栏。幸运的是，她被摔到街对面的草坪上。此时，在滚滚黑烟中，各种残骸碎片纷纷落下。接着，她听到自己的脑袋撞击头盔时发出的巨大响声。她被从天而降的残骸砸中了头。她感到血沿着脖子后方往下流，当她伸手去摸自己的头时，她惊恐地发现一块近 10 厘米长的混凝土嵌入了头骨。她在一片漆黑中挣扎着呼吸，听到周围的人在尖叫，她记得自己当时想，他们全都将死在这条街上。

资料来源：Adapted from Hagen & Carouba, 2002.

暴露在应激情境中，尤其是暴露在像"9·11"事件这样的创伤性应激情境中，可能会对精神和躯体健康产生深远、持久的影响。本章关注的是应激对身心的影响，包括与日常生活经历相关的应激，以及以创伤形式出现的应激。

许多应激源在本质上是心理或情境性的，如保住一份（或两份）工作、准备考试、保持家庭收支平衡、照顾生病的孩子或至亲等。以上及其他应激源会给躯体和情绪健康带来深远的影响。那些研究包括应激在内的心理因素与躯体健康之间相互关系的心理学家被称为健康心理学家（Health Psychologist）。

让我们先来定义一下即将用到的术语。应激（即压力，Stress）[①]这一术语是指作用于物体的压力或力量。例如，在物理世界中，山崩时大量岩石在撞击地面后会产生巨大的压力，造成地面凹陷或形成巨石坑。在心理学中，我们用应激这一术语来指代施加于有机体并使其进行适应或调整的压力或要求。应激源（Stressor）是指应激的来源。应激源（或应激）包括心理因素（如学校中的考试和社会关系中的问题）、生活变化（如至亲离世、离婚或失业，以及像堵车这样发生在日常生活中的麻烦事），以及物理环境因素（如暴露在极端的温度或噪声环境下）。应激这一术语应该与痛苦（Distress）区分开来，后者是指一种躯体或精神上的痛苦状态。一定程度的应激很可能对我们来说是健康的，它会帮助我们保持活跃和警惕。不过，长期或强烈的应激会让我们的应对能力负荷过重，导致情绪困扰（如焦虑或抑郁）或躯体不适（如疲劳和头痛）。

应激与大量的躯体和心理问题相关。我们首先会通过讨论应激与健康之间的关系来研究应激的影响。随后，我们会介绍与应激相关的心理障碍，它们涉及对应激适应不良的反应。

4.1　应激的影响

心理应激源不仅会削弱我们调整和适应的能力，还可能对我们的健康产生不良影响。许多去看医生的人，甚至绝大部分人，都患有与应激相关的疾病。应激与各种躯体疾病有关，从消化不良到心脏病，不一而足（Carlsson et al., 2014；Gianaros & Wager, 2015）。

很多美国人感觉自己生活中的应激水平在不断上升。根据美国心理学会最近在全美范围内开展的一项研究，近一半的美国人表示自己的应激水平在过去的五年里有所上升，近 1/3 的人称他们处在极高的应激水平上（APA, 2007a, 2007b, 2010）。美国人认识到应激正在给他们带来伤害。很多人认为自己出现了心理症状，如易激惹或愤怒，也出现了躯体症状，如疲劳（见图 4-1）。

心理神经免疫学领域研究的是心理因素（尤其是应激）和免疫系统运作之间的关系（Kiecolt-Glaser, 2009）。接下来，我们来看看科学家已经掌握的情况。

[①]　在本书中，"压力"和"应激"会根据具体内容交替使用。——编者注

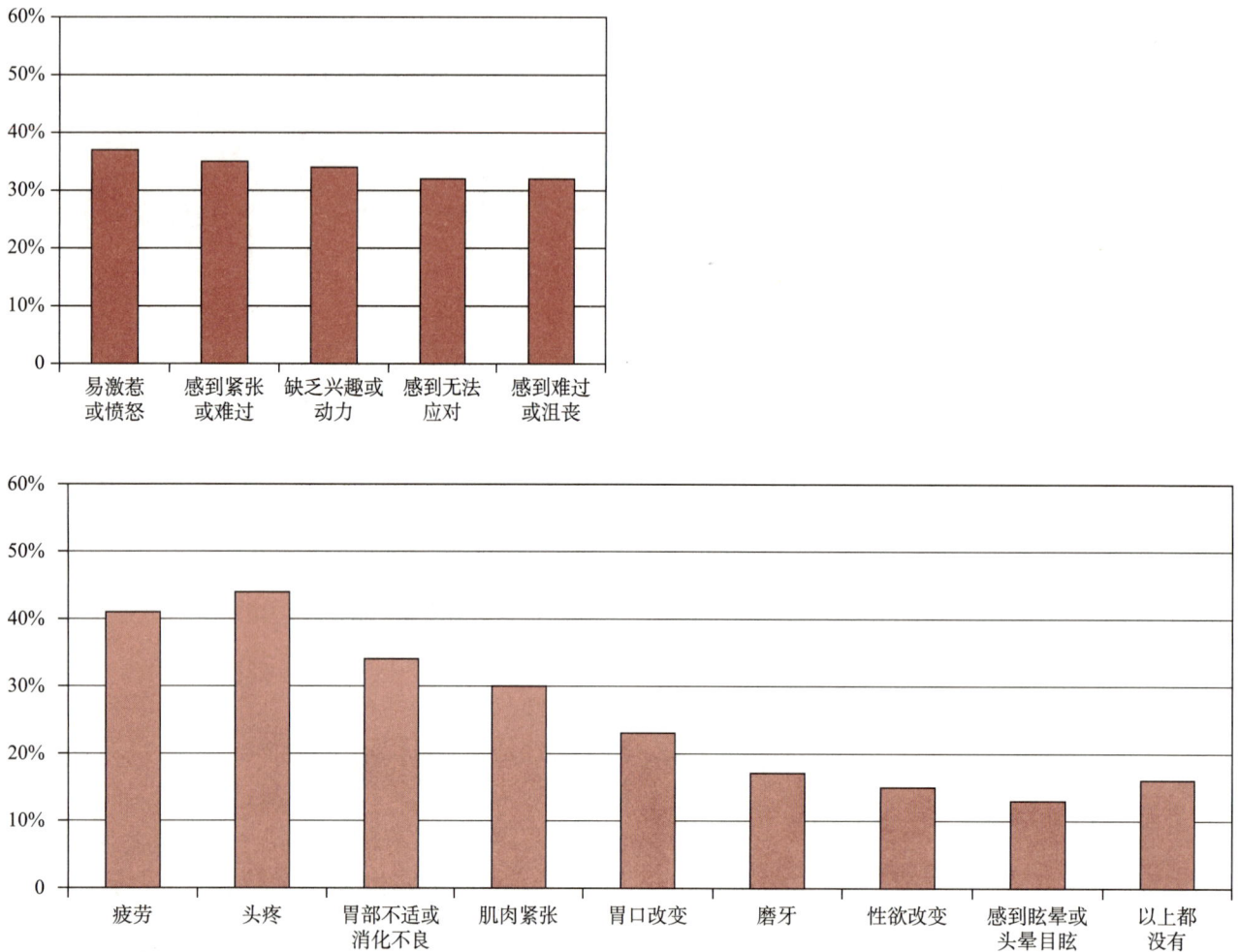

图 4-1　应激导致的心理和躯体症状

美国人所报告的因应激导致的症状分布比例如图，包括心理症状（如易激惹、感到紧张）和躯体症状（如疲劳、头痛和胃部不适）。
应激是如何影响你的？

资料来源：Adapted from American Psychological Association，2015a（top），and 2010（bottom）.

4.1.1　应激与健康

评价应激对健康的影响。

为了了解应激对身体的危害，我们首先要弄清楚身体在应激下会有怎样的反应。

应激与内分泌系统

应激会对**内分泌系统**（Endocrine System）产生多米诺骨牌效应。内分泌系统是一种腺体系统，可以直接向血液中释放名为**激素**（Hormone）的分泌物。（其他腺体，如可以产生唾液的唾液腺，则是将分泌物释放到分泌管道中。）图 4-2 展示了遍布全身的主要内分泌腺。

多个内分泌腺体参与了身体对应激的反应。首先，下丘脑（脑内的一个小结构）会释放一种激素，刺激周围垂体分泌促肾上腺皮质激素（Adrenocorticotrophic Hormone，ACTH）。促肾上腺皮质激素反过来又会刺激位于肾脏上方的肾上腺。在促肾上腺皮质激素的作用下，肾上腺的外层，即肾上腺皮质，会释放一组名为皮质类固醇（如皮质醇和可的松）的激素。皮质类固醇在身体中有多种功能——增强对应激的抵抗力、促进肌肉发育、诱导肝脏释放糖类，从而为应对具有威胁性的应激源（如潜伏的捕猎者或攻击者）或紧急情

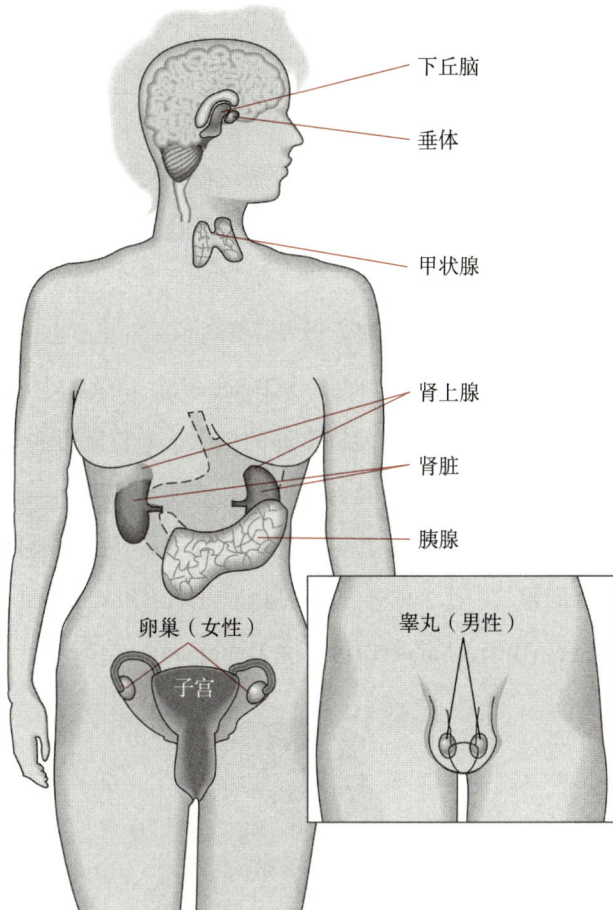

图 4-2　内分泌系统的主要腺体

内分泌腺会直接向血液注入分泌物，即激素。虽然激素可以在全身流动，但它们只能作用于特定的受体位点。许多激素与应激反应和各种异常行为模式有关。

境提供所需的能量。此外，它们还可以帮助身体抵御过敏反应和炎症。

自主神经系统的交感神经分支会刺激肾上腺髓质（肾上腺的内层）分泌肾上腺素和去甲肾上腺素的混合物。这些化学物质被释放到血液中后，会作为激素对身体起作用。神经系统也会产生去甲肾上腺素，在神经系统中，它会作为神经递质起作用。肾上腺素和去甲肾上腺素共同作用，通过加速心率、刺激肝脏释放储存的葡萄糖（一种作为体内细胞燃料的糖类）来调动身体，以便应对具有威胁性的应激源。肾上腺产生的应激激素可以帮助身体做好准备来应对即将到来的威胁或应激源。一旦应激源消失，身体就会恢复到

正常状态。这是非常正常且具有适应性的。但是，如果应激持续存在或反复出现，身体不停地释放应激激素来调动其他系统，一段时间后身体资源就会用尽并损害健康（Gabb et al., 2006；Kemeny, 2003）。长期存在或反复出现的应激会损害很多身体系统，包括心血管系统（心脏和动脉）和免疫系统（Song et al., 2018）。

应激与免疫系统

考虑到人类身体的复杂性和科学知识的快速发展，我们可能会认为自己可以高度依赖医学专家来与疾病做斗争了。然而，我们的身体在大多数情况下都是靠免疫系统来应对大部分疾病的。

免疫系统（Immune System）是抵御疾病的身体系统。你的身体一直在执行搜索并摧毁入侵微生物的任务，甚至在你阅读本页的内容时，免疫系统也在工作。上百万个白细胞是免疫系统这场微生物"战争"中的步兵。白细胞有条不紊地包围并杀死病原体，如细菌、病毒、真菌、不再工作的身体细胞及癌细胞。

白细胞可以通过入侵病原体的表面片段来识别它们，这些片段被称为"抗原"，字面意思为抗体制造者。一些白细胞会产生抗体，这是一种特殊的蛋白质，可以锁定抗原位置并标记其为"需要毁灭的"，从而为淋巴细胞这一专业"杀手"指出目标。淋巴细胞

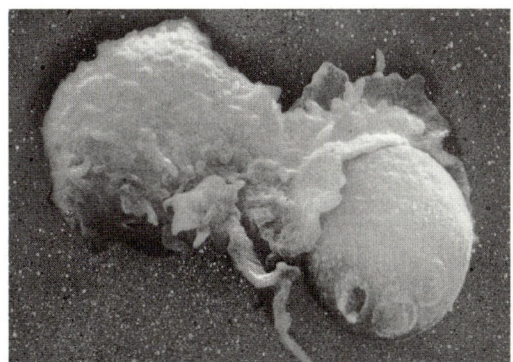

体内的战争

图中的白细胞（左侧）正在攻击和吞噬一个病原体。这些白细胞构成了抵御细菌、病毒和其他入侵生物体的身体防御系统的主要部分。

在搜寻并毁灭抗原的任务中扮演"突击队员"的角色（Greenwood，2006；Kay，2006）。

正误判断

当你阅读本页的内容时，你体内数以百万计的微生物"战士"正在执行搜索和歼灭任务，寻找并消灭外来入侵者。

正确 你的免疫系统总是在警惕入侵的微生物，并持续不断地派遣专门的白细胞识别和清灭传染性微生物。

特殊的"记忆淋巴细胞"（淋巴细胞是白细胞的一种类型）会被保留下来，而非标记外来物以进行摧毁或与之进行战斗。它们可以在血液中保留数年，并在下次入侵者出现时快速进行免疫反应（Jiang & Chess，2006）。

偶尔出现的应激不会对我们的健康造成损害，但持续或长期的应激最终会削弱身体的免疫系统（Fan et al.，2009；Kemeny，2003）。免疫系统的削弱会让我们更容易罹患其他疾病，包括普通感冒和流感，并可能会增加罹患慢性疾病的风险，包括癌症。

心理应激源可能会抑制免疫系统的反应，尤其是在应激特别强烈或持续时间很长的情况下（Segerstrom & Miller，2004）。即使是持续时间相对短暂的应激，如期末考试，也可能会削弱免疫系统，尽管它们产生的影响不如慢性或长期的应激产生的影响那么大。对免疫系统产生影响的生活应激源会加重我们对疾病的易感性，这些应激源可能包括婚姻冲突、离婚、长期失业，以及像自然灾害和恐怖袭击这样的创伤性应激事件（Kiecolt-Glaser et al.，2002）。

不过，心理因素（应激）是如何转化为躯体健康问题的？科学家认为他们也许已经找到了答案——炎症（Marsland et al.，2017）。在正常情况下，免疫系统会调节身体对感染或损伤的炎症反应；而在应激状态下，

免疫系统对炎症反应的调节能力就会变弱，导致持续的炎症和许多躯体障碍的发展，包括心血管疾病、哮喘和关节炎（Cohen，Janicki-Deverts, et al.，2012）。

社会支持有助于调节或缓解应激对免疫系统的损害。一些早前的研究表明，可寻求的社会支持较少的人，其免疫系统功能也更差，如孤独的学生、朋友较少的医学院学生和牙医专业学生（Glaser et al.，1985；Jemmott et al.，1983；Kiecolt-Glaser et al.，1984）。这项研究表明，孤独可能有损你的健康。来自流行病学的最新研究证据也支持这一观点，该研究表明，孤独和社会孤立的人往往寿命更短，并且更容易遭受躯体健康问题的困扰，如感冒和心脏病（Holt-Lunstad et al.，2015；White，VanderDrifta, & Heffernan，2015）。

Wavebreak Media Ltd PH08/Alamy Stock Photo

应激和感冒

你会发现自己在压力大时会更容易感冒吗（如考试前）？研究者发现，处于严重应激下的人在接触感冒病毒后会更容易生病。

暴露在应激下还会让人更容易患普通感冒。同时，研究者发现，乐于社交的人对普通感冒更有抵抗力（Cohen et al.，2003）。这些结果都显示了社会化或社会支持在缓解应激的影响中可能起到的作用。

正误判断

出人意料的是，应激会让你对感冒的抵抗力更强。

错误 应激会增加人们感冒的风险。

我们应该注意，心理神经免疫学的大部分研究都是相关研究。研究者会考察与不同应激程度相关的免疫功能，但并没有（也不会）直接操纵应激水平，以观察其对研究对象的免疫系统或一般健康状况的影响。相关研究可以帮助科学家更好地理解变量之间的关系，这可能指向潜在的因果因素，但这些研究本身并不能证明因果关系。

以书写作为应激与创伤的应对反应

以书写的形式表达我们生活中的应激事件或创伤事件可能会有治疗效果。很多研究表明，表达性书写可以减少创伤后应激障碍患者的心理和躯体症状（Pennebaker，2018；Travagin，Margola，& Revenson，2015）。

科学家尚不清楚表达性书写是如何对我们的健康产生有益影响的。一个可能的原因是，把对高度应激或创伤事件的想法和感受牢牢禁锢在心里会给自主神经系统带来负担，反过来可能会削弱免疫系统，从而增加罹患应激相关障碍的可能性。写下与应激相关的想法和感受可能会减轻它们对免疫系统的影响。

正误判断

写下创伤经历可能会对你的躯体和情绪健康有好处。

正确　谈论或写下你的感受有助于增强心理和躯体健康。

恐怖主义相关创伤

"9·11"事件给美国带来了翻天覆地的变化。在"9·11"事件之前，美国民众在家、办公室和其他公共场所都会感到安全，不会觉得受到恐怖主义的威胁。可是，"9·11"事件后，恐怖主义赫然成为对美国民众安全和安全感的一个持续威胁。尽管如此，他们还是努力维持着生活的正常状态。他们照常出行，参加公众聚会，不过无处不在的安全规范一直提醒着他们对恐怖主义保持高度关注。在受到"9·11"事件的直接影响或因此而失去亲朋好友的美国人中，很多人可能还在努力应对那一天所带来的情绪后果。很多幸存者，就像经历过其他类型创伤事件（如洪水和飓风）的人一样，可能还经历着长期、适应不良的应激反应，如创伤后应激障碍。密歇根州的一项基于社区调查的研究表明，在"9·11"事件后，尝试自杀的人数在数月内急剧上升（Starkman，2006）。

虽然大多数经历过创伤事件的人都不会罹患创伤后应激障碍，但还是有很多人会出现与该障碍相关的症状，如难以集中注意力和高唤醒水平。自"9·11"事件发生以来，许多美国人开始对创伤性应激的情绪后果变得敏感（详见"深度探讨：应对创伤相关应激"专栏的内容）。

人们在面对创伤性应激事件时的反应不尽相同。研究者正在努力找出可以解释面对应激时表现出心理弹性的因素。他们提出，积极情绪具有重要作用。自"9·11"事件以来收集到的证据显示，体验到积极情绪（如感恩或爱）有助于缓解应激的影响（Fredrickson et al.，2003）。

4.1.2　一般适应综合征
识别并描述一般适应综合征的不同阶段。

应激研究者汉斯·谢耶（Hans Selye，1976）提出了**一般适应综合征**（General Adaptation Syndrome，GAS）这一术语，用来描述对长期或过度应激的常见生物反应模式。谢耶指出，我们的身体对多种引起不愉快的应激源的反应都是相似的，无论这个应激源是疾病微观病原体的入侵、离婚还是洪灾。一般适应综合征模型认为，面对应激时，我们的身体就像警报系统一样，直到精力完全耗尽才会关闭。

一般适应综合征包含三个阶段：警报反应、抵抗阶段和耗竭阶段。对一个即时应激源的觉知会触发**警**

报反应（Alarm Reaction）。警报反应会动员身体为挑战或应激做准备。我们可以把它当作身体抵御威胁性应激源的第一道防线。身体会以复杂、整合的方式进行回应，包括激活交感神经系统，即提高身体的唤醒水平并刺激内分泌系统释放应激激素。

1929 年，哈佛大学生理学家沃尔特·卡农（Walter Cannon）将该反应模式命名为**战斗或逃跑反应**（Fight-or-Flight Reaction）。我们在前面提到过，内分泌系统是如何对应激进行回应的。在警报反应阶段，受垂体控制的肾上腺会释放有助于身体调动防御机制的皮质类固醇和应激激素（见图 4-3）。

- 皮质类固醇被释放
- 肾上腺素和去甲肾上腺素被释放
- 心率加速、呼吸频率加快、血压升高
- 肌肉紧张
- 血液从内部器官流到骨骼肌
- 消化功能被抑制
- 肝脏分泌糖类
- 凝血功能增强

图 4-3　与警报反应相关的身体应激相关变化

战斗或逃跑反应很可能曾帮助我们的祖先应对他们所面临的危险。该反应可能会因为人们看见捕猎者或听见灌木丛中沙沙作响的声音而被激活。不过，我们的祖先通常不会经历警报反应长期被激活的情况。敏感的警报反应会增加他们存活的概率。当威胁被消除时（他们打败捕猎者或快速逃跑了），身体就会重新回到低唤醒水平；在即时危险过去后，这种反应不会在高唤醒水平上持续太长时间。而现在的情况恰恰相反，我们会不断地受到应激源的"轰炸"——从每个工作日的交通状况到平衡学业和工作，再到换工作，这些事情都可能成为应激源。因此，我们的警报系统在大多数时间里都是打开的，这最终会增加我们罹患应激相关障碍的可能性。

如果一个应激源持续存在，我们就会进入一般适应综合征的**抵抗阶段**（Resistance Stage）或适应阶段。内分泌系统和交感神经系统的反应（如释放应激激素）仍保持在较高水平，但不如在警报反应期间那么高。在抵抗阶段，身体会尝试补充被消耗的能量并修复损伤。然而，当应激源持续存在或出现新的应激源时，我们可能会进入一般适应综合征的最后一个阶段——**耗竭阶段**（Exhaustion Stage）。虽然个体在抵抗应激的能力方面存在差异，但我们最终都会耗尽身体的资源。耗竭阶段的特点是自主神经系统的副交感神经分支占据主导地位，因此我们的心率和呼吸频率会慢下来。我们能从这样的休息中获益吗？不一定。如果应激源还在，我们可能就会发展出谢耶所说的适应性疾病，包括过敏反应和心脏病，这些疾病有时甚至会导致死亡。教训非常清楚：慢性应激会损害我们的健康，让我们在面对一系列疾病和其他躯体健康问题时变得更脆弱（Carlsson et al., 2014；Everson-Rose et al., 2014；McEwen, 2013）。

皮质类固醇可能是持续应激最终导致健康问题的因素之一。虽然皮质类固醇可以帮助身体应对应激，但它们还会抑制免疫系统的活性。如果只是周期性地释放，它们造成的影响就可以忽略不计。然而，皮质类固醇持续分泌会干扰抗体的产生，从而削弱免疫系统，随着时间的推移，身体对感冒和其他感染的易感性就会增加。

虽然一般适应综合征模型讨论的是面对应激时身体的一般反应模式，但在面对特定类型的应激源时，身体可能会出现不同的反应（Denson, Spanovic, & Miller, 2009）。例如，暴露在噪声过大的环境中可能会诱发不同于面对过度拥挤或离婚、离别等心理应激源时产生的身体反应。

深度探讨
应对创伤相关应激

人们在面对创伤时一般会体验到心理痛苦。在危机或灾难来临时仍然无动于衷是异常的。美国心理学会为应对创伤经历提供了以下建议。

我应该如何帮助自己和我的家人？

你可以在灾难或其他创伤事件发生后采取很多措施来帮助自己和家人恢复情绪健康、重获控制感，具体包括以下方式。

- 对自己要有耐心。承认这是你生命中的一段困难时期，允许你为自己所经历的丧失进行哀悼。给自己一些时间来适应情绪状态的变化。
- 向关心你、聆听你并可以对你的状况共情的人寻求支持。不过，请记住，如果与你关系亲密的人也经历或目睹了创伤事件，那么你惯有的支持系统可能会被削弱。
- 交流你的经历。以任何你感到舒服的方式进行交流，例如，与家人或好朋友谈论此事，或者写日记。
- 寻找当地经常提供帮助的支持团体。专门为遭受自然灾害或经历过其他创伤事件的人设立的团体，对个人支持系统匮乏的人尤其有用。团体讨论可以帮助人们意识到其他有相同遭遇的人也常常会出现类似的反应和情绪。
- 用健康的行为来应对过度的应激。吃营养均衡的餐食，并保证充足的休息。如果你有持续的睡眠困难，那么你可能需要在睡前做更多运动或通过放松技术来缓解。避免饮酒和服用药物。
- 避免做出重大的生活决策，如转行或换工作等。这些类型的生活变化往往会带来更多压力。

如果应激反应持续两个月或更长的时间，并影响一个人的日常生活功能，可能就是一个需要关注的问题。如果你或你的至爱正在持续经历创伤性应激带来的情绪影响，那么寻求专业的心理健康援助可能值得一试。你可以从健康服务机构或专业人士的个人社交网络中获得帮助。

资料来源：Adapted from "Managing traumatic stress: Tips for recovering from disasters and other traumatic events".

4.1.3　应激与生活变化

对生活变化与心理和躯体健康之间关系的相关证据进行评价。

研究者已经将那些由生活变化（又称生活事件）导致的生活压力进行量化，并以此来研究应激与疾病之间的关系。生活变化之所以成为应激的来源，是因为它们会迫使我们去适应。其中包括积极的事件，如结婚，也包括消极的事件，如至爱去世。你可以完成后文的问卷（经历变化），以此来了解在过去的一年里你所经历的生活变化导致的压力水平。

与那些经历过较少生活变化的人相比，经历过更多生活变化的人更有可能遭受心理和躯体健康问题的折磨（Dohrenwend et al.，2006）。不过，需要再次强调的是，研究者在解释这些发现时应该谨慎一些。这些报告的关系是相关性而非实验性的。换句话说，研究者没有（也不会）将研究对象分配到不同程度的生活变化的条件下，来观察这些条件随着时间的推移对健康产生的影响。恰恰相反，现有的数据是基于对两个事物之间的关联性所做出的观察，例如，一方面是生活变化，另一方面是躯体健康问题。这样的关系也可能存在其他解释。躯体症状本身可能就是应激源，并导致更多生活变化，如躯体疾病可能导致睡眠紊乱或

Katrina Brown/Fotolia

Urilux/E+/Getty Images

同甘共苦

诸如结婚或至爱去世这样的生活变化都是需要适应的应激源。配偶去世可能是一个人所面对的压力最大的生活变化之一了。

经济负担等。因此，至少在某些情况下，因果关系的方向可能是相反的：健康问题可能导致生活变化。科学家还无法弄清楚可能的因果关系。

虽然积极和消极的生活变化都可能带来压力，但积极的生活变化总体上没有消极的生活变化那么令人困扰，这种推测也是合乎情理的。换句话说，结婚带来的压力往往比离婚或离别带来的压力小。也可以这样理解：变得更好也是一种变化，但没那么烦心。

4.1.4 文化适应压力：在美国立足

评价文化适应压力对心理适应的影响。

移民美国的印度妇女应该放弃穿纱丽（印度妇女的裹身长巾），转而穿加利福尼亚的便装吗？俄罗斯移民应该继续在家里教孩子说俄语吗？非裔美国人的孩子应该熟悉非洲的音乐和艺术吗？来自传统伊斯兰社会的女性是否应该摘下面纱，进入竞争激烈的工作场所？文化适应压力如何影响移民及其家庭的心理健康？

社会文化理论家已经向我们发出警告，在解释异常行为时考虑社会应激源是至关重要的。移民群体或生活在主流文化中的原住民群体所面临的一个主要应激源是适应新文化的需要。我们可以将文化适应定义为移民、原住民和少数族裔群体通过行为和态度的改变来适应新文化或主流文化的过程。**文化适应压力**（Acculturative Stress）则是一种要求移民、原住民和少数族裔群体适应主流文化生活的压力。文化适应压力可能是引起第一代和第二代移民群体情绪问题（如焦虑和抑郁）的一个因素（Browne et al.，2017；Driscoll & Torres，2013；Katsiaficas et al.，2013；Maldonado et al.，2018）。

关于文化适应和心理适应之间的关系的两个理论是熔炉理论和双文化理论。熔炉理论（Melting Pot Theory）认为，文化适应可以帮助人们适应东道主文化下的生活。按照这个理论的观点，如果西班牙裔美国人用英语代替西班牙语，并接受美国主流文化的价值观和习俗，他们可能会适应得更好。双文化理论（Bicultural Theory）则持相反的意见，认为心理适应可以通过同时认同传统文化和东道主文化来实现。这意味着，一个人整合并适应新社会、保留文化传统且保持种族认同的能力，可以预测其良好的适应情况。根据双文化理论的观点，移民可以在保留对自己种族的认同和传统价值观的同时，学着去适应东道主文化的语言和习俗。最近对墨西哥裔美国青少年和多米尼加裔美国儿童的抽样调查显示，较强的文化认同感与较良好的心理功能有关（Serrano-Villar & Calzada，2016）。

文化适应与心理适应之间的关系

文化适应和心理适应之间的关系很复杂。当涉及文化适应对心理造成的影响时，我们"不能一刀切"（Bornstein，2017）。我们需要考虑与特定移民群体的经历有关的具体情况、环境和过程。一些研究认为，文化适应程度越高，患心理问题的可能性就越大，而另一些研究的结果则恰恰相反。接下来，让我们了解一些对西班牙裔（拉丁裔）美国人的研究结果，以进一步探究与文化适应相关的心理影响。

- **女性过度饮酒的风险增加。**研究表明，比起文化相对不适应的女性来说，对文化已高度适应的西班牙裔美国女性更有可能成为过度饮酒者（Caetano，1987）。在拉丁裔美国人的文化里，男性往往比女性饮酒更多，这在很大程度上是因为，饮酒方面的性别文化禁令会约束女性饮酒。但这些约束不适用于接受了美国主流态度和价值观的西班牙裔美国女性。

- **青少年吸烟与性交的风险增加。**在拉丁裔青少年中，高度文化适应与吸烟（Ribisl et al.，2000）和发生性行为的风险增加有关（Adam et al.，2005；Lee & Hahm，2010）。

- **紊乱进食行为的风险增加。**厌食问卷的测验分数表明，高度文化适应的西班牙裔美国高中女生比文化适应程度低的同伴患神经性厌食（一种以体重过度减轻、过度害怕变胖为特征的进食障碍，详见第 8 章）的可能性更大（Pumariega，1986）。显然，文化适应让这些女生更想达到当代美国苗条女人的理想标准。最近，研究者发现在得克萨斯州西部的西班牙裔大学生中，文化适应压力与更糟糕的身体意象和瘦身理想的内化相关（Menon & Harter，2012）。

最近，一项针对来自亚洲、非洲、欧洲和拉丁美洲的近 5000 名移民的大规模研究表明，第二代移民中被诊断患有心境障碍、焦虑障碍和人格障碍的比例高于第一代移民（Salas-Wright, Kagotho, & Vaughn，2014）。该研究及其他类似的研究表明，文化适应会给心理适应带来消极影响。对这种消极影响的一种解释是，更适应文化的移民群体的传统家庭网络和价值观受到侵蚀，这可能使他们在面对压力时更容易罹患心理障碍（Ortega et al.，2000）。

Jacqueline Veissid/Getty Images

保持种族认同

新移民如果可以在努力适应新文化时仍然保留自己与传统文化之间的纽带，可能会更好地应对适应过程中的压力。

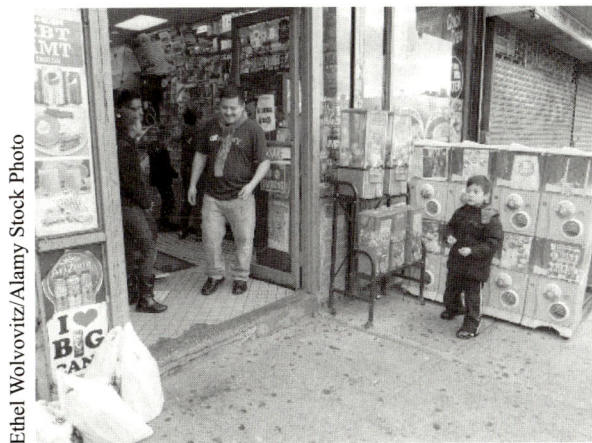

Ethel Wolvovitz/Alamy Stock Photo

来到美国

最近的一项研究表明，第二代移民患各种心理疾病的比率高于第一代移民。文化适应可能会对移民群体的心理适应产生消极影响。

问卷

经历变化

最近你的生活压力大吗？下面列出的一些生活变化或事件会给人带来适应上的压力和负担。这些生活事件和大学生样本报告的压力事件类似，并按照它们所带来的压力水平进行了分级（Renner & Mackin，1998）。请你在过去的一年里曾经历的事件前面打钩，然后参照本章末尾的指南来解释你的得分。请勾选所有适用的选项。

低水平的压力

☐ 注册课程

☐ 加入"兄弟会"或"姐妹会"

☐ 结交新朋友

☐ 通勤上班或走读

☐ 第一次约会

☐ 开始新学期

☐ 与某人稳定交往

☐ 生病

☐ 维持稳定的恋爱关系

☐ 第一次离家生活

中等水平的压力

☐ 上你讨厌的课

☐ 跟毒品扯上关系

☐ 与室友相处困难

☐ 背叛男朋友或女朋友

☐ 换工作或在工作中遇到麻烦

☐ 睡眠不好

☐ 与父母有冲突

☐ 搬家或适应新住所

☐ 体验到酒精或毒品带来的消极影响

☐ 在全班同学面前发言

高水平的压力

☐ 亲朋好友离世

☐ 因睡过头而错过考试

☐ 某门课挂科

☐ 结束一段长期的恋爱关系

☐ 知道男朋友或女朋友背叛了自己

☐ 遇到经济问题

☐ 应对朋友或家人的严重疾病

☐ 作弊被抓

☐ 被强奸

☐ 有人指控你强奸

我们还需要考虑其他说明双文化认同带来心理获益的证据，以全面地看待这个问题。持有双文化认同的人会努力适应东道主文化，同时维持对其传统文化的认同。在一项针对墨西哥裔美国老年人的早期研究中，研究者发现，与高度适应文化或双文化的同龄人相比，文化适应程度最低的被试表现出更高的抑郁水平（Zamanian et al.，1992）。最近，针对 67 个部落的美洲印第安青少年进行的大规模研究表明，那些具有双文化胜任力（即具有适应美洲印第安文化和白人文化的能力）的人报告的绝望水平比那些只对一种文化有胜任力或对两种文化都没有胜任力的人更低（LaFromboise，Albright，& Harris，2010）。

为什么低文化适应状态会与更高的抑郁风险有关？答案可能是低文化适应状态往往是社会经济地位低的标志。文化适应程度低的人常常面临经济困难，并且往往来自社会经济地位较低的阶层。经济困难带来的社会压力、东道主语言的不流利及有限的工作机会增加了这些人适应东道主文化的压力，所有这些都会增加罹患抑郁障碍和其他心理障碍的风险（Ayers et al.，2009；Yeh，2003）。一项研究发现，英语更流利的墨西哥裔美国人总体上比英语不那么流利的同伴表现出更少的抑郁和焦虑的迹象（Salgado de Snyder，1987）。然而，社会经济地位和语言流利程度不是移民群体心理健康的唯一决定因素，或者不一定是最关键的决定因素。对加利福尼亚州北部样本的研究发现，尽管墨西哥移民群体面临着更大的社会经济劣势，但他们拥有比出生在美国的墨西哥裔后代更好的心理健康状况（Vega et al.，1998）。"美国化"可能会伤害已经适应文化的少数群体的心理健康，而保留文化传统在一定程度上有助于缓冲这样的影响。

> **正误判断**
>
> 如果移民群体抛弃自己的文化传承，转而接受东道主文化的价值观，那么他们会表现出更好的心理适应状态。
>
> **错误** 保留文化传统对适应新文化这个压力来说，可能具有保护或"缓冲"作用。

总而言之，可能伴随移民群体文化适应过程出现的对传统家庭关系和传统价值观的侵蚀或许会增加个体出现心理问题的风险。在一定程度上，文化适应的消极影响可以通过更积极、努力地适应新文化，同时保持与传统文化的联系来抵消（Driscoll & Torres，2013；Huq et al.，2016）。有证据指出，少数族裔儿童强烈的文化认同感和自豪感与较高的自尊水平和较好的适应能力有关（Rodriguez et al.，2009；Smith et al.，2009）。值得注意的还有另一项关于美国亚裔青少年移民的研究，该研究表明，对两种文化（美国文化和传统文化）的疏远或挣扎会引发心理健康问题（Yeh，2003）。除此之外，我们在对一些结果进行解释时需要格外谨慎。例如，高度文化适应的西班牙裔美国女性更有可能过度饮酒，这个结果意味着我们要对女性施加更多的社会约束吗？也许，放松约束是一把"双刃剑"，所有人，无论男性还是女性，无论西班牙裔还是非西班牙裔，在获得更多自由时都会面临适应问题。

最后，我们需要考虑文化适应过程中的性别差异。在早期的一项研究中，女性移民比男性移民表现出了更高的抑郁水平（Salgado de Snyder, Cervantes, & Padilla, 1990）。她们所表现出的高抑郁水平可能与女性在适应家庭模式变化和个人问题时往往要面对更高水平的压力有关。例如，在美国社会中，男性能比女性获得更多有关性别角色的自由。由于女性移民是在"男主外、女主内"的文化下长大的，无论她们选择工作是出于经济需要还是个人选择，她们在进入职场时可能都会遇到更多的家庭冲突和内心冲突。考虑到这些因素，与那些文化适应程度较低的妻子相比，文化适应程度更高的墨西哥裔美国妻子报告的婚姻痛苦程度更高也就不足为奇了（Negy & Snyder, 1997）。这项研究的第一作者、中佛罗里达大学心理学家查尔斯·内吉（Charles Negy）在"深度探讨"专栏中探索了文化适应在拉丁裔美国人中的作用。

深度探讨
来到美国—— 一个拉丁裔美国人的案例

作为一个拥有部分墨西哥裔美国人血统的年轻人，我在东洛杉矶的一家杂货店工作，并对我遇到的各种各样墨西哥血统的人产生了浓厚的兴趣。许多来自墨西哥的新移民似乎都非常渴望练习他们仅仅会说的那几句英语，并且对学习美国主流文化很感兴趣。我还认识很多移民，包括那些已经在加利福尼亚州居住超过 20 年的移民，他们几乎不会说英语，也从来不敢走出当地社区一步。

读研究生时，我似乎也就顺理成章地选择了研究拉丁裔或西班牙裔美国人的文化适应。文化适应是指接受东道主文化的价值观、态度和行为。在早期的研究中，我很快就观察到其他研究者已经发现的现象：美国的拉丁裔居民在适应美国文化的程度方面存在巨大差异。总体来说，在美国住的时间越长，他们的文化适应程度就越高，他们与非西班牙裔白人在价值观、态度和习俗上就更相似。

在我的早期研究中（Negy & Woods, 1992a, 1993），我发现墨西哥裔大学生的文化适应程度越高，他们在标准人格测验上的得分与非西班牙裔白人的得分就越相近。我也发现那些文化适应程度更高的人往往来自社会经济背景更好的家庭，这一点并不出乎我的意料（Negy & Woods, 1992b）。我还发现，在来自低收入家庭且表现出抑郁迹象的墨西哥裔青少年中，文化适应程度越高，就越有可能出现自杀想法（Rasmussen et al., 1997）。

之后，我开展了一系列研究，通过比较墨西哥裔美国夫妇、（非西班牙裔）白人夫妇、墨西哥夫妇来考察婚姻关系的种族差异（Negy & Snyder, 1997; Negy, Snyder, & Diaz-Loving, 2004）。从群体层面看，墨西哥夫妇比墨西哥裔美国夫妇报告了更多关系中的言语和／或身体攻击；而后者则比（非西班牙裔）白人夫妇报告了更多关系中的攻击行为。我还观察到，墨西哥裔美国夫妇比墨西哥夫妇拥有更平等的关系及更高的婚姻满意度（Negy & Snyder, 2004）。我从这些发现中了解到，生活在美国与墨西哥裔美国人的关系模式有关，这种模式更接近美国化的追求相互尊重和共同决策的理念。

这些发现说明，一方面，文化适应程度较高的西班牙裔夫妇冲突更少、更平等、对婚姻更满意；另一方面，文化适应还与一些心理健康问题有关，如在应对抑郁的过程中更有可能出现自杀念头。在拉丁裔居民文化适应过程中的这种喜忧参半的景象，与本章提到的考察文化适应与心理健康之间关系的研究所得出的复杂且有时相互矛盾的结果是一致的。

在对墨西哥裔美国夫妇的研究中，我还观察到，文化适应程度较高的女性比文化适应程度较低的女性报告了更低的性关系满意度。这些发现让我开始思考，美国文化是否让女性对婚姻中的性满足有了更高的期待，当这些期待未被满足时，女性就会表现出更低的满意度。

在解释这些研究发现时，我们需要牢记一些重要的议题。首先，这些研究本质上只是相关研究。对于相关研究的数据，我们不能判断一个变量是否引起了另一个变量的变化。例如，在关于夫妻的研究中，我们不能说文化适应导致了婚姻关系发展出更平等的状态。因果关系也可能是反过来的——拥有平等的婚姻关系会影响文化适应。怎么影响呢？我们可以猜测，拥有更平等关系的墨西哥裔美国人可能会更容易被主流社会所接纳，而他们在社会中与他人的互动越多，他们所拥有的文化适应机会就越多。因此，拥有平等的婚姻关系往往与文化适应有关系（相关），但二者之间并非因果关系。

在近些年来的研究中，我和我的同事侧重于文化适应压力对拉丁裔移民群体的影响。我们发现，报告最高文化适应压力水平的是那些在美国的居住经历与其移民前所期望的差距最大的拉丁裔移民（Negy, Schwartz, & Reig-Ferrer, 2009）。在另一个西班牙女性移民样本中，我们发现，文化适应压力会让夫妻中已有的冲突恶化，也会加剧已婚拉丁裔居民的压力（Negy et al., 2010）。

2011 年，我获得了富布赖特奖学金，成为萨尔瓦多圣萨尔瓦多一所大学的客座教授。我在那里开展了一项研究，考察了一个我很感兴趣的新构想——心理上的无家可归（Psychological Homelessness）。这是一种移民群体对祖国产生的疏离感。我接触了被美国驱逐出境的萨尔瓦多人，我想知道他们是否不再把萨尔瓦多视为自己的祖国，是否不再对自己的萨尔瓦多同胞有认同感（即心理上的无家可归）。这些人在萨尔瓦多确实很难有"家"的感觉，他们对美国生活的文化适应程度越高（尽管他们并未取得官方认可的正式身份），他们报告心理上无家可归的情况就越多（Negy et al., 2014）。

了解拉丁裔居民在为更好的生活而努力奋斗的同时维持家庭关系方面所面临的调整和文化适应挑战（无论是在美国还是在拉丁美洲），有助于临床医生更好地了解拉丁裔个人和家庭并为其提供更好的治疗方案和干预措施。

查尔斯·内吉，哲学博士

内吉博士是中佛罗里达大学心理学副教授、佛罗里达州执业心理学家。他主要研究西班牙裔美国人和性少数群体的心理健康。

4.1.5　调节压力的心理因素

识别调节压力的心理因素。

压力可能是生活中无法回避的事实，但我们处理压力的方式会影响我们应对压力的能力。个体对压力的不同反应取决于一些心理因素，如他们赋予应激事件的意义。让我们考虑一个重大的生活事件，如怀孕。这个应激源是积极的还是消极的，取决于这对夫妻想要孩子的意愿及其是否做好了照顾孩子的准备。我们可以认为，怀孕带来的压力可以由夫妻对孩子价值的看法及他们的效能感（他们对自己养育孩子能力的看法）来调节。我们接下来会看到，像应对风格、自我效能期望、心理坚韧性、乐观、社会支持和种族认同这样的心理因素都会调节或缓冲压力带来的影响。

应对风格

当面对一个严重的问题时，你会做什么？你会假装它不存在吗？就像经典电影《飘》(Gone with the Wind) 里的斯嘉丽·奥哈拉（Scarlett O'Hara）那样，你会对自己说"明天再来想这个问题"，然后把它从你的脑子里赶走？还是说你会负起责任，直面这个问题？

假装问题并不存在是一种否认。否认是一种**聚焦情绪的应对方式**（Emotion-Focused Coping; Lazarus, & Folkman, 1984）。在聚焦情绪的应对方式中，人们会采取直接减轻应激源影响的措施，如否认问题存在或远离情境。然而，聚焦情绪的应对方式并不能清除应激源（如罹患严重疾病）或帮助个体找到处理问题的好方法。与之相反的是**聚焦问题的应对方式**（Problem-Focused Coping），在这种应对方式中，个体会研究他们所面对的应激源，并且做出任何可能改变应激源的事，或者改变自己的反应，从而减少应激源带来的伤害。这些基本的应对风格（聚焦情绪或聚焦问题）已被应用于人们对疾病的反应。

对疾病的否认有诸多形式，具体包括以下几种：

1. 无法认识到疾病的严重性；
2. 把由疾病造成的情绪困扰降至最低限度；
3. 将症状错误地归咎于其他原因（如把便血当作由局部皮肤磨损引起的出血）；
4. 忽视有关疾病的危险信号。

否认疾病对自己的健康有很大的危害，尤其是当它导致个体回避或不配合医学治疗时。回避是另一种聚焦情绪的应对方式。像否认一样，回避可能会促使个体不配合医学治疗，进而导致疾病的恶化。已有证据支持回避型应对方式的后果。在一项早期的研究中，比起那些更直面癌症的患者，采取回避型应对方式的患者在一年后的评估中显示出更严重的病情恶化程度（Epping-Jordan, Compas, & Howell, 1994）。随后，研究者发现退伍军人采取回避型应对方式与日后患上抑郁障碍和创伤后应激障碍之间存在关联（Holahan et al., 2005; Stein et al., 2005）。

还有一种聚焦情绪的应对方式为实现愿望式的幻想，这也与应对重大疾病时更不良的适应状况相关。实现愿望式的幻想的例子包括沉浸在"如果疾病没有出现会是什么情形"的想象中，以及憧憬更美好的时光。实现愿望式的幻想不能为患者提供应对生活困难的方法，它只不过是一种想象式的逃离。

这是否意味着，当人们了解与疾病有关的所有事实时，处境就会更好？不一定。了解所有事实究竟是否对个体有益，可能取决于其偏好的应对风格。个体的应对风格与个体获知信息数量的不匹配可能会妨碍个体康复。一项重要的早期研究发现，在采取压抑型应对方式（否认）的心脏病患者中，了解自身疾病状况的人比那些不太知情的人出现临床并发症的概率更高（Shaw et al., 1985）。有时，忽视可以帮助人们应对压力（至少是暂时性的）。

聚焦问题的应对方式包括一些侧重于处理应激源的策略，如通过自学和医学咨询寻找与疾病相关的信息。确诊的癌症患者如果从医疗服务者那里了解到治疗成功的信息，可能会变得更加乐观、更心怀希望。

自我效能期望

自我效能期望（Self-Efficacy Expectancy）是指我们在应对自己所面临的挑战时，娴熟地表现出特定行为，并在生活中产生积极改变现状的期望（Bandura, 1986, 2006）。自我效能可以有效缓解压力（Schönfeld et al., 2016）。如果我们相信自己能够有效应对挑战

（具有高自我效能期望），我们就会更好地处理压力，包括疾病带来的压力。一场即将到来的考试对个体造成的压力水平的高低，取决于个体是否对自己有能力取得好成绩充满信心。

在一项经典的研究中，心理学家阿尔伯特·班杜拉及其同事发现，患有蜘蛛恐怖症的女性在与其恐惧的物体互动时（如让蜘蛛在她们的大腿上爬行），其体内的高应激激素（肾上腺素和去甲肾上腺素）水平会升高（Bandura et al.，1985）。但是，随着她们对应对这些任务的自我效能期望提高，应激激素的水平有所下降。这些激素让我们颤抖、心里发慌、感到紧张。因为高自我效能期望与这些应激激素的释放减少有关，所以那些相信自己能应对问题的人不会感到那么紧张。

心理坚韧性

心理坚韧性（Psychological Hardiness）是指一组可以帮助人们处理压力的特质。苏珊娜·科巴沙（Suzanne Kobasa，1979）及其同事对一些虽然在高压力水平下工作却能抵御疾病的企业高管进行了研究。

心理坚韧的高管具备以下三种关键特质（Kobasa，Maddi，& Kahn，1982）。

1. **投入**。心理坚韧的高管让自己全身心地投入工作，而不是觉得自己与工作任务或环境格格不入。也就是说，他们相信自己正在做的事情。
2. **挑战**。心理坚韧的高管认为变化而非千篇一律是事物的常态，他们不会为了追求稳定而稳定。
3. **对生活的控制感**。心理坚韧的高管相信自己有能力控制生活中的得失而非无能为力，并且他们也是这么做的。根据社会认知理论家朱利安·罗特（Julian Rotter，1966）的说法，心理坚韧的个体是内控型的。

心理坚韧的人往往会通过积极的、基于问题解决的方法更高效地应对压力。他们还可能在面对压力时比不够坚韧的人报告更少的躯体症状和更低的抑郁水

平（Pengilly & Dowd，2000）。科巴沙认为，由于心理坚韧的人把自己视为主动选择高压情境的人，因此他们更有能力应对压力。他们将自己面对的应激源视作让生活更有趣和更具挑战性的事物，而非单纯地给自己带来额外压力的负担。控制感是心理坚韧性的关键因素。

应对压力

心理坚韧的人会通过积极的、基于问题解决的方法更高效地应对压力，并把自己视为主动选择高压情境的人。

乐观

看到半杯水的时候，有的人会认为这个杯子已经被装满了一半，而有的人会认为这个杯子已经空了一半。持前一种观点的人，其身体和情绪状态更好（Carver，2014；Forgeard & Seligman，2012）。例如，有证据表明，乐观的人往往有更强的心血管功能和免疫功能（Hernandez et al.，2015；Jaffe，2013）。乐观主义者往往比悲观主义者更能照顾自己，如参加更多体育活动、避免烟等有害物质、保持更健康的体重。

正误判断

乐观主义者或许有充满希望的期待，但实际上悲观主义者拥有更强的心血管功能和免疫功能。

错误 乐观与心理和躯体健康的各项指标有关，包括更强的心血管功能和免疫功能。

在病情发作期间表达更多悲观想法的疼痛患者，往往比那些持有更乐观想法的患者报告更多的疼痛和痛苦（Gil et al., 1990）。这些悲观的想法包括"我再也做不了任何事了""没有人关心我的痛苦""我必须过这样的日子，真是太不公平了"，诸如此类。迄今为止，研究只表明乐观与健康之间存在关联。也许，我们很快就会发现，学会改变态度——学会把杯子看得半满——是保持或恢复健康的原因。你可以通过填写下面有关乐观的问卷来测试自己的乐观水平。

问卷

你是乐观主义者吗

你是一个常常看到事物光明面的人吗？你会预期有坏事要发生吗？下面的问题会让你了解你是乐观主义者还是悲观主义者。

请用数字标明以下每个项目在多大程度上代表你的感受，并将数字填到空白处，然后翻到本章末尾对照评分标准找到你的答案。

5= 非常同意　　4= 同意　　3= 中立　　2= 不同意　　1= 非常不同意

1. _____ 我相信人要么生来幸运，要么像我一样生来就是不幸的。

2. _____ 我的态度是，如果某件事有可能出错，那它就有很大概率会出错。

3. _____ 我认为自己更像一个乐观主义者，而非悲观主义者。

4. _____ 我通常认为事情最终都会被解决。

5. _____ 我会怀疑自己最终是否会成功。

6. _____ 我对自己的未来充满希望。

7. _____ 我往往会认为，"黑暗中总有一丝光明"。

8. _____ 我认为自己是一个现实主义者，认为半杯水是已经少了一半的水，而不是装满了一半的水。

9. _____ 我认为未来是美好的。

10. _____ 事情一般不会按我计划的那样发展。

对乐观的研究属于更广泛的当代心理学运动——**积极心理学**（Positive Psychology）——的一部分。这项运动的发起人认为，心理学应该更多地关注人类经验的积极方面，而不仅仅是消极方面，如情绪障碍、物质滥用和暴力等问题（Donaldson, Csikszentmihalyi, & Nakamura, 2011；McNulty & Fincham, 2012；Seligman et al., 2005）。虽然研究者不应该放弃对情绪问题的研究，但他们还需要探索诸如乐观、爱和希望这类积极的态度如何影响人们过上令人满意、充实的生活。人类经验的另一个积极方面是帮助他人的能力，以及反过来受到他人的帮助，即社会支持。

社会支持

拥有广泛社交关系网络（如拥有配偶、关系亲密的家人和朋友、归属于社会组织等）的人不仅比社交网络狭窄的人有更高的对普通感冒的抵抗力，还会活得更久（Cohen & Janicki-Deverts, 2009；Cohen et al., 2003）。多样化的社交网络可以为人们提供更广泛的社会支持，这种支持可以作为一种缓冲压力的因素，保护身体的免疫系统。

种族认同

总体而言，非裔美国人比欧裔美国人有更高的出现慢性健康问题的风险，包括肥胖、高血压、心脏病、糖尿病和某些类型的癌症（Brown，2006；Ferdinand & Ferdinand，2009；Shields，Lerman，& Sullivan，2005）。非裔美国人常面临的应激源包括种族主义、贫穷、暴力和过度拥挤的居住环境，这些都可能增加他们出现严重健康问题的风险。

有研究表明，少数族裔群体感受到的歧视与更糟糕的精神和躯体健康相关，也与物质滥用的高出现率相关（Benner et al.，2018；Comas-Díaz，Hall，& Neville，2019；Seaton & Iida，2019）。一项针对非裔、拉丁裔和纳瓦霍青少年的研究表明，与自己的传统文化的紧密联结及父母具有强烈的、基于文化的导向和价值观，在一定程度上可以抵消歧视的消极影响（Delgado et al.，2010；Galliher，Jones，& Dahl，2011；Seaton & Iida，2019）。

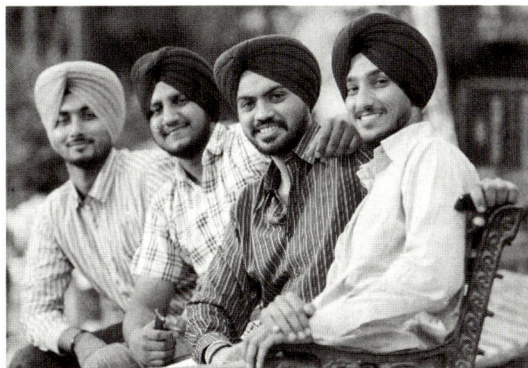

种族自豪感作为压力效应的调节因素

个体对自己种族的自豪感可能有助于个体承受由种族歧视和不接纳带来的压力。

非裔美国人在应对压力时往往表现出高水平的心理弹性。在非裔美国人中，有助于缓冲压力的因素包括由亲朋好友组成的强大社会支持网络、相信自己处理压力的能力（自我效能感），以及具备应对技巧和种族认同。有趣的是，更主动寻求社会支持的非裔美国人比那些不主动寻求社会支持的人更少受种族主义的影响，而种族主义是一个重大的生活应激源（Clark，2006）。

与白人相比，非裔美国人的种族认同与更好的生活质量有关，并且与心理健康有紧密的关系（Gray-Little & Hafdahl，2000；Utsey et al.，2002）。培养并维持对自己种族和文化遗产的自豪感可以帮助非裔美国人和其他少数族裔经受住由种族主义带来的压力。有研究表明，非裔美国人的种族认同感越强，其抑郁程度越低（Settles et al.，2010）；相反，与自己的文化或种族较疏远的非裔美国人和其他少数族裔更容易受到压力的影响，这反过来又会增加他们面临躯体和精神健康问题的风险。

4.2 适应障碍

适应障碍是本书讨论的第一种心理障碍，也是最轻微的一种心理障碍。适应障碍在 DSM-5 中被归入创伤与应激相关障碍的类别中。该类别还包含创伤应激障碍，如急性应激障碍和创伤后应激障碍。下面我们将从适应障碍开始介绍。

4.2.1 什么是适应障碍

描述适应障碍的定义及其主要特征。

适应障碍（Adjustment Disorders）是对痛苦的生活事件或应激源的一种适应不良的反应，在应激源出现后的 3 个月内发展而来。应激事件可能是一次创伤经历，如自然灾害或造成严重伤害的车祸，也可能是一个非创伤性的生活事件，如恋爱关系的破裂或开始上大学。根据 DSM，这种适应不良反应的特征是社交、职业或学业等重要领域的功能严重受损，或者出现明显的情绪困扰，其程度已超出应对该应激源时通常会出现的情绪困扰的水平。不过，这种障碍在寻求门诊精神健康服务的人群中是比较常见的。在接受门诊精神健康服务的人中，5%～20%的人符合适应障碍的诊断（American Psychiatric Association，2013）。

　　如果你与某人结束关系（可确定的应激源）后成绩下降了，因为你无法将精力集中在学业上，那么你可能符合适应障碍的诊断。如果哈里叔叔自从与简阿姨离婚后就一直情绪低落、悲观，那么他可能也会被诊断为适应障碍。如果比利表弟开始逃课，并且在学校的墙上喷脏话或表现出其他捣乱行为，那么他也可能患上了适应障碍。

难以集中精力还是适应障碍

适应障碍是一种面对应激源时适应不良的反应，它会以损害学业表现或工作表现的形式出现，如难以将精力集中在学业上。

4.2.2　适应障碍的类型

识别适应障碍的特定类型。

　　适应障碍作为一种精神障碍的概念，试图定义什么是正常的，什么是异常的。当生活中的重大事件出现问题时，我们就会感到沮丧。例如，如果你的生意

遇到危机，或者你成为一宗犯罪事件的受害者，抑或你遭遇了洪水或毁灭性的飓风，你可能会变得焦虑或抑郁，这是可以理解的。事实上，如果我们没有出现适应不良的反应，问题可能会更严重，至少从短期来看是这样。然而，如果我们的情绪反应超出了预期，或者我们的功能受损（如回避社交互动、难以起床及学业落后等），我们就有可能符合适应障碍的诊断了。因此，如果你在分手后难以将精力集中在学业上，并且成绩下滑，那么你可能患上了适应障碍。适应障碍有几种特定类型，每种类型的适应不良反应都有所不同（见表4-1）。

表 4-1　适应障碍的特定类型

障碍类型	主要特征
伴抑郁心境的适应障碍	情绪低落、流泪或无望感
伴焦虑的适应障碍	担心、紧张和神经过敏（在儿童身上表现为害怕与主要依恋对象分离）
伴混合性焦虑和抑郁心境的适应障碍	抑郁和焦虑的混合
伴品行问题的适应障碍	侵犯他人的权利或违反与自己的年龄相适应的社会规范，典型的行为包括破坏公物、逃学、打架、鲁莽驾驶及不履行法律义务（如停止付赡养费）
伴混合性情绪和品行问题的适应障碍	同时存在情绪紊乱（如抑郁或焦虑）和行为紊乱（如上一栏所述）
非特定的适应障碍	不能归为任何一种适应障碍特定亚型的适应不良反应

资料来源：Based on the DSM-5（American Psychiatric Association，2013）.

　　要符合适应障碍的诊断，应激相关反应必须不足以满足其他临床综合征的诊断标准，如创伤应激障碍（急性应激障碍或创伤后应激障碍）、焦虑障碍和心境障碍（见第5章和第7章）。在某些情况下，如果移除应激源，或者个体学会如何应对，适应不良的反应就会消失（O'Donnell et al.，2016）。如果适应障碍在应激源（或其后果）被移除后持续超过6个月，那就需要做出不同的诊断。适应障碍所面临的一个棘手的问题是，

人们通常很难将其症状或特征与其他障碍（如抑郁障碍）的症状或特征区分开来。

4.3　创伤应激障碍

罹患适应障碍时，人们难以适应生活中的一些应激事件，如生意或婚姻问题、结束亲密关系或挚爱去世等。但是，对于创伤应激障碍，关注点变成了人们如何应对灾难和其他创伤经历。暴露在创伤面前会干扰任何人的适应能力。对一些人来说，创伤经历会导致他们罹患创伤应激障碍，其特征是面对创伤时表现出适应不良的行为模式，并伴随显著的个人痛苦或严重的功能受损。我们在这里介绍创伤应激障碍的两种主要类型：急性应激障碍和创伤后应激障碍。表 4-2 概述了这些障碍。表 4-3 说明了它们的一些共同特征。

表 4-2　创伤应激障碍概览

障碍类型	人群中的终生患病率（近似值）	描述	相关特征
急性应激障碍	不同的创伤类型会有不同的终生患病率	创伤事件发生后数天或数周内出现的急性适应不良反应	与创伤后应激障碍的特征相似，但仅限于直接暴露于创伤、目睹他人暴露于创伤或得知亲朋好友经历创伤后的一个月内
创伤后应激障碍	9%	对创伤事件产生的长期适应不良反应	重新经历创伤事件；回避与创伤相关的线索或刺激；总体上麻木或情绪麻木、高唤醒水平、情绪困扰和功能受损

资料来源：American Psychiatric Association，2013；Conway et al.，2006；Kessler et al.，1995；Ozer & Weiss，2004.

表 4-3　创伤应激障碍的共同特征

特征	描述
回避行为	个体可能会回避与创伤相关的线索或情境。例如，强奸幸存者可能会避免再回到事发现场附近；退伍军人可能会回避与士兵重聚，不愿观看有关战争或战斗的电影或报道。
重新经历创伤	个体可能会以侵入性回忆、重复出现的令人不安的梦境、有关战场或被攻击者追逐的记忆闪回的形式再次经历创伤。
情绪困扰、消极的想法和功能受损	个体可能会体验到持续消极的想法和情绪，感觉与他人疏远或隔阂，或者难以有效地执行日常功能。
高唤醒水平	个体可能会表现出唤醒水平过高的迹象，例如，变得高度警觉（总是保持警惕状态）、难以入睡、难以集中注意力、变得易激惹或突然爆发愤怒，以及表现出夸张的惊跳反应，如听到突如其来的噪声就马上跳起来。
情绪麻木	在创伤后应激障碍中，个体可能会感觉内心麻木，失去爱的感觉和能力。

4.3.1　急性应激障碍

描述急性应激障碍的主要特征。

判断急性应激障碍（Acute Stress Disorder）的依据是，个体会在暴露于创伤事件后 3 天到 1 个月内表现出适应不良的行为模式。创伤事件可能包括实际或威胁性的死亡、严重事故或性侵犯。患有急性应激障碍的人可能会直接经历创伤、目睹他人经历创伤，或者得知亲密朋友、家庭成员经历暴力或意外的创伤事件。负责处理尸体的急救人员或定期询问儿童虐待细节的警察也可能会患上急性应激障碍。

患有急性应激障碍的人可能会感到茫然、感觉自己像做梦一样或身处不真实的地方。急性应激障碍可能在个体面对战场中的创伤或自然灾难时出现。例如，一名从可怕的战斗中归来的士兵可能不记得战斗的重要经过，并对环境感到麻木和陌生；在飓风中受伤或几乎丢掉生命的人可能会在飓风后好几天或好几周内感觉行走在迷雾中，被侵入性画面、闪回及与灾难相关的梦境困扰，或者重温这段经历，就像它再次发生了一样。

急性应激障碍的症状或特征不尽相同，可能包括与创伤有关的、令人不安的侵入性记忆或梦境，以闪回的形式重新经历创伤，从所在环境或自我中分离（或称"解离"）的不真实感，回避与创伤相关的外在线索（如与创伤相关的地点或人物），睡眠问题，易激惹或发展出攻击行为，对突如其来的噪声表现出夸张的惊跳反应。

创伤发生前后更强烈或更持久的解离症状与后续发展出创伤后应激障碍的更大可能性相关（Cardeña & Carlson，2011）。我们将在第6章的分离障碍部分讨论解离体验。急性应激障碍的症状会与由创伤后应激障碍相关创伤带来的持续影响同时存在，下面我们就讨论这部分内容。

4.3.2 创伤后应激障碍

描述创伤后应激障碍的主要特征。

急性应激障碍仅限于创伤事件发生后几周，而创伤后应激障碍（Posttraumatic Stress Disorder，PTSD）是一种个体在经历创伤后持续超过一个月的长期适应不良反应。创伤后应激障碍的症状与急性应激障碍的症状类似，不过这些症状会持续数月、数年甚至几十年，并且可能要在创伤事件发生后很多个月甚至多年后才表现出来。

许多（当然不是所有）患有急性应激障碍的人都会继续发展出创伤后应激障碍（Kangas，Henry，& Bryant，2005）。研究者发现，曾参与战争的士兵、强奸幸存者、严重机动车事故和其他意外事故的受害者、在自然灾害（如洪水、地震或台风）或技术灾害（如火车或飞机失事）中目睹自己家园被毁的人，都有这两种类型的创伤应激障碍。对玛格丽特来说，她的创伤与一起可怕的卡车事故有关。

"我以为世界末日到了"

玛格丽特是一位54岁的女性，与丈夫特拉维斯一起住在纽约北部的一座小村子里。两年前某个冬天的午夜时分，一辆载油的卡车在结冰的斜坡上打滑，冲进了村子中央。当卡车冲进杂货店时，两个街区外的玛格丽特在床上被爆炸震得摇摇晃晃（"我以为世界末日到了"）。杂货店及其楼上的公寓马上就被火焰吞噬，火势蔓延到隔壁的教堂。玛格丽特第一眼且持续最久的视觉画面是红色和黑色的碎片以怪异的"芭蕾舞"姿势升到空中。当它们往下掉时，教堂墓地里有几百年历史的墓碑沐浴在地狱般的光芒中。十几个人在这场灾难中丧生，他们大多居住在杂货店楼上或后面。教堂的老看守人和卡车司机也不知所踪。

玛格丽特分担了村子的损失，收留了暂时无家可归的人，尽了自己的一份力量。几个月后，杂货店升级为纪念公园，教堂也被修复了。此时，玛格丽特开始觉得生活变得很奇怪，外面的世界变得有点不真实。她开始不与朋友往来，那个晚上火光冲天的场景填满了她的脑海，她晚上会时不时地梦到那个场景。医生给她开了安眠药，但她没有继续服用，她说："这样一来，我就无法从梦境中醒过来了。"医生又给她开了安定药，以帮助她度过白天的时光。这些药物在一段时间内起了作用，但是之后她不再服药，她是这样说的："我不吃药了，因为我需要越来越多的药物。但我总不能永远吃药，对吧？"

在接下来的一年半里，玛格丽特尽自己最大的努力不去想那次灾难，但侵入性的回忆和梦境来来去去，显然不受她控制。当玛格丽特寻求帮助时，她已经被严重的睡眠问题困扰近两个月了，而那些回忆还是和往常一样清晰。

与急性应激障碍一样，与创伤后应激障碍相关的创伤事件包括直接暴露于诸如实际或威胁性的死亡、严重躯体损伤或性侵犯之类的创伤，目睹他人经历创伤，得知亲朋好友经历了意外或暴力的创伤事件（不适用于由自然原因导致的死亡这一情况）。但是，在某些情况下，个体受到影响是因为直接目睹了创伤事件的可怕后果，如在爆炸或轰炸后处理尸体残骸的急救人员。

创伤后应激障碍在许多文化中都存在（Liu, Petukhova, et al., 2017）。在许多国家的地震和飓风幸存者及遭受战争破坏的平民中，创伤后应激障碍的发病率都较高。例如，文化因素在决定人们如何处理和应对创伤，以及他们对创伤性应激反应的易感程度和障碍的特定形式等方面发挥着重要作用。

创伤后应激障碍与战争经历紧密相关。在参与了越南战争的美国士兵中，创伤后应激障碍的患病率为19%（Dohrenwend et al., 2006）。同样，从伊拉克战争和阿富汗战争中归来的退伍军人中约有13%都患上了创伤后应激障碍（Kok et al., 2012）。总共有30万名从伊拉克和阿富汗战区返回的美国士兵表现出了创伤后

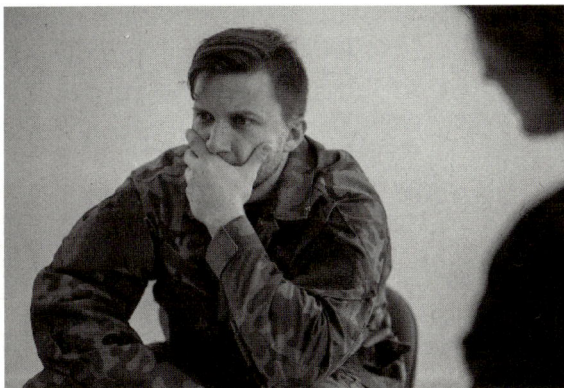

为患有创伤后应激障碍的退伍军人提供咨询

全美国各地都建立了连锁咨询中心，为患有创伤后应激障碍的退伍军人提供支持服务。

应激障碍或抑郁障碍的症状（Miller, 2011）。罹患创伤后应激障碍的退伍军人常常还会出现其他问题行为，包括物质滥用、婚姻问题和不良的工作经历，在某些情况下，他们还会对亲密关系中的伴侣进行身体攻击（Taft et al., 2011）。

虽然暴露于战争或恐怖袭击可能是与创伤后应激障碍联系最紧密的创伤类型，但与创伤后应激障碍相关的最常见的创伤经历是严重的机动车事故（Blanchard & Hickling, 2004）。然而，涉及恐怖袭击和其他暴力行为的创伤，尤其是被强奸和猥亵、目睹暴行、被绑架，比许多其他形式的创伤更有可能导致创伤后应激障碍（Liu, Petukhova, et al., 2017; North, Oliver, & Pandya, 2012）。例如，研究者发现，恐怖袭击幸存者罹患创伤后应激障碍的概率是机动车事故幸存者的两倍（Shalev & Freedman, 2005）。

正误判断

暴露于战争环境是最常见的一种与创伤后应激障碍相关的创伤。

错误 机动车事故是最常见的与创伤后应激障碍相关的创伤类型。

创伤事件实际上极其常见，超过2/3的人都会在一生中的某个阶段遭受由创伤经历带来的痛苦（Galea, Nandi, & Vlahov, 2005）。不过，大多数人在面对创伤性应激时都具有心理弹性，不需要依靠专业帮助就可以恢复（Amstadter et al., 2009; Elwood et al., 2009）。不到1/10的人会罹患创伤后应激障碍（Delahanty, 2011）。

研究者已经确定了一些因素，这些因素会增加一个人在面对创伤性应激源时罹患创伤后应激障碍的风险（见表4-4）。一些易感因素与创伤事件本身有关，如暴露于创伤的程度；另一些则与个人或社会环境有关。一个人越直接暴露于创伤，罹患创伤后应激障碍的概率就越大。例如，"9·11"事件发生时，在被袭击大楼里的人罹患创伤后应激障碍的可能性几乎是在大楼外目睹袭击的人的两倍（Bonanno et al.，2006）。在袭击发生时从双子塔撤离的3000人中，96%都出现了创伤后应激障碍的症状，而约15%的人在灾难发生的两三年后罹患创伤后应激障碍（"More than 3,000"，2011）。

表 4-4　影响创伤幸存者罹患创伤后应激障碍的因素

与事件本身有关的因素	与个人或社会环境有关的因素
暴露于创伤的程度	童年期性虐待史
创伤的严重程度	• 遗传易感因素或易感性 • 缺乏社会支持 • 在处理创伤性应激源时缺乏积极的应对能力 • 感到羞耻 • 在创伤发生后马上分离或解离，或者感到麻木 • 既往精神疾病史

资料来源：Afifi et al.，2010；Elwood et al.，2009；Goenjian et al.，2008；North, Oliver, & Pandya，2012；Ozer et al.，2003；Xie et al.，2009；Xue et al.，2015.

另一个可能导致个体罹患创伤后应激障碍的因素是性别。虽然男性常常会有更多创伤经历，但女性更有可能罹患创伤后应激障碍，其概率是男性的两倍（Parto, Evans, & Zonderman，2011；Tolin & Foa，2006）。然而，女性对创伤后应激障碍的易感性可能与她们更有可能成为性受害者且创伤通常发生在她们年龄较小的时候关系更大，而不仅与性别因素有关（Cortina & Kubiak，2006；Olff et al.，2007）。

其他易感因素与个人及生物学因素有关。遗传因素在调节身体对应激的反应时起一定作用，它会影响随创伤而来的创伤后应激障碍的发生率（Afifi et al.，

2010；Xie et al.，2009）。最近，研究者报告，罹患创伤后应激障碍的退伍军人的杏仁核比那些没有罹患创伤后应激障碍的退伍军人的杏仁核小。杏仁核是大脑的边缘系统中诱发恐惧的一个小结构（Morey et al.，2012）。虽然还需要进行更多研究，但这些有趣的发现都表明：生物学因素可以解释为何在面对创伤时有些人会罹患创伤后应激障碍，而有些人则不会。

其他增加创伤后应激障碍易感性的因素包括童年期性虐待史、缺乏社会支持和有限的应对技能（Lowe, Chan, & Rhodes，2010；Mehta et al.，2011）。像低自我效能感、高敌对这样的人格因素也与创伤后应激障碍的高风险相关（Heinrichs et al.，2005）。一方面，在创伤过程中或创伤后出现罕见症状的人，如感觉发生的事情不真实或感觉像在看电影一样看自己经历创伤，也比其他创伤幸存者更容易罹患创伤后应激障碍（Ozer & Weiss，2004），这些不寻常的反应被称作解离体验（见第6章）。另一方面，从创伤经历中找到目标感或意义感，如相信自己在战争中是为正义而战，可以增强个体应对高压环境的能力，降低其罹患创伤后应激障碍的风险（Sutker et al.，1995）。

尽管创伤后应激障碍的症状通常会在几个月内消失，但它们也可能持续几年甚至几十年（Marmar et al.，2015）。大多数创伤后应激障碍患者甚至在初始评估后的几年内仍会出现某些症状（Morina et al.，2014）。

创伤

与创伤后应激障碍相关的创伤可能涉及战斗、恐怖主义行为或暴力犯罪，包括大规模谋杀等。然而，与创伤后应激障碍相关的最常见的创伤来源是严重的机动车事故。

4.3.3 理论观点

描述有关创伤后应激障碍的概念性理解。

对创伤后应激障碍的概念性理解主要源自行为理论或学习理论的观点。在经典条件反射的框架下，创伤经历是无条件刺激，而与创伤相关的光线、声音甚至味道属于中性（条件）刺激，如战场、被强奸或猥亵的场所等。相应地，焦虑成为暴露于创伤相关刺激时诱发的条件反应。

那些能重新激活负面唤醒状态或焦虑情绪的线索与涉及创伤的想法、记忆甚至梦境里的画面有关，也与听见有人谈论创伤有关，还与重回创伤现场有关。通过操作性条件反射，个体可能学会避免接触任何与创伤相关的刺激。回避行为是一种操作性反应，焦虑的缓解对其进行了负强化。不幸的是，个体在回避与创伤相关的线索的同时，也回避了克服潜在恐惧的机会。只有在个体面对条件刺激（与创伤相关的线索）时不出现任何令其困扰的无条件刺激，条件焦虑才会消退（逐渐减弱或消除）。

4.3.4 治疗方法

描述创伤后应激障碍的治疗方法。

认知行为疗法在治疗创伤后应激障碍方面取得了令人印象深刻的成果（Cloitre，2014；Cusack et al.，2015；Ehlers et al.，2013，2014；Haagen et al.，2015）。基本的治疗要素是反复暴露于与创伤相关的线索和情绪。通过在安全的治疗环境中反复回忆创伤经历，患者会再次体验与创伤事件相关的焦虑，从而使焦虑的消退慢慢发生。治疗师会鼓励创伤后应激障碍患者重复谈论创伤经历，方法是让患者再次体验与创伤相关的情绪、观看相关的幻灯片或电影，或者回到创伤事件发生的地方。例如，对于自事故发生以来一直避免开车的严重机动车事故幸存者，治疗师可能会让他们在附近进行短途驾驶。他们可能还需要重复描述事故及自己体验到的情绪反应。对与战争相关的创伤后应激障碍来说，辅助治疗的家庭作业可能包括参观战争纪念馆或观看战争电影。有研究表明，在进行暴露时加入认知重构（挑战歪曲的想法或信念，并用合理的

深度探讨

令人困扰的记忆可以被抹去吗

从创伤后应激障碍患者的脑海中抹去那些令人困扰的记忆，或者将其记忆削弱到不影响其情绪的程度，这有可能吗？虽然这样的提议在几年前看来似乎很牵强，但近期的科学研究发现，这种可能性确实存在。

研究者正在探索可以屏蔽令人困扰的记忆或减少由创伤经历带来的焦虑或恐惧的药物（Treanor et al.，2017）。在创伤事件发生不久后，研究者也许可以干扰与创伤经历的记忆相关的神经元连接，从而中断创伤记忆的形成过程，而创伤记忆是产生创伤后应激障碍的基础（Yokose et al.，2017）。

在最近的一项研究中，60 位慢性创伤后应激障碍患者在接受常用的血压药物、普萘洛尔或安慰剂后，被要求回忆和描述与创伤后应激障碍相关的创伤事件的细节（Brunet et al.，2018）。经过六周的治疗，与服用安慰剂的对照组相比，那些在创伤记忆被重新激活前服用了普萘洛尔的患者的创伤后应激障碍症状明显减轻。

我们应该如何理解这一奇妙的现象？设想一下，当我们想起一段记忆时，大脑会经历一个重新激活神经元连接的过程，在这个过程中，记忆被编码或存储。在这个过程中，记忆可能是很不牢固的，也许会发生变化，甚至会被抹除。有证据表明，普萘洛尔可能会干扰被重新激活的记忆的再巩固过程，从而削弱或消除它们（Friedman，2018）。即便如此，在将普萘洛尔或其他破坏创伤记忆的方法纳入常规治疗前，我们还需要更多的证据来证明其有效性（Steenen et al.，2016）。

我们还了解到，普萘洛尔可以减少习得的恐惧反应。荷兰研究者在向 60 名健康的大学生呈现蜘蛛图片的同时，对他们进行轻度电击，从而让他们形成恐惧反应（Kindt, Soeter, & Veibliet, 2009）。这些大学生很快就形成了条件性恐惧反应：与那些暴露于中性刺激且不伴随电击的大学生相比，当他们再次暴露于恐惧刺激（蜘蛛图片）而不伴随电击时，他们对巨大的声响表现出了更强烈的惊跳反应。第二天，参与者再次观看恐惧刺激以重新激活恐惧反应前服用了普萘洛尔或安慰剂。第三天，那些在第二天服用了药物的大学生在观看蜘蛛图片时表现出了比服用安慰剂的大学生更低强度的惊跳反应。研究者认为，当恐惧记忆被重新激活时，这种药物干扰了它的处理过程，从而减弱或消除了被试对恐惧刺激的行为反应。此外，当这些大学生在第二轮的条件反射中看到蜘蛛图片并再次受到电击时，服用安慰剂的大学生再次出现了恐惧反应，而这些反应并未出现在服用普萘洛尔的大学生身上。

要想理解这些效应，我们需要考虑身体是如何回应应激的。当暴露于创伤或电击时，身体会释放名为肾上腺素的应激激素。肾上腺素对身体有很多影响，其中包括激活杏仁核——大脑的恐惧加工中心。普萘洛尔阻断了杏仁核中的肾上腺素受体，从而弱化了对恐惧刺激的记忆。

对有焦虑或恐惧问题的人来说，他们的杏仁核会过度激活与威胁、恐惧或拒绝有关的线索。像普萘洛尔这样的药物可以调节大脑对恐惧刺激的反应，提供减轻甚至消除恐惧反应的方法，并阻止这些反应再次出现。可以想象，在不久的将来，像普萘洛尔这样的药物会成为临床医生用来缓解创伤后应激障碍患者或焦虑障碍患者焦虑反应的治疗手段之一。研究者还不知道这类药物是否能永久抹除患者的痛苦记忆，或者他们是否应

该试着抹除这些记忆。但如果这些药物对存储情绪记忆的大脑网络起作用，它们就可能有助于减轻由令人不安的记忆带来的痛苦。

药物可以用来预防在战争中遭受创伤的士兵罹患创伤后应激障碍吗？研究者正在探索使用吗啡（一种用于减轻受伤士兵疼痛的强效阿片类物质）是否也能干扰导致创伤后应激障碍的痛苦记忆的形成过程（Holbrook et al., 2010）。如果有更多研究结果作为根据，那么战场上的医护人员或许会使用吗啡，以减轻受伤士兵的疼痛，并防止士兵日后出现创伤后应激障碍的症状。其他研究者发现，剥夺实验室小白鼠的睡眠会破坏与创伤相关的记忆（Cohen, Kozlovsky, et al., 2012）。睡眠剥夺可能会对遭受创伤的人产生类似的影响。

睡眠剥夺可以预防创伤记忆的形成吗

在实验室小白鼠身上进行的实验表明，睡眠剥夺可以阻止新形成的创伤记忆得到巩固。如果这些发现适用于人类，那么创伤幸存者可能会决定放弃一天的睡眠，以阻止那些令人不安的记忆的形成。

在相关的研究领域，科学家正在探究记忆的分子基础，同时试图分离并抑制与特定记忆相关的特定大脑神经回路。最近，研究者报告了在阻断实验室大鼠对厌恶刺激的回忆方面取得的进展，揭示了大脑中潜在的路径可以为阻断创伤后应激障碍患者的令人困扰的记忆提供方法（Lauzon et al., 2012）。其他研究者则通过使用一种化学物质来干扰形成长时记忆所需的生

物过程，从而消除海蛞蝓的某些习得性反应（Cai et al.，2011）。海蛞蝓被用来探索记忆在生活化学层面的运作机制。虽然海蛞蝓所拥有的神经系统比更高级的动物的神经系统简单，但它的新记忆形成过程是在神经回路中发生的。哺乳动物的记忆形成也是如此，包括与习得性反应有关的记忆。

科学家在实验室里了解的信息会为治疗创伤后应激障碍带来重大突破。终有一天，识别并有效控制管理创伤记忆的脑回路（不损害关于生活经历的其他记忆）会成为可能。

可能有那么一天，科学发展会让医疗服务者有能力阻断或削弱创伤幸存者的某些创伤记忆。然而，在生物化学层面，控制记忆的能力会引发重要的道德、法律和伦理问题。我们提出以下问题，供大家进行反思和讨论。

- 应该由谁决定在创伤发生后立即使用记忆阻断药物？是战地指挥官还是战地医生？是健康服务提供者还是创伤幸存者？
- 如果创伤幸存者失去意识或没有能力做决定呢？法律应该要求以预立医疗委托书或法定协议来规定由谁做出这些决定，以及在什么情况下做决定吗？
- 以预防日后可能出现的情绪困扰为由抹除一个人对重大生活事件的记忆，这样做对吗？
- 你想忘却创伤记忆吗？还是你宁可保留记忆，并努力应对那些可能出现的情绪后果？

想法或信念取而代之）可以改善治疗效果（Bryant et al.，2003）。暴露疗法还对急性应激障碍患者有治疗效果（Bryant，Jackson，& Ames，2008）。

治疗师也可以使用一种强度更高的暴露方法——延长暴露（Prolonged Exposure），即患者通过在治疗过程中回忆痛苦的记忆或在现实生活中直接面对与创伤有关的情况来反复经历创伤事件（Foa et al.，2013；Mørkved et al.，2014）。暴露会持续很长一段时间，并且患者不能从焦虑中逃离。对强奸幸存者来说，延长暴露意味着在支持性的治疗环境中重复、详细地叙述那次可怕的磨难。

其他一些技巧，如冥想、自我放松和压力管理，也可用于帮助患者应对创伤后应激障碍的症状，

如高唤醒状态和想要逃离与创伤相关的刺激的冲动（Aupperle，2018；Gallegos et al.，2018；Hopwood & Schutte，2017）。（超觉冥想和正念冥想这两种常见的冥想形式将在第 6 章被进一步讨论。）愤怒管理训练也会有所帮助，尤其是对患有创伤后应激障碍的退役军人来说。抗抑郁药物（如舍曲林或帕罗西汀）治疗可以帮助减轻创伤后应激障碍的焦虑症状（Schneier et al.，2012）。

下文的"批判性思考"专栏讨论了一种备受争议的治疗创伤后应激障碍的方法——**眼动脱敏与再加工**（Eye Movement Desensitization and Reprocessing，EMDR）。什么是眼动脱敏与再加工？它有用吗？为什么它会起作用？

批判性思考
眼动脱敏与再加工是一时的流行还是可靠的发现

在创伤后应激障碍的治疗中，出现了一种备受争议的方法：眼动脱敏与再加工（Shapiro，

2001）。在眼动脱敏与再加工中，治疗师会要求来访者想象一幅与创伤有关的画面，而治疗师会在来访者的眼睛前方快速前后移动手指 20 ～ 30 秒。在脑海中想象这幅画面的同时，来访者的眼睛需要随着治疗师的手指移动。接着，来访者要将在这个过程中出现的意象、感受、身体感觉和想法与治疗师联系起来。然后，

这个过程会不断重复，直到来访者对这种令人不安的情绪脱敏为止。

严谨的对照研究证实了眼动脱敏与再加工在治疗创伤后应激障碍方面的有效性（Chen, Zhang, et al., 2015; Cusack et al., 2015, 2016; van den Berg et al., 2015）。然而，最近的一项研究表明，在治疗退伍军人的创伤后应激障碍方面，暴露疗法比眼动脱敏与再加工更有效（Haagen et al., 2015）。

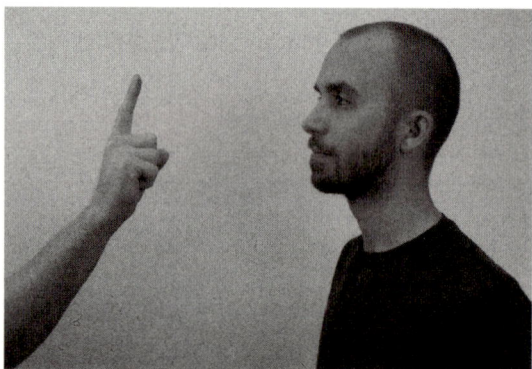

眼动脱敏与再加工

眼动脱敏与再加工是一种相对较新的、有争议的治疗创伤后应激障碍的方法，它要求患者在脑海中保持创伤经历的图像，同时跟随治疗师的手指移动自己的眼球。

备受争议的地方不在于眼动脱敏与再加工是否有效，而在于为什么它会起作用，以及这种方法的关键特征（眼动本身）是不是解释其有效性的必要因素（Karatzias et al., 2011; Lohr, Lilienfeld, & Rosen, 2012; van den Hout et al., 2011）。研究者缺少一个可以解释快速眼动何以缓解创伤后应激障碍症状的有力理论模型，而这正是为什么一些医生在临床实践中抗拒使用它的重要原因（Cook, Biyanova, & Coyne, 2009）。一种顾虑是，眼动脱敏与再加工的治疗效果是否与眼动有关。眼动脱敏与再加工之所以有效，或许是因为它与其他治疗共有的非特异性因素，如调动了来访者的希望感和积极期待；另一个可能的解释是，眼动脱敏与再加工之所以会起作用，是因为它是另一种形式的暴露疗法，而暴露疗法是治疗创伤后应激障碍和其他焦虑障碍的成熟方法（Taylor et al., 2003）。眼动脱敏与再加工中的有效因子可能是对创伤性想象画面的重复暴露，而非快速眼动。尽管对眼动脱敏与再加工的争议目前尚无定论，但这项技术最终可能只不过是暴露疗法的一种新形式。同时，来自另一项研究的证据表明，更传统的暴露疗法在减少回避行为方面的效果比眼动脱敏与再加工更好、更快，至少对那些完成了治疗的人来说是这样（Taylor et al., 2003）。

关于眼动脱敏与再加工的争论仍在继续，我们有必要考虑一下著名的奥卡姆剃刀原则，也就是"经济原则"。如今对该原则最广泛的理解是：解释越简单越好。换句话说，如果研究者可以基于暴露来解释眼动脱敏与再加工的效果，就没有必要再追求更复杂的解释了，即没有必要解释眼动在让来访者对创伤画面脱敏时的作用了。

在对这一议题进行批判性思考时，请尝试回答以下问题。

- 我们不仅要确定某种治疗方法有效，还要弄清楚它何以起效，为什么？
- 要想确定快速眼动是眼动脱敏与再加工有效的关键要素，需要进行什么类型的研究？

本章总结

4.1　应激的影响

4.1.1　应激与健康

评价应激对健康的影响。

应激会影响身体的内分泌系统和免疫系统。虽然偶尔的应激不会损害我们的健康，但持续或长期的应激最终会削弱身体的免疫系统，使我们更容易生病。

4.1.2　一般适应综合征

识别并描述一般适应综合征的不同阶段。

一般适应综合征是汉斯·谢耶提出的术语，是指有机体对长期或过度的应激做出的一般反应模式，共包括三个阶段：（1）警报反应，即有机体调动自身的资源来应对应激；（2）抵抗阶段，即身体保持较高的唤醒水平，但仍试图适应持续的应激需求；（3）耗竭阶段，即面对持续和强烈的应激，身体资源会危险地耗竭，此时可能会出现与应激相关的障碍，或者说是适应性疾病。

4.1.3　应激与生活变化

对生活变化与心理和躯体健康之间关系的相关证据进行评价。

经受大量的重大生活变化会增加个体出现躯体健康问题的风险。然而，这些证据呈现的是相关关系，因此，我们仍需进一步探索因果关系。

4.1.4　文化适应压力：在美国立足

评价文化适应压力对心理适应的影响。

文化适应压力会影响心理和生理功能。文化适应的程度和心理适应之间的关系是相当复杂的。但有证据支持发展一种双文化的文化适应模式的价值，即努力适应东道主文化，同时保持对自己的种族或传统文化的认同。

4.1.5　调节压力的心理因素

识别调节压力的心理因素。

这些因素包括有效的应对方式、自我效能期望、心理坚韧性、乐观和社会支持。

4.2　适应障碍

4.2.1　什么是适应障碍

描述适应障碍的定义及其主要特征。

适应障碍是对确定的应激源适应不良的反应。适应障碍的特征是情绪反应超出正常情况或出现明显的功能受损，损害通常涉及工作、学业、社会关系或在活动中的表现。

4.2.2　适应障碍的类型

识别适应障碍的特定类型。

适应障碍的特定类型包括：（1）伴焦虑的适应障碍；（2）伴混合性焦虑和抑郁心境的适应障碍；（3）伴品行问题的适应障碍；（4）伴混合性情绪和品行问题的适应障碍；（5）未特定的适应障碍。

4.3　创伤应激障碍

4.3.1　急性应激障碍

描述急性应激障碍的主要特征。

创伤应激障碍包括两种主要的类型：急性应激障碍和创伤后应激障碍。两者都涉及对创伤性应激源适应不良的反应。急性应激障碍的特征与创伤后应激障碍的特征相似，但仅限于暴露于创伤事件后的一个月内。

4.3.2　创伤后应激障碍

描述创伤后应激障碍的主要特征。

创伤后应激障碍会在创伤经历后持续数月、数年甚至数十年，也可能在事件发生数月或数年后才开始表现出来。其特征包括回避行为、重新经历创伤、情绪困扰、消极想法、功能受损、高唤醒水平和情绪麻木。

4.3.3　理论观点

描述有关创伤后应激障碍的概念性理解。

　　学习理论为理解恐惧对创伤相关刺激的制约作用，以及负强化在维持回避行为中的作用提供了框架。然而，其他因素也会影响创伤后应激障碍的易感性，包括暴露于创伤的程度和个人特征，如童年期遭受性虐待的经历和缺乏社会支持。

4.3.4　治疗方法

描述创伤后应激障碍的治疗方法。

　　主要的治疗方法是认知行为疗法，它侧重于反复暴露于与创伤相关的线索，并可能与认知重构、压力管理和愤怒管理训练相结合。眼动脱敏与再加工是一种相对较新但存在争议的治疗方法。

批判性思考题

　　请在阅读本章内容的基础上，回答以下问题。

- 本章提到的研究证据是支持还是反对美国文化的熔炉模型？哪些证据说明维持强烈的种族认同可能有益？

- 检查自己的行为模式。你认为自己在日常生活中的行为是增强还是损害了你处理应激的能力？要想让自己表现出更健康的行为，你可以做出哪些改变？

- 思考你在生活中承受的压力水平。压力会如何影响你的心理和躯体健康？你可以用什么方式来降低生活中的压力水平？你可以学习哪些应对策略，从而更有效地管理压力？

"经历变化"的评分指南

　　审视你的回答可以帮助你评估在过去的一年里你经历了多少生活压力。尽管每个人都会经历一定程度的压力，但如果你勾选的事项比较多，尤其是那些压力水平较高的事项，那么在过去的一年里，你很可能一直承受着相对较大的压力。不过，请记住，同等程度的压力对不同的人可能会产生不同的影响。你应对压力的能力取决于许多因素，包括你的应对技巧及你所能获得的社会支持。如果你正承受着高水平的压力，那么你可能需要审视生活中的压力来源。也许，你可以降低自己所承受的压力水平，或者学习更有效的方法来应对那些你无法避免的压力来源。与心理健康专业人士进行沟通也会有所帮助，他们可以帮助你平衡压力水平，并学习应对压力的方法。

"你是乐观主义者吗"的评分标准

　　要计算你的总分，首先你需要将第 1、5、8 和 10 题的得分进行反向计分处理。这意味着 1 分变为 5 分，2 分变为 4 分，3 分保持不变，4 分变为 2 分，5 分变为 1 分。然后，将你所有题目的得分相加。总分范围在 10 分（最不乐观）到 50 分（最乐观）之间。得分在 30 分左右表示你既不是特别乐观，也不是特别悲观。虽然我们没有这个量表的常模，但你可以认为得分在 31 到 39 分之间表示中等水平的乐观，而得分在 21 到 29 分之间表示中等水平的悲观。得分在 40 分或以上表明乐观程度较高，而得分在 20 分或以下则表明悲观程度较高。

第 **5** 章
焦虑障碍和强迫及相关障碍

Aleksandr Kichigin/Alamy Stock Photo

本章音频导读，
请扫描二维码收听。

学习目标

5.1.1 描述焦虑障碍在生理、行为和认知方面的主要特征。

5.1.2 评价焦虑障碍发病率的种族差异。

5.2.1 描述惊恐障碍的主要特征。

5.2.2 描述惊恐障碍的主要概念模型。

5.2.3 评价治疗惊恐障碍的主要方法。

5.3.1 描述恐怖症的主要特征和具体类型。

5.3.2 解释学习、认知和生物学因素在恐怖症的形成中的作用。

5.3.3 评价恐怖症的主要治疗方法。

5.4.1 描述广泛性焦虑障碍并识别其主要特征。

5.4.2 描述广泛性焦虑障碍的理论观点，并识别两种主要的治疗方法。

5.5.1 描述并理解强迫症的主要特征及治疗方法。

5.5.2 描述躯体变形障碍的主要特征。

5.5.3 描述囤积障碍的主要特征。

在进一步阅读之前，请先完成正误判断测试，看看自己对相关知识的掌握情况。接着，在阅读本章的内容时，请对照穿插其中的参考答案来确认你的答案。

正误判断

正确	错误	
☐	☐	经历惊恐发作的人通常会认为自己心脏病发作了。
☐	☐	抗抑郁药物也可被用来治疗各种类型的焦虑障碍。
☐	☐	恐怖症患者会认为自己的恐惧是合情合理的。
☐	☐	有些人很害怕离开家，甚至连出门寄一封信都难以做到。
☐	☐	我们可能生来就恐惧那些对人类祖先构成威胁的物体。
☐	☐	如果房间里有蜘蛛，那么蜘蛛恐怖症患者很有可能是人群中第一个发现并指出蜘蛛的人。
☐	☐	治疗师已经可以使用虚拟现实技术来帮助人们克服恐怖症了。
☐	☐	强迫思维有助于缓解焦虑。
☐	☐	有一种有效针对洁癖型强迫症患者的行为疗法就是要求患者故意把自己的手弄脏，并保持一段时间不要洗掉污垢。
☐	☐	脸上有瑕疵可能会导致一些人想自杀。

下面是一段关于惊恐发作的第一人称叙述，这只是我们将在本章读到的众多焦虑障碍中的一个例子。

"当时我觉得自己就要死了"

我之前从未有过这种感觉。当时，我正坐在车里等红灯，突然我感觉心跳异常剧烈，好像马上要爆炸似的。它就这样发生了，没有任何征兆。我的呼吸也开始变得急促，我感觉越来越喘不上气。这种感觉就像快要窒息了一样，车子把我完全封闭起来。我觉得自己马上就要死掉了。我剧烈地颤抖，大汗淋漓。我当时以为自己心脏病发作了。我迫不及待地想跳下车，马上逃离。

后来，我把车开到路边停下，瘫坐在那里等待自己平息下来。我告诉自己，如果我马上就要死了，那就等死吧。我不知道在死亡到来前自己能否等到救援。我说不上来是怎么回事，那种感觉就消失了，我在那里坐了很长时间，想弄清楚刚刚到底发生了什么。和惊恐发作一样突然的是，一切都消失了。我的呼吸渐渐平稳下来，心脏也不再剧烈地跳动。我还活着。无论如何，至少这次我是不会死了。

惊恐发作是一种什么感觉？在日常生活中，我们也会使用与"惊恐"相关的词语。例如，我们会说："当我找不到钥匙时，我就会惊慌失措。"即便来访者经历的只是轻微的焦虑反应，他们也会说自己经历了惊恐发作。而在真正的惊恐发作中，就像上面案例中的主人公迈克尔所描述的那样，焦虑水平会上升到极度恐惧的程度。除非真正经历过，否则你很难理解惊恐发作有多严重。那些曾经历惊恐发作的人将其描述为他们一生中最恐怖的经历。惊恐发作是一种严重的焦虑障碍（即惊恐障碍）的主要特征。

其实，很多东西都会引发我们的焦虑。我们的健康状况、社会关系、考试、职业、国际关系局势和环境状况都可能成为焦虑的来源，但这仅仅是冰山一角。我们在一定程度上对这些事情感到担忧是正常的，甚至可以说是适应性的。

焦虑（Anxiety）是忧虑或预感的一种常见形式。焦虑在促使我们定期体检、激励我们努力学习时是有益的。因此，焦虑是我们面临威胁时的正常反应，但当焦虑与现实中的威胁不相称或无端冒出来时，也就是说，当焦虑不是对现实生活事件的反应时，它就变得不正常了。

在上述案例中，当事人的惊恐发作是自发产生的，没有任何征兆或诱发事件。适应不良的焦虑反应会引发强烈的情绪困扰或损害个体的正常功能，这样的焦虑反应被称为**焦虑障碍**（Anxiety Disorder）。人们会以各种各样的方式体验到焦虑，从惊恐发作患者的强烈恐惧到广泛性焦虑障碍患者的一般性担心或忧虑。而焦虑感则是将这些障碍联系起来的一条主线。

5.1 焦虑障碍概述

在 19 世纪的很长一段时期内，焦虑障碍、分离障碍和躯体症状及相关障碍（见第 6 章）都曾被归类为神经症。"神经症"（Neurosis）一词的词根是指"神经系统的异常或患病状态"。苏格兰内科医生威廉·卡伦（William Cullen）在 18 世纪首次提出了"神经症"这一术语。正如这个词所描述的那样，神经症被认为是具有一定生理学基础的。它曾被视为神经系统的一种疾病。

20 世纪初，卡伦关于神经症的器质性假设在很大程度上逐渐被西格蒙德·弗洛伊德的精神动力学观点所取代。弗洛伊德认为，神经症的行为是人们对那些无法接受且会引发焦虑的想法闯入意识领域的反应。根据弗洛伊德的理论，涉及焦虑的障碍（以及我们将在第 6 章讨论的分离障碍和躯体症状及相关障碍）代表的是自我试图抵御焦虑的表现形式。弗洛伊德关于此类障碍起源的观点将它们归入神经症这一一般类别。弗洛伊德的理论在 20 世纪初得到了广泛的认可，这进而使该理论成为 DSM 最初两个版本的分类系统的基础。

5.1.1 焦虑障碍的特征

描述焦虑障碍在生理、行为和认知方面的主要特征。

焦虑的特征涉及生理、行为和认知等各个方面，主要表现为如下症状：

1. 生理特征可能包括激动、紧张不安、颤抖、胃部或胸口紧绷、多汗、掌心出汗、轻微头痛或眩晕、口干舌燥、呼吸短促、心率加速、四肢冰冷、胃部不适或恶心，以及其他生理症状；
2. 行为特征可能包括回避行为、依恋或依赖行为，以及焦虑行为；
3. 认知特征可能包括担忧、对未来过分恐惧或担忧、过分关注躯体感觉、对躯体感觉敏感、害怕失去控制、反复思考某个令人困扰的想法、思维混乱或感到困惑、难以集中注意力、觉得事情不可控。

尽管焦虑障碍患者并不一定曾体验上述所有特征，但我们可以看出焦虑障碍为何令人如此痛苦。DSM 列出了焦虑障碍的几种主要类型：惊恐障碍、恐怖症和广泛性焦虑障碍。在 DSM-5 中，一些之前被归类为焦虑障碍的疾病（如强迫症、急性应激障碍和创伤后应激障碍），现在被归入其他诊断类别中（Stein et al., 2014）。

强迫症现在就被归入一个全新的诊断类别中，即强迫及相关障碍，本章后面会讨论。我们在第 4 章讨论的急性应激障碍和创伤后应激障碍现在则被归类为创伤和应激相关障碍。

表 5-1 概述了焦虑障碍的主要类型。焦虑障碍现如今是世界上最常见的一种心理障碍，影响着全球约 1/6 的人口（Holingue，2018；Remes et al.，2017）。同时，焦虑障碍也是当今美国最常见的一种可诊断的心理障碍。每五个成年人中就有一人会在其人生中的某个阶段受到焦虑障碍的影响，每年约有 10% 的成年人会出现相关症状（Hudson，2017；McKay，2016；Stein & Craske，2017）。我们还应该注意到，许多患有焦虑障碍的人也会存在其他类型的障碍，尤其是心境障碍。

自 1980 年以来，DSM 便不再包含"神经症"这一诊断类别。虽然如今的 DSM 基于的是可观察的行为和可区分的特征的相似性，而非病因假设，但许多临床医生仍在使用弗洛伊德提出的"神经症"和"神经质"等术语。一些临床医生会使用"神经症"这一术语来描述那些有较轻的行为问题的个体，此类个体能够保持较为良好的现实感知能力。精神分裂症等精神疾病的主要特征是患者与现实脱节，以及存在怪异的行为、想法和幻觉。此外，焦虑问题并不局限于传统的神经症这一诊断类别。存在适应问题、抑郁障碍和精神障

碍的个体也会同时受到焦虑问题的困扰。

接下来，我们将介绍焦虑障碍的主要类型，讨论它们的特征或症状、起因及治疗方法。

5.1.2 焦虑障碍的种族差异

评价焦虑障碍发病率的种族差异。

尽管焦虑障碍一直是被广泛研究的主题，但很少有人关注这些疾病发病率的种族差异。焦虑障碍是否在某些种族群体中更常见？我们可能会认为，在美国社会中，非裔美国人经常遭遇诸如种族歧视和经济困难等压力因素，这可能会导致该群体中焦虑障碍的发病率较高。然而，也有不同的观点认为，由于非裔美国人在其早期生活中必须应对这些困难，因此他们在面对压力时发展出了一定的心理弹性，从而有效地避免焦虑障碍的困扰。一些来自大规模流行病学调查的证据支持了后一种观点。

美国一项大型的全国性调查，即美国国家共病调查复测（National Comorbidity Survey Replication，NCS-R）显示，非裔美国人（或非西班牙裔黑人）和拉丁裔美国人患社交焦虑障碍和广泛性焦虑障碍的比例低于欧

表 5-1　焦虑障碍概览

障碍类型	人群中的终生患病率（近似值）	描述	相关特征
惊恐障碍	5.1%	持续的惊恐发作（极度恐慌，伴随强烈的生理症状、危险逼近或大难临头的想法及想要逃离的冲动）	对惊恐发作复发的恐惧可能会引起对与惊恐发作相联系的情境或可能得不到帮助的情境的回避行为；惊恐发作突然出现，但可能与特定线索或情境有关；可能伴随场所恐怖症或对公共场所的一般性回避
广泛性焦虑障碍	5.7%	不局限于特定情境的持续性焦虑	过度忧虑；身体处于高度唤醒、紧张不安的状态
特定恐怖症	12.5%	对特定物体或情境过度恐惧	回避令人恐惧的刺激或情境；例子包括恐高症、幽闭恐怖症，以及害怕血、小动物或昆虫
社交焦虑障碍	12.1%	对社会互动过度恐惧	主要以在社交场合对拒绝、羞辱及尴尬的潜在恐惧为特征
场所恐怖症	1.4% ~ 2%	恐惧或回避开放场所和公共场所	可能出现在因死亡、分离或离婚而失去支持性他人之后

资料来源：Prevalence rates derived from American Psychiatric Association，2013；Conway et al.，2006；Grant，Hasin et al.，2005；Grant，Hasin，Stinson，et al.，2006；Kessler，Berglund，et al.，2005；Stein & Sareen，2015.

裔美国人（或非西班牙裔白人；Breslau et al.，2006）。此外，另一项大型的全国性调查也显示，欧裔美国人的惊恐障碍终生患病率高于拉丁裔、非裔或亚裔美国人（Grant，Hasin，Stinson，et al.，2006）。

值得注意的是，焦虑障碍并非美国文化所独有。例如，众所周知，惊恐障碍这一疾病在许多国家都有发生，甚至可能在全世界都普遍存在。然而，惊恐发作的具体特征，如呼吸急促或濒死恐惧，可能因文化而异。一些文化相关综合征具有类似于惊恐发作的特征，如神经病发作（Ataque De Nervios）（见第 3 章表 3-2）。

5.2 惊恐障碍

惊恐障碍（Panic Disorder）的特征是存在持续不断的、难以预料的惊恐发作。惊恐发作是一种伴随多种生理症状的强烈焦虑反应，如心率加速、呼吸急促或呼吸困难、多汗、身体虚弱或眩晕（见图 5-1）。

5.2.1 惊恐障碍的特征

描述惊恐障碍的主要特征。

与其他形式的焦虑障碍相比，惊恐障碍在身体层面的症状表现更为显著。惊恐发作一般会伴随极度的恐慌感、危险逼近或大难临头的感觉，以及想逃离该情境的冲动。惊恐发作通常还会伴随失控、疯狂或濒死感。

在惊恐发作期间，个体会对心率的变化异常敏感，并认为自己心脏病发作，尽管他们的心脏实际上没有任何问题。但是，由于惊恐发作的症状与心脏病发作甚至严重过敏反应的症状极为相似，因此临床医生需对患者进行一次全面的身体检查。

正误判断

经历惊恐发作的人通常会认为自己心脏病发作了。

正确 经历惊恐发作的人会认为自己心脏病发作了，即便他们的心脏非常健康。

正如本章开篇的案例主人公的情况一样，惊恐发作通常是突然且自发出现的，没有任何预兆或明显的诱因。在 10 ～ 15 分钟内，惊恐发作就能达到峰值。发作通常会持续几分钟，有时会持续几小时。经历惊恐发作的人会有想逃离当前情境的强烈冲动。要做出惊恐障碍的诊断，必须满足再次出现突如其来的惊恐发作这一条件，并且发作不是由特定物体或情境引起的。但是，在发作前的一小时内，可能会出现一些微妙的生理症状，即使个体可能完全没有意识到这些症状的存在（Meuret et al.，2011）。

惊恐发作是一种突然发作并可以在几分钟内迅速达到峰值的强烈恐惧或不适感，具体特征如下。

· 心跳剧烈、心率过快或心悸
· 多汗、颤抖或发抖
· 窒息感、透不过气、呼吸急促
· 害怕失去控制、死亡或发疯
· 胸部不适或疼痛
· 刺痛感或麻木感
· 恶心或胃部不适
· 眩晕、头昏、头晕或站立不稳
· 感觉与自身脱离，好像从远处看着自己，或者对周围的环境有一种不真实感或陌生感
· 潮热或发冷

图 5-1 惊恐发作的核心特征

尽管第一次惊恐发作是自发或意料之外的，但随着时间的推移，个体可能会将它与特定的情境或线索联系起来，如进入拥挤的商场、乘坐火车或飞机等。个体可能会把这些情境与过去的惊恐发作联系起来，或者将之视为自己很难逃离的情境从而尽量避开，以免再次发作。

人们经常会把惊恐发作描述为自己一生中最糟糕的经历。他们觉得自己当时别无选择，必须逃走。如果逃不掉，他们可能会"僵住"。此时，他们倾向于寻求他人的帮助或支持。有些经历过惊恐发作的人可能会害怕一个人出门。反复出现的惊恐发作可能会让他们感到难以应对，甚至可能选择自杀。患有惊恐障碍的个体会回避与惊恐发作相关的一些活动，例如，回避锻炼身体，或者回避冒险进入惊恐发作可能会发生或他们担心会发生的地方，又或者回避进入那些可能无法获得帮助的地方。因此，惊恐发作可能会导致**场所恐怖症**（Agoraphobia），这是一种对公共场所的过度恐惧。不过，不伴有场所恐怖症的惊恐障碍仍比伴有场所恐怖症的惊恐障碍更常见（Grant，Hasin，Stinson，et al.，2006）。

场所恐怖症

患有场所恐怖症的人会害怕进入空旷或人群拥挤的地方。在极端的情况下，有些人可能会对离开他们安全的家感到极度恐惧，所以足不出户。

并不是图 5-1 列出的所有特征都要在惊恐发作期间出现，惊恐障碍也并非必须伴有惊恐发作的迹象，大约有 10% 的健康个体可能会在某一年经历一次单独的惊恐发作（USDHHS，1999）。要想做出惊恐障碍

的诊断，个体必须反复经历没有预兆的惊恐发作，并且至少其中一次发作必须满足下列条件之一（或满足两个条件）且持续至少一个月（American Psychiatric Association，2013）：

1. 对之后的发作或其可怕后果的持续性恐惧，如失控、心脏病发作或发疯；
2. 行为上发生明显适应不良的变化，如因为害怕再次发作而限制活动、拒绝离开家或进入公共场所。

根据美国的一项具有代表性的全国性调查，5.1% 的美国人在其一生中的某个阶段会罹患惊恐障碍（Grant，Hasin，Stinson，et al.，2006）。惊恐障碍通常始于青春期晚期，持续到个体 35 岁左右，女性的患病率是男性的两倍（见图 5-2）。这一性别差异符合焦虑障碍的一般模式，即在患有焦虑障碍的人群中，女性多于男性（McLean & Anderson，2009；Seedat et al.，2009）。

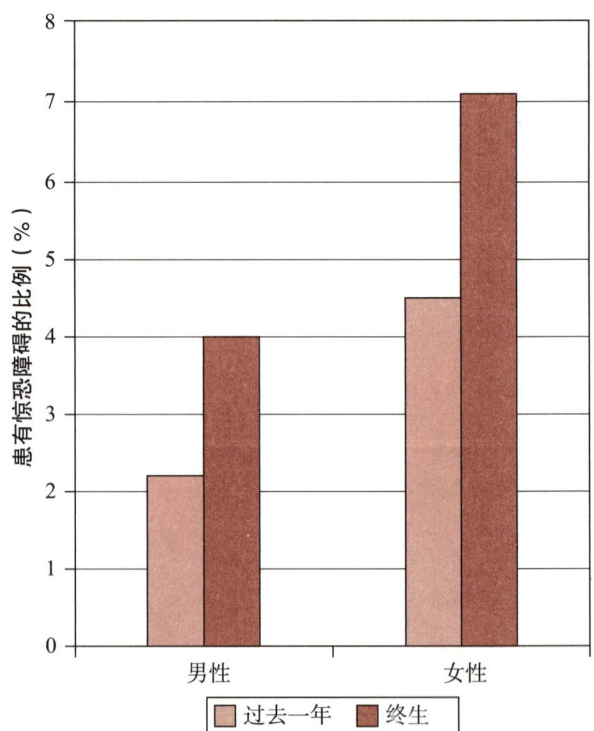

图 5-2　惊恐障碍在不同性别中的患病率

受惊恐障碍影响的女性多于男性。

资料来源：McLean et al.，2011.

球场上的惊恐发作

NBA 全明星球员凯文·乐福（Kevin Love）在 2018 年公开透露自己曾遭受惊恐发作的困扰。第一次惊恐发作发生在一场比赛中，当时他突然感到心率加速、呼吸困难，周围的一切都像在旋转一般。这种感觉就像他的身体在告诉他，他快要死了一样。他瘫倒在更衣室的地板上，挣扎着让自己吸入足够的空气。乐福说："当时的感觉就像我的脑子要从脑袋里爬出来一样。"作为一名职业运动员，乐福很难公开承认自己有心理健康问题。他告诉记者："人在长大后，很快就会明白一个男孩应该怎么做……你学会了如何才能'成为一个男人'。这就像一部剧本——要坚强。不要总是谈论你的感受，你要自己去克服它。在我经历的这 29 年人生中，我始终都遵循着这样的剧本（'Basketball Star'，2018）。"队友勒布朗·詹姆斯（LeBron James）大赞乐福能分享他的个人成长经历，他在 Twitter 上发文称，乐福"比以往任何时候都更强大"。

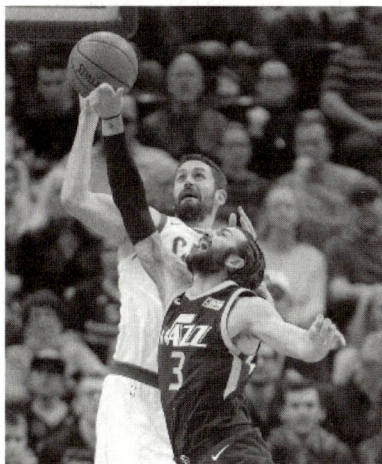

凯文·乐福

凯文·乐福（穿白色球衣）向公众透露了自己惊恐发作的经历，以引起公众对这一问题的充分关注。

5.2.2　病因

描述惊恐障碍的主要概念模型。

有关惊恐障碍的主流观点认为，惊恐发作是由认知因素和生物学因素的共同作用引发的：一方面是错误的归因（对身体感觉变化的潜在原因的错误认知），另一方面则是生理反应。图 5-3 是惊恐发作的认知 - 生理模型示意图。有惊恐发作倾向的个体容易对身体内在的变化做出错误的归因，即把它们与潜在的可怕疾病联系起来。例如，他们可能认为暂时的眩晕、头昏或心悸是心脏病发作、失控或发疯的征兆。

如图 5-3 所示，将身体感觉知觉为可怕的威胁会引发焦虑，而焦虑则伴随着交感神经系统的激活。在交感神经系统的控制下，肾上腺会释放肾上腺素和去甲肾上腺素等应激激素。这些激素会加剧某些生理症状，如心率加速、呼吸急促及多汗等。这些身体感觉的变化反过来又会被错误地知觉为即将发生惊恐发作的证据，甚至被视为一场灾难的开始（"天啊，我心脏病发作了！"）。对身体感觉的灾难性错误归因会强化对威胁的认知，进而提升焦虑水平，而这又会导致更多与焦虑有关的躯体症状和更多的灾难性想法。这一恶性循环最终会迅速演变为全面的惊恐发作。总而言之，对惊恐障碍的主流观点反映了认知因素和生物学因素的结合，一方面是错误的归因（对身体感觉的灾难性误解），另一方面是生理反应和身体感觉（Teachman, Marker, & Clerkin, 2010）。

引发惊恐发作的身体感觉的变化可能是由多方面因素造成的，如未被证实的换气过度（呼吸急促）、劳累、温度变化、对特定药物的反应等。或者，它们可能是转瞬即逝的、通常不易引起人们注意的身体感觉的变化。但是，那些容易感到恐慌的个体可能会将这些身体上的变化错误地归因为可怕的原因，进而启动可能导致全面的惊恐发作的恶性循环。

为什么有些人更容易罹患惊恐障碍？这仍然是认知因素和生物学因素共同作用的结果。

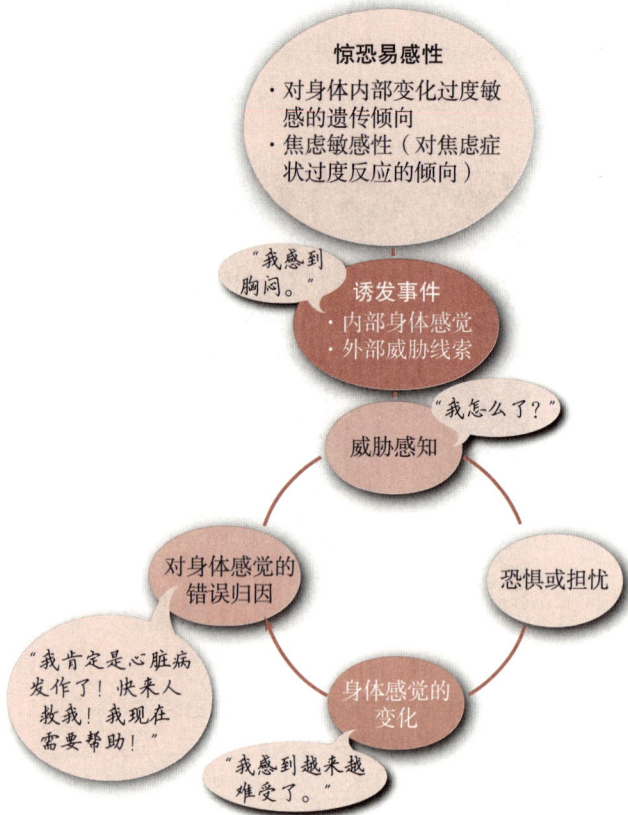

图 5-3　惊恐发作的认知 - 生理模型示意图

那些容易感到恐慌的人对来自内部或外部线索的威胁的感知会引发担忧或恐惧，并伴随身体感觉的变化（如心率加速或心悸）。对这些感受的夸大、灾难性的认知会强化威胁感知，进而导致更多的焦虑和身体感觉的更大变化。这一恶性循环最终会迅速演变为全面的惊恐发作。焦虑敏感性会增加人们对焦虑的身体线索或症状过度反应的可能性。惊恐发作可能会使个体回避惊恐发作发生的情境或感到孤立无援的情境。

资料来源：Adapted from Clark，1986，and other sources.

生物学因素

有证据表明，惊恐障碍有一定的遗传倾向（Deckert et al.，2017）。但是，遗传因素只代表患有疾病的倾向或可能性，而不是确定性。其他因素（如思维模式）也扮演着重要角色。例如，患有惊恐障碍的个体可能会将身体感觉误认为是罹患重病的征兆。容易感到恐慌的个体对自己的身体变化（如心悸）也更加敏感。惊恐发作的生物学基础可能包括一个非常敏感的内部警报系统，这一系统涉及通常会对威胁或危险的线索做出反应的大脑区域，尤其是边缘系统和前额叶（Katon，2006）。

现在，让我们来了解一下人体内神经递质的作用，特别是 γ-氨基丁酸（Gamma-Aminobutyric Acid，GABA），它是人类神经系统中的一种抑制性神经递质，可以抑制中枢神经系统的过度活动，平息身体对应激的反应（Müller，Çaliskan，& Stork，2015；Yamashita et al.，2018）。当 γ-氨基丁酸的活性严重不足时，神经元可能就会过度放电，进而引发癫痫发作。在大多数情况下，γ-氨基丁酸的作用不足可能会使焦虑水平升高或使神经系统处于紧张状态。惊恐障碍患者的部分脑区中的 γ-氨基丁酸水平往往较低（Goddard et al.，2001）。苯二氮䓬类抗焦虑药物（包括地西泮和阿普唑仑）以 γ-氨基丁酸受体为目标，这类药物能够使 γ-氨基丁酸受体对这种神经递质更加敏感，从而增强其镇静效果。不过，这些药物只能在短期内使用，以防止产生药物依赖（Fava，Balon，& Rickels，2015）。

其他一些神经递质，如血清素，可以帮助调节情绪状态（Weisstaub et al.，2006）。血清素的作用已经被一些研究者证实，下文会详细讨论。这些证据表明，针对脑中血清素活性的抗抑郁药物会对一些形式的焦虑及抑郁症状有一定的改善作用。

生物学因素在惊恐障碍中的作用被进一步的研究证实，这些研究比较了惊恐障碍患者和对照组被试对特定身体感觉的变化（如眩晕）的反应（例如，通过

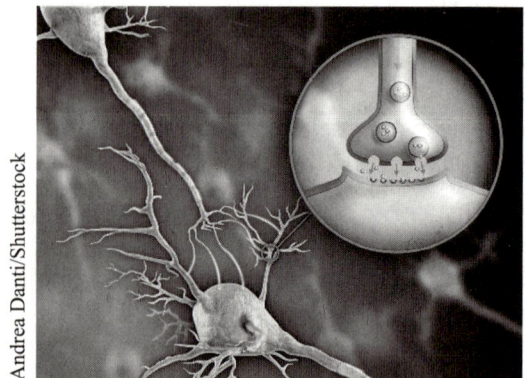

γ-氨基丁酸

神经递质 γ-氨基丁酸有助于抑制中枢神经系统的过度活动，降低身体的唤醒状态。一些焦虑障碍病例可能与体内 γ-氨基丁酸的活性过低有关。

向体内输入乳酸钠或改变血液中二氧化碳的含量）。体内二氧化碳的含量可以通过故意过度换气或吸入二氧化碳而改变，前者会减少血液中二氧化碳的含量，后者则会增加血液中二氧化碳的含量。研究表明，在面对上述特定的生物挑战时，惊恐障碍患者比对照组被试更有可能出现焦虑或惊恐症状（Coryell et al.，2006）。

认知因素

在 1932 年的就职演说中，美国总统富兰克林·罗斯福（Franklin Roosevelt）针对 20 世纪 30 年代经济大萧条后国民的恐惧及其腐蚀性影响说道："唯一值得我们恐惧的就是恐惧本身。"他的这句话在如今被关于焦虑敏感性（Anxiety Sensitivity，AS）在各种焦虑障碍的形成过程中所起作用的研究所证实，这些焦虑障碍包括惊恐障碍、恐怖症、场所恐怖症及广泛性焦虑障碍（Hoa et al.，2018；Poli et al.，2016；Sandin et al.，2015）。

焦虑敏感性或对恐惧本身的恐惧涉及个体对自己的情绪和身体感觉失控的恐惧。当高焦虑敏感性个体体验到焦虑的身体体征（如心率加速、呼吸急促）时，他们会将这些症状视为具有可怕后果或马上要发生灾难（如心脏病发作）的信号。这些灾难性的想法会加剧他们的焦虑反应，使他们更容易陷入焦虑自我强化的恶性循环，进而导致全面的惊恐发作。高焦虑敏感性个体也倾向于回避过去让他们体验到焦虑的情境。这一模式在伴随场所恐怖症的惊恐障碍患者身上经常出现（Wilson & Hayward，2006）。

焦虑敏感性受遗传因素的影响（Zavos, Gregory, & Eley，2012）。但是，环境因素也起着重要作用，包括与种族相关的因素。一项针对高中生的研究表明，亚裔和西班牙裔美国学生报告的焦虑敏感性平均水平高于美国白人学生（Weems et al.，2002）。然而，与白人群体相比，焦虑敏感性与惊恐发作的相关性在亚裔和西班牙裔群体中却不那么明显。其他研究发现，与一般美国大学生相比，美洲印第安人和阿拉斯加原住民大学生具有更高水平的焦虑敏感性（Zvolensky & Eifert，2001）。这些研究结果提醒我们，在探索异常行为的根源时，需要考虑种族差异。

我们不应该忽略认知因素在决定容易感到恐慌的人对特定生物挑战（如操纵血液中二氧化碳的含量）的过度反应方面可能发挥的作用。这些挑战会引发强烈的身体感觉，那些容易感到恐慌的人会将这些感觉错误地理解为心脏病发作或失控的信号。或许正是这些错误的理解，而非任何潜在的生物敏感性本身，导致了焦虑的恶性循环，从而迅速引发了惊恐发作。

通常来讲，惊恐发作是在突然间发生的。这似乎支持了惊恐发作是由生物学因素导致的观点。然而，引发惊恐发作的许多线索其实是内部的，涉及身体感觉的变化，而非外部刺激。内部（身体）线索的变化，加上灾难性的想法，可能会导致焦虑的恶性循环，最终演变为全面的惊恐发作。

5.2.3 治疗方法

评价治疗惊恐障碍的主要方法。

最常使用的治疗惊恐障碍的方法是药物治疗和认知行为疗法。通常，用来治疗抑郁障碍的药物，即抗抑郁药物，也具有抗焦虑和抗惊恐的疗效（Baldwin et al.，2014；Stein & Craske，2017）。由于这些药物的疗效比较广泛，因此用"抗抑郁药物"一词来命名它们可能并不十分恰当。抗抑郁药物主要是通过恢复大脑中特定神经递质的活性来对抗焦虑的。常用来治疗惊恐障碍的抗抑郁药物主要有帕罗西汀和艾司西酞普兰（Perna et al.，2016）。然而，这些药物可能会出现令人烦恼的副作用，如睡眠问题、嗜睡、恶心和口干，进而导致许多患者过早停药。抗癫痫及镇痛类药物普瑞巴林也可用于治疗广泛性焦虑障碍（Perna et al.，2016）。此外，高效抗焦虑药物阿普唑仑属于苯二氮䓬类药物，它也可以用于治疗各种焦虑障碍，包括惊恐障碍、社交焦虑障碍和广泛性焦虑障碍。

药物治疗的一个潜在问题是：患者可能会将临床症状的改善归因于药物，而非其自身的内在作用机制。应该注意的是，虽然精神类药物可以有效缓解症状，但并不能完全治愈疾病。而且，患者在停止用药后再度复发的情况也很常见。所以，除非使用认知行为疗法帮助患者从认知上改变他们对身体感觉的过度反应，否则惊恐症状很可能会再次出现（Clark，1986）。

认知行为治疗师在治疗惊恐障碍时会综合使用各种技术，包括应对惊恐发作的技能训练、用来降低机体唤醒水平的呼吸训练和放松训练，以及让来访者直接暴露于引发惊恐发作的情境及与惊恐症状有关的身体线索（Gloster et al.，2014）。治疗师会帮助来访者从不同的认知角度体验身体感觉的变化，如眩晕或心悸的感觉。通过认识这些感觉是稍纵即逝的，而非心脏病发作或其他灾难的征兆，来访者可以学会如何更好地应对它们，而不是感到惊恐不安。来访者会学习使用平静、理性的想法和自我陈述（"冷静点，这些惊恐的感觉很快就会消失的"）来代替灾难性的想法和自我陈述（"我心脏病发作了"）。惊恐发作的个体还可以通过医学检查来确认自己的身体是健康的，以及这些生理症状其实并不是心脏病的征兆。

呼吸训练（Breathing Retraining）是一种旨在使血液中的二氧化碳含量恢复到正常水平的技术，这种技术要求来访者通过腹式呼吸来进行缓慢的深呼吸，从而避免因浅而快的呼吸导致呼出过多的二氧化碳。在一些治疗方案中，患有惊恐障碍的人会被鼓励故意诱发惊恐发作的症状，从而学会如何处理这些症状——例如，要求他们在受控的环境中过度换气，或者在转椅上旋转（Antony et al.，2006；Katon，2006）。通过与惊恐发作的症状直接接触，来访者能够学会让自己冷静下来并处理这些感觉而非过度反应。在认知行为疗法中，一些治疗惊恐障碍时经常使用的要素如表5-2所示。

所以，你大可不必一次次地经受惊恐发作和害怕失控的折磨。如果你的惊恐发作反复出现或令你十分害怕，请咨询专业人士。如有任何疑问，也请寻求专业人士的帮助。

我们在本章开篇介绍的案例主人公迈克尔在其30岁时经历了人生中的第一次惊恐发作。他首先咨询了心脏病专家，排除了心脏存在问题的可能性。当收到医生的健康体检报告单时，他长长地松了口气。尽管随后他的惊恐发作又复发了几次，但他已经学会如何更好地获得控制感。下面是他对这段经历的描述。

表 5-2　治疗惊恐障碍的认知行为疗法常见要素

要素	具体做法
自我监测	记录惊恐发作的过程，以帮助我们识别引发惊恐发作的情境刺激。
暴露	逐步暴露于惊恐发作出现的情境。在暴露阶段，当事人要进行自我放松及理性的自我对话，以防止焦虑水平升级或失控。在一些项目中，当事人会在治疗诊所的受控环境中体验这些感觉，进而学会接纳与惊恐发作相关的身体感觉的变化。当事人可以在转椅上旋转以引发眩晕感，从而在这一过程中理解到，这些感觉并不可怕，也不是危险即将到来的征兆。
改善应对方式	发展应对技能，以打破对焦虑线索或心血管感觉的过度反应最终导致惊恐发作的恶性循环。行为疗法聚焦在深度、有节奏的呼吸和放松训练上。认知疗法聚焦在调整对身体感觉的灾难性误解上。呼吸训练可以用来帮助个体在惊恐发作时避免过度换气。

"很高兴，它们一去不复返了"

对我而言，我不再害怕它们了。当我知道自己不会死后，我开始相信自己完全可以控制它们。当我感到要发作时，我会进行放松练习，而且在整个过程中跟自己说话。这样似乎真的可以削弱它们的力量。起初，我大约每周都会发作一次，但几个月后，发作次数减少到大约一个月一次，之后它们就彻底消失了。或许，这归功于我应对它们的有效方式，或者它们可能就是神秘地消失了，就像它们神秘地出现一样。我很高兴它们一去不复返了。

许多设计精良的研究证实了认知行为疗法对惊恐障碍具有不错的治疗效果（Gloster et al., 2014；Gunter & Whittal, 2010）。研究者报告认知行为疗法的平均有效率超过 60%（Schmidt & Keough, 2010）。尽管人们普遍认为治疗惊恐障碍最好的方法是药物治疗，但认知行为疗法在短期内的疗效要优于药物治疗，而且通常也能带来更好的长期效果（Schmidt & Keough, 2010）。

为什么认知行为疗法的治疗效果会更持久？可能的原因是，认知行为疗法可以帮助人们掌握即便在治疗结束后仍然可以使用的应对技能。尽管精神类药物可以消除惊恐症状，但它们并不能帮助患者发展出在停药后仍然可以使用的新技能。然而，在一些案例中，心理治疗和药物治疗结合使用效果最好。此外，其他形式的心理治疗也可能具有一定的疗效。一项研究证明了一种专门用于治疗惊恐症状的心理动力学疗法具有不错的治疗效果（Milrod et al., 2007）。

5.3 恐怖症

恐怖症（Phobia）一词源于希腊语"Phobos"，意为"恐惧"。恐惧和焦虑的概念是密切相关的。恐惧是个体面对特定威胁时体验到的一种焦虑。而恐怖症则是指个体对某个物体或情境产生与其实际构成的威胁不成比例的恐惧。当你的车即将失控时，你体验到

深度探讨
如何应对惊恐发作

经历惊恐发作的个体通常会感到心率加速，不知所措。他们通常会有尽快逃离当下情境的强烈冲动。但是，如果无法逃离，他们可能会变得无法动弹，直到惊恐发作消失。如果你出现惊恐发作或严重的焦虑反应，你会怎么做？下面是一些应对技巧。

- 不要让你的呼吸失去控制，尝试缓慢地深呼吸。
- 试着将你的口和鼻伸进一个纸袋中进行呼吸。让氧气和二氧化碳的比例恢复到合适的水平。纸袋里的二氧化碳可以帮助你冷静下来。
- 让自己平静下来：告诉自己要放松。告诉自己，你不会死，不管惊恐发作多么令人痛苦，它都会很快消失的。
- 找个人帮助你度过惊恐发作。给你熟悉且信任的人打电话，你可以谈论任何事情，直到你重新获得控制感。
- 不要让自己掉入待在家里就可以完全避免惊恐发作的陷阱。
- 如果你不确定某些感觉（如胸口疼痛或胸闷）是不是由生理因素导致的，请立即寻求医疗救助。即便你觉得这次发作可能是因为焦虑，做一个全面的医疗检查也比自我诊断更安全。

的恐惧感并不是恐怖症，因为这种危险是真真切切的。然而，恐怖症患者的恐惧感却大大超过了对危险的合理评估。例如，有驾驶恐怖症的人即便在天气晴朗的日子里以远低于限速的速度行驶在毫不拥挤的道路上时也会万分恐惧，或者他们可能会害怕到完全不敢开车或坐车。大多数恐怖症患者都能认识到自己的恐惧感是过度或不合理的。

关于恐怖症的一个有趣的现象是，恐怖症患者大多害怕的是日常生活中的普通事件，如乘坐电梯、在高速公路上开车，这些都不是什么特别的事情。如果恐怖症患者害怕的是一些日常事务，如乘坐公交车、乘坐飞机、乘坐火车、驾车、买东西甚至离开家，就会让他们丧失基本的生活能力。

大多数恐怖症发生在个体成年早期。在不同类型的恐怖症中，特定恐怖症的平均发病年龄约为 11 岁，社交焦虑障碍（社交恐怖症）的平均发病年龄约为 14 岁，不伴随惊恐障碍的场所恐怖症的平均发病年龄约为 20 岁（de Lijster et al., 2017）。如图 5-4 所示，不同类型的特定恐怖症通常会在不同的年龄段出现。各种特定恐怖症的发病年龄可能反映了不同的认知发展水平和生活经历。例如，对动物的恐惧是儿童幻想的常见主题。

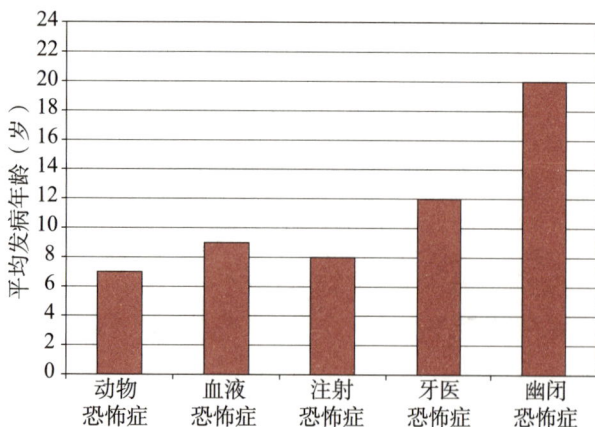

图 5-4　各种特定恐怖症的典型发病年龄

资料来源：Adapted from Grant, Hasin, Blanco, et al., 2006; Grant, Hasin, Stinson, et al., 2006; Öst, 1987.

5.3.1　恐怖症的类型

描述恐怖症的主要特征和具体类型。

DSM 列出了三种类型的恐怖症：特定恐怖症、社交焦虑障碍（社交恐怖症）和场所恐怖症。

特定恐怖症

特定恐怖症（Specific Phobia）是一种持续性的对特定物体或情境的过度恐惧，这种恐惧超出了特定物体或情境构成的实际威胁。特定恐怖症有许多不同的类型（American Psychiatric Association, 2013），举例如下：

- 恐惧动物，如对蜘蛛、昆虫和狗的恐惧；
- 恐惧自然环境，如对登高（恐高症）、暴风雨或水的恐惧；
- 恐惧血液 – 注射损伤，如对针头或侵入性医疗程序的恐惧；
- 恐惧特定情境，如对幽闭空间（幽闭恐怖症）、电梯或飞机的恐惧。

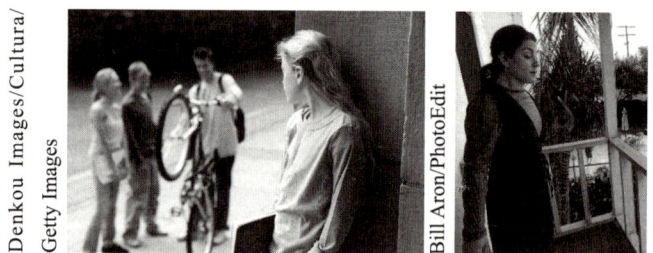

两种恐怖症类型

左边照片中的年轻女子想跟其他孩子一起玩，但由于社交焦虑障碍（一种对社会批评和拒绝的强烈恐惧），她选择独处。右边照片中的女子有恐高症，这让她即使站在二楼的阳台上也会感到十分害怕。

当遇到恐惧对象时，恐怖症患者会体验到十分强烈的恐惧感和生理唤醒。这些恐惧对象会促使个体产生回避、逃离这些情境或避开恐惧刺激物的强烈冲动，就像下面的案例（关于卡拉的案例）中所描述的那样。

要达到恐怖症的诊断标准，对特定事物的恐惧必须显著地影响个体的生活方式或社会功能，或者引发其强烈的痛苦。例如，你可能害怕蛇，但如果这种恐

卡拉通过了律师资格考试，却迈不过法院大楼的楼梯

一个关于特定恐怖症的案例

顺利通过律师资格考试是卡拉生命中一个重要的里程碑，但是一想到要进入县法院大楼，她就会被吓出一身冷汗。她害怕的不是遇见不友好的法官或输掉官司，而是需要走楼梯才能到达二楼的法庭。卡拉今年 27 岁，患有恐高症。"这很好笑，对吧，"卡拉告诉她的治疗师，"我在飞机上从万米高空往外看都完全没有问题，但商场的自动扶梯就是会让我惊慌失措。好像任何可能会让人掉下去的地方都会令我感到恐惧，如站在阳台或栏杆的边上。"

患有焦虑障碍的个体会回避让他们感到害怕的情境或物体。卡拉在出庭前环顾四周，并在法院的后面找到了一个员工电梯，这样她就可以乘坐电梯直达二楼了。她总算松了口气。她告诉同事，她有心脏问题，不能走楼梯。一名律师丝毫没有怀疑她所说的这个理由："太棒了，我以前都不知道还有电梯呢，谢谢你。"

惧并没有干扰到你的日常生活或给你带来严重的情绪困扰，它就不能被诊断为恐怖症。

特定恐怖症常常始于童年期。许多儿童会发展出对特定物体或情境的暂时性恐惧。但是，有些儿童会继续发展出慢性的具有临床意义的恐怖症。幽闭恐怖症的发病年龄似乎比其他类型的特定恐怖症的发病年龄都要晚一些，它出现的平均年龄约为 20 岁（见图 5-4）。

特定恐怖症是最常见的心理障碍之一，大约有 12.5% 的人会在人生中的某个阶段受到它的影响（见表 5-1）。与特定恐怖症相关联的恐惧、焦虑和回避行为通常会持续 6 个月以上，有时也会持续数年甚至数十年，直到疾病被彻底治愈。

焦虑障碍，尤其是恐怖症，在女性群体中比在男性群体中更常见（McLean & Anderson，2009）。这种性别差异可能反映了文化因素的影响，女性在社会中扮演着更为依赖的角色，例如，更胆小而不是勇敢或具

有冒险精神。诊断者在做出诊断时有必要考虑文化因素的影响。对鬼或神灵的恐惧在一些文化中也很常见，因此不应该被诊断为恐怖症，除非这种恐惧已经超出了文化范畴，并导致严重的情绪困扰或功能受损。

特定恐怖症患者通常会意识到自己的恐惧是夸大或不切实际的。但是，他们仍然感到特别害怕，就像下面这个案例（"这听起来很疯狂，但是……"）中的当事人一样，这位年轻的女性对医疗注射的恐惧导致她无法结婚。

正误判断

恐怖症患者会认为自己的恐惧是合情合理的。

错误　实际上，许多患有恐怖症的人其实知道自己的恐惧是夸大或不切实际的，但他们仍然会感到特别害怕。

"这听起来很疯狂，但是……"

我要说的事情可能听起来很疯狂，但事实就是如此。我无法结婚是因为我无法忍受婚检时的血液检测（血液检测是曾经用来检验个体是否患梅毒的方式）。我最终鼓起勇气询问医生，他是否可以先对

我进行麻醉，这样我就可以接受血液检测了。起初，他有些不相信。然后，他很同情我，但他还是说不能仅仅因为要抽血就对我进行麻醉。我问他是否能帮我伪造一份化验报告，但遭到了他的拒绝。

接下来，他真的快让我晕倒了。他说婚检抽血只是我人生中的一个小问题。他告诉我，一些小的医疗检查都可能需要抽血。所以，他的建议是，我应该努力克服自己的恐惧。当他说这些事情时，我差点当场就晕过去了，所以他还是放弃了。

这个故事还是有一个不错的结局的。我终于结婚了，是在一个不需要强制进行婚前血液检测的州举办的婚礼。但是，如果我遇到之前那位医生与我谈论的问题，或者我因为其他原因不得不抽血，我就不知道该怎么办了。不过，要是在他们准备抽血的时候，我晕倒了，我就什么也不知道了，对吧？

其实，他们都误解我了。他们以为我是怕疼。我并不喜欢疼痛，因为我不是一个受虐狂，但我害怕抽血跟疼痛根本没有关系。你可以把我的胳膊掐得青一块、紫一块，这我都能忍受，我不会因为这个在你面前发抖、出汗、晕倒。但是，即便我根本感受不到针头，但只要一想到它在我的身体里，我就无法忍受。

社交焦虑障碍

在社交情境（例如，约会、参加派对或社交聚会，或者在班级、群体面前公开讲话或演讲）下体验到某种程度的恐惧或焦虑很正常，然而，患有社交焦虑障碍（Social Anxiety Disorder，也被称为社交恐怖症）的人对社交情境过于害怕，他们会回避这些情境或忍受巨大的痛苦。社交焦虑障碍潜在的问题就是对来自他人的消极评价过度恐惧，即十分害怕被拒绝、被羞辱或尴尬。

我们不妨想象一下社交焦虑障碍是一种怎样的体验。你总是害怕自己会做一些或说一些令自己难堪或感到尴尬的事。你可能会觉得有一千双眼睛在监视着你的每一个动作。当你与他人互动时，你可能会专注于自己的表现是否能达到要求。消极的想法不断地在你的脑海中浮现："我说错话了吗？他们会觉得我很傻吗？"你甚至可能在社交情境下经历全面的惊恐发作。

怯场、演讲焦虑和约会恐惧都是社交焦虑的常见形式。有社交焦虑的人会想方设法拒绝他人的邀请。他们可能会独自在自己的办公桌前吃午饭，从而避免与同事交流及遇到陌生人。或者，他们一旦发现自己在社交场合出现焦虑迹象就会马上逃离。焦虑虽然因此而得到缓解，但也负强化了逃避行为，因为逃避会阻碍他们学会积极地应对引发恐惧的社交情境的技巧。在感到焦虑时离开社交情境只会强化该情境与焦虑之间的联系。一些有社交焦虑的人甚至无法在餐馆里点餐，因为他们害怕服务员或同伴会取笑他们点的菜或嘲笑他们读菜名时的发音方式。

社交焦虑或社交恐惧可能会严重损害个体的日常功能和生活质量。他们可能会因此而无法完成学业，其职业发展也会受到影响。他们甚至很难从事那些需要和他人打交道的工作。在一些情况下，社交焦虑仅限于害怕在他人面前演讲或表演，如怯场。这类人并不害怕非表演性的社交情境，如与陌生人见面或在社交聚会中与他人进行互动。

在为社交互动做准备时，有社交焦虑的人经常会借助镇静剂或喝酒来"医治"自己。在极端的情况下，他们可能会极度害怕与他人互动，以致根本不敢出门。

一项全美国范围内的抽样调查显示，大约有 12.1% 的美国成年人在他们人生中的某个特定阶段受到社交焦虑障碍的困扰（见表 5-1）。而且，这种障碍在女性群体中的发病率高于在男性中的发病率，这可能是因为女性为了取悦他人和赢得他人的认可而承受了更大的社会或文化压力。

社交焦虑障碍的平均发病年龄约为 15 岁（Grant, Hasin, Blanco, et al., 2006）。大约 80% 受此困扰的人是在 20 岁时出现这种问题的（Stein & Stein, 2008）。社交焦虑与童年期关于羞怯的经历密切相关（Cox,

MacPherson，& Enns，2004）。这一研究发现与素质 - 应激模型（见第 2 章）一致，害羞可能反映了个体在面对应激性经历（创伤性社交遭遇，如在他人面前感到尴尬的经历）更有可能罹患社交焦虑障碍的素质或倾向。虽然社交焦虑障碍在某些情况下可能持续时间很短，但一般来讲，这是一种慢性、持续性的障碍，平均会持续约 16 年之久（Grant，Hasin，Blanco，et al.，2006；Vriends，Bolt，& Kunz，2014）。尽管社交焦虑障碍发病较早并对社会功能有诸多损害，但患有社交焦虑障碍的个体平均在 27 岁时才会首次接受帮助（Grant，Hasin，Blanco，et al.，2006）。

John Fisher/Cal Sport Media/Alamy Stock Photo

突如其来的焦虑

著名的全明星大联盟投手扎克·格兰基（Zack Greinke）在其棒球职业生涯的大部分时间里都在与社交焦虑障碍做斗争。通过接受运动心理学家的帮助并服用抗抑郁药物，他的职业生涯重回正轨。他说自己将来可能还会受到社交焦虑障碍的影响，但他不再担心这件事了，也不会为此而感到有任何压力。

批判性思考
害羞是什么时候结束的，社交焦虑又是从什么时候开始的

我们在本章开始时提到，焦虑是一种普遍存在的情绪体验，在那些威胁我们安全或健康的情境中具有适应性。在参加职场面试或重要的考试时感到焦虑是很正常的，甚至可以说是在意料之中的。然而，如果焦虑对情境而言是不合适（没有真实的威胁或危险）或过度的（超出一般人期望的反应），并严重干扰了个体在社交、职业或其他领域的功能，它就变得适应不良了（如因为害怕高处而拒绝在高层办公大楼工作）。

但是，像害羞这种一般的人格特质又如何呢？我们中的许多人都会害羞，但普通的害羞和社交焦虑障碍之间的界限在哪里？正如美国印第安纳大学著名的害羞研究者伯纳多·卡杜奇（Bernardo Carducci）所指出的："害羞不是一种需要'治疗'的疾病、精神障碍或性格缺陷，也不是人格障碍（Nevid & Rathus，2016）。"许多名人就曾坦言他们十分害羞，如查尔斯·达尔文（Charles Darwin）、阿尔伯特·爱因斯坦（Albert Einstein）及《哈利·波特》的作者 J. K. 罗琳（J. K. Rowling）（Cain，2011）。卡杜奇还谈道，害羞的人要想取得成功，不是通过强行改变自己，而是通过真正接纳自己，并学会如何与他人互动，如在志愿者组织中工作、学会如何开始交谈及发展社交网络。正如卡杜奇所指出的，"成功的害羞者不需要改变自己的本性，请记住这一点。因为害羞本身并没有错。那些成功的害羞者改变的是他们的思维和行为方式。他们较少关注自己，更多地关注他人，并在行动时更多地'聚焦于他人'（Nevid & Rathus，2016）"。

我们应该谨慎一些，不要把人格特质中的正常差异（如害羞）归为病态，或者让那些天生害羞的人觉得自己患有需要治疗的心理障碍。在 DSM 中，焦虑障碍的诊断必须基于功能严重受损或个体感到非常痛苦的证据。有时，害羞的人需要的是公开演讲训练，而非心理治疗或药物治疗（Cain，2011）。

在对这一议题进行批判性思考时，请尝试回答以下问题。

- 想象你认识的某个十分害羞的人。或许这个人就是你自己。那么，这个人患有可诊断的心理障碍吗？为什么？
- 你认为成功的害羞者是什么意思？

场所恐怖症

场所恐怖症（Agoraphbia）一词来自希腊语，意思是"对集会场所的恐惧"，这个词被用来形容对身处开阔、热闹场所的恐惧。患有场所恐怖症的人害怕在拥挤的商场购物，穿过闹市，过桥，乘坐公交车、火车或汽车，以及在餐馆吃饭，在电影院看电影，甚至害怕出门，他们的生活因此而受到了很大限制。他们会尽量避免暴露在令自己感到恐惧的场所，在一些情况下，他们甚至长达几个月甚至几年连出门寄一封信都不敢。场所恐怖症可能是所有恐怖症中最有可能导致社会功能逐渐丧失的一种类型。

患有场所恐怖症的人会对某些场所和地点产生恐惧，因为在出现惊恐症状或全面的惊恐发作的情况下，或者在这些问题出现时却很难得到帮助的情况下，逃离这些地方对他们来说是一件困难或令他们感到尴尬的事。老年人如果患有场所恐怖症，就会回避那些可能让他们跌倒而又找不到人帮忙的场合。

正误判断

有些人很害怕离开家，甚至连出门寄一封信都难以做到。

正确 有些患有场所恐怖症的个体会长期待在家里，甚至不敢出门寄信。

女性患场所恐怖症的概率与男性相当（American Psychiatric Association，2013）。一旦发病，场所恐怖症通常就会持续较长的时间。在大多数情况下，场所恐怖症始于青春期晚期或成年早期，可能会伴随惊恐障碍。场所恐怖症通常但并不总是与惊恐障碍有关。同时，患有惊恐障碍并发展为场所恐怖症的患者可能生活在对再次惊恐发作的恐惧中，他们会回避曾经引发或可能引发惊恐发作的公共场所。由于惊恐发作很难预料，因此一些人会因为害怕在公众场合出丑或寻求不到帮助而限制自己的活动。有些人则只和同伴一起外出。也有一些人尽管存在强烈的焦虑也会尽力克服。

没有惊恐发作病史的场所恐怖症患者可能会体验到轻度的惊恐症状，如眩晕，这会使他们待在让他们感到安全的地方不敢离开。他们也常常依赖其他人的支持。下面有关无惊恐发作病史的场所恐怖症的案例说明，这种依赖行为通常与场所恐怖症相关。

海伦

一个关于场所恐怖症的案例

海伦是一位 59 岁的寡妇。自从 3 年前她的丈夫去世，她便慢慢出现了场所恐怖症的症状。在寻求治疗前，她基本上不出门，拒绝离开家，除非在女儿玛丽的强烈要求和陪同下，她才肯出门。另外，她还有一个 36 岁的儿子，名叫皮特。他们兄妹二人会帮助母亲购买日常生活所需的物资，尽他们所能地照顾她。然而，照顾母亲的重担再加上其他责任，逐渐让他们难以承受。他们坚持要求母亲接受治疗。海伦很不情愿地答应了他们的要求。

海伦在女儿玛丽的陪同下接受了评估性会谈。她看起来弱不禁风，在玛丽的搀扶下走进咨询室。她坚持要求玛丽在访谈过程中一直陪伴在侧。海伦详细地叙述了母亲的故事，她在 3 个月内相继失去了自己的丈夫和母亲，而她的父亲早在 20 年前就去世了。尽管她从未经历过惊恐发作，但她一直认为自己是一个没有安全感、内心充满恐惧的人。尽管如此，在失去自己的丈夫和母亲前，她仍然有能力照料自己的家庭、满足家人的需要。但在接连失去两位最亲的人后，她感到自己被抛弃了。她现在变得害怕"所有事情"，害怕独自出门，害怕发生什么她无法应对的糟糕的事情。就算整日待在家里，她也十分害怕会失去玛丽和皮特。她需要得到他们的一再保证，保证不会抛弃她。

5.3.2　理论观点

解释学习、认知和生物学因素在恐怖症的形成中的作用。

在心理学领域，人们很早就开始使用各种不同的理论观点来理解恐怖症的形成，这最早可以追溯到心理动力学领域。

心理动力学观点

心理动力学观点认为，焦虑是一种关于性或攻击本能（杀人或自杀）的危险冲动即将浮出意识层面的危险信号。为了避免这些危险的冲动，自我会启动防御机制。而弗洛伊德所提出的投射（Projection）这一防御机制在恐怖症中发挥了重要作用。恐惧反应是个体将自身具有威胁性的冲动投射在恐惧对象上的结果。例如，害怕刀或其他尖锐的物体可能反映了个体将自毁冲动投射在了恐惧对象上。恐惧也发挥着积极的作用。避免与尖锐的物体接触可以防止这些指向自我或他人的毁灭性冲动被有意识地实现或付诸行动。这样，危险的冲动就会被安全地压抑下来。同理，患有恐高症的个体可能是通过回避高处来压抑自己想要跳下去的欲望的。恐惧的对象或情境象征或代表了个体无意识的愿望或欲望。个体往往只是意识到恐惧，却不知道它们所代表的无意识冲动。

学习理论观点

心理学家 O. 霍巴特·莫瑞尔（O. Hobart Mowrer，1960）提出了恐怖症的经典学习理论。莫瑞尔的**双因素模型**（Two-Factor Model）解释了经典条件反射和操作性条件反射机制在恐怖症的形成过程中的作用。该理论认为，恐怖症中的恐惧成分是通过经典条件反射习得的。通过与令人厌恶或反感的刺激配对，之前原本是中性刺激的物体或情境就获得了引发恐惧的能力。所以，一个被吠犬吓到的小孩可能会因此而患上恐犬症。经历过令人痛苦的注射体验的小孩可能会患上针头或注射器恐怖症。许多患有恐怖症的人都有过恐惧的物体或情境与令人厌恶的体验联系在一起的经历（如被困在电梯里）。

我们以 32 岁的作家菲利斯为例，她是两个男孩的母亲。她已经长达 16 年未乘坐过电梯了。在生活中，她总是尽力避开在高楼上的约会和社交场合。从 8 岁起，她就害怕乘坐电梯，因为她和奶奶曾被困在电梯里。如果用操作性条件反射的原理来解释，无条件刺激就是被困在电梯里的不愉快体验，而条件刺激就是电梯本身。

正如莫瑞尔所指出的，恐怖症中的回避行为是通过操作性条件反射获得并维持的，特别是通过负强化。也就是说，焦虑的缓解对回避恐惧刺激产生了负强化作用，从而强化了回避行为。菲利斯通过走楼梯而非乘坐电梯来减轻自己的焦虑。回避行为虽然有助于减轻焦虑，代价却是巨大的。通过回避恐惧刺激（如电梯），恐惧可能会持续数年甚至终生。而通过与恐惧刺激进行反复、安全的接触，恐惧可以被减弱甚至消除。用经典条件反射的术语来说，消退是指当条件刺激（恐惧对象或刺激）在无条件刺激缺失（令人厌恶或痛苦的刺激）的情况下反复出现时，条件反应（如恐怖症的恐惧成分）逐渐减弱的过程。

条件反射可以解释部分恐怖症，但不能解释所有恐怖症。在许多情况下，甚至可能是在大多数情况下，患有特定恐怖症的个体无法回忆起任何与他们害怕的物体有关的令人反感的经历。持学习理论观点的学者可能会反驳说，有关条件反射经历的记忆可能会因为时间的流逝而变得模糊，或者因为经历发生得太早而无法被回忆起来。但是，当代的学习理论强调了另一种形式的学习所发挥的作用，即观察学习（Observational Learning）的作用，这种学习不需要直接的恐惧条件。在这种形式的学习中，观察父母或重要他人对特定刺激（如蜘蛛）的恐惧所做出的反应就可以导致个体形成恐惧反应。

学习模型确实可以解释恐怖症的形成机制。但是，为什么一些人会比其他人更容易获得恐惧反应呢（Field，2006）？生物学和认知理论观点也许能在这方面提供一些见解。

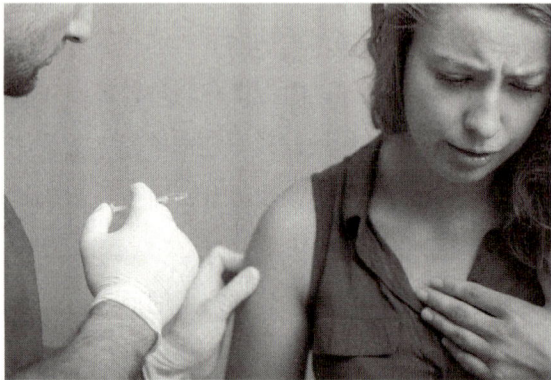

注射恐怖症

许多恐怖症是通过痛苦或创伤性刺激与先前的中性刺激配对而习得的条件反射。对注射的恐惧反应可能是因为个体过去接受过极其痛苦的注射而习得的。

生物学观点

遗传因素会让某些个体更容易罹患焦虑障碍，包括惊恐障碍和恐怖症。但是，基因究竟是如何影响个体罹患焦虑障碍的可能性的（Kendler，2005；Smoller et al.，2008）？

首先，有研究表明，携带特定基因变异的人更有可能形成恐惧反应，并且更难克服这些反应（Lonsdorf et al.，2009）。例如，具有特定基因变异的人如果暴露在令人恐惧的刺激下，其杏仁核会表现出更强的激活水平，杏仁核是位于大脑边缘系统中的一种杏仁状结构（Hariri et al.，2002）。边缘系统位于大脑皮层下方，由一系列相互连接的结构组成，它在记忆的形成和情绪反应的加工过程中起着至关重要的作用。

杏仁核会在不需要意识参与的情况下自动产生对刺激物的恐惧反应（Agren et al.，2012）。只要我们遇到威胁或危险，它就会以"情绪处理器"的角色来发挥作用（见图 5-5）。更高级的大脑区域，尤其是位于大脑皮层额叶中的前额皮层，负责更精确地评估威胁性刺激。正如第 2 章提到的，前额皮层负责各种高级的

心理功能，如思维、问题解决、推理和决策。如果你在路上看到一个像蛇一样的东西，你的杏仁核就会马上做出反应，包括让你停止或退后，以及让你恐惧得全身战栗。但几秒后，前额皮层会更加仔细地评估威胁，让你松一口气（"只是一根棍子而已，放松点"）。

那些患有焦虑障碍的人，其杏仁核会变得过度兴奋，以至于对轻微的威胁性情境也会产生恐惧反应（Nitschke et al.，2009）。有相关证据支持这一观点，研究者发现社交焦虑障碍患者或患有创伤后应激障碍的退役军人的杏仁核有更高的激活水平（Stein & Stein，2008）。在另一项研究中，焦虑的青少年（与对照组被试相比）对带有恐惧表情的面孔表现出更强烈的杏仁核反应（Beesdo et al.，2009）。焦虑障碍患者的杏仁核会对威胁、恐惧和拒绝的信号做出过度的反应。

在一项相关研究中，研究者使用功能性磁共振成像技术检查了大脑对消极社交线索的反应情况（Blair et al.，2008）。研究者比较了患有社交焦虑障碍的个体和对照组被试对负面社会评价的大脑反应（例如，"你真丑"）。社交焦虑障碍患者的杏仁核及前额皮层的某些

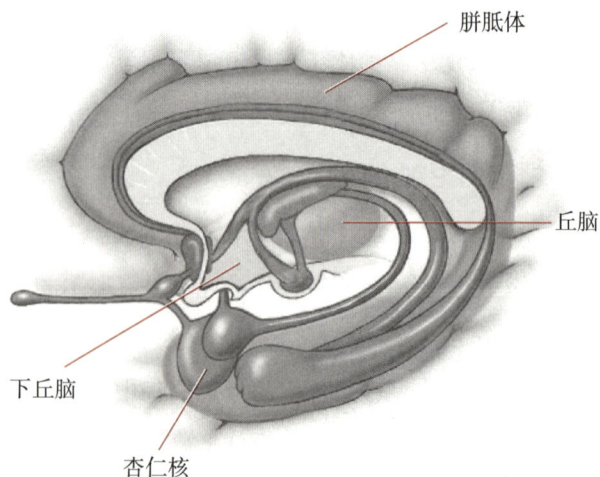

图 5-5　杏仁核和边缘系统

杏仁核是大脑的恐惧反应中心，也是边缘系统的一部分。大脑的边缘系统由位于大脑皮层下方的一系列相互关联的结构组成，包括丘脑、下丘脑和其他临近结构。边缘系统负责记忆的形成及情绪加工。最新的研究发现，焦虑障碍与过度兴奋的杏仁核有密切的关系。

区域表现出更强的激活水平（见图 5-6）。其中，杏仁核可能会触发对负面社交线索（如批评）的初始恐惧反应，而前额皮层可能会参与对这些线索的自我反思过程（"为什么他这么说我？我真的有那么丑吗？"）。

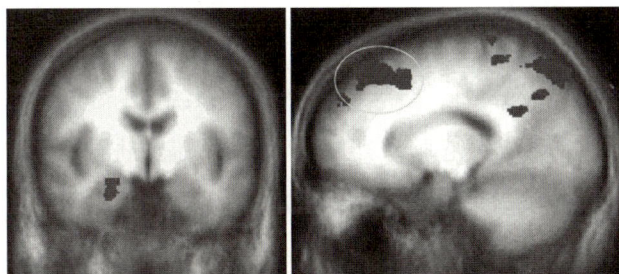

图 5-6　社交焦虑障碍患者的大脑对批评的反应

对大脑进行的功能性磁共振成像扫描显示，在面对批评时，社交焦虑障碍患者的杏仁核（左图）和前额皮层的某些区域（右图中被圈起来的部分）有更高的激活水平。

资料来源：National Institute of Mental Health（NIMH），2008.

　　此外，研究者还利用实验动物，如实验室大鼠，来探索大脑对恐惧刺激的反应。一项颇具影响力的研究表明，大鼠的前额皮层的某个区域会向杏仁核发送一种"解除警报"信号，从而抑制恐惧反应（见图 5-7；Milad & Quirk，2002）。研究者首先通过反复将某种声音与电击相配对，使大鼠形成对这种声音的恐惧反应。这样一来，大鼠一听到这种声音就会被吓得呆住。然后，研究者又通过反复呈现没有伴随电击的这种声音来消除恐惧反应。在恐惧反应消退后，只要大鼠一听到这种声音，其前额皮层中部的神经元就会被激活，通过神经通路向杏仁核发送信号。这种神经元的激活水平越高，大鼠就越不会出现被吓呆的反应。前额皮层会释放安全信号给杏仁核，这一发现可能最终会催生出针对恐怖症患者的新的治疗方法。这些治疗方法将通过诱导大脑产生"解除警报"信号来发挥作用。

　　对恐惧的生物学基础的研究仍在继续。例如，研究者已经成功锁定了与形成恐惧记忆有关的神经元。破坏实验室小鼠的这类神经元便可以消除其先前形成

的关于恐惧反应的记忆（Han et al.，2009）。尽管将对小鼠的实验室研究成果应用到帮助人类克服恐惧反应上是一项艰巨且漫长的任务，但对动物的实验研究可能会有力地促进对减轻或消除人类恐惧反应的药物的研发，这些药物可能会选择性地阻断或干扰人类的恐惧反应。尽管这项科学研究仍在发展中，但当人们的恐惧记忆被唤起时，我们完全可以通过提供某些药物或呈现新的信息来改变他们的恐惧记忆（Treanor et al.，2017）。

　　人类是否天生倾向于对某一类刺激产生恐惧反应？例如，我们似乎更容易对蛇、蜘蛛而非兔子产生恐惧。这种倾向被称为预备性条件反射（Prepared Conditioning）。这一现象表明，在进化过程中，那些在基因上倾向于对潜在的威胁性情境或物体（如大型动物、蛇、蜘蛛及其他令人毛骨悚然的爬行类动物，高处、封闭的空间，甚至是陌生人）产生恐惧的人类祖先更有可能存活下来（McKay，2016）。预备性条件反射可以解释为什么我们更容易对蜘蛛和高处而非枪、刀等在进化过程中更晚出现的东西产生恐惧，尽管这些后来出现的东西会对我们构成更直接的威胁。最近的一些研究指出，人类对令人毛骨悚然的爬行动物甚至极小的蜘蛛的恐惧其实是由基因或非后天因素造成

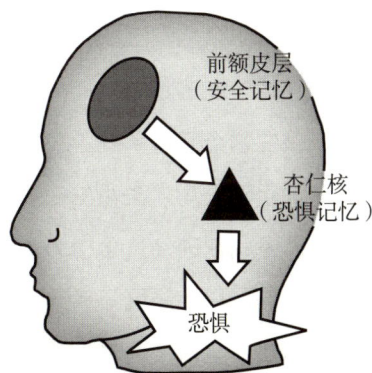

图 5-7　"解除警报"信号可以抑制恐惧

来自动物实验研究的证据表明，前额皮层可以通过给杏仁核发送安全信号来抑制恐惧反应。这一发现可能会带来新的治疗方法，帮助缓解人们的恐惧反应。

资料来源：Milad & Quirk，2002. Figure reprinted from NIH，2002.

的。在婴儿学会避开某些生物之前，他们就对蜘蛛和蛇的图片比对花或鱼的图片表现出更强烈的瞳孔反应（身体应激反应的一种迹象）（Hoehl et al.，2017）。

正误判断

我们可能生来就恐惧那些对人类祖先构成威胁的物体。

正确　一些理论家认为，人类的基因倾向于对特定类型的物体（如大型动物和蛇）产生恐惧。这种对特定物体产生恐惧的预备性条件反射可能对我们的祖先有着重要的生存意义。

认知理论观点

最近的研究强调了认知因素在决定恐怖症易感性上的重要作用，包括对威胁性线索过度敏感、高估危险，以及自我挫败的想法和非理性信念（Armfield，2006；McNally，2018；Schultz & Heimberg，2008）。

1. **对威胁性线索过度敏感**。恐怖症患者倾向于将大多数人认为安全的情境感知为危险情境，如乘坐电梯或驾车过桥。同理，社交焦虑障碍患者通常会对他人的拒绝或负面评价过度敏感（Schmidt et al.，2009）。

我们都拥有一个感知威胁性线索的内部警报系统，即"战斗或逃跑"反应。大脑边缘系统中的杏仁核在这个警报系统中发挥着关键作用。这一系统能够提高人类祖先在恶劣环境中的生存概率，因此在进化过程中为人类祖先带来了一定的优势。与那些警报系统不太敏感的动物相比，早期人类对威胁性线索（例如，灌木丛里的沙沙声可能预示着潜伏的食肉动物准备伺机而动）能够迅速做出反应，做更充分的防御准备（战斗或逃跑）。现如今，我们的内部警报系统可能会被一些真实的身体威胁（如遭到歹徒的袭击）或心理威胁所激活（如参加重要的考试或在公共场合发表演讲）。这种警报系统能够迅速唤醒自主神经系统，在此期间，身体会通过增加流向肌肉的血液和氧气来调动资源，帮助我们做出战斗或逃跑的反应。

焦虑和恐惧的情绪是警报系统的关键组成部分。恐惧情绪是这一警报系统中的一个关键要素，它驱动着人类祖先在面临威胁或敌人时及时采取防御行动，这一功能帮助他们得以生存。警报系统与我们的神经系统紧密相连。那些患有特定恐怖症及其他焦虑障碍的患者可能遗传了这种过度敏感的内部警报系统，导致他们对威胁性线索过度敏感。他们对危险的物体或刺激总是保持高度警觉。如果房间里有蜘蛛，那么蜘蛛恐怖症患者会是第一个注意到并指出蜘蛛的人（Purkis，Lester，& Field，2011）。研究者还发现，一个人越害怕蜘蛛，就越会想当然地觉得蜘蛛的个头很大（Vasey et al.，2012）。

正误判断

如果房间里有蜘蛛，那么蜘蛛恐怖症患者很有可能是人群中第一个发现并指出蜘蛛的人。

正确　患有特定恐怖症的个体对发现令人恐惧的刺激或物体有更高的警觉性。

2. **高估危险**。恐怖症患者倾向于高估他们在恐惧情境下体验到的恐惧或焦虑的程度。例如，患有恐蛇症的人可能会认为自己在看到笼子里的蛇时也会颤抖不已。牙科恐怖症患者可能会夸大他们在进行牙齿治疗时体验到的疼痛。一般来讲，暴露于恐惧刺激时所体验到的实际恐惧或痛苦的程度会比人们预期的低得多。然而，预期最坏情况的倾向还是会刺激个体回避恐惧情境，这反过来又会阻碍个体学会如何应对和克服焦虑。

对牙齿治疗过程中的痛苦和恐惧的过度夸大可能会导致个体推迟或取消定期的牙齿治疗，这可能会导致牙齿问题在一段时间后变得更加严重。而实际暴露于恐惧情境会促使个体对自己的恐惧水平做出更加准确的预测。相关临床研究表明，通过反复暴露于引发恐惧的刺激情境，焦虑障碍患者会对自己的反应有更准确的预期，进而降低对恐惧的预期。这反过来可能会减少回避倾向。

3. **自我挫败的想法和非理性信念。** 自我挫败的想法可能会强化并维持焦虑和恐惧症状。当面对引发恐惧的刺激时，个体可能会想，"我必须离开这里"或"我的心脏都快跳出来了"。类似的想法会强化自主唤醒、打乱计划、夸大对刺激的厌恶、引发回避行为，并降低有关控制该情境的自我效能感。同理，社交焦虑障碍患者可能会想："他们一定会觉得我很蠢。"只要他需要在一群人面前讲话，他就会这么想（Hofmann et al.，2004）。这些自我挫败的想法会阻碍个体参与社交活动。

与一般人相比，患有恐怖症的个体还会表现出更多非理性信念。阿尔伯特·艾利斯对这些非理性信念进行了分类（见第 2 章）。这些非理性信念涉及需要被遇见的所有人认同，以及回避任何可能存在负面评价

Peter_Waters/Fotolia

"它跟我的头一样大，我发誓"

研究者发现，一个人越害怕蜘蛛，他内心所感知到的蜘蛛的个头就越大。

的情境。想想下面这些内在信念："如果我在其他人面前恐惧发作怎么办？他们可能会认为我疯了。如果他们真的这样认为，我根本受不了。"一项早期研究的结果非常接近于我们现实中的问题：在邀请他人时仅仅因为被拒绝就认为天塌了（而不是认为自己不走运）的男大学生比那些不会灾难化拒绝的人表现出了更多的社交焦虑（Gormally et al.，1981）。

在继续下面的内容之前，你可以先看一下图 5-8，它呈现了一个概念模型，从学习理论和易感因素（如遗传易感因素和认知因素）的综合角度来解释恐怖症的病理学机制。

5.3.3　治疗方法

评价恐怖症的主要治疗方法。

经典精神分析鼓励来访者对恐惧象征着怎样的内部冲突进行觉察，这样自我才能将用于压抑的能量解放出来。当代心理动力学理论同样鼓励来访者对内部冲突的来源进行觉察。但是，与传统方法不同的是，当代心理动力学理论更强调从当下而非过去的关系中探索焦虑的来源，同时也鼓励来访者发展更具适应性的行为。这种疗法比经典精神分析更简短，对具体问题也更具有针对性。尽管心理动力学疗法在治疗某些焦虑障碍病例时被证明具有一定的疗效，但几乎没有令人信服的实证依据可以证明这种疗法的整体疗效（USDHHS，1999）。

与治疗其他焦虑障碍一样，针对特定恐怖症的当代主流治疗方法也大多源于学习理论、认知理论和生物学的观点。

基于学习理论的方法

大量的研究表明，基于学习理论的方法对治疗多种类型的焦虑障碍均有良好的效果。这些治疗方法的核心是致力于帮助个体更加有效地适应引发焦虑的物体和情境。基于学习理论的方法主要包括系统脱敏、逐级暴露和满灌疗法。

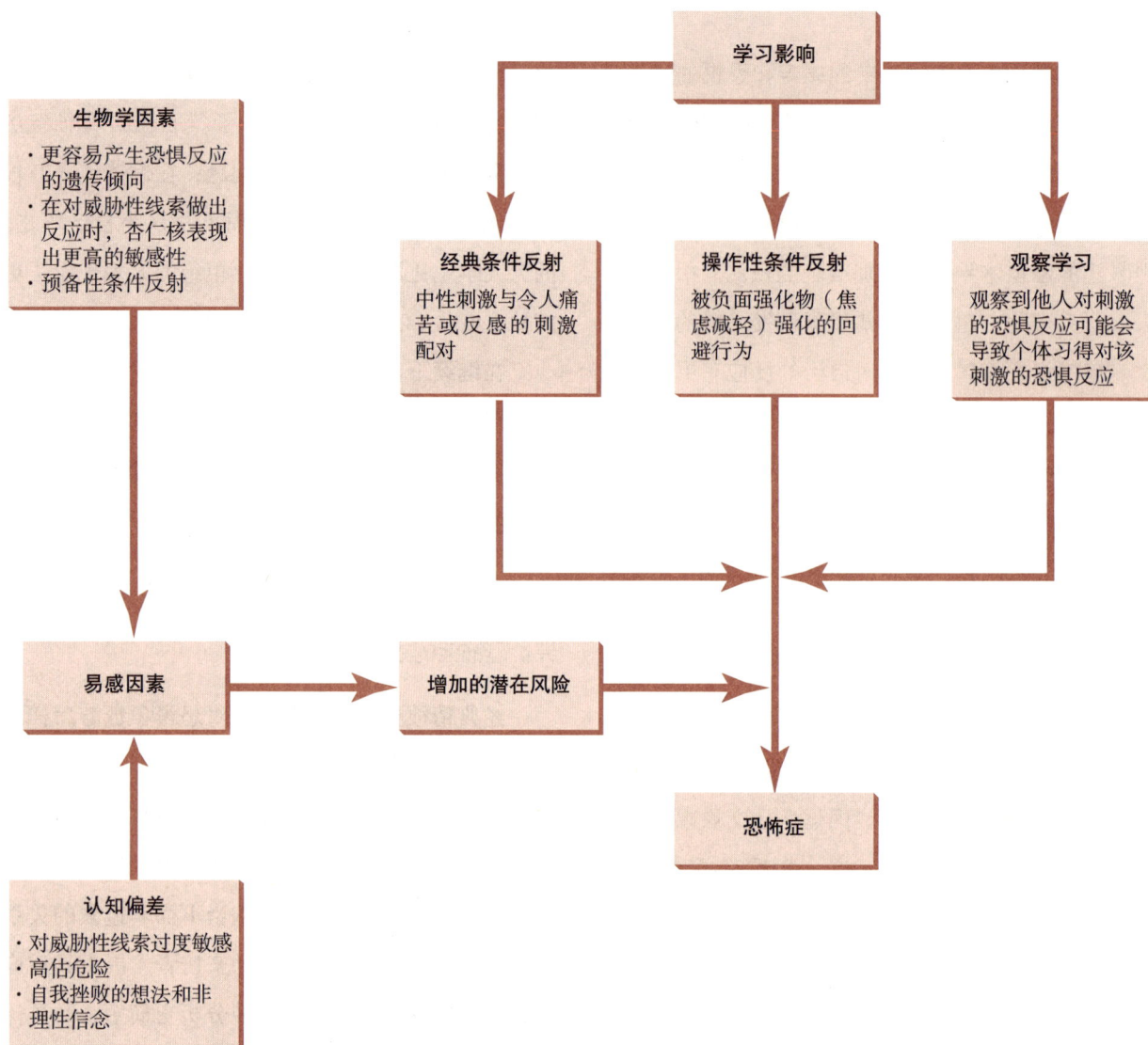

图 5-8　理解恐怖症的多因素模型

学习模型在许多类型的恐怖症的形成中发挥着关键作用。但是，这些学习经验是否会导致恐怖症的形成还依赖于易感因素，如遗传倾向和认知因素。

亚当学会了克服对注射的恐惧
一个关于特定恐怖症的案例

亚当患有注射恐怖症。他的行为治疗师让他躺在舒适的软垫椅上接受治疗。治疗过程是让亚当在肌肉深度放松的状态下观看有关注射行为的幻灯片。护士拿着其中一张注射器的幻灯片展示了 3 次，每次 30 秒，亚当并没有表现出焦虑症状。接着，一张更令人不舒服的幻灯片被展示：一名护士正拿着注射器对准一个裸露的手臂。15 秒后，亚当看起来似乎感到刺痛，并举起一根手指示意（因为说话可能会干扰放松状态）。幻灯片操作人员随即关掉投影仪，让亚当用 2 分钟的时间想象他的"安全场景"：他惬意地躺在热带阳光下的沙滩上。然后，幻灯片再次出现。这一次，亚当看了 30 秒才感到焦虑。

资料来源：From *Essentials of Psychology*（6th ed.）by S.A. Rathus. Copyright © 2001.

上面案例中的亚当正在接受的就是系统脱敏，该方法是由精神病学家约瑟夫·沃尔普（Joseph Wolpe）于 20 世纪 50 年代开创的一种有效缓解恐惧的流程性技术（Wolpe，1958）。系统脱敏是一个循序渐进的过程，来访者会在放松的状态下逐渐学会处理越来越强烈的刺激。根据刺激所引发的焦虑程度，治疗师会按照**恐惧刺激等级**（Fear-Stimulus Hierarchy）为来访者呈现 10 ～ 20 个刺激。通过想象或浏览相关图片，来访者会暴露在不同等级的刺激情境下，想象自己慢慢接近目标行为——如接受注射或待在封闭的房间或电梯里，而不会产生过度的焦虑。

系统脱敏基于这样一种理论假设，即恐怖症是行为习得或条件反射的结果，它可以通过在通常引发焦虑的情境下用完全相反的反应来替代，以达到消除恐惧的目的。肌肉放松通常被视作完全相反的反应，沃尔普的后继者通常使用渐进式放松的方法（见第 6 章）帮助来访者获得放松技巧。因此，亚当的治疗师通过呈现引发焦虑的注射器的幻灯片让亚当学会体验放松的感觉。

系统脱敏创造了一系列可以消除恐惧反应的条件。这一技术通过让个体反复暴露于想象中的恐惧刺激，同时又不会产生不良的后果，来促使恐惧反应消退。

逐级暴露是一种渐进式的方法，在这种方法中，恐怖症患者会循序渐进地面对他们所害怕的物体或情境。在没有出现不良后果的前提下（"没有糟糕的事情发生"）反复暴露于恐惧刺激可以使恐惧反应逐步减弱，甚至完全消退。而且，逐级暴露也会使认知得到改变。个体会逐渐地意识到他们之前害怕的物体或情境并没有那么可怕，并且认识到自己可以更有效地掌控环境。

暴露疗法有多种形式，主要包括想象暴露（想象自己置身于恐惧情境中）和现场暴露（在现实中与恐惧刺激真实接触）。现场暴露通常比想象暴露更有效，但这两种技术都可以用在治疗中。暴露疗法在治疗恐怖症方面的有效性已得到充分证实，目前它已

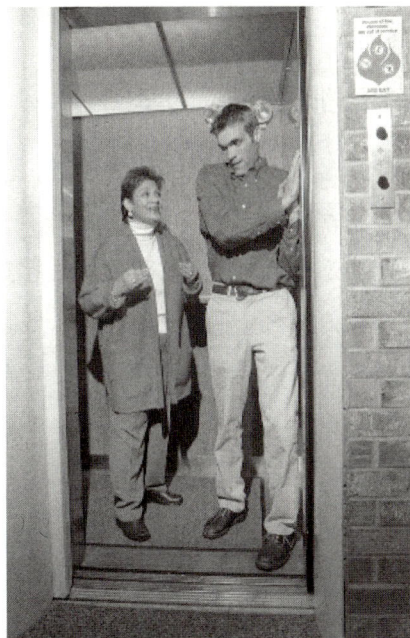

Photo by Jim Whitmer.

逐级暴露

来访者以循序渐进的方式在现实生活中面对恐惧刺激。治疗师或来访者信任的同伴会陪伴他们，充当支持性的角色。为了鼓励来访者独立完成不断增强的暴露任务，治疗师或来访者信任的同伴会逐渐抽离出来，不再给予来访者直接的帮助。通常，逐级暴露和认知技术会结合起来，后者可以帮助来访者用冷静、理性的想法取代引发焦虑的想法和信念。

成为治疗此类障碍的首选疗法（Gloster et al.，2011；Hofmann，2008）。

以社交焦虑障碍为例。在暴露疗法中，患有社交焦虑障碍的来访者可能会被要求进入压力水平逐渐升高的社交情境（如在自助餐厅与同事吃饭和交谈）中，并待在这些情境中直到焦虑有所缓解、逃离的冲动有所减轻为止。治疗师会在暴露过程中给予来访者直接的指导，并逐渐撤销直接的支持，以使来访者学会自己应对这些情境。暴露疗法在治疗场所恐怖症的过程中通常会遵循循序渐进的过程，来访者会依次暴露在恐惧刺激不断增强的情境中，如穿过拥挤的街道或在百货商场购物。同时，一位来访者信任的同伴或治疗师可以在暴露阶段一直陪伴来访者。治疗的最终目标是让来访者能够独自在没有不舒服或逃离冲动的情况下处理每个情境。下面是一个采用逐级暴露技术治疗幽闭恐怖症的案例。

凯文战胜了对电梯的恐惧
一个关于幽闭恐怖症的案例

尽管存在像凯文这样的特殊案例，但幽闭恐怖症（害怕封闭空间）在现实生活中并不罕见。凯文的幽闭恐怖症的主要症状表现是他害怕乘坐电梯。让他的案例变得如此特殊的其实是他的工作，因为他竟然是一名电梯维修工，他的日常工作就是维修电梯。然而，除非实在没有办法，否则凯文总是能够在不乘坐电梯的情况下完成电梯维修工作。他会走楼梯到达电梯轿厢卡住的楼层，顺利完成维修工作，然后按下电梯下行按钮，快速跑下楼检查电梯是否正常运行。如果必须乘坐电梯，只要电梯门一关，凯文就会惊慌失措。他只能通过祈求神灵的庇佑来帮助自己在电梯门打开前不会晕倒。

凯文将自己的恐怖症归因于三年前的一场事故。当时，他被困在一辆翻倒的汽车里将近一小时。他仍然记得当时那种无助和窒息的感觉。凯文由此患上了幽闭恐怖症，这是一种对无法逃离的情境的恐惧，例如，乘坐飞机、在隧道里开车、乘坐公共交通工具，当然还有乘坐电梯。凯文的恐惧大大限制了他的工作能力，这一度导致他想换一份工作，尽管这样会造成不小的经济损失。每天晚上他都睡不着，他担心如果第二天需要乘坐电梯，自己能否克服内心的恐惧。

对凯文的治疗采用的是逐级暴露技术，在循序渐进的流程中，他需要依次暴露于恐惧水平不断提高的刺激。一套典型的帮助人们克服对乘坐电梯的恐惧的焦虑等级可能会包含以下步骤：

1. 站在电梯门外；
2. 在电梯门打开的情况下站在电梯里；
3. 在电梯门关闭的情况下站在电梯里；
4. 乘坐电梯下一层楼；
5. 乘坐电梯上一层楼；
6. 乘坐电梯下两层楼；
7. 乘坐电梯上两层楼；
8. 乘坐电梯下两层楼然后再上两层楼；
9. 乘坐电梯下到底层；
10. 乘坐电梯上到顶层；
11. 乘坐电梯先一直下到底层，再上到顶层。

来访者一般需要从第1步开始，如果来访者能够在第1步的情境中保持平静，他们就可以进行第2步。如果他们开始感到焦虑，就让他们离开当前的情境，通过肌肉放松练习或想象令人舒缓的心理意象重获平静的状态，然后尽可能频繁地重复上述过程，以获得并维持平静的感觉。接下来，来访者要继续进行下一步，并重复这一过程。

在治疗过程中，凯文还进行了自我放松训练，并与自己平静且理性地对话，以帮助自己在暴露阶段保持平静。只要他开始感到焦虑，他就会告诉自己冷静下来并放松。他能够反驳自己的非理性信念，即如果被困在电梯里，他就会精神崩溃，代之以理性的自我陈述，例如，"放松点，我可能会有些紧张，但这没什么大不了的，过一会儿我就会好起来"。

凯文慢慢克服了恐怖症，但有时他仍然会感到焦虑，他将其解释为之前自己患有恐怖症的提醒。他并没有夸大这些感受的严重程度。当他维修电梯时，他偶尔还会感受到恐惧。在治疗期间的某一天，凯文正在维修银行金库的电梯，距离地面足足有30米。随着电梯慢慢下降，凯文的恐惧感也油然而生，但他并没有惊慌失措。他不断地对自己说："只要几秒的时间，我就可以出去了。"等到第二次再下去时，他就平静多了。

满灌（Flooding）疗法是暴露疗法的一种形式。在满灌疗法中，来访者从一开始就通过想象或设想真实生活中的遭遇来直面最让他们感到焦虑的刺激情境。这一疗法的理论假设是，焦虑是一种对恐惧刺激的条件反应，如果个体能够直面引发恐惧的刺激而没有产生不良的后果，那么这种条件性的反应就会消退。可在现实中，大多数恐怖症患者往往会回避恐惧刺激，如果不能回避，在第一次接触恐惧刺激时，他们就会仓皇逃离。因此，他们没有机会消除恐惧反应。在满灌疗法中，个体会有意识地进入令他们极度恐惧的情境中或接近让他们十分恐惧的物体。例如，一个患有社交焦虑障碍的人会长时间地坐在围满了人的餐桌旁，以此来消除其焦虑感。满灌疗法被用于治疗各种各样的焦虑障碍，包括社交焦虑障碍和创伤后应激障碍（Foa et al.，2018）。

虚拟现实疗法：身临其境的另一种绝佳选择

在电影《黑客帝国》（*Matrix*）中，基努·里维斯（Keanu Reeves）饰演的主角慢慢意识到，他所认为的真实世界其实只是幻觉，但这个复杂的虚拟世界已经让人们虚实难辨。《黑客帝国》虽然是一部科幻电影，但虚拟现实在心理治疗中的应用已经是一个科学事实。

虚拟现实疗法（Virtual Reality Therapy，VRT）是一种行为治疗技术，它使用计算机生成虚拟环境作为治疗工具。数字技术的进步使创造出极其逼真的模拟环境成为可能。例如，一位恐高症患者会戴上特殊的与计算机相连的头盔和手套，这样他就能在虚拟世界中看到引发其恐惧的刺激，如乘坐全玻璃封闭式电梯到达旅馆的顶楼、站在 20 层楼高的阳台上往下看、走过虚拟的金门大桥。通过暴露于一系列恐惧程度不断增加的虚拟刺激（只有在每个步骤所产生的恐惧减少时，人们才会进行下一步），人们可以在虚拟世界中学会如何克服恐惧，继而在真实情境中遵循逐级暴露的流程达到相同的效果。

虚拟现实疗法可用于帮助人们克服恐怖症，如恐高症和飞行恐怖症（Freeman et al.，2018；Morina et al.，2015；Weir，2018a）。在一项有影响力的早期研究中，虚拟现实疗法在治疗飞行恐怖症方面与真实的暴露疗法一样有效，与控制条件（无治疗）相比，两种治疗方法都显示出更好的疗效（Rothbaum et al.，2002）。在接受虚拟现实疗法的参与者中，有 92% 的人能够在治疗后的一年内成功地乘坐飞机。一项最新的综述研究表明，大量对焦虑障碍的成功治疗得益于虚拟现实疗法。实际上，虚拟现实疗法的治疗效果甚至优于真实的暴露疗法（Turner & Casey，2014）。

与传统的暴露疗法相比，虚拟现实疗法具有一些优势。首先，在现实生活中，有些类型的暴露体验常常很难甚至完全不可能实现，而这在虚拟现实技术中却很容易做到，如制造飞机反复起飞和降落的情境。其次，虚拟现实疗法也能更好地控制刺激环境，如可以在虚拟暴露阶段对刺激的强度和范围进行控制。最后，个体更愿意在虚拟现实而非真实生活中执行某些令人恐惧的任务。

心理学家芭芭拉·罗特鲍姆（Barbara Rothbaum）是使用虚拟现实技术的先驱。她认为，为了让虚拟现实疗法取得更好的疗效，个体必须充分地沉浸在这种体验中，并在一定程度上相信他所经历的一切都是真实的，而不是自己在观看录像带。"如果一个人戴上头盔，然后说这一点也不可怕，那治疗就不会有任何效果了，"罗特鲍姆博士说，"但是你们会体验到与现实中同样的生理变化，如心率加速、出汗（Goleman，1995）。"现如今，

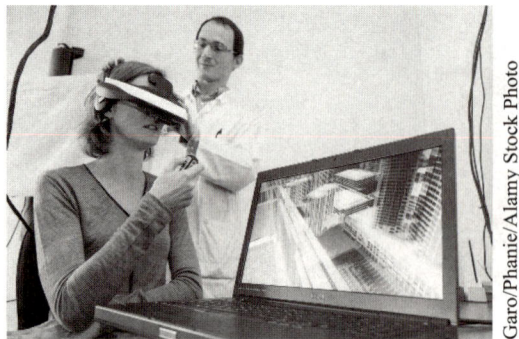

Garo/Phanie/Alamy Stock Photo

通过虚拟现实疗法克服恐惧

虚拟现实技术已经被用来帮助人们克服恐惧了。

虚拟现实疗法已经被用于治疗各种与焦虑相关的障碍，包括创伤后应激障碍、恐高症、社交焦虑障碍、飞行恐怖症和蜘蛛恐怖症等（Anderson et al., 2013；Morina et al., 2015；Reger et al., 2016；Weir, 2018a）。

认知疗法

通过理性情绪行为疗法，阿尔伯特·艾利斯已经向我们证明，患有社交焦虑障碍的个体对社会认可和完美主义的非理性需求给他们造成了社交互动中不必要的焦虑。消除对社会认可的夸大需求显然是一个关键的治疗因素。

认知取向治疗师会致力于识别并纠正那些不合理或歪曲的信念。例如，患有社交焦虑障碍的个体可能会认为，在聚会上没有人愿意与他们交谈，而他们也终将在孤独中了此余生。认知治疗师会帮助来访者认识到自己思维上的逻辑漏洞，并建立理性的观点。来访者可能被要求收集支持他们内心信念的证据，这会帮助他们调整那些在现实中缺乏事实依据的信念。治疗师可能会鼓励社交焦虑障碍患者通过参加派对、主动与人攀谈及观察他人的反应来测试自己内心的信念，即他们在社交聚会上肯定会被他人忽视、嘲笑或拒绝。治疗师也会帮助来访者培养改善人际互动质量的社交技巧，并传授他们如何在面对他人的拒绝时减少灾难性的想法。

认知技术的一个例子是**认知重构**（Cognitive Restructuring）。治疗师会帮助来访者准确地描述自我挫败的想法并产生合理的想法，以应对引发焦虑的情境。例如，

凯文（参见之前的案例）学会了使用理性的想法取代自我挫败的想法，并练习如何在暴露阶段与自己平静且理性地对话。

认知行为疗法是一类结合行为技术和认知技术的治疗方法的统称。认知行为疗法将行为技术（如暴露疗法），以及来自艾利斯、贝克等人的认知治疗技术相整合。例如，在治疗社交焦虑障碍时，治疗师通常会综合运用暴露疗法和认知重构技术帮助来访者用理性的想法替代引发焦虑的想法（Rapee, Gaston, & Abbott, 2009）。许多证据都支持认知行为疗法在治疗多种恐怖症（包括社交焦虑障碍和幽闭恐怖症）方面的有效性（Craske et al., 2014；Goldin et al., 2013；Leichsenring & Leweke, 2017；McEvoy et al., 2012）。另外，最近的一项大规模研究表明，当代有一种心理动力学疗法在治疗社交焦虑障碍方面与认知行为疗法具有类似的效果（Clarkin, 2014；Leichsenring et al., 2014）。

药物治疗

有研究证实，包括舍曲林和帕罗西汀在内的一些抗抑郁药物在治疗社交焦虑障碍方面具有一定的疗效（Leichsenring & Leweke, 2017）。在一些案例中，心理治疗和药物治疗（抗抑郁药物）的结合比单一的治疗方法更有效（Blanco et al., 2010）。

5.4 广泛性焦虑障碍

广泛性焦虑障碍（Generalized Anxiety Disorder, GAD）的特征是不限于特定的物体、情境或活动所引发的持续性焦虑和担忧。在正常情况下，焦虑可以是一种适应性反应。它是一种身体内在的警报系统，即当个体感知到威胁时，它会提醒个体立即予以关注。但是，对患有广泛性焦虑障碍的人来说，焦虑会变得过度，并且难以控制，同时还会伴随诸多生理症状，如心神不宁、坐立难安及肌肉紧张（Donegan & Dugas, 2012；Stein & Sareen, 2015）。

5.4.1　广泛性焦虑障碍的特征

描述广泛性焦虑障碍并识别其主要特征。

广泛性焦虑障碍的核心特征是过度且无法控制的担忧（Stefanopoulou et al., 2014; Stein & Sareen, 2015）。患有广泛性焦虑障碍的人通常是长期忧虑者，甚至是终身忧虑者。他们担心各种各样的事情，包括身体健康、经济状况、孩子的幸福及自己的社会关系。他们往往会担心一些日常生活中的琐事（如堵车），也会担心未来不太可能发生的事情（如破产）。他们可能会回避他们预计会发生糟糕事情的情境或事件；他们也可能会不断地从他人那里确认一切都好。要做出广泛性焦虑障碍的诊断，不仅要满足显著的情绪困扰这一标准，还要满足日常功能严重受损这一标准。患有广泛性焦虑障碍的孩子会担心学校生活的方方面面，如学业、体育和社会交往。

与广泛性焦虑障碍相关的情绪困扰会严重影响个体的日常生活。广泛性焦虑障碍一般也会与其他心理障碍共病，包括抑郁障碍或其他焦虑障碍（如场所恐怖症和强迫症）。广泛性焦虑障碍的其他相关特征还包括坐立不安、情绪紧张、心神不宁、烦躁、容易疲劳、难以集中注意力或大脑空白、易怒、肌肉紧张、睡眠障碍（如难以入睡、失眠或睡眠质量差）。

通常，广泛性焦虑障碍是一种稳定的障碍，最初可能发生在十几岁到二十几岁的年轻人身上，而且一般会持续终生。在美国，广泛性焦虑障碍的终生患病率大约为 5.7%，并且女性的患病率大约是男性的两倍（Stein & Sareen, 2015）。大约有 3% 的成年人会在他们一生中的不同年龄阶段受到广泛性焦虑障碍的困扰。在下面这个案例中，我们可以看到广泛性焦虑障碍的一些特征。

为担心而担心
一个关于广泛性焦虑障碍的案例

厄尔今年 52 岁，是一家汽车厂的主管。他的手在说话时会不自主地颤抖，他脸色苍白，长得有点孩子气，而他的头发却因忧虑而变得灰白。

他在事业上非常成功，尽管他说自己并不是什么"大人物"。他和妻子结婚将近 30 年了，夫妻俩感情很好，只是性爱关系"少了点儿激情——我经常颤抖得太厉害了，所以很难全情投入"。房子的贷款五年内就可以还清，但是"我无时无刻不在担心钱的事情"。厄尔的三个孩子也很优秀。一个已经参加工作了，一个在读大学，还有一个在上高中。但是，"这些天发生了这么多事情，我怎么可能不为他们担心呢？我常常为此而失眠"。

"但最奇怪的是，"厄尔边摇头边说，"当我无事可做时，我就会担心一些事情。我也不知道怎样描述这种感觉。就好像我先开始担心，然后才

有东西进入我的脑海让我担心；而不是因为出了什么事情，我才开始担心。之后，我就会开始颤抖，为担心而担心，你明白吗？我想逃离，我不想让任何人看到我。我全身发抖，无法指导工人。"

工作已经变成一件非常困难的事，"我无法忍受生产线上的噪声。我无时无刻不觉得紧张，就像我觉得一些可怕的事情会发生一样。当这种情况出现时，我会因为颤抖而连续一两天无法工作"。

厄尔的医生用尽了各种办法。厄尔说："医生帮我做了血检、尿检，还化验了我的唾液，所有你能想到的检查我都做了。他听我说了一切，让我做各种检查，并让其他医生来会诊。他告诉我要远离咖啡、酒精、茶、巧克力和可口可乐，因为这些东西都含有咖啡因。他给我开了一些安定（一种抗焦虑药物），有段时间我觉得自己的状态好极了。后来，这种药就失效了，他又换了一种药。换过几种药后，他告诉我他已经无能为力了，并建议我最好去看精神科医生。或许，一切都源于我的童年经历。"

5.4.2 理论观点与治疗方法

描述广泛性焦虑障碍的理论观点，并识别两种主要的治疗方法。

弗洛伊德将我们在广泛性焦虑障碍患者身上观察到的焦虑类型称为"自由浮动"，因为这些特征似乎会在不同的情境中反复出现。从心理动力学的观点来看，广泛性焦虑代表着担心那些不被接受的性、攻击冲动或欲望进入意识领域并导致危险的后果。患者虽然能够意识到焦虑，却无法意识到焦虑的真正根源。但是，这种关于焦虑的无意识根源的理论假设尚未得到科学的验证，而且我们也难以直接观察或测量无意识冲动。

从学习理论的观点来看，广泛性焦虑障碍是指跨情境的泛化的焦虑。人们会关心生活中的众多事项，如经济、健康和家庭事务，这使得人们可能在各种各样的场景下感到忧虑或担心。因此，焦虑几乎会与所有环境或情境联系起来。关于广泛性焦虑障碍的认知观点强调夸大或歪曲的想法和信念的作用，尤其是隐藏在担忧之下的那些信念。患有广泛性焦虑障碍的人会担心几乎所有的事情，还会过度关注环境中的威胁性线索，一到关键时刻就会感知到危险和灾难性的后果（Amir et al., 2009）。因此，他们会持续地感到焦虑不安，因为伴随交感神经系统的激活，神经系统会对感知到的威胁或危险做出回应，导致更高水平的身体唤醒状态和随之而来的焦虑感。

认知和生物学观点的相关证据表明，广泛性焦虑障碍患者的杏仁核在功能上存在异常，并且杏仁核与大脑前额皮层（思维中枢）之间的连接也存在异常（Etkin et al., 2009；见图 5-9）。广泛性焦虑障碍患者的前额皮层把担忧作为一种应对过度活跃的杏仁核所产生的恐惧的认知策略。

研究者猜测，广泛性焦虑障碍患者存在神经递质活性异常的问题。我们之前曾提到，抗焦虑药物，如苯二氮䓬类药物、地西泮（安定）和阿普唑仑，能够

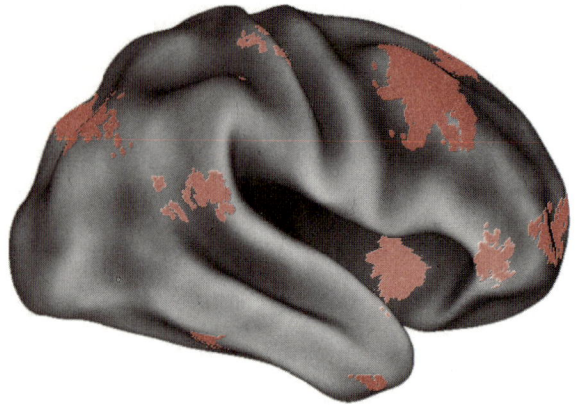

图 5-9　大脑前额皮层与杏仁核之间的联系

大脑前部的深红色区域表明，与没有患病的对照组被试相比，广泛性焦虑障碍患者的前额皮层与杏仁核之间有更强的连接。这些区域涉及与注意力分散和担忧有关的过程。

增强 γ-氨基丁酸的作用，γ-氨基丁酸是一种抑制性神经递质，能够有效调节中枢神经系统的兴奋程度。此外，神经递质血清素异常也与广泛性焦虑障碍有关，因为有证据表明，抗抑郁药物帕罗西汀对广泛性焦虑障碍患者有效，这种药物针对的就是血清素（Sheehan & Mao, 2003）。神经递质作用于调节情绪状态（如焦虑）的大脑结构，所以这些大脑结构（如杏仁核）的过度活跃可能与焦虑障碍有关。

治疗广泛性焦虑障碍的主要方式是精神类药物治疗和认知行为疗法。一些抗抑郁药物，如舍曲林和帕罗西汀，可以帮助缓解焦虑症状（Allgulander et al., 2004；Liebowitz et al., 2002）。然而，请谨记，尽管精

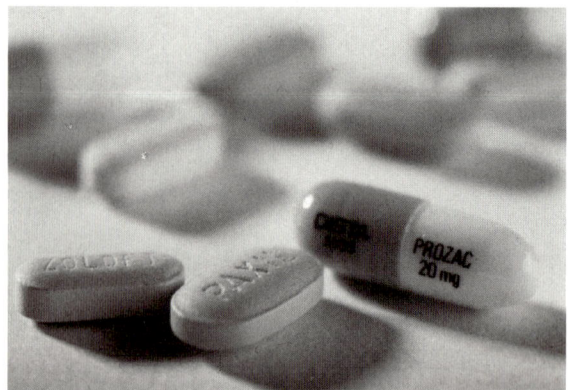

Jonathan Nourok/The Image Bank/Getty Images

抗抑郁药物还是抗焦虑药物

像舍曲林和帕罗西汀这样的抗抑郁药物可能有助于缓解焦虑。虽然这些药物可以治疗焦虑症状，但它们不能解决潜在的问题。

深度探讨
见治疗师前请先吃下这片药

药物 D-环丝氨酸（D-Cycloserine，DSQ）是一种用来治疗肺结核的抗生素，但后来被用于完全不同的目的，即增强暴露疗法对焦虑障碍等相关疾病的治疗效果（Andersson et al., 2015；de Kleine et al., 2014）。这种药物主要作用于大脑中参与学习和记忆过程的突触连接，因此研究者猜测它可能会增强基于学习理论的心理治疗（如认知行为疗法）的效果。稍后，我们将对此做更多介绍，但首先，让我们来了解一下相关背景。

对实验室小鼠的实验研究发现，D-环丝氨酸能够提高对之前看到过的特定物体及其被放置位置的记忆测试能力（Zlomuzica et al., 2007）。其他研究也发现，D-环丝氨酸可以加快大鼠恐惧反应的消退（Davis et al., 2005）。消退是一种在不伴随令人厌恶的无条件刺激（即令人痛苦或不舒服的刺激

物）的情况下，由于反复暴露于条件刺激（即令人恐惧的物体或情境），导致条件性恐惧反应趋于减弱的过程。

这种药物可以作用于神经递质谷氨酸的特定受体。谷氨酸是大脑中维持中枢神经系统的唤醒和兴奋状态的化学物质。咖啡因也能增强谷氨酸的活性，这就是为什么许多人早上要靠饮用一杯富含咖啡因的咖啡或茶来开始一天的事务。

关于为什么 D-环丝氨酸能够加快恐惧反应的消退的潜在机制尚不明确，但研究者猜测，大脑中引发恐惧的杏仁核也在其中发挥了作用（Davis et al., 2006）。一种可能的解释是，D-环丝氨酸作用于杏仁核中的谷氨酸受体，从而加速了恐惧反应的消退过程（Britton et al., 2007）。

D-环丝氨酸对人们的焦虑障碍也有相同的效果吗？目前我们还不得而知。但研究显示，D-环丝氨酸可以增强暴露疗法在治疗创伤后应激障碍、强迫症和社交焦虑障碍上的效果（Andersson et al., 2105；Difede et al., 2014；de Kleine et al., 2014）。然而，其他研究表明，D-环丝氨酸在治疗患有创伤后应激障碍的退伍军人和患有强迫症的青少年方面没有明显的促进效果（Neylan, 2014；Rothbaum et al., 2014；Storch et al., 2016）。我们希望未来的研究能找出其中的奥秘。诚然，通过药物来增强心理干预的效果仍处在起步阶段。但或许有一天，在去见行为治疗师之前先吃一片药或许会成为一种正常现象。

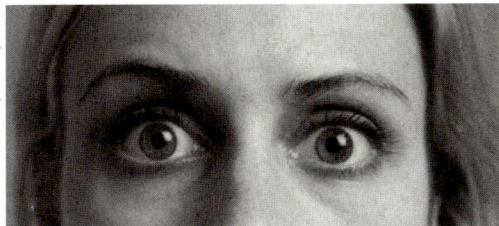
药物可以增强行为疗法的治疗效果吗
研究者正在研究 D-环丝氨酸是否可以增强对恐怖症和其他焦虑障碍进行（基于学习的）行为治疗的效果。

神类药物可能有助于缓解焦虑症状，但药物并不能完全治愈焦虑问题。一旦停药，症状往往会复发。

认知行为治疗师常常同时使用多种技术来治疗广泛性焦虑障碍，包括放松技能训练，学习用平静的、适应性的想法代替侵入性的、令人不安的想法，以及学习去灾难化的技巧（如避免思考最坏的结果）。来自对照研究的证据表明，认知行为疗法在治疗广泛性焦虑障碍方面具有明显的效果（Kishitaa & Laidlaw, 2017；Wetherell et al., 2013）。认知行为疗法的效果与药物治疗的效果相当，但脱落率更低，这说明心理治疗更容易被患者接受（Mitte, 2005）。在一项研究中，大部分接受行为疗法、认知疗法或两种疗法相结合的广泛性焦虑障碍患者在治疗结束后都不再符合广泛性焦虑障碍的诊断标准（Borkovec et al., 2002）。

理论观点的整合

许多心理学家认为，焦虑障碍涉及环境因素、生物学因素和心理因素的复杂交互作用。让这一问题更加扑朔迷离的是，不同的因果关系可能在不同的案例中发挥着不同的作用。考虑到多种因素在起作用，出现不同的治疗焦虑障碍的方法也就不足为奇了。

为了加以说明，我们在这里提供一种可能导致惊恐障碍的因果路径。一些人可能经遗传获得了某种遗传易感性或素质，这让他们对身体感觉的微小变化过度敏感。另外，认知因素也在这一过程中发挥作用。与二氧化碳水平的变化相关的身体感觉，如眩晕、刺痛或麻木，可能会被错误地理解为即将到来的灾难信号，如窒息、心脏病发作或失去控制。这反过来会导致焦虑反应迅速升级为惊恐发作。

惊恐反应是否发生还取决于其他易感因素，如个体的焦虑敏感性水平。高焦虑敏感性个体更有可能对身体感觉的变化做出惊恐反应。在一些案例中，个体的焦虑敏感性可能会非常高，以至于即便没有遗传易感性，惊恐反应也会随之发生。随着时间的推移，过去导致惊恐发作的内部或外部线索（即条件刺激）也会导致惊恐发作。这些线索包括心悸、乘坐火车或电梯。正如我们在本章开篇介绍的迈克尔的案例中所看到的，身体感觉的变化可能会被错误地理解为心脏病发作的征兆，从而导致惊恐发作的身体反应和灾难性思维的恶性循环铺设温床。帮助惊恐障碍患者培养更有效的应对技巧，即不用灾难性的思维来应对焦虑症状，有助于帮助他们打破这一恶性循环。

5.5 强迫及相关障碍

DSM-5中的强迫及相关障碍类别包含诸多障碍，这些障碍有一个共同模式，即强迫或被驱使的反复性行为，这些行为伴随着显著的个人痛苦或日常功能受损（见表5-3）。下面我们将重点关注这一类别中的三种主要的心理障碍，即强迫症、躯体变形障碍和囤积障碍。其他两种相关的障碍是拔毛癖或拔毛障碍（Hair Pulling Disorder）和抓痕（皮肤搔抓）障碍（Excoriation Disorder），这些在表5-3中也有介绍。

5.5.1 强迫症

描述并理解强迫症的主要特征及治疗方法。

患有**强迫症**（Obsessive–Compulsive Disorder，OCD）的人会受到反复出现的强迫思维或强迫行为的困扰，它们会占用个体大量的时间，如每天持续超过一小时，或者造成严重的痛苦，又或者干扰个体的正常作息、工作或社会功能（American Psychiatric Association，2013；Parmet，Lynm，& Golub，2011）。**强迫思维**（Obsession）是指反复出现的、持续性的想法、冲动或心理意象，并且超出可人为控制的范围。强迫思维的强烈和持久性足以干扰一个人的正常生活，并造成显著的心理痛苦和焦虑。例如，一个人可能会不断地怀疑自己是否锁好了门、关好了窗。个体可能会强迫性地想要伤害自己的伴侣，或者有一些侵入性的心理意象或幻想，例如，一位年轻母亲的脑海中可能会反复出现她的孩子在放学回家的路上发生交通意外的幻想。强迫思维通常会引发焦虑或内心痛苦，虽然并不总是如此（American Psychiatric Association，2013）。

强迫行为（Compulsion）是一种反复出现的行为（如洗手或检查门是否锁好）或心理活动（如祈祷、重复特定的词语或数数），个体感觉被迫或被驱使着执行这些行为（American Psychiatric Association，2013）。通常，强迫行为是对强迫思维的反应，并且其发生频率和程度足以干扰个体的日常生活或造成显著的心理痛苦。表5-4列举了一些常见的强迫思维和强迫行为。在

表 5-3　强迫及相关障碍概览

障碍类型	人群中的终生患病率	描述	相关特征
强迫症	2%～3%	反复出现的强迫思维（反复或侵入性的想法）和 / 或强迫行为（感到不得不做的重复行为）	强迫思维会导致焦虑，部分焦虑可以通过强迫性仪式得到缓解
躯体变形障碍	未知	头脑被想象或夸大的关于身体缺陷的想法占据	• 个体可能会因感知到的身体缺陷而认为他人看不起自己 • 个体可能会发展出强迫行为，如过度修饰，以纠正他们感知到的身体缺陷
囤积障碍（强迫性囤积）	2%～5%	囤积东西的强烈需要，不管这些东西是否有价值，并且个体在丢弃它们时表现得很困难或痛苦	• 可能导致家里因堆积大量的东西（如书本、衣物、家居用品甚至垃圾信件）而杂乱不堪 • 可能导致一系列不良的后果，包括生活空间被占用、与家庭成员或其他人发生冲突 • 个体会从收集和维持这些无用或非必需的东西中获得安全感 • 个体可能无法认识到自己的囤积行为是一个问题，尽管证据确凿
拔毛障碍	未知	强迫性、反复性地拔毛发，导致毛发减少	• 拔毛发可能会涉及头皮和身体的其他部位，并可能导致看得见的秃块 • 拔毛发可能具有自我安抚效果，从而被用来应对焦虑或压力
抓痕障碍	1.4% 或更高（成年人）	强迫性、反复性地抓挠皮肤，导致皮肤损伤或疼痛，对结痂皮肤反复抓挠导致其无法痊愈	• 抓皮肤可能涉及刮、抓、摩擦或挖 • 抓挠皮肤可能是个体想清除皮肤的轻微瑕疵，或者应对压力或焦虑

资料来源：American Psychiatric Association，2013；Grant，2014；Mataix-Cols et al.，2010；Snyder et al.，2015；and other sources.

表 5-4　强迫思维和强迫行为示例

强迫思维	强迫行为
尽管反复洗手，还是觉得自己的手很脏	一遍又一遍地检查自己的工作
爱人被伤害或被杀的想法挥之不去	在出门前一再检查房门是否上锁、煤气是否关闭
不断想象出门后没有锁门	不断地洗手以保持干净和消除细菌
一直担心家里的煤气没关	—
不断想象自己对心爱的人做了可怕的事	—

下文这段第一人称的叙述中，一位男士描述了自己的强迫行为，并且担心自己的这些行为会伤害他人（甚至是虫子）。

大多数强迫行为都可以被归为两类：清洁仪式和检查仪式。仪式可能会成为生活的重心。科琳是一个强迫洗手者，她会进行烦琐的洗手仪式。她每天都要花三四个小时在水槽边，并抱怨道："我的手看起来就像龙虾的钳子一样脏。"还有一些人会在出门前花好几个小时反复检查所有的电器是否都已关闭，最后仍然心存疑虑。

一位有强迫检查行为的患者描述了她的烦琐仪式，她会坚持要求丈夫完成把垃圾带出去的动作（Colas，1998）。这对夫妇住在一套公寓里，他们需要把垃圾丢在公共大垃圾箱里。为了防止邻居家的细菌进入他们

"令人痛苦的想法和秘密仪式"

我的强迫行为源于我对因自身的疏忽而伤害他人的恐惧。我总是在想一些没用的事：确保门锁好了、煤气关闭了；确保我关灯的力气大小正合适，这样就不会引发电力问题；确保汽车换挡到位，这样就不会损坏发动机……

我幻想自己在南太平洋找到一座岛屿，然后一个人住下来，这样我就没有压力了。如果我会伤害他人，那只会是我自己。然而，即便我孤身一人，我仍然会担心，因为连虫子也在我担心的范围之内。当我倒垃圾时，我甚至会害怕踩到蚂蚁，于是我会低下头死死地盯着地面。

我知道其他人不会想这些事情。而我不想承受伤害任何东西所带来的负罪感。这么说来，我其实是很自私的，与其说我关心它们，不如说是我不想承受内疚感。

资料来源：Osborn, 1998.

的公寓，这位患者坚持要求丈夫在扔垃圾时千万不要碰到大垃圾箱，而且扔完垃圾后还要脱掉鞋子才能进屋，然后洗手并且用干净的手打肥皂，这样才能确保手不会被污染。之后，她的丈夫需要重复这一过程 20 次，因为每次只能扔一袋垃圾。如果她注意到丈夫的衣服上有污渍，如棕色的液体，她就会要求丈夫回到大垃圾箱那里，找到与污渍颜色匹配的袋子，确认不明液体到底是什么。如果丈夫拒绝，她就会一直软磨硬泡，直到丈夫答应照做为止。

一般来讲，强迫行为往往会伴随着强迫思维，并且在一定程度上能够减轻由强迫思维引发的焦虑。每次碰过公共场所的门把手后，强迫洗手患者都会反复洗手 40 ～ 50 次，这样才能缓解他们的焦虑。存在这种焦虑是因为他们认为细菌或污垢仍然停留在皮肤的皱褶里。他们认为这种强迫性仪式可以使自己免于遭受可怕的事件，如细菌感染。然而，强迫行为的反复性远远超出了任何理性的预防措施的范畴。实际上，解决方案（即进行强迫性仪式）本身就是问题（Salkovskis et al., 2003），个体会陷入一种恶性的、侵入性的思维模式中，导致强迫性仪式的发生。患有强迫症的人通常能够意识到自己的强迫思维是过度或非理性的，但他们就是无法停止这些想法（Belkin, 2005）。

强迫症在一般人群中的患病率是 2% ～ 3%，并且最早在 4 岁时就会出现（American Psychiatric Association, 2013; Snyder et al., 2015; Sookman & Fineberg, 2015）。强迫症通常始于青春期或成年早期，但也可能在童年期出现。瑞典的一项研究发现，尽管大多数强迫症患者的症状最终会有所改善，但他们在余生中仍会持续表现出一些症状（Skoog & Skoog, 1999）。强迫症在男性和女性中的患病率基本相同。杰克的案例能够形象地说明强迫检查行为。

理论观点

经典心理动力学观点认为，强迫思维是无意识的欲望或冲动即将进入意识层面的表现，而强迫行为则有助于抑制这些欲望或冲动。关于被污垢或细菌污染的强迫思维是婴儿期渴望排便并把玩自己排泄物的无意识想法有浮现出来的威胁。而强迫行为（如清洁仪式）可以抑制这些想法。心理动力学观点在很大程度上是推测性的，因为它的假设很难（也有人说完全不可能）接受科学的检验以证明无意识冲动和冲突的存在。

强迫症的易感性部分源于遗传因素（Dougherty et al., 2018; Mattheisen et al., 2014）。与之相关的一点是，许多患有强迫症的人，尤其是那些在童年期就患有这种障碍的人，会有抽动障碍的病史，因此研究者认为，抽动障碍和强迫症之间存在遗传联系（Browne et al., 2015; Hirschtritt et al., 2017）。

杰克的"小怪癖"
一个关于强迫症的案例

　　杰克是一名成功的化学工程师，他的妻子玛丽是一名药剂师。玛丽越来越无法忍受杰克的"小怪癖"，劝他去寻求帮助。杰克是一个强迫性检查者。每当他们离开公寓时，他都坚持要求回去检查灯和煤气是否关闭，或者冰箱门有没有关好。有时，他会在电梯里突然说抱歉，然后返回公寓进行自己的仪式。有时，他会在车库里产生想要检查的强迫性冲动，然后他会返回公寓，留下玛丽一个人在那里生闷气。度假对杰克来说尤其困难，这些仪式占据了清晨他们出发前的大部分时间。即便是这样，他仍然疑虑重重、深受困扰。

　　玛丽也尝试适应杰克晚上从床上跳起来重新检查门窗的行为。但她的耐心慢慢地被消磨殆尽。杰克也意识到自己的行为正在破坏他们的关系，并给自己带来了痛苦。但他依然不愿意接受治疗。虽然他嘴上答应要摆脱自己的强迫性习惯，但他也害怕压制这些强迫行为会让自己更加焦虑。

　　另一种可能的解释是，参与调节神经递质功能的特定基因的活动，导致了被称为"担忧回路"（Worry Circuit）的神经网络过度激活。这一神经网络会在知觉到威胁的情况下发送危险信号。对强迫症患者而言，大脑会通过担忧回路或神经回路不断发送信号，告诉我们什么地方出了问题，需要立即予以注意，从而导致强迫性、令人担忧的想法和重复、强迫性的行为。这些信号会从大脑的恐惧触发中心——杏仁核（边缘系统的一部分）——扩散出去。通常，前额皮层会调节从杏仁核及其他皮层下脑结构传输过来的信息。然而，对患有强迫症和其他焦虑障碍的人来说，这一过程可

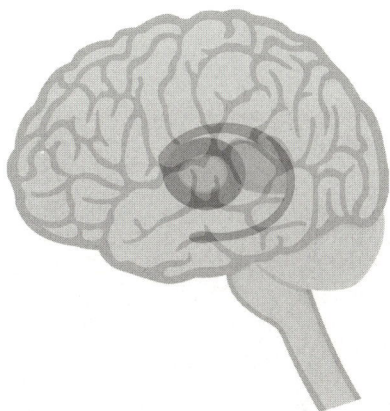

Joshua Abbas/123RF

在大脑中寻找强迫症的线索
科学家正在探索大脑中包括基底神经节在内的深层结构，目的是寻找控制重复性行为或习惯的大脑机制的异常。

Peter Armstrong/Fotolia

强迫思维
有一种类型的强迫思维是，心中反复出现由于个人的粗心而酿成灾难性的事故。例如，一个人可能无法摆脱因为自己没有关闭电源而引发短路并造成房子起火的想法。

能会被中断，因为前额皮层无法控制从杏仁核传输过来的过量的神经活动，从而引发焦虑和担忧（Harrison et al.，2009；Ullrich et al.，2017）。

最近，科学家将研究的重心聚焦于边缘系统的另一个结构——海马体（Hippocampus），它是大脑中形成新记忆所需的关键部分（Schmitz et al.，2017）。研究表明，海马体中神经递质γ-氨基丁酸的水平较低，有助于抑制中枢神经系统的过度活动，这与难以控制挥之不去的消极想法、恐惧和忧虑有关。大脑的思维中枢，即前额皮层，具有抑制重复的思维和记忆的作用。但那些海马体中γ-氨基丁酸含量较低的人的前额皮层可能无法有效地过滤令人焦虑不安的想法。这一研究结论的要点是，大脑控制焦虑、强迫思维的能力可能取决于大脑深层结构中特定的神经递质的水平。

我们再来考虑一下关于强迫症的生物学基础的其他可能的解释。一种有待进一步研究的解释认为，强迫症的强迫性源于用于约束重复行为的脑回路的异常。因此，患有强迫症的人必须重复某些行为，就好像他们被"上了发条"一样（Leocani et al.，2001）。

大脑皮层的额叶负责调节位于低级脑区控制躯体运动的脑中枢。脑成像研究表明，强迫症患者存在前额叶和深层的皮层下脑结构的脑回路激活模式异常（Boedhoe et al.，2017；Snyder et al.，2015）。这些神经通路的紊乱或许解释了有强迫行为的人无法抑制重复、仪式化的行为的原因。

大脑的其他部分，如基底神经节，也可能与强迫症有关。基底神经节的作用是调控躯体动作，因此这些区域的异常也可以解释强迫症患者的仪式化行为。最近，研究者将强迫症患者的过度习惯或仪式化行为与基底神经节中被称为尾状核的部分的过度激活联系起来，尾状核参与调节自主躯体运动（Gillan et al.，2015）。根据这种说法，强迫症可能与大脑中控制重复性躯体动作或习惯方面的功能紊乱有关。

有关强迫症的心理学模型强调了认知和学习因素。

患有强迫症的人通常会对自己的想法非常关注（Taylor & Jang，2011）。他们似乎无法打破同样的侵入性的、消极的想法在脑海中反复出现的心理循环。他们也倾向于夸大不幸事件发生的概率。由于总是预期糟糕的事情会发生，因此他们想通过仪式来阻止这些事情发生。一名会计师可能会想象自己在客户纳税申报单上犯的小错误会导致恶劣的后果，因而不断检查自己的工作。仪式会让他们产生一种可以掌控压力事件的错觉（Reuven-Magril，Dar，& Liberman，2008）。

与强迫症密切相关的另一种认知因素是完美主义，即认为自己必须表现得完美无缺（Moretz & McKay，2009；Taylor & Jang，2011）。持有完美主义信念的人会夸大不完美事件所带来的后果，进而觉得自己必须重来一遍，以确保每个细节都完美无缺。

根据学习理论的观点，我们可以将强迫行为视为操作性反应，这一行为会因强迫思维所引发的焦虑被缓解而得到负强化。简单来讲，强迫思维导致了焦虑或痛苦，而强迫行为缓解了这种焦虑或痛苦（Franklin et al.，2002）。如果一个人认为污垢或异物会弄脏手，那么和他人握手或摸门把手就会让他产生强烈的焦虑。在看到污垢后强迫性地洗手就可以在一定程度上缓解焦虑。强化不管是正向的还是负向的，都会对之前的行为起作用。因此，在下次暴露于引发焦虑的环境（如握手或接触门把手）时，这个人就有可能重复这种强迫性仪式。

正误判断

强迫思维有助于缓解焦虑。

错误 实际上，强迫思维会引发焦虑。然而，进行强迫性仪式可能会在一定程度上缓解与强迫思维相关的焦虑，从而形成恶性循环，强迫思维导致仪式化行为，而焦虑的缓解反过来又强化了这种仪式化行为。

可问题在于，为什么有些人会产生强迫思维，而另一些人却不会呢？或许是那些强迫症患者的身体警报系统过于敏感，即使是轻微的危险信号也会激活它。因此，我们可以推测，当这样的人感觉可能存在危险时，其大脑中的担忧回路就会启动，无论危险是真实的还是想象的。

记忆缺陷也在其中发挥着作用（Abramovitch，Abramowitz，& Mittelman，2013）。强迫性检查者可能很难想起他们做过的事情，如在出门前是否关闭了烤面包机。相关证据还表明，强迫症患者在执行功能方面也存在一定的缺陷，其中涉及需要控制和调节目标导向行为的一系列认知功能，如对未来进行规划、对一系列行动进行优先处理和排序，以及打破不良习惯（Snyder et al.，2015）。

治疗方法

行为治疗师在使用暴露与反应阻断（Exposure and Response Prevention，ERP）技术治疗强迫症方面已经取得了显著的成果（Abramowitz et al.，2017；McKay et al.，2014；Wheaton et al.，2016）。这一技术的暴露部分是指让来访者反复、长时间地暴露于会引发强迫性想法的刺激或情境。对许多人来说，这些刺激或情境是很难避免的。例如，出门可能会诱发煤气阀是否关闭、门窗是否锁好的强迫性想法。或者，治疗师会引导来访者特意把屋子弄得乱七八糟或故意把手弄脏来诱导他们产生强迫性的想法。这一技术的反应阻断部分是指阻止强迫行为的发生。双手接触了脏东西的来访者必须在规定的时间内避免洗手。反复检查门锁的患者则必须避免做出检查门是否锁好的行为。

正误判断

有一种针对洁癖型强迫症患者的行为疗法就是要求患者故意把自己的手弄脏，并保持一段时间不要洗掉污垢。

我锁门了吗

还是说我只是以为自己把门锁上了？在使用暴露与反应阻断技术时，治疗师会通过让来访者直接面对刺激，如污垢，帮助来访者打破强迫症的恶性循环。在治疗过程中，这些刺激会唤起强迫性的想法，但不会导致来访者进行强迫性仪式（如反复检查门是否锁好了）。

正确　结合反应阻断的暴露技术要让患者暴露在刺激下（例如，在患者的手上擦上污垢会引发患者对污染的恐惧），同时防止患者进行强迫性仪式（重复性清洗）。

通过暴露与反应阻断技术，强迫症患者学会了忍受由强迫思维引发的焦虑，并避免进行强迫性仪式。在进行多次暴露练习后，个体最终会平静下来，个体进行相关仪式化行为的冲动也会随之减弱，其中潜在的原理就是行为消退。当触发强迫思维和伴随的焦虑的线索被反复呈现，但个体发现并没有什么后果产生时，这些线索和焦虑反应之间的联系就会慢慢减弱。

在使用认知行为疗法治疗强迫症时，认知技术通常与暴露与反应阻断技术结合使用（Abramowitz，2008；Hassija & Gray，2010）。其中的认知部分涉及纠正歪曲的思维方式（认知失调），如倾向于高估恐惧后果的可能性和严重性。

选择性 5-羟色胺再摄取抑制剂类抗抑郁药物（见第 2 章）在治疗强迫症方面也有一定的效果（Hirschtritt, Bloch, & Mathews, 2017; Skapinakis et al., 2016）。这类药物主要包括氟西汀和帕罗西汀，能提高大脑中神经递质血清素的可利用性。这些药物的有效性表明，血清素的传递问题在强迫症的形成中发挥着重要作用，至少在一些案例中是如此（Maia & Cano-Colino, 2015）。然而，我们应该记住，只有一小部分接受选择性 5-羟色胺再摄取抑制剂治疗的患者的症状能够得到完全缓解（Grant, 2014）。我们还应该注意到，许多对

认知行为疗法反应不充分的患者可能会从药物和治疗的结合中获益（Roy-Byrne, 2016）。

认知行为疗法仍然是强迫症的一线治疗方法，并且比抗抑郁药物具有更好的效果，部分原因是认知行为疗法往往能产生更持久的效果（Hirschtritt, Bloch, & Mathews, 2017; Öst et al., 2015）。60% ～ 85% 的强迫症患者在接受暴露与反应阻断技术的治疗后，其症状显著减轻（Grant, 2014; Holmes, Craske, & Graybiel, 2014）。在用抗抑郁药物治疗强迫症的基础上融入认知行为疗法也可以提高药物治疗的有效性（Ressler & Rothbaum, 2013; Simpson, 2013）。下文的"深度探讨"专栏讨论了强迫症和其他心理障碍的实验性疗法，

深度探讨
大脑的起搏器

尽管精神外科仍然是一种实验性且具有争议的治疗方法，但不断有证据表明，包括脑深部电刺激在内的外科技术对治疗严重的强迫症有一定的作用（Denys et al., 2010）。脑深部电刺激针对与特定障碍（如强迫症）有关的脑回路（见图 5-10）。在脑深部电刺激这一技术中，电极会通过手术被植入大脑的特定区域，并与安放在胸壁上的小型电池相连接。当被一个类似心脏起搏器的设备刺激后，电极会直接传递电信号到周围的脑组织。我们也不能确切地说明脑深部电刺激的工作原理，但它可能是通过阻断异常的大脑信号来发挥作用的。

使用脑深部电刺激技术存在的一个问题是，在哪里安放电极。美国国家心理健康研究所的精神病学家韦恩·古德曼（Wayne Goodman）指出："我们仍然不确定大脑中减轻强迫症状的具体位置在哪里。即便你觉得已经很接近了，也可能还差一截，而这种"差一截"在大脑中可能意味着

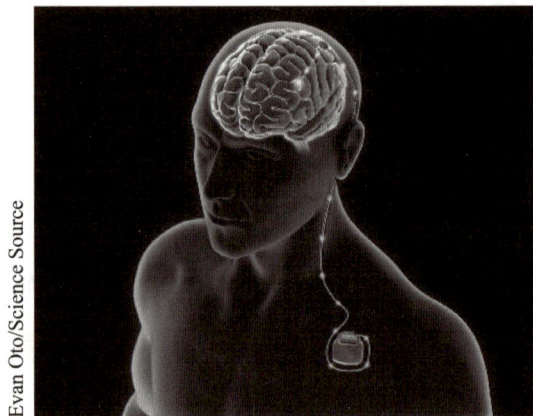

Evan Oto/Science Source

图 5-10　用于治疗强迫症的脑深部电刺激技术

脑深部电刺激是将电极植入大脑中被认为与强迫症或其他障碍（如帕金森氏病和抑郁障碍）有关的特定脑区。电极可以接收植入胸壁的一种类似心脏起搏器的神经刺激器所传导的电信号。

只差 1 毫米（'Pacemaker for Brain', 2008）。"

尽管脑深部电刺激仍然只是一种实验性疗法，但有研究指出，它对强迫症之外的其他障碍也有一定的治疗效果。研究者发现，使用脑深部电刺激治疗对其他治疗方法无反应的重性抑郁障碍患者产生了显著的效果（Blomsted et al., 2011; Hirschfeld, 2011; Holtzheimer et al., 2012）。

不难想象，在未来的某一天，甚至是不久的将来，患有严重的强迫症、抑郁障碍或其他心理障碍的人可

以通过对自己的特定脑区进行电刺激来控制困扰他们的症状。与此相关的是，研究者也正在评估来自磁共振成像设备的脑刺激是否也能产生类似的治疗效果。这种形式的脑刺激所取得的初步成果令人欣喜，研究显示，在这些刺激下，重性抑郁障碍患者的症状的确有所改善（Vaziri-Bozorg et al.，2012）。

包括对大脑深部结构进行电刺激。

5.5.2　躯体变形障碍

描述躯体变形障碍的主要特征。

躯体变形障碍（Body Dysmorphic Disorder，BDD）患者总是会幻想或夸大自己外表上的身体缺陷，如皮肤瑕疵、面部起皱或肿胀、身体上的痣或痘痘，这导致他们总是觉得自己很丑，甚至毁容了（Fang，Schwartz，& Wilhelm，2016）。他们担心其他人会根据他们感知到的缺陷和瑕疵给予他们负面评价（Anson，Veale，& de Silva，2012）。他们可能会花费大量的时间站在镜子前检查自己，或者采用极端的措施来修饰自己所感知到的缺陷，甚至接受不必要的整形手术。一些患有躯体变形障碍的人会把所有的镜子移出自己的房间，这样就可以避免注意到自己外表上的"明显缺陷"。躯体变形障碍患者可能会认为其他人觉得他们很丑，并因他们的身体缺陷而对他们不友好。

躯体变形障碍被划分到强迫症谱系是因为患有这种障碍的人经常沉溺于他们所感知到的身体缺陷，并且通常会强迫自己站在镜子前审视自己，或者做出一些强迫性的行为，试图修复、掩饰或调整自己所感知到的缺陷。在接下来的这个关于躯体变形障碍的案例中，强迫性的行为可能表现为反复梳理、清洗头发或更换发型。

只要我的发型有问题，我就一定有问题
一个关于躯体变形障碍的案例

24 岁的克劳迪娅是一名秘书。实际上，对她而言，每天都是"发型糟糕的一天"。她对自己的治疗师说："如果我的发型不好看，我就会感觉很糟糕。""难道你看不出来吗？我的头发参差不齐。这里应该更短一些，这里又太贴近头皮。人们会觉得我疯了，但我就是无法忍受自己的样子。现在的状态让我看上去很丑。其他人不懂我在说什么，没有关系，我懂就好，这一点很重要。"几个月前，克劳迪娅剪了一次头发，她觉得那是一场灾难。此后不久，她萌生了自杀的念头，"我想拿把刀子插进自己的心脏。我简直无法直视自己现在的样子"。

克劳迪娅每天都要站在镜子前检查自己的发型无数次。每天早上，她会花两个小时来整理自己的头发，却仍然觉得不满意。频繁地修剪和检查已经成为一种强迫性的仪式。正如她对治疗师所说："我想停止拉扯和检查自己的头发，但我就是控制不住自己。"

对克劳迪娅而言，发型糟糕的一天意味着她不能和朋友一起出去，而是要花费大量的时间站在镜子前检查自己的头发。有时，她会自己动手剪头发，以弥补上次剪发的遗留问题。但自己修剪头发总会使结果变得更糟糕。克劳迪娅永远在寻找最完美的发型，修饰那些只有她自己才能看到的缺陷。"如果发型刚刚好，我便仿佛置身于世界之巅。但如果它长长一点儿，它看起来就完全变形了。"她在曼哈顿预约了一位世界知名的发型设计师，许多明星都是这位发型设计师的顾客。"很多人无法理解我会为剪一次头发花费 350 美元，尤其是考虑到我的经济条件，但他们没有意识到的是，

发型对我来说有多重要。我愿意为此付出我的全部。"不幸的是，即便是这位世界知名的发型设计师也让她失望了，"我花 20 美元在长岛理发屋剪的发型都比他剪的好"。

克劳迪娅还提到了她在早年生活中对自身外表的另外一些关注点："中学时，我觉得自己的脸就像一个盘子，太扁了。我都不敢拍照。我总

是在想别人会怎么看我。他们不会告诉我的，你懂的。即便他们说没有问题，也无济于事。他们这么说只是出于礼貌而已。"克劳迪娅说，她所受到的教育一直告诉她外表漂亮与幸福是息息相关的："大家一直告诉我，要想成功，你必须得长得漂亮。如果我是这副模样，我怎么开心得起来呢？"

尽管人们认为躯体变形障碍很普遍，但我们并没有关于这一障碍患病率的具体数据，因为很多患有此类障碍的人不会主动寻求帮助，他们会尽量保守自己的秘密。与健康人相比，患有躯体变形障碍的人有更低的自尊水平和更高的完美主义倾向（Hartmann et al.，2014），我们不应该低估与躯体变形障碍相关的情绪困扰，因为有相关证据显示，在这类人中，同时患有抑郁障碍、双相障碍，以及有自杀念头和自杀意图的人的比例很高（Buhlmann, Marques, & Wilhelm, 2012; He et al.，2018）。最近一次基于小部分躯体变形障碍患者的研究结果显示，大多数患者都能康复，尽管这通常需要五年甚至更长的时间（Bjornsson et al.，2011）。

式可以是故意在公共场合暴露自己感知到的缺陷，而不是用化妆品或衣服来掩盖它。反应阻断可能包括尽量避免照镜子（如盖住家里的镜子）和过度打扮。暴露与反应阻断技术通常会与认知重构技术结合使用，治疗师会帮助来访者挑战他们关于外貌的歪曲信念，并根据证据来评估这些信念。一些抗抑郁药物，如选择性 5-羟色胺再摄取抑制剂，也可用于治疗躯体变形障碍（Phillips et al.，2016）。

你难道没有看到吗

患有躯体变形障碍的人可能会花好几个小时照镜子，沉溺于想象或夸大的身体缺陷中。

正误判断

脸上有瑕疵可能会导致一些人想自杀。

正确 躯体变形障碍患者可能会被他们自己感知到的缺陷弄得心力交瘁，他们会认真地考虑如何彻底修复这些缺陷，哪怕只是微小的皮肤瑕疵。

认知行为疗法，通常包括将暴露技术与反应阻断技术相结合的方式（即暴露与反应阻断技术），在治疗躯体变形障碍方面具有良好的效果（Fang, Schwartz, & Wilhelm, 2016; Greenberg, Mothi, & Wilhelm, 2016; Roy-Byrne, 2016）。其中，暴露的形

深度探讨

"难道他们看不到我所看到的吗？"——躯体变形障碍患者的面部视觉加工问题

来自脑成像研究的结果与许多临床医生对躯体变形障碍患者的印象一致。在一项有关面孔匹配的实验任务中，研究者对患有躯体变形障碍的人和对照组被试的脑部进行了功能性磁共振成像扫描（Feusner et al.，2007；见图 5-11）。在实验中，研究者向被试展示了一系列男性和女性的面孔，并要求他们将这些面孔与展示在这些面孔下的三张对比面孔进行匹配。在他们完成这一匹配任务的过程中，研究者要对他们的脑部进行扫描。结果显示，躯体变形障碍患者和对照组被试表现出不同的大脑激活模式。

两组被试的主要差异在于，躯体变形障碍患者的大脑左半球表现出更多的激活。对大多数人而言，大脑左半球主要负责分析、评估，而大脑右半球则负责整体知觉。我们通常通过整体知觉来加工面孔（即将面孔作为一个整体进行识别），而不是以碎片化的方式将面孔的不同部分拼接在一起。

在患有躯体变形障碍的人中，视觉加工会更

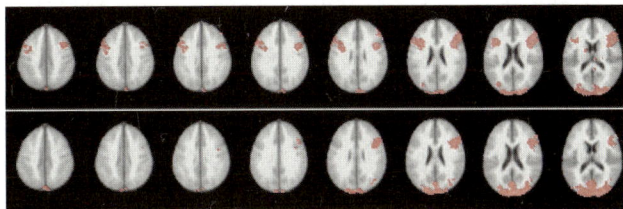

图 5-11　躯体变形障碍患者的大脑激活模式

这些脑部扫描图像显示了躯体变形障碍患者（上排）和对照组被试（下排）在面对有关面部的视觉刺激时大脑被激活的部分（红色区域）。躯体变形障碍患者的大脑左右前额叶区域（图像的顶部）均显示出高度激活，而对照组被试仅右前额叶区域显示出激活。

资料来源：Courtesy of Jamie Feusner，M.D.，UCLA Semel Institute for Neuroscience and Human Behavior.

多地激活大脑左半球，这与细节或碎片化的分析功能一致，而对照组被试则更多地进行整体或基于情境的加工方式。换句话说，躯体变形障碍患者更倾向于过度关注细节，将面孔的不同部分拼接在一起，而不是将面孔作为一个整体进行识别。这种深入身体细节的倾向是躯体变形障碍的核心临床特征。躯体变形障碍患者可能会错误地假设其他人在感知身体外貌时也和他们自己一样更加注重细节。这可以解释为什么他们总是觉得其他人会注意他们身体上微小的瑕疵或缺陷，因为这些瑕疵或缺陷在他们看来非常明显。

5.5.3　囤积障碍

描述囤积障碍的主要特征。

强迫性囤积行为被纳入 DSM-5 中，被称为 **囤积障碍**（Hoarding Disorder），其特征是积累和保留大量不必要或看起来没用的物品，从而给个体造成困扰，或者让个体很难拥有一个安全、适合居住的生存空间（Murroff & Underwood，2016；Roy-Byrne，2013）。

在一般人群中，表示自己在丢弃破旧或废旧的物品方面有困难的人所占的比例比我们所预期的要大得多——约占总人口的 21%（Rodriguez et al.，2013）。另

外，囤积障碍影响着 2% ~ 5% 的人，这一比例与强迫症患者的比例大致相同，而且囤积障碍这一问题更为严重，并对人们的社会功能造成更加不良的影响（Mataix-Cols et al.，2010；Woody，Kellman-McFarlane，& Welsted，2014）。对患有囤积障碍的人来说，到处堆满不需要的物品，如成堆的报纸或杂志，可能会成为火灾隐患，也会让他们家里的大部分生活空间无法被有效地使用。而且，家里的客人还得小心翼翼地在成堆的杂物中穿行。

囤积障碍患者往往对他们的物品恋恋不舍，而家里的其他家庭成员会敦促患者扔掉这些显然无用的垃圾，

这很容易使他们之间发生冲突。此外，患有囤积障碍的人往往年龄较大、经济条件较差，也倾向于有更多的心理和躯体健康问题（Nordsletten et al., 2013）。

囤积障碍与强迫症密切相关（Frost, Steketee, & Tolin, 2012; McCarthy & Mathews, 2017）。囤积障碍患者思维上的强迫可能涉及反复出现的想收集东西、害怕失去它们的想法；行为上的强迫可能涉及不断地重新布置、整理成堆的收集物，顽固地拒绝丢弃它们，即使他人强烈反对也毫不动摇。尽管囤积障碍和强迫症很像，但它在 DSM-5 中被单独列为一种心理障碍，而不是强迫症的子类别。囤积障碍和强迫症之间有几个重要的差异。第一，囤积障碍中的强迫性想法不像强迫症中的强迫性想法那样具有侵入性和不受欢迎的特征。囤积障碍患者的这些想法通常是他们正常思维流的一部分（Matax-Cols et al., 2010）。第二，囤积障碍患者并不会体验到想进行仪式来控制这些令人不安的想法的冲动。与囤积相关的困扰并不是侵入性的强迫思维，而是在重重堆积的杂物中艰难地生活，以及与他人就堆积物发生冲突。第三，囤积障碍患者通常会从收集物品和想起这些物品中获得快乐或愉悦的体验，这与强迫症中与强迫思维相关的焦虑是截然不同的。

囤积行为的潜在因果因素仍在研究中。当想到收集和丢弃物品时，囤积障碍患者大脑的某些区域会显示出异常的激活模式，大脑中的这些区域与决策和自我调节等加工过程有关（Tolin et al., 2012）。与之相关的深入研究可以帮助我们进一步理解囤积障碍患者在进行与收集和避免丢弃物品相关的决策时所面临的困难。尽管囤积障碍很难被治愈，但近期的研究显示，认知行为疗法在治疗囤积障碍方面是有效的，尽管效果并不大（Storch & Lewin, 2016; Thompson et al., 2017; Tolin et al., 2015）。认知行为疗法旨在帮助患者从根本上挑战那些与积累和保留无用物品相关的内在信念，帮助他们调节与丢弃废品相关的情绪困扰，并帮助他们学习如何分类和丢弃不必要物品的技能（McCarthy & Mathews, 2017; Muroff & Underwood, 2016）。然而，许多患者即便在接受治疗后仍然会继续囤积物品（Thompson et al., 2017）。

囤积障碍

囤积障碍患者会强迫性地收集并保留大量没用或不需要的东西。而且，他们在情感上十分依赖这些东西，害怕失去它们。

邻居的抱怨
一个关于强迫性囤积的案例

这位已经离婚的 55 岁单身汉并不认为囤积是一个问题，但在接连收到邻居的抱怨后，他感到需要接受心理治疗的压力。邻居担心他这样做有火灾隐患，因为他的房子是连栋房屋中的一栋。一次家庭拜访揭示了问题的严重性：所有的房间都堆满了各种各样没用的杂物，包括过期的食品罐、成堆的报纸和杂志、纸张甚至布料。大部分家具都被这些杂物淹没了。在这堆积如山的杂物之间有一条狭窄的小路是通向卫生间和卧室的。厨房里也堆满了东西，任何家用电器都无法使用。这位单身汉还说，他已经很久没有使用过厨房了，一般都是在外面吃饭。房间里充斥着陈腐和灰尘的气味。当被问及为什么要保留这些东西时，他回答他害怕丢掉"重要的文件"和"可能需要的东西"。然而，外人却无法理解他所谓的这些东西究竟有什么重要价值或保留的必要。

资料来源：Adapted from Rachman & Desilra, 2009.

本章总结

5.1　焦虑障碍概述

5.1.1　焦虑障碍的特征

描述焦虑障碍在生理、行为和认知方面的主要特征。

焦虑障碍的特征是行为模式紊乱，其中焦虑是最突出的特征。焦虑障碍的主要生理症状有坐立不安、手心出汗和心率加速；行为特征有回避行为、依恋或依赖行为、烦躁不安的行为；认知特征有对未来的担心、恐惧、忧虑及对失去控制的恐惧。

5.1.2　焦虑障碍的种族差异

评价焦虑障碍发病率的种族差异。

美国一项大型的全国性调查显示，与（非西班牙裔）美国白人相比，美国少数族裔罹患某些焦虑障碍的比例普遍较低。

5.2　惊恐障碍

5.2.1　惊恐障碍的主要特征

描述惊恐障碍的主要特征。

惊恐障碍患者往往会在没有明显心脑血管疾病的前提下表现出强烈的生理或躯体症状，可能伴随极度的恐惧感和失控感、担心失去理智或对死亡的恐惧。惊恐发作的患者通常会因为害怕疾病反复发作而限制自己的户外活动。而这可能会导致以害怕进入公共场所为主要特征的场所恐怖症。

5.2.2　病因

描述惊恐障碍的主要概念模型。

当今主流的理论模型将惊恐障碍概念化为认知因素（如对身体感觉的灾难性误解、焦虑敏感性）和生物学因素（如遗传倾向、对身体变化的敏感性增加）的结合。这一理论观点认为，惊恐障碍源自生理和心理因素在恶性循环中的交互作用，最终演变成全面的惊恐发作。

5.2.3　治疗方法

评价治疗惊恐障碍的主要方法。

惊恐障碍最有效的治疗方法是认知行为疗法和药物治疗。针对惊恐障碍的认知行为疗法结合了多种技术：自我监测；可控地暴露于与惊恐相关的线索，包括身体感觉；以及发展适当的应对技能，以便在惊恐发作时避免对身体感觉产生灾难性的误解。生物医学方法包括使用抗抑郁药物，它具有抗焦虑、抗惊恐及抗抑郁的多重功效。

5.3　恐怖症

5.3.1　恐怖症的类型

描述恐怖症的主要特征和具体类型。

恐怖症是对特定物体或情境的过度、非理性的恐惧。恐怖症包括行为成分，即对恐惧刺激的回避，以及与暴露于恐惧刺激相关的焦虑的身体和认知特征。特定恐怖症是对某些具体的物体或情境的过度恐惧，如老鼠、蜘蛛、幽闭的空间或高处。社交焦虑障碍（社交恐怖症）涉及对他人负面评价的强烈恐惧。场所恐怖症是指害怕进入公共场所。场所恐怖症可能伴随（或不伴随）惊恐障碍。

5.3.2　理论观点

解释学习、认知和生物学因素在恐怖症的形成中的作用。

学习理论认为，恐怖症是在条件反射和观察学习的基础上习得的行为。莫瑞尔的双因素模型整合了经典条件反射和操作性条件反射对恐怖症的解释。恐怖症似乎是由认知因素控制的，例如，对威胁性线索过度敏感、高估危险，以及自我挫败的想法和非理性信念。遗传因素似乎也增加了个体罹患恐怖症的倾向。一些研究者认为，我们在基因上就具有易患某些类型的恐怖症的倾向，这些恐怖症对我们的史前祖先来说可能具有生存价值。

5.3.3 治疗方法

评价恐怖症的主要治疗方法。

最有效的治疗方法是基于学习理论的方法，如系统脱敏和逐级暴露，以及认知疗法和药物治疗，如使用抗抑郁药物（如舍曲林、帕罗西汀）来治疗社交焦虑障碍。

5.4 广泛性焦虑障碍

5.4.1 广泛性焦虑障碍的特征

描述广泛性焦虑障碍并识别其主要特征。

广泛性焦虑障碍是一种焦虑障碍，涉及持续的焦虑，这种焦虑似乎是自由浮动的，或者与特定的物体、情境或活动无关。其主要特征是担忧和情绪困扰。

5.4.2 理论观点与治疗方法

描述广泛性焦虑障碍的理论观点，并识别两种主要的治疗方法。

心理动力学理论把焦虑障碍看作自我控制无意识的威胁性冲动进入意识的努力，而焦虑则被视为威胁性冲动接近意识领域的一种预警信号；基于学习理论的模型关注的是焦虑在刺激情境中的泛化；认知理论试图用歪曲的想法或信念来解释广泛性焦虑障碍；生物学模型则聚焦于大脑中神经递质功能的紊乱。两种主要的治疗方法是认知行为疗法和药物治疗（主要药物是帕罗西汀）。

5.5 强迫及相关障碍

5.5.1 强迫症

描述并理解强迫症的主要特征及治疗方法。

强迫症主要包括反复出现的强迫思维、强迫行为或二者的结合。强迫思维是指反复出现的、持续性的想法，它会引起超出个体可控范围的焦虑感。强迫行为是指在无法抗拒的、反复的冲动下做出的某些行为，如上完厕所后反复洗手。

在经典心理动力学理论中，强迫思维是无意识的欲望或冲动即将进入意识层面的表现，而强迫行为则有助于抑制这些冲动的行为。关于生物学因素的研究则强调了遗传的作用及与发出危险信号和控制重复行为有关的大脑机制。相关研究证实了认知因素的作用，例如，个体过度关注自己的想法、夸大对不幸事件风险的认知，以及完美主义。学习理论认为强迫行为是一种操作性反应，它因为缓解了强迫思维所引发的焦虑而得到负强化。

当代主要的治疗方法包括基于学习模型的疗法（暴露与反应阻断技术）、认知疗法（纠正认知歪曲），以及使用选择性 5-羟色胺再摄取抑制剂类抗抑郁药物。

5.5.2 躯体变形障碍

描述躯体变形障碍的主要特征。

躯体变形障碍患者总是会幻想或夸大自己外表上的身体缺陷，它被归类在强迫症谱系中，因为患有躯体变形障碍的人往往会产生与自身外表相关的强迫性想法，并表现出强迫性检查行为，以不断地试图纠正或掩盖所谓的外表问题。

5.5.3 囤积障碍

描述囤积障碍的主要特征。

囤积障碍的特征是过度积存和保留物品，导致个人痛苦或显著困扰个人维持安全和适宜居住的生活空间的能力。患有囤积障碍的人对他们所囤积的物品有强烈的情感依恋，很难将它们丢弃。囤积障碍与强迫症有类似的特征，例如，强迫性地想要获得某些物品、十分担心失去它们，以及强迫性的行为，包括反复整理所囤积的物品、坚决抵制丢弃它们。

批判性思考题

请在阅读本章内容的基础上，回答以下问题。

- 焦虑在一些情境下可能是正常的情绪反应，但在另一些情境下则不是。请想象这样两种情境：焦虑是正常反应的情境，以及焦虑是适应不良反应的情境。这两种情境的差异是什么？你会用怎样的标准来区分正常的焦虑反应和适应不良的焦虑反应？

- 你有特定恐怖症吗，如害怕小动物、昆虫、高处或封闭的空间？哪些因素会导致恐怖症的形成？恐怖症是如何影响你的生活的？你是如何应对的？

- 在过去的几个月里，约翰一直体验着突然的惊恐发作。在发作期间，他呼吸困难，害怕自己的心跳失去控制。他的医生对他进行了全面的身体检查，并告诉他问题源于他的神经过度紧张，而不是心脏。哪些治疗方法可以帮助约翰处理这个问题？

- 你知道有人接受过针对焦虑障碍或强迫症的治疗吗？效果如何？还有其他的治疗方法吗？如果你遭遇类似的问题，你会选择哪种治疗方法？

第 **6** 章

分离障碍、躯体症状及相关障碍，以及影响躯体健康的心理因素

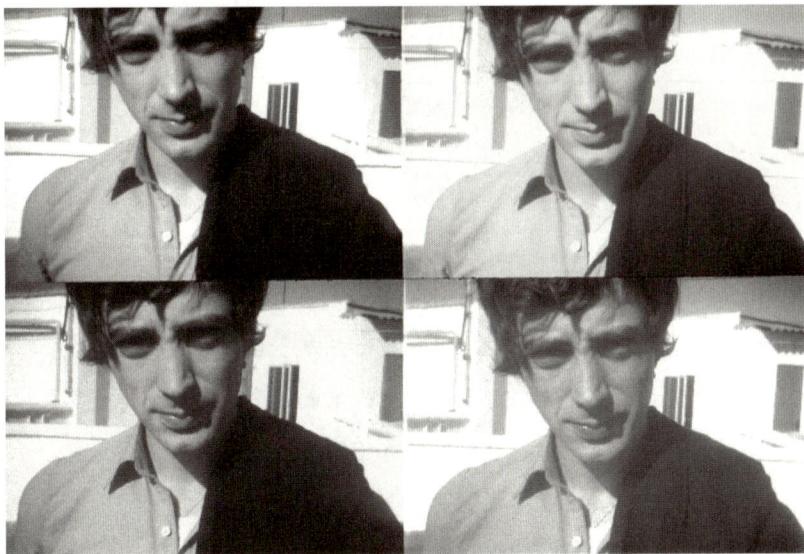

Iván Navarro/Age fotostock/Alamy Stock Photo

本章音频导读，
请扫描二维码收听。

∨ 学习目标

6.1.1 描述分离性身份障碍的主要特征，并解释分离性身份障碍这一概念备受争议的原因。

6.1.2 描述分离性遗忘症的主要特征。

6.1.3 描述人格解体 / 现实解体障碍的主要特征。

6.1.4 识别两种具有解离特征的文化相关综合征。

6.1.5 描述关于分离障碍的不同理论观点。

6.1.6 描述分离性身份障碍的治疗方法。

6.2.1 描述躯体症状障碍的主要特征。

6.2.2 描述疾病焦虑障碍的主要特征。

6.2.3 描述转换障碍的主要特征。

6.2.4 解释诈病和做作性障碍之间的区别。

6.2.5 描述恐缩症和精液流失恐怖症的主要特征。

6.2.6 描述对躯体症状及相关障碍的理论认识。

6.2.7 描述躯体症状及相关障碍的治疗方法。

6.3.1 描述心理因素在理解和治疗头痛中的作用。

6.3.2 识别冠心病的心理风险因素。

6.3.3 识别引发哮喘发作的心理因素。

6.3.4 识别癌症的行为风险因素。

6.3.5 描述心理学家在对人类免疫缺陷病毒 / 获得性免疫缺陷综合征的干预和治疗方面所起的作用。

在进一步阅读之前，请先完成正误判断测试，看看自己对相关知识的掌握情况。接着，在阅读本章的内容时，请对照穿插其中的参考答案来确认你的答案。

正误判断

正确　错误

☐ ☐ "人格分裂"是指精神分裂症。

☐ ☐ 有多重人格的人通常具有两个不同的人格。

☐ ☐ 极少有人会体验到从自己的身体或思维过程中分离出去的感觉。

☐ ☐ 有相当多在童年时期遭受过严重身体虐待或性虐待的儿童在成年后会发展出多重人格。

☐ ☐ 有些人会完全丧失对手或腿的知觉，尽管他们没有任何医学上的病变。

☐ ☐ 有些男性会患一种心理障碍，其特征是害怕阴茎会萎缩或缩回体内。

☐ ☐ "癔症"一词源于希腊语中表示"睾丸"的单词。

☐ ☐ 人们可以通过提高手指的温度来缓解偏头痛。

在以下内容中，一位女性描述了拥有多重人格是怎样的一种体验。

"我们共用一个身体"

一名以"安静的风暴"（Quiet Storm）为笔名的女子在网络留言板上发表了一篇文章，分享了有关多重人格在她体内并存的感受。她描述了自己因童年期严重虐待而四分五裂的人格。其中一些保留着被虐待的记忆，另一些则对过去的痛苦和创伤毫无觉察。现在，想象一下，这些不同的部分各自发展出自己独特的个性。再想象一下，这些不同的人格被截然分开，以至于他们[①]彼此都不知道对方的存在。

其中一个人格名叫雪莉，她是一名护士；另一

---

① 为体现变态心理学研究中的人文关怀，书中将使用人称代词"他"或"她"（"他们"或"她们"）来指代分离性身份障碍患者的人格。——编者注

个名叫黛安娜，是一名心理治疗师；帕蒂是一个喜欢收集昆虫的小女孩，她把昆虫放在蛋黄酱罐子里；还有害羞的克莱尔和努力长大的青少年凯西。她称自己为"我们"——一个由许多不同的人组成的集合，他们共用一个身体。这些不同的人格有各自的目标、恐惧和记忆。其中一些人格仍然深陷于过去，困在充满创伤性虐待和乱伦记忆的黑暗往事中。这些不同的人格是因为受到父亲的虐待而出现的。此外，还有一个名叫南希的人格，每当父亲示意她躺在自己身边时，南希就会去找父亲，这样其他人就不用去做父亲要求的事了。南希保护了其他人，但代价是破坏了自我意识，让每个人格成为各自独立的、完整的人。

资料来源：Adapted from "Quiet Storm", pseudonym used by a woman who claims to have several personalities residing within her.

这是对分离性身份障碍的描述，也就是人们常说的"多重人格障碍"。它可能是所有心理障碍中最让人费解，却又最令人好奇的。许多专业人士要么完全怀疑其存在与否，要么将其归结为某种形式的角色扮演。尽管存在诸多争议，但对这种障碍的诊断在 DSM 中已经得到了正式的认可（Boysen & VanBergen，2014）。分离性身份障碍是分离障碍的一种，其本质是自我在身份、记忆、意识等方面功能的改变或混乱，从而影响了人格的完整。

通常来讲，我们都知道自己是谁。虽然在存在主义哲学的角度上，我们可能还无法下定论，但我们起码知道自己叫什么、住在哪里、做什么工作。我们也会记住生活中发生的重要事情。我们也许记不清每个细节，也会把周一和周二吃的晚饭给弄混了，但我们大多知道自己在过去的几天、几周、几年里做了什么。通常来讲，意识具有统一性，并由此产生了自我感。我们能够觉察自身在时间和空间上的连续性。但在分离障碍患者的身上，这些日常生活的一部分或更多部分被打乱了，有时甚至变得非常怪异。

在本章，我们会讨论分离障碍和另一种令人费解的障碍——躯体症状及相关障碍。躯体症状及相关障碍患者可能会有无法用医学解释的躯体不适，因此被认为涉及潜在的心理冲突或心理问题。他们可能会报告自己出现失明或麻木的症状，却检查不出任何器质性病变。还有些患者过度夸大躯体症状，尽管有相应的医疗防护措施，他们依然担心这些症状会危及生命。

在早期的 DSM 中，分离障碍、躯体症状及相关障碍和焦虑障碍都被归类为"神经症"。这种分类基于心理动力学模型，认为分离障碍、躯体症状及相关障碍和第 5 章讨论的焦虑障碍均涉及管理焦虑的不良方式。在焦虑障碍中，焦虑水平会直接表现在行为上，如对恐惧对象或情境的回避行为。相比之下，在分离障碍和躯体症状障碍中，焦虑主要通过推断而来，并不能从行为中直接被观察到。分离障碍患者会表现出心理问题，如失忆和身份转变，但通常不会表现出明显的焦虑迹象。从心理动力学模型来看，解离症状帮助自我掩盖了可能会激起关于性、攻击、冲动等内部冲突的无意识焦虑。同样，一些转换障碍（被归类为躯体症状及相关障碍）患者往往会对躯体症状，如失明，表现出反常的漠视，而这恰恰是我们大多数人都会非常在意的症状。在这里，我们也可以从理论上认为是"症状"掩饰了无意识的焦虑。一些理论家认为，对症状的漠视意味着这些症状具有潜在的益处，即可以避免焦虑进一步上升到意识层面。

焦虑障碍过去一直被认为与分离障碍和躯体症状障碍是相互关联的，但是，DSM-5 把焦虑障碍从传统的神经症类别中分离出来，并进行了单独的解释。然而，仍有很多专业人士继续沿用"神经症"这一广义概念，并将其视为一个有效的框架，将焦虑障碍、分离障碍和躯体症状及相关障碍置于同一类别中。

6.1　分离障碍

分离障碍（Dissociative Disorders）主要包括分离性身份障碍、分离性遗忘症、人格解体/现实解体障碍。在上述每一种障碍中，都存在一种混乱或解离——"分裂"——导致身份认同、记忆或意识功能的

破坏或断裂，而在正常情况下，正是这些功能使我们成为一个整体（Spiegel，2018）。表 6-1 描述了不同类型的分离障碍。虽然其他心理障碍（如创伤后应激障碍）患者可能也会出现解离症状，如遗忘和人格解体，但我们发现这些症状最常见于被诊断为分离障碍的人身上（Lyssenko et al.，2017；Yager，2017）。

表 6-1　分离障碍概览

障碍类型	人群中的终生患病率	描述	相关特征
分离性身份障碍	未知	存在两个或多个截然不同的人格	• 不同的人格会争夺控制权 • 可能代表对童年期严重虐待或创伤的心理防御
分离性遗忘症	未知	无法回忆起重要的个人信息（没有医学原因）	• 患者通常会遗忘与创伤性或充满压力的经历有关的信息 • 分为局部性遗忘、选择性遗忘、广泛性遗忘 • 可能与分离性神游症相关，在极其罕见的情况下，患者可能会以全新的身份前往一个新的地方，开始新的人生
人格解体/现实解体障碍	2%	脱离自我或躯体的感觉（人格解体），或者对现实环境有不真实感（现实解体）	• 患者会感觉自己好像身处于梦境中，或者表现得像机器人一样 • 人格解体的发作是持续、反复出现的，并且会造成显著的困扰

资料来源：Prevalence rates derived from American Psychiatric Association，2013.

6.1.1　分离性身份障碍

描述分离性身份障碍的主要特征，并解释分离性身份障碍这一概念备受争议的原因。

俄亥俄州立大学一度陷入恐慌。该校 4 名女大学生被人胁迫兑现支票或从自动取款机取钱，然后遭到强奸。一通匿名电话让 23 岁的流浪汉比利·密里根成功被捕，他曾被美国海军开除军籍（参见题为"并非邻家男孩"的案例）。

在分离性身份障碍（Dissociative Identity Disorder，DID）中，个体被两个或多个人格"占据"着，这些人格具有不同的特征、记忆、行为举止，甚至说话风格。分离性身份障碍经常被非专业人士称为多重人格或人格分裂，但它不应该与精神分裂症（Schizophrenia，该词源自希腊语词根，意为"分裂的思想"）混淆。精神分裂症比多重人格更常见，并伴有认知、情感和行为的"分裂"。精神分裂症患者的情感和思想之间，或者对现

实的感知和真实发生的事情之间，可能存在不协调。精神分裂症患者在被告知令人不安的事件时可能会头晕，或者出现幻觉或妄想（见第 11 章）。与精神分裂症患者相比，分离性身份障碍患者具有两个或多个人格，而且每个人格在认知、情感和行为水平上的功能都更完整。

正误判断

"人格分裂"是指精神分裂症。

错误　"人格分裂"是指多重人格，而不是精神分裂症。

许多多重人格的经典案例曾被搬上荧幕。1950 年的电影《三面夏娃》（The Three Faces of Eve）就是其中之一。在影片中，夏娃·怀特是一个胆小怕事的家庭主妇，但她还有另外两个人格：夏娃·布莱克，一个在性方面具有挑逗性且反社会的人格；简，一个不断

成长的平衡者，可以将自己的性需求与社会许可的规范相平衡。这三个人格最终归入一身——"简"，电影也在这里"圆满落幕"。然而，现实中的夏娃——名叫克里斯·赛兹莫尔（Chris Sizemore）——却并未整合好这几个人格。据报道，她的人格曾相继分裂为 22 个。

临床特征

分离性身份障碍的特征是出现两个或多个截然不同的人格，他们交替出现并争夺对个体的控制权。这些人格中可能具有一个处于支配或核心地位的主人格和几个从属人格。一个人格突然转变成另一个人格会让人感觉很像"附体"。一些更常见的替代人格（又称交替人格）包括不同年龄阶段的孩子、异性青少年、妓女、男同性恋者和女同性恋者等。其中一些人格可能会表现出精神病性症状——以幻觉和妄想的形式与现实脱节。

《三面夏娃》

在经典电影《三面夏娃》中，女演员乔安娜·伍德沃德（Joanne Woodward，如图）因为扮演夏娃的三个人格而获得奥斯卡奖：夏娃·怀特（左）是一个胆小怕事的家庭主妇，其身上还藏有另外两个人格——夏娃·布莱克（中），一个在性方面具有挑逗性且反社会的人格；简（右），既能接受自己的性冲动和攻击冲动，又能表现出符合社会规范的行为的整合型人格。在电影中，治疗师成功地帮助夏娃将这三个人格整合在一起。但在现实生活中，电影所描写的人物原型则分裂成了 22 个人格。

在一些案例中，主人格意识不到其他人格的存在，其他人格却知道主人格的存在；在另一些案例中，不同的人格彼此毫不知情。在个别案例中，替代人格甚至戴不同度数的眼镜、对不同的东西过敏，或者对同一种药物有不同的反应（Birnbaum，Martin，& Thomann，1996；Spiegel，2009）。分离性身份障碍患者同样也会觉察到记忆缺失，包括其他替代人格经历的事情、日常生活中的事情、重要的个人信息（如就读于哪所高中或大学），以及之前的创伤经历（American Psychiatric Association，2013）。

总体来说，各种替代人格是相互冲突的欲望和文化主题的缩影。其中，性矛盾（性开放与性限制）和性取向改变的主题尤为常见。相互冲突的内在冲动看上去既无法共存，又没有哪一方取得支配地位，导致每一种冲动都代表着一个替代人格的基本特质或主导特质。临床医生有时会通过邀请他们表达自己的想法来引出不同的人格，如询问"是不是还有另一部分的你想要告诉我些什么"。

在很多情况下，主人格意识不到替代人格的存在。由此我们可以推断，正是这种无意识过程控制着导致意识分离或分裂的潜在机制。有时，"人格间的竞争"可能会出现，其中一个人格渴望除掉另一个人格，但它通常忽视了一个事实，即谋杀另一个人格将导致全部人格的死亡。

尽管分离性身份障碍患者大多数是女性，但我们尚不清楚该病在患病率方面是否存在性别差异。分离性身份障碍患者通常具有几个替代人格，有时甚至有 20 个或更多替代人格。分离性身份障碍的主要特征见图 6-1。

- 同一个人至少存在两个或多个截然不同的人格
- 替代人格表现出不同的年龄、性别、兴趣及与他人互动的方式
- 两个或多个人格会重复出现并完全控制个体的行为
- 遗忘日常生活琐事和重要的个人信息，并且这种遗忘不能用一般的健忘来解释
- 主人格或支配性人格不一定知道替代人格的存在

图 6-1　分离性身份障碍（原"多重人格障碍"）的主要特征

争议

尽管分离性身份障碍患者的人数不多，但是否真的存在这种障碍仍然不断引发争论。许多专家对其诊断的正当性持怀疑态度。

从 1920 年到 1970 年，全世界仅报告了少数案例。但从那以后，报告的案例数量迅速飙升至数千例（Spanos，1994）。这可能表明，多重人格比之前所认为的更普遍。但是，也有可能是一些易受暗示的人在诱导下被误诊为分离性身份障碍。近年来，公众对这种障碍的关注度越来越高，这也可能是人们认为其患病率比通常认为的要高的原因。

很少有心理学家和精神病学家遇到多重人格的案例。大多数案例是由相对少数强烈支持这种障碍存在的研究者和临床医生报告的。有批评者怀疑他们是为了支持其理论才如此报告的。一些学术权威，如已故心理学家尼古拉斯·斯帕诺斯（Nicholas Spanos），也持上述观点。斯帕诺斯和另外一些心理学家对分离性身份障碍的存在提出了疑问（Reisner，1994；Spanos，1994）。他认为，分离性身份障碍并不是一种独立的障碍，而是一种角色扮演的形式。这类个体首先会认为自己具有多个自我，然后开始以与他们对这个疾病的看法相一致的方式行事。最终，他们的角色扮演逐渐根深蒂固，以至于对他们来说成为现实。也许，这是因为他们的治疗师或咨询师无意中在他们脑海里植入了一种观念，即他们混乱的情绪和行为可能意味着不同的人格在起作用。易受暗示的人可能会通过观察电视、电影中的多重人格障碍患者学习如何胜任角色。诸如《三面夏娃》、《心魔劫》（*Sybil*）这类电影就详细描述了多重人格的典型行为和性格特征。或者，也可能是治疗师提供了有关多重人格相关特征的线索。

这种角色一旦建立，就会通过社会强化作用（如来自他人的关注、逃避对不可接受行为的责任）保持下来。但这并不是说多重人格障碍患者是在"假装"。就像你在扮演学生、配偶或工作人员等不同的日常角色时也不是在假装一样。你可以成功胜任一名学生的角色（例如，在课堂上聚精会神地坐着，想说话时先举手），因为你已经学会了根据角色的性质组织你的行为，而且你也因此得到了奖励。多重人格障碍患者可能扮演这个角色太过逼真，以至于这个角色最终成了他们真实自我的一部分。

相对而言，涉及犯罪行为的多重人格案例较少，所以试图扮演多重人格并不能减轻个体对犯罪行为所负有的法律责任。但是，扮演多重人格还是有好处的，例如，治疗师会因为发现多重人格而感到兴奋和兴趣

分离性身份障碍

在分离性身份障碍中，同一个人体内会出现多重人格，并且每个人格都具有自己独有的特质和记忆。

并非邻家男孩
一个关于分离性身份障碍的案例

比利不太像邻家男孩。在庭审期间，他曾两次试图自杀，因此辩护律师要求对他进行精神障碍临床评估。对比利进行检查的心理学家和精神病学家推断，在他身上存在 10 个人格，其中 8 个人格是男性，2 个人格是女性。童年的不幸是导致比利人格分裂的重要原因。这些人格表现出了不同的面部表情、记忆和发音方式，他们在人格测验和智力测验中的表现也各不相同。

亚瑟，性格敏感、冷漠，说话带着英国口音。丹尼，14 岁，是一名静物画画家。克里斯托弗，13 岁，一切正常，但是有些焦虑。克里斯汀，3 岁，是一个英国女孩。汤米，16 岁，具有反社会人格且擅长越狱，在海军服役。艾伦，18 岁，是一个花言巧语的骗子，还会吸烟。阿德利娜，19 岁，是一个性格内向的女同性恋者，曾经犯下强奸罪。大卫，一个有焦虑倾向的 9 岁男孩，将童

年时的痛苦经历记在了自己的衣袖上。很可能是他打了那个神秘的电话。比利在第二次自杀未遂后，被穿上了拘束衣。但是，第二天警察在查房时发现，他把拘束衣当成枕头枕着睡着了。后来，汤米承认自己应该对比利的逃脱负责。

被告辩护律师认为比利患有分离性身份障碍。几个人格在他身上交替出现，他们了解比利，比利却意识不到他们的存在。比利，这个核心或支配性人格，从小就知道可以通过熟睡来躲避父亲的性虐待和身体虐待。一位精神病学家声称比利在犯罪时也处于一种"心理昏迷"的"熟睡状态"，因此，应该以精神错乱为由判比利无罪。

比利因精神错乱而被判无罪。他的身上合并了 14 个人格，其余 13 个人格因为具有反叛性而被亚瑟认为"不受欢迎"。第 14 个人格被称为"老师"，据说他成功地整合了其他所有人格。6 年后，比利被释放了。

资料来源：Adapted from Keyes, 1982.

大增。分离性身份障碍患者在儿时就想象力丰富。因为习惯玩假装游戏，他们会很快适应身份的转化，如果他们在学习如何扮演多重人格的角色时又得到来自外部的认可（如治疗师的兴趣和关注），情况就会更加明显。

社会强化模型也许有助于解释为什么一些治疗师似乎能比其他治疗师"发现"更多分离性身份障碍患者。这些治疗师无意识地为来访者提供了角色扮演的线索，并通过进一步的注意和关注再次强化了这种行为。某些来访者可能会顺着一系列适当的线索扮演多重人格的角色，以取悦治疗师。一些权威人士已经对角色扮演模型提出了疑问（Gleaves，1996），目前尚不清楚该模型在临床实践中能解释多少病例。无论分离性身份障碍是一种真实存在的现象还是一种角色扮演

的形式，毫无疑问，表现出这种行为的人都具有严重的情绪和行为问题。

我们注意到一种趋势，即越来越多的精神病住院患者被认为患有多重人格障碍。苏珊，一个抑郁并有自杀念头的妓女，声称只有当她身体里的"另一个人"出现并控制她时，她才会通过卖淫赚钱。另一位女患者金妮听到这个消息后声称，只有当她内心的"另一个人"控制了她的人格时，她才会虐待女儿。金妮是一名虐童者，她在女儿被社会福利机构带走后，因被确诊为抑郁障碍而入院。苏珊的表现被评估为"更接近于多重人格障碍"（过去用来指代这一障碍的术语），但金妮被诊断为抑郁障碍和人格障碍，而不是多重人格障碍。

分离性身份障碍被认为与自杀企图的风险增加有

关，包括反复自杀未遂（Foote et al., 2008）。自杀企图在分离性身份障碍患者中很常见。加拿大的一项研究发现，72% 的分离性身份障碍患者有自杀企图，大约 2% 的患者自杀身亡（Ross，Norton，& Wozney，1989）。

6.1.2　分离性遗忘症

描述分离性遗忘症的主要特征。

分离性遗忘症（Dissociative Amnesia）被认为是最常见的一种分离障碍（Maldonado，Butler，& Spiegel，1998）。"Amnesia"源于希腊语词根"a-"（意为"不"）和"mnasthai"（意为"记忆"）。在分离性遗忘症（之前被称作"心因性遗忘症"）中，个体无法回忆起重要的个人信息，这通常与创伤性或应激性的经历有关，但这无法用简单的遗忘来解释。这种记忆丧失不能归因于特殊的器质性病变，如头部受到撞击或特殊的医学病症，也不能归因于药物或酒精的直接作用。与其他类型的记忆损伤的逐步累积形式不同（如与阿尔茨海默病相关的痴呆，见第 14 章）。分离性遗忘症的记忆丧失是可逆的，哪怕它可能持续几天、几周甚至几年的时间。分离的记忆有可能逐渐被唤起，但更常见的是突然想起或自然唤起，例如，士兵连续几天都无法回忆起战争的情形，但就在从前线被送往医院的路上，他突然恢复了记忆。

在童年期遭受性虐待的记忆有时会在心理治疗或催眠的过程中恢复。这些记忆的突然出现成为心理学界和更广泛的社会领域主要争议的话题，就像我们在后文的"批判性思考"专栏中所讲的那样。

分离性遗忘症不是通常意义上的遗忘，如想不起一个人的名字或忘记汽车钥匙放在哪里，分离性遗忘症的记忆丧失更深刻、更广泛。分离性遗忘症可分为五种不同类型的记忆问题。

1. **局部性遗忘**。绝大多数病例表现为局部性遗忘，在这种遗忘中，发生在特定时间段内的事件会从记忆中消失。例如，一个人在经历了高度紧张或创伤性的事件（如战斗或车祸）后的几小时或几天内无法回忆起相关事件。

2. **选择性遗忘**。在选择性遗忘中，个体只会忘记在特定时间段内发生的特定事件。一个人可能记得自己发生婚外情那段时期的其他事情，却唯独想不起会引发内疚感的婚外情本身。一个士兵也许会回忆起战争的大多数场面，但对战友的死亡却没有印象。

3. **广泛性遗忘**。在广泛性遗忘中，个体会忘记自己的整个人生经历——自己是谁、做什么工作、住在哪里、跟谁一起生活。这种案例非常罕见，但是如果你整天看日间肥皂剧，你可能就不会这么认为了。广泛性遗忘患者虽然无法回忆起个人信息，却保留了原有的习惯、口味和技能。如果你有广泛性遗忘问题，你可能不记得自己的小学老师是谁，但你还是会读书，也可能还是更喜欢炸薯条而不是烤土豆，反之亦然。

4. **持续性遗忘**。在这种遗忘中，个体会忘记从某一特定时间点到现在的所有人和事。

5. **系统性遗忘**。在这种遗忘中，个体遗忘的是某一特定类别的信息，如关于家人或生活中某些

有人认识我吗

40 岁的杰弗里·英格拉姆被诊断患有分离性遗忘症，他花了一个多月的时间寻找能告诉他他是谁的人。终于，他被一个在电视新闻节目上看到他的家人认出来了。虽然回家后，他对自己的身份还是没有任何记忆，但他说这个家让他感觉很熟悉。据他的母亲说，他之前有过失忆的经历，而记忆从未完全恢复过。

AP/BoClips

特定人物的信息。

分离性遗忘症患者通常会遗忘创伤性的事件或生活阶段，这些记忆会带来强烈的消极情绪，如恐惧或负罪感。下面我们来看一下鲁特格尔的案例。

人们有时会说他们无法回忆起生活中发生的某些事件，如犯罪行为、对他人的承诺等。通过谎称遗忘来逃避责任的行为，被称为"诈病"，它是指为了个人利益（如逃避工作）而伪装病症或编造谎言。现有的研究方法并不能区分真正的分离性遗忘症与诈病，但经验丰富的临床医生可以做出有理有据的推测。

分离性遗忘症的一个非常罕见的亚型是神游症（Fugue），或者"运动中的遗忘"。"Fugue"一词源于拉丁语"Fugere"，意思是"飞行"（"Fugitive"——逃亡者——一词与此同源）。在分离性神游症中，个体会出乎意料地离开家或工作场所。出走可能是有目的性地去一个特定的地点，也可能是毫无目的地漫游。在神游状态下，个体无法回忆起过去的个人信息，对自己的身份感到困惑，或者会假定一个（部分或完全）新

的身份。除去这些怪异的行为，分离性神游症患者表现得很正常，没有其他精神紊乱的迹象（Maldonado, Butler, & Spiegel, 1998）。他们可能无法想起过去的事情，或者可能会报告一些虚构的记忆，却意识不到它们是虚构的。

遗忘症患者会漫无目的地游荡，而神游症患者的行动却更具目的性。有些患者只在家附近的地方神游。他们会在公园或剧院待一下午，或者用假名字在旅馆里过一夜，通常避免与其他人接触。但是，新的身份是不完整且短暂的，患者对神游前的自我的认知会在几小时或几天后恢复。在一些罕见的案例中，患者会神游到很远的地方，虚构一个新的身份，以一种新的生活方式生活几个月或几年。患者虚构的身份会比过去的更加自然和善于交际，而以前的自己通常是"平静"和"普通"的。他们可能会成立新的家庭并取得事业上的成功。尽管这种案例听起来匪夷所思，但神游症并不被视为精神病，因为患有神游症的人能够在新的生活环境中正常思考和行事。突然有一天，当有

鲁特格尔
一个关于分离性遗忘症的案例

他被一个陌生人带到医院的急诊室。他的头昏昏沉沉的，他不知道自己是谁，也不知道自己住在哪里。带他来医院的陌生人说看到他一直在大街上游荡。尽管他意识混乱，但并没有迹象表明，他的遗忘是由饮酒、吸毒或身体外伤引起的。在医院待了几天后，他终于醒了过来，并恢复了记忆：他叫鲁特格尔，正要去参加一个紧急的商业会议。他想知道自己为什么会在医院，并要求出院。入院时，鲁特格尔表现出了广泛性遗忘的症状，他不记得自己是谁，也不记得发生了什么事情。但在要求出院时，他表现出了局部性遗忘的症状，他忘记了从进入急诊室到那天早晨他恢

复先前的记忆这段时间里的经历。

鲁特格尔讲述了发生在他进入医院之前的事情，并得到了警察的证实。遗忘症发作的那天，鲁特格尔开车撞死了一个路人。目击者和警察都证实，尽管鲁特格尔当时的情绪很糟糕，但在这起事故中，他并没有过失。然而，鲁特格尔还是被要求填写一份交通事故报告单并接受审讯。鲁特格尔在一个朋友家里填写了报告单，但他显然不知所措，稀里糊涂地把钱包和身份证也落在了那里。将报告单寄出后，鲁特格尔变得昏昏沉沉，并丧失了记忆。

虽然鲁特格尔不用对这起交通事故负责，但他对那位路人的去世依然深怀内疚。他的遗忘在很大程度上与负罪感、对事故的应激及对审讯的焦虑有关。

资料来源：Adapted from Cameron, 1963.

关过去身份的意识突然恢复时，他们会被过去的记忆淹没，而对神游期间的经历毫无印象。新的身份、新的生活——包括所有相关的事情和责任——统统从记忆中消失了。

分离性遗忘症并不常见，但在战争年代，或者在其他形式的灾难或极端的应激事件后最有可能发生。其潜在机制是，解离可以保护患者免受创伤性记忆、

痛苦的情感经历或冲突的折磨（Maldonado，Butler，& Spiegel，1998）。

分离性遗忘症也很难与诈病区分开来。也就是说，当那些对过去生活不满意的人被发现在新的地方用新的身份开始生活时，他们可以声称自己得了遗忘症。下面的案例或许能让你对这种疾病产生新的理解（Spitzer et al.，1989）。

水中的女人
一个关于分离性遗忘症的案例

斯泰腾岛渡轮的船长在距离曼哈顿南端1500米的湍急水流中看到一个女人正面朝下泡在水里，不可思议的是她居然还活着。船员将她从河里救了上来，随后将她送到医院接受低温和脱水治疗。这类故事基本不会有什么好结局：一名年轻女子神秘地消失了，一具尸体漂浮在水面上，尸体与失踪女子的特征相符，警方怀疑是谋杀或自杀。但这个案子不一样，相当不一样。

这是23岁的纽约教师汉娜·艾米莉·厄普的案例。一天，汉娜外出慢跑，三周后却从河里被救出。她失踪的这三周内发生了什么是一个不解之谜。她的医生提供了一种解释：分离性神游症——分离性遗忘症的一个子类别。在分离性神游症中，个体会突然丧失对自己身份的记忆，然后出走至其他地方，有时也会建立一个全新的身份。个人记忆的丧失可能会持续几小时、几天或几年。

汉娜是怎么掉进河里的？我们来分析一下。她没有从码头跳下去，试图结束自己的生命，也没有人推她。汉娜的意识混乱不清，同时还要忍受脚上因围着曼哈顿狂走数周而起的水泡，那个温暖八月的晚上，她显然是想到河水里寻求放松的。汉娜后来回忆道："他们认为我就像漫步在陆地上一样，漫步到了水里……我觉得我没有目的。

但是，我的脚上真的有一个大水泡，所以我想我可能只是不想再穿鞋了（Marx & Didziulis，2009）。"

还有太多未解之谜。没有一分钱，没有身份证，她是怎样度过这几周的呢？（她的钱包、手机、身份证都留在她的公寓里了。）汉娜自己也没有答案。在获救几个月后的第一次采访中，她谈及对自己失踪的责任："对于一件你甚至都不知道自己做过的事，你要怎么感到内疚呢？这不是你的错，但在某种意义上又与你脱不了干系。所以，这开始让我重新思考一切。在事情发生之前，我是谁？那时的我是谁——是我的一部分吗？现在，我又是谁（Marx & Didziulis，2009）？"

对汉娜来说，这并不是她最后一次神游经历。2013年，当她在马里兰州担任助教时，她又经历了一次，失踪了两天（Marx，2017）。2017年，她在维尔京群岛的圣托马斯再次失踪，当时她在那里任教。失

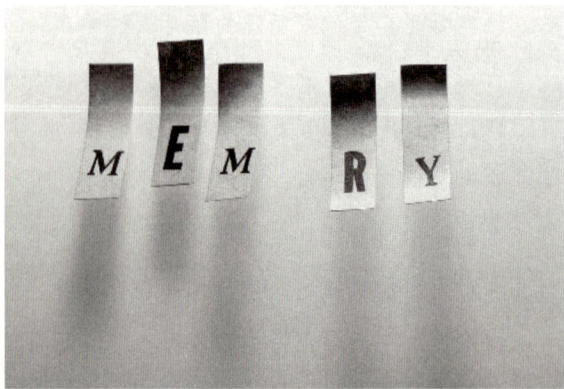

CRISTINA PEDRAZZINI/Science Photo Library Alamy Stock Photo

汉娜·艾米莉·厄普

汉娜在得救数月后，现身于她失踪当晚曾去慢跑的公园。

踪几天后，有人在附近的海滩上发现了她的衣服和车钥匙，之后在海滩停车场发现了她的车、手机和护照。然而，她仍然下落不明。汉娜的家人和朋友在 Facebook 上发布了一则消息，希望碰到汉娜的人可以施以援手："如果有人看到汉娜，请注意她可能患有一种罕见的分离性遗忘症。因此，她可能不知道自己在哪里，也不知道自己是谁（Marx，2017）。"直至写作本书之时，汉娜仍下落不明（Carlson，2017；Propheta，2018）。

伯特还是吉恩
一个关于分离性神游症的案例

一名 42 岁的男性在工作的地方吃晚饭时和别人打了起来。警察到场后发现这个自称是"伯特·泰特"的人没带身份证。他说他几周前来到了这个小镇，但是记不起自己来小镇之前住在哪里、在哪里工作。尽管没有任何指控指向他，警察还是说服他到急诊室接受诊断评估。"伯特"知道他现在所在的小镇，知道现在的日期，也能够意识到无法回忆起过去的事情有些不同寻常，但他好像并不在乎。没有迹象表明他有任何躯体损伤、头部外伤，或者吸毒、酗酒的证据。警察做了一些调查，发现伯特和一个失踪的人——吉恩·桑德斯的外形匹配。1 个月前，吉恩·桑德斯在距此 2000 千米远的城市失踪。桑德斯太太被找来了，她确认伯特的确是她的丈夫。她说她的丈夫是一家制造公司的中层管理人员，失踪前在工作上遇到了困难，他不但没有晋升，上司还对他吹毛求疵。工作上的压力明显影响了他在家里的行为。他原来脾气随和、友善，现在却变得退缩并开始对妻子和孩子大加指责。失踪前，他和 18 岁的儿子大吵了一架，儿子说他是一个"失败者"，然后摔门而出。两天后，他失踪了。当他再次和妻子见面时，他声称自己并不认识她，但看起来非常紧张。

资料来源：Adapted from Spitzer et al.，1994.

尽管目前的证据支持分离性神游症的诊断，但临床医生发现很难将真正的遗忘症患者与那些因为想开始新生活而谎称自己得病的人区分开来。

批判性思考
被恢复的记忆可信吗

一位企业高管的舒适生活在遭到其 19 岁女儿的指控那天不复存在了。他的女儿指控他在她小时候多次猥亵她。这位高管随之失去了婚姻及年薪 40 万美元的工作。但是，他反驳对他的指控，坚持认为这些指控都不是事实。他起诉了帮助他女儿恢复这些记忆的治疗师。陪审团赞同他的说法，判定两位治疗师赔偿 500 万美元，以弥补对他造成的伤害。

这个案例仅仅是众多案例中的一个，这些案例都涉及一些成年人，他们声称自己最近恢复了童年受虐的记忆。在美国，因为这些被唤起的童年受虐记忆，数以百计的人被推上法庭，其中许多人甚至在没有确凿证据的情况下被定罪，并被判长期监禁。创伤性经历的记忆是否会被压抑，即由于与悲惨经历相关的情感痛苦而被遗忘？这个问题一直是专业人士长期争论的话题（Brewin & Andrews，2014；Patihis et al.，2014）。然而，无法回避的事实是，许多记忆恢复经常出现在治疗师或催眠师寻根究底的暗示之后。记忆恢复争议的核心在于：被恢复的记忆可信吗？童年性虐待的确是社会面临的一个重大问题，但被恢复的记忆一定是真实、可靠的吗？

一些线索使我们开始对记忆恢复的有效性提出疑问。实验证明，虚假回忆可以被制造出来，尤其是在催眠或心理治疗过程中的引导性或暗示性提问的影响下（Gleaves et al., 2004; McNally & Geraerts, 2009）。从未发生过的事情可以被制造出来，并且听起来像对真实事件的回忆一样真实（Bernstein & Loftus, 2009）。如果它们之间存在什么区别，那就是个体对真正的创伤事件的记忆会非常深刻，即使对细节的记忆可能有些模糊（McNally & Geraerts, 2009）。著名的记忆研究专家、心理学家伊丽莎白·洛夫特斯（Elizabeth Loftus）提到了将被恢复的记忆太过当真的危险性（Loftus, 1996）：

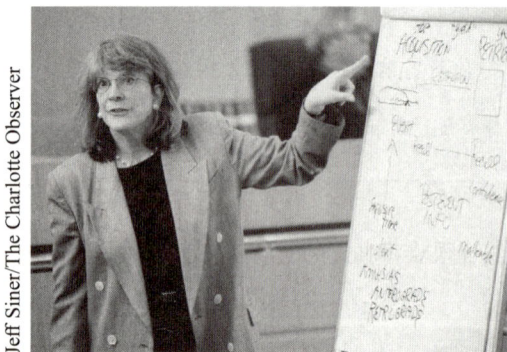

伊丽莎白·洛夫特斯

洛夫特斯等人的研究表明，对从未发生过的事件的虚假记忆可以通过实验被诱导出来。该研究对被恢复的记忆所报告内容的可信度提出了疑问。

产生虚假记忆后，数不清的"患者"撕裂了自己的亲情，很多人甚至被送进监狱。这并不是说，人们不能忘记发生在他们身上的可怕事情，他们当然可以忘记。有人认为，定期接受治疗的患者有大量自己完全不知道的虐待史，只有把这些所谓的受虐记忆从他们的无意识中再现出来，他们才能够得到帮助。但事实上，并没有证据支持这一观点。

那么，我们是否可以断定被恢复的记忆是虚假的呢？也不尽然。虚假记忆和被恢复的真实记忆都有可能存在（Gleaves et al., 2004）。从所有可能性来看，一些被恢复的记忆是真实的，而另一些则毫无疑问是虚假的（Erdleyi, 2010）。

总之，我们不能把大脑看成一部智能相机，认为它能够以记忆的形式把真实发生的情形存储成快照。记忆其实是一个重建的过程。在这个过程中，信息片段被拼凑在一起，这有时可能就会导致歪曲事实的记忆，尽管人们可能愿意相信记忆是准确的。遗憾的是，科学家尚未找到区分真实记忆和虚假记忆的方法。

在对这一议题进行批判性思考时，请尝试回答以下问题。

- 为什么我们不能理所当然地认为被恢复的记忆是真实的？
- 在记录事件和经历方面，人类记忆和照相机的工作方式有何不同？

6.1.3 人格解体 / 现实解体障碍

描述人格解体 / 现实解体障碍的主要特征。

人格解体（Depersonalization）是指人们对自身的现实感的暂时性丧失或改变。在人格解体的状态下，人们会感到自己与自身或周围的环境相分离，他们会觉得自己好像在做梦或像机器人一样行动（Sierra et al., 2006）。**现实解体**（Derealization）是一种对外界环境的不真实感，包括对周围环境或时间流逝的感知的奇怪变化。人和物体的形状和大小好像发生了改变，声音好像也有所不同。现实解体可能与焦虑的特征有关，如头晕或对精神错乱的恐惧，或者与抑郁有关。

正误判断

极少有人会体验到从自己的身体或思维过程中分离出去的感觉。

错误　大约有一半的成年人会在人生中的某一时刻体验到人格解体，他们感觉自己从身体或思维过程中分离出去了。

健康的人偶尔也会体验到短暂的人格解体或现实解体。根据 DSM-5，成年人中约有一半的人至少在其人生中的某一时刻体验过一次人格解体或现实解体，通常是在极端的应激情境下（American Psychiatric Association，2013）。相比之下，人格解体/现实解体障碍患者的发作会更频繁、更令人不安。人格解体还与注意力分散和注意力集中困难有关（Schabinger et al.，2018）。

问卷

解离体验

短暂的解离体验，如片刻的人格解体感，在一般人群中很常见（Bernstein & Putnam，1986；Michal et al.，2009）。但是，与正常人相比，分离障碍患者所报告的解离体验频率更高、问题更复杂。分离障碍患者会陷入持久的、严重的解离体验中。

下面列出了一些解离体验，许多人会经常碰到。需要记住的是，这种短暂的体验在一般人和分离障碍患者身上都存在，只是发生的频率不同。如果这些体验变得越来越持久或普遍，或者让你感到忧虑、痛苦，那么与咨询师或其他心理健康专业人士讨论一下可能是值得的。

你有过如下体验吗？

1. 感到周围的物体或人不真实。

2. 感觉自己在浓雾或梦中穿行。

3. 不确定自己是在熟睡还是醒着。

4. 认不出镜子中的自己。

5. 发现自己在某地行走，却不记得自己要去哪里或在做什么。

6. 感觉自己在远距离观察自己。

7. 感觉脱离了自己或与自己失去联结。

8. 在特定时刻不知道自己是谁、身在何处。

9. 感觉与周围发生的事情相隔甚远。

10. 发现自己在一个原本熟悉却显得陌生或怪异的地方。

11. 发现自己身处某地却不记得自己是怎么来的。

12. 有过栩栩如生的幻想或白日梦，仿佛当时它们真的在发生一样。

13. 有仿佛又在重新经历某个事件的记忆。

14. 感觉在看着自己做一些事情，就像在看着另一个人一样。

15. 与他人说话时魂不守舍，不知道对方在说什么。

16. 发现自己不记得做过某事或打算去做某事，例如，不记得自己是已经寄出了一封信还是要去寄一封信。

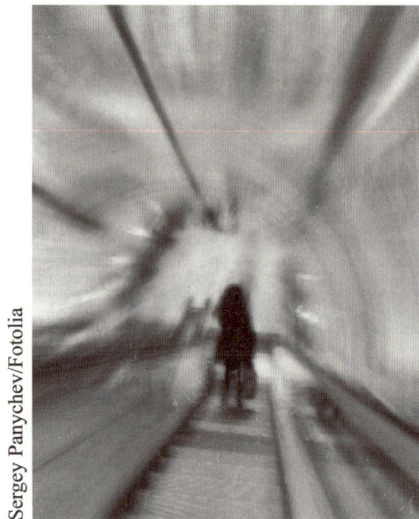

Sergey Panychev/Fotolia

人格解体

人格解体的发作以感觉与自己分离为特征，就像一个人在梦境中行走或从身体外面观察环境或自己一样。

虽然这些感觉很奇怪，但人格解体 / 现实解体障碍患者与现实仍然保持着联系。在人格解体状态下，患者仍然能够区分现实与非现实。与广泛性遗忘问题的患者和神游症患者相比，他们知道自己是谁。即使患者不喜欢自己现在的状态，他们的记忆仍然是完整的，并且他们知道自己身处何地。人格解体的感觉通常是

突然出现，然后渐渐消失。

偶尔出现的解离症状是普遍的，所以下面的案例中描述的里奇的经历并不是非典型的。

里奇的人格解体体验仅有一次，并不能构成 人格解体 / 现实解体障碍（Depersonalization/Derealization Disorder）的诊断。只有当这类体验持续存在或反复出现，并导致明显的痛苦或日常功能受损时，才可以被诊断为障碍。人格解体 / 现实解体可以演变为慢性的、持久的问题。在 DSM 中，人格解体 / 现实解体障碍的主要特征如图 6-2 所示。

接下来，请看另一个案例（"'出离'自身"）。对照图 6-2 列出的人格解体 / 现实解体障碍的主要特征，你能识别出哪些特征呢？

就可观察到的外显行为和相关特征而言，人格解体 / 现实解体障碍更接近于焦虑障碍，如惊恐障碍和恐怖症。人格解体 / 现实解体障碍患者往往会对躯体症状做出夸张或灾难性的解释，这可能会引发焦虑（Hunter，Salkovskis，& David，2014）。与其他分离障碍保护自我免受焦虑的困扰不同，人格解体 / 现实解体

里奇在迪士尼世界中的经历
一个关于人格解体 / 现实解体障碍的案例

放学后，我们带孩子们来到奥兰多。我也一直在强迫自己，是时候放手了。我们在迪士尼乐园玩了三天，兴奋的时候我们都穿上了印着米老鼠和唐老鸭的 T 恤，唱着迪士尼的歌曲。第三天，当我们在灰姑娘城堡前观看青少年的歌舞表演时，我开始感到不真实、不舒服。天气逐渐凉了下来，我却出了一身汗。后来，我开始发抖、头晕，还没来得及向妻子解释，我就坐在了水泥地上。婴儿车、孩子及大人的腿围绕在我周围，我开始盯着散落在地上的一堆爆米花发呆。突然间，周围的人好像变成了呆呆的机械类生物，就像"小人国"里的玩具或"丛林巡航"上的动物一样。周

围的节奏好像慢了下来，就像你吸食了大麻一样，我和其他人之间隔着一堵看不见的棉花墙。

音乐会结束后，妻子问我"怎么了"，直到那时，我才开始怀疑自己是不是疯了。我说我身体不舒服，于是妻子搀扶着我离开，并开车回到了索内斯特汽车旅馆。后来，我们又莫名其妙地回到了单轨列车上，加入了游人中。我像死人一样站在车站的人群中，目光呆滞地看着头戴米老鼠耳朵、手拿米老鼠气球的孩子们。单轨的机械声音几乎要了我的命，我颤抖得很厉害。

我拒绝回到迪士尼的神奇王国园区，于是和家人去了奥兰多海洋世界。第二天，我让妻子和孩子们去神奇王国园区玩，晚上再去接他们回来。妻子认为我偷懒，为此我们大吵了一架。但是，我们终究要回到自己的生活中，所以我必须恢复理智。

- 个体反复经历人格解体、现实感丧失，或者二者兼有
- 个体体验到脱离自己的思想、情感、知觉（人格解体）或脱离周围环境（现实解体）的感觉
- 个体体验到自己好像是自己生活的旁观者
- 个体体验到像在梦中一样的感觉
- 在这些体验中，个体能够区分现实和非现实

图 6-2　人格解体 / 现实解体障碍的主要特征

"出离" 自身
一个关于人格解体 / 现实解体障碍的案例

　　一名 20 岁的大学生害怕自己会发疯。两年来，他感到"出离"自己的频率越来越高。每当发作时，他都会体验到"如死一般"的感觉，身体也摇摇晃晃，屡屡撞到家具上。在公众场合发作时，他更容易失去平衡，尤其是当他感到焦虑的时候。这些时候，他的思维是模糊的，如同五年前他在接受阑尾手术的过程中被注射止痛药时的精神状态。发作时，他试图通过向自己喊停或摇头的方式来竭力制止。但这只能让他保持短暂的清醒，那种"出离"自己的身体和死亡的感觉很快又会回来。这种令人困扰的感觉会在几小时后逐渐消失。到他寻求治疗的时候，他每周大约会出现两次这种症状，每次持续三四个小时。由于花在学习上的时间越来越多，在过去的几个月里，他的成绩非但没有下降，反而有所提高。他曾向女朋友吐露此事，但她却觉得是他自己沉溺其中，并威胁他如果不做出改变就分手。

资料来源：Adapted from Spitzer et al., 1994.

障碍可能会导致焦虑，进而引发回避行为，就像我们在里奇的案例中看到的那样。

　　文化因素对包括分离障碍在内的异常行为模式的形成和表现形式有重要影响。例如，有证据表明，与强调群体认同及对个体的社会角色和义务所负责任的集体主义文化相比，人格解体 / 现实解体体验在强调个人主义或自我认同的个人主义文化（如美国）中更容易发生（Sierra et al., 2006）。正如下文将要探讨的，分离障碍在不同的文化中可能会有不同的表现形式。

6.1.4　文化相关分离性综合征
识别两种具有解离特征的文化相关综合征。

　　西方关于分离障碍的概念与世界上其他地区发现的某些文化相关综合征的概念之间存在相似之处（Ross, Schroeder, & Ness, 2013）。例如，杀人狂症（Amok）主要出现在东南亚和太平洋岛屿文化中，指的是处于精神恍惚状态的人突然变得高度兴奋，粗暴地攻击他人或破坏物体等（见第 3 章的表 3-2）。患有这种疾病的人事后会声称不记得发作时发生的事情或只记得自己像机器人一样行动。另一个例子就是鬼魂附体（Zar）——一个主要在北非和中东地区使用的术语，用来描述处于解离状态的人，当地人认为这种状态是被灵魂附体的表现。处于这种状态下的个体会表现出不寻常的行为，包括大喊大叫和用头撞墙等。

6.1.5　理论观点
描述关于分离障碍的不同理论观点。

　　分离障碍是一种迷人而又令人困惑的现象。一个人对个人身份的感知何以如此扭曲，以至于形成多重人格，抹掉大量个人记忆，或者发展出新的身份呢？尽管这些障碍以多种神秘的方式存在，我们还是能够找到一些线索以探究其根源。创伤史在分离障碍的发

展过程中起着重要作用，尽管与此同时我们必须认识到，有些病例在没有任何创伤史的情况下也会发生（Stein et al., 2014）。

心理动力学理论

心理动力学理论认为，分离障碍患者过度压抑自我，导致难以接受的冲动和痛苦的记忆（通常与来自父母的虐待有关）从意识层面分离出来（Ross & Ness, 2010）。分离性遗忘症可能作为一种适应性机制，将创伤性的经历或其他形式的心理痛苦或冲突与个体的意识隔离开。在分离性遗忘症和神游症中，自我会抹去令人困扰的记忆或将危险的性冲动和攻击冲动隔离，以保护自己免受焦虑的折磨。在分离性身份障碍中，个体会将自己无法接受的冲动通过替代人格表达出来。而在人格解体中，个体则游离于自身之外，安全地远离情绪混乱。

社会认知理论

从社会认知理论的观点来看，以分离性遗忘和神游等形式表现出来的解离，可以被视为一种习得性反应，个体通过这种行为在心理上远离那些令人不安的记忆或情绪。在心理上远离这些问题的习惯，例如，将它们从意识中分离出来，会因焦虑的缓解、负罪感和羞耻感的消除而得到负强化。例如，将过去遭受身体虐待或性虐待的记忆、情绪从日常意识中分离出来，以保护自己免受影响，是避免由这些经历引发的负罪感或愧疚感的一种方式。

一些社会认知心理学家，如已故的尼古拉斯·斯帕诺斯认为，分离障碍是一种通过观察学习和强化习得的角色扮演的形式。这与假装或诈病不太一样，分离性身份障碍患者会根据他们观察到的特定角色诚实地组织自己的行为模式。他们可能在角色扮演上非常投入，以至于"忘记了"自己是在进行角色扮演。

脑功能失调

解离行为是否与潜在的脑功能失调有关？这方面

Duplass/Shutterstock

假想的朋友

对孩子们来说，玩假装游戏甚至拥有假想的玩伴是很正常的。但是，在分离性身份障碍案例中，假装游戏和假想的玩伴可以被用作抵抗虐待的心理防御。研究表明，大多数分离性身份障碍患者在童年时期都遭受过虐待。

的研究尚处于起步阶段，但有初步证据表明，分离障碍患者与健康个体负责控制记忆和情绪的大脑区域存在结构性差异（Vermetten et al., 2006）。虽然这个观点很吸引人，但可用于解释分离性身份障碍的差异的显著性仍有待确定。另一项研究表明，人格解体/现实解体障碍患者与健康个体的大脑代谢活动存在差异（Simeon et al., 2000）。这些研究发现表明大脑中与身体感知有关的部分可能存在功能障碍，这可能有助于解释人格解体中个体感觉与自身分离这一特征。

最近的证据指出了睡眠时大脑功能存在的另一种异常。研究者发现，中断正常的睡眠-觉醒周期可能会导致梦境体验入侵觉醒状态，从而引发解离体验，如感觉与自己的身体分离（van der Kloet et al., 2012）。调节睡眠-觉醒周期可能会有助于预防或治疗解离体验。

素质-应激模型

尽管大多数分离性身份障碍病例中都存在童年期

身体虐待或性虐待的证据，但很少有遭受过创伤的儿童会发展出分离性身份障碍（Boysen & VanBergen，2014；Dale et al.，2009）。与素质 – 应激模型一致的是，那些容易产生幻想、易被催眠、对意识状态的改变持开放态度的人在面对创伤性虐待时可能比其他人更容易产生解离体验（见后文的"理论观点的整合"专栏）。这些人格特质本身并不能导致分离障碍。实际上，它们在人群中相当普遍。这些特质可能会增加那些经历过严重创伤的个体患病的风险，他们可能会将解离作为一种生存机制（Butler et al.，1996）。幻想倾向究竟是不是导致对创伤产生解离反应的风险因素，目前仍存在争议（Dalenberg et al.，2012）。但有一种可能性是，不容易产生幻想的个体在遭遇创伤性应激事件后，会体验到以焦虑、侵入性思维为特征的创伤后应激障碍，而不是分离障碍（Dale et al.，2009）。

正误判断

有相当多在童年时期遭受过严重身体虐待或性虐待的儿童在成年后会发展出多重人格。

错误　尽管绝大部分分离性身份障碍患者在童年时期遭受过严重的身体虐待或性虐待，但实际上，很少有遭受过严重童年创伤的个体会发展出分离性身份障碍。

也许，大多数人都可以将自己的意识分开，以便忽视那些经常关注的事情，至少是暂时忽视。也许，大多数人可以把不愉快的事情抛诸脑后，扮演好不同的角色，如父母、孩子、商业伙伴、军人等，以满足不同情境的需求。也许，真正令人惊奇的并不是注意力可以被分散，而是人类的意识可以被整合为一个有意义的整体。

6.1.6　分离障碍的治疗方法

描述分离性身份障碍的治疗方法。

分离性遗忘症和神游症通常是短暂、转瞬即逝的体验。人格解体的发作则是反复且持久的，并且在很大程度上是由轻度的焦虑和抑郁引发的。在这些案例中，临床医生通常着重于处理焦虑和抑郁问题。尽管相关研究有限，但现有证据表明，对分离障碍的治疗的确有助于缓解解离症状和抑郁情绪，以及消除痛苦的感受（Brand et al.，2009；Brand，Lanius，et al.，2012；Brand，Myrick，et al.，2012）。

在治疗分离性身份障碍方面，多数研究聚焦于将不同的替代人格整合成一个统整的人格结构。为了达到这个目的，治疗师会试着帮助患者揭开并处理早期童年创伤的记忆。因此，他们经常会建议在来访者的主人格和替代人格之间建立联系（Chu，2011b；Howell，2011）。治疗师可能会要求来访者闭上眼睛，然后等待替代人格出现。威尔伯（Wilbur，1986）指出，在一次治疗会谈中，无论是哪个人格占据主导地位，治疗师都可以与之一起工作。治疗师会邀请每一个出现的人格谈论令其不安的记忆和梦境，并向他们保证可以帮助他们理解他们的焦虑，安全地"重温"创伤经历，同时保持他们的意识清醒。揭露被虐待的经历被认为是治疗过程中的关键所在（Krakauer，2001）。威尔伯指出，在治疗过程中体验到的焦虑可能会导致人格的切换，因为根据假设，替代人格是作为一种应对强烈焦虑的手段而发展起来的。但如果治疗成功，个体将能够处理好创伤记忆，并且不再需要逃入另一个"自我"中躲避与创伤相关的焦虑。这样一来，人格的重新整合便成为可能。

经过整合的过程，不同的元素，也就是不同的替代人格，交织并汇聚成一个统整的自我。在这里，一位患者讲述了将那些已经被分离出去的自我部分"重新整合成我的一部分"的过程。

"每个人都还在这里"

整合使我第一次体会到活着的感觉。如今，当我有感觉时，我知道那是我的感觉。我慢慢地学会了感受所有的感觉，即使是不愉快的感觉也是可以接受的。这带来的额外好处就是，我也能感受到愉悦了。我再也不用担心自己的精神是否正常了。

即使面对那些努力想要理解的人，我也很难解释清楚整合对那些一辈子都处于"分裂"状态的人来说究竟意味着什么。我有时还是会用"我们"的方式说话。我的一些在"整合之前"认识的朋友认为我现在可以做回"我自己"了——不管那是什么。他们并不知道整合就像重新回到 3 岁，我不知道在某些情境下自己该如何反应，因为"我"以前从未经历过，又或者说，我只知道如何以支离破碎的方式回应。"悲伤"对一个无法连贯地感受它的人来说

意味着什么？我不知道当我感到悲伤时，我是否真的应该悲伤。由我独自一人为自己负责其实让我既困惑又害怕。

但对我来说，整合最令人欣慰的一点，也是我特别想让其他多重人格者知道的一点是，没有人会消失。每个人都还在这里，在我的心里，在他们应该在的位置上，而不是各自控制着我的身体。但这并不是说其他所有人都离场了，只留下我一个人，而是我成了一个完全不同的、"崭新"的人。我花了好几个月的时间学习替代人格的技能和情感——如今，它们已经是我的一部分了。我拥有了前所未有的平衡和视角。我感到幸福和满足。这不是关于死亡的议题，而是关于庆祝生命——尽自己最大的努力去生活。

资料来源：From Olson，1997.

威尔伯在一位患有分离性身份障碍女性患者的案例中描述了另一个治疗目标的形成，详见下文。

对分离性身份障碍的治疗有效吗？目前尚没有足够的实证证据支持任何普遍性的结论（Brand, Lanius, et al., 2012；Brand, Myrick, et al., 2012）。在早期的研究中，孔斯（Coons，1986）追踪调查了 20 位 14～47 岁的分离性身份障碍患者，平均追踪时间为

3.25 年。只有 5 位患者完成了人格的整合。其他治疗师的报告显示，尽管接受治疗的患者没有实现人格的整合，但测量结果显示解离症状和抑郁症状得到了显著的改善。不过，那些实现人格整合的患者的各种症状改善更为显著（Ellason & Ross，1997）。

心理动力学疗法或其他形式的疗法（如行为疗法）的疗效分析报告都是基于对未加控制的案例研究完成

"孩子们"不必觉得羞愧
一个关于分离性身份障碍的案例

一名 45 岁的女性受尽了分离性身份障碍的折磨。她的主人格胆小、神经过敏且沉默寡言。但是，在她接受治疗后不久，一群"小家伙"出现了，他们放声痛哭。治疗师要求和这名女性的人格系统中能够详细说明这些存在的人格的某个人说话。结果发现，这几个都是 9 岁以下的孩子，

而且都遭受过来自叔叔、姑婆和祖母的严重且令人痛苦的性虐待。姑婆是一名同性恋者，她有几位具有窥阴癖的女同性恋朋友，她们会观看姑婆对孩子进行性虐待，这让孩子们产生了更多的恐惧、痛苦、愤怒、屈辱感和羞耻感。

在治疗中至关重要的是让这些"小家伙"明白，他们不必因为无力抵抗虐待而感到羞愧。

资料来源：Adapted from C.B. Wilbur，1986.

理论观点的整合

虽然心理学家在解离现象的概念上存在分歧，但有证据表明，绝大部分患者都在童年时期遭受过虐待（Bailey & Brand，2017）。对分离性身份障碍公认的看法是，它代表了一种应对严重且反复发生的童年期虐待的方法和生存策略，这种虐待一般发生在个体 5 岁之前（Burton & Lane，2001；Foote et al.，2005）。遭受严重虐待的孩子可能会退缩到替代人格中，以此作为对无法忍受的虐待的心理防御。替代人格的出现使这些孩子可以在心理上逃脱或远离痛苦。在本章开篇的案例中，南希就是替代人格之一，她替其他人格忍受了最严重的虐待。在没有其他办法时，解离就提供了一种逃脱的方法，当虐待持续发生时，这些替代人格会变得稳定，从而使个体很难保持统一的人格。成年后，拥有多重人格的个体可能会运用他们的替代人格阻断童年期的创伤记忆及他们对这些记忆的情感反应，从而扫清过去的阴霾，以替代人格的身份开始新的生活。替代人格还可能帮助他们应对应激情境或表达内心深处的愤怒，而这些是原来的人格无法做到的。如图 6-3 所示，素质 – 应激模型提供了一个基于易感因素（素质）结合创伤性应激的概念框架，以帮助我们理解分离性身份障碍的形成。

令人信服的证据表明，儿童遭受的创伤（通常来自亲属或看护人）会导致分离障碍尤其是分离性身份障碍的形成。分离性身份障碍与童年期性虐待或身体虐待密切相关。在一些样本中，童年期身体虐待或性虐待的报告率为 76% ～ 95%（Ross et al.，1990；Scroppo et al.，1998）。跨文化相似性的证据来自土耳其的一项研究，该研究表明，在参与研究的样本中，绝大多数分离性身份障碍患者报告了自己在童年时期遭受过性虐待或身体虐待（Sar, Yargic, & Tutkun, 1996）。童年期虐待也与分离性遗忘症有关（Chu, 2011a）。

童年期虐待并不是导致分离障碍的唯一原因。战争中的居民和士兵所遭受的创伤在一些分离性遗忘症案例中也发挥了一定的作用。巨大的生活压力，如严重的财务问题，以及希望避免因社会所不接受的行为而受到惩罚等，都可能会引发分离性遗忘症或人格解体的发作。

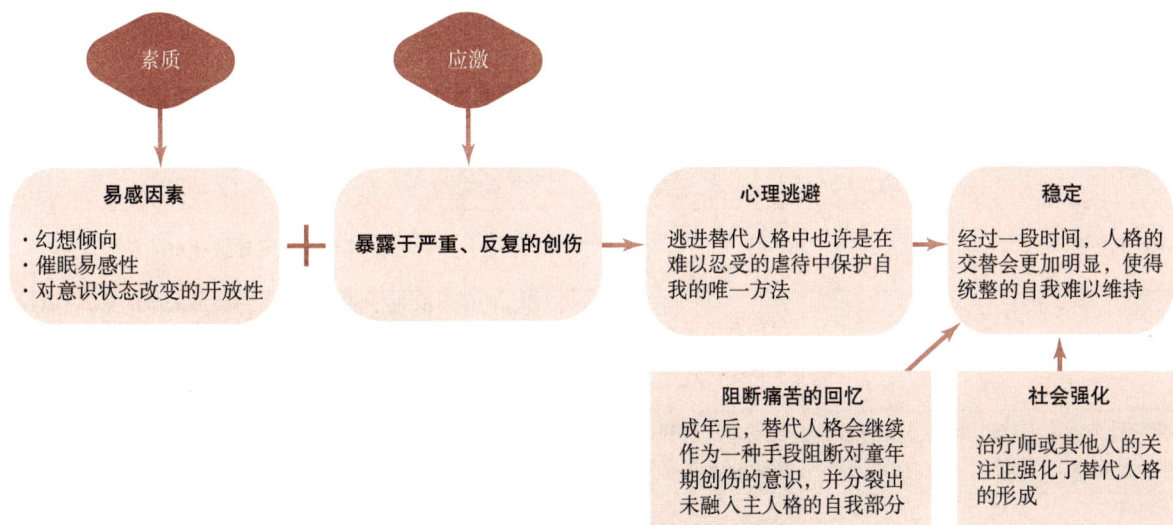

图 6-3　分离性身份障碍的素质 – 应激模型

在这个模型中，暴露于严重、反复的创伤（应激），加上某些易感因素（素质），在少数情况下会导致一些个体产生替代人格。随着时间的推移，替代人格会通过社会强化和阻断令人不安的记忆而变得稳定和强大。

的。治疗分离性身份障碍或其他类型的分离障碍的对照研究则尚待报告。实验控制研究可以更有效地比较不同形式的治疗方法之间的差异及其与对照组之间的差异，然而，由于此类障碍患者相对罕见，研究工作的进行受到了阻碍。现在依旧没有任何证据表明，精神类药物或其他生物学方法对替代人格的整合有效。尽管像百忧解这类抗抑郁的精神类药物被用于治疗人格解体／现实解体障碍患者，但尚无证据表明其作用比安慰剂更有效（Sierra et al.，2012；Simeon et al.，2004）。这种偏低的有效性表明，人格解体／现实解体障碍可能并不是抑郁障碍的次要特征。

6.2 躯体症状及相关障碍

躯体症状及相关障碍（Somatic Symptom and Related Disorders，之前被称为躯体形式障碍）中的"Somatic"一词源于希腊语"Soma"，意思是"躯体"。患躯体症状及相关障碍的人可能会在没有明确器质性原因的情况下出现躯体症状，或者对症状的性质或意义过度担忧。症状显著影响了患者的生活，导致他们经常去看医生，希望医生能够解释并治疗他们的疾病（Rief & Sharpe，2004）。有时，他们会坚定地认为自己病得很

重，完全不管医生的解释。一些个体还会假装或伪造躯体症状，仅仅是为了接受治疗。

躯体症状及相关障碍的概念假定心理过程影响生理功能。例如，有人抱怨呼吸困难或吞咽困难，或者有"如鲠在喉"的感觉。这些问题反映了自主神经系统的交感神经分支的过度兴奋，这可能是由焦虑引起的。总之，至少有20%的就诊涉及无法从医学上解释的主诉（Rief & Sharpe，2004）。

躯体症状及相关障碍有几种类型，这里主要介绍四种类型：躯体症状障碍、疾病焦虑障碍、转换障碍和做作性障碍。表6-2概述了这些障碍的相关信息。

6.2.1 躯体症状障碍

描述躯体症状障碍的主要特征。

大多数人在其人生中的某个阶段都会出现一些躯体症状。对自己的躯体症状感到担忧并寻求医疗救助是很正常的。但是，躯体症状障碍（Somatic Symptom Disorder，SSD）患者不仅仅是担心躯体症状，而是对躯体症状过度关注，以至于影响了他们日常生活中的想法、感受和行为。因此，诊断强调的是躯体症状的心理特征，而非这些症状的根本原因或潜在原因是否

表 6-2　躯体症状及相关障碍概览

障碍类型	人群中的终生患病率（近似值）	描述	相关特征
躯体症状障碍	未知，但在一般成年人群体中可能为5%～7%	与躯体症状相关的异常行为、想法或感受	症状会促使个体频繁地看医生或导致严重的功能受损
疾病焦虑障碍	未知	存在自己患有严重疾病的先占观念	• 虽然医学诊断显示个体没有患病，但个体仍然对疾病充满恐惧 • 倾向于把身体的感觉、轻微的疼痛过度解释为患有严重疾病的信号
转换障碍（功能性神经障碍）	未知，但有5%的患者就诊于神经内科门诊	医学无法解释的生理功能的改变或丧失	• 其形成与冲突或应激体验有关，并被证实源于心理因素 • 可能与"精神性漠视"（对症状漠不关心）相关
做作性障碍	未知，但估计有1%的就医患者符合诊断	在没有任何明显动机的情况下虚构或伪造躯体或心理症状	• 与诈病不同，症状不会导致任何明显的获益 • 有两种主要亚型：对自身的做作性障碍（在自己身上制造或诱发症状，一般被称为孟乔森综合征）；对他人的做作性障碍（在他人身上制造或诱发症状）

资料来源：Prevalence rates derived from American Psychiatric Association，2013.

可以从医学角度获得解释。躯体症状障碍的诊断标准是躯体症状至少持续 6 个月或更长时间（尽管任何单一的症状可能都不会持续存在），并且这些症状要么会带来明显的个体痛苦，要么会干扰日常功能。症状可能包括胃部不适和各种各样的疼痛。

躯体症状障碍患者会对症状的严重性过度担忧。他们会为自己的症状可能意味着什么而焦虑不安，然后花费大量的时间不断地更换医生以寻求治愈或证明他们的担忧是有根据的。他们的担忧会持续数年并成为持续困扰自己、家人及医生的根源（Holder-Perkins & Wise，2002）。一项跟踪研究发现，过度关注躯体健康的患者是医疗服务的重度使用者（Barsky，Orav，& Bates，2005）。

先前版本的 DSM 包含一种名为疑病症（Hypochondriasis）的精神障碍，适用于那些自诉躯体不适的患者，他们认为自己的症状是由严重的、未被诊断的疾病（如癌症或心脏病）引起的，尽管医学诊断表明他们的想法完全不真实。例如，一位头痛患者非常害怕头痛是脑肿瘤的信号，并认为指出他的害怕毫无根据的医生是错误的。疑病症患者的核心是健康焦虑，他们会先入为主地将躯体症状曲解为健康出现严重问题的征兆（Abramowitz & Braddock，2011；Skritskaya et al.，2012）。在一般人群中，1% ～ 5% 的人会罹患疑病症，其中 5% 的疑病症患者会到医院寻求治疗（Abramowitz & Braddock，2011；Barsky & Ahern，2004）。

疑病症这一专业术语现在仍然被广泛使用，但在 DSM-5 中，它不再是一个单独的诊断。之前被诊断为疑病症的案例中有 3/4 如今会被诊断为躯体症状障碍

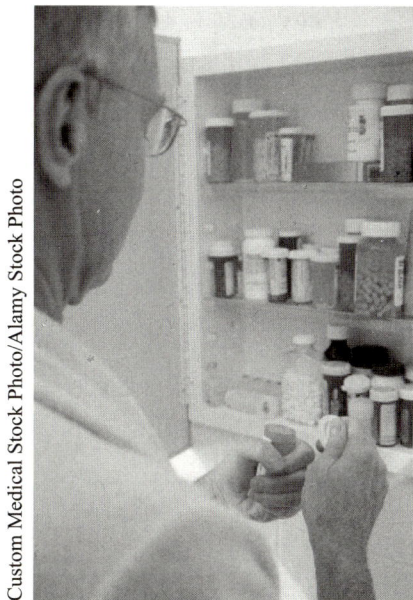

该吃什么药

疑病症是指持续担心或害怕自己患有严重的疾病，即使没有发现任何可以解释躯体症状的器质性病变。患有这种疾病的人往往大量服用处方药和非处方药，就算医生确保他们的身体没有任何问题，他们也不相信。

（American Psychiatric Association，2013）。

疑病症患者不会刻意制造躯体症状。他们会感到真实的躯体不适，这种不适常常涉及消化系统，或者表现为全身各种各样的疼痛。他们会对躯体感觉的变化过分敏感，如心脏跳动的轻微变化和微弱的疼痛等（Barsky et al.，2001）。

对躯体症状的焦虑本身也会引发躯体症状，如大汗淋漓和头晕甚至晕倒，进而出现恶性循环。当医生告诉患者是恐惧导致了躯体症状时，他们会感到非常不满。他们频繁出入医院，希望能有一名有能力且富有同情心的医生在一切无法挽回之前注意到他们。当然，医生也会得疑病症，请看下面的案例。

觉得自己生病的医生
一个关于疑病症的案例

罗伯特是一名 38 岁的放射科专家，刚刚从一家著名的诊断中心回来，他在那里住了 10 天，接受了全方位的胃肠道检查。诊断证实他没有任何明显的躯体疾病，但他的症状并没有得到缓解，他对这一结果感到非常不满和失望。这名放射科专家已经被各种躯体症状困扰了数月，包括轻微的腹痛、腹胀、肠鸣、腹部有硬块等感觉。他确信自己的症状是结肠癌

的表现，并开始每周检查自己的粪便中是否有血，每隔几天就躺在床上仔细地触摸腹部以检查是否有"硬块"。他还悄悄地为自己做了 X 线检查。他在 13 岁时被检查出心脏有杂音，而且他年幼的弟弟死于心脏病。尽管检查显示他的心脏杂音是良性的，他却怀疑检查的准确性。他害怕自己的心脏会出大问题，虽然这种恐惧最终有所减轻，但从未彻底消失。在医学院读书时，他就担心自己患上了在病理学课程中学过的疾病。毕业后，他反复担心自己的健康状况，并形成一个典型的模式：注意到特定症状，专注于症状可能代表的意义，接受一系列检查，结果显示呈阴性。直到有一次，他那 9 岁的儿子偶然间的一句话才促使他去看精神科医生。当他触摸自己的腹部时，他的儿子突然走进来问："爸爸，你觉得这次是什么？"当他说起这件事时，他泪流满面，并对自己感到羞愧和愤怒。

资料来源：Adapted from Spitzer et al.，1994.

疑病症患者经常报告自己小时候很虚弱，曾因为健康原因缺课，并经历过性虐待或身体暴力等童年创伤（Barsky et al.，1994）。疑病症和其他类型的躯体症状障碍会持续数年的时间，并且常伴有其他心理障碍，尤其是抑郁障碍和焦虑障碍。

大约 1/4 的疑病症患者会把相对轻微的症状看作未被诊断的严重疾病的征兆。因为他们症状较轻，所以并不适用于躯体症状障碍的诊断（American Psychiatric Association，2013）。但是，这些人对自身的健康状况表现出了高度的焦虑或关注，因此他们符合 DSM-5 中新增的疾病焦虑障碍的诊断。

6.2.2 疾病焦虑障碍

描述疾病焦虑障碍的主要特征。

一个常见的误解是，疑病症患者的躯体症状是"伪造的"或"臆想出来的"。但是，在大多数案例中，疑病症患者具有引发痛苦的真实症状，因此可以被诊断为躯体症状障碍的诊断。但是，有一小部分疑病症患者把细小、轻微的疼痛当作未被诊断的严重疾病的征兆。DSM-5 引入一个新的诊断类别来对应这类亚群，即**疾病焦虑障碍**（Illness Anxiety Disorder，IAD），它强调与疾病相关的焦虑，而非由症状引发的痛苦。对这些患者来说，不是他们发现的症状本身有多恐怖（如不明确的疼痛或腹部、胸部短暂的紧绷感），而是这些症状可能含有的诊断意义让他们感到恐惧。在一些案例中，患者即使没有报告任何症状，依然表现出了对患有未被诊断的严重疾病的过度担忧。

在一些疾病焦虑障碍案例中，有严重疾病（如阿尔茨海默病）家族史的个体会先入为主地过分担忧自己患有这类疾病，或者担心这类疾病正在自己身上缓慢地发展。这些个体会因为害怕自己得病而不停地去做身体检查。

疾病焦虑障碍有两种主要亚型：一种是回避医疗护理亚型，适用于那些因为对自己可能会得病感到高度焦虑而推迟或避免就医或进行医学检查的人；另一种是寻求医疗护理亚型，适用于那些四处寻医问诊的人，他们换了一个又一个医生，希望从医学上确认自己是否得了什么疾病。这些人会对指出他们的恐惧毫无根据的医生感到愤怒。

6.2.3 转换障碍

描述转换障碍的主要特征。

转换障碍（Conversion Disorder，又被称作"功能性神经症状障碍"）以影响随意运动（如无法行走或转动胳膊）或损害感觉功能［如无法看、听、感受刺激（触摸、压力、温暖或疼痛）］为特征。这些躯体症状的丧失或受损与已知的医学状况或疾病既不一致也不相容，这证实了这些问题与心理而非器质性因素有关

（Rickards & Silver，2014）。因此，转换障碍被认为涉及情绪困扰转化为运动或感觉领域的显著症状（Becker et al.，2013；Reynolds，2012）。但是，在一些案例中，看似转换障碍的情况被证明是个体为了获得外部利益而故意捏造或伪装症状（诈病）。遗憾的是，治疗师尚无可靠的方法来判断某人是否在假装。

转换障碍的躯体症状通常在应激情境下突然出现。例如，一位战士的手可能会在激烈的战斗中"瘫痪"。转换症状首先出现在冲突或应激源的背景下，或者因冲突或应激源而加重，这一事实表明该症状与心理因素相关。这种障碍在普通人群中的患病率仍然未知，但据报道，在神经内科门诊中，有 5% 的患者被诊断为转换障碍（American Psychiatric Association，2013）。与分离性身份障碍一样，转换障碍的诸多案例也与童年期创伤或虐待经历有关（Sobot et al.，2012）。

转换障碍之所以被如此命名，是因为心理动力学理论认为，它代表了将被压抑的性或攻击能量转化为躯体症状。转换障碍原先被称作"癔症"或"歇斯底里性神经官能症"，在弗洛伊德的精神分析的发展中发挥着重要作用（见第 2 章）。在弗洛伊德时代，癔症或转换障碍似乎比现在更常见。

根据 DSM 的定义，转换障碍表现出类似神经病学或一般医学的症状，涉及随意运动或感觉功能方面的问题。一些典型的症状表现包括瘫痪、癫痫、协调困难、失明或管状视野、听觉或嗅觉丧失、肢体感觉丧失（麻木）。在转换障碍中发现的躯体症状常常与患者所认为的医学症状不吻合。例如，转换性癫痫患者与真正的癫痫患者不同，前者在一次发作中会保持对膀胱的控制；视力"受损"的人可以走进医生的办公室，而不碰到任何家具；"无法"站立或行走的患者却能正常进行其他腿部运动。尽管如此，一些有潜在生理问题的患者也很容易被误诊为癔症和转换障碍（Stone et al.，2005）。

正误判断

　　有些人会完全丧失对手或腿的知觉，尽管他们没有任何医学上的病变。

　　正确　一些患有转换障碍的人会失去感觉功能或运动功能，尽管他们没有任何医学上的问题。（然而，一些被认为患有转换障碍的人也许的确患有未被识别的医学疾病。）

如果你突然失明，或者腿不能移动，那么你对此表现出担忧是可以理解的。但是，有些转换障碍患者与分离性遗忘症患者一样，会表现出与他们的症状不相符的漠视态度，这种现象被称作"精神性漠视"（La Belle Indifférence；Stone et al.，2006）。然而，DSM 建议不要把对症状的漠不关心作为诊断的一个依据，因为许多人在面对真正的躯体疾病时，会否认或最小化他们的痛苦或担忧，这至少能暂时缓解焦虑。

6.2.4　做作性障碍

解释诈病和做作性障碍之间的区别。

做作性障碍（Factitious Disorder）很令人困惑。患有这种障碍的人会虚构或制造躯体或心理症状，但没有任何明显的动机。有时，他们会明目张胆地伪装，声称自己无法移动胳膊或腿，或者声称实际上并不存在的疼痛。有时，他们会伤害自己或服用会引起麻烦甚至危及生命的药物。令人不解的是，这些欺骗行为缺乏动机。做作性障碍与**诈病**（Malingering）不同。诈病是由外部奖赏或激励驱动的，因此并未被列入 DSM。诈病患者会假装生病以逃避工作或获取残疾人福利，他们为人虚假甚至不诚实，但他们不会被认为患有心理障碍。

在做作性障碍中，症状并不会给患者带来明显的收益或外部奖励。相反，做作性障碍服务于一种扮演患者角色的潜在心理需要，因此被认为属于精神障碍或心理障碍的一种。

做作性障碍有两种主要亚型：（1）对自身的做作性障碍（特征是在自己身上制造或诱发症状）；（2）对他人的做作性障碍（特征是在他人身上制造或诱发症状）。

对自身的做作性障碍最常见，通常被称作**孟乔森综合征**（Münchausen Syndrome）。这是假装生病的一种形式，患者会假装生病，或者故意让自己生病（如吞下有毒物质）。尽管躯体症状障碍患者会从躯体症状中获益（如获取他人的同情），但他们并没有故意制造症状，也没有故意欺骗他人。而孟乔森综合征是一种做作性障碍，患者会故意制造或诱发看似合理的躯体不适，但除了扮演患者的角色以获取他人的同情和支持外，患者不会得到任何明显的好处。

孟乔森综合征是以卡尔·冯·孟乔森男爵（Baron Karl von Münchausen）命名的，他是一名德国军官。为了逗朋友开心，他虚构了很多荒谬绝伦的冒险故事。在临床术语中，孟乔森综合征是指患者对医生编造夸张的故事或荒谬的谎言。孟乔森综合征患者通常承受着极大的痛苦，因为他们辗转于各个医院，让自己接

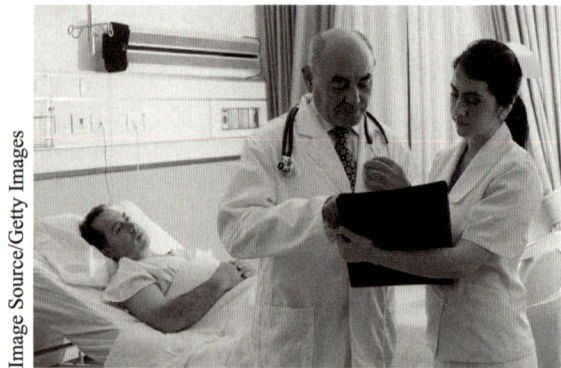

这位患者真的病了吗

孟乔森综合征的特征是捏造医疗投诉，除获得住院许可外，患者没有其他明显的目的。一些孟乔森综合征患者在试图欺骗医生时可能会制造危及生命的症状。

受不必要的、痛苦的、有风险的治疗，甚至是手术。在下文的"深度探讨"专栏中，我们将更深入地讨论这一奇怪的病症。

朱莉的案例涉及一种性质非常恶劣的虐待儿童的形式，即代理型孟乔森（见"生病了：对他人的做作性障碍"），在 DSM-5 中，它被叫作对他人的做作性障碍。患有这种障碍的人会故意制造或诱发他人——通常（令人震惊的）是儿童或受照顾者——的躯体或情感上的疾病或损伤（Feldman，2003）。

深度探讨
孟乔森综合征

一名女性跟跟跄跄地走进纽约市一家医院的急诊室，她嘴里流着血，双手捂着肚子，痛苦地哀号着（Lear，1988）。即便这个场合从来不乏流着血、捂着肚子、痛苦哀号的人，但她身上仍有某种东西、某种可怕的主角光环，让人无法忽视。她讲述了一个极其可怕的关于虐待和创伤的故事。一个男人诱奸了她，然后绑住她，殴打她，还逼她交出钱和珠宝。她还有其他躯体症状：下半身疼痛和剧烈的头痛。住院后，她接受了详细的检查，但医生并未查出任何问题，流血和疼痛没有

任何病理原因。后来，医生的一名助手在她床边的桌上发现了一些东西：一支注射器和一瓶抗凝血剂。是的，患者住院前给自己注射了抗凝血剂，导致血流不止。她否认了这一切，她说桌上的东西不是她的，而是有人故意把它们放在那儿的。当她发现没有人相信她后，她就出院了，说要寻找能够真正相信她的医生。后来，据说她又出现在另外两家医院里，带着相同的症状。

孟乔森综合征患者会不遗余力地寻求确诊，例如，尽管他们知道自己没病，他们却同意接受探查术。一些患者会给自己注射药物，从而产生皮疹等症状。如果有证据揭穿他们，他们就会变得不友好并固执己见。他们也有足够的演技让他人相信他们的痛苦是真实存

在的。

为什么孟乔森综合征患者会假装生病，或者让自己生病或受伤，将自己置于危险的境地呢？或许，扮演患者的角色能够让他们在保护性的医院环境里获得童年时期缺乏的安全感；或许，医院能够为他们提供表演的舞台，让他们可以发泄从童年时期就开始酝酿的对医生和家长的怨恨；

或许，他们是在试图认同一个经常患病的家长；又或许，他们在童年时期就学会了通过扮演患者的角色来逃避反复的性虐待或其他创伤经历，并在成年后继续扮演这一角色以逃避生活中的压力。没有人可以确定原因是什么，这种障碍仍然是最令人迷惑不解的异常行为模式之一。

生病了：对他人的做作性障碍

朱莉·格里高利（July Gregory）在她的回忆录《生病》（Sickened）中讲述了自己在小时候接受无数次 X 线检查及各种手术的故事。但这并不是因为她生病了，而是因为她的母亲认为她生病了。13 岁时，因为母亲坚持要"弄清真相"，朱莉甚至接受了一次侵入性手术——心脏导管插入术。当心脏病学专家告诉朱莉的母亲检查结果在正常范围内时，母亲居然主张进行更具侵入性的检查，包括心内直视术。遭到医生的拒绝后，朱莉的母亲当着朱莉的面指责了医生。

"我不信，我不能相信这个！你们竟然不打算找到原因，不给她做心内直视术？我以为我们说好了要坚持到底的，迈克尔。你说过这件事你会负责到底的。"

"我是说要找出朱莉的病，格里高利夫人，但朱莉并不需要做心内直视术，通常家长们都不愿意……"

"哦，就只是这样吗？这就是你要做的？只是把我像烫手山芋一样丢弃？我太伤心了，为什么我不能像其他妈妈一样拥有一个正常的孩子呢？我是说我是一个好妈妈……"

我站在母亲左腿的后面，目不转睛地盯着医生，向他发出求救的信号："不要让我走，不要让她带走我。"

"格里高利夫人，我并没有说你不是一个好妈妈，但在这里，我不能做任何事情了。你需要停止针对孩子心脏的一切治疗，该结束了。"话音刚落，他便转身离开了。

"你一定会后悔的，"母亲尖叫道，"这个孩子会因为你而死！就是这样！你将会为你愚蠢的行为付出代价！你连一个 13 岁的孩子得了什么病都查不出来！你太蠢了！这个孩子病了，你听到了吗？她生病了！"

资料来源：Gregory, 2003.

家长或看护者会诱导他们的孩子生病，并试图通过照顾生病的孩子来获得同情或体验控制他人的感觉。这种障碍仍存在争议，有待精神病学界的进一步研究。争议的焦点主要在于它给虐待行为贴上了诊断标签。但毋庸置疑的是，这种障碍与针对儿童的令人发指的犯罪行为有关（Mart，2003）。在一个案例中，一位母

亲被怀疑故意让自己 3 岁的孩子染上痢疾。不幸的是，孩子在专家介入前就去世了（Schreier & Ricci，2002）。在另一个案例中，养母被指控给孩子服用过量含有钾、钠的药物，并导致三个孩子死亡——这种药物会引起窒息或心脏病发作。

对科学文献中报告的 451 例代理型孟乔森案例

进行的综述研究显示，6% 的受害者死亡（Sheridan，2003）。典型的受害者是 4 岁或 4 岁以下的儿童。在其中 3/4 的案例中，母亲是肇事者。代理型孟乔森案例通常涉及不明原因发热、不明原因的癫痫发作和类似症状。医生通常发现这些疾病异乎寻常、持续时间长且找不到病因。这说明犯罪者具备一定的医学知识。

6.2.5 恐缩症和精液流失恐怖症：远东地区的躯体症状障碍

描述恐缩症和精液流失恐怖症的主要特征。

在美国，对那些患有疑病症的患者来说，被自己得了严重疾病（如癌症）的观念困扰是很正常的。远东地区的恐缩症和精液流失恐怖症具有与疑病症相似的临床特征。这些综合征对北美读者来说可能非常陌生，因为它们与远东地区文化的民间传说息息相关。

恐缩症

如第 3 章所述，恐缩症（Koro Syndrome）是一种文化相关综合征，主要发现于一些东南亚国家。恐缩症患者会害怕他们的生殖器萎缩并缩回体内，他们相信这会导致死亡（Bhatia，Jhanjee，& Kumar，2011）。尽管恐缩症被认为是一种文化相关综合征，但在远东之外的地区也报告过一些案例（Alvarez et al.，2012；Ntouros et al.，2010）。这种综合征多见于年轻男性，虽然也有一些女性案例的报道。恐缩症患者会因为害怕生殖器萎缩而产生极度的焦虑，这会导致他们的寿命缩短。这种焦虑的生理反应通常接近于惊恐发作，包括大汗淋漓、呼吸困难、心悸。患有恐缩症的男性会用诸如筷子之类的东西试图阻止阴茎缩回体内（Devan，1987）。

与未患病的人相比，那些患有恐缩症的人更迷信、智力水平更低、更相信相关的民间传说（如生殖器萎缩会致命）。当医学证实这种担心没有根据后，该病往往能得到控制（Devan，1987）。那些未获得过正确诊断的个体，其症状会随着时间的推移逐渐消退，但也有可能会复发。

精液流失恐怖症

精液流失恐怖症（Dhat Syndrome）常见于印度的年轻男性，他们对夜间遗精、排尿或自慰过程中精液的流失充满恐惧（Bhatia，Jhanjee，& Kumar，2011；Mehta，De，& Balachandran，2009）。一些患者还（错误地）相信，在排尿时，精液会混合在尿液中被排出。患有精液流失恐怖症的男性会向一个又一个医生寻求帮助，期望找到阻止遗精或阻止（假想的）精液与尿液混合排出的方法。在印度（及其他近东、远东地区）文化中，人们普遍认为，精液的流失对身体有害，因为那会耗尽自身生理和心理的能量。与其他文化相关综合征一样，精液流失恐怖症一定要在结合文化背景的前提下被理解（Akhtar，1988）。在传统的印度文化中，精液被认为是生命的"长生不老药"，固精能够延年益寿。人们普遍相信："40 顿饭形成 1 滴血，40 滴血融合成 1 滴骨髓，40 滴骨髓产生 1 滴精液（Akhtar，1988）。"

印度人相信精液具有维持生命的特性，在这种文化信仰的基础上，我们就不难理解印度男性对夜间排尿过程中流失精液的过度焦虑了（Akhtar，1988）。精液流失恐怖症也与勃起困难及勃起维持困难有关，显然这是由过度关注精液在射精过程中的流失导致的（Singh，1985）。

6.2.6　理论观点

描述对躯体症状及相关障碍的理论认识。

转换障碍或癔症因古希腊伟大的医学家希波克拉底而闻名。他将奇怪的躯体症状归因于游走性子宫（"子宫"一词的希腊语是"Hystera"），是它导致了机体的内部混乱。希波克拉底注意到，与未婚女性相比，这些症状在已婚女性中较少出现。他在这些观察研究和理论假设的基础上将婚姻描述为"良药"，认为婚姻能够满足子宫的需要并使其稳固。怀孕促进激素和身体结构的改变，使一些女性的经期症状减轻。但是，希波克拉底的"游走性子宫"这一错误理念导致几个世纪以来对女性症状的解释被降低为生理问题。尽管希波克拉底认为癔症是女性专有的，但有时它也会发生在男性身上。

正误判断

"癔症"一词源于希腊语中表示"睾丸"的单词。

错误　"癔症"一词源于希腊语中表示"子宫"的单词。

我们对躯体症状及相关障碍的生物学基础知之甚少。对癔症性麻痹患者（患者声称肢体不能移动，尽管他们拥有健康的肌肉和神经）的脑成像研究表明，控制运动和情绪反应的脑回路可能出现了中断（Kinetz，2006）。这些研究还发现，对运动的正常控制可能会被处理情绪的脑回路所抑制。我们应该谨慎对待这些发现，因为科学家对转换障碍的生物学基础的研究仅仅处于起步阶段，尚有许多未知的东西。与分离障碍一样，对转换障碍和其他躯体症状障碍的科学研究大多来自心理动力学的观点。

心理动力学理论

癔症为 19 世纪心理动力学和生物学理论的争论提供了竞技场。尽管催眠对癔症症状的缓解是暂时的，但沙可、布洛伊尔和弗洛伊德据此相信癔症植根于心理原因而非生理原因，由此弗洛伊德发展了无意识理论（见第 2 章）。弗洛伊德认为，自我通过压抑等防御机制控制来自本我的不可接受或危险的性冲动及攻击冲动。如果人们注意到这些冲动，这些控制手段就会阻止焦虑的产生。在一些案例中，"绞杀"或切断这些危险的冲动后，残余的情绪就会转换为躯体症状，如癔症性麻痹或失明。虽然早期癔症的心理动力学理论被广泛采用，但它缺乏实证证据。弗洛伊德理论的一个问题在于，它不能解释无意识冲突中残余的能量是如何转换为躯体症状的（Miller，1987）。

根据心理动力学理论，癔症的症状是功能性的：它们允许个体实现原发性获益和继发性获益。症状的原发性获益是允许个体的内部冲突被压抑。个体意识到躯体症状但并不知道症状所代表的内部冲突。在这种情况下，"症状"具有象征意义，它为个体提供了处理潜在冲突的"部分解决方案"。例如，一只胳膊的癔症性麻痹可能象征着阻止个体实施被压抑的不可接受的性冲动（如自慰）或攻击冲动（如谋杀）。压抑是自发产生的，所以个体意识不到潜在的冲突。沙可首次提出"精神性漠视"，认为症状的发生是为了帮助减轻躯体症状而不是为了引发焦虑。从心理动力学的观点来看，转换障碍与分离障碍一样，都是为一个目标服务的。

症状的继发性获益是允许个体避开应该承担的责任并获得周围人的支持而不是责难。例如，有时士兵会突然手部"瘫痪"，这会阻止他们在战场上持枪。然后，他们可能会被送往医院接受治疗而不是去面对敌人的炮火。这类案例中的症状并不像诈病一样被认为是人为的。第二次世界大战期间，一些轰炸机飞行员因受到癔症性夜盲症的困扰而无法执行危险的夜间任务。从心理动力学的观点来看，夜盲症使他们实现了原发性获益，即免于犯下向居民区投弹的罪行；也帮助他们实现了继发性获益，即避开了危险的任务。

游走性子宫

古希腊医学家希波克拉底认为，癔症症状是女性专有的问题，由游走性子宫引起。可惜的是，希波克拉底没有机会治疗第二次世界大战期间得了"癔症性夜盲症"的飞行员，这种疾病使他们无法执行危险的夜间任务。

夜盲症

第二次世界大战期间，许多轰炸机飞行员抱怨，夜盲症使他们无法执行危险的夜间任务。这属于癔症吗？心理动力学的观点如何解释这些症状？

学习理论

心理动力学理论和学习理论都同意焦虑在解释转换障碍中的作用。心理动力学理论家在无意识冲突中寻找焦虑的原因，学习理论则聚焦于症状所带来的更直接的强化作用及其帮助个体避免或逃避焦虑唤起情境的间接作用。

从学习理论的观点来看，躯体症状及相关障碍患者会因为"患者角色"获得好处或强化作用。例如，转换障碍患者可以从工作或承担家务的琐事及责任中解脱出来。生病通常还能获得同情和支持。图6-4阐释了心理动力学理论和学习理论中有关转换障碍的概念。

学习经验的差异解释了为什么历史上报道的女性转换障碍患者比男性转换障碍患者多。在西方文化中，女性用扮演患者的角色来处理应激可能比男性显得更加社会化（Miller，1987）。这并不是说转换障碍患者在装病。我们仅仅是指出人们可以学会扮演这种角色，继而强化

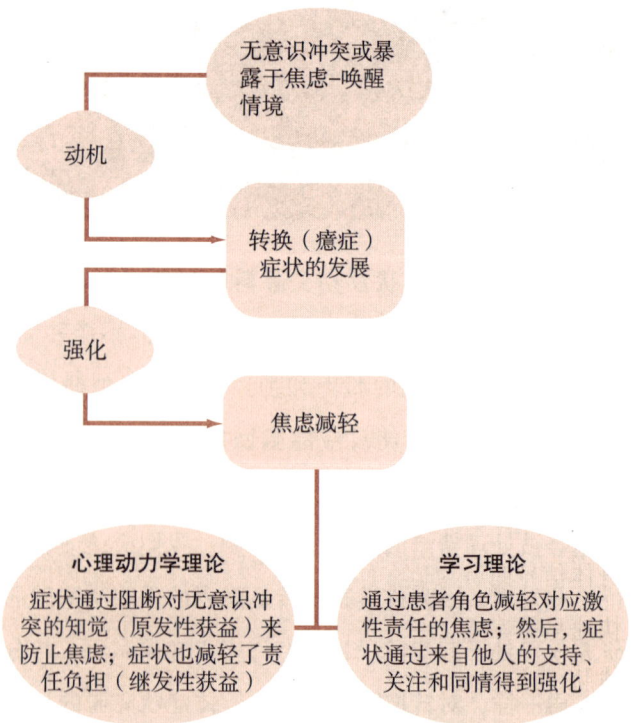

图6-4 转换障碍的概念模型

心理动力学理论和学习理论提供了转换障碍的概念模型，强调了转换症状在逃避或减轻焦虑中的作用。

这一结果，这与他们是否故意扮演这些角色无关。

疑病症通常与焦虑障碍尤其是强迫症同时发生（Höfling & Weck，2017；Weck et al.，2011）。患有疑病症的人经常会对自己的健康状况产生强迫性的、引发焦虑的想法。不停地换医生就是一种强迫行为，而医生确认他们的担心是多余的，会暂时缓解他们的焦虑，但也强化了他们的强迫行为。令人苦恼的想法还是会回来，促使他们反复就诊，如此循环往复。

认知理论

从认知理论的观点来看，我们可以认为疑病症在某些情况下是一种自我设限的策略，一种将自己的不良表现归咎于身体健康不佳的方法。在其他情况下，将注意力转移到躯体症状上可能是一种逃避思考其他生活问题的方法。

另一种认知理论的解释则关注歪曲思维的作用。疑病症患者会倾向于夸大微小的躯体症状的严重程度（Fulton，Marcus，& Merkey，2011；Hofmann，Asmundson，& Beck，2011）。他们将良性症状曲解为严重疾病的信号，从而引发焦虑，导致他们不停地更换医生，试图找出他们害怕患上的致命疾病。焦虑本身可能会引发躯体症状，这些症状的重要性会被夸大，进而导致更多令人不安的认知。

对健康问题的焦虑是疑病症和惊恐障碍的共同特征（Abramowitz，Olatunji，& Deacon，2008）。认知理论家推测这两种障碍可能具有相同的病因：将身体感觉的微小变化曲解为即将来临的灾难（Salkovskis & Clark，1993）。这两种障碍的差异可能在于：惊恐障碍是将身体信号曲解为迫在眉睫的威胁，从而导致焦虑水平快速呈螺旋式上升；疑病症是将身体信号曲解为长期威胁，从而导致对潜在疾病的焦虑。考虑到焦虑在疑病症中扮演的重要角色，这种疾病是否应该被重新归类为焦虑障碍，仍然是一个存在争议的问题（Creed & Barsky，2004；Gropalis et al.，2012）。

脑功能失调

最近有研究者提出，转换症状可能与控制某些功能（如语言）的大脑区域和控制焦虑的其他区域之间的神经连接断开或受损有关（Bryant & Das，2012）。对躯体症状及相关障碍的生物学基础的研究尚处于起步阶段，但它有望帮助阐明焦虑和脑功能之间的联系。

6.2.7　躯体症状及相关障碍的治疗方法
描述躯体症状及相关障碍的治疗方法。

弗洛伊德开创的精神分析起源于对癔症（现在被称为转换障碍）的治疗。精神分析试图将始于童年期的无意识冲突揭开，并使之进入意识层面。一旦冲突显露并得到处理，症状就没有继续存在的理由了。精神分析得到了案例研究的支持，其中一些是弗洛伊德报告的，另一些则是他的追随者报告的。然而，支持精神分析对转换障碍的治疗价值的证据仍然相当有限（Rickards & Silver，2014）。转换障碍在当今时代鲜有发生，这也是造成对其缺少科学研究的原因之一。

行为疗法侧重于消除可能与躯体症状有关的次级强化（或继发性获益）。例如，家庭成员或他人常常将患者视为无法承担责任的人。这种观念强化了患者的依赖性和躯体症状。行为治疗师会教家庭成员用奖励的方法鼓励患者承担责任，忽略唠叨和抱怨。行为治疗师也会直接与患者一起工作，帮助他们学习更多应对应激或焦虑的适应性方法（如放松或认知重构）。

认知行为疗法在治疗疑病症方面取得了良好的效果（Fallon et al.，2017；Liu et al.，2019；Weck et al.，2015）。例如，认知重构技术可以帮助患者通过理性的选择来识别并取代夸大的与疾病相关的信念。第 5 章讨论的暴露与反应阻断技术，可以帮助躯体症状障碍患者和疾病焦虑障碍患者打破当他们体验到对健康的担忧和焦虑时奔走于各个医院之间寻求确诊的循环。这些患者也能从打破不良的习惯（如反复上网查询与疾病相关的信息、反复阅读悼文等）中获益。不幸的是，当疑病症患者被告知他们的问题本质上是心理问题而非生理问题时，许多人放弃了治疗。正如权威专家亚瑟·巴尔斯基（Arthur Barsky）博士所说："他们说，'我不需要谈论这个，我需要有人在我的肝脏里探入活检针，我需要反复进行造影扫描'（Barsky，2004）。"

尽管认知行为疗法是治疗躯体症状及相关障碍的最佳方法，但有几项研究也支持抗抑郁药物在治疗躯体症状障碍（疑病症）和做作性障碍（孟乔森综合征）方面的价值（Fallon et al.，2017；Kroenke，2009）。

总之，分离障碍和躯体症状及相关障碍以最令人困惑不解的方式存在于异常行为模式中。

6.3　影响躯体健康的心理因素

躯体症状及相关障碍为我们了解紊乱的思维、行为和情绪对躯体健康的影响打开了一扇窗。在本节，我们将从更广泛的角度探索心理因素对躯体健康的影响。尽管躯体症状及相关障碍本质上属于行为或心理方面的问题，但与我们接下来要探讨的一样，躯体疾病也是受心理因素影响的。心理因素被认为对躯体疾病有因果或促成作用，通常这类疾病被称作**心身障碍**（Psychosomatic Disorder）。"Psychosomatic"一词源于希腊语词根"psyche"（意为"灵魂"或"智力"）和"soma"（意为"躯体"）。诸如哮喘和头疼这类疾病在传统意义上经常被视为心身障碍，因为心理因素在疾病的发展过程中起着重要作用。

溃疡是另一种在传统意义上被认为是心身障碍的疾病。在美国，每 10 个人中就有 1 人受到溃疡的影响。但是，它们作为心身障碍的地位被重新评估了。最近一项里程碑式的研究表明，幽门螺杆菌（而不是压力或饮食）是消化性溃疡的主要原因。消化性溃疡的特征是胃壁或小肠上部溃疡（Jones，2006）。当细菌破坏了胃或肠的保护层时，就会引发溃疡。使用一个疗程的抗生素可能会直接击退细菌，治愈溃疡。科学家尚

不清楚为什么一些携带这种细菌的人会患上溃疡，而另一些人却不会。幽门螺杆菌菌株的毒性强弱可能决定了被感染的个体是否会罹患消化性溃疡。在这个过程中，应激也起着一定的作用，尽管科学家缺乏明确的证据证明应激会导致免疫力低下（Jones，2006）。

心身医学领域探讨了心灵和身体之间的关系对人的健康产生的影响。现在，已有证据表明，心理因素对躯体疾病的影响范围比心理因素对传统意义上的心身障碍的影响范围广得多。在本节，我们将讨论传统意义上的心身障碍，以及其他一些在发展或治疗过程中受心理因素影响的疾病，如心血管疾病、癌症和艾滋病病毒／获得性免疫缺陷综合征。

6.3.1　头痛
描述心理因素在理解和治疗头痛中的作用。

头痛是许多疾病的症状，然而，当没有其他症状出现时，头痛可能会被认为与应激有关。迄今为止，最常见的头痛类型是紧张性头痛。应激会导致头皮、面部、颈部和肩部的持续紧张，引发周期性或慢性紧张性头痛。这些头痛症状发展缓慢，通常以头部两侧隐隐的、持续的疼痛及压迫感或紧绷感为特征。

偏头痛（Migraine）困扰着 3000 万美国人，它不仅仅是简单的头痛（Gelfand，2014），偏头痛是持续几小时或几天的复杂神经障碍。尽管它在不同的年龄阶段及性别间不存在显著的差异，但大约 2/3 的案例是 15～55 岁的女性。

偏头痛可能每天发作，也可能每隔一个月发作一次，其特征是单侧头部或眼睛的正后方有刺痛或阵痛感。疼痛可能极为强烈，以致难以忍受。患者在发作前会体验到某种先兆或一系列前驱症状。先兆的典型特征是感知扭曲，如闪光、怪诞影像或暗点。偏头痛导致的痛苦可能会造成伤亡、损害生命质量，或者导致睡眠、心境和思维过程紊乱。

理论观点

头痛的潜在原因尚不明确，仍待后续研究。紧张性头痛可能是由从面部和头部向大脑传输疼痛信号的神经通路敏感性增加导致的（Holroyd，2002）。偏头痛可能是由涉及神经或血管的潜在神经系统疾病造成的。神经递质血清素也会引发偏头痛。血清素水平的降低可能会导致脑部血管收缩（变窄）而后扩张（展开）。这种拉伸刺激会使神经末梢变得敏感，引起悸动，引发偏头痛及相关的感觉。也有证据表明，遗传因素对偏头痛有较大的作用（"Scientists Discover"，2003）。

许多因素会触发偏头痛，包括压力、强光或荧光刺激、月经、睡眠剥夺、海拔、天气和季节变化、花粉、特定药物、经常被用来增强食物味道的化学味精、酒精及饥饿（Sprenger，2011；Zebenholzer et al.，2011）。对女性来说，经期激素的变化也会引发偏头痛，所以女性患偏头痛的概率是男性的两倍也就不足为奇了。

偏头痛

偏头痛是头部单侧强烈的波动性疼痛，它受很多因素的影响，如激素变化、暴露在强光下、大气压变化、饥饿、接触花粉、饮红酒或使用特定药物甚至味精。

治疗

常用的止痛药，如阿司匹林、布洛芬和对乙酰氨基酚，可以减轻或消除与紧张性头痛相关的疼痛。收缩和扩张脑部血管或调节血清素活性的药物也被用于治疗由偏头痛引发的疼痛。有证据表明，心理干预，如冥想（见"深度探讨：通过冥想对抗应激相关障碍"专栏），有助于治疗头痛（Wells et al.，2014）。

在许多情况下，心理治疗也有助于缓解紧张性头痛或偏头痛。这些治疗包括生物反馈训练、放松训练、应对技能训练和其他一些认知疗法（Holroyd，2002；Nestoriuc & Martin，2007）。**生物反馈训练**（Biofeedback Training，BFT）可以帮助个体获取对身体机能（如肌肉紧张和脑电波）的控制，它通过以听觉信号（如"哔哔声"）或视觉显示的形式向个体提供这些身体机能的信息（反馈），让个体学会如何使信号朝着期望的方向发生改变。训练个体将生物反馈与放松技巧相结合也被证明是有效的。肌电图生物反馈是生物反馈训练的一种形式，涉及传递有关前额肌肉张力的信号。肌电图生物反馈训练可以强化人们对该区域肌肉紧张的意识，从而向个体提供学习缓解肌肉紧张的线索。

一些个体通过提高手指温度来减轻由偏头痛引发的疼痛。这种生物反馈技术被称为温度生物反馈训练，它可以改变人体内的血流模式，包括脑部血流，有助于控制由偏头痛引发的疼痛（Smith，2005）。温度反馈的一种方式是将温度感知设备与手指相连，控制器随着手指温度的升高发出更慢或更快的哔哔声。当更多血液离开头部并流向手指时，手指温度就会升高。患者可以想象手指变得更温暖，从而让身体里的血流产生理想的变化。

正误判断

人们可以通过提高手指的温度来缓解偏头痛。

正确　一些个体通过提高手指的温度使偏头痛得到缓解，这种生物反馈技术调整了身体里的血流模式。

深度探讨
通过冥想对抗应激相关障碍

压力会引起身体反应，如交感神经系统的过度兴奋，如果这些反应持续下去，可能会增加罹患应激相关障碍的风险。心理学家和其他医疗服务提供者已经开始借助冥想来帮助患者更有效地管理压力。

冥想

冥想包括各种收窄意识状态的方法。例如，瑜伽修行者（瑜伽哲学的践行者）会专注地研究瓶饰或曼荼罗的图案。古埃及人将注意力集中在一盏油灯上，这就是阿拉丁神灯这个故事的灵感来源。在美国，超觉冥想（Transcendental Meditation，TM）是一种很流行的冥想方式，它是在1959年由瑜伽大师玛哈里希·玛赫西·优济（Maharishi Mahesh Yogi）带到美国的一种印度冥想方式的基础上发展起来的。修习者会重复咒语，即一些令人放松的声音，如"ieng"和"om"。冥想对治疗许多心理和躯体疾病都有显著的效果，特别是那些与应激相关的疾病，如高血压、慢性疼痛、失眠、焦虑和抑郁问题，甚至进食障碍和物质滥用问题（Armstrong & Rimes，2016；Cherkin et al.，2017；Cladder-Micus et al.，2018；Nidich et al.，2018；van der Velden et al.，2015）。

一项针对非裔美国心脏病患者的研究表明，与接受健康教育（控制组）相比，每日冥想可以降低心脏病发作和死亡的风险（Schneider et al.，2012）。另一项关于美国海军陆战队部署准备的重要研究表明，正念冥想训练提高了应对压力的生理指标（Johnson et al.，2014）。

功能性磁共振成像显示，与刚开始接受冥想训练的人相比，长期冥想实践者的大脑在涉及注意力和决策的区域具有较高的活动水平（Brefczynski-Lewis et al.，2007；见图6-5）。这些发现使科学家推测，定期的冥想训练可能会改变大脑功能，这可能对患有注意缺陷/多动障碍的儿童具有治疗作用，这些儿童在维持注意力方面存在困难（我们将在第13章对此做进一步的讨论）。

功能性磁共振成像的主要研究者之一——威斯康星大学的心理学家理查德·戴维森（Richard Davidson）指出，规律性地训练大脑，使其在执行某些认知过程时更有效率，包括集中注意力，是有可能的。我们可以通过有规律的练习来锻炼身体，因此，也许我们也能通过系统的注意力技能练习来训练大脑。尽管这些研究结果振奋人心，但我们仍在等待更进一步的研

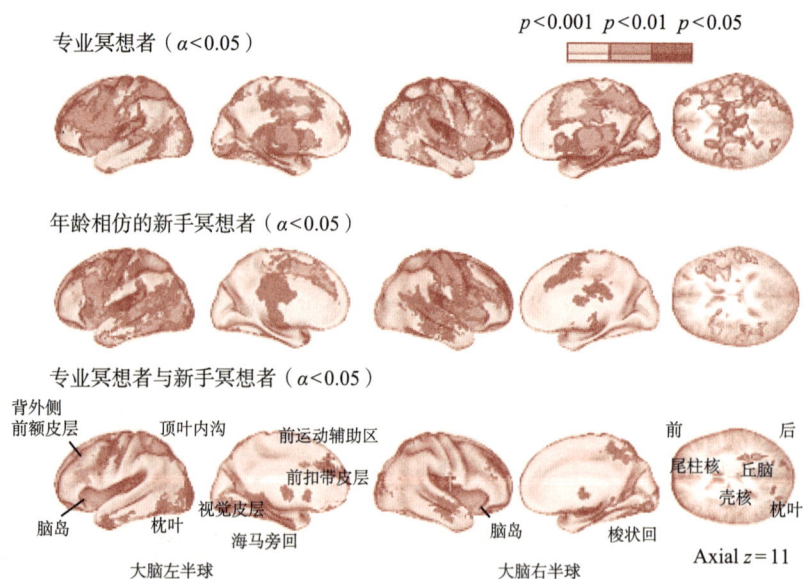

图6-5 训练有素的大脑

在这里，我们看到专业冥想者和新手冥想者在执行注意力任务时的脑部扫描图像。更活跃的区域以深红色和浅红色显示。第三排显示的是两组被试的大脑中差异显著的区域，参与注意过程的大脑区域（包括前额皮层）活跃度更高。

资料来源：Adapted from Brefczynski-Lewis, J. A., Lutz, A., Schaefer, H. S., Levinson, D. B., & Davidson, R. J.（2007）. Neural correlates of attentional expertise in long-term meditation practitioners. Proceedings of the National Academy of Sciences, 104, 11483–11488. Copyright（2007）National Academy of Sciences, U.S.A.

究，以确定心理技术是否能改变大脑的注意过程。

尽管各种冥想技术之间存在差异，但以下建议说明了一些共同的原则。

1. 每天试着进行一到两次时长为 10 ～ 20 分钟的冥想。

2. 当你冥想时，不做什么比做什么更重要。因此，要秉持无为的态度，并告诉自己："既来之，则安之。"在冥想中，你要放松地接受一切。你无须争取更多。任何形式的努力都会妨碍冥想。

3. 让自己处在一个安静、平和的环境中。例如，不要被光线直射。

4. 冥想前一小时避免吃东西。冥想前至少两小时内避免摄入咖啡因（存在于咖啡、茶、饮料和巧克力中）。

5. 保持一个放松的姿势。你可以根据需要调整姿势。如有需要，你可以挠痒痒或打哈欠。

6. 找到一个聚焦点。你可以把注意力放在你的呼吸上，也可以坐在令你平静的物体前面，如一株植物或焚香。本森（Benson，1975）建议每次呼气时"感知"（而不是"在心里默念"）重点单词。也就是说，思考这个词，但"不那么用力"。其他研究者则建议，在吸气时想象这个词跟着呼吸进入，而在吐气时想象这个词随着呼吸排出。

7. 准备冥想时，多次大声地念诵咒语——当你使用咒语时。享受它，然后速度逐渐放缓，轻声念诵。闭上眼睛，把注意力放在咒语上。让有关念咒语的念头越来越"被动"，这样你便只是感知它，而不是思考它。接着，抱着"既来之，则安之"的态度，继续把注意力放在咒语上。它也许会变得越来越轻柔，也许会越来越响亮，也可能会逐渐消失，然后再次出现。

8. 如果你在冥想时出现了不安的思绪，请允许它们"经过"。不要急着去消除它们，否则你会变得紧张。

9. 记住随心而安。冥想的放松效果是勉强不来的。就像睡眠一样，你所能做的，就是为它搭建好舞台，然后允许它发生。

10. 让自己随心而动（你不会迷失）。既来之，则安之。

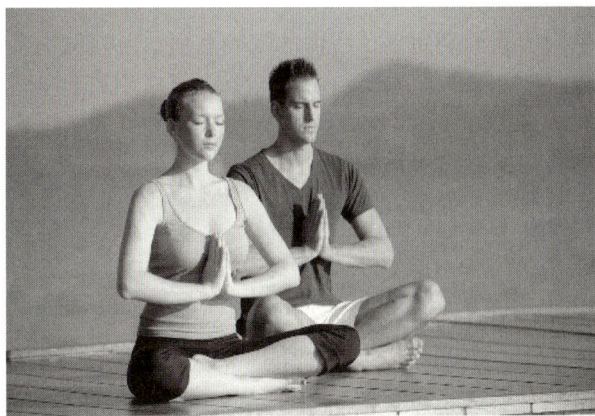

顺其自然

冥想是一种流行的方法，它通过降低身体的觉醒状态来应对来自外部世界的压力。

6.3.2　心血管疾病

识别冠心病的心理风险因素。

我们的心血管系统，也就是连接心脏和血管的网络，是生命的"高速公路"。不幸的是，这条高速公路会以**心血管疾病**（Cardiovascular Disease，CVD）或心脏和动脉方面的疾病的形式发生"事故"。在美国，心血管疾病是导致死亡的主要原因，据称每年有 83 万人死于心血管疾病，几乎与由心脏病发作、中风导致的死亡人数一样多［Centers for Disease Control（CDC），2015b；Heron，2018］。冠心病（Coronary Heart Disease，CHD）是心血管疾病的主要形式，上述人数中的 60 万人死于该疾病（CDC，2015a）。冠心病是导致男性和女性死亡的主要原因。据称，在女性中，由该疾病导致的死亡人数比由乳腺癌导致的死亡人数还多。

在冠心病中，流向心脏的血液满足不了心脏的需求。冠心病的潜在疾病过程被称为动脉硬化（Arteriosclerosis），在这种状况下，动脉壁会变得越来越厚、越来越硬、缺乏弹性，使血液难以自由流动。动脉硬化的主要潜在病因是动脉粥样硬化（Atherosclerosis），这一过程涉及动脉壁上脂肪沉积物堆积过多，导致形成阻塞动脉的斑块。斑块会导致动脉血管变窄，如果此时动脉血管中形成血栓，就会阻止血液流向心脏，进而导致心脏病（也叫心肌梗死）——这是一种因为缺少含氧血液导致心肌组织死亡的危及生命的疾病。当血栓阻止动脉向脑部供血时，就会引发中风，导致脑组织死亡，进而导致大脑部分功能丧失、昏迷甚至死亡。

我们可以通过减少那些我们能够直接控制的风险因素来降低患心血管疾病的风险。像年龄和家族史这类风险因素的确超出了我们的控制范围，但其他主要的风险因素则可以通过医学治疗和健康的生活方式得到控制，这些因素包括血液中的低密度胆固醇水平过高、高血压、吸烟、暴饮暴食、酗酒、高脂饮食及久坐不动的生活方式（Bauchner, Fontanarosa, & Golub, 2013；Eckel et al., 2014；Foody, 2013；James et al., 2014；Mitka, 2013）。幸运的是，采取健康的生活方式可以使心脏和循环系统获益（Roger, 2009）。即使是"沙发土豆"（电视迷）也能通过增加身体活动量来降低患心血管疾病的风险（Borjesson & Dahlof, 2005）。另一个好消息是，由冠心病导致的死亡人数在过去的几十年里一直在减少，这在很大程度上归功于医疗条件的改善和吸烟等风险因素的减少（Ma et al., 2015；McGinnis, 2015；National Center for Health Statistics, 2012b）。

消极情绪

愤怒、焦虑和抑郁等消极情绪的频繁出现会对心

血管系统造成破坏性的影响（Allan & Fisher, 2011；Glassman, Bigger, & Gaffney, 2009；Lichtman et al., 2014）。在这里，我们主要关注的是长期愤怒的影响。

偶尔的愤怒不会对个体的心脏造成影响，但长期的愤怒会让个体患冠心病的风险增加（Chida & Steptoe, 2009；Denollet & Pedersen, 2009）。愤怒与敌意密切相关，后者是一种人格特质，以易怒、习惯性地指责他人、用消极的方式看待世界为特征。不友善的人往往脾气暴躁且很容易发怒。敌意是 A 型行为模式（Type A Behavior Pattern，TABP）的组成部分。A 型行为模式是一种行为风格，其基本特征是争强好胜、野心勃勃、缺乏耐心且竞争意识强。尽管早期的研究认为 A 型行为模式与患冠心病的高风险有关，但后来的研究对这种一般行为模式与冠心病风险之间的关系提出了疑问（Geipert, 2007）。有证据表明，作为 A 型行为模式组成部分的敌意会增加患心脏病和出现其他对健康不利的问题的风险（Chida & Steptoe, 2009；Eichstaedt et al., 2015；Everson-Rose et al., 2014；Kitayama et al., 2015）。充满敌意的个体往往长时间处于愤怒状态中。

愤怒或其他消极情绪是如何导致个体患冠心病的风险增加的呢？虽然我们不能给出确切的答案，但应激激素肾上腺素和去甲肾上腺素似乎起到了至关重要的作用。这些激素会导致心率和呼吸频率加快、血压升高，从而使身体在面对威胁时将更多富氧血液输送至肌肉，并准备进行防御——战斗或逃走。频繁经历愤怒或焦虑等强烈消极情绪的个体，其身体会重复释放这些应激激素，最终损害心脏和血管。

对已经患有心脏病的个体来说，急性愤怒发作会触发心脏病发作和心源性猝死（Clay, 2001）。此外，同样是肥胖和吸烟的个体，其中敌意程度较高的个体往往有更高的罹患心血管疾病的风险（Bunde & Suls, 2006）。焦虑和愤怒也会提高血液中胆固醇的水平，从而损害心血管系统。胆固醇是一种会堵塞动脉并增加

心脏病发作风险的脂肪物质（Suinn，2001）。帮助愤怒的人学会在刺激情境下保持平静对他们的心脏和心灵均有所助益。

抑郁对冠心病也有一定的影响，这也许是因为它给身体带来了额外的压力（Everson-Rose et al.，2014；Gordon et al.，2011）。此领域的资深研究者、哈佛医学院的杰夫·霍夫曼（Jeff Huffman）指出："有确凿证据表明，如果个体在心脏病发作后又罹患抑郁障碍，那么他们很可能会在接下来的几个月或几年里死于心脏病（'Depression Ups Risk'，2008）。"即使是那些之前没有心脏病的重性抑郁障碍患者，他们死于心脏相关疾病的风险也比一般人高（Penninx et al.，2000）。总之，照顾好我们的情绪可能会给我们的身体健康带来额外的益处。

社会环境压力

社会环境压力也会增加个体罹患冠心病的风险（Krantz et al.，1988）。加班、流水线作业及持续暴露于任务冲突情境等职业压力因素，都与罹患冠心病的风险增加有关（Jenkins，1988）。然而，压力和冠心病之间的关系并不是直接的。例如，要求较高的工作所带来的影响可以通过心理坚韧性和个体对工作的意义感等因素进行调节（Krantz et al.，1988）。

Littleny/Fotolia

情绪与心脏
持续的消极情绪，如焦虑和愤怒，是心脏相关问题的一个风险因素。

其他形式的压力也会增加个体罹患心血管疾病的风险（Walsh，2011）。例如，瑞典的研究者发现，婚姻压力导致女性心脏病复发（包括心脏病发作和心源性死亡）的风险增加了两倍（Foxhall，2001；Orth-Gomér et al.，2000）。

种族与冠心病

冠心病并不是一个一视同仁的破坏者。欧裔美国人（非西班牙裔白人）和非裔美国人（非西班牙裔黑人）具有较高的冠心病死亡率（Ferdinand & Ferdinand，2009；见图6-6）。肥胖、吸烟、糖尿病和高血压等因素在决定冠心病的相对风险及与冠心病相关的死亡率方面

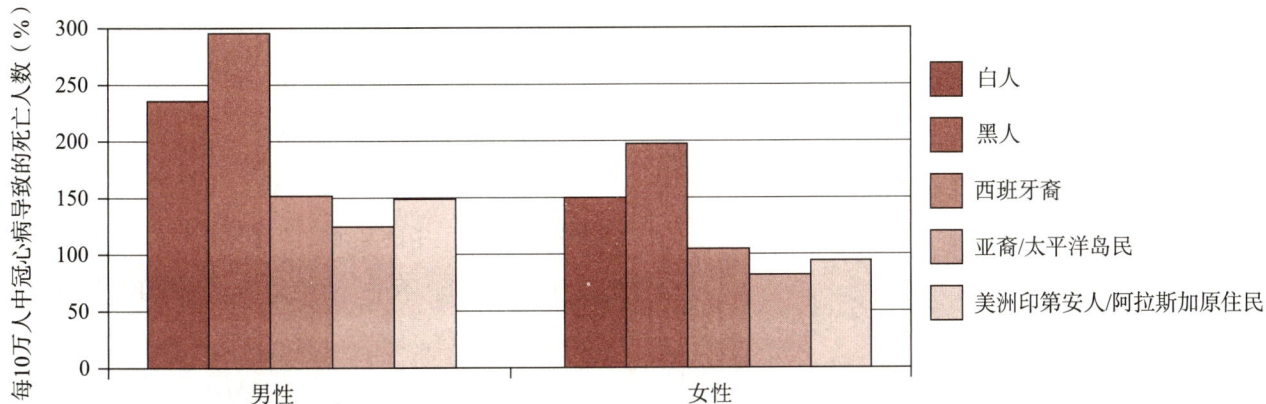

图例：
- 白人
- 黑人
- 西班牙裔
- 亚裔/太平洋岛民
- 美洲印第安人/阿拉斯加原住民

纵轴：每10万人中冠心病导致的死亡人数（%）
横轴：男性 女性

图 6-6 冠心病与种族的关系

在美国，由冠心病导致的死亡人数在黑人（非西班牙裔）男性和女性中都有所下降。

资料来源：National Center for Health Statistics（2012a）.

起着重要作用（Qamar & Braunwald，2018；Whelton & Carey，2017，and others）。例如，与美国其他人群相比，非裔美国人具有较高的高血压发病率，同时也具有较高的肥胖率和糖尿病发病率（Lee，2019）。而且，对少数群体来说，双重医疗标准也限制了他们获得优质医疗服务的机会。患有心脏病且遭遇心脏病发作、中风或心力衰竭的美国黑人，通常享受不到与白人相同水平的医疗服务，也没有机会接触最新的心脏护理技术，这可能会导致他们在心血管疾病方面有更高的总体死亡率（Peterson & Yancy，2009；Van Dyke et al.，2018）。这种双重医疗标准既反映了歧视，也反映了导致健康服务使用受限的文化因素，如许多非裔美国人对医疗机构持不信任的态度。

我们将以鼓舞人心的消息来结束本节的内容。美国人已经开始更加关注他们的心血管健康了。冠心病的发病率和由心脏病导致的死亡率在过去的 50 年里已经直线下降，这在很大程度上归功于吸烟的减少、冠心病治疗方法的改进，以及生活方式的改变，如减少了膳食脂肪的摄入。受过良好教育的人也更有可能改变不健康的行为模式，并从改变中获益。对你来说，这是否有所启发？

6.3.3 哮喘

识别引发哮喘发作的心理因素。

哮喘是一种呼吸障碍，是气管的主要管道——支气管——收缩和发炎，并且分泌大量黏液的疾病。在哮喘发作期间，个体会出现喘息、咳嗽，并难以吸入足够的空气等症状。他们可能会感到窒息。

在美国，大约有 2600 万人患有哮喘，其中包括约 600 万儿童（CDC，2017a）。哮喘的发病率正在不断攀升，在过去的 30 年里增长了一倍多。哮喘发作可以持续几分钟到几小时，强度变化明显。一系列发作会损害支气管系统，导致黏液聚集、肌肉失去弹性。有时，支气管系统会脆弱到后续发作就能够致命的程度。

理论观点

许多因素会诱发哮喘，如过敏反应、暴露在环境污染物（包括香烟和烟雾）面前、遗传和免疫因素。易感人群的哮喘反应会因暴露于过敏原（如花粉、霉菌孢子和动物的皮屑）被触发，也会被寒冷、干燥或炎热、潮湿的空气触发，还会因愤怒、过度大哭等情绪反应被触发。应激、焦虑和抑郁等心理因素会增加哮喘发作的易感性（Schreier & Chen，2008；Voelker，2012）。与此同时，哮喘也会对心理产生影响。一些哮喘患者会避免剧烈的活动，包括体育锻炼，因为他们害怕会因需氧量增加而引发哮喘发作。

治疗

虽然哮喘无法被治愈，但它可以通过以下方式得到控制：减少与过敏原的接触；进行脱敏治疗（过敏注射），帮助身体对过敏原形成更强的耐受性；使用吸入器；在发作期间使用能扩张支气管的药物（支气管扩张剂）和其他药物（抗炎药），帮助维持支气管扩张以减少后续发作的次数。此外，行为技术也会给哮喘患者带来帮助，通过练习呼吸和放松技巧，患者可以改善他们的呼吸并更有效地处理应激（Brody，2009）。

6.3.4 癌症

识别癌症的行为风险因素。

可以说，"癌症"这个词可以说是最令人恐惧的词了，事实也确实如此。在美国，1/4 的死亡是由癌症引起的，据说癌症每年夺走大约 50 万人的生命，大概每 60 秒就有 1 人死于癌症（CDC，2015b）。男性有一半的概率在其人生中的某个时刻罹患癌症；对女性来说，这个概率是 1/3。不过，也有好消息：近年来，癌症死亡率一直在下降，这在很大程度上归功于前期的筛查和更好的治疗手段（Hampton，2015）。

癌症涉及变异或突变细胞的生长（肿瘤）及其向健康组织的扩散。癌细胞可以到处生根——血液、骨骼、肺部、消化道和生殖器官中。一旦无法得到及时的控制，癌症就会转移和扩散，进而导致死亡。

　　导致癌症的原因有很多，包括遗传因素、接触致癌的化学物质，甚至接触某些病毒。然而，如果人们采取比较健康的生活方式，尤其是避免吸烟、限制脂肪摄入量、控制体重、减少酒精摄入量、定期锻炼和减少日晒（紫外线会导致皮肤癌）等，超过一半以上的癌症就能被遏制（Colditz, Wolin, & Gehlert, 2012；Li et al., 2009）。例如，日本的癌症死亡率明显比美国低，因为美国人摄入了更多的脂肪，尤其是动物脂肪。这种差异不在于基因或种族，而在于生活方式和饮食：某些日裔美国人的饱和脂肪摄入量接近于典型美国人的脂肪摄入量，因此他们的癌症死亡率与其他美国人相当。

应激与癌症

　　免疫系统功能减弱或受损可能会增加个体罹患癌症的易感性。已有研究表明，心理因素——如暴露在应激环境下——会影响免疫系统。所以，暴露在应激环境下可能会增加个体罹患癌症的风险。然而，应激与癌症之间的关系尚不明确，还需要进一步的研究进行验证（Cohen, Janicki-Deverts, & Miller, 2007）。

　　另外，我们有足够的证据证明，心理咨询和团体支持项目可以改善癌症患者的生活质量，并帮助他们应对由癌症带来的严重情绪后果，包括抑郁、焦虑和绝望感（Cleary & Stanton, 2015；de la Torre-Luque et al., 2015；Hartung et al., 2016；Hopko et al., 2015）。有证据表明，比起那些在治疗中更积极、主动的患者，使用回避的方式（如忽视或不去处理）应对癌症确诊的患者面临更高的罹患抑郁障碍的风险（Stanton et al., 2018）。将认知疗法与正念冥想训练相结合也有助于缓解癌症患者的抑郁和焦虑情绪（Foley et al., 2010）。

　　癌症患者也可以从旨在减轻应对癌症的压力和痛苦（如应对由化疗引发的令人不快的副作用）的技能

训练中获益。与化疗有关的线索，如医院环境本身，甚至在药物开始生效前就可能成为条件刺激，引起恶心和呕吐。将放松、令人愉快的意象和分散注意力与这些线索结合起来，可能有助于减少由化疗引起的恶心和呕吐。

6.3.5　获得性免疫缺陷综合征

描述心理学家在对人类免疫缺陷病毒 / 获得性免疫缺陷综合征的干预和治疗方面所起的作用。

　　获得性免疫缺陷综合征（Acquired Immune Deficiency Syndrome，AIDS，又被称为"艾滋病"）是由人类免疫缺陷病毒（Human Immunodeficiency Virus，HIV，又被称为艾滋病病毒）引发的疾病。艾滋病病毒会攻击人体的免疫系统，使其无法抵御正常情况下能够战胜的疾病。艾滋病是历史上最严重的传染病之一，在世界范围内已经夺走了 3900 多万人的生命，并且目前仍有近 3700 万人感染了艾滋病病毒（CDC，2018b）。在美国，自艾滋病开始流行以来，已有 70 多万人死于与艾滋病相关的疾病，目前约有 110 万人感染了艾滋病病毒（CDC，2018b；Kaiser Family Foundation，2018；U.S. Preventive Services Task Force，2019）。

　　我们在讨论躯体疾病的心理因素时将艾滋病病毒 / 艾滋病纳入其中主要有两个原因：第一，艾滋病病毒感染者在适应与疾病共存时往往会出现严重的心理问题；第二，不安全的性行为和注射行为等在决定感染风险和传播病毒方面起着主导作用。

　　艾滋病病毒可以通过以下途径传播：性接触、直接注射被感染的血液、使用感染者用过的针头、与注射吸毒者共用针头。此外，艾滋病病毒还可以通过怀孕、分娩及哺乳等从感染的孕产妇传染给孩子。艾滋病并不会通过献血、空气传播、蚊虫叮咬传染，也不会通过近距离接触，如共用洗手间、与感染者握手或拥抱、共用餐具、住在一起或共同上学传染。血液筛查机制已经将输血感染的风险降至几乎为零。尽管尚无根治方法或疫苗，但高效抗反转录病毒药物的问世彻底改变了对这种疾病的治疗方式。尽管不能治愈疾病，但这些药物可以保持疾病在几十年内受到控制（Cohen，2012）。值得庆幸的是，由于抗病毒治疗的普及，世界范围内与艾滋病相关的死亡率在最近几年已经开始下降。但由于缺乏治疗方法或有效的疫苗，侧重于减少或消除高危性行为和注射行为的预防项目仍然是控制这一传染病的最大希望。

对艾滋病患者的调节

考虑到这种疾病的性质和大众对患者的污名化，许多（当然不是全部）艾滋病患者会产生心理问题也就不足为奇了。其中最常见的心理问题就是焦虑和抑郁（Przystupski et al.，2018）。

心理学家和其他心理健康专家都参与到为艾滋病病毒感染者提供治疗的工作中。应对技能训练和认知行为疗法可以帮助患者提高免疫力，缓解抑郁和焦虑，增强自我照顾和处理应激的能力，提高生活质量

与 HIV/AIDS 共存

与这种疾病共存会对人的情绪健康造成损害，导致焦虑和抑郁等心理问题。值得庆幸的是，应对技能项目和其他心理服务可以改善 HIV/AIDS 患者的生活质量。

（Blashill et al.，2017；Stout-Shaffer & Page，2008）。治疗包含应激管理技术，如放松训练和运用积极的心理意象，以及控制侵入性的负性想法和偏见的认知策略。

抗抑郁药物也有助于艾滋病患者应对该疾病的常见情绪后果——抑郁障碍。抑郁障碍的治疗和应激管理训练究竟能否改善艾滋病患者的免疫功能或延长他们的寿命，依然是一个悬而未决的问题。

减少风险行为的心理干预

仅提供降低风险的信息并不足以引起性行为的广泛改变。尽管已经意识到危险，许多人仍继续从事不安全的性行为和注射行为。幸运的是，心理干预在帮助人们改变危险行为方面是有效的（Albarracín，Durantini，& Ear，2006；Gilchrist et al.，2017）。这些项目提高了人们对危险行为的意识，并帮助他们采取更加适宜的行为，如坚定地拒绝不安全性行为的邀请、与伴侣就安全性性行为进行有效的沟通。进行安全性行为的可能性也与在性行为前避免饮酒和吸毒，以及认为采取安全性行为是朋辈群体中的一种社会规范（预期行为）的看法有关。

我们侧重于研究应激与健康之间的关系，以及与躯体健康有关的心理因素。心理学可以提供对躯体疾病的更多理解和治疗。心理学方法也有助于治疗躯体疾病，如头痛和冠心病。心理学家也可以帮助人们构建健康的生活方式和行为，以降低出现严重健康问题（如心血管疾病、癌症和艾滋病）的风险。心理神经免疫学等新领域的兴起有望进一步增强我们对心身之间复杂关系的认识。

本章总结

6.1　分离障碍

6.1.1　分离性身份障碍

描述分离性身份障碍的主要特征，并解释分离性身份障碍这一概念备受争议的原因。

　　在分离性身份障碍中，两个或更多不同的人格存在于一个人体内，每个人格都拥有明确的特征和记忆，并反复控制这个人的行为。一些理论家提出疑问，究竟分离性身份障碍是一种真正的障碍，还是一种精心设计的对"多重人格"的角色扮演的形式，这种角色扮演因包括治疗师在内的其他人的关注和兴趣而得到强化。

6.1.2　分离性遗忘症

描述分离性遗忘症的主要特征。

　　在分离性遗忘症中，一个人会丧失有关个人信息的记忆，而这种记忆丧失无法用生理原因来解释。在分离性神游症中，一个人会突然离开家或工作场所，丧失对自己过往的记忆，弄不清楚自己的身份，甚至构建出一个新的身份。

6.1.3　人格解体 / 现实解体障碍

描述人格解体 / 现实解体障碍的主要特征。

　　在人格解体 / 现实解体障碍中，患者会经历持续或反复发作的人格解体 / 现实解体，其严重程度足以导致严重的情绪困扰或功能受损。

6.1.4　文化相关分离性综合征

识别两种具有解离特征的文化相关综合征。

　　两种具有解离特征的文化相关综合征分别是杀人狂症和鬼魂附体，前者具有类似出神状态的特征，后者涉及表现出解离行为的人，在民间文化中，这些行为被认为由灵魂附体导致。

6.1.5　理论观点

描述关于分离障碍的不同理论观点。

　　心理动力学理论家将分离障碍视为一种心理防御的形式，自我通过将令人不安的记忆和不可接受的冲动从意识中抹除来保护自身。越来越多的证据表明，分离障碍与儿童早期创伤之间存在关联，这支持了一种观点，即解离可能有助于保护自我免受令人不安的记忆的影响。对学习理论家和认知理论家来说，解离体验是远离某些可能导致内疚感或羞愧感的令人不安的行为或想法的一种方式。焦虑的缓解会对这种解离模式进行负强化。一些社会认知理论家认为，多重人格可能是一种角色扮演行为的表现形式。

6.1.6　分离障碍的治疗方法

描述分离性身份障碍的治疗方法。

　　主要的治疗形式是心理治疗，其目标是通过帮助分离性身份障碍患者发现并整合童年时期有关解离的痛苦经历来实现人格的重新整合。

6.2　躯体症状及相关障碍

6.2.1　躯体症状障碍

描述躯体症状障碍的主要特征。

　　躯体症状障碍是指患者过度关注躯体症状，以至于影响自己日常生活中的思想、情感和行为。

6.2.2　疾病焦虑障碍

描述疾病焦虑障碍的主要特征。

　　疾病焦虑障碍是指患者认为一些轻微的躯体症状反映了严重的潜在疾病，尽管医学证据表明并非如此。

6.2.3　转换障碍

描述转换障碍的主要特征。

　　转换障碍是指患者在运动或感觉功能上存在躯体

症状或缺陷，而这些症状或缺陷无法用已知的医疗状况或疾病来解释。

6.2.4 做作性障碍

解释诈病和做作性障碍之间的区别。

诈病是指为了谋取个人利益或逃避不愿承担的责任而故意假装或夸大症状，因此它不被视为一种精神障碍或心理障碍。做作性障碍的症状也是虚构的。然而，由于没有任何明显的获益，做作性障碍的症状被认为反映了患者潜在的心理需求，因此代表了精神障碍或心理障碍的特征。孟乔森综合征是做作性障碍的主要形式，其特征是故意伪造躯体症状，仅仅是为了扮演患者的角色。

6.2.5 恐缩症和精液流失恐怖症：远东地区的躯体症状障碍

描述恐缩症和精液流失恐怖症的主要特征。

这是文化相关综合征的两个例子。恐缩症主要出现在东南亚，其特征是过度害怕自己的生殖器萎缩并缩回体内；精液流失恐怖症主要出现在印度，涉及男性对精液流失的过度恐惧。

6.2.6 理论观点

描述对躯体症状及相关障碍的理论认识。

对躯体症状及相关障碍的理论关注大多集中在疑病症上，疑病症现在被归类为躯体症状障碍或疾病焦虑障碍。一种学习理论模型将疑病症与强迫症归为同类。疑病症中的认知因素包括可能的自我设限策略和认知歪曲（涉及对自身健康状况的夸大感知）。转换障碍的心理动力学模型认为，自我会将不可接受或危险的冲动切断，以阻止其进入意识层面，而残余的情绪或能量便转换成了躯体症状。从这个意义上讲，该症状是功能性的，它允许一个人同时实现原发性获益和继发性获益。学习理论侧重于与转换障碍相关的强化，如采用"患者角色"所获得的强化效应。

6.2.7 躯体症状及相关障碍的治疗方法

描述躯体症状及相关障碍的治疗方法。

心理动力学治疗师试图揭示并使人们意识到源自童年时期的潜在的无意识冲突，这些冲突被认为是躯体症状及相关障碍的根源。一旦发现并解决了冲突，症状就会消失，因为患者不再需要它们作为潜在冲突的部分解决方案。行为疗法关注的是消除潜在的次级强化，它们可能会使个体维持异常的行为模式。一般来说，行为治疗师会帮助躯体症状及相关障碍患者学会更有效地处理压力或引发焦虑的情境。此外，认知和行为技术的结合，如暴露与反应阻断和认知重构，可能会被用于治疗疑病症。抗抑郁药物被证明有助于治疗某些躯体症状及相关障碍患者。

6.3 影响躯体健康的心理因素

6.3.1 头痛

描述心理因素在理解和治疗头痛中的作用。

最常见的头痛是紧张性头痛，通常与应激有关。放松训练和生物反馈训练有助于治疗各种类型的头痛。

6.3.2 心血管疾病

识别冠心病的心理风险因素。

增加患冠心病风险的心理因素包括不健康的饮食模式、久坐不动的生活方式和持续的消极情绪。

6.3.3 哮喘

识别引发哮喘发作的心理因素。

应激、焦虑和抑郁等心理因素可能会引发易感个体的哮喘发作。

6.3.4 癌症

识别癌症的行为风险因素。

尽管应激和罹患癌症风险之间的关系仍在研究中，但导致癌症的行为风险因素包括不健康的饮食习惯（特别是高脂肪摄入量）、酗酒、吸烟和过度日晒。

6.3.5　获得性免疫缺陷综合征

描述心理学家在对人类免疫缺陷病毒 / 获得性免疫缺陷综合征的干预和治疗方面所起的作用。

　　心理学家正在参与预防项目的研究，以减少可能导致人类免疫缺陷病毒（艾滋病病毒）感染的危险行为，同时参与开发治疗项目，如应对技能训练和认知行为疗法，旨在帮助受到获得性免疫缺陷综合征（艾滋病）影响的人。

批判性思考题

请在阅读本章内容的基础上，回答以下问题。

- 为什么分离性身份障碍的诊断具有争议性？你认为分离性身份障碍患者仅仅是在扮演他们习得的角色吗？为什么？

- 怎样将分离性身份障碍和躯体症状及相关障碍与诈病区分开来？在诊断方面可能会存在什么困难？

- 为什么转换障碍被认为是变态心理学编年史上的宝藏？这种障碍在异常行为的心理学模型的发展过程中起到了怎样的作用？

- 你认为恐缩症和精液流失恐怖症很奇怪吗？基于你成长的文化环境，你对它们的想法是什么？你能举例说明在你所处的文化中可能被来自其他文化背景的人视为"怪异"的行为模式吗？

第 **7** 章
心境障碍与自杀

Bits and Splits/Fotolia

本章音频导读，
请扫描二维码收听。

学习目标

7.1.1　描述重性抑郁障碍的主要特征，并评估可能导致女性患抑郁障碍的比例较高的因素。

7.1.2　描述持续性抑郁障碍（心境恶劣）的主要特征。

7.1.3　描述经前期烦躁障碍的主要特征。

7.1.4　描述双相障碍的主要特征。

7.1.5　描述环性心境障碍的主要特征。

7.2.1　评价应激在抑郁障碍中的作用。

7.2.2　描述抑郁障碍的心理动力学模型。

7.2.3　描述抑郁障碍的人本主义模型。

7.2.4　描述抑郁障碍的学习理论模型。

7.2.5　描述抑郁障碍的贝克认知模型和习得性无助模型。

7.2.6　识别导致抑郁障碍的生物学因素。

7.2.7　识别双相障碍的病因。

7.3.1　描述治疗抑郁障碍的心理学方法。

7.3.2　描述治疗抑郁障碍的生物医学方法。

7.4.1　识别自杀的风险因素。

7.4.2 识别关于自杀的主要理论观点。

7.4.3 如果你认识的人有自杀的想法，请运用你所学到的有关自杀因素的知识采取相应的措施。

在进一步阅读之前，请先完成正误判断测试，看看自己对相关知识的掌握情况。接着，在阅读本章的内容时，请对照穿插其中的参考答案来确认你的答案。

正误判断

正确　错误

□　□　感到伤心或抑郁是不正常的。

□　□　重性抑郁障碍影响着上百万美国人，幸运的是，他们中的大多数都得到了他们所需要的帮助。

□　□　在某些情况下，暴露在明亮的人造光下有助于缓解抑郁症状。

□　□　男性患重性抑郁障碍的概率是女性的两倍。

□　□　体育锻炼不仅有助于增强体质，还可以对抗抑郁。

□　□　在头皮上放置一个强大的电磁铁可以帮助人们缓解抑郁症状。

□　□　古希腊和古罗马人曾使用一种化学物质来抑制心境的剧烈波动，这种方法至今仍被使用。

□　□　威胁要自杀的人基本上都是想寻求关注。

著有《纳特·特纳的自白》（*The Confessions of Nat Turner*）和《苏菲的选择》（*Sophie's Choice*）的著名作家威廉·斯泰隆（William Styron，1925—2006 年）在60 岁时患上了重性抑郁障碍，并险些自杀。在回忆录中，他讲述了这段人生黑暗期，以及他重新找回生命意义的历程。

"看得见的黑暗"

"当我开始为自己准备后事时，我发现自己处于一种融合了恐惧和幻想的混乱状态：我去附近的镇上找律师，在那里重新写下我的遗嘱，并花了好几个下午的时间试图给子孙们写一封语无伦次的告别信。事实证明，整理遗书是我遇到过的最艰难的写作任务。

在一个寒冷的深夜，当我不知道自己能否熬到明天时，我强迫自己看了一部电影。影片中有一个情节：演员们穿过音乐学校的走廊，墙的另一边传来女低音歌唱家的歌声，她正在演唱勃拉姆斯的《女低音狂想曲》中突然上扬的那段旋律。

这声音如同所有的音乐一样——不，如同世间一切能带来欢愉的事物一样——原本数月来一直令我麻木无感，此刻却如一把匕首般刺穿了我的心脏，迅速激起了我在这所房子里曾经有过的所有美好回忆：孩子们在房间里跑来跑去，各种节日活动，爱和工作，踏实的睡眠，讲话声和喧哗声，不断出现的小猫、小狗和小鸟……我意识到自己无法抛弃这一切。就在这时，我强烈地意识到我不能再这样对待自己了。我用最后一点理智感知到自己已经陷入了可怕的致命困境中。我叫醒妻子，并很快打了几个电话。第二天，我就被送进医院接受治疗了。"

资料来源：From Styron, 1990.

一位著名的作家曾伫立在自杀的悬崖边缘。那几乎要了他性命的抑郁——看得见的黑暗——对上百万人来说都是如影随形的恶魔。抑郁是一种心境紊乱，它会给患者生活的许多方面带来长期、严重的消极影响。

威廉·斯泰隆

著名作家威廉·斯泰隆深受重性抑郁障碍的困扰，这种"看得见的黑暗"将他带到了自杀的悬崖边缘。

心境是给我们的心理生活涂上颜色的情绪状态。我们的大多数体验都在心境中发生变化：当取得高分、获得晋升或被心仪的人喜爱时，我们会兴高采烈；当被约会对象拒绝、考试失利或遭遇经济危机时，我们会感到沮丧、心情低落。在遇到好事时感到高兴，在遇到坏事时感到沮丧，都是正常且适当的。如果人们在面对灾难或非常让人失望的事情或环境时，不感到沮丧或低落，反而可能是不正常的。但是，患有心境障碍（Mood Disorders）的人所经历的心境紊乱通常非常严重或持续时间较长，以致损害了他们正常的社会功能。他们中的一些人甚至在事情进展顺利或遇到一些其他人能够从容应对的苦恼时，也会陷入严重的抑郁状态。一些人甚至会体验到极端的心境波动：尽管周围的世界基本上保持平稳，他们却像坐在情绪的过山车上，在令人眩晕的高空和深不见底的低谷间来回穿梭。接下来，我们将通过了解不同类型的心境障碍来开启对情绪问题的探讨。

7.1　心境障碍的类型

本章揭示了心境障碍的两种主要形式：抑郁障碍和双相及相关障碍（心境波动障碍）。与之前版本的 DSM 不同，DSM-5 不再设置心境障碍这一一般类别（American Psychological Association，2013）。现在，抑郁障碍和双相及相关障碍被分为不同的组，将我们对心境障碍的研究分解成了两个部分。其中，抑郁障碍又包括两种主要的类型：重性抑郁障碍和持续性抑郁障碍。双相及相关障碍也包括两种主要的类型：双相障碍和环性心境障碍。其中，双相障碍又分为双相 I 型障碍和双相 II 型障碍。[①]

什么样的心境变化被认为是不正常的

虽然随着每天生活的起伏，心境发生变化是正常的，但持久或严重的心境变化，或者极度躁狂和极度抑郁的循环，可能就表明某种心境障碍的存在。

抑郁障碍也被称为"单相障碍"，因为这种心境紊乱只朝着一个情绪方向或极端——情绪低落——发展。相反，心境波动障碍被称为"双相障碍"，因为它包括抑郁和躁狂两种状态，二者经常交替出现。表 7-1 为我们提供了这些障碍的相关信息。

---

① 双相障碍的英文为"Bipolar Disorder"（一种具体的精神障碍类型），双相及相关障碍的英文为"Bipolar Disorders"（一个更广泛的术语，涵盖了所有与双相障碍相关的类型和亚型）。DSM-5 将二者都翻译为"双相障碍"。为方便读者区分，本书将后者统一翻译为"双相及相关障碍"。——编者注

表 7-1　心境障碍概览

障碍类型		人群中的终生患病率（近似值）	主要特征或症状	附加说明
抑郁障碍	重性抑郁障碍	14.7%（男性），26.1%（女性），20.6%（总体）	情绪低落，感到无望或无意义，睡眠习惯或食欲发生变化，丧失动机，丧失对日常活动的兴趣	经历一次抑郁发作后，个体会恢复到一般的功能状态，但复发的情况很常见；季节性情感障碍是重性抑郁障碍的一种
	持续性抑郁障碍	3%～4%	一种慢性抑郁模式	大多数时候，患者会体验到漫长的轻度或重度抑郁，或者感觉"心情跌入谷底"
	经前期烦躁障碍	未知	在女性经前期内发生的显著心境变化	DSM-5 中的一个新的诊断类别，目前的争议在于，给具有显著经前期症状的女性贴上精神障碍或心理障碍的标签是否公平
双相及相关障碍	双相障碍	1%	经历在躁狂和抑郁之间的情绪、能量水平、活动水平的变化，期间也许会有以正常情绪为主的时期；有双相 I 型障碍（一次或多次躁狂发作）和双相 II 型障碍（重性抑郁发作和轻躁狂发作，从未有过躁狂发作）两种亚型	躁狂发作以言语迫促、精力或活动大大增加、思维奔逸、判断错误、不休息或高度兴奋、夸大的情绪和自我感觉良好为特征
	环性心境障碍	0.4%～1%	心境波动的严重程度比双相障碍轻	环性心境障碍通常在青春期或成年早期开始，一般会持续数年

资料来源：Prevalence rates derived from American Psychiatric Association，2013；Hasin et al.，2018；Merikangas & Pato，2009；Moreira et al.，2017；Van Meter, Youngstrom, & Findling，2012；and Vandeleur et al.，2017. Table updated and adapted from J. S. Nevid（2013）.

图 7-1 以心境体温计的形式呈现了这些障碍在相对应的心境状态的概念上的不同。

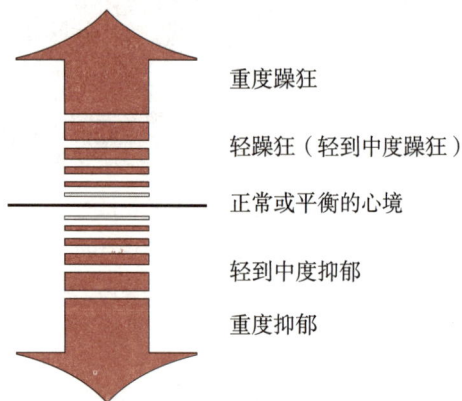

图 7-1　心境体温计

心境状态可被概念化为在谱系或连续体上变化。一端代表重度抑郁，另一端代表重度躁狂，这是双相障碍的基本特征。轻度或中度抑郁经常被称为"忧郁"，但当这种忧郁变得漫长时，就会被归类为"心境恶劣"。谱系的中间区域则是正常或平衡的心境。轻度或中度躁狂被称作轻躁狂，它是环性心境障碍的特征。

资料来源：National Institute of Mental Health（NIMH）.

许多人（可能是我们中的大多数人）会时不时地感到伤心。我们可能会感到情绪低落、想哭、对事物失去兴趣、很难集中注意力、预期最坏的事情发生，甚至考虑自杀。对大多数人来说，心境的变化很快，或者没有严重到干扰我们的生活方式或功能的程度。心境障碍患者——包括抑郁障碍和双相障碍患者——的心境变化会更加剧烈或持久，进而影响其日常功能。超过 1/5 的美国人在其人生中的某个阶段经历过足以达到诊断标准的心境障碍（NIMH，2017a）。

正误判断

感到伤心或抑郁是不正常的。

错误　在经历某些事件或处于某种情境中时感到抑郁是正常的。

7.1.1　重性抑郁障碍

描述重性抑郁障碍的主要特征，并评估可能导致女性患抑郁障碍的比例较高的因素。

重性抑郁障碍（Major Depressive Disorder，MDD，也被称作重性抑郁）的诊断是建立在至少一次重性抑郁发作（Major Depressive Episode，MDE）的基础上的，并且患者没有**躁狂**（Mania）或**轻躁狂**（Hypomania）病史。重性抑郁发作伴随着由一系列抑郁症状引发的显著功能变化，包括抑郁心境（感到悲伤、无望或情绪低落），或者对所有的活动都丧失兴趣，时间至少持续两周（American Psychintric Association，2013）。表 7-2 列出了抑郁障碍的一些共同特征。重性抑郁障碍的诊断标准将在后文列出。

重性抑郁并不是简单的悲伤或忧郁状态。重性抑郁障碍患者可能会出现食欲下降、体重急剧增加或减轻、入睡困难或睡眠过多、精神运动性激越或另一个极端——精神运动性迟滞。在下面的案例中，一位把抑郁称作"野兽"的女性描述了抑郁是如何影响她每时每刻的生活的。

表 7-2　抑郁障碍的共同特征

特征	具体描述
情绪状态的改变	·心境变化（持续一段时间的情绪低落、忧郁、悲伤或沮丧） ·哭泣或大哭 ·易激惹、情绪易变和易发脾气
动机的改变	·早晨起床时感觉没动力或起床困难，甚至不想起床 ·社会参与时间减少或对社会活动的兴趣减退 ·对令人愉快的活动丧失兴趣或感受不到快乐 ·性欲减退 ·对称赞和奖励没有反应
功能和运动行为的改变	·活动或说话比平时缓慢 ·睡眠习惯改变（睡得太多或太少，比平时醒得早，而且很难再入睡，即所谓的"早醒"） ·食欲变化（吃得过多或过少） ·体重变化（体重增加或减少） ·在工作或学习时效率下降，责任感缺失，忽视外表和体形
认知的改变	·难以集中注意力或清晰地思考 ·对自己和自己的未来抱有消极的心态 ·对自己过去做得不好的事情感到内疚或后悔 ·丧失自尊或感觉缺乏信心 ·考虑死亡或自杀

"野兽回来了"

我的身体间歇性地疼痛着，好像得了疟疾一样。我没有胃口，吃饭只是因为食物的味道是我少得可怜的快乐来源之一。我很累，真的非常累。昨天晚上，我像一堆破旧的衣服一样瘫在那里，当戴维走到床边时，我一点也不激动，性生活就是一个与我毫不相干的概念而已。我工作时很健忘，甚至连组织语言都很困难，经常想到一半就想不起来了。我对词语的运用也是一团糟。我看着今天的待办清单，一直盯着它，好像没有任何事情将要发生一样。有些事情让我很伤心。今天早晨，我想起了过去住在我的老房子里的一个女人，她曾告诉我她去西尔斯公司买了一些带假蕾丝花边的窗帘。这看起来是一个凄凉的举动——为了省钱，买不起真的蕾丝花边（"为什么这么想？"一个声音在我的头脑中问道，她买的窗帘明明看起来完美极了）。我感觉自己的大脑就像一块原生质，里面埋着微小的电路，其中一些电路总是短路，还有一些电路起火了，导致神经元的脆弱部分冒烟并被破坏……

我甚至不知道当前的痛苦状态是从什么时候开始的——是一周前？还是一个月前？它应该是逐渐开始的，我很难描述。我只是知道，那头野兽又回来了。

这头野兽叫"抑郁"。我的经历告诉我，它已经影响了我的生活——改变了我的人格，影响了我的亲密关系，改变了我的职业生涯——它以我永远也不可能完全理解的方式影响着我。

重性抑郁障碍损害了人们履行日常生活责任的能力。重性抑郁障碍患者可能对他们的日常活动和追求丧失兴趣，在集中注意力和做决定方面存在困难，有强烈的死亡念头，并企图自杀。他们甚至在驾驶模拟测试中表现出驾驶技能受损（Bulmash et al.，2006）。

1841 年，曾任美国总统的亚伯拉罕·林肯（Abraham Lincoln）深陷抑郁之中，他这样评价自己："我现在是世界上最悲惨的人。如果将我的痛苦感受平均分配给整个人类家庭，地球上就不会存在快乐的面孔了（Lincoln，1841/1953）。"这段绝望的话语深刻地表达了抑郁障碍的致残性（Forgeard et al.，2012）。

忧郁的总统

亚伯拉罕·林肯在其一生中的大部分时间里都在与抑郁障碍进行抗争。

许多人好像并不理解，临床诊断为抑郁障碍的人不能简单地"摆脱它"或"重新振作起来"。很多人仍然将抑郁视作软弱的标志，而不是一种能被诊断的疾病。许多重性抑郁障碍患者相信他们能够自己应对这个问题。这些态度能够解释为什么尽管存在很多安全、有效的治疗方法，但只有不到 30% 的抑郁障碍筛查呈阳性的人接受治疗（Olfson, Blanco, & Marcus，2016；Winerman，2016）。

另外，拉丁裔、亚裔美国人和非西班牙裔美国黑人接受抑郁障碍治疗的可能性显著低于非西班牙裔美国白人（Waitzfelder et al.，2018）。导致治疗不足的另一个因素是，许多重性抑郁障碍患者向他们的家庭医生寻求帮助，而家庭医生往往既不能诊断抑郁障碍，也无法向心理健康专业人士进行有效的转介。

正误判断

重性抑郁障碍影响着上百万美国人，幸运的是，他们中的大多数都得到了他们所需要的帮助。

错误 最近的研究显示，美国仅有一半患有重性抑郁障碍的人能够接受专业的治疗。

重性抑郁障碍是最常见的一种可诊断的心境障碍，它影响了约 20.6% 的美国成年人（Hasin et al.，2018）。

在过去的一年里，大约 1/10 的成年人经历过重性抑郁障碍。女性受到的影响尤为严重，其终生患病率约为26.1%，而男性的终生患病率约为 14.7%（见图 7-2）。在美国，重性抑郁障碍的发病率正在攀升，尤其是在青少年和年轻人群体中（Fox，2018b）。重性抑郁障碍也是世界上最常见的一种精神障碍，全球约有 10.6%的人会在其人生中的某个阶段受到重性抑郁障碍的影响（Holingue，2018）。

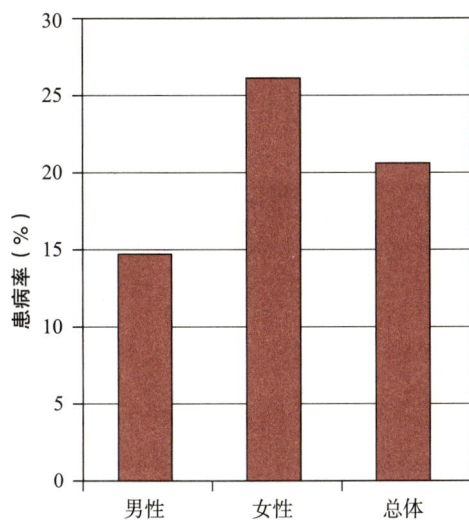

图 7-2　重性抑郁障碍的终生患病率

重性抑郁发作对女性的影响大约是对男性的两倍。

资料来源：Hasin et al.，2018.

重性抑郁障碍也是一个重大的公共卫生问题，它不仅会影响个体的心理功能，还会损害个体在履行学校、工作、家庭和社会责任等方面的能力。如图 7-3 所示，近 80% 患有重性抑郁障碍的人表示他们的工作、家庭或社会功能受损。

抑郁障碍所带来的经济损失无疑是十分惊人的。由抑郁障碍导致的休假、缺勤及工作效率降低，每年会给美国造成数十亿美元的损失（Siu & USPSTF，2016）。在全世界范围内，抑郁障碍都是导致残疾的首要原因（Cipriani et al.，2018；Friedrich，2017a）。据估计，全球大约有 3.3 亿人患有抑郁障碍（Cuijpers，2018）。不过，幸运的是，接受有效的抑郁障碍治疗不

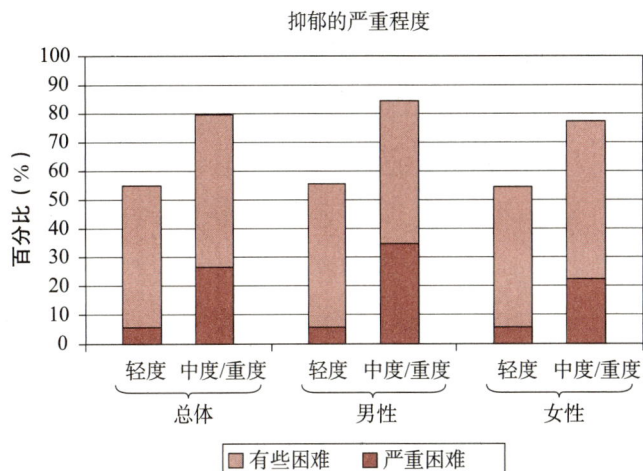

抑郁的严重程度

图 7-3　按性别和抑郁的严重程度划分的 12 岁及以上人群报告在工作、家庭和社交方面存在困难的百分比

抑郁障碍对人的影响是多方面的。大多数患有抑郁障碍的人报告，他们在工作、家庭或社交活动方面存在困难。

资料来源：Pratt & Brody，2008.

仅可以使个体恢复心理健康，还能给个体带来更加稳定的工作和收入。因为被治愈后，个体就能够恢复到一个更高效的工作状态了。

重性抑郁发作，特别是较严重的发作，可能会伴有精神病性症状。例如，患者可能会出现感觉自己的身体正在因疾病而溃烂的妄想。重性抑郁障碍患者也可能会表现出精神病性行为，如出现幻觉——听到责备他们做了错事的声音。

案例"慢慢地杀死自己"展示了与重性抑郁障碍相关的一系列特征。

重性抑郁发作需要几个月、一年甚至更长的时间才能得到缓解。一些仅经历过单次重性抑郁发作的人还有机会恢复到早期正常的心理功能状态。然而，大约有一半的重性抑郁障碍患者会在其生命历程中一次又一次地经历重性抑郁发作（Hamilton & Alloy，2017）。有证据表明，重性抑郁障碍反复发作的风险与遗传因素及暴露在重大的生活压力下有关（Burcusa & Iacono，2007；Richards，2011）。不过，好消息是，一次重性抑郁发作的恢复期越长，最终复发的风险就越低（Solomon et al.，2000）。

慢慢地杀死自己
一个关于重性抑郁障碍的案例

一名 38 岁的女职员自 13 岁起就反复出现抑郁症状。最近，她在工作时经常会哭泣，有时她会突然很想哭，甚至都来不及躲到洗手间。她很难集中精力工作，也享受不到她原来从事这份工作的乐趣。她有严重的悲观和愤怒情绪，这些情绪因她最近体重增加及忽视糖尿病禁忌而变得愈发严重。她为不能很好地照顾自己甚至可能慢慢地杀死自己而内疚。她有时会觉得自己该死。在过去的一年半里，她一直被过度嗜睡所困扰。上个月，她竟然在开车时睡着了，最后车子撞到了一根电线杆上，导致她的驾照被吊销。大多数时候，她在醒来后会觉得头昏昏沉沉的，而且也常常不在状态，整天都很困。她从来没有一个关系稳定的男朋友，平时她和母亲待在家里，除了家人，她没有任何亲密的朋友。在面谈中，她经常哭泣，而且会用一种低沉、单调的语气回答问题，她的眼睛则一直盯着地面。

资料来源：Adapted from Spitzer et al.，1989.

DSM-5 诊断标准
重性抑郁障碍

1. 在两周内，出现下列症状中的五项（或更多），并表现出与先前功能相比不同的变化，其中至少有一项是心境抑郁，或者丧失兴趣或愉悦感。

    （注：不包括那些能够明确归因于其他躯体疾病的症状。）

    （1）几乎在每天的大部分时间里都心境抑郁，既可以是主观体验（如感到悲伤、空虚、无望），也可以是他人观察所见（如流泪）。（注：儿童和青少年可能表现为心境易激惹。）

    （2）几乎每天或在每天的大部分时间里，对所有或几乎所有活动的兴趣或乐趣都明显减少（既可以是主观体验，也可以是他人观察所见）。

    （3）在未节食的情况下，体重明显减轻或增加（例如，一个月内体重变化超过原体重的 5%），或者几乎每天食欲都减退或增加。（注：儿童则可表现为未达到应增体重。）

    （4）几乎每天都失眠或睡眠过多。

    （5）几乎每天都出现精神运动性激越或迟滞（由他人观察所见，而不仅仅是主观体验到的坐立不安或迟钝）。

    （6）几乎每天都感到疲劳或精力不足。

    （7）几乎每天都感到自己毫无价值，或者过分且不恰当地感到内疚（可以达到妄想的程度，并不仅仅是因为患病而自责或感到内疚）。

    （8）几乎每天都存在思考或注意力集中的能力减退或犹豫不决（既可以是主观体验，也可以是他人观察所见）。

    （9）反复出现死亡的想法（不仅仅是恐惧死亡），反复出现没有具体计划的自杀意念，或者有某种自杀企图，又或者有某种实施自杀的具体计划。

2. 这些症状引起临床意义上的痛苦，或者导致社交、职业或其他重要功能受损。

3. 这些症状不能归因于某种物质的生物学效应或其他躯体疾病。

    ［注：诊断标准 1 至 3 构成了重性抑郁发作。对于重大丧失（如丧亲、经济破产、由自然灾害造成的损失、严重的躯体疾病或伤残）的反应，可能包括诊断标准 1 所列出的症状，如强烈的悲伤、沉浸在丧失中、失眠、食欲缺乏和体重减轻，这些症状可能类似于抑郁发作。尽管此类症状对丧失来说是可理解或恰当的，但除了对重大丧失的正常反应外，

也应该仔细考虑是否还有重性抑郁发作的可能。这必须基于个人史和在丧失的背景下表达痛苦的文化常模来做出临床判断。]

4. 这种重性抑郁发作的出现不能用分裂情感性障碍、精神分裂症、精神分裂样障碍、妄想障碍或其他特定或未特定的精神分裂症谱系障碍及其他精神病性障碍来更好地解释。

5. 无躁狂发作或轻躁狂发作。

（注：若所有躁狂样或轻躁狂样发作都是由物质滥用导致的，或者可归因于其他躯体疾病的生物学效应，则此排除条款不适用。）

重性抑郁障碍的风险因素

许多因素与罹患重性抑郁障碍的风险增加有关，包括年龄（初次发病多见于个体年轻时）、社会经济地位（社会经济阶层低的人比社会经济阶层高的人有更高的发作风险）、婚姻状态（分居或离异的人比结婚或未婚的人有更高的发作风险）和性别（女性有更高的患病率）。有重性抑郁障碍家族史的人和有童年期性虐待史的人也有更高的发作风险（Klein et al.，2013）。

女性被诊断为重性抑郁障碍的概率大约是男性的两倍（Hasin et al.，2018）。女性患抑郁障碍的更大风险始于青春期早期（13～15岁）且至少持续整个中年期（Hyde, Mezulis, & Abramson, 2008）。不过，在抑郁障碍的诊断方面存在性别差异是一回事，解释为什么存在差异又是另一回事（参见"批判性思考：是什么导致了抑郁障碍在性别上的差异"专栏）。

季节性情感障碍

你在阴天时会感到心情郁闷吗？在冬天短暂的白昼里，你是否容易心情烦躁？在漫长、黑暗的冬夜里，你是否感到情绪低落？而当春天和夏天来临时，你是否又会充满活力？

尽管我们的情绪可能会随着天气变化，但从夏季到秋季和冬季的季节变化会导致人们罹患一种被叫作季节性情感障碍（Seasonal Affective Disorder，SAD）的抑郁障碍。季节性情感障碍其实十分常见，3%～10%的人会受其影响，其中女性是男性的两倍（Altemus, Sarvaiya, & Epperson, 2014）。在大多数情况下，这种障碍会在春天自行消失。季节性情感障碍本身并不是一个独立的诊断类别，而是重性抑郁障碍的一个子类别。例如，季节性发作的重性抑郁障碍会被诊断为季节性模式的重性抑郁障碍。尽管季节性情感障碍的病因尚不清楚，但业界普遍认同一种可能性，即光照的季节性变化改变了人体内部的生物节律，而这些生物节律可以调节人的体温和睡眠-觉醒周期（Oren, Koziorowski, & Desan, 2013）。另一种可能性是，季节变化会影响大脑中调节情绪的神经递质血清素的可利用性或使用情况。认知因素可能也起到了一定的作用，因为与没有抑郁症状的对照组被试相比，季节性情感障碍患者在一年中倾向于报告更多的消极想法（Rohan, Sigmon, & Dorhofer, 2003）。

不管导致季节性情感障碍的潜在原因是什么，为了有效地缓解这种抑郁状态，治疗师经常会使用明亮的人造光进行治疗，即光照疗法（Mårtensson et al., 2015；Rohan et al., 2015）。人造光明显弥补了个体接收到的阳光的不足。患者能够在治疗过程中从事一些日常活动（如吃饭、阅读或写作）。接受治疗几天后，患者的症状会得到显著的改善。但是，这种治疗通常需要贯穿整个冬季。其他治疗方法也可以帮助缓解季节性情感障碍患者的抑郁症状，包括抗抑郁药物治疗和认知行为疗法（Cools et al., 2018；Rohan et al., 2016）。治疗结束两个季节后的测量结果显示，认知行为疗法的效果似乎比光照疗法的效果更加持久（Rohan et al., 2015，2016）。

Image Point Fr/Shutterstock

光照疗法

在秋季和冬季，每天暴露在明亮的人造光下几小时，可以有效地缓解季节性情感障碍。

产后抑郁

多达 80% 的新手妈妈会在孩子出生后体验到心境的变化（Friedman & Resnick，2009；Payne，2007）。这些心境的变化通常被称作"产期忧郁""产后忧郁"或"与婴儿有关的忧郁"。这种心境的变化通常会持续几天，并被认为是对与分娩有关的激素变化的一种正常的反应。由于激素的影响，大多数女性如果在分娩后没有立即体验到一些心境的变化，反而会被认为是"不正常的"。

但是，一些新手妈妈会经历更严重和持久的心境变化，这被称为**产后抑郁**（Postpartum Depression，PPD；有时也被称为围产期抑郁）。"Postpartum"一

词源于拉丁语词根"post"（意为"在……之后"）和"papere"（意为"生产"）。在美国，10% ～ 15% 的女性在分娩后的一年里会受到产后抑郁的影响（CDC，2008）。产后抑郁可能会持续数月甚至数年的时间（Rasmussen et al.，2017）。产后抑郁的症状一般包括情绪低落、哭泣、睡眠紊乱和食欲变化（食欲不振或暴饮暴食），同时伴随着低自尊、难以集中注意力，以及难以与婴儿建立情感联结等问题。

产后抑郁一般会在女性分娩后的四周内开始（American Psychiatric Association，2013）。尽管抑郁症状会随着时间的推移而逐渐减轻，但有近 1/3 的产后抑郁患者在分娩后的三年内都在持续地与抑郁进行抗争（Vliegen，Casalin，& Luyten，2014）。在某些情况下，产后抑郁也会导致自杀。还有一些新手妈妈会罹患双相型产后抑郁（Dudek et al.，2013）。

产后抑郁发生的原因尚不清楚，但研究者已经确定了某些与产后抑郁相关的风险因素，包括有精神病性障碍家族史、在怀孕前经历过心境障碍或焦虑障碍（Bauer et al.，2018；Norhayatia et al.，2015）。其他风险因素如下所示（Helle et al.，2015；Norhayatia et al.，2015；and others）：

- 身为单亲妈妈或初为人母；
- 有经济困难或婚姻存在问题；
- 高压的生活经历；
- 新生儿体重过低；
- 遭受家庭暴力；
- 缺少来自伴侣或家庭成员的支持；
- 不想要新生儿，或者新生儿生病或难以喂养。

产后抑郁会增加女性未来抑郁发作的风险。不过，幸运的是，目前已经有了有效的治疗产后抑郁的方法，包括认知行为疗法、人际心理治疗和抗抑郁药物治疗（Meltzer-Brody et al.，2018；Nillni et al.，2018；Sockol，2015；Weissman，2018）。2019 年，美国联邦政府批

准了第一种专门用于治疗产后抑郁的药物（Belluck，2019）。这种药物在注射 48 小时内就能起效，这与一般抗抑郁药物通常需要几周才能起效形成了鲜明的对比。

产后抑郁问题不仅发生在美国文化中。研究者发现，南非女性（Cooper et al.，1999）和中国香港女性（Lee et al.，2001）患产后抑郁的比例也较高。在南非的样本中，缺乏来自婴儿父亲心理和经济上的支持与患产后抑郁的风险增加相关，这一点在美国的样本中同样得到了验证。

产后抑郁需要与一种不寻常但更严重的疾病——产后精神病（Postpartum Psychosis）——区分开来。产后精神病是指新手妈妈丧失与现实的联系，出现幻觉、妄想和非理性思维等症状。每 1000 名分娩的女性中就有 1～2 人患有产后精神病，这可能会成为一种危及生命的疾病，因此需要立即治疗（Vergink & Kushner，2014）。对于是否应该将这些反应诊断为精神病性障碍或具有精神病特征的双相障碍，目前仍存在争议。

批判性思考
是什么导致了抑郁障碍在性别上的差异

临床上，女性被诊断为重性抑郁障碍的概率大约是男性的两倍（Conway et al.，2006；Hyde，Mezulis，& Abramson，2008）。研究发现，抑郁障碍的性别差异从个体 12 岁时便开始出现，一直持续到成年期（Salk，Hyde，& Abramson，2017）。世界卫生组织进行的一项横跨世界不同地区的研究发现，15 个国家的女性都具有更高的抑郁障碍患病率（Seedat et al.，2009）。可问题是，为什么呢？

我们相信，这与一系列因素有关（Eagly et al.，2012）。在一些情况下，激素变化会导致抑郁，这与性别间本来就存在的神经递质功能方面的差异有关（Gray et al.，2015）。但是，研究者也需要考虑到，女性往往肩负着与其不相称的重担和压力的情况，而且不同的个体应对情绪困扰的方式也不尽相同。女性比男性更有可能经历应激性生活事件，如身体虐待和性虐待、贫穷、单亲家庭、性别歧视，所有这些都增加了女性罹患抑郁障碍的风险。罹患抑郁障碍的女性，特别是年轻女性，会比罹患抑郁障碍的男性更倾向于报告负性生活事件，如失去所爱之人或生活环境发生变化（Harkness et al.，2010）。另外，世界卫生组织最近的一项跨国研究发现，重性抑郁障碍的性别差异可能正在缩小，也许这是因为，在许多文化中，传统女性的角色正在发生转变（Seedat et al.，2009）。

已故心理学家苏珊·诺伦-霍克西马（Susan Nolen-Hoeksema，1959—2013 年）将研究聚焦于应对方式的性别差异上。她指出，女性倾向于反思或自省，而男性更多的是通过做自己喜欢的事情（如去自己喜欢的地方）来转移注意力（Nolen-Hoeksema，2006，2012）。反复思考会加重情绪困扰，导致人们产生抑郁或焦虑等消极情绪（Connolly & Alloy，2018；du Pont et al.，2018；Samtani，2017）。但是，通过酒精或其他药物暂时逃避问题会导致与物质滥用相关的心理和社会问题。

另一种解释抑郁障碍的性别差异的观点是关于女性的自尊的——她们怎样看待自己。女性可能比男性更依赖于与同伴、朋友和恋人之间的关系（Cambron，Acitelli，& Pettit，2009）。女性罹患抑郁障碍往往与亲密关系中出现的问题有关（Weissman，2014）。关系中的积极事件能够提升她们的自尊水平，但当出现问题（如争论、拒绝）时，她们的自尊水平就会急剧下降。这反过来可能会导致她们反复思考自己的问题，或者向伴侣提出过高的要求，以此来稳定她们的自尊。而

JGI/Tom Grill/Getty Images

抑郁障碍的性别差异

女性患重性抑郁障碍的概率大约是男性的两倍。可问题是，为什么呢？

这些做法最终又会让她们的伴侣更加疏远，从而导致被拒绝和抑郁。

当然，反刍思维不仅限于女性。不管对男性还是女性来说，反复思考自身的问题都与更容易罹患抑郁障碍及抑郁障碍的持续时间更长、程度更严重相关（Mandell et al.，2014；Yaroslavsky，Allard，& Sanchez-Lopez，2018）。那些倾向于深思熟虑的个体更易陷入负性思维中。就像迈阿密大学的心理学家尤塔·约尔曼（Jutta Joormann）所说："他们基本上陷入了这样一种思维模式，即一遍又一遍地反复回忆发生了什么……即使他们明白，'哦，这是没有任何帮助的，我应该停止这样想，我应该继续过我的生活'，但他们就是停不下来（'People with Depression'，2011）。"

反刍思维会导致个体反复体验受挫时的所有情绪，使他们感到更加悲伤或抑郁、更加烦躁或愤怒（Nolen-Hoeksema，2008）。反刍思维也会导致其他形式的异常行为模式，包括焦虑障碍和进食障碍（Smith，Mason，& Lavender，2018）。

性别差异是否至少可以部分归因于导致男性较少报告自己患有抑郁障碍的报告偏差？在很多文化中，男性被期望更加坚强、更有心理弹性，他们可能认为抑郁是软弱的表现。因此，与女性相比，他们可能不会报告自己患有抑郁障碍或寻求治疗。近年来，随着越来越多的男性抑郁障碍患者主动寻求帮助，与男性寻求抑郁障碍治疗相关的羞耻感有减轻的迹象（但并没有完全消失）。男性的自我更有可能因为经济上的不安全感或愈发严重的经济危机而被击垮。

正误判断

男性患重性抑郁障碍的概率是女性的两倍。

错误 事实上，女性患重性抑郁障碍的概率大约是男性的两倍。

然而，要想充分理解抑郁障碍的性别差异，我们还需要更多研究。对激素变化、压力和反复思考的认知风格等因素的研究将促使更多治疗女性的抑郁障碍的方法产生。同样，通过理解男性在报告自己患有抑郁障碍时所遭遇的文化阻力，治疗师可以帮助人们消除对这种障碍的偏见，以鼓励那些受抑郁障碍困扰的男性寻求帮助，而不是默默忍受（Cochran & Rabinowitz，2003）。

在对这一议题进行批判性思考时，请尝试回答以下问题。

- 从生物-心理-社会模型的角度来看，理论家如何解释抑郁障碍的性别差异？
- 举例说明有关抑郁障碍的性别差异的知识是如何改进治疗方法的？
- 对于抑郁障碍的性别差异这一问题，我们能做些什么？

7.1.2 持续性抑郁障碍（心境恶劣）

描述持续性抑郁障碍（心境恶劣）的主要特征。

重性抑郁障碍是十分严重的抑郁障碍，一般以个体先前的精神状态相对突然地发生改变并在接下来的几周或几个月的时间里得到缓解为标志。但是，一些形式的抑郁障碍会演变为持续几年的慢性抑郁状态。**持续性抑郁障碍**（Persistent Depressive Disorder）的诊断适用于持续至少两年的慢性病例，持续性抑郁障碍患者可能患有慢性重性抑郁障碍，也可能患有慢性但较轻形式的抑郁障碍，即心境恶劣（Dysthymia）。心境恶劣一般发病于童年期或青春期，倾向于在个体成年后长期发展。"心境恶劣"这个词源于两个希腊语词根，即"dys"（意为"坏的"或"坚硬的"）和"thymos"（意为"精神"）。

大多数心境恶劣患者会感到"精神状态不好"或"情绪低落"，但其抑郁的程度并不像重性抑郁障碍患者那样严重。重性抑郁障碍患者的病情具有时限性，心境恶劣患者虽病情较轻却不停不休，一般会持续数年之久。心境恶劣复发的风险很高，同时它也是重性抑郁障碍的风险因素：大约有 75% 的心境恶劣最终会发展为重性抑郁障碍（Greenstein，2018）。

心境恶劣这种抑郁障碍的主要表现就是糟糕的情绪状态。在一般人群中，大约有 2.5% 的人可能会经历这一障碍（Vandeleur et al.，2017）。与重性抑郁障碍相似，心境恶劣在女性中比在男性中更普遍（见图 7-4）。

它的确诊要求个体从未有过躁狂或轻躁狂发作，因为躁狂或轻躁狂是双相障碍的特征（American Psychiatric Association，2013）。

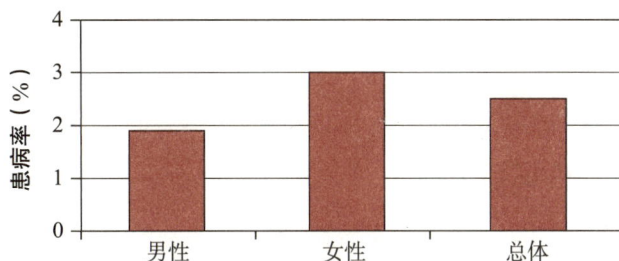

图 7-4　心境恶劣的终生患病率

与重性抑郁障碍相似，心境恶劣（没有重性抑郁发作的持续性抑郁障碍）在女性中比在男性中更常见。

资料来源：Vandeleur et al.，2017.

当个体患有心境恶劣时，抱怨可能会成为他们生活中的一部分，以至于他们会误以为那是自己人格的自然特质。因此，患者可能无法清晰地意识到自己其实患有达到诊断标准的心境障碍。持续的抱怨可能会导致其他人认为心境恶劣患者只是在发牢骚。尽管心境恶劣不像重性抑郁障碍那样严重，但就像下面的案例中呈现的那样，持续的抑郁心境和低自尊会影响个体的职业和社会功能。

一些人可能会同时患有心境恶劣和重性抑郁障碍。**双重抑郁**（Double Depression）这一术语适用于那些在长期心境恶劣的基础上经历过一次重性抑郁发作的个体。双重抑郁患者一般比只患有重性抑郁障碍的患者有更严重的抑郁发作（Klein et al.，2000）。

对生活一点都不满意

一个关于心境恶劣的案例

一名 28 岁的女性行政人员抱怨自己从十六七岁起就一直饱受抑郁情绪的折磨。尽管她在大学里成绩还不错，但她仍然认为别人都"天资聪颖"。她觉得自己永远也不会与心仪的男生约会，因为她自卑又胆怯。虽然在读本科和研究生期间接受了大量的心理治疗，但她还是不能回想起这些年里她是否有过不感到抑郁的时光。大学毕业后，她很快就结了婚，尽管她感觉不到对方有什么"特别的"。她只是觉得自己需要一位丈夫作为伴侣，而对方恰好可以娶她。但婚后不久，他们就开始吵架，最近她开始感到当初和对方结婚就是一个错误。她在工作中遇到了很多困难，交上去的工作"马马虎虎"，从不做任何超出职责范围的事情，也没有什么主动性。尽管她梦想得到地位和金钱，但她从不期望自己或自己的丈夫在工作中获得晋升，因为他们缺少"人脉"。她的社交生活被丈夫的朋友及其配偶占据，她认为其他女性不会对她感兴趣。她对生活缺乏兴趣，对生活的各个方面——婚姻、工作、社交生活——都不满意。

资料来源：Adapted from Spitzer et al.，1994.

问卷

你抑郁了吗

下面的自我筛查问卷可以帮助你评估自己是否感到抑郁。但是，它并不能为你提供诊断标准，只能增强你对这方面的意识，帮助你和心理健康专业人士进一步讨论你所关注的问题。

是	否	
□	□	1. 我每时每刻或在大多数时间里都感到极度悲伤。
□	□	2. 我感觉没有力气。
□	□	3. 我在独处时会哭个不停。
□	□	4. 我对自己过去喜欢的大多数活动都丧失了兴趣。
□	□	5. 我睡眠过多（或过少）。
□	□	6. 我的体重增加或减轻了很多。
□	□	7. 我在集中注意力、回忆和做决定方面存在困难。
□	□	8. 我感到未来毫无希望。
□	□	9. 我感觉自己没有价值。
□	□	10. 我感到焦虑。
□	□	11. 我易怒，我不再是过去的我了。
□	□	12. 我考虑过死亡和自杀。

请评估你的作答。如果你出现两个或更多上述症状且持续至少两周，你就应该找心理健康专业人士做一个更加完整的评估了。你可以在你所在学校的心理咨询与教育中心寻求帮助，也可以在你所在地区的社区和专科医院就诊。如果你在"我考虑过死亡和自杀"这一问题上的回答为"是"，请立即寻求帮助。如果你不知道找谁，也可以联系相关的心理咨询机构或拨打当地的心理援助热线以寻求支持。

资料来源：D. Blum & M. Kirchner（1997）. Depression at work. *Customs Today*，Winter issue.

7.1.3 经前期烦躁障碍

描述经前期烦躁障碍的主要特征。

经前期烦躁障碍（Premenstrual Dysphoric Disorder，PMDD）在 DSM-5 中作为一种新的诊断类别被加以介绍（Epperson，2013）。它在之前版本的 DSM 中被划分为需要进一步研究的诊断。纳入这一新的诊断类别，是为了让人们把更多注意力放在与经前期相关的心境波动上，并为经历这些问题的女性提供相应的支持。

经前期烦躁障碍是经前期综合征（Premenstrual Syndrome，PMS）的一种更严重的形式，涉及在女性经前期出现的一系列与身体和情绪相关的症状。经前期烦躁障碍的诊断适用于在月经前一周出现一系列显著的心理症状（并且这些症状在月经开始后的几天内会逐渐缓解）的女性。经前期烦躁障碍包含一系列症状，如心境波动、突然流泪或感觉悲伤、有抑郁情绪或感到无望、易激惹或愤怒、焦虑、紧张、坐立不安、对拒绝特别敏感，以及对自身的消极想法等。这些症状已导致显著的情绪困扰，或者导致女性在工作、学校或日常社交活动方面的功能受损。

经前期烦躁障碍的诊断聚焦于在正常和异常行为之间建立清晰的界限。大多数女性都会有一些与情绪相关的经前期症状，许多女性（超过 50%）甚至会出现中度或重度症状（Freeman，2011）。研究者发现，近 1/5 的女性会在经前期表现出生理或情绪上的相关症状，这些症状严重到足以影响她们的日常功能，如导致工作缺勤或产生显著的情绪困扰（Halbreich et al.，2006；Heinemann et al.，2010）。

经前期综合征和经前期烦躁障碍的病因尚不清楚。研究者猜想，经前期综合征是由女性性激素和神经递质之间的复杂作用导致的（Bäckström et al.，2003；Kiesner，2009）。心理因素（如女性对月经的态度）也可能会起作用。最近的研究发现，正常水平的女性性激素可能会激发患有经前期烦躁障碍的女性的消极情绪反应，但并不会对健康女性造成影响（Baller et al.，2013；Epperson，2013）。

对经前期烦躁障碍的诊断仍存在争议。批评者担心它会使女性正常的月经周期病态化，并可能给有严重经前症状的女性贴上“精神疾病患者”的标签。经前期烦躁障碍的最新诊断仅适用于 2%～5% 的女性（“PMDD Proposed”，2012），这种诊断能否被更广泛地应用在经常出现经前症状的女性身上仍然是个问题。此外，尽管只有相当少数的女性被诊断为经前期烦躁障碍，但仅凭她们经历的生理上的痛苦就把她们定性为患有精神障碍，这种做法又是否公平？心理健康专业人士在临床实践中也要注意这些问题，因为经前期烦躁障碍的诊断在临床实践中已经得到了更广泛的应用。

我们已经注意到重性抑郁障碍和心境恶劣都属于抑郁障碍。从某种意义上讲，心境紊乱只表现在低落这一单维指标上。然而，心境障碍患者也可能会在心境的两极上表现出超出正常范围的波动。这些类型的

数字时代下的异常心理
Facebook 会让你更加抑郁吗——社会比较带来的意外后果

Facebook 最初只是在哈佛大学学生宿舍里进行的一项社交实验，如今已成为一个风靡全球的社交媒体网站，拥有 24 亿用户。曾几何时，在社交媒体网站刚刚诞生之际，许多观察人士担心这些新兴事物可能会将年轻人的社交范围限制在虚拟的网络中，为他们带来孤独感或导致社会疏离问题。观察人士的这些担心后来被证明是杞人忧天，因为很多证据表明，Facebook 等社交网站的活跃用户实际上比那些不活跃的用户在网络和现实世界中拥有更多朋友（Lönnqvista & Deters，2016）。此外，社交网站还可以产生许多积极的影响，例如，帮助人们维持和巩固社会关系，或许还可以帮助有社交焦虑的人建立自信心（Indian & Grive，2014；Wilson，Gosling，& Graham，2012）。在美国，大多数人使用 Facebook 来维护并促进他们在现实世界中建立的人际关系，而不是将其作为现实关系的替代品（Lönnqvista & Deters，2016）。然而，社交网络也会带来一些消极影响。

我们已经开始看到社交网站使用不当所带来的一些不良后果。例如，研究者发现，总体而言，Facebook 和智能手机的重度用户倾向于呈现出较低的情绪健康

水平（Rozgonjuk et al., 2018; Shakya & Christakis, 2017）。研究者发现，情绪健康需要人们与他人进行更多真实的互动，建立真正的友谊，而不是虚拟的关系（Chang, 2017）。其他研究者认为，青少年过度使用社交网络与较低的心理健康水平和较差的学业成绩有关（Junco, 2015; Müller et al., 2016）。但 Facebook 一定要为糟糕的成绩负责吗？公平地说，将使用 Facebook 与学业成绩差联系起来的研究结果基于一些相关关系研究，而非因果关系研究。使用 Facebook 可能与其他浪费时间的事情（如看电视）没有什么实质性的差别。

研究者在探索使用 Facebook 和其他社交网站的消极作用时，也关注了社交比较所带来的意外后果，这一行为可能是社交网站的用户在退出登录后感到更悲伤的原因。虽然人们可能期待社交网络给自己带来更积极的体验，但往往事与愿违。正如一名研究者所说："当你浏览像 Facebook 这样的网站时，你会看到其他人正在做什么。这就形成了社会比较——你可能会觉得自己的生活不如你在 Facebook 上所看到的那些人的生活那样充实和丰富（Hu, 2013）。"将自我与他人进行不利的社会比较可能会导致自尊水平降低，甚至抑郁。

有研究表明，大量使用 Facebook 会导致更多

的消极情绪，因此社交媒体的使用程度（暴露于刺激的水平）可能是消极影响的关键决定因素（Sagioglou & Greitemeyer, 2014）。但其中的关系可能更加复杂。最近的一项研究表明，只有在高度神经质（神经质是一种与高度焦虑和情绪困扰相关的人格特质）的人群中，更多地使用 Facebook 才会导致更高程度的抑郁（Chow & Wan, 2017）。因此，可能是你的人格类型决定了社交媒体的使用是否会导致你情绪低落。

所以，Facebook 和其他社交网络产品的用户所面临的问题其实是陷入与他人的比较中。正如我们将在第 10 章所探讨的那样，因网络行为而产生的社会比较的潜在破坏性影响也与进食障碍的形成有关。此外，第 10 章还将探讨另一种强迫性互联网使用行为，即网络成瘾。

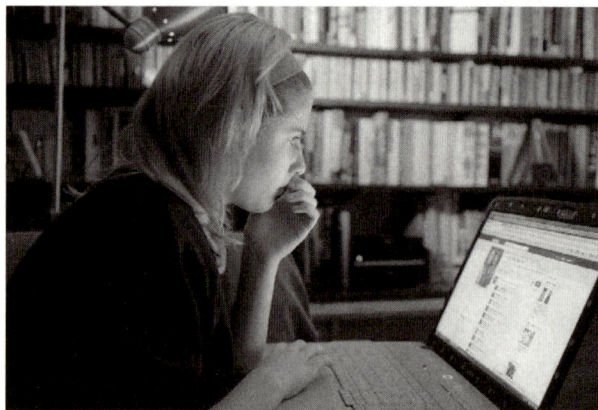

Facebook 会让你抑郁吗
频繁地在 Facebook 上浏览个人资料会对你的情绪和心理健康产生什么影响？

障碍被称作双相及相关障碍。在这里，我们主要关注两种类型：（1）双相障碍；（2）环性心境障碍。

7.1.4 双相障碍

描述双相障碍的主要特征。

双相障碍（Bipolar Disorder）以极端的心境波动及精力和活动水平的变化为特征。在几周或几个月的时间里，患者的心境会在极度兴奋和抑郁的深渊之间来回摇摆。患者的第一次发作可能表现为躁狂，也可能表现为

抑郁。躁狂发作通常持续数周或一两个月，一般比重性抑郁发作的持续时间短，症状消退得也更突然。

不管人们是如何认为的，大多数双相障碍患者并不会每天都在躁狂和抑郁之间循环切换。然而，一些双相障碍患者会出现以躁狂和抑郁同时发作为特征的混合状态（American Psychiatric Association, 2013）。在混合状态下，个体的心境会在躁狂和抑郁之间迅速切换（Swann et al., 2013）。此外，一些重性抑郁障碍患者也会出现这种混合状态，他们会表现出一些躁狂症

状，但这些症状并不符合双相障碍的诊断标准。需要注意的是，一些双相障碍患者在从躁狂阶段转向抑郁阶段的过程中会企图自杀。他们表示自己愿意做任何事情来逃离即将来临的抑郁深渊。双相障碍患者的生活就像坐在情绪的过山车上一样。

凯·雷德菲尔德·杰米森（Kay Redfield Jamison）是一位心理学家，也是双相障碍治疗领域的权威人士，她本人也曾患有这种障碍。当她在加利福尼亚大学洛杉矶分校的精神病学系以助教的身份开始自己的第一份工作时，用她自己的话来说，她在最初的三个月里出现了严重的精神错乱。杰米森从十几岁起就患有双相障碍，但直到 28 岁时才被确诊（Ballie，2002）。

凯瑟琳·泽塔 – 琼斯

女演员凯瑟琳·泽塔 – 琼斯（Catherine Zeta-Jones）曾揭露自己患有双相障碍。她希望通过自己的故事引起公众对这个问题的关注。

"无法平静的心灵"

杰米森在其 1995 年的传记《躁郁之心》（An Uniquiet Mind）中，把自己早期的轻躁狂发作描述成"绝对令人兴奋的状态，能够带来巨大的个人快感、无可比拟的想法和用不完的精力，使我总是能把新的想法写在纸上变成目标"。

但是，"……当夜幕降临时，我的情绪就会一落千丈，我的想法和计划也会被迫搁浅。我会丧失对学业、朋友、阅读、逛街和白日梦等所有东西的兴趣。我不知道自己到底怎么了。早晨，我会在深深的恐惧中醒来，而且我不得不以这样的方式熬过一整天。我在图书馆里一坐就是几个小时，我没有足够的精力去上课。我会盯着窗外，盯着书本，重新整理它们，把它们挪来挪去，但就是无法翻开一本书来阅读。我在考虑退学，我也不知道到底发生了什么。我感觉好像只有死亡才能让我从压倒性的不足感和黑暗的包围中解脱出来。"

资料来源：From Jamison，1995.

DSM-5 区分了两种类型的双相障碍：双相 I 型障碍和双相 II 型障碍。二者可能很难区分，所以下面我们将试着澄清这两种类型之间的差异。

区分这两种类型是基于个体是否经历过一次全面的躁狂发作来判断的（Youngstrom，2009）。双相 I 型障碍的诊断适用于那些在其人生中的某个阶段经历过至少一次全面的躁狂发作的个体。一般来说，双相 I 型障碍表现为在具有正常心境间隔期的前提下，经历在躁狂发作和重性抑郁发作之间的极端心境波动。但是，双相 I 型障碍也可能适用于没有重性抑郁发作史的个

体。在这些情况下，我们假定重性抑郁障碍可能在过去被忽略或将在未来出现。

双相 II 型障碍适用于那些有轻躁狂发作和至少一次重性抑郁发作史，但从来没有经历过一次全面的躁狂发作的个体。轻躁狂发作不如躁狂发作那么严重，并且不伴有与全面的躁狂发作相关的极端社会或职业问题（Tomb et al.，2012）。在轻躁狂发作期间，个体会感觉自己精力旺盛，表现出更高的活动水平和膨胀的自尊感，他们可能会比平时更警觉、焦躁不安和易激惹。个体能够不知疲倦地长时间工作或不需要睡眠。

在美国，大约有1%的成年人在其人生中的某个阶段会受到双相障碍的影响（Kupfer，2005；Merikangas et al.，2007）。双相障碍一般在个体约20岁时发病，而且容易发展为一种慢性、复发性的疾病，需要长期治疗（Frank & Kupfer，2003；Tohen et al.，2003）。我们还应该注意到，部分双相II型障碍会发展为双相I型障碍。

与重性抑郁障碍不同，双相I型障碍在男性和女性中出现的概率几乎是相同的（Merikangas & Pato，2009）。但在男性中，双相I型障碍通常始于躁狂发作；而在女性中，双相I型障碍通常始于重性抑郁发作。造成这种性别差异的潜在原因尚未可知。另外，目前我们尚不清楚双相II型障碍是否存在性别差异（American Psychiatric Association，2013）。

双相I型障碍和双相II型障碍应该被诊断为两种不同的疾病，还是应该作为判断双相障碍严重程度的标准，仍然是一个尚未解决的问题。最近的一些研究表明，双相I型障碍和双相II型障碍在各自的发展中存在不同的生物学路径，这些证据在某种程度上支持了它们确实属于两种不同疾病的观点（Song et al.，2018）。在双相障碍的一些案例中，存在一种"快速循环"模式，即个体在一年内会经历两次或多次躁狂发作和抑郁发作的完整循环，并且二者之间没有任何正常心境间隔期。快速循环型双相障碍相对少见，但在女性中比在男性中更常见（Schneck et al.，2004；Schneck et al.，2008）。快速循环型双相障碍一般局限在一年或更短的时间内，但通常与更严重的障碍形式有关，并且伴有严重的自杀倾向（Valentí et al.，2015）。

许多观察者注意到，心境障碍尤其是双相障碍，与创造力之间可能存在着某种联系（Kyaga，2015；Power et al.，2015）。许多著名的作家、艺术家和作曲家似乎都曾患有重性抑郁障碍或双相障碍。曾患有心境障碍的杰出人物包括艺术家米开朗琪罗（Michelangelo）和文森特·凡·高（Vincent van Gogh），作曲家威廉·舒曼（William Schumann）和彼得·柴可夫斯基（Peter

Tchaikovsky），小说家弗吉尼亚·伍尔夫（Virginia Woolf）和欧内斯特·海明威（Ernest Hemingway），诗人阿尔弗雷德·丁尼生（Alfred Lord Tennyson）、艾米莉·狄金森（Emily Dickinson）、沃尔特·惠特曼（Walt Whitman）和西尔维娅·普拉斯（Sylvia Plath）。

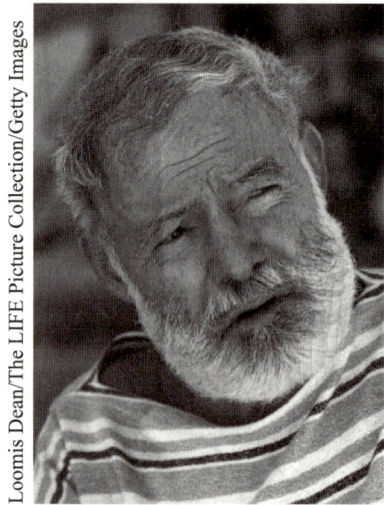

天才和疯子之间只有一线之隔吗

许多富有创造力的个体，如著名小说家欧内斯特·海明威（如图）或艺术家文森特·凡·高，都患有心境障碍。不管创造力和心境障碍之间是否存在联系，我们都应该牢记，绝大多数富有创造力的作家和艺术家并没有遭受严重的心境障碍的困扰。

这是因为，那些患有心境障碍的人能够更深入地探查自己内心深处的世界，并将其转化为有意义的艺术表达吗？还是有些人可以将自己在躁狂发作时无限的精力和快速涌出的想法融入艺术创作中？也许，我们应该意识到，绝大多数作家和艺术家没有罹患严重的心境障碍，他们的创造力也并非源于心理困扰。此外，并不是所有的研究都发现心理障碍和创造力之间存在联系，所以我们应对它们之间关系的本质保留最终的判断（Baas et al.，2016；Knudsen，Bookheimer，& Bilder，2019；Taylor，2017）。

躁狂发作

躁狂发作（Manic Episode）一般是在积聚了几天的能量后突然开始的。躁狂发作的标志特征与轻躁狂发作相同，即突然增加的活动或精力（American

Psychiatric Association，2013）。个体好像在超速运转，拥有无限的精力。全面的躁狂发作和轻躁狂发作之间的区别主要表现为严重程度的不同。在躁狂发作期间，个体往往会体验到突然的情绪高涨，感到不同寻常的高兴、欣快或乐观。个体会变得善于社交，不过这在某种程度上会演变为对他人的过度要求和控制。与此同时，周围的人能够根据个体所处的生活情境识别出其心境变化是不寻常及过度的。例如，一个人因为中了彩票而感到高兴是一回事，但因为今天是周三而欣喜若狂显然就是另外一回事了。在下面的案例中，一个患有双相障碍并自称为"电动男孩"的年轻人描述了他在躁狂发作时的状态（Behrman，2002）。

电动男孩

对我来说，躁狂发作就是为了平衡炎热和寒冷的天气而在 3 天内从苏黎世飞到巴哈马群岛，然后又飞回来（这是我关于双相障碍的"酸甜"理论）；躁狂发作就是带着鞋子里的 200 张 100 美元在回日本东京的路上随便去了另一个国家；躁狂发作就是在酒吧里挑中距离自己六个座位远的某个人来发生性关系，仅仅因为对方碰巧坐在那里。在大多数日子里，我都需要尽情疯狂以使自己能够尽可能地获得真正的快感——花 25 000 美元疯狂购物、持续 4 天不断地嗑药狂欢，或者周游世界。在其他的日子里，我只是比平时稍微疯狂一点儿，仅仅是从药房里偷一支牙刷或一瓶泰诺就能让我满足。我必须承认，这种心理疾病给我带来了很多快乐，尤其是在躁狂发作时。这类似于我玩对战游戏时的情绪状态，充满了兴奋、色彩、噪声和速度等各种超负荷的感官刺激。相比之下，健康状态就显得十分普通、简单、缺乏色彩、单调和平淡。

躁狂发作使我不顾一切地寻找更激情的生活，我需要两倍甚至是三倍地吃东西、酗酒、吸毒、性交和挥霍金钱，它让我想在一天内过完我的一生。我认为纯粹的躁狂发作是与死亡最接近的状态。那种欣快感既让人快乐，又让人恐惧。我的躁狂之心充满了飞速变化的想法和需求，我的脑海里堆满了鲜明的色彩、怪异的图像、奇怪的想法、详尽的细节、各种符号和语言。我想贪婪地占有这一切——聚会、人、杂志、书籍、音乐、艺术、电影和电视。

资料来源：From Electroboy by Andy Behrman，2002.

在躁狂发作期间，个体往往缺乏判断力，变得易争吵，有时甚至会做出破坏财物的行为。与他们一起居住的人会发现他们的态度很粗鲁，进而与他们保持距离。这类患者也会变得极端慷慨，做出他们难以承担的大额捐赠或分发昂贵的财产等行为。

处于躁狂发作期间的个体往往语速很快（常伴有言语迫促）。他们的想法和语言会以一种飞快的速度从一个主题跳到另一个主题，其他人会发现自己很难插上话。他们通常会体验到一种膨胀的自尊感，从极端自信到出现自己很伟大的妄想。尽管没有任何特别的才能或天分，他们仍会觉得自己能够解决世界上的所有问题或创作出交响乐。他们会对知之甚少的事情夸夸其谈，例如，怎样消除世界上的贫困问题或创造一个全新的世界秩序。我们很快就会发现他们的想法非常混乱，是根本不能实现的无稽之谈。他们也会变得容易分心，其注意力很容易被一些无关的刺激吸引，如钟表的嘀嗒声或隔壁房间传来的人们的谈话声。他们会同时参与很多任务，这些任务远远超出他们的能力范围。他们会突然辞去工作，转而去上法学院，晚上又跑去餐厅当服务员，周末还会组织慈善活动，甚至在"业余时间"写一部"伟大"的小说。他们完全不能安静地坐着，并且几乎不需要睡觉。他们往往很早就醒来，还觉得休息得很好且精力充沛。他们有时会连续几天不睡觉也不感觉疲乏。虽然他们有充沛的精力，但他们不能很好地做出建设性的努力。他们的兴奋损害了他们的工作能力和维持正常人际关系的能力。

处于躁狂发作期间的个体不能衡量其行为的后果。他们可能会因为奢侈消费、鲁莽驾驶或性越轨行为而陷入麻烦。在严重的情况下，他们可能还会体验到幻觉或产生严重的妄想，例如，他们相信自己与上帝有特殊的关系。

7.1.5 环性心境障碍

描述环性心境障碍的主要特征。

"环性心境"（Cyclothymia）一词源于希腊语"Kyklos"（意为"循环"）和"Thymos"（意为"情绪或心境"）。循环变化的心境是对这一概念的贴切描述，因为这种障碍代表了一种心境紊乱的慢性循环模式，以持续两年以上（儿童和青少年为一年）的轻度心境波动为特征。

环性心境障碍（Cyclothymic Disorder）通常始于青春期晚期或成年早期，并持续数年，患有这种障碍的人很少有持续超过一个月或两个月的正常情绪期。但是，无论是躁狂期还是抑郁期，其严重程度都达不到双相障碍的诊断标准。尽管环性心境障碍可能是最常见的双相障碍（其患病率为 0.4%～1.0%），但它在临床实践中往往不能被充分地诊断出来（American Psychiatric Association，2013）。

在至少两年的时间里，患有环性心境障碍的成年人会出现多次达不到轻躁狂诊断标准的轻躁狂症状，也会出现多次达不到重性抑郁障碍诊断标准的轻度抑郁症状（American Psychiatric Association，2013）。实际上，个体会在轻度的"兴奋"期和轻度的"抑郁"期之间波动。当环性心境障碍患者处于轻度兴奋的状态时，他们会表现出较高的活动水平，并在此期间集中完成许多专业项目或个人项目。但是，当情绪逆转时，所有项目都会被搁浅。然后，他们会进入轻度抑郁状态，感到昏昏欲睡和郁郁寡欢，但没有达到典型的重性抑郁发作的程度。随着心境的波动，他们的社交关系会变得紧张，他们的工作会受到影响，他们的性欲也会时而高涨时而低落。

双相障碍和环性心境障碍之间的界限并不十分清晰。有些类型的环性心境障碍可能代表了一种温和、早期的双相障碍。尽管环性心境障碍比双相障碍更温和，但它也会明显损害患者的日常功能（Van Meter，Youngstrom & Findling，2012）。据估计，大约有 1/3 的环性心境障碍最终会发展为双相障碍（U.S. Department of Health and Human Services，1999）。目前，治疗师还不能区分哪些环性心境障碍患者可能会发展为双相障碍患者。下面的案例描述了一位环性心境障碍患者比较温和的心境波动。

好日子和坏日子
一个关于环性心境障碍的案例

一名 29 岁的男性汽车销售员称自己从 14 岁起就一直生活在"好日子"和"坏日子"的频繁交替中。在"坏日子"里，他会持续睡 4～7 天，缺乏自信心、精力和动机，好像处于"只是活着"的状态。然后，他的心境会突然转变，这种转变通常会持续 3～4 天，在这几天里，他在早晨醒来时会感觉自己充满自信，思维也更加敏捷。在"好日子"里，他会进行混乱的性行为并酗酒，这么做一方面是为了增加良好的感觉，另一方面是为了让自己能在晚上睡着。这种"好日子"通常会在一次充满敌意或易激惹的情绪爆发后转回"坏日子"。

资料来源：Adapted from Spitzer et al.，1994.

7.2　心境障碍的致病因素

在生理和心理影响相互作用的前提下，我们能够更好地理解抑郁障碍。虽然到目前为止，我们还不能完全理解抑郁障碍和双相障碍形成的原因，但研究者已经开始识别一些对这类障碍具有重要影响的因素。许多因素与这类障碍的发展有关，包括应激性生活事件和生物学因素。

7.2.1　应激与抑郁

评价应激在抑郁障碍中的作用。

应激性生活事件会增加个体罹患心境障碍（如双相障碍和重性抑郁障碍）的风险（Dalton & Hammen，2018；Dempsey，2018；McCormick et al.，2017）。大部分（高达80%）重性抑郁障碍患者都报告在障碍出现前有应激性生活事件发生（Monroe & Reid，2009）。与抑郁相关的应激性生活事件包括爱人去世、分手、长期失业和经济困难、罹患严重的躯体疾病、婚姻或人际关系问题、分居或离婚、受到种族歧视、居住在不安全或贫困的社区环境中等（Kõlves，Ide，& De Leo，2010；National Center for Health Statistics，2012b）。

任何重大的丧失都会导致抑郁（American Psychiatric Association，2013）。DSM-5 认为，哀伤是对重大丧失的预期性反应，但不是精神障碍（Zachar，First，& Kendler，2017）。然而，DSM-5 也强调，哀伤和抑郁可能在失去亲人后同时出现，一些极端或严重的哀伤反应（如自杀的想法或功能受损）可能表明存在重性抑郁障碍。然而，目前尚不清楚的是，临床医生能否区分丧亲个体正常或可预期的哀伤反应与由哀伤引发的抑郁障碍。

最近的一项研究表明，与涉及朋友、家庭成员和恋人的人际问题相关的应激事件会增加年轻人罹患抑郁障碍的风险，但这仅针对那些倾向于进行消极思考的人（Carter & Garber，2011）。这提醒我们在理解导致抑郁障碍等精神障碍的因果路径时，要考虑多种因素及其共同作用，如消极思维和应激。由于一些尚不清楚的原因，应激性生活事件与重性抑郁障碍的首次发作之间的联系比后来的发作更紧密（Monroe et al.，2007；Stroud，Davila，& Moyer，2008）。

应激与抑郁之间的关系可以从两方面来看：一方面，应激性生活事件会引发抑郁；另一方面，抑郁症状本身可以是应激性的，或者会导致其他应激源出现，如离婚或失业（Liu & Alloy，2010；Uliaszek et al.，2012）。例如，当你感到抑郁时，你会发现日常的工作变得更加困难，这会导致你的工作效率下降，以及更多的压力。与失业和经济困难相关的应激可能会导致抑郁，而抑郁同样也会导致失业和低收入（Whooley et al.，2002）。

虽然应激常常与抑郁有关，但并不是每一个遭遇应激事件的人都会罹患抑郁障碍。在遭遇应激事件时，应对技巧、遗传因素和可以利用的社会支持等都会影响个体罹患抑郁障碍的可能性。同时，我们也需要考虑基因和环境在抑郁和自杀行为中的交互作用（Monroe & Reid，2008；Shinozaki et al.，2013）。与第 2 章介绍的素质 – 应激模型一致，具有特定基因变体的个体在遭遇严重的应激性生活事件（如童年期虐待）时罹患抑郁障碍的可能性更大（Fisher et al.，2013）。

我们需要进一步考虑早期生活经历的影响。在婴儿期或童年期无法与父母建立起稳固的依恋关系也会导致个体在之后遭遇失望、失败或其他应激性生活事件时更容易罹患抑郁障碍（Morley & Moran，2011）。早年的不良经历（如父母离婚或遭受身体虐待）也与个体成年后易患抑郁障碍有关（Wainwright & Surtees，2002）。

一些社会心理因素可以对应激事件所造成的影响起到缓冲作用。例如，一段稳定的亲密关系可以在应激事件发生时提供支持。毫无疑问，那些离婚或分居的人缺少支持性的婚姻关系，他们比那些已婚的人具有更高的抑郁水平和自杀的发生率（Weissman et al.，1991）。独居的人可获得的社会支持更加有限，因此也面临着更大的罹患抑郁障碍的风险（Pulkki-Raback et al.，2012）。

我们必须拥有朋友

来自朋友和家庭成员的支持可以有效缓冲应激事件的影响，并可能减少个体罹患抑郁障碍的风险。缺乏重要关系和很少参加社会活动的人更容易罹患抑郁障碍。

7.2.2 心理动力学理论

描述抑郁障碍的心理动力学模型。

弗洛伊德及其追随者［如卡尔·亚伯拉罕（Karl Abraham）］提出的经典心理动力学理论认为，抑郁代表个体的愤怒指向自身而不是指向重要他人。当人们丧失重要他人或面临丧失重要他人的风险时，愤怒可能就会直接指向自我。

弗洛伊德认为，哀悼或正常的丧亲之痛是一个健康的心理过程，通过这个过程，个体最终会让自己在心理上与因死亡、分离、离婚或其他原因而丧失的人实现分离。但是，病理性哀悼并不会促进健康的分离，反而会助长无法摆脱的抑郁。病理性哀悼有可能发生在那些具有强烈的矛盾情感的人身上，他们对那些已经离开的人或他们害怕失去的人既有积极情感（爱），又有消极情感（愤怒和敌意）。弗洛伊德的理论认为，当个体丧失或害怕丧失重要他人（个体对他们的情感是矛盾的）时，愤怒就会转变为狂怒。然而，狂怒会

引发内疚感，这反过来又会阻止个体直接将愤怒发泄到他们所丧失的人（被称作"客体"）身上。

为了在心理上保持与丧失的人的联结，人们会内摄或在内部形成一个客体的心理表征。这样，他们就可以将他人与自己整合在一起。现在，愤怒指向了内部，指向了代表丧失客体的内在表征的那部分自己。这会导致自我憎恨，继而导致抑郁。

从心理动力学的观点来看，双相障碍代表了个体的自我和超我之间主导地位的交替变化。在抑郁阶段，超我占据主导地位，导致个体做错事的感觉被夸大，并让个体被内疚感和无价值感淹没。一段时间后，当自我返回并占据至高无上的地位时，个体又会产生躁狂阶段的兴高采烈和自信满满的感觉。自我的过度展示最终又会触发超我的回归，让个体再次陷入抑郁状态。

当代的心理学动力学模型虽然也十分强调丧失的重要性，但它们更多地关注个体的自我价值感或自尊。自我聚焦模型（Self-Focusing Model）考察了个体在经历丧失（如深爱的人死亡、一次失败、重大的失望等）后如何分配自己注意力的过程（Pyszczynski & Greenberg，1987）。从这个观点来看，抑郁的人除了思考自己和他们所经历的丧失外，很难再思考其他任何事情。

设想一下，当人们不得不面对一段失败的亲密关系时，抑郁易感个体会沉溺于回想这段关系并思考如何才能挽回它，而不是接受事实，然后继续生活下去。而且，丧失的伴侣曾是抑郁易感个体情感支持的来源，他们依靠伴侣来维持自尊。丧失发生后，抑郁易感个体会感到自己被剥夺了希望和乐观，因为这些积极情感的产生都依赖于丧失的客体。实际上，是自尊和安全感的丧失而不是关系本身的丧失导致了抑郁。同样，特定职业目标的丧失可能会引发个体的自我聚焦和随之而来的抑郁。个体只有通过放弃客体或已经失去的目标，并培养多元化的自我认同和自我价值感的来源，

丧失和抑郁

心理动力学理论家关注丧失在抑郁产生过程中的重要作用。

才能打破这种恶性循环。

研究证据

心理动力学理论家关注丧失对抑郁的作用。相关研究证实，丧失重要他人（如死亡或离婚）与罹患抑郁障碍的风险增加有关（Kendler et al., 2003）。然而，这种丧失也可能导致其他心理障碍。现在还缺少研究支持弗洛伊德的观点，即人们在抑郁时对已离开的、深爱的人压抑的愤怒会转向个体内部。

有证据支持自我聚焦模型，即强调向内或自我聚焦的注意力与抑郁之间的关系，尤其是它对女性的影响（Mor & Winquist, 2002; Muraven, 2005）。然而，自我聚焦不仅限于抑郁障碍患者，焦虑障碍和其他心理障碍患者也经常会出现这种情况。因此，自我聚焦和精神病理之间的普遍关联可能会限制这一模型作为解释抑郁障碍的价值。

7.2.3 人本主义理论

描述抑郁障碍的人本主义模型。

人本主义理论认为，当个体无法赋予自身的存在以意义并做出能够带来自我实现的、真实的选择时，就会变得抑郁。这个世界对他们来说就是一个令人乏味的地方。人们对意义的探索为生活增添了色彩和内涵。当人们认为自己无法活得更快乐、更有希望时，

就会产生内疚感。人本主义心理学家激励我们要认真审视自己的生活：这些事情是值得做且更有意义的，还是单调、乏味的？如果是后者，我们可能已经挫败了自我实现的需要。我们可能只是在得过且过、浑浑噩噩地生活着，这种状态会让我们产生凄凉感，这种感觉会导致抑郁，表现为缺乏活力、闷闷不乐和退缩。

与心理动力学理论家一样，人本主义理论家关注的是当个体失去朋友或家庭成员，或者在工作中遇到挫折时，个体自尊的丧失。我们倾向于把个人身份认同和自我价值感与我们作为父母、配偶、学生或员工的社会角色联系起来。当这些角色身份因配偶死亡、孩子离家上大学、失业而丧失时，我们的目标感和自我价值感就会被粉碎。抑郁就是这类丧失所带来的一个常见结果。当我们把自尊建立在职业角色或职业成功上时，这种情况就更有可能发生。对那些将个人价值建立在事业成功的基础上的个体来说，失业、降职或没有获得晋升都是常见的导致抑郁的因素。

7.2.4 学习理论

描述抑郁障碍的学习理论模型。

心理动力学理论关注的通常是内部的无意识病因，学习理论则更强调情境因素（如正强化）的缺失。当强化的水平与我们努力的水平相当时，我们的表现最好。强化的频率或效果的变化会打破这种平衡，导致生活变得毫无价值。

强化的作用

学习理论家彼得·卢因森（Peter Lewinsohn, 1974）提出，抑郁源于行为和强化之间的不平衡。缺乏对一个人的努力的强化会削弱其动机，进而使其产生抑郁情绪。不活跃和社交退缩又会减少强化的机会，而强化的缺乏又会进一步加剧退缩。

抑郁个体活动减少的特征可能是次级强化的一个来源。家庭成员和其他人会聚集在抑郁个体的身边，

安抚他们，以减轻自责感。但这样的同情可能会成为让个体保持抑郁行为的强化源。

强化水平的降低有很多原因。当一个人在家里从严重的疾病或伤害中恢复时，他是找不到一丁点儿可以起到强化作用的东西的。当提供强化的重要他人死亡或离开我们时，社会强化可能会急剧减少。当那些遭遇社交丧失的人缺乏建立新关系的社交技巧时，他们更有可能变得抑郁。一些大学一年级新生会因为缺乏建立有益的新关系的能力而想家和变得抑郁。寡妇和鳏夫可能会因为不知道怎么开始一段新关系而不知所措。

生活环境的变化也可以改变努力和强化之间的平衡。长期失业会减少经济方面的强化，进而迫使人们痛苦地改变生活方式。身体残疾或长期患病也会削弱一个人获得稳定强化物的能力。卢因森的模型获得了一些研究的支持，这些研究发现抑郁和低水平的正强化相关。更重要的是，它证实了鼓励抑郁者参加有益的活动并采取目标导向行为可以帮助他们有效地缓解抑郁（Otto，2006）。越来越多的证据指出，定期进行体育活动或锻炼可以帮助抑郁者战胜抑郁，尤其是当他们应对重大的应激性生活事件时（Choi et al.，2019；Greer et al.，2016；Kvam et al.，2016；Simon，2018）。如今，一些治疗师建议将定期锻炼纳入治疗抑郁障碍

努力锻炼以解决问题

最新的研究表明，定期进行体育活动或锻炼有助于人们战胜抑郁，尤其是对面临重大应激性生活事件的人来说。

的标准方案中（Kerling et al.，2015）。研究也表明，定期进行体育锻炼有助于降低罹患抑郁障碍的风险，这也是我们所有人都应该锻炼身体的原因之一（Choi et al.，2019；Harvey et al.，2017；Schuch et al.，2018）。

> **正误判断**
>
> 体育锻炼不仅有助于增强体质，还可以对抗抑郁。
>
> **正确** 有证据指出，定期进行体育活动或锻炼对治疗抑郁障碍有益。

交互作用理论

人际交往方面的困难有助于解释正强化的缺乏。心理学家詹姆斯·科因（James Coyne，1976）提出的交互作用理论（Interactional Theory）指出，与抑郁障碍患者生活在一起所产生的压力可能会达到令人难以忍受的程度，致使伴侣或家庭成员所能给予的强化越来越少。

交互作用理论建立在交互作用概念的基础上。我们的行为会影响他人，也会被他人影响。这个理论认为，抑郁易感个体会通过向他们的伴侣和重要他人寻求安抚和支持来应对应激事件（Evraire & Dozois，2011；Rehman，Gollan，& Mortimer，2008）。最初，这种努力会获得支持。然而，时间长了，对情感支持的持续索取会引发他人的愤怒和抵触情绪，而非支持性的回应。尽管所爱之人会把消极情绪隐藏起来，但这些感受会以一些微妙的方式表达出来，让人感到被拒绝。抑郁的人对拒绝的反应是陷入更深的抑郁状态及提出更多被安抚的需求，进而引发更多的拒绝和更深的抑郁，形成恶性循环。他们也会因为给家人带来痛苦而深感内疚，这也会加剧他们对自己的消极情绪。

在面对抑郁障碍患者的行为，尤其是退缩、无精打采、绝望和不断寻求安慰等行为时，家庭成员会

感到有压力。那些正在接受抑郁障碍治疗的患者的伴侣一般会报告更高水平的情绪困扰（Benazon，2000；Kronmüller et al.，2011）。

交互作用理论

我们与他人互动的质量对我们的情绪健康有很大的影响。抑郁易感个体可能会向重要他人过分地寻求安慰和支持，随着时间的推移，这可能会导致重要他人远离他们，进而强化他们被拒绝的感觉。

很多证据支持科因的观点，即抑郁的个体对安抚的过度需要会导致他们在寻求慰藉和支持时遭受拒绝（Rehman，Gollan，& Mortimer，2008；Starr & Davila，2008）。社交技巧的缺乏可以很好地解释这种拒绝。抑郁的人在与他人交流时，往往缺乏回应和参与，甚至显得没有礼貌。例如，他们很少关注他人、需要过多的时间做出回应、很少认同他人、总是纠结于他们自己的问题和消极情绪，甚至在与陌生人交流时沉浸在自己的消极情绪中。实际上，他们容易使他人感到厌烦，这就造成了被拒绝的情况。然而，关系是双向的，当伴侣不能满足彼此的心理需求，或者互相指责或互相

伤害时，就会影响双方的情绪健康（Ibarra-Rovillard & Kuiper，2011）。

7.2.5　认知理论

描述抑郁障碍的贝克认知模型和习得性无助模型。

认知理论家认为，抑郁障碍的起源和维持与个体如何看待自己和周围世界的方式有关。最有影响力的认知理论家之一、精神病学家亚伦·贝克（Beck & Alford，2009；Beck et al.，1979）认为，抑郁障碍的发展与个体在早期生活中形成的消极、偏颇或歪曲的认知方式——**抑郁的认知三联征**（Cognitive Triad of Depression）——有关（见表 7-3）。认知三联征包括个体对自己的消极信念（"我不好"）、对周围的环境或整个世界的消极信念（"这个学校太糟糕了"），以及对未来的消极信念（"我永远都遇不到好事"）。认知理论认为，那些采取消极思维方式的人在面对应激性或令人失望的生活事件（如成绩不好或失业）时，更有可能变得抑郁。

贝克认为，人们把对自己和世界的消极概念视作心理模板，它们是在童年期基于早期的学习经验形成的。儿童可能会发现他们所做的一切都不足以让父母或老师满意。因此，他们开始认为自己是无能的，并认为自己的未来暗淡无光。这些信念会导致他们在未来的生活中敏感地将任何失败或失望都看作自己的失误或不足。即使是小小的失望也会变成毁灭性的打击或彻底的失败，并迅速导致他们陷入抑郁状态。

表 7-3　抑郁的认知三联征

分类	特征
对自己的消极认知	认为自己没有价值、有缺陷、能力不足、不被爱及缺乏必要的获得幸福的技巧
对环境的消极认知	认为环境充满了过度的要求和／或不可克服的障碍，导致接连不断的失败和丧失
对未来的消极认知	认为未来毫无希望，认为自己无力让事情变得更好，对将来的预期只是不断的失败、深深的不幸及苦难

注：亚伦·贝克认为，对抑郁易感的人大多会采取一种习惯性的消极思维模式，即所谓的抑郁的认知三联征。

资料来源：Adapted from Beck & Young，1985；Beck et al.，1979.

Fotolia

"为什么我总是搞砸"

认知理论家认为，个体对生活事件的自我挫败式或歪曲的解释，如倾向于自责而不考虑其他因素，会导致个体在面临令人失望的生活经历时变得抑郁。

将微小失败的重要性夸大的倾向是一种典型的思维错误，贝克称之为认知歪曲。他认为，认知歪曲会使个体在遭遇丧失或负性生活事件时变得抑郁。贝克的同事、精神病学家戴维·伯恩斯（David Burns）列举了许多与抑郁有关的认知歪曲。

1. **全或无思维。**它是指把事件看作全好或全坏的，或者看作全黑或全白的，中间没有任何灰色地带。例如，一个人会把一段以失望告终的关系看作一段完全消极的经历，而不管自己在这段经历中是否有过任何积极的感受或体验。完美主义便是全或无式思维的一个典型例子。完美主义者会把除了完全成功之外的任何结果都看作彻底的失败，他们可能会将良、尚可等这样的结果看作完全不合格。完美主义倾向不仅与抑郁易感性较高有关，也与不良的预后有关（Blatt et al.，1998；Minarik & Ahrens，1996）。

2. **过度概括。**它是指认为如果一个负性事件发生了，那么今后这类事件很有可能会在相似的情境下再次发生。一个人会把单一的负性事件解释为一系列无休止的负性事件的预兆。例如，一个人收到一个潜在雇主的拒绝信，然后他就认为所有的工作申请都将被拒绝。

3. **心理过滤。**它是指只关注事件的负面细节，而拒绝其中积极的特征。这就像一滴黑色墨水会将一整杯水都染黑一样，只关注负面细节会让一个人对现实的看法变得灰暗无光。贝克将这种认知歪曲称为选择性提取，意思是个体选择性地提取事情的负面细节而忽视事件的积极部分。此类个体一般会将自尊建立在自己感知到的弱点和失败上，而不是建立在积极特征或成就与缺点的平衡上。例如，一个人得到了一份包含积极和消极评价的工作评估报告，但他只关注其中的消极评价。

4. **优势打折。**它是指通过消除或否定自己的成绩从胜利中挖掘失败的倾向。举例来说，当一个人的工作做得很好时，他不会庆祝，而是会认为"哦，这也不是什么了不起的事，任何人都可以做到"。事实上，在应该得到表扬时表扬自己可以增加个体对通过改变来拥有积极未来的信念，从而帮助个体克服抑郁。

5. **妄下结论。**它是指即使在缺乏证据的情况下，仍然形成对事件的消极解释。这种思维方式的例子是"读心术"（Mind Reading）和"预测未来"（Fortune Teller Error）。在"读心术"中，如果你把一位朋友一段时间没给你打电话视为一种拒绝，那么你会迅速而武断地得出他人不喜欢或不尊重你的结论。"预测未来"则是指总是预感要发生不好的事情。虽然没有任何真实的证据提供支持，个体仍然相信关于灾难的预感是有事实根据的。例如，一个人会将一次胸部的压迫感视作心脏病的先兆，而忽视其他良性原因的可能性。

6. **扩大化和缩小化**。扩大化是一种小题大做的倾向，也被称为"灾难化"。这种类型的认知歪曲是指夸大负性事件、个人缺点、恐惧和错误的影响。缩小化则恰恰相反，是指一种尽量减少或低估自己优点的认知歪曲。

7. **情绪化推理**。它是指把推理建立在情绪之上。例如，一个人认为"如果我感到内疚，那一定是因为我真的做错了事"。这类人对感觉和事件的解释建立在情绪而非对证据的合理思考上。

8. **"应该"宣言**。它是指制定个人要求或自我命令——"应该"或"必须"。例如，"我应该总是保持第一""我必须让克里斯喜欢我"。阿尔伯特·艾利斯将设置不现实的预期这种思维方式称作"必须主义"。在这种情况下，当个体无法达成目标时，就会容易变得抑郁。

9. **贴标签和乱贴标签**。它们是指通过给自己和他人贴上负面标签来解释行为。例如，学生可能会把一次考试成绩差解释为自己是"懒惰""愚蠢"的，而不是解释为自己没有复习好、身体不舒服或其他客观原因。给他人贴上"愚蠢""迟钝"的标签会引发对他人的消极感受。乱贴标签涉及情绪化或不正确地使用标签。例如，一个人因为自己的日常饮食稍有过量便称自己为"猪"。

10. **个人化**。它是指认为自己要对他人的问题和行为负责。例如，当伴侣或配偶哭泣时，个体会十分自责，而不会认为那可能是由其他原因造成的。

请仔细思考下面的案例中存在哪些认知歪曲。

歪曲的想法往往会自动出现，就好像这种想法本来就在脑子里一样。这种自动出现的想法在很大程度上会像客观事实一样被迅速接受，而不是只被当作对事件的观点或主观解释。歪曲的想法并不局限于特定的文化。中国研究者报告称，在湖南省的青少年被试群体中，具有消极认知风格（如高水平的功能失调的消极想法）的个体在消极的生活经历后出现了更多的抑郁症状（Abela et al.，2011）。

贝克及其同事提出了**认知特异性假说**（Cognitive-

克里斯蒂的思维错误
一个关于认知歪曲的案例

　　克里斯蒂是一名 33 岁的房地产销售中介，经常经历抑郁发作。每当交易失败时，她都会自责："如果我工作再努力些……谈判时更有技巧……讲话更有说服力……这单交易就能做成了。"在每一次失败后，她都要自我批评，想放弃一切。她的大脑越来越多地被消极的想法占据，这使她的情绪更加低落、自尊心更加受挫："我是一个失败者……我从没有成功过……都是我的错……我一无是处，我做任何事情都不会成功。"

　　克里斯蒂的思维包括以下认知歪曲：（1）个人化（认为自己是负性事件的唯一原因）；（2）贴标签和乱贴标签（给自己贴上失败者的标签）；（3）过度概括（在一次失望的基础上预测一个凄惨的未来）；（4）心理过滤（完全在失望的基础上评判自己的人格）。在治疗中，克里斯蒂学会了如何对事件进行更现实的思考，而不是过早地得出结论（即当交易失败时，她不会自行认为就是自己错了），或者在失望的基础上随意评判自己的人格或认为都是自己的错。摆脱这种自我挫败的思维方式后，当失败再次发生时，她开始更加客观、现实地进行思考。例如，她会告诉自己："是的，结果的确令人失望和沮丧，我感觉非常糟糕，但那又怎样呢？这并不意味着我永远都不会成功。我来检查一下哪里出错了，然后下次试着改正它。我要向前看，而不是沉溺于过去的失望中。"

Specificity Hypothesis），即认为不同的障碍以不同的自动思维为特征。贝克及其同事发现抑郁障碍和焦虑障碍患者的自动思维在类型上存在有趣的差异（Beck et al.，1987；见表 7-4）。被诊断为抑郁障碍的患者更多地报告了与主体有关的丧失、自我否定及悲观等自动思维，而患焦虑障碍患者则更多地报告了与身体危险及其他威胁相关的自动思维。

有研究发现，抑郁障碍患者比对照组被试表现出更多消极、歪曲的认知，这一证据支持了贝克的模型（Baer et al.，2012；Everaert et al.，2018）。双相障碍患者也比对照组被试表现出更多的消极、功能失调的想法（Goldberg et al.，2008）。

其他证据也支持认知特异性假说的基本原则，即消极想法的特定类型——那些与丧失或失败相关的主题——与抑郁障碍高度相关。而与拒绝或批评等社交威胁相关的消极想法则在更大程度上与焦虑症状相关（Schniering & Rapee，2004）。抑郁障碍患者往往会感到自身能力的不足，并因自己的失败而责怪自己（Zahn et al.，2015）。

但是，研究者需要考虑其中的因果关系。尽管功能失调的认知（消极、歪曲或悲观的想法）在抑郁的人身上更普遍，但二者之间的因果关系尚不清楚。消极或歪曲的想法可能会导致抑郁，或者抑郁可能会使人们产生消极、歪曲的想法。一些证据的确指向抑郁会导致消极的想法，而非相反的情况（LaGrange et al.，2011）。但是，另一些研究表明，歪曲或消极的想法往往先于情绪困扰出现，这类想法可能的确在情绪困扰发展中扮演着重要作用（Baer et al.，2012）。因此，我们需要进行更多的研究来理清其中的因果关系。

我们还应该认识到，因果关系可能是双向的。换句话说，想法会影响情绪，情绪也会影响想法。例如，抑郁情绪会诱发消极、歪曲的想法。抑郁个体所持的消极、歪曲的想法越多，就越会感到抑郁，越感到抑郁，其功能失调的想法就会越多。但是，在这个恶性循环中，功能失调的想法可能是最先出现的（也许是对令人失望的生活经历的反应）。之后，情绪低落产生了，这又会加重消极的想法。在考虑因果关系时，研究者仍然需要面对"先有鸡还是先有蛋"这一古老的问题，即歪曲的信念和抑郁情绪到底哪个先出现。十分有可能的是，歪曲的想法和消极情绪在复杂的因素

表 7-4　与抑郁和焦虑相关的自动思维

常见的与抑郁相关的自动思维	常见的与焦虑相关的自动思维
1. 我没有价值	1. 如果我生病或受伤了怎么办
2. 我不值得别人的关注或喜欢	2. 我会受到伤害
3. 我从来都比不上别人	3. 如果没人及时帮助我怎么办
4. 我是一个社交失败者	4. 我可能会被困住
5. 我不值得被爱	5. 我不是一个健康的人
6. 人们不再尊敬我	6. 我会遭遇一场事故
7. 我将永远也无法解决自己的问题	7. 某件会损害我形象的事将要发生
8. 我失去了唯一的朋友	8. 我会得心脏病
9. 生活毫无意义	9. 一些糟糕的事情将会发生
10. 我比别人差劲	10. 我关心的人可能会出事
11. 没有人帮助我	11. 我快要疯了
12. 没有人关心我是生是死	
13. 任何事情都不能如愿	
14. 我的身体不再具有吸引力	

资料来源：Adapted from Beck & Young，1985；Beck et al.，1979.

网络中交互作用，最终导致了抑郁。

习得性无助（归因）理论

习得性无助（Learned Helplessness）模型认为，当人们发现自己无力使生活变得更好时，就会变得抑郁。习得性无助概念的提出者马丁·塞利格曼（Markin Seligman，1973，1975）指出，人们会因为自己的不良生活经历而将自己视为无助的。习得性无助模型兼顾行为和认知理论，它认为是环境因素培养了导致抑郁的态度。

塞利格曼及其同事以早期的动物实验为基础建立了习得性无助模型。在这些实验中，暴露在不可避免的电击下的狗显示出了习得性无助效应，即当出现逃脱的机会时，狗还是学不会逃脱（Overmier & Seligman，1967；Seligman & Maier，1967）。暴露在不可控的情境下显然会让动物明白，它们是无力改变现状的（Forgeard et al.，2012）。那些形成了习得性无助的动物表现出了与抑郁的人相似的行为，包括无精打采、缺乏动力，以及难以获得新技能（Maier & Seligman，1976）。

塞利格曼指出，某些形式的抑郁可能是由个体经常处于明显不可控的情境下造成的（Seligman，1975，1991）。这些经历会让人们产生这样一种预期，即事情的结果是超出个体的控制能力的（"为什么还要尝试？只会再次失败而已"）。因此，一种恶性循环开始作用于很多抑郁障碍的案例。一些失败的体验会让人们产生无助的感觉和对进一步失败的预期。也许你会认识一些在特定科目（如数学）上失败的人，他们可能会认为自己无法在数学上取得成功，因此他们会认为，学习数学就是浪费时间。于是，他们的成绩就会变得很差，这显然实现了自证预言，而这又会进一步强化他们的无助感，导致更低的期望，以致陷入恶性循环。

尽管塞利格曼的模型激发了很多研究者的研究兴趣，但它并不能解释抑郁者的低自尊特征。它也不能解释为什么抑郁会在一些人身上出现，而不会在其他人身上出现。塞利格曼及其同事提出了一套新的理论以弥补这些缺陷（Abramson，Seligman，& Teasdale，1978）。修正后的理论认为，仅靠对未来回报的预期或强化物的控制不足本身并不能解释抑郁障碍的持久性和严重程度，研究者有必要考虑认知因素，尤其是个体以什么样的方式解释自己的失败和失望。

塞利格曼及其同事根据社会心理学的归因风格概念，重新定义了他提出的习得性无助理论。归因风格是一种个人化的解释风格。当失望或失败发生时，我们可以用各种特有的方式对此进行解释：我们可以责备自己（一种内部归因），或者责备我们所处的情境（一种外部归因）；我们可以把糟糕的经历看成典型的事件（一种稳定归因），或者看成孤立的事件（一种不稳定归因）；我们可以认为它们反映了更广泛的问题（一种普遍归因），或者仅仅反映了确切、有限的问题（一种具体归因）。修正后的习得性无助理论认为，在对负性事件（如工作、学业或恋爱关系中的失败）的原因进行解释时，使用以下三种归因风格的人更容易抑郁（Abramson et al.，1978；Haeffel et al.，2017；Liu，Kleiman，et al.，2015）。

1. 内部因素，即坚信失败反映了个体自身（而不是外部因素）的不足。

2. 普遍因素，即坚信失败反映了个体人格的普遍缺陷（而不是特殊因素），或者认为失败反映了有限的功能领域。

3. 稳定因素，即坚信失败反映了固定的个人因素（而不是不稳定因素），或者认为导致失败的因素是不可改变的。

让我们通过一名大学生的经历来具体说明不同的归因风格：在经历了一次糟糕透顶的约会后，他惊奇地摇着头，试图理解自己的经历。对灾难性事件进行内部归因的特点是自责，例如，"我真的把它搞砸了"。

而外部归因会把责任推到其他地方，例如，"有些伴侣就是合不来"或"她当时一定是心情不好"。稳定归因意味着认为问题无法改变，例如，"这是我的性格问题"。不稳定归因则表达出问题的动态变化，例如，"可能是因为伤风感冒吧"。普遍归因会放大问题的严重程度，例如，"当我和别人在一起时，我总是不知道该做什么"。相反，具体归因会把问题分解、细化，例如，"我的问题就是如何通过聊天来维持一段关系"。

修正后的习得性无助理论认为，每种归因维度都会对无助的感觉有特定的促进作用。对负性事件的内部归因与低自尊有关。稳定归因有助于解释无助认知的持久性——或者医学上所谓的弥漫性。整体归因与个体在遇到负性事件后产生的无助感的普遍性有关。消极的归因风格（即把负性生活事件归因于内部、稳定和普遍因素）不仅是公认的罹患抑郁障碍的风险因素，也与罹患焦虑障碍的风险增加相关（Hamilton et al., 2015; Safford, 2008）。

7.2.6　生物学因素

识别导致抑郁障碍的生物学因素。

越来越多的证据支持生物学因素，尤其是遗传和神经递质功能在抑郁障碍形成过程中的作用。

遗传因素

遗传因素在决定个体罹患心境障碍（包括重性抑郁障碍，特别是双相障碍）的风险方面起重要作用（Kendler et al., 2018; McMahon, 2018; Musliner et al., 2019; Stahl et al., 2019; Weinstock, 2018）。最近，科学家发现了大约 44 组与罹患抑郁障碍的风险增加有关的遗传变异（遗传编码）（Wray et al., 2018）。但基因并不能完全说明问题。

同时，该领域的一个新兴模型侧重于对遗传和环境因素在重性抑郁障碍和其他心境障碍中的交互作用进行研究（McInnis et al., 2017），强调生物学因

素和社会心理因素之间交互作用的重要性。研究者发现，在面对应激性生活事件时参与调节血清素的特定基因的变异与罹患抑郁障碍的高风险有关（Karg et al., 2011）。血清素是抗抑郁药物（如百忧解、左洛复）起作用的靶神经递质，所以它会对抑郁症状起缓解作用也就不足为奇了（Locher, Koechlin, et al., 2017）。

我们已经逐渐认识到，应激性生活事件对抑郁障碍发展的影响在遗传风险高的人群中更大（Lau & Eley，2010）。通过研究特定基因对抑郁障碍的影响，人们发现可以采取直接影响靶向基因功能的基因疗法来干预抑郁障碍（Alexander et al., 2010）。

下面让我们详细地看一看支持遗传因素在重性抑郁障碍中的作用的一些证据。重性抑郁障碍不仅倾向于在家族中遗传，而且遗传关系越接近的人罹患抑郁障碍的可能性就越大。但是，家庭成员之间在基因和生活环境上相似度很高。为了有效梳理遗传因素的作用，研究者将研究方向聚焦于双生子研究。他们检验了同卵双生子与异卵双生子具有相同特征或疾病的相对百分比。与异卵双生子（或兄弟）相比，同卵双生子更易具有相同的特征或疾病。如果双生子中的一个人被确定有某种特征或疾病，那么另一个人大多也会

"是因为我吗"

根据修正后的习得性无助理论，我们对负性事件的归因风格会或多或少地增加我们对抑郁障碍的易感性。将一段关系的破裂归因于内部因素（"是我的原因"）、普遍因素（"我毫无价值"）和稳定因素（"对我而言，事情总是很糟糕"）更容易导致抑郁。

有该特征或疾病，这个概率被称作同病率。正如我们在第 1 章所介绍的，由于同卵双生子具有几乎完全相同的基因，因此他们的同病率较高的证据为遗传在致病中的作用提供了强有力的支持。

依据这些线索所做的开拓性研究表明，同卵双生子患有重性抑郁障碍的同病率是异卵双生子的两倍多（Kendler et al.，2006）。这一证据为遗传因素的作用提供了有力的支持，但不足 100% 的同病率需要我们考虑遗传是不是患这些障碍的唯一起作用的因素。尽管遗传因素在重性抑郁障碍中起重要作用，但它并不是唯一的决定因素，甚至可能不是最重要的因素。环境因素及遗传和环境影响的交互作用在重性抑郁障碍的发展中起着更重要的作用。

在进一步探讨之前，我们应该注意到不同的心理障碍可能具有共同的遗传联系。2013 年的一项突破性研究表明了五种不同的障碍——重性抑郁障碍、双相障碍、精神分裂症、孤独症和注意缺陷 / 多动障碍——具有某些共同的遗传变异（Cross Disorder Group of the Psychiatric Genomics Consortium，2013）。不过，即使两个人可能具有相同的遗传风险因素，但根据他们各自的生活经历或其他因素，他们可能会罹患完全不同的疾病（Kolata，2013）。对跨越不同心理障碍的共同的遗传风险因素开展的进一步研究有助于新的障碍划分方式的引入，研究者可以将潜在的遗传模式及症状表现的差异一并考虑进去。

生物化学因素和脑异常

对心境障碍的生物学基础的研究在很大程度上关注大脑神经递质活动的异常。早期的研究表明，抗抑郁药物可以提升脑内去甲肾上腺素和血清素这两种神经递质的水平，并有助于缓解抑郁症状。

抑郁障碍仅仅是由脑内缺乏关键的神经递质导致的吗？研究者质疑这一观点，部分原因是尽管抗抑郁药物可以在几天甚至几小时内迅速提升脑内神经递质的水平，但通常需要几周或几个月才能取得明显的治疗效果（Cryan & O'Leary，2010；Shive，2015）。此外，也没有证据表明，重性抑郁障碍患者体内缺乏血清素或去甲肾上腺素（Belmaker & Agam，2008）。因此，抑郁障碍不可能仅仅是由脑内神经递质的缺乏导致的，抗抑郁药物之所以起作用，也不是因为它简单地提升了脑内神经递质的水平。

对神经递质如何作用于抑郁障碍的更复杂的观点正在形成。有研究者提出，抑郁障碍可能与脑内神经递质功能的异常有关，这既可能涉及接收神经元上神经递质所附着的受体数量异常（过多或过少），也可能涉及特定神经递质的受体敏感性异常，还可能涉及神经递质的受体与化学成分的结合过程异常（Moriguchi et al.，2017；Oquendo et al.，2007）。因此，抗抑郁药物可以通过改变受体的数量 / 密度或它们对神经递质的敏感性来发挥作用，而这一过程需要时间（因此，抗抑郁药物开始产生效果有几周的滞后时间）。尽管脑内神经递质的异常好像与抑郁障碍有关，但研究者仍然不能得出血清素或其他神经递质在抑郁障碍中起确切作用的最终结论，也不能得出可以解释抗抑郁药物的治疗机制的最终答案。

另一项针对心境障碍的生物学基础的研究侧重于脑异常（Keren et al.，2018）。脑成像研究显示，心境障碍患者脑内负责调节思维过程、情绪和记忆的区域（如前额皮层和边缘系统）存在体积较小或代谢活动水平较低的情况（Kaiser et al.，2015；Lai & Wu，2015；Schmaal et al.，2015）。前额皮层是脑内负责高级心理功能（如思考、解决问题、做出决策、组织想法和行为等）的区域；边缘系统主要负责情绪加工。血清素和去甲肾上腺素这两种神经递质在调节前额皮层的神经冲动方面起重要作用，所以，有证据显示患者大脑的这部分区域存在异常也就不足为奇了。

最近，也有证据表明，抑郁障碍患者脑内出现白质减少的情况。白质由连接神经元的神经纤维（轴突）

深度探讨

脑部炎症可能是解释心境障碍的一种方式

如今，一个有趣的问题引起了许多研究者的关注：一些心理障碍，包括抑郁障碍、双相障碍，可能还有精神分裂症和孤独症，可能部分是由脑部炎症引发的。当我们的身体对感染或伤害进行防御时，就会产生炎症。你可能十分熟悉身体出现炎症时的迹象——受伤时出现的红肿。当身体的免疫系统过度反应时，如关节炎和克罗恩病等自身免疫性疾病，可能会导致慢性炎症，这会给我们身体的关节部位、胃肠系统及其他身体系统和器官造成损害，当然也包括我们的大脑。

大脑中的炎症会在心理障碍等心理疾病中起作用吗？虽然这一研究领域仍处于萌芽阶段，但研究者已经在抑郁障碍患者和双相障碍患者的体内发现了脑部炎症的生物标志物（Berk, Walker, & Nierenberg, 2019; Caneo et al., 2016; Jokela et al., 2016; Mechawar & Savitz, 2016）。存在脑部炎症也可能是抑郁障碍患者更倾向于产生自杀想法和自杀行为的标志（Holmes et al., 2017）。其他研究者认为，应激所引发的脑部炎症可能是应激诱发抑郁障碍的潜在通路（Nie et al., 2018）。

另一个重点研究领域是，脑部炎症是否会导致体验快乐的能力丧失（Felger et al., 2015, 2016）。近年来，研究者展开了激烈的争论，主要围绕脑部炎症是不是导致抑郁障碍的原因之一，抑郁障碍是否会导致脑部炎症，或者这二者之间的关系是否为双向的。目前，相关的研究正在进行中，以探索易受炎症影响的特定神经通路，同时测试抗炎药物是否有助于治疗心境障碍（Ayorech et al., 2015; Kim, Nab, et al., 2015）。某些食物中的营养成分，如某些鱼油中的 ω-3 脂肪酸，也具有消炎的作用，这可能有助于解释它们在治疗抑郁障碍方面的有益作用（参见"深度探讨：相关疑点"专栏）。

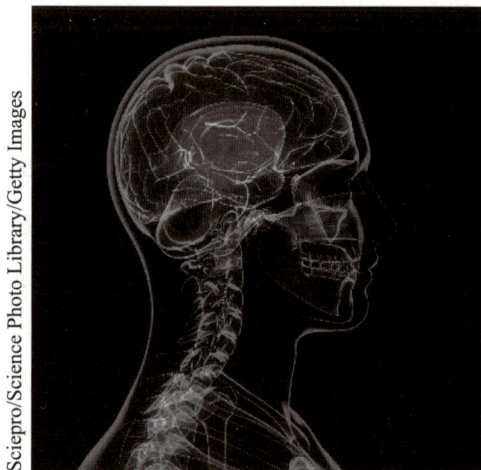

脑部炎症是引发抑郁障碍的原因之一吗

有证据表明，大脑中神经通路的炎症可能与心境障碍等心理障碍有关。

组成，因此白质减少可能与脑内涉及思维和情绪加工的不同区域中神经元之间的连接异常有关（Shen et al., 2017）。

随着脑成像技术的发展，研究者将得出心境障碍患者和正常个体之间大脑差异的清晰图像，甚至可能发现诊断和治疗这些障碍的更好方法。研究也可以进一步发现身体的其他系统（如内分泌系统）在心境障碍的发展中是如何起作用的。就像其他复杂的异常行为模式（如焦虑障碍和精神分裂症）一样，抑郁障碍的潜在病因很可能也涉及多种因素。

7.2.7 双相障碍的病因

识别双相障碍的病因。

众多研究者认为，有多种因素共同作用于双相障碍。脑成像研究发现，双相障碍患者大脑的许多区域存在异常，特别是涉及情绪加工和情绪调节的区域（Cullen & Lim, 2014; Nenadic et al., 2015; Phillips & Swartz, 2014）。

遗传因素对双相障碍具有重要的影响（Hyman，2011）。在芬兰的一项基于大样本的研究中，研究者发现同卵双生子的同病率比异卵双生子高大约七倍（分别是43%和6%）。遗传因素似乎在双相障碍中扮演着比在重性抑郁障碍中更加重要的角色（Belmaker & Agam，2008）。

2008年，瑞典报告的一项有趣的发现表明，个体患双相障碍的可能性与父亲较大的生育年龄有关，尤其是当父亲的年龄大于55岁时（Frans et al.，2008）。我们应该注意到，母亲的生育年龄与下一代是否患有双相障碍之间并没有明显的联系。对双相障碍与父亲的生育年龄存在联系的一个可能的解释就是，遗传缺陷会更频繁地存在于年龄较大的男性的精子中，所以这种缺陷就可能使他们的下一代更容易患上某些心理障碍，包括双相障碍。

研究者正致力于积极追踪影响双相障碍的特定基因（McInnis et al.，2017）。但是，基因并不能说明全部问题。如果双相障碍完全由遗传因素导致，那么拥有该障碍倾向的某一对同卵双生子都将患上该障碍，但事实并非如此。与素质–应激模型一致，应激性生活事件和潜在的生物学因素会与遗传易感素质发生交互作用，从而增加个体罹患双相障碍的风险。此外，研究者还发现，应激性生活事件可以引发双相障碍患者的情绪发作（Miklowitz & Johnson，2009）。负性生活事件（如失业、婚姻中的冲突）可能先于抑郁发作，而负性和正性生活事件（如找到新工作）都可能先于轻躁狂或躁狂发作（Alloy et al.，2009）。

另外，研究者也了解了社会心理因素对双相障碍的作用（Bender & Alloy，2011）。例如，来自家人和朋友的支持有助于提高双相障碍患者的功能水平，为患者应对负性应激事件提供缓冲。而且，获得社会支持在帮助加速心境障碍患者康复及降低病情再次发作的可能性方面发挥了作用（Alloy et al.，2005）。

深度探讨
相关疑点

你可能听说过，通过饮食来大量摄入某些类型的鱼油，尤其是富含ω-3脂肪酸的鱼油，可以降低心脑血管疾病的发病率。但你可能还不知道，较高的鱼油摄入量还与降低罹患重性抑郁障碍和双相障碍的风险有关（Rechenberg，2016；Saunders et al.，2015）。ω-3脂肪酸是大脑用来保持最优功能所需的一种基本营养成分。虽然这一领域的研究尚处于起步阶段，但早期的一些证据表明，ω-3脂肪酸可能对抑郁和其他心理健康问题具有一定的治疗作用，如儿童和青少年的注意缺陷/多动障碍（Chang et al.，2017；Rechenberg，2016）。

人口研究表明，食用大量鱼类的人比其他人罹患抑郁障碍的概率更低（Grosso et al.，2016；Li，Liu，& Zhang，2015）。这些证据只是相关性的，所以我们无法断言吃鱼就一定能够预防抑郁障碍，或者说那些罹患抑郁障碍风险低的人就是经常吃鱼的人。

在鱼类中发现的ω-3脂肪酸似乎可以提高脑内血清素的活性，这或许有助于解释其对抑郁障碍可能产生的作用（Patrick & Ames，2015）。同时，ω-3脂肪酸还具有消炎的作用，有助于消除脑部炎症，研究者怀疑这可能是它对抑郁障碍和双相障碍等心境障碍具有治疗效果的原因（Akbaraly et al.，2016；Ayorech et al.，2015）。虽然目前我们尚缺乏足够的研究证据，无法做出任何关于ω-3脂肪酸或食用鱼类可以有效预防或应对抑郁障碍的确凿论断，但迄今为止，所有这些有希望的证据都表明，我们有必要继续深入研究这些饮食因素在治疗心境障碍中可能发挥的作用（Rechenberg，2016；Sharifan, Hosseini, & Sharifan, 2017）。

此外，ω-3脂肪酸并不是引起研究者注意的唯一营养成分。姜黄素是香料姜黄中的一种成分，可以使芥末或印度咖喱呈现黄色，也可能会引起过敏，同时影响与抑郁障碍有关的潜在生物学过程。在最近的一项研究中，研究者发现，与使用安慰剂的对照组相比，富含姜黄素的营养品能够显著改善与心境障碍有关的症状（Lopresti et al., 2014）。不过，我们在此也提醒大家，通过饮食来治疗抑郁障碍的研究尚处于早期发展阶段，因此，通过某些营养补充剂来治疗抑郁障碍或其他心理障碍究竟是否可以成为一种治疗手段尚未可知。

同时，也有来自跨国研究的证据表明，食用大量富含 ω-3 脂肪酸的海产品与低心境障碍患病率之间存在一定的联系（Parker et al., 2006）。在一项跨国研究中，食用海产品最多的国家，如冰岛，其双相障碍的患病率较低；相反，吃海产品较少的国家，如德国、瑞典、意大利和以色列，其双相障碍的患病率较高（Noaghiul & Hibbeln, 2003）。

我们应该谨慎地注意到，吃鱼和降低罹患心境障碍的风险之间的关系并不能被确定为因果关系。然而，这些关联鼓励研究者进一步探索膳食补充剂是否可以和有益大脑的食物一样有效。那么，大家觉得吃三文鱼会有效吗？

去钓鱼

鱼油能够治疗心境障碍吗？对此，我们并没有确切的答案，但一些证据表明，在饮食中增加特定类型的鱼油，特别是 ω-3 脂肪酸，可能对治疗抑郁障碍有一定的效果。

7.3 心境障碍的治疗方法

正如不同的理论观点所指出的那样，影响心境障碍的因素十分广泛，而且各种不同的理论模型提出了各自的治疗方法。在此，我们主要介绍当代前沿的一些治疗方法。

7.3.1 心理治疗

描述治疗抑郁障碍的心理学方法。

抑郁障碍的治疗方法主要包括心理动力学疗法、行为疗法和认知疗法等心理治疗，以及抗抑郁药物治疗和电休克治疗等生物医学治疗。有时，联合治疗是最有效的治疗模式（Cuijpers, van Straten, et al., 2010, 2011; Maina, Rosso, & Bogetto, 2019）。在此，我们将对几种主要的心理治疗方法加以介绍。

心理动力学疗法

经典精神分析旨在帮助抑郁障碍患者理解他们对生活中已经丧失或可能丧失的重要他人（客体）的潜在矛盾情感。通过处理指向这些客体的愤怒情感，个体可以将愤怒转向外界，例如，通过语言来表达情感，而非任由其恶化并转向内部。

经典精神分析可能需要花费数年的时间来揭露并处理无意识冲突。当代心理动力学疗法也关注无意识冲突，但它们更聚焦、相对短程，既关注过往的经历，也关注当下人际关系中的冲突（Rosso, Martini, & Maina, 2012）。而且，一些心理动力学取向的治疗师也会使用行为主义的方法帮助来访者获得发展更广泛的社交网络所需的社交技能。最近的一项元分析研究成果证实了短程心理动力学疗法对抑郁障碍的治疗效果（Carret et al., 2018; Driessen et al., 2017; Gibbons et al., 2016）。

目前广受关注的一种心理动力学治疗模式是人际心理治疗（Interpersonal Psychotherapy, IPT）。这是一种相对短程的治疗模式（疗程一般不超过 9 ～ 12 个月），十分强调人际关系在抑郁障碍中的重要作用，并帮助患者在人际关系上做出改善（Weissman，Markowitz，& Klerman，2000）。人际心理治疗已被证明是一种可以有效治疗重性抑郁障碍的疗法，并有望治疗其他心理障碍，包括心境恶劣、神经性贪食和创伤后应激障碍（Bernecker et al.，2017；Lipsitz & Markowitz，2013；Markowitz et al.，2015）。研究者也发现人际心理治疗对治疗世界上其他地区（如南非地区）的一些抑郁障碍患者也是有效的（Bolton et al.，2003）。

　　尽管人际心理治疗与传统的心理动力学疗法具有一些共同的特征（主要是认为早期的生活经历和僵化的人格特质会影响心理调节功能），但与传统的心理动力学疗法不同的是，人际心理治疗更关注来访者当前的人际关系，而不仅仅是其童年期的无意识冲突。

　　人际心理治疗帮助来访者处理深爱的人去世后的那些未被充分处理或被延长的哀伤反应，以及当前人际关系中的角色冲突。治疗师会帮助来访者识别他们当前关系中的冲突，理解其中的潜在问题，并考虑解决的办法。如果人际关系问题难以修复，治疗师会帮助来访者考虑如何结束这段关系及建立新的关系。下面是有关 31 岁的萨尔的案例，他的抑郁障碍就与婚姻

人际心理治疗

人际心理治疗通常是一种短程的、心理动力学取向的治疗方法，关注个体当前的人际关系问题。与传统的心理动力学疗法一样，人际心理治疗假定早期的生活经历在适应中起关键作用，但人际心理治疗更关注当下——此时此地。

中的冲突有关。

行为疗法

　　行为治疗师普遍关注如何帮助抑郁障碍患者发展更有效的社交或人际关系技能，并引导他们参与更多令人愉悦或有益的活动。其中，最被广泛运用的行为治疗模型是行为激活（Behavioral Activation），旨在鼓励患者增加参与有益或令人享受的活动的频率（Chartier & Provencher，2013）。行为激活在治疗抑

"麻木"的萨尔
一个关于抑郁障碍的案例

　　在第 5 次治疗中，萨尔和治疗师开始探讨他的婚姻问题。当他讲述自己因为感觉"麻木"而难以向妻子表达自己的感受时，他热泪盈眶。他觉得他一直在"控制"自己的感受，这导致他和妻子日渐疏远。在接下来的治疗中，他又直接表达了自己和父亲的相似之处，尤其是在他如何以父亲疏远他的方式疏远自己的妻子这方面。到第 7 次治疗时，出现了一个转折点。萨尔描述了他和妻子在过去的一周里如何变得"有情感交流"及

彼此更加亲密，他如何能够更开放地谈论自己的感受，以及他和妻子如何能够就一个让他们担忧了好长时间的家庭财务问题共同做出决定。当面临被解雇的问题时，他征询了妻子的意见，而不是以和妻子吵架的方式把他的工作问题强塞给她。令他惊讶的是，当他表达自己的感受时，妻子的反应也很积极（不是他原本预料的"粗暴"反应）。在最后的一次治疗（第 12 次治疗）中，萨尔描述了治疗师如何"重新唤醒"了他内心的真实想法——他希望在和妻子的亲密关系中营造一种开放的氛围。

资料来源：Adapted from Klerman et al.，1984.

郁障碍方面具有显著的效果（Carlbring et al., 2013; Hunnicut-Ferguson, Hoxha, & Gollan, 2012）。行为疗法经常与认知疗法相结合，形成一种应用更加广泛的治疗模式，即认知行为疗法。认知行为疗法也许是目前使用最广泛的治疗抑郁障碍的心理治疗方法了。

认知行为疗法

认知治疗师认为，歪曲的思维（认知歪曲）在抑郁障碍的发展中起关键作用。抑郁个体通常关注他们的感觉有多糟糕，而不是关注引发消极情绪的想法。亚伦·贝克及其同事提出的认知疗法是认知行为疗法的一种主要形式，旨在帮助人们重新认识和校正功能失调的思维模式（Beck et al., 1979; David, Cristea, & Beck, 2018）。表 7-5 列出了一些常见的歪曲、自动化的想法，它们代表了不同的认知歪曲类型。表中还列出了一些理性的替代反应。

认知疗法与行为疗法的治疗周期都比较短，一般

为 14～16 周。治疗师会整合行为和认知技术帮助来访者识别和改变其功能失调的思维模式，并发展更具适应性的行为（Anthes, 2014）。例如，他们会帮助来访者使用思维日记或日常记录监测其在一天内体验到的自动化的消极想法，并将思维模式和消极情绪联系起来。来访者会记录下在什么时候、什么地点出现了消极的想法，以及自己当时的感受。然后，治疗师会帮助来访者挑战这些消极的想法并用更具适应性的想法来取代它们，如下面的案例所示。

抑郁障碍的认知治疗案例

治疗师：你今天描述了很多例子，你的解释导致了一些具体的感受。你还记得刚才你哭的时候我问你在想什么吗？你跟我说，你认为我觉得你很可悲，我不想看到你接受治疗。我说，你只是在猜测我的想法，把一些实际上不正确的消极想法强加给我。你做了一个武断的推论，或者在没有证据的情况下就妄下结论。

表 7-5　认知歪曲和理性反应示例

自动化的想法	认知歪曲的类型	理性反应
我在这个世界上孤身一人。	全或无思维	我可能很孤单，但仍然有一些人关心我。
什么也不能帮助我摆脱困境。	过度概括	没有人能预见未来，所以要关注当下。
我看起来没什么希望了。	扩大化	我看起来确实不完美，但我离希望并不遥远。
我快要崩溃了，我无法控制这个过程。	扩大化	有时，我的确感到无法抗拒，但我之前能够控制类似的情况。我可以一步一步来，会好起来的。
我想，我天生就是个失败者。	贴标签或乱贴标签	没有人注定是失败者，我要停止这样的暗示。
通过节食，我的体重只减了 4 千克，我应该放弃，我注定不能成功。	消极关注 / 最小化 / 优势打折 / 妄下结论 / 全或无思维	4 千克是一个好的开始，我的体重不是一夜间形成的，减肥是需要时间的。
我知道事情一定很糟糕，我才会有如此糟糕的感觉。	情绪化推理	感觉未必是事实。如果我没有看清事实，我的情绪也会被扭曲。
我知道我这门课会不及格。	预测未来	集中精力学习这门课程，而不是直接得出消极的结论。
我知道约翰的问题是由我造成的。	个人化	我需要停止因任何其他人的问题而责备自己，有很多原因可以解释为什么约翰的问题与我无关。
和我同龄的人应该都做得比我好。	"应该"宣言	我需要停止拿自己与他人做比较。我对自己的期望是尽力而为。拿自己与他人做比较有什么好处呢？它只会让我对自己更失望，我无法从中获得动力。
我就是没有上大学的头脑。	贴标签和乱贴标签	我能做的比我认为自己能做的多得多。

（续表）

自动化的想法	认知歪曲的类型	理性反应
一切都是我的错。	个人化	停止玩这种责备自己的游戏，责备已经够多了。更好的做法是，忘记责备，试着努力思考如何解决问题。
如果休拒绝了我，那就太糟糕了。	扩大化	这可能会让人心烦意乱，但它并没有那么糟糕，除非我想让它这样。
如果人们真的了解我，他们就会讨厌我。	读心术	有什么证据证明呢？在了解我的人中，更多人是喜欢我而不是讨厌我的。
如果情况不能很快好转，我会发疯的。	妄下结论 / 扩大化	我一直在处理这些问题。我现在只是不得不维持现状。事情并不像看起来的那么糟糕。
我的脸上竟然又长了一个痘痘。这会毁掉我的整个周末。	心理过滤	放轻松。一个痘痘并不是世界末日。它不会破坏我的整个周末。其他人的脸上也会长痘痘，并且他们看上去过得很好。

资料来源：Adapted from Beck et al., 1987.

这种情况在我们情绪低落时会经常发生。我们很容易对事物做出最负面的解释，即使有证据表明这是错的，这一点让人更加沮丧。你明白我的意思吗？

来访者：你是说连我的想法都是错的？

治疗师：不，不是你总体的想法，我也不是在说是非对错的问题。正如我之前所说的，解释并不是事实。它们有时可能是准确的，但它们并不是对或错的。我的意思是，你的一些解释，尤其是那些与你自己有关的解释，是有消极偏差的。你所推测出的我的想法可能是准确的，但你也可以得出其他许多结论，这些结论可能不会让你感到那么沮丧，因为它们对你的影响不会那么糟糕。举个例子，你可能会认为，既然我愿意花时间和你一起进行治疗，这就意味着我对你感兴趣，我想尝试帮助你。如果你得出这样的结论，你会有什么感觉？你还会觉得想哭吗？

来访者：嗯，我想我可能会感觉不那么难受，会觉得更有希望一些。

治疗师：非常好。这就是我想说的。我们能感受到我们的想法。不幸的是，这些有偏差的解释往往会自动发生。它们会突然间出现在我们的脑海中，然后我们就会相信它们。你和我在治疗中要做的就是试着捕捉这些想法并检视它们。我们将一起探索证据，以纠正偏差，使我们的想法更现实。你觉得这样可以吗？

来访者：可以。

资料来源：From Cognitive therapy for depression and anxiety: A practitioner's guide, I. M. Blackburn and K. M. Davidson, ©1995 Blackwell Science. Reproduced with permission of Wiley Publishing, Inc.

认知行为疗法，包括贝克的认知疗法，在治疗重性抑郁障碍和降低复发风险方面具有很好的效果（DeRubeis, Strunk, & Lorenzo-Luaces, 2016；Lutz et al., 2015；Mondin et al., 2015；Soares et al., 2018）。认知疗法的效果与抗抑郁药物相当，甚至可用于治疗中度至重度的抑郁症状（Beck & Dozois, 2011；Siddique et al., 2012；Weitz et al., 2015）。

7.3.2 生物医学治疗

描述治疗抑郁障碍的生物医学方法。

最常见的治疗心境障碍的生物医学方法是针对抑郁障碍的抗抑郁药物治疗和电休克治疗，以及针对双相障碍的碳酸锂药物治疗。

抗抑郁药物治疗

近年来，抗抑郁药物在美国的使用量大幅增加，有超过 1/10 的成年人会服用抗抑郁药物（Kuehn, 2011a；Smith, 2012）。抗抑郁药物的使用量自 1988 年以来增加了近 400%（Hendrick, 2011）。一项统计数据表明，几乎有高达 1/4（23%）的 40 ～ 59 岁美国女性正在服用抗抑郁药物（Mukherjee，2012）。大量使用抗抑郁药物带来的影响是，与 20 世纪 90 年代相比，如今接受心理治疗的抑郁障碍患者明显减少了（Dubovsky，2012；Fullerton et al.，2011）。尽管抗抑郁药物主要被用于治疗抑郁障碍，但它们也适用于治疗其他心理障碍，包括焦虑障碍（见第 5 章）和神经性贪食（见第 9 章）。

抗抑郁药物增加了脑内某些神经递质的可利用性，但是它们通常以不同的方式起作用（见图 7-5）。如第 2 章所述，抗抑郁药物主要有四类：（1）三环类抗抑郁药；（2）单胺氧化酶类抑制剂；（3）选择性 5-羟色胺再摄取抑制剂；（4）5-羟色胺去甲肾上腺素再摄取抑制剂。

三环类抗抑郁药主要包括丙米嗪、阿米替林、地昔帕明和多塞平，之所以这样命名，是因为它们都具有三环分子结构。它们通过影响神经递质的再摄取（被传导细胞重新吸收）过程来提升脑内去甲肾上腺素和血清素这两种神经递质的水平。

单胺氧化酶类抑制剂，如苯乙肼，是通过抑制单胺氧化酶的功能起作用的，单胺氧化酶是一种在正常情况下可以分解或降解突触内神经递质的酶。单胺氧化酶类抑制剂不如其他抗抑郁药物的应用那么广泛，部分原因是其他抗抑郁药物，尤其是选择性 5-羟色胺再摄取抑制剂已经问世，而且单胺氧化酶类抑制剂与某些食物和酒精饮料之间可能存在严重的不良化学反应。

选择性 5-羟色胺再摄取抑制剂（如氟西汀和舍曲林）用于干扰神经递质的再摄取过程，但是它们对血清素有更明确的作用。5-羟色胺去甲肾上腺素再摄取抑制剂（如文拉法辛）会选择性地针对去甲肾上腺素和血清素的再摄取进行作用，以提升脑内这两种神经递质的水平。

研究者已经了解抗抑郁药物是如何影响神经递质的水平的，但如前所述，我们尚不清楚它们究竟是如何影响抑郁发作的潜在机制的。三环类抗抑郁药和单胺氧化酶类抑制剂的潜在副作用包括口干、运动性迟滞、便秘、视力模糊和性功能失调，以及比较少见的尿潴留、麻痹性肠梗阻（肠道的一种麻痹状态，会损害肠道内容物通过）、意识混乱、谵妄和心血管并发症（如低血压）。而且，三环类抗抑郁药也具有高毒性，如果不对药物治疗过程进行密切的监督，过量使用药物很可能会增加患者自杀的可能性。

有证据表明，抗抑郁药物在缓解抑郁症状方面比安慰剂更有效（Cipriani et al.，2018；Mori, Lockwood, & McCall，2015）。然而，尽管生物医药公司会在媒体广告中大肆宣传其药物的神奇疗效，但在临床试验

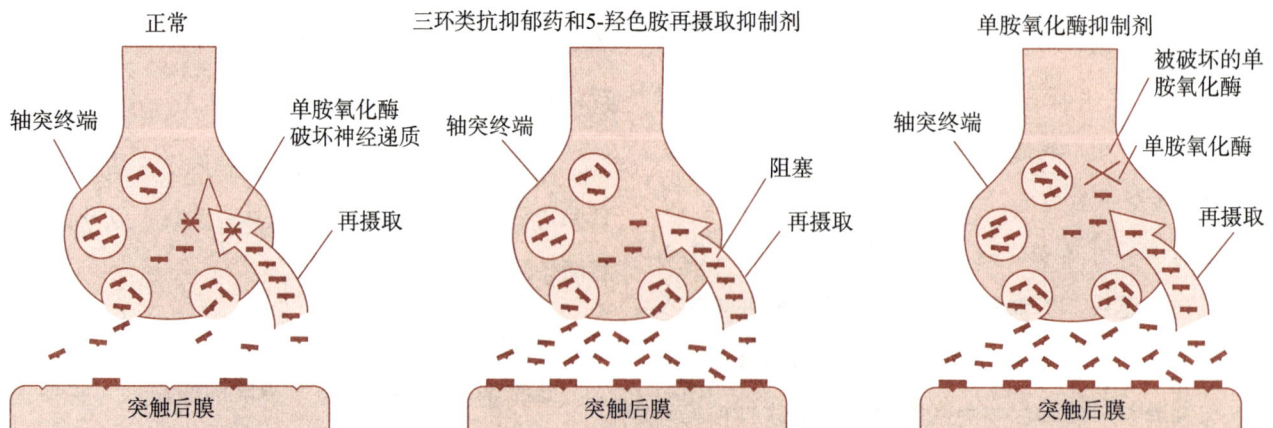

图 7-5　不同类型的抗抑郁药物在突触内的活动

三环类抗抑郁药和再摄取抑制剂通过阻止由突触前神经元的再摄取来增加神经递质的可利用性。单胺氧化酶类抑制剂通过抑制单胺氧化酶的功能起作用，单胺氧化酶是一种在正常情况下可以降解神经递质的酶。

中，在接受第一轮抗抑郁药物治疗的患者中，通常只有约 1/3 患者的症状能够得到完全的缓解（Kennedy，Young，& Blier，2011；McClintock et al.，2011）。在许多情况下，抗抑郁药物的临床反应一般或并不充分，而且这些药物对一部分患者完全没有效果（Amare et al.，2018；Cipriani et al.，2018；Williams，2017）。此外，即使是在药物治疗有效的那部分人群中，许多人还是会持续出现一些症状，如失眠、悲伤和注意力不集中。此外，研究者还发现，大约有 2/3 的抗抑郁药物的疗效可以被解释为安慰剂效应（Rief et al.，2009）。

当一种抗抑郁药物无法缓解症状时，换成另一种抗抑郁药物，或者增加一种抗抑郁药物或抗精神病药物（如阿立哌唑）可能会带来更理想的效果（Casey et al.，2014；Coryell，2011）。最近的研究发现，如果患者对一种抗抑郁药物没有反应，那么加入认知行为疗法并换用不同的药物会比单独使用一种药物更有效（Brent et al.，2008）。

在评估抗抑郁药物的有效性时，患者抑郁的严重程度也需要考虑在内。一项针对六个大规模随机对照研究的综述指出，与安慰剂（无活性"糖丸"）相比，抗抑郁药物对重度抑郁的患者比对轻度抑郁的患者的疗效更为显著（Fournier et al.，2010）。但是近几年，另一些研究者报告，抗抑郁药物在治疗轻度和重度的抑郁上都发挥了很好的作用（Gibbons et al.，2012）。我们需要进行更多的研究来弄清楚抗抑郁药物的作用是否与个体的抑郁程度有关。

与三环类抗抑郁药相比，选择性 5-羟色胺再摄取抑制剂有两个关键的优势，这使它在很大程度上已经基本取代了三环类抗抑郁药：第一个优势是，5-羟色胺再摄取抑制剂毒性更小，因此在过量服用的情况下危险性更小（Marder & Gitlin，2017）；第二个优势是，与三环类抗抑郁药和单胺氧化酶类抑制剂相比，5-羟色胺再摄取抑制剂对心脑血管的影响更小，其他常见的副作用（如口干、便秘和增重）也更少。尽管

如此，5-羟色胺再摄取抑制剂也并不是完全没有副作用的，例如，百忧解和其他 5-羟色胺再摄取抑制剂可能会导致胃部不适、头痛、焦虑、失眠、性欲减退和性功能受损。事实上，服用抗抑郁药物可能会加重抑郁障碍的一些相关症状，如睡眠问题（Morehouse，MacQueen，& Kennedy，2011）。另一个更值得关注的问题是，抗抑郁药物与一些儿童、青少年和年轻人自杀念头的增加有关——这是我们将在第 13 章进一步讨论的一个重要问题。

更重要的是，有证据表明，不同类型的抗抑郁药物（选择性 5-羟色胺再摄取抑制剂、5-羟色胺去甲肾上腺素再摄取抑制剂和老一代的三环类抗抑郁药）的有效性之间并没有显著的差异（DeRubeis，Strunk，& Lorenzo-Luaces，2016）。最后，还有一个我们需要重点关注的问题是，患者在停药后有更高的复发率。相关研究显示，在停药后的两年内，复发率可能高达 50%（Cuijpers，2018）。即使患者连续服药，复发也会出现，但在症状消退后仍继续服用几个月的药物可以有效降低复发的风险（Kim et al.，2011）。

与抗抑郁药物相比，认知行为疗法通常可以更有效地防止疾病复发，这也许是因为接受心理治疗的来访者（不同于那些仅仅接受药物治疗的患者）后续可以将在治疗过程中学到的技能用于处理应激性生活事件和挫败感（Beshai et al.，2011；Clarke，Mayo-Wilson，et al.，2015）。将心理治疗整合进药物治疗中不仅有助于提高治疗效果，还可以有效降低复发的风险，即使在停用精神类药物后也是如此（Oestergaard & Møldrup，2011）。因此，我们可以将认知行为疗法比作一种心理疫苗接种，它可以在初始作用后持续提供保护（Zhang et al.，2018）。

一些对心理治疗没有反应的患者可能对抗抑郁药物治疗有反应，而一些对药物治疗没有反应的患者可能对心理治疗有反应。然而，有证据表明，心理治疗与药物治疗相结合具有最好的效果（Cuijpers，

2014）。整合药物治疗和心理治疗不仅有助于提高治疗效果，还可以有效降低复发的风险，即使在停用精神类药物后也是如此（Guidi, Tomba, & Fava, 2016; Oestergaard & Møldrup, 2011）。此外，一项大规模、跨地区的关键研究表明，在治疗重性抑郁障碍时，联合使用认知疗法和抗抑郁药物比单独使用抗抑郁药物效果更好（Hollon et al., 2014; Thase, 2014）。

在治疗具体的患者时，究竟哪种治疗方法最有效，这个问题尚无定论。也许，对大脑的观察可以为推荐最佳治疗方案提供线索，帮助我们选择认知行为疗法或抗抑郁药物。最近的一项功能性磁共振成像研究显示，对参与情绪加工的大脑功能区域之间联结更强的抑郁障碍患者来说，认知行为疗法效果更好；而对该联结较弱的患者来说，药物治疗效果更好（Dunlop et al., 2017）。我们可以推测，大脑结构之间更强的联结功能可能会使患者更好地利用认知技术来调节消极情绪。如果这些结果经得起进一步的验证，那么在将来的某一天，我们会看到前来寻求帮助的抑郁障碍患者会首先接受脑部扫描检查，以确定最优治疗方案。

另一种治疗抑郁障碍的方法是注射氯胺酮，这种药物在化学结构上类似于致幻剂苯环己哌啶（Andrade, 2019; Rosenblat, 2019）。氯胺酮在临床医学和兽医领域主要被用作麻醉剂（止痛药）来使用。

最近的研究表明，在严格的医疗监管下使用氯胺酮来治疗难治性抑郁障碍病例可以产生显著的效果（Canuso et al., 2018; Chen, Li, Lin, et al., 2017; Golzari & Mahmoodpoor, 2017; Phillips et al., 2019; Popova et al., 2019; Williams et al., 2018）。事实上，氯胺酮的效果在几分钟或几小时内就会快速显现，而传统抗抑郁药物通常需要几周才能起效。而且，氯胺酮的效果可能会持续数周（Geller, 2018; Yang et al., 2018）。

单次注射氯胺酮也可能有助于在数小时内减少患者的自杀意念，其效果可持续一周或更长的时间（Grunebaum et al., 2017; Wilkinson et al., 2018;

Yager, 2018）。一些精神科医生认为，应该在急诊室更广泛地使用这种药物来治疗那些有自杀倾向的患者（Velasquez-Manoff, 2018）。2019 年，一种含有氯胺酮化学形态的鼻喷雾剂被获准用于在严格的医疗监管下治疗顽固性抑郁障碍（Carey, 2019; Kim et al., 2019; McKay & Loftus, 2019）。然而，由于这种鼻喷雾剂长期使用的安全性和有效性问题，它在被广泛使用前尚需进一步的研究（Sanacora et al., 2017）。

电休克治疗

电休克治疗，也被称为休克疗法，一直备受争议。让电流通过一个人的大脑的想法看起来非常野蛮，但有证据支持电休克治疗是一种总体上对重性抑郁患者来说比较安全、有效的治疗方法，甚至对那些经药物治疗无效的案例也有用（Mutz et al., 2019; Ross, Zivin, & Maixner, 2018; Weiss et al., 2019）。

在电休克治疗中，患者的头部会被施加 70 ～ 130 伏的电流，电流会引发痉挛，感觉就像一次癫痫大发作。电休克治疗通常会进行 6 ～ 12 次，一周 3 次，持续数周。在治疗过程中，患者会在速效全身麻醉剂的帮助下入睡，并服用肌肉松弛剂，避免出现可能会导致损伤的剧烈痉挛。所以，旁观者几乎觉察不到痉挛。患者在治疗结束后会很快醒过来，并且事后什么也不记得。尽管电休克治疗早期被广泛用于治疗各种心理障碍，包括精神分裂症和双相障碍，但美国精神医学学会指出，电休克治疗只能用于那些对抗抑郁药物治疗无效的重性抑郁障碍患者。

电休克治疗对许多经抗抑郁药物治疗无效的重性抑郁障碍患者有明显的疗效（Hampton, 2012; Medda et al., 2009）。它在减少自杀想法方面也具有显著的效果（Kellner et al., 2005）。没有人确切地知道电休克治疗是如何起作用的，但一种可能性是电休克治疗可以恢复脑内神经递质的活性。

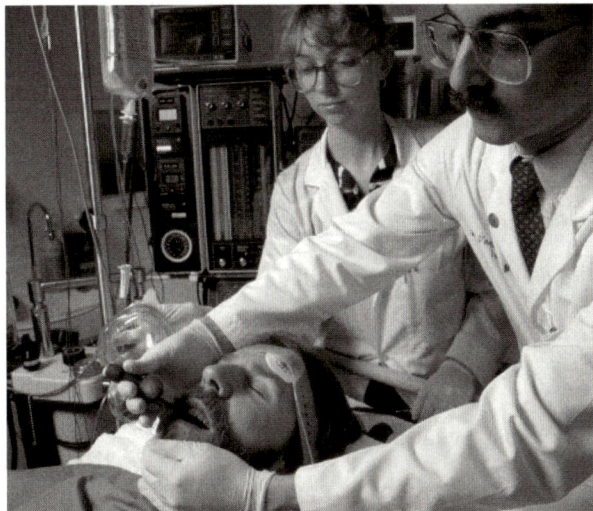

电休克治疗

电休克治疗对许多严重或长期抑郁的人有帮助，这些人对其他形式的治疗没有反应。然而，这一疗法仍然备受争议。

　　尽管电休克治疗是一种针对重性抑郁障碍的有效的短程治疗方法，但它也不是万能的。它具有一些隐患，尤其是患者会无法想起在治疗期间发生的所有事情，所以患者、患者家属和专业人士都对其心存顾虑（Meeter et al., 2011）。不过，电休克治疗引起认知功能受损的情况极其罕见，而且即便有这种可能性，也仅仅是轻微的影响（Brus et al., 2017；Dubovsky, 2017b；Ziegelmayer et al., 2017）。关于电休克治疗的另一个令人烦恼的问题是治疗后的高复发率（Sackeim et al., 2001）。许多专家把电休克治疗视为最后的治疗手段，只有在其他治疗方法都无效时，他们才会考虑电休克治疗。

　　总之，治疗抑郁障碍的心理学和精神病学方法是可行的。心理治疗和药物治疗在效果上表现相当（Huhn et al., 2014；Wolf & Hopko, 2008）。但是，在一些案例中，联合使用心理治疗和药物治疗比单独使用其中一种治疗方法会更有效（Cuijpers, van Straten, et al., 2010）。而且很明显，心理治疗可以比单独使用抗抑郁药物产生更持久的治疗效果（Karyotaki et al., 2016）。电休克治疗等侵入性的治疗方法也可用于对其他治疗方法无效的重性抑郁障碍患者。

深度探讨
对抑郁障碍的磁刺激治疗

　　弗朗茨·弗里德里希·麦斯默（Franz Friedrich Mesmer，1734—1815 年）是 18 世纪奥地利的一位内科医生，催眠术（Mesmerism）就是根据他的名字命名的。在英文中，人们至今仍旧会说被某些东西迷得神魂颠倒（Mesmerized）。麦斯默认为，癔症是由人体内磁流体分布的潜在不平衡导致的，并且认为这个问题可以通过用金属棒刺激身体来调整。当时的科学委员会驳斥了麦斯默的言论，并且认为他所治愈的案例是自然康复或受到自我欺骗（今天，我们称之为暗示的力量）的影响。时任委员会的主席不是别人，正是本杰明·富兰克林（Benjamin Franklin），当时他是刚刚独立的美国的驻法国大使。尽管麦斯默的理论和治疗实践不被承认，但现在关于磁力学治疗用途的证据表明，他当时可能是正确的。

　　今天，医生正在使用磁脉冲技术对那些经其他治疗无效的抑郁障碍患者的大脑中涉及情绪调节的脑区进行无创刺激（Blumberger et al., 2018）。在经颅磁刺激（Transcranial Magnetic Stimulation, TMS）治疗中，医生会在患者的头皮上放置一个强大的电磁铁，通过产生穿过颅骨的强磁场来影响患者的脑部电活动。

　　治疗效果十分喜人，许多研究者都报告了经颅磁刺激在治疗难治性抑郁障碍方面呈现的显著优势（Blumberger et al., 2018；Kaster et al., 2019；Philip et al., 2015；Rachid, 2017；Sampaio-Junior et al., 2018）。尽管如此，只有大约一半接受经颅磁刺激治疗的患者反应良好，所以我们需要了解哪些类型的患者可能受益最大，以及哪种磁刺激方式可能最有效（Phillips, 2018）。我们还应该注意到，经颅磁刺激技术也有潜在的风险，如可能诱发癫痫发作。然而，使用低频刺激可以有效降低癫痫发作的风险。

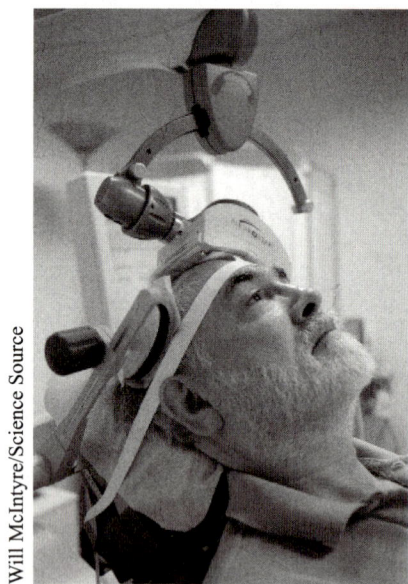

经颅磁刺激治疗

经颅磁刺激是一种很有前景的利用强磁场来缓解抑郁症状的治疗方法。

资料来源：NIH Photo Library.

总之，经颅磁刺激是一种全新的治疗抑郁障碍的方法。尽管加拿大政府已经批准这一技术被应用于医学治疗领域，但它在美国仍是试验性的。我们需要更多的证据来证明它比其他治疗方法（如电休克治疗）更有效，才能将其用于治疗对其他治疗方法无效的重性抑郁障碍患者（Chow，2019）。此外，经颅磁刺激在治疗创伤后应激障碍和强迫症等疾病方面可能也具有一定的疗效（Wilcox，2017；Winkelbeiner et al.，2018；Zhou，Wang，et al.，2017）。

> **正误判断**
>
> 在头皮上放置一个强大的电磁铁可以帮助人们缓解抑郁症状。
>
> **正确** 许多研究证实，对人的头部进行磁刺激具有一定的抗抑郁效果。

锂盐和其他心境稳定剂

双相障碍最常见的治疗方法是服用具有稳定心境波动作用的药物，包括锂盐和其他心境稳定剂。古希腊和古罗马人最早使用锂盐作为一种药物来治疗心境障碍。他们把含盐的矿泉水作为处方，治疗那些有剧烈心境波动的人。如今，一种含有金属元素锂的粉末状药物碳酸锂被广泛用于治疗双相障碍。

> **正误判断**
>
> 古希腊和古罗马人曾使用一种化学物质来抑制心境的剧烈波动，这种方法至今仍被使用。
>
> **正确** 古希腊和罗马人确实使用过一种化学物质来控制心境波动，这种物质被称为锂盐，至今仍被广泛使用。

锂盐在稳定双相障碍患者的心境和降低躁狂发作的复发风险方面均有效果（Carvalho & Vieta，2017；Shafti，2010）。双相障碍患者需要无限期地使用锂盐来控制其心境波动，就像糖尿病患者需要不断地使用胰岛素来控制病情一样。尽管锂盐作为治疗药物已有 40 多年之久，但研究者仍然不确定锂盐的作用机制。

虽然锂盐有效果，但它不是万能药。许多患者都对它没有反应或不能忍受其副作用（Nierenberg et al.，2013）。由于潜在的毒性和副作用，锂盐治疗必须被密切监控。锂盐也会导致轻度的记忆问题，迫使患者停止服用。锂盐的副作用包括体重增加、嗜睡、头昏眼花和运动功能普遍减退，长期服用会导致胃肠道不适和肝脏问题。

尽管锂盐仍被广泛使用，但这种药物的局限性促使人们努力寻找替代它的治疗方法。在治疗癫痫中使用的抗惊厥药物，也有助于减轻双相障碍患者的躁狂症状及稳定其心境（Reid，Gitlin，& Altshuler，2013）。这些药物有卡马西平、丙戊酸钠和拉莫三嗪。有趣的是，最近的一些研究表明，抗惊厥药物在治疗重性抑郁障碍方面也可能具有抗抑郁作用（Tan et al.，2018）。

抗惊厥药物可以帮助那些对锂盐没有反应或不能忍受锂盐副作用的双相障碍患者。与锂盐相比，抗惊厥药物产生的副作用通常较小或更轻微。因为大多数躁狂患者并不会对任何一种药物都反应充分，所以联合使用药物，包括治疗精神分裂症的抗精神病药物，能改善躁狂患者对治疗的反应（Perugi et al.，2018）。双相障碍的抑郁阶段是双相情感周期中较持久的阶段，对目前使用的抗抑郁药物往往具有一定的耐药性，因此治疗时需要更多地关注对双相障碍的抑郁阶段的治

疗工作。临床医生有时会使用抗抑郁药物来干预双相障碍患者的抑郁症状，但他们需要注意这一做法具有引发躁狂发作的风险（Hooshmand et al.，2018；Liu，Zhang，et al.，2017；Shvartzman et al.，2018）。因此，在治疗双相障碍时，特别需要合格且经验丰富的临床专业人士来进行治疗。

心理治疗

心理治疗在治疗双相障碍方面同样起着十分重要的作用。虽然使用心境稳定剂进行药物治疗仍然是双相障碍的主要治疗方式，但辅以心理治疗（如认知行为疗法、人际心理治疗和家庭治疗）能很好地提高治疗效果（Chatterton et al.，2017；Parikh et al.，2014）。另外，心理治疗也有助于促进双相障碍患者对药物治疗的依从性（Rougeta & Aubry，2007）。

理论观点的整合

心境障碍

心境障碍涉及多种因素的相互作用。与素质–应激模型一致，抑郁障碍可能反映了生物学因素（如遗传因素、神经递质的异常或脑异常）、心理因素（如认知歪曲或习得性无助）及社会和环境应激源（如离婚或失业）之间的相互作用。

图 7-6 显示了建立在素质–应激模型基础上的一种可能的因果路径。应激性生活事件（如长期失业或离婚）可能会通过降低脑内神经递质的活性来引发抑郁反应。这些生物化学效应更可能出现或发生在那些具有抑郁遗传倾向或易感性的人身上。然而，对那些拥有更有效地处理应激情境的应对资源的人来说，抑郁障碍出现在他们身上的可能性较小或仅以温和的形式出现。例如，与

那些独自承受应激事件的人相比，那些从其他人那里获得情感支持的人能较好地抵抗应激所带来的影响。同样，那些采取积极方式的人也能更好地应对生活中的挑战。

社会文化因素也可以作为应激源影响心境障碍的形成或复发。这些因素包括贫困、居住环境差、种族歧视、性别歧视或偏见、家庭或社区暴力、女性承受

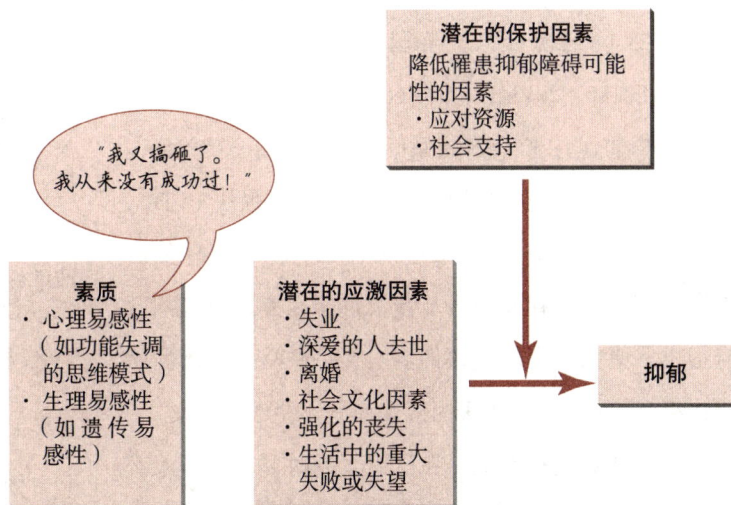

图 7-6　抑郁障碍的素质–应激模型

的压力过大及家庭破裂。其他导致心境障碍的应激源包括失业、罹患严重疾病、失恋和深爱的人去世等负性生活事件。

抑郁的易感素质可能表现为一种心理易感性，涉及消极的思维方式，以倾向于夸大负性事件的后果、自我责备、认为自己无助于实现积极的改变为特征。这种认知模式会增加人们在面对负性生活事件时罹患抑郁障碍的风险。这些认知模式也可以与遗传易感性相互作用，进一步增加人们在遇到应激性生活事件后罹患抑郁障碍的风险。来自他人的社会支持也可以帮助人们应对应激事件。与那些缺少社交技能的人相比，善于社交的人能够更好地从他人那里获得和维持社会强化，

从而更好地抵抗抑郁。但是，脑内的生物化学变化会使个体更难有效地应对应激性生活事件并从中恢复过来。持久的生物化学变化和抑郁的感受会加剧患者的无助感和最初应激源的影响。

应对方式的性别差异也可能发挥作用。根据诺伦－霍克西玛（Nolen-Hoeksema）及其同事的观点，女性在面对情感问题时更有可能反复思考，而男性则倾向于借酒浇愁（Nolen-Hoeksema, 2006, 2008; Nolen-Hoeksema, Morrow, & Fredrickson, 1993）。这类或其他应对方式上的差异可能会导致女性陷入更长期、更严重的抑郁状态，而男性则会出现酗酒问题。就像你所看到的那样，心境障碍的形成涉及包括各种潜在因素在内的复杂网络体系。

7.4　自杀

在美国，大学生的第一大死亡原因是车祸，第二大死亡原因是什么呢？是毒品还是谋杀？答案是自杀。每年大约有 1000 名 18 ～ 24 岁的大学生自杀身亡，同时大约有 2.4 万人企图自杀。面临死亡风险的不仅是大学生群体，在 10 ～ 34 岁的人群中，自杀也是第二大死亡原因，同时是美国第十大死亡原因（NIMH, 2018b）。在美国，自杀是导致暴力死亡的主要原因，自杀死亡的人数是他杀死亡人数的两倍以上（Kuehn, 2018b; NIMH, 2018b）。

自 21 世纪初以来，美国的自杀率上升了 30%（CDC, 2018b, 2018d; Miron et al., 2019）。其中许多案件与物质滥用和亲密关系问题有关（Fox, 2018b）。自杀率在 10 ～ 14 岁的青少年群体中上升得最快（CDC, 2017b, 2018b; Fox, 2017a）。为什么青少年群体的自杀率会飙升？尽管其中可能涉及许多因素，但美国政府指出，诸如网络霸凌事件多发及一些社交媒体网站美化年轻人的自杀行为等因素具有十分重要的影响。

自杀的想法很常见。在压力大的时候，许多人都有过自杀的念头。幸运的是，大多数有自杀想法的人

最终都没有采取行动。尽管如此，在美国，每年仍有近 4.5 万人选择结束自己的生命（NIMH, 2018b）。在全球范围内，每年大约有 80 万人实施自杀（Insel & Cuthbert, 2015）。

从美国政府公布的统计数据中我们可以看出，自杀导致美国付出了沉重的代价（见图 7-7）。在美国，死于自杀的人数甚至超过了死于车祸的人数。而且，有超过一半的自杀事件涉及枪支的使用（Sederer & Sharfstein, 2014）。

自杀行为本身并不是一种心理障碍，但绝大多数自杀都与心理障碍有关——最常见的是心境障碍，如重性抑郁障碍和双相障碍（Schaffer et al., 2015; Tondo et al., 2015）。对重性抑郁障碍患者来说，自杀企图更有可能发生在重性抑郁发作期间，而不是发生在两次抑郁发作的间隙（Holma et al., 2010）。

7.4.1　自杀的风险因素

识别自杀的风险因素。

对很多人来说，自杀似乎都是一种非常极端的行为，他们一般会认为只有"精神失常的"人（指那些

- 每 12 分钟就会有一个生命因为自杀而消失。每天有接近 100 个美国人死于自杀,有超过 2500 人企图自杀。
- 在美国,自杀是导致死亡的第十大主要原因。
- 自杀死亡的人数大约是他杀死亡人数的 2.5 倍。
- 美国白人的自杀率在全美国排名第二,仅次于美洲印第安人和阿拉斯加原住民。
- 如今,自杀死亡的人数是艾滋病致死人数的三倍多。
- 75% 的老年人在自杀前的一个月曾去就诊。
- 超过一半的自杀案件发生在 25 ～ 65 岁的成年男子中。
- 许多曾尝试自杀的人并未在尝试自杀后立即寻求专业的帮助。
- 男性死于自杀的可能性是女性的四倍。
- 因自杀而死亡的青少年和年轻人比因癌症、心脏病、艾滋病、出生缺陷、中风、肺炎、流感及慢性肺部疾病而死亡的人数加起来还要多。
- 每年,自杀会夺去超过 4.5 万美国人的生命。

图 7-7 自杀:美国所付出的沉重代价

资料来源:U.S. Department of Health and Human Services,2001;updated in CDC,2018d;Kuehn,2018b;NIMH,2018b.

与现实脱节的人)才会自杀。但是,有自杀的想法并不一定意味着与现实失去联系,或者有深层的无意识冲突或人格障碍。有自杀的想法通常反映了人们认为他们能够选择的处理问题的方法非常少。也就是说,他们被自己所面临的问题搞得灰心丧气,看不到任何出路。

虽然严重的心境障碍是自杀的主要风险因素,但并不是所有患有严重心境障碍的人都会自杀或企图自杀。其他一些因素也会增加自杀的风险,如深刻的无价值和无望感(Jeon et al.,2014)。然而,我们不应该认为自杀仅限于患有心境障碍的人。例如,患有精神分裂症等精神病性障碍的人也有较高的自杀风险(Yates et al.,2018)。

大多数自杀的人——90% ～ 95% 的案例——都有严重的心理健康问题(Nock,Ramirez,& Rankin,2019)。在其他情况下,患有顽固性躯体疼痛或绝症的患者也可能会通过结束自己的生命来逃避痛苦。这些情况的自杀有时会被贴上"理性自杀"的标签,因为他们相信这是自己基于理性的决定,即生活在持续不断的痛苦中已经没有任何意义。然而,在很多情况下,一个人正常的判断和推理能力可能会受到潜在的、可治疗的心理障碍(如抑郁障碍)的影响。另外一些自杀动机还包括根深蒂固的宗教或政治信仰,如在抗议政府的行动中牺牲,或者在自杀式爆炸中杀死自己或他人,因为他们相信自己的行为会在来世得到回报。

老年人自杀

尽管心理学家的注意力大多集中在年轻人自杀的悲剧上,但自杀率最高的其实是中老年群体,特别是 85 岁以上的男性(CDC,2018d;Novotney,2018a;见图 7-8)。我们会在第 13 章进一步讨论有关年轻人的自杀问题。

虽然医疗水平的发展使人们的寿命得以延长,但一些老年人发现他们的生活质量并不尽如人意。年龄较大的人更容易罹患诸如癌症和阿尔茨海默病之类的疾病,这使他们感觉无助和无望,进而产生抑郁情绪和自杀的想法(Starkstein et al.,2005)。

许多老年人还遭受着越来越多失去朋友和亲人的痛苦,并逐渐与社会隔绝。这些丧失,以及失去身体健康和社会责任角色,会消磨一个人的生存意志。那些丧偶或与社会隔绝的老年男性群体的自杀率在老年群体中最高。社会对老年人自杀越来越高的接受程度也起到了一定的作用。无论什么原因,自杀对老年人来说都是一个日益增加的风险。除了为老年人提供医疗服务以帮助他们尽可能地延长寿命,社会也应该关注如何提升老年人的生活质量。

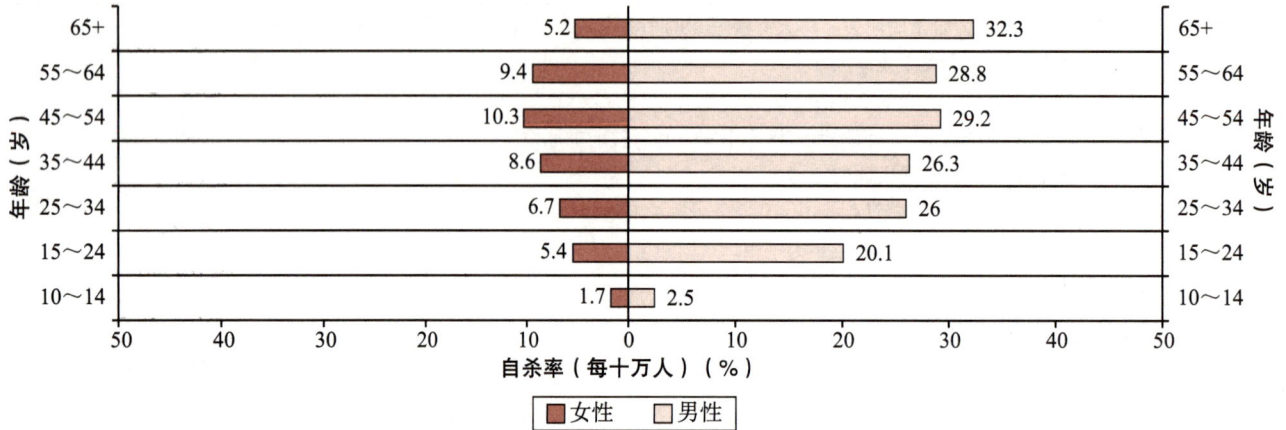

图 7-8　按年龄统计的自杀率

虽然青少年的自杀常得到更多关注，但成年人，尤其是老年人的自杀率更高。

资料来源：NIMH，2018b.

自杀的性别和种族差异

女性更倾向于尝试自杀行为，但有更多的男性自杀身亡（Olfson, Blanco, et al., 2017）。每有 1 名女性尝试自杀，就有大约 4 名男性自杀身亡。男性自杀身亡的成功率更高在很大程度上是因为他们往往会选择更快起作用和更致命的自杀方式。

自杀在（非西班牙裔）美国白人和美洲原住民（美洲印第安人和阿拉斯加原住民）中比在非裔美国人、亚裔美国人或西班牙裔美国人中更常见（Kuehn,

2018b；NIMH，2018b；见图 7-9）。美国白人自杀的可能性是非裔美国人的两倍多。美国自杀率最高的人群是美洲印第安人 / 阿拉斯加原住民中的青少年和年轻成年男性（Abbasi，2018）。

丧失希望感和看到他人试图自杀或实施自杀会导致美国年轻原住民（美洲印第安人 / 阿拉斯加原住民）的自杀风险增加。面临自杀高风险的美国年轻原住民往往生长在与美国主流社会隔离的社会环境中。他们觉得自己仅拥有较少的机会获得合适的工作，也更易

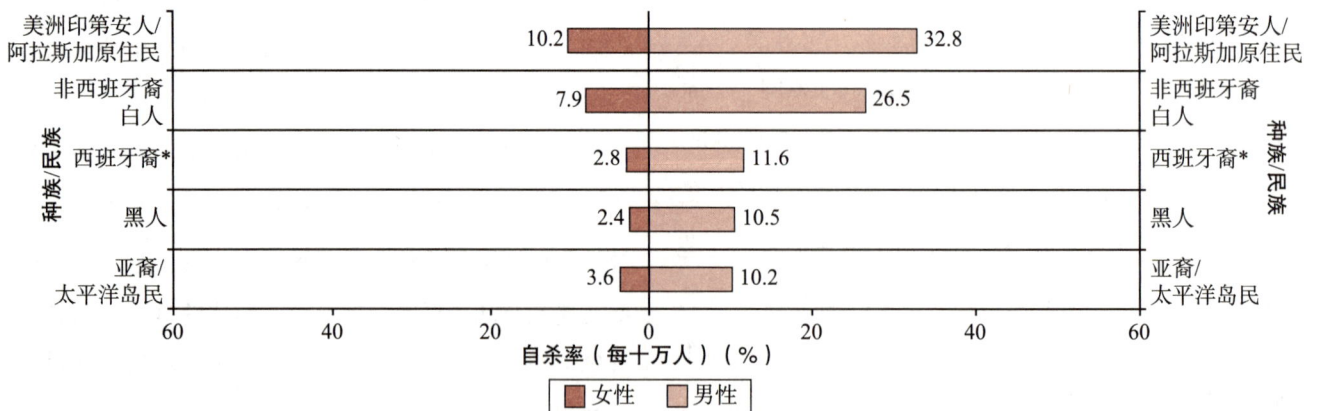

* 其他组均为非西班牙裔或非拉丁裔。

图 7-9　种族和自杀率之间的关系

在美国，男性的自杀率比女性高，非西班牙裔白人和原住民的自杀率比其他种族高。

资料来源：NIMH，2018b.

出现物质滥用行为，包括酗酒行为。对同龄人企图自杀或实施自杀的了解，也使他们认为自杀是一种逃离心理痛苦的显而易见的方式。

过往自杀经历的影响

过去曾有自杀的经历是个体将来出现自杀企图的重要预测指标（Bostwick et al.，2016；Kessler et al.，2014）。不幸的是，那些初次尝试自杀但失败的人在后续的自杀尝试中死亡率很高。与对自杀犹豫不决和感到矛盾的人相比，那些在自杀尝试中幸存下来但向其他人表示希望自己已经死去的人更有可能继续实施自杀（Henriques et al.，2005）。与一般青少年群体相比，有过企图自杀经历的青少年存在后续完成自杀行为的风险：女性高出 14 倍，男性则高出 22 倍（Olfson et al.，2005）。

应激的影响

应激性生活事件（包括丧失事件，例如，配偶、亲密的朋友或亲属死亡，长期失业，经济方面的严重困难，以及离婚或分居）在促使脆弱的个体自杀方面起着重要作用（Barr et al.，2012；Liu & Miller，2014；McFeeters，Boyda，& O'Neill，2015）。在面临压力或应激事件时考虑自杀的人可能缺乏解决问题必要技能，或者无法找到应对应激源的其他方法。

电子屏幕的使用时间与青少年的自杀风险

家长、教育工作者和健康专家都十分担心儿童和青少年在电子产品上花费太多时间。最近，相关研究发现，青少年在电子屏幕前花费的时间长度与自杀相关行为有关，这一发现十分令人担忧。这项由加利福尼亚大学圣迭戈分校的心理学家吉恩·特温奇（Jean Twenge）教授主导的研究发现，在每天使用电子设备 5 小时或以上的青少年中，有近 50% 的人报告自杀行为，而每天将使用屏幕的时间限制在 1 小时以内的青少年报告自杀行为的比例不足 30%。作为该项研究的一名研究者，佛罗里达州立大学的心理学教授

托马斯·乔伊纳（Thomas Joiner）表示："花在电子屏幕前的时间过长与自杀、抑郁、自杀想法和自杀企图之间存在令人担忧的关系……这些心理健康问题都是非常严重的。我认为这是父母应该高度关注的问题（'Excessive Screen Time'，2017）。"虽然其中的因果关系仍待进一步探索，但特温奇教授重点强调，那些长时间接触电子设备的青少年其实比他们的同龄人更不开心，而那些限制电子设备使用时间的青少年会将更多的时间花在有益的活动上，如体育锻炼和各项运动，他们会更多地在现实世界中与朋友进行真实的互动。

电子屏幕的使用时间与青少年自杀有关吗
电子屏幕的使用时间过长可能是青少年自杀的一个风险因素吗？

7.4.2　关于自杀的理论观点

识别关于自杀的主要理论观点。

经典心理动力学理论将抑郁视作个体对所丧失客体的内在表征的愤怒指向内部的结果。自杀则代表个体指向内部的愤怒的巨大毁灭性力量。然而，自杀的人并不是在毁灭自己，而是在向客体的内在表征发泄愤怒。当然，在这样做的同时，他们也毁掉了自己。在弗洛伊德晚期的著作中，他推断自杀可能是由"死本能"（一种回到出生前无压力的状态的倾向）激发的。存在主义和人本主义理论家把自杀与对生命是无意义的、空虚的、绝望的感知联系在一起。

19 世纪，社会思想家埃米尔·杜尔凯姆（Emile

Durkheim）发现，那些经历过混乱（迷茫、缺乏身份认同感和稳固的根基）的人更有可能选择自杀（Durkheim，1897/1958）。社会文化理论家认为，疏离感可能在自杀中起到了一定的作用。在当下这个变化莫测的社会中，人们经常要到离家很远的地方上学和工作。因此，许多人在社会上是孤立的，或者与他们的支持群体失去联系。而且，城市居民往往因拥挤、过度刺激和害怕犯罪行为而倾向于限制或不鼓励非正式的社会交往，这导致许多人在危急时刻几乎找不到可以获得支持的来源。对此，相关的支持性证据是，自杀在那些社会支持水平较高的人群中较少发生（Kleiman & Liu，2013）。在一些案例中，虽然人们可以获得家庭的支持，但这种支持对他们而言并没有实质性的帮助，因为家庭成员并不能帮助他们解决问题，而是问题的一部分。

繁星闪烁的夜晚

著名艺术家文森特·凡·高患有严重的抑郁障碍，最终在37岁时自杀，中枪死亡。在这幅自画像中，凡·高摆出一种忧郁的姿态，让观者感受到他所忍受的那种深深的绝望。

学习理论家的关注点在于，人们在应对重大生活压力时是否缺少相应的问题解决技巧。根据埃德温·施耐德曼（Edwin Shneidman）的观点，人们试图通过自杀来逃避无法忍受的心理痛苦，他们可能感觉自己除此之外已无路可走（Shneidman，1985）。那

些威胁要自杀或试图自杀的人可能也会从他们所爱的人和其他人那里获得同情和支持，但这也可能会使他们将来更有可能再次尝试自杀。这并不是说自杀企图或自杀行为就应该被忽略。因为威胁要自杀的人并不仅仅是在寻求关注，尽管这些人可能并没有做出真正的自杀行为，但其他人也应该认真地对待他们。想自杀的人经常会告诉他人他们的自杀意图或提供一些线索，而且许多人在真正完成自杀前其实有过失败的自杀尝试。

社会认知理论家认为，自杀动机会被个人的期待所激励。例如，试图自杀的人认为自己死后会被其他人想念，或者希望生者会因为亏待自己而感到内疚，又或者认为自杀能够一次性地解决自己的问题甚至其他人的问题（如"他再也不用担心我了"）。

社会认知理论也注意到人们会效仿他人的自杀行为，尤其是那些被学业和社交应激源压倒的青少年，他们很容易受到他人的影响。类似于传染病的自杀行为一旦在社会中传播，就会导致以得到社会的广泛关注为目的的自杀行为的增多。青少年容易受到这种示范作用的影响，甚至会把自杀行为浪漫化为一种英雄式的行为。群体自杀约占青少年自杀的5%（Richtel，2015）。模仿自杀更有可能在有关自杀的报道引起社会轰动时出现。青少年会寄希望于他们的死亡能够给他们的家庭和社会带来巨大的影响。

生物学因素，包括遗传因素和调节情绪的血清素等神经递质的失衡，也与自杀有关（Petersen et al.，2014；Oquendo et al.，2016；Sullivan et al.，2015）。由于血清素与抑郁相关，因此它与自杀行为有关也就不足为奇了。然而，血清素也具有控制或抑制神经系统活动的功能。因此，血清素活性降低可能会去抑制或释放冲动行为，这种冲动行为在脆弱的个体身上可能就会表现为自杀行为。基因也可能通过影响脑内血清素的水平而影响自杀行为（Ruderfer et al.，2019；Sullivan et al.，2015）。

家庭成员的心境障碍和父母的自杀行为也与个体的自杀风险有关。但是，其中的因果关系是怎样的呢？是企图自杀的人继承了与自杀有关的心境障碍的易感性吗？是家庭氛围加重了绝望的感觉吗？还是某位家庭成员的自杀引发了其他家庭成员做同样事情的想法呢？又或者是一次自杀造成了其他家庭成员也注定要自杀的印象吗？这些都是有待进一步探究的问题。

自杀经常被逃离无法忍受的情绪困扰的渴望所激发。已故著名女演员帕蒂·杜克（Patty Duke）在童年时期因在影片《奇迹缔造者》（The Miracle Worker）中扮演海伦·凯勒这一角色而受到好评。在这部影片中，她所饰演的角色在其一生中的大多数时间里都在与双相障碍进行不懈的抗争。下面这段文字描述了主人公是如何被其逃离痛苦的渴望所影响并多次尝试自杀的。

"让这一切快点结束吧"

我甚至不记得这是我第几次想要自杀了，虽然我不是每一次都真的吃下了那些药。我总是想通过吃药来自杀，虽然有时我也会试图使用刀片，但我总是临阵退缩。有几次，我试着从一辆开着的汽车上跳下去，但我不愿意让自己的身体经历这样的痛苦。有些（自杀）尝试的确引起了他人的关注，但还有一些给我带来了巨大的痛苦。我只是想结束这一切。我希望我能用更具表现力的方式去描述它，但我的脑海里闪过的唯一一想法是："让这一切快点结束吧，请给我勇气去死，以便结束这痛苦。"

资料来源：Duke & Hochman, 1992.

自杀涉及一系列复杂的因素，所以预测自杀并非一件容易的事（Franklin et al., 2017），并且世间还存在许多关于自杀的谬见（见表7-6）。然而，非常清楚的是，如果有自杀想法的人接受了针对其自身潜在疾病的治疗，包括抑郁障碍、双相障碍、精神分裂症、酒精和物质滥用，许多自杀行为其实是可以预防的。我们也需要一些策略来帮助人们在面临极端的压力时可以保持对生活的希望。

正误判断

威胁要自杀的人基本上都是想寻求关注。

错误 虽然威胁要自杀的人可能不一定会采取行动，但他们的威胁应该被认真对待。想要自杀的人通常会留下线索或告诉他人自己的自杀意图。

表7-6 关于自杀的一些谬见

谬见	事实
威胁要自杀的人只是想寻求关注。	并非如此。据研究者报告，大多数自杀的人都会事先给出暗示或向医务人员咨询（Luoma, Martin, & Pearson, 2002）。
自杀的人一定是疯了。	大多数试图自杀的人会感到绝望，但他们并不是疯了（即与现实脱节）。
与一个抑郁的人讨论自杀可能会导致其自杀。	与一个抑郁的人公开讨论自杀并不会导致其自杀。事实上，我们可以从他那里得到一个承诺，那就是在给心理健康专业人士打电话或就医前不能尝试自杀。
那些尝试自杀并失败的人不是真的想要自杀。	大多数自杀成功的人都曾有过失败的尝试。
如果有人威胁要自杀，最好忽略它，以免鼓励他反复以此作为威胁。	尽管有些人确实会利用虚假的威胁来操控他人，但我们还是应该谨慎地对待每一个自杀威胁并采取适当的行动。

资料来源：From Nevid. *Psychology*, 4E. © 2013 South-Western, a part of Cengage Learning, Inc. Reproduced by permission.

7.4.3 预测自杀

如果你认识的人有自杀的想法，请运用你所学到的有关自杀因素的知识采取相应的措施。

"我不相信。我上周还看见他了，他看上去挺好的。"

"就在前几天，她还坐在那里，与我们一起大笑。我们怎么知道那时她心里正在想什么？"

"我知道他心情郁闷，但我从来没想到他会做出这样的事，我完全没有头绪。"

"为什么她不给我打电话呢？"

得知个体自杀的消息后，朋友和家人的反应通常是不相信，或者是为自己没有发现种种迹象而感到内疚。然而，即使是经过训练的专业人士也很难准确预测谁有可能自杀。

有证据表明，对未来的绝望感在预测自杀想法和自杀企图中起着关键性的作用（Hawton et al., 2013; Kaslow et al., 2002）。但是，绝望在什么情况下会导致自杀呢？

自杀的人经常会非常明确地发出一些信号来表达他们的自杀意图，如告诉他人他们自杀的想法。然而，一些人也会隐藏自己的自杀意图。埃德温·施耐德曼是自杀方面的权威研究人士，他发现90%的自杀者都曾留下清晰的线索，如处理他们的财产（Gelman, 1994）。企图自杀的人会突然开始处理他们的私事，如

Phillip Bond/Alamy Stock Photo

自杀干预热线

自杀干预热线可以为那些有自杀念头或冲动的人提供紧急援助和转介服务。如果你知道有人有自杀的想法或威胁要自杀，请向心理健康专业人士求助或拨打当地的自杀干预热线寻求支持。

写遗嘱或买墓地。在美国，想要自杀的人可能会购买枪支，尽管他们之前对枪支没有任何兴趣。当忧虑不安的人决定自杀时，他们会突然平静下来，他们之所以会感到放松，是因为他们不必再面对各种问题了。这种突如其来的平静可能会被误解为重燃生活希望的信号。其他与自杀风险增加有关的因素包括物质滥用、经济问题、最近的生活危机、医疗问题和亲密关系问题（Logan, Hall, & Karch, 2011）。

即使对有经验的专业人士来说，准确预测自杀也是很难的（Chekroud, 2018）。许多因素，如绝望感，会增加自杀的风险，但我们仍然不能准确地预测一个绝望的人会在什么时候试图自杀，如果他真的会实施自杀的话。

深度探讨
预防自杀

想象一下，你正在跟一个关系非常亲密的朋友克里斯聊天。你了解到他的情况不太好。克里斯的爷爷六周前去世了，克里斯和爷爷的关系非常紧密。在这段时间里，克里斯的成绩一路下滑，他和女朋友的关系好像也出现了问题。然而，让你没想到的是，克里斯非常郑重地对你说："我再

也无法忍受了。生活如此痛苦，我再也不想活了。我能决定的唯一的事情就是自杀。"

当有人表露出自己企图自杀时，你可能会感到惊慌失措和恐惧，就好像一个巨大的重担压在了你的肩上。事实也确实如此。当有人向你吐露其有自杀的想法时，你应该劝对方寻求专业人士的帮助。但是，如果想自杀的人拒绝跟其他人谈话，而且你感觉此时你不能让对方独处，那么你可以立即采取以下措施。

1. **吸引对方的注意力。**施耐德曼教授建议你可以提出诸如"发生了什么事""你感到哪里难受""你最希望发生什么"之类的问题（Shneidman，1985）。这些问题可以使当事人用言语表达自己受挫时的心理需求，并提供一些安抚作用。这些问题也会给你赢得时间来评估风险并思考如何采取下一步的行动。

2. **要有同情心。**表现出你理解当事人的苦恼。不要说"你太傻了，你只是在开玩笑吧"。

3. **指出其他能解决当事人问题的方法，即便它们当时还不够清晰。**施耐德曼教授认为，自杀的人通常只能看到两种解决自己困境的方法——自杀或幻想（Shneidman，1985）。专业助人者可以试着帮助他们看到其他可能的选择。

4. **询问当事人准备如何自杀。**有明确的自杀方法并拥有工具（如枪支或药物）的人是最有可能自杀的。你可以询问他们，你是否可以替他们保留枪支、药物或其他东西一段时间。有时，当事人会同意的。

5. **建议当事人立即跟你一起咨询专业人士。**许多学校、城镇和城市都开通了心理危机干预热线。其他可能的途径还包括综合医院的急诊科、校园健康中心或心理咨询中心，或者学校和当地的警察局。如果你确实无法和要自杀的当事人待在一起，请在分开时立即寻求专业人士的帮助。

6. **不要说"你真是有病"之类的话。**这样的评论会贬低和伤害当事人的自尊。不要强迫有自杀倾向的人与父母或配偶等特定的人联系，因为一旦当事人与这些人起冲突，就会加剧其自杀的想法。

总之，请记住你的主要目标是同专业人士协商这件事该如何处理。除非不得已，否则不要自己一个人应付干预自杀这件事。

本章总结

7.1　心境障碍的类型

7.1.1　重性抑郁障碍

描述重性抑郁障碍的主要特征，并评估可能导致女性患抑郁障碍的比例较高的因素。

心境障碍是一种持续时间异常长或严重到足以损害个体日常功能的心境紊乱。心境障碍分为两大类：（1）以情绪低落为主要特征的单相障碍（重性抑郁障碍、心境恶劣和经前期烦躁障碍）；（2）以心境波动为主要特征的双相及相关障碍（双相障碍和环性心境障碍）。

在重性抑郁障碍中，心境会发生深刻的变化，损害个体的日常功能。重性抑郁障碍的相关特征包括情绪低落、食欲改变、失眠、对曾经感兴趣或可以带来乐趣的活动都明显不再感兴趣、感到疲劳或失去活力、无价值感、过度或不当的内疚感、难以集中注意力、无法清晰地思考或做出决策、反复想到死亡或自杀，甚至出现精神病性症状（幻觉和妄想）。女性患重性抑郁障碍的可能性几乎是男性的两倍，其原因是复杂的，可能涉及许多因素，包括许多女性承担的压力更大、激素的影响、应对方式的性别差异（反思与分散注意力）、人际关系对女性自尊的影响更大，以及男性报告抑郁障碍的案例不足。

7.1.2　持续性抑郁障碍（心境恶劣）

描述持续性抑郁障碍（心境恶劣）的主要特征。

持续性抑郁障碍包括慢性重性抑郁障碍或慢性较轻形式的抑郁障碍。这两种形式的抑郁障碍在严重程度上有所不同，但二者都与社会和职业角色的功能受损有关。

7.1.3　经前期烦躁障碍

描述经前期烦躁障碍的主要特征。

经前期烦躁障碍的特征是经前期女性的心境在临床上有显著的变化。

7.1.4　双相障碍

描述双相障碍的主要特征。

在双相障碍中，人们的心境状态会出现剧烈的波动，影响其日常功能。双相 I 型障碍的特征是出现一次或多次躁狂发作，并且通常会交替出现重性抑郁发作。躁狂发作的特征是心境的突然高涨或膨胀、膨胀的自尊感、感觉似乎有无限的能量、行为过度活跃、十分善于社交，以及苛责和专横的态度。处于躁狂发作期间的人倾向于表现出言语急迫或语速过快、思想奔逸、睡眠减少。双相 II 型障碍的特征是出现至少一次重性抑郁发作和一次轻躁狂发作，但没有全面的躁狂发作。

7.1.5　环性心境障碍

描述环性心境障碍的主要特征。

环性心境障碍的主要特征是慢性、轻度的心境波动，有时环性心境障碍会发展为双相障碍。

7.2　心境障碍的致病因素

7.2.1　应激与抑郁

评价应激在抑郁障碍中的作用。

经历应激性生活事件与心境障碍的形成和复发的风险增加有关，特别是在重性抑郁障碍中。然而，有些人在面对压力时更有弹性，这也许是因为社会心理因素（如社会支持）的作用。

7.2.2　心理动力学理论

描述抑郁障碍的心理动力学模型。

在经典的心理动力学理论中，抑郁被视为愤怒朝向个体内部的结果。那些对自己失去的人或被威胁要失去的人怀有强烈矛盾情绪的个体，可能会将未处理的愤怒指向这些人在自己内部形成的内在心理表征，这些人已经被内摄到个体的心理世界中了，自我憎恨和抑郁也因此而产生。在心理动力学理论中，双相障碍代表着个体的自我和超我两部分之间的交替变化。最新的一些心理动力学模型，如自我聚焦模型，则结合了心理动力学和认知理论，通过丧失所爱客体之后的过度自我聚焦来解释抑郁障碍。

7.2.3　人本主义理论

描述抑郁障碍的人本主义模型。

人本主义理论家认为，抑郁反映了个体生活中意义感和真实感的缺乏。

7.2.4　学习理论

描述抑郁障碍的学习理论模型。

学习理论家对抑郁障碍的解释主要集中在认知水平的变化等因素上。当强化减少时，个体可能会感到没有动力和沮丧，这可能会导致行为不活跃，进一步减少个体受到强化的机会。科因的交互作用理论关注的是消极的家庭互动，这种家庭互动模式会导致抑郁障碍患者的家庭成员对他们的支持减少。

7.2.5　认知理论

描述抑郁障碍的贝克认知模型和习得性无助模型。

贝克的认知模型侧重于消极或扭曲的思维在抑郁障碍中的作用。抑郁易感个体对自己、环境和未来都持有消极的看法。这种抑郁的认知三联征会导致个体对负性事件的错误思考（或认知歪曲），进而导致抑郁障碍。

习得性无助模型认为，当人们认为自己无法控制情境中的强化物或无法改变自己的生活环境时，他们可能会变得抑郁。这一理论的修正版认为，人们解释事件的方式，即他们的归因，决定了他们面对负性事件时的抑郁倾向。对负性事件的内部、普遍和稳定归因的结合最容易使一个人变得抑郁。

7.2.6 生物学因素

识别导致抑郁障碍的生物学因素。

遗传因素似乎在解释重性抑郁障碍方面扮演了重要的角色，就像脑内神经递质活性的失衡一样。素质 - 应激模型提供了解释的理论框架，可以说明生物学因素或心理因素是如何在心境障碍（如重性抑郁障碍）的发展过程中与应激进行交互作用的。

7.2.7 双相障碍的病因

识别双相障碍的病因。

遗传因素似乎在双相障碍中起重要作用，但高压的生活经历也起到了重要作用。对双相障碍最好的解释是，它是在素质 - 应激模型框架内的多重因素的共同作用下形成的。社会支持可能对促进心境障碍的恢复和降低复发的风险有重要作用。

7.3 心境障碍的治疗方法

7.3.1 心理治疗

描述治疗抑郁障碍的心理学方法。

针对抑郁障碍的经典心理动力学疗法侧重于帮助抑郁障碍患者发现并克服对所丧失客体的矛盾情感，从而减少指向自身内部的愤怒。当代心理动力学疗法则更直接、更短程，并且更多地关注发展如何实现自我价值和解决人际冲突的适应性方法。学习理论的治疗方法聚焦于帮助抑郁障碍患者增加生活中强化的频率，具体方法包括增加他们参与令人愉快的活动的频率。认知治疗师专注于帮助人们识别和纠正那些歪曲或功能失调的想法，并学习更多的适应性行为。

7.3.2 生物医学治疗

描述治疗抑郁障碍的生物医学方法。

生物医学治疗的重点是使用抗抑郁药物和其他生物学治疗，如电休克治疗。抗抑郁药物可能有助于恢复脑内神经递质的功能。双相障碍通常使用锂盐或抗惊厥药物来进行治疗。

7.4 自杀

7.4.1 自杀的风险因素

识别自杀的风险因素。

心境障碍通常与自杀有关。虽然女性更有可能尝试自杀，但男性的自杀致死率更高，这可能是因为他们会选择更致命的自杀方式。老年人（而不是年轻人）更有可能自杀。企图自杀的人通常都是抑郁的，但他们一般都没有与现实脱节。然而，他们可能缺乏有效地解决问题的技能，而且他们觉得除了自杀，自己已经没有其他方式可以用来应对生活中的压力了。绝望感也在自杀中扮演了重要的角色。

7.4.2 自杀的理论观点

识别关于自杀的主要理论观点。

研究借鉴了如下理论观点：经典心理动力学模型，即愤怒转向了个体内部；社会异化的作用；学习、社会认知及基于生物学的观点。

7.4.3 预测自杀

如果你认识的人有自杀的想法，请运用你所学到的有关自杀因素的知识采取相应的措施。

不要忽视一个人发出的自杀威胁。虽然并不是所有威胁要自杀的人都会付诸行动，但确实有很多人会这么做。自杀的人经常会向他人表明自己的意图，例如，告诉他人他们自杀的想法。如果你认识的人正在考虑自杀，你需要转移对方的注意力、让对方谈论自己的感受、向对方表达你的同情心、提供一些除自杀之外的应对问题的建议、询问对方的自杀意图，最重要的是，要立即帮助对方寻求专业的帮助。

批判性思考题

请在阅读本章内容的基础上，回答以下问题。

- "女性比男性更容易抑郁。"你是否同意这个观点？请给出你的解释。

- 乔纳森在失去工作和女朋友后不幸罹患抑郁障碍。你能在回顾关于抑郁障碍的不同理论观点的基础上，解释这些丧失怎样导致了乔纳森的

抑郁障碍吗？

- 如果你自己出现了临床上的抑郁症状，你更愿意接受哪种治疗——药物治疗、心理治疗，还是二者结合？请给出你的解释。

- 阅读本章的内容是否改变了你处理朋友或深爱之人的自杀威胁的方式？如果是，现在的你会怎样处理？

第 **8** 章
物质相关及成瘾障碍

Wallenrock/Shutterstock

本章音频导读，
请扫描二维码收听。

学习目标

8.1.1 识别 DSM-5 中物质相关障碍的主要类型，并描述其主要特征。

8.1.2 描述非化学形式的成瘾行为或强迫性的行为。

8.1.3 解释生理依赖和心理依赖之间的区别。

8.1.4 识别物质依赖路径中的常见阶段。

8.2.1 描述抑制剂的作用及其带来的风险。

8.2.2 描述兴奋剂的作用及其带来的风险。

8.2.3 描述致幻剂的作用及其带来的风险。

8.3.1 描述物质使用障碍的生物学观点，并解释可卡因是如何影响大脑的。

8.3.2 描述物质使用障碍的心理学观点。

8.4.1 识别治疗物质使用障碍的生物学方法。

8.4.2 识别与文化敏感性治疗相关的因素。

8.4.3 识别针对物质使用障碍人群的非专业支持团体。

8.4.4 识别针对物质使用障碍患者的两类主要的住院治疗措施。

8.4.5 描述针对物质使用障碍患者的心理动力学疗法。

8.4.6 识别针对物质使用障碍患者的行为疗法。

8.4.7　描述预防复发训练。

8.5.1　描述赌博障碍的主要特征。

8.5.2　描述赌博障碍的治疗方法。

在进一步阅读之前，请先完成正误判断测试，看看自己对相关知识的掌握情况。接着，在阅读本章的内容时，请对照穿插其中的参考答案来确认你的答案。

正误判断

正确　错误

☐　☐　合法可得的物质所造成的死亡人数要多于非法使用物质所造成的死亡人数。

☐　☐　个体不可能在不对某种物质产生生理依赖的情况下仅对其产生心理依赖。

☐　☐　由与酒精相关的机动车事故造成的青少年和年轻人的死亡人数远超由其他原因造成的死亡人数。

☐　☐　喝得烂醉的人睡一觉后就没事了。

☐　☐　海洛因成瘾主要影响的是那些生活在美国衰败的旧城区的人。

☐　☐　可口可乐最初含有可卡因。

☐　☐　如今，美国高中生吸食大麻的人数已经超过了吸烟的人数。

☐　☐　与普通人相比，酒量好的人成为问题饮酒者的风险更低。

☐　☐　被广泛采用的一种治疗海洛因成瘾的方法是用另一种成瘾性物质代替它。

以下是来自 41 岁的建筑师尤金的自白，它说明了可卡因这类物质对人的生活所产生的巨大影响。

"没有任何人或事比可卡因更重要"

在我说服她相信我已经一个多月没有碰可卡因之后，我又被她逮了个正着。当然，我几乎每天都在吸食可卡因，只不过比以前藏得更隐秘。所以她对我说，我必须在她和可卡因之间做出选择。她的话还没说完，我就已经明白了她的意思，于是我让她考虑清楚自己将要说出口的话。因为我很清楚，我已别无选择。我爱我的妻子，但我不会选择除可卡因以外的任何东西。这是病态的，但情况就是这样，没有什么人或事会比可卡因更重要。

资料来源：From Weiss & Mirin, 1987.

社会上充斥着能改变情绪和扭曲感知的精神活性物质，这些物质既能使人兴奋，也能让人平静，亦可令人神魂颠倒。许多美国年轻人由于同伴压力或为了反抗父母和其他权威人士的劝谏，开始使用这些物质。对许多像尤金这样的物质成瘾者来说，获取和使用相关物质在他们的生活中占据核心地位，甚至比家庭、工作和自己的健康更重要。

本章将详细讨论一些物质对人的生理和心理所产生的影响，探讨心理健康专业人士如何对物质相关障碍进行分类，以及如何确定物质使用与物质滥用之间的界限。接着，我们会介绍当代心理学界对这些障碍起源的理解，以及心理健康专业人士怎样帮助那些努力与此类障碍进行抗争的人。

8.1 物质相关及成瘾障碍的分类

使用一些影响个体精神状态的精神活性物质是正常的，至少根据统计频率与社会标准来看是这样的。从这个意义上讲，早上起来喝杯含咖啡因的咖啡或茶，吃饭时喝点酒或咖啡，下班后跟朋友一起喝一杯，睡前小酌一杯，这些都是正常的。这些物质中的每一种都会影响我们的精神状态：咖啡因会让我们更清醒，酒精饮料会让我们更放松。我们中的许多人会服用处方药来让自己平静下来或减轻痛苦。通过吸烟使尼古丁流经血液，从某种意义上讲也是正常的，大约有 1/5 的美国人会这么做。但是，使用诸如可卡因、大麻和海洛因之类的精神活性物质则是非法的、偏离社会标准的。然而具有讽刺意味的是，在美国，成年人可以合法获得的两种物质——烟草和酒精——所造成的疾病和事故致死的人数比所有非法药物致死的人数总和还要多。

正误判断

合法可得的物质所造成的死亡人数要多于非法物质所造成的死亡人数。

正确 两种可合法获得的物质——酒精和烟草——所造成的死亡人数要多得多。

8.1.1 物质使用与滥用

识别 DSM-5 中物质相关障碍的主要类型，并描述其主要特征。

DSM 对物质使用障碍的分类并非基于物质是否合法，而是物质的使用对个体的生理和心理功能造成的损害程度。DSM-5 将物质相关障碍分为两个主要类别：物质所致的障碍和物质使用障碍。

物质所致的障碍

物质所致的障碍（Substance-Induced Disorders）是指由使用精神活性物质直接引发的异常行为模式，有两种主要的类型：物质中毒和物质戒断。不同的物质具有不同的作用，所以这类障碍可能是由一种、多种或几乎所有的物质引发的。在第 14 章，我们会探讨一种物质所致的障碍——科萨科夫综合征——表现为由多年的慢性酒精中毒导致的不可逆转的记忆丧失。

物质中毒（Substance Intoxication）是一种涉及反复发作的中毒模式的物质所致的障碍，表现为一种由使用特定物质带来的醉酒或"兴奋"状态。中毒的特征取决于所摄入物质的品种、剂量及使用者的生物反应性，在某种程度上还取决于使用者的期望。中毒的表现一般包括神志不清、好斗、判断力受损、注意力不集中、运动和空间能力受损。

值得注意的是，过量的酒精、可卡因、阿片类物质（麻醉品）或苯环己哌啶可导致死亡（是的，你会死于饮酒过量），这也许是因为这些物质的生物化学效应，也可能是因为某些行为模式（如自杀），这些行为模式与物质使用所导致的心理痛苦和判断力受损有关。在美国，用药过量是意外死亡的第二大原因（仅次于机动车事故），每年导致超过 2.7 万人死亡（Okie，2010）。

物质戒断（Substance Withdrawal）是指个体因突然停用长期大量使用的某种物质（或戒掉日常使用的咖啡因）而产生的一系列症状。反复使用一种物质会改变身体的生理反应，继而导致耐受性和明确定义的戒断综合征（也被称为脱瘾综合征）等生理效应。

耐受性（Tolerance）是指个体因频繁使用某种物质而对这种物质产生的一种生理习惯化状态，因此需要更大的剂量才能达到与之前使用时相同的效果。戒断症状会随着特定类型的药物而发生变化。酒精戒断的症状可能包括出汗、心率加速、手部颤抖、短暂的幻觉或错觉、失眠、恶心或呕吐、激越行为、焦虑，以及可能的癫痫发作。咖啡因戒断的症状通常比较温和，包括头痛、明显嗜睡、抑郁心境、注意力集中问题、流感样症状、恶心、肌肉僵硬或疼痛。经历戒断综合征的个体通常会反复使用物质来缓解由戒断引起的不适，进而导致成瘾状态一直持续下去。

在一些慢性重度饮酒者中，戒断会导致被称为震颤性谵妄（Delirium Tremens, DT）的状态。震颤性谵妄通常仅限于那些曾长期大量饮酒，之后突然大幅减少酒精摄入量的个体。震颤性谵妄表现为强烈的自主神经亢进（大量出汗和心动过速）和谵妄——一种以言语混乱、定向障碍和极度烦躁为特征的精神错乱状态。此外，可怕的幻觉——通常是看到令人毛骨悚然的爬行动物——也可能出现。

定期或长期使用特定物质会导致戒断综合征（Withdrawal Syndrome），这是在突然停止使用物质后出现的一系列心理和躯体症状。导致戒断症状的精神活性物质包括酒精、阿片类物质（阿片制剂）、可卡因和安非他明等兴奋剂、镇静剂和睡眠诱导药物、大麻和烟草（含有兴奋剂尼古丁）。因为突然停止使用某些致幻剂和吸入剂并不会使人产生临床上的显著戒断症状，所以这类物质不被视为会使人产生可识别的戒断综合征的物质（American Psychiatric Association, 2013）。

物质使用障碍

物质使用障碍（Substance Use Disorders）是指不恰当地使用精神活性物质，导致显著的个人痛苦或功能受损。物质使用障碍一词是一个通用的诊断分类，但对于每个病例，临床医生都会提供一个特定的诊断（如酒精使用障碍），以指明被不当使用的特定物质。除了不当地使用精神活性物质导致了显著的痛苦或功能受损的证据外，做出物质使用障碍的诊断也需要患者在一年内出现两种或更多附加症状。附加症状的特征取决于被滥用的特定物质。例如，对酒精使用障碍的诊断取决于以下症状（并非所有症状都要出现）。

- 因寻找或使用酒精，或者从过度使用中恢复而花费过多时间。
- 在减少或控制酒精使用上持续存在问题，尽管个体有减少或控制的意愿。
- 超出个体原本意图地过度使用酒精。
- 因使用酒精而难以胜任自身承担的角色，如学生、雇员或家庭成员等。
- 尽管酒精已经引发了社会、人际关系、心理或医学问题，但个体仍然继续使用酒精。
- 出现与使用酒精相关的耐受性或戒断性综合征。
- 因使用酒精而将自身或他人安全置于危险的境地，如反复饮酒和酒后驾驶。
- 对酒精具有强烈的、持续的冲动或渴望。

物质使用障碍涵盖了一系列精神活性物质，包括酒精、阿片类物质（如海洛因和吗啡等阿片类物质和奥施康定等合成阿片类物质）、抑制剂和睡眠诱导药物或安眠药物、兴奋剂（如可卡因和苯丙胺）及烟草。然而，最广泛使用的精神活性物质——咖啡因（在咖啡、茶、可乐甚至巧克力中发现的一种温和的兴奋剂）——并未被认定与物质使用障碍有关，因为它与导致功能受损或个体痛苦的不当使用之间尚无明确关联。然而，DSM-5 在附录中将咖啡因使用障碍列为需要进一步研究的拟议诊断。另外，DSM-5 认为，突然停止对咖啡因的规律性使用可能会导致物质戒断障碍。

做出物质使用障碍的诊断并不需要全部或大多数相关症状出现，相应地，也并非所有具有相同诊断的个体都会有同样的症状。例如，亨利表现出了戒断综合征的明显迹象，尽管尝试了多次，他始终难以减少对酒精的使用；而杰西卡的酗酒问题导致她在工作或学业上不断出现问题，虽然她知道这些后果，并且她在戒酒一段时间后没有表现出任何耐受性或戒断症状，但她仍然选择继续饮酒。

药物或精神活性物质的使用和滥用之间的界限在

哪里？DSM-5 划定了界限，即物质使用的模式是否严重损害了个体的职业、社交或日常功能，或者造成了显著的个人痛苦。功能受损的例子如下所述：

- 在履行角色责任方面存在问题（如作为学生、员工或父母）；
- 行为造成人身危害（如在使用物质的同时开车）；
- 反复出现社交或人际关系问题（如饮酒时经常与他人发生冲突）；
- 因酒精而中断日常活动。

当个体因为喝醉酒或"睡过头"而一再旷课或误工时，他们的行为就显示出了物质使用障碍的迹象。偶尔一次在朋友的婚礼上过度饮酒并不符合这种诊断。只要不导致任何功能受损，经常少量至适量饮酒不会被认定为物质滥用。无论是摄入物质的数量或种类，还是所使用的物质是否属于非法药品，都不是定义物质使用障碍的关键。物质使用障碍的决定性特征是即使某种物质已经对个体的日常功能造成了重大损害或导致了个人痛苦，个体仍在继续使用这种物质。

Shutterstock

Africa Studio/Fotolia

有关酒精使用及滥用的众多情况中的两个例子

酒精是我们最广泛使用和滥用的物质。如左图所示，许多人通过饮酒来庆祝成功和欢乐时刻。遗憾的是，如同右图中的男子一样，有些人会借酒消愁，这样做只能使问题更加复杂化。那么，物质使用和物质滥用的界限在哪里？我们通常认为，当物质使用导致破坏性的后果时，它就变成了物质滥用。

不幸的是，物质使用障碍在我们的社会中非常普遍。虽然大众的关注点主要集中在非法物质的使用问题上，但最常见的物质使用障碍其实涉及对合法物质的使用，如酒精。在美国，每七八个成年人中就有一人（超过 14%）正患有酒精使用障碍（Alcohol Use Disorder，AUD），大约 30% 的人在其人生中的某个阶段会受到这种问题的影响（Lyon，2017；Reus et al.，2018；Willingham，2017）。

在美国，酒精使用障碍的发病率正在不断上升，尤其是在女性、非裔美国人和老年人中（Schuckit，2017）。尽管人们普遍认为物质相关问题在少数族裔中更常见，但事实上，与欧裔美国人（非西班牙裔白人）相比，非裔美国人和拉丁裔美国人罹患物质使用障碍的概率与之相当，甚至更低（Breslau et al.，2005；Compton et al.，2005）。

在这个背景下，美国酒精使用障碍患者的数量是所有其他物质使用障碍患者总数量的两倍多（SAMHSA，2015）。据最新估算（Schuckit，2017），酒精相关问题每年会给美国社会造成大约 2500 亿美元的损失。令人遗憾的是，只有不到 10% 的酒精使用障碍患者在酒精治疗中心接受治疗（Kranzler & Soyka，2018；Reus et al.，2018）。在酒精使用障碍变得越来越普遍的同时，美国也正面临着阿片类物质成瘾的日益泛滥，正如我们将在"批判性思考：我们该如何应对阿片类物质危机"专栏中所探讨的那样。

批判性思考
我们该如何应对阿片类物质危机

阿片类物质危机已成为美国历史上最严重的物质成瘾问题（Kolodny & Frieden，2017）。这种流行病已经摧毁了美国各地成千上万的个人及其家庭，遍及全美国的富裕郊区和小城镇。据统计，每年有超过 3.3 万美国人死于阿片类物质过量（Ahmad et al.，2018；Han et al.，2017）。如今，死于阿片类物质过量的人数甚至超过了死于乳腺癌或机动车事故的人数（Conrad，2017；Kounang，2017）。

这种流行病的主要驱动因素之一是，近年来疼痛医疗中处方类阿片类物质的使用量显著增加（Peltz & Südhof，2018）。根据最新的调查，在美国，服用阿片类止痛药的人数惊人，已达将近 1 亿人（约 1/3 的美国人）（Siemaszko，2017）。虽然阿片类物质在治疗疼痛方面的医疗用途是合法的，如控制术后疼痛，但长期使用可导致成瘾和过量服用的重大风险。合成阿片类物质被广泛用于治疗疼痛，如果使用不当，可能就会导致成瘾。不幸的是，许多服用处方阿片类物质的患者后来都出现了阿片类物质滥用和成瘾的情况。近年来，在死于阿片类物质使用过量的患者中，约有 60% 的人此前曾因慢性疼痛而服用阿片类物质（Olfson，Wall，et al.，2017）。因为阿片类物质的广泛（但非法）分销，它们也成为泛滥的美国街头毒品。不仅滥用阿片类药物的人数在增加，滥用其他阿片类物质——尤其是海洛因——的人数也在增加（Dubovsky，2017a）。越来越多的美国年轻人死于海洛因过量，但从这种流行病在人口统计数据中的指标来看，阿片类物质过量致死的情况在美国中年人中更常见（Conrad，2017）。有些医生开了大量的阿片类物质，还有些医生因为经营非法毒品而入狱。然而，问题并不局限于这些非法行为。许多医生认为，对那些饱受疼痛折磨的患者来说，目前还没有其他有效的治疗方法。除了

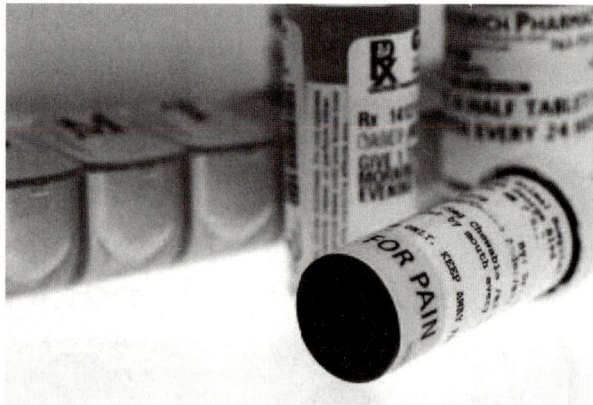

美国全国性流行病

阿片类物质的流行在美国已经达到了危机的程度，这种流行病有很多方面，从年轻人过量服用海洛因到老年人对用于治疗慢性疼痛的处方阿片类物质上瘾。

禁止或严格限制这些止痛药的医疗使用外，可能没有任何快速解决这一问题的办法。为美国超过 1.25 亿遭受慢性或急性疼痛的人开发有效的替代性治疗方案可能是结束这种流行病的最大希望（Skolnick，2018）。

在对这一议题进行批判性思考时，请尝试回答以下问题。

- 假如要对缓解疼痛的处方阿片类物质有所限制，应作何限制？
- 如果你或你所爱的人正在遭受持续的疼痛，你认为你们应该获得处方阿片类物质吗？如果应该，你或他们会使用这些处方阿片类物质吗？为什么会或为什么不会？
- 鉴于目前美国可能没有任何简单的办法可以解决阿片类物质危机，你认为应该做些什么？请发挥你的想象力。

8.1.2 非化学成瘾和其他形式的强迫性行为

描述非化学形式的成瘾行为或强迫性的行为。

DSM-5 引入了一个新的诊断类别：物质相关及成瘾障碍，包括物质使用障碍和赌博障碍（过去被称为

病理性赌博），其中赌博障碍被认为是一种非化学形式的成瘾。病理性或强迫性赌博以前被归为冲动控制障碍，其中包括其他以难以控制或抑制的冲动行为为特征的问题行为，如偷窃狂（强迫性偷窃）和纵火狂（强迫性纵火）。

诊断分类的变化源自对行为的特定强迫性或成瘾

性模式的理解，这些行为模式与物质相关障碍具有共同的重要特征。强迫性赌博、强迫性购物，甚至强迫性上网都具有物质成瘾或依赖的一些标志性特征，例如，对行为的控制受损，以及如果问题行为突然停止，就会出现焦虑和抑郁等戒断症状。DSM-5 的后续版本有可能会整合其他成瘾行为，如将强迫性购物和强迫性上网（见表 8-1）纳入其中，作为正式的精神障碍，但目前这些类型的障碍被认为还有待进一步研究。

数字时代下的异常心理
网络成瘾

你每天花多长时间盯着电子屏幕？如果与今天美国的普通年轻人一样，那么你每天花在屏幕前的时间也许超过 10 小时（Statista Inc.，2015）。今天的年轻人是发短信、使用搜索引擎和社交软件的一代，他们从没经历过没有手机和互联网的时代（Nevid，2011）。他们从蹒跚学步起就开始使用电子设备了。这些技术已经成为今天的一种生活方式，并且不仅是千禧一代才有的生活方式。使用电子设备已经如工作、吃饭甚至呼吸一样，成为我们日常生活的一部分，我们许多人宁愿不穿裤子也不愿不带手机出门。发短信已经成为年轻人首选的沟通方式。

大学生是科技尤其是智能手机的重度使用者（Roberts，Yaya，& Manolis，2014）。智能手机已经在很大程度上取代了个人计算机，成为许多年轻人上网的主要工具，就像手机已经取代了多数人的固定电话一样。当然，我们应该明确的是，智能手机一般很少用来打电话，因为大多数年轻人使用智能手机主要是为了发短信、电子邮件，浏览网页和社交网站。随着互联网日益渗透进我们日常生活的方方面面，是否存在一个过度或不恰当使用网络的临界点，使之跨过成瘾的门槛，对人们的心理健康和情绪健康构成威胁？如今，过度使用互联网给许多人带来了一系列相关的心理问题，并且这部分人的数量相当惊人（Müller et al.，2016）。

网络成瘾障碍（Internet Addiction Disorder，IAD）一词被广泛用于描述一种以不当使用互联网为特征的非化学成瘾形式（Young，2015）。网络成瘾障碍可能涉及过度或不当地使用社交网站、网络聊天室、在线游戏和色情网站。网络成瘾障碍还与人们访问互联网的各种方式（如通过笔记本电脑、台式计算机、平板电脑和智能手机）有关。网络成瘾障碍的患病率尚不清楚，跨文化研究得出的估算结果之间相差很大，不同国家从 1% ~ 20% 不等，有些甚至更高（Kuss et al.，2014；Müller et al.，2016；Wallace，2014）。尽管我们需要对网络成瘾障碍的流行程度进行更明确的研究，但这种疾病显然是一个日益受到关注的问题，特别是在大量使用互联网的高中生、大学生甚至小学低年级学生中。

网络成瘾障碍并非一种被精神病学专业正式公认的精神障碍。DSM-5 在其附录中列出了一种相关的疾病——网络游戏障碍（Internet Gaming Disorder，又被称为"游戏成瘾"），并将其归为一种有待进一步研究的潜在疾病（Markey & Ferguson，2017；Przybylski，Weinstein，& Murayama，2017；Yao，Potenza，& Zhang，2017）。2018 年，世界卫生组织提出将网络游戏障碍纳入其疾病分类手册（Fox，2018c）。许多用户如此沉迷于网络游戏的虚拟世界，尤其是大规模角色扮演游戏，以至于他们开始回避现实生活中的活动。然而，网络游戏障碍只是更大的网络成瘾问题的一个方面。

如果将网络成瘾概念化为一种异常行为模式，我们就要重新审视第 1 章讨论过的用以界定正常和异常行为之间界限的标准。网络成瘾的概念并不取决于花在电子屏幕前的时间，因为每天花很多时间上网，甚至在每天醒着的大部分时间里都在各种网站、网络媒体、社交网站之间穿梭，已经成为现代人，至少是年轻人的常态。我们之前提到过，符合社会规范的行为被定义为正常的。因此，我们需要应用其他标准来确定异常行为的边界，如该行为是否变得适应不良或与个人痛苦有关。在之前引用的大学调查中，60% 的学生觉得自己沉迷于手机，一些人报告，只要手机不在他们的视线范围内，他们就会感到不安或烦躁。在实验室研究中，调查人员也观察到了个体的痛苦体验。调查人员报告，大学生离开手机时比拿着手机时体验到更多的焦虑，在解谜任务中也表现得更差（Clayton, Leshner, & Almond, 2015）。

网络成瘾引发个体痛苦的迹象包括暂时离开手机（或手机没电）或无法上网时会感到焦虑或不安。网络成瘾的人可能必须不断地查看社交媒体上更新的动态和短信。对互联网的不当使用包括因深夜上网或玩游戏过度导致睡眠不足，因学习或上课时无法集中精力导致成绩下降，或者因在社交互动中频繁查看智能手机导致人际关系问题。强迫性发短信是一种适应不良的行为，其特征是个体不管处于哪种社交情境中，都会不停地查看短信并立即回复。行为的危险程度也是用来判断其是否异常的另一个标准，例如，开车或使用其他机械设备时发短信，甚至在街上或过十字路口时无视行人或交通状况，边走路边发短信。

研究者注意到，强迫性发短信对个体学习成绩的影响存在性别差异。一项针对美国中西部地区青少年的研究发现，强迫性发短信与成绩差的关联性在女孩中更明显（Lister-Landman, Domoff, & Dubow, 2015）。研究者猜测，女孩可能会更专注于发短信从而分心，因为她们比男孩更倾向于通过发短信来维持和巩固关系，而不仅仅是传递信息（American Psychological Association, 2015b）。

虽然我们对网络成瘾的研究还处于早期阶段，

但对网络成瘾青少年的脑成像研究显示，他们的大脑活动和神经递质功能模式与那些有化学成瘾问题和赌博障碍的人所表现出的情况相似（Hong, Kim, et al., 2013; Hong, Zalesky, et al., 2013; Lin & Lei, 2015; Wallace, 2014）。随着我们越来越了解网络成瘾障碍，我们需要细化不当的网络使用行为，如强迫性使用在线游戏网站和社交网站之间的区别（SNSs; Müller et al., 2016）。目前只有一种非化学强迫性行为——强迫性赌博——可被诊断为成瘾障碍。并不是所有专家都赞成将网络成瘾视为一种独立的障碍。有人认为，它可能只是其他可诊断的障碍（如强迫症或冲动控制障碍）的一个特征。我们仍需进行更多的研究来确定网络成瘾是否应该被确定为一种独立的诊断。对网络成瘾相关风险因素的研究才刚刚起步。与女性相比，男性，尤其是青少年和年轻成年男性的发病率更高。那些自尊水平较低或有其他情绪问题（如抑郁和情绪不稳定）的人似乎面临更高的风险，这可能是因为他们更有可能通过进入网络幻想世界来暂时逃避现实生活中的问题。

Adam Hester/Blend Images/AGE Fotostock

网络成瘾

网络成瘾的标志有哪些？你或你认识的人有此风险吗？

一种常见的与过度使用网络相关的人格特质是冲动性。这一点也见于其他形式的成瘾行为，如物质滥用和赌博障碍（Burnay et al., 2015）。而过度使用社交网络者的人格特质与我们在有网络游戏问题的青少年身上看到的有所不同。例如，外倾性预示着更频繁地使用 Facebook，以及更有可能发展成与社交网络使用有关的网络成瘾（Wang et al., 2015）。攻击性、敌意和寻求刺激的特征可能与游戏成瘾的关系更密切（Wallace, 2014）。外倾性也预示着个体会更频繁地使用 Facebook，因此，我们应该谨慎地区分对社交网络的一般使用和不当使用。外向的人比内向的人更倾向于成为 Facebook 的活跃用户，他们会发布更多的照片和状态更新，在 Facebook 上结交更多的朋友（Eftekhar, Fullwood, & Morris, 2014; Lee, Ahn, & Kim, 2014）。然而，那些表现出情绪不稳定特征的人更有可能在 Facebook 上发布理想化的个人资料，这可能是由于他们缺乏自尊，或者认为如果发布自己的真实状况，就不会有人在网上搭理他们了（Michikyan, Subrahmanyam, & Dennis, 2014）。可以肯定的是，并不是所有使用互联网的行为都有问题。然而，随着我们对网络成瘾的特征有更多的了解，我们可以识别出哪些人需要帮助以控制其对网络的使用。表 8-1 可以让你了解网络使用是否给你造成了困扰。

表 8-1　你有网络成瘾的风险吗

网络成瘾并不是一种正式的诊断，但对互联网的不当使用所造成的相关问题吸引了越来越多研究者和临床医生的关注。以下清单包含了与网络成瘾相关的一些维度。假如你有下述问题行为，也许你可以咨询学校的心理咨询师或心理健康专家进行更全面的评估，以确认使用网络给你的生活带来了何种影响。

网络成瘾的迹象	示例
网络使用的消极影响	• 对互联网的使用影响了我的学业或工作表现 • 总是把手机放在床头，让我睡不好觉 • 我发现自己一直都在看手机，即使已经半夜了，而这时本该是睡觉的时间
显著性	• 我总是在想着我在线上的活动，例如，我发了什么、没发什么，或者我下次上网时要做些什么 • 我似乎总是迫不及待地想上网，哪怕是在工作、上学或跟人互动的时候
情绪调节	• 我上网是为了让自己感觉好一点 • 如果感到沮丧或焦虑，我会通过上网来重新振作起来
社交上的舒适感	• 与面对面相比，我觉得在网上与人交流更舒适 • 在网上与人交往比在现实生活中与人打交道容易得多
戒断症状	• 每当离开互联网一段时间，我就感到烦躁或焦虑 • 不能上网让我感到情绪低落或沮丧
逃避现实	• 我利用互联网来逃避我的消极情绪 • 我利用互联网来逃避我的生活
欺骗／隐瞒	• 我试图向他人隐瞒我的上网行为 • 我试图隐瞒自己使用网络的程度 • 我曾向他人撒谎，不让他们知道我上网的真实状况

资料来源：Adapted from Wallace, 2014, and other sources.

8.1.3　生理和心理依赖

解释生理依赖和心理依赖之间的区别。

什么是生理或化学依赖？"物质成瘾"一词是什么意思？什么是心理依赖？专业人士和外行人在描述物质使用问题时使用的术语五花八门，令人费解。让我们花些时间澄清一下我们在本书中如何使用这些术语。

生理依赖（Physiological Dependence，也被称为"化学依赖"或"躯体依赖"）是指这样一种物质使用行为模式：因经常使用某种物质导致生理上的改变，进而导致个体需要更大剂量的物质以达到同样的效果（耐受性），或者在减少或停止使用物质后出现戒断症状（戒断综合征）。

但是，生理依赖并不等同于**成瘾**（Addiction）。科学家关于成瘾的定义尚未达成共识。在这里，我们倾向于将成瘾定义为强迫性地使用某种物质，并伴有生理依赖的现象。成瘾是指患者尽管知道某种物质会带来有害的结果，但仍对该物质的使用缺乏控制。患有物质成瘾障碍的个体难以控制服用某物质的剂量或多长时间服用一次某物质。他们可能曾多次尝试减少或停止使用该物质，但都没有成功，或者他们长久以来一直渴望这么做，却没能贯彻到底。

DSM-5 的开发者采用"物质使用障碍"而不是"成瘾"一词来进行诊断。他们认为，与成瘾相比，物质使用障碍更加中性，减少了侮辱和贬损的色彩。不过，他们还是用成瘾来指代非化学形式的强迫性行为，如赌博问题。也就是说，不论是专业人士还是非专业人士都普遍使用"成瘾"这个词。

个体可能会对某一物质产生生理（或化学）依赖，但并不会成瘾。例如，曾接受外科手术的人经常被给予从鸦片中提取的麻醉成分作为止痛剂，一些人因此出现了生理依赖的迹象，如耐受性和戒断症状，但这并没有损害他们对这些物质使用的控制。当不再需要这种物质来缓解疼痛时，他们就可以停止使用。如果你经常在早晨喝咖啡，你可能就会对咖啡因产生生理依赖，一两天不喝咖啡就会感觉不舒服或头疼。然而，控制物质的用量或使用频率并没有那么困难，只要你意志坚定且用心即可。

接下来，我们再来看看非化学成瘾行为，如强迫性赌博。非化学成瘾的人表现出对问题行为的控制受损，就像生理成瘾的人难以控制自己对药物的使用一样。如果减少或停止成瘾行为，他们也会表现出戒断症状。但是，他们的戒断症状在本质上通常是心理的

（如焦虑、易激惹或烦躁不安），而非生理的（如战栗、手部颤抖、恶心）。

物质使用问题的另一种模式是对物质的**心理依赖**（Psychological Dependence）。产生心理依赖的个体会强迫性地使用物质来满足自己的心理需求，如依靠物质来应对日常的压力或焦虑。他们可能会（也可能不会）对物质产生化学或生理依赖。我们可以认为个体强迫性地使用咖啡因或其他物质来应对日常生活中的压力，但并不需要大量的物质来达到兴奋状态，停止使用后也不会体验到痛苦的戒断症状。

正误判断

个体不可能在不对某种物质产生生理依赖的情况下仅对其产生心理依赖。

错误 个体会在没有对某种物质产生生理依赖的情况下对其产生心理依赖。

8.1.4 成瘾路径

识别物质依赖路径中的常见阶段。

没有人一开始就对物质上瘾。人们最初常常只是实验性地尝试，经过一系列阶段后，这种尝试才有可能发展为物质依赖或成瘾。就像到达同一个目的地会有不同的路径一样，成瘾也有不同的路径。我们通常认为成瘾的一般路径包括三个阶段（Weiss & Mirin，1987）。

1. **尝试阶段**。在该阶段，只是偶尔使用某种物质就能使个体暂时感到舒适并体验到快感。个体自认为对此有控制力，并且相信自己可以随时停止使用。

2. **常规使用阶段**。在该阶段，人们开始围绕寻求和使用某种物质来安排自己的生活。否认是该阶段的主要特征。个体试图对自己和他人掩饰其行为的消极影响，其价值观也开始发生改变。

过去曾经重要的事情，如家庭和工作，如今在该物质面前变得不那么重要了。

3. **成瘾或依赖阶段。** 也许是想体验药物的效果，也许是不愿意面对戒断的后果，总之，当个体无力抵抗某种物质时，常规性地使用就变成了成瘾或依赖。在该阶段，其他任何事情都变得不再重要了，正如我们在本章开篇尤金的案例中看到的那样。

有个案例可以说明个体是如何通过否认来掩盖事实的（Weiss & Mirin，1987）。一名 48 岁的男子被妻子带来接受咨询。妻子抱怨道，丈夫曾经的成功被他反常的行为破坏了，他变得喜怒无常，上个月在可卡因上花了 7000 美元。在过去的两个月里，他还因吸食可卡因缺席了近 1/3 的工作。然而，他否认自己在吸食可卡因，并告诉访谈者，这么多天不去工作并不是什么大事，因为公司可以自行运转。当被进一步追问这个问题时，他仍然不愿承认自己有吸毒问题，不过他坦白自己只是不想思考这个问题。

随着对物质的持续使用，问题会变本加厉。个体会在物质上投入更多资源。他们会动用家庭存款、编造各种理由向朋友和家人"暂时"借钱，甚至以低价变卖传家宝和首饰。为了掩盖物质滥用行为，撒谎和操纵成了一种生活方式。丈夫会变卖家电，还会把门强行打开，制造失窃的假象；妻子则谎称遭持刀抢劫，编造金项链或订婚戒指失踪的理由。随着谎言被揭穿，家庭关系会变得紧张，物质滥用的后果会开始显现：旷工、无故不回家、情绪波动大、散尽家财、拖欠账单、偷窃家人的财物、缺席家庭聚会乃至孩子的生日会。

现在，让我们来探讨一下不同类型的物质所造成的影响，以及使用和滥用这些物质的后果。

8.2 物质滥用

被滥用的物质一般分为三大类：（1）抑制剂，如酒精和阿片类物质；（2）兴奋剂，如苯丙胺（又称安非他明）和可卡因；（3）致幻剂，如麦司卡林和麦角酸二乙基酰胺（Lysergic Acid Diethylamide，LSD）。

8.2.1 抑制剂

描述抑制剂的作用及其带来的风险。

抑制剂（Depressant）是一类可以减缓或抑制中枢神经系统活动的药物。该类药物可以减轻紧张感和焦虑感，使运动变得迟缓，并损伤认知过程。大剂量使用抑制剂会抑制至关重要的日常功能并导致死亡。酒精是使用最广泛的抑制剂，由于其对呼吸的抑制作用，大量饮用会导致死亡。特定种类的抑制剂具有特定的作用。例如，某些抑制剂可以产生"强烈的快感"。在这里，我们介绍几种主要类型的抑制剂。

酒精

在美国及世界范围内，酒精是被滥用最严重的物质。你可能从不认为酒精是一种成瘾物质，这或许是因为它太普遍了，或者是因为它通过饮用而非吸入或注射进入人体。但是，酒精饮料，如白酒、啤酒和烈性酒，含有一种被叫作乙醇（即酒精）的抑制剂。不同酒类的酒精含量不同（白酒和啤酒每盎司的纯酒精含量低于黑麦酒、杜松子酒或伏特加酒等蒸馏酒）。酒精之所以被认为是抑制剂，是因为它的生化作用类似于抗焦虑剂或弱镇静剂，即氯氮草类药物，其中包括众所周知的地西泮（安定）和氯氮草（利眠宁）。我们可以把酒精看作一种非处方镇静剂。

大多数美国成年人会偶尔适量饮酒。但是，许多人产生了严重的与酒精相关的问题。正如你在图 8-1 中看到的，大约每 10 个美国成年人中就有 3 人会在其一生中的某个阶段患上酒精使用障碍，你也可以看到，这种障碍在男性中更普遍（Grant et al.，2015）。图 8-1 显示了一般人群中酒精使用障碍的当前（过去一年）及终生患病率。

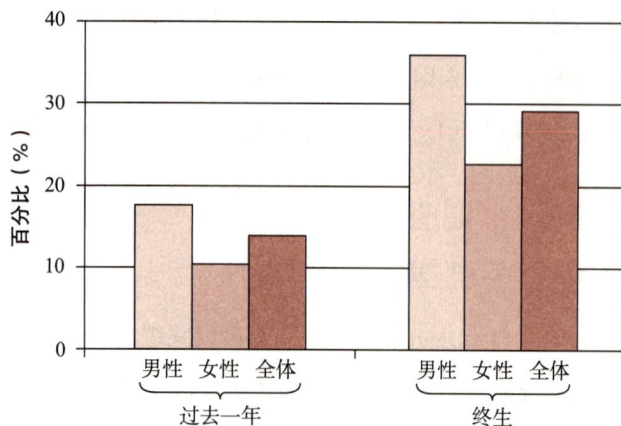

图 8-1　一般人群中酒精使用障碍的当前（过去一年）及终生患病率

资料来源：Grant et al.，2015.

许多非专业人士和专业人士会交替使用**酒精中毒**（酗酒，Alcoholism）和酒精依赖（Alcohol Dependence）这两个术语，本书也是如此。我们使用这两个术语来指代那些在生理上对酒精产生依赖的人对酒精使用的控制能力受损的模式。据估计，美国有 800 万成年人受到酒精中毒的影响（Kranzler，2006）。

对酒精中毒最普遍的观点是疾病模型，该模型把酒精中毒看作一种医疗疾病或病症。根据这个观点，酒精中毒的人一旦饮酒，酒精对其大脑的生化作用就会使其对更大剂量的酒精产生不可抗拒的生理渴望。疾病模型认为酒精中毒是一种慢性、长期的状态。匿名戒酒会（Alcoholics Anonymous，AA）支持这种观点，我们从他们的口号"一朝饮酒，终生酗酒"中就可以看出来。匿名戒酒会认为酒精中毒者要么还在饮酒，要么在"康复中"，但他们永远不会"被治愈"。尽管一些卫生保健提供者认为，至少有一些酒精滥用者可以学会负责任地饮酒，而不是"旧习复发"，然而这种观念在专业领域内仍存在争议。

酗酒对个体和社会造成的危害远超其他违禁药品所造成危害的总和。酒精滥用与个体生产力低下、失业和社会经济地位下降有关。酒精在许多暴力犯罪中都发挥了作用，包括袭击和杀人，而且在美国，每年因酒精而

起的强奸及其他性侵害案件大约有 18 万起（Bartholow & Heinz，2006；Buddie & Testa，2005）。在美国，大约有 1/3 的自杀及同等比例由意外伤害造成的死亡（如机动车事故）与饮酒有关（Sher，2005；Shneidman，2005）。与其他原因相比，死于与酒精相关的机动车事故的青少年和年轻人更多。总之，在美国，每年有大约 8.8 万人死于与酒精相关的问题，其中大部分人死于与酒精相关的机动车事故和疾病（"Heavy Toll"，2004；Kleiman，Caulkins，& Hawken，2012）。在美国所有成年劳动力中，由饮酒导致的死亡约占 1/10。

正误判断

由与酒精相关的机动车事故造成的青少年和年轻人的死亡人数远超由其他原因造成的死亡人数。

正确　与酒精相关的机动车交通事故是导致青少年和年轻人死亡的主要原因。

尽管人们普遍认为酒精中毒者都是些来自贫民窟的酒鬼，但实际上只有一小部分酒精中毒者符合这一刻板印象。大部分酒精中毒者就在你的周围：你的邻居、同事、朋友和家人。他们存在于各行各业和每一个社会经济阶层中。许多人都拥有美好的家庭，有一份好工作，生活舒适。然而，酒精中毒对富人和穷人都会造成毁灭性的影响，它会破坏人们的职业和婚姻，导致机动车事故和其他事故，严重、危及生命的躯体障碍，以及巨大的精神创伤。酒精中毒也与家庭暴力及更高的离婚风险相关（Foran & O'Leary，2008）。

导致酒精中毒的饮酒模式并不固定。有些酒精中毒者每天都会大量饮酒；有些仅仅在周末狂饮；有些则可以控制自己在很长一段时间内不饮酒，却会周期性地旧习复发，持续数周乃至数月暴饮。

在美国，酒精，而不是可卡因和其他药物，已经

成为当今年轻人的首选和最主要的滥用物质。尽管大多数大学生还没到法定年龄，但饮酒基本上已经成为一种常态，就像周末参加足球或篮球比赛一样，成了大学生活的一部分。美国校园里最常见的物质不是可卡因、海洛因，甚至不是大麻，而是酒精。

美国大学生通常只在周末饮酒，并且在课业要求相对较轻的学期初喝得更多（Del Boca et al., 2004）。

与未上大学的同龄人相比，大学生饮酒更多（Slutske, 2005）。研究者描述了大学生中一系列与酒精有关的问题，从轻微的问题行为（如旷课）到极端的问题行为（如因饮酒被捕），不一而足（Ham & Hope, 2003）。在下文的"深度探讨"专栏中，我们将集中讨论酗酒这一问题，它已经成为当今美国大学校园内的一个主要问题。

问卷

你上瘾了吗

你对酒精产生依赖了吗？如果你一两天不喝酒，就会出现戒断症状，那么答案可能已经显而易见了。然而，有时线索会更微妙。本问卷并非正式测验，而是与酗酒问题有关的常见症状清单。请在每道题后方勾选"是"或"否"，然后对照本章末尾的计分标准进行分析。

	是	否
1. 饮酒时，你是否会饿着肚子，或者只吃垃圾食品？	_____	_____
2. 饮酒后，你是否觉得情绪低落？	_____	_____
3. 你比自己认识的大多数人都饮酒更多吗？	_____	_____
4. 你比往常饮酒更多吗？	_____	_____
5. 你会偶尔疯狂饮酒吗？	_____	_____
6. 你是否会因为前一天晚上出去饮酒，第二天早上就睡过头了？	_____	_____
7. 你是否曾因饮酒而旷工、旷课或迟到？	_____	_____
8. 你是否曾因饮酒而感到难堪或内疚，从而逃避朋友或家人？	_____	_____
9. 你是否觉得很难做到一两天不饮酒？	_____	_____
10. 为了达到醉酒状态，你是否会饮越来越多的酒？	_____	_____
11. 你曾因饮酒而变得脾气暴躁吗？	_____	_____
12. 你是否在饮酒时做过一些事后令自己后悔的事？	_____	_____

深度探讨

放纵饮酒，一项危险的大学娱乐活动

现在，美国校园中主要的物质使用问题是放纵饮酒。放纵饮酒通常是指男性一次饮酒 5 杯及以上，女性一次饮酒 4 杯及以上。超过 2/5 的大

学生报告自己在过去的 1 个月里有过放纵饮酒的经历（Patrick & Schulenberg, 2011；Squeglia et al., 2012）。大约 1/7 的高中生也报告了放纵饮酒的问题（Miech et al., 2018）。总体上，有近 1/5（17%）的美国成年人报告自己在过去的 1 个月里有过一次放纵饮酒的经历

（CDC，2012b）。

人们对放纵饮酒的问题越来越关注。放纵饮酒与一系列问题有关，包括与警察发生冲突、发生未采取保护措施的性行为、严重的机动车事故和其他事故、意外怀孕、暴力行为、学习成绩差，以及出现酗酒及其他物质使用问题（CDC，2012b；Wechsler & Nelson，2008）。事情可能会变得更糟糕，就像莱斯利的悲剧那样。莱斯利是弗吉尼亚大学艺术专业的一名学生，教授们认为她非常有前途，她也一直保持着优异的成绩。当时，她正在完成有关波兰雕塑家的毕业论文（Winerip，1998）。然而，她最终没能完成她的论文，因为在一次放纵饮酒后，她因从楼梯上摔下来而丧生。我们可能也听说过美国年轻人死于过量吸食海洛因或可卡因的消息，但每年有超过1000名大学生，如莱斯利一样，死于过量饮酒或与酒精相关的事故（Yaccino，2012）。

Courtesy of the SAM Spady Foundation

死于酒精

19 岁的科罗拉多州立大学学生萨曼莎·斯帕迪在与朋友饮酒时昏迷，再也没有醒来。萨曼莎死于饮酒过量。你能识别饮酒过量的表现吗？如果你的朋友或熟人饮酒过量，你应当采取什么措施来施以援手？

在美国，放纵饮酒很常见，甚至已经成为一种仪式，如庆祝达到 21 岁的法定饮酒年龄（Neighbors et al.，2012）。密苏里大学的一项研究表明，大约有 1/3 的男大学生和 1/4 的女大学生报告自己在庆祝 21 岁生日时至少饮酒 21 杯以上，这种行为可能会导致重大的健康风险，包括昏迷，甚至死亡（Rutledge，Park，& Sher，2008）。密苏里大学的研究代表了许多美国大学校园的情况。

在一篇颇具影响力的评论文章中，心理学家琳赛·汉姆（Lindsay Ham）和黛布拉·霍普（Debra Hope）指出了大学生中最容易成为问题饮酒者的两类人（Ham & Hope，2003）：一类是主要出于社交或娱乐目的而大量饮酒的大学生，多为欧裔美国男性，他们往往会参加一些可以接受过量饮酒的组织或其他社会团体；另一类是想通过饮酒来缓解压力或平复消极情绪的大学生，多为女性且伴有焦虑或抑郁问题。了解这些信息可以帮助咨询师和医疗照护者识别那些有可能出现问题饮酒模式的年轻人。

放纵饮酒和相关的饮酒游戏（如啤酒狂欢）会使人们面临因酒精过量而死亡的巨大风险。许多参与这些娱乐活动的学生会一直喝到不能再喝为止。当看到一个朋友或熟人因大量饮酒而瘫软或昏倒时，你应该怎么做？你该让其睡一觉吗？你能看得出一个人是否喝多了吗？你会置之不理还是寻求他人的帮助呢？

你不能仅仅通过外在线索来判断一个人是否饮酒过量。但是，当一个人失去意识或没有反应时，就需要立即就医。不要认为那个人睡一觉就好了，他可能再也不会醒来。我们要警惕过量饮酒的迹象，具体如下（Nevid & Rathus，2013）：

- 当他人说话或大声喊叫时，没有反应；
- 当被刺激、摇晃或戳动时，没有任何反应；
- 无法被唤醒或无法恢复意识；
- 皮肤发紫或发冷；
- 心率加速或不规律、血压低、呼吸困难。

如果你怀疑有人饮酒过量，千万不要让他一个人待着，而是应该寻求医疗救助或紧急援助，并陪伴对方直到救助人员赶来。如果对方有反应了，你就要问对方是否在饮酒的同时服用了任何有可能与酒精产生反应的物质。同时，你也要问清楚对方是否患有糖尿病或癫痫等可能会加剧问题的疾病。

一项危险的娱乐活动

正误判断

喝得烂醉的人睡一觉后就没事了。

错误　悲哀的是，这个人可能再也醒不过来了。酒后昏迷的人必须立即被送到急诊室。

放纵饮酒和啤酒狂欢会快速导致饮酒过量，这是一种会导致致命后果的紧急医疗状况。美国许多大学的行政管理人员指出，放纵饮酒已经成为大学校园里的主要物质使用问题。

置身事外也许更简单。但是，请扪心自问：如果是你出现过量饮酒的迹象，你希望他人怎么做？难道你不希望有个朋友能施以援手，救你一命吗？

酒精中毒的风险因素

许多因素会增加人们出现酒精中毒问题及与酒精相关问题的风险。

1. **性别**。男性酒精中毒的可能性是女性的两倍多（Hasin et al.，2006）。造成性别差异的一个原因也许是社会文化因素，社会文化对女性施加了更严格的文化约束。然而，酒精对女性的伤害可能更大，这不仅是因为女性的体重通常比男性轻。酒精"进入"女性大脑的速度比"进入"男性大脑的速度更快。一个可能的原因是，女性的胃中代谢酒精的酶比男性的少，几杯过后，女性血液中吸收的酒精含量就比男性高，因此，女性比男性更容易醉酒。也许正是出于这个原因，女性可能比男性更快地停止过量饮酒。

2. **年龄**。绝大多数酒精依赖的案例都出现在青年时期，一般是在 20 ~ 40 岁。尽管女性出现酒精使用障碍的年龄稍晚于男性，但出现这些问题的女性在中年时所面临的健康、社会和职业问题与同龄男性类似。

3. **反社会型人格障碍**。青春期或成年期的反社会行为会增加以后酗酒的风险。不过，许多酒精中毒的个体在青春期并没有出现反社会行为。许多有反社会行为的青少年在成年后也并没有滥用酒精或其他物质。

4. **家族史**。预测一个人成年后是否会出现饮酒问题的最好方法是看其是否具有酒精滥用家族史。饮酒的家庭成员会起到"榜样作用"（"反面教材"）。而且，酒精依赖者的血缘亲属也可能会遗传一种素质，使他们更有可能出现饮酒问题。

5. **社会人口学因素**。酒精依赖在低收入、受教育水平低及独居的人群中更常见。

女性与酒精

女性较少出现酒精中毒问题，部分是因为社会文化在过量饮酒的问题上对女性有更严格的约束，也可能是因为女性的血液可以比男性的血液吸收更多的酒精，因此在与男性饮用等量的酒精时，女性的生理反应更强烈。

种族与酒精使用和滥用

在美国，酒精使用和酒精中毒的发生率在不同的种族和族裔群体中有所不同。一些种族（如犹太人、意大利人、希腊人和亚洲人）酒精中毒的发生率相对较低，这在很大程度上是因为他们对过量饮酒和未成年人饮酒实施了更加严格的控制。亚裔美国人总体上比其他族裔群体更少饮酒（Adelson，2006），这并不仅是因为亚裔家庭对过量饮酒施加了强烈的文化约束，潜在的生物学因素也可能对抑制饮酒起作用。亚裔美国人比其他族裔群体更容易对酒精产生脸红的反应（Peng et al.，2010）。脸红以面部发红和发烫为特征，个体大量饮酒时会出现恶心、心悸、晕眩和头痛的症状。控制酒精代谢的基因被认为对脸红反应具有调节作用（Luczak，Glatt，& Wall，2006）。由于个体更倾向于避免这些不愉快的体验，因此脸红可能作为一种天然的防御机制出现，抑制个体摄入过量的酒精。

西班牙裔美国男性和非西班牙裔白人男性在饮酒率及与酒精相关的身体问题的发生率方面大致相同，但西班牙裔美国女性比非西班牙裔白人女性更少使用酒精，也更少出现酒精使用问题。这是为什么呢？一个重要的因素也许是文化期望。传统的西班牙裔文化

对女性饮酒，特别是过量饮酒有非常严格的控制。但是，随着对美国文化的日益适应，西班牙裔美国女性在酒精使用和滥用等相关问题上与欧裔美国女性的表现越来越相似。

酒精滥用问题对非裔美国人造成了严重的不良影响（Zapolski et al.，2014）。例如，非裔美国人肝硬化（一种与酒精相关、可能致命的肝脏疾病）的发病率几乎是非西班牙裔白人的两倍。然而，非裔美国人出现酒精滥用和酒精依赖问题的比例低于（非西班牙裔）白人。那么，为什么非裔美国人会出现更多与酒精相关的问题呢？

社会经济因素也许能够解释这些差异。非裔美国人更有可能面临失业和经济困难的压力，而压力可能会加剧过量饮酒对身体造成的伤害。加之非裔美国人往往缺少医疗保障，因此他们很少会因酒精滥用所导致的健康问题而得到早期治疗。

尽管酒精滥用和酒精依赖的发生率会因部落的不同而有所差异，但美洲印第安人/阿拉斯加原住民总体上比其他任何种族都具有更高的酒精中毒发生率，并会出现更多与酒精相关的问题，如肝硬化、胎儿畸形、机动车事故及其他相关事故导致的死亡（Henry et al.，2011；Spillane & Smith，2009；Skewes & Blume，2019）。最近一项针对全美国青少年的调查发现，美洲印第安人/阿拉斯加原住民青少年出现涉及酒精或药物的物质使用问题和物质使用障碍的概率最高（Wu et al.，2011）。

许多美洲印第安人/阿拉斯加原住民认为，传统文化的丧失在很大程度上造成了与酒精相关问题的高发生率（Beauvais，1998）。印第安人的土地被占用，同时欧裔美国人试图将美洲印第安人/阿拉斯加原住民从他们的文化传统中分离出来，并剥夺他们充分接触主流文化的机会，这些行为破坏了传统的美洲印第安人/阿拉斯加原住民文化，导致了严重的文化和社会解体（Hartmann et al.，2019；Kahn，1982）。受困于这些问

题，美洲印第安人 / 阿拉斯加原住民也倾向于虐待和忽视儿童。虐待和忽视会导致青少年产生绝望感和抑郁情绪，他们可能会通过使用酒精或其他物质来逃避这些感受。

酒精与种族差异

酒精滥用的破坏性后果似乎对非裔美国人和美洲印第安人 / 阿拉斯加原住民的影响最大。尽管非裔美国人不太可能出现酒精滥用或酒精依赖问题，但他们罹患与酒精相关的肝硬化的概率几乎是美国白人的两倍。美国犹太人较少出现与酒精相关的问题，这也许是因为他们倾向于让孩子们看到酒精在仪式上的使用，并对过量饮酒施加了强有力的文化约束。与大多数美国人相比，亚裔美国人饮酒更少，部分原因在于文化约束，也可能是因为他们对酒精的生理耐受性较低，如会对酒精出现较严重的脸红反应。

酒精对心理的影响

酒精和其他物质的影响因人而异。总体来说，这些影响反映了物质的生理效应与我们对这些效应的解释之间的交互作用。大多数人希望从酒精中得到什么？人们常常对酒精抱有刻板的期待，如酒精能缓解紧张、强化愉悦体验、消除烦恼、提高社交技能。但是，酒精到底会起什么作用呢？

在生理水平上，酒精就像苯二氮䓬类药物（一类抗抑郁药物）一样，通过增强神经递质 γ-氨基丁酸的活性来发挥作用（见第 5 章）。因为 γ-氨基丁酸属于抑制性神经递质（能够调节神经系统的活动水平），所以增强 γ-氨基丁酸的活性可以使人们产生放松的感觉。当人们饮酒时，他们的感知会开始模糊，平衡及协调能力会受到影响。大量饮酒则会影响大脑中调节非自

主生命功能（如心率、呼吸和体温）的区域。

人们喝醉后会做出很多在清醒状态下不会做的事情，一部分是因为个体对物质的期望，另一部分是因为物质对大脑的作用。例如，人们会变得情欲高涨或在性方面更具攻击性，也可能会说出或做出一些事后会后悔的话或事情。这些行为也许反映出他们期望酒精能起到解禁的作用，并为问题行为提供外在的借口。事后，他们可以说："那都是酒精作祟，不是我。"酒精也会损伤大脑抑制冲动、冒险或暴力行为的能力，这可能是因为大脑的信息加工功能受到了干扰。研究者发现，酒精与诸多形式的暴力行为密切相关，包括家庭暴力和性侵犯（Abbey et al., 2004；Fals-Stewart, 2003；Marshal, 2003）。

尽管酒精可以使人们感觉更放松、更自信，但也会损伤判断力，使人们难以衡量自己行为的后果。在酒精的影响下，人们会做出与平时相悖的选择，如尝试危险的性行为（Bersamin et al., 2012；Orchowski, Mastroleo, & Borsari, 2012；Ragsdale et al., 2012）。长期的酒精滥用还会损伤诸如记忆、问题解决和注意力等认知能力。

酒精还可以使人们产生短暂的欣快感和喜悦感，减少自我怀疑和自我批评。酒精也会削弱人们对自己的行为造成的不幸后果的觉察能力。

使用酒精会抑制性唤起或性兴奋，损伤性功能。作为一种致醉物，酒精也会损伤协调能力和运动能力。这也解释了为什么美国大约 1/3 的意外死亡与酒精有关。

酒精与身体健康

长期大量饮酒会直接或间接地影响每个器官和整个身体系统。过量饮酒与许多严重的健康问题（包括肝脏疾病、某些癌症、冠心病和神经系统疾病）的风险增加有关。与酒精相关的两种主要的肝脏疾病是酒精性肝炎（一种严重的、对生命造成潜在威胁的肝脏炎症）和肝硬化（一种潜在的致命性疾病，患者正常的肝细胞被纤维组织替代）。

习惯性饮酒者往往营养不良，这可能会使他们更易遭受由营养不足引发的并发症。长期饮酒也与一些营养相关障碍有关，如肝硬化（与蛋白质缺乏有关）和科萨科夫综合征（与维生素 B 缺乏有关）。科萨科夫综合征以明显的意识混乱、定向障碍和对近期事件的记忆丧失为特征（见第 14 章）。

女性在怀孕期间饮酒会增加胎儿死亡、存在出生缺陷、中枢神经系统功能发育不全，以及日后出现学习问题的风险。女性在怀孕期间饮酒可能会导致胎儿酒精综合征（Fetal Alcohol Syndrome，FAS），这种综合征的主要特征是胎儿出生后鼻子扁平、眼距宽，以及精神发育迟滞和社交技能缺陷等。据了解，多达 5% 的美国儿童在某种程度上受到胎儿酒精综合征的影响（"Fetal Alcohol Spectrum"，2014；May et al.，2014）。尽管女性在怀孕期间大量饮酒会导致孩子罹患胎儿酒精综合征的风险增加，但研究者在每周只饮一杯半酒的母亲所生的孩子中也发现了这种综合征（Carroll，2003）。由于孕妇饮酒没有一个确切"安全"的界限，对知道或怀疑自己怀孕的女性来说，最安全的做法是不饮酒（Feldman et al.，2012；Stein，2012）。事实证明，胎儿酒精综合征是一种完全可以预防的出生缺陷。

适度饮酒对健康有益吗

尽管过量饮酒被证明会产生一系列副作用，但有证据表明，适度饮酒（女性大约每天一杯，男性大约每天两杯）可以降低心脏病发作和中风发生的风险，同时降低死亡率（Bollmann et al.，2014；Gémes et al.，2015；Ronksley et al.，2011）。也就是说，我们必须明确的是，高剂量的常规性饮酒才与较高的致死（死亡）率有关。

尽管适度饮酒可能对心脏和循环系统有益，但公共健康部门并未因此而提倡饮酒，主要是考虑到提倡饮酒可能会增加不当饮酒的风险。此外，研究者也缺乏来自实验研究的确凿证据，无法证明饮酒与较低的健康风险之间存在因果关系（Rabin，2009）。我们应该

认识到，即使是适度饮酒也会增加女性罹患乳腺癌的风险（Jayasekara et al.，2015；Kaunitz，2011；Narod，2011）。为了身体健康，我们最好寻找一些比饮酒更加安全的保健方法，如戒烟、减少脂肪和胆固醇的摄入，以及有规律地进行锻炼等。

巴比妥酸盐类

大约有 1% 的美国成年人在其一生中的某个阶段会罹患与使用巴比妥酸盐类（Barbiturates）、有助于睡眠的药物（安眠药）或抗焦虑药物有关的物质使用障碍。巴比妥酸盐类，如异戊巴比妥、戊巴比妥、苯巴比妥和司可巴比妥属于抑制剂或镇静剂。这些药物能够缓解焦虑和紧张，减轻疼痛，治疗癫痫和高血压。巴比妥酸盐类会迅速导致生理和心理依赖，从而使个体产生耐受性和戒断症状。

巴比妥酸盐类可以使人放松并产生轻度的欣快感或兴奋感，所以在美国街头非常流行。高剂量的巴比妥酸盐类就像酒精一样，会使人困倦、言语不清、运动能力受损、易激惹和判断力受损——驾车时使用它们会造成致命的后果。巴比妥酸盐类的药效可以持续 3 ~ 6 小时。

由于协同作用，当巴比妥酸盐类和酒精混合使用时，其效果是单独使用时的四倍。巴比妥酸盐类和酒精的联合作用导致了女演员玛丽莲·梦露（Marilyn Monroe）和朱迪·加兰（Judy Garland）的死亡。即使是像安定和利眠宁这样被广泛使用的抗焦虑药物在单独使用时已经相当安全，在与酒精联合使用时也可能是危险的，并且容易导致服用过量。

在生理上对镇静剂、巴比妥酸盐类和抗焦虑药物产生依赖的人，必须在医疗监管下谨慎地戒断这些药物。突然戒断可能会引发谵妄状态，导致患者出现视觉、触觉和听觉方面的幻觉及思维和意识过程的混乱。使用时间越长、服用剂量越大，出现严重副作用的风险就越大。如果个体在未经治疗的情况下突然停药，

可能就会突发癫痫，甚至导致死亡。

阿片类物质

阿片类物质（Opioids）被归类为麻醉品（Narcotic），即具有镇痛和诱导睡眠特性的强成瘾性药物。阿片类物质一般分为两类，一类是可以从罂粟植物中提取的天然阿片类物质（吗啡、海洛因、鸦片、可待因），另一类是具有阿片样作用的人工合成药物（如哌替啶、维柯丁）。古代苏美尔人把罂粟植物命名为"Opium"，意思是"令人快乐的植物"。

阿片类物质可以使人产生兴奋或强烈的愉悦感，这也是其作为美国街头毒品流行的主要原因。它们可以麻痹个体对问题的意识，这对寻求从压力中解脱的人而言极具吸引力。它们的愉悦效应来自对大脑愉悦回路的直接刺激，即负责性快感或从美食中获得快感的脑回路。

阿片类物质——不管是天然的还是合成的——在医学上的主要应用是缓解疼痛或镇痛。但是，阿片类物质的使用必须受到严格的控制，因为过量使用会导致昏迷甚至死亡。作为美国街头毒品被使用的阿片类物质，导致了许多过剂量致死事件和意外事故。可悲的是，美国吸食海洛因的人数在 2000/2001 年至 2012/2013 年间增长了近三倍（Martins et al., 2017），其中最大的增幅出现在男性和白人群体中。

大约 1.6% 的 12 岁及以上的美国人报告自己在人生中的某一时期曾使用海洛因，大约 0.2% 的人（每 1000 人中有 2 人）报告自己在过去的一年中使用过这种药物（SAMHSA, 2012, 2015）。人们一旦对此类物质产生依赖，通常就会发展为长期的成瘾，只能通过短暂的周期性戒瘾治疗来缓解症状。经过几周的规律性使用后，身体就会对它产生依赖（Brady, McCauley, & Back, 2016）。正如"批判性思考：我们该如何应对阿片类物质危机"专栏中提到的，许多人已经对处方阿片类物质（如奥施康定和维柯丁）产生依赖，这些物质是他们从医生那里获得的（用于治疗疼痛），或者从街头毒贩那里非法购得的。

20 世纪 70 年代的两项发现表明，大脑可以自行产生具有阿片样作用的化学物质。第一项发现是，大脑的神经元含有与阿片类物质契合的接收器，就像一把钥匙插入一把锁一样。第二项发现是人体可以自行产生阿片样物质，其受体位点与阿片类物质相同。这些天然物质，即内啡肽（Endorphins），对调节愉悦和疼痛起重要作用。阿片类物质的作用原理就是模拟内啡肽的功能，结合相应的受体位点，减轻疼痛并刺激大脑产生愉悦的感觉。这就解释了为什么人们使用麻醉药品会产生愉悦感（释放多巴胺是另一个原因）。研究者最近发现酒精也会刺激大脑释放内啡肽，这就有助于解释为什么酒精会使人感觉良好（Mitchell et al., 2012）。

与阿片类物质相关的戒断症状非常严重，通常始于个体最后一次用药的 4～6 小时之内。患者首先会出现类似流感的症状，期间伴有焦虑、坐立不安、易激惹和对物质的渴求，在几天内，症状会发展为数脉、血压升高、痛性痉挛、战栗、忽冷忽热、发烧、呕吐、失眠和腹泻等症状。尽管这些症状令人不舒服，但通常不是灾难性的，特别是在使用其他药物缓解症状后。然而，不同于巴比妥酸盐类，阿片类物质的戒断综合征很少会导致死亡。

吗啡

吗啡（Morphine）——得名于希腊神话中的睡梦之神摩耳甫斯（Morpheus）——在美国内战期间被引入。吗啡是一种强效的阿片类衍生物，被大量用于消除伤口的疼痛。对吗啡的生理依赖现象因"士兵症"而闻名。直到吗啡被限制使用，人们才意识到对其产生依赖的严重后果。

海洛因

在美国，海洛因（Heroin）是被广泛使用的阿片类物质，它是一种可以使人产生强烈欣快感的强效抑制剂。使用者声称，有了如此愉悦的体验，他们就不会再对食物或性产生兴趣了。1875 年，人们在寻找止痛效果与吗啡类似却不具有上瘾性的药物时发现了海洛因。化学家海因里希·德雷塞（Henrich Dreser）将吗啡转化成了一种被认为具有减轻疼痛的效果却不会上瘾的"英雄般"（Heroic）的药物，这就是这种药物之所以被叫作海洛因的原因。然而现实是，海洛因也会导致强烈的生理依赖。

美国大约有 400 万人在其人生中的某个时期使用过海洛因，其中约有 43 万人当前仍在使用它（SAMHSA，2012，2015）。目前，有一半以上的当前使用者对海洛因上瘾。大多数海洛因使用者是超过 25 岁的男性，他们第一次使用它的平均年龄约为 22 岁。海洛因成瘾并不局限于美国衰败的旧城区。事实上，它现在主要影响的是居住在大城市周边的近 30 岁的白人男性和女性（Cicero et al.，2014）。

> **正误判断**
>
> 海洛因成瘾主要影响的是那些生活在美国衰败的旧城区的人。
>
> **错误** 现在，海洛因成瘾更常见于美国大城市周边的地区。

海洛因通常可以直接注射于皮下（皮下注射）或静脉（静脉注射），并可以立即起效。随着长期使用，成瘾也随之形成。许多海洛因依赖者通过贩卖海洛因、卖淫或销售赃物来维持吸食行为。不过，海洛因是一种抑制剂，它的化学作用并不会直接导致犯罪或攻击行为。

8.2.2 兴奋剂

描述兴奋剂的作用及其带来的风险。

兴奋剂（Stimulant）是一种精神活性物质，可以提高中枢神经系统的活动水平，从而提高警觉性，产生愉悦感甚至欣快感。其效果随特定药物而变化。

苯丙胺

苯丙胺（Amphetamine，又叫"安非他明"）是一类合成兴奋剂。这类兴奋剂有各式各样的街头别称，如快速丸、兴奋药、苯齐巨林（指代硫酸苯丙胺）、冰毒（指代甲基苯丙胺）及迪西（指代右苯丙胺）。

大剂量的苯丙胺可以产生欣快感。它们经常以药片形式被服用，或者以相对纯净的形式被吸入。药效最强的是液态苯丙胺，它可以直接通过静脉注射并立即产生强烈的兴奋感。一些使用者会连续几天注射甲基苯丙胺，以保持这种长期高度愉悦的状态。这种状态最后会逐渐消失。经历过这种兴奋体验的人有时会"崩溃"并跌入深度睡眠或抑郁状态，一些人甚至会自杀。大剂量使用会导致烦躁不安、易激惹、幻觉、妄想、食欲减退和失眠。

在一项研究中，大约有 5% 的 12 岁及以上的美国人报告自己在人生中的某个时期使用过甲基苯丙胺，约有 0.2% 的人报告自己在过去的一个月内使用过该药物（并非医疗用途）（SAMHSA，2012，2015）。使用苯丙胺可以使人产生生理依赖，导致以抑郁和疲劳为特征的戒断综合征，以及不愉快的、栩栩如生的梦境，失眠或嗜睡，食欲增加及运动行为减缓或躁动不安（American Psychiatric Association，2013）。心理依赖最常见于那些用苯丙胺来应对压力或抑郁的人。

滥用甲基苯丙胺会导致脑损伤，还会产生学习和记忆缺陷等副作用（Thompson et al.，2004；Toomey et al.，2003）。长期使用会使个体陷入抑郁状态、出现攻击行为及与社会隔离（Homer et al.，2008）。冲动的暴力行为也会随之出现，尤其是当人们吸食或静脉注射这种物质时。**苯丙胺精神病**（Amphetamine Psychosis）所引发的幻觉和妄想症状与偏执型精神分裂症的症状类似，因此研究者试图通过研究苯丙胺类药物如何引发大脑的化学变化来探讨精神分裂症的潜在病因。

摇头丸

摇头丸（Ecstasy）也被叫作 3,4-亚甲二氧基甲基苯丙胺（3,4-Methylenedioxymethamphetamine，MDMA），它是一种策划药（Designer Drug），其化学结构与苯丙胺类似，会使人产生轻度的欣快感和幻觉。

摇头丸对人的心理会产生不良影响，包括抑郁、焦虑、失眠，甚至偏执和精神病。该物质会导致脑损伤，损害与注意力、学习和记忆等相关的认知功能（Di Iorio et al.，2011；de Win et al.，2008）。使用剂量越大，大脑发生长期变化的风险就越高。科学家推测该物质会杀死或破坏产生神经递质多巴胺和血清素的神经元，这是脑中参与调节心境状态和从日常生活中获得愉悦感的能力的关键化学物质（Di Iorio et al.，2011；van Zessen et al.，2012）。其生理副作用包括心率加速、血压升高，下巴紧绷或战栗，身体发冷和／或发热。大剂量服用这种药物会致死。

可卡因

当你得知可口可乐的原始配方中含有一种名为**可卡因**（Cocaine）的提取物时，你可能会感到惊讶。不过，1906 年，可口可乐公司将可卡因从其秘密配方中剔除。这种饮料最初被描述为"健脑益智饮料"，部分原因就是其中含有可卡因成分。可卡因是从古柯（Coca，一种植物，可口可乐的名字也由此而来）的树叶中提取的一种天然兴奋剂。如今，可口可乐仍然用古柯植物的提取物调味，但目前尚不清楚这种提取物是否具有精神活性。

> ### 正误判断
> 可口可乐最初含有可卡因。
>
> **正确** 可口可乐的原始配方中含有可卡因提取物。

很长时间以来，人们都认为可卡因不会造成生理上的依赖。但是，这种物质会产生耐受性和明显的戒断综合征，表现为情绪低落、睡眠和食欲异常，同时也会产生对物质的强烈渴求并导致体验愉悦的能力丧失。戒断症状通常会短暂地持续一段时间，可能包括突然戒断后的崩溃，或者一段时间的强烈抑郁和筋疲力尽。

可卡因以粉末的形式通过鼻子进入人体，或者以**快克**（Crack）的形式被吸入。快克是一种硬质可卡因，纯度高达 75%，为龟裂样"岩石"——之所以这样称呼，是因为它们看起来像白色的小鹅卵石。它们常以小剂量的成品出现，可立即被吸入，被认为是可以得到的最容易上瘾的美国街头毒品。可卡因可以使人在几分钟内迅速产生强烈的兴奋感。以粉末形式被吸入的可卡因使人产生的兴奋感较轻，需要一段时间才能发挥作用，但较之固体形状的快克所持续的时间更长。

在美国，可卡因是仅次于大麻的使用最广泛的违禁药物。近 15% 的 12 岁及以上的美国人使用过可卡因，0.6% 的人当前仍在使用它（SAMHSA，2012，2015）。

可卡因的影响

跟海洛因一样，可卡因可以直接刺激大脑的奖赏或愉悦回路。它还会导致个体血压突然升高和心率加速，进而引发潜在的危险，甚至是致命的心律失常。过量使用会导致烦躁不安、失眠、头疼、恶心、抽搐、战栗、产生幻觉和妄想，甚至会导致个体因呼吸或心血管衰竭而猝死。经常吸食可卡因会导致严重的鼻部问题，包括鼻孔内出现溃疡。

重复及过量使用可卡因会导致抑郁和焦虑，严重的抑郁可能会导致自杀行为。尽管崩溃感在长期大量使用者中更为常见，但初始使用者和常规使用者也报告自己体验过崩溃的感觉（大剂量服用后产生抑郁的感觉）。使用可卡因也会像使用苯丙胺一样诱发精神病性行为，随着持续使用，这种行为往往会加重。精神病性症状可能包括强烈的视幻觉、听幻觉和被害妄想。

尼古丁

吸烟不仅是一种坏习惯，也是一种对兴奋剂类药物尼古丁（Nicotine）的生理成瘾行为。尼古丁主要存在于烟草制品中，包括香烟、雪茄和无烟烟草。吸烟也会致死。在美国，吸烟每年会夺走近48万人的生命，是首要的可预防的致死因素（Halpern et al., 2018；Warner & Schroeder, 2017）。大多数与吸烟相关的死亡是由肺癌和其他肺部疾病及心血管（心脏和动脉）疾病造成的。然而，吸烟也会导致一系列其他严重的疾病，从糖尿病到结直肠癌和肝癌，甚至勃起障碍和宫外孕。

吸烟被认为是美国主要的健康隐患，会导致远超其他原因的过早死亡，使吸烟者的寿命平均缩短约10年（Jha et al., 2013；Schroeder, 2013）。总体而言，吸烟导致了美国约1/5的死亡率，并使79岁之前的死亡风险增加了一倍（Benowitz, 2010；Jha et al., 2013）。图8-2列出了美国因吸烟导致的死亡的原因分类。好消息是，在任何年龄放弃吸烟都会在很大程度上降低（虽然不能消除）因吸烟而增加的死亡风险（Jha & Peto, 2014；Thun et al., 2013）。

在世界范围内，大约每三个成年人中就有一人吸烟，每年有超过300万人死于与吸烟有关的问题（Ng et al., 2014；Schroeder & Koh, 2014）。一个好消息是，在过去的几十年里，全世界和美国的吸烟者比例都大幅下降。在美国，成年吸烟者的比例从20世纪60年代中期的40%以上下降到今天的14%左右（CDC, 2018a；NCHS, 2019）。青少年的吸烟率也在稳步下降，到2018年，高中生的吸烟率已降至7.6%（CDC, 2018e）。

在美国，吸烟人数的减少被认为已经有效防止了大约800万人过早死亡（Holford et al., 2014）。尽管如此，吸烟对公共卫生的挑战依然存在，因为大约1/7的美国成年人仍在继续吸烟，吸烟率的下降速度实际上正在放缓（CDC, 2015a；Koh & Sebelius, 2012）。你可能会感到奇怪，为什么更多的女性死于肺癌而不是包括乳腺癌在内的其他类型的癌症。尽管戒烟对男性和女性都有明显的益处，但不幸的是，它并没有将风险降至正常（不吸烟）水平。因此，道理显而易见：如果你不吸烟，请不要开始；如果你吸烟，请戒掉。

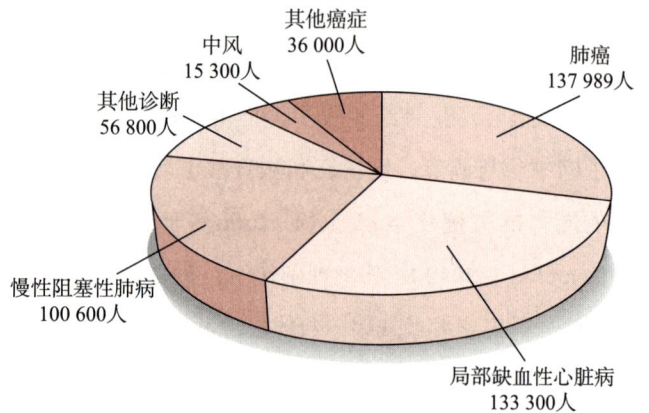

图 8-2　美国每年死于吸烟的人数

每年，吸烟会导致48万美国人丧生，其中大部分人死于肺癌、心脏病和慢性阻塞性肺病。

资料来源：CDC, 2016.

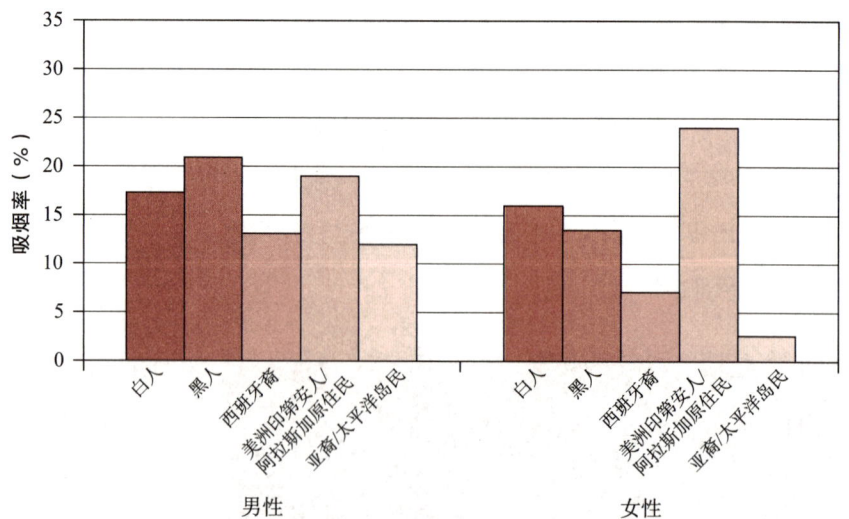

图 8-3　美国成年人吸烟率的种族和性别差异

美洲印第安人 / 阿拉斯加原住民的吸烟率最高，并且女性高于男性。除此之外，在其他所有族裔群体中，男性的吸烟率均高于女性。

资料来源：Adapted from American Lung Association, 2018.

吸烟率的种族和性别差异如图 8-3 所示。除了美洲印第安人 / 阿拉斯加原住民外，每个种族的女性吸烟的可能性都比男性低。吸烟也越来越集中在低收入和受教育水平较低的人群中（Blanco et al.，2008）。

尼古丁通过各种烟草制品进入人体。作为一种兴奋剂，它可以提高人的警觉性，但也会引起感冒、皮肤湿冷、恶心、呕吐、头昏、晕眩、腹泻等问题——所有这些都可以解释初次吸烟者的不适感。尼古丁可以促进肾上腺素的释放，导致自主神经系统的活动激增，包括心率加快和释放储存在血液里的糖。尼古丁可以抑制食欲，提供一种心理上的"反冲"。尼古丁也会促进内啡肽（一种脑内产生的阿片样激素）的释放。这也许可以解释为什么吸烟可以给人带来愉悦感。

习惯性地使用尼古丁会导致生理依赖。尼古丁依赖与耐受性（摄入量增加到每天一至两包烟，之后趋于稳定）及典型的戒断综合征有关。尼古丁戒断综合征包括浑身乏力、抑郁、易激惹、挫败感、神经质、注意力受损、头昏和眩晕、困倦、头痛、疲惫、失眠、抽筋、心率降低、心悸、食欲增加、体重增加、易出汗、战栗及对香烟的强烈渴求。大约一半的吸烟者在停止吸烟一两天后就会出现戒断症状（American Psychiatric Association，2013）。

吸烟几乎会立即使人兴奋。从第一次吸几口开始，香烟中的尼古丁就占据了人们脑中的尼古丁受体。

你会使用电子烟吗？你认为电子烟安全吗？许多吸烟者使用掺杂尼古丁的电子烟来帮助他们戒掉对纯烟草的依赖（Hajek et al.，2019）。数以百万计的年轻人正在使用含有尼古丁的电子烟，这不禁令人担忧对尼古丁上瘾的新一代年轻人是否会就此诞生（Drazen，Morrissey，& Campion，2019）。

使用电子烟的人数在美国年轻人中激增，如今超过 1/5 的 12 年级学生（17 ～ 18 岁）表示他们在过去的一个月里吸过电子烟［Miech et al.，2019；National Institute on Drug Abuse（NIDA），2018］。除尼古丁上

瘾的风险外，电子烟还会将有毒的、可能致癌的化学物质引入体内（Fox，2018a；Rubinstein et al.，2018）。青少年使用电子烟设备也会增加他们日后吸烟的风险（Goldenson et al.，2017；Moreno，2017；National Academies of Sciences，2018）。

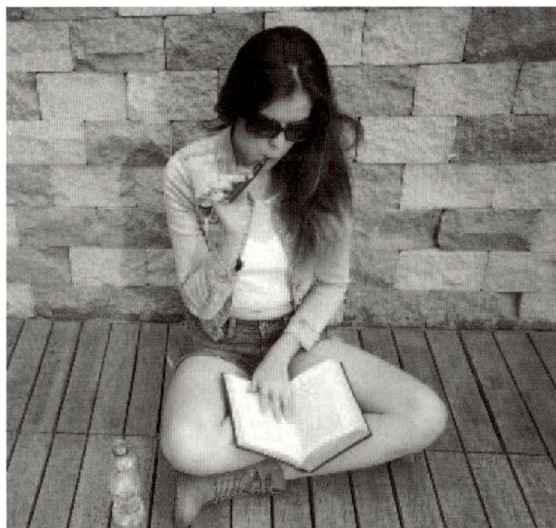

电子烟安全吗

电子烟有何风险？

8.2.3　致幻剂

描述致幻剂的作用及其带来的风险。

致幻剂（Hallucinogen）也被称为迷幻药（Psychedelic），是一类可以使人产生扭曲感或幻觉（包括颜色感知和听觉的改变）的药物。致幻剂也有其他作用，如产生放松感和欣快感，在一些情况下也会使人感到恐慌。

致幻剂包括麦角酸二乙基酰胺（Lysergic Acid Diethylamide，LSD）、赛洛西宾和麦司卡林。与迷幻药作用相似的精神活性物质包括大麻毒品（大麻）和苯环己哌啶。麦司卡林源自一种乌羽玉仙人掌，几个世纪以来一直被生活在美国西南部、墨西哥和中美洲的原住民用于宗教仪式。赛洛西宾则源自一种特定的蘑菇。在美国，麦角酸二乙基酰胺、苯环己哌啶和大麻是被普遍使用的致幻剂。

尽管服用致幻剂会产生耐受性，但研究者仍缺乏足够的证据表明对该物质的使用会导致持续或临床上显著的戒断综合征（American Psychiatric Association, 2013）。不过，人们在戒断后可能会出现对该物质的渴求。

麦角酸二乙基酰胺

麦角酸二乙基酰胺是一种合成致幻剂。除了产生生动的色彩和视觉扭曲外，使用者还称它可以使人的"意识扩张"并开辟一个新的世界——仿佛能够超越现实看到一些并非真实存在的东西。有时，他们相信自己在使用麦角酸二乙基酰胺的"旅程"中能够获取伟大的洞见，但当药效消退时，他们通常无法继续甚至想起这些发现。

麦角酸二乙基酰胺的作用尚无法预测，它依赖于使用的剂量及使用者的期待、人格、心境和周围的环境。使用者的用药史也会有影响，因为与初次使用者相比，那些因过往经验而学会处理药物影响的使用者对其后果会更有心理准备。

一些使用者对该物质会有不愉快的体验，或者认为那是一段"糟糕的旅程"，他们也可能会出现强烈的恐惧或恐慌感。使用者会害怕失去控制或精神失常。有些人会产生对死亡的极度恐惧。有时，使用者在使用麦角酸二乙基酰胺的过程中会发生致命的事故。闪回（Flashback）一般是指重新体验到物质使用的过程中出现的一些扭曲的感知，它可能发生在使用该物质之后的几天、几周甚至几年内。闪回往往突然出现，并且通常没有任何预兆。感知扭曲可能包括看到几何图形、色彩闪烁、颜色变鲜艳、残像、物体周围出现晕轮等。这些可能源于之前使用该物质所导致的大脑的化学变化。闪回的触发点包括进入黑暗的环境、物质滥用、焦虑、疲劳或应激。心理因素，如潜在的人格问题，也可能解释为什么一些服用者会经历闪回。在一些案例中，闪回可能涉及再现过去服用麦角酸二乙基酰胺的体验。

苯环己哌啶

苯环己哌啶（Phencyclidine，PCP）俗称"天使粉"，自 20 世纪 50 年代开始被作为一种麻醉剂使用，但它在被发现具有致幻作用后就被禁用了。20 世纪 70 年代，一种可吸入的苯环己哌啶开始在美国街头流行。但是，它的受欢迎程度后来有所下降，这在很大程度上是因为它不可预测的使用后果。

与许多物质一样，苯环己哌啶的效果也与剂量有关。除了引发幻觉外，苯环己哌啶也会加速心率，使血压升高，引起出汗，导致脸红和麻木。苯环己哌啶被归类为一种谵妄药（Deliriant），即一种能够诱发谵妄状态的药物。它还有解离效应，使用者会感觉在他们自身和环境之间好像有一种无形的障碍物。解离状态可以被体验为愉快的、引人入胜的，也可能是恐怖的，这取决于使用者的期望、心境、环境等因素。过量服用苯环己哌啶会导致困倦、目光呆滞、抽搐，偶尔还会导致昏迷，并激发偏执和攻击行为。沉醉其中会致使个体感知扭曲或判断力受损，继而导致悲剧发生。

大麻

大麻（Marijuana）是从大麻植物中提取的。大麻通常被归类为致幻剂，因为它会使人感知扭曲或产生轻度的幻觉，尤其是在大剂量使用或被易感个体使用时。大麻中的精神活性物质是四氢大麻酚（Tetrahydrocannabinol，THC）。四氢大麻酚是在大麻的枝茎和叶子中被发现的，但在雌株的树脂中浓度非常高。哈希什（Hashish 或 Hash）也是从树脂中提取出来的，与大麻有相似的作用，但药效更强。

你能想象吗？如今在美国 12 年级的学生中，报告自己在过去的一个月里使用过大麻的人数（21.4%）已经超过了吸烟的人数（19.2%）（Lanza et al., 2015; Rolle et al., 2015a）。在美国青少年中，大麻使用率的上升与可卡因和香烟使用率的急剧下降形成了鲜明的对比。

总体来说，近 10% 的 12 岁及以上的美国人当前仍在吸食大麻（SAMHSA，2015）。成年人吸食大麻的人数正在上升，自 21 世纪初以来已经翻了一番（Hasin et al.，2015）。此外，在 12 岁以上的美国人中，有 1.6% 的人患有可被诊断的大麻使用障碍（SAMHSA，2015）。男性比女性更有可能出现大麻使用障碍，并且大麻使用障碍在 18～30 岁的人群中发生率最高。

大剂量地使用大麻会使个体自我封闭。一些个体认为大麻提高了他们的自我洞察力或创造性思维能力，尽管在药效的作用下产生的洞见在药效消退后看起来就没那么富有建设性了。人们会求助于大麻，也会求助于其他物质，以帮助他们处理生活问题或应对应激。严重中毒者会感觉时间过得非常慢，一首几分钟的歌曲好像有一小时那么长。同时，大麻能够增强个体对身体感觉的觉察能力，如感觉到自己的心跳。吸食者还表示强烈地沉醉其中会增强性快感，也可能出现幻视。

严重大麻中毒会使吸食者丧失方向感。如果他们的心情是欣快的，丧失方向感可以使他们感到自己正在与宇宙和谐相处。然而，一些吸食者发现严重大麻中毒也令人不安。心率加速和对身体感觉的意识增强使吸食者害怕心脏会从身体里"跳出来"。一些吸食者害怕丧失方向感，并且害怕他们将无法"回来"。高度中毒有时会引起恶心和呕吐。

与生理依赖相比，个体对大麻的依赖更多地与强迫性使用或心理依赖有关。尽管长期使用大麻会使人产生耐受性，但一些使用者报告了反向耐受性或敏化

作用，这使他们在重复使用大麻时对大麻的作用更加敏感。虽然还没有可靠的证据证明大麻会导致明确的戒断综合征，但当长期且大量吸食大麻的个体突然停止使用大麻时，的确有证据指向可确定的戒断综合征（Allsop et al.，2012；Mason et al.，2012）。对大麻产生依赖的使用者的功能性磁共振成像显示，当他们暴露于与大麻相关的线索时，如手里握着吸食大麻的烟管，其大脑中被激活的区域与可卡因成瘾者对与可卡因相关的线索做出反应时被激活的区域相似（Filbey & Dunlop，2014）。这表明，大量使用大麻可能与可卡因等成瘾性物质有共同的神经通路。

脑部扫描也显示出长期吸食大麻者令人担忧的脑异常迹象（Filbey et al.，2014）。常规使用大麻会导致学习能力和记忆力受损，对重度或长期吸食者而言更是如此。同时，大麻还会导致大脑过早老化（Amen et al.，2018；Bossong et al.，2012；Han et al.，2012）。大麻还可能在使用后 24 小时内扰乱个体的记忆功能和集中注意力的能力，这可能会影响学生的学习能力和职场人士的工作能力（Moore，2014）。更令人不安的是，有证据表明，从青春期开始持续吸食大麻的人到中年后智力会下降（Meier et al.，2012）。最新的证据也显示，大量吸食大麻与大学成绩较低有关，这一点倒并不出人意料（Meda et al.，2017；Yager，2017c），那些不再吸食大麻的学生的平均成绩往往会有所提高。

证据也表明，大麻的使用与未来使用海洛因和可卡因等更烈性物质的可能性有关（Kandel，2003）。使用大麻与导致对烈性物质的使用之间的因果关系尚不明确。但确定无疑的是，大麻会损伤人的感知和运动协调性，进而导致驾驶和操作其他重型机械变得危险。有证据表明，在吸食大麻后的 3 小时内驾车的司机引发车祸的可能性几乎是那些未被大麻毒害的司机的两倍（Asbridge，Hayden，& Cartwright，2012）。

尽管吸食大麻会让许多使用者产生积极的心境改变，但也有人报告了焦虑和混乱；偶尔还有人报告自

已出现了偏执或精神病性反应。大麻可以使心率加速、血压升高，增加心脏病患者心脏病发作的风险。和香烟一样，吸食大麻也会破坏肺部组织，导致严重的呼吸系统疾病，如慢性支气管炎，并可能增加个体罹患肺癌的风险（Singh et al., 2009）。

8.3　理论观点

人们可能出于不同的原因使用精神活性物质。一些青少年最初使用精神活性物质是出于同伴压力，或者是因为他们认为精神活性物质会使他们看起来更老练或更成熟；一些青少年把使用精神活性物质作为反抗父母或社会的一种方式。不管最初的理由是什么，人们之所以会继续使用精神活性物质，主要是因为精神活性物质能产生令人愉悦的效果，或者他们很难停止使用。大多数青少年饮酒是为了获得兴奋感，而不是为了表明他们是成年人。有人吸烟是为了体验愉悦感，有人吸烟是为了在自己紧张时帮助自己放松，或者是为了在自己感到疲倦时靠吸烟提神。

在美国，对工作和社会生活感到焦虑的人会借助酒精、大麻（在特定剂量内）、镇静剂来感受平静；低自信和低自尊的人会依靠苯丙胺和可卡因来达到自我支持的效果；许多贫穷的年轻人会通过使用海洛因及类似物质，试图逃离贫穷、痛苦和城市生活的沉闷；更多富裕的青少年则会依赖精神活性物质完成从依赖到独立的转变，以及应对工作、上学和生活方式等方面的重大转变。接下来，我们会讨论关于物质使用和滥用的几种主要的理论观点。

8.3.1　生物学观点

描述物质使用障碍的生物学观点，并解释可卡因是如何影响大脑的。

研究者对物质使用和成瘾的生物学基础了解得越来越多。最近的许多研究都集中在神经递质（尤其是

多巴胺）和遗传因素的作用上。

神经递质

许多被滥用的物质，包括尼古丁、酒精、海洛因、大麻，尤其是可卡因和苯丙胺，都会通过增加神经递质多巴胺的可利用性使人产生愉悦感。多巴胺是一种关键的化学物质，参与激活大脑的奖赏或愉悦回路——产生愉悦体验的神经元网络（Corre et al., 2018；di Volo et al., 2018）。当我们因饥饿而进食或因口渴而喝水时，大脑中的奖赏回路就会随着多巴胺的流动产生并维持与生命活动相关的愉悦感。

可卡因和其他物质，如海洛因和酒精，之所以让人感觉良好，是因为它们会影响大脑奖励或愉悦回路中多巴胺的水平。对那些正在与物质滥用做斗争的人来说，使用此类物质后大脑中不断涌入的多巴胺会使他们的注意力难以集中在除获得和使用此类物质之外的任何事情上。随着时间的推移，经常使用可卡因、酒精和海洛因等物质可能会削弱大脑产生多巴胺的能力。对可卡因或其他成瘾性药物上瘾的人来说，其大脑可能会依赖这些物质获得愉悦感或满足感（Denizet-Lewis, 2006）。失去这些物质，生命似乎就不值得继续下去了。

图 8-4 显示了可卡因对大脑的影响。可卡因通过多余的多巴胺被传输神经元再吸收来干扰其再摄取的过程。结果，高水平的多巴胺在控制愉悦感的神经元突触间隙中保持活跃，过度刺激神经元催生愉悦的状态，包括与可卡因使用相关的欣快感。常规性地服用可卡因，久而久之就会导致大脑自身无法分泌多巴胺。可卡因滥用者在停止使用可卡因后会崩溃，因为他们的大脑被剥夺了自行分泌令他们感到愉悦的化学物质的能力。

此外，神经科学家发现，酒精依赖的人仅仅是听到与酒精相关的词语就能激活大脑的奖赏回路，这是一种由相互连接的神经元组成的网络，可以产生愉悦

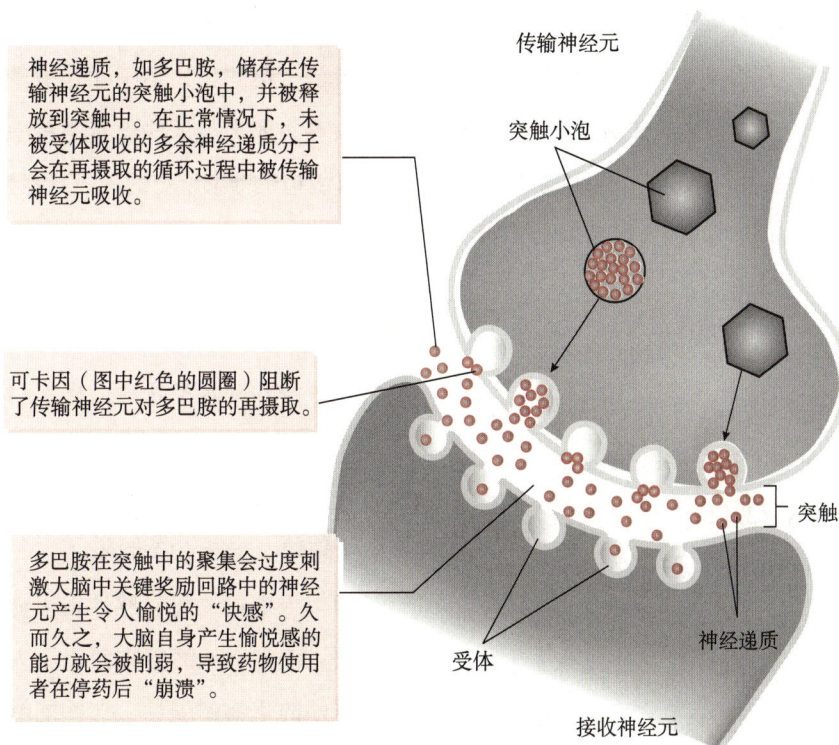

神经递质，如多巴胺，储存在传输神经元的突触小泡中，并被释放到突触中。在正常情况下，未被受体吸收的多余神经递质分子会在再摄取的循环过程中被传输神经元吸收。

可卡因（图中红色的圆圈）阻断了传输神经元对多巴胺的再摄取。

多巴胺在突触中的聚集会过度刺激大脑中关键奖励回路中的神经元产生令人愉悦的"快感"。久而久之，大脑自身产生愉悦感的能力就会被削弱，导致药物使用者在停药后"崩溃"。

传输神经元

突触小泡

突触

神经递质

受体

接收神经元

图 8-4 可卡因对大脑的影响

资料来源：Adapted from National Institute on Drug Abuse，U.S. Department of Health and Human Services，National Institutes of Health. Research Report Series：Cocaine Abuse and Addiction. NIH Publication Number 99-4342, revised November 2004. Reprinted from J. S. Nevid，2009，with permission of Cengage Learning.

感（见图 8-5）。

多巴胺系统的变化可以解释伴随药物戒断出现的强烈的渴求和焦虑，以及人们为何难以坚持戒断。但其他神经递质，包括血清素和内啡肽，也在物质滥用和依赖中起重要作用（Addolorato et al.，2005；Buchert et al.，2004）。

内啡肽是一类与海洛因等阿片类物质具有类似镇痛作用的神经递质。正如我们之前讨论过的，内啡肽和阿片类物质在大脑中有相同的受体位点。在正常情况下，大脑可以产生一定水平的内啡肽，以维持心理稳定、舒适的状态及体验愉悦的能力。但是，当身体习惯于阿片类物质时，大脑就会停止产生内啡肽。这就会导致使用者开始依赖阿片类物质来获得舒适感与愉悦感，以及缓解疼痛。当习惯性吸食者停止使用海洛因或其他阿片类物质时，不舒服的感觉或很小的疼

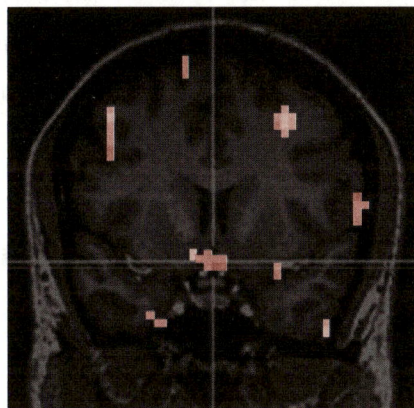

图 8-5 大脑对酒精相关词语的反应

在一项功能性磁共振成像研究中，一组酒精依赖的女性在听到酒精提示词（如啤酒桶/豪饮等）时，其大脑边缘系统和额叶区域（红色/深红色区域所示）呈现出较高的激活水平。大脑的这些区域涉及与酒精使用和其他物质使用相关的奖赏回路。这些发现说明，对酒精依赖的人来说，仅仅是听到与酒精相关的词语，其大脑中就会产生与使用物质类似的反应。

资料来源：Tapert et al.，2004. Courtesy of S. F. Tapert，UC San Diego.

痛就会被放大，直到身体恢复并分泌足量的内啡肽为止。这种不适感至少可以部分地解释海洛因或其他阿片类物质成瘾者所经历的令人不快的戒断症状。然而，这一模型仍然只是推测性的，我们需要更多的研究来证明内啡肽的产生和戒断症状之间的直接关系。

遗传因素

有证据表明，遗传因素在一系列涉及酒精、苯丙胺、可卡因、海洛因甚至烟草的物质使用障碍中发挥着重要作用（Frahm et al., 2011；Hartz et al., 2012；Kendler et al., 2012；Ray, 2012）。有物质使用障碍家族史的个体患这类障碍的概率是一般人的 4 ～ 8 倍（Urbanoski & Kelly, 2012）。环境因素（如家庭影响和同伴压力）对青少年最初开始使用物质具有重要作用，而遗传因素在解释成年早期和中期持续使用物质的行为方面具有重要作用（Kendler et al., 2008）。

研究者已经开始寻找会导致酒精和物质依赖或成瘾的特定基因了（Anstee et al., 2013；Ray, 2012；Sullivan et al., 2013）。我们在这里会集中讨论酒精依赖的遗传基础，因为大部分研究都集中在这个领域。不过，影响酒精中毒的一些基因也会影响其他形式的成瘾，如可卡因成瘾、尼古丁成瘾（规律性吸烟）和海洛因成瘾（Ming & Burmeister, 2009）。

酒精中毒倾向于在家族内发生。遗传关系越密切，风险就越大。家族模式仅仅提供了遗传因素的启示性证据，因为家庭成员生活在相同的环境中，又有共同的基因。更确凿的证据来自对双生子和被收养者的研究。

同卵双生子具有几乎相同的基因，而异卵双生子仅仅具有一半相同的基因。如果遗传因素起作用，那么我们可以预期同卵双生子比异卵双生子具有更高的酒精中毒同病率。我们已经收集了遗传因素对酒精中毒起重要作用的证据（Mackillop, McGeary, & Ray, 2010）。第一，有大量证据表明，同卵双生子酒精中毒的同病率高于异卵双生子，这与酒精中毒的遗传贡献是一致的。第二，如果同样是被没有酒精使用问题的家庭收养，那么与那些没有酒精中毒家族史的孩子相比，有酒精中毒家族史的孩子更容易酗酒。

如果问题饮酒和酒精中毒受遗传因素的影响，那么究竟遗传的是什么呢？研究者已经有了一些线索（Corbett et al., 2005；Radel et al., 2005）。酒精中毒、尼古丁依赖和阿片类物质成瘾都与决定大脑中多巴胺受体结构的基因有关。如上文所述，多巴胺参与调节愉悦状态，所以其中一种可能性就是遗传因素会增强人们从酒精中获得的愉悦感。

酒精中毒的遗传易感性很可能涉及多种因素的交互作用，例如，从酒精中获得更大的快感，以及对药物有更强的生物耐受性。那些能够耐受大剂量酒精而没有出现胃部不适、眩晕和头痛的人，往往很难知道要在什么时候停止饮酒。因此，那些"千杯不醉"的人更容易出现饮酒问题。他们需要依靠其他方法（如通过计算饮酒量）来限制饮酒。那些随时注意"点到为止"的个体更少出现饮酒问题。

正误判断

与普通人相比，酒量好的人成为问题饮酒者的风险更低。

错误 身体对酒精的高耐受性可能会导致个体过度饮酒，进而导致酗酒问题。

不论遗传在酒精依赖和其他物质依赖中起什么作用，基因都不会决定行为。环境也起着作用，遗传因素和生活经历的相互作用也是如此。与长期失业和离婚等因素有关的重大生活压力在许多酒精依赖及其他物质依赖的案例中占据显著地位（Kendler et al., 2017）。一些环境因素会起到保护性的缓冲作用。研究证据显示，在具有较高遗传风险的青少年群体中，如果父母具有更高的支持性，青少年出现物质使用问题的风险就会更低（Brody et al.，2009）。类似地，其他研究者也报告，尽管有些孩子具有较高的酒精相关问题的遗传风险，但如果这些孩子是由没有酒精相关问题的父母抚养长大的，那么他们患酒精相关障碍的风险就会比较低（Jacob et al.，2003）。实际上，良好的养育可以降低不良基因的影响。总之，我们认为遗传因素、环境因素、心理因素的共同作用导致了物质使用障碍的形成。

8.3.2　心理学观点

描述物质使用障碍的心理学观点。

心理学方法对物质使用和滥用的理解在很大程度上源自学习理论、认知理论、心理动力学理论和社会文化理论。

学习理论观点

学习理论家认为，物质使用障碍在很大程度上是习得的，从原则上讲，也是可以不习得的。该理论强调操作性条件反射、经典条件反射及观察学习的作用，不将物质相关问题视为一种疾病的症状，而是一种问题习惯。尽管学习理论家并不否认遗传或生物学因素会增加对物质滥用问题的易感性，但他们强调学习在这些问题行为的产生和维持上所发挥的作用。他们也认为，抑郁或焦虑的人会求助于酒精来缓解这些令人苦恼的情绪状态，尽管这种缓解只是暂时的。情绪压力，如焦虑或抑郁，往往为物质相关问题奠定了基础。

物质使用可能会成为一种习惯，因为它能产生愉悦感（正强化），或者暂时缓解焦虑、抑郁等消极情绪（负强化）。可卡因之类的物质能够直接刺激大脑中产生愉悦感的机制，这种正强化是直接而有力的。

操作性条件反射

人们最初使用某种物质可能是因为社会影响、试错或社会观察。以酒精为例，人们了解到这种物质可以产生强化作用，如产生欣快感、缓解焦虑和紧张感。酒精也会减少人们对行为的抑制作用。因此，当酒精被用于对抗抑郁（通过产生欣快感，尽管这只是暂时的）、紧张（作为镇静剂），或者帮助人们逃避道德冲突（通过模糊对道德禁令的意识）时，酒精的作用就得到了强化。物质使用可以提供社会强化物，如来自物质滥用同伴的赞许等。另外，在使用酒精和兴奋剂时，使用者可以（暂时）克服社交羞怯。

酒精与紧张的缓解

学习理论家坚持认为，酒精使用的主要强化物之一是它可以帮助人们从紧张状态或不愉快的唤醒状态中解脱出来。根据紧张缓解理论（Tension-Reduction Theory），通过饮酒缓解紧张或焦虑的次数越多，它们之间的联系就会越紧密。我们可以把对酒精和其他物质的使用看作自我治疗（Self-Medication）的一种形式——用药丸或酒瓶来暂时缓解心理痛苦的一种手段（Cludius et al.，2013；Robinson et al.，2009）。我们从案例"带走我的伤痛"中可以看到这种负强化模式（心理痛苦的缓解）。

深度探讨
触发可卡因滥用患者大脑反应的潜意识线索

我们知道暴露在与药物相关的线索下，如看到一瓶苏格兰威士忌或一个针头和注射器，可以激发有药物相关问题的人对药物的渴求。一项针

对可卡因滥用患者的研究对此进行了更深入的探索。研究者以令人眩目的速度向患者展示与可卡因相关的图像，患者根本来不及有意识地感知这些图像（见图8-6）。然而，这些"看不见"的线索激发了大脑边缘系统的某些区域（边缘系统是大脑内部参与处理基本情绪反应的区域），这些区域与对药物的渴求和药物寻

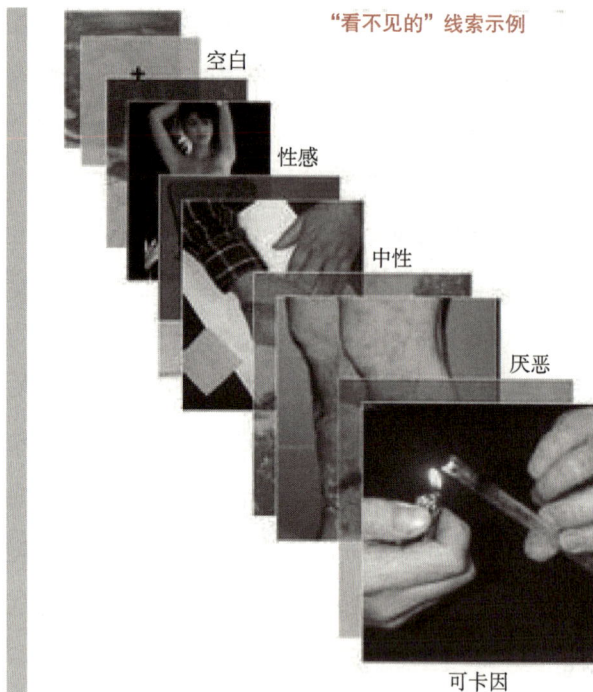

"看不见的"线索示例

空白

性感

中性

厌恶

可卡因

图 8-6 潜意识线索研究中使用的视觉刺激

这些是快速闪现给男性可卡因滥用患者的视觉线索，目的是确定即使刺激本身并未被患者有意识地感知到，大脑中与奖赏通路相关的神经回路是否也会做出反应。

资料来源：Childress et al.，2008.

求行为有关（Childress et al.，2008；见图 8-7）。美国国家药物滥用研究所（National Institute on Drug Abuse，NIDA）主任诺拉·沃尔考（Nora Volkow）教授注意到："该研究首次证明了个体意识之外的线索可以使负责药物寻求行为的神经回路被快速激活（'Subconscious Signals'，2008）。"

这项研究强调了可卡因滥用患者和其他物质滥用患者面临的问题。仅仅是日常的视觉刺激——哪怕只是瞥见了图像——就会激活患者的大脑中引发渴求反应的神经网络。正如沃尔考所指出的："患者不能精确地描述他们什么时候或为什么开始渴求药物。理解大脑如何触发患者对药物的强烈渴求是治疗成瘾所必需的条件。"

被与药物相关的潜意识线索激活的大脑区域也是对性意象反应活跃的部分，这进一步加重了问题。对物质的渴求可能与那些涉及性满足及食欲满足的是同一奖励系统。

刺激

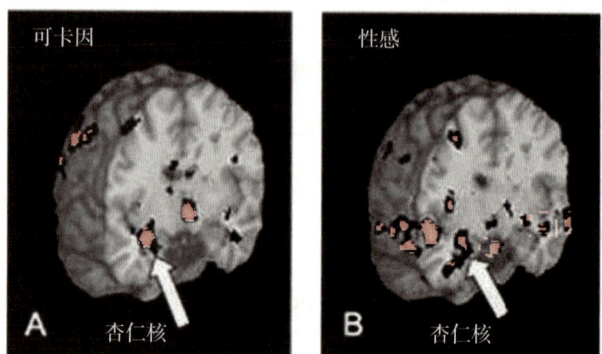

可卡因

性感

A 杏仁核

B 杏仁核

图 8-7 边缘系统对"看不见"的、与物质相关的刺激的反应

大脑边缘系统的某些区域，包括杏仁核在内，对以高速闪现但并未引起意识感知的与可卡因相关的图像产生了积极的反应。对于"看不见"的性线索，研究者也发现了类似的激活模式，这说明与物质相关的线索所激活的奖赏通路与性线索所激活的奖赏通路是相似的。

资料来源：Childress et al.，2008.

"带走我的伤痛"

"我用药片和酒精来逃离内心的伤痛。"36 岁的乔塞琳是两个孩子的母亲，曾受到丈夫菲尔的身体虐待。"我没有自尊，我感觉自己什么都做不了。"乔塞琳在 17 岁时结婚，逃离了有物质滥用背景的家庭，她希望婚姻能够带给她更好的生活。在最初的几年里，乔塞琳并没有遭受虐待，但是当菲尔失业并开始酗酒后，一切都变了。她为自己不幸的家庭生活、菲尔的酗酒及儿子的学习障碍而指责自己。那时，乔塞琳已经有了两个年幼的孩子，她感觉自己被困住了。"我唯一能做的就是喝酒或吃药。这样做至少可以让我暂时不用考虑任何事情。"尽管物质使用暂时麻痹了她那痛苦的心灵，但成瘾却让她付出了更大的代价。

尽管尼古丁、酒精和其他物质可以暂时缓解情绪痛苦，但它们并不能解决潜在的个人问题或情绪问题。不解决这些问题而是通过使用酒精或其他物质进行自我治疗的人，经常会发现自己面临其他物质使用问题。

负强化和戒断

一旦产生生理依赖，负强化就会在维持物质使用的习惯方面发挥作用。换句话说，使用者可能会重新使用物质来缓解令人不快的戒断症状。在操作性条件反射方面，令人不快的戒断症状的缓解是重新使用物质的一种负强化物（Higgins，Heil，& Lussier，2004）。例如，那些突然戒掉烟瘾的人可能很快又会重新吸烟，以抵御戒除烟瘾所带来的不适。

对物质渴求的条件反射模型

经典条件反射可能有助于解释某些形式的物质渴求。在一些情况下，渴求代表着患者对先前使用该物质的环境线索的条件反射（Kilts et al.，2004）。对具有物质相关问题的人来说，暴露于相关的环境线索（例如，看见酒精饮料或闻到酒的气味，或者看到针头和注射器等）会成为条件刺激，从而激发对相关物质产生强烈渴求的条件反应。例如，与特定同伴（"酒友"）交往，甚至是路过一家卖酒的商店，都会激发他们对酒精的条件性渴求。对酒精中毒者的研究支持了这一理论，当看到酒精饮料的图片时，酒精中毒者控制情绪、注意力和欲望行为的大脑区域的活动出现了明显的变化（George et al.，2001）。相比之下，社交饮酒者不会出现这种大脑激活模式。

消极情绪状态，如曾伴随酒精或物质使用出现的焦虑和抑郁，也会激发对物质的渴求。案例"每当地铁门打开时"说明了由环境线索引发的条件性渴求。

同样，一些人主要是"刺激型吸烟者"。当出现与吸烟相关的刺激时，如看到他人吸烟或闻到烟味，他们就会吸上一支。当这种渴求与情境线索反复配对时，吸烟就成了一种强大的条件性习惯，这些线索包括看电视、吃完晚餐、开车、学习、与朋友喝酒或社交、性，对某些人来说，还包括上厕所。

渴求的条件反射模型得到了一项早期研究的支持，这项研究表明，酒精中毒的人在看到酒和闻到酒味时比其他人更渴望酒（Monti et al.，1987）。巴甫洛夫的经典实验通过将铃声（条件刺激）和呈现食物（无条件刺激）进行反复配对，使狗形成了一种在条件刺激下分泌唾液的反应。酒精中毒者的"垂涎"也是对酒精相关线索这一条件刺激的反应。对酒精相关线索表现出强烈"垂涎"反应的问题饮酒者具有非常高的复

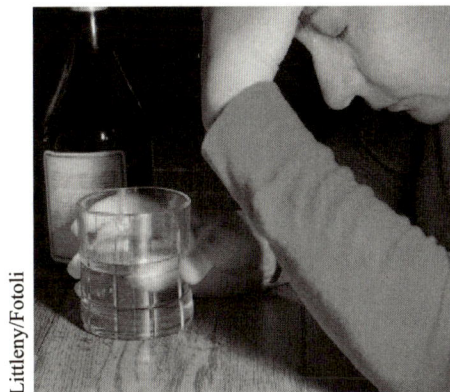

自我治疗

求助于酒精或其他药物来平息不安情绪的人可能会发展成物质使用障碍，从而使自己的问题变得更为复杂。

每当地铁门打开时
一个关于条件性物质渴求的案例

一名 29 岁的男性因海洛因成瘾而住院接受治疗。结束为期 4 周的治疗后，他回到了之前的工作岗位。他每天都得乘坐地铁上下班，经过之前购买海洛因的地方。每当地铁到那一站时，他都会体验到对海洛因的强烈渴求，伴随着流泪、流鼻涕、腹部绞痛和浑身起鸡皮疙瘩。当地铁门关闭后，他的症状就会消失，然后他会继续去上班。

资料来源：From Weiss & Mirin，1987.

发风险。他们能从旨在消灭对酒精相关线索反应的基于条件反射的治疗中获益。

在一种被称作线索暴露训练的针对酒精中毒的治疗形式中，患者会坐在与酒精相关的线索面前，如打开的酒精饮料，却不能饮酒（Dawe et al., 2002）。线索（酒瓶）与非强化物（阻止饮酒）多次配对后，就会使条件性渴求消退。然而，在治疗结束后，渴求会再次出现，而且当患者回到原来的环境中时，渴求往往也会再次出现（Havermans & Jansen, 2003）。虽然线索暴露训练在某些情况下可能有用，但我们仍然缺乏足够的对照试验来评估其有效性（Mellentin et al., 2017）。

观察学习

模仿或观察学习在决定药物相关问题的风险方面起着重要作用。那些过量饮酒或使用违禁药物的父母可能为孩子不恰当地使用物质提供了示范作用。有证据表明，与那些父母不吸烟的同龄人相比，父母吸烟的青少年面临着更高的吸烟风险（Peterson et al., 2006）。另外一些研究发现，受吸烟朋友影响的青少年更容易开始吸烟（Bricker et al., 2006）。

认知观点

有证据支持认知因素在物质使用中的作用——尤其是积极的期望，如相信饮酒会使人更受欢迎，或者会消除紧张感和焦虑（Pabst et al., 2014）。对物质使用抱有积极的期望，如相信饮酒会使人更受欢迎，会增加人们使用这些物质的可能性（Cable & Sacker, 2007; Mitchell, Beals, & The Pathways of Choice Team, 2006）。青少年对结果的期望，即他们所期望获得的物质使用的效果，受到他们所处的社会环境中包括朋友和父母在内的其他人信念的强烈影响（Donovan, Molina, & Kelly, 2009; Gunn & Smith, 2010）。

使用酒精或其他物质也可能提高自我效能期望——我们对自己成功完成任务的能力的期望。如果我们认为需要一两杯酒（或更多）来使自己"敞开心扉"

地与他人进行交流，我们就有可能在社交情境下依赖酒精。

期望可以解释"一杯酒效应"——长期酒精滥用的人一旦开始饮酒就容易贪杯。已故心理学家 G. 阿兰·马拉特（G. Alan Marlatt, 1941—2011 年）把"一杯酒效应"解释为一种自证预言（Marlatt, 1978）。如果有酒精相关问题的人相信仅仅一杯酒就会使自己失去控制，那么他们在饮酒时就已经预见了结果。因此，即使只是小酌一杯也可能逐渐发展为放纵豪饮。这种期望就是亚伦·贝克所说的绝对化思维的一个例子。当我们坚持把世界看成非黑即白的，只有绝对的成功或绝对的失败时，我们就有可能把一小口甜点看作节食失败的证据，把一支香烟作为复吸的证据。我们把失误当作灾难，并最终将其转变为旧习复发，而不是告诉自己："好吧，我犯了个错误。不过仅此而已，我不需要更多。"然而，对那些相信饮一次酒就会无节制饮酒的酒精依赖者来说，最好的建议是戒酒。

心理动力学观点

根据传统心理动力学理论，酒精中毒反映了一种口欲期的依赖型人格。心理动力学理论也把过度饮酒和其他口欲期特征（如依赖和抑郁）联系在一起。这些特征的起源可以追溯到婴儿期性心理发展的口欲期固着。成年后的过量饮酒或吸烟象征着个体为获得口欲满足所做的努力。

对这些心理动力学概念的研究支持比较混乱。尽管酒精中毒者经常表现出依赖型人格的特征，但依赖究竟是造成嗜酒的因素还是其根源，目前仍无定论。例如，长期饮酒与失业及社会地位下降有关，二者都会使饮酒者更倾向于向他人寻求支持。此外，对依赖和酒精中毒的经验研究并没有证明酒精中毒代表着可以追溯到婴儿发展的口欲期固着。

此外，还有许多（当然并不是全部）酒精中毒者具有反社会型人格的特征，表现为通过反叛及抗拒社会和法律规范来寻求个人独立。总而言之，并不存在任何单一的"酗酒者人格"。

社会文化观点

我们所生活的地方、我们崇拜的人及规范我们行为的社会或文化标准，都会在一定程度上影响我们的饮酒行为。文化态度可以鼓励或抵制酗酒问题。正如我们已经看到的，酒精滥用率因不同的种族和宗教群体而变化。其他社会文化因素也起着一定的作用。例如，加入宗教一般与戒酒有关。也许，那些更愿意参加文化认可的活动的人，也更有可能接受文化所认可的对过度饮酒的抵制。

同伴压力和接触物质滥用的亚文化都是影响青少年和年轻人物质滥用情况的重要因素（Dishion & Owen，2002；Hu，Davies，& Kandel，2006）。那些 15 岁前就开始饮酒的青少年在成年后对酒精产生依赖的风险是那些在较晚年龄开始饮酒的青少年的五倍（Kluger，2001）。然而，一项针对西班牙裔和非裔美国青少年的研究发现，来自家庭成员的支持可以减少有物质滥用问题的同伴所造成的消极影响（Farrell & White，1998；Frauenglass et al.，1997）。

8.4 物质使用障碍的治疗方法

对物质使用和依赖的问题有很多非专业的、基于生物学或心理学的治疗方法。然而，这些治疗通常只是徒劳。在许多情况下，也许是在大多数情况下，物质依赖患者并没有做好准备，他们可能没有动力改变物质使用行为，或者不是自己主动寻求治疗的。只有大约 1/4 的酒精依赖患者接受了治疗（Garbutt et al.，2016）。

咨询师会先使用诸如动机式访谈之类的技术来提升来访者对现状做出改变的意愿（Martins & McNeil，2009；Miller & Rollnick，2002）。以一种支持性而非对抗性的方式，咨询师可以帮助来访者认清由物质使用引发的问题及继续使用物质所面临的风险。然后，咨询师会侧重于让来访者不断地意识到他们现在所处的环境和他们想要的生活之间的差距，并针对这些差距提供相应的建议。

当物质依赖患者准备摆脱某种物质时，至关重要的一步是帮助他们度过戒断综合征这一过程。然而，更难的是帮助他们追求一种脱离不良嗜好的生活。治疗通常是在治疗师的办公室、支持团体、康复中心或医院等特定环境中进行的，在这些环境中，戒断是有价值且被鼓励的。然而，当个体重新回到工作、家庭或街头环境中时，他们很容易受到物质滥用和物质依赖的煽动或诱惑。因此，复发的问题会比初始治疗过程中所涉及的问题更加棘手。

另一个复杂的情况是，许多有物质相关问题的人同时还患有其他心理障碍。但是，大部分临床和治疗项目仅聚焦于处理物质或酒精使用问题，或者其他心理障碍，而不会同时治疗所有问题。这种狭隘的关注会导致较差的治疗效果，而且那些受到双重诊断的患者会更加频繁地住院接受治疗。

8.4.1 生物学方法

识别治疗物质使用障碍的生物学方法。

越来越多的生物学方法被用于治疗物质使用障碍（Quenqua，2012；Wessell & Edwards，2010）。对有生理依赖的人来说，生物学治疗一般从脱毒开始，也就是说，首先要帮助他们度过物质成瘾的戒断期。

脱毒

脱毒（Detoxification）是医院经常实施的比较安全的方法。对酒精或巴比妥酸盐类成瘾的患者来说，住院治疗让医护人员可以监测并治疗惊厥等具有潜在危险的戒断症状。氯氮草类抗焦虑药物，如利眠宁和地西泮，可以用来帮助阻断像癫痫发作和震颤性谵妄等严重的戒断症状。酒精脱毒大概需要一周的时间。

脱毒是让身体保持健康的至关重要的一步，但它仅仅是个开始。大约有一半的物质滥用患者在脱毒后的一年内复发（Cowley，2001）。持续的支持和结构性的治疗（如行为疗法）加上一些治疗性药物，可以增加患者长期成功戒瘾的概率。

许多治疗性药物被用于治疗生理依赖患者，更多的化学复合药仍处于测试阶段。在这里，我们列出了目前主要使用的一些治疗性药物。

双硫仑

药物双硫仑（安塔布司）可以抑制饮酒行为，因为当这种药物与酒精结合时会使人产生强烈的反应，包括恶心、头痛、心悸和呕吐（Williams，2019）。在一些极端的情况下，双硫仑和酒精的结合会导致血压明显下降，进而使人晕厥或死亡。双硫仑被广泛用于治疗酒精中毒，但它并不能阻止患者对酒精的渴求（Lyon，2017）。许多想继续饮酒的患者会直接停药。另一些人停药是因为他们认为不服药也能戒瘾。遗憾的是，许多人会再次不可控制地饮酒。这种药物的另一个缺点是，它对那些有肝脏疾病的人具有毒副作用，而肝脏疾病是酒精中毒者的常见疾病。几乎没有证据表明，该药具有长期效果。

戒烟药物

抗抑郁药物安非他酮被用来阻断对尼古丁的渴求，但这种药物在帮助人们成功戒烟方面的疗效相对有限（Croghan et al.，2007）。另一种药物伐尼克兰通过与大脑中的尼古丁受体结合并减弱尼古丁带来的愉悦感，来帮助人们预防戒断症状。最近的研究表明，与安非他酮等其他戒烟药物相比，伐尼克兰更便宜，也更有效（Baker & Pietri，2018；Cahill et al.，2013）。将伐尼克兰与尼古丁替代疗法结合使用也可能提高其疗效（Koegelenberg et al.，2014）。

尼古丁替代疗法

许多（也许是绝大多数）长期吸烟者都存在尼古

丁依赖问题。使用尼古丁替代品，如处方口香糖（力克雷）、透皮（皮肤）贴剂、含片、口香糖和鼻喷雾剂，可以帮助吸烟者避免令人不快的戒断症状和对香烟的渴求（Strasser et al.，2005）。在放弃吸烟后，戒烟者可以逐渐戒掉尼古丁替代品。尽管这些产品在电视广告中的宣传很成功，但使用尼古丁替代疗法的吸烟者一年后的戒烟率仅为20%甚至更低（Baker et al.，2016；Siu，2015）。此外，尼古丁替代品虽然可以帮助人们缓解戒断的生理成分，但它对成瘾的行为模式不起作用，如饮酒或社交时吸烟的习惯。因此，尼古丁替代品在促进长期改变方面是无效的，除非它与注重促进适应性行为改变的行为疗法相结合。

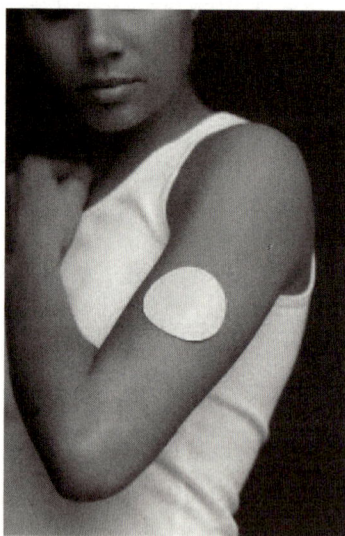

透皮（皮肤）贴剂是有效的戒烟方法吗

尼古丁替代疗法通过尼古丁透皮（皮肤）贴剂（如图所示）、尼古丁口香糖和含片的形式，让人们在戒烟后可以继续摄入尼古丁。尽管尼古丁替代疗法在帮助戒烟方面比安慰剂更有效，但它无法处理尼古丁成瘾的行为因素，如饮酒时吸烟的习惯。因此，尼古丁替代疗法如果与以改变吸烟习惯为重点的行为疗法相结合，可能会更有效。

美沙酮维持治疗方案

美沙酮（Methadone）是一种合成阿片类物质，可以用来阻断人们对海洛因的渴求，并帮助抑制戒断带来的令人不快的症状。因为正常剂量的美沙酮不会使人产生兴奋感或麻痹感，所以它可以帮助海洛因成瘾者重新回到工作岗位，让生活重回正轨（Schwartz et al.，2006）。但是，与其他阿片类物质一样，美沙酮也会成瘾。因此，接受美沙酮治疗的患者实际上是用对一种药物的依赖替代了对另一种药物的依赖。然而，在美国，大部分美沙酮治疗方案都是由公共资金资助的，它们使海洛因成瘾者不再需要依靠犯罪活动来支持他们的毒瘾。尽管美沙酮较之海洛因更安全，但其使用过程仍需受到严格的监控，因为过量使用可能会致命，而且该药物也可能成为美国街头被滥用的药物（Veilleux et al.，2010）。

自从引入美沙酮治疗以来，美国阿片类物质依赖的年死亡率显著下降（Krantz & Mehler，2004）。对美沙酮治疗的一个常见批评是，许多患者无限期地服用该药物，甚至终身服用，而不是戒掉它。但是，美沙酮治疗的支持者指出，衡量治疗成功与否的标准应该是人们能否照顾自己、家庭并负责任地生活，而不是他们接受治疗的时间有多长（Marion，2005）。即便如此，也并不是每个人都能被成功地治愈。一些患者会转向其他物质（如可卡因）以获得快感，或者重新使用海洛因。另一些人则退出美沙酮治疗项目并复吸海洛因。

丁丙诺啡是另一种合成阿片类物质，与吗啡的化学结构类似，可以阻断戒断症状和对物质的渴求，并且不会产生麻醉带来的快感（Dubovsky，2017a；Walsh et al.，2017）。许多治疗师更加青睐丁丙诺啡而非美沙酮，因为它产生的镇静作用较弱，并且每周服用三次（以药片的形式）或注射一次即可；而美沙酮要以液态的形式每天服用。左醋美沙朵——另一种合成抗阿片类物质——也比美沙酮的药效长，一周服用三次即可。美沙酮治疗或其他药物治疗结合心理社会治疗，如咨询和康复服务，可以帮助提高人们对治疗的依从性（Veilleux et al.，2010）。

正误判断

被广泛采用的一种治疗海洛因成瘾的方法是用另一种成瘾性物质代替它。

正确　美沙酮是一种合成阿片类物质，被广泛用于治疗海洛因成瘾。

纳曲酮

纳曲酮（Naltrexone）可以阻断由酒精、阿片类物质（如海洛因、可待因）带来的快感或愉悦感。这种药物并不能阻止个体饮酒或使用另一种物质，但它可以减弱个体对这些物质的渴求（Garbutt et al.，2016；Sullivan et al.，2019）。阻断由酒精或其他物质带来的愉悦感，可以打破一旦开始饮酒或吸入物质就一发不可收拾的恶性循环。但是，纳曲酮在减少酒精依赖患者过度饮酒方面的效果很有限，仅能减少 5% 的重新饮酒和 10% 的过度饮酒（Canidate et al.，2017；Kranzler & Soyka.，2018；Oslin et al.，2015）。

使用纳曲酮、双硫仑及美沙酮这类药物存在的一个令人头疼的问题是，那些患有物质使用障碍的人会突然中断治疗或干脆停止使用这些药物，然后很快就复吸了。这些药物也不能提供多种正强化物来替代物质滥用带来的愉悦感。这些药物只有结合心理咨询和生活技能训练（如职业训练和压力管理训练）等更广泛的治疗措施才会有效。这些治疗可以帮助人们学习生活所需的技能，引导其重新进入主流文化，并找到药物之外的方法来应对应力（Fouquereau et al.，2003）。

8.4.2　物质使用障碍的文化敏感性治疗
识别与文化敏感性治疗相关的因素。

许多少数族裔会抵制传统的治疗方法，因为他们感觉一旦自己接受治疗就背叛了自己的社会文化。例如，与白人女性相比，美洲女性原住民几乎很少积极参加传统的酗酒咨询（Rogan，1986）。研究者将这种差异归因于美洲女性原住民对"白人"权威的抵制，因此，美洲原住民咨询师也许可以更有效地帮助她们克服这种抵制情绪（Hurlburt & Gade，1984）。

由与来访者同种族的咨询师提供治疗是一种考虑到文化敏感性的治疗方法。文化敏感性治疗触及个体的所有面向，包括种族和文化认同，这有助于培养个体的自豪感并帮助个体抵制通过物质来应对压力的诱惑。文化敏感性治疗被广泛应用于对其他形式的物质依赖的治疗，包括对烟瘾的治疗（Nevid & Javier，1997；Nevid，Javier，& Moulton，1996）。

我们需要了解预测少数族裔群体治疗反应的文化特异性因素。例如，一项研究指出，社会支持是美洲印第安人 / 阿拉斯加原住民在戒酒和戒毒治疗项目中获得成功的重要预测因素（Spear et al.，2013）。研究者还强调，在激发来访者改变问题饮酒行为的动机时，融入代表其种族背景的价值观和文化信仰是至关重要的（Field，Cochran，& Caetano，2013）。其中一个例子便是西班牙裔的家庭主义价值观，即强调问题饮酒行为对家庭造成的消极影响。

治疗师如果能够意识到并采取一些契合原住民文化的治疗方法，可能会获得更好的治疗效果。例如，

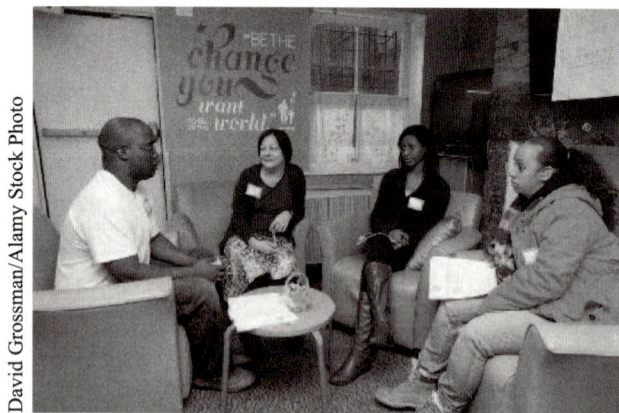

文化敏感性治疗

文化敏感性治疗触及个体包括种族因素在内的各个面向，并培养个体对文化身份认同的自豪感。种族自豪感有助于个体抵抗来自酒精和其他物质的诱惑。

灵性是美洲原住民传统文化中的一个重要因素，巫师在治疗中起着重要作用。向巫师寻求帮助可以促进咨询关系。同样，鉴于宗教在非裔美国人和西班牙裔美国人文化中的重要性，治疗师在治疗来自这些种族的酒精使用障碍患者时若能将神职人员和教会成员作为资源，可能会取得更好的治疗效果。

8.4.3 非专业支持团体
识别针对物质使用障碍人群的非专业支持团体。

尽管物质滥用的成因错综复杂，但一些非专业人士也可以提供治疗服务。这些人往往也存在或有过相同的问题。自助性的团体会议，包括匿名戒酒会、匿名戒毒会、匿名可卡因戒断会等，会在支持性的情境中促进戒瘾，并给成员提供倾诉感受和分享经验的机会。有经验的团体成员（发起者）会为那些处于危险期或有潜在复发风险的成员提供支持。此类团体由自愿捐款来维持。

匿名戒酒会是覆盖面最广的非专业组织，它的理念是：酗酒是一种病，而不是一种罪行。匿名戒酒会的思想体系是，酗酒者是永远不能被治愈的，不管他们戒酒的时间有多长；不过，那些坚持滴酒不沾且意识清醒的酗酒者被视作"正在康复中的酗酒者"。匿名戒酒会还假定酗酒者无法控制自己的饮酒行为，需要他人的帮助来戒酒。匿名戒酒会在北美洲有 50 000 多个分会。很多专业助人者都对匿名戒酒会极为认同，因此，他们会自发地介绍一些刚完成脱毒治疗的人加入匿名戒酒会，使之成为一个不断扩充的机构。大约一半的匿名戒酒会成员有使用酒精和违禁药物的问题。

匿名戒酒会的体验部分是精神层面的，部分是团体支持的，部分是认知的。它遵循 12 步康复法，强调参与者要接受自身无力控制酒精的事实，并愿意把自己的意志和生命交给更强大的力量。这种精神力量对一些人是有帮助的，但对另一些人却不见效。（其他非专业组织，如"理性恢复"，采用的是非精神层面的方

走向康复

匿名戒酒会等自助团体为与酒精和药物滥用问题做斗争的人提供支持。

法。）匿名戒酒会所使用方法的后续步骤主要包括审视自己的性格缺陷、承认自己的错误、向更高的力量寻求帮助以克服自己的性格缺陷、向他人做出补偿，以及最后一步——把匿名戒酒会的信息传达给其他酗酒者。成员被鼓励通过祈祷或冥想来帮助自己和他人与更强大的力量建立联结。会议本身就提供了团体支持。同样，同伴、发起者和系统都鼓励成员在想要喝酒时互相打电话寻求支持。

匿名戒酒会的成功率无从考证，这主要是因为匿名戒酒会并没有成员的任何记录，也可能是因为在匿名戒酒会的环境中无法进行随机的临床试验。但是，有证据表明，参加匿名戒酒会和遵循 12 步康复法可以改善康复效果，包括更低的饮酒频率和强度（Beck et al.，2017；Bergman et al.，2013）。即便如此，还是有很多人退出了匿名戒酒会及其他治疗项目。那些在匿名戒酒会中进展良好的人，往往是那些明确承诺戒酒、表示要避免接触高风险饮酒情境及长期坚持参加团体会议的人（McKellar，Stewart，& Humphreys，2003；Moos & Moos，2004）。

嗜酒者家庭互助会（Al-Anon）始于 1951 年，是匿名戒酒会的一个分支，主要对那些酗酒者的家庭和朋友提供支持。匿名戒酒会的另一个分支——父母嗜酒青少年互助会（Alateen）——为那些父母酗酒的孩子提供支持，以帮助他们认识到，他们不应该把父母酗酒的问题怪罪到自己身上，也无须为此感到内疚。

8.4.4　住院治疗

识别针对物质使用障碍患者的两类主要的住院治疗措施。

住院治疗需要在医院或其他治疗性场所内进行。当物质滥用者在日常环境中不能控制自己、无法忍受戒断症状，或者出现自毁行为并使自己陷入险境时，就需要接受住院治疗。门诊治疗花费较少，适用于那些戒断症状不太严重的患者，他们会明确承诺改变自己的行为，并且家人等支持系统可以帮助他们养成脱离物质的生活方式。绝大多数酒精依赖患者会选择门诊治疗。

大部分住院治疗需要 28 天的脱毒期。在最初的几天里，治疗集中在帮助患者处理戒断症状上。接下来，重点将转向心理咨询，以使患者意识到酒精的破坏性影响，并帮助其与歪曲的想法或合理化进行斗争。治疗的目标是戒瘾。

但是，大部分酒精使用障碍患者并不会主动寻求住院治疗。一篇经典的综述性文献指出，门诊治疗项目和住院治疗项目的复吸率大致相同（Miller & Hester，1986）。但是，由于美国的医疗保险并不总是涵盖门诊治疗，因此许多本来可以接受门诊治疗的人会转而接受住院治疗。

现在也出现了一些住院治疗社区。一些社区会配备兼职或全职的专业人士，另一些则完全由非专业人士经营。参与住院治疗的人需要完全脱离毒瘾并对自己的行为负责。对自己的行为负责，并且承认物质滥用的危害性，这些都是巨大的挑战。他们要分享彼此的人生经历，互相帮助，为彼此提供应对压力的建设性方法。

与匿名戒酒会一样，目前缺少相应的证据证明住院治疗的有效性。同样与匿名戒酒会类似的是，有相当数量的成员在早期就选择离开住院治疗社区。此外，许多成员在回归与外界接触的环境后仍会旧病复发。

8.4.5 心理动力学疗法

描述针对物质使用障碍患者的心理动力学疗法。

精神分析的观点认为，酒精和药物使用问题源自个体在童年时期体验到的内部冲突。治疗师试图解决来访者潜在的冲突，认为当来访者找到更成熟的满足方式后，物质滥用行为就会消失。尽管关于物质滥用问题的成功的心理动力学案例研究有很多，但目前仍然缺乏可控且可重复验证的研究。因此，心理动力学疗法被用于治疗酒精和药物相关问题的有效性仍未得到证实。

8.4.6 行为疗法

识别针对物质使用障碍患者的行为疗法。

针对酒精和药物成瘾问题的行为疗法侧重于调整滥用和依赖的行为模式。对行为取向的治疗师来说，关键的问题不在于酒精和物质相关问题是否为疾病，而在于滥用者在面对诱惑时能否学会改变自己的行为。

自我控制训练

自我控制训练可以帮助滥用者学会一些可以用来改变滥用行为的技巧。行为治疗师主要聚焦于物质滥用的三个组成部分，也被称作物质滥用的 ABC。

1. 促进或触发滥用行为的先行（Antecedent，A）线索或刺激。
2. 滥用行为（Behaviors，B）本身。
3. 维持或放弃滥用行为的强化或惩罚结果（Consequences，C）。

图 8-8 列出了改变物质滥用行为的 ABC 策略。

权变管理程序

学习理论家认为，我们的行为由奖励和惩罚主导。想想你所做的每件事，从上课、等红灯，到工作，所有这些都会受到强化或奖励（金钱、称赞、赞

同）及惩罚（交通罚单、指责）的影响。权变管理（Contingency Management）程序会对令人满意的行为（如尿检样本的阴性结果）进行强化（奖励）（Petry et al.，2005；Poling et al.，2006；Roll et al.，2006）。在一项实验中，一组患者有机会从碗里抽出钱来，赢得从 1 美元到 100 美元不等的现金奖励（Petry & Martin，2002）。如果患者的尿检结果呈阴性（不含可卡因和阿片类物质），则获得奖金。平均而言，权变管理（奖励）组比标准美沙酮治疗组实现了更长时间的持续戒断。研究者发现，对戒瘾行为哪怕只给予少许奖励，也有助于改善对物质滥用者的治疗结果（Dutra et al.，2008；Higgins，2006）。

厌恶条件反射

在厌恶条件反射（Aversive Conditioning）中，疼痛或厌恶刺激会与物质滥用相关刺激进行配对，以使人产生对物质相关刺激的负性情绪反应。在问题饮酒的案例中，品尝酒精饮料通常会与引起恶心、呕吐的物质或电击进行配对。于是，饮酒就会引发一种不愉快的情绪或身体反应。遗憾的是，厌恶条件反射往往是暂时的，无法推广到真实的生活情境中，因为在真实的生活情境中无法施加厌恶刺激。但是，在一个综合治疗方案中，它作为其中的一个治疗模块还是有用的。

社交技能训练

社交技能训练（Social Skills Training）可以帮助人们在可能导致物质滥用的社交情境中发展有效的人际反应。例如，决断力训练有助于训练酒精滥用者抵制饮酒的人际压力。行为婚姻疗法可以改善夫妻之间的沟通，提升解决问题的能力，从而缓解可能引发滥用行为的婚姻压力。伴侣可以学会使用书面的行为契约。例如，有物质滥用问题的人可能会同意戒酒或服用双硫仑，而配偶则同意不评论对方过去的饮酒行为和将来再次饮酒的可能性。

---

1. 控制物质滥用的 A

那些滥用精神活性物质并对之产生依赖的人，会受到广泛的外部（环境）刺激或内部（躯体状态）刺激的影响。他们可以通过以下措施打破这些刺激 – 反应联结。

- 移除家里的烟酒类产品或用品，包括所有的酒精饮料、啤酒杯、玻璃杯、烟灰缸及打火机等。
- 限制允许吸烟或饮酒的刺激环境。在家中使用物质仅限于在没有刺激线索存在的地方，如车库、洗手间或地下室。所有可能与使用物质有关的刺激都要从这个区域移除，如电视机、阅读材料、收音机或电话。如此一来，物质滥用就可以和许多条件刺激分离开来。
- 避免去那些与物质滥用有关的场所（如酒吧、街头及保龄球馆等），从而避免与有物质滥用问题的人交往。
- 经常去那些不会出现物质滥用情况的环境（如剧院、健身房、博物馆及夜校等）；与那些没有物质滥用问题的人交往，在不提供酒水的餐厅就餐。
- 控制物质滥用的内部刺激。可以通过练习自我放松或冥想，而不是服用药物来应对紧张情绪；可以把愤怒情绪写下来，而不是使用药物；可以用寻求咨询的方式去处理长期存在的抑郁情绪，而不是依赖酒精、药物或烟草。

2. 控制物质滥用的 B

人们可以通过以下措施预防和中断物质滥用行为。

- 使用反应预防法。在物理上阻止物质出现或使其难以得到来打破滥用的习惯（如不把酒带回家或把烟放在车里）。
- 当受到诱惑时采取替代性的反应。准备一些合适的替代品，如薄荷糖、无糖口香糖，来应对可能会接触成瘾物质的情境；在受到诱惑时采取替代性的行动，如洗澡、遛狗、散步、开车、给朋友打电话、在没有药品的环境中消磨时间、练习冥想或放松、运动，而不是使用物质。
- 使滥用行为变得更加困难，例如，一次只买一罐啤酒；藏起火柴盒、烟灰缸和香烟；把香烟包在箔片中抽，使吸烟变得更麻烦；当想要饮酒、吸烟或使用其他物质时，先停顿 10 分钟问问自己，"我真的需要这样做吗"。

3. 控制物质滥用的 C

物质滥用具有即刻的积极结果，如感到愉悦、缓解焦虑和戒断症状、感觉刺激。人们可以采取以下措施抵制这些内在奖励。

- 没有滥用物质时就奖励自己，滥用物质时就惩罚自己。
- 换成不喜欢的牌子的啤酒或香烟。
- 制订逐渐减少物质使用的计划，如果坚持执行就奖励自己。
- 如果没有达成减少物质使用的目标就惩罚自己。有物质滥用问题的人可以进行自我评估，例如，每倒退一步就支付一定数量的罚金，并把这些钱用在自己不喜欢的事情上，如给不喜欢的人买生日礼物。
- 反复预演激励性的想法或自我陈述，如在卡片上写下戒烟的原因：
  - 如果我一天不吸烟，我的生命就会延长一天；
  - 戒烟可以帮助我再次深呼吸；
  - 戒烟后，食物会变得更香、更美味；
  - 想象一下，如果不吸烟，我会存下多少钱；
  - 想象一下，如果不吸烟，我的牙齿和手指会多干净；
  - 我会自豪地告诉他人我改掉了坏习惯；
  - 如果我不吸烟，我的肺每天都会变得更干净一些。
- 吸烟者可以列出 20～25 条这样的陈述，并在每天的不同时间阅读，使它们成为日常生活的一部分，持续提醒自己要达成的目标。

图 8-8　改变物质滥用行为的 ABC 策略

控制饮酒：一个可行的目标

根据酒精中毒的疾病模型，即使只饮一口酒，酒精中毒患者也会失去控制，开始放纵豪饮。但是，一些专业人士建议，许多酒精滥用或酒精依赖患者可以掌握自我控制的技巧，使自己能够适度饮酒——可以只饮一两杯酒而不会再次酗酒（Sobell & Sobell，1973a，1973b，1984）。然而，这种观点仍存在争议。酒精中毒疾病模型的支持者强烈反对教会人们控制性地进行社交饮酒。然而，对那些不接受完全禁酒的治疗项目的患者来说，控制性饮酒项目可能是一种戒瘾的方法

（Glaser，2014；Tatarsky & Kellogg，2010）。也就是说，控制性饮酒项目可以作为完全放弃饮酒的第一步。通过这种缓冲，控制性饮酒项目可以帮助那些拒绝参与彻底禁酒的治疗项目的患者。

8.4.7　预防复发训练

描述预防复发训练。

　　"Relapse"（复发）这个词源于拉丁语词根，意思是"倒退"。因为物质滥用治疗项目的高复发率，认知行为治疗师开发了许多被称为预防复发训练（Relapse-Prevention Training）的方法。这种训练旨在帮助物质滥用患者识别高危情境并学习应对该情境的有效技能，而非求助于酒精或药物（Witkiewicz & Marlatt，2004）。高危情境包括消极情绪状态（如抑郁、愤怒或焦虑）、人际冲突（如婚姻问题或与雇主发生冲突）及一些推波助澜的社交场合（如"一群人混在一起"）（Chung & Maisto，2006）。参与训练的人要学会处理这些情境，例如，通过学习放松技巧来应对焦虑，以及学习抵制饮酒的压力。他们也要学会避免可能导致复发的行为，如为朋友准备酒。

　　预防复发训练也侧重于防止一时的失误演变成全面的复发。来访者要认识到，对可能出现的任何偶然的失误或微小的过失做出合理的解释是很重要的，如

在戒瘾后吸了一支烟或饮了一口酒。他们会被教导改变对过失的看法，并且不要对一时的失误反应过度。例如，与将过失归咎于外部或偶然事件的人相比，将过失归咎于个人弱点，并因此而感到羞耻和内疚的人更有可能故态复萌。这就好比一名滑冰运动员在冰上滑倒了，他能否重新站起来并继续表演，在很大程度上取决于他是将滑倒视为一个孤立的、可纠正的事件，还是彻底失败的标志（Marlatt & Gordon，1985）。由于吸烟者的一时复吸往往是对戒断症状的反应，因此帮助吸烟者在不恢复吸烟的情况下找到应对这些症状的方法是很重要的（Piasecki et al.，2003）。在预防复发训练项目中，参与者要学会将失误视为暂时的挫折，从而了解什么情况会导致诱惑，并学会避免或应对这些诱惑。如果参与者学会这样思考——"好的，我犯错了，但这并不意味着一切都完了，除非我非要这样认为"——他们就不太可能重蹈覆辙。

　　总之，治疗酒精和药物滥用患者的努力充其量只能获得喜忧参半的结果。许多物质滥用者其实并不想停止使用这些物质，尽管他们也希望尽可能不要有糟糕的结果。然而，许多治疗方法，包括 12 步康复法和认知行为疗法，在实施得当且患者也渴望改变的情况下，是能够取得良好效果的（DiClemente，2011；Moos & Moos，2005）。

"他们说的绝对不会是啤酒"
一个关于酒精中毒及双相障碍的案例

　　一名患有双相障碍和酒精中毒的 30 岁男性正在努力戒酒，过去他曾接受针对抑郁和躁狂症状的治疗。后来，他讲述了在那段黑暗的岁月里，酒精，尤其是啤酒，是如何在他因躁狂发作而多次住院时变成他最好的朋友的。在一次住院期间，他被告知要戒酒。他清楚地记得自己当时的反应："他们说的绝对不会是啤酒！"他完全否认酒精损

害了他的身体健康并阻止了他从治疗双相障碍的药物中获益。直到他的父母威胁说，如果他再次因喝酒而住院，他们就取消对他的情感和经济支持，他才最终决定参加匿名戒酒会。随着时间的推移，他成功地戒掉了酒瘾，这使治疗他的双相障碍的药物开始起效了。停止饮酒，包括啤酒，是他成功康复的重要一步，使他能够与医生一起控制他的心境波动。

资料来源：Adapted from a testimonial posted on an online support site，NYC Voices.

有效的治疗方案包括多种符合物质滥用者需求的方法，也会同时处理共病（同时出现）的其他心理障碍。诸如焦虑障碍、情绪障碍和人格障碍等问题，已经成为物质使用障碍治疗结构中的规则而非例外（Arias et al.，2014；Pettinati, O'Brien, & Dundon, 2013；Vorspan et al.，2015）。就像前文的案例中呈现的那样，物质滥用的共病使其他心理障碍的治疗变得更加复杂。

尽管可以获得有效的治疗，但只有很少一部分酒精依赖患者曾接受治疗，甚至是包括匿名戒酒会在内的广义治疗（Kranzler，2006）。加拿大的一项研究证实了这些发现。一项基于加拿大安大略省超过 1000 名酒精滥用或酒精依赖患者样本的研究发现，仅有大约 1/3 的人接受过治疗（Cunningham & Breslin，2004）。很显然，在帮助物质相关障碍患者方面，还有大量的工作要做。

对那些深陷街头毒品和绝望境地的美国旧城区的年轻人来说，文化敏感性治疗和职业技能训练在帮助他们承担更有建设性的社会角色方面是非常有效的方法。当然，摆在我们面前的挑战也很明确：开发出物有所值的方法来帮助他们认清药物所带来的消极影响，并放弃这些药物所提供的强大而即时的强化作用。

理论整合
物质依赖的生物-心理-社会模型

物质使用障碍涉及物质滥用和依赖的不良适应模式，反映了生物学因素、心理因素和环境因素的相互作用。要想了解这些问题，最好的方法是研究适用于每个个案的独特因素组合。没有一个单一的模型或同一套因素可以解释所有病例，这就是为什么治疗师需要理解每个人独特的个性特征和个人成长史，并进行相应的治疗。图 8-9 是物质依赖的生物-心理-社会模型，它展示了这些因素是如何相互作用的。

如图 8-9 所示，遗传因素可以对物质相关障碍起预测或诊断作用（Young-Wolff, Enoch, & Prescott, 2011）。一些人可能天生就对酒精有较强的耐受性，这使他们很难调节酒精的使用量——不知道"什么时候该停下来"。另一些人则具有导致自己变得极其紧张或焦虑的遗传倾向，也许他们是想通过酒精或其他物质来缓解紧张。遗传因素可以与环境因素交互作用，进一步增加物质滥用和依赖的潜在可能性。这些环境因素包括来自同伴的使用药物的压力、父母过量饮酒或使用物质的不良示范，以及家庭破裂导致人们缺少有效的指导或支持。认知因素，特别是对物质的积极期望（如相信使用物质可以增强社交技能或性能力），增加了使用酒精或其他物质的潜在可能性。在青少年和年轻人中，这些积极期望，再加上社会压力和缺乏文化约束，共同影响着他们开始使用物质和继续使用物质的决定。在解释异常行为模式时，遗传因素和环境因素的相互作用至关重要。研究者认为，遗传因素可能增加人们在面对压力时求助于酒精或其他物质的风险（Dong et al., 2011；Yager，2011）。

社会文化因素和生物学因素也包含在这种多因素矩阵中，如酒精和其他物质的可得性、是否受到文化约束、流行媒体对物质使用的美化、摄入酒精后立即脸红的遗传倾向（如亚洲人）（Luczak, Glatt, & Wall, 2006）。

学习因素也起着重要作用。物质使用可能会因令人愉悦的效果而得到正强化（这可能是由大脑中多巴胺的释放或内啡肽受体的激活所介导的），也会因诸如酒精、海洛因和镇静剂等物质缓解紧张和焦虑的作用进行负强化。可悲但又颇具讽刺意味的是，对物质产生依赖的人之所以会继续使用它们，仅仅是为了缓解他们在不使用物质时出现的戒断症状和渴求。

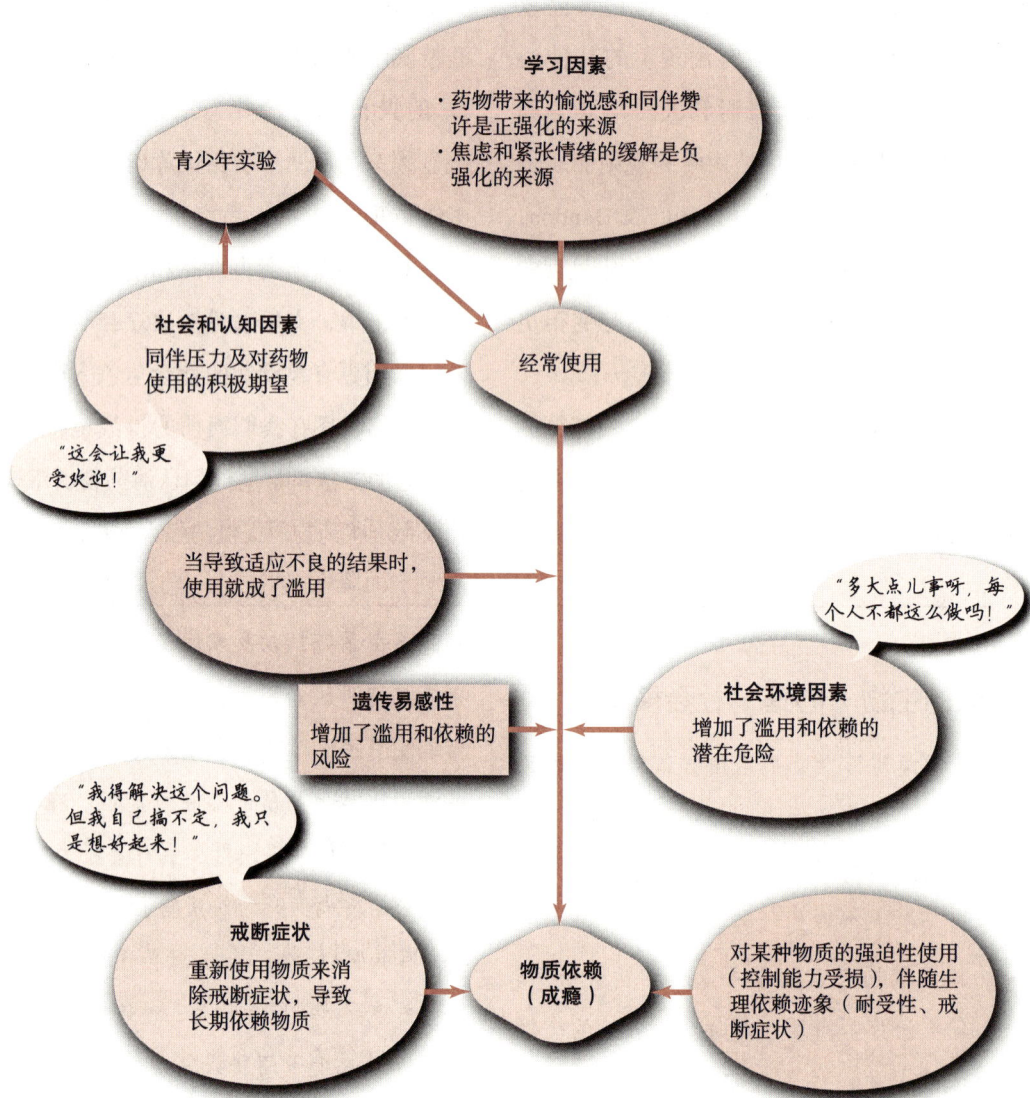

图 8-9　物质依赖的生理－心理－社会模型

8.5　赌博障碍

在美国，赌博从未像现在这般流行。合法的赌博包含许多形式，如州立彩票、场外赛马赌博、兄弟会组织赞助的赌场之夜，以及诸如大西洋城和拉斯维加斯之类的赌博"圣地"。近几年，网络赌博现象激增（包括运动、赛马和在线纸牌游戏等网络赌博），并且无视当局的镇压（Hodgins，Stea，& Grant，2011；King et al.，2013）。

大多数赌博的人都有自制力，并且可以随时停

止赌博。不过，也有人像下文案例中的男子一样，陷入问题型赌博或强迫性赌博，DSM-5 将其归为赌博障碍（Gambling Disorder）—— 一种非化学成瘾障碍（Rennert et al.，2014；Rumpf et al.，2015）。

8.5.1　作为非化学成瘾障碍之一的赌博障碍

描述赌博障碍的主要特征。

强迫性——反复从事会产生消极结果的行为——是赌博障碍的一个主要特征（Timmeren et al.，2017）。

强迫性赌徒会持续赌博，哪怕已经损失惨重，他们仍会不断加注，直至倾家荡产。这种障碍与物质依赖（成瘾）有很多共同之处，例如，对行为失去控制；当行为（赌博或吸毒）发生时，会处于高唤醒状态或令人愉悦的兴奋状态；当减少或停止这种强迫性行为时，还会出现戒断症状，如头痛、失眠和食欲不振。

强迫性赌徒和化学物质滥用者的人格特征也有重叠之处，这两类人的心理测验结果都呈现出诸如冲动、自我中心、渴求刺激、情绪不稳定、对挫折的容忍度低和操纵欲强等特征（Billieux et al., 2012；Clark, 2012；MacLaren et al., 2011）。强迫性赌徒与边缘型人格障碍患者也有一些共同的特征（将在第 12 章详细讨论），如冲动、不稳定的自我意象及与他人之间强烈而动荡的关系（Brown, Allen, & Dowling, 2014）。强迫性赌徒也会表现出典型的认知错误，如赌徒谬论［Gambler's Fallacy，即相信在出现一系列特定的结果（如抛硬币反复得到正面）之后就更有可能出现反转］和控制偏差错觉（Illusion of Control Bias，即相信自己比事实上更能控制赌博的结果）（Goodie & Fortune, 2013）。强迫性赌徒和酒精依赖患者在神经心理测验中也表现出类似的缺陷，这意味着其大脑前额皮层（大脑中负责控制冲动行为的部分）存在功能障碍（Goudriaan et al., 2006）。研究者还发现，强迫性赌博和物质使用障碍之间的共病率很高（Dannon et al., 2006）。有证据表明，与许多其他异常行为模式一样，遗传因素在强迫性赌博中也起着重要作用（Shaffer & Martin, 2011；Slutske et al., 2011, 2013）。

尽管 DSM-5 将赌博障碍归类为物质相关及成瘾障碍，但成瘾模型可能只适用于某一部分强迫性赌徒。而与物质使用障碍相比，某些形式的强迫性赌博与心境障碍或强迫症的关系可能更密切。例如，有证据表明，赌博障碍经常与双相障碍同时发生，尤其会发生在情况比较严重的个案身上（Di Nicola et al., 2014）。

强迫性赌博的形式多种多样，从在赛马、纸牌游戏和赌场中过度下注，到在体育赛事上豪掷重金，再到在股票市场中冒进。许多强迫性赌徒只有在出现经济或情感危机（如破产或离婚）时，才不得不寻求治疗。

在一般人群中，0.4% ～ 1.0% 的人会在其人生中的某个阶段患上赌博障碍（American Psychiatric Association, 2013）。大约有 4% 的人会有某种形式的赌博问题（Petry, Ginley, & Rash, 2017）。赌博问题的风险因素包括性别（男性面临的风险更高）和较差的学业成绩，而降低赌博风险的保护因素包括父母更高的监管力度和更高的经济地位（Dowling et al., 2016）。在美国，受强迫性赌博困扰的人数正在不断攀升，部分原因是合法的赌博形式越来越普遍（Carlbring & Smit, 2008；Hodgins, Stea, & Grant, 2011）。问题在于，我们如何划分消遣性赌博和强迫性赌博呢？

强迫性或病理性赌徒经常表示他们在赌博生涯的早期经历过巨大的胜利，或者连赢多次。但渐渐地，他们的损失越来越大，他们感到自己被越来越强烈的绝望感驱使着，愈发不顾一切地下注，希望能扭转局面、挽回损失。有时，他们在第一次赌博时就输了，但他们会陷入恶性循环，企图通过更频繁地赌博来挽回损失，即使他们的损失和债务已成倍增加。到了某种程度，大多数强迫性赌徒会跌入谷底，陷入一种绝望的状态，这种状态以丧失对赌博的控制、经济破产、企图自杀和家庭关系破裂为特征。他们会试图通过更频繁的赌博来减少巨大的损失，希望以"大比分"来"扭亏为盈"。他们有时会充满能量或过度自信，有时又会感到焦虑和绝望。一个叫埃德的强迫性赌徒讲述了他是如何寻求"大赚一笔"来摆脱财务困境的。

"放手一搏"

我看着自己欠下的金额，想着我已经不能指望着找份工作来偿还债务了。为了还清债务，我必须放手一搏。当你持续追逐时，你并不会意识到自己越陷越深。当赌博控制了你，而不是你控制了它时，生活就变成了一团乱麻。我一直在借钱。"你不应该这样做！"在赌博这件事上，我撒谎了。"你不应该这样做！"我不断地这样警告自己，赌博正在夺走我生命中的其他东西，我的家庭生活、我的职业生活，这一切都因为赌博而岌岌可危。

许多强迫性赌徒都是低自尊者，或者在童年时期有过被父母拒绝或虐待的经历（Hodgins et al., 2010）。他们通过赌博来证明自己是赢家从而提升自尊水平。然而，在通常情况下，人不可能只赢不输，而且损失会不断增加。损失只会强化他们消极的自我意象，进而导致抑郁乃至自杀。下面我们来看看埃德所阐述的"赢"是如何提升他的自尊水平，以及他是如何为"输"辩解的。

"我比其他人聪明"

如今，我知道自己性格的某些方面是有缺陷的。我是一名失败的运动员，也是一名失败的学生。我没能实现自己最初的人生目标——我曾打算成为一名神父。那我还能在哪些方面取得成功呢？我决心要成为一名出色的（赛狗）预测师。我满怀热忱地追求这个目标。我感觉我……会成功的，我将成为一名出色的赛狗预测师，然后赚很多钱。

最令人兴奋的不是赢了一大笔钱或类似的东西，而是"预测正确"本身。人们会问，"你是怎么选出来那只（会赢的狗）的"。这靠的是我的智慧，说明我比其他人聪明。在灰狗被放入箱子之前……我体验到了实实在在的兴奋感和近乎神经质的期待。在比赛过程中，你几乎处于一种紧张的恍惚状态，感觉将要发生的一切。然后，最终结果带来的要么是因获胜而产生的欣喜若狂，要么是因一些意外的状况导致的沮丧。就好像并不是你做了一个错误的选择，而是因为发生了一些事情，才改变了你的命运……我希望人们看着我说，"哇，你是怎么做到的，看看你有多聪明！"……他们只听说过我赢钱的事，却从不知晓我的败绩……

8.5.2 对赌博障碍的治疗

描述赌博障碍的治疗方法。

对专业人士来说，治疗赌博障碍仍然是一项挑战。赌博障碍患者与人格障碍患者和物质使用障碍患者一样，做出了适应不良的选择，却对问题的原因缺乏洞察力。他们不愿意接受治疗，并且拒绝任何能够帮助他们的努力，只有当赌博问题引起经济危机或情绪危机时，他们才会迫不得已寻求治疗（Valdivia-Salas et al., 2014）。尽管困难重重，但也有人报告过成功的治疗案例，其中包括用认知行为疗法帮助赌徒纠正其认知偏差（强迫性赌徒会认为他们可以控制赌博的结果，而实际上赌博的结果是由运气决定的；另外，他们也倾向于将赢钱归功于自己并为输钱做出辩解)(Petry, Ginley, & Rash, 2017; Shaffer & Martin, 2011)。抗抑郁药物和心境稳定剂的使用也带来了令人满意的结果,这表明赌博障碍和心境障碍可能具有共同的特征(Dannon et al., 2006; Grant, Williams, & Kim, 2006)。然而,我们仍缺乏足够的证据证明心理治疗或药物治疗的长期疗效。

许多治疗项目都涉及朋辈支持项目,如借鉴匿名戒酒会的匿名戒赌会(Gamblers Anonymous, GA)。这种治疗项目强调个人对自己的行为负责,并保证团体成员是匿名的,以便鼓励人们参与并分享自己的体验。在这种支持性的团体环境下,成员得以觉察其自我挫败行为。在一些情况下,临床治疗或住院治疗可以通过将赌博障碍患者隔离起来,来帮助他们摆脱惯常的破坏性行为模式。出院后,他们会被鼓励继续参与戒赌互助会或类似的项目。为了确保匿名性,像匿名戒赌会这样的非专业项目并不会对参与者进行记录,所以我们很难对其进行评估。尽管如此,匿名戒赌会在很多情况下似乎还是有所帮助的,但遗憾的是,参与者的戒瘾率依然偏低(Petry et al., 2006; Tavares, 2012)。

一些赌博障碍患者可以凭借自身的努力有所改进,但实际上,即使没有接受任何正式的治疗,有些人的症状也会消失。问题在于,研究者并不知道哪些问题赌博者更有可能自行改善。对美国两个具有全国代表性的样本进行的数据分析显示,在过去(2005—2006年)的一年中,每 10 个强迫性赌徒中就有 4 人不再出现任何症状(Slutske, 2006)。

本章总结

8.1　物质相关及成瘾障碍的分类

8.1.1　物质使用与滥用

识别 DSM-5 中物质相关障碍的主要类型,并描述其主要特征。

DSM-5 将物质相关障碍分为两大类:物质所致的障碍(物质中毒的反复发作或戒断综合征的出现)和物质使用障碍(物质的不当使用导致心理困扰或功能受损)。

8.1.2　非化学成瘾和其他形式的强迫性行为

描述非化学形式的成瘾行为或强迫性的行为。

强迫性的行为模式,如强迫性赌博和强迫性购物,甚至过度使用互联网,可能代表着非化学形式的成瘾。这些行为模式与物质依赖或成瘾的典型特征有关,包括对行为的控制能力受损,以及突然停止使用后出现的焦虑或抑郁等戒断症状。

8.1.3　生理和心理依赖

解释生理依赖和心理依赖之间的区别。

生理依赖涉及因经常使用某种物质而导致的身体变化,如产生耐受性和出现戒断综合征。心理依赖是指无论有没有生理依赖,个体都会为了满足心理需要而习惯性地使用某种物质。

8.1.4　成瘾路径

识别物质依赖路径中的常见阶段。

物质依赖路径中常见的三个阶段是:(1)尝试阶段;(2)常规使用阶段;(3)成瘾或依赖阶段。

8.2　物质滥用

8.2.1　抑制剂

描述抑制剂的作用及其带来的风险。

抑制剂是一类能抑制或减缓神经系统活动的药物,主要包括酒精、巴比妥酸盐类和阿片类物质。这些物质的影响包括中毒反应、协调能力受损、说话含糊不清和智力功能受损。长期酒精滥用与多种健康风险有关,包括科萨科夫综合征、肝硬化、胎儿酒精综合征及其他身体健康问题。巴比妥酸盐类属于抑制剂或镇静剂，在医学上用于短期缓解焦虑和治疗癫痫。与酒精类似，巴比妥酸盐类也会损害驾驶能力，过量使用也是很危险的，尤其是当巴比妥酸盐类与酒精混合使用时。吗啡和海洛因等阿片类物质是从罂粟植物中提取的，其他阿片类物质则是合成的。阿片类物质在医学上用于缓解疼痛，具有强烈的成瘾性，过量服用可致命。

8.2.2 兴奋剂

描述兴奋剂的作用及其带来的风险。

兴奋剂会提高中枢神经系统的活动水平。苯丙胺（安非他明）和可卡因属于兴奋剂，它们会增加大脑中神经递质的可利用性，导致亢奋状态和欣快感。高剂量使用会导致类似偏执型精神分裂症的精神病性反应。习惯性地使用可卡因会导致各种健康问题，过量使用甚至可导致猝死。尼古丁是烟草中一种温和的兴奋剂，反复使用会导致生理依赖。

8.2.3 致幻剂

描述致幻剂的作用及其带来的风险。

致幻剂是一种会扭曲感知并诱发幻觉的药物，包括 LSD、赛洛西宾和麦司卡林。其他具有类似效果的药物有大麻和苯环己哌啶，后者是一种谵妄剂，可导致精神混乱或谵妄状态。致幻剂虽不能导致生理依赖，但可导致心理依赖。人们担心对大麻的大量使用会造成脑损伤，从而影响学习和记忆能力。

8.3 理论观点

8.3.1 生物学观点

描述物质使用障碍的生物学观点，并解释可卡因是如何影响大脑的。

生物学观点侧重于揭示解释生理依赖机制的生物学途径。生物学观点衍生出了疾病模型，该模型将酒精中毒和其他形式的物质依赖假设为一种疾病过程。可卡因阻断了传输神经元对多巴胺的再摄取，这意味着更多的多巴胺滞留在突触间隙中，通过过度刺激调

节愉悦感的大脑网络中的接收神经元来产生欣快感。

8.3.2 心理学观点

描述物质使用障碍的心理学观点。

学习理论观点将物质滥用问题视为习得的行为模式，经典条件反射、操作性条件反射及观察学习在其中发挥作用。认知观点侧重于态度、信念和期望在解释物质使用和滥用方面的作用。社会文化观点强调形成物质使用模式背后的文化、群体和社会因素，包括同伴压力在决定青少年物质使用方面的作用。心理动力学理论家将物质滥用问题（如过度饮酒和习惯性吸烟）视作口欲期固着的表现。

8.4 物质使用障碍的治疗方法

8.4.1 生物学方法

识别治疗物质使用障碍的生物学方法。

物质使用障碍的生物学治疗包括以下几种：脱毒；使用治疗性药物，如双硫仑、美沙酮、纳曲酮和抗抑郁药物；尼古丁替代疗法。

8.4.2 物质使用障碍的文化敏感性治疗

识别与文化敏感性治疗相关的因素。

本书强调的因素包括：选择来自患者种族群体的治疗师；提供社会支持；在治疗项目中融入特定的文化价值观和契合原住民传统形式的治疗，以及利用神职人员和教会成员。

8.4.3 非专业支持团体

识别针对物质使用障碍人群的非专业支持团体。

非专业支持团体的一个主要范例是匿名戒酒会，也就是在一个支持团体中促进戒酒。

8.4.4 住院治疗

识别针对物质使用障碍患者的两类主要的住院治疗措施。

住院治疗方式包括为物质滥用者提供专门服务的医院和住院治疗社区。

8.4.5　心理动力学疗法

描述针对物质使用障碍患者的心理动力学疗法。

心理动力学疗法的重点是发现和解决源自童年期的内部冲突，它可能是物质滥用问题的根源。

8.4.6　行为疗法

识别针对物质使用障碍患者的行为疗法。

通过使用自我控制训练、厌恶条件反射和社交技能训练等方法，行为治疗师专注于帮助物质使用障碍患者改变其问题行为。

8.4.7　预防复发训练

描述预防复发训练。

无论初次治疗取得了怎样的成功，在治疗有物质滥用问题的人时，复发仍是一个亟待解决的问题。预防复发训练采用认知行为技术帮助物质滥用者应对高风险的情境，并以危害性较小的方式来解释过失，防止微小的过失诱使复发。

8.5　赌博障碍

8.5.1　作为非化学成瘾障碍之一的赌博障碍

描述赌博障碍的主要特征。

赌博障碍或强迫性赌博可被视为一种非化学成瘾，其特征包括对赌博行为失去控制、在赌博行为发生时处于高度唤醒状态或令人愉悦的兴奋状态，以及停止赌博时出现戒断症状。患有这种障碍的人经常共病其他心理障碍，其中最常见的是物质使用障碍或心境障碍。

8.5.2　对赌博障碍的治疗

描述赌博障碍的治疗方法。

针对赌博障碍的一些颇具前景的治疗方法已经被开发出来，其中包括使用抗抑郁药物、心境稳定剂，以及认知行为疗法，后者被用来纠正可能导致赌博障碍的认知偏差。许多赌博障碍患者会参加朋辈支持团体，如匿名戒赌会，这些团体可以帮助他们了解其自我挫败行为，并改变他们的强迫性行为模式。

批判性思考题

请在阅读本章内容的基础上，回答以下问题。

- 决定物质使用变成物质使用障碍或依赖的基础是什么？你或你认识的人是否跨越了使用和滥用的界限？你做出这个判断的依据是什么？

- 你或你认识的人是否表现出非化学形式的成瘾迹象，如强迫性购物、强迫性赌博或强迫性性行为？这种行为是怎样影响你（或对方）的生活的？你（或对方）可以做些什么来克服它？

- 你是如何看待使用一种物质（美沙酮）来治疗对另一种物质（海洛因）的成瘾的？这种方法的优点和缺点是什么？

- 许多美国青少年的父母在年轻时曾吸食大麻或有过其他物质使用问题。如果你是这些父母中的一员，你会就这些物质对孩子说些什么？

"你上瘾了吗"的计分标准

任何"是"的回答都表明你可能有酗酒问题。如果你对上述任何一个问题的回答都为"是"，那么我们建议你认真地审视一下自己的饮酒行为，并与咨询师或专业人士进行讨论，以便获得更正式的评估。那些在酒精或其他物质使用问题上挣扎的人是有办法获得帮助的，而主动寻求帮助就是迈向康复的第一步。假如你不知道应该联系谁，你可以和学校里的心理咨询师或其他专业人士谈一谈。

第**9**章
进食障碍和睡眠 – 觉醒障碍

Lightfieldstudios/123RF

本章音频导读，
请扫描二维码收听。

∨ 学习目标

9.1.1　描述神经性厌食的主要特征。

9.1.2　描述神经性贪食的主要特征。

9.1.3　描述与神经性厌食和神经性贪食相关的致病因素。

9.1.4　评价神经性厌食和神经性贪食的治疗方法。

9.1.5　描述暴食障碍的主要特征，并识别对该障碍有效的治疗方法。

9.2.1　描述失眠障碍的主要特征。

9.2.2　描述嗜睡障碍的主要特征。

9.2.3　描述发作性睡病的主要特征。

9.2.4　描述与呼吸相关的睡眠障碍的主要特征。

9.2.5　描述昼夜节律睡眠 – 觉醒障碍的主要特征。

9.2.6　识别不同类型的异态睡眠，并描述其主要特征。

9.2.7　评价用于治疗睡眠 – 觉醒障碍的方法，并运用你的知识来识别更具适应性的睡眠习惯。

在进一步阅读之前，请先完成正误判断测试，看看自己对相关知识的掌握情况。接着，在阅读本章的内容时，请对照穿插其中的参考答案来确认你的答案。

正误判断

正确	错误	
☐	☐	虽然患有神经性厌食的女性在他人看来已经极端消瘦了，但她们仍然觉得自己很胖。
☐	☐	患有神经性贪食的女性只有在暴食后才会催吐。
☐	☐	抗抑郁药物可用于治疗神经性贪食。
☐	☐	肥胖是美国最常见的心理障碍之一。
☐	☐	当人们的体重开始显著减轻时，身体就会出现饥饿反应。
☐	☐	美国一项民意调查的结果显示，继圣诞老人之后，孩子们最熟悉的人物形象就是麦当劳叔叔。
☐	☐	许多人患有发作性睡病，他们会在没有任何征兆的情况下突然入睡。
☐	☐	有些人在睡觉时会出现呼吸暂停的情况几百次，但他们本人对此却没有意识。

下文中的这位年轻女士谈到了那种即使什么都没吃，仍然被催吐的强烈冲动折磨得不堪重负的感受。

"这究竟是怎么回事"

每天晚上，当我催吐时，我都会控制不住地担心自己的心跳会停止，或者会发生其他不好的事情。我只能向上帝祈祷，希望在催吐要了我的命之前，我可以停下来。我恨自己贪食，却又无法停止。我早已决定再也不贪食和催吐了（冰箱已经上锁），我不能忍受自己迅速吃完那么多食物，再把它们全部吐出来。我真的不想再这样下去了。

有一天下课后，茉莉过来接我，当时她正在用一把巨大的勺子从一个纸杯里挖各种各样的甜曲奇饼干吃。我立刻就慌了。我感到非常惊恐，全身冒冷汗，几乎要窒息了。各种各样的想法在我的脑海中闪现，我根本无法集中注意力。虽然我没有吃，但我能闻到气味、看到她在吃，还能听到她嘴里塞满饼干嘎吱

嘎吱的咀嚼声。接下来，她又开始吃纸杯蛋糕。我受不了了。她也递给了我一些，光是想到这一举动，我就感到非常恶心。当她把我送回家后，我立刻冲进屋子，想要控制这种难以置信的饕餮欲望。透过自己扭曲的眼光，我看到自己正在发胖，这让我感到恐惧和恶心，虽然我并没有吃任何东西，但我还是吃了一些泻药来排除体内那些不该有的食物。

冷静下来后，我意识到了自己的现实处境，感受到了自己的愚蠢和疯狂，我觉得自己是一个彻底的失败者。现在，我甚至不需要暴饮暴食就能触发呕吐的冲动，事情已经恶化到这个地步了。这一切究竟是怎么回事呢？

资料来源：Costin, 1997.

写下这段文字的年轻女士患有神经性贪食，这是一种 **进食障碍**（Eating Disorders），表现为反复发作的

暴食和催吐行为。我们该如何解释这种障碍？无论是可以导致严重后果（甚至死亡）的自我饥饿型进食障

碍——神经性厌食，还是神经性贪食，主要影响的都是高中生或大学生，特别是年轻女性。即使你的周围没有被确诊为进食障碍的人，你也可能认识那些饮食行为紊乱的人，如偶尔狂吃和过度节食的人。你还可能认识一些被肥胖困扰的人——这一健康问题正影响着越来越多的美国人。

本章将探讨进食障碍的三种主要的类型：神经性厌食、神经性贪食和暴食障碍。同时，我们也会探讨导致肥胖的各种因素，它已经成为现代社会中大规模流行的健康问题。本章还会讨论另一个普遍影响年轻人的健康问题——睡眠 – 觉醒障碍。失眠障碍是睡眠 – 觉醒障碍的最常见形式，影响着许多初入社会的年轻人，他们在现实世界中奋力拼搏，却把烦恼和忧虑带到了床上。

9.1　进食障碍

在一个富足的国家，确实有人会故意饿着自己，有时甚至会活活饿死自己。他们执着于自己的体重，渴望拥有夸张的消瘦身材。还有些人会大量进食，接着又通过自我催吐等方式，把刚吃进去的食物呕吐出来，陷入恶性循环。这些功能失调的模式分别对应着两种主要的进食障碍：神经性厌食（Anorexia Nervosa）和神经性贪食（Bulimia Nervosa）。

进食障碍主要表现为紊乱的饮食行为和不恰当地控制体重的行为。进食障碍经常伴有其他形式的心理障碍，如抑郁障碍、焦虑障碍和物质使用障碍（Jenkins et al.，2011）。表 9-1 概述了进食障碍的三种主要类型。

表 9-1　进食障碍概览

障碍类型	人群中的终生患病率（近似值）	描述	相关特征
神经性厌食	1.42%（女性），0.12%（男性）	自我饥饿，结果导致与年龄、性别、身高、身体健康和发展水平不符的低体重	• 对体重增加或变胖的强烈恐惧 • 扭曲的身体意象（尽管已经很消瘦，但仍认为自己很胖） • 一般有两种亚型：暴食 / 清除型和限制型 • 潜在的、严重的，甚至致命的后果 • 通常影响年轻欧裔美国女性
神经性贪食	0.46%（女性），0.08%（男性）	反复发作的暴食，并伴随清除行动	• 体重通常维持在正常范围内 • 过度关注体形和体重 • 暴食 / 催吐发作可能会导致严重的并发症 • 通常影响年轻欧裔美国女性
暴食障碍	1.25%（女性），0.42%（男性）	反复发作的暴食，但不伴随代偿性清除行为	• 患有暴食障碍的个体通常被描述为强迫性暴食者 • 通常影响比神经性厌食或神经性贪食患者年长的肥胖女性

资料来源：Prevalence rates drawn from Udo & Grilo，2018.

绝大多数神经性厌食和神经性贪食发生在年轻女性身上。尽管进食障碍可能会在成年中期甚至晚期出现，但通常始于青春期或成年早期，因为此时的人们往往对身材最关注。随着社会压力的增加，进食障碍的发生率也会上升。根据美国一项针对 36 300 名成年人进行的全国性调查得出的最新统计数据，约有 1.42%的女性在其人生中的某个阶段曾受到神经性厌食的影响（Hudson et al.，2007）；神经性贪食则被认为影响

着大约 0.46% 的女性（Udo & Grilo，2018）。另外，还有许多人存在厌食或贪食行为，但尚未达到进食障碍的诊断标准。

人们普遍认为男性不受进食障碍的影响，这一误解导致对男性相关问题缺乏关注与研究（Murray，Nagatab，et al.，2017）。事实上，这些疾病在男性中的发病率确实远低于女性，神经性厌食的男性终生患病率约为 0.12%，神经性贪食的男性终生患病率约为 0.08%

（Udo & Grilo，2018）。许多患有神经性厌食的男性会参加诸如摔跤之类的体育运动，以迫使自己的体重维持在一定范围内。对肌肉的过度关注在男性进食障碍案例中表现得尤为突出（Murray，Nagatab，et al.，2017）。

9.1.1 神经性厌食

描述神经性厌食的主要特征。

"厌食"（Anorexia）一词源于希腊语词根"an"（意为"没有"）和"orexis"（意为"欲望"），因此神经性厌食意味着对食物没有欲望。这个名称其实存在误导性，因为患有神经性厌食的人并非丧失食欲，而是排斥食物，并拒绝摄入超过维持与其年龄和身高相符的最低体重所必需的食物量。通常，他们会把自己饿到极度消瘦、危及生命的程度。神经性厌食（又被称为"厌食症"）多发病于 12～18 岁，尽管早于或晚于这一阶段的案例也时有发生。

神经性厌食最显著的症状是因严格限制热量摄入或自我饥饿而导致的体重急剧下降。其他一些常见的特征包括：

- 尽管个体已经异常消瘦，但个体仍对体重增加或变胖表现出过度的恐惧；
- 扭曲的身体意象，尽管个体在他人看来已经很瘦了，但他们仍然认为自己的身体或身体的某个部位非常胖；
- 个体意识不到将体重维持在异常低的水平所带来的风险。

神经性厌食中常见的一种模式是，月经初潮后，女孩开始注意到自己的体重增加，并坚持要减重。从进化的观点来看，青春期女孩的体重和脂肪增加是正常的，这些增加的脂肪是为以后的分娩和哺乳做准备的。但是，为了消除身上任何一处多余的脂肪，患有

神经性厌食
凯伦的案例

22 岁的凯伦是英国一位著名教授的女儿。17 岁时，她满怀憧憬地开始了自己的大学生活，但两年后，由于出现了"社交问题"，她开始回家住并在当地的一所大学学习，她去上课的时间也越来越少。凯伦从来没有超重过，但一年前，她的母亲注意到她好像渐渐变得骨瘦如柴。

凯伦每天都会花大量的时间去超市、鲜肉店和面包房，在家人眼里，她俨然就是一位美食家。家人对她的生活风格和饮食习惯的争论分成了两个阵营：以父亲为首的纵容派和以母亲为首的反对派。凯伦的母亲担心凯伦的父亲"这样纵容她最后会把她送进坟墓"，她希望凯伦可以"为了自己好"而接受治疗。父母双方最终达成一致，让凯伦接受门诊评估。

凯伦身高 1.5 米左右，看上去就像一个 11 岁的青春期前期女孩。她鼻子高挺、颧骨突出、嘴唇丰满，但涂了口红的唇色却不自然，就像在尸体的嘴唇上涂抹了过多颜料一样。凯伦的体重只有 70 斤左右，但她穿着时髦的丝绸衬衫、宽松的裤子，并戴着围巾，将身体包得严严实实。

凯伦极力否认自己有问题。她认为自己的身材"就是我想要的"，而且她每天都参加有氧训练。门诊医生提出了一种处理方法，只要凯伦的体重不再减轻，并且平稳地回升到至少 80 斤，她就可以只在门诊接受治疗。治疗方案包括日间住院治疗、团体心理辅导，以及一日两餐的饮食方案。但是，据说凯伦一直在巧妙地跟食物作对，她把食物切成小块，象征性地舔几下，在盘子里拨来拨去，就是不吃掉它们。三周后，凯伦的体重又下降了。此时，她的父母只能说服她接受住院治疗，在那里，她的饮食行为能得到更严格的监控。

神经性厌食的女性会极端地节食或过度运动。但是，在达成最初减轻体重的目标后，甚至在父母和朋友都对她们的体重表示担忧后，她们仍然会继续努力减重。另一种常见的模式发生在那些离家上大学的女孩身上，她们在努力适应大学生活和独立生活的过程中往往会遇到一些困难。神经性厌食在从事舞蹈或模特方面工作的年轻女性中也很常见，这两种职业都过分强调维持不切实际的苗条身材（Tseng et al.，2013）。

　　罹患神经性厌食的青春期女孩和成年女性几乎总是否认自己的体重过低。她们会争辩说，她们能进行高强度的运动就说明她们是健康的。与一般女性相比，患有进食障碍的女性更可能具有扭曲的身体意象。对患有神经性厌食的女性来说，虽然其他人认为她们已经"骨瘦如柴"了，但她们仍然认为自己很胖。尽管她们的确在故意让自己挨饿，但她们每天却会花大量时间思考并谈论食物，甚至精心为他人准备饭菜。

我如何看待自己

扭曲的身体意象是进食障碍患者的共同特征。

性地控制自己的饮食和外表。

神经性厌食的并发症

　　神经性厌食会引发严重的并发症，在极端情况下还会导致死亡（Franko et al.，2013）。患者会减掉35%的体重，并可能出现贫血症状。女性患者还可能会出现皮肤问题，如皮肤干裂、长出细软绒毛，甚至在体重恢复后的几年里肤色仍持续发黄。心血管并发症包括心律不齐、血压过低（低血压）、起身时眩晕（有时会导致昏厥）。减少食物摄入会引发肠胃问题，如便秘、腹痛、肠梗阻或肠麻痹。女性患者普遍会出现月经不调甚至闭经现象（月经不出现或被抑制）。此外，肌肉无力和骨骼发育异常也可能会出现，导致身高缩短和骨质疏松。

　　另外，不幸的是，神经性厌食患者的死亡风险也在增加，据估计，在神经性厌食病例中，有5%～20%的患者最终会死亡，原因多为自杀或饥饿导致的营养不良（Arcelus et al.，2011；Haynos & Fruzzetti，2011）。患有神经性厌食的年轻女性自杀的可能性是一般女性的八倍（Yager，2008）。一项针对几百名患过或正患有神经性厌食的人的研究显示，其中95%的人是女性，约有1/5（17%）的人曾尝试自杀（Bulik et al.，2008）。

正误判断

虽然患有神经性厌食的女性在他人看来已经极端消瘦了，但她们仍然觉得自己很胖。

正确　虽然他人认为她们已经"骨瘦如柴"了，但她们仍然认为自己太胖了。

神经性厌食的亚型

　　神经性厌食一般有两种亚型：暴食 / 清除型和限制型。暴食 / 清除型以持续至少三个月频繁发作的暴食或清除行为（如自我催吐或过度使用泻药、利尿剂、灌肠剂等）为特征；限制型则不存在暴食或清除行为。神经性厌食的两种亚型之间的区分得到了人格模式差异的支持。暴食 / 清除型的个体往往存在冲动控制方面的问题。除此之外，他们在暴食期间可能还会有物质滥用或偷窃行为。他们倾向于在严格控制和冲动行为之间摇摆不定。限制型的个体则倾向于强硬甚至强迫

9.1.2 神经性贪食

描述神经性贪食的主要特征。

下面案例中的妮可患有神经性贪食（也被称为"贪食症"）。"贪食"（Bulimia）一词源于希腊语词根"bous"（意为"公牛"或"奶牛"）和"limos"（意为"饥饿"）。这个词的词源描述了一幅令人不安的画面，那就是不停地吃，像一头牛在不断地反刍食物一样。神经性贪食是一种进食障碍，其特征是反复发作的暴食，随后采取各种不恰当的代偿行为来防止体重增加。

神经性贪食最典型的特征是频繁的暴食发作，然后是采取自我催吐，滥用泻药、利尿剂或灌肠剂及禁食或过度运动等代偿行为来防止体重增加。害怕体重增加是神经性贪食的核心特征（Levinson et al.，2017）。其他常见特征包括在暴食发作时感觉对饮食缺乏控制，以及过度关注体形。

根据 DSM-5，神经性贪食的诊断要求暴食发作及随后的代偿行为平均每周至少发生一次，并且持续三个月（American Psychiatric Association，2013）。神经性贪食患者会采取两种或更多的方法清除食物，如催吐和使用泻药。虽然神经性厌食患者极端消瘦，但神经性贪食患者的体重通常保持在正常范围内（Bulik et al.，2012）。

他们会依赖清除食物来避免体重增加。

患有神经性贪食的个体通常会自我催吐。他们中的大多数人会试图隐藏这种行为。担心体重增加是他们不变的理由。但是，神经性贪食患者并不像神经性厌食患者那样追求极端的消瘦，他们的理想体重和那些没有患进食障碍的女性是相似的。

暴食往往是私下进行的，通常发生在没有任何计划的下午或晚上。暴食会持续 30～60 分钟，摄入的食物通常含有大量糖分和脂肪，这些食物在平时是被神经性贪食患者禁止摄入的。神经性贪食患者通常对自己的暴食缺乏控制，他们可能会摄入多达 5000～10 000 卡路里的热量。一名年轻女性说，冰箱里有什么，她就吃什么，她甚至会用手指把罐子里的人造黄油舀出来舔食。这种情况会一直持续到神经性贪食患者精疲力竭、胃部胀痛难忍、进行呕吐，或者食物被耗尽为止。困倦、内疚、抑郁通常会接着出现，但暴食最初是令人愉快的，因为它可以将人从饮食限制中解脱出来。

神经性贪食一般会影响青春期晚期或成年早期的女性，此时正是她们开始关注节食，并对自己与身高相匹配的外形和体重感到不满意的时候。尽管人们普遍认为，进食障碍（特别是神经性厌食）在较为富裕的人群中最常见，但现有证据表明，社会经济地位和

神经性贪食
妮可的案例

妮可已经睁开了双眼，但她仍然希望自己处于睡眠中。妮可每天都提心吊胆，最近这些天来一直如此。每天早晨，她都想知道自己今天能否不再被与食物有关的想法困扰，或者自己是否又会狼吞虎咽一整天。"今天将是一个新的开始"，她向自己保证。从今天开始，她将像正常人一样生活。然而，她并不确信这一切真的会实现。

妮可以鸡蛋和吐司面包开始新的一天。然后，她会吃曲奇饼干，甜甜圈，涂满黄油、芝士和果酱的百吉饼，格兰诺拉麦片，糖果，还有几碗麦片和牛奶——所有这些都会在 45 分钟之内被她吃完。当她再也吃不下任何食物后，她会把注意力转向清除她吃过的东西。她会冲进洗手间，扎起头发，打开淋浴喷头以掩盖自己可能发出的噪声。她会喝下一杯水，然后开始让自己呕吐。吐完之后，她会发誓："从明天开始，我要改变自己。"然而，明天她仍然会继续重复今天的故事。

资料来源：Adapted from Boskind-White & White，1983.

暴食

神经性贪食是指一种反复出现的暴食和清除模式。暴食是指一种毫无节制的进食行为，在这种情况下，个体可能会摄入大量食物。

进食障碍之间并没有很强的关联（Mitchison & Hay，2014；Swanson et al.，2011）。所有经济阶层的年轻女性普遍都会感受到来自努力追求超瘦身材的社会压力。进食障碍与高社会经济地位相关这一观念也许反映的是较为富裕的患者会更倾向于寻求和获得治疗。另一种可能性是，年轻女性追求超瘦身材的社会压力已经在各个经济阶层普遍存在。

神经性贪食的并发症

与神经性厌食一样，神经性贪食也与许多并发症有关。潜在的并发症包括反复呕吐、频繁接触胃酸导致的口周皮肤刺激、唾液腺导管阻塞、牙釉质腐蚀及蛀牙。同时，胃酸还会破坏上颚的味觉感受器，从而使个体对重复清除性呕吐的味道不那么敏感。降低对呕吐物恶心味道的敏感性更利于维持催吐行为。暴食和催吐的循环可能会导致腹痛、食管裂孔疝和其他腹部不适，也会导致月经功能紊乱。对胰腺的压力会导致胰腺炎（胰腺的炎症），这是一种内科急症。过度使用泻药会引发便血和泻药依赖，如果日后没有泻药，个体就无法正常排便。在极端的案例中，肠道会失去由肠内废物压力引起的反射性排泄反应。大量摄入盐类食品会导致抽搐和浮肿。反复催吐或大量使用泻药会导致缺钾、肌肉无力、心律不齐甚至猝死——特别是在使用利尿剂时。与神经性厌食患者一样，神

经性贪食患者的月经可能会停止，而且神经性贪食患者比一般人具有较高的早期死亡率。他们的死亡原因多种多样，如自杀、物质滥用和躯体疾病（Crow et al.，2009）。尽管神经性贪食患者的自杀尝试率出奇地高，据估计在 25% ～ 35%，但目前并不清楚其自杀死亡率是否高于平均水平（Franko & Keel，2006）。

9.1.3　神经性厌食与神经性贪食的病因
描述与神经性厌食和神经性贪食相关的致病因素。

与其他心理障碍一样，神经性厌食和神经性贪食的形成涉及许多复杂因素的相互作用。其中最重要的因素或许是社会压力，这些压力导致年轻女性将自我价值建立在外表（尤其是体重）上。

社会文化因素

社会文化理论家指出，施加于女性的社会压力和社会期望是导致进食障碍的主要因素（The McKnight Investigators，2003；Mendez，2005）。对纤瘦身材的追求和对自己身体的不满在进食障碍中占据突出地位（Brannan & Petrie，2011；Chernyak & Lowe，2010）。将自己的身材与他人的身材进行不恰当的比较，会导致个体对自己的体形不满意（Myers & Crowther，2009）。年轻女性开始用不切实际的纤瘦标准来衡量自己，媒体上超瘦模特和演员所代表的"完美身材"，为她们对自己的身材感到不满创造了条件。因此，进食障碍在高级时装模特中很普遍也就不足为奇了（Rodgers et al.，2017）。对身体的不满会导致过度节食和紊乱的进食行为。研究者发现，甚至在 8 岁大的儿童中，女孩也会比男孩更多地表达对身体的不满（Ricciardelli & McCabe，2004）。

在一项针对女大学生的调查中，研究者发现，追求苗条身材的压力让 1/7（14%）的女生在仅购买一块巧克力时都会感到不安（Rozin, Bauer, & Catanese，2003）。来自朋友们都执着于苗条身材的同伴压力，也是年轻女性出现贪食行为的一个重要预测因素（Young，

对身体的不满从很早就开始了

研究者发现，早在8岁时，女孩对身体的不满程度就高于男孩。

McFatter, & Clopton, 2001）。对体形不满意同样也是年轻男性罹患进食障碍的原因之一（Olivardia et al., 2004）。

　　女性对苗条身材的理想化追求可以在美国小姐选美比赛获胜者**体重指数**（Body Mass Index，BMI）的下降趋势上得到体现（Rubinstein & Caballero, 2000；见图9-1）。体重指数是依据身高和体重计算所得的比值，

18.5kg/m² 被认为是健康体重的最低标准。请注意该数值下降的趋势。到2010年，美国小姐获胜者的平均体重指数进一步下降到16.9kg/m²，远远低于正常或健康体重的最低标准（Mapes, 2013）。（假如你想了解自己的体重指数，你可以在网上找到体重指数计算器。）这种趋势会向年轻女性和年轻男性传达关于女性美的何种信息？

　　追求纤瘦身材的压力是如此普遍，以至于节食已成为美国年轻女性的标准饮食模式。在美国，4/5的年轻女性在18岁生日前就开始节食了。一项针对女大学生的调查显示，不管她们有多重，她们中的大多数人（大约80%）都报告自己正在节食（Malinauskas et al., 2006）。对追求纤瘦身材的社会压力的关注，揭示出所有女孩被灌输的理想化身体形象，其中包括最著名的拥有超瘦理想身材的形象——芭比娃娃（见"批判性思考：芭比娃娃应该被禁止吗"专栏）。

　　支持社会文化模型的证据显示，进食障碍在女性不以瘦为美的非西方国家中非常少见（Giddens,

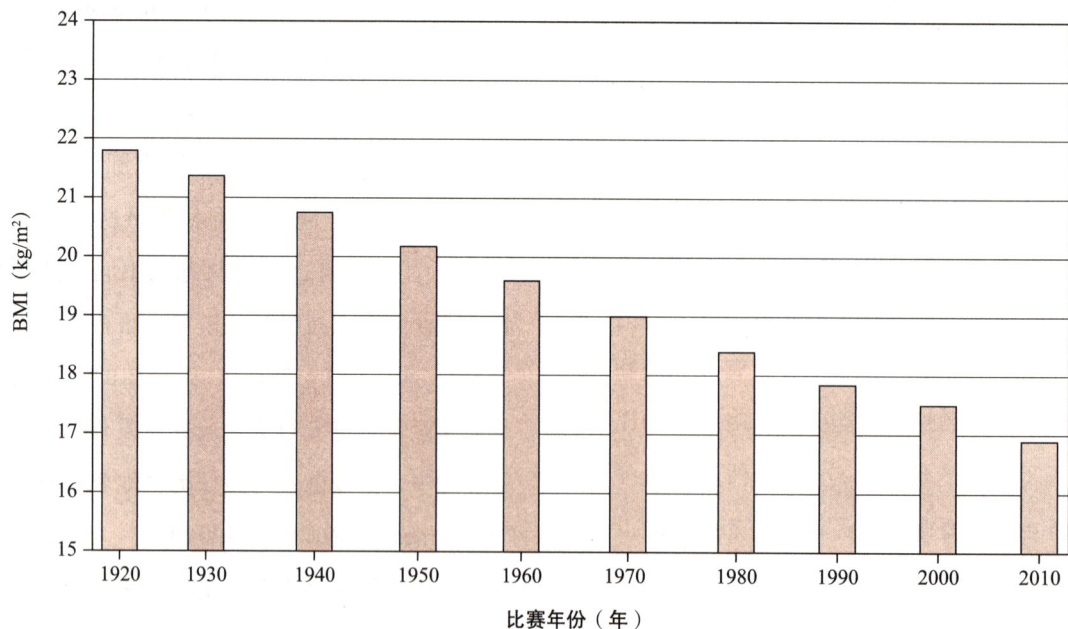

图 9-1　越来越瘦

请注意，随着时间的推移，美国小姐比赛获胜者的体重指数呈下降趋势，与之形成对比的是，美国20多岁女性的平均体重指数呈上升趋势。这些数据反映出社会对女性理想身材的认知发生了何种变化？

资料来源：*The evolution of Miss America since 1921.*（2019）.

2006）。然而，在非西方（如东非）文化中，由于受到西方媒体和到西方国家旅行的影响，年轻女性患进食障碍的概率也更高了（Eddy, Hennessey, & Thompson-Brenner, 2007）。研究者也发现，在韩国的中学生中，对身体的不满和紊乱的进食行为的发生率很高（Jung, Forbes, & Lee, 2009）。

在一些发展中国家，进食障碍与对体重的强迫性关注之外的因素有关。例如，研究者发现，在非洲国家加纳的年轻女性中，极度消瘦与宗教信仰有关，而与体重问题无关（Bennett et al., 2004）。

在美国，黑人和西班牙裔的神经性厌食终生患病率明显低于白人（Udo & Grilo, 2018）。产生这种差异的原因可能是，少数族裔女性对体形和身体的不满与体重之间的关系并不紧密（Angier, 2000）。然而，神经性贪食的发病率在美国的不同族裔或种族群体之间没有显著差异（Udo & Grilo, 2018）。这表明，紊乱的进食行为和补偿暴食的努力在不同的种族之间不存在差异。尽管神经性厌食在女性中比在男性中更常见，但越来越多的年轻男性开始出现紊乱的进食行为，甚至罹患神经性厌食。导致年轻男性进食行为紊乱的因素与导致年轻女性进食行为紊乱的因素一致，包括对完美的追求、感受到来自他人的减肥压力，以及参与崇尚精瘦体形的体育运动（Ricciardelli & McCabe, 2004）。

心理社会因素

尽管要求超瘦身材的文化压力在进食障碍中发挥着主要作用，但在这种压力下的大多数女性并没有罹患进食障碍，所以其中应该还涉及其他因素。首先，过度限制饮食在罹患神经性贪食和神经性厌食的女性中很常见。患有进食障碍的女性通常对她们能吃什么、能吃多少及多久吃一次进行非常严格的限制。但是，我们需要认识到，进食障碍与更深层的情绪问题有关，包括不安全感、对身体的不满及通过食物来寻找情感慰藉，正如下面的案例所描述的那样。

"我的声音，我的呼救"

我从 13 岁时开始节食。现在回想起来，我可以看到，当我在人际关系、身份认同和性取向上挣扎时，我有一种不安全感。但那时，我只是觉得自己太胖了。随着我从一个未发育的孩子变成一名更丰满、曲线更明显的女性，我开始对我在媒体上看到的被定义为"美"的纤瘦、高挑、紧实的身材抱有向往。我的身体是"错误"的。我将所有的情绪斗争和不安全感都放在了我的身体上。从开始节食的第一天起，我就停止了听从自己的身体所传达出的智慧与真实的需求。我开始强迫自己达到根本不可能达到的标准。在我生命中的那段非常难以承受且混乱的时期，我的灵魂渴求着爱、安慰、安全感和情感抚慰。我所知道的唯一让自己平静下来的方法就是吃。我所知道的唯一被接受的方法就是节食。我的声音，我的呼救，都被埋葬在节食和贪食、贪食和清除的强迫性执念和冲动之下了。

资料来源：Normandi & Rorak, 1998.

批判性思考
芭比娃娃应该被禁止吗

我们并不是建议将芭比娃娃及其伙伴扔进海里（如同现代版的波士顿倾茶事件那样），也不是建议商店禁止销售这种流行玩具。但是，通过提出这样一个具有争议性的问题，我们希望鼓励你批判性地思考这些从解剖学意义上讲并不恰当的身材对年轻女性造成的心理影响。不要认为如今已经 50 多岁的芭比娃娃仅仅是上一代的古朴遗物，现在仍有 92% 的 3～12 岁美国女孩拥有芭比娃娃（NBC News，2016）。

正如作家劳拉·范德卡姆（Laura Vanderkam）在其文章《芭比与肥胖：一个女性主义议题》（"Barbie and Fat as a Feminist Issue"）中所指出的那样，芭比娃娃被设计出来是为了迎合男性眼中理想的丰满但又极端消瘦的女性形象，并卖给那些希望可以长成芭比娃娃一样的女孩（Vanderkam，2003）。社会学工作者阿比盖尔·耐特森（Natenshon，1999）是《当你的孩子患有进食障碍时》（*When Your Child Has an Eating Disorder*）一书的作者，他认为芭比娃娃与拥有苗条身材的女模特和女演员的形象已经让年轻女性产生了"我也应该长成她们那样"的期待。尽管许多因素会"造就"进食障碍，但父母应该将芭比娃娃束之高阁，不让孩子们接触吗？还是应该在欢迎芭比娃娃的同时，帮助他们的女儿明白芭比娃娃消瘦的身材并不是理想的女性形象，并帮助她们理解人的自尊不应该建立在体重上？

尽管这种不现实的超瘦芭比娃娃仍以数以百万计的数量在销售，但在 2016 年，芭比娃娃的制造商美泰公司推出了几种不同版本的芭比娃娃，包括丰满身材的芭比娃娃（"曲线芭比"），以及肤色较深的非裔美国人和拉丁裔芭比娃娃（Peck，2017）。一个看起来跟我们普通人更像的芭比会取代原来的芭比吗？你是怎么看的？

与此类似，父母是否应该告诉他们的儿子，身材魁梧的摔跤手、肌肉健硕的电影英雄，甚至电子游戏里的动作人物，都不是他们应该追求的榜样？如今，即使是特种兵类型的动作人物（即玩偶）的肌肉都比早期版本的更发达。

接触这些过于突出雄性特征的男性形象可能会给男孩带来压力，导致其进食行为出现紊乱。有证据表明，许多男性对自己的身材不满意（Murray et al.，2013）。不论男性还是女性，都会在媒体和广告宣传的"完美身材"的影响下强化"正常"身材不被接受的想法。

劳拉·范德卡姆提醒我们不要"因噎废食"。考虑到现代社会面临的肥胖流行问题，也许我们应该支持芭比所体现的积极、充满活力的生活方式。你是怎样认为的呢？

在对这一议题进行批判性思考时，请尝试回答以下问题。

- 假定你是一个年轻男孩或女孩的父母，你会基于恰当的身材和体重的考虑限制给孩子买玩具的种类吗？为什么？
- 对于孩子经常看到的过于苗条和过于男性化的形象，父母应该向孩子传达什么样的信息？

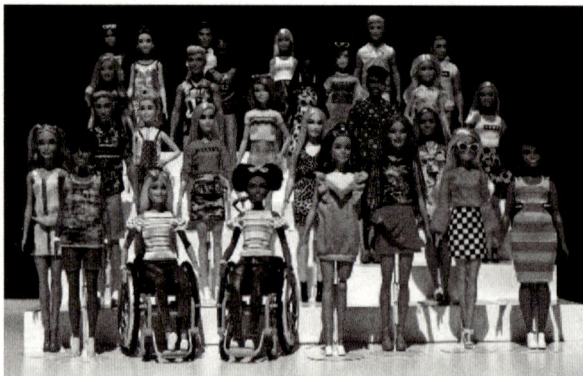

像芭比娃娃一样
芭比娃娃长期以来一直代表着已经被一些文化理想化的瘦而丰满的女性形象。你认为经典的芭比娃娃形象向年轻女孩传达了怎样的信息？最近推出的身材更丰满、形象更多样化的芭比娃娃会改变这一信息吗？

这是正常的吗
对身体不满的不仅仅是年轻女性。男性经常接触过度肌肉化的男性形象可能会强化其"正常"身材不被接受的想法。

神经性贪食也与人际关系问题有关。患有神经性贪食的女性往往更害羞，并且几乎没有亲密的朋友。提升这些女性的社交技能能够改善她们人际关系的质量，并可能减少她们通过不良的饮食行为来应对问题的倾向。

情绪因素

神经性厌食患者会采取限制食物摄入的方式来控制或掌控身体，进而缓解令人不快的情绪（Merwin，2011）。与其他节食者相比，患有神经性贪食的女性往往有更多的情绪问题和较低的自尊水平（Jacobi et al.，2004）。焦虑和抑郁等消极情绪状态会引发暴食发作（Reas & Grilo，2007）。神经性暴食经常伴随其他可诊断的障碍，如抑郁障碍、强迫症和物质相关障碍。这意味着一些形式的暴食是应对压力和情绪困扰的一种尝试（Pearson et al.，2017）。然而，暴食和清除行为的恶性循环却加剧而非缓解了情绪问题。我们了解到，与其他女性相比，患有神经性贪食的女性更有可能在童年时期遭受过性虐待和身体虐待（Kent & Waller，2000）。在一些案例中，神经性贪食会成为一种应对虐待的无效手段。暴食代表了一种对管理或缓解消极情绪所做的尝试。有证据证明，消极情绪状态和暴食发作之间存在关联（Haedt-Matt & Keel，2011）。

学习理论观点

从学习理论的观点来看，我们可以把进食障碍定义为一种体重恐怖症。在这种理论模型中，焦虑的缓解是一种负强化。患有神经性贪食的女性在患上神经性贪食之前往往只是轻微超重，暴食 - 清除循环通常发生在她们为了减轻体重而严格节食一段时间之后。

典型的情况是，严格的饮食控制失败，导致抑制力的丧失（去抑制），随即导致暴食发作。暴食会引发对体重增加的恐惧，进而促使个体自我催吐或过度运动。一些神经性贪食患者甚至在每顿饭后都会呕吐。清除是一种负强化，因为它缓解或部分缓解了患者对体重增加的焦虑。在神经性厌食中，拒绝饮食的行为（及暴食 / 清除型中的清除行为）会因其缓解了对体重增加的焦虑而得到负强化。

正误判断

患有神经性贪食的女性只有在暴食后才会催吐。

错误　一些患有神经性贪食的女性在每顿饭后都会催吐。

对具有进食障碍高遗传风险的女性来说，节制饮食似乎对神经性贪食起着更重要的作用（Racine et al.，2011）。这再次阐释了心理障碍是由心理社会因素（节制饮食）和遗传因素的交互作用形成的。

认知因素

完美主义和对犯错的过度担忧在许多进食障碍案例中都很突出（Donahue et al.，2018；Farstad，McGeown，& von Ranson，2016）。进食障碍患者会把追求完美的压力强加于自身以实现"完美身材"，并且在达不到这种标准时会自我贬低。极端的节食行为给了他们控制感和独立感，而这正是他们在生活的其他方面所感受不到的。在下面的案例中，一名患有神经性厌食的女性讲述了她在决定不进食后所体验到的力量感。

"我体验到了力量感"

我一直拿自己跟他人做比较……那是绝对不可避免的事情……只要我看到其他人就会想到我自己："哦，天哪，我看起来是那样的吗？"……我只会发现最瘦的人……我的眼睛总是追随着她们……那也是我想成为的样子，"我想和她们一样"，我并不害怕体重增加，我……只是想继续减重，如果做不到，那一定是哪里出了问题。也许，我的夹克不合身，或者不够宽松……或者我的大腿碰到了一起——那是我的大麻烦——或者我的胳膊在抖动……但我认为胳膊抖动是因为我的皮肤在动……（如果你的身体在抖动，那意味着什么？）……我胖了……如果我的肉抖动了，那意味着我那一天、那一晚或那个周末都不能吃东西。这就是我所感受到的人们谈论的力量、控制力，这就是我决定要做的。

资料来源：PEARSON EDUCATION, SPEAKING OUT: DVD FOR ABNORMAL PSYCHOLOGY VOLUME 2, 2nd Ed., © 2008. Reprinted and Electronically reproduced by permission of Pearson Education, Inc., Hoboken, New Jersey.

神经性贪食患者倾向于用"非此即彼"或"非黑即白"的方式思考问题。因此，他们期望自己能够严格地履行节食规则，稍有偏差就会把自己评价为彻底的失败者。他们也会对暴食和清除行为进行严苛的评判。他们可能还会夸大体重增加的后果，这又会进一步加剧他们的饮食紊乱问题。研究者发现患有进食障碍的女性通常倾向于因为负性事件而责怪自己，而自我责备很可能是维持她们紊乱的进食行为的主要原因（Morrison, Waller, & Lawson, 2006）。

对身体的不满是导致进食障碍的另一个重要因素。对身体的不满会导致不恰当的行为——通过挨饿和清除行为来达到理想的体重和体形。患有进食障碍的女性通常会过度关注自己的体重和体形（Jacobi et al., 2004）。对体重的过度担忧甚至会影响许多年幼的儿童，并可能为他们在青春期或成年早期罹患进食障碍埋下隐患。

死于饥饿

2006年，巴西著名时装模特安娜·卡罗来纳·莱斯顿（Ana Carolina Reston）因神经性厌食的并发症去世，年仅21岁。去世时，身高170厘米的莱斯顿的体重还不到80斤。神经性厌食仍然是当今时装模特界普遍存在的问题。

心理动力学观点

心理动力学理论家认为，患有神经性厌食的女孩难以与家庭分离，难以形成独立、个性化的自我身份（Bruch, 1973; Minuchin, Rosman, & Baker, 1978）。也许，神经性厌食代表着一个女孩无意识地努力维持自己青春期前的儿童状态。通过维持孩童时的形象，青春期女孩可以避免处理成年人的问题，如增强独立性、与家庭分离、性成熟及承担成年人的责任等。

家庭因素

进食障碍的形成往往与家庭问题和冲突密切相关。一些理论家关注对父母做出报复性的自我饥饿行为的个体所带来的破坏性影响。他们认为，一些青少年因为在家庭中体验到孤独感和疏离感，所以以拒绝进食的方式惩罚父母。

患有进食障碍的女性经常来自功能失调的家庭，这种家庭的特点是家庭冲突频繁，父母既倾向于过度保护孩子，又缺少养育和支持（Giordano, 2005; Holtom-Viesel & Allan, 2014）。父母似乎不能鼓励他们的女儿独立，甚至不允许其自主。然而，现在我们仍然无法确定究竟是这类家庭模式导致了进食障碍，还是进食障碍扰乱了家庭动力。真相可能在于二者的交互作用。正如汉弗莱（Humphrey, 1986）所说，也许暴食行为是女儿做出的一种隐喻性的努力——通过食物来获得家庭中缺少的养育和抚慰。

从系统论的观点来看，家庭是通过最小化冲突的方式来调整家庭成员之间关系的系统。由此看来，患有神经性厌食的女孩是为了帮助维持功能失调的家庭中摇摇欲坠的平衡与和谐，才将家庭冲突和婚姻紧张的注意力引向自己。尽管女孩可能会成为被确诊的患者，但实际上功能失调的是整个家庭。

不管最初引发进食障碍的因素是什么，社会强化都起到了维持作用。患有进食障碍的孩子很快就会成为家庭关注的焦点，得到之前所缺少的来自父母的关注。

生物学因素

科学家猜测，神经性贪食患者控制饥饿与饱腹感的大脑机制存在异常，最有可能与脑内化学物质血清素的异常有关。血清素能够调节情绪和食欲，特别是对碳水化合物的渴求（Hildebrandt et al., 2010）。血清素的水平或其在大脑中的作用方式的异常都会导致暴食发作。针对明确调节血清素的抗抑郁药物的研究发现已经支持了这种观点，抗抑郁药物，如百忧解和左洛复，能够帮助患者减少暴食发作（Walsh et al., 2004）。我们也了解到，许多患有进食障碍的女性有抑郁情绪或抑郁障碍病史，而抑郁障碍与血清素失衡有关。

基因似乎在进食障碍的发展过程中起重要作用（Duncan et al., 2017）。我们了解到，进食障碍倾向于在家族中出现，这与遗传有很大关系。我们从一项针对 2000 多对女性双生子的重要早期研究中获得了证实遗传因素作用的进一步证据（Kendler et al., 1991）。研究者发现，同卵双生子中神经性贪食的同病率比异卵

数字时代下的异常心理
我该保持何种身材——使用社交网站对身体意象造成的潜在威胁

"魔镜、魔镜，告诉我，谁是世界上最美丽的人？"如今，这面魔镜可能就是 Facebook 的页面，映照出来的是你社交网络中其他人的形象。社交网站可能是与朋友和熟人保持联系的好方法，但不断地与他人进行比较可能会让你付出情绪代价。在第 7 章，我们探讨了与查看朋友的在线个人资料和状态更新等相关的社会攀比所带来的意料之外的情绪后果。我们发现，使用社交网站可能会导致人们对自己感觉更糟，如果人们不断地被那些似乎过着更丰富、更精彩生活的人的照片"轰炸"，甚至可能会罹患抑郁障碍。

社会攀比也会影响身体意象。研究者对 232 名女大学生的 Facebook 使用情况进行了为期四周的研究。那些称自己通过 Facebook 与他人进行比较的女性对自己身体的不满程度更高，而更高的对身体的不满程度则反过来与更高频率的暴食及其他与神经性贪食相关的行为有关（Smith, Hames, & Joiner, 2013）。我们还从另一项针对 960 名女大学生的研究中了解到，那些花更多时间在 Facebook 上的人表现出了更高水平的紊乱的进食行为（Mabe, Forney, & Keel, 2014）。我们可以从这些发现中得到一些启示：减少花在社交网站上的时间也许有助于降低对身体的不满和问题进食行为的风险。另外，我们还需要再次提醒，社交网站用户需要保持警惕，不要沉迷于与他人进行比较。

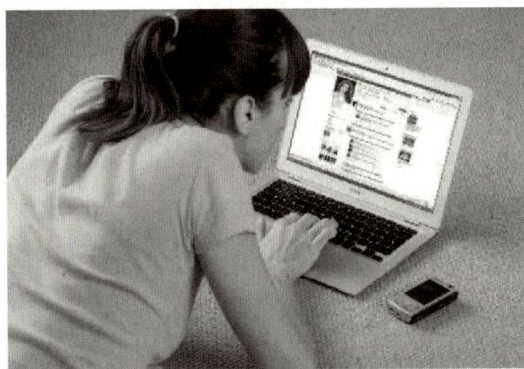

David J. Green/Alamy Stock Photo

社交网站与对身体的不满

研究者担心，花时间在社交网站上与他人进行比较可能会影响人们对自己身体的感觉。你觉得呢？

双生子要高，分别为 23% 和 9%（同病率是指双生子具有相同的特征或疾病的比例）。同卵双生子中神经性厌食的同病率也比异卵双生子要高，分别为 50% 和 5%（Holland，Sicotte，& Treasure，1988）。即便如此，遗传因素也不能完全解释进食障碍的形成。与素质 – 应激模型一致，影响脑内神经递质活动调节的遗传易感性可能与社会和家庭压力交互作用，从而增加个体罹患进食障碍的风险。

9.1.4 神经性厌食和神经性贪食的治疗方法

评价神经性厌食和神经性贪食的治疗方法。

神经性厌食和神经性贪食通常很难治疗，并且多数案例的治疗结果也不尽如人意（Galsworthy-Francis，2014；Pennesi & Wade，2016）。然而，在治疗这些具有挑战性的障碍方面，我们还是取得了重大进展的（Grave et al.，2016；Holmes，Craske，& Graybiel，2014）。不幸的是，许多进食障碍患者并没有获得针对性的医学治疗或心理治疗（Hart et al.，2011；Labbe，2011）。

神经性厌食的治疗方法可能涉及住院治疗，特别是对那些体重严重减轻的案例来说（Martinez & Craighead，2015）。在住院期间，患者通常会在严密的监管下被重新安排进食方案。行为疗法是常用的方法，治疗师将患者获得奖励的标准定为患者坚持遵循新的进食方案。常用的强化物包括获得一些特权和社交机会。但是，复发也很常见，多达 50% 的神经性厌食住院患者在出院后的一年内再次入院（Haynos & Fruzzetti，2011）。治疗师一般会建议出院后的患者继续接受个体治疗或家庭治疗，以便获得持续的照护。

研究证据支持认知行为疗法在治疗神经性贪食方面的有效性（Cooper et al.，2016；Linardon et al.，2017）。一项大规模的研究表明，在以暴食为核心症状的进食障碍患者中，认知行为疗法能够消除大约 2/3 患者的暴食发作（Striegel-Moore et al.，2010）。

认知行为疗法被用来对抗患者对进食和身体意象的歪曲信念。认知行为治疗师帮助神经性贪食患者挑战自我挫败的想法和信念，如对节食和体重的不切实际、完美主义的期望。另一种普遍存在的功能失调的思维模式是二分法（全或无）思维，这种思维模式使得患者在稍微偏离严格的节食计划时，就倾向于进行清除行为。认知行为疗法也会挑战患者过分强调以外形决定自我价值的倾向。为了控制催吐行为，治疗师会采用针对强迫症患者开发的暴露与反应阻断技术。在这种技术中，神经性贪食患者会吃下他们所禁忌的食物，而治疗师则会站在一边阻止患者的催吐行为，直至患者想要催吐的欲望消失。这样，神经性贪食患者就学会了忍受饮食规则被打破，而不是诉诸清除行为。

有时，我们可以通过心理动力学疗法来探究患者的心理冲突（Zipfel et al.，2013），也可以运用家庭治疗来解决潜在的家庭冲突（Ciao et al.，2015；Le Grange et al.，2015）。住院治疗有时可能有助于打破神经性贪食患者的暴食 – 清除循环，但只有在患者的进食行为明显失控、门诊治疗失败，或者患者出现严重的并发症、有自杀念头（或企图）或滥用药物的情况下，住院治疗才是必要的。

人际心理治疗是一种结构化的心理动力学疗法，它有助于治疗神经性贪食，被用于对认知行为疗法没有反应的案例（Rieger et al.，2010）。人际心理治疗集中解决人际关系问题，其理念是更加有效的人际功能可以促进更健康的饮食习惯和态度的形成。

选择性 5-羟色胺再摄取抑制剂类抗抑郁药物，如百忧解和左洛复，在治疗神经性贪食方面也显示出了一定的治疗效果，但其疗效有限（Mitchell，Roerig，& Steffen，2013）。这些药物降低了患者暴食的欲望，使负责调节食欲的大脑化学物质血清素的水平正常化。不过，使用抗抑郁药物和其他药物治疗神经性厌食的效果不佳或喜忧参半，许多患者对治疗并未表现出积极的反应（Miniati et al.，2015；Mitchell，Roerig，& Steffen，2013）。

尽管我们已经在治疗进食障碍方面取得了一些进展，但这里仍有很大的发展空间。即使是被公认为治疗神经性贪食最有效的认知行为疗法，在相当一部分患者身上也未能取得成功（Wilson，Grilo，& Vitousek，2007）。尽管一些对单独的心理治疗没有反应的神经性贪食患者可能会从药物治疗中获益，但我们还不能说认知行为疗法与抗抑郁药物的联合治疗比单一疗法更有效。

进食障碍可能是一个顽固而持久的问题，特别是当患者对体重的极度恐惧和对身体意象的扭曲在积极治疗之后仍持续存在时（Fairburn et al.，2003）。尽管神经性厌食的恢复是一个长期且不稳定的过程，但有证据表明，认知行为疗法有助于延缓甚至预防神经性厌食复发，这令我们备受鼓舞（Carter et al.，2009）。治疗进食障碍的困难仅仅证实了制定有效的预防措施的必要性。近年来，针对青春期女孩的紊乱进食行为和态度的研究取得了一些进展，但我们还不知道这些项目是否真的降低了进食障碍的发病率（Lea et al.，2017）。

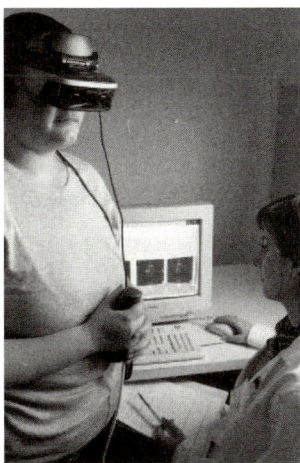

虚拟进食

心理学家正在试验使用虚拟现实来帮助进食障碍患者克服引发焦虑的情境，如在餐馆吃饭。

9.1.5　暴食障碍

描述暴食障碍的主要特征，并识别对该障碍有效的治疗方法。

暴食障碍（Binge-Eating Disorder，BED）患者会重复出现暴食行为，但与神经性贪食患者不同的是，他们随后并不会做出减轻体重的代偿行为，如催吐、过度使用泻药或过度运动。暴食障碍的暴食发作平均每周至少一次，并且持续三个月的时间（American Psychiatric Association，2013）。这些发作以对进食缺乏控制、摄入远超同一时间段内一般人能吃的食物量为特征。在暴食发作期间，患者会比通常吃得更快，并且即使已经感觉吃撑了也会继续进食。为了避免因在他人面前过度进食而感到尴尬，患者会独自进食。之后，他们会厌恶自己、感到抑郁，或者被负罪感困扰。暴食障碍是最常见的进食障碍，约有 1.25% 的女性和 0.42% 的男性在其一生中的某个阶段会受到暴食障碍的影响（Brownley et al.，2016；Udo & Grilo，2018）。据估计，美国有 800 万人受其困扰（Ellin，2012）。暴食障碍患者往往比神经性厌食和神经性贪食患者的年龄大，该障碍起病较晚，通常发生在 30 ～ 40 岁。暴食发作通常是由压力引发的（Naumann et al.，2018）。

与超重的个体相比，暴食障碍患者往往更抑郁，更难以控制自己的情绪，并且会更多地被进食行为困扰（Kober & Boswell，2018）。神经性贪食患者的体重一般在正常范围内，而暴食障碍患者与肥胖却有着密切的联系（Jackson et al.，2018）。暴食障碍与抑郁及多次减重失败有关。与其他进食障碍一样，暴食障碍多见于女性，并可能与遗传因素有关。但是，与其他进食障碍相比，暴食障碍在男性中出现的概率更高。一名患有暴食障碍的 39 岁男性叙述了自己的暴食行为所带来的消极情绪："最终，我已感觉麻木和自我厌恶……我的头脑中有一个声音在说'你不好，你一文不值'，然后我就会求助于食物（Ellin，2012）。"

暴食障碍应该属于更广泛的强迫性行为范畴，其特征是对不良行为的控制受损，如强迫性赌博或物质使用障碍。一些暴食障碍患者可能有节食经历，但与神经性贪食相比，节食并不是造成暴食障碍的主要原因。

认知行为疗法已经成为治疗暴食障碍的首选方法（Hilbert et al., 2015, 2019）。抗抑郁药物，特别是选择性5-羟色胺再摄取抑制剂类抗抑郁药物（如百忧解），可以通过恢复脑内血清素的水平来抑制暴食发作

（Brownley et al., 2016；Devlin, 2016）。但与抗抑郁药物相比，认知行为疗法在治疗12个月后的随访评估中显示出较好的治疗效果（Grilo, Masheb, & Crosby, 2012）。研究者还报告了使用兴奋剂治疗暴食障碍患者所取得的积极效果，该类药物通常用于治疗儿童注意缺陷/多动障碍（McElroy et al., 2015；Slomski, 2015）。

在下文的"深度探讨"专栏中，我们将集中讨论与贪食行为密切相关的健康问题：肥胖（Obesity）。

深度探讨
肥胖——一种国际流行病

肥胖问题同样涉及身心之间复杂的交互作用。尽管肥胖被归类为躯体疾病，而非心理障碍，但心理因素在其形成和治疗的过程中起重要作用，这就是我们关注肥胖的原因。

正误判断

肥胖是美国最常见的心理障碍之一。

错误 肥胖被归类为躯体疾病，而非心理障碍。

不仅在美国，肥胖在全世界范围内都已经达到了流行病的程度。全世界范围内的肥胖人数已经超过20亿（Friedrich, 2017b）。自20世纪60年代美国政府开始追踪肥胖人口数量以来，体重超标的美国人如今比以往任何时候都多。70%以上的美国成年人超重或肥胖，近1/3的人肥胖（Burke & Heiland, 2018；Fryar, Carroll, & Ogden, 2018；Gussone, 2017；Hales et al., 2018；NCHS, 2019）。美国大约1/3的儿童和青少年有超重或肥胖问题（Tavernise, 2012；Weir, 2012）。

健康官员高度关注肥胖，是因为肥胖是许多慢性疾病和具有潜在生命威胁的疾病的风险因素，其中包括心脏病、中风、糖尿病、呼吸系统疾病及部分癌症（Ludwig et al., 2018；Massetti, Dietz, & Richardson, 2017；The U. S. Burden of Disease Collaborators, 2018）。在美国，肥胖每年会导致16万例以上的非正常死亡，并使人均预期寿命缩短6～7年（Flegal et al., 2005；Fontaine et al., 2003；Freedman, 2011）。我们还了解到，体重过轻的人过早死亡的风险与肥胖的人差不多（Cao et al., 2014）。而那些体重超标却并不肥胖的人又是什么情况呢？答案尚不明确。有研究发现，与拥有正常体重的人相比，那些超重但在临床上并不肥胖的人过早死亡的风险更低（Flegal et al., 2013；Heymsfield & Cefalu, 2013）。

体重本质上是能量平衡的一个函数。当摄入的热量超过输出的能量时，过多的热量就会以脂肪的形式储存在体内，导致肥胖（见图9-2）。尽管在减肥产品和减肥项目上投入了很多金钱和精力，但人们的腰围却越来越粗——这是摄入太多热量但又锻炼太少的结果。究其原因，是人们的饮食中含有太多高脂肪、高热量的食物，并且人们进食的分量越来越大，而与此同时，人们久坐不动的时间却越来越长。

危险的腰围

肥胖确实对健康和长寿构成威胁。

图 9-2　体重——一种平衡

体重是由一天中以食物形式摄入的能量与通过身体活动和维持身体机能消耗的能量之间的平衡决定的。如果从食物中摄取的热量超过所消耗的热量，我们的体重就会增加。为了减重，我们需要摄入比我们所消耗的更少的热量。体重控制是热量的摄入与消耗之间的平衡。

资料来源：Physical Activity and Weight Control, National Institutes of Diabetes and Digestive and Kidney Diseases（NIDDK）.

　　防止肥胖的关键是，消耗的热量要与摄入的热量保持平衡。不幸的是，这件事说起来容易，做起来难。有研究显示，摄入热量和消耗热量之间的失衡会造成肥胖，而这种失衡是由许多因素导致的，包括遗传、代谢、生活方式、心理和社会经济因素。好消息是，近年来，美国人的日均热量和膳食脂肪的摄入量有所减少（Beck & Schatz，2014）。也许，美国人已经意识到了这一问题的严重性，正在采取健康的方式来阻止肥胖的流行。

遗传因素

　　肥胖是一种复杂的疾病，涉及多种因素（Hamre，2013）。有证据显示遗传在其中扮演着重要作用，但基因并不能说明所有情况（Freedman，2011；Small et al.，2011）。环境因素（饮食结构和运动模式）同样发挥着重要作用。

代谢因素

　　代谢率（身体燃烧热量的速度）的遗传差异在决定肥胖风险方面可能起重要作用。此外，当人们的体重开始显著减轻时，身体的反应就像饥饿时一样，会通过减缓代谢率来保护能量资源（Freedman，2011）。这使人们很难持续减重，甚至很难保持已经减重后的体重。大脑中控制身体新陈代谢的机制使体重保持在基因影响下的设定值附近。当热量的摄入量下降时，身体能够向下调节代谢率，这或许曾帮助人类祖先在饥荒时期生存下来。但是，这种机制对现在努力减肥和保持体重的人来说却是不利的。

正误判断

当人们的体重开始显著减轻时，身体就会出现饥饿反应。

正确　身体的反应是减缓代谢率，这使节食者更难持续减重或保持已经减重后的体重。

　　人们可以通过循序渐进地减重和遵循强度更大的锻炼计划来抵消这种代谢率的调节作用。高强度的锻炼可以直接燃烧热量，并通过用肌肉替代脂肪组织来提高代谢率，特别是当锻炼计划包括负重训练时。此外，肌肉组织会比脂肪组织燃烧更多的热量。因此，在开始一项锻炼计划前，请和医生确认哪种类型的运动最适合你的整体健康状况。

脂肪细胞

　　脂肪细胞是储存脂肪的细胞，由体内的脂肪组织组成。与不肥胖的人相比，肥胖的人体内有更多的脂肪细胞。严重肥胖的人体内大约有 2000 亿个脂肪细胞，而拥有正常体重的人的脂肪细胞数量为 250 亿～ 300 亿个。这意味着什么呢？进食后，随着时间的推移，人体的血糖水平会下降，于是身体就会从这些细胞中吸取脂肪来为身体提供更多营养。当下丘脑检测到这些细胞中的脂肪耗尽时，就会触发饥饿感。饥饿感会促使我们进食，以补充脂肪细胞中的脂肪。不幸的是，即使我们减重，也不会减少脂肪细胞的数量（Hopkin，2008）。与脂肪细胞较少的人相比，拥有更多脂肪组织和更多脂肪细胞的人的身体会向大脑发送更多脂肪消耗的信号。因此，他们会更快地感到饥饿，这使他们更难减重或维持已经减重后的体重。

生活方式

我们的饮食习惯正在发生变化，而且并非朝着一个好的方向发生变化。电视广告、印刷广告中有关食物信息的持续"轰炸"会对我们产生很大的影响，使我们的腰越来越粗。现在的餐厅都在互相竞争，看谁能在越来越大的盘子里盛放最多的食物。比萨店在用更大号的盘子，快餐店也在推出超大号套餐——所有这些都会使我们的腰变粗。你能想象吗？1.8 千克的"大杯装"软饮料居然含有 800 卡路里的热量（Smith，2003）！一项实地调查显示，在中式自助餐中，当食物被装在更大的盘子里时，用餐者给自己盛的东西会多 52%，吃掉的东西会多 45%（Wansink & van Ittersum，2013）。快餐店里的就餐者也倾向于低估他们所吃食物的热量（Block et al.，2013）。你能猜到，继圣诞老人之后，孩子们最熟悉的人物是谁吗？答案是麦当劳叔叔（Parloff，2003）。

另一个使腰围不断增加的因素是，越来越多的美国人开始搬到郊区居住，进而引发了汽车依赖文化（McKee，2003）。城市居民可能因为在城镇周围步行而消耗更多的热量，但郊区居民必须依赖汽车从扩张的区域地图上的一个地方到另一个地方。调查人员怀疑，在过去的 20 多年里，导致美国人腰围不断增加的主要原因是体育活动和锻炼的减少，而不是摄入了更多的热量（Ladabaum et al.，2014）。

心理因素

根据心理动力学理论，进食是最基本的口腔活动。心理动力学理论家认为，那些固着于口欲期的人因为存在独立与依赖的冲突，在面对应激时会更有可能出现退行，并表现出过度的口腔运动（如暴食）。与暴食和肥胖相关的其他心理因素包括低自尊、缺乏自我效能感、家庭冲突及消极情绪。生气、恐惧和悲伤等情绪也会诱发暴食行为。

社会经济因素

肥胖在低收入人群中更为普遍。在美国社会中，与白人（非西班牙裔）相比，有色人种具有较低的社会经济地位，因此我们不必对一些少数族裔群体（如黑人、西班牙裔女性和西班牙裔男性）有较高肥胖率的现象感到惊讶（Kuehn，2018a；见图 9-3）。

为什么处于较低社会经济阶层的人肥胖的风险更高呢？这是因为，比较富裕的人更容易获得营养和健康方面的信息，也更有可能参加健康教育课程。他们还可能有更多机会获得高质量的保健。与富裕的人相比，贫穷的人参加规律性锻炼的机会更少。较富裕的人更有可能拥有时间、收入和空间去锻炼。美国旧城

正误判断

美国一项民意调查的结果显示，继圣诞老人之后，孩子们最熟悉的人物形象就是麦当劳叔叔。

正确 麦当劳叔叔在美国儿童心中是位居第二的重要人物。他的受欢迎与美国人痴迷于快餐的文化有什么关系？

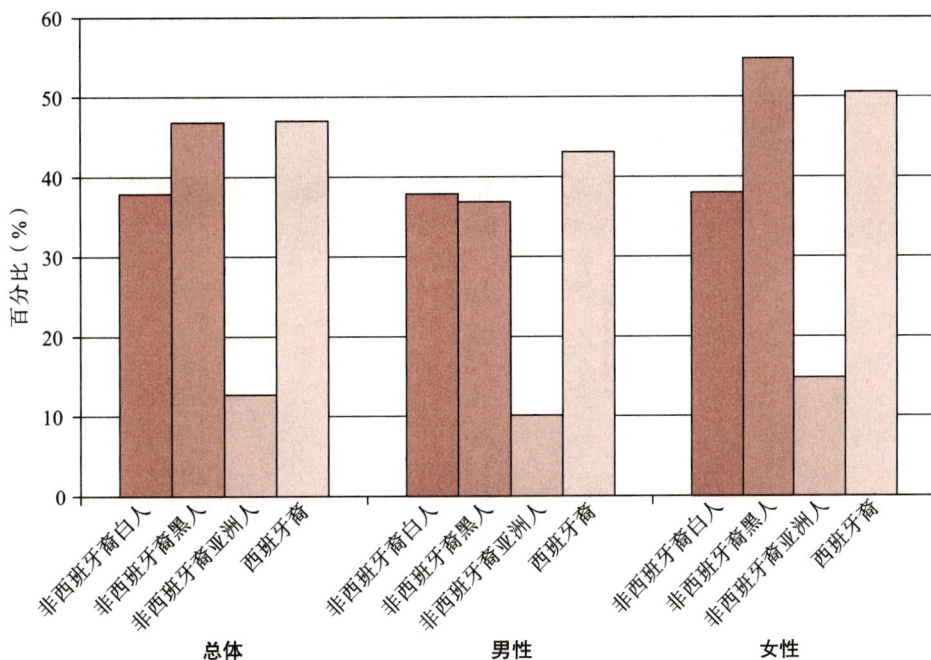

图 9-3　不同种族和性别群体的肥胖率

该图展示了 20 岁及以上美国成年人的肥胖率与种族之间的关系。

资料来源：Hales et al.，2017.

区的许多穷人也会用食物作为应对贫穷、歧视、拥挤和犯罪的一种方式。

　　文化适应也会导致肥胖，至少当它涉及采用东道主文化中的不健康的饮食习惯时是这样。设想一下，那些居住在加利福尼亚州和夏威夷的日裔美国男性比日本男性吃了更高脂肪含量的食物。因此，日裔美国男性的肥胖率比日本男性高二到三倍也就不足为奇了（Curb & Marcus，1991）。

面对肥胖的挑战

　　尽管快速节食很有吸引力，但它没有任何好处。绝大多数节食的人（可能超过 90%）减掉的体重会反弹回来。抗肥胖药或减肥药也不是长久之计，因为它们只能提供暂时的效果，并且会产生显著的副作用。要想在"肥胖之战"中取得长期的胜利，我们就必须坚持合理、低热量、低脂肪的饮食，并坚持定期进行体育锻炼（Bray，2012；Van Horn，2014；Wadden et al.，2014）。即使是那些遗传了不利基因的人，也可以通过采取合理的饮食、增加活动和运动水平，以及养成更健康的饮食习惯，来学会将自己的体重控制在更健康的范围内。

理论观点的整合
进食障碍

　　我们可以通过一个多因素理论框架来理解进食障碍。在这个框架内，心理社会影响和生物学影响在不良的饮食行为的发展中相互作用。图 9-4 解释了神经性贪食的潜在因果路径。需要注意的是，以缓解对体重增加的焦虑为形式的负强化在巩固和维持控制体重的不恰当方式（神经性厌食中的食物拒绝行为和神经性贪食中的清除行为）方面发挥了关键作用。不幸的是，负强化对维持这些适应不良的行为具有重大影响。

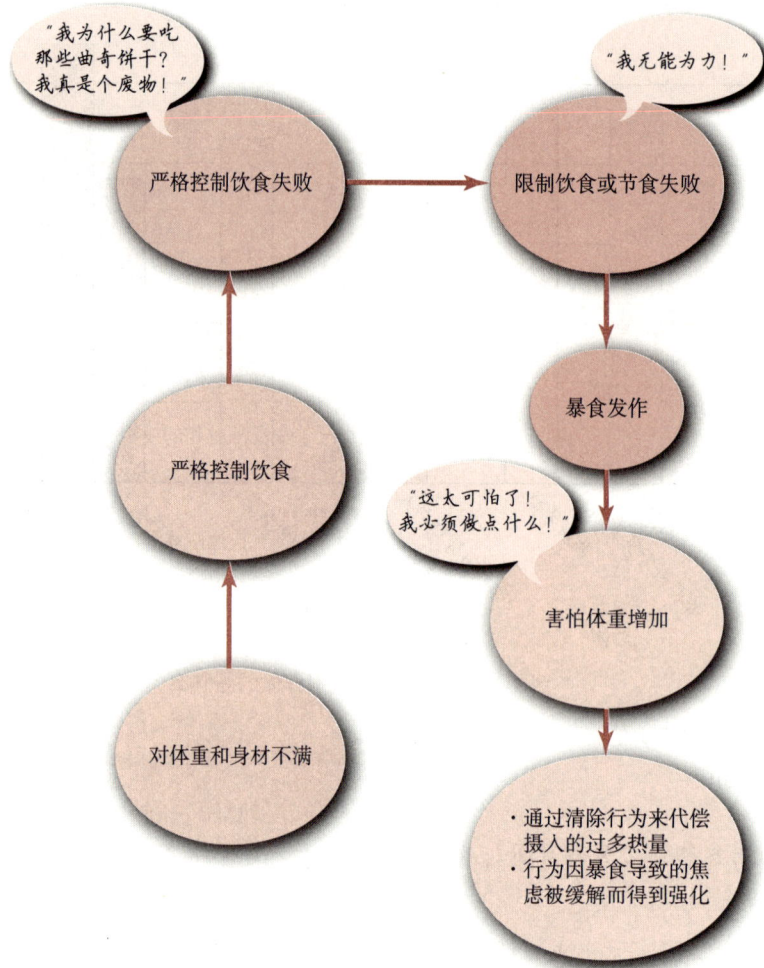

图 9-4　神经性贪食的潜在因果路径

9.2　睡眠 - 觉醒障碍

睡眠是一种生物功能，其中的许多方面仍不为我们所知。我们知道，睡眠具有恢复体能的功效，并且大多数人每晚都需要 7 小时或更长时间的睡眠才能恢复最佳状态。不过，我们还不确定睡眠期间发生的特殊生物化学变化是如何解释睡眠的恢复功能的。我们也知道，许多人正在遭受睡眠问题的困扰，尽管引发这些问题的原因尚不清楚。所有那些导致明显的个人痛苦或社会、职业及其他角色功能受损的极为严重和频发的睡眠问题，在 DSM-5 中都被归类为睡眠 - 觉醒障碍（Sleep–Wake Disorders；Reynolds & O'Hara，2013）。睡眠 - 觉醒障碍取代了早期的诊断术语"睡眠障碍"，旨在强调

这些障碍事实上涉及在睡眠期间和在睡眠与觉醒之间发生的所有问题。睡眠 - 觉醒障碍也经常伴随抑郁障碍等其他心理障碍及心血管疾病等躯体疾病。所以，对睡眠 - 觉醒问题进行全面的心理和医学评估是很重要的。

睡眠问题会造成重大的经济损失和心理问题，导致生产率降低及缺勤率增加，其中包括全美国工人中超过 2.5 亿天的病假（"Sleep Problems"，2012）。据估计，美国企业因失眠相关问题导致的生产力损失约为 630 亿美元（Weber，2013）。表 9-2 概述了本章讨论的几种睡眠 - 觉醒障碍：失眠障碍、嗜睡障碍、发作性睡病、与呼吸相关的睡眠障碍、昼夜节律性睡眠 - 觉醒障碍和异态睡眠。

表 9-2　睡眠－觉醒障碍主要类型概览

障碍类型		人群中的终生患病率（近似值）	描述
失眠障碍		10%～15%	持续性地难以入睡、保持睡眠状态或获得恢复性睡眠
嗜睡障碍		1.5%	持续性的发生在白天的过度嗜睡模式
发作性睡病		0.05%	在白天突然睡眠发作
与呼吸相关的睡眠障碍		随着年龄变化，从童年期的 1%～2% 到成年晚期的 20%	因呼吸困难导致睡眠频繁中断
昼夜节律睡眠－觉醒障碍		在一般人群中为 1% 或更低，但在青少年中更常见	在睡眠模式下，由时间的变化导致的睡眠－觉醒周期紊乱
异态睡眠	夜惊	未知	反复发作的夜惊导致突然觉醒
	睡行	据估计，在儿童中为 1%～5%	反复的睡行发作
	快速眼动睡眠行为障碍	0.38%～0.5%	在快速眼动睡眠期间发出声音或扭动身体
	梦魇障碍	在成年人中为 4%	因噩梦导致反复醒来

资料来源：Prevalence rates drawn from American Psychiatric Association，2013；Morgenthaler et al.，2018；Ohayon，Dauvilliers，& Reynolds，2012；Scammell，2015；Smith & Perlis，2006；Winkelman，2015.

高度专业化的睡眠中心已经在美国和加拿大普及，比起传统的办公室环境，这些睡眠中心可以为睡眠相关问题提供更加综合的评估和诊断。有睡眠障碍的人可能要在睡眠中心待几个晚上，在那里，他们可以用检测设备跟踪监测他们在睡眠或尝试入睡期间的生理反应，包括脑电波、心率和呼吸频率等。这种评估方式被称为多导睡眠监测（Polysomnographic，PSG），因为它可以同步测量多种生理反应模式，包括脑电波、眼动、肌肉运动和呼吸。从睡眠模式的生理监测中获得的信息可以与从医学和心理评估、睡眠紊乱的自陈报告和睡眠日志（即问题睡眠者每天记录的从上床到

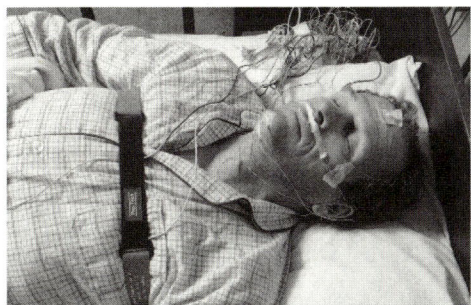

睡眠中心

患有睡眠－觉醒障碍的人通常在睡眠中心接受评估，在那里，他们睡觉时的生理反应可以得到监测。

入睡的时间、睡眠时间、夜醒次数及日间小睡次数等）中得到的信息结合起来。由医生和心理学家组成的多学科团队会对这些信息进行筛选，得出诊断结果，并针对出现的问题提出治疗方案。

9.2.1　失眠障碍

描述失眠障碍的主要特征。

失眠（Insomia）一词源于拉丁语"In"（意为"不"或"没有"）和"Somnus"（意为"睡眠"）。偶然发作的失眠，特别是在应激状态下的失眠，是正常的。但是，以反复发作的难以入睡或难以熟睡为特征的持续性失眠就是异常的行为模式了。据估计，10%～15% 的美国成年人患有最常见的睡眠－觉醒障碍，也就是**失眠障碍**（Insomnia Disorder，之前被叫作"原发性失眠"）（Winkelman，2015）。诊断失眠障碍需要问题至少已持续三个月，并且每周至少有三个晚上会出现这种情况（American Psychiatric Association，2013）。慢性失眠也可能是潜在的躯体疾病或心理障碍——如抑郁障碍、物质滥用或生理疾病——的标志。如果潜在的问题被治愈，个体就有机会恢复正常的睡眠模式。尽管反复的

失眠问题主要影响 40 岁以上的人，但许多青少年和年轻人也会受到失眠的影响。

失眠障碍患者经常抱怨他们的睡眠不好（Buysse，Rush，& Reynolds III，2017）。他们持续性地难以入睡、保持睡眠状态或获得恢复性睡眠（让人感觉神清气爽、意识敏捷的睡眠），或者在凌晨早早醒来后就难以再次入睡。这种障碍伴随着显著的个人痛苦或日常功能受损——经常感到疲惫、困倦或精力不足，在工作或学习中存在记忆力差或难以集中注意力等问题，情绪低落，可能表现出多动、冲动或攻击性等行为紊乱。总之，失眠问题会严重损害患者的生活质量（Karlson et al.，2013）。

患有失眠障碍的年轻人通常会抱怨自己需要花很长的时间才能入睡。老年人则更倾向于抱怨自己在夜间频繁醒来或在凌晨早早醒来。有趣的是，许多失眠障碍患者低估了他们的实际睡眠时间——他们以为自己醒着躺在床上，而实际上他们已经睡着了（Harvey & Tang，2012）。

与失眠障碍相关的睡眠剥夺是有代价的。研究证据显示，睡眠不足的大脑不能集中精力、快速反应、解决问题及记住最近获取的信息（Florian et al.，2011；Wild et al.，2018）。长期睡眠剥夺——经常睡眠不足——与一系列严重的身体健康问题相关，包括免疫系统功能较差（Carpenter，2013）。免疫系统保护身体免受疾病的侵害，因此，研究者报告每晚睡眠不足 7 小时的人在接触感冒病毒后患普通感冒的风险是每晚睡眠 8 小时以上的人的三倍也就不足为奇了（Cohen et al.，2009；Reinberg，2009）。

如果我们少睡几小时，第二天我们就会感到昏昏沉沉，但我们很可能能够勉强应付过去。然而，持续的睡眠剥夺会损害我们以最佳状态运作的能力，导致我们在白天感到疲惫且难以履行日常的社会、职业、学习或其他角色。所以，失眠障碍患者也经常会出现其他心理问题，特别是焦虑和抑郁。

心理因素会导致原发性失眠。受失眠困扰的人往往会带着焦虑和担忧上床，这会提高他们的生理唤醒水平，进而阻止他们自然入睡。另一种焦虑的来源是表现焦虑，或者说是那种认为自己必须得到充足的睡眠才能在第二天正常工作、学习的压力（Sánchez-Ortuño & Edinger，2010）。与失眠做斗争的人会强迫自己入睡，这又会产生更多的焦虑和紧张，使他们更难以入睡。我们需要认识到，睡眠是无法强迫的。我们所能做的就是在感觉疲惫和放松时，上床做好入睡的准备，让睡眠自然发生。

经典条件反射原理可以解释持续性失眠的产生（Pollack，2004b）。当我们把一些焦虑无眠的夜晚与卧室这一相关刺激进行配对后，仅仅是晚上走进卧室就足以引发生理唤醒，进而影响睡眠。因此，高度觉醒的状态变成了由卧室的条件刺激——甚至仅仅是瞥一眼床——引发的条件反应。

9.2.2 嗜睡障碍

描述嗜睡障碍的主要特征。

"嗜睡"（Hypersomnolence）一词源于希腊语"Hyper"（意为"超过"或"多于正常"）和拉丁语"Somnus"（意为"睡眠"）。"超正常睡眠"或嗜睡障碍（Hypersomnolence Disorder）有几种主要的类型，它们的共同特征是过度睡眠或在白天突然睡眠发作。

嗜睡障碍（之前被称为原发性嗜睡症）有时指"醉睡"（Sleep Drunkenddcss），指的是一种在白天出现的过度睡眠模式，一周至少出现三次，并且至少持续三个月（American Psychiatric Association，2013）。嗜睡障碍患者一晚上睡 9 小时或更长时间，但醒来时仍然无法感到精力充沛。他们反复出现无法抗拒的睡眠需求，在需要保持清醒时反复犯困或睡着，或者在看电视时不经意地打盹儿（Ohayon，Dauvilliers，& Reynolds，2012）。白天的小睡通常持续 1 小时或更长的时间，但睡眠并没有让他们感觉神清气爽。睡眠不足、其他心理或生理疾病、物质使用等都无法解释这种障碍。

尽管许多人偶尔也会在白天犯困，甚至可能在阅读或看电视的过程中睡着，但嗜睡障碍患者会有持续的嗜睡期，这会导致个人痛苦或日常功能运作困难，如错过重要的会议。据估计，一般人群中大约有 1.5% 的人符合嗜睡障碍（过度睡眠）的诊断标准（Ohayon, Dauvilliers, & Reynolds, 2012）。

嗜睡障碍可能与大脑中睡眠 – 觉醒机制的缺陷有关，兴奋剂经常被用来帮助患者维持白天的觉醒状态。最新的研究发现证实，在一些嗜睡障碍案例中，脑内的某种物质与天然安眠药的作用类似，可以通过增加 γ-氨基丁酸的活性来诱发睡意。γ-氨基丁酸是脑内的一种化学物质，会受到安定或阿普唑仑等抗焦虑药物的影响（Rye et al., 2012；见第 5 章）。

9.2.3 发作性睡病

描述发作性睡病的主要特征。

发作性睡病（Narcolepsy）一词源于希腊语 "Narke"（意为 "昏迷"）和 "Lepsis"（意为 "一次发作"）。发作性睡病患者在过去的三个月里，一周至少有三次会体验到不可抗拒的睡眠需要，或者突然睡眠发作或小睡。在睡眠发作期间，一个人会毫无预兆地突然睡着并保持睡眠大约 15 分钟。这个人可能此刻还在说话，下一秒就倒在地板上睡着了。

发作性睡病的发作与从清醒阶段到快速眼动睡眠（Rapid Eye Movement, REM）阶段的迅速过渡有关。快速眼动睡眠阶段主要与做梦有关，这一阶段之所以被这样命名，是因为睡眠者的眼球往往会在闭合的眼睑下快速移动。在正常情况下，入睡的个体在进入快速眼动睡眠阶段前会经历其他几个睡眠阶段。最常见的发作性睡病类型被称为发作性睡病 / 下丘脑分泌素缺陷综合征（Narcolepsy/Hypocretin Deficiency Syndrome），与下丘脑分泌素的缺陷有关，它是下丘脑产生的一种蛋白质样分子，对调节睡眠 – 觉醒周期具有重要作用（Prober, 2018）。研究者怀疑，这种类型的发作性睡病是一种自身免疫性疾病，在这种疾病中，患者的身体会自发地启动，杀死产生下丘脑分泌素的神经元（Pedersen et al., 2019）。

发作性睡病经常与**猝倒**（Cataplexy）有关，猝倒是一种身体肌肉张力丧失的疾病，从腿部的轻微无力到完全失去对肌肉的控制，致使个体摔倒。猝倒最常（但并不总是）发生在发作性睡病患者身上。它是由强烈的情绪反应引发的，如喜悦、哭泣、愤怒、突然的恐惧或剧烈的大笑。与发作性睡病一样，猝倒也涉及下丘脑分泌素的缺乏。猝倒发作时，一个人可能会瘫倒在地上，在几秒甚至几分钟的时间里无法移动，但仍有意识。经历猝倒发作的个体会出现视力模糊的情况，不过能听到并知道周围发生了什么。但在一些案例中，猝倒发作的个体会突然进入快速眼动睡眠阶段。玛莉是一位长期患有发作性睡病的女性，在下文中，她描述了自己的猝倒经历。

"像个提线木偶"

猝倒是由（强烈的）情绪反应引起的肌肉张力的突然丧失……这实际上和每个人在快速眼动睡眠阶段失去肌肉张力是一样的，就像被切断线的木偶。你不会像块木板一样直挺挺地倒下……在通常情况下，人们不会伤到自己，这更像瘫倒，就好比有人轻轻按动了灯的开关，然后你就丧失了所有肌肉张力，但几秒后，也许是几分钟后，你又会恢复过来。我完全能听到周围的人说的每件事，也能够复述当我猝倒时发生的每件事，所以它是一种警觉状态，尽管在他人看来，猝倒（的人）好像 "宕机" 并睡着了。

资料来源：PEARSON EDUCATION, SPEAKING OUT: DVD FOR ABNORMAL PSYCHOLOGY VOLUME 2, 2nd Ed., © 2008. Reprinted and Electronically reproduced by permission of Pearson Education, Inc., Hoboken, New Jersey.

发作性睡病患者也会经历**睡眠瘫痪**（Sleep Paralysis）——睡醒后处于不能活动或不能说话的一种暂时的状态。他们也会报告**入睡前幻觉**（Hypnagogic Hallucination）——经常在入睡前或刚刚醒来后出现可怕的幻觉。下面是玛莉对她经历的睡眠瘫痪和入睡前幻觉的描述。

"在异常时间里发生的正常事情"

睡眠瘫痪与正常的快速眼动睡眠阶段的肌肉张力丧失一样，但睡眠瘫痪的不同之处在于，虽然你的意识是清醒的，但你所有的肌肉都瘫痪了，你不能说话或活动……这对我来说是相当正常的，（但）我还是很害怕。对我来说，睡眠瘫痪经常与入睡前幻觉一同出现，这也是在异常时间里发生的正常事情。当你处于快速眼动睡眠阶段时，你是无意识的，如做梦一般，如果你（事后）能够记起来，那可能只是你做梦的记忆。发作性睡病患者能够同时驾驭这两个世界。所以，即使你在做梦，你脑中的一部分也是有意识和清醒的，这使梦非常非常真实。如果你正在做一个负面或可怕的梦，那就更加令人恐惧了……对我来说，我做了相当多的梦，虽然不全是噩梦……这让我想知道自己是否真的和某人有过这样的对话……（或者）我是否真的那样做、那样说了？……以前，我早上醒来后会摇一摇脑袋，想知道脑中的一切是不是真实的。

资料来源：PEARSON EDUCATION, SPEAKING OUT: DVD FOR ABNORMAL PSYCHOLOGY VOLUME 2, 2nd Ed., © 2008. Reprinted and Electronically reproduced by permission of Pearson Education, Inc., Hoboken, New Jersey.

值得庆幸的是，发作性睡病并不常见，据估计，大约有 0.05% 的人受其影响（每 2000 人中有 1 人；Scammell，2015）。该障碍对男性和女性的影响大致相同。与嗜睡障碍不同的是，发作性睡病是突然发作的，醒来后个体会感觉神清气爽。这种发作是危险且可怕的，特别是当一个人正在驾驶或使用重型设备及锋利的工具时。

大约 2/3 的发作性睡病患者会在驾驶时突然睡着，4/5 的人会在工作岗位上睡着（Aldrich，1992）。因此，该障碍患者的日常功能都比较差。摔倒导致的家庭事故也很常见。引发发作性睡病的原因尚不清楚，但可能性最大的是遗传因素和负责产生下丘脑分泌素的下丘脑中的脑细胞缺失（Goel et al.，2010；Hor et al.，2011）。在最近的一项研究中，研究者发现，发作性睡病可能是一种自身免疫性疾病，具有遗传易感性，在这种疾病中，人体的免疫系统错误地对产生下丘脑分泌素的脑细胞进行了攻击（De la Herran-Arita et al.，2014）。

正误判断

许多人患有发作性睡病，他们会在没有任何征兆的情况下突然入睡。

错误 睡眠发作相对不常见，它是发作性睡病的特征。

9.2.4 与呼吸相关的睡眠障碍

描述与呼吸相关的睡眠障碍的主要特征。

与呼吸相关的睡眠障碍（Breathing-Related Sleep Disorders）患者会因呼吸问题而反复经历睡眠中断。这种频繁的睡眠中断会导致失眠或白天过度嗜睡。

这种障碍可以依据呼吸问题的潜在原因被划分为不同的亚型。最常见的亚型是**阻塞性睡眠呼吸暂停低通气综合征**（Obstructive Sleep Apnea Hypopnea Syndrome，更常见的叫法是"阻塞性睡眠呼吸暂停"），通常涉及在睡眠期间反复出现打鼾、呼吸急促、呼吸暂停或呼吸异常浅的情况。"呼吸暂停"（Apnea）一词源于希腊语前缀 "a"（意为 "没有"）和 "pneuma"（意为 "呼吸"）。"低通气"（Hypopnea，字面意思是呼吸不足）是指呼吸浅或呼吸减弱，不像呼吸完全暂停那么严重。

阻塞性睡眠呼吸暂停通常会伴随着响亮的鼾声，这是一个很常见的问题，影响着近 3000 万美国人（Mokhlesi & Cifu，2017；Veasey & Rosen，2019）。当呼吸道在睡眠期间变窄或被堵塞时，就会发生这种情况。这种障碍也会导致个体在白天过度困倦、疲惫，或者尽管得到了充足的睡眠却仍然抱怨睡眠不能恢复精力。阻塞性睡眠呼吸暂停最常见于中老年人，少数族裔的发病率高于白人的发病率（Chen，Wang，et al.，2015）。在大约 50 岁前，男性患这种疾病的概率更高，此后男性和女性的发病率趋于相同。这种心理障碍在肥胖人群中更常见，这显然是因为软组织肥大造成了上呼吸道狭窄。由于美国肥胖率的上升，这种疾病的患病率可能也在上升（Jones et al.，2017）。

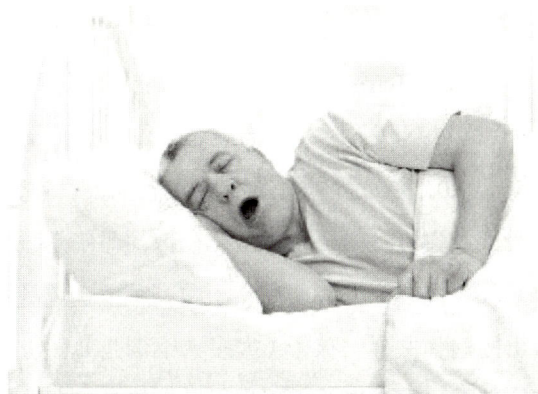

睡眠呼吸暂停

响亮的鼾声很可能是阻塞性睡眠呼吸暂停的迹象，这是一种与呼吸相关的睡眠障碍。患者每晚在睡眠期间会出现多达 500 次的呼吸暂停。巨大的鼾声被同床者描述为可达到工业噪声污染的级别，当呼吸中断或暂停时，巨大的鼾声会与短暂的安静交替出现。

呼吸困难起因于上呼吸道的气流阻塞，这通常是由身体的结构性缺陷引起的，如上颚肥厚，或者扁桃体或腺体肥大。在完全阻塞的情况下，个体可能会在夜间停止呼吸 15 ～ 90 秒，多达 500 次！当这些呼吸暂停发生时，个体可能会突然坐起来，大口喘气，做几次深呼吸，然后在没有醒来或尚未意识到呼吸中断的情况下再次入睡。

> **正误判断**
>
> 有些人在睡觉时会出现呼吸暂停的情况几百次，但他们本人对此却没有意识。
>
> **错误**　患有阻塞性睡眠呼吸暂停的患者会在夜间出现呼吸暂停的情况几百次却意识不到自己的这种行为。

尽管在这些短暂的呼吸中断后，生理反射会迫使个体喘息，但由呼吸暂停引发的正常睡眠的频繁中断会使个体在第二天感到困倦，难以高效地进行日常活动。

毫不意外，有睡眠呼吸暂停问题的人一般会报告生活质量受损。他们往往比不受该疾病影响的人具有更高水平的抑郁（Peppard et al.，2006）。睡眠呼吸暂停也是一个健康问题，因为它可能会增加个体出现其他严重的健康问题的风险，如高血压、心血管疾病及糖尿病（Bratton et al.，2015；Jonas et al.，2017）。

最近的研究指出了关注这一障碍的另一个原因：在呼吸暂停期间反复出现的缺氧会导致轻微的脑损伤，这会影响心理功能，包括思维功能（Macey et al.，2008；Thorpy，2008）。另一个问题是，患有睡眠呼吸暂停的人也具有较高的罹患癌症的风险（O'Connor，2012）。不幸的是，大约有 3/4 的人仍然没有接受治疗（Minerd & Jasmer，2006）。

与呼吸相关的睡眠障碍的另一种亚型是中枢性睡眠呼吸暂停（Central Sleep Apnea），这种发生在睡眠期间的呼吸问题一般不是由呼吸阻力（呼吸道阻塞）造成的，而是由与心脏相关的问题或长期使用阿片类物质引发的。第三种亚型是与睡眠相关的通气不足（Sleep-Related Hypoventilation），其特征是呼吸问题，通常可归因于肺部疾病或影响肺功能的神经肌肉问题。

9.2.5　昼夜节律睡眠 – 觉醒障碍

描述昼夜节律睡眠 – 觉醒障碍的主要特征。

大部分生理功能，包括睡眠 – 觉醒周期，都遵循一种内在节律，即昼夜节律（Circadian Rhythm），持续约 24 小时（Mazuski et al., 2018；Sanchez-Romera et al., 2014）。即使人们摆脱了日常生活和工作职责，置身于不知道时间的环境中，他们正常的睡眠 – 觉醒生物钟也会继续下去。

昼夜节律睡眠 – 觉醒障碍（Circadian Rhythm Sleep–Wake Disorder）涉及个体自然的睡眠 – 觉醒周期的持续中断。正常睡眠模式中断会导致失眠、嗜睡及在白天犯困。这种障碍会导致显著的个人痛苦或个体在社会、职业及其他方面的功能受损。跨时区间旅行所导致的时差反应并不符合这种障碍，因为它通常是暂时的。但是，频繁地跨越不同时区或更换工作班次会诱发更多持久或反复出现的问题，进而符合昼夜节律睡眠 – 觉醒障碍的诊断标准。治疗措施包括制订逐渐规律的睡眠计划，使个体的昼夜节律系统与睡眠 – 觉醒生物钟的变化趋同。

Laurent/Louise/Bsip/Alamy Stock Photo

睡眠剥夺

工作班次的频繁变化会扰乱身体自然的睡眠 – 觉醒周期，导致昼夜节律睡眠 – 觉醒障碍，使人感觉睡眠不足。

9.2.6　异态睡眠

识别不同类型的异态睡眠，并描述其主要特征。

睡眠通常以约每 90 分钟的循环从浅睡眠阶段进入深度睡眠阶段，然后进入快速眼动睡眠阶段，这时，大部分梦境开始出现。但对一些人来说，睡眠会被睡眠过程中部分或不完全的觉醒打断。在此期间，个体会感到困惑、疏离或与环境脱节。他们可能对他人唤醒或安慰他们的尝试没有反应。通常，个体在第二天起床时对这些部分觉醒发作没有任何记忆。

DSM-5 将与部分或不完全觉醒相关的异常行为模式归类为**异态睡眠**（Parasomnias），这是一类睡眠 – 觉醒障碍，可以进一步被划分为与快速眼动睡眠阶段相关的障碍及与非快速眼动睡眠阶段相关的障碍。与其他睡眠 – 觉醒障碍一样，异态睡眠也会引发显著的个人痛苦，或者干扰个体履行社会、职业及其他重要生活角色的能力。在这里，我们将讨论与非快速眼动睡眠阶段（夜惊、睡行）和快速眼动睡眠阶段（快速眼动睡眠行为障碍和梦魇障碍）相关的异态睡眠的主要类型。

夜惊

夜惊（Sleep Terror）以反复出现的夜间惊醒为特征，通常以惊恐的尖叫开始（American Psychiatric Association, 2013）。这种觉醒通常始于夜间一声响亮、刺耳的哭泣或尖叫。如果孩子出现夜惊，即使是睡得最香的父母也会被惊醒并冲进孩子的卧室，就像从大炮里射出的炮弹一样。孩子（大多数案例是儿童）会坐起来，显得非常恐慌并表现出极度觉醒的迹象，如大量出汗、心率加速、呼吸急促等。孩子会语无伦次或疯狂地扭动身体，但并没有完全清醒。即使孩子完全醒来，他可能也会认不出父母或试图推开他们。几分钟后，孩子会重新进入深度睡眠状态，清晨醒来时完全不记得夜里发生了什么。这些可怕的发作比普通的梦魇更加强烈。与梦魇不同，夜惊往往出现在夜晚睡眠阶段的前 1/3 的时间里，以及深度非快速眼动睡眠阶段。

如果在夜惊发作时醒来，个体通常会感到混乱，并在几分钟内丧失判断力。个体会有模糊的恐惧感，只能报告一些梦境的碎片，但并不像从噩梦中惊醒时那样可以记起梦的细节。大多数时候，个体会再次入睡，第二天早晨醒来后什么都不记得。

在大多数情况下，夜惊会在个体步入青春期时自行消失（Petit et al.，2015）。这种障碍对男孩的影响比对女孩的影响更大。但在成年人中，患该障碍的比例大致相当。在成年人中，夜惊往往遵循慢性病程，发作的频率和强度随着时间的推移而有所波动。目前还缺乏这种疾病的患病率数据，但据估计，大约有 37% 的 18 个月大的幼儿、20% 的 30 个月大的幼儿及 2% 的成年人会出现单独的夜惊发作（American Psychiatric Association，2013）。夜惊的起因至今仍然是一个谜，但它很可能与遗传有关（Geller，2015）。

睡行

在睡行（Sleepwalking，俗称"梦游"）中，处于睡眠状态的个体会反复出现在房间里走来走去的情况。在睡行发作期间，个体处于部分觉醒状态，能够进行复杂的运动反应，如下床或走到另一个房间。个体并不能意识到这些运动行为，而且在第二天早晨醒来后一般也不会记得曾经发生过的事。因为睡行发作往往

发生在深度睡眠（非快速眼动睡眠）阶段，这个阶段里没有梦，所以睡行发作似乎并非梦境的表现。

睡行症（Sleepwalking Disorder）最常见于儿童，据估计，1%～5% 的儿童受到睡行症的影响（American Psychiatric Association，2013）。10%～30% 的儿童被认为至少有过一次睡行发作。这种障碍在成年人中的患病率及患病的起因尚不清楚。偶尔的睡行发作也很常见。大约有 4% 的成年人报告自己在前一年经历过睡行发作（Ohayon et al.，2012）。

但是，持续或反复的发作就符合睡行的诊断了。在下面的案例中，一名男子讲述了他在童年时期睡行发作的经历（为符合口语习惯，案例中的"睡行"均以"梦游"来替代——编者注）。

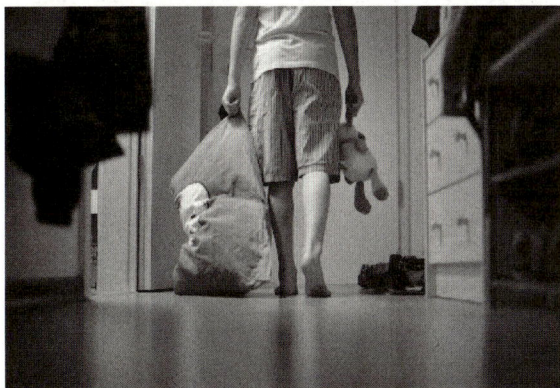

Jens Kalaene/Dpa Picture Alliance/Alamy Stock Photo

睡行

偶尔的睡行发作并不罕见，尤其是在儿童中，但据估计，1%～5% 的儿童患有睡行症，患者会反复经历睡行发作。

"他只是在梦游"

我的五个姐妹都记得我是家中的梦游者。香农（我的一个姐姐）回忆道，有一天夜里，她正在帮妈妈叠衣服，这时我出现了。也许是衣服上的香味吸引了我。我穿着睡衣在电视机前停下来，睁开眼睛，开始大喊大叫。香农回忆道，当时我在胡言乱语，但那背后令人窒息的愤怒令人担忧。虽然这种行为比较古怪，但妈妈的反应却很平静。"他只是在梦游。"她低声说道，仿佛这与晚上报童送报纸迟到一样常见。我猜，她那时一定平静地说："好了，香农，咱们继续叠衣服吧。"

资料来源：From Hayes，2001.

引发睡行的原因尚不清楚，但研究者相信，遗传和（不确定的）环境因素共同发挥了作用（Brooks & Kushida，2002；Geller，2015）。使用特定的安眠药，如艾司佐匹克隆和唑吡坦，会有引发罕见、不寻常的行为的风险，如在睡行状态下开车或使用炉子（Young，2019）。

睡行者一般面无表情，尽管他们经常能避免撞到东西，但偶然也会有事故发生。睡行者一般对他人没有反应且很难被唤醒。第二天早晨醒来时，他们通常极少或完全不能回忆起睡行的经历。如果在发作时被唤醒，他们会在几分钟内丧失判断力或感到困惑（与夜惊一样），但很快就会恢复意识。没有证据表明，睡行者在睡行发作时被唤醒是有害的。个别严重的暴力事件与睡行有关，但这是极为罕见的，它们也可能与其他形式的精神病理有关。

快速眼动睡眠行为障碍

快速眼动睡眠行为障碍（Rapid Eye Movement Sleep Behavior Disorder，RBD）的特征是，在快速眼动睡眠阶段，个体在做梦时反复以说话或翻来覆去的形式表现自己的梦境。通常，在快速眼动睡眠阶段，肌肉活动是停止的，即除了呼吸和其他重要的生理功能需要动用的肌肉外，身体的其他肌肉基本上处于麻痹状态。这是幸运的，因为肌肉麻痹可以防止做梦者突然将梦付诸行动，并受到伤害。但在快速眼动睡眠行为障碍中，肌肉麻痹要么不存在，要么不完全，个体会突然在快速眼动睡眠阶段踢打或挥舞手臂，这可能会对自己或同床者造成伤害。

快速眼动睡眠行为障碍影响着大约 0.5% 的成年人，最常见于老年人，通常是帕金森氏病等神经退行性疾病的结果（Sixel-Döring et al.，2011）。实际上，快速眼动睡眠行为障碍可能是帕金森氏病的早期征兆（Postuma et al.，2012）。这种障碍也可能由酒精戒断引发。患有创伤后应激障碍和服用某些药物（如抗抑郁药物）的人罹患快速眼动睡眠行为障碍的风险更高

（Rao et al.，2018）。药物治疗有助于控制这种障碍的症状（Aurora et al.，2010）。

梦魇障碍

梦魇障碍（Nightmare Disorder）患者会在快速眼动睡眠阶段反复出现令人不安且记忆深刻的噩梦。这些噩梦就像冗长的故事，在梦中，做梦者会试图逃避即将出现的威胁或即将发生的危险，如被追逐、被袭击或被伤害。个体在醒后通常能够生动地回忆起噩梦的内容。尽管恐惧是最常见的情绪反应，但令人不安的梦境还会引发其他负性情绪反应，如愤怒、悲伤、沮丧、内疚、厌恶或困惑等。做梦者会在噩梦中突然醒来，但由于噩梦带来的挥之不去的恐惧感，做梦者很难再入睡。噩梦或其造成的睡眠中断会导致显著的个人痛苦或干扰重要的日常功能。

虽然许多人偶尔会做噩梦，但大约有 4% 的成年人会做那种强烈且反复的噩梦并达到可诊断的梦魇障碍的程度（Morgenthaler et al.，2018）。梦魇往往与创伤经历有关，通常在个体处于应激情境中时出现。

梦魇通常发生在快速眼动睡眠阶段，这是大多数梦境出现的睡眠阶段。随着夜间睡眠进入后半段，快速眼动睡眠的时间会变长，在此阶段出现的梦境也会更为强烈，所以梦魇一般发生在后半夜或黎明前。尽管梦魇本身可能涉及大量激烈的运动，如梦见逃离袭击者，但做梦者几乎没有肌肉活动。激活梦境（包括噩梦）的生物学过程会抑制身体运动，导致一种麻痹状态。如前所述，这是幸运的，因为这样一来，做梦者就不会在试图躲避梦中的袭击者时从床上跳下并撞到梳妆台或墙上了。

9.2.7 睡眠－觉醒障碍的治疗方法

评价用于治疗睡眠－觉醒障碍的方法，并运用你的知识来识别更具适应性的睡眠习惯。

在美国，最常用的治疗睡眠－觉醒障碍的方法是使用促进睡眠的药物。但是，由于使用这些药物会引

发一些问题，非药物治疗方法（主要是认知行为疗法）开始崭露头角。

生物学方法

抗焦虑药物，包括苯二氮䓬类抗焦虑药物（如安定和劳拉西泮），常用于治疗失眠（Pillai et al., 2016）。（正如我们在第 5 章介绍过的，这些精神类药物也被广泛用于治疗焦虑障碍。）此外，促进睡眠的药物还有唑吡坦，它对于缩短失眠患者的入睡时长和延长其睡眠时间都很有效（Roth et al., 2006）。

如果被用于对失眠的短程治疗，促进睡眠的药物一般可以缩短入睡时长，延长总睡眠时间，并减少夜醒的次数。它们的工作原理是减少唤醒并诱发平静的感觉，从而使患者更容易入睡。促进睡眠的药物主要通过提高 γ-氨基丁酸的活性起作用，γ-氨基丁酸是一种抑制中枢神经系统活动的神经递质（Pollack, 2004a；见第 5 章）。

尽管促进睡眠的药物可以有效地治疗失眠，但它们也存在显著的缺点。它们往往会抑制快速眼动睡眠，这可能会干扰睡眠的一些恢复功能。它们也会导致第二天的延滞效应或"宿醉"现象，造成日间困倦和工作效率低下。停药也可能导致反弹性失眠，并导致比之前更严重的失眠。但是，反弹性失眠可以通过逐渐减少药物而非突然停止用药来减轻。这些药物在给定的剂量水平下很快就会失去效力，所以必须逐步增加剂量来达到同样的效果。高剂量服用是危险的，特别是与酒精饮料混合服用时。

长期定期服用促进睡眠的药物可能会导致药物依赖和对药物的耐受性（Pollack, 2004a）。一旦形成药物依赖，个体在停止用药后就会出现戒断症状，包括烦躁不安、战栗、恶心、头痛，严重时还会出现妄想或幻觉。

个体也会在心理上对促进睡眠的药物产生依赖。也就是说，他们会产生对药物的心理需要，并且认为如果不吃药，他们就无法入睡。因为担心会提高生理唤醒水平，这种自我怀疑很可能会成为自证预言。另外，

个体会把成功入睡归功于药物而非自己的努力，这样就强化了他们对药物的依赖，使他们更难放弃使用药物。

依赖药物并不能解决潜在的问题或帮助个体学会更有效的应对方式。如果确实要使用促进睡眠的药物（如苯二氮䓬类），个体也只能在短期内服用，最多几周。治疗的目的是暂时缓解症状，以便治疗师帮助患者找到更有效地处理引发失眠的应激源和焦虑的方式。

许多有睡眠问题的人会借助酒精来助眠。饮酒可能有助于入睡，但它会降低睡眠质量，减少快速眼动睡眠，而这个做梦的阶段是可以彻底使人恢复精力、振作精神的睡眠所不可或缺的（Ebrahim et al., 2013）。此外，经常使用酒精来助眠还会导致酒精依赖。

苯二氮䓬类抗焦虑药物和三环类抗抑郁药也被用于治疗深度睡眠障碍，如夜惊和睡行。与失眠障碍一样，使用促进睡眠的药物治疗这些障碍存在形成生理依赖和心理依赖的风险。因此，促进睡眠的药物只能用于严重的患者，并且只能作为一种"打破循环"的临时手段。

如前所述，兴奋剂类药物通常用于治疗发作性睡病（以帮助患者保持觉醒）和嗜睡障碍（帮助其对抗日间嗜睡）（Morgenthaler et al., 2007）。白天小睡 10～60 分钟，以及从精神健康专家或自助团体中获得支持，也对治疗发作性睡病有帮助。

睡眠呼吸暂停的一线治疗方案是使用一种机械设备，即一种戴在鼻子上的面罩，通过保持患者上呼吸道畅通来帮助患者在睡眠期间维持呼吸（Dibra, Berry, & Wagner, 2017；Yaremchuk, 2017）。在一些案例中，医生会通过外科手术来拓宽患者的上呼吸道。

心理学方法

心理学方法大体上仅限于治疗原发性失眠。认知行为疗法是短程治疗，聚焦于降低生理唤醒水平，建立规律的睡眠习惯，用更具适应性的想法替代产生焦虑的想法。认知行为治疗师一般会综合使用多种治疗技术，包括刺激控制、建立规律的睡眠－觉醒周期、放松训练和理性重构等。

刺激控制涉及改变与睡眠有关的环境。在正常情况下，我们会把床和卧室与睡眠联系起来，所以暴露在这些刺激下会诱发睡意。但是，如果人们在床上进行许多其他活动，如吃东西、读书、计划白天的活动、看电视等，床就会失去与睡眠之间的联系。此外，失眠者躺在床上辗转反侧并担心睡不着的时间越长，床就越容易成为引发焦虑与挫败感的条件刺激。

刺激控制技术通过尽可能地将床上的活动限制在睡眠上来加强床与睡眠之间的联系。换句话说，为了建立更健康的睡眠习惯，床应该主要用于睡眠（Bootzin & Epstein，2011）。在通常情况下，治疗师会告知来访者在床上试图入睡的时间不要超过 20 分钟。如果在这个时间段内没有睡着，来访者就应该离开床，走到另一个房间重新放松身心，例如，静静地坐着或读书，或者进行放松练习，然后再回到床上。

Joshua Resnick/123RF

这张照片怎么了

除了睡觉，那些把床用于许多其他活动（包括吃饭、读书和看电视）的人可能会发现，躺在床上失去了其作为睡觉提供的价值。行为治疗师使用刺激控制技术来帮助患者创造与睡眠相关的刺激环境。

认知行为治疗师会通过建立稳定的睡眠－觉醒周期来帮助来访者训练自己的身体。这要求来访者每天在同一时间睡觉和起床，包括周末和节假日。睡前使用放松技术（如第 6 章介绍过的渐进式放松训练）会有助于降低生理唤醒水平，促进睡眠。

理性重构是指用理性的信念替代自我挫败、适应不良的想法或信念（见下文的"深度探讨"专栏）。如果我们认为晚上睡不好会导致第二天不幸甚至灾难性的后果，这种想法就会使焦虑水平升高，从而降低入睡的概率。事实上，多数人即使睡眠不足甚至彻夜未眠，也能正常地进行日常活动。

认知行为疗法已经成为治疗失眠的首选疗法（Trauer et al.，2015）。越来越多的证据表明，认知行为疗法对治疗失眠有实质性的效果，这种效果可以通过入睡时长缩短和睡眠质量提高来衡量（Barnes，Miller, & Bostock，2017；Espie et al.，2019；Krystal & Prather，2017；Medalie & Cifu，2017；Slomski，2017）。研究者报告，对美国得克萨斯州胡德堡遭受慢性失眠困扰的士兵使用基于互联网的认知行为疗法取得了良好的效果（Taylor，Peterson，et al.，2017）。

从长远来看，认知行为疗法也能比促进睡眠的药物产生更好的效果。毕竟，吃一片药并不能帮助失眠患者学到更多适应性的睡眠习惯。促进睡眠的药物可能会更快起效，但认知行为疗法通常能产生更持久的效果（Pollack，2004a，2004b）。不过，在短期内将认知行为疗法与促进睡眠的药物相结合会比单独使用认知行为疗法更有效，但如果服用安眠药的时间持续几个月，这种效果就会消失（Morin et al.，2009）。

深度探讨
去睡，也许能有梦

很多人难以入睡或保持熟睡状态。尽管睡眠是一种自然功能，无法强迫，但我们还是可以形成更具适应性的睡眠习惯来帮助自己更易入睡。但是，如果失眠或其他睡眠相关问题持续存在，或者导致日常功能运作困难，那么我们就有必要让专业人士对问题进行专业评估了。下面列出了一些可以帮助你养成更加健康的睡眠模式的方法。

1. 建立规律的睡眠 – 觉醒周期。在每天的同一时间睡觉和起床。为了补充睡眠而太晚起床会打乱你身体的生物钟。每天设定早晨同一时间的闹钟并在闹钟响起时起床，不管你睡了多少小时。

2. 尽可能地将床上的活动限制在睡觉上。避免躺在床上看电视或读书。

3. 如果躺在床上 20 分钟后仍然不能入睡，就下床走到另一个房间，通过读书、听舒缓的音乐或进行自我放松训练来放松自己的身心。

4. 避免午睡。如果你在下午小睡了一会儿，晚上就寝时你可能就没那么困了。

5. 避免在床上思考。不要在准备睡觉时考虑问题。告诉自己明天再考虑。通过精神幻想或心灵漫游帮助自己进入更具睡意的心理状态，或者让所有的想法从意识中悄然消失。如果一个重要的想法出现了，不要在脑中演练。把它记在便签本上，这样你就不会忘记了。如果这个想法挥之不去，那就起身到其他房间思考。

6. 睡觉前使自己进入放松状态。有些人会通过睡前阅读来放松身心，有些人则喜欢看电视或安静地休息。做任何让你觉得最放松的事情，你会发现，在规律的睡前例程中加入一些可以降低生理唤醒水平的方法（如冥想或渐进性放松）有助于睡眠。

7. 制订规律的日间锻炼计划。日间定期锻炼（不要在临睡前）有助于你在就寝时产生困意。

8. 避免在晚上和下午的晚些时候饮用含咖啡因的饮品，如咖啡和茶。同样，避免喝含酒精的饮料。酒精会干扰正常的睡眠模式（减少总睡眠时间和快速眼动睡眠的时间、影响睡眠质量），即使在睡前 6 小时以上饮用也是如此。

9. 睡前减少照明。任何光源，包括智能手机、电子阅读器、平板电脑和电视机发出的光，甚至是明亮的浴室灯光，都会干扰你身体的昼夜节律。睡觉前关闭电子设备，减少周围的照明，让你的身体处于准备好入睡的状态。

10. 训练理性重构。用理性的信念替代自我挫败的想法，下面是一些例子。

自我挫败的想法	理性的信念
"我必须现在睡着，否则我明天就会出事。"	"我可能会感觉很累，但我之前就算睡眠不足也能应付过来。我明天晚上早点上床睡觉就能补回来。"
"我睡不着，这到底是怎么回事？"	"我不能因为睡不着而责备自己。我无法控制睡眠。我只能顺其自然。"
"如果我现在不马上睡着，明天我就不能集中精力考试（开会、会面等）了。"	"我的注意力有些分散，但我不会崩溃。把事情想得这么夸张没有任何意义。我最好还是起床看一会儿电视，而不是躺在床上胡思乱想。"

本章总结

9.1　进食障碍

9.1.1　神经性厌食

描述神经性厌食的主要特征。

　　神经性厌食的特征是自我饥饿、无法维持正常的体重、对超重的强烈恐惧，以及扭曲的身体意象。

9.1.2　神经性贪食

描述神经性贪食的主要特征。

　　神经性贪食涉及对体重控制和体形的过分关注、反复暴食，以及为了保持体重而定期进行清除行为。

9.1.3 神经性厌食与神经性贪食的病因

描述与神经性厌食和神经性贪食相关的致病因素。

进食障碍通常始于青春期，对女性的影响大于对男性的影响。神经性厌食和神经性贪食与对体重控制的过分关注及试图减重的不恰当方式有关。其发病机制还涉及许多其他因素，包括社会施加在年轻女性身上的、令她们保持不切实际的纤瘦身材的压力，有关控制权的问题，潜在的心理问题，以及家庭内部的冲突，尤其是在自主权问题上的冲突。

9.1.4 神经性厌食和神经性贪食的治疗方法

评价神经性厌食和神经性贪食的治疗方法。

严重的神经性厌食患者往往需要接受住院治疗，并在严密的监管下被重新安排进食方案。行为矫正和其他心理干预，包括心理治疗和家庭治疗，可能也有帮助。大多数神经性贪食病例会接受门诊治疗，有证据支持认知行为疗法、人际心理治疗和抗抑郁药物的治疗效果。

9.1.5 暴食障碍

描述暴食障碍的主要特征，并识别对该障碍有效的治疗方法。

暴食障碍是指一种反复发作的暴食模式，并且不伴有催吐等代偿行为。与神经性厌食或神经性贪食患者相比，患有暴食障碍的人往往年龄更大，肥胖的可能性也更大。认知行为疗法和抗抑郁药物已被证明对治疗暴食障碍有效。

9.2 睡眠 – 觉醒障碍

9.2.1 失眠障碍

描述失眠障碍的主要特征。

失眠障碍是一种难以入睡或难以保持睡眠状态的模式，通常与担忧和焦虑（特别是与过度担心睡眠不足有关的焦虑）有关。

9.2.2 嗜睡障碍

描述嗜睡障碍的主要特征。

嗜睡障碍是指白天过度嗜睡。患有该障碍的患者尽管睡眠充足，醒来后仍感觉精神不振、昏昏欲睡。

9.2.3 发作性睡病

描述发作性睡病的主要特征。

发作性睡病的特征是在白天突然睡眠发作，这可能与遗传因素及下丘脑中负责产生调节清醒状态的化学物质的脑细胞缺失有关。

9.2.4 与呼吸相关的睡眠障碍

描述与呼吸相关的睡眠障碍的主要特征。

与呼吸相关的睡眠障碍包括在睡眠中反复发作的短暂的呼吸停止（通常与在白天嗜睡有关）。与呼吸相关的最常见的一种睡眠障碍是阻塞性睡眠呼吸暂停低通气综合征（通常是由干扰睡眠期间正常呼吸的呼吸道问题引发的）。

9.2.5 昼夜节律睡眠 – 觉醒障碍

描述昼夜节律睡眠 – 觉醒障碍的主要特征。

昼夜节律睡眠 – 觉醒障碍患者的睡眠 – 觉醒周期不规律，这通常是由于工作班次的频繁变化或在不同的时区间旅行打乱了身体自然的睡眠 – 觉醒周期。

9.2.6 异态睡眠

识别不同类型的异态睡眠，并描述其主要特征。

异态睡眠涉及与睡眠中部分觉醒或不完全觉醒相关的异常行为模式。异态睡眠包括两种发生在非快速眼动睡眠阶段的障碍——夜惊（在睡眠中反复突然惊醒）和睡行（在睡眠中反复走动），以及两种与快速眼动睡眠阶段相关的障碍——快速眼动睡眠行为障碍（在快速眼动睡眠期间扭动身体或发声）和梦魇障碍（持续性地做噩梦）。

9.2.7 睡眠 – 觉醒障碍的治疗方法

评价用于治疗睡眠 – 觉醒障碍的方法，并运用你的知识来识别更具适应性的睡眠习惯。

治疗睡眠 – 觉醒障碍最常见的方法是使用抗焦虑药物。然而，这些药物的使用应该有时间限制，因为它们存在潜在的心理和 / 或生理依赖及其他问题。认知行为疗法已经成为治疗慢性失眠患者的首选疗法。

健康的睡眠习惯包括但不限于以下几点：（1）建立规律的睡眠 – 觉醒周期；（2）尽可能把床上的活动限制在睡觉上；（3）上床 20 分钟后如果不能入睡，就起身离开，直到恢复平静；（4）尽量不要在白天小睡，避免在入睡前思考；（5）制订规律的日间锻炼计划；（6）避免在下午的晚些时候和晚上喝含有咖啡因的饮品；（7）用适应性的想法替代自我挫败的想法。

批判性思考问题

请在阅读本章内容的基础上，回答以下问题。

- 在你看来，为什么神经性厌食患者和神经性贪食患者会不顾自身出现的并发症，继续自我挫败的行为？请解释说明。

- 社会文化因素在进食障碍上起着怎样的作用？

我们应该怎样改变施加在年轻女性身上的、导致其进食行为紊乱的社会态度和社会压力？

- 你认为肥胖是由缺乏意志力导致的吗？为什么？

- 你的睡眠习惯对你的睡眠是有益的还是有害的？请解释说明。

第 **10** 章
性与性别相关障碍

BraunS/E+/Getty Images

本章音频导读，
请扫描二维码收听。

学习目标

10.1.1 描述性别烦躁的主要特征，并解释性别烦躁与性取向之间的差异。

10.1.2 评价变性手术造成的心理影响。

10.1.3 描述关于跨性别认同的主要理论观点。

10.2.1 识别性功能失调的定义和性功能失调的三种主要类型，以及每一种类型下的具体障碍。

10.2.2 描述导致性功能失调的原因。

10.2.3 描述用于治疗性功能失调的方法。

10.3.1 描述性欲倒错的定义，并识别其主要类型。

10.3.2 描述有关性欲倒错的理论观点。

10.3.3 识别治疗性欲倒错障碍的不同方法。

在进一步阅读之前，请先完成正误判断测试，看看自己对相关知识的掌握情况。接着，在阅读本章的内容时，请对照穿插其中的参考答案来确认你的答案。

正误判断

正确　错误

☐　☐　男同性恋者和女同性恋者有着与自身性别相反的性别认同。

☐　☐　性高潮是一种反射。

☐　☐　肥胖与勃起障碍有关。

☐　☐　使用抗抑郁药物会影响个体的性高潮反应。

☐　☐　穿着暴露的泳衣是一种露阴癖。

☐　☐　有些人只有在遭受痛苦和羞辱时才能被唤起性欲。

☐　☐　女性更有可能被陌生人而不是认识的男性强奸。

☐　☐　强奸犯都患有精神障碍。

性与性别相关障碍涉及我们的心理功能中最私密的部分。下文中的这名年轻男子正在与勃起障碍做斗争，他的问题涉及性表现方面的困难。在其他情况下，性与性别相关障碍可能还涉及性欲缺乏、性别认同困扰，以及可能会导致情绪困扰或对他人造成伤害的反常的性吸引模式。

"被焦虑吓瘫"

在工作中，我可以控制自己的行为。在性爱中，我却无法控制自己的性器官。我知道我的头脑可以控制我的手，但我的阴茎却不听使唤。我开始把性看作一场篮球比赛。我上大学时打过篮球。当我为比赛做准备时，我总是会想："那天晚上，我要防守的是谁？"我试着让自己打起精神来，在脑海中勾勒出如何与这家伙对弈的画面，思考所有可能的动作和战术。我开始把这套方法用在性上。如果我跟某个人约会，整个晚上我都会在脑海中想象我们在床上会发生些什么。我总是在为最后的结果做准备。我在脑海中不断演练着我将如何触碰她、我要她做些什么。然而，一整晚，无论是在吃晚饭还是在看电影的时候，我都在担心自己无法勃起。我一直在想象她的脸，想象她会有多失望。等我们真的上床时，我已经被焦虑吓瘫了。

与其他类型的行为一样，在性行为中，正常与异常之间的界限也并不总是泾渭分明的。性就像进食一样，是一种自然功能，同样，性行为也因个人和文化而异。我们的性行为深受文化、宗教和道德信仰、习俗、民俗和迷信的影响。在性行为领域，我们对正常或异常的概念受到家庭、学校和宗教机构等传授的文化知识的影响。

许多性行为模式，如自慰、婚前性行为、口交等，如果发生的频率适当，在当代美国社会中都被认为是正常的。但是，频率并不是衡量正常行为的唯一标准。

当一种行为偏离社会规范时，它常常会被贴上异常的标签。例如，接吻在西方文化中是一种非常普遍的行为，但在南美洲和非洲的一些原始部落文化中，它却被视为异常行为（Rathus, Nevid, & Fichner-Rathus, 2014）。非洲桑格部落的成员第一次看到来自欧洲的游客接吻时感到极为震惊。一个人喊道："快看，他们正在吃彼此的唾液和污垢。"我们将会看到，就像接吻对桑格人来说是不正常的一样，一些与性相关的行为在心理健康专业人士看来是异常的，例如，对伴侣的衣物而非伴侣本人产生性唤起、对性丧失兴致，以及即使在适当的性刺激下也无法产生性唤起。

当一些行为可能伤害自我、他人或造成个人痛苦时，我们可能也会认为它是异常的。我们将会看到，本章讨论的心理障碍是怎样满足一条或数条上述异常行为标准的。在探索这些障碍的过程中，我们将探讨正常与异常之间的界限问题。例如，性唤起或性高潮困难是异常的吗？心理健康专业人士如何定义露阴癖和窥阴癖？什么时候看他人脱衣服是正常的，什么时候又是异常的？我们究竟该如何界定这些标准？

在本章，我们将探讨一系列涉及性和性别的心理障碍。我们还会讨论一种虽未被归类为心理障碍，但会对受害者造成毁灭性的情感和身体伤害的异常行为：强奸。

我们首先要探讨的是性别烦躁，这是一种可诊断的心理障碍，涉及我们对性别的最基本体验——我们对自己作为男性或女性的感觉。

10.1 性别烦躁

性别认同（Gender Identity）是人们在心理上对自己是男性还是女性的感觉。大多数人的性别认同与其生理或基因性别是一致的。而**性别烦躁**（Gender Dysphoria，过去被称作"性别认同障碍"）的诊断适用于那些因其解剖（生理）性别与性别认同之间产生冲突而经历显著的个人痛苦或功能严重受损的人。"Dysphoria"一词（源自希腊语"Dysphoros"，意为"烦躁不安"）是指感到不满意或不舒服，在这里是指对自己被指定的性别感到不适。

首先，让我们来澄清几个术语。"性别"（Gender）是一个用于区分男性和女性的社会心理概念，如"性别角色"（社会对男性和女性行为的期待）和"性别认同"（我们在心理上对自己是男性还是女性的感觉）。术语"性"（Sex）或"性的"（Sexual）是指从生物学角度对男性和女性进行的区分，即性器官（而不是性别器官）上的差异。

10.1.1 性别烦躁的特征

描述性别烦躁的主要特征，并解释性别烦躁与性取向之间的差异。

具有**跨性别认同**（Transgender Identity）的人在拥有属于某一性别心理感觉的同时，却拥有属于另一性别的性器官。不是所有具有跨性别认同的人都有性别烦躁或其他可被诊断的障碍。性别烦躁的诊断只适用于那些因跨性别认同而感到严重不适的人（Zucker, 2015）。这种不适感伴随着显著的情绪困扰或功能受损。性别烦躁的诊断存在争议，一些跨性别认同者认为，他们的性别认同与生理性别的不匹配是大自然的错误，不应被视为心理健康问题（见下文的"批判性思考"专栏）。

性别烦躁的诊断可适用于儿童或成年人，尽管它通常始于童年期。患有性别烦躁的孩子认为自己的生理性别是强烈且持续的痛苦的来源。这个诊断并不是简单、粗暴地给女孩或男孩贴上"假小子"或"娘娘腔"的标签。相反，它旨在适用于那些以多种方式否认自己的生理性别及其相关特征的儿童，具体情况如图 10-1 所示。

我们并不知道性别烦躁究竟有多普遍，但我们可以合理地推测它是相对少见的。在童年时期，这种

批判性思考
跨性别者是否患有精神障碍

长期以来，困扰 DSM 系统的最具争议性的问题之一就是，跨性别认同是否应当被归类为一种精神障碍。

如果跨性别者对自己被指定的性别或性别角色产生显著的不适感，DSM-IV 会将其诊断为性别认同障碍。但是，很多人，包括很多跨性别组织的倡导者，都认为"差异"不应该等同于"疾病"，"性别认同障碍"这一术语对那些性别认同异于常人的人进行了污名化，暗示他们因性别认同而患有精神障碍。

正如我们所指出的那样，"性别认同障碍"这一术语在 DSM-5 中被一个新的诊断术语——"性别烦躁"——所取代，以强调跨性别者由于性别认同与指定性别不匹配而可能体验到的强烈不适感或痛苦。这种改变强调了"性别认同本身不是一种精神障碍"的观点。然而，目前我们尚不清楚使用"性别烦躁"这一更中性的术语是否可以平息争议。一些人认为，跨性别者经历的痛苦与其说是由他们内心对性别认同的挣扎导致的，不如说是源自他们在适应一个污蔑和诋毁他们的社会时所面临的诸多压力和困难。

让我们从精神疾病的角度来考虑性别认同的更广泛的含义。在不同的文化中，性别的概念是不同的，甚至在同一文化中，其概念也会随着时间的推移而有所变化。例如，曾经有一段时间，美国女性被禁止攻读博士学位，因为更高层次的教育被认为是男性的特权。然而现在，在许多研究生院和专业学院（包括心理学博士的课程）中，女性都占多数。我们对性别认同的大多数假设都基于性别的分类方式的社会建构，在这种分类中，不同性别是相互对立、相互排斥的，人们要么是男性，要么是女性。然而，这些假设受到了文化研究的挑战，在这些研究所考察的文化中，不符合典型男性或女性角色/性别认同的人也拥有被社会所公认的社会地位。这些人在他们的社会中是被接受的，并不会被认为是有问题或不受欢迎的。

以 19 世纪末平原印第安人和其他许多西方部落为例，部落中的一些年轻人承担了通常分配给异性的角色（Carocci，2009；Tafoya，1996）。超过一半的现存土著语言中都存在用来描述那些被划分为非男非女的第三性别的词汇。土著部落的人们相信，所有人都同时拥有男性和女性的元素。在许多部落，"双灵"是指那些因融合了男性和女性的精神而达到更高层次的人。有时，一个拥有两个灵魂的人是指在生理上是男性，但在部落中承担女性角色的人，他既不被认为是男性，也不被认为是女性。此外，女性也可以承担部落中男性的角色和行为。她们可以以男性的身份进入青春期，承担男性角色，参加男性活动，包括和女性结婚。

这些文化差异突出了在对失调的行为做出判断时考虑文化背景的重要性。鉴于我们在不同的文化中观察到的性别角色和性别认同的可塑性，我们可能会质疑将跨性别认同概念化为一种精神障碍的有效性。

那些对自己的生理性别不满意的人可能并不典型，也可能异于常人，但这是否就意味着他们的行为是异常的？也许，他们所经历的情绪困扰是他们在社会中被敌意对待的结果。这样的社会坚持认为，人们必须归属于两种指定的性别中的一种，并严酷地对待那些不遵守规则的人。跨性别儿童所经历的痛苦大部分来自与其他孩子相处的困难和不被他们接受，而不是来自他们的性别认同本身。

跨性别者的困境可能与男同性恋者和女同性恋者相当。许多同性恋者经历的与性取向相关的痛苦可能源自他们在更广泛的社会中遭遇的敌意和虐待。从这个角度来看，他们的痛苦并非直接由关于性取向的内在心理冲突导致的，而是源于他人甚至所爱之人的消极

何为正常，何为异常

在界定性行为领域的正常与异常行为时，必须考虑文化因素。在不同的文化中，人们的性行为各不相同，甚至遮蔽和袒露自己身体的方式也大相径庭。

对待。这是可以理解的。同样，精神病学诊断系统的批评者认为，临床医生不应该把"对自己的生理性别感到不适"作为诊断精神障碍的依据。相反，在这些批评者看来，具有非传统性别认同模式的人所遭受的不公平对待而非性别认同本身，是导致其情绪困扰的根源（Reid & Whitehead，1992）。如果没有相互排斥的性别分类的社会建构，这种障碍也就不复存在了。就像关于性取向的信念会随着时间的推移而改变一样，也许对跨性别者更多的包容及对人类性别表达多样性的悦纳，将使我们以更灵活的方式来理解性别认同。

然而，在此之前，医学 / 精神病学与跨性别群体之间可能会继续相互斗争。

在对这一议题进行批判性思考时，请尝试回答以下问题。

- 你认为一个人对自己生理性别的不满应该被视为异常行为或性别表达偏差吗？请解释你的观点。
- 在 DSM 中，性别烦躁的诊断应该被保留、修改（如果要修改，怎么改）还是直接删除？请解释你的观点。

- 强烈渴望成为另一种性别的一员，或者坚称自己是另一种性别（或某种非传统性别）的一员。
- 非常喜欢和另一种性别的成员一起玩耍，对另一种性别的玩具、游戏和活动等有强烈偏好。
- 对自己的性器官感到强烈的厌恶和痛苦。
- 强烈地希望拥有自己所认同性别的生理特征（第一或第二性征）。
- 对在角色幻想和扮演游戏中扮演相反的性别角色有强烈偏好。
- 对相反的性别角色的服装有强烈偏好，但对自己的性别角色的服装却非常排斥。

图 10-1　童年期性别烦躁的主要特征

疾病发生在男孩身上的概率至少是女孩的两倍，但到了青春期，这种疾病的性别比例基本上就相差无几了（APA，2013；Hartung & Lefler，2019）。

性别烦躁会遵循不同的发展路径。童年期的性别烦躁可能会在青春期到来之前结束，因为儿童会变得更加接受自己的生理性别或跨性别认同。或者，它也可能持续到青春期甚至成年期，因为他们依旧在与自己的跨性别认同做斗争。许多跨性别者也会经历抑郁障碍，因为他们生活在一个被污蔑、虐待和歧视的世界里（Bockting et al.，2015）。

性别认同与性取向不该被混为一谈。男同性恋者和女同性恋者会对同性产生性欲望，但他们的性别认同与其生理性别是一致的。他们不渴望成为相反性别的人，也不厌恶自己的生殖器官。这两点在患有性别烦躁的人身上则很常见。

凯特琳·詹纳（Caitlyn Jenner）

奥运会金牌得主、卡戴珊家族真人秀节目的前成员布鲁斯·詹纳（Bruce Jenner）在其 65 岁时用凯特琳这个名字向世界宣布："我是一个女人。"

正误判断

　　男同性恋者和女同性恋者有着与自身性别相反的性别认同。

　　错误　性别认同与性取向不能被混为一谈。男同性恋者和女同性恋者会对同性产生性欲望，但其性别认同与自己的生理性别是一致的。

10.1.2　变性手术

评价变性手术造成的心理影响。

　　并不是所有罹患性别烦躁的人都会做变性手术。在做变性手术时，外科医生会试图为其构建与异性相似的外部生殖器官。由男性变成女性的手术往往比由女性变成男性的手术的成功率高。激素治疗促进了术后性别的第二性征的发育，例如，男性变为女性后，促进其胸部脂肪组织的生长，或者女性变为男性后，促进其胡须和体毛的生长。

　　接受变性手术的人可以进行性活动，甚至能达到性高潮，但他们无法怀孕或生子，因为他们缺少被重新塑造的性别所对应的内部生殖器官。研究者普遍发现，接受变性手术对跨性别者的心理适应和生活质量都有积极的影响（Cohen-Kettenis & Klink，2015；Rolle et al.，2015b；Wierck et al.，2011）。一项针对 32 名接受变性手术的患者的研究显示，没有人对此感到后悔，并且几乎所有人都对手术结果感到满意（Johansson et al.，2010）。

　　对于女性变为男性的手术，术后调整更加容易（Parola et al.，2010）。一个可能的原因是，社会似乎更容易接受一名女性变为男性（Smith et al.，2005）。女性变为男性的跨性别者在手术前通常也适应得更好，所以其出色的术后适应能力也可能是一种选择因素。

　　选择变性手术的男性是女性的三倍（Spack，2013）。大多数由女性变成男性的患者并不会选择接受全面的变性手术。相反，她们通常会移除体内的性器官（卵巢、输卵管和子宫）及胸部的脂肪组织（Bockting & Fung，2006）。睾酮（男性性激素）治疗可以增加肌肉量，促进胡须生长。其中，只有少数人会通过一系列手术来构建一个人工阴茎，这可能是因为人工阴茎不能很好地发挥作用，并且手术费用高昂。因此，大多数由女性变成男性的跨性别者的身体改造仅限于子宫摘除、乳房切除及睾酮治疗（Bailey，2003）。

10.1.3　跨性别认同的理论观点

描述关于跨性别认同的主要理论观点。

　　跨性别认同的起源目前尚不清楚。心理动力学理论家认为，它可能与极端亲密的母子关系、与父母的关系空洞及父亲的缺位或疏离有关。这些家庭环境可能导致年轻男性对母亲的强烈认同，进而导致预期的性别角色和身份的逆转。拥有弱小、无能为力的母亲及强壮的父亲的女孩则可能会过度认同自己的父亲，在心理上发展出自己是"小男子汉"的感觉。

学习理论家同样指出，父亲的缺位导致男孩缺乏一个强有力的男性榜样。有些父母强烈渴望拥有另一种性别的孩子，并且强烈鼓励跨性别的穿着和玩耍方式。被这样的父母抚养长大的孩子可能会习得另一种性别的社会化模式，并发展出对相反性别的认同。

尽管如此，绝大多数在心理动力学和学习理论所描述的家庭环境中长大的个体并没有发展出跨性别认同。这可能是心理社会影响和生物学因素在跨性别认同的发展中交互作用的结果。我们知道，很多具有跨性别认同的成年人在童年早期都表现出对相反性别的玩具、游戏及着装的偏好（Zucker，2005a，2005b）。如果关键性的早期学习经验起了一定的作用，那么它们很可能发生在生命非常早期的阶段。

一名跨性别女性（出生时的生理性别是男性，但拥有女性的性别认同的人）也许会回忆起，当她还是个孩子的时候，她就喜欢玩洋娃娃、穿裙子，不喜欢打闹的游戏。一些跨性别男性（出生时的生理性别是女性，但拥有男性的性别认同的人）则报告，他们小时候不喜欢穿裙子，表现得像个假小子，偏爱"男孩的游戏"，也更喜欢跟男孩一起玩耍。在童年时期，跨性别男性可能比跨性别女性更容易适应，因为"假小子"通常比"娘娘腔"更容易被接受。甚至在成年后，对跨性别男性来说，穿上男装并被当作一名身材稍显瘦小的男性也更容易被接受，而一名强壮的跨性别女性却很难被视作一个高大的女人。

跨性别认同的发展可能源于胎儿发育过程中男性性激素对大脑发育的影响（Diamond，2011；R. A. Friedman，2015；Savic，Garcia-Falgueras，& Swaab，2010）。我们可以推测，怀孕期间内分泌（激素）环境的紊乱会导致大脑对某种性别产生认同，而性器官则朝相反的性别发育。研究者发现，跨性别者的大脑与常人的大脑之间存在差异，但这些差异在跨性别认同的发展中起什么作用仍有待确定（Kranz et al.，2014）。重要的是，我们仍旧缺乏可以解释跨性别认同形成的产前发育过程中激素平衡异常的直接证据。但即使这些激素因素被证实，它们也依然不太可能是影响性别认同的唯一因素。

总体来说，遗传和激素的结合可能会产生一种倾向，这种倾向与早期生活经历相互作用，从而导致跨性别认同的形成（Glicksman，2013）。但是，对跨性别认同形成的解释并没有说明性别烦躁的决定因素。许多跨性别者并未经历性别烦躁，因为他们没有表现出满足诊断标准所需的显著痛苦或日常功能受损的迹象。我们现在缺乏必要的基础知识来理解导致一部分跨性别者患上性别烦躁的原因。

10.2　性功能失调

性功能失调（Sexual Dysfunction）是指持续存在的与性兴趣、性唤起或性反应相关的问题。表 10-1 概述了本章所涉及的性功能失调。

表 10-1　性功能失调概览

障碍类型		人群中的患病率（近似值）	描述
与缺乏性兴趣、性兴奋或性唤起相关的障碍	男性性欲低下障碍	8%～25%（全年龄段），老年男性的患病率更高	对性缺乏兴趣或缺乏进行性活动的欲望
	女性性兴趣/性唤起障碍	10%～55%（全年龄段），老年女性的患病率更高	对性缺乏兴趣或冲动，难以产生或维持性唤起
	勃起障碍	患病率随着年龄变化：40 岁以下男性的患病率为 1%～10%；60 多岁男性的患病率为 20%～40%；老年男性的患病率更高	在性活动中难以达到或维持勃起状态

（续表）

障碍类型		人群中的患病率（近似值）	描述
与性高潮反应受损相关的障碍	女性性高潮障碍	10%～42%	女性难以达到性高潮
	延迟射精	小于1%～10%	男性难以达到性高潮或射精
	早泄	30%以上的男性报告射精速度很快，1%～2%的人在一分钟内射精	男性过早射精
与性交疼痛相关的障碍（女性）	生殖器－盆腔痛／插入障碍	不同研究的结果不同，但15%的北美女性报告自己在性交时反复体验到疼痛	在性交或尝试插入时体验到疼痛，或者对性交或插入时体验到的疼痛感到恐惧，或者盆腔肌肉的紧绷或紧收导致性交困难或引发疼痛

注：患病率数据反映了成年人中报告自己有此项问题的比例，这可能与临床上性功能失调的确诊数据不一致。报告的性交疼痛和早泄的情况基于被调查者过去12个月的性生活经历。

资料来源：Prevalence rates derived from American Psychiatric Association，2013；Clayton & Juarez，2017；and Lewis et al.，2010.

性功能失调普遍存在。一项全球性调查发现，40%～45%的成年女性和20%～30%的成年男性在其人生中的某个阶段会受到性功能失调的影响（Clayton & Juarez，2017；Lewis et al.，2010）。特定类型的性功能失调的患病率如表10-1所示。值得注意的是，表10-1中列出的性功能失调仅反映了被调查者报告自己受到某种问题的严重困扰，但这并不一定意味着他们的问题达到了可被确诊的程度。我们目前仍然缺乏可靠的数据来确认一般人群中达到诊断标准的性功能失调的潜在患病率。

女性经常报告的性功能失调包括性交疼痛、无法达到性高潮及性欲缺乏（Derogatis，2018；Harlow et al.，2014；Zhang et al.，2017）。男性常报告的则是过快达到性高潮（早泄）。性功能失调通常依据两种分类标准进行诊断：终身性/获得性、情境性/广泛性。个体一生中持续存在的性功能失调被称作"终身性功能失调"。获得性功能失调是个体在经历了一段正常性功能的时期后才开始出现的。在情境性功能失调中，问题发生在某些特定的情境下（如与配偶在一起时），但不发生在其他情境（如自慰时）下；或者问题发生在特定时段内，但在其他时候则不发生。广泛性功能失调则发生在患者进行性行为的任何情境下及任何时段内。

尽管人们大多认为性功能失调是普遍存在的，但很少有人会寻求治疗。人们可能不知道这类问题可以获得有效的治疗，也不清楚能从哪里获得帮助；或者他们不愿意寻求治疗，因为长久以来，承认自己性功能失调一直是件很困难的事。

10.2.1 性功能失调的类型

识别性功能失调的定义和性功能失调的三种主要类型，以及每一种类型下的具体障碍。

正如表10-1中呈现的那样，我们可以将性功能失调分为三大类：

1. 与缺乏性兴趣、性兴奋或性唤起相关的障碍；
2. 与性高潮反应受损相关的障碍；
3. 与性交疼痛相关的障碍（女性）。

在诊断性功能失调时，临床医生必须判定造成问题的原因不是使用药物、其他躯体疾病、恶劣的关系（如家庭暴力）及其他严重的应激源。而且，疾病必须已经造成了显著的个人痛苦或日常功能受损。

性兴趣／性唤起障碍

这类障碍涉及性兴趣／性唤起方面的缺陷。患有**男性性欲低下障碍**（Male Hypoactive Sexual Desire Disorder，MHSDD）的男性缺乏对性活动的欲望，或者缺乏与色情或性相关的想法和幻想。性欲缺乏在女性中比在男性中更普遍（Géonet, De Sutter, & Zech, 2012）。尽管如此，"男人总是渴望性"这一说法也是站不住脚的。

患有 **女性性兴趣/性唤起障碍**（Female Sexual Interest/Arousal Disorder, FSIAD）的女性缺乏性兴趣、性冲动或性唤起，或者其性欲水平严重低下。有性唤起问题的女性可能通常缺乏伴随性冲动产生的性快感或性兴奋，或者几乎体验不到甚至完全丧失性兴趣或性快感。在进行性行为时，她们的生殖器极少有感觉。一项针对性兴趣或性冲动水平低下的女性的研究显示，与未患有这种障碍的女性相比，她们通常对性生活表现得不那么活跃，对性关系的满意度也更低（Leiblum et al., 2006）。

性功能失调

性功能失调有哪些类型？哪些治疗方法可以帮助面临性问题的人？

临床医生并不一定需要就性冲动水平是否"正常"的标准达成一致。他们可以权衡各种因素来诊断女性性兴趣/性唤起障碍，如患者的生活方式（为满足孩子的各种需求而奋斗的父母可能缺乏进行性行为的兴趣和精力）、社会文化因素（文化中约束性的态度可能会抑制性欲望或性兴趣）、患者的人际关系质量（有问题的人际关系可能会导致性兴趣缺乏）及患者的年龄（性欲通常随着年龄的增长而减退）（McCarthy, Ginsberg, & Fucito, 2006; West et al., 2008）。

性学研究者一直对怎样定义性功能失调（尤其是女性性功能失调）争论不休。例如，一些研究者认为，将女性性欲缺乏视为一种性功能失调，是在以一种男性的模式要求女性（Bean, 2002）。研究者的争论点还在于，女性性功能失调的诊断究竟是基于缺乏性欲望或难以达到性高潮，还是基于女性认为这些经历会引起痛苦（Clay, 2009）。要记住，缺乏性欲望通常不会引起保健医生的注意，除非伴侣中的一方比另一方对性的兴趣更强烈。这时，性欲不那么强的一方常常会被贴上"性功能失调"的标签。但是，性欲"正常"与"异常"之间的界限究竟应该如何划分？这个问题依然存在。

男性性唤起问题的典型表现是难以达到或维持勃起状态以完成性活动。几乎所有男性在性活动中都有过难以达到或维持勃起状态的经历。但是，持续勃起困难的男性可能会被诊断为 **勃起障碍**（Erectile Disorder, ED）。他们可能无法勃起或维持勃起状态以完成性活动，或者勃起缺乏有效的硬度。对勃起障碍进行诊断的时间要求是，这个问题在大约六个月或更长的时间内一直出现，并且它发生在大多数甚至所有（75%～100%）的性活动情境中。

男性偶尔出现难以达到或维持勃起状态的情况很常见，可能的原因包括疲劳、饮酒及表现焦虑。男性越关心其性能力，就越有可能出现表现焦虑。正如我们后续将进一步探讨的那样，表现焦虑会导致反复的失败，进而形成焦虑和失败的恶性循环。

勃起障碍的风险随着年龄的增长而增加。在 40 岁以上的男性中，有一半以上的人会经历一定程度的勃起障碍（Najari & Kashanian, 2016）。据估计，美国有 1600 万～2000 万男性患有勃起障碍（Fang et al., 2015）。

性高潮障碍

性高潮是一种不随意反射，会导致盆腔肌肉有节奏地收缩，并且通常伴随强烈的快感。对男性来说，这种收缩会伴随精液的排出。有三种与达到性高潮有关的问题：女性性高潮障碍、延迟射精和早泄。

正误判断

性高潮是一种反射。

正确 人们不能强迫性高潮出现，也不能控制其他性反应，如射精和阴道分泌液体。试图强迫这些反应出现常常会事与愿违，还会使人更焦虑。

在**女性性高潮障碍**（Female Orgasmic Disorder）和**延迟射精**（Delayed Ejaculation）中，（女性）达到性高潮和（男性）射精存在明显的延迟，或者缺乏性高潮或射精。诊断这些障碍需要满足以下条件：问题已经存在六个月或更长的时间；症状导致了显著的痛苦，并且发生在所有或几乎所有的性活动场合（对男性来说，不存在延迟射精的主观意愿）。考虑到正常性反应中存在广泛的个体差异，临床医生需要判断是否有"足够"的刺激数量和类型促使个体达到性高潮（Ishak et al.，2010）。女性难以达到性高潮，是否有可能是因为缺乏足够有效的性刺激而非性高潮障碍呢？例如，许多女性需要在阴道性交时直接刺激阴蒂来达到性高潮。这不应该被认为是不正常的，因为女性对性最敏感的器官是阴蒂，而不是阴道。

DSM-5 扩展了关于女性性高潮障碍的诊断标准，纳入了女性体验到性高潮的程度急剧下降这一现象。DSM-5 的起草者认为，性高潮不是一个"有或无"的体验，有些女性性高潮程度的降低对她们来说可能是一个令人困扰的问题。

延迟射精在临床研究中较少受到关注。有此问题的男性通常在自慰的过程中可以射精，但在与伴侣性交的过程中却会延迟射精，或者无法射精。尽管这种障碍可能会让男性延长性行为的时间，但通常来讲，这种经历对双方来说都是一种挫败（Althof，2012）。

早泄（Premature Ejaculation）是指在阴茎插入阴道约一分钟内、在男性想要射精之前就出现射精，并且该现象反复出现（American Psychiatric Association，

2013）。患有早泄的男性无法控制射精行为（Althof et al.，2014）。在某些案例中，快速射精发生在阴茎插入之前或仅插入少许时。偶尔的早泄（例如，发生在与新伴侣在一起、性接触不频繁或处于高度唤起状态时）不应该被视为异常的。只有当问题持续存在并导致情绪困扰或两性关系问题时，诊断才能成立。

生殖器 – 盆腔痛 / 插入障碍

生殖器 – 盆腔痛 / 插入障碍（Genito-Pelvic Pain/Penetration Disorder）适用于经历过性交疼痛和 / 或难以进行阴道性交或被插入的女性。在某些案例中，女性在进行阴道性交或尝试被插入时会体验到生殖器或盆腔疼痛。这种疼痛不能用某种潜在的生理疾病来解释，因此被认为是由心理因素导致的。然而，由于性交过程中的疼痛感有很多（即使不是绝大部分）是由潜在的疾病引起的，这些疾病可能无法被诊断出来，如润滑不足或尿路感染，因此关于性交或插入过程中的性交疼痛是否应该被归为精神障碍的问题一直存在争议（van Lankveld et al.，2010）。

某些生殖器 – 盆腔痛 / 插入障碍的案例中还涉及**阴道痉挛**（Vaginismus），这是指当阴茎试图插入阴道时，阴道周围的肌肉会不自主地收缩，导致性交疼痛或无法性交。阴道痉挛不是一种疾病，而是一种条件反射，在这种情况下，阴茎与女性生殖器的接触会导致阴道肌肉不自主地痉挛，从而阻止插入或在插入时造成痛苦。

10.2.2 理论观点

描述导致性功能失调的原因。

性功能失调的形成涉及许多因素，包括代表心理学观点、生物学观点和社会文化观点的因素。

心理学观点

当代关于性功能失调的主要心理学观点强调焦虑、性技能缺乏、非理性信念、对事件原因的感知及人际关系问题的作用。在这里，我们将考虑几种可能的因

果路径。

身体或心理上的性创伤经历会导致性接触引发焦虑，而非唤起和愉悦。因曾遭受性创伤或强奸而形成的条件性焦虑可能会导致性唤起或性高潮问题，也可能会导致女性在被插入的过程中产生疼痛感（Colangelo & Keefe-Cooperman，2012；Yehuda，Lehrner，& Rosenbaum，2015）。有性唤起问题的女性可能会对伴侣产生深深的愤怒和怨恨。对伴侣的负罪感及伴侣无效的性刺激也可能会导致性唤起困难。

生命早期的性创伤经历可能会导致成年男性和女性在发展亲密关系时难以产生性反应。有性创伤史的人可能会被无助感、难以表达的愤怒或错位的内疚感淹没。当他们进行性活动时，被虐待经历的闪回可能会出现，阻止他们产生性唤起或达到性高潮。他们还可能会发展出其他心理问题，这些问题（特别是抑郁和焦虑）经常与性功能失调同时出现（Rajkumar & Kumaran，2015）。在某些情况下，心境障碍可能会导致性问题，而在另一些情况下，性问题可能会导致心境障碍。

性功能失调中焦虑的另一种主要形式是表现焦虑，即过度关注自己是否成功地表现了自己的能力。当人们在性方面遇到问题并开始怀疑自己的能力时，就会产生表现焦虑。被表现焦虑困扰的人在性行

为中更像旁观者而非参与者。他们的注意力集中在自己的身体怎样对性刺激做出反应上。他们会产生许多消极的想法，担心如果自己表现得不好会有怎样的后果（"她会怎么看我呢"）。他们被这些破坏性的想法困扰，从而无法全情投入。处于表现焦虑中的男性可能很难达到或维持勃起状态，也可能早泄（Althof et al.，2014）；女性则可能难以被充分唤起性欲望或达到性高潮（McCabe & Connaughton，2014）。这种恶性循环让每一次失败的经历都会导致更深的、对自身能力的怀疑，进而在性接触的过程中引发更多的焦虑，并导致反复的失败。这种恶性循环如图 10-2 所示。

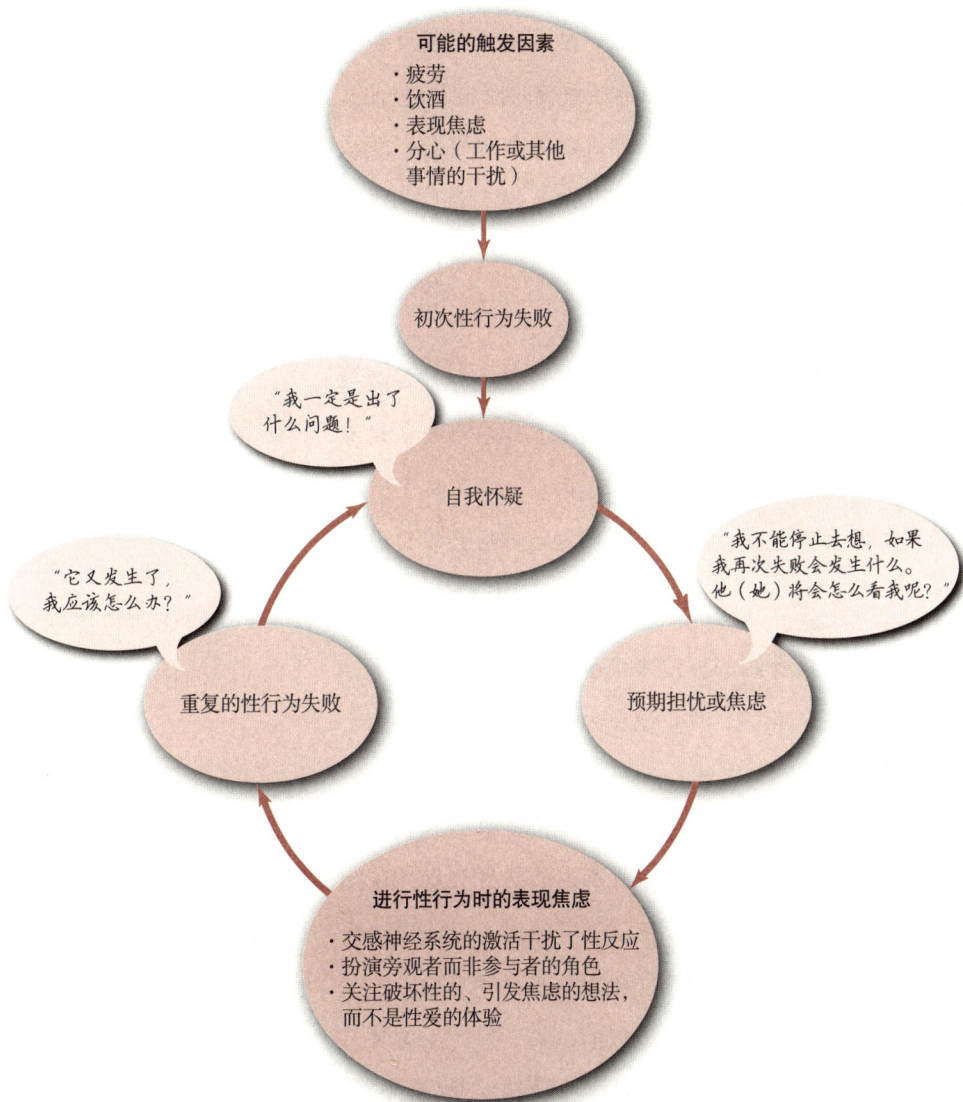

图 10-2　表现焦虑与性功能失调：一个恶性循环

在西方文化中，男性的性行为与男子气概之间有着根深蒂固的联系。在性行为中，反复表现不佳的男性可能会丧失自尊、变得抑郁，或者觉得自己算不上一个男人。尽管他在生活中有其他成就，他也可能会认为自己是一个彻底的失败者。性行为被当作对他的男子气概的考验，他对这种考验做出回应的方式可能是忍受并试图（强迫）勃起。但试图勃起可能会适得其反，因为勃起是一种反射，无法通过强迫来实现。每当进行性行为时，他的自尊都会受到威胁，因此表现焦虑上升到抑制勃起的严重地步也就不足为奇了。勃起反应是由自主神经系统的副交感神经分支控制的。当我们感到焦虑或有压力时，交感神经系统的激活就会阻断副交感神经系统的控制，从而阻止勃起反射的发生。相反，射精是在交感神经系统的控制下进行的，所以在表现焦虑的情况下，较高的唤醒水平会引发快速射精（早泄）（Althof et al.，2014）。表现焦虑与性功能失调之间可能会形成恶性循环。一位患有勃起障碍的患者用以下方式描述了自己的性能力不足。

我总是感到自卑，就像处在保释期一样，我必须证明自己。我感觉自己走投无路了。你很难想象这有多尴尬。这就好比你走到一群人面前，以为这是一场裸体主义者的大会，结果却发现这是一场盛装出席的宴会。

本章开篇介绍的那位来访者的表现焦虑让他不停地为性关系做准备，就像他在为一场重要的比赛做心理准备一样。

女性也可能把她们的自尊与她们能够达到频繁和强烈的性高潮联系在一起。然而，当男性和女性试图通过意志力来唤起性欲、使阴道分泌润滑液或强迫自己达到性高潮时，他们可能会发现自己越努力，这些反应就越难以出现。几代人以前，关于性的压力常常围绕着"我究竟该不该这样做"的问题。然而今天，男性和女性的压力都更多地来自想要达成表现目标，即达到性高潮，并且满足伴侣的性需求。我们注意到，表现焦虑会损害男性和女性的性表现。不过，澳大利亚的一项研究表明，表现焦虑与男性的性问题联系更密切，而关系问题则与女性的性问题联系更紧密（McCabe & Connaughton，2014）。

性满足也建立在学习性技能的基础上。就像其他技能一样，性技能和性能力也是通过新的学习机会获得的。我们可以通过很多方式来了解自己和伴侣的身体是如何以不同的方式对性做出反应的，这些方式包括与伴侣不断地进行试验、通过自我探索了解自己的性反应、阅读与性相关的书籍及与他人谈论性。然而，那些从小就被培养成对性感到内疚或焦虑的孩子，可能会缺乏发展性知识和性技能的机会，所以他们不知道自己需要什么样的刺激来达到性满足。即便有机会，他们也可能会产生焦虑和羞愧感，而非兴奋感和快乐。

认知理论家阿尔伯特·艾利斯指出，潜在的不合理信念与态度可能导致性功能失调（Ellis，1977）。请设想这样两种不合理信念：我们在任何时候都必须得到重要他人的认可，以及我们必须完全胜任我们所做的每一件事。如果我们无法接受他人偶尔的失望，我们可能就会把单次性挫败事件的重要性灾难化。如果我们坚持每次性经验都要很完美，那就是在为不可避免的失败搭建舞台。

我们如何按照感知到的原因来评价事件也起到了一定的作用。把勃起困难归因于自身（"我有哪里不对"）而不是情境（"是因为酒精……""我很累了……"）会对之后的性功能产生消极影响。

人际关系问题也会导致性功能失调，尤其是当它们涉及长期存在的不满和冲突时。不良的关系所造成的紧张及其他应激性生活事件，如失业、家庭危机、严重的疾病等，都会对性欲造成不良的影响（Heiman，2008）。性关系的质量通常与关系或婚姻的其他方面的质量不相上下。对彼此怀有怨恨的夫妻可能会把性当作决斗的竞技场。此外，沟通问题通常也与婚姻不满有关。那些很难就性欲问题进行沟通的夫妻可能缺乏帮助彼此成为更好的爱人的方法。

下面的案例揭示了性唤起障碍是如何与关系问题联系起来的。

生物学观点

生物学因素，如低睾酮水平和疾病，会抑制性欲，降低性反应能力。睾酮是男性的性激素，在男性和女性性欲的产生及性活动中都扮演着关键角色（Davis et al.，2008）。男性和女性都会分泌睾酮，虽然女性分泌的量较少。男性睾酮分泌不足会导致性欲丧失及勃起困难（Maggi，2012；Najari & Kashanian，2016）。肾上腺和卵巢是女性体内分泌睾酮的部位（Buvat et al.，2010），因为手术切除了这些部位的女性不会再分泌睾酮，进而可能会逐渐丧失性欲或性反应能力低下（Davis & Braunstein，2012；Wierman et al.，2010）。此外，也有证据表明，睾酮水平低与男性抑郁有关，而抑郁可能会抑制性欲（Stephenson，2008）。然而，性功能失调的人通常有正常的激素水平。

心血管疾病如果影响流向和流经阴茎的血液通路，也会导致勃起障碍。随着年龄的增长，对男性来说，这个问题会变得越来越普遍（Najari & Kashanian，2016）。勃起障碍与心血管疾病（心脏和动脉疾病）有共同的风险因素，这提醒医生，勃起障碍可能是潜在的心脏病的早期预警信号，应该对此进行医疗评估（Kluge & Hamburg，2017；Osondu et al.，2017）。

勃起障碍也与男性肥胖（有可能导致心血管问题），以及前列腺和泌尿系统问题有关（Dursun et al.，2018）。由于肥胖与循环系统的问题有关，因此它与勃起障碍之间存在联系也就不足为奇了。好消息是，肥胖的男性在减重和提高活动水平后，其勃起功能可能会得到改善（Mulhall et al.，2018）。

皮特和葆拉
一个关于性唤起障碍的案例

一起生活了六个月之后，皮特和葆拉开始认真地考虑结婚。但有一个问题促使他们来到了性治疗诊所。葆拉对治疗师解释道，在过去的两个月里，皮特在性交时无法维持勃起状态。皮特是一名律师，26 岁；葆拉是一家大型百货公司的采购员，24 岁。他们都在中产阶级家庭中长大，通过共同的朋友介绍认识，在交往的前几个月里，他们的性行为一切正常。在葆拉的催促下，皮特搬到她的公寓居住，尽管他并不确定自己是否已经准备好迈出这一步了。一周后，当他们性交时，他开始出现无法维持勃起状态的情况，尽管他对葆拉有强烈的性欲望。当勃起消退后，他会重新尝试，但会失去兴趣且无法再次勃起。几次之后，葆拉变得非常生气，她开始捶打皮特的胸膛并对他尖叫。皮特的体重有 180 斤，是葆拉体重的两倍以上，而他此时却只能默默地走开，这让葆拉更加愤怒。很明显，性并不是他们关系中唯一的矛盾点。葆拉抱怨皮特宁愿花时间和朋友一起打棒球，也不愿意和她待在一起。当他们一起在家时，他会全神贯注地看电视上播放的体育比赛，而对葆拉喜欢的活动，如去剧院、参观博物馆等却没有任何兴趣。因为没有任何证据显示性交困难是由器质性问题或抑郁情绪导致的，所以皮特被诊断为勃起障碍。皮特和葆拉都不愿意和治疗师讨论性以外的问题。尽管治疗师运用了一种源自马斯特斯和约翰逊（后文讨论）所开发技术的性治疗方法帮他们治愈了性的问题，他们后来也结婚了，但皮特的矛盾态度并未消除，并且还延续到了他们的婚姻中，他们的性关系问题在未来仍然存在复发的风险。

资料来源：Adapted from Spitzer et al.，1994.

患糖尿病的男性存在勃起障碍的风险也更高（Skeldon et al.，2015）。糖尿病会破坏血管和神经，包括服务于阴茎的血管和神经。有勃起障碍的男性患糖尿病的可能性比没有勃起障碍的男性高出两倍以上（Sun et al.，2006）。在一项研究中，39% 有糖尿病的男性患有勃起障碍（Chakraborty et al.，2014）。

勃起障碍和延迟射精也可能源于多发性硬化症。当男性患这种疾病后，其神经细胞会失去促进神经冲动顺利传递的保护膜（Baranzini et al.，2010）。其他形式的神经损伤及慢性肾病、高血压、癌症、肺气肿都会影响勃起反应。此外，抑制睾酮分泌的内分泌失调也会对勃起造成影响（Koehler et al.，2012；Shafer，2016）。

哈佛大学公共卫生学院的埃里克·里默（Eric Rimm）对 2000 名男性进行了一项有影响力的研究，他发现勃起障碍与腰围粗、身体活动少、酗酒（或从不喝酒）有关（Rimm，2000）。这些因素之间的共同之处是高水平的胆固醇。胆固醇会阻止血液流向阴茎，就像它会阻止血液流向心脏一样。锻炼、减重、适度饮酒都可以降低胆固醇，但我们不建议戒酒者通过饮酒来避免或治疗勃起问题。美国马萨诸塞州男性衰老研究的结果表明，经常锻炼可以降低患勃起障碍的风险（Derby et al.，2001）。在这项研究中，每天在体育活动中消耗 200 卡路里或更多热量的男性患勃起障碍的风险比那些久坐不动的男性低了约一半。而每天快步走 3000 米就可以达到这个消耗量。运动有助于预防动脉阻塞，让血液顺利流向阴茎。

女性如果患有血管疾病或神经紊乱，也会阻碍血

液流向生殖器、减少阴道润滑和性兴奋、导致性交疼痛，并降低她们达到性高潮的能力。与男性一样，这些问题会随着女性年龄的增长而增加。

在继续讨论心理因素之前，我们需要注意，处方药和精神活性物质，包括抗抑郁药物和抗精神病药物，也会损害勃起功能并导致性高潮障碍（Montejo，Montejo，& Navarro Cremades，2015；Olfson et al.，2005）。大约每三名使用选择性 5-羟色胺再摄取抑制剂类抗抑郁药物的女性中就有一人患有性高潮障碍或完全丧失性高潮（Ishak et al.，2010）。安定和阿普唑仑等镇静剂可能会导致男性和女性的性高潮障碍。一些用来治疗高血压和高胆固醇的药物也会干扰勃起反应。

酒精、咖啡因及吗啡等具有镇静作用的药物会使性欲低下、破坏性唤起。毒品，如海洛因，也会抑制睾酮的分泌，进而降低性欲并导致勃起失败。经常使用可卡因会导致勃起障碍或延迟射精，并降低男性和女性的性欲（del Rio，Cabello，& Fernandez，2015；Shafer，2016）。一些美国人表示，初次使用可卡因会增强性快感，但反复使用会导致个体在性唤起方面对药物产生依赖，长期使用可能会降低性快感。

社会文化观点

20 世纪初，一名英国女性曾说，当丈夫接近她，让她履行"婚姻的义务"时，她会"闭上眼睛，想想英格兰"。这种刻板印象表明，性快感曾被认为是专属于男性的，性对女性来说主要是一种责任。母亲常常在女儿结婚前告诉她婚姻的责任，而女孩只是把性理解为女性为了满足他人的需要而进行的一种服务。对

性爱持有这种刻板印象的女性不可能意识到自己在性方面的潜能。此外，性焦虑可能会把消极期望转化为自证预言。男性的性功能失调也可能与极度严苛的社会文化信仰和性禁忌有关。其他关于性的消极信念也可能损害性欲，例如，认为对过了育龄期的老年人来说，有性欲是不合适的（Géonet, De Sutter, & Zech, 2012）。

心理学家拉斐尔·哈维尔（Rafael Javier）注意到了许多西班牙文化中以刻板印象理想化女性的玛利亚主义（Marianisno）。玛利亚主义的名字源于圣母玛利亚（Javier, 2010）。从社会文化的角度来看，理想化的贞洁女性是"在沉默中受苦"的，因为她们把精力都放在了丈夫和孩子身上，压抑了自己的需求和欲望。她们是欢乐的提供者，哪怕在自己面临痛苦或挫折时。不难想象，接受了这种刻板印象式期望的女性会发现很难坚持自己对性满足的需求，并且可能会通过性冷淡来表达对这种文化理想的抵制。

社会文化因素在勃起障碍中也扮演着重要角色。研究者发现，在对女性婚前性行为、婚姻中的性行为及婚外性行为持更严厉态度的文化中，勃起障碍的发病率较高（Welch & Kartub, 1978）。这种文化中的男性可能容易发展出对性的焦虑或负罪感，而这会降低性爱的质量。

在印度，将精液流失与男性生命能量的消耗联系在一起的文化信仰导致了精液流失恐怖症的产生，它是对精液流失的一种非理性恐惧（见第 6 章）。在这种文化的影响下，男性有时会出现勃起障碍，因为他们害怕浪费宝贵的精液，从而影响他们的性能力（Shukla & Singh, 2000）。

10.2.3　性功能失调的治疗方法
描述用于治疗性功能失调的方法。

在著名的性研究者威廉·马斯特斯（William Masters）和弗吉尼亚·约翰逊（Virginia Johnson）进行开创性的

研究之前，大多数性功能失调都缺乏有效的治疗方法，直到 20 世纪 60 年代。精神分析可以间接地触及对性功能失调的治疗，它假设性功能失调代表了潜在的心理冲突，因此将治疗的焦点放在通过精神分析来解决这些冲突上。由于没有证据证实这种方法的有效性，因此更直接地关注性问题的治疗方法被发展出来。

马斯特斯和约翰逊
性治疗师威廉·马斯特斯和弗吉尼亚·约翰逊。

大多数当代性治疗师假设，性功能失调可以通过调整伴侣双方的性互动而得到治愈。作为先驱者，马斯特斯和约翰逊在一个短程治疗框架内使用认知行为技术帮助个体改善他们的性能力（性知识和性技能），并减轻他们的表现焦虑（Masters & Johnson, 1970）。尽管现在的治疗师也许不再严格遵循马斯特斯和约翰逊的技术，但仍然在不断吸收和整合许多他们曾使用的方法（Althof, 2010）。如果可行，伴侣双方都应参与治疗。然而，在一些案例中，就像我们所看到的那样，人们更愿意单独接受治疗。

在讨论这些具体的技术之前，我们必须明白，由于性问题通常发生在有问题的关系背景下，因此治疗师也可以使用伴侣治疗帮助伴侣双方在他们的关系中分享力量、改善沟通技巧及协商解决分歧（Coyle, 2006; McCarthy, Ginsberg, & Fucito, 2006）。

性功能失调的治疗方法在过去的 25 年间发生了显著的变化。如今，治疗越来越重视性问题的发展过程中的生物学因素或器质性因素，以及药物的使用，如使用西地那非（伟哥）治疗男性勃起障碍。在美国，勃起药物如今备受青睐，已为制药商提供了 50 亿美元的收入来源，并被数千万男性使用（Wilson，2011）。下面让我们来看一些更常见的治疗性功能失调的技术。

性欲或性冲动低下

性治疗师试图帮助性欲低下的人通过自我刺激（自慰）和性幻想来激发性欲。当与伴侣双方一起工作时，治疗师会让他们在家里做一些相互取悦的练习，或者鼓励他们扩展自己的性技能，为性生活增添新奇和刺激。当缺乏性欲与抑郁有关时，治疗应专注于解决潜在的抑郁问题。伴侣治疗的目的是解决关系中可能导致性欲低下的问题（Carvalho & Nobre，2010）。当性欲或性兴趣低下的问题可能源自深层的原因时，一些性治疗师会使用面向内在（心理动力学）的方法帮助来访者发现和解决潜在的问题。

睾酮药物治疗可以提高睾酮水平低于正常值的男性和女性的性兴趣和性欲望（Achilli et al.，2017；Goldstein et al.，2017）。但睾酮治疗可能导致严重的并发症，如肝损伤和前列腺癌，因此应谨慎使用。长期进行睾酮治疗的安全性仍有待进一步确认。

睾酮治疗也可以帮助提高更年期女性的性冲动和性兴趣，但它对绝经前的女性的有效性尚不清楚（Brotto et al.，2010；Kingsberg，2010）。然而，由于睾酮治疗对增加女性患乳腺癌和其他疾病风险的长期影响尚不明确，因此女性在寻求睾酮治疗时需要向医生咨询，以权衡潜在的风险和收益。而且，这类激素治疗也可能导致面部毛发和粉刺的生长。

性唤起障碍

性唤起使血液向生殖器区域汇聚，导致男性阴茎勃起和女性阴道分泌润滑液。这种血液流动的变化代表了对性刺激的反应。这种反应是不受意志控制的。性唤起困难的女性和有勃起障碍的男性首先要知道的是，他们无须"做"任何事来唤起性欲望。如果他们的问题是心理上的，而非器质性的，那么他们只需要

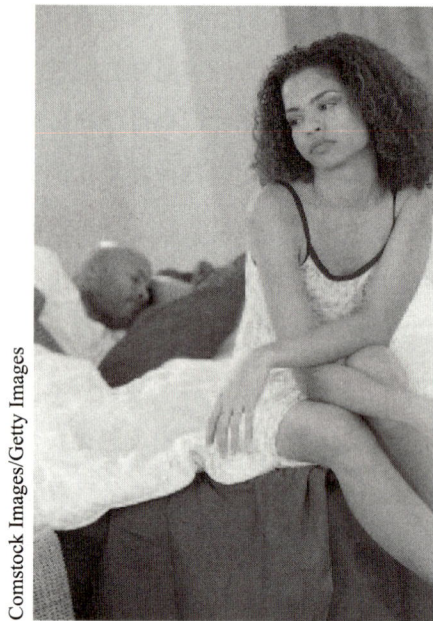

当快乐之源变成痛苦之源

性功能失调会给个人带来强烈的痛苦，并导致伴侣之间产生摩擦。缺乏沟通是性功能失调产生和持续存在的一个主要因素。

在放松、无压力的条件下置身于性刺激下，这样就不会有破坏性的想法和焦虑来抑制身体的反应了。

马斯特斯和约翰逊建议伴侣通过进行感官聚焦练习来对抗表现焦虑。这些练习涉及不用刻意努力的性接触——不用达到如阴道润滑或勃起等性唤起状态的感官练习。一开始，伴侣可以相互按摩，而不触碰彼此的生殖器。伴侣要学会"取悦"对方，同时通过遵循和给予口头指令及引导彼此的手来"取悦"对方和"被取悦"。这种方法可以促进沟通，培养性技能，而且它不涉及性唤起，因而也消除了焦虑。经过几次练习后，"取悦"也包括直接对彼此的生殖器进行按摩。即使出现明显的性兴奋迹象（润滑或勃起），伴侣也不能立即进行性交，因为性交可能会激发表现欲望。在达到持续的性兴奋状态后，伴侣会进行一系列轻松的性活动，最终在性交中达到性高潮。

通过性治疗技术对勃起障碍进行治疗，其成功率是一个变数，我们仍然缺乏从方法论上支持该技术整体有效性的科学研究（Frühauf et al.，2013）。下面的案例展示了性治疗技术在治疗勃起障碍中的应用。

维克托
一个关于勃起障碍的案例

维克托，一名 44 岁的小提琴演奏家，渴望向治疗师展示他在巡回音乐会上得到的评价。作为一名杰出的管弦乐队中的独立小提琴家，维克托的生活围绕着练习、表演和评论展开。他凭借精湛的技艺和充满活力的表演令观众为之倾倒。作为一名在音乐会上演出的音乐家，维克多对自己的身体，尤其是双手有着精妙的控制能力。然而，他却不能自如地控制自己的勃起反应。自从七年前离婚起，维克托就一直被反复的勃起失败困扰着。他一次又一次地开始新的关系，却不断地发现自己在性方面力不从心。因为害怕这样的情况重复出现，他一再拒绝与女性建立关系。他无法面对只有一个听众的情况。有一段时间，他漫不经心地四处约会，但后来，他遇到了米歇尔。

米歇尔是一名喜爱音乐的作家。他们很完美地契合了，因为维克托是一名热爱文学的音乐家。米歇尔是一名 35 岁的离异女性，她活泼、直率、性感、接纳度高。这对情侣很快就难舍难分了。当他练习的时候，她就写作——大多数时候是写诗歌，有时也写短篇杂文。不同于维克托之前遇到的一些分不清巴赫和巴尔托克的女性，米歇尔能在纽约著名的餐厅萨迪的深夜晚宴上与维克托的朋友和同行音乐家侃侃而谈。他们仍住在各自的公寓，因为维克托需要自己的空间和独处的时间进行练习。

在他们建立关系的九个月里，维克托总是无法在对他来说最重要的"舞台"——他的床上——进行"表演"。这太令人沮丧了。他说道："我会勃起，然后正当我要进入她的身体时，砰！它就

塌了。"维克托在夜间可以勃起，而且在被轻抚时也可以勃起，这基本上表明，造成其困扰的根源是表现焦虑。他十分努力地想要勃起，就像他竭力想要学会演奏一段困难的小提琴乐章一样。每晚都成了一场强制性的"演出"，而维克托是他自己最严厉的批评家。他的注意力集中在自己阴茎的尺寸上，而不是集中在他的伴侣身上。正如已故的伟大钢琴家弗拉基米尔·霍洛维茨（Vladimir Horowitz）所说："一名钢琴家所做的最糟糕的事就是盯着自己的手指。"也许，一名有勃起障碍的男性所做的最糟糕的事就是盯着自己的阴茎。

为了打破因焦虑而勃起失败，又因勃起失败而更加焦虑的恶性循环，维克托和米歇尔参加了一个以马斯特斯和约翰逊的治疗模式为蓝本的性治疗项目（Rathus & Nevid，1977）。该治疗项目的目标是恢复性活动的乐趣，摆脱焦虑。这对伴侣最初被要求放弃性交的尝试，以使维克托摆脱表现压力。这对伴侣经过一系列步骤取得了进步。

1. 两个人一起裸体放松，而不产生任何肢体接触，如一起看书或看电视。
2. 进行感官聚焦练习。
3. 用手或口刺激对方的生殖器以达到性高潮。
4. 不带要求的性交（性交时不要给男性施加任何压力，男性不需要以满足伴侣为目的来进行性交）。之后，男性可能会通过手或口的刺激帮助伴侣达到性高潮。
5. 重新开始充满活力的性交。这对伴侣还被告知，不要把偶尔出现的问题灾难化。

这个治疗项目帮助维克托战胜了勃起障碍。维克托解放了，他不再需要通过指挥勃起来证明自己。他放弃了批评家的角色。一旦聚光灯从床上消失，他就成了一名参与者，而不再是旁观者。

性高潮障碍

患有性高潮障碍的女性通常认为性是肮脏或罪恶的。她们可能被教育不要触碰自己的生殖器。她们对性感到焦虑，并且没有通过任何方式学习过什么样的性刺激能唤起她们的性欲望并帮助她们达到性高潮。对这些个案的治疗包括改变她们对性的消极态度。当性高潮障碍反映了女性对伴侣的感受或与伴侣的关系时，治疗还应包括增进关系。

无论是否涉及关系问题，马斯特斯和约翰逊都更愿意邀请伴侣双方一起参与治疗。他们首先会使用感官聚焦练习来减轻表现焦虑，打开沟通的渠道，并帮助伴侣双方获得性爱技巧。在使用技巧时，女性会指导她的伴侣使用爱抚和其他技巧来刺激她。通过掌握主动权，女性从心理上摆脱了对被动、顺从的女性角色的刻板印象。

在女性性高潮障碍的案例中，马斯特斯和约翰逊也更愿意让伴侣双方一起参与治疗，但其他治疗师更愿意单独对女性进行治疗，指导们私下进行自慰练习。自慰给女性提供了一个以她们自身的节奏来了解自己身体的机会，其成功率达 70% ～ 90%（Leiblum & Rosen, 2000）。这种方法将女性从依赖或取悦伴侣中解放出来。一旦女性可以通过自慰达到性高潮，以伴侣双方为导向的治疗就可以促使这种练习被迁移到与伴侣的性高潮中。最新的研究为心理治疗对女性性高潮障碍的有效性提供了有力的证据（Frühauf et al., 2013）。

在临床文献中，延迟射精几乎没有被提及。但是，它可能与许多心理因素有关，如恐惧、焦虑、敌意及关系问题（Rowland et al., 2010）。除了器质性问题，标准化治疗主要侧重于增加性刺激和减轻表现焦虑（Althof, 2012）。

在治疗早泄时，最被广泛使用的行为学方法是停止 – 启动（Stop-Start）或停止 – 继续（Stop-and-Go）技术，它是泌尿科医生詹姆斯·赛姆斯（James Semans）于 1956 年发明的。治疗的重点在于帮助男性获得延迟射精的性技能（Althof et al., 2014）。通常的情况是，当男性即将射精时，他需要让伴侣暂停性行为，然后当他的感觉消退时再恢复刺激。反复训练可以让他对射精反射之前的线索更加敏感，使他能更准确地意识到自己什么时候要射精，从而帮助他更好地调节射精。治疗师报告这种方法有较高的成功率，但目前仍缺乏更多基于对照研究试验的证据（Althof et al., 2014; Frühauf et al., 2013）。

生殖器疼痛障碍

治疗性交疼痛通常需要医疗干预来确定和治疗潜在的身体问题，如尿路感染，因为这些问题也可能导致疼痛（van Lankveld et al., 2010）。在阴道痉挛导致疼痛的案例中，对阴道痉挛的心理治疗可能会帮助减轻疼痛。

阴道痉挛是一种条件反射，涉及阴道口的非自愿收缩。它代表了一种对插入的心理上的恐惧，而非生理上的问题。对阴道痉挛的治疗可能需要整合一系列行为疗法，包括放松技术和逐级暴露技术，以使阴道肌肉对插入脱敏。具体步骤是在几周内让女性在保持阴道放松的情况下将手指或塑料扩张器插入阴道，并逐步扩大插入物的尺寸（Reissing, 2012; ter Kuile et al., 2013）。尽管治疗师经常报告逐级暴露技术有很好的效果，但基于对照研究试验的有效证据仍极为有限或匮乏，其他类型的性功能失调的治疗也面临同样的情况（Frühauf et al., 2013; van Lankveld et al., 2010）。由于许多患有性交疼痛或阴道痉挛的女性有过被强奸或性虐待的经历，心理治疗通常是更全面的治疗方案的一部分，以帮助她们处理由性创伤经历导致的心理创伤。

性功能失调的生物学治疗

勃起障碍通常有器质性病因，所以治疗方式日益医学化也就不足为奇了。

男性和女性的性唤起都依赖于性器官的充血，增加血液流向生殖器官的药物，如西地那非和他达拉非，对帮助患有勃起障碍的男性达到勃起状态是安全、有效的（Najari & Kashanian，2016）。对一些案例来说，将心理治疗和药物治疗（如使用西地那非）等结合起来使用，比单独使用药物治疗更有效（Aubin et al.，2009）。如果吃药没有效果，其他可选的方法，如在阴茎内注射增进阴茎血流量的药物或使用类似阴茎泵的真空勃起装置，可能会更有帮助（Najari & Kashanian，2016）。

治疗勃起障碍的药物

在美国，诸如伟哥之类治疗勃起障碍的药物的广告铺天盖地地出现在电视、杂志、网络，甚至户外广告牌上。你认为这些药物应该在大众媒体上被大肆宣传吗？为什么？

研究者正在探索针对女性性功能失调的生物医学方法，包括使用治疗勃起障碍的药物，如西地那非。虽然关于这些药物治疗女性性高潮障碍的有效性的研究取得了喜忧参半的结果，但这些药物在某些情况下是有帮助的（Ishak et al.，2010）。

如前文所述，男性的性激素睾酮可能会增加男性及绝经后性欲减退或性兴趣减退的女性的性冲动。然而，我们不应该认为所有性欲低下的病例都应该用激素进行治疗。就像一位著名的性健康专家所说的："……如果某人对她的配偶不满意，没有任何激素能解决这个问题（Clay，2009）。"性欲问题不应该被孤立地治疗，而应该被放在一个更大的背景下，综合考虑文化及人际关系的影响（Leiblum，2010）。例如，性欲缺乏可能反映了关系问题，在这样的案例中，应该使用伴侣治疗并聚焦于关系本身。根据目前的情况，性欲问题的治疗通常比其他类型的性功能失调的治疗要

更加复杂，治疗效果也更差（LoPiccolo，2011）。尽管美国有一款治疗女性性欲低下的新型药物在 2015 年被批准使用，但它的安全性和有效性仍然令人担忧（Clarke & Pierson，2015；Fox，2015）。

在罕见的情况下，如血管堵塞导致血液无法流向阴茎或阴茎存在结构性缺陷，手术可能是有效的。选择性 5-羟色胺再摄取抑制剂类抗抑郁药物，如氟西汀、帕罗西汀及舍曲林，可以通过增加神经递质血清素的活性来起作用。大脑中血清素可利用性的增加可能会导致延迟射精，这可以帮助有早泄问题的男性（Althof et al.，2014；El-Hamd & Abdelhamed，2018）。

治疗性功能失调的药物有很广阔的前景，但没有任何药物或生物学设备可以改善一段关系的质量。如果性功能失调是由伴侣之间严重的关系问题引发的，服用药物或涂抹药膏就不太可能解决问题。总体来说，通过心理学或生物学方法治疗性功能失调的成功率令人备受鼓舞，尤其是当我们想起几代人以前还完全不存在任何有效的治疗方案时。

10.3 性欲倒错障碍

"性欲倒错"（Paraphilia）一词源于希腊语词根"para"（意为"倒向另一边"）和"philos"（意为"爱"）。**性欲倒错**（Paraphilias）的人有着异于常人或非典型的性吸引模式，涉及对非典型刺激（"偏离"了通常引起性唤起的刺激）的性唤起（"爱"）。这种非典型的性唤起模式在他人看来可能是异常、古怪的，或者"变态的"（Balon，2015）。性欲倒错的人会对非典型刺激产生强烈且反复的性唤起，这体现在他们的性幻想、性冲动和性行为（按冲动行事）上。非典型刺激的范围包括无生命的物体，如内衣、鞋、皮革或丝绸；对自己或伴侣的羞辱或令人痛苦的体验；儿童和其他未表示同意或不具备同意能力的人（Fisher et al.，2011）。

DSM-5 将这些异常行为模式归类为性欲倒错障

碍（Paraphilic Disorders）（Beech, Miner, & Thornton, 2016）。然而，性欲倒错和性欲倒错障碍之间存在极其重要的区别（Di Lorenzo et al., 2018）。在某些情况下，性欲倒错行为并不会给自己或他人带来困扰或痛苦的后果，因此它们不会被归类为精神障碍或心理障碍。例如，一个恋鞋者会在家里私下进行恋鞋行为，却没有造成任何后果。在诊断性欲倒错障碍时，性欲倒错行为必须已经造成了显著的个人痛苦或在其日常生活的重要领域造成功能损害，或者过去或现在用来满足性冲动的行为对他人造成伤害或有伤害他人的风险（这一点与其他诊断类别有很大不同）（American Psychiatric Association, 2013）。因此，性欲倒错的存在本身是诊断性欲倒错障碍的一个必要条件，但不是充分条件。

对有些人来说，性欲倒错行为成了获得性满足的唯一手段。除非在现实生活或幻想中使用这样一些刺激，否则他们无法产生性唤起。有些人会偶尔或在压力下依靠这种非典型或不正常的刺激。尽管性欲倒错和性欲倒错障碍的患病率尚不清楚，但我们知道，除了一些性受虐案例和其他疾病的零星案例外，这些行为几乎不会出现在女性身上。

10.3.1 性欲倒错的类型

描述性欲倒错的定义，并识别其主要类型。

性欲倒错处于心理健康问题和法律议题的交界处（Calvert, 2014）。有些性欲倒错涉及犯罪行为，如露阴癖、恋童癖、性施虐癖和窥阴癖（Balon, 2015）。这些性欲倒错可能会对受害者造成伤害，有时甚至是严重的伤害。另一些性欲倒错不牵涉受害者，相对无害，所以不涉及违法行为，其中包括恋物癖和易装癖。在这里，我们关注的是性欲倒错本身，但请谨记，诊断

性欲倒错障碍需要性欲倒错导致了个人痛苦、功能受损，或者伤害他人或存在伤害他人的风险，无论性欲倒错行为发生在现在还是过去（American Psychiatric Association, 2013; Balon, 2015）。

露阴癖 [①]

露阴癖（Exhibitionism）的特征是个体通过向毫无戒心的人暴露自己的生殖器来产生性唤起，表现为与此相关的反复且强烈的幻想、冲动或行为。通常，这样的人期望看到受害者的惊讶、慌乱和性唤起。这类人可能会在幻想暴露自己的时候进行自慰（几乎所有案例都涉及男性）。受害者几乎都是女性。

相对来说，很少有受害者会报警，而最终导致罪犯被逮捕的案件更少的原因是，罪犯往往会迅速逃离现场。其中一个导致被逮捕的案件涉及一名 25 岁的男子，他多年来一直在毫无戒心的女性面前裸露身体（Balon, 2015）。他通常会坐在自己的车里，向停车场里的女人或街上经过的人暴露自己。在一次偶然的情况下，一名受害女性在他开车离开时记下了他的车牌号，并向警方报案，最终警方将他抓获。当他被逮捕时，他声称自己感到绝望，因为他无法控制自己的行为。

露阴癖

露阴癖是性欲倒错的一种，其特征是向那些毫无戒心的受害者暴露自己以寻求性唤起或性满足。

---

① 露阴癖的英文为 "Exhibitionism"，而露阴障碍的英文为 "Exhibitionistic Disorder"。正如前文所述，二者之间是有重要的区别的，因此这里我们使用"露阴癖"而非"露阴障碍"，以与原文保持一致（其他性欲倒错类型的表述方式与此相同）。第 3 章关于性欲倒错各种类型的内容因引自 DSM-5，所以使用"露阴障碍"等进行表述，这也与原文是一致的。——编者注

美国的一项调查发现，大约有 4% 的男性（2% 的女性）报告自己有暴露生殖器以达到性唤起的行为（Murphy & Page，2008）。有露阴癖的人通常对与受害者发生直接的性接触不感兴趣，尽管其中的大多数人会在公开场合自慰（Proeve & Chamberlain，2017）。不过，有些露阴行为会发展为更严重的性侵犯犯罪（McLawsen，Scalora，& Darrow，2012）。不管有露阴癖的人是否寻求身体接触，他们都可能使受害者认为自己处于危险中，并且会被这样的行为伤害。如果可以，受害者最好不要对露阴者做出任何反应，而是继续做自己的事。侮辱露阴者是不明智的，这样做有可能会激起其暴力的反应（McNally & Fremouw，2014）。我们也不建议受害者比较夸张地表现出震惊或恐惧，这可能会强化对方的行为。

那些做出露阴行为的男性把露阴当作一种对女性间接表达敌意的手段，这也许是因为过去他们曾被女

性错误地对待（拒绝）。做出露阴行为的男性往往害羞、孤独、依赖性强且缺乏人际交往的技巧，而且可能在与女性相处方面存在困难，或者难以与女性建立关系（Griffee et al.，2014）。他们中的有些人会怀疑自己的阳刚之气，并且有很强的自卑感。受害者表现出的厌恶或恐惧会增强他们对处境的掌控感，提高他们的性唤起。请看下面这个关于露阴癖的案例。

虽然一些病例涉及女性，但事实上，几乎所有的露阴癖病例都涉及男性（Proeve & Chamberlain，2017）。露阴者通常对与受害者进行真正的性接触并不感兴趣。他们目的是使毫无戒心的目击者感到震惊和慌乱，而不是炫耀自己身体的吸引力。因此，穿着暴露的泳衣或其他暴露的着装不是临床上所说的露阴癖。脱衣舞者等也不符合露阴癖的临床诊断标准。他们没有将自己暴露在毫无戒心的陌生人面前以使他们受到惊吓或让他们产生性唤起的愿望。脱衣舞者的主要动

迈克尔
一个关于露阴癖的案例

迈克尔是一名 26 岁的已婚男子，长相英俊，有一个 3 岁的女儿。他一生中大约 1/4 的时间是在管教所和监狱里度过的。青春期时的他曾是一名纵火犯。步入成年后，他开始有露阴行为。他在妻子不知情的情况下来到诊所，因为他的露阴行为已经越来越频繁——每天多达三次——他担心再这样下去，自己迟早会再次被捕并被扔进监狱。

迈克尔称自己虽然也喜欢与妻子之间的性生活，但这远不如露阴刺激。他无法阻止自己的露阴癖，尤其是现在——他失业了，还在为家里下个月的房租犯愁。他对女儿的爱胜过一切，他根本无法忍受与女儿分开，甚至连想都不敢想。

迈克尔描述了自己的行为：他会在人群中寻找那些身材姣好的少女，通常在初中或高中校园

附近。当他将车开向某个女生或一小群女生时，他会把自己的生殖器掏出来并用手玩弄它。他会把车窗摇下来向她们问路，但不会停下手上的动作。有时，女孩并没看见他的生殖器。没关系。有时，她们看见了，却没有反应。那也没关系。如果她们看见了，并且惊慌失措，对他来说就是最好的了。他会继续更用力地自慰，有时会在女孩离开前射精。

迈克尔身世坎坷。在他出生前，父亲就离家了，母亲酗酒很严重。在整个童年期，他都在不同的寄养家庭进进出出。10 岁前，他就参与了邻居男孩们的性活动。男孩们有时也会强迫邻里的女孩们去爱抚他们，而当女孩们感到难过时，迈克尔的心情又很复杂。他既为她们感到难过，又乐在其中。有几次，女孩们在看到他的生殖器时显得惊慌失措，这让他"真的感觉自己像个男人"。"我想要找的，就是女孩的那种表情，你懂的，不是女人，而是女孩，身材姣好的女孩。"

机通常是为了谋生（Philaretou，2006）。

恋物癖

法语单词"Fétiche"被认为源自葡萄牙语"Feitico"，意为"魔力"。在恋物癖（Fetishism）这种病症中，"魔力"在于物体具有可以产生性唤起的能力。恋物癖的主要特征是对无生命物体（诸如胸罩、内裤、袜子、靴子、鞋、皮革制品、丝绸制品之类的衣物等）产生性唤起，表现为与此相关的反复且强烈的幻想、冲动或行为（Blaszczynski，2017）。男性看到、摸到、闻到伴侣的内衣而产生性欲，这是正常的。然而，有恋物癖的男性可能更喜欢物品而不是伴侣，而且没有物品可能就无法产生性欲。他们经常会通过抚摸、摩擦、闻某种物品同时自慰来体验性快感，或者让伴侣在性活动中佩戴这些物品来获得性满足。

在许多案例中，恋物癖的起源可以追溯到童年早期。在早期的研究样本中，大多数有橡胶恋物癖的人都能够回忆起他们在 4 ～ 10 岁期间的某个时候第一次体验到对橡胶的迷恋（Gosselin & Wilson，1980）。

易装癖

易装癖（Transvestism，也被叫作"易装恋物癖"）是指通过变装激起性唤起，表现为与此相关的反复且强烈的幻想、冲动或行为。尽管其他男性，如有恋物癖的男性，可能会通过在自慰时使用诸如女性衣服之类的物品来满足自己，但有易装癖的男性需要穿上它们才能达到性兴奋状态（Blanchard，2010；Blaszczynski，2017）。他们可能会穿女性化的服装并且化妆，或者喜欢特定类型的衣服，如女性的长筒袜。尽管一些有易装癖的男性是同性恋者，但通常来讲，易装癖发生在异性恋男性中（Långström & Zucker，2005）。有易装癖的男性通常在私下里穿异性的服装，并且在自慰的时候幻想自己是一个女人，正在被抚摸。一些人时常出入易装俱乐部或成为易装亚文化群体的一员。一些有易装癖的男性会通过幻想自己的身体是女性而激起性欲（Bailey，2003）。

具有跨性别认同的男性可能会穿女性的服装，这可能是因为他们想让自己"变得"像女性，也可能是因为他们穿男性的服装会感觉不舒服。一些男同性恋者也会穿异性的服装，以表明自己所扮演的性别角色，但这并不是为了性唤起。因为男同性恋者或跨性别者穿异性的服装并不是出于性唤起或性满足的需要，所以他们的行为不能被归类为易装癖。为了演戏而穿异性服装的反串演员，也不能被认为有易装癖。

大多数有易装癖的男性已经结婚，也与妻子进行性行为，但他们仍然要通过装扮成女性来寻求额外的性满足，就像下面这个案例中所展示的那样。

阿奇
一个关于易装癖的案例

阿奇是一名 55 岁的水管工，多年来一直在易装。曾经有一段时间，他会以女性的身份出现在公共场合，但随着他在社区中的声望越来越高，他变得越来越害怕被发现。他的妻子默娜知道他的"不良癖好"，是因为他从她那里借了很多衣服。她还鼓励他待在家里，并表示愿意帮他解决这个"古怪"的问题。多年来，他的性欲倒错仅限在家中。

在妻子的催促下，这对夫妇来到了诊所。默娜描述了在过去的 20 年里，阿奇是如何将自己的意志强加给她的。阿奇会一边穿着默娜的内衣自慰，一边听默娜说他这么做有多恶心。（这对夫妇也会经常进行"正常"的性行为，默娜对此很享受。）这次易装事件之所以到了紧要关头，是因为当他们正在卧室里实现阿奇的幻想时，他们十几岁的女儿差点儿闯进来。

默娜走出咨询室后，阿奇解释道，他从小跟几个姐姐一起长大。他描述了内衣是如何永远挂在浴室里晾干的。作为青少年，阿奇尝试着摩擦内衣，然后穿上它们。有一次，当阿奇穿着一条女士内裤站在镜子前展示时，被他的一个姐姐撞见了。她说他是个"社会败类"，结果他立刻体验到了无与伦比的性兴奋。当她离开房间后，他自慰了，并且体验到了前所未有的性高潮。

阿奇不认为穿女性内衣及自慰有什么问题。他也不打算放弃，无论他的婚姻是否会因此而破裂。而默娜最关心的是如何让自己摆脱阿奇的"病态"。她不再关心他的所作所为，只要他自己一个人完成就行。"我受够了。"她说。

以下是这对夫妇在婚姻治疗中达成的妥协方案。阿奇会一个人完成自己的幻想。他会选择默娜不在家的时间，这样她就不会知道他的活动了。他也会非常谨慎地选择孩子们不在身边的时间。

六个月后，这对夫妇还在一起，彼此都很满意。阿奇用关于易装-施受虐主题的杂志来替代默娜在他的幻想中所扮演的角色。默娜则说："我不听、不看、不闻。"他们也继续进行性行为。过了一段时间，默娜甚至忘了要去查看哪些内衣被阿奇穿过。

窥阴癖

窥阴癖（Voyeurism）是指通过窥视一个毫不知情者（通常是陌生人）的裸体、脱衣的过程或性活动，从而激起性唤起，表现为与此相关的反复且强烈的幻想、冲动或行为。用手机偷拍裙底照片，以便在自慰时使用，也属于这一类（Blaszczynski, 2017）。有窥阴癖的人通常并不寻求与被观察对象进行直接的性接触，只是通过窥视行为引起性兴奋。和露阴癖一样，几乎所有的窥阴癖都发生在男性身上。

看伴侣脱衣服或观看色情电影的行为是窥阴癖吗？答案是否定的。在这两种情况下，被看的人知道他们正在被伴侣或将被观众观看。为了寻求性刺激而去脱衣舞俱乐部也不能被认为是异常的，因为它不需要通过窥视毫不知情的人来寻求性唤起。

窥阴者通常会在偷窥或幻想偷窥时进行自慰。窥阴者通常缺乏性经验，可能怀有深深的自卑感或不足感（Leue, Borchard, & Hoyer, 2004）。偷窥可能是窥

阴者唯一的性发泄途径。有些人从事偷窥行为是为了把自己置身于危险的境地。被逮到或被揍的可能性明显增加了他们的兴奋度。

摩擦癖

法语单词"Frottage"是指通过在凸起的物体上摩擦来作画的艺术技法。**摩擦癖**（Frotteurism）的主要特征是在未征得他人同意的情况下通过碰触和摩擦他人而产生性唤起，表现为与此相关的反复且强烈的幻想、冲动或行为。性摩擦通常发生在拥挤的地方，如地铁的车厢或站台、公交车或电梯（Clark et al., 2014）。唤起男性性欲的是摩擦或碰触本身，而不是行为的强制性。他可能想象自己正在享受与受害者的一种独特而亲密的性关系。因为身体接触是短暂且偷偷摸摸进行的，所以进行性摩擦的人被旁观者看到的可能性很小。即便是受害者本人也可能并未意识到发生了什么或来不及进行反抗。在下面的案例中，一名男子曾在数年中侵犯了超过 1000 名女性，但只被逮捕过两次。

地铁里的碰撞
一个关于摩擦癖的案例

一名 45 岁的男子因在地铁上摩擦一名女性而被逮捕，随后他被送去看精神科医生。在观察一名进入地铁站的女性仅 20 秒后，他就选定了她作为目标。在站台上，他站在那名女性的身后，等待地铁进站。接着，他尾随她进入车厢，当车门关闭后，他就开始撞击她的臀部，幻想着他们正在享受两相情愿的性爱。大约有一半的时间，他能达到性高潮，然后他会继续去上班。如果没能达到性高潮，他就会换一节车厢，寻找新的受害者。尽管每次事后他都感到内疚，但很快他就开始全神贯注地计划下一次活动了。他从来没有想过他的受害者对他所做的事情有什么看法。尽管他已经结婚 25 年了，他在社交方面仍然表现得相当笨拙和不自信，尤其是在面对女性时。

资料来源：Adapted from Spitzer et al.，1994.

他刚才做了什么

不受欢迎的性摩擦或触碰常常发生在十分拥挤的地方，如上下班高峰期的地铁车厢。

恋童癖

恋童癖（Pedophilia）一词源于希腊语 "Paidos"（意为 "儿童"）。有恋童癖的人通过与儿童（通常年龄为 13 岁或更小）的性活动产生性唤起，表现为与此相关的反复且强烈的幻想、冲动或行为。被诊断为恋童障碍（Pedophilic Disorder）的人必须至少年满 16 周岁，并且与让他们有性冲动或被他们性侵害的儿童相差至少 5 岁。但是，这一诊断标准并不适用于处于青春期晚期并与 12 ～ 13 岁的孩子长期保持性关系的青少年（American Psychiatric Association，2013）。一些有恋童癖的人只对儿童感兴趣，而另一些则既能被儿童吸引，也能被成年人吸引。

尽管大多数恋童障碍患者都是被儿童吸引的男性，但必须注意的是，有恋童癖的人既可能是男性也可能是女性，不管他们是寻求与男孩还是女孩发生性关系。一些有恋童癖的人的越轨行为仅限于盯着儿童或亲手脱掉儿童的衣服，而另外一些则涉及露阴、亲吻、爱抚、口交、肛交，如果受害者是女孩，可能还包括阴道性交等。孩子们还不谙世事，因此常被猥亵者利用，他们会告诉孩子们这是在 "教育" 他们，"给他们看一些东西"，或者做一些他们会 "喜欢" 的事情。

一些有恋童癖的男性的变童行为仅限于家庭成员中的孩子，另一些则只对家庭以外的孩子进行骚扰。毋庸置疑，对儿童的性侵害是一种犯罪行为，他们罪有应得。然而，并不是所有儿童性侵犯者都患有恋童障碍，也不是所有患有恋童障碍的人都会猥亵儿童（Berlin，2015）。一些被诊断出患有这种障碍的人会对与儿童的性活动有反复的冲动和幻想，并且可能会在幻想的时候自慰，但他们不会通过猥亵儿童来满足自己的冲动。一些儿童猥亵者只是偶尔或在有机会的时候才有恋童的冲动，因此不符合反复出现的冲动这一标准，也不符合恋童障碍的临床诊断。

大多数有恋童癖的人并不是穿着雨衣在学校周围徘徊的 "肮脏老男人"，虽然这样的刻板印象普遍存在。患有这种障碍的男性（几乎所有病例都是男性）通常是 30 岁或 40 多岁守法且受人尊敬的公民，大多数都是已婚或离婚人士，并且有自己的孩子。他们对受害者很熟悉，受害者通常是亲戚或朋友家的孩子。许多恋童癖案件并不是偶发事件，它们通常在孩子年幼时就开始发生，并持续多年，直到被人发现或这种关系破裂为止。

恋童癖的起因复杂而多变。一些案例符合人们的刻板印象，他们是害羞、被动、不善社交、性格孤僻的男性。这类人在与成年女性的关系中深受威胁，因此转而向儿童寻求性满足，因为儿童没有那么多批判和要求。研究者发现，与其他男性相比，有恋童癖的人拥有更少的恋爱关系，而且他们所拥有的关系往往不那么令人满意（Seto，2008）。在一些案例中，童年时期与其他孩子的性经历可能非常令人愉悦，以至于他们在成年后仍试图找回童年时期的兴奋感。在另一些案例中，在童年时期曾遭受性侵犯的男性试图通过这种行为建立掌控感，以扭转局势。

性虐待给儿童带来的影响

近年来，备受关注的新闻案件使儿童性虐待问题得以凸显。儿童性虐待的发生比大多数人以为的要更加普遍。在那些性欲倒错的男性的个案史中，我们也经常会发现性虐待问题，这也支持了这样一种观点：个体的性发展会因童年时期遭受的性侵害而受到破坏（Blokland & Lussier，2015）。

一篇针对已有研究的文献综述显示，大约 8% 的成年男性和大约 20% 的成年女性报告他们在 18 岁前曾遭受不同形式的性虐待（Pereda et al.，2009）。童年期性虐待的发生率可能更高——30% 的女孩和 15% 的男孩（Irish，Kobayashi，& Delahanty，2010）。典型的施虐者并不是潜伏在暗处的陌生人，而是孩子的亲人、继亲、家族好友或邻居。他们是被孩子信任却践踏了这种信任的人（Beauregard，Proulx，& LeClerc，2014）。

无论是来自家庭成员、熟人还是陌生人的性虐待，都会对儿童造成巨大的心理伤害。重要的是，性虐待对儿童的心理影响是多种多样的，并没有哪一种

模式适用于所有情况（Whitelock，Lamb，& Rentfrow，2013）。遭受虐待的儿童可能会出现一系列心理问题，包括愤怒、焦虑、抑郁、饮食失调、不当的性行为、攻击行为、物质滥用、自杀意念及自杀企图、创伤后应激障碍、低自尊、性功能失调及疏离感（Dworkin et al.，2017；Meston & Stanton，2017）。在童年时期遭受过性虐待的成年人更容易出现心理障碍、严重的身体健康问题，以及记忆和认知功能问题（Gould et al.，2012；Irish，Kobayashi，& Delahanty，2010）。性虐待还可能会导致生殖器损伤和心身问题，如胃痛和头痛。

年幼的孩子在遭受性虐待后，有时会用发脾气、攻击行为和反社会行为来应对。年龄稍大一些的孩子则经常出现物质滥用问题。一些遭受性虐待的儿童会变得社交退缩，沉溺在幻想中，或者待在家里不出门。被性虐待的儿童可能也会表现出退行行为，如吮吸手指、怕黑、害怕陌生人等。许多在童年时期遭受性虐待的幸存者患上了创伤后应激障碍。他们会被闪回、噩梦和情感麻木所困扰，并觉得自己与他人格格不入（Herrera & McCloskey，2003）。

遭受性虐待儿童的性发展可能会偏离正常方向。例如，受虐儿童可能会过早地接触性行为，或者在青春期或成年后滥交（Herrera & McCloskey，2003）。遭受性虐待的青春期女孩可能会比同龄人发生更多性行为。

童年期性虐待对男孩和女孩造成的影响是相似的（Maikovich-Fong & Jaffee，2010）。例如，他们都会感到害怕，并出现睡眠问题。然而，一些研究者报告，性虐待的影响存在性别差异，其中最明显的差异是男孩会表现出更多外化的行为问题，通常是攻击行为；女孩则更多地把痛苦内化，如变得抑郁（Edwards et al.，2003）。

心理问题可能会以创伤后应激障碍、焦虑、抑郁、物质滥用及关系问题的形式持续到青春期甚至成年期。对儿童期性虐待的受害者来说，青春期晚期和成年早

期是尤为困难的阶段，因为未解决的愤怒、罪恶感和深深的不信任感会阻碍他们发展亲密关系（Meston & Stanton，2017）。童年期性虐待也与之后边缘型人格障碍的形成有关，我们将在第 12 章对这种心理障碍进行讨论。

性受虐癖

性受虐癖（Sexual Masochism）的名称源于奥地利小说家利奥波德·范·萨克 – 马索克（Leopold von Sacher-Masoch，1836—1895 年）。在他所写的故事和小说中，男性通过让女性给他们施加痛苦来寻求性满足，通常是以鞭笞（殴打或鞭打）的形式。性受虐癖涉及通过被羞辱、殴打、捆绑或其他受苦的方式产生性唤起，表现为与此相关的反复且强烈的幻想、冲动或行为。在性受虐障碍的案例中，这些冲动要么被付诸行动，要么会造成显著的个人痛苦。在一些案例中，个体在缺乏痛苦和羞辱的情况下无法获得性满足。性受虐癖这种性欲倒错的形式尽管在男性中更常见，但在女性中也有一定的比例（Logan，2008）。

有些性受虐者会在自慰或性幻想中捆绑或伤害自己。在另一些情况下，性受虐者的性伴侣会通过捆绑（束缚）、蒙眼（感官束缚）、拍打或鞭打来虐待他们。在这些伴侣中，有些是妓女，有些是自愿扮演施虐者角色的性伴侣。在一些案例中，有些人为了获得性满足会希望被灌尿或灌便，或者被言语羞辱。

性受虐癖中最危险的一种表现形式是**性窒息**（Hypoxyphilia）。在这个过程中，参与者会因被剥夺氧气——例如，通过使用套索、塑料袋、化学药品或挤压胸部等方式在自慰或其他性行为中进行氧气剥夺——而产生性冲动。氧气剥夺通常伴随着窒息或被性伴侣剥夺呼吸的幻想。进行这种活动的人通常在失去知觉前就会停止窒息行为，但偶尔也会出现因窒息而死亡的案例。

性施虐癖

性施虐癖（Sexual Sadism）是以臭名昭著的 18 世纪法国人马奎斯·德·赛德（Marquis de Sade）的名字命名的，他写了一些关于通过给他人施加痛苦或羞辱来获得性满足的故事。性施虐癖是性受虐癖的反面，它的特征是通过使另一个人遭受心理或躯体上的痛苦而产生性唤起，表现为与此相关的反复且强烈的幻想、冲动或行为（Balon，2015；Blaszczynski，2017）。

有性虐待幻想的人有时会招募自愿参与的伴侣，她们可能是施虐者的有受虐兴趣的妻子或情人，也可能是被雇来扮演受虐角色的妓女。但是，也有一些（少数）性施虐者会跟踪和攻击陌生的受害者，通过对他们施加痛苦和折磨来获得性满足。施虐型强奸犯就属于这一类。实验室研究证据显示，性施虐者容易在性情境中因暴力对待或伤害受害者的场景而产生性唤起（Seto et al.，2012）。然而，值得注意的是，大多数强奸者不会因为对受害者施虐而产生性唤起，其中有

Radius/SuperStock

角色扮演抑或性欲倒错

施受虐是伴侣双方自愿进行的性角色扮演的一种形式。这种行为在什么情况下会越界，成为性欲倒错呢？

许多人在看到受害者饱受痛苦时，甚至会失去性兴趣。

不少人可能偶尔会有施虐或受虐的幻想，也可能与伴侣进行过模拟或温和形式的**施受虐**（Sadomasochism）性游戏。施受虐是指一种包括施虐和受虐行为的相互满足的性互动。有些形式的施受虐比较温和，如使用羽毛刷"击打"伴侣，这实际上并不会产生真正的疼痛。这种形式及其他一些形式的施受虐，如爱的撕咬、拉扯头发及轻微的抓挠，在双方都同意的性关系中被认为属于正常的人类性行为（Laws & O'Donohue, 2012）。像"主仆"游戏这样的仪式也会上演，就好像身处戏剧场景中一样。施虐者和受虐者常常互换角色。只有当这些性行为、冲动或幻想导致了个人痛苦，或者对个体履行社交、职业或其他角色的能力产生了不良影响，又或者伤害了他人或存在伤害他人的风险时，才能在临床上被诊断为性受虐障碍或性施虐障碍。

其他类型的性欲倒错

还有不少其他类型的性欲倒错，包括电话淫语症（打淫秽电话）、恋尸癖（对尸体产生性幻想或性冲动）、部分性欲癖（只对某个身体部位有兴趣，如乳房）、恋兽癖（对动物产生性冲动或性幻想），以及对粪便（嗜粪癖）、灌肠（灌肠癖）和尿液（恋尿癖）产生性唤起。我们将在下文的"数字时代下的异常心理"专栏中讨论现代背景下的一种新型心理障碍。

数字时代下的异常心理
网络性成瘾—— 一种新型心理障碍

"色情网站每月的访问量比 Netflix、亚马逊和 Twitter 加起来还要多。"

——《赫芬顿邮报》（*The Huffington Post*）

"网络性爱就像海洛因。它牢牢地抓住了人们，掌控了他们的生活。它很难被治疗，因为受其影响的人并不想放弃。"

——马克·施瓦茨（Mark Schwartz）

心理健康专家对一种被称为网络性成瘾（Cybersex Addiction）的新型强迫性行为表示担忧（Mollaioli et al., 2018）。患有网络性成瘾的人可能会逐渐难以对自己那有血有肉的伴侣产生性欲，因为他们认为伴侣的性魅力不及色情演员。对色情网站的强迫性使用会给他们与伴侣或工作的关系带来一系列问题，尤其是如果他们用上班时间看色情网站的话。一项研究显示，在 339 名大学生中，大约有 10% 的人有网络性成瘾的表现，男性比女性更容易受其影响（Giordano & Cashwell, 2017）。

在某种意义上，网络性成瘾可以被比作吸毒成瘾，因为人们使用互联网来获得满足，就像吸毒成瘾者依赖毒品一样（Ayres & Haddock, 2009; Schneider, 2005）。詹妮弗·施纳德（Jennifer Schneider）医生是治疗网络性成瘾方面的权威，她将网络性成瘾定义为一种真正意义上的成瘾障碍，其特征是"失去控制，无视严重的后果继续进行相关行为，完全沉迷于获得药物或沉浸在某种行为中"（Schneider, 2005）。尽管一些研究发现，那些沉迷于网络性爱的男性在现实生活中有充分的机会发生性行为，但另一些调查研究却显示，他们比一般男性更加孤独（Yoder, Virden, & Amin, 2005）。处于恋爱关系中的人们在浏览色情网站时可能并不认为他们的行为属于欺骗或不忠（Jones & Hertlein, 2012）。

性唤起和性高潮也会强化这种行为。正如研究者马克·施瓦茨所指出的："只需敲击几下键盘，就能带来强烈的性高潮。这对行为是极大的强化。网络性爱提供了一种便捷而廉价的途径，让人们与理想中的性伴侣进行无数次仪式化的邂逅（Brody, 2000）。"

与其他成瘾行为一样，对网络性刺激的耐受性也会出现，促使成瘾者冒着越来越大的风险重新获得最初的快感。患有网络性成瘾的人有时会忽视他们的伴侣和孩子，甚至有丢掉工作的风险。许多公司会监管员工的上网活动，访问色情网站可能会让员工失去工作。施耐德报告了其他不良后果，包括对人际关系的破坏。这类人的伴侣通常感觉被背叛、被忽视，无法与网络上的幻想相抗衡。

一名结婚 14 年的 34 岁女性想知道她要如何才能和丈夫脑海中的那些与他上床的不知名的女人竞争。她感觉她的床——曾经是他们两个人最亲密无间的地方——如今挤满了那些看不见面孔的陌生人（Brody，2000）。

网络性成瘾尚未被认定为一种可诊断的障碍。我们也不清楚使用网络色情资源在何种程度上会构成网络性成瘾。然而，网络性成瘾的问题愈演愈烈，尤其是现在，宽带让露骨的色情视频节目可以在世界各地的计算机屏幕上播放。

下面列出了一些网络性成瘾的预警信号。如果你发现自己有此迹象，我们建议你与专业的咨询师讨论一下。

- 花在性相关网站上的时间越来越多。
- 感觉难以自拔地想要通过网络色情来达到性释放。
- 不愿意与伴侣进行性行为，宁可选择网络色情。
- 在明知不合适的情况下（如在上班期间或有孩子在身旁时）依旧忍不住浏览色情网站。
- 对自己承诺不使用色情网站后一再食言。
- 在网络聊天室与人进行性挑逗和可能有风险的交流。
- 不让你的配偶或孩子看到你在上网。
- 如果有一段时间没有接触网络色情，你就会体验到抑制不住的强烈渴望。
- 将现实生活中的伴侣与色情网站上的演员进行不公平的比较。

10.3.2 理论观点

描述有关性欲倒错的理论观点。

和许多其他心理障碍一样，理解性欲倒错的成因也同时强调了心理学和生物学方面的因素。

心理学观点

心理动力学理论家认为，很多性欲倒错都是对性心理发展的性器期遗留下来的阉割焦虑的防御（Friedman & Downey，2008；见第 2 章）。在弗洛伊德的理论中，小男孩会对母亲发展出性欲望，而将父亲视为对手。阉割焦虑——对被父亲用阉割的方式进行报复的无意识恐惧——促使男孩放弃对母亲的乱伦渴望，进而认同自己的父亲。然而，未能成功地解决这一冲突可能会导致阉割焦虑遗留至成年之后，即在与成年女性性交时，无意识地将被阉割的风险与阴茎消失等同起来。在无意识层面，遗留下来的阉割焦虑会促使男性把性冲动转移到"更安全"的性行为上，例如，与女性的内衣进行性行为、偷看他人的裸体、与可以轻易控制的儿童进行性行为。露阴者在暴露其生殖器时，可能会在无意识中寻求对阴茎完好的确认，仿佛他们在大声宣告："看！我有阴茎！"关于性欲倒错起源的心理动力学观点仍然是推论性的、有争议的。我们缺乏任何直接的证据来证实性欲倒错的男性是因为受到未解决的阉割焦虑的影响而出现该问题的。

理论家推测，性欲倒错，如性受虐癖，可能代表着一种暂时的逃避——为了从平凡的自我中短暂地解脱出来（Knoll & Hazelwood，2009）。专注于当下的痛苦或愉悦的感觉，专注于作为性对象的体验，也许能让他们从保持成熟、负责任的自我意识中暂时解脱出来。

学习理论家用条件反射和观察学习来解释性欲倒错。某些物体或行为无意中与性冲动联系在了一起，接着，这些物体或行为就拥有了促使性冲动产生的能力。例如，性研究者乔恩·莱妮丝（June Reinisch）推测，最早的有意识的性唤起或性反应（如勃起）可能与橡胶裤子或尿布有关（Reinisch，1990）。这种联系为发展出橡胶恋物癖奠定了基础。或者，一个男孩在自慰的时候瞥见了毛巾架上放着的母亲的长筒袜，进而发展出了对长筒袜的迷恋（Breslow，1989）。某种物体存在时的性高潮强化了该物体与性爱之间的联系，尤其是当它反复出现时。然而，这样的恋物癖是由机械联想产生的，我们或许可以预期人们会对那些不经意的、反复与性活动相联系的刺激物产生迷恋，如床单、枕头甚至天花板。但事实并非如此，刺激物所代表的意义起着主要的作用。恋物癖的发展可能有赖于在性幻想和自慰中融入某些类型的刺激（如女性的内衣），从而使这些刺激变得具有色情意义。

家庭成员之间的关系也可能会起到一定的作用。一些有易装癖的人报告自己在童年时期就有"因为穿裙子而被惩罚"的历史。也就是说，他们因为穿着女孩的衣服而受到羞辱。也许，有易装癖的成年男性试图在心理上将耻辱转化为掌控。也就是说，哪怕穿着女性的服装，他们依然可以勃起并进行性活动。

生物学观点

研究者正在研究生物学因素在性欲倒错中可能发挥的作用。他们发现，性欲倒错的男性的性冲动高于平均水平，他们出现性冲动和性幻想的频率也更高，自慰达到性高潮后的不应期（即重新勃起所需的时间）更短（Haake et al.，2003；Jordan et al.，2011）。一些专业人士可能将适用于某些性欲倒错病例的性欲高涨称为性欲亢进障碍，与性欲减退障碍正好相反。在这种情况下，个体可能难以控制反复从事非法行为或适应不良行为的冲动，如频繁卖淫、在公开场合自慰、对色情作品难以自拔（Levine，2012）。

其他研究者发现，性欲倒错的男性与对照组男性在面对性欲倒错图片和对照组图片时的脑电波模式存在差异（Waismann et al.，2003）。这种差异的意义尚不明确，但性欲倒错的男性的大脑对不同类型的性刺激的反应可能与其他男性不同。研究者报告称，通过功能性磁共振成像技术检测男性观看裸体儿童和裸体女性图片时大脑的反应，就可以区分出有恋童癖的男性和（没有恋童癖的）健康男性，并且准确率接近 100%（Ponseti et al.，2012）。尽管这有待进一步的研究证实，但可以想象，与性唤起有关的大脑神经网络的紊乱可能会增加一般人对恋童癖的易感性，或许也会增加有童年期创伤或虐待史的男性对恋童癖的易感性。

随着时间的推移，我们可以更多地了解有关性欲倒错行为的生物学基础。与其他性行为模式一样，性欲倒错也可能有多种生物学、心理学及社会文化根源。因此，我们对它们的理解是否最好从一个包含多个视角的理论框架入手？例如，性研究者约翰·曼尼（John Money）将性欲倒错的起源追溯到童年时期（Money，2000）。他认为，童年经历在大脑中蚀刻下了一种模式，他称之为"爱情地图"（Lovemap）。爱情地图决定了能引起性冲动的刺激和活动的类型（Goldie，2014）。在性欲倒错中，爱情地图可能被早期的创伤经历所扭曲或"破坏"。在许多情况下，确实有证据表明童年早期的情感或性创伤与后来的性欲倒错有关（Barbaree & Blanchard，2008）。就像研究者格雷戈里·莱纳（Gregory Lehne）所说的："被性虐待的男孩可能会发展出与其他男孩进行性行为的性欲倒错幻想……而作为小男孩，穿异性的服装可能会让他们感到尴尬或受到惩罚，这可能会导致一些男孩把这种体验色情化，进而发展出易装癖（Lehne，2009）。"

10.3.3　性欲倒错障碍的治疗方法
识别治疗性欲倒错障碍的不同方法。

治疗性欲倒错障碍的一个主要问题是，许多有这类行为的人并没有改变的动机。他们可能并不想改变自己的行为，除非他们相信治疗可以让他们摆脱严重的惩罚，如被监禁或失去家庭生活。因此，他们通常不会主动寻求治疗。往往在被判性侵犯（如露阴、窥阴或猥亵儿童）后，他们才会在监狱里接受治疗。或者，法庭会要求他们接受治疗。在这种情况下，性犯罪者拒绝接受治疗也就不足为奇了。治疗师认识到，当来访者缺乏改变行为的动机时，治疗可能是徒劳的。尽管如此，某些治疗方法，主要是认知行为疗法，依然有助于那些试图改变自己行为的性犯罪者（Abracen & Looman，2004）。

精神分析

精神分析学家试图将童年期的性冲突（通常是俄狄浦斯情结）带入意识层面，这样他们就可以借助个体的成年自我来解决问题了（Laws & Marshall，2003）。不时会有文献记载个别案例的有效治疗结果，但目前缺乏对照研究来支持精神分析治疗性欲倒错的有效性。

认知行为疗法

传统的精神分析需要一个漫长的过程来探索问题的童年根源。认知行为疗法则更短程，直接专注于改变问题行为本身。认知行为疗法包括许多特定的技术，如厌恶条件反射、内隐致敏法及社交技能训练，可以帮助来访者消除性欲倒错行为，强化恰当的性行为（Kaplan & Krueger，2012；Marshall & Marshall，2015）。在许多情况下，治疗师会把这些技术整合起来使用。

厌恶条件反射的目的是减少对不被接受的刺激或幻想的消极情绪反应，它应用条件反射的原理将涉及儿童的性刺激反复与厌恶刺激（难闻的气味，如氨气）进行配对，希望治疗对象能对与性欲倒错相关的刺激形成条件性厌恶（Seto，2008）。厌恶条件反射可以减少性欲倒错者对儿童的性唤起反应，但问题在于，我们尚不清楚这一效果可以持续多久（Marshall & Marshall，2015；Seto，2008）。

内隐致敏法是厌恶条件反射的一种变式，在这种方法中，治疗师会将性欲倒错幻想与想象的厌恶刺激进行配对。在一项具有里程碑意义的研究中，研究者首先让有恋童癖和露阴癖的男性被试幻想恋童癖或露阴癖的场景（Maletzky，1980）。接着，会发生以下情况：

> 在某个时刻……一旦性快感被唤起，就会出现令人厌恶的画面……例如，一个露阴者正对着一名女性暴露下体，却突然被他的妻子或警察逮个正着；一个恋童者正在让一个小男孩在田野间躺下，结果自己却正好躺在男孩旁边的一堆狗屎上（Maletzky，1980）。

在一项持续 25 年的追踪研究中，7275 名性犯罪者接受了类似的治疗，研究者发现，该治疗对很多有露阴癖的男性有效，但鲜少对有恋童癖的人起效（Maletzky & Steinhauser，2002）。然而，由于时间太久，可以联系到的被试只有不到 50%。

社交技能训练可以帮助个体提高与成年伴侣发展和维持关系的能力。治疗师可能首先会向来访者示范一个目标行为，例如，邀请一名女性外出约会，或者应对拒绝。然后，来访者会和治疗师一起进行排练，预演那名女性可能会表现出的行为。治疗师会提供反馈、进一步指导和示范，从而帮助来访者进一步提高自己的社交技能。

由于缺乏对照研究，关于网络性成瘾或其他形式的性成瘾的治疗效果的研究仍有较大的局限性，但对个别案例进行的心理治疗和药物治疗目前已呈现出一些比较令人满意的结果（Rosenberg，Carnes，& O'Connor，2015；Dhuffar & Griffiths，2015）。

生物学方法

目前尚无灵丹妙药或其他医学方法可以治疗性欲倒错障碍。然而，选择性 5-羟色胺再摄取抑制剂类抗抑郁药物，如百忧解，在治疗露阴癖、窥阴癖、恋物癖方面有一定的效果（Assumpção et al.，2014；

Thibaut，2012）。为什么这类药物有效？我们在第 5 章提到过，这类药物通常可以帮助治疗强迫症，该心理障碍的特征是反复出现的强迫思维和强迫行为。欲倒错似乎也反映出这种行为模式，这表明他们可能会陷入强迫思维或强迫行为中。性欲倒错的人通常会对性欲倒错物体或刺激产生强迫性的想法或意象，如与儿童有关的侵入性、反复性的心理意象。许多人对反复执行性欲倒错的行为也感到无法自拔。

抗雄激素药物可以降低血液中的睾酮水平，睾酮会激发性冲动，所以使用抗雄激素药物可能会降低性冲动和性欲望，包括性侵犯冲动和相关的幻想，尤其是当药物与心理治疗联合使用时（Assumpção et al.，2014；Fisher & Maggi，2014；Kellar & Hignite，2014）。然而，抗雄激素药物不能完全消除患者性欲倒错的欲望，也不能改变对患者有吸引力的性刺激类型。

在继续新的内容之前，我们来回顾一下性欲倒错的主要类型（见图 10-3）。

性欲倒错的主要类型（非典型或不正常的性满足方式，除性受虐癖外，其他性欲倒错通常发生在男性身上）。

- **露阴癖**：性满足源于在公开场合暴露自己的生殖器。
- **窥阴癖**：性满足源于窥视一个毫不知情的裸体者，通常是窥视陌生人脱衣的过程或性活动，从而激起性唤起。
- **性受虐癖**：性满足源于接受羞辱或疼痛。
- **恋物癖**：性满足源于无生命的物体或身体的特定部位。
- **摩擦癖**：性满足源于在未征得同意的情况下碰触和摩擦陌生人。
- **性施虐癖**：性满足源于给他人施加痛苦或羞辱。
- **易装癖**：性满足源于易装。
- **恋童癖**：被儿童性吸引。

图 10-3　性欲倒错概览

图 10-4 概述了性欲倒错障碍的诱发因素和治疗方法。

诱发因素（可能涉及多方面的原因）

- **学习理论观点**——非典型的刺激物通过与性活动进行配对，成为性唤起的条件刺激
　　　　　　　　——非典型的刺激物通过与性和自慰的幻想合并而变得色情化
- **心理动力学观点**——童年期未解决的阉割焦虑导致性唤起被转移到更安全的物体或活动上
- **多因素观点**——童年期的性或身体虐待可能会影响正常的性唤起模式

治疗方法（结果仍然不确定）

- **生物医学治疗**——药物帮助个体控制异常的性欲望或减少性冲动
- **认知行为疗法**——包括厌恶条件反射（将异常刺激与厌恶刺激进行配对）、内隐致敏法（将不可接受的行为与想象的厌恶刺激进行配对）、非厌恶性方法（帮助个体获得更多适应性行为的社交技能训练）

图 10-4　性欲倒错障碍的诱发因素和治疗方法概览

一位名叫安的年轻女子讲述了自己是如何在大学派对上被一名男子强奸的。

"我从没想过这种事会发生在我身上"

我第一次见到他是在一个聚会上。他长相英俊，笑容也很迷人。我想结识他，但不知该怎么办。我不想表现得太突兀。后来，他走过来向我做了自我介绍。通过聊天，我们发现彼此有很多共同点。我真的很喜欢他。当他邀请我去他的住处喝一杯时，我想应该没什么问题。他是一个非常好的倾听者，我希望他能再次约我出去。

当我们到他家后，我发现唯一可以坐的地方就是床。我不想让他对我有任何非分之想，但我还能怎么办呢？我们聊了一会儿，接着他开始行动了。我很震惊。他一开始只是亲吻我。我真的很喜欢他，

所以亲吻的感觉还不错。但随后，他把我推倒在床上，我试图挣脱并让他停下来。但他是如此魁梧和强壮。我很害怕并开始哭泣。我像被冻住了一样，于是他强奸了我。

这一切只发生在几分钟之内，但很可怕，他十分粗鲁。结束之后，他不停地问我到底怎么了，就好像他什么都不知道一样。他不仅强奸了我，还认为这没什么不对的。他开车送我回家，还说希望再次见到我。我十分害怕看见他。我从没想过这种事会发生在我身上。

像安一样，大学校园里有成千上万的女性被约会对象或熟人强奸。我们一起来看看吉姆——强奸了安的那个男子——是怎么说的。

"她为什么要这么激烈地反抗"

我最初是在一个聚会上认识她的。她看起来很性感，穿着一条连衣裙，美好的身材展露无遗。我们立刻就聊了起来。我知道她喜欢我，顺便说一句，她一直在微笑，而且会在说话时触碰我的胳膊。她看起来十分放松，所以我邀请她去我家喝一杯……当她答应我时，我知道好运降临了！

到了我家后，我们便坐在床上亲吻。刚开始，一切都很美好。接着，当我让她躺下时，她开始扭动身体，说她不想这样。大多数女性都不喜欢显得

自己太容易被得到，所以我知道她只不过是做做样子而已。当她停止挣扎时，我知道在我们正式开始之前，她还必须掉一点儿眼泪。

当我们结束之后，她还是很难过，我不能理解这是为什么。如果她不想和我发生性关系，那她为什么要跟我回家呢？我从她的穿着就可以看出她不是处女，所以我就搞不明白，她为什么还要这么激烈地反抗。

从男性特权的角度来看，男性通常认为约会是一种男女之间的对抗性竞赛，而征服女性的抗拒是约会仪式的一部分。但是，强迫女性发生性行为既不是游戏，也不是约会仪式，它是一种暴力行为。误会对方的暗示或意图等借口也是不可原谅的。

强奸犯有精神障碍吗？在 DSM 中，强奸（Rape）不被归为精神障碍，而且很多强奸犯也没有任何可诊断的精神疾病。虽然一些强奸犯在心理测验中确实显示出精神病理的证据，特别是反社会或精神病态的特征，但他们中的大多数人并没有真正的精神疾病

（Lalumière et al.，2005）。诸如明尼苏达多项人格测验（见第 3 章）之类的心理测验中并不存在任何一组人格特质可以用来鉴定强奸犯的特征（Gannon et al.，2008）。强奸犯在心理测验上显示出的"正常"表明，年轻男性的社会化程度在营造性侵犯的氛围方面起着至关重要的作用。

深度探讨

强奸犯有精神疾病吗

在美国，强奸的发生率高得惊人。据最新统计，美国每年约有 10 万起强奸案发生（Statista，2018）。然而，这些统计数字大大低估了强奸事件的实际发生率，因为大多数强奸事件都没有向当局报案或被起诉。许多女性不愿意报案，因为她们害怕受到刑事司法系统的羞辱。有些人害怕遭到家人或强奸犯本人的报复。许多女性错误地认为，只有当强奸犯是陌生人或使用武器时，强制性性行为才能算是强奸。

根据美国疾病控制与预防中心的数据，19.3% 的女性和 1.7% 的男性报告自己曾遭受强奸（Breiding et al.，2014）。尽管所有年龄段的女性都有被强奸的风险，但 2/3 的强奸案涉及 11 ~ 24 岁的年轻女性，约 80% 的强奸受害者是 25 岁以下的年轻女性和女孩（CDC，2011）。

绝大多数强奸案都是由受害者认识的人实施的（见图 10-5）。然而，幸存者可能不会把熟人的性侵犯视为强奸，即便报案，也可能被当作"误会"或"恋人间的争吵"，而不是暴力犯罪。在一项针对美国大学生进行的大规模调查中，只有大约 1/4 的被性侵的女性认为自己是强奸案的受害者（Koss & Kilpatrick，2001；Rozee & Koss，2001）。值得再次强调的是，只有 1/4 的女性将她们遭受性侵时所发生的事情归为强奸。

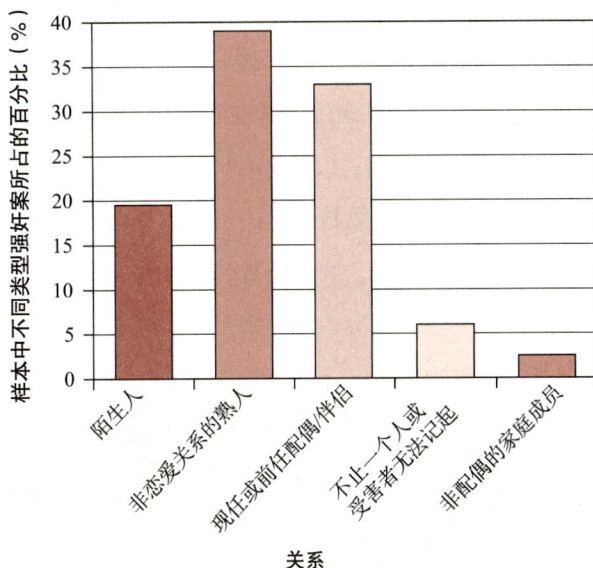

图 10-5　陌生人强奸和熟人强奸的相对百分比

资料来源：Department of Justice，Office of Justice Programs，Bureau of Justice Statistics，National Crime Victimization Survey，2010—2016（2017）.

图 10-5 展示了强奸犯与受害者之间的关系模式。强奸的肇事者更有可能是被侵犯女性认识的人，如现任或前任配偶/伴侣、熟人或家庭成员。

正误判断

女性更有可能被陌生人而不是认识的男性强奸。

错误　强奸案更有可能是受害女性认识的人而不是陌生人实施的。

虽然强奸不属于精神障碍的症状，但它是一种暴力性行为，属于更广泛的异常行为。而且，强奸幸存者常常会经历一系列心理和生理上的问题。许多强奸幸存者都因为这种经历而受到创伤（Bryant-Davis，

2011；Senn et al.，2015）。她们可能会出现睡眠问题，并且经常哭泣。她们可能会报告进食问题、膀胱炎、头痛、易怒、心境波动、焦虑、抑郁及月经不调。幸存者可能会变得沉默寡言、闷闷不乐且多疑。被强奸的女性至少会部分地责怪自己，这会导致负罪感和羞耻感。在个体被强奸大约三周后，情绪困扰会达到顶峰，并持续约一个月的时间，然后才会逐渐消退（Duke et al.，2008；Littleton & Henderson，2009）。许多幸存者会遭受持续数十年的折磨。一些幸存者还会遭受身体上的伤害，她们会被传染性病，甚至是艾滋病。

正误判断

强奸犯都患有精神障碍。

错误 强奸是一种暴力犯罪，而不是精神障碍的症状。许多强奸犯都没有表现出精神病理的迹象。强奸是一种社会异常行为，强奸犯应该为他们的暴力行为承担法律责任。

调查显示，10%～14% 的已婚女性被丈夫或配偶强奸（Martin，Taft，& Resick，2007）。因循守旧的丈夫可能会认为，只要他愿意，他就有权与妻子发生性关系。他也许将性视为妻子的义务，即使她不愿意。然而，强奸就是强奸，无论受害女性处于什么样的婚姻状态下。受过良好教育且不太接受关于两性关系的传统刻板印象的男性实施婚内强奸的可能性较小（Basile，2002）。

人们普遍存在这样的误解：男性不可能成为强奸的受害者（Peterson et al.，2010）。尽管女性更有可能成为强奸的受害者，但据估计，1%～3% 的男性在其人生中的某个阶段曾成为强奸的受害者，即被迫进行口交或肛交（Rabin，2011）。大多数对男性实施强奸的罪犯都是异性恋者。他们的强奸动机通常包括支配和控制、复仇和报复、虐待和侮辱，当强奸的施暴者涉及团伙成员时，其主要动机是地位和隶属关系（Krahe，Waizenhofer，& Moller，2003）。强奸通常很少甚至根本不涉及性动机。与女性受害者一样，被强奸的男性幸存者也常常会出现严重的生理和心理问题（Peterson et al.，2010；Rabin，2011）。

在解读信号方面，男性往往比女性有更模糊的感知，而且往往高估他们刚认识的女性的性兴趣（Treat et al.，2017）。一些约会强奸犯会错误地认为接受约会就意味着愿意发生性关系。他们可能会认为，他们带出去吃饭的女性应该用性来买单。男性可能会认为，经常光顾单身酒吧或类似场所的女性会自愿发生性行为。一些约会强奸犯认为，反抗的女性只是想让自己看起来不那么"容易得手"。这些男性将反抗误解为"性战争"中的一种策略。就像吉姆在他的住处强奸了安一样，他们可能会认为，当一名女性说"不要"时，她的意思是"要"，尤其是在双方已经建立了性关系的情况下。

关于强奸的谬论助长了一种使强奸合理化的社会氛围。一个普遍存在的误解是：当女人说"不要"时，她的意思是"要"。另一个误解是：女性在内心深处是渴望被强奸的。当然，大众媒体也助长了这种观念，它们将女性描绘成一开始抵制男性的追求，后来又屈服于其男子气概。这些谬论造成的后果是，公众会将性侵犯归咎于受害者，并将强奸合理化。尽管男性和女性都有可能认同这样的谬论，但有证据表明，在大学生中，男生比女生更容易接受这类观点（Stoll，Lilley，& Pinter，2016）。这类谬论造成的影响是，人们更容易责备受害者，而不是强奸犯。甚至在接受了专为挑战这些观点而设计的约会强奸教育课程之后，男性仍然比女性更加固执地坚持这些约会谬论（Maxwell & Scott，2014）。下面的调查问卷将会让你了解自己是否受到这些会使强奸合理化的观点的影响。

强奸信念量表

你认为以下陈述是正确的，还是错误的？请在相应的框中打钩，然后使用本章末尾的计分标准来解读你的回答。

正确　错误

☐　☐　1. 一名女性在酒吧里与一名男性喝酒，就是想与他发生性关系。

☐　☐　2. 女性没法承认自己想要发生性关系，所以她们才会哭喊着说自己被强奸。

☐　☐　3. 当女性以某种方式触碰男性时，他们就应该允许对方与她们发生性行为。

☐　☐　4. 衣着性感的女性基本上就是"自找麻烦"。

☐　☐　5. 大多数女性都能阻止男性的侵犯行为，如果她们真的想的话。

☐　☐　6. 一名女性说"不要"，通常是因为她不想让男性认为她很"随便"。

☐　☐　7. 女性真的希望男性能压倒她们，但她们可能很难承认这一点。

☐　☐　8. 约会强奸基本上是男性和女性之间的沟通不畅导致的。

☐　☐　9. 许多声称自己真的不想要性的女性只是对自己不诚实罢了。

☐　☐　10. 女性如果真的不想发生性关系，就不会在约会后跟男性回家。

强奸背后有各种各样的动机。女性主义者认为，强奸是男性想支配和贬低女性、建立不容置疑的权力和凌驾于她们之上的权威的一种表现。虽然性动机可能起到一定的作用，但强奸和性骚扰更多地与权力和攻击性有关，而不是与性有关（Quick，2018）。无论潜在的动机是什么，任何形式的强制性性行为都是一种暴力行为。对一些强奸犯来说，暴力因素似乎会增强他们的性唤起，所以他们会将性与攻击结合起来。一些在童年时期被虐待的强奸犯可能会把羞辱女性当作表达愤怒、展示凌驾于女性之上的力量并进行报复的方式。

也许，正如一些研究者所主张的那样，社会把男性（甚至街对面那个还不错的年轻小伙子）社会化为在社会和性方面占据主导地位的角色，从而滋生了强奸犯（Milner & Baker，2017；Young et al.，2017）。男性的好斗和竞争行为从小就被强化。他们学会了不惜一切代价地"得分"，不管是在球场上还是在卧室里。这样的社会影响也可能导致男性拒绝"女性化"的特质，如可以抑制攻击行为的温柔和共情。而酒精进一步增加了性侵犯的风险（Bonomiet al.，2018）。一个强奸犯可能看起来只是一个邻家男孩，事实上，他就是一个邻居家的男孩。鉴于这么多看上去如此正常的男性犯下强奸案，为了引发更多的思考和讨论，让我们以两个问题来结束本章的内容：我们向自己的儿子灌输了怎样的观点？我们如何以不同的方式教育他们？

对暗示的误解

许多约会强奸犯误解了社交暗示，例如，他们认为经常光顾单身酒吧或类似场所的女性是在暗示自己愿意发生性行为。

本章总结

10.1　性别烦躁

10.1.1　性别烦躁的特征

描述性别烦躁的主要特征，并解释性别烦躁与性取向之间的差异。

患有性别烦躁的人将他们的生理性别视为持续且强烈痛苦的来源。他们可能会试图改变自己的性器官，使之与异性的性器官相似，并通过激素治疗或手术来达到这一目的。

在性别烦躁中，个体作为男性或女性的心理感觉与其生理性别不匹配，这造成了显著的痛苦或不适。性取向是指一个人性吸引的方向——指向同性或异性。与性别烦躁患者不同，男同性恋或女同性恋者的性别认同与其生理性别一致。

10.1.2　变性手术

评价变性手术造成的心理影响。

有证据显示，手术对心理调适有积极的作用，并且患者满意度高。手术结果可能对由女性变为男性的患者更友好。

10.1.3　跨性别认同的理论观点

描述关于跨性别认同的主要理论观点。

尽管跨性别认同的起源目前尚不清楚，但心理动力学理论家强调过度亲密的母子关系和父亲的缺位或疏离，学习理论家关注鼓励跨性别行为形成的社会化模式。生物学的解释侧重于影响产前发育过程中性激素释放的遗传因素，这些因素与大脑的男性化或女性化有关。在产前发育过程中起作用的生物学因素可能会产生某种易感性，这种易感性与早期生活经历相互作用，导致跨性别认同的形成。

10.2　性功能失调

10.2.1　性功能失调的类型

识别性功能失调的定义和性功能失调的三种主要类型，以及每一种类型下的具体障碍。

性功能失调是一种持续或反复出现的模式，包括性欲缺乏、性唤起困难和 / 或达到性高潮困难。性功能失调可分为三大类：（1）与缺乏性兴趣、性兴奋或性唤起相关的障碍（女性性兴趣 / 性唤起障碍、男性性欲低下障碍、勃起障碍）；（2）与性高潮反应受损相关的障碍（女性性高潮障碍、延迟射精和早泄）；（3）与性交疼痛相关的障碍（生殖器 - 盆腔痛 / 插入障碍）。

10.2.2　理论观点

描述导致性功能失调的原因。

性功能失调可能源自生物学因素（如疲劳、疾病、衰老，或者酒精和其他药物的影响）、心理因素（如表现焦虑、缺乏性技能、破坏性的认知、关系问题）和社会文化因素（如约束性性文化的习得）。

10.2.3 性功能失调的治疗方法

描述用于治疗性功能失调的方法。

性治疗是一种认知行为方法，通过提升自我效能感、教授性技能、改善沟通和减少表现焦虑来帮助人们克服性功能失调。生物医学方法包括激素治疗，最常见的是使用药物促进血液流向生殖器区域（伟哥及类似化学成分的药物）或延迟射精（选择性 5- 羟色胺再摄取抑制剂类抗抑郁药物）。

10.3　性欲倒错障碍

10.3.1　性欲倒错的类型

描述性欲倒错的定义，并识别其主要类型。

性欲倒错是一种性方面的偏离行为，涉及对无生命物体（如鞋或衣服）、羞辱、儿童或让自己/伴侣产生痛苦体验等非典型刺激的性唤起模式。性欲倒错包括暴露癖、恋物癖、易装癖、窥阴癖、恋童癖、性受虐癖和性施虐癖。一些性欲倒错本质上是无害的（如恋物癖），另一些性欲倒错，如恋童癖和性施虐癖，则毫无疑问会给受害者造成伤害。

10.3.2　理论观点

描述有关性欲倒错的理论观点。

精神分析学家将许多性欲倒错视作对阉割焦虑的防御。学习理论家将性欲倒错归因于早期不恰当地将刺激与性唤起相结合的习得性经历。生物学因素可能也有影响，如高于正常水平的性冲动和错误的性唤起模式。

10.3.3　性欲倒错障碍的治疗方法

识别治疗性欲倒错障碍的不同方法。

治疗性欲倒错障碍的方法包括精神分析、认知行为疗法（厌恶条件反射、内隐致敏法和社交技能训练），以及生物学治疗（包括使用选择性 5-羟色胺再摄取抑制剂类抗抑郁药物和抗雄激素药物）。

批判性思考题

请在阅读本章内容的基础上，回答以下问题。

- 跨性别认同与同性恋有什么区别？
- 你认为露阴者、窥阴者及与儿童发生性行为的人应该接受惩罚还是接受治疗，还是二者同时进行？请说明你的理由。
- 你能举出自己在生活中受到表现焦虑影响的例子吗？你为此做了些什么？
- 假如你患有性功能失调，你愿意寻求帮助吗？为什么？

"强奸信念量表"的计分标准

这个量表包含了一系列关于强奸的普遍谬论。如果你对任何一个条目的回答是"正确"，那么你可能需要用自己的批判性思考能力重新审视这些信念。例如，女性想被男性支配的信念就是强奸犯为了证明他们行为的正当性而普遍使用的一种合理化理由。除非对方表达出来，否则一个人怎么可能知道另一个人真正的想法呢？有关强奸的谬论通常被用作自我辩护，为不可接受的行为提供解释。

说得更清楚一些，当有人在性情境中说"不要"时，他的意思就是"不要"——不是"可能"，不是"也许"，也不是"几分钟后再停止"，意思很简单，就是"不要"。此外，同意某些形式的亲密接触，无论是亲吻、爱抚还是口交，也并不意味着同意进行生殖器性交或其他性活动。"同意"必须是明确表示出来的，我们不能假定，更不能理所当然地认为。此外，一个人在任何时候都保有说"不"或对其愿意做的事情加以限制的权利。

第 **11** 章

精神分裂症谱系及其他精神病性障碍

Girand/Bsip/Alamy Stock Photo

本章音频导读，
请扫描二维码收听。

学习目标

11.1.1　描述精神分裂症的发展过程。

11.1.2　描述精神分裂症的主要特征和患病率。

11.2.1　描述关于精神分裂症的心理动力学观点。

11.2.2　描述关于精神分裂症的学习理论观点。

11.2.3　描述生物学因素在精神分裂症中的作用。

11.2.4　描述家庭因素在精神分裂症中的作用。

11.3.1　描述治疗精神分裂症的生物医学方法。

11.3.2　描述治疗精神分裂症的心理社会方法。

11.4.1　描述短暂精神病性障碍的主要特征。

11.4.2　描述精神分裂症样障碍的主要特征。

11.4.3　描述妄想障碍的主要特征。

11.4.4　描述分裂情感性障碍的主要特征。

在进一步阅读之前，请先完成正误判断测试，看看自己对相关知识的掌握情况。接着，在阅读本章的内容时，请对照穿插其中的参考答案来确认你的答案。

正误判断

正确　错误

☐　☐　幻视（看到某些并不存在的东西）是精神分裂症患者中最常见的一种幻觉类型。

☐　☐　尽管人们对指令性幻觉的担忧是可以理解的，但大多数精神分裂症患者所体验到的幻听其实都是友好的、支持性的声音。

☐　☐　人们在夜晚出现幻觉是正常的。

☐　☐　如果你的父母都患有精神分裂症，那么几乎可以确定你也会罹患精神分裂症。

☐　☐　科学家认为是某个特定基因的缺陷导致了精神分裂症，但他们尚未找到这个有缺陷的基因。

☐　☐　有证据表明，产前发育期间维生素 A 的缺乏与胎儿在未来患精神分裂症之间有一定的关联。

☐　☐　尽管人们普遍认为精神分裂症是一种脑部疾病，但目前尚缺乏证据证明精神分裂症患者的大脑功能是异常的。

☐　☐　目前已有可治疗精神分裂症的药物，并且在很多情况下能够治愈该疾病。

☐　☐　有些人会产生被著名人物爱上的妄想。

精神分裂症一般发病于青春期晚期或成年早期，即年轻人离开家庭并步入社会的阶段，就像下面案例中的这位年轻女性的情况一样（Dobbs，2010；Tandon，Nasrallah，& Keshavan，2009）。

"精神分裂症不会把我变成怪物"

我叫塞西莉亚·麦高夫，我患有精神分裂症，但我并不是怪物。年轻时，我十分恐惧自己的幻觉。我当时还以为自己被恶魔附体了。在正式被确诊为精神分裂症很久之前，我就知道自己得了精神分裂症。为了得到我所需要的帮助，我甚至尝试过自杀。

后来，我深入了解了精神分裂症，明白了它其实是我脑内化学物质的失衡所导致的，然后我就不那么害怕我的幻觉了。我明白，我的确产生了幻觉，我脑子里的声音确实非常令人不安，但实际上，在这些声音之外，来自真实世界的人们发出的那些负面的声音才是最让我害怕的。所以，我必须把我的

故事讲出来让人们知道。于是，我在 Facebook 上将我的病情公之于众。后来，这变成了我的博客，名为"我不是怪物，我只是一位精神分裂症患者"。长期以来，患有精神分裂症一直是我的一个秘密，不过我会将它告诉我未来的男朋友。我现在的男朋友非常棒。在我们开始约会之前，他就知道我患有精神分裂症。我们还专门成立了一个名叫"精神分裂症学生"的组织，通过这个组织，我们为那些患有精神分裂症的学生提供各种服务和相关的支持。我十分确信，如果早一点有这样一个组织，我当初就不会选择自杀了。因为要判断一个人是否患有精神

分裂症是一件很难的事。而且，很多人会把精神分裂症患者当成怪物，这其实是一种很大的误解。我们根本就不是怪物。我们的宗旨就是让世界上的每一位精神分裂症患者都可以无所畏惧地说出："我患有精神分裂症。"

资料来源：Barcroft Media. (2018). My Schizophrenia Doesn't Maake Me A Monster. Retrieved from Barcroft Media/Knowledgemotion.

　　精神分裂症似乎是一种最令人困惑的高致残类心理障碍，它是最符合大众认知中的疯狂和精神错乱等特征的疾病。虽然研究者正在探究精神分裂症的心理和生物学基础，但它在很大程度上仍然是个谜。在本章，我们将主要讨论有关精神分裂症的已知及尚待研究的一些内容。精神分裂症不是唯一一种会令人们丧失现实感的精神病性障碍。此外，我们也将探讨其他一些相关的精神病性障碍，包括短暂精神病性障碍、精神分裂症样障碍、分裂情感性障碍和妄想障碍。这些精神病性障碍连同精神分裂症及分裂型人格障碍在 DSM-5 中被命名为精神分裂症谱系及其他精神病性障碍。本章将着重讨论分裂型人格障碍之外的其他障碍类型。我们将分裂型人格障碍放入第 12 章进行讨论。

11.1　精神分裂症

　　精神分裂症（Schizophrenia）是一种慢性、衰竭性的心理障碍，影响个体生活的方方面面。精神分裂症的典型特征是脱离现实，通常表现为幻觉（感觉扭曲，如"听到一些声音"或"看到一些东西"）和妄想（固定不变的、错误的信念），以及反常的行为模式。在这里，我们将聚焦于精神分裂症的发展过程及其主要的特征或症状。

11.1.1　精神分裂症的病程

描述精神分裂症的发展过程。

　　精神分裂症一般发病于青春期晚期或成年早期。有些病例是急性发作，会在几周或几个月内突然发病。患者可能一直没有行为紊乱的迹象，但突然间，患者的人格和行为会快速转变，导致患者进入精神分裂症的急性发作期。

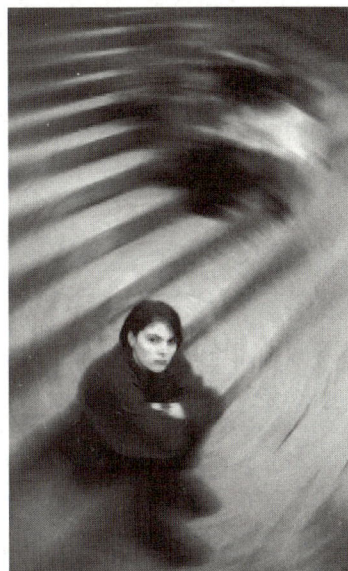

Ron Chapple/The Image Bank/Getty Images

疾病的发展过程

精神分裂症一般发病于青春期晚期或成年早期。这正是年轻人开始步入社会的时期。

　　在大多数病例中，精神分裂症患者会经历一个缓慢的、功能逐渐衰退的过程，就像下面案例中的主人公伊恩·乔维尔（Ian Chovil）的情况一样，他在 17 岁便患上了精神分裂症。他将自己的故事分享出来，是希望能够让其他罹患这一严重疾病的人免受他曾遭受的痛苦。

"我和我，跳舞的傻瓜，要与世界决斗"

　　"阴暗"这个词能够恰当地形容我所经历的精神分裂症发作的情况。我逐渐丧失了所有的人际关系，开始是我的女朋友，接着是我的家人、朋友和同事。

我有社交焦虑并经历过多次情绪混乱的情况，即便如此，我还是从加拿大安大略省彼得伯勒的特伦特大学毕业了，只是在最后的一年里，我几乎每天都靠吸食大麻度日。我曾是一个很有创造力的人，后来我却发现连阅读都变得越来越困难了。我的职业理想是成为一名社会生物学家。在经历了第一段失败的恋情后，我变得无法维持长期的恋爱关系。在哈利法克斯市读研究生期间，我曾接受了几周的住院治疗，因为当时我觉得自己要崩溃了。虽然医生给我开了氯丙嗪和三氟拉嗪（两种抗精神病药物），但没有人向我或我那身为家庭医生的父亲提起过精神分裂症。我努力地想完成学业，但因为一些课程未能修完，我最终被研究生院开除了。

两年间，我在卡尔加里市过着无家可归的生活，睡在城市公园或单身旅馆里，并因缺乏食物而常常挨饿。一位参加了第二次世界大战的英雄想要揍我，因为我告诉他该战争是由 1918 年的流感引发的。无论我走到哪里，佛教徒都能读懂我的心思，因为在那年的早些时候，是我用自己天生的密宗能力让圣海伦斯火山爆发的。我就这样生活了 10 年，穷困潦倒，没有朋友，内心充满妄想。一开始，我想成为一名僧侣，后来我发现自己是一场将决定人类命运的性欲和反性欲之间的神秘战争中的一枚棋子，最后我又发现自己正与未来的外星人联系。一场人类

核武器浩劫将毁灭地球，大陆将分崩离析，海洋将被熔岩吞噬。外星人已经派人来拯救我和一个女人了。地球上所有的生命都将毁灭。我未来的妻子和我将成为外星人，获得永恒的生命。

那时，我的真实状况却与之形成了鲜明的对比。我住在多伦多市中心的出租屋内，只有蟑螂与我为伴，我的工作是为大型百货商店更换损坏的灯泡，这是我唯一能做的全职工作，我却非常讨厌它。我担心我的敌人想把我变成同性恋，我一直在通过心灵感应与我未来的妻子交谈，在空闲时间里，我会听摇滚歌曲，从中收取外星人发来的信息。一天晚上，我因外星人没有把我的思想传递给其他人而暴怒，结果惹上了官司。法官判了我三年缓刑并要求我在此期间看精神科医生。

我在上大学时写了一首诗并发表在校刊上。第一句是"我和我，跳舞的傻瓜，要与世界决斗"。我想尽我所能地挑战这个世界，直到像我这样的人能够凭借现有的最有效的治疗方案，过上真正的生活。

资料来源：Chovil, I.（2000）. First person account: I and I, dancing fool, challenge you the world to a duel. Schizophrenia Bulletin, 26, 745–747.R. National Institute of Mental Health.

正如上面这个案例所呈现的，精神病性行为一般会在数年的时间里逐渐显现出来，虽然能观察到一些恶化的早期迹象。这个逐渐恶化的时期被称作**前驱期**（Prodromal Phase），其特征是个体会出现不寻常的想法或异常的感知（但不是彻底的幻觉或妄想），伴有对社交活动的兴趣减弱，难以正常生活、工作，认知功能受损（包括记忆力、注意力、语言应用、计划和组织个人生活的能力出现问题）。

前驱期的最初迹象之一是不注重个人外表。例如，个体可能不会经常洗澡，或者反复穿同样的衣服。一段时间后，个体的行为会更加怪异，他们会在工作或学业上出现失误，他们的言语会变得模糊、混乱。人格上的这些变化可能是逐步的，故难以及时引起家人和朋友的关注。这些变化可能被归因于个体正在经历"某个阶段"。然而，当行为变得更加怪异时，如囤积食物、收集垃圾、在大街上自言自语等，便意味着疾病进入了急性发作期。换言之，精神病性症状此时已经出现，如疯狂的幻觉、妄想和越来越奇怪的行为。

在急性发作期后，有些精神分裂症患者会进入**残留期**（Residual Phase），在此期间，患者的行为会恢复到前驱期的水平。患者没有明显的精神病性行为，但在认知、社交和情感方面仍有明显受损的迹象，表现

为对任何事物都漠不关心、思维及言语混乱、产生异常的观念，如相信心灵感应或千里眼的存在等。这些认知和社交方面的受损会令精神分裂症患者难以进行正常的社交，也难以在工作上有效地发挥作用（Hartmann et al.，2015；Harvey，2010）。下面案例中的主人公以第一人称的方式讲述了他的部分经历：尽管他的症状在使用了奥氮平这种抗精神病药物后有所改善，但他的相关功能仍然因为那些被他称为"匮乏"的缺陷而处于受损状态。

"匮乏"

　　我的生活逐渐有所改善，尤其是在服用奥氮平之后，但我仍然对自己毫无信心。我觉得自己十分"贫乏"，思想匮乏、情感匮乏、友情匮乏及金钱匮乏。我的社交生活似乎改善得最缓慢。我有三四个一起玩音乐的朋友，其中只有一人没有精神疾病，只有一人我经常与之见面。我和罗丝玛丽在一个有两间卧室的公寓里住了一段时间，我现在也经常见到她。但政府改变了对同居的规定，于是我们不得不分开住，否则每月就得损失将近 400 美元。现在，我住在一个还不错的公寓里，政府有一些补贴，我第一次觉得自己生活得很开心，这要感谢奥氮平，它改善了我的症状。我也要感谢我在霍姆伍德校区的职位，它让我有机会接触到很多人。

资料来源：Chovil, I. (2000). First person account：I and I, dancing fool, challenge you the world to a duel. Schizophrenia Bulletin, 26, 745–747.R. National Institute of Mental Health.

　　虽然精神分裂症是一种慢性精神障碍，但有 1/2 至 2/3 的精神分裂症患者的症状会随着时间的推移有显著的改善（USDHHS，1999）。行为完全恢复正常的案例虽不常见，但的确存在。一般而言，患者会形成一种慢性模式：偶尔的急性发作和间歇期持续的认知、情感和动机受损。

11.1.2　精神分裂症的主要特征

描述精神分裂症的主要特征和患病率。

　　精神分裂症急性发作时，患者会丧失现实感，其典型特征是出现妄想、幻觉，思维缺乏逻辑，言语不连贯及行为怪异。即使在疾病间歇期，精神分裂症患者的功能也可能会持续受到影响。例如，患者仍然无法清晰地思考，只能以单一的语调说话，难以感知他人的言语、表情中流露出的情绪，缺乏面部表情，等等（Comparelli et al.，2013；Gold et al.，2012；Yalcin-Siedentop et al.，2014）。认知及情感功能的持续受损使精神分裂症患者难以正常工作和生活。但有一个好消息是，40% 以上的精神分裂症患者的症状缓解期（没有严重的症状，有一定的工作能力）能够持续一年或更久（Jobe & Harrow，2010）。有些患者即便不继续接受药物治疗，也能在数年内免受症状的困扰。但是，我们仍然缺乏具体的预测指标，无法确定哪些患者的症状可能会自行改善，哪些患者需要持续服药以降低复发的风险（De Hert et al.，2015）。

　　最新的统计数据显示，美国民众中有 0.25% ～ 0.64% 的人患有精神分裂症。也就是说，每 1000 人中有 2 ～ 6 人患有精神分裂症（National Institute of Mental Health，2018）。美国每年有近 100 万人接受精神分裂症的治疗，其中约 1/3 的人需要接受住院治疗。

　　男性患精神分裂症的风险略高于女性，而且一般会更早发病（Tandon，Keshavan，& Nasrallah，2008）。男性首次出现精神病性症状的高峰时期是 20 ～ 30 岁的早期至中期，而女性首次出现精神病性症状的高峰时期是 20 ～ 30 岁的晚期（American Psychiatric Association，2013）。与男性相比，女性在发病前的社会功能较好，病程也较轻。而与女性相比，男性精神分裂症患者的认知受损及行为缺陷的程度会更高，对药物治疗的反应也更差。这些性别差异使研究者推测男性和女性可能患有不同形式的精神分裂症。也许，精神分裂症影响男性和女性大脑的不同区域，这就能解释他们所患障碍在形式和特征上的差异了。

虽然精神分裂症在不同的文化中普遍存在，但其病程及具体症状有可能会因文化的不同而有所差异（Holla & Thirthalli, 2015；Nakimuli-Mpungu, 2017）。例如，幻视在非西方文化中最常见（Ndetei & Singh, 1983）。此外，幻觉、妄想中出现的主题，如特定的宗教和种族主题，也存在文化方面的差异。

精神分裂症往往会引发人们的恐惧、误解和谴责，而不是应有的同情和关注。它直击个体的内在心灵世界，切断个体的思想和情感之间的紧密联系，并让个体的头脑中充斥着扭曲的感知、错误的想法及混乱的信念，就像下面的案例呈现的那样。

精神分裂症是一种广泛存在的精神障碍，会对患者的一系列心理过程（包括认知、情感和行为等）产

生影响。DSM 对精神分裂症的诊断标准为：精神病性行为在病程的某个时间点出现；该疾病的症状至少持续 6 个月；明显的症状至少持续 1 个月（未得到成功治疗）。DSM 对出现短暂精神病性症状的患者将给予其他诊断，如短暂精神病性障碍（将在本章后面的部分进行讨论）。

表 11-1 介绍了精神分裂症的临床特征。精神分裂症的诊断特征列在 "DSM-5 的诊断标准" 这一栏中。值得注意的是，DSM-5 中精神分裂症的诊断要求至少存在表 11-1 中的两项特征，并且这两项特征中至少有一项必须包括妄想、幻觉、言语紊乱（无关联、不连续、怪异）等主要症状。

精神分裂症患者的职业功能和社会功能会明显下降（Ekinci, Albayrak, & Ekinci, 2012；Kim, Park, & Blake, 2011）。他们可能会在跟人交谈、建立友谊、完成工作、保持个人卫生方面出现困难。然而，精神分裂症患者并不具备统一的行为模式。他们可能会出现妄想、联想思维问题，也时常出现幻觉，但这些症状并不一定同时出现。症状的多样性和异质性使有些

安吉拉的"地狱使者"
一个关于精神分裂症的案例

19 岁的安吉拉因为割腕被男朋友杰姆送到急诊室。在接受问询时，她注意力涣散，似乎被空气中的生物或自己听到的某些声音吓坏了。她看上去就像戴着一副隐形的耳机一样。

安吉拉解释自己是在"地狱使者"的命令下割伤手腕的。接着，她显得十分恐惧。后来她说，她害怕"地狱使者"会惩罚她，因为"地狱使者"警告过她不要向别人透露他们的存在。

杰姆说她和安吉拉已经同居将近一年了。最初，他们在城里租了一个面积不大的公寓，但安吉拉不喜欢周围都是人，于是说服杰姆在郊外租

了一间小屋。在那里，安吉拉花费了许多时间画妖精和怪物。有时，她会显得很不安，好像有些看不见的生物在对她下达指令一样。她的语言也变得混乱。

杰姆尝试劝说安吉拉寻求医生的帮助，但都遭到了拒绝。大约 9 个月前，第一次割腕事件发生了。杰姆认为他已经收好了所有的刀和刀片，以确保安吉拉的安全，但安吉拉总是能找到尖锐的物品。

之后，他不顾安吉拉的反对带她去医院就诊。伤口缝合后，她需要在那里接受一段时间的观察和治疗。然后，她会重新思量怎么割伤手腕，因为"地狱使者"说她是坏人，必须去死。在医院待了几天后，她否认自己曾听到"地狱使者"的声音，并坚持要出院。

杰姆带她回家了。于是，这一模式将不断地重复下去。

表 11-1 精神分裂症的临床特征

特征分类	描述
思维和言语紊乱	妄想（固执的错误观念）及思维混乱（思维无条理，言语不连贯）
注意力缺陷	注意有关刺激和排除无关刺激存在困难
感知障碍	幻觉（感知到并不存在的外部刺激）
情绪紊乱	单调（迟钝）或不恰当的情绪
其他形式的功能受损	个人身份认同混乱，意志缺乏，行为激动或状态呆滞，出现古怪的动作或怪异的面部表情，与他人发生关联的能力受损，或者可能出现紧张症的行为或整体的运动和定向能力受损，个体的行为可能会变得迟缓直至木僵状态，但又会突然转换到高度激越的状态

研究者认为，被我们称为"精神分裂症"的疾病可能是包含一组不同障碍的综合征（Arnedo et al., 2014; Yager，2014）。

精神分裂症与一系列广泛的异常行为相关联，这些行为涉及思维、言语、注意和感知过程、情绪过程和自主行为。区分阳性症状和阴性症状是一种将精神分裂症的特征进行分类的方式（Dollfus & Lyne，2017; Galderisi，Färden，& Kaiser，2017）。

- **阳性症状**（Positive Symptom）是指与脱离现实相关的一些异常行为，以幻觉和妄想为主要特征。

- **阴性症状**（Negative Symptom）是指行为缺陷或缺乏一些典型的行为和情绪，影响患者的日常生活功能，其中包括情感缺乏或情感表达的缺乏（包含单调的表达）、动力缺乏或麻木、无法从通常令人愉悦的活动中获得愉悦感、社交退缩或隔离、言语表达受限（言语贫乏）。阴性症状能够损害患者满足日常生活需求的能力，并有可能在阳性症状缓解后持续数月或数年之久，

美丽心灵

在电影《美丽心灵》（*A Beautiful Mind*）中，演员罗素·克劳（Russell Crowe）饰演了诺贝尔奖得主约翰·纳什（John Nash，1928—2015 年）。纳什是一位才华横溢的数学家，他的天才头脑可以捕捉到数学公式的精妙复杂性，但也被精神分裂症的妄想和幻觉所扭曲。纳什的这张照片拍摄于 1994 年。

甚至可能伴随患者一生（Davidson et al., 2017; Mezquida et al., 2017）。阴性症状对典型抗精神病药物的反应也不如阳性症状良好。有些专门针对阴性症状的新型药物目前正处于实验阶段（Davidson et al., 2017）。

DSM-5 诊断标准
精神分裂症

1. 存在两项（或更多）下列症状，每一项症状均在 1 个月内（如经治疗成功，则时间可以更短）的一段时间里持续存在，至少其中一项必须是

（1）（2）或（3）：

（1）妄想；

（2）幻觉；

（3）思维和言语紊乱（如频繁地离题或思维不连贯）；

（4）明显紊乱的行为或紧张症的行为；

（5）阴性症状（即情绪表达减少或动力缺乏）。

2. 自障碍出现以来的相当长的一段时间内，一个或更多重要领域（如工作、人际关系或自我照顾）的功能水平明显低于障碍出现之前所达到的水平（或者，如果障碍发病于童年期或青春期，则表现为人际关系、学业或职业功能未能达到预期的发展水平）。

3. 障碍的连续体征至少持续 6 个月，其中至少有 1 个月（如经治疗成功，则时间可以更短）符合诊断标准 1 的症状（即活动期症状），并可包含前驱期和残留期症状。在前驱期和残留期，该障碍的体征表现为只有阴性症状或以轻微的形式存在的诊断标准 1 中的两项或更多症状（如奇特的信念、不寻常的知觉体验）。

4. 分裂情感性障碍和伴精神病性特征的抑郁或双相障碍已经被排除，因为没有与活动期症状同时出现的重性抑郁或躁狂发作；如果心境发作出现在症状活动期，那么它们只出现在该疾病活动期或残留期的整个病程的小部分时间内。

5. 这种障碍不能归因于某种物质（如滥用的毒品、药物）的生理效应或其他躯体疾病。

6. 如果有孤独症（自闭症）谱系障碍或在童年期起病的交流障碍的病史，则除精神分裂症的其他症状外，还需有显著的妄想或幻觉，并且持续至少 1 个月（如经治疗成功，则时间可以更短），才能做出精神分裂症的额外诊断。

下面我们将深入了解精神分裂症的几个主要特征或症状。

思维和言语紊乱

精神分裂症的阳性症状是连续、有意义的语言表达过程中呈现出思维的混乱，思维的内容和形式都有可能出现异常。

思维内容异常

妄想（Delusion），主要表现为思维内容的混乱，是指尽管患者的想法缺乏逻辑基础和支持性的证据，但其错误观念仍固执地存在于其脑海中，即使面对驳斥观念的有力证据，它们也仍然不可动摇。妄想可能有多种形式，最常见的形式如下：

- 被害妄想或偏执妄想（如"中央情报局要来抓我"）；

- 关系妄想（如"公交车上的人在议论我"或"电视上的人在取笑我"）；

- 被控制妄想（相信思想、感觉、冲动或行动被外部力量——如恶魔——控制）；

- 夸大妄想（相信自己是神，或者认为自己身负特殊的使命，又或者抱有宏伟但不符合逻辑的拯救世界的计划）。

其他形式的妄想还包括坚信自己犯了不可饶恕的

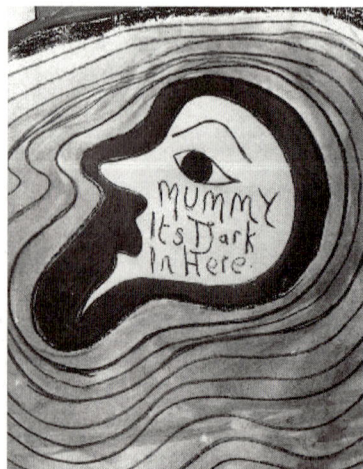

精神分裂症患者的画作

精神分裂症患者的画作往往反映出他们思维模式的怪异特质，以及他们遁入自己的幻想世界而与外界疏离的状态。

罪过、被可怕的疾病侵蚀，或者相信世界或自身并不真实存在。

其他常见的妄想还包括思维扩散（相信自己的思维可以通过某种方式传输到外界，其他人能够偷听到）、思维插入（相信他人的思维可以通过外部力量植入自己的思维中）和思维被夺（相信自己的思维被移除）。梅勒（Mellor）提供了以下案例。

- 思维扩散：一名 21 岁的学生表示，"当我思考时，我的思维会离开我的大脑，传到思维自动收报机上。周围的任何一个人只要把收报机上的纸条插入自己的大脑就会知道我的想法"。

- 思维插入：一位 29 岁的家庭主妇报告，当她往窗外看时，她会想，"花园很漂亮，草地很酷。但是××（一个男人的名字）的思维进入了我的大脑。我的大脑中只有他的思维，别无他物……他把我的大脑当作屏幕，在上面放映他自己的思维，就像放映幻灯片那样"。

- 思维被夺：一位 22 岁的女性描述了自己的经历，"我在想我的母亲，突然间，我的想法就被颅用真空抽吸器给吸走了。我的脑子里什么都没有了，空空如也"（Mellor，1970）。

思维形式异常

除非我们在做白日梦或有意识地让思绪游离，否则我们的思维一般是紧密地联结在一起的。我们的思维之间的联系（或关联）往往是有逻辑和连贯的。相反，精神分裂症患者倾向于以一种紊乱、缺乏逻辑的方式思考。对精神分裂症患者而言，其思维过程的形式或结构、思维的内容往往都是病理性紊乱的。临床医生将这种类型的失常称为**思维障碍**（Thought Disorder）。

思维障碍是精神分裂症的一种阳性症状，包括思维的组织、运行和控制的崩溃。联想松弛（Looseness of Association）是思维障碍的基本标志。精神分裂症患者的言语模式通常是杂乱无章的，部分词语不能形成连贯的组合，或者串在一起产生无意义的节律。在言语组织中，他们可能会从一个话题跳到毫无关联的另一个话题。有思维障碍的患者通常不知道自己的思维和行为出现了异常。在严重的情况下，他们的语言会变得完全不连贯，令人无法理解。

北极的医院
一个关于精神分裂症的案例

虽然精神分裂症患者可能常常觉得被恶魔或尘世间的阴谋侵扰，但马里奥的幻觉却带有救世主色彩。"我必须离开这里。"他对精神科医生说。"为什么你要离开？"精神科医生问。马里奥回答："我的医院，我需要回到我的医院。""哪家医院？"医生问。"那是我的医院，它是全白色的，我们发现了治疗人类所有疾病的方法。"医生问马里奥医院在哪里。"一直往北走，在北极。"马里奥回答。医生问："但是，你要怎么去那里呢？"马里奥回答："我就是要去那里，我不知道怎么去，我就是要去那里。我必须工作，你什么时候能让我走，我要去帮助全人类。"

深度探讨
精神分裂症是一种认知障碍吗

我们容易倾向于将精神分裂症视为仅仅是由幻觉和妄想等精神病性症状组成的，但如今许多研究者怀疑潜在的认知缺陷可能才是这种疾病的核心（Haut et al.，2015）。精神分裂症患者往往会表现出一系列认知缺陷，如记忆、感知、学习、问题解决、推理和注意力方面的问题。这些缺陷一般会出现在患者尚未有明显的精神分裂症症状（如幻觉、妄想和思维障碍）的童年期。所以，研究者怀疑，精神分裂症的核心可能是认知障碍，而精神病性行为可能是由大脑执行基本认知过程的能力受损导致的次要特征，这妨碍了患者清晰地思考和感知现实（Heckers，2013）。在童年期或青春期出现认知问题的迹象，可能比精神病性症状出现的时间要早几年。这种将精神分裂症视为认知障碍的观念转变可能会导致人们更加重视开发干预措施或早期治疗技术（Kahn & Keefe，2013）。

思维障碍的另一个常见症状是言语贫乏（Poverty of Speech，言语连贯但缓慢，话语有限或传递模糊不清的信息）。不太常见的症状包括语词新作（Neologisms，自创对他人而言毫无意义的单词）、持续言语（Perseveration，不恰当地持续重复同一个词或想法）、音联（Clanging，以押韵为依据把单词或声音联系在一起，例如，"我知道我是谁，但我不知道山姆是谁"），以及思维中断（Blocking，言语或思维不自觉的、突然的中断）。

许多（并非全部）精神分裂症患者会呈现出思维障碍的迹象。有些患者的思维和言语虽然连贯，但思维内容混乱，如妄想中常见的情况。思维障碍并不是精神分裂症所独有的，一般人群中也会出现轻度的思维障碍，尤其是当个体感到疲惫或处于压力状态下时。患有其他精神疾病的患者也可能存在思维障碍，如躁狂发作的患者。然而，躁狂发作患者的思维障碍的症状往往持续的时间较短，而且是可治愈的。在精神分裂症患者中，思维障碍往往更持久且易复发。思维障碍大多出现在急性发作期，但在残留期也会有所显现。

注意力缺陷

为了阅读本书，你必须排除周围的噪声和其他环境刺激。精神分裂症的核心特征之一是感觉缺陷，即难以过滤掉无关的刺激，这使他们几乎不可能集中注意力、组织思维及排除不重要的信息（Corcoran et al.，2017；Javitt，2015；Vinogradov & Nagarajan，2017）。为了清晰地思考和推理，我们需要能够专注于相关刺激并忽略无关刺激的能力。一位精神分裂症患者的母亲是这样描述她的儿子在滤除无关的声音方面所存在的困难的：

> 生病的时候，他听力就变得不同往常。当病情恶化时，我们首先注意到的是他的听觉增强了。他无法滤除任何声音。他能听到周围所有的声音，而且其强度都是一样的。他能听到街道上、院子和房子里的声音，这些声音都比平时显得更大（Freedman et al.，1987）。

精神分裂症患者似乎也过度警觉，或者对外部声音极度敏感，尤其是在发病的早期阶段。在急性发作期，他们可能会感到被这些刺激淹没，无法对环境进行辨别。与精神分裂症相关的脑异常可能会导致过滤干扰性声音和过度刺激方面的功能缺陷。研究者认为，潜在的遗传因素可能部分解释了精神分裂症患者有此类感觉过滤缺陷的原因。

过滤掉外部刺激

过滤掉无关的刺激，如街道上的噪声，对你来说毫不费力。但是，精神分裂症患者可能会被无关的刺激分散注意力，并且无法过滤掉它们。因此，他们可能很难集中注意力或组织他们的思维。

Rawpixel/Istock/Getty Images

许多有关注意力的心理生理学方面的研究都表明，注意力缺陷和精神分裂症之间存在一定的关联。下面我们将回顾一些相关的研究。

眼动功能失调

很多精神分裂症患者都患有某种形式的眼动功能失调，例如，在追踪穿过视野的缓慢移动的目标物方面存在困难（"Eye Movements"，2012）。它们的眼睛无法稳定地追踪目标，而是在目标丢失后以一种不稳定的眼动来重新找到它。眼动功能失调似乎与大脑在控制视觉注意力方面的缺陷有关。

眼动功能失调在精神分裂症患者及其一级亲属（父母、子女和兄弟姐妹）中很常见。这表明它可能是一种与精神分裂症的相关基因有关的可遗传特征或生物标志物（Keshavan et al.，2008）。研究者报告称，根据一组眼动指标将健康的对照组被试与精神分裂症患者区分开来的准确率达到98%（Benson et al.，2012）。然而，将眼动功能失调作为精神分裂症患者的生物标志物，其作用是有限的，因为它不仅常见于精神分裂症患者，有时也会在其他心理障碍（如双相障碍）患者身上出现。而且，并非所有的精神分裂症患者或他们的亲属都会出现眼动功能失调。所以，我们只能说它是导致精神分裂症的诸多不同遗传途径之一的生物标志物。

事件相关电位异常

研究者也研究了患者对声音、光线等外部刺激做出反应的脑电波模式，即事件相关电位（Event-Related Potentials，ERPs）。事件相关电位可以被分解为不同的成分，分别在刺激出现后的不同时间段出现。一般而言，在重复刺激出现后的第一个 0.01 秒内，大脑的感觉控制机制会抑制或压制事件相关电位，使大脑能够忽略无关刺激，如闹钟的滴答声，但精神分裂症患者的这种控制机制无法有效地发挥作用（Hamilton，Williams，et al.，2018；Sánchez-Morla et al.，2013）。所以，精神分裂症患者可能会在过滤干扰性刺激方面遭遇困难，导致"感觉过载"，进而导致感觉混乱。

精神分裂症患者在声音或光线出现后 300 毫秒（3/10 秒）左右时也显示出较弱的事件相关电位（Turetsky et al.，2014；Kim et al.，2017）。这些事件相关电位与将注意力聚焦在刺激上并从中提取有意义信息的过程有关。

这些研究使我们能够理解为何许多精神分裂症患者的感觉系统被大量的感觉信息充斥，却难以从中提取有用的信息。因此，他们会感到非常混乱，并发现自己难以滤除干扰性刺激。

感知障碍

精神分裂症最常见的感知障碍是幻觉（Hallucination），即在无外界刺激的情况下出现的感知觉。患者难以将它们与现实区分开来。对案例"声音、恶魔和天使"的主人公萨莉来说，从咨询室外传来的声音极其真实，虽然那里并没有人。幻觉涉及各种感知觉，可能是看到、感觉到、听到或闻到并不存在的事物。触幻觉（即幻触，如刺痛、电击或灼烧感）和躯体幻觉（如感到有蛇在腹中爬行）很常见。视幻觉（即幻视，是指看到不存在的事物）、味幻觉（即幻味，是指尝到不存在的味道）和嗅幻觉（即幻嗅，是指闻到不存在的气味）相对少见。

听幻觉（即幻听，是指听到一些不存在的声音）是精神分裂症最常见的症状，约有 70% 的精神分裂症患者会受到幻听的影响（Turkington，Lebert，& Spencer，2016）。患者所听到的声音可能是女性的声音，也可能是男性的声音；声音可能会被感知为来自大脑内部，也可能来自外部。幻听者会听到似乎有人在用第三人称谈论他们，评论他们的优点或不足。这些声音往往会反反复复，可能呈现为持续评论的形式（McCarthy-Jones et al.，2014）。虽然也有些声音是支持性的、友好的，但大多数声音都是批评性的，甚至十分恐怖。

有些精神分裂症患者会产生指令性幻觉（Command Hallucination）。在幻觉中，他们会听到有声音要求他们做出一些特定的行为，如伤害自己或他人。"地狱使者"命令安吉拉自杀便是此种症状的例证。出现指令性幻觉的精神分裂症患者通常需要接受住院治疗，因为他们可能会伤害自己或他人。有证据表明，指令性幻觉与高风险的暴力行为相关（Shawyer et al., 2008）。有些患者在幻觉中听到让其伤害他人的命令后会真的付诸行动（Braham, Trower, & Birchwood, 2004）。然而，专业人士其实很难发现指令性幻觉，因为患者会否认或对这方面的问题避而不谈。

声音、恶魔和天使
幻听与幻视症状

在每次面谈中，萨莉都会时不时地沿着自己右肩的方向往办公室门口看，并露出微笑。当医生问她为何一直看向门口时，她说有声音在门口谈论她和医生，她想听清它们在说些什么。"那你为什么笑？"医生继续问萨莉。"它们在说有趣的事情，"她回答，"好像是你觉得我很可爱之类的。"

汤姆在精神病院的大厅里疯狂地挥舞着自己的双臂。他大汗淋漓，双眼因焦躁而四处扫视。医生制服了他，并给他注射了氟哌啶醇来控制他的躁狂行为。在医生即将给他注射时，他开始大喊："天父，请饶恕他们吧，因为他们无知……请饶恕他们……天父……"他的言语十分混乱。随后，他平静下来，报告那些看护人员看起来像恶魔或邪恶的天使。他们通体红色，熊熊燃烧着，嘴里喷出蒸汽类的物质。

并非只有精神分裂症患者才会出现幻觉，患有重性抑郁障碍、双相障碍或其他心理障碍的人有时也会有此症状。一些没有被诊断为精神病性障碍的人也会出现幻听（Woods et al., 2015）。与精神病性障碍患者相比，普通人出现幻听的概率较低，也没那么刺耳或消极（Baumeister et al., 2017）。它们通常与高烧、丧亲（听到离世爱人的声音）、异常低水平的感觉刺激有关，例如，长时间待在黑暗的隔音室里，或者驾车穿越沙漠或空旷的道路（Sacks, 2012）。人们在穿越沙漠时所看到的"海市蜃楼"就是一个典型的例子。这些异常的体验是暂时的、非持久性的，这与精神分裂症或其他精神病性障碍患者的情况类似。但与精神病性障碍患者的幻觉不同的是，在这些情况下，人们通常知道出现的幻觉并非真实的。总的来说，在一般人群中，大约有 5% 的人在其人生中的某个阶段曾经历幻视或幻听（McGrath et al., 2015）。

人们有时会在宗教体验或仪式中感受到幻觉，有人报告自己出现了短暂的视觉上的恍惚或其他奇怪的感知体验。此外，在没有任何外部刺激的情况下，我们在夜间做梦时也会产生幻觉。在梦里，我们所听到和看到的东西其实是在我们头脑中上演的"戏剧"。

在清醒状态下，服用致幻剂，如麦角酸二乙基酰胺，也会引发幻觉。药物引发的大多是视幻觉，涉及的通常是抽象的形状，如圆圈、星星或闪光。与之相比，精神分裂症引发的幻觉具有更完整的形状，也更加复杂。幻觉（如虫在皮肤上爬）也可能在由酒精中毒引起的震颤性谵妄中出现，这通常是慢性酒精中毒戒断综合征的一部分。幻觉还可能是药物治疗的副作用，也可能在神经系统疾病（如帕金森氏病）中出现。

幻觉的成因

精神病性幻觉的成因尚不清楚，但各种推测比比皆是。有人认为，其成因之一是脑内化学物质的紊乱。此处所指的化学物质主要是神经递质多巴胺，因为服用抑制多巴胺活性的抗精神病药物可减少幻觉，而使用促进多巴胺分泌的物质（如可卡因）则更可能使人产生幻觉。幻觉与做梦的状态类似，由此我们可以推测，幻觉的产生也可能与防止梦中的情景侵入清醒状态的大脑机制受损有关。

精神分裂症患者的幻听可能代表一种内部言语或无声的自我对话（Alderson-Day & Fernyhough，2015）。大多数人，或者可能是所有人，都会不时地自言自语，只是人们通常会默不作声（默读），并且知晓"听到"的声音是自己的。而精神分裂症患者的幻听是否可能是患者将内部的声音或自我对话投射到外部的结果？

一种有趣的可能性是，患者的大脑将内部的对话误认为来自外部的声音。就大脑而言，听到其内部的声音可能与大声说出自己的想法共享相同的大脑区域（Whitford et al.，2017）。研究者发现，听觉皮层（大脑中加工听觉刺激的区域）在出现幻听时呈现活跃状态，而不论是否有真实的声音刺激存在（Allen et al.，2012）。科学家怀疑，幻听可能是某种形式的内部言语或无声的内部对话，由于未知的原因，它被患者误认为来自外部，而非来自自己的思维（Alderson-Day & Fernyhough，2015；Arguedas，Stevenson，& Langdon，2012）。

这一系列研究催生出了一种治疗形式。在这种治疗形式中，认知行为治疗师会尝试引导患者意识到其幻觉中的声音来自他们自己，以改变他们对声音的反应（Turkington，Lebert，& Spencer，2016；Turkington & Morrison，2012；Turner et al.，2014）。例如，患者可能会被教导对愤怒的声音做出如下反应——说"我的声音并不会令我生气，关键在于我对声音的看法"。他们也会训练患者识别与幻觉相关的情境线索，示例如下。

有一位患者……发现自己的幻听症状会在家庭成员之间发生争执后加重。经过觉察，她发现那些声音反映的是她无法对家人表达的感受和想法。由此，她的治疗目标就被设定在她的家庭冲突上。治疗师让她与家庭成员一起解决这一问题，并采用诸如演练、问题解决和认知重构等技术帮助她达成治疗目标（Haddock & Slade，1994）。

幻听

听幻觉，又被称为幻听，是精神分裂症中最常见的幻觉形式。最新的研究表明，幻听可能与内部言语被投射到外部有关。

Sdominick/E+/Getty Images

然而，即使将内部对话与幻听联系在一起的理论经得起进一步的科学探究，它们却不能解释其他感觉通道的幻觉，如幻视、幻触或幻嗅等。

产生幻觉的大脑机制也许涉及了彼此相连的诸多功能系统。一种可能性是，大脑深层结构的缺陷导致大脑创造自己的现实。而这种被创造出来的现实无法得到客观现实的检验，因为位于大脑皮层额叶的高级思维中枢无法对这些情景进行"现实检验"，以确定它们是真实的、想象的，还是一种幻觉。因此，患者会误认为内部产生的声音是来自外部的。

科学家怀疑，大脑神经元之间的连接异常可能会扰乱大脑神经回路，而这些回路使我们能够区分现实与幻想。我们会在后文中看到，来自脑成像研究的证据表明，精神分裂症患者的额叶存在异常。另一项研究表明，神经元之间的突触连接"变薄"可能会影响大脑神经网络的联结，这些联结使我们能够清晰地思考并区分什么是真实的、什么是虚幻的（Dhindsa & Goldstein，2016；Sekar et al.，2016；Zalesky et al.，2015）。

情绪紊乱

精神分裂症患者通常比健康的人有更多的消极情绪和更少的积极情绪（Cho et al.，2017）。精神分裂症患者的情绪紊乱会表现为一些阴性症状，如缺乏正常的情绪表达，这被称为情感迟钝或情感淡漠。对于情感淡漠的患者，我们会观察到其面部表情和声音中缺乏情感。患者会以单调的语调说话，面无表情，或者像戴了一副面具一样，无法对人或事产生正常的情感。患者也可能会表现出一些阳性症状，如夸张或不恰当的情感。例如，他们会毫无缘由地发笑，或者在听到坏消息时傻笑。

尽管精神分裂症患者倾向于表露较少的情感，但有证据表明，他们与他人在情绪的内在体验方面是相似的（Mote，Stuart，& Kring，2014）。我们可以这样认为，精神分裂症患者具有体验内在情感的能力，但他们情绪的外在表达功能相对迟钝。实验室研究的证

据显示，与对照组被试相比，精神分裂症患者在消极情绪上的体验更加强烈，在积极情绪上的体验则比较微弱（Myin-Germeys，Delespaul，& deVries，2000）。换言之，精神分裂症患者能够体验到强烈的情绪（尤其是消极情绪），只是这些体验未能通过面部表情或行为与外部世界发生交流。他们可能缺乏向外表达情绪的能力。

其他形式的功能受损

精神分裂症患者可能会困惑于自己的身份认同——能够定义一个人并为其生活赋予意义和方向的属性或特征。他们无法认识到自己是一个独特的个体，也不明白自己所体验到的有多少是自身的一部分。如果用心理动力学的术语来描述这种现象，那就是他们丧失了自我边界（Ego Boundary）。他们还可能会在采纳第三方的观点上存在困难：因为他们无法从他人的视角来看待事情，所以无法感知到自己的行为和语言在特定的社交情境中是不合适的（Carini & Nevid，1992）。他们在感知和识别他人的情绪上也存在困难（Csukly et al.，2014）。

意志障碍（Disturbance of Volition）常见于该疾病的残留期和慢性期中。这种阴性症状表现为缺少追求目标的动力或主动性（Hartmann et al.，2015）。精神分裂症患者无法执行计划，缺乏兴趣或动机。矛盾心理也可能起作用，因为难以在不同的行动方案之间进行选择可能会阻碍目标导向的行动。精神分裂症患者似乎陷入了一种两难境地，他们难以将愿望和目标转化为有效的目标导向的行动。功能性磁共振成像扫描的证据显示，精神分裂症患者的大脑机制存在一定的缺陷，影响了他们将愿望和目标转化为行动的能力，这可能有助于解释他们在完成找工作、交朋友和接受教育等基本的生活任务方面存在的困难（Morris et al.，2014）。

在一些案例中，精神分裂症患者会表现出紧张症的行为（Catatonic Behavior），这涉及认知和运动功能的严重受损。紧张症（Catatonia）患者可能会意识不到

周围的环境，保持固定或僵硬的姿势，甚至保持怪异而费力的动作（一次持续数小时），导致肢体僵硬或肿胀。他们可能还会表现出怪异的手势和面部表情，或者变得缺乏反应，减少自发运动。他们可能会出现高度兴奋但看起来毫无目的的行为，或者放慢速度并进入精神恍惚的状态。在之前版本的 DSM 中，紧张症被视为精神分裂症的一种独立的亚型，而 DSM-5 则将其作为标注项，以进一步描述其发生时的精神病性状态（American Psychiatric Association，2013）。

紧张症的一个鲜见却十分引人注目的特征是蜡样屈曲，即患者会保持他人为其摆出的姿势，并持续数小时之久。在此期间，患者对提问和评论毫无反应。但是，事后患者会报告他们当时能够听到他人所说的话。

紧张症并不是精神分裂症所独有的。它也可以出现在其他疾病中，包括脑部疾病、药物中毒和代谢障碍。事实上，与精神分裂症患者相比，心境障碍患者更容易出现紧张症的行为（Grover et al.，2015；Taylor & Fink，2003）。

精神分裂症患者在人际关系方面也会表现出严重的功能受损。他们会远离社交互动，沉浸在个人的想法和幻想中，或者极度依附于他人，令他人感到不适。他们会被自己的幻想世界支配，与现实世界脱节。他们内向、封闭，即使在精神病性行为出现之前也是如此。这些早期的迹象可能与精神分裂症的易感性有关，至少在遗传因素上对具有罹患精神分裂症风险的人来说是这样。

紧张症

处于紧张症状态的人可能会保持怪异、费力的姿势数小时之久，他们的四肢甚至会因此而变得僵硬或肿胀。在此期间，患者似乎对周围的环境浑然不觉，也无法对与他们交谈的人做出回应。

11.2　理解精神分裂症

虽然精神分裂症的潜在病因尚不明晰，但目前的理论认为可以用脑异常结合心理、社会、环境影响来进行解释（Davies & Roache，2017；Gask，2018）。下面我们将探讨目前对精神分裂症的几种理解。首先，我们来看看心理动力学和学习理论的观点。

11.2.1　心理动力学观点

描述关于精神分裂症的心理动力学观点。

心理动力学观点认为，精神分裂症代表了本我原始的性与攻击欲望或冲动对自我的压倒性占据。这

"你叫什么名字"
一个关于紧张症的案例

一名 24 岁的男子一直在担忧自己的生活。他声称自己感觉不太好，但无法具体解释这些不好的感受。在住院初期，他积极地与他人交往，但几天后，他开始呈现出雕塑般的姿势，腿奇怪地扭曲着。

他拒绝和任何人说话，表现得像完全看不到、听不到他人一般，他的脸则像一副没有任何表情的面具。几天后，他虽然开始说话，但只是像回声一样重复他人的话。例如，当他人问"你叫什么名字"时，他会回答"你叫什么名字"。他完全无法照顾自己，需要他人喂食。

资料来源：Adapted from Arieti，1974.

些冲动会威胁自我，引发剧烈的内心冲突。在此威胁下，个体会退行到口欲期的早期阶段（也叫原始自恋阶段）。在该阶段，婴儿还没有意识到世界与自己是相分离的。因为自我调节着自体和外部世界之间的关系，所以自我功能的崩解会造成个体脱离现实，这是精神分裂症的典型特征。本我的参与会导致幻想被误认为现实，从而产生幻觉和妄想。原始冲动也可能比社会规范的约束更有分量，所以患者会表现出怪异、不符合社会规范的行为。

弗洛伊德的追随者，如哈里·斯塔克·沙利文（Harry Stack Sullivan），则更强调人际关系因素而非内心冲突。沙利文毕生致力于精神分裂症的研究工作，他强调受损的母子关系会为患者在与他人交往时日渐退缩奠定基础（Sullivan，1962）。在童年早期，如果父母与孩子间的互动充满焦虑和敌意，可能就会导致孩子将自己的幻想世界当作避难所，由此一个恶性循环便产生了：孩子越退缩，发展出信任他人和建立亲密关系所需的社交技能的机会就越少，而与他人的脆弱联结又会引发孩子的社交焦虑、进一步的退缩。这一循环一直会持续到青春期。随着学校、工作及亲密关系中日益增长的要求，个体会因无法承受焦虑最终完全遁入自己的幻想世界。

弗洛伊德观点的批评者指出，精神分裂症患者的行为和婴儿的行为并不相同，所以不能用退行来解释精神分裂症。弗洛伊德和当代心理动力学理论的批评者认为，心理动力学的解释是一种事后归因或回溯性的视角，早期儿童－成人关系是从成年人的视角进行回顾的，而非通过纵向观察得到的。迄今为止，童年早期经历或家庭模式导致精神分裂症这一心理动力学假设尚未得到有效的证明。

11.2.2　学习理论观点

描述关于精神分裂症的学习理论观点。

虽然学习理论并未提供一套对精神分裂症的完整解释，但条件反射和观察学习可用来理解精神分裂症的一些行为类型的发展。从这个角度来看，精神分裂症患者之所以会习得异常行为，是因为与正常行为相比，这些行为更容易得到强化。

我们来看一个操作性条件反射的经典案例。在一项实验中，被试是一位 54 岁的慢性精神分裂症女性患者，研究者尝试将扫帚作为条件刺激与她建立联结（Haughton & Ayllon，1965）。当研究者给她扫帚时，如果她抓住了，另一名研究者就会给她一支香烟（强化物）。这一模式重复进行数次后，很快这位患者就离不开扫帚了。强化物确实能够影响人的特定行为，但并不是说精神分裂症患者的怪异行为就是由强化塑造的。

社会认知理论家认为，精神病院里会发生对精神分裂症行为的模仿，即患者会模仿其他行为怪异的同伴。医护工作人员也可能在不经意间过度地关注行为怪异的患者，从而强化精神分裂症行为。这与以下观察结果是一致的，即那些破坏课堂纪律的学生比行为良好的学生会获得老师更多的关注。

也许，模仿和强化能够解释一些类型的精神分裂症行为。然而，许多表现出精神分裂症行为模式的患者先前并未接触过其他精神分裂症患者。事实上，是精神分裂症行为的发生导致个体住院，而不是住院导致其出现精神分裂症行为。

11.2.3　生物学观点

描述生物学因素在精神分裂症中的作用。

虽然我们对精神分裂症的生物学基础仍有许多需要了解的地方，但如今的研究者已经认识到，包括遗传、神经递质功能和脑异常在内的生物学因素，在该疾病的形成过程中起着决定性的作用。

遗传因素

已有大量的证据表明，遗传在精神分裂症的形成过程中起重要作用（Lieberman & First，2018；Plomin，

2018；Sugawara et al.，2018；Sullivan et al.，2018；Won et al.，2016）。精神分裂症患者与其亲属之间的亲缘关系越近，其亲属患有精神分裂症的概率就越高。总体而言，精神分裂症患者的一级亲属（父母、孩子或兄弟姐妹）患有精神分裂症的概率比一般人群高出 10 倍（American Psychiatric Association，2000）。

图 11-1 展示了 1920—1987 年欧洲有关精神分裂症家族发病率的各种研究的汇总结果。然而，拥有共同基因的家人往往也生活在相同的环境中，所以我们需要对遗传的影响做进一步研究。

精神分裂症受遗传因素影响的更直接的证据来自经典的双生子研究。同卵双生子的同病率（指患有相同疾病的概率）约为 48%，是异卵双生子的同病率（约为 17%）的 两 倍 多（Gottesman，1991；Pogue-Geile & Yokley，2010）。然而，我们需要谨慎地避免过度解释双生子研究的结果。同卵双生子不仅具有几乎 100% 的基因相似性，相较于异卵双生子，人们也会以更加相似的方式对待他们。因此，环境因素也可能导致同卵双生子的同病率更高。

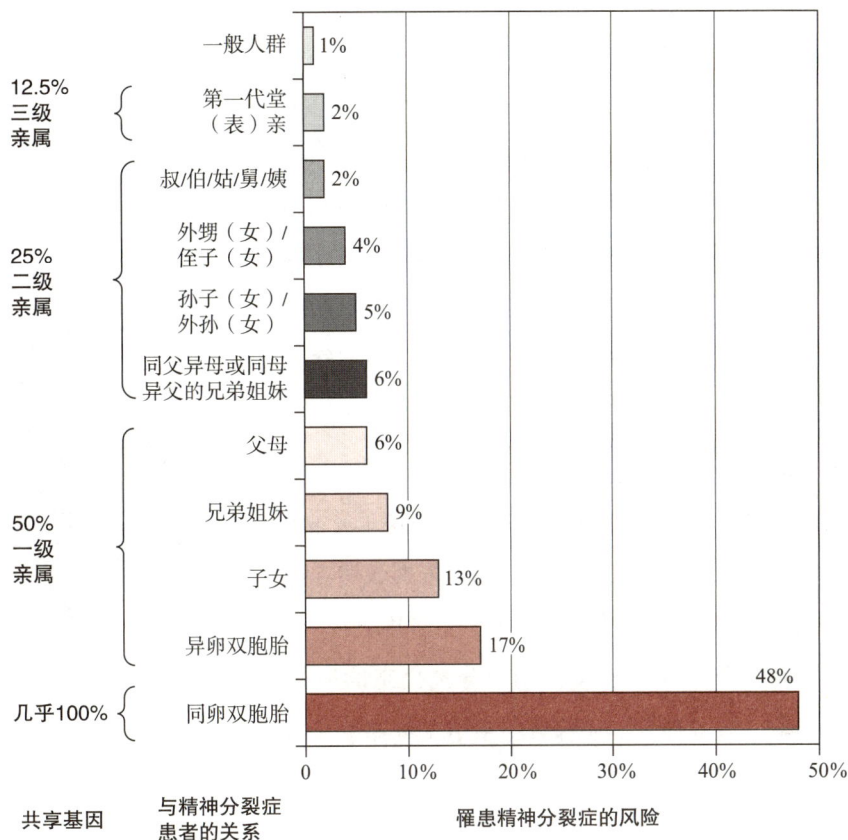

图 11-1　精神分裂症的家族风险

一般而言，与精神分裂症患者的亲缘关系越近，罹患精神分裂症的可能性就越大。同卵双生子的基因几乎完全相同，与基因 50% 相同的异卵双生子相比，其精神分裂症的同病率要高得多。

资料来源：Adapted from Gottesman，1991.

正误判断

如果你的父母都患有精神分裂症，那么几乎可以确定你也会罹患精神分裂症。

错误　父母均患有精神分裂症的孩子罹患精神分裂症的概率低于 50%（见图 11-1）。

为了从遗传因素中剔除环境因素，研究者对被收养的高风险儿童（亲生父母一方或双方患有精神分裂症）进行了研究。在研究中，儿童在出生后不久便与亲生父母分开，并被未患精神分裂症的养父母收养（Wicks，Hjern，& Dalman，2010）。研究结果表明，罹患精神分裂症的风险与亲生父母是否患有精神分裂症相关，而与养父母无关（Tandon，Keshavan，& Nasrallah，2008）。支持遗传和环境两个因素都对精神分裂症的形成具有影响的观点认为，那些被收养但在经济条件较差的家庭（单亲家庭或父母失业）中长大的高风险儿童，比在更优越的家庭环境中长大的高风险儿童面临更高的患病风险（Wicks，Hjern，& Dalman，2010）。

有些研究者从相反的方向研究遗传因素的影

响。在一项经典的研究中，美国研究者西摩·凯蒂（Seymour Kety）及其丹麦同事利用丹麦的官方记录找到了 33 例索引病例，他们都是在早年被领养，并且后来被诊断为精神分裂症的儿童（Kety et al., 1975, 1978）。研究者将这些病例的血亲亲属和收养亲属的精神分裂症患病率与对照组的无精神分裂症患病史的被收养儿童的亲属的患病率进行了比较。研究结果有力地支持了遗传解释。索引组儿童的血亲亲属患有精神分裂症的概率大于对照组儿童的血亲亲属患有精神分裂症的概率。索引组儿童和对照组儿童的收养亲属患病率相似且都很低。这些发现和其他研究都表明，精神分裂症的家族联结源于共享的基因，而非共享的环境。

将遗传影响从环境影响中分离出来的另一种方法是交叉抚养研究。研究者将亲生父母罹患或未患精神分裂症的儿童的精神分裂症发病率与养父母罹患或未患精神分裂症的儿童的精神分裂症发病率进行了比较。在丹麦进行的一项经典研究中，研究者发现，患精神分裂症的风险与亲生父母是否患精神分裂症相关，而与养父母是否患精神分裂症无关（Wender et al., 1974）。高风险儿童（亲生父母罹患精神分裂症）罹患精神分裂症的概率是那些亲生父母未患精神分裂症的儿童的两倍，无论他们是否由罹患精神分裂症的父母抚养。研究者还发现，养父母罹患精神分裂症而亲生父母未患病的被收养儿童患精神分裂症的风险并不比养父母和亲生父母都未患精神分裂症的儿童患病率高。总之，与精神分裂症患者的亲缘关系似乎是患该疾病最主要的风险因素。

我们来看看最新的研究进展：研究者正致力于探索与精神分裂症相关的特定基因（Greenhill et al., 2015；Schizophrenia Working Group, 2014；Siegert et al., 2015；Won et al., 2016）。然而，需要强调的是，精神分裂症并不是由单一基因导致的（Escudero & Johnstone, 2014；Walker et al., 2010）。科学家认为，是许多不同的基因造成的大脑异常发育，加之与环境

的交互作用，最终导致个体罹患精神分裂症（Gandal et al., 2018；Weinberger, 2019；Won et al., 2016）。其中的任何一种基因的独立影响都很小，但当多种基因的影响结合在一起时，就会带来巨大的患病风险。

正误判断

科学家认为是某个特定基因的缺陷导致了精神分裂症，但他们尚未找到这个有缺陷的基因。

错误 科学家认为是许多基因，而非某个单独的基因，参与了导致精神分裂症患病率增加的复杂过程。

精神分裂症的易感性增加，可能涉及某些特定基因的特定变异的组合，或者影响大脑不同功能的基因突变或缺陷（Levinson et al., 2011；Li et al., 2011；Pocklington et al., 2015）。科学家也发现，高龄父亲会增加后代罹患精神分裂症和孤独症的风险，这可能是因为其精子更容易发生突变（D'Onofrio et al., 2014；Kong et al., 2012）。而高龄母亲则并不会增加后代患病的风险（Carey, 2012a）。

在继续讨论之前，请牢记遗传因素并不能单独决定个体罹患精神分裂症的风险。环境的影响也起着重要作用，许多具有精神分裂症高遗传风险的人并未罹患该疾病。事实上，正如先前所提到的，同卵双生子携带几乎相同的基因，但其同病率远低于 100%。当今有关精神分裂症的流行观点是素质–应激模型（见下文的"理论观点的整合"专栏）。该模型认为，那些遗传了精神分裂症易感性的人在面对生活中的应激性事件时会罹患精神分裂症。例如，遗传缺陷或特定基因的变异，加上早期生活中的应激性体验，可能会导致大脑发育异常，从而增加日后罹患精神分裂症的风险（Kim et al., 2012；Walker et al., 2010）。

接下来，我们将探讨其他生物学因素对精神分裂

症的影响，这些因素包括生物化学因素、可能的产前病毒感染和维生素缺乏，以及脑异常。

生物化学因素

有证据表明，精神分裂症与大脑复杂的神经元网络中多巴胺的使用异常有关（Lieberman & First, 2018; Howes et al., 2017）。多巴胺假说（Dopamine Hypothesis）是精神分裂症的一种重要的生物化学模型，主张精神分裂症与大脑中多巴胺传输的过度活跃有关。

支持多巴胺模型的主要证据来自抗精神病药物——神经阻滞剂——的疗效。被广泛使用的第一代神经阻滞剂是吩噻嗪类药物，包括氯丙嗪、硫利达嗪和氟奋乃静。神经阻滞剂通过阻断多巴胺受体来抑制多巴胺的活性（Liberman & First, 2018）。因此，使用神经阻滞剂可以抑制导致精神分裂症阳性症状（如幻觉和妄想）的神经冲动的过度传导。

支持多巴胺模型的另一个证据来自兴奋剂类药物——苯丙胺——的作用。这类药物通过阻断突触前神经元对多巴胺的再摄取来增加突触间隙中多巴胺的浓度。当正常人大剂量地服用该药物时，会出现类似偏执型精神分裂症的症状。

总而言之，现有证据表明，精神分裂症患者的大脑神经通路在运用多巴胺方面存在异常——这种异常由基因决定（Huttunen et al., 2008）。这种异常的具体性质尚在研究中。这里存在多种可能性，目前我们尚无法断定其成因是精神分裂症患者脑中的多巴胺过量，还是多巴胺受体数量过多，抑或多巴胺受体位点过度敏感或反应过度（Howes et al., 2017; Lieberman & First, 2018）。还有一种值得进一步研究的可能性是，多巴胺受体的过度反应性引起阳性症状，而反应性降低则导致阴性症状的出现。此外，有证据表明，其他神经递质对精神分裂症的产生也具有一定的影响，如谷氨酸和 γ- 氨基丁酸（Avissara & Javitt, 2018; Coyle & Konopaske, 2016; Hamilton, D'Souza, et al., 2018;

Orhan et al., 2017）。但这些神经递质的具体作用有待进一步探索。

产前病毒感染和维生素 D 缺乏

产前病毒感染和维生素 D 缺乏会在精神分裂症的后期发展中起作用吗？是否存在这样的可能性，即由某种影响胎儿或新生儿大脑发育的慢作用性病毒会导致某些类型的精神分裂症？胎儿期风疹（Prenatal Rubella），又被称为德国麻疹（German Measles），是一种病毒感染，也是导致智力障碍的原因之一。其他病毒感染是否也会引发精神分裂症？目前我们尚不知晓。但一些研究表明，产前病毒感染（如流感）与日后精神分裂症的发生之间可能存在一定的关联（Ersoy et al., 2017; Racicot & Mor, 2017）。此外，在北半球，出生在冬季和早春时节的人罹患精神分裂症的概率更高，而这段时间正是流感高发期（King, St-Hilaire, & Heidkamp, 2010）。有可能是病毒影响了胎儿的大脑发育，从而增加了其日后患精神分裂症的风险。瑞典的一项大规模研究表明，产前病毒感染带来的风险可能仅限于母亲患有精神疾病的孩子，这也许是因为产前病毒感染与遗传易感性之间产生了交互作用（Blomström et al., 2015）。然而，即使我们发现了精神分裂症的病毒基础，它也只能解释一小部分人罹患精神分裂症的原因。

产前发育过程中维生素 D 的缺乏是否可能是导致精神分裂症的一个因素呢？2018 年，丹麦的研究者报告，那些在出生时缺乏维生素 D 的儿童日后患精神分裂症的风险比一般人高 44%（Eyles et al., 2018）。科学家推测，在产前发育期间，缺乏维生素 D 可能会对胎儿大脑结构的发育造成不良影响。维生素 D 缺乏的证据也可能与上面提到的其他证据相关联，即出生在冬季和早春时节的儿童患精神分裂症的风险更高，而这两个季节日照量（维生素 D 的天然来源）较少。虽然我们还需要更多的研究来证实产前维生素 D 缺乏与精神分裂症之间的联系，但它提出了一种可能性，即为那些缺乏维生素 D 的孕妇补充足够的维生素 D 可能会降低其后代罹患精神分裂症的风险。

脑异常

研究者通过扫描精神分裂症患者的大脑发现，他们的大脑存在结构上的异常及功能上的紊乱。关于脑异常最著名的发现是，许多精神分裂症患者存在脑组织（大脑灰质）缺失或变薄的情况（Cropley et al., 2017; Gong, Lui, & Sweeney, 2016; Jiang et al., 2018; Zhuo et al., 2017）。图 11-2 呈现的是患有早发

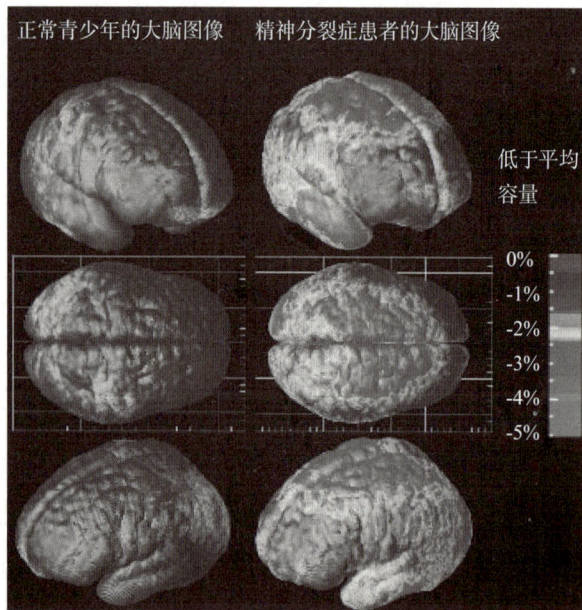

图 11-2 患有早发性精神分裂症的青少年的脑部影像图

患有早发性精神分裂症的青少年的大脑（右侧图像）出现大脑灰质严重缺失的迹象。在青春期出现大脑灰质萎缩（左侧图像）属正常现象，但在患有精神分裂症的青少年中，这种萎缩更为显著。

资料来源：Thompson et al., 2001.

性精神分裂症的青少年的脑部影像图。这种脑组织病变的最明显迹象是脑室异常扩大，脑室（见图 11-3）是大脑中的空腔结构（Bullmore, 2019; Murray, Bhavsar, et al., 2017）。

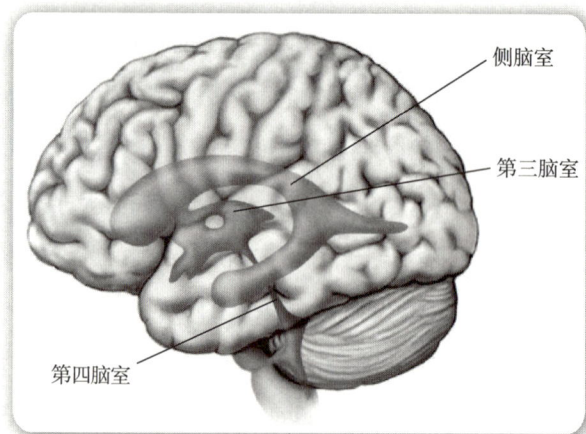

图 11-3 脑室

精神分裂症患者通常会出现脑室异常扩大的现象，这是脑组织缺失或病变的标志。脑室是大脑中的空腔结构，含有对大脑起缓冲和保护作用的液体。此图显示的是大脑左半球的脑室区域。

资料来源：Nancy C. Andreasen, M.D.

综上所述，由于遗传因素、环境影响（如病毒感染、胎儿营养不足等）、出生创伤或新生儿并发症，精神分裂症患者的大脑可能会在产前发育阶段或童年早期受损或无法获得正常的发育（Walker et al., 2010）。研究发现，产前发育不良的标志之一，即新生儿体重过轻，与日后罹患精神分裂症之间存在关联，这表明产前发育问题是可能的致病因素之一（Abel et al., 2010）。然而，我们需要牢记，并非所有精神分裂症患者的大脑都具有结构性损伤。也许，不同类型精神分裂症的致病过程也不尽相同。

精神分裂症患者的脑部扫描影像表明，他们的大脑前额皮层存在功能异常和组织缺失（Levitt et al., 2017; Zhang et al., 2015）。前额皮层是大脑中负责思考、计划和组织的区域，因此也常常被称为大脑的"执行中枢"。

前额皮层位于前额的正后方、大脑皮层额叶的前部、运动皮层（大脑控制自主躯体运动的部分）的正前方。前额皮层负责许多高级执行功能，如调节注意力、组织思维和行为、将信息进行优先级排序及制定目标等，而这些正是许多精神分裂症患者的缺陷所在。研究者认为，前额皮层异常很可能源于遗传因素（Bakken et al.，2011）。现有证据表明，精神分裂症的遗传变异与精神分裂症患者前额皮层突触连接的减少或修剪有关（Dhindsa & Goldstein，2016；Sekar et al.，2016；见"深度探讨：寻找精神分裂症的内表型"专栏）。

前额皮层就像一种"心理剪贴板"，存储着指导和组织行为所需的信息，所以该区域的异常可以解释为什么精神分裂症患者会在工作记忆（存储信息并对信息进行加工的记忆系统）方面存在困难（Janczyk，2017；Minamoto，Tsubomi，& Osaka，2017；Slifstein et al.，2015）。我们经常使用工作记忆来处理头脑中的信息，例如，进行心算，或者长时间地存储声音以便将其转换为可辨识的单词，从而进行对话。工作记忆的损伤可能导致精神分裂症患者中常见的意识模糊和行为紊乱。工作记忆缺陷及与其相关的脑回路异常一般会发生在第一次临床症状出现之前（Schmidt et al.，2013）。

正误判断

尽管人们普遍认为精神分裂症是一种脑部疾病，但目前尚缺乏证据证明精神分裂症患者的大脑功能是异常的。

错误 越来越多的证据表明，许多精神分裂症患者的大脑存在结构和功能异常。

脑成像研究表明，与对照组被试相比，精神分裂症患者的前额皮层明显激活不足（Gong，Lui，& Sweeney，2016；见图 11-4）。例如，精神分裂症患者在进行数学运算时，其前额皮层的神经活动水平显著低于对照组被试（Hugdahl et al.，2004）。前额皮层的神经活动减少，或者额叶的功能不足，可能反映了大脑的结构性损伤，如脑组织缺失。研究者提出了另一种可能性，即精神分裂症患者的前额皮层中拥有较少的神经通路（可以想象成公路），这些神经通路可以使信息从一个神经元传递到另一个神经元（Cahill et al.，2009）。结果，信息传递可能被大脑的"交通拥堵"所抑制（就像在高速公路上开车的司机不得不因为公路维修而挤入同一条车道一样）。这反过来可能会导致思维的混乱和无序。

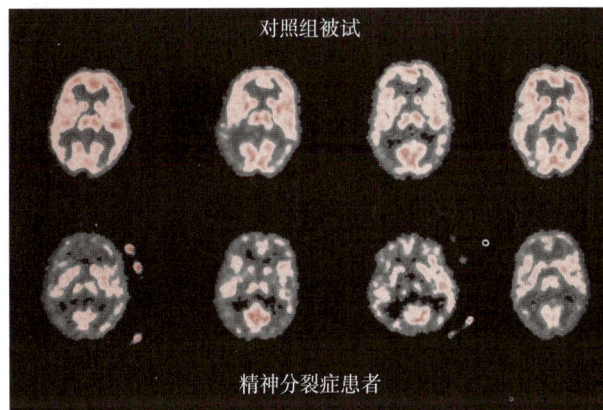

图 11-4　精神分裂症患者与正常人的正电子发射断层扫描图

正电子发射断层扫描结果显示，精神分裂症患者大脑额叶的代谢活动水平相对较低（浅红色和深红色部分较少表示代谢活动水平较低）。图上方呈现的是对照组被试（正常人）大脑的正电子发射断层扫描图像，下方是四位精神分裂症患者大脑的正电子发射断层扫描图像。

资料来源：Monte Buchsbaum, M.D., Mt. Sinai Medical Center, New York, NY.

深度探讨
寻找精神分裂症的内表型

医学领域已经启动了对**内表型**（Endophenotype）的科学探索，尽管这些探索尚处于起步阶段（Darrow et al.，2017；Greenwood et al.，2016）。内表型是指一种可测量的、无工具辅助时肉眼不可见的过程或机制，它能够解释编码在生物体 DNA 中的遗传指令是如何影响生物体的可观察特征或表型的。表型是特征的外显表达，如眼睛的颜色或可观察到的行为。内表型是基因在行为、身体特征或疾病中得以表达的机制和关键连接所在。

为了更好地理解基因在精神分裂症或其他疾病发展中的作用，我们需要深入表象之下，探寻具体的过程或机制——内表型，它能够解释基因是如何导致特定疾病的发展的。研究者目前正在探索精神分裂症、抑郁障碍、双相障碍和强迫症等疾病的可能的内表型（Fears et al.，2014；Goldstein & Klein，2014；Hamilton，2015；Peterson，Wang，et al.，2014；Roussos et al.，2015；Yao et al.，2015）。图11-5呈现的模型显示了候选基因和可能的内表型之间的关联，这些关联可能增加了精神分裂症的易感性。

研究者正在探索精神分裂症的内表型，主要包括脑回路紊乱、工作记忆缺陷、注意和认知过程受损，以及神经递质功能异常（Hill et al.，2013；Ivleva et al.，2013；Turetsky et al.，2014）。脑回路紊乱是一种可能的内表型。连接前额皮层和皮层下脑结构（包括边缘系统）等大脑区域的脑回路，参与了组织思维、感知、情绪和注意的过程。该回路的缺陷可能会导致这些过程的崩溃，并引发精神分裂症的阳性症状，如幻觉、妄想和思维障碍等。

研究者已经开始揭示导致脑回路缺陷的潜在过程。2016年的一项里程碑式的研究将与精神分裂症相关的遗传变异与大脑前额皮层神经元之间的突触连接过度减少联系起来，这一过程被形象地比作"修剪树枝"（Dhindsa & Goldstein，2016；

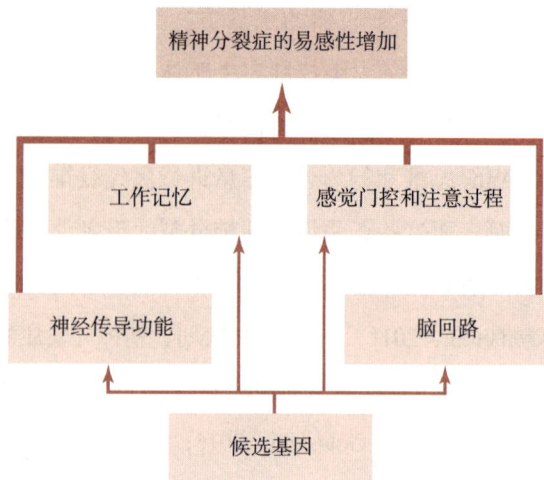

图 11-5 从基因到易感性

资料来源：Adapted from Gottesman & Gould，2003.

Sekar et al.，2016）。大脑在正常情况下也会出现一些神经元突触连接的脱落，随着大脑的成熟，这些突触连接会变得迟钝或脆弱（Carey，2016）。这项新的研究表明，精神分裂症患者大脑中突触连接的过度脱落可能会导致负责思考、注意力、感知和情绪加工的大脑神经元网络之间的连接出现问题。其他证据也进一步支持这一观点，精神分裂症患者和双相障碍患者的脑异常可能与其大脑不同区域之间的沟通和信号传递出现故障有关（Skudlarski et al.，2013）。

随着对精神分裂症内在病理机制的研究不断深入，我们应该了解到，科学家其实尚未发现一种在每位精神分裂症患者身上均可见的脑异常情况。也许"一刀切"的观点并不适用。精神分裂症是一种十分复杂的疾病，它具有多种亚型，会表现出异常复杂的症状。也许，我们大脑内部不同的致病过程可以解释不同类型的精神分裂症。所以，我们现在所探讨的精神分裂症有可能指的是多种疾病。

最近的一些研究表明，连接前额皮层与皮层下脑结构的大脑回路（包括参与调节情绪和记忆的部分边缘系统）存在异常（Bohlken et al.，2016；Gong，Lui，& Sweeney，2016）。大脑的"思维部分"（前额皮层）与其他参与调节情绪与记忆过程的大脑中较为原始和基础的区域之间无法进行有效的连接（Freedman，2012）。神经网络的连通性问题可能会影响大脑各个区域之间的信息传递，导致集中注意力、清晰思考、有效计划、组织活动及处理情绪所需的高级心理功能和信息处理功能的崩溃（Bohlken et al.，2016）。而且，这些异常可能在精神分裂症患者的生命早期就已经存在了（Anticevic，Murray，& Barch，2015）。

总而言之，越来越多的证据表明，精神分裂症是一种神经发育障碍，与大脑不同区域的复杂神经元网络异常有关。而且，越来越多的证据表明，遗传因素会导致大脑神经元网络中神经元之间的连接出现问题，使精神分裂症患者无法清晰地思考、组织和开展有目标的活动，以及区分现实与幻想。尽管证明精神分裂症是由生物学因素导致的证据还在不断增加，我们仍然要意识到多元视角的存在，这与精神科医生托马斯·萨斯博士的研究紧密相关，多年来他一直反对精神疾病这一概念（见"批判性思考：精神疾病是一个神话吗"专栏）。

11.2.4　家庭因素的作用

描述家庭因素在精神分裂症中的作用。

混乱的家庭关系在精神分裂症的产生和发展中起什么作用？一个未经证实的早期理论聚焦于"导致精神分裂症的母亲"（Schizophrenogenic Mother）角色（Fromm-Reichmann，1948，1950）。在一些女性主义者看来，精神病学史上存在歧视女性的现象，使得"导致精神分裂症的母亲"被描述为冷酷、淡漠、过度保护或专制的形象。她们剥夺了孩子的自尊，抹杀了孩子的独立性，逼迫孩子依赖她们。如果父亲无法中和母亲的这种致病性影响，那么由这种母亲养育长大的孩子罹患精神分裂症的风险将特别高。不过，值得庆幸的是，"导致精神分裂症的母亲"这一概念被推翻了，因为研究者发现，精神分裂症患者的母亲其实并不符合这种刻板印象（Hirsch & Leff，1975）。

如今，研究者对家庭影响的兴趣已经转向了家庭内部的异常沟通模式，以及家庭成员对精神分裂症患者侵入性的负面评价。

沟通偏差

沟通偏差是指不清晰、模糊、破坏性或支离破碎的沟通模式，常见于精神分裂症患者的父母和其他家庭成员之间。常见的沟通偏差表现为言语难以理解，无法从中抽取共同的意义。具有高沟通偏差的父母无法将注意力集中在孩子的言语上。他们往往用言语攻击孩子，而非给予建设性的批评；他们也可能经常使用侵入性的消极评论来打断孩子。他们往往会告诉孩子他们"实际上"是怎么想的，而不是让孩子形成自己独立的想法和感受。有证据显示，沟通偏差程度高的父母的后代患精神分裂症谱系障碍的风险高于平均水平（Roisko et al.，2014）。

我们应该意识到，沟通偏差与精神分裂症之间的因果效应可能是双向的。一方面，沟通偏差可能会增加基因脆弱个体罹患精神分裂症的风险；另一方面，沟通偏差也可能是父母对失调的儿童行为的反应。父母可能会学习使用一些奇怪的语言来应对那些不断打断和对抗他们的孩子。

情绪表达

另一种紊乱的家庭沟通形式是情绪表达（Expressed Emotion，EE），指的是一种以充满敌意的、批评性的、不支持的方式回应患有精神分裂症的家庭成员的模式（Banerjee & Retamero，2014；Von Polier et al.，2014）。生活在高情绪表达的家庭环境中的精神分裂症患者，其复发风险是生活在低情绪表达（更具支持性）的家庭环境中的患者的两倍多（Hooley，2010）。

那些高情绪表达的亲属比低情绪表达的亲属更缺乏同理心、忍耐力和灵活性，因为他们更倾向于相信精神分裂症患者能够更好地控制自己紊乱的行为（Weisman et al.，2006）。亲属的情绪表达也与其他心理障碍（包括重性抑郁障碍、进食障碍和创伤后应激障碍等）患者的复发情况相关（Barrowclough，Gregg，& Tarrier，2008）。与高情绪表达的亲属生活在一起，似乎会给精神疾病患者带来更大的压力（Chambless et al., 2008）。

低情绪表达的家庭能够保护精神分裂症患者，使其在外界压力的不利影响下得到缓冲，防止疾病复发（见图 11-6）。然而，家庭互动是双向的，家庭成员和患者之间会产生相互影响。家庭中精神分裂症患者的破坏性行为会让其他家庭成员感到挫败，促使他们以缺乏支持性的、批评性的、充满敌意的方式来做出回应，这反过来又会加剧精神分裂症患者的破坏性行为。

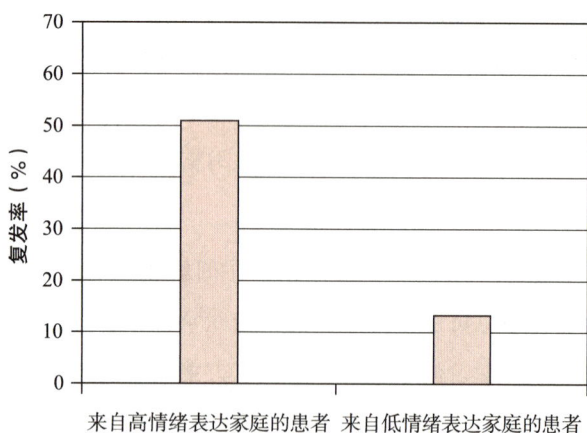

图 11-6 来自高情绪表达家庭和低情绪表达家庭的精神分裂症患者的疾病复发率

来自高情绪表达家庭的精神分裂症患者比来自低情绪表达家庭的精神分裂症患者具有更大的疾病复发的风险。低情绪表达家庭可能会保护精神分裂症患者避免受到环境压力的影响，而高情绪表达家庭可能会施加一些额外的压力。

资料来源：Adapted from King & Dixon, 1999.

关于精神分裂症患者家属的情绪表达频率的文化差异及这些表达对患者的影响，仍需更深入的考察和探索。有研究者发现，与发展中国家（如印度）相比，高情绪表达家庭在发达国家（如美国、加拿大）中更普遍（Barrowclough & Hooley, 2003）。

跨文化研究表明，具有高情绪表达特征的墨西哥裔、英裔和华裔美国家庭比低情绪表达家庭更倾向于相信家庭成员的精神病性行为是可控的（Weisman et al., 1998）。高情绪表达的家庭成员的愤怒和批评可能源于他们认为患者应该更努力地控制自己的异常行为。

在一项关于情绪表达的文化差异的研究中，研究者发现，在英裔美国家庭中，家庭成员的高情绪表达与精神分裂症患者的不良预后相关，而在墨西哥裔美国家庭中则不存在这种相关性（Lopez et al., 2004）。并且，对墨西哥裔美国家庭来说，家庭温馨的程度而非情绪表达本身与精神分裂症患者的良性预后相关，而在英裔美国家庭中则不存在这种相关性。另一项研究显示，在非裔美国精神分裂症患者中，高情绪表达却与更低的复发率相关（Rosenfarb, Bellack, & Aziz, 2006）。究竟是什么导致了这种显著的差异呢？研究者认为，对非裔美国人而言，家庭互动中的侵入性、批评性的评论可能会被他们视为关心和在意的信号，而不是拒绝的信号。以上这些研究结论都普遍强调了基于文化差异的视角观察异常行为模式的重要意义。

几乎所有的精神分裂症患者的家庭都很难充分做好照料患者的准备。与其聚焦于高情绪表达的家庭成员带来的消极影响，或许我们应该帮助他们学习一些更富有建设性的方法，以促进相互联结和对彼此的支持。作为综合治疗方案的一部分，治疗师需要与精神分裂症患者的家庭合作，以降低其情绪表达的水平。

精神分裂症中的家庭因素：应激的来源还是疾病的成因

现有的研究证据并不支持消极的家庭互动会直接导致精神分裂症这一假设。但是，对那些具有精神分裂症遗传易感性的人而言，如果他们生活在一个被紧张的家庭关系和社会关系破坏的家庭环境中，那么他们发展为精神分裂症的可能性会更高（Reiss, 2005; Tienari et al., 2004）。

患者的亲属如何看待精神障碍会影响他们与家中精神障碍患者之间的关系。例如，"精神分裂症"这一术语在社会中被污名化，并被认为是一种终身疾病。但是，许多墨西哥裔美国人将精神分裂症患者视为神经（Nerves）出了问题（"发神经了"）。这是一种文化标签，包含焦虑、精神分裂和抑郁在内的一系列心理和行为问题。与精神分裂症相比，这是一个更少被污名化、带有更多积极期待的标签。"神经出了问题"这个标签能够有效地减少对患有精神分裂症的家庭成员的污名化。

患者的家庭成员或亲属可能会将精神分裂症患者的行为视作暂时的、可治愈的，并且相信这些行为可以通过意志力得到改善，也可能会认为这些行为是由永久性的脑部病变导致的。持不同观点的人对家庭中精神分裂症患者的反应也会不同。亲属在多大程度上认为患有精神分裂症的家庭成员能够控制自己的行为，是决定他们如何对待患者的关键因素。家庭成员和亲属其实可以采取一种相对折中的观点，一方面既相信精神分裂症患者能够在一定程度上控制自己的行为，同时也承认他们的怪异或破坏性行为部分是由潜在的缺陷导致的。如此一来，他们便能够更好地处理与精

神分裂症患者之间的关系。家庭成员对精神分裂症的看法是否与患者的疾病复发率有关，这一点尚待进一步的研究。

名称有什么关系呢

显然，影响非常大。许多墨西哥裔美国人认为，精神分裂症患者是神经出了问题（"发神经了"）。与"精神分裂症"相比，这一标签包含更少的污名化及更多的积极期待。

理论观点的整合
素质－应激模型

1962 年，心理学家保罗·米尔（Paul Meehl）提出了一种精神分裂症病理方面的整合模型，并由此发展出了素质－应激模型。米尔认为，当具有精神分裂症遗传易感性的特定人群处于应激情境中时，这种易感性才会通过行为显现出来（Meehl，1962，1972）。

后来，祖宾（Zubin）和斯普林（Spring）系统地建构了素质－应激模型，认为精神分裂症是由先天素质或遗传易感性与应激性的生活因素之间的交互作用导致的，尤其是当环境压力超过了个体的承受和应对能力时（Zubin & Spring，1977；

见图 11-7）。该模型还指出，一些保护因素可能会缓冲生活压力的消极影响，从而降低遗传易感性发展为疾病的风险。

环境压力包括心理因素（如家庭冲突、儿童虐待、情感剥夺或丧失支持性他人等）和生理因素（如早期脑外伤或脑损伤）。如果环境压力保持在个体的可承受

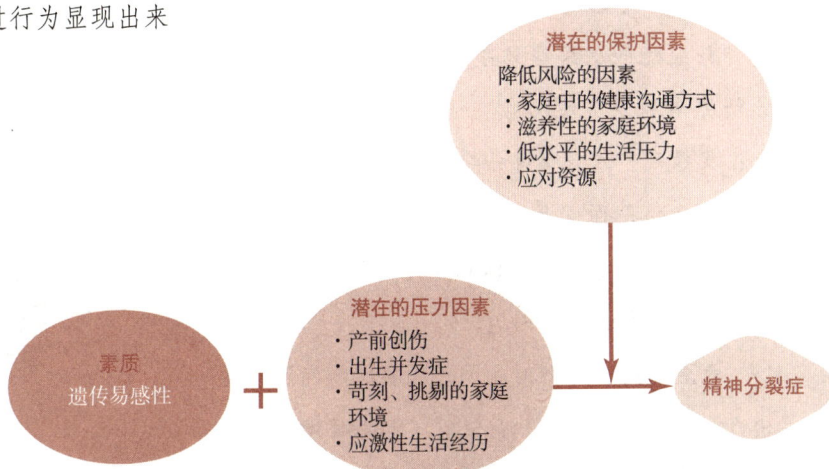

潜在的保护因素
降低风险的因素
· 家庭中的健康沟通方式
· 滋养性的家庭环境
· 低水平的生活压力
· 应对资源

素质
遗传易感性

+

潜在的压力因素
· 产前创伤
· 出生并发症
· 苛刻、挑剔的家庭环境
· 应激性生活经历

精神分裂症

图 11-7 精神分裂症的素质－应激模型

范围内，即使有遗传上的风险，个体也可能不会罹患精神分裂症。

支持素质－应激模型的研究证据

有几组证据支持素质－应激模型。证据之一是精神分裂症一般发病于青春期晚期或成年早期，这一时期正是年轻人面临更多压力的时候，这些压力源自实现独立及在生活中找到自己的角色。其他证据表明，心理社会压力，如情绪表达（来自家人的不断批评），会加重精神分裂症的症状，增加患者崩溃的风险。其他压力，如经济条件差、居住在贫困社区等，也会在致病模型中与遗传易感性产生交互作用，导致精神分裂症。然而，压力是否会直接触发具有遗传易感性的个体罹患精神分裂症，仍旧是一个悬而未决的问题。

对高风险儿童的纵向研究为素质－应激模型提供了更多证据，亲生父母中至少一方患有精神分裂症会导致子女患病的风险明显增加。研究支持了素质－应激模型的核心原则：遗传因素与环境影响交互作用决定了精神分裂症的易感性。纵向研究需要研究者长时间追踪这些个体，在理想情况下，研究要始于障碍或问题行为模式形成之前，并贯穿整个疾病发展过程。通过这种方式，研究者可以识别出可预测障碍日后发展的早期特征。因此，这些纵向研究用时长、费用高。由于精神分裂症的患病率只占成年人总数的1%，因此研究者将研究重心放在了那些高风险儿童身上：父母一方患有精神分裂症的儿童的患病率为10%～25%；而父母双方都患有精神分裂症的儿童的患病率为45%（Erlenmeyer-Kimling et al., 1997；Gottesman, 1991）。

最著名的一项针对高风险儿童的纵向研究是由丹麦的萨尔诺夫·梅德尼克（Saraoff Mednick）及其同事进行的。1962年，梅德尼克的科研团队找到了207名高风险青少年（其母亲患有精神分

裂症）和104名对照组青少年。这些对照组青少年在性别、社会阶层、年龄和教育水平等因素上与高风险青少年相匹配，只是他们的母亲未患有精神分裂症。两组青少年的年龄范围都在10～20岁，平均年龄为15岁。两组青少年在第一次会谈中均无明显患病迹象。

五年后，研究对象的平均年龄为20岁，他们再次接受了检查。结果发现，其中有20名高风险青少年表现出一定程度的异常行为，尽管不一定是精神分裂症发作（Mednick & Schulsinger, 1968）。随后，研究者将这20名青少年（高风险"患病"组）和20名功能良好的高风险青少年（高风险"健康"组）与20名低风险青少年（对照组）进行了比较，结果发现，高风险"健康"组青少年的母亲比高风险"患病"组和对照组青少年的母亲经历了更顺利的怀孕和分娩过程。70%的高风险"患病"组青少年的母亲在怀孕或分娩期间曾出现严重的并发症。与素质－应激模型一致的是，怀孕、分娩或出生后不久出现并发症等压力因素导致了脑损伤，而脑损伤再结合遗传易感性，最终导致了日后严重的精神障碍。

在另一项经典的研究中，芬兰的研究者还发现，胎儿期和产后的异常情况与成年期精神分裂症发病之间存在相关性（Jones et al., 1998）。在丹麦的一项研究

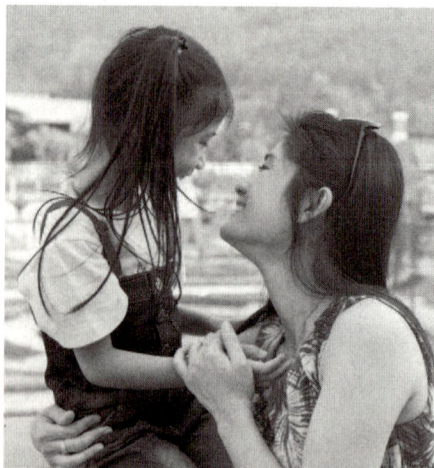

高风险儿童的保护因素

支持性、滋养性的成长环境会降低高风险儿童罹患精神分裂症的可能性。

中，高风险"健康"组被试的母亲在怀孕和分娩期间的并发症发生率较低，这表明母亲正常怀孕和分娩可以避免高风险青少年发展出异常行为模式（Mednick，Parnas，& Schulsinger，1987）。

最新的研究证据来自丹麦。研究者对近 140 万名新生儿的研究结果显现出一种有趣的联系，支持了产妇压力在产前发育过程中的重要作用。如果孕妇在怀孕的前三个月经历重大压力事件（如亲人死亡），那么其后代患精神分裂症的风险会高于平均水平（Khashan et al.，2008）。这一证据表明，怀孕早期的严重压力可能会对胎儿的大脑发育造成不良影响。

积极的环境因素（如良好的父母养育）有助于预防那些具有较高遗传风险的儿童罹患精神障碍。梅德尼克及其同事的研究支持早期环境影响的观点，他们发现，与那些未患病的高风险青少年相比，那些长大后罹患精神分裂症的高风险青少年与父母的关系更差（Mednick，Parnas，& Schulsinger，1987）。童年期行为问题可能也是高风险儿童未来罹患精神分裂症相关障碍的指征（Amminger et al.，1999）。

11.3　治疗方法

虽然我们可以通过治疗来控制症状，但目前尚无彻底治愈精神分裂症的有效方法。在临床实践中，联合治疗——结合药物治疗、心理治疗和康复服务——如今被广泛采用。大多数精神分裂症患者都需要在正规的精神卫生机构接受抗精神病药物治疗来控制幻觉、妄想等症状，降低复发的风险。在此，我们主要介绍几种用来治疗精神分裂症的生物医学方法和心理社会学方法。

11.3.1　生物医学方法

描述治疗精神分裂症的生物医学方法。

20 世纪 50 年代，抗精神病药物（强安定药或神经阻滞剂）的发明引发了精神分裂症治疗的变革，促使大批精神分裂症患者重新回到社区（去机构化）。抗精神病药物有助于控制精神分裂症患者的怪异行为模式，如妄想思维、幻觉等，并减少其接受长期住院治疗的需要。

对许多严重的精神分裂症患者来说，进医院就如同过旋转门：他们反复地入院、出院，然后再入院。一旦病情稳定下来，许多患者就会流落街头，几乎得不到任何后续的医疗护理。常见的后果是患者无家可归，只是偶尔接受短暂的住院治疗。

第一代抗精神病药物包括吩噻嗪类药物，如氯丙嗪、硫利达嗪、三氟拉嗪及氟奋乃静。虽然氟哌啶醇的化学成分与吩噻嗪类药物不同，但也可以产生类似的治疗效果。

抗精神病药物可以阻断大脑中的多巴胺受体，降低多巴胺的活性，抑制明显的精神分裂症症状，如幻觉和妄想等。抗精神病药物的疗效已经多次在双盲研究、安慰剂对照研究中得到验证（Goff et al.，2017；Leucht et al.，2017）。即便如此，这种药物也并非对所有精神分裂症患者都有效，即使对持续服药的患者来说，疾病也可能会复发。

长期使用神经阻滞剂的主要风险在于，这种药物会产生潜在的致残副作用，即**迟发性运动障碍**（Tardive Dyskinesia，TD）。迟发性运动障碍有不同的表现形式，其中最常见的是频繁眨眼。这种障碍的常见症状还包括不自主地咀嚼和眼动、咂嘴和努嘴、面部表情扭曲及四肢和躯干的不自主运动。在某些情况下，当迟发性运动障碍非常严重时，患者会出现呼吸、说话和进食困难。在许多情况下，即使患者停用神经阻滞剂，这些症状仍然会持续存在。

迟发性运动障碍在老年人和女性群体中最常见。

尽管迟发性运动障碍发展缓慢或在几年后会趋于稳定，但一些迟发性运动障碍患者会出现持续和严重的功能丧失。目前缺乏有效且安全的方法来应对这一令人困扰的副作用。美国联邦政府前几年批准了第一种被证明在某些情况下有助于治疗迟发性运动障碍的药物（Witek & Comella，2019）。然而，其潜在的致残副作用要求医生必须仔细权衡长期药物治疗带来的风险和好处。

第二代抗精神病药物被称为非典型抗精神病药物，目前已基本取代了早期的抗精神病药物。非典型抗精神病药物与第一代抗精神病药物的治疗效果相当，但对神经系统产生的副作用更小，引发迟发性运动障碍的风险也更低（Harvey，James，& Shields，2016；Lieberman & First，2018；Masuda et al.，2019；Yager，2017b）。作为一种非典型抗精神病药物，氯氮平似乎在减少疾病复发方面也更加有效（Tiihonen et al.，2017）。除氯氮平外，一些常用的非典型抗精神病药物还包括利培酮和奥氮平。

在大约 2/3 的病例中，精神分裂症的急性症状可以通过抗精神病药物得以缓解（Davidson et al.，2017）。通过药物治疗，患者头脑中的"声音"和妄想可能会完全消失。尽管这些药物在很多情况下可以帮助控制精神分裂症的症状，但它们并不能治愈精神分裂症。慢性精神分裂症患者的急性症状减少后，他们通常还需要长时间服用维持剂量的抗精神病药物（Tiihonen，Tanskanen，& Taipale，2018）。如果患者停止服药，他们将面临更高的复发率（Goff et al.，2017；Kahn，2018；Zhou，Rosenheck，et al.，2017）。也就是说，在许多继续服用药物的患者中，疾病也可能会复发。但是，并非所有的精神分裂症患者都需要服用抗精神病药物才能独立生活。不幸的是，我们无法预测哪些患者能在不持续用药的情况下有效地应对疾病（Jobe & Harrow，2010）。

正误判断

目前已有可治疗精神分裂症的药物，并且在很多情况下能够治愈该疾病。

错误 抗精神病药物虽然有助于控制精神分裂症的症状，但无法将其治愈。

非典型抗精神病药物也存在显著的副作用，如心源性猝死、体重大幅增加、癫痫发作及与因心脏病和中风死亡的风险增加相关的代谢紊乱等严重的医疗并发症（Larsen et al.，2017；Lieberman & First，2018）。此外，非典型抗精神病药物氯氮平可能会造成某种致命的疾病，导致身体产生的白细胞供应不足。由于这一风险的严重性，服用药物的患者需定期做血液检测。总之，医生面临着艰难的选择，他们需要在药物治疗带来的好处与随之而来的可能出现严重副作用的风险之间进行权衡（Stroup et al.，2016）。

无论抗精神病药物的治疗效果有多好，单独依靠药物依旧无法满足精神分裂症患者多方面的需求。精神科药物可以有效改善疾病的症状，但对患者的一般社会功能、生活质量和阴性症状的帮助则十分有限（Friedman，2012；Turkington & Morrison，2012）。因此，药物治疗需要辅以心理治疗、康复服务、认知（记忆和注意力）训练、社交技能训练（包括帮助患者

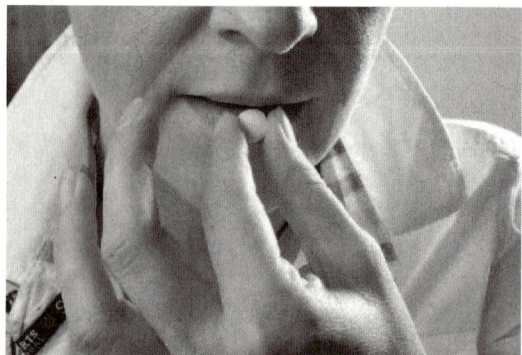

综合护理的需要

服用抗精神病药物只是多维度综合治疗项目中的一部分，这一综合项目旨在帮助精神分裂症患者适应社区生活。

读懂他人的面部表情），以及旨在帮助精神分裂症患者学习实用的生活技能和沟通技能，以更好地适应社区生活的社会服务（Hooker et al.，2012；Lieberman & First，2018；Strauss，2014）。该疾病的综合护理模式需要一系列广泛的治疗要素，包括抗精神病药物治疗、医疗护理、心理治疗、家庭治疗、社交技能训练、危机干预和康复服务，以及住房服务和其他社会服务。治疗方案还必须确保医院治疗和社区护理之间的有效衔接。

治疗中的社会文化因素

研究发现，对精神科药物治疗的反应及合适的用药剂量水平会因患者种族的不同而有所差异（USDHHS，1999）。例如，亚裔和西班牙裔美国人比欧裔美国人所需的神经阻滞剂的剂量更小。而亚裔美国人在相同剂量下体验到的副作用更大。精神分裂症患者的治疗方式也存在种族差异。例如，在一项研究中，与欧裔美国人相比，非裔美国人更难以接受新一代的非典型抗精神病药物（Kuno & Rothbard，2002）。

种族因素也在家庭参与治疗方面发挥作用。在一项包含 26 名亚裔美国人和 26 名非西班牙裔美国白人精神分裂症患者的早期研究中，亚裔美国人患者的家庭成员更频繁地参与治疗项目，例如，他们会更多地陪同患者来做医疗评估（Lin et al.，1991）。亚裔美国人的家庭参与反映出亚洲文化中相对强烈的家庭责任感。非西班牙裔美国白人则更倾向于强调个人主义和自我责任。

保持精神分裂症患者与家庭及更广泛的社区之间的联结，是许多亚洲文化及世界其他地区（如非洲）文化传统的一部分。例如，在中国，严重的精神疾病患者仍然会与他们的家庭和工作单位保持强有力的支持性联结，这有助于增加他们重新融入社区生活的可能性（Liberman，1994）。在非洲传统的精神分裂症治疗中心，患者会从家庭和社区获得强有力的支持，以及以社区为中心的生活方式，这些构成了治疗成功的重要因素（Peltzer & Machleidt，1992）。

11.3.2　心理社会方法

描述治疗精神分裂症的心理社会方法。

弗洛伊德认为，传统的精神分析理论不适合治疗精神分裂症。遁入内心的幻想世界是精神分裂症的典型特征，这阻碍了精神分裂症患者与精神分析师建立有意义的关系。弗洛伊德写道，经典精神分析技术必须"被其他技术所取代，而我们尚不知道是否能成功地找到替代者"（Arieti，1974）。

其他精神分析师，如哈里·斯塔克·沙利文和弗里达·弗洛姆-赖克曼（Frieda Fromm-Reichmann），对经典精神分析治疗技术进行了改进，以使其适用于精神分裂症的治疗。然而，尚未有研究可以证明精神分析或心理动力学疗法在治疗精神分裂症方面的有效性。不过，有报道称，一种经过改良的心理动力学疗法具有一定的治疗效果，该疗法基于素质-应激模型，能够帮助患者应对压力、学习社交技能，如学习如何处理来自他人的批评（Bustillo et al.，2001）。

基于学习理论的治疗

虽然鲜有行为治疗师认为，错误的学习会导致精神分裂症，但基于学习理论的治疗对精神分裂症患者的行为干预的有效性已得到证实，该治疗方法能帮助患者发展出有效适应社区生活的行为。具体的治疗方法如下所示。

1. 选择性行为强化，例如，对恰当的行为给予关注，忽视怪异的行为以使其消失。
2. 代币制，即用代币奖励住院患者的恰当行为，例如，用塑料筹码等兑换有形强化物，如喜欢的物品、权利等。
3. 社交技能训练，即通过指导、示范、行为演练和反馈，教授来访者沟通技能及其他恰当的社交行为。

虽然代币制有助于增加精神科住院患者的恰当

行为，但近年来，这种方法在精神病院较少被采用（Dickerson, Tenhula, & Green-Paden, 2005）。部分原因在于，这种方法需要耗费大量的时间和人力，要想成功实行，还需要强有力的行政支持、能娴熟运用该技术的治疗领导、系统的员工培训和持续的质量把控，以上这些都限制了代币制的可操作性。

社交技能训练可帮助患者掌握一系列社交和职业技能。精神分裂症患者通常缺乏社区生活所需的基本社交技能，如自信、面谈技巧和一般的沟通技巧等。社交技能训练能够帮助他们发展这些技能（Granholm et al., 2014; Hooley, 2010; Lecomte et al., 2014）。然而，一旦患者离开医院，社交技能训练对降低复发率的影响就微乎其微了。

社交技能训练的基本模式包括团体形式的角色扮演。参与者会练习一些技巧（如怎样与陌生人开启或保持对话），还可以从治疗师和其他团体成员那里得到反馈和强化。第一步是技能演练，参与者需对目标行为进行角色扮演，如向陌生人问路。随后，治疗师和其他团体成员会对其进行表扬，并给予建设性的反馈。角色扮演会通过技能示范（观察治疗师或其他团体成员的恰当行为）、直接指导（通过具体指导来激活期望行为）、行为塑造（强化持续接近目标的行为）及教练（使用言语或非言语提示来引发角色扮演中的期望行为）等技术得到增强。同时，治疗师还会给参与者布

置家庭作业，让他们在生活情境中进行行为练习，如在医院病房或社区中进行练习。其目的是将训练效果泛化，并将其迁移到其他情境中。参与者可以在商店、餐厅、学校及其他一些生活情境中进行练习。

另一种基于学习理论并被广泛使用的方法是认知行为疗法（Gottlieb et al., 2017; Turkington et al., 2014; Turner et al., 2014），它可以作为药物治疗的辅助手段被用于治疗精神分裂症。正如我们之前讨论过的，认知行为疗法聚焦于改变精神分裂症患者的思维模式，通过将他们所听到的声音重新归因于来自内部或自己，来帮助他们控制自己的幻觉。目前已经有越来越多的证据证明了认知行为疗法及类似疗法对精神分裂症患者的有效性（Bighelli et al., 2018; Hazell et al., 2016; Lieberman & First, 2018）。

认知行为治疗师还可以帮助患者摆脱错误的认知（如妄下结论）、使用替代性的解释来取代妄想信念，还可以改善那些使患者难以适应社区生活的阴性症状，如动力缺乏和情感淡漠。亚伦·贝克（见第 7 章）等认知心理学家提出，我们在抑郁障碍患者身上看到的认知偏差类型（对自我、他人和未来的消极信念，即认知三联征）也在解释精神分裂症患者的阳性和阴性症状方面发挥了作用（Beck & Bredemier, 2016; Beck, Himelstein, & Grant, 2017）。认知行为疗法的重点是帮助精神分裂症患者发展出适应生活的技能，因此我们应该考虑将心理社会康复训练作为多维度综合治疗模式中的重要组成部分。

心理社会康复训练

精神分裂症患者在社会功能、职业角色的运作及需要认知（包括注意力、记忆力等）参与的行为表现上存在困难，即便他们并未出现明显的精神病性行为，他们适应社区生活的能力仍会受到影响。近年来，关于认知康复训练如何提升精神分裂症患者的基本认知技能（如注意力、记忆力等）的相关研究取得了一些

Powerofforever/E+/Getty Images

发展技能

社交技能训练团体可以帮助精神分裂症患者发展出独立适应社区生活所需的一些社交和职业技能。

积极的成果（Moritz et al.，2014；Wykes，2014）。

自助俱乐部（通常被称为"俱乐部会所"）和康复中心如雨后春笋般大量涌现，以帮助精神分裂症患者在社会上找到立足之地。许多康复中心是由一些非专业人士或精神分裂症患者自己成立的，这是因为精神卫生机构通常无法提供类似的服务。"俱乐部会所"并不是家，而是一个自营的社区机构，可以为会员提供社会支持和帮助，并为他们寻找合适的教育机会和有报酬的工作岗位。

综合服务康复中心一般可以为患者提供住房、工作及教育机会。此外，这些康复中心还会通过技能训练帮助患者学习如何管理自己的财物、解决与家人之间的矛盾、结交朋友、乘坐公共交通工具、自己做饭及购物等。

家庭干预项目

家庭冲突及不良的家庭互动模式会给精神分裂症患者增加压力，并增加疾病复发的风险。研究者和临床医生与精神分裂症患者的家属合作，不但可以有效地帮助他们减轻护理患者的负担，还能促进他们更好地配合患者，以减少冲突的发生。家庭干预的内容不尽相同，但也有一些共同点，如关注实际的日常生活，帮助患者家属了解有关精神分裂症的知识，教会他们如何减少与患者之间的冲突、增进彼此间的交流、培养有效的问题解决及应对技巧。结构性的家庭干预项目能够减少家庭内部的摩擦、改善精神分裂

患者的社会功能，甚至降低疾病的复发率（Addington，Piskulic，& Marshall，2010；Lieberman & First，2018）。然而，干预的效果一般也十分有限，能否预防复发，或者仅仅是延迟复发，答案尚不明晰。

共识——联合治疗的必要性

一项针对 404 名首发精神分裂症患者进行的颇具影响力的大规模研究表明，许多临床医生早就认识到，药物治疗结合心理治疗的联合治疗模式比单独使用标准药物的效果更好（Carey，2015；Kane et al.，2015）。该研究中的患者被随机分成两组，一组患者接受标准的抗精神病药物治疗，另一组患者则接受由低剂量药物治疗（以减少副作用）、职业和学术支持、针对患者家属的精神分裂症方面的心理教育，以及个体、一对一心理治疗组成的联合治疗。在心理治疗的过程中，患者可以学习各种技能，如怎样应对他们头脑中的声音（与它们针锋相对或忽视它们），还可以掌握一些建立社会关系所需的社交技能，并学会如何缓解抑郁症状。

总之，没有任何单一的治疗方法能够满足所有精神分裂症患者的需求。将精神分裂症视为一种终身疾病，这一理念强调了长期的治疗干预的必要性，包括抗精神病药物治疗、家庭治疗、支持性或认知行为取向的治疗、职业技能训练、住房服务和其他社会支持服务。为了帮助患者尽可能地适应社会生活，这些干预措施需要被有机地整合在综合治疗模型中进行协调和整合。

批判性思考
精神疾病是一个神话吗

1961 年，精神科医生托马斯·萨斯发表了一项震惊整个精神病学界的大胆言论：精神疾病并不存在（Haldipur，Knoll IV，& Luft，2019）。在其富有争议的著作《精神疾病的神话》（*The Myth of Mental Illness*）中，长期以来始终致力于批判

主流精神病学界的萨斯声称，精神疾病是一个神话，它是社会用来污蔑和压制那些离经叛道者的虚构故事（Szasz，1960，2011）。在萨斯看来，所谓的精神疾病其实是"生活问题"，而不是诸如流感、高血压和癌症之类的疾病。萨斯并不否认被诊断为精神分裂症或其他精神疾病的患者的行为是奇怪、混乱的，也不否认他们确实存在情绪问题或难以适应社会。但他不认为

他们怪异或离群的行为是由潜在的疾病引发的。萨斯认为，将问题当作"疾病"来处理使精神卫生工作者能够将那些偏离社会常态的人送入医疗机构，而强制住院就是一种披着治疗外衣的暴政，它剥夺了人的尊严和最基本的权利——自由。

精神分裂症患者的各种问题——妄想、幻觉及言语不连贯——仅仅是"生活问题"，还是潜藏在疾病病理中的症状？精神疾病是一个神话或一种社会建构的说法，无法解释精神分裂症患者存在的大脑结构和功能异常，以及遗传因素增加患病风险等有大量证据支持的事实。

自萨斯宣称精神疾病并不存在以来，人们已经了解了很多有关精神或心理疾病的生物学基础，但仍需要进一步探索。目前，人们对许多疾病（包括癌症和阿尔茨海默病）的了解仍然不完整，但缺乏了解并不代表它们不是疾病。很多专业人士认为，像萨斯这样的激进理论家提出的"精神疾病其实是社会用来污蔑和压制那些离经叛道者的虚构故事"的观点过于偏激。

有证据表明，在许多异常行为模式（包括精神分裂症、心境障碍和孤独症）中，生物学因素都起着重要的作用。但是，我们能在多大程度上拓展这种疾病模型呢？反社会型人格障碍也是一种疾病吗？注意缺陷/多动障碍呢？像害怕乘坐飞机这样的特定恐怖症呢？将异常行为模式视作疾病还是生活问题，这会对治疗有什么影响呢？

DSM 并不认为精神疾病是由生物学因素导致的。它承认大多数精神疾病的病因尚不明确：一些疾病纯粹是由生物学因素导致的，但另一些则可能是由心理因素导致的，还有一些，或者说绝大多数疾病，则是由生物学因素、心理因素和社会环境因素的交互作用导致的。

总体而言，萨斯的观点及其他对精神卫生体系的批评能够促进精神卫生机构做出诸多改善和保护患者权利的措施。它们还可以将人们的注意力引向人们对异常行为的反应所带来的社会和政治影响。最重要的是，这些观点可以促使我们检视自己的假设：我们是否会把不喜欢的行为视作疾病，而非生活适应方面的问题。

在对这一议题进行批判性思考时，请尝试回答以下问题。

- 称精神分裂症是生活问题而非疾病意味着什么？这对治疗有什么影响？社会对行为异常的人会作何反应？

- 自萨斯出版他的著作以来，基于你已积累的知识，你认为哪些精神疾病应该被归为生活问题？哪些应该被归为疾病？

托马斯·萨斯

已故精神病学家托马斯·萨斯与根深蒂固的主流精神病学界进行了长期的斗争。萨斯认为精神疾病是一个神话，他认为心理健康问题其实是生活问题，而非疾病。

11.4　其他精神病性障碍

DSM-5 将一系列心理障碍归类为精神分裂症谱系障碍。这些障碍的范围从轻微的思维紊乱或异常到与他人建立联结存在困难（如与分裂型人格障碍相关的症状，见第12章），再到明显的精神病性障碍，包括短暂精神病性障碍、精神分裂症样障碍、妄想障碍、分裂情感性障碍及精神分裂症本身。

11.4.1　短暂精神病性障碍

描述短暂精神病性障碍的主要特征。

　　一些**短暂精神病性障碍**（Brief Psychotic Disorder）并不一定会演变为精神分裂症。短暂精神病性障碍的诊断类别适用于发病的持续时间从一天到一个月的精神病性障碍，至少包括以下特征中的一项：妄想、幻觉、言语紊乱，或者明显紊乱的行为或紧张症的行为。患者的所有功能最终会完全恢复到先前的水平。短暂精神病性障碍与一些重大的应激事件相关，如失去亲人或在战争中遭受残酷的创伤。女性在产后有时也会出现这种障碍。

11.4.2　精神分裂症样障碍

描述精神分裂症样障碍的主要特征。

　　精神分裂症样障碍（Schizophreniform Disorder）涉及与精神分裂症相同的异常行为，并且这些行为至少持续一个月，但少于六个月，因此尚不足以被诊断为精神分裂症。虽然有些患者预后良好，但也有些患者在症状的持续时间超过六个月后，可能会被诊断为精神分裂症或其他类型的精神病性障碍，如分裂情感性障碍。问题仍然在于诊断的有效性。对于近期表现出精神病性症状的人，更适当的方法是不将其归类为哪一种具体的精神病性障碍，等到具有更多信息能清晰地表明其符合哪种特定类型的障碍时再做具体的诊断。

11.4.3　妄想障碍

描述妄想障碍的主要特征。

　　我们中的大多数人都有怀疑他人动机的时候，我们可能会感觉他人对我们有意见，或者觉得有人在背后议论我们。然而，大多数人的偏执思维并不会表现为彻头彻尾的妄想。**妄想障碍**（Delusional Disorder）的诊断适用于持有持续、明显的妄想信念的人。这些信念通常涉及偏执的主题。妄想障碍是一种比较罕见的疾病，估计每 1 万人中有 20 人会罹患这种疾病（American Psychiatric Association，2013）。

　　妄想障碍患者的妄想信念可能很怪异（例如，认为外星人在人类的头上植入了电极），或者可能落在一系列看似合理的想法的范围内，例如，缺乏根据地坚信配偶不忠、自己被他人迫害、名人爱上自己，等等。这些信念看似不容置疑，因此可能会导致他人严肃地对待它们，并在得出这些信念毫无根据的结论之前进行一番查证。除妄想外，患者并不会表现出奇特或怪异的行为，就像下面的案例中呈现的那样。

　　波尔森先生具有一种妄想信念，即有"职业杀手"正在追杀他，他在医院接受了抗精神病药物治疗，他的妄想症状在大约三周后逐渐减轻。他坚持认为自己是一项"暗杀"行动的目标，这一信念始终萦绕在他的脑海中。入院一个月后，他表示，"我觉得我的上司已经终止了暗杀合同。现在，他不可能在不引起公众注意的情况下得逞了"（Spitzer et al.，1994）。

有人想伤害你吗

患有妄想障碍的人经常在头脑中编织偏执的幻想，并且会将这些幻想与现实混淆。

职业杀手
一个关于妄想障碍的案例

一名 42 岁的已婚邮递局员工波尔森先生被他的妻子送到医院，因为他坚信有人要杀他。他告诉医生，问题大约始于四个月前，当时他的上司指责他篡改了一个包裹，这可能会让他丢掉工作。尽管在正式听证会上，波尔森先生已经被宣告无罪，但他还是很生气，因为他觉得自己被公开羞辱了。之后，波尔森先生感觉同事们开始回避他，当他经过时，他们便转身离开，就像不愿意看见他似的。于是，他开始认为同事们在背后议论他，虽然他根本听不清他们在说什么。波尔森先生逐渐确信，同事们回避他是因为他的上司在一份针对他的暗杀合同上签了字。他说他注意到有几辆白色大车在他居住的街道上来回行驶。他认为这些车里有职业杀手，因此拒绝在没有人陪同的情况下出门。除了报告自己的生命受到威胁，他在访谈中的想法和行为表现完全正常。除了对自己的生命处于危险中的异常信念，他否认有任何幻觉，也未显现出其他精神病性行为的迹象。因为没有证据表明他所说的暗杀合同的存在（所以医生将其视为一种被害妄想），并且没有其他清晰的精神病性迹象支持精神分裂症的诊断，所以妄想障碍似乎是最合适的诊断。

资料来源：Adapted from Spitzer et al.，1994.

虽然妄想在精神分裂症中经常出现，但妄想障碍与精神分裂症有所不同。妄想障碍患者不会表现出思维紊乱，其幻觉也没有那么明显；而精神分裂症患者的妄想则出现在一系列混乱的思想、感知和行为中。在妄想障碍中，妄想是唯一明显的异常迹象。

DSM-5 描述的妄想障碍的类型如表 11-2 所示。与其他形式的精神病性障碍一样，妄想障碍一般也对抗精神病药物有反应（Sammons，2005）。然而，妄想一旦出现，可能就会持续存在，只是在若干年中时强时弱。在有些案例中，妄想会在一段时间里完全消失，随后又再次出现。在有些情况下，妄想也可能会永远消失。

表 11-2　妄想障碍的类型

类型	描述
钟情妄想	认为他人，通常是社会地位较高的人（如电影明星或政治人物）爱上了自己，也被称为被爱妄想症。
夸大妄想	对自己的价值、重要性、力量、知识、身份或信仰的夸大信念，相信自己与神或名人有特殊的关系。那些相信自己有特殊或神秘力量的邪教头目可能患有这种类型的妄想障碍。
嫉妒妄想	在没有充分理由的情况下，相信伴侣不忠。妄想者可能会把某些线索误解为不忠的迹象，如床单上的污点。
被害妄想	这是最常见的妄想障碍，涉及阴谋、跟踪、监视、欺骗、下毒或其他中伤或虐待。有这种妄想的人会不断地对那些他们认为虐待他们的人采取法律手段，甚至可能对他们实施暴力行为。
躯体妄想	涉及身体状况的妄想。此类妄想障碍患者相信自己的身体散发出难闻的气味，或者身体里的寄生虫在吞噬他们。
混合妄想	不止一种类型的妄想，没有单一的主题。

11.4.4　分裂情感性障碍
描述分裂情感性障碍的主要特征。

分裂情感性障碍（Schizoaffective Disorder）有时被称为症状的"大杂烩"，因为它既包括与精神分裂症相关的精神病性行为（如幻觉和妄想），还伴有严重的心境障碍（重性抑郁发作或躁狂发作）。在病程中的某一阶段，幻觉或妄想会在无严重的心境障碍的情况下持续至少两周（区别于伴有精神病性特征的心境障碍）。

从异常行为的严重程度来看，分裂情感性障碍介于心境障碍和精神分裂症之间（Rink et al.，2016）。这种障碍在一般人群中的终生患病率约为 0.3%（American Psychiatric Association，2013）。与精神分裂症一样，分裂情感性障碍也呈现出慢性病程，其特征是患者在适应成年人生活的各种要求方面持续存在困难。与精神分裂症相似，分裂情感性障碍的精神病性症状通常对抗精神病药物反应良好（McEvoy et al.，2013）。

分裂情感性障碍与精神分裂症存在一定的遗传联系（Cardno & Owen，2014）。然而，目前尚不明确何种共同的遗传基础或遗传易感性会导致分裂情感性障碍，而非精神分裂症，反之亦然。然而，分裂情感性障碍是否应该继续作为一种单独的诊断，或者同时出现两组症状的患者是否应该被分别诊断为精神分裂症和心境障碍，这些问题仍然存在（Kotov et al.，2013）。

深度探讨
钟情妄想

钟情妄想（Love Delusion），或称被爱妄想症（Erotomania），是一种罕见的妄想障碍，在这种疾病中，患者会认为自己被其他人爱着，通常是名人或拥有较高社会地位的人。在现实生活中，患者和所谓的情人之间只有一面之缘或根本没有任何实际的关系。钟情妄想患者通常没有工作或与社会隔绝（Kennedy et al.，2002）。尽管人们一直认为钟情妄想患者主要是女性，但最近的报告显示，它在男性中也并不罕见。女性钟情妄想患者在她们示爱被拒绝时可能会有暴力倾向，但男性患者在追求对象而无法得到回应时似乎更有可能采取具有威胁性的行为，甚至直接实施暴力（Goldstein，1986）。这类疾病很难治疗，一些支持抗精神病药物具有疗效的证据主要局限于病例的主观报告（Roudsari，Chun，& Manschreck，2015）。我们也缺乏足够的证据表明心理治疗可以帮助钟情妄想患者，所以患者的预后并不乐观，他们会骚扰其妄想指向的对象很多年。心理健康专业人士在处理钟情妄想患者时，需要意识到其潜在的暴力倾向。下文提供了一些关于钟情妄想的案例。

三个关于钟情妄想的案例

A 先生，35 岁，"热恋"美国前总统的女儿。

正误判断

有些人会产生被著名人物爱上的妄想。

正确　有些人确实存在被名人所爱的妄想。这是妄想障碍中的钟情妄想。

他因为一再骚扰该女士而被捕，尽管事实上他们完全是陌生人，他却竭力获得她的芳心。他无视法官让他停止纠缠该女士的警告，在监狱里仍给她打了无数次电话，后来他被转移到了一家精神病院，却仍然宣称他们深爱着对方。

B 先生因为违反法庭阻止他纠缠某著名歌手的禁令而被捕。他是一位 44 岁的农民，跟随这名歌手走遍了全国，持续不断地用浪漫的示爱"轰炸"她。在被送入精神病院后，他仍然相信对方会一直等他。

C 先生是一名 32 岁的商人，他相信一位著名的女律师在某次偶然的会面后就爱上了他。他不停地给她打电话、送花和写信，向她示爱。尽管女律师一再拒绝他的追求，并最终控告他骚扰，他仍然觉得她只是在通过设置障碍来试探他对她的爱。后来，C 先生抛弃了妻子和生意，其社会功能也开始下降。面对这位女士的不断拒绝，他开始给她寄恐吓信，之后他被送入了精神病院。

资料来源：Adapted from Goldstein，1986。

本章总结

11.1 精神分裂症

11.1.1 精神分裂症的病程

描述精神分裂症的发展过程。

精神分裂症通常发生在青春期晚期或成年早期。它的发病可以是突然的，也可以是缓慢的。缓慢发病过程包含前驱期，即急性症状出现之前的逐渐恶化期。急性发作期可能在患者的一生中周期性地出现，其典型特征是出现明显的精神病性症状，如幻觉和妄想。在急性发作期之间会出现残留期，在这一阶段，患者的功能水平与前驱期相似，但仍存在认知、情感和社会功能方面的缺陷。

11.1.2 精神分裂症的主要特征

描述精神分裂症的主要特征和患病率。

精神分裂症是一种慢性精神病性障碍，其典型特征是出现与现实脱节的急性发作，症状包括妄想、幻觉、思维不连贯、言语紊乱和怪异的行为。其主要的诊断特征包括思维内容异常（妄想）和思维形式异常（思维障碍），以及感知障碍（幻觉）和情绪紊乱（单调或不恰当的情绪），并存在调节对外界刺激的注意力的大脑过程的潜在功能障碍。精神分裂症影响着一般人群中 0.25% ～ 0.64% 的人。

11.2 理解精神分裂症

11.2.1 心理动力学观点

描述关于精神分裂症的心理动力学观点。

在传统的心理动力学模型中，精神分裂症代表着一种心理状态的退行，这种心理状态与婴儿早期的心理状态相对应。在这种状态下，本我的刺激会引发怪异的、偏离社会的行为，并导致幻觉和妄想的产生。

11.2.2 学习理论观点

描述关于精神分裂症的学习理论观点。

学习理论家提出，某些形式的精神分裂症行为可能是由缺乏社会强化导致的，这使得人们逐渐脱离社会环境，并对幻想的内心世界增加关注。对怪异行为的模仿和选择性强化可以解释医院环境下的一些精神分裂症行为。总体而言，基于心理动力学和学习理论的精神分裂症模型在解释精神分裂症的发展方面价值有限。

11.2.3 生物学观点

描述生物学因素在精神分裂症中的作用。

令人信服的证据表明，精神分裂症中有很强的遗传因素，这些证据来自精神分裂症的家庭模式研究、双生子研究和收养研究。遗传传递的方式仍然未知。大多数研究者认为，神经递质多巴胺在精神分裂症中起着一定的作用，尤其是在解释幻觉和妄想等更明显的精神分裂症的特征方面。病毒因素可能也参与其中，但目前缺乏病毒参与的确切证据。也有证据表明，精神分裂症涉及大脑的结构和功能异常。素质－应激模型假设精神分裂症是遗传易感性（素质）和环境应激源（如家庭冲突、儿童虐待、情感剥夺、失去支持性人物和早期脑损伤等）相互作用的结果。

11.2.4 家庭因素的作用

描述家庭因素在精神分裂症中的作用。

家庭因素，如沟通偏差和情绪表达，可能会作为应激源，增加具有精神分裂症遗传性易感性的人罹患精神分裂症或疾病复发的风险。

11.3　治疗方法

11.3.1　生物医学方法

描述治疗精神分裂症的生物医学方法。

当代的治疗方法往往是多维度的，包括药理学方法和心理社会方法。抗精神病药物不能治愈精神分裂症，但它有助于控制该疾病的显著症状，减少患者住院的需要和疾病复发的风险。

11.3.2　心理社会方法

描述治疗精神分裂症的心理社会方法。

社会心理干预措施，如代币制、社会技能训练和结构化的心理治疗形式，可以帮助患者学习更有效地应对并发展更具适应性的行为。社会心理康复训练可以帮助患者更成功地适应社区中的职业和社会角色。家庭干预项目可以帮助患者的家属应对照料患者的负担，更清楚地与患者沟通，并学习更有效地与患者建立关系的方式。

11.4　其他精神病性障碍

11.4.1　短暂精神病性障碍

描述短暂精神病性障碍的主要特征。

短暂性精神病性障碍是一种持续不到一个月的精神分裂症谱系障碍，可能是对重大应激源的反应。

11.4.2　精神分裂症样障碍

描述精神分裂症样障碍的主要特征。

精神分裂症样障碍是一种精神分裂症谱系障碍，其症状与精神分裂症相同，但持续一个月至不到六个月。

11.4.3　妄想障碍

描述妄想障碍的主要特征。

妄想障碍是一种精神分裂症谱系障碍，其特征是存在特定的妄想——往往具有偏执的性质——这可能是患者思维或行为紊乱的唯一迹象。

11.4.4　分裂情感性障碍

描述分裂情感性障碍的主要特征。

分裂情感性障碍是一种精神分裂症谱系障碍，其特征是精神病性症状和严重的心境障碍的组合。

批判性思考题

请在阅读本章内容的基础上，回答以下问题。

- 精神分裂症是精神或心理障碍中最致残的类型吗？是什么原因导致了这一结果？
- 你觉得出现幻听是什么感觉？你认识有幻听症状的人吗？如果你患有精神分裂症，你希望他人如何对待你？
- 你认识被诊断为精神分裂症的人吗？你对此人的家族史、家庭关系及可能有助于解释这种疾病发展的应激性生活事件了解吗？
- 素质–应激模型是如何解释精神分裂症的发展的？有什么证据支持这个模型？
- 抗精神病药物的风险和益处是什么？为什么在治疗精神分裂症时仅靠药物是不够的？你认为精神分裂症患者应该无限期地服用抗精神病药物吗？为什么？

第**12**章
人格障碍和冲动控制障碍

Corbis/SuperStock

本章音频导读，
请扫描二维码收听。

学习目标

12.1.1　识别 DSM 中使用的三类人格障碍。

12.1.2　描述以古怪和反常的行为为特征的人格障碍的主要特征。

12.1.3　描述以戏剧性、情绪化和不稳定的行为为特征的人格障碍的主要特征。

12.1.4　描述以焦虑行为和恐惧行为为特征的人格障碍的主要特征。

12.1.5　评价与人格障碍分类相关的问题。

12.2.1　描述关于人格障碍发展的心理动力学观点。

12.2.2　描述关于人格障碍发展的学习理论观点。

12.2.3　描述家庭在人格障碍发展中的作用。

12.2.4　描述关于人格障碍发展的生物学观点。

12.2.5　描述关于人格障碍发展的社会文化观点。

12.3.1　描述针对人格障碍的心理动力学疗法。

12.3.2　描述针对人格障碍的认知行为疗法。

12.3.3　描述针对人格障碍的药物治疗。

12.4.1　描述冲动控制障碍的主要特征。

12.4.2　描述偷窃狂的主要特征。

12.4.3 描述间歇性暴怒障碍的主要特征。

12.4.4 描述纵火狂的主要特征。

在进一步阅读之前，请先完成正误判断测试，看看自己对相关知识的掌握情况。接着，在阅读本章的内容时，请对照穿插其中的参考答案来确认你的答案。

正误判断

正确　错误

□　□　分裂样人格障碍患者对动物的情感可能比对人的情感更深。

□　□　所谓的精神病态者是精神疾病患者。

□　□　反社会型人格障碍患者必然会触犯法律。

□　□　历史上的许多著名人物，从阿拉伯的劳伦斯到阿道夫·希特勒，甚至玛丽莲·梦露，都表现出了边缘型人格障碍的迹象。

□　□　对自己施加痛苦有时被用于逃避精神痛苦。

□　□　依赖型人格障碍患者很难独立做决定，他们甚至会让父母来决定他们的结婚对象。

□　□　经过多年的尝试，我们依然缺乏证据表明心理治疗可以帮助边缘型人格障碍患者。

□　□　偷窃狂，或者强迫性偷窃，通常是由贫穷引发的。

一位患有边缘型人格障碍的女性揭露了自己内心的"黑暗之地"，如下所述。

"我的黑暗之地"

她在一个网络论坛上写下自己的经历，与陌生人分享她的痛苦，希望他人知道她遭受了多么深重的苦难。她写道，当她进入"黑暗之地"时，她会有一种冲动，想割伤自己身体的不同部位，尤其是手臂和腿。后来，她了解到，自残和割伤自己的行为是边缘型人格障碍的症状。她无法逃避或躲开这些割伤自己的冲动，也无力控制它们。她说自己还是个小女孩时便开始与抑郁抗争，8岁时，她开始自残。割伤自己会带来片刻的解脱感，让那些消极情绪暂时消失。奇怪的是，这变成了她安慰自己、减轻内心深处痛苦的一种方式。现在，作为成年人，她意识到自己必须找到其他方法来减轻痛苦，但同时她也明白这将是一个漫长的过程，需要付出大量的努力并接受心理治疗。

资料来源：Adapted from an anonymous posting on an online support site, New York City Voices.

就像上述案例的主人公一样，边缘型人格障碍患者常常会陷入严重的抑郁状态，他们会试图通过自残来摆脱情感上的痛苦。但他们的问题比抑郁障碍更严重，他们表现出的是那种刻板、僵化且适应不良的行为模式，临床医生将其归类为人格障碍。这些行为模式涉及人格特质的适应不良的表达，这对个体的心理调节和人际关系都有着深远的影响。

　　每个人都有独特的行为方式及与他人相处的方式。有些人非常有条理，有些人则比较懒散；有些人喜欢独处，有些人则更喜欢社交；有些人是追随者，有些人则是领导者；有些人似乎对被他人拒绝的挫折免疫，有些人则会因为害怕被他人拒绝而回避社交活动。当行为模式变得僵化、不适应，并导致显著的个人痛苦或社会、职业功能受损时，这种情况就可被归类为人格障碍。

　　本章最后将讨论另一类障碍，即冲动控制障碍，这类障碍，如偷窃狂、间歇性暴怒障碍，也以适应不良的行为模式为特征，表现为无法抗拒那些会导致有害结果的冲动。人格障碍和冲动控制障碍的另一个共同点是，患者无法意识到他们的行为是如何严重地扰乱自己的生活的。

　　早期版本的 DSM 认为赌博是一种冲动控制障碍（即病理性赌博），因为其特征是难以控制赌博的冲动。然而，鉴于强迫性赌博与成瘾障碍之间的密切关系，DSM-5 将赌博视为一种成瘾障碍，即赌博障碍（见第 8 章）。

12.1　人格障碍的类型

> 对大多数人来说，到 30 岁时，性格就会像石膏一样固定下来，再也不会软化。
>
> ——威廉·詹姆斯（William James）

　　人格障碍（Personality Disorders）的核心特征是过度僵化、适应不良的行为模式及人际交往方式，这些模式和方式反映了潜在人格特质的极端变化，如过度猜疑、过度情绪化和冲动性。这些问题特质在青春期或成年早期就会显现出来，并且在成年后的大部分时间里持续存在并变得根深蒂固，以至于患者往往强烈抗拒改变。人格障碍的预警信号可能在童年期便已出现，包括行为紊乱、抑郁、焦虑和不成熟等问题行为。据估计，在一般人群中，大约有 9% 的人受到人格障碍

的影响（NIMH，2017b）。

　　人格障碍患者常常无法意识到他们的行为如何严重地扰乱了自己的生活。他们可能会将自己面临的问题归咎于他人，而不是花时间认真地审视自己。花时间想想，浴室镜子里盯着你的那个人看起来是什么样的？你会怎样描述这个人的特质或行为特征？这些特质如何影响这个人的行为及其与他人相处的方式？这个人是害羞的，还是外向的？是可靠、有良知的，还是懒散、不可靠的？是焦虑不安的，还是沉着冷静的？是什么让这个人与众不同，又是什么造就了这个人的行为表现在不同的场合、不同的时间里的一致性？

　　首先，让我们来定义"人格"这一术语。心理学家用"人格"这个词来描述独特的心理特质和行为特征，这些特质和特征使我们独一无二，并解释了我们行为的一致性。没有两个完全相同的人，即使是同卵双生子也不例外。每个人都有与他人交往、与整个世界互动的独特方式。然而，人格障碍患者具有夸张或过度的人格特质，导致个人痛苦或严重干扰其在家庭、学校、工作环境及其所居住的社区中有效地发挥自己的功能。

　　尽管人格障碍患者的行为会导致自我挫败的结果，但他们通常不认为自己需要改变。DSM 借用心理动力学的术语指出，人格障碍患者对自身特质的感知是**自我协调**（Ego Syntonic）的，即将其视作自己浑然天成的一部分。因此，人格障碍患者更有可能被他人带到心理健康专业人士处就诊，而非主动寻求帮助。焦虑障碍（见第 5 章）和心境障碍（见第 7 章）患者则倾向于将自身的问题行为视作**自我不协调**（Ego Dyntonic）的。他们不将问题行为视作自我认同的一部分，因此更有可能通过主动寻求帮助来减轻由行为引发的痛苦。尽管人格特质并不像著名的心理学家威廉·詹姆斯所说的那样，在个体 30 岁以后就固化了，但人格障碍患者的人格特质中的极端部分往往会随着时间的推移而趋向稳定。

12.1.1 人格障碍的分类

识别 DSM 中使用的三类人格障碍。

DSM 把人格障碍分为 A、B、C 三类。

- A 类：以古怪和反常的行为为特征，包括偏执型人格障碍、分裂样人格障碍和分裂型人格障碍。

- B 类：以戏剧性、情绪化和不稳定的行为为特征，包括反社会型人格障碍、边缘型人格障碍、表演型人格障碍和自恋型人格障碍。

- C 类：以焦虑行为和恐惧行为为特征，包括回避型人格障碍、依赖型人格障碍和强迫型人格障碍。

表 12-1 列出了本章将讨论的各种人格障碍。需要注意的是，被诊断为人格障碍的人也可能同时共病其他心理障碍。例如，被诊断为重性抑郁障碍的患者可能同时患有人格障碍，如边缘型人格障碍。

表 12-1　人格障碍概览

障碍类型		人群中的终生患病率（近似值）	描述
以古怪和反常的行为为特征的 A 类人格障碍	偏执型人格障碍	2.3%～4.4%	对他人的动机持普遍怀疑的态度，但尚未达到偏执妄想的程度
	分裂样人格障碍	3.1%～4.9%	社交冷漠、情感淡漠或情感迟钝
	分裂型人格障碍	4.6%（美国）	持续难以建立亲密的社会关系；伴有明显怪异或奇特的信念和行为，但缺乏明显的精神病性特征
以戏剧性、情绪化和不稳定的行为为特征的 B 类人格障碍	反社会型人格障碍	6%（男性），2%（女性）	持续的反社会行为，无情地对待他人，对自己的行为不负责任，对自己的不道德或犯罪行为毫无悔意
	边缘型人格障碍	1.4%	不稳定的心境及与他人的动荡关系；不稳定的自我意象及缺乏冲动控制能力
	表演型人格障碍	1.8%	过度戏剧性和情绪化的行为；要求成为他人关注的焦点；过分需要他人的保证、称赞和认可
	自恋型人格障碍	1%～6.2%	自大感；极度需要他人的倾慕
以焦虑行为和恐惧行为为特征的 C 类人格障碍	回避型人格障碍	0.5%～1%	因害怕被拒绝而习惯性地回避社会关系
	依赖型人格障碍	1%	过度依赖他人，难以独立做决定
	强迫型人格障碍	2.1%～7.9%	对秩序和完美主义的过度需求，对细节的过度关注，与他人交往时的僵化方式

资料来源：Prevalence rates derived from American Psychiatric Association，2013；Cale & Lilienfeld，2002；Kessler et al.，1994；NIMH，2017b；Werner，Few，& Bucholz，2015.

12.1.2 以古怪和反常的行为为特征的人格障碍

描述以古怪和反常的行为为特征的人格障碍的主要特征。

这类人格障碍包括偏执型人格障碍、分裂样人格障碍和分裂型人格障碍。这类人格障碍患者通常缺乏发展社会关系的兴趣，同时伴有人际交往方面的困难。

偏执型人格障碍

偏执型人格障碍（Paranoid Personality Disorder）的典型特征是无处不在的怀疑——倾向于将他人的行为解释为恶意的威胁和贬低。偏执型人格障碍患者对他人极度不信任，其人际关系也因此而遭到破坏。虽然他们会怀疑同事或上级，但基本可以维持工作。

下面的案例说明了偏执型人格障碍患者的典型特

征——毫无根据的怀疑和无法信任他人。

偏执型人格障碍患者往往对他人的批评过度敏感，无论这种批评是真实发生的，还是他们想象的。即使是微不足道的冒犯，他们也会放在心上。当感觉被不公正地对待时，他们随时有可能发火并心怀怨恨。他们不信任他人，因为他们认为他人会利用他们透露的个人信息来对付他们。他们也不相信朋友或同事之间存在真诚的关系和信任。有时，他人的一个微笑、随意一瞥都会引起他们的怀疑，这导致他们鲜有朋友和亲密关系。即使能够建立起亲密关系，他们也会毫无根据地怀疑配偶不忠。他们通常会保持高度警觉，好像随时准备发现、处理可能发生的危险。即使面对正当的指责，他们也不会承认自己的错误，甚至会竭力辩解。因此，在他人眼里，他们冷酷、淡漠、阴险、狡猾且缺乏幽默感。他们往往好争辩，可能会对那些他们认为曾经虐待过他们的人多次提起诉讼。

临床医生在诊断偏执型人格障碍时需要考虑文化和社会政治因素。例如，移民、少数族裔、政治避难者或来自其他文化的人可能看起来有戒备心或持防御性的态度，但这些行为可能只是反映了他们对主流文化的语言、习俗及规章制度感到陌生的心理，或者因被主流群体忽视、压迫的历史而产生的不信任感。我们不应该将之与偏执型人格障碍混淆。

尽管偏执型人格障碍患者的怀疑夸张且毫无根据，但他们没有偏执型精神分裂症患者那样彻底的偏执妄想（如确信美国联邦调查局正在缉拿他们）。偏执型人格障碍患者不太可能主动寻求治疗，因为他们相信是其他人（而非自己）有问题。据报道，在一般人群中，偏执型人格障碍的患病率为 2.3% ～ 4.4%（American Psychiatric Association，2013）。在接受精神健康治疗的人群中，被诊断为这种疾病的男性比女性多。

分裂样人格障碍

社会隔离是**分裂样人格障碍**（Schizoid Personality Disorder）的主要特征。分裂样人格障碍患者通常被描述为孤僻、古怪、对社会关系缺乏兴趣的人。他们的情感通常显得淡薄或迟钝，但程度不及精神分裂症患者（见第 11 章）。他们很少感受到强烈的愤怒、快乐或悲伤。他们看上去疏离而冷漠，因为他们往往面无表情，很少对他人点头或微笑。他们似乎对批评和赞扬漠不关心，习惯沉迷于抽象的想法，而不是对人的思考。尽管分裂样人格障碍患者倾向于与他人保持距离，但他们与现实的联系要强于精神分裂症患者。分裂样人格障碍在一般人群中的患病率尚不明晰，男性患者很少约会、结婚，女性患者倾向于被动地接受求爱并结婚，但很少主动与伴侣建立关系或形成稳固的依恋关系。

总是怀疑别人
一个关于偏执型人格障碍的案例

一名社工采访了一位 85 岁的退休商人，以确定他和他妻子的医疗保健需求。老人无精神障碍治疗史，身体和精神健康状况良好。他们结婚已经 60 年了，妻子是他唯一信任的人。他对他人总是敏感多疑，从来不向除妻子以外的人透露自己的私人信息。他担心周围的人一旦知道了这些信息，就会算计他。他因为怀疑他人的动机而拒绝接受帮助。接电话时，他从来不告诉对方自己的名字，除非他很明确地知道对方给他打电话的原因。他经常做一些"有用"的事情，即使已经退休 20 年了，他也依旧如此。他花费大量的时间来监控自己的投资，一旦投资月报出现问题，他就会怀疑股票经纪人试图隐瞒欺诈性交易，并与其发生争执。

分裂样人格

人们对表露情绪持保留态度是正常的，尤其是面对陌生人时，但分裂样人格障碍患者很少表达情绪，显得疏离而冷漠。不过，他们的情绪并不像精神分裂症患者那样淡薄或迟钝。

我们可能会发现，分裂样人格障碍患者的外表和内心生活之间存在不一致的地方。例如，他们似乎对性的兴趣不大，但有窥阴的欲望或沉迷于色情。分裂样人格障碍患者表现出来的社交疏离和冷漠态度往往只是表面上的。他们有细腻的情感，对他人充满好奇心，对爱有很深的渴望，但可能无法表达出来。在某些情况下，他们可以对动物而不是人类表达那些敏感而深沉的情感。

正误判断

分裂样人格障碍患者对动物的情感可能比对人的情感更深。

正确 分裂样人格障碍患者可能对人没有兴趣，但对动物却有强烈的情感。

分裂型人格障碍

分裂型人格障碍（Schizotypal Personality Disorder, SPD）患者在与他人建立亲密关系方面存在持续的困难，并表现出古怪或反常的行为、习惯和思维模式，但其行为、习惯和思维模式的紊乱程度（并未"完全与现实脱节"）并不足以被诊断为精神分裂症（Garakani & Siever, 2015）。然而，有 1/4 到一半的分裂型人

格障碍患者会在五年内罹患精神分裂症（Albert et al., 2017；Hjorthøj et al., 2017）。

分裂型人格障碍患者往往缺乏清晰的自我意识。他们可能有扭曲的自我概念或缺乏自我目标（不知道生活将走向哪里）。他们也缺乏共情能力，表现为无法理解自己的行为如何影响他人，或者曲解他人的行为或动机。他们在社交场合可能会特别焦虑，即使是与熟悉的人交往也是如此。他们很难建立亲密的关系，甚至难以建立任何关系。有研究表明，其他文化中也存在类似的情况（Guoa et al., 2010）。分裂型人格障碍患者的社交焦虑常常与偏执思维有关（如担心他人会伤害自己），而非担心被拒绝、被否定。分裂型人格障碍患者通常会共病情绪障碍，如重性抑郁障碍和各种焦虑障碍，也会有更高的自杀风险（Lentz, Robinson, & Bolton, 2010）。

分裂型人格障碍患者会有不同寻常的感知或幻想，例如，在房间里感知到已故的家庭成员，但他们能够意识到那个人其实并非真实存在的。他们可能会对他人过分怀疑或对自己的想法过于偏执，也会产生牵连观念，认为他人在背后议论自己。他们可能有一些魔幻的想法，认为自己拥有"第六感"（如可以预测未来），或者他人可以感知到他们的感受。他们可能会赋予文字以非同寻常的意义。他们的言语可能是模糊且非常抽象的，但并不像精神分裂症患者的言语那样不连贯或缺乏逻辑。他们可能看起来蓬头垢面、举止古怪，并做出一些不寻常的行为，如在他人面前自言自语。他们的思维过程也显得有些古怪，表现出明显的模糊、象征性、刻板的特点。他们可能缺乏面部表情，无法回应他人社交性的微笑或点头。他们可能会显得愚蠢，在不恰当的时机微笑或大笑。他们倾向于社交退缩、冷漠，缺乏甚至完全没有亲密的朋友，在不熟悉的人面前感到格外焦虑。

下面的案例呈现了与分裂型人格障碍患者有关的社交冷漠和幻想。

Tony Savino/The Image Works

乔纳森
一个关于分裂型人格障碍的案例

乔纳森是一名 27 岁的汽车修理工，他几乎没有朋友，喜欢阅读科幻小说而非与他人交往。他很少参与他人的谈话。有时，他似乎会迷失在自己的思绪里，当他修车时，同事们必须吹口哨才能引起他的注意。他的脸上常常露出"古怪"的表情。最诡异的是，他经常说"感觉"自己已故的母亲就站在自己旁边。这些幻想使他心安，所以他期待这些幻想的出现。乔纳森知道这些幻想不是真的，所以从不试着触碰母亲的幻象，因为他知道一旦靠近，这些幻象就会立刻消失。他说，能够感受到她的存在就已经足够了。

分裂型人格障碍在男性中可能比在女性中更常见，在一般人群中的患病率约为 4.6%（American Psychiatric Association，2013）。研究者还发现，非裔美国人的患病率要高于白人或西班牙裔美国人（Chavira et al., 2003）。不过，需要注意的是，临床医生不要给某些文化中的信仰或宗教仪式，如伏都教和其他带有魔幻色彩的信仰，贴上分裂型人格障碍的标签。

正如我们在第 11 章讨论过的，分裂型人格障碍被 DSM-5 划入精神分裂症谱系障碍中。精神分裂症和分裂型人格障碍似乎有共同的遗传基础和特定类型的脑异常（Chana et al., 2018；Ettinger et al., 2014）。二者之间的差异在于大脑的思维中枢，也就是前额皮层。分裂型人格障碍患者的前额皮层尚未受损，但精神分裂症患者的前额皮层却受损了（Ettinger et al., 2014；Hazlett et al., 2014）。这种差异引发了一种有趣的推测，即分裂型人格障碍患者前额叶功能的保留或许保护了这类有遗传风险的人免受精神分裂症那骇人听闻的精神病性行为和认知损伤的影响（Hazlett et al., 2014）。另一种推测是，具有这种共同遗传易感性的人之所以会罹患精神分裂症，可能是因为其他因素，如应激性生活经历。

12.1.3 以戏剧性、情绪化和不稳定的行为为特征的人格障碍

描述以戏剧性、情绪化和不稳定的行为为特征的人格障碍的主要特征。

这类人格障碍包括反社会型人格障碍、边缘型人格障碍、表演型人格障碍和自恋型人格障碍。患有这类人格障碍的人会表现出过度的、不可预测的、自我中心的行为模式；他们也很难与他人建立和维持人际关系，并表现出反社会行为。

反社会型人格障碍

反社会型人格障碍（Antisocial Personality Disorder）患者经常会表现出反社会行为，如侵犯他人的权利、无视社会规范和习俗，在某些情况下，他们甚至会有违法犯罪行为。他们对自己的罪行毫无悔意，对被侵害者的权利及被他们利用的对象缺乏关心或表现出冷漠的态度（Marcus et al., 2012；Raine, 2018）。需要注意的是，他们的"反社会"不是我们口中所说的回避社交的意思。

反社会型人格障碍患者易冲动，无法信守对他人的承诺（Swann et al., 2009）。然而，他们表面上往往

Mark Foley/AP Images

反社会型人格

这是连环杀手泰德·邦迪（Ted Bundy）行刑前的照片。他杀了人却毫无感觉或悔意，并表现出一些反社会型人格障碍患者所具有的表面魅力。

表现得很有魅力，其智力至少在中等水平。反社会型人格障碍患者在面对威胁时很少感到焦虑，对所做的错事缺乏内疚和懊悔之情（Kiehl，2006）。惩罚对他们的反社会行为几乎没有影响。尽管父母和其他人经常会因他们犯错而惩罚他们，但他们仍然坚持过着不负责任且冲动的生活。

反社会型人格障碍在男性中比在女性中更常见。在一般人群中，女性的患病率大约为2%，而男性的患病率大约为6%（见图12-1）。反社会型人格障碍的诊断只适用于18岁及以上的成年人。然而，该障碍患者的反社会行为模式往往始于童年期或青春期（通常在8岁左右），并持续到成年期。反社会行为模式在18岁之前会以品行障碍的形式表现出来（我们将在第13章进一步讨论），如果反社会行为持续到18岁之后，诊断就会转为反社会型人格障碍。反社会行为的早期形式包括逃学、离家出走、人身攻击、械斗、强迫性性行为、对他人或动物进行身体虐待、蓄意破坏财产或纵火、撒谎、偷窃、抢劫及袭击他人。

临床医生曾经使用精神病态者（Psychopath）和反社会者（Sociopath）来指代今天被归类为有反社会型人格的人——他们的行为是不道德的、不被社会认可的、冲动的，他们对自己的所作所为缺乏悔意和羞耻感。有些临床医生仍然将这些术语与"反社会型人格"交替使用。"精神病态者"这个词源自对这类人的心理功能存在某种病理变化的普遍认识。"反社会者"这个词则源自这类人的偏离社会常态的行为。

随着时间的推移，与该障碍相关的反社会行为和犯罪行为会倾向于随着年龄的增长而逐渐减少，并可能在患者40岁左右消失。但是，与该障碍相关的潜在人格特质，如自我中心，操纵性，缺乏同理心、内疚感和悔过之心，对他人冷酷无情等，则会相对保持稳定（Harpur & Hare，1994）。本章的重点便是反社会型人格障碍。从历史上看，它也是学者和研究者研究最多的人格障碍。

社会文化因素与反社会型人格障碍

反社会型人格障碍存在于各种不同的种族和族裔群体中。然而，这种障碍在社会经济地位较低的人群中最常见。一种解释是，反社会型人格障碍患者在职业上倾向于走下坡路，这也许是因为他们的反社会行为使他们难以保持稳定的工作或升迁。社会经济地位较低的人也更有可能效仿他们那具有反社会行为的父母。然而，这种诊断也可能被误用在那些生活在巨大压力下的人身上，那些看上去像反社会的行为，也许只是一种不得已的生存策略（American Psychiatric Association，2013）。

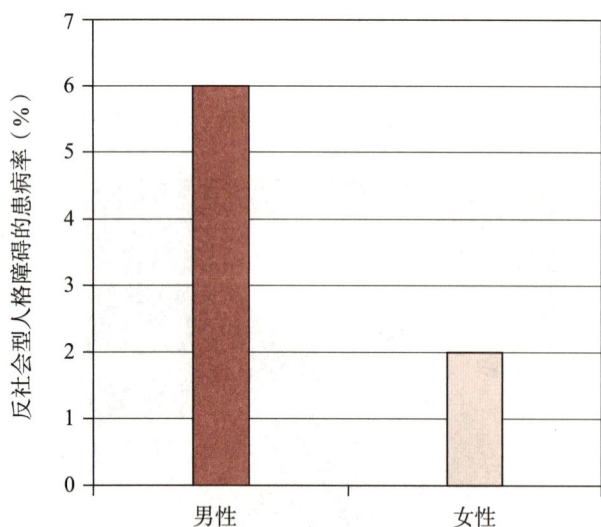

图 12-1　反社会型人格障碍患病率的性别差异

在一般人群中，男性的患病率大约是女性的三倍。然而，近年来，这种疾病在女性中的发病率上升得更快。

资料来源：Werner，Few，& Bucholz，2015.

反社会行为和犯罪行为

人们通常将反社会行为等同于犯罪行为。尽管反社会型人格障碍与更高的犯罪风险相关，但并非所有罪犯都具有反社会型人格，而反社会型人格障碍患者也并不一定都是犯罪分子。许多患有反社会型人格障碍的人遵纪守法、事业有成，尽管他们可能会以冷酷无情的方式对待他人。

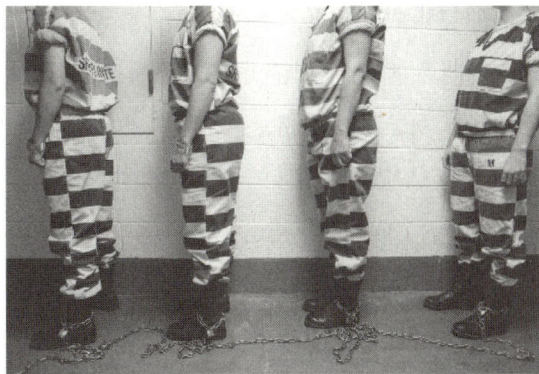

犯罪还是反社会型人格障碍
也许，很多囚犯会被诊断为反社会型人格障碍。然而，人们成为罪犯或犯罪分子不是因为人格障碍，而是因为他们在鼓励犯罪行为的环境中长大。

正误判断

反社会型人格障碍患者必然会触犯法律。

错误　并非所有罪犯都有精神病态的迹象，也并非所有精神病态者都会犯罪。

研究者已经开始认识到，反社会型人格是由两个独立的维度构成的。第一个是人格维度（Personality Dimension），包括表面魅力、自私、缺乏同理心、冷酷无情地利用他人、忽视他人的感受和利益。这类精神病态人格适用于具有这些精神病态特质但没有成为违法者的人。

第二个是行为维度（Behavioral Dimension），表现为一种不稳定、反社会的基本生活方式，包括频繁地触犯法律、糟糕的就业状况和不稳定的关系。

这两个维度并不是截然分开的，许多反社会型人格障碍患者会同时表现出两个维度的特征。

需要注意的是，有些人之所以会成为罪犯并不是因为人格障碍，而是因为他们是在鼓励犯罪行为的环境或亚文化环境中长大的。虽然犯罪行为在很大程度上是偏离社会准则的，但在某些亚文化环境中却是正常的。此外，不思悔改是反社会型人格障碍患者的一个核心特征，但并非所有罪犯都具备这一特征。有些罪犯对他们的罪行感到十分后悔，法官和假释委员会在判决或裁定是否允许囚犯假释时，会考虑他们是否悔过的证据。

尽管人们普遍认为罪犯都是精神病态者，反之亦然，但只有大约一半的囚犯可能被诊断为反社会型人格障碍（Robins, Locke, & Reiger, 1991）。此外，只有少数被诊断为反社会型人格障碍的患者触犯了法律。符合《沉默的羔羊》（*The Silence of the Lambs*）等电影中那种广为人知的精神病态杀手形象的人则更加少见（谢天谢地！）。

反社会型人格的特征

反社会型人格或精神病态人格与一系列广泛的特质有关，包括违反社会规范、不负责任、漫无目的、

装西装三件套的"人形蛇"
并非所有精神病态者都是暴力罪犯。声名狼藉的金融家伯尼·麦道夫（Bernie Madoff）从未犯下暴力罪行，但他因盗取数十人的毕生积蓄而被判无期徒刑。他对他所伤害的人表现出明显的无动于衷和漠不关心。

缺乏长期的目标或计划、行为冲动、无法无天、有暴力倾向、长期失业、有婚姻问题、缺乏悔意和同理心、滥用酒精或药物、无视真相、忽视他人的情感和需要等。在1941年出版的该领域的经典著作中，赫维·克莱克利（Hervey Cleckley）指出，精神病态或反社会型人格的自我中心、不负责任、冲动和忽视他人的需要等特质不仅会出现在罪犯身上，也会出现在许多受人尊敬的社会成员身上，包括医生、律师、政客和企业高管等（Cleckley，1976）。

该领域的最新研究表明，精神病态特质可被分为四个基本因素或维度（Mokros et al.，2015；Neumann & Hare，2008）：（1）以肤浅、自大和欺骗为特征的人际因素；（2）以缺乏悔意和同理心、无法对错误行为承担责任为特征的情感因素；（3）以冲动和缺乏目标为特征的生活方式因素；（4）以行为控制不良和反社会行为为特征的反社会因素。

不负责任是反社会型人格障碍患者的共同特征。在他们的个人史中，我们可能会发现反复的无故旷工、裸辞或长期失业。在财务问题上，不负责任表现为总是无法偿还债务、无力支付子女的抚养费、无法履行对家庭和受扶养人的其他财务责任。表12-2列出了反社会型人格障碍的主要临床特征，但并非每个个案都会表现出所有这些临床特征。

表 12-2　反社会型人格障碍的主要临床特征

临床特征	示例
不遵守社会规则、社会规范或法律准则	实施可能会被判刑的犯罪行为，如破坏财产、从事非法职业、偷窃、骚扰他人等
攻击行为或敌对行为	不断地与他人发生肢体冲突、打架或殴打他人，甚至殴打自己的孩子或配偶
缺乏负责任的行为	由于长期缺勤或迟到而无法维持正常的工作；未能履行财务义务，如不履行抚养子女的责任或拖欠债务；未能建立或维持稳定的一夫一妻制关系
冲动行为	冲动行事，不提前计划、不考虑后果；在没有明确的就业机会或目标的情况下四处闲逛
缺乏真诚	反复说谎，欺骗他人或通过欺诈行为谋取个人利益或满足私欲
鲁莽的行为	不考虑他人的安全进而导致不必要的风险，如超速行驶或醉酒驾驶等
对恶行缺乏悔意	对自己给他人造成的伤害毫无悔意、漠不关心，把伤害他人的行为合理化

案例"罗宾汉"体现了反社会型人格障碍患者的部分临床特征。

尽管这一案例符合反社会型人格障碍的诊断，但访谈评估者并不能因此确诊，因为他无法确定这些偏差行为（撒谎、偷窃、逃学）是否在男孩15岁之前就开始出现了。

边缘型人格障碍

边缘型人格障碍（Borderline Personality Disorder，BPD）的主要特征是深刻的空虚感、不稳定的自我意象、动荡而不稳定的人际关系、戏剧性的心境变化、冲动、难以调节消极情绪、自伤行为和反复的自杀行为

（Lazarus et al.，2014；Schulze，Schmahl，& Niedtfeld，2015；Southward & Cheavens，2018）。

边缘型人格障碍患者缺乏稳定的个人身份认同，他们的价值观、目标、职业甚至性取向都可能是不稳定的。自我意象或个人身份认同的不稳定性让他们感到空虚和无聊。他们无法忍受孤独，所以会不顾一切地回避被遗弃的感觉。这种对被遗弃的恐惧使他们在人际关系中变得黏人且要求苛刻，但过度黏人的行为反而会把他们想要依恋的对象推开。拒绝——无论是真实的还是想象的——可能会激怒他们，使关系变得更加紧张（Beeney et al.，2019）。他们对他人的感情是强烈

"罗宾汉"
一个关于反社会型人格障碍的案例

一个 19 岁的男孩由于可卡因中毒被送到医院的急诊室。他穿着一件印有重金属乐队名字的 T 恤衫，留着朋克风格的发型。他的母亲在接电话时好像喝醉了，听起来意识有些混乱，经医生劝服才来到医院。她后来告诉医生，她的儿子曾因入店行窃、醉酒驾车而被捕。她怀疑自己的儿子吸毒，尽管她并没有直接的证据。但同时，她也认为他在学校的表现相当好，因为他一直是篮球队的明星人物。

原来，她的儿子一直在对她撒谎。事实上，他并未读完高中，也从未进过篮球队。当第二天他的头脑清醒后，他就向医生吹嘘自己从 13 岁开始吸毒和饮酒，到 17 岁时已经习惯经常性地使用各种各样的精神活性物质，包括酒精、苯丙胺、大麻和可卡因。最近，他更喜欢可卡因，他和朋友经常参加毒品和酒精狂欢派对。有时，他们每人一天能喝掉一整箱啤酒，同时还使用其他物质。他通过偷窃停泊汽车里的车载音响和母亲的钱来支持自己的毒瘾。他将自己的行为美化为"罗宾汉"式的行为——劫富济贫。

资料来源：Spitzer et al., 1994.

深度探讨
"冷血"——探究精神病态杀人犯的心理

在大众的认知中，精神病态杀人犯是"冷血杀手"，他们受外部目标驱动，会在精心策划后实施谋杀。但这种印象是否有证据支持呢？

加拿大的研究者对 125 名被监禁的杀人犯进行了研究，对比了精神病态者犯下的凶杀案与非精神病态者犯下的凶杀案（Woodworth & Porter, 2002）。他们的假设是，精神病态者犯下的凶杀案符合冷血杀手的形象，而非精神病态者犯下的罪行则属于"激情犯罪"（冲动、鲁莽、对挑衅行为的愤怒反应）。

研究样本来自两个加拿大联邦机构，一个位于不列颠哥伦比亚省，另一个位于新斯科舍省。

研究者使用经过充分验证且被广泛采用的方法对罪犯进行分类。研究结果支持了上述假设，即精神病态者更有可能犯下冷血杀人罪——这种有意的行为往往是由外在动机（如毒品、金钱、性行为或复仇等）激发的，不含任何情感动机。超过 90%（93%）的精神病态者犯下的凶杀案符合这一特征，相比之下，在那些非精神病态者犯下的凶杀案中，只有 48% 符合这一特征。

有趣的是，"冷血"的精神病态杀手的形象与人们一直以来的印象——精神病态杀手经常冲动行事且行为过激——并不完全相符。研究者认为，精神病态杀人犯为了完成谋杀这类极端的行为，会抑制自己冲动行事。因为风险很高（例如，一旦被定罪便是终身监禁），所以他们在采取行动前会制订更加缜密的计划。

且多变的。他们会在极端的谄媚（当他们的需要被满足时）和厌恶（当他们感觉被轻视时）之间摆荡。他们把他人看成全好或全坏的，对他人的评价会突然从一个极端转向另一个极端。因此，他们会不断地更换伴侣，并且每段关系都短暂且激烈。当关系结束或他人不能满足他们的需求时，那些曾经被理想化的人便会受到他们的蔑视。

在一般人群中，边缘型人格障碍的患病率约为

1.4%（NIMH，2017b）。虽然被诊断为边缘型人格障碍的女性比男性多，但这种性别差异所反映的也许只是诊断实践中有更多女性被发现并接受治疗这一事实或倾向，而不能说明患病率的性别差异。患边缘型人格障碍的男性往往比女性表现出更多的暴力，或者更具攻击性的行为和自残行为（Bayes & Parker，2017）。该障碍在拉丁裔美国人中似乎比在欧裔美国人和非裔美国人中更普遍（Chavira et al.，2003）。造成这种种族差异的原因需要被进一步研究。许多著名人物被认为具有与边缘型人格障碍相关的人格特质，包括玛丽莲·梦露、阿拉伯的劳伦斯（Lawrence）、阿道夫·希特勒（Adolf Hitler）和哲学家索伦·克尔凯郭尔（Sören Kierkegaard）。

"边缘型人格"一词最初被用来指代那些行为和表现介于神经症和精神病之间的人。边缘型人格障碍患者通常比精神疾病患者具有更好的现实检验能力，尽管他们在面对压力时可能会表现出短暂的精神病性症状。总体来说，他们比大多数神经症患者的功能受损更严重，但又不像精神疾病患者那样严重。

正误判断

历史上的许多著名人物，从阿拉伯的劳伦斯到阿道夫·希特勒，甚至玛丽莲·梦露，都表现出了边缘型人格障碍的迹象。

正确 许多著名的公众人物都表现出与边缘型人格障碍相关的人格特质。

边缘型人格障碍的核心特征之一是难以调节情绪。他们有各种各样的心境变化，从愤怒、易怒到抑郁、焦虑（Fonagy，Luyten，& Bateman，2017；Van & Kool，2018）。他们往往被强烈的情感痛苦和长期的愤怒情绪所困扰，这往往会导致突如其来的暴怒。空虚感和羞愧感也很常见，并且伴随长期的消极自我意象（Gunderson，2011）。他们往往缺乏深思熟虑的行动计划，会不计后果地冲动行事（Gvirts et al.，2012）。他们可能会和他人打架、砸碎东西，或者因任何被拒绝的蛛丝马迹而毫无理由地大发雷霆，正如下面的这位女士所描述的那样。

如履薄冰

正如一位女士所说的，与边缘型人格障碍患者一起生活"如履薄冰"。她形容患有边缘型人格障碍的丈夫有双重人格，一个是"善良的杰基尔"，一个是"残暴的海德"。她说，和他住在一起，上一分钟还是天堂，下一分钟就变成地狱。他经常会在一瞬间爆发，有时是因为她说话太快或太早，有时是因为她说话的语调不对，甚至可能是因为她说话时的面部表情不对。任何事情都有可能导致他情绪激动地长篇大论。我们应该认识到，边缘型人格障碍患者的愤怒掩盖了其更深层次的情感痛苦：愤怒情绪的爆发可能掩盖了他们对被遗弃或被拒绝的深层恐惧，或者掩盖了他们因受到他人的伤害或虐待而想要伤害他人的心理。

资料来源：Mason & Kreger，1998.

边缘型人格障碍患者往往会冲动行事，如与刚认识的人私奔。冲动和不可预知的行为通常是自我毁灭性的，当被抛弃的恐惧被重新点燃时，患者可能会自残（如割伤）、做出自杀的姿态，甚至尝试自杀（Fonagy，Luyten，& Bateman，2017；Gunderson，2011，2015）。割伤、物质滥用、愤怒地抨击他人等适应不良的行为，可能是他们为了控制强烈的消极情绪所做的尝试（Baer et al.，2012）。大约有 3/4 的边缘型人格障碍患者有自杀企图，其中约有 1/10 的人最终自杀身亡。

患有边缘型人格障碍的女性表现出更多指向自身的攻击性，如割伤自己或其他形式的自残。患有边缘型人格障碍的男性则表现出更多指向他人的攻击性（Schmahl & Bremner，2006）。自杀企图、非自杀性自残可能都出于逃避不安情绪的愿望。

尽管边缘型人格障碍的迹象常常在青春期就已出现，但通常在成年早期才会被诊断出来（Gunderson，2011）。患者的冲动行为包括疯狂购物、赌博、吸毒、进行不安全性行为、鲁莽驾驶、暴饮暴食或入店行窃。自我伤害的冲动行为包括割伤手腕、用燃烧的烟头烫伤手臂。以下对话很形象地说明了这些行为。

来访者：我的内心压抑了太多的愤怒，事实上……我感觉不到它，却会焦虑发作。我变得非常紧张，吸了很多烟。所以，我所能做的就是爆发，要么崩溃大哭，要么伤害自己，或者做其他类似的事情……因为我不知道如何应对这些错综复杂的情感。

访谈者：最近的一次"爆发"是什么情况？

来访者：几个月前的一天，当我独自在家时，我很害怕！我试着联系我的男朋友，但我联系不上他……那天晚上，我所有的朋友似乎都很忙，没有人可以听我倾诉……我变得越来越紧张，越来越激动。最后，我拿出一支烟，把它点燃，戳向我的小臂。我不知道我为什么这么做，因为我其实并没有那么在乎他。我猜当时的我可能觉得自己必须做一些夸张的事情（Stone，1980）。

有时，自残是愤怒的表达或操纵他人的手段。做出这样的行为可能是为了消除他们所说的"麻木"感，尤其是在面对压力时。边缘型人格障碍患者与家人和他人的关系往往非常紧张（Gratz et al.，2008；Johnson et al.，2006）。患者通常有悲惨的童年经历，如父母离世或分居、遭受严厉的惩罚或虐待、被父母忽视或缺乏关爱，或者目睹过暴力事件。他们认为自己生活中的关系充满敌意，并认为他人会拒绝他们、抛弃他们。患者在接受心理治疗方面也存在困难，他们会从治疗师那里索取大量的支持，不分时间地给治疗师打电话，用自杀来获得治疗师的支持，或者突然中断治疗。他们对治疗师的感觉就像对其他人一样，在理想化和愤怒之间快速变化。精神分析学家将这种情感的突然转变解释为**分裂**（Splitting）的迹象，即无法整合自己对自身和他人体验的积极面和消极面。

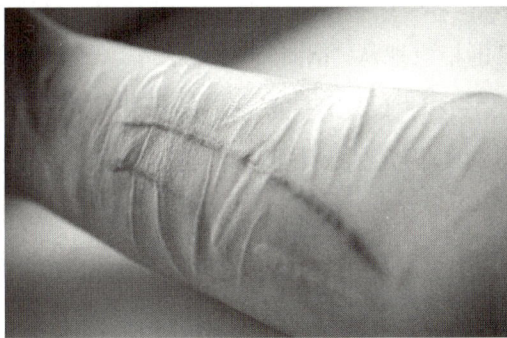

割伤

边缘型人格障碍患者可能会做出冲动的自残行为，如割伤自己，这也许是他们暂时阻止或逃离深刻情感痛苦的一种手段。

边缘型人格障碍患者可能会不顾一切地依附于最初被他们理想化的人，但当他们感觉到对方拒绝他们或无法满足他们的情感需求时，他们的态度会突然转变为完全的蔑视，这些人可以是治疗师、爱人、家人，也可以是亲密的朋友。不幸而又讽刺的是，他们不顾一切地想要获得情感支持的渴望使他们把不合理的要求强加给他人，这反而会将他人推开，从而导致他们感到被拒绝，坚信他人从未真正在意和支持过他们。因此，被拒绝的感觉便与愤怒的情绪联系起来

（Berenson et al., 2011）。

令人欣慰的是，许多边缘型人格障碍的特征会随着时间的推移而有所改善，包括自杀的想法、紊乱的情绪、自残和冲动性（Bateman，2012；Gunderson et al.，2012）。研究者还认为，冲动性会随着年龄的增长而"耗竭"（Stevenson，Meares，& Comerford，2003）。

表演型人格障碍

表演型人格障碍（Histrionic Personality Disorder）的特征是过度情绪化和异常强烈地需要成为人们关注的焦点。"Histrionic"一词源于拉丁语"Histrio"，意思是"演员"。表演型人格障碍患者往往过于戏剧性和情绪化，但他们的情绪是肤浅、夸张且不稳定的。这种疾病以前被称为癔症型人格障碍（Hysterical Personacity Disorder）。下面的案例说明了表演型人格障碍患者典型的过度戏剧性的行为。

"癔症型人格障碍"被替换为"表演型人格障碍"，其词根也相应地从"hystera"（意思是"子宫"）变为"histrio"，这种变化让专业人士改变了只有女性才会罹患这一障碍的观念。尽管有些使用结构化访谈的研究发现，男性和女性的患病率相似，但在临床实践中，被诊断为表演型人格障碍的女性仍多于男性（American Psychiatric Association，2013）。临床实践中的性别差异究竟是反映了真实的发病率或诊断偏差，还是源于某些未知的因素，仍然是一个悬而未决的问题。

表演型人格障碍患者可能会因为一件令人伤心的事变得异常沮丧，并在面对令人愉快的事情时流露出夸张的喜悦之情。他们会晕血，或者因为稍有失礼而脸红。他们会要求他人的关注，一旦缺乏关注，他们就会扮演受害者的角色以吸引他人的注意。他们以自我为中心，无法容忍延迟满足：他们想要什么，就必须立刻拥有。他们会因为日常生活的无聊而迅速变得焦躁不安，他们渴望新奇和刺激，并且喜欢时尚。尽管他们有一定的魅力，但他人会认为他们摆架子或做作。他们表现得轻浮、诱人，但过度的自我保护又让他们很难与他人发展亲密关系，或者对他人产生很深的感情。因此，患者与他人的关系往往是动荡多变的。他们倾向于用自己的外表吸引他人的注意。患有表演型人格障碍的男性可能会在行为举止和穿着上表现得过于"有男子气概"，女性则会选择非常华丽而女性化的服装，并且这些服装的奢华闪耀比其材质本身更重要。

具有表演型人格的人会被模特或演艺等职业吸引，

玛塞拉
一个关于表演型人格障碍的案例

玛塞拉是一名 36 岁的女性，她有魅力，浓妆艳抹，穿着紧身裤和高跟鞋，留着在她十几岁时曾流行的鸟窝发型。她的社交生活似乎是从一段关系跳到另一段关系，从一场危机转到另一场危机。这次玛塞拉向心理学家寻求帮助，是因为她 17 岁的女儿南希刚刚因为割腕而住院。南希与玛塞拉及其现任男朋友莫里斯住在一起，他们经常发生争吵。玛塞拉戏剧性地描述了家里发生的冲突。她挥舞着双手，手腕上的手镯碰得叮当乱响，

突然间，她又紧紧地抓住自己的胸口。她不想让南希住在家里，因为她"总是在寻求关注"，还与莫里斯调情，以此来作为"炫耀青春"的方式。玛塞拉自认为是一位溺爱孩子的母亲，她否认与女儿存在任何竞争的可能性。

玛塞拉接受了几次治疗，在此期间，她基本上表达了自己的感受，并被鼓励做一些能减轻自己和女儿压力的决定。每次治疗结束时，她都会说"我感觉好多了"，并向治疗师表示感谢。在"治疗"终止时，她握住治疗师的手，亲昵地捏了捏，并说道："非常感谢你，医生。"然后，她便转身离开了。

过分夸张

并不是所有穿着夸张或华丽的人都有夸张的个性。表演型人格障碍患者还有哪些人格特征？

因为这些职业可以让他们成为人们关注的焦点。尽管取得了外在的成功，他们的内心依旧缺乏自信。为了弥补这种自卑，他们会努力给他人留下深刻的印象，从而提升自我价值。如果遭受挫折，或者失去在聚光灯下的地位，他们可能会再度出现令人沮丧的自我怀疑。

自恋型人格障碍

在希腊神话中，纳喀索斯（Narkissos）是一个英俊的青年，他在春天爱上了自己在水中的倒影。由于他过分自恋，上帝把他变成了我们熟知的水仙。

自恋型人格障碍（Narcissistic Personality Disorder）患者的自我感觉是膨胀而浮夸的，他们极度渴求受到他人的仰慕。他们会吹嘘自己的成就，期待他人对自己的赞美。即使成就平平，他们也期望他人注意到他们的独特之处并享受沐浴在这些奉承中的感觉。他们自私、缺乏同理心。尽管他们和表演型人格障碍患者有一些类似的特征，如需要成为人们关注的焦点，但他们对自我的感觉更膨胀，并且不像表演型人格障碍患者那样富有戏剧性。与边缘型人格障碍患者相比，自恋型人格障碍患者能更有条理地组织自己的想法并付诸行动。他们在事业上更成功，也更有能力获得地位和权力。他们的人际关系也比边缘型人格障碍患者的人际关系更稳定。

尽管被诊断为自恋型人格障碍的人大多为男性，但我们仍不能确定该障碍在一般人群中的患病率是否存在性别差异。一定程度的自恋是健康的，是对不安全感的适应性调整，可以用来当作防御批评和失败的盾牌，或者成为获得成就的动机。过度的自恋则会导致不健康的心理，尤其是当被奉承的渴望无法得到满足时。从某种程度上讲，自爱可以促进成功和幸福。但如果自爱变得极端并成为自恋，就会损害人际关系和职业生涯。

数字时代下的异常心理
你是社交网络上的外向者，还是 Twitter 上的自恋狂

我们在社交网络上呈现给世界的或许是我们渴望成为的那个理想化的自己，对那些在现实生活中挣扎于与自尊和情绪不稳定有关的问题的人来说更是如此。适应力较差的年轻人（如那些具有高神经质特质的人）更倾向于在社交媒体的个人资料中呈现理想化或虚假的自我，这或许是因为他们的内心深处缺乏自尊，又或许是因为他们认为假如在社交网络上呈现真实的信息，其他用户就不会愿意跟他们互动了（Michikyan, Subrahmanyam, & Dennis, 2014）。而那些倾向于对社交更有信心、自尊水平更高的外向年轻人也更有可能成为社交媒体的活跃用户。平均而言，他们上传的照片和状态更新比内向用户的更多，在社交软件上的好友也更多（Eftekhar, Fullwood, & Morris, 2014；Lee, Ahn, & Kim, 2014）。

研究者对 Twitter 用户的相关人格特质进行了调

线上或线下的外向者，还是二者兼具

外向者无论在现实世界还是在虚拟世界中，都倾向于与他人有更多的互动。

查，他们想知道这个网站是不是为自恋者设计的。有自恋特质的人往往对自己的评价很高，喜欢那些支持他们的自我意象的关注者——对 Twitter 这类网站来说，这是一种完美的匹配，至少看起来是这样。一项研究支持了这一观点，表明 Twitter 是大学年龄段的自恋者首选的网络社交方式（Davenport et al., 2014）。相比之下，在大学年龄段的调查样本中，更积极地使用 Facebook 的用户则与自恋无关。

资料来源：From Cognitive therapy for depression and anxiety: A practitioner's guide, I. M. Blackburn and K. M. Davidson, © 1995 Blackwell Science. Reproduced with permission of WileyPublishing, Inc.

自恋型人格障碍患者容易沉浸在对成功和权力的幻想中，他们渴望理想化的爱情，期待自己的才华和美貌被认可。与表演型人格障碍患者一样，他们可能会倾向于选择模特、演艺或政治领域的职业。尽管自恋型人格障碍患者倾向于夸大自己的成就和能力，但他们中的许多人的确在事业上很成功，不过，他们妒忌那些取得更大成就的人。贪得无厌的野心可能会促使他们不知疲倦地投身于工作。他们希望取得成功，与其说是为了金钱，不如说是为了获得成功所带来的奉承和赞美。

自恋型人格障碍患者对任何拒绝或批评，哪怕是最微小的暗示都极度敏感。这些自恋性创伤（Narcissistic Injury）会带来深深的伤害，因为它们揭开了久远的心理创伤。即使是看似微不足道的评论也会让他们陷入混乱，就像下面这个案例中的斯蒂芬妮女士一样，丈夫的批评让她重新陷入感觉自己不够好的伤痛之中。他温和的责备非但没有抚平她的伤痛，对她而言反而是雪上加霜。

在伤口上撒盐

"看着球，"她在一场网球比赛中对自己说，"侧身，击球，结束。"在那些宝贵的时刻，她处于运动员们梦寐以求的"巅峰状态"，一切都非常好，没有任何失误。

她暗自微笑着，沉浸在一种自我感觉良好的状态中。她心想，不知道丈夫道格是否也注意到她今天打得有多好。这时，一个厉害的下旋球以某个角度飞向她的反手拍。她冲了过去，挥起球拍，却只有球拍的边缘碰到了球，以致球飞出了场外。"你从来都看不出旋转球。"道格在球场远处批评道。"从来都看不出。"斯蒂芬妮附和道，与此同时，她突然感觉内心好像崩塌了。她被痛苦淹没，这种感觉充满了她的胸腔。"我永远也打不好球。"她痛苦地想着。接下来的三个球都被她打到了网上。片刻之前的得意消失了，取而代之的是一种令人绝望的无能感。斯蒂芬妮强咽下泪水，在内心狠狠地指责自己。她一边收拾球具，一边喃喃自语道："你真像个孩子。""你又要临阵脱逃了吗？"道格喊道。他只是在开玩笑，想要刺激她回到球场，但她感觉他的话就像在她的伤口上撒盐一样。于是，这一天的网球练习就此画上了句号。

资料来源：Hotchkiss, 2002.

具有自恋型人格的人会将要求强加于他人，又对他人缺乏同理心、漠不关心，因此他们的人际关系总是很紧张。他们总是寻求那些阿谀奉承者作为伙伴，虽然他们表面上看起来迷人、友好，但他们对人的兴趣是单方面的：他们会寻找那些能为他们的兴趣服务、滋养他们自我价值感的人。他们理所当然地感觉自己有权利剥削他人（Brunell & Buelow，2018）。他们在恋爱关系中往往采取一种游戏的态度，目的是满足他们对权力和自主的需要，而非寻求真正的亲密关系（Schmitt et al.，2017）。他们把性伴侣当作享乐或支撑自己自尊的工具，正如比尔的案例所呈现的那样。

12.1.4　以焦虑行为和恐惧行为为特征的人格障碍

描述以焦虑行为和恐惧行为为特征的人格障碍的主要特征。

这类人格障碍包括回避型人格障碍、依赖型人格障碍和强迫型人格障碍。尽管这些障碍的特征各不相同，但它们都有恐惧或焦虑的成分。

回避型人格障碍

回避型人格障碍（Avoidant Personality Disorder，APD）患者对被拒绝和被批评感到恐惧，当他们无法确定自己在关系中会被热情地接纳时，他们便不愿意

回避型人格，还是害羞

诊断人格障碍的困难之一在于区分正常和异常的行为模式之间的界限。临床医生需要确定这种行为模式是否适应不良，是否足以满足诊断标准。

比尔
一个关于自恋型人格障碍的案例

大多数人都认为，35 岁的投资银行家比尔很有魅力。他聪明、口齿伶俐、极具魅力。他富有幽默感，在社交聚会上总能将人们吸引到他身边。他经常站在屋子中间，成为人们关注的焦点。谈话的主题无一例外地集中在他的"生意"、他所见过的"非富即贵"的人士及他如何运用策略击败对手上。他的下一个项目的交易额总是比上一个更大，也需要冒更大的风险。比尔喜欢观众，当他人对他商业上的成功表示远远超过实际状况的赞扬时，他的脸便会显得熠熠生辉。而当谈话转移到他人身上时，他便会失去兴趣，借口去喝酒或打电话离开。如果由他来举办晚会，他会竭力让客人们待到很晚，如果客人们不得不提前离开，

他就会感到很伤心。他对朋友们的需要毫不敏感，有时甚至根本意识不到。

多年来，比尔仅维系着为数不多的几个朋友，而这些朋友也渐渐接受了比尔的行事风格。他们知道比尔的自我需要"喂养"，否则他就会变得冷漠和疏离。

比尔也有过几段恋爱关系，对象都是那些愿意仰视他、赞美他，甘愿为他的要求做出牺牲的女性。但是，最终她们会不可避免地厌倦这种单向的关系，或者她们会因为比尔无法做出承诺或对她们产生深刻的情感而日渐失望。由于缺乏同理心，比尔无法识别他人的感受和需要，他要求仰慕者不断地关注他，这并非因为他自私自利，而是他想要抵御内心深处的无能感，维护自己脆弱的自尊。朋友们为比尔感到难过，因为他需要他人如此多的关注和奉承，即使取得诸多成功也无法平息他心中对自己的疑虑。

哈罗德
一个关于回避型人格障碍的案例

24 岁的哈罗德是一名会计，他仅仅和为数不多的几位女性约会过，而且都是通过家人介绍认识的。他从来没有足够的自信去接近自己喜欢的女性。也许正是他的害羞吸引了史黛西。这位与他一起工作的 22 岁女秘书问哈罗德是否愿意下班后聚一聚。一开始，哈罗德找借口拒绝了，但当史黛西一周后再次询问时，哈罗德同意了，他心想，"既然她愿意追求我，那她一定是真的喜欢我"。他们很快便亲密起来，发展到几乎每晚都约会的地步。然而，两人的关系还是有些紧张。哈罗德将她话语中任何一丝的犹豫都看作对他缺乏兴趣的证据。他再三要求史黛西向他保证她是在乎他的，并反复琢磨她说的每个字及做出的每种姿势，以此来作为她对他感情的证据。

如果史黛西说因为太累或生病而不能和他见面，他便会推测她其实是在拒绝他，故而需要她给予更进一步的保证。几个月后，史黛西再也无法忍受哈罗德的唠叨，于是决定分手，两人的关系也就此结束。哈罗德推测，史黛西从未真正关心和喜欢过他。

进入其中。因此，除直系亲属外，他们可能很少有其他亲密的关系。由于害怕被拒绝，他们也倾向于回避需要合作的职业及参加娱乐活动。他们喜欢独自吃午饭，避开公司的野餐和聚会，除非他们确定会被他人完全接纳。回避型人格障碍患者在男性和女性中似乎同样普遍。据称，在一般人群中，0.5% ～ 1% 的人受其影响（American Psychiatric Association，2013）。

回避型人格障碍和分裂样人格障碍都有社交退缩的特征，但回避型人格障碍患者对人保有兴趣、怀有好感，只是对被拒绝的恐惧阻碍了他们满足自己对情感和被接纳的需要。在社交场合，他们倾向于坐在偏僻的角落，避免与人交谈。他们害怕当众出丑，认为他人可能会看到他们脸红、哭泣或紧张不安。他们倾向于保持自己的习惯，夸大尝试新事物的风险。他们会以开车回家太晚会很麻烦为借口，拒绝参加一小时车程之外的聚会。

回避型人格障碍常常共病社交焦虑障碍（Friborg et al.，2013）。这两种障碍之间的重叠表明，它们可能有共同的遗传因素（Torvik et al.，2016）。这证明回避型人格障碍可能是社交焦虑障碍的一种更严重的形式，而非一种完全独立的障碍。

与这一观点一致的是，有证据表明，在预期将得到负面反馈的社交场合，回避型人格障碍患者的杏仁核活动比对照组被试的杏仁核活动更为活跃（Denny et al.，2015），正如我们所知道的，杏仁核在面对威胁性刺激时会被激活。然而，就目前而言，社交焦虑障碍和回避型人格障碍在 DSM 中仍然作为两种独立的诊断类别而存在。

依赖型人格障碍

依赖型人格障碍（Dependent Personality Disorder）患者是指那些过度需要被他人照顾的人。这使他们在关系中过于顺从和依赖他人，极度害怕分离。依赖型人格障碍患者很难独立行事，即使是非常小的决定，他们也要征求他人的意见。有依赖问题的儿童或青少年可能会希望父母为他们选择衣服、饮食、去哪所学校或大学，甚至帮他们决定结交什么样的朋友。患有依赖型人格障碍的成年人允许他人为自己做重要的决定。有时，他们甚至允许父母决定他们和谁结婚，就像下文案例中的马修一样。

结婚后，依赖型人格障碍患者可能会转而依赖他们的配偶，让配偶决定他们应该住在哪里、如何与邻居相处、如何管教孩子、做什么工作、如何管理财务

马修

一个关于依赖型人格障碍的案例

马修是一名 34 岁的会计，单身，和母亲住在一起。他在和女朋友的恋爱关系结束后前来寻求治疗。他的母亲反对他们结婚，理由是他的女朋友和他有不同的宗教信仰。马修觉得毕竟"血浓于水"，于是接受了母亲的意见，结束了和女朋友的关系。然而，他对自己和母亲感到愤怒，因为他觉得母亲对他的占有欲太强了，以至于不允许他结婚。在他的描述中，母亲是一个专横跋扈的女人，她是一家之主，习惯于按自己的意愿行事。

马修对母亲时而怨恨，时而依赖，他认为也许只有母亲知道什么对他来说才是最好的。

马修的职业发展并不顺利，与才能、受教育水平和他相当的同事相比，他的职位要低好几级。为了避免承担监督他人的责任、回避独立决策的挑战，他几次拒绝升职。他从小就和两个朋友保持着密切的关系，每个工作日他都与其中一人共进午餐。若朋友因病不能陪他吃饭，他便会觉得无所适从。除上大学的其中一年需要马修住校以外，他一直都住在家里。他会因为想家而回到家里。

资料来源：Adapted from Spitzer et al., 1994.

及到哪里休假。像马修一样，依赖型人格障碍患者避免承担责任。他们回避挑战，不接受升职，因此他们的工作表现远远低于他们自身所具有的潜力。他们往往对批评过于敏感，充满对被拒绝和被抛弃的恐惧。他们可能会因为一段亲密关系的结束而崩溃，也可能被独立生活的可能性吓坏。因为害怕被拒绝，他们常常把他人的需求放在首位，把自己的需求放在次要位置。即使他人给予他们古怪的评价，他们也会接受并转而做出贬低自己的事情以取悦他人。

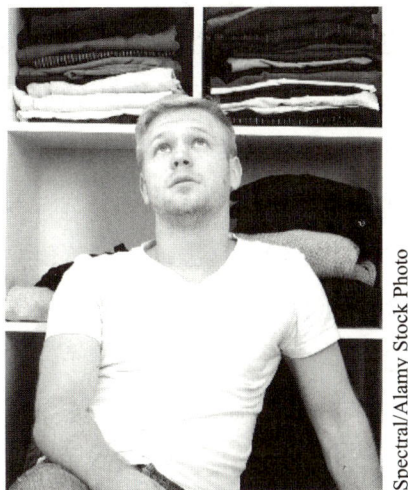

穿什么好呢

依赖型人格障碍患者过于依赖他人，在某些案例中，他们甚至每天都要依赖他人帮自己挑选穿什么衣服。

正误判断

依赖型人格障碍患者很难独立做决定，他们甚至会让父母来决定他们的结婚对象。

正确　在一些文化中，患有依赖型人格障碍的人可能会非常依赖他人，以至于让父母决定他们将与谁结婚。

在进一步深入研究之前，我们需要将文化作为一个重要的影响因素，通过文化视角来看待依赖。包办婚姻在一些传统文化中是司空见惯的事，所以在这些文化中，让父母决定结婚对象的人不一定患有依赖型

人格障碍。同样，在父权制色彩浓厚的文化中，女性在做出许多人生决策时可能会听从父亲和丈夫的意见，甚至连日常生活中的小决定也是如此。

但是，我们不必脱离自己的社会来考虑文化的作用。有证据显示，在许多文化中，女性被诊断为依赖型人格障碍的概率高于男性（American Psychiatric Association，2013）。适用于该诊断的女性通常因害怕被遗弃而容忍丈夫明目张胆的欺骗，忍受丈夫对她们的虐待，容忍丈夫因为赌博输光家产。内心潜在的自

卑感和无助感阻碍了她们采取有效的行动。她们的被动容忍进一步助长了伴侣对她们的虐待，这又会导致她们感到更加无力和无助，最终形成恶性循环。由于一些社会中的女性常常被教化去扮演从属的角色，因此把这样的女性诊断为依赖型人格障碍是有争议的，这可能会被认为是在不公正地"指责受害者"。在当代生活中，女性通常比男性面临更大的压力，社会期待她们是被动、矜持或恭敬的。因此，女性的依赖行为可能反映了文化的影响，而非潜在的人格障碍。

依赖型人格障碍与其他心理障碍，包括心境障碍和社交焦虑障碍有关；也与躯体问题，包括高血压、心血管疾病和胃肠道疾病（如溃疡和结肠炎）有关（Disney, 2013; Samuels, 2011）。此外，依赖型人格障碍与心理动力学理论家所称的"口欲期"行为问题（如吸烟、饮食失调和酗酒）之间也存在联系（Bornstein, 1999）。心理动力学理论家将依赖行为追溯到新生儿绝对依赖的状态及婴儿通过吮吸来获得营养的方式。食物可能象征着爱，而那些依赖型人格障碍患者可能会通过过度饮食来象征性地获取爱。依赖型人格障碍患者往往将自身的问题归咎于身体原因而非情感原因，因此他们更愿意寻求医学专家而不是心理学家或咨询师的支持和建议。

强迫型人格障碍

强迫型人格障碍（Obsessive–Compulsive Personality Disorder）的典型特征包括过度的秩序感、完美主义、行为僵化，以及对控制周边环境的欲望（Pinto, 2016）。对这种障碍患病率的统计结果各不相同，从 2.1% 到 7.9% 不等（American Psychiatric Association, 2013）。该障碍在男性中的患病率大约是在女性中的两倍。与强迫症不同，强迫型人格障碍患者并不一定有强迫思维或强迫行为。如果强迫型人格障碍患者有这样的表现，就需要同时做出两种诊断。

强迫型人格障碍患者太过专注于对完美的追求，

物各有其位，各在其所

这句谚语应该是出自强迫型人格障碍患者之口。这类人中的许多人会过度要求环境中的秩序感。

以至于无法按时完成工作。虽然他们很努力，但他们依然无法达成自己的完美目标，所以经常导致返工。他们会反复思考如何完美地对工作进行优先级排序，以至于永远也无法开始工作。他们专注于他人眼中微不足道的细节。按俗话来讲，他们"只见树木不见森林"。这种僵化损害了他们的社会关系，他们坚持以自己的方式行事，绝不妥协。对工作的热情也使他们无法参加社交和休闲活动。他们往往对金钱很吝啬，很难做决定，并且会因为害怕做出错误的选择而推迟或避免做决定。在涉及伦理和道德的问题上，他们往往非常固执。在人际关系中，他们往往过于拘谨、正式，难以表达自己的情感。他们很难放松地享受令人愉快的活动，因为他们会担心这些消遣的代价。请看下文有关杰里的案例。

12.1.5 人格障碍的分类问题

评价与人格障碍分类相关的问题。

DSM 中人格障碍的分类及诊断标准仍然存在很多局限性。在本章，我们仅仅讨论临床医生和研究者最关注的问题，即行为模式是如何被分类和诊断的。

人格障碍：类别或维度

人格障碍应该被看作以特定症状或行为特征为标志的不同类别的心理障碍吗？还是说，我们应该将其

杰里
一个关于强迫型人格障碍的案例

　　杰里是一名 34 岁的系统分析师，也是一个完美主义者。他对细节过分关注，行为一丝不苟。杰里和平面艺术家马西娅结了婚。他坚持按小时安排他们的空闲时间，当偏离该日程时，他就会感到非常不安。他会不停地在停车场转悠，只为找到最合适的车位，以确保另一辆车不会剐到他的车。一年来，因为无法决定颜色，他拒绝粉刷公寓。他把所有的书按字母表顺序排列在书架上，并坚持把每一本书都放在最合适的位置上。

　　杰里似乎从来没有放松过。即使在度假期间，他也会被未完成的工作困扰或担心自己失去工作。他无法理解人们如何能够躺在海滩上享受，而将烦恼抛诸脑后。他认为总会有事情出错，所以人们怎么能放任自己呢？

视为一般人群中常见人格维度的极端情况？ DSM 采用了一种分类模型，根据特定的诊断标准将异常行为模式划分为特定的诊断类别。

　　我们以反社会型人格障碍为例做进一步的讨论。要想被诊断为反社会型人格障碍，个体必须表现出一系列如表 12-2 所示的临床特征。但是，在该表列出的七项特征中，个体需要符合多少项才能被诊断为反社会型人格障碍？三项、四项，还是全部？根据 DSM，答案是三项或以上。为什么是三项？这个答案代表了 DSM 的作者们所达成的共识。一个人可能明显表现出其中两项特征，但不会被诊断为反社会型人格障碍，

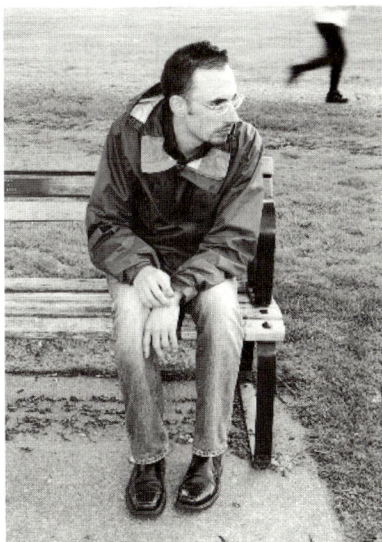

Marlene Ford/Moment/Getty Image

维度或类别

争议的焦点在于，人格障碍应该被概念化为一般人群中人格特质的极端变化，还是异常行为的离散类别。

而表现出三项特征的人，即便其症状相当轻微，也会被诊断为反社会型人格障碍。在应用诊断标准时应该如何区分正常和异常之间的界限，这个问题是 DSM 面临诸多争议的关键所在。许多批评者担心，在实际应用过程中，"一刀切"的方式过于武断（Skodol，2018）。

　　分类模型的另一个问题是，与人格障碍及其他一些诊断类别（心境障碍和焦虑障碍）有关的许多特征在一般人群中都可见。因此，我们可能很难区分这些特征的正常变化和病理性变化（Skodol & Bender，2009）。例如，反社会型人格障碍患者可能缺乏计划性，并表现出冲动行为或为了个人利益而撒谎。但很多不是反社会型人格障碍的人也会表现出上述特征。此外，被诊断为同一种人格障碍的人可能会具有非常不同的特征（Skodol，2018）。例如，一些反社会型人格障碍患者会有犯罪史，而另一些则遵纪守法，但对他人冷酷无情。

　　人格障碍的维度模型为传统的 DSM 分类模型提供了一种替代方案（Kotov et al.，2017；Suzuki et al.，2015；Widiger，Livesley，& Clark，2009）。维度模型将人格障碍描述为一般人群中常见的人格特征的适应不良且极端的变异，而不是离散的诊断类别。

　　也许你还记得第 3 章中心理学家托马斯·威迪格所讨论的人格障碍诊断的维度模型。威迪格及其同事提

出，人格障碍可以表现为构成人格五因素模型（"大五人格理论"）的五种基本人格特质的适应不良或极端的变化：（1）神经质或情绪不稳定；（2）外倾性；（3）开放性；（4）宜人性或友善性；（5）尽责性（Widiger & Mullins-Sweatt, 2009）。在维度模型中，反社会型人格障碍患者的部分特质可能是极低水平的尽责性和宜人性（Lowe & Widiger, 2008）。具有这种特质组合的人往往漫无目的、不可靠，并善于操纵和剥削他人。类似地，其他人格障碍也可以被放到"大五人格"维度的某个极端上。越来越多的证据表明，人格障碍的维度与"大五人格"特质之间存在联系（Gore & Widiger, 2013）。维度模型的局限性在于，我们缺乏明确的标准来设定人格量表中的临界分数，以确定某种特质要达到何种极端程度才具有临床意义（Skodol, 2012）。

DSM-5 的开发者目前正在研究如何更好地诊断人格障碍，为 DSM-5.1 做准备。与此同时，另一个主要的诊断系统——ICD-11——已经用人格障碍的维度模型取代了分类模型（Skodol, 2018）。因此，DSM 很有可能会效仿这一做法，不过，我们还是静观其变吧。

目前有几种可待选择的模型正在被考量，其中一种是分类与维度的混合模型，也就是既有分类又有维度的模型。维度模型是基于"大五人格"特质构建的。根据提议的方案，对人格障碍的诊断将基于满足特定障碍的指定标准（分类方法）及对极端或病理特征的评分（维度方法）。这种混合模型与用于诊断医学疾病所采用的方法是一致的，它既依赖于特定标准（如活检中发现癌细胞、传染性疾病的症状），也依赖于连续维度上的极端测量值（如基于高血压读数诊断高血压）。运用维度模型进行评估和诊断的优点在于，它允许检查者根据病理性特征的极端程度来判断问题的严重性，而不是对是否存在特定障碍做出"有"或"无"的简单判断。

许多维度模型的拥护者认为，混合模型中用以描述功能失调的人格的维度模型并未得到充分的使用。

他们声称，这种混合模型依然过分强调分类模型的重要性。我们希望随着研究的进一步展开，无论 DSM 采用分类模型、维度模型还是混合模型，都是在验证其信度和效度后决定的。

区分人格障碍和其他临床综合征的问题

一个令人困扰的问题是，人格障碍是否可以明确地与其他临床综合征区分开来。例如，临床医生常常难以区分强迫症和强迫型人格障碍。我们一般认为，临床综合征会随着时间而变化，而人格障碍则通常被认为是更持久的问题模式。但随着时间的推移，人格障碍的特征也可能随着环境的变化而变化，而其他一些临床综合征（如心境恶劣）则或多或少遵循一种慢性病程。

各种人格障碍之间的重叠

不同的人格障碍之间存在高度的重叠（Skodol, 2012）。大多数被诊断为人格障碍的患者至少同时伴有一种以上可诊断的障碍。尽管不同的人格障碍有各自明显的特征，但它们也有很多共同点，如人际关系问题。例如，一个人可能同时具有反社会型人格障碍和边缘型人格障碍的特征（如冲动、不稳定的关系模式），也可能既具有依赖型人格障碍的特征（如不能独立做决定或发起活动），又具有回避型人格障碍的特征（如极度的社交焦虑和对被批评的过度敏感）。

不同的人格障碍同时出现（即共病）是相当普遍的（Skodol, 2018）。这表明，DSM 中不同类型的人格障碍可能彼此之间并没有明确的区分。一些人格障碍可能并非独立的障碍，只是其他人格障碍的亚型或变体。

区分正常行为和异常行为的困难

人格障碍诊断的另一个问题是，人格障碍涉及的特征在程度较轻时其实描述的是正常个体的行为。时不时出现多疑并不意味着你患有偏执型人格障碍；夸大自己的重要性也并不意味着你就是自恋型人格障碍患者；你可能会因为害怕尴尬或被拒绝而避免参与社交互动，但这并不意味着你患有回避型人格障碍；你可能在工作中特别认真、负责，但这也不能说明你患有强迫型人格障碍。由于这些障碍的典型特征其实是人类共同的人格特质，临床医生应该只在这些模式过于泛化、严重到干扰个体的功能并造成显著的个人痛苦时才做出诊断。我们仍然缺乏足够的证据来确定某种人格特质在什么时候会变成非适应性的，并适合做出人格障碍的诊断。

令人困惑的诊断标签和解释

显而易见，我们不应该混淆诊断标签和解释，但在实践中，二者的区别有时很模糊。如果我们混淆了诊断标签和解释，可能就会陷入循环论证的陷阱。例如，下列语句的逻辑有什么问题吗？

1. 约翰的行为是反社会的。
2. 因此，约翰患有反社会型人格障碍。
3. 约翰的行为是反社会的，因为他患有反社会型人格障碍。

这些陈述展示的就是循环论证，因为他们先使用行为来做出诊断，然后又使用诊断作为对行为的解释。我们在日常生活中可能常常会犯循环论证的错误。请思考下面的陈述："约翰从不按时完成工作，因此他很懒。约翰因为懒惰而不能完成工作。"这个标签可能在日常对话中是可以被接受的，但它缺乏科学的严谨性。要想让懒惰具有科学的严谨性，我们需要了解懒惰的原因及其得以维持的因素。我们不应该把标签和行为的原因混为一谈。

此外，给行为异常的个体贴上人格障碍的标签，可能忽视了社会和环境背景对个体的影响。创伤性生活事件可能会对特定性别或文化群体的成员造成更大范围或强度的影响，这可能是导致适应不良行为的一个重要的潜在因素。然而，人格障碍的概念基本不考虑文化差异、社会不平等，或者不同性别或文化群体

之间的权力差异。例如，许多被诊断为人格障碍的女性都在童年时期遭受过身体虐待和性虐待。人们应对虐待的方式可能会被视为性格上的缺陷，而不是反映了潜藏在虐待关系之下的功能失调的社会因素。

人格障碍是识别无效和自我挫败行为的常见模式的方便标签，但标签并不能解释行为本身。然而，建立一个准确的描述系统仍然是迈向科学解释的重要一步。建立可靠的诊断类别为有效的研究和治疗奠定了基础。

性别歧视

某些人格障碍的构建可能带有性别歧视的底色。与刻板的男性行为相比，诊断标准似乎给更多刻板的女性行为贴上了病态的标签。例如，表演型人格障碍似乎便是对传统女性刻板印象的讽刺：轻浮的、情绪化的、肤浅的、诱惑性的、寻求关注的。

如果女性刻板印象对应一种可诊断的精神障碍，那么是否也应该有一个诊断类别可以反映"大男子主义"的男性刻板印象呢？我们可能会认为，过度的男性化特质可能会导致某些男性在社会、职业功能方面的痛苦或障碍。例如，高度男性化的男职员可能会卷入争斗，并在为女上司工作的过程中遇到困难。但是，目前还没有与"大男子主义"的刻板印象相对应的人格障碍类型。

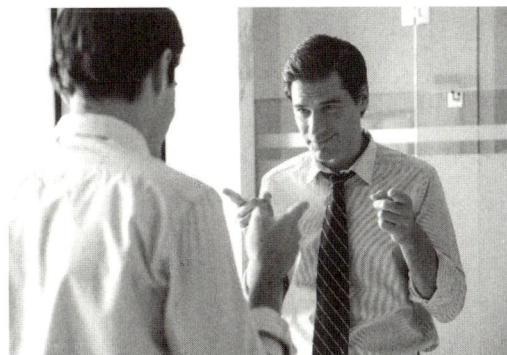

Sigrid Olsson/PhotoAlto Agency RF Collections/ Getty Images

人格障碍的概念中是否存在性别歧视

表演型人格障碍的概念似乎是对高度刻板的女性人格的讽刺。那么，为什么没有一种类似于大男子主义的男性人格障碍，可以用来讽刺高度刻板的男性人格呢？

依赖型人格障碍的诊断是否不公平地给那些被社会教化为依赖角色的女性贴上了人格障碍的标签？女性更容易被诊断为表演型人格障碍或依赖型人格障碍，这可能仅仅是因为临床医生认为这些模式在女性中更常见，或者是因为女性比男性更容易被社会教化出这些行为模式。

边缘型人格障碍、表演型人格障碍和依赖型人格障碍的诊断多见于女性，而自恋型人格障碍和反社会型人格障碍的诊断则多见于男性。这是因为这些障碍在一般人群中的患病率存在性别差异，还是因为社会期望和潜在的偏见使一些人格障碍更容易在特定性别中被诊断出来？对此，我们尚无定论，但有证据表明，诊断中存在性别偏见。在最近的一项研究中，研究者要求受训中的心理学家对表现出不明确症状的假设性病例做出诊断（Braamhorst et al., 2015）。这些未来的心理学家表现出了性别偏见：当患者为女性时，他们更多地将其诊断为边缘型人格障碍；而当患者为男性时，他们则更多地将其诊断为自恋型人格障碍。性别偏见还体现在这样一种现象上：即使出现同样的症状，临床医生也更倾向于将女性诊断为表演型人格障碍，而将男性诊断为反社会型人格障碍（Garb, 1997）。你的态度是什么呢？你是否曾认为女性是"依赖或歇斯底里的"，或者认为男性是"自恋或反社会的"？

12.2　理论观点

在本节，我们将讨论关于人格障碍的理论观点。许多对人格障碍的理论描述来自心理动力学模型。因此，我们先来回顾一下传统和现代的心理动力学模型。

12.2.1　心理动力学观点

描述关于人格障碍发展的心理动力学观点。

传统的弗洛伊德理论把注意力放在由俄狄浦斯情结引发的问题上，并将其作为包括人格障碍在内的异常行为的基础。弗洛伊德认为，孩子一般通过放弃对异性父母的渴望并认同同性父母来解决俄狄浦斯情结。最终，他们将父母的道德原则纳入被称为"超我"的人格结构中。但在这一过程中，许多因素可能会干扰正常的认同，使超我的发展偏离正轨，阻碍孩子发展出道德约束、内疚和悔恨的感觉。最终，孩子可能会发展出反社会行为。弗洛伊德对道德发展的描述主要集中在男性的发展上，他因未能解释女性的道德发展而受到批评。

最新的心理动力学理论关注的则是前俄狄浦斯期（18 个月到 3 岁），在此期间，婴儿开始形成自我、与父母分离。这些理论着重于自体感的发展，以解释自恋型人格障碍和边缘型人格障碍等心理障碍。

海因茨·科胡特

海因茨·科胡特（Heinz Kohut）是现代心理动力学理论的主要缔造者之一，他的理论被称为自体心理学（Self Psychology），强调的是内聚性自体的发展过程。弗洛伊德认为，化解俄狄浦斯情结是成年人人格发展的核心。科胡特不同意这个观点，他认为最重要的是自体的发展——这个人是否能够建立起自尊、价值感和一个内聚性的、现实的自体，而非夸大、自恋的人格（Anderson, 2003；Goldberg, 2003）。

科胡特认为，具有自恋型人格的人会用自负的外表来掩盖自己内心深处的匮乏感（Kohut, 1966）。自恋者的自尊就像一个蓄水池，需要用源源不断的赞美和关注来填充，以免干涸。自大感可以帮助他们掩盖内在的无价值感。失败或失望可能会暴露这些深层的情绪并将他们推向抑郁的状态，因此，为了防止绝望，他们常常试图减少失望或失败对自己的影响力。

具有自恋型人格的人经常被激怒，因为他们认为他人让他们很失望，拒绝给予他们安慰、赞美和夸奖。即使是最轻微的批评也会激怒他们，不论批评者的出发点有多好。他们可能会用冷漠的外表来掩饰愤怒和屈辱感。他们可能会成为心理治疗中的难治个案，因为当治疗师打破他们夸大的自我意象，帮助他们发展更现实的自我概念时，他们可能会变得异常愤怒。

对科胡特来说，童年早期是健康自恋存在的正常阶段。婴儿会觉得自己很强大，仿佛整个世界都在围绕着他们运转。婴儿通常会把父母视为理想化的力量之塔，并希望与父母融为一体，分享父母的力量。共情的父母会通过让孩子觉得一切皆有可能来滋养孩子的自尊（如告诉孩子他们有多了不起、有多珍贵），并镜映孩子夸大的自我意象。然而，即使是富有共情能力的父母，有时也会挑剔、打击孩子夸大的自体感，或者无法达到孩子对他们的理想化期待。渐渐地，不切实际的期望会消失，取而代之的是对自己和他人更现实的评价。在青春期，童年期的理想化会转变为对父母、老师和朋友现实的钦佩。成年后，这些想法会发展为一套内在的理想、价值观和目标。

然而，缺乏父母的共情和支持为病理性自恋（Pathological Narcissism）奠定了基础。那些不被父母珍视的孩子未能发展出坚实的自尊感。他们会发展出有缺陷的自我概念，并感觉自己无法得到爱和欣赏。病理性自恋涉及构建一种夸大的完美自我的假象，以掩盖自身的不足。然而，这种假象总是处于崩溃的边缘，个体必须通过不断地获得保证来让自己感觉独特。如果他们的社交或职业目标无法达成，他们的自尊就会受到极其严重的打击。

科胡特的治疗方法为具有自恋型人格的来访者提供了表达其夸大的自我意象并将治疗师理想化的机会。随着时间的推移，治疗师会帮助来访者探索自恋的童年根源，并温和地指出来访者和自己的不完美之处，以鼓励来访者形成更真实的自体和客体意象。

奥托·科恩伯格

奥托·科恩伯格（Otto Kernberg）是一位著名的心理动力学理论家，他认为边缘型人格障碍源于童年早期未能形成对自己和他人意象的恒常性和统一性的认知（Kernberg，1975）。从这个角度来看，边缘型人格障碍患者无法将自己和他人矛盾（积极和消极）的特质整合为完整、稳定的整体。他们无法理解重要他人时而充满爱意、时而又拒绝他们的姿态，他们在对他人的纯粹理想化和彻底的仇恨之间来回转换。这种将他人看成"全好"或"全坏"的快速认知转换现象被称为"分裂"。

科恩伯格讲述了一名 30 多岁的女性对他的摇摆不定的态度。这名女性会在前一次治疗中将他视为最出色的治疗师，并感觉治疗师解决了她所有的问题；然而，在几次治疗后，她又会反对他，指责他缺乏感情、操纵他人，并威胁要退出治疗（Sass，1982）。

科恩伯格认为，即便是非常优秀的父母也不能满足孩子的所有要求。因此，婴儿面临着早期心理发展的挑战，即如何整合滋养的、安慰性的"好母亲"意象与压抑的、令人沮丧的"坏母亲"意象。如果不能将这些对立的意象整合为一个现实的、统一的、稳定的父母意象，孩子可能就会固着在性心理发展的前俄狄浦斯期，结果可能就会导致其在成年后对待治疗师和其他人时态度的快速变化：上一秒还将他们理想化，下一秒就开始贬低和拒绝他们。

玛格丽特·马勒

另一位有影响力的现代心理动力学理论家玛格丽特·马勒从母婴分离的角度解释了边缘型人格障碍。马勒及其同事相信，在出生后的第一年，婴儿会与母亲形成一种共生的依恋关系（Mahler & Kaplan，1977；Mahler，Pine，& Bergman，1975）。共生（Symbiosis），或者说相互依存，是一个生物学术语，源自希腊语词根，意思是"共同生存"。在心理学中，共生是一种合一的状态，在这种状态下，孩子的身份与母亲的身份融为一体。在正常情况下，孩子会逐渐将自己的身份和自我意识与母亲的区分开，这一过程被称为分离-

个体化（Separation-Individuation），是一个从心理和生理上将自己与母亲区分开（分离）、发展出对自己的认识并形成自我认同的个性特征（个体化）的过程。分离 – 个体化可能是一个很激烈的过程，孩子会在寻求独立和亲密之间摇摆不定：既期待独立，又想靠近母亲，得到母亲的"庇护"，与母亲重新融为一体。母亲可能会干扰正常的分离，拒绝让孩子离开，或者过早地推动孩子走向独立。边缘型人格障碍患者往往对他人表现出矛盾的情感，并在爱与恨之间摇摆不定，这暗示了他们在分离 – 个体化过程中的矛盾心理。边缘型人格障碍可能源自未能成功应对分离 – 个体化这一发展的挑战。

心理动力学理论提供了理解几种人格障碍发展的途径。但该理论的局限在于，它主要基于从成年人的行为和回顾性描述中得出的推论，而非基于对儿童的直接观察。将正常的童年经历与成年后的异常行为进行比较是否有效也值得怀疑，例如，将成年边缘型人格障碍患者只能维持肤浅的关系，甚至完全无法维持

分离 – 个体化

根据颇具影响力的心理动力学理论家玛格丽特·马勒的说法，年幼的孩子在经历了分离 - 个体化的过程后，学会将自己的身份与母亲的身份区分开。她认为，未能成功应对分离 – 个体化这一发展的挑战，可能会导致边缘型人格障碍的形成。

与他人关系的典型矛盾状态，与儿童在分离 – 个体化过程中在亲密和分离之间摇摆不定的状态相提并论。

童年期虐待与后来人格障碍的形成之间的联系表明，孩子在童年时期与父母或养育者是否建立了紧密的联结，对人格障碍的形成有着至关重要的作用。我们将在本章后面的内容中探讨虐待与人格障碍之间的联系。

12.2.2 学习理论观点

描述关于人格障碍发展的学习理论观点。

学习理论家关注的是适应不良的行为，而非人格障碍。他们感兴趣的是找出导致不良行为的学习史和环境因素，以及维持不良行为的强化因素，而这些不良行为与人格障碍的诊断相关。

学习理论家认为，童年经历塑造了一个人与他人建立关系的不良模式，而这些不良模式构成了人格障碍的诊断。例如，如果孩子经常在表达自己的想法和探索周围的环境时受挫，可能就会形成一种依赖的行为模式。父母过多的管教可能会导致孩子的强迫行为。心理学家西奥多·米伦（Theodore Millon）指出，那些行为受到严格控制（即使是轻微的违规行为也会受到父母的惩罚）的孩子，很可能会形成僵化、完美主义的标准（Millon, 1981）。随着年龄的增长，他们会努力在自己擅长的领域发展自己，如学业或体育，以避免父母的批评或惩罚。但由于过度关注单一领域的发展，他们无法得到全面的发展。因此，他们会压拆自发性的表达，并回避风险。他们还可能对自己求全责备，以避免被他人惩罚或指责，或者发展出与强迫型人格相关的其他行为。

米伦认为，表演型人格障碍的形成可能源于童年经历中社会强化物（如父母的关注）与孩子的外表和为他人表演的意愿联系在一起，尤其是当这些强化物不规律地出现时。不规律的强化让孩子学会不把父母的认可视作理所当然，认可是要不断地为之奋斗才能

获得的东西。具有表演型人格的人可能也会认同那些戏剧性、情绪化、引人注意的父母。激烈的同胞竞争会进一步强化孩子用表演来获得关注的动机。

社会认知理论注重强化在解释反社会行为起源上的作用。在一项有影响力的早期研究中，乌尔曼和克拉斯纳（Ullmann & Krasner，1975）提出，反社会型人格障碍患者没有学会将他人的回应视为潜在的强化物。大多数孩子在成长的过程中会学习把他人当作强化物的来源，因为他人会对孩子的积极行为进行表扬，并对孩子的不良行为进行惩罚。这种强化和惩罚提供了反馈，帮助孩子改变他们的行为，以便最大限度地增加他未来获得奖励的机会，降低他们被惩罚的风险。因此，孩子对权威人士（通常是父母和老师）的要求会变得敏感，并学会按照权威人士的要求管理自己的行为。由此，他们适应了社会的期望，学会了该做什么、该说什么、如何着装及如何从他人那里获得表扬和认可（社会强化）。

相比之下，具有反社会型人格的人不会以这种方式进行社会化，因为他们早期的学习经历缺乏一致性和可预测性。也许，在为数不多的时候，他们会因为做"正确的事"而受到奖励，但在大多数情况下则不然。他们可能承受了难以预测的严酷体罚。成年后，他们不太重视他人的期望，因为在童年时期，他们没有看到自己的行为和强化物之间有什么联系。尽管乌尔曼和克拉斯纳的观点可能解释了反社会型人格障碍的一些特征，却并未充分解释"迷人型"反社会型人格障碍的形成机制，这类人善于察言观色，并利用获得的信息来获取个人利益。

有些精神病态者在其工作领域是非常成功的，与其他精神病态者相比，他们似乎更有责任心，也更可靠（Mullins-Sweatt et al.，2010）。但就像心理学家保罗·巴比亚克（Paul Babiak）和罗伯特·黑尔（Robert Hare）在他们的著作《穿西装的蛇》（*Snakes in Suits*）中指出的，企业管理层中精神病态者的数量远远超过

社会中及在监狱中服刑的精神病态者的数量。这些人凭借社会地位控制他人，并使用诡计操纵他人，对他人造成伤害（Babiak & Hare，2006）。最近的一篇文献综述指出，尽管这些人操纵欲强，其精神病态的倾向可能会在获得企业领导职位方面有微弱的优势，但相对而言，符合精神病态特征的企业领导者似乎相对较少（Landay，Harms，& Credé，2018）。

社会认知理论家阿尔伯特·班杜拉研究了观察学习在攻击行为中的作用，这是反社会行为中常见的组成部分。在一项经典的研究中，班杜拉及其同事指出，儿童通过观察他人的行为来获得技能，包括攻击性技能（Bandura，Ross，& Ross，1963）。儿童可能会通过观看暴力的电视节目或观察有暴力行为的父母来接触暴力。然而，班杜拉不认为儿童和成年人会用机械的方式表现出攻击行为，相反，人们通常不会模仿攻击行为，除非他们被激怒或他们认为自己更有可能从中得到奖励而不是惩罚。儿童最有可能模仿暴力的榜样来习得暴力行为，如果他们发现这些行为可以帮助他们避免苛责或操纵他人，他们可能就会通过直接强化的方式习得反社会行为，如欺骗、霸凌、撒谎等。

社会认知心理学家指出，人格障碍患者解释其社会经历的方式会影响其行为。与健康对照组被试相比，好斗、反社会（精神病态）的个体更有可能将他人模棱两可的面部表情解读为有敌意的迹象（Schönenberg & Jusyte，2014）。将他人的行为解释为带有敌意，可能会让他们在社交场合做出具有攻击性的反应。反社会青少年倾向于持有敌对的认知偏差——他们会错误地将他人的行为解释为威胁（Dodge et al.，2002）。我们一般会认为，是他们的家庭和生活经历使他们觉得他人对自己怀有恶意，但实际上并非如此。治疗师通常使用问题解决疗法（Problem-Solving Therapy）来帮助好斗、反社会的儿童和青少年将冲突情境重新概念化为需要解决的问题，而不是需要给予攻击性回应的威胁。他们会学习用非暴力的方式解决冲突，就像科学家寻

HECTOR MATA/AFP/Getty Images

反社会型人格障碍的根源是什么

由于早期的学习经历缺乏一致性和可预测性，因此他们无法将自己的行为与奖惩联系起来。那些发展出反社会型人格的青少年是否在很大程度上是"未社会化"的？或者，他们非常"社会化"，只不过其社会化是为了模仿其他反社会青年的行为？犯罪行为、帮派成员在多大程度上与反社会型人格障碍是重叠的？

找最好的解决方案一样。在下文有关生物学因素的内容中，我们会看到可能存在的、能够解释为何反社会型人格障碍患者无法从惩罚性经验中学习的生理基础。

总体来说，与心理动力学理论一样，学习理论理解人格障碍的方法也有其局限性。学习理论是基于理论研究而非对导致人格障碍的家庭互动的直接观察来解释人格障碍的。要想确定心理动力学理论和学习理论所提出的童年经历是否会导致特定的人格障碍，我们还需要进一步的研究。

12.2.3 家庭理论观点

描述家庭在人格障碍发展中的作用。

许多理论家认为，家庭关系问题是导致人格障碍的原因。研究者发现，与其他心理障碍患者相比，在边缘型人格障碍患者的记忆中，他们的父母会施与更多的控制和更少的关心，这与心理动力学的观点是一致的（Zweig-Frank & Paris，1991）。当边缘型人格障碍患者回忆早期的经历时，更有可能把他人描绘成恶毒、邪恶的。他们认为父母和身边的人可能会伤害他们或无力保护他们（Nigg et al.，1992）。

有证据表明，童年期身体虐待或性虐待、养育者的忽视与边缘型人格障碍等人格障碍的形成有关

（Martín-Blanco et al.，2014）。也许，在边缘型人格障碍患者身上观察到的"分裂"机制是一种习得的、用来应对父母或其他养育者那不可预测且严酷行为的方法。此外，边缘型人格障碍患者在童年时期因死亡或离婚而失去父母或养育者的情景也很常见。

与心理动力学理论一致，家庭理论也认为，家庭因素，如父母的过度保护和独裁主义（"我让你怎么做，你就怎么做，因为这是我说的"），可能会导致孩子形成依赖型人格（Bornstein，1992）。对被遗弃的极度恐惧可能也会导致依赖型人格障碍的形成。这种极度的恐惧可能源自个体在童年时期由于父母的忽视、拒绝或死亡而未能与父母建立起稳固的依恋关系。随后，个体会发展出对被重要他人抛弃的长期恐惧，进而导致依赖型人格障碍所特有的黏人属性。理论家还认为，强迫型人格障碍可能形成于道德观念强烈且要求严苛的家庭环境中，这种家庭不允许任何偏离预期角色或行为的情况出现（Oldham，1994）。

与边缘型人格障碍类似，研究者发现，童年期虐待、父母的忽视或缺乏父母的养育都是个体在成年后罹患反社会型人格障碍的重要风险因素（Johnson et al.，2006；Lobbestael & Arntz，2009）。麦科德夫妇（McCord & McCord，1964）在很久之前就提出了一个横跨精神分析理论和学习理论的观点，强调了童年期父母的拒绝或忽视在反社会型人格障碍形成中的作用。他指出，孩子通常会认为与父母的价值观、做法相符的行为会获得赞同，而与父母的价值观、做法不符的行为则会引起父母的反对。当孩子冒险违反父母的要求时，他们会因担心失去父母的爱而感到焦虑。而焦虑是孩子抑制反社会行为的信号。最终，孩子会认同父母并以良知的形式内化这些社会约束。当父母没有表现出对孩子的爱时，这种认同就不会发生。孩子不用害怕失去爱，因为他们从未拥有过爱。因此，这种用于抑制反社会和犯罪行为的焦虑就不会产生。

被父母拒绝或忽视的孩子可能不会对他人产生温

儿童虐待

在人格障碍（包括边缘型人格障碍）病例中，儿童虐待和忽视很常见。童年期虐待和忽视造成的情感后果是什么？

暖的依恋感。他们可能缺乏共情他人的感受和需要的能力，取而代之的是一种漠不关心的态度。也许，他们保有发展有爱的关系的愿望，但缺乏体验真实情感的能力。

尽管一些家庭因素可能与反社会型人格障碍的形成有关，但许多被忽视的儿童长大后并未表现出反社会行为或其他异常的行为。我们需要借助其他理念来预测哪些被情感剥夺的孩子会形成反社会型人格或其他异常行为，哪些不会。

12.2.4 生物学观点

描述关于人格障碍发展的生物学观点。

关于人格障碍的生物学基础，还有很多东西有待进一步研究。研究者将大部分注意力都集中在反社会型人格障碍及其人格特质上，这也是我们讨论的重点。

遗传因素

有证据表明，遗传因素在几种人格障碍的形成中发挥着作用，包括反社会型人格障碍、自恋型人格障碍、偏执型人格障碍和边缘型人格障碍（De Fruyt et al.，2017；Ficks，Dong，& Waldman，2014；Rautiainen et al.，2016；Tielbeek et al.，2017）。与一

般人群相比，人格障碍（如反社会型人格障碍、分裂型人格障碍和边缘型人格障碍）患者的父母或兄弟姐妹更有可能被诊断为人格障碍（American Psychiatric Association，2013）。也有证据表明，遗传因素似乎也与构成精神病态人格基础的人格特质的形成有关，如麻木不仁、反社会行为、冲动和不负责任（Larsson，Andershed，& Lichtenstein，2006；Van Hulle et al.，2009）。研究者还在特定染色体中发现了与边缘型人格障碍的特征相关的遗传标志物（Distel et al.，2008）。

尽管有证据表明，遗传对与人格障碍相关的人格特质的形成有影响，但我们要认识到，环境因素也起着重要的作用。例如，暴露在不良环境的影响下（在一个功能失调或有问题的家庭中长大），可能会使个体发展出人格障碍，如反社会型人格障碍或边缘型人格障碍。我们还应该注意到，与特定的人格障碍相关的人格特质也可能是遗传因素和生活经历相互作用的结果。沿着这些思路，研究者发现，特定基因的变异与成年男性的反社会行为有关，但这只发生在那些在童年时期遭受过虐待的男性身上（Caspi et al.，2002）。

缺乏情绪反应

根据著名的理论家赫维·克莱克利提出的观点，反社会型人格障碍患者在面对足以引发大多数人的焦虑的巨大压力时依然能够镇定自若（Cleckley，1976）。对威胁性情境的反应不足可能解释了为何惩罚无法减少反社会型人格障碍患者的反社会行为。对大多数人而言，害怕被抓到、被惩罚可以抑制我们的反社会冲动。然而，反社会型人格障碍患者往往不能抑制曾经招致惩罚的行为，这也许是因为他们几乎没有对被抓到和被惩罚的恐惧或预期性焦虑。

当人们感到焦虑时，他们的手心会出汗，这种皮肤反应被称为皮肤电反应（Galvanic Skin Response，GSR），它是自主神经系统的交感神经分支激活的标志。在一项早期的研究中，黑尔发现，当预期有疼痛的刺激

出现时，反社会型人格障碍患者比正常的对照组被试表现出更低的皮肤电反应水平（Hare，1965）。显然，具有反社会型人格的人对即将到来的疼痛并不会感到焦虑。

黑尔的研究结果表明，反社会型人格障碍患者的皮肤电反应较弱，这一发现已被多次证实。这些研究发现，精神病态者或反社会型人格障碍患者的生理反应水平较低（Fung et al.，2005；Zimak，Suhr，& Bolinger，2014）。这种情感的缺失也许有助于解释为什么惩罚的威胁对阻止他们的反社会行为影响甚微。我们可以推测，反社会型人格障碍患者的自主神经系统对威胁性刺激反应不足。另一种可能性是，他们的自主神经系统会产生恐惧或焦虑，但他们很难检测到威胁或对威胁做出反应（Hoppenbrouwers，Bulten，& Brazil，2016）。

渴求刺激模型

另一些研究者试图解释反社会型人格障碍患者缺乏情绪反应的原因，他们认为反社会型人格障碍患者需要更多的刺激才能维持最佳的唤醒水平（这是一个人感觉最好、最有效率的状态）。

具有反社会型人格或精神病态人格的人似乎对兴奋或刺激有更大的渴望（Prins，2013）。也许，他们需要高于正常的刺激阈值来维持最佳的唤醒状态。换句话说，他们可能需要更多的刺激来维持兴趣和正常的功能。

对更高水平刺激的需求也许可以解释为什么具有反社会型人格特质的人容易感到无聊，并被那些刺激而又具有潜在危险的活动吸引，如酗酒和使用其他物质、骑摩托车、高空跳伞、高风险赌博及高危性关系等。高于正常的刺激阈值并不会直接导致反社会行为或犯罪行为，毕竟宇航员、士兵、警察和消防员也必须在某些方面表现出这种特质。然而，感到无聊、无法忍受单调的生活方式可能会导致一些寻求刺激的人走向犯罪的道路或做出鲁莽的行为。

问卷

感觉寻求量表

你渴望感官刺激吗？你是否可以满足于阅读或看电视，还是说乘风破浪或在废弃的马路上风驰电掣才能满足你？心理学家马文·祖克曼（Marvin Zuckerman）用"感觉寻求者"（Sensation Seeker）来描述那些对唤醒和持续的刺激有强烈需求的人（Zuckerman，2007）。这类人对追求刺激和冒险有强烈的欲望，很容易对常规生活感到厌倦。

下面的量表可以评估你是不是一个感觉寻求者。请针对下面的每一道题，在 a 或 b 中选择更符合你感受的选项。完成作答后，你可以将你的答案与本章末尾的答案进行对照。

1. _____ a. 我喜欢在外面过夜。
   _____ b. 我喜欢在家里度过安静的夜晚。
2. _____ a. 我喜欢游乐园里的一些恐怖设施。
   _____ b. 我回避游乐园里的一些恐怖设施。
3. _____ a. 我是那种渴望刺激体验的人。
   _____ b. 我是那种喜欢安静、令人放松的活动的人。
4. _____ a. 我喜欢跳伞，或者想去跳伞。

_____ b. 跳伞不适合我。

5. _____ a. 我喜欢时不时地在生活中制造一点小兴奋。

_____ b. 我更喜欢保持平静、温和的状态。

6. _____ a. 旅行时，我更喜欢按照预定的行程安排来进行。

_____ b. 旅行时，我喜欢去没有明确计划过的地方。

7. _____ a. 我基本上生活在常规之中。

_____ b. 我容易对常规生活感到厌烦。

8. _____ a. 我几乎什么都敢做。

_____ b. 如果有可能，我会尽量避免冒险。

9. _____ a. 我喜欢热闹的派对。

_____ b. 我更喜欢在家里放松或和朋友出去玩。

10. _____ a. 我认为人应该最大限度地享受生活。

_____ b. 我更喜欢节奏慢而稳定的生活。

11. _____ a. 我喜欢在寒风凛冽的天气外出，只是为了感受那种冷空气接触皮肤的感觉。

_____ b. 当天气变冷时，我更喜欢待在室内。

12. _____ a. 我是那种喜欢和平与宁静的人。

_____ b. 我是那种需要高水平的刺激才能感受到自己活着的人。

脑功能异常

脑成像研究将边缘型人格障碍和反社会型人格障碍与大脑中某些区域的功能失调联系起来，这些区域涉及调节情绪、做出深思熟虑的决定，以及抑制冲动行为，尤其是攻击性冲动（Hosking et al., 2017; Schiffer et al., 2014; Visintin et al., 2016）。

与这些障碍最直接相关的大脑区域是前额皮层（位于额叶前部）和边缘系统中更深层的大脑结构（Raine, 2018）。前额皮层与控制冲动行为、权衡行为的后果及解决问题有关。它作为一种"紧急刹车"，防止冲动以暴力或攻击行为的形式表现出来（Raine, 2008）。边缘系统则参与处理情绪反应和形成新的记忆。

我们在反社会型人格障碍患者身上看到的对他人缺乏同理心和关心的现象，也可能存在其神经学基础。在一项实验室研究中，当反社会型人格障碍被试被要求想象一个处在痛苦中的人时，通常在人们产生同理心时会被激活的大脑区域却未被激活，而与快乐状态有关的大脑区域则显示出更加活跃的模式（Decety et al., 2013）。这些研究发现表明，反社会型人格障碍患者实际上可能会从想象他人遭受痛苦的过程中获得快乐。

研究的一个发展方向是试图识别大脑中影响人格障碍形成的神经网络，这也许能让我们更好地理解人格障碍，并催生出更有效的治疗方法。使用脑成像技术的研究显示，反社会型人格障碍患者的大脑中连接杏仁核（边缘系统中产生恐惧情绪的中心）和前额皮层（负责思考和评估后果的中心）的脑回路存在异常情况（Bøen et al., 2014; Motzkin et al., 2011），这有助于解释我们在许多边缘型人格障碍和反社会型人格障碍患者身上看到的冲动控制问题。就边缘型人格障碍患者而言，一种有趣的可能性是，前额皮层在强烈的消极情绪下无法抑制或控制冲动行为（Silbersweig et al.，2008）。

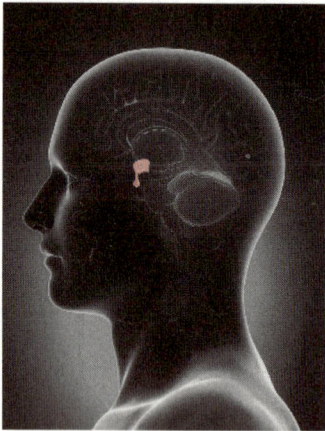

脑回路

连接前额皮层和边缘系统的脑回路异常会导致边缘型人格障碍和反社会型人格障碍患者出现冲动控制问题。边缘系统是大脑中参与调节情绪处理和记忆形成的原始区域。杏仁核是边缘系统的一部分，与恐惧的触发有关，在图中以红色显示（大脑两侧各有一个）。

12.2.5　社会文化观点

描述关于人格障碍发展的社会文化观点。

社会环境可能会导致人格障碍。由于反社会型人格障碍在社会经济地位较低的人群中最为常见，弱势家庭所遇到的各种应激源或许助长了反社会行为模式的产生。许多美国旧城区被酗酒、吸毒、青少年怀孕及混乱和瓦解的家庭等社会问题所困扰，这些因素可能与儿童被虐待和被忽视的风险增加有关，而这反过来又会导致儿童的低自尊及愤怒、怨恨情绪的产生。被忽视和被虐待可能会转化为缺乏同理心及对他人福祉的无情漠视，这些特征都与反社会型人格相关。童年期虐待可能会导致"暴力循环"—— 一种暴力的代际传递，受虐待的儿童长大后会虐待他们的伴侣和子女（Widom，2017）。

在贫困环境中长大的孩子也更容易受到不良榜样的影响。在学校的适应不良可能会导致对社会的疏离感和挫败感，进而引发反社会行为。因此，解决反社会型人格问题需要在社会层面努力纠正社会不公并改善社区状况。

在其他文化中，关于人格障碍患病率的信息很少见。世界卫生组织及美国物质滥用和精神健康服务管理局（Substance Abuse and Mental Health Services Administration）联合发起了一个项目，旨在开发并标准化可以用于全世界人群的精神病学诊断工具。这个项目的成果之一是编制出了国际人格障碍检查表（International Personality Disorder Examination，IPDE），这是一种用于诊断人格障碍的半结构化访谈问卷（Carcone，Tokarz，& Ruocco，2015）。

理论观点的整合
反社会型人格障碍发展的多因素模型

本书始终秉承异常行为的多因素模型的价值，即心理障碍是由心理因素、社会文化因素和生物学因素的相互作用导致的。我们对人格障碍的理解也遵循这一原则。童年期虐待史、忽视型或惩罚性的父母，以及导致对社会互动产生恐惧而非自信的经历，可能是反社会型人格障碍等人格障碍发展的基础。模仿攻击行为、倾向于将他人的行为误解为威胁的认知偏差等社会认知因素也会导致与他人相处的适应不良的方式的发展，这些方式最终被认定为与人格障碍相关。遗传也是其成因的一部分。

其他与反社会型人格障碍相关的生物学因素包括对威胁缺乏情绪反应、过度需要刺激，以及潜在的脑异常。社会文化因素，如面对与贫穷有关的社会压力，生活在支离破碎、犯罪猖獗的社区等，会增加儿童被虐待和被忽视的可能性。这反过来又会进一步导致个体出现难以消散的怨恨、对他人缺乏同理心等反社会型人格的典型特征。

这些因素是如何联系在一起的？通常，我们会在特定人格障碍的发展中发现一些共同的主题。例如，反社会型人格障碍患者会经历严酷、惩罚性的养育方式。然而，我们需要考虑不同的因素和因果路径的组合。例如，一些反社会型人格障碍患者在经济贫困的环境中长大，他们受到的养育缺乏一致性，而另一些反社会型人格障碍患者则在中产阶级家庭中长大，但经历了忽视或严酷的养育方式。临床医生需要评估每个人的经历是如何影响个体与他人之间的关系的。图 12-2 展示了基于多因素模型的反社会型人格障碍的发展路径。这仅仅是导致同一结果的众多可能路径之一。在这一因果路径中，家庭的不良养育和示范作用导致孩子的不良社交能力，但孩子是否会继续发展出反社会型人格障碍，则取决于是否存在增加疾病风险的特定易感性风险因素。

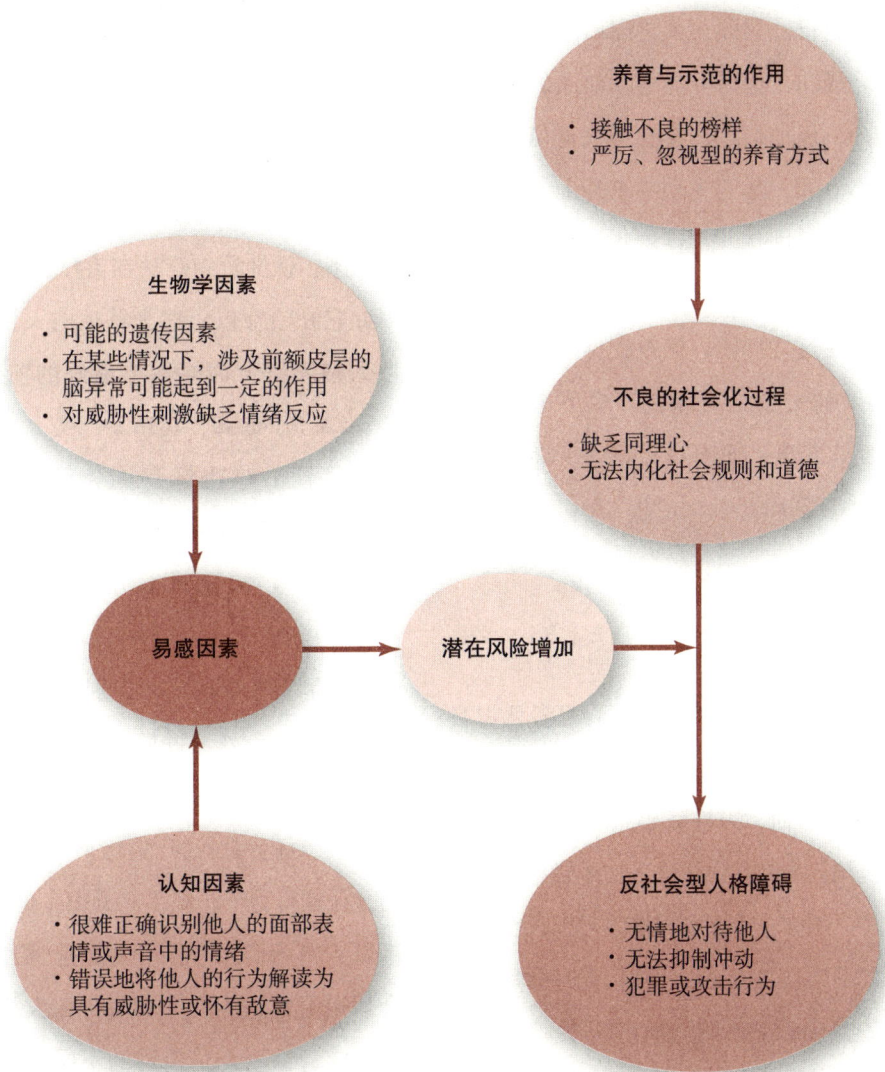

养育与示范的作用
- 接触不良的榜样
- 严厉、忽视型的养育方式

生物学因素
- 可能的遗传因素
- 在某些情况下，涉及前额皮层的脑异常可能起到一定的作用
- 对威胁性刺激缺乏情绪反应

不良的社会化过程
- 缺乏同理心
- 无法内化社会规则和道德

易感因素

潜在风险增加

认知因素
- 很难正确识别他人的面部表情或声音中的情绪
- 错误地将他人的行为解读为具有威胁性或怀有敌意

反社会型人格障碍
- 无情地对待他人
- 无法抑制冲动
- 犯罪或攻击行为

图 12-2　反社会型人格障碍发展的多因素模型

12.3　人格障碍的治疗方法

本章以著名的心理学家詹姆斯的一句话开篇，他认为人们的人格似乎到了某个年龄阶段就固化了。该观点适用于许多人格障碍患者，他们通常十分抗拒改变。

人格障碍患者通常会将自己的行为，哪怕是适应不良、自我挫败的行为，视作自己浑然天成的一部分。即便感觉不幸和痛苦，他们也不太可能认为自己的行为有问题。就像前文描述的表演型人格障碍患者玛塞拉那样，他们可能会将问题归咎于他人，并认为需要改变的是他人而非自己。因此，人格障碍患者通常不会主动寻求帮助。最初，他们可能会在他人的督促下不情愿地接受治疗，但他们往往会在中途退出，或者拒绝与治疗师合作。即使他们主动寻求帮助，通常也只是因为被焦虑或抑郁困扰，一旦这些情绪问题得到缓解，他们就会终止治疗，不会更深入地探究问题的根本原因。尽管存在这些问题，但有证据表明，心理治疗在治疗人格障碍方面是有效的。接下来，我们将介绍其中的一些方法（Muran, Eubanks-Carter, & Safran, 2010；Paris, 2012）。

12.3.1　心理动力学疗法

描述针对人格障碍的心理动力学疗法。

心理动力学疗法常用于帮助人格障碍患者认识自我挫败的行为模式的根源，并学习更具适应性地与他人建立联结的方法。然而，人格障碍患者往往会给治疗师带来巨大的挑战，尤其是边缘型人格障碍患者和自恋型人格障碍患者。例如，边缘型人格障碍患者往往与治疗师的关系摇摆不定且快速变化，他们有时会将治疗师理想化，有时又会指责治疗师对他们漠不关心。

心理动力学取向的疗法为人格障碍（如边缘型人格障碍）患者带来的改善虽然显著但仍然有限（Caligor et al., 2018；Cristea et al., 2017；Links, Shah, & Eynan, 2017；Perry, Bond, & Békés, 2017）。这类

疗法让患者看到自己的行为是如何在亲密关系中引发问题的。与传统的精神分析相比，治疗师会采取一种更直接、更具对抗性的方式来处理患者的防御。对边缘型人格障碍患者来说，心理动力学治疗师会帮助他们更好地了解自己和他人在亲密关系中的情绪反应（Links, Shah, & Eynan, 2017）。

12.3.2　认知行为疗法

描述针对人格障碍的认知行为疗法。

认知行为治疗师侧重于改变患者适应不良的行为模式和功能紊乱的思维模式，而非其人格结构。他们使用示范和强化等行为技术来帮助患者发展出更具适应性的行为。例如，如果向患者传授的某种适应性行为更有可能得到他人的强化，那么新的行为就能够保持下来。认知行为疗法在治疗焦虑障碍方面效果良好，因此它在治疗以焦虑为特征的人格障碍，特别是回避型人格障碍方面显示出良好的前景也就不足为奇了（Rees & Pritchard, 2015）。

尽管治疗边缘型人格障碍困难重重，但以亚伦·贝克和玛莎·莱恩汉（Marsha Linehan）为首的两组治疗师报告，使用认知行为技术对治疗人格障碍有帮助（Beck et al., 2003；Linehan et al., 2006）。贝克的方法侧重于帮助个体识别和纠正歪曲的想法，例如，将自己完全看作有缺陷、糟糕和无助的。莱恩汉的技术被称为辩证行为疗法（Dialectical Behavior Therapy, DBT），专门用于治疗边缘型人格障碍。辩证行为疗法结合认知行为疗法和正念冥想（见第 6 章）可以帮助边缘型人格障碍患者接受并容忍强烈的消极情绪，并学会运用更具适应性的方法与他人相处。辩证行为疗法在治疗边缘型人格障碍的不同研究中都显示出一致的治疗效果（Byrne & Egan, 2018；Cristea et al., 2017；Linehan et al., 2015；Tebbett-Mock et al., 2019；Wilks et al., 2016）。辩证行为疗法对那些反复实施自残行为（如割伤自己或其他形式的自我伤害行为）的具有边缘

型特征和高自杀风险的青少年也有所助益（McCauley et al.，2018；Wilkinson，2018）。

"辩证法"（Dialectic）一词源于古典哲学，它是一种推理的形式，即把一个论点的正反双方的观点都考虑在内，并试图通过理性的讨论来加以调和。辩证法应用在辩证行为疗法中，就是利用辩证的方法来尝试调和接纳与改变之间的对立和矛盾。辩证行为治疗师认识到，他们需要通过认可边缘型人格障碍患者的感受来表达自己对患者的接纳，同时温和地鼓励患者对行为进行适应性的改变。治疗师会帮助患者认识到他们的情感和行为在生活中是如何导致问题的，并鼓励他们找到新的方法来与他人建立关系。接纳与温和地鼓励改变之间的张力构成了辩证的方法。

辩证行为疗法整合了各种行为技术来帮助患者改善与他人的关系，发展解决问题的能力，并学习运用更好的方法来处理混乱的感受。此外，治疗师还会使用认知行为技术来帮助患者学会调节情绪，并教授正念技巧（见第 4 章），以帮助他们接纳和耐受令人不安的情绪。因为边缘型人格障碍患者往往对哪怕是最轻微的拒绝暗示都过于敏感，所以即使患者变得具有操控性或要求过高，治疗师也会接纳他们并向他们提供支持。

法庭经常要求反社会青少年参加包含大量行为治疗因素的住宿或寄养项目。这些项目有明确的奖惩规则，其中一些采用代币制——实施亲社会行为就能得到象征性的奖励，如获得可以换取权利的塑料卡片。尽管项目的参与者经常表现出行为的改善，但我们尚不清楚他们成年后是否不会再继续出现青春期时的反社会行为。

"我不能像个懦夫一样死去"

2011 年，68 岁的著名心理学家玛莎·莱恩汉，边缘型人格障碍的主要治疗方法之一——辩证行为疗法——的创始人，在一群朋友、家人和专业人士面前透露了一个深藏已久的秘密：她也患有边缘型人格障碍。

她首先解释了自己坦白的理由："很多人请求我把它说出来，我想，好吧，我必须这么做。这是我欠他们的。我不能像个懦夫一样死去（Carey，2011）。"

她手臂上已经褪色的灼伤、割伤，证明了从她年轻时起就开始伴随她的痛苦。她 17 岁时住进精神病院，反复用烟头烫伤手腕，用头撞墙，割伤手臂和身体的其他部位。她接受了电休克治疗，但似乎没有什么办法能缓解她内心深处的痛苦。她曾住院 26 个月，是医院中病情最严重的患者之一。回首往事时，她对记者说："我当时在地狱……我许了一个愿——如果我能出去，我会回来把其他人救出去。"这不是一条容易走的路。她后来又企图自杀并再次接受住院治疗。最终，她转向自己的宗教信仰，找到了让自己的生活走上正轨的内在力量。她在一家保险公司找到了一份工作，上了大学，最终完成了培训项目，获得了临床心理学博士学位，从此她开始了她那漫长而又卓越的职业生涯，并成为领先的研究者和临床医生。通过创立辩证行为疗法，她为很多受困于自杀想法和内心痛苦的边缘型人格障碍患者提供了帮助。回顾自己的一生，她告诉记者，她现在是一个非常快乐的人，接着她说，虽然目前她的生活仍然起起伏伏，"……但也只是和一般人一样"。

12.3.3 生物学疗法

描述针对人格障碍的药物治疗。

药物治疗并不能直接对人格障碍起效，但抗抑郁药物和抗焦虑药物有时会被用于治疗人格障碍患者的抑郁和焦虑症状。神经递质的活性也与边缘型人格障碍患者的攻击行为有关。神经递质血清素有助于抑制冲动行为，包括攻击冲动行为（Carver，Johnson，& Joormann，2008；Seo，Patrick，& Kennealy，2008）。选择性 5-羟色胺再摄取抑制剂类抗抑郁药物（如百忧解）可以增加神经元之间突触连接上的血清素的可利用性，有助于缓解愤怒情绪。然而，与安慰剂相比，我们尚未发现抗抑郁药物在治疗边缘型人格障碍方面有任何实质性的效果（Gunderson，2011；Gunderson & Choi-Kain，2018）。非典型抗精神病药物可能有利于控制边缘型人格障碍患者的攻击性和自残行为，但其效果也是好坏参半（Hancock-Johnson，Griffiths，& Piccioni，et al.，2017；Stoffers & Lieb，2015）。此外，这些药物具有严重的潜在副作用，单靠药物本身并不能解决构成人格障碍核心特征的、长期存在的不良行为模式。

如何与人格障碍患者工作并为其提供有效的治疗，还有很多需要我们学习的地方。主要的挑战在于，如何招募那些不认为自己有问题的人接受治疗，以及如何促使他们对自我挫败或自我伤害的行为产生深刻的认识。目前对这些人的帮助让人不禁想起一句古老的名言：

违背自己意愿而顺从的人，内心仍坚持自己的观点。

——塞缪尔·巴特勒（Samuel Butler），

《胡迪布拉斯》（Hudibras）

12.4 冲动控制障碍

边缘型人格障碍患者往往难以控制自己的冲动。但冲动控制问题并不局限于人格障碍患者。在 DSM 中，有一类被称为冲动控制障碍（Impulse-Control Disorders）的精神障碍，其特征是难以控制或抑制冲动行为。

12.4.1 冲动控制障碍的特征

描述冲动控制障碍的主要特征。

你曾经把预算花在打折商品上吗？你曾经下过无法负担的赌注吗？你是否曾失去理智，对着他人大喊大叫，即使你知道应该保持冷静？大多数时候，我们都能控制自己的冲动。虽然我们有时会屈服于诱人的甜点，偶尔也会在愤怒中脱口而出一句脏话，但我们通常能控制自己的冲动行为。然而，冲动控制障碍患者在抵制有害的冲动和诱惑上存在持续的困难。

在实施冲动行为前，他们会体验到不断上升的紧张感和兴奋感，在行为完成后，他们则会体验到解脱感或释放感。他们通常也有其他心理障碍，尤其是心境障碍，研究者因此而质疑这一障碍是否应该被归入更广泛的心境障碍谱系中。

DSM-5 中的冲动控制障碍被归入破坏性、冲动控制及品行障碍的大类中，其中还包括品行障碍和对立违抗障碍。其他冲动控制问题，如强迫性上网和强迫性购物，目前正在被考虑纳入 DSM 的后续版本中。本章将重点讨论三种冲动控制障碍：偷窃狂、间歇性暴怒障碍和纵火狂。

12.4.2 偷窃狂

描述偷窃狂的主要特征。

偷窃狂（Kleptomania）一词源自希腊语 "Kleptes"（意为"小偷"）和 "Mania"（意为"疯狂"），其特征是重复的强迫性偷窃行为。被偷的物品通常对偷窃狂患者来说毫无价值或用处。患者可能会把偷窃的物品送给他人，或者偷偷地还给物主，又或者丢在家里。在大多数情况下，偷窃狂患者完全可以负担得起他们所偷的物品。即使在有钱人中也存在强迫性偷窃者。这些偷窃行为显然不是出于愤怒或报复，而是一时冲动，这些行为毫无计划性，患者有时会被逮捕。

虽然入店行窃很常见，但偷窃狂或强迫性偷窃却是一种罕见的疾病。在一般人群中，偷窃狂的患病率不到 1%（American Psychiatric Association，2013；Shoenfeld & Dannon，2012）。这种障碍在女性中更常见，男女比例大约是 1∶3。偷窃狂存在一种不可抗拒的重复模式，显示出强迫症的某些特征。然而，二者之间有两个重要的区别。患有强迫症的人实施强迫行为是为了缓解焦虑；而偷窃狂患者在进行强迫性偷窃时，会感到非常兴奋和满足。另一个区别在于，偷窃狂的目的就是偷窃本身，而强迫症的强迫行为则是为了避免潜在的不幸事件（如反复检查煤气是否泄漏是为了防止煤气爆炸）。

正误判断

偷窃狂，或者强迫性偷窃，通常是由贫穷引发的。

错误 偷窃狂患者通常会偷取一些对他们而言没有价值的东西，而非他们买不起的必需品。

总而言之，一些形式的偷窃狂可能类似于强迫症，另一些则可能与物质滥用或心境障碍有更多的共同点（Grant，Odlaug，& Kim，2012）。也许，偷窃的快感是一些人试图抵御抑郁情绪的一种方式。在治疗方面，我们对不同的亚型了解得越详细，就越可能制定出有效的治疗方案。但目前，只有为数不多的针对零星病例的治疗研究。

传统的心理动力学理论认为，偷窃狂是一种防御：在女性身上，它被用来防御阴茎嫉妒；在男人身上，它则被用来抵御阉割焦虑。经典的心理动力学理论认为，偷窃狂患者被内在的动力驱使着去偷窃象征阴茎的物品，这是一种保护自己免受已有损失（对女性而言）或威胁性损失（对男性而言）的神奇方法（Fenichel，1945）。这一理论推测是否有价值目前尚不确定，因为我们缺乏证据来支持这些无意识的过程。

很少有关于治疗偷窃狂的正式研究。在下面的案例中，我们描述了一种治疗偷窃狂的行为取向的方法。

偷窃狂还是入店行窃

临床医生如何区分单纯的入店行窃和偷窃狂？

"婴儿鞋"
一个关于偷窃狂的案例

来访者是一名 56 岁的女性，在过去的 14 年里，她每天都要到商店偷东西。她强迫性偷窃的表现符合偷窃狂的临床诊断标准，与其他类型的入店行窃不同，她偷窃的东西对她没有明显的意义。典型的"战利品"是一双婴儿鞋，尽管她的家里并没有孩子。偷窃的冲动是如此强烈，以至于她感到无力抗拒。她告诉治疗师，她希望自己能被"拴在墙上"（Glover，1985），以阻止自己的行为。她愤怒地说，从商店里偷东西太容易了，实际上她是在为自己的偷窃行为责备这家商店。

治疗她的方法被称为内隐致敏法——在想象中将偷窃行为和令人厌恶的刺激进行配对。治疗师让来访者想象自己在偷东西时感到恶心和呕吐。治疗师要求她想象自己在商店里，走近想偷的物品，当她试图拿走它时她就感到恶心并呕吐，这吸引了其他购物者的注意。然后，治疗师引导她想象自己放回物品，然后恶心的感觉就消失了。

在随后的治疗中，她想象当自己接近那个物品时就开始感到恶心，当她转过身去时，恶心的感觉就消失了。作为家庭作业，治疗师还要求她在接下来的一周内自行练习。在治疗的过程中，她的

偷窃行为有所减少。在治疗结束后的 19 个月的随访评估期间，她只报告了一次入店行窃。

资料来源：Adapted from Glover，1985.

这个治疗有效吗？答案是也许有效。但缺乏对照组的个案研究无法确定因果关系。我们无法确定究竟是治疗本身还是其他因素（例如，来访者想改变现状的动机）导致来访者的行为发生了改变。因此，我们需要进行对照研究来评估治疗的有效性。

12.4.3　间歇性暴怒障碍

描述间歇性暴怒障碍的主要特征。

暴怒是荷马史诗《伊利亚特》（*The Iliad*）中关于特洛伊战争的第一个词，它奠定了整部作品的主题。据说，《荷马史诗》写于公元前 750 年左右，它记录了由无节制的暴怒导致的战争、杀戮和毁灭等悲惨后果。

从远古时代开始，人们就一直关注人类的暴怒和暴力行为。暴怒并不是 DSM 中用来诊断精神障碍或心理障碍的标准，而是间歇性暴怒障碍（Intermittent Explosive Disorder，IED）的特征。间歇性暴怒障碍是冲动控制障碍的一种，其特征是反复发作的、冲动的、无法控制的攻击行为，患者会对他人实施攻击或破坏财物（Kessler，Coccaro，et al.，2012）。间歇性暴怒障碍的核心特征是冲动性攻击，也就是很容易对自己的攻击冲动失去控制（Coccaro，2010）。

间歇性暴怒障碍患者会出现暴怒发作的情况，他们会突然失去控制，袭击或试图袭击他人或砸碎物品。一名患有间歇性暴怒障碍的男性在暴怒发作时会砸碎触手可及的任何东西，包括手机、键盘、遥控器、桌子，甚至是墙。即使是最轻微的挑衅或侮辱也会导致与当下的情况完全不相称的突然爆发的攻击行为。间歇性暴怒障碍患者在愤怒爆发之前通常会经历一种紧张的状态，在爆发之后会有一种解脱感。一般来说，

患者会试图证明自己的行为是正当的，但他们也会因自己的行为所造成的伤害而感到后悔。由路怒症引发的事故和家庭暴力事件经常发生在间歇性暴怒障碍患者身上。早期的研究认为，间歇性暴怒障碍是一种罕见的疾病，但近年来的研究表明，它和许多其他精神障碍一样常见（Coccaro，2012；Tamam，Eroğlu，& Paltacı，2011）。童年期创伤、暴力行为与间歇性暴怒障碍的形成之间似乎也存在关联（Lee，Meyerhoff，& Coccaro，2014）。

最近的研究主要集中在间歇性暴怒障碍的生物学基础上，特别是神经递质血清素的作用。我们在前文曾提到过，血清素能起到抑制冲动行为的作用，包括与间歇性暴怒障碍有关的冲动性攻击行为。这一领域的研究刚刚起步，但它指出了间歇性暴怒障碍患者大脑中血清素的传输可能存在异常（Coccaro，Lee，& Kavoussi，2010）。有证据支持这一观点：使用能增加血清素可利用性的抗抑郁药物（如百忧解）治疗与间歇性暴怒障碍相关的冲动性攻击行为已显示出良好的治疗前景（Coccaro & McCloskey，2010）。间歇性暴怒障碍患者大脑中控制冲动行为的区域——前额皮层的功能也可能受损。愤怒管理训练可以帮助间歇性暴怒障碍患者更好地控制愤怒爆发，并学会在发生冲动性攻击行为之前停下来思考。

愤怒和暴怒通常是心理障碍的一个特征，但 DSM 中并没有愤怒障碍这一类别。在下文的"批判性思考"专栏中，科罗拉多州立大学的首席研究员杰里·L. 德芬巴契（Jerry L. Deffenbacher）提出了一个具有争议性的问题，即 DSM 中是否应该包含愤怒障碍这一类别。

批判性思考
愤怒障碍与 DSM——愤怒都到哪里去了

不知道你是否还记得，我们在第 4 章提到过，长期愤怒会导致严重的健康问题，如冠心病。愤怒还会导致一系列问题行为，具体如下（Dahlen et al., 2012; Shorey, Cornelius, & Idema, 2011; Spector, 2011）：

- 虐待性的养育方式；
- 攻击行为，包括亲密伴侣暴力和冲动（同时也是危险的）驾驶；
- 工作上的问题；
- 对自己的负面感受。

愤怒也是一个"危险信号"，它预示着心理治疗预后不乐观、物质滥用治疗成功后复发的更大风险（Patterson et al., 2008）。然而，愤怒并不一定是问题。当愤怒的程度较轻且以建设性的方式被表达出来时，它可以带来积极的结果。例如，适当的愤怒可以帮助人们维护自身的利益、设定恰当的边界、解决人际关系中的问题。只有当愤怒太强烈或以不恰当的方式被表达出来时，它才会成为问题。在这种情况下，愤怒会带来诸多负面后果，例如，个人痛苦（如尴尬、内疚、自责），对自己和他人造成伤害，出现法律和财务问题（如因攻击行为、扰乱治安、欠款、破坏财物等被逮捕）、学业问题（如被开除）、职业问题（如失业）、人际问题（如关系受损或破裂），以及功能受损（如虐待型或失效的养育方式）。与过度、适应不良的愤怒相关的个人痛苦和代价很大，远远超过了界定异常行为的标准。

看到这么多与愤怒相关的负面后果，你可能会认为愤怒在异常行为模式的分类中占据重要地位，但事实并非如此。愤怒的确是某些心理障碍的临床表现之一，包括重性抑郁障碍、双相障碍、创伤后应激障碍和人格障碍（如反社会型人格障碍和边缘型人格障碍）。然而，愤怒并不是这些疾病的必要诊断指标。有些患者会表现出愤怒问题，但也有很多患者不会。因冲动性攻击行为而对他人造成严重的人身伤害或财产破坏可能会被诊断为间歇性暴怒障碍。正如本章所述，间歇性暴怒障碍是一种冲动控制障碍，患者会表现出缺乏控制冲动的能力。在间歇性暴怒障碍患者中，不受控制的攻击行为与挑衅或诱发应激源并不相称。攻击行为必须是冲动或出于愤怒的，而不是有预谋或出于某种目的（如胁迫他人、追求权力或金钱）而实施的。尽管强烈的愤怒常常与间歇性暴怒障碍联系在一起，但它的诊断基于对攻击冲动缺乏控制，而非愤怒本身。

简单地说，DSM 中没有适用于成年人的纯粹基于愤怒的疾病。也就是说，DSM 中没有以愤怒作为核心特征和必要条件的可诊断疾病。与愤怒相关障碍的缺失形成鲜明对比的是，DSM 所涵盖的心理障碍普遍涉及其他两种主要的消极情绪——焦虑和抑郁。焦虑是惊恐障碍、恐怖症、强迫症和广泛性焦虑障碍的主要特征。抑郁是各种心境障碍的主要特征，如重性抑郁障碍和心境恶劣等。DSM 中没有愤怒障碍这一诊断类别，并不意味着这些问题不存在。人们确实会遇到与愤怒相关的问题，在某些情况下，这会给他人带来相当大的痛苦。

我已经表达过，愤怒障碍应该和其他问题一样被囊括在 DSM 中（Deffenbacher, 2003）。在我提出的方案中，功能失调性愤怒至少涉及四类触发事件：

1. 特殊情境，如驾驶；
2. 许多不同类型的情境，如工作和家庭问题；
3. 可识别的心理应激源，如关系破裂；
4. 缺乏明确触发因素的迅速而强烈的愤怒。

利用这一构想，我们可以区分四种类型的愤怒障碍：（1）情境性愤怒障碍；（2）广泛性愤怒障碍；

（3）愤怒调节障碍；（4）愤怒发作。因为适应不良的愤怒可能与攻击行为有关，所以我们也可以根据是否存在引起注意的严重攻击行为来详细阐明每一种愤怒障碍。这种诊断构想有助于将有愤怒相关问题的患者的痛苦合法化，为治疗这些问题的临床服务的保险报销提供依据，并进一步为这些问题的成因和治疗方法的研究提供经费（Fernandez，2013）。

并非所有专业人士都同意扩展 DSM，将愤怒障碍纳入其中。有些人认为，将这类行为纳入 DSM 可能会为攻击或暴力行为提供保护伞，患者可能会以精神疾病为由为自己开脱。另一个与此相关的担忧是，诊断愤怒障碍可能会使减少亲密关系中暴力行为的努力付诸一炬。新版的 DSM 是否会包含愤怒相关障碍，还有待观察。

在对这一议题进行批判性思考时，请尝试回答以下问题。

● 在你认识的人中，是否有人有严重的愤怒问题？他的行为应该被视为异常的吗？将这些问题诊断为精神障碍或心理障碍会产生哪些法律、道德和伦理后果？

● 如果一个人因愤怒相关问题接受了减少愤怒的治疗，保险公司是否应该按照与焦虑或抑郁治疗相当的比例来报销治疗费用？为什么？

● 如果一个人在愤怒的状态下对他人实施暴力，那么他应该为自己的行为负全责吗？为什么？

杰里·L. 德芬巴契博士，美国专业心理学会成员

德芬巴契博士是科罗拉多州立大学心理学系的荣誉教授、前桂冠教授和前临床培训主任。他经常给本科生讲授变态心理学。在谈及他为何对与愤怒有关的问题感兴趣时，他说自己是在 30 多年前的临床督导中误打误撞走进这个领域的。研究生希望在治疗愤怒患者方面得到帮助，但他认识到自己对治疗愤怒知之甚少。当他和学生搜索科学文献时，他们几乎找不到具有指导价值的文章。之后，他对帮助那些有愤怒问题的人产生了兴趣，从此便一直致力于对愤怒问题的研究工作。

12.4.4 纵火狂

描述纵火狂的主要特征。

纵火狂（Pyromania）一词来自拉丁语词根 "pyr"（意为 "火"）和希腊语 "Minia"（意为 "疯狂" 或 "狂热"），其特征因无法抗拒的冲动而反复实施强迫性纵火行为。只有一小部分纵火犯被确诊为纵火狂。最常见的纵火动机是愤怒和报复，而非精神障碍（Grant & Odlaug，2009）。还有一些纵火行为可能出于经济上的动机，如破产企业所有者为了非法获得保险赔偿而将自己的房屋烧毁。有些患品行障碍的青少年（见第 13 章）也会故意纵火。与品行障碍有关的纵火行为是包含更广泛的反社会和蓄意伤害行为模式的一部分。

纵火狂被视为一种罕见的疾病，这解释了为何人们对它知之甚少。在纵火时，纵火狂患者会有一种心理上的释放感和解脱感，患者还可能会因促使消防员冲向大火现场甚至引来重型消防设备而产生一种力量感。通过观看和参与灭火工作，纵火狂患者也可以体验到一种兴奋感。纵火狂的成因仍不明确，但患者似乎从很小的时候起就对火有一种病态的迷恋（Lejoyeux & Germain，2012）。在下面的案例中，一名因强迫性纵火而被送进精神病院的女大学生讲述了自己的经历。

"我生命中的重要词汇"

上幼儿园时，火就已经成为我所认识的词汇的一部分。每年一到夏天，我就开始期待着火灾季节——秋天——的来临。当我感到被抛弃、孤独、无聊时，我就会感到焦虑和情绪激动，然后我就会纵火……我希望看到混乱及由我或他人纵火造成的破坏。当火被扑灭后，我会感到悲伤和痛苦，并渴望引发下一场火灾。

资料来源：Wheaton，2001，as quoted in Lejoyeux & Germain，2012.

对纵火狂的治疗主要采用认知行为疗法，重点是帮助患者识别引发纵火冲动的想法和情境线索，并练习使用合理的应对方式来阻止这种冲动，但目前仍缺乏有关治疗效果的对照研究。

本章总结

12.1　人格障碍的类型

12.1.1　人格障碍的分类

识别 DSM 中使用的三类人格障碍。

根据以下特征，DSM 中的人格障碍可被分为三大类：（1）古怪和反常的行为；（2）戏剧性、情绪化和不稳定的行为；（3）焦虑行为和恐惧行为。

12.1.2　以古怪和反常的行为为特征的人格障碍

描述以古怪和反常的行为为特征的人格障碍的主要特征。

以古怪和反常的行为为特征的人格障碍包括偏执型人格障碍、分裂样人格障碍和分裂型人格障碍。偏执型人格障碍患者过度怀疑和不信任他人，以至于影响他们的人际关系，但他们不会出现精神分裂症典型的偏执妄想。分裂样人格障碍是指那些对社会关系几乎不感兴趣、情感表达范围有限、显得疏离和冷漠的人。分裂型人格患者在思想、举止和行为上显得古怪或反常，但尚未达到精神分裂症的程度。

12.1.3　以戏剧性、情绪化和不稳定的行为为特征的人格障碍

描述以戏剧性、情绪化和不稳定的行为为特征的人格障碍的主要特征。

以戏剧性、情绪化和不稳定的行为为特征的人格障碍包括反社会型人格障碍、边缘型人格障碍、自恋型人格障碍和表演型人格障碍。反社会型人格障碍是指那些不断做出违反社会规范和侵犯他人权利的行为且往往对自己的罪行毫无悔意的人。边缘型人格障碍是根据其自我意象、人际关系和情绪的不稳定来定义的。边缘型人格障碍患者通常会有冲动行为，并且这些行为往往具有自我毁灭性。患有表演型人格障碍的人容易表现出高度戏剧性和情绪化的行为。而被诊断为自恋型人格障碍的人则有膨胀或夸大的自体感，和表演型人格患者一样，他们也需要成为人们关注的焦点。

12.1.4　以焦虑行为和恐惧行为为特征的人格障碍

描述以焦虑行为和恐惧行为为特征的人格障碍的主要特征。

以焦虑行为和恐惧行为为特征的人格障碍包括回避型人格障碍、依赖型人格障碍和强迫型人格障碍。回避型人格障碍是指那些非常害怕拒绝和批评的人，除非能异常强烈地确保自己会被接纳，否则他们通常不愿意进入一段关系。依赖型人格障碍患者过度依赖他人，很难独立行动，甚至无法独自做出哪怕是最小的决定。强迫型人格障碍患者有各种各样的特征，如有条不紊、完美主义、僵化和过分关注细节，但他们

没有与强迫症相关的真正的强迫思维和强迫行为。

12.1.5　人格障碍的分类问题

评价与人格障碍分类相关的问题。

　　人格障碍的分类存在各种争议和问题，包括类别之间的重叠、难以区分正常行为和异常行为中的变化、标签和解释之间的混淆，以及潜在的性别歧视。

12.2　理论观点

12.2.1　心理动力学观点

描述关于人格障碍发展的心理动力学观点。

　　早期的弗洛伊德理论把重点放在患者未解决的俄狄浦斯冲突上，以此来解释正常和异常人格的形成。最新的心理动力学理论家将重点放在了前俄狄浦斯期，以解释人格障碍（如自恋型人格障碍和边缘型人格障碍）的形成。

12.2.2　学习理论观点

描述关于人格障碍发展的学习理论观点。

　　学习理论家将人格障碍视作适应不良的行为模式，而非人格特质。学习理论家试图识别早期习得的经验和目前的强化模式，以解释人格障碍的形成和维持。反社会青少年更有可能将社会线索理解为挑衅或带有恶意的。这种认知偏差可能会导致他们在与同龄人相处时表现得具有对抗性。

12.2.3　家庭理论观点

描述家庭在人格障碍发展中的作用。

　　许多理论家认为，紊乱的家庭关系在人格障碍的形成过程中起关键作用。例如，理论家将反社会型人格与父母的拒绝或忽视，以及对父母反社会行为的模仿联系起来。

12.2.4　生物学观点

描述关于人格障碍发展的生物学观点。

　　对反社会型人格障碍的生物学解释集中在对生理上的威胁性刺激缺乏情绪反应、自主神经系统的反应水平降低，以及反社会型人格障碍患者需要更高水平的刺激来维持最佳唤醒水平。

12.2.5　社会文化观点

描述关于人格障碍发展的社会文化观点。

　　社会文化理论家关注贫困、城市衰败和物质滥用在导致家庭混乱和瓦解方面所起的作用，这些因素使儿童不太可能得到他们所需要的培养和支持并发展出更具社会适应性的人格。社会文化理论家认为，这些因素可能是人格障碍，特别是反社会型人格障碍形成的基础。

12.3　人格障碍的治疗方法

12.3.1　心理动力学疗法

描述针对人格障碍的心理动力学疗法。

　　心理动力学治疗师试图帮助人格障碍患者意识到他们自我挫败的行为模式的潜在根源，并学习在亲密关系中以更具适应性的方式与他人相处。

12.3.2　认知行为疗法

描述针对人格障碍的认知行为疗法。

　　认知行为疗法侧重于帮助来访者改变其适应不良的行为和功能失调的思维模式，而不是其人格结构。人格障碍的认知行为疗法有两种主要的形式：贝克的认知行为疗法和莱恩汉的辩证行为疗法。

12.3.3　生物学疗法

描述针对人格障碍的药物治疗。

　　药物治疗仅限于帮助人格障碍患者控制抑郁和焦虑等令人不安的情绪状态，控制愤怒或暴怒的情绪，并帮助控制攻击性和自我毁灭的行为。然而，它并不能直接帮助人格障碍患者改变长期存在的适应不良的行为模式。

12.4　冲动控制障碍

12.4.1　冲动控制障碍的特征

描述冲动控制障碍的主要特征。

冲动控制障碍是一种心理障碍，其特征是反复的抑制冲动的失败，从而导致对自己或他人带来有害后果的行为。受困于这类障碍的人在付诸行动前会体验到一种不断上升的紧张感或兴奋感，在实施行为后会有一种解脱感或释放感。

12.4.2　偷窃狂

描述偷窃狂的主要特征。

偷窃狂的特征是强迫性偷窃，通常涉及对个人价值不大的物品。

12.4.3　间歇性暴怒障碍

描述间歇性暴怒障碍的主要特征。

间歇性暴怒障碍与冲动性攻击行为有关，可能涉及大脑中血清素传输的异常。

12.4.4　纵火狂

描述纵火狂的主要特征。

人们对纵火狂，也就是强迫性纵火知之甚少，但这种行为的部分动机可能是想控制消防员的反应，甚至协助他们工作。

批判性思考题

请在阅读本章内容的基础上，回答以下问题。

- 精神病态行为与精神病性行为有什么不同？这种区别在电影或电视节目中是如何被混淆的？
- 对不同性别的社会期望不同，是否使某些人格障碍更容易在特定性别中被诊断出来？你是否曾经认为女人是"依赖或歇斯底里的"，或者男人是"自恋或反社会的"？这些潜在的假设会给临床医生和研究者带来什么样的问题？
- 你是否认识这样的人，他的人格特质或行为使他在与人交往时困难重重？你是以何种方式认识他的？你认为本章所讨论的人格障碍有可能适用于他吗？为什么？他是否曾向心理健康专家寻求过帮助？如果寻求过帮助，结果如何？如果没有寻求过帮助，你认为是什么原因造成的呢？
- 是什么原因导致治疗师在治疗人格障碍患者时面临重重困难？如果你是一名治疗师，你会如何克服这些困难？

"感觉寻求量表"的答案

虽然该量表没有被标准化，但你的选项中出现以下答案越多，就暗示你寻求刺激的需求越强烈。仅仅因为你可能对感觉有很高的需求，并不意味着你有做出反社会行为的倾向。尽管一些寻求刺激的人会滥用药物或触犯法律，但许多人会将他们寻求刺激的行为限制在被认可的活动范围内。因此，寻求刺激不应该被解释为犯罪或反社会的。

1. a	2. a	3. a
4. a	5. a	6. b
7. b	8. a	9. a
10. a	11. a	12. b

第 **13** 章
儿童和青少年的异常行为

Volodymyr Melnyk/Alamy Stock Photo

本章音频导读，
请扫描二维码收听。

学习目标

13.1.1　解释儿童和青少年的正常行为与异常行为之间的差异，以及文化信仰在诊断异常行为方面的作用。

13.1.2　描述儿童和青少年心理健康问题的患病率。

13.1.3　识别儿童和青少年心理障碍的风险因素，并描述儿童虐待的影响。

13.2.1　描述孤独症（自闭症）谱系障碍的主要特征。

13.2.2　识别孤独症（自闭症）谱系障碍的病因。

13.2.3　描述孤独症（自闭症）谱系障碍的治疗方法。

13.3.1　描述智力障碍的主要特征和病因。

13.3.2　描述用于帮助智力障碍儿童的干预措施。

13.4.1　识别学习障碍的类型，描述理解和治疗学习障碍的方法。

13.5.1　描述语言障碍的主要特征。

13.5.2　描述涉及言语问题的心理障碍的主要特征。

13.5.3　描述社交（语用）交流障碍的主要特征。

13.6.1　描述注意缺陷／多动障碍的主要特征，识别其致病因素并评估其治疗方法。

13.6.2　描述品行障碍的主要特征。

13.6.3　描述对立违抗障碍的主要特征。

13.7.1 描述儿童和青少年焦虑相关障碍的主要特征。

13.7.2 描述儿童抑郁障碍的常见特征，识别与儿童抑郁障碍相关的认知偏差及治疗儿童抑郁障碍的方法。

13.7.3 识别青少年自杀的风险因素。

13.8.1 描述遗尿症的主要特征并评价其治疗方法。

13.8.2 描述遗粪症的主要特征。

在进一步阅读之前，请先完成正误判断测试，看看自己对相关知识的掌握情况。接着，在阅读本章的内容时，请对照穿插其中的参考答案来确认你的答案。

正误判断

正确	错误	
☐	☐	许多对儿童来说正常的行为模式在成年人身上出现便是异常的。
☐	☐	男孩比女孩更容易罹患焦虑障碍和心境障碍。
☐	☐	在儿童虐待中，并不是只有身体虐待才会造成伤害。
☐	☐	儿童疫苗会导致孤独症。
☐	☐	美国的前副总统纳尔逊在算术方面存在很大的困难，因此他永远也无法平衡收支。
☐	☐	抑制剂类药物可以用来帮助患有注意缺陷/多动障碍的儿童平静下来。
☐	☐	学习困难、问题行为和躯体不适可能是儿童抑郁障碍的征兆。
☐	☐	经典条件反射可用于治疗儿童遗尿症。

唐娜·威廉姆斯（Donna Williams），一位患有孤独症的女士，描述了自己儿时的感受。下面的内容摘自她的个人回忆录《无人之境》（*Nobody Nowhere*），其中描述了她想将这个世界屏蔽在她的内心世界之外的想法。3岁时，父母曾带她去看医生，因为他们怀疑她营养不良。

"我自己创造的世界"

"当时，我的父母认为我得了白血病，他们带我去医院做了血液检查。医生从我的耳部取了血样，在这个过程中，我很配合。我对医生给我的一个彩色纸板轮着了迷。我还做了听力检查，虽然我模仿了所有的动作，但他们仍然怀疑我听不见。有时，我的父母会站在我身后，然后突然发出很大的声音，而我连眼都不眨一下。这个'世界'不会对我造成任何影响，我对这个世界了解得越多，就越感到恐惧。其他人都是我的敌人，他们向我伸出的手就是他们攻击我的武器。除了我的祖父母、我的父亲和琳达阿姨……"

唐娜还认为，对那时的她来说，人似乎变成了物品，他们的存在是为了给她提供保护，使她免于面对因自身脆弱而产生的恐惧：

"我搜集了一些彩色毛衣的碎片，然后用针扎上孔，我把自己的手指穿过这些小孔，只有这样我才能安心入睡。对我来说，我喜欢的人就像这些物品一样（或者说这些物品像他们），可以保护我免受不喜欢的东西（人）的侵扰。

我养成了保存和摆弄这些象征物的习惯，这就像我的魔法咒语一般，如果我失去了心爱的东西，或者有人把它们拿走了，我会感觉自己被一些肮脏的东西入侵了，这时我就会使用这些方法。我的行为并非精神错乱或幻觉的产物，只是无害的想象被我对自身脆弱的巨大恐惧无限放大了……

人们总是说我没有朋友。事实上，我的世界里有很多朋友。他们比其他孩子更神奇、更可靠、更可预测，也比其他孩子更真实。他们从不失约。我在一个自己创造出来的世界里，在这里，我不需要控制自己，也无须控制我的这些物品、动物和自然——它们只是存在着，与我同在。"

资料来源：Williams，1992.

儿童和青少年心理障碍总是带有一种特殊的悲剧性，其中孤独症是最令人痛苦的。受这些障碍影响的儿童往往年龄很小，几乎没有应对能力。像孤独症和智力障碍（以前被称为智力迟滞）这样的疾病让他们无法发展自己的潜力。儿童和青少年的某些心理问题与成年人的问题相似，如心境障碍和焦虑障碍；某些问题却是儿童独有的，如分离焦虑；而其他方面的问题，如注意缺陷/多动障碍，在儿童身上的表现形式则与在成年人身上的不同。

13.1　儿童和青少年的正常行为与异常行为

判断儿童和青少年的行为是否异常，取决于我们对特定年龄、特定文化背景下的孩子正常行为的期望。我们需要考虑一个孩子的行为是否超出了个体发展和文化规范的范畴。例如，要确定 7 岁的吉米是否多动，我们需要以相同年龄和文化背景的其他孩子的表现作为参照（Drabick & Kendall，2010；Kendall & Drabick，2010）。

许多问题是在孩子入学时才被发现的。尽管这些问题可能早已存在，但它们可能在家庭中被忽视，不被视为"问题"。有时，入学后的学业压力会导致新的问题出现。然而，请记住，在特定年龄段被社会所接受的行为（如 9 个月大的婴儿会对陌生人感到恐惧）如果出现在更大年龄的儿童身上，可能就会被认为是异常的。

有些对成年人来说异常的行为模式，如对陌生人的强烈恐惧和不能自主地控制小便，对某些年龄段的儿童来说则可能是完全正常的。如果临床医生没有考虑到发展期望，许多儿童就很可能会被误诊。研究者估计，在美国，近 100 万儿童会在上幼儿园时被误诊为注意缺陷/多动障碍，并因此接受药物治疗，仅仅因为他们是班级里年龄最小的（因此也是最不成熟的）儿童（Elder，2010）。研究者托德·埃德勒（Todd Edler）告诉记者："如果一个孩子表现不佳、不够专心或无法安静地坐着，那可能只是因为他才 5 岁，而其他孩子已经 6 岁了。"

正误判断

许多对儿童来说正常的行为模式在成年人身上出现便是异常的。

正确　一些对成年人来说异常的行为模式，如对陌生人的强烈恐惧和不能自主地控制小便，对某些年龄段的儿童来说是完全正常的。

许多影响儿童和青少年的心理障碍在 DSM-5 中被归类为**神经发育障碍**（Neurodevelopmental Disorders）。

这些障碍涉及脑功能受损或发育异常，从而影响儿童的心理、认知、社交或情绪发展。这一精神障碍类别涵盖了我们在本章将要讨论的以下几种类型的障碍：

- 孤独症（自闭症）谱系障碍；
- 智力障碍；
- 特定学习障碍；
- 交流障碍；
- 注意缺陷 / 多动障碍。

在本章，我们还会看到影响儿童和青少年的其他一些障碍，包括破坏性行为障碍（对立违抗障碍和品行障碍）、与焦虑和抑郁有关的问题及排泄障碍。

13.1.1 关于什么是正常和异常的文化信仰

解释儿童和青少年的正常行为与异常行为之间的差异，以及文化信仰在诊断异常行为方面的作用。

文化信仰对判断人们的行为正常与否具有一定的影响。因为儿童很少会觉得自己的行为是异常的，所以对"正常"的定义在很大程度上取决于儿童的行为是如何通过文化透镜过滤的（Callanan & Waxman，2013；Norbury & Sparks，2013）。不同的文化在定义什么是不可接受或异常的行为，以及给儿童的行为贴上"异常"标签的标准方面有所不同。在一项早期但具有启示性的研究中，研究者分别将有关两名儿童的描述呈现给美国和泰国的父母，其中一名儿童被描述成具有"过度控制"的问题（如比较害羞和感到恐惧），另一名儿童则具有"缺乏控制"的问题（如不听话和打架斗殴）。与美国的父母相比，泰国的父母认为这两种类型的问题都不那么严重和令人担忧（Weisz et al.，1988）。泰国的父母还认为，即便不加以干预，儿童的这些问题也会随着他们的成长而得到改善。这些观点根植于传统的泰国佛教信仰和价值观，这种信仰和价值观容忍孩子行为的广泛变化，并认为变化是不可避免的。

就像对异常的定义一样，对儿童异常行为的治疗方法也不尽相同。儿童可能无法通过言语来表达自己的情感，也不具备典型的治疗会谈所需的注意力。所以，治疗方法必须针对儿童的认知、生理、社交和情感发展水平量体裁衣。例如，心理动力学治疗师已经开发了游戏治疗技术，在这种技术中，儿童会通过一些游戏活动（如通过玩偶或木偶进行角色扮演），象征性地再现家庭中发生的冲突；或者，他们可能会被给予一些绘画材料并被要求画画，因为儿童的绘画作品可以反映他们内心深处的感受。

Mike Siluk/The Image Works

游戏治疗

在游戏治疗中，孩子们会用玩偶或木偶来扮演具体的场景，象征性地表达他们的家庭中所发生的冲突。

与其他形式的治疗类似，对儿童的治疗也需要在一个具有文化敏感性的框架内进行。治疗师需要根据儿童的文化背景、社交和语言需要对治疗方法进行相应的调整，以建立有效的治疗关系。

13.1.2 儿童和青少年心理健康问题的患病率

描述儿童和青少年心理健康问题的患病率。

在美国，儿童和青少年的心理健康问题究竟有多普遍？十分不幸的是，这一问题的答案是，相当普遍。根据美国疾病控制与预防中心的数据，大约有 1/5 的美国儿童和年轻人（25 岁以下）患有包括学习障碍在内的达到临床诊断标准的心理障碍（Snow & McFadden，2017）。儿童心理障碍的患病率在 2001 年至 2015 年似乎有所稳定，但这仍然是一个亟待关注的问题（Baranne & Falissard，2018）。儿童和青少年的心理健康问题值得让人关注的另一个原因是，有大约一半的成年心理障碍病例初次发病于 14 岁（Insel，2014）。

尽管心理障碍在儿童中普遍存在，但绝大多数患有心理障碍的儿童却无法得到他们所需要的治疗。一项研究显示，只有约 1/3 患有心理障碍的青少年能够接受心理治疗，只有不到一半患有严重心理或行为问题的儿童和青少年能够接受心理治疗（Merikangas et al.，2011；Olfson, Druss, & Marcus，2015）。另外，那些将问题内化的孩子，尤其是有焦虑和抑郁情绪的孩子，比那些将问题外化（见诸行动或敌对行为）的孩子会更少接受治疗，因为将问题外化会惹恼他人并对他人造成困扰。

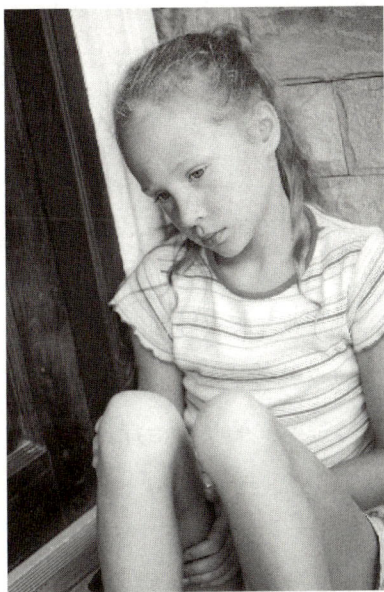

有需要但无法获得治疗

令人遗憾的是，大多数患有心理障碍的儿童和青少年，甚至那些有严重行为问题的儿童和青少年，都没有接受心理治疗。只有不到一半的孩子能够得到他们所需要的帮助。

13.1.3　儿童和青少年心理障碍的风险因素

识别儿童和青少年心理障碍的风险因素，并描述儿童虐待的影响。

很多因素会增加儿童罹患发育障碍的风险，包括遗传易感性、产前因素对发育中的大脑的不良影响、环境应激源（如社会经济地位低下及居住在混乱的社区）和家庭因素（如不一致或严厉的教养方式、忽视、身体虐待或性虐待）（Fearon，2018；Salvatore et al.，2015；Sandin et al.，2017）。父母抑郁的孩子患心理障碍的风险更高，这可能是因为父母的抑郁情绪会导致更高水平的家庭压力（Essex et al.，2006；Weissman et al.，2006）。此外，与那些可以接受临床诊断和专业帮助的孩子相比，来自贫穷、经济条件较差的家庭并患有行为问题的孩子更有可能被贴上"坏孩子"的标签。

种族和性别也是潜在的影响因素。出于尚不明确的原因，少数族裔儿童罹患注意缺陷 / 多动障碍、焦虑障碍和抑郁障碍等问题的风险更高（Anderson & Mayes，2010；Miller, Nigg, & Miller，2009）。男孩罹患某些儿童心理障碍的风险更高，如孤独症、注意缺陷 / 多动障碍和排泄障碍。男孩也更容易出现焦虑和抑郁问题。然而，在青春期，焦虑障碍和心境障碍在女孩中变得更加普遍，在整个成年期也是如此（U.S. Department of Health and Human Services，1999）。

正误判断

男孩比女孩更容易罹患焦虑障碍和心境障碍。

正确　不过，进入青春期后，焦虑障碍和心境障碍在女孩中会变得更加普遍。

儿童虐待（包括忽视、身体虐待、性虐待或情感虐待）与童年期和成年期的一系列广泛的心理和躯体问题有关（Começanha, Basto-Pereira, & Dias，2017；

Dworkin et al., 2017；Heinonen et al., 2018；Liu, 2017；Messman-Moore & Bhuptani, 2017）。（童年期性虐待的影响在第 10 章中有详细讨论。）不过，即便是没有造成严重身体伤害的身体虐待或惩罚，也会导致恐惧和情绪困扰，损害孩子在学校的正常功能（Font & Cage, 2017）。

尽管人们普遍认为身体虐待和性虐待对儿童的危害比情感虐待和忽视更大，但有研究表明，这些不同形式的儿童虐待都会对儿童的行为和情绪健康产生同样深远的消极影响（Vachon et al., 2015）。一项大型研究表明，与其他形式的虐待相比，情感虐待和忽视与抑郁障碍的产生之间的关系更密切（Infurna et al., 2016）。同样需要引起关注的是，即使是童年期较轻度的体罚形式，如打屁股、扇耳光和推搡，也会增加儿童在成年后罹患焦虑障碍或心境障碍的风险（Afifi et al., 2012）。

遭受身体虐待或被忽视的儿童往往很难形成健康的同伴关系和依恋关系。他们可能缺乏共情能力，也可能缺乏对他人权利的考虑或关心。他们的某些行为方式，如虐待动物、纵火或选择欺负更小的儿童，可能反映了他们曾被残忍对待的经历。忽视和虐待的其他常见心理影响包括低自尊、抑郁、不成熟的行为（如尿床、吸吮拇指、自杀企图和自杀意念、在校表现不良、行为问题及不能探索家庭之外的世界）。儿童虐待导致的行为和情感后果通常会延续到成年期，并增加个体罹患抑郁障碍和出现其他心理健康问题的可能性（Miller-Perrin, Perrin, & Kocur, 2009；Nakai et al., 2014）。

儿童性虐待和身体虐待现象其实十分普遍。在美国，每年向政府报告的儿童虐待案件约有 350 万起。一项关于美国和其他 21 个国家的国际研究表明，大约有 8% 的男性和 20% 的女性在 18 岁之前曾遭受性虐待（Pereda et al., 2009）。在美国，每 8 名儿童中就有 1 人（12%）在 18 岁之前曾遭受有记录的虐待，包括忽视、身体虐待、情感虐待或性虐待（Wildeman et al., 2014）。十分不幸的是，在美国，每年有 1000 ～ 2000 名儿童死于虐待或忽视，这一数据是英国、法国、加拿大或日本的两倍多（已根据人口规模进行调整）（Koch, 2009）。尽管这些数字听上去非常可怕，但这个问题的严重性仍然可能被严重低估，因为大多数儿童虐待事件其实从来没有被公开过。

虽然对身体虐待的担忧是可以理解的，但我们也不应该忽视父母对儿童的心理虐待（如严厉的责骂、贬低和咒骂、让孩子感到不被爱或不被需要等）所造成的后果。要知道，"棍棒和石头"可以打折骨头，但言语却可能造成广泛的情感伤害。心理虐待的破坏性影响甚至比身体虐待或性虐待的影响更严重（Spinazzola et al., 2015）。此外，暴露在家庭暴力或配偶虐待的环境下也会增加孩子出现行为和情绪问题的风险（Evans, Davies, & DiLillo, 2008）。

正误判断

在儿童虐待中，并不是只有身体虐待才会造成伤害。

正确 言语虐待会造成广泛的情感伤害。

接下来，我们来了解一下儿童和青少年心理障碍的具体类型，包括其特征和成因。之后，我们会介绍儿童和青少年心理障碍的具体治疗方法。表 13-1 对儿童和青少年心理障碍进行了概述。

表 13-1　儿童和青少年心理障碍概览

障碍类型	描述	主要类型 / 预估患病率（若已知）	特征
孤独症（自闭症）谱系障碍	一系列严重程度各异的孤独症相关障碍	1.7%	功能受损，在人际交往方面存在显著困难，言语、认知功能受损，活动和兴趣范围狭窄

（续表）

障碍类型	描述	主要类型 / 预估患病率（若已知）	特征
智力障碍（智力发育障碍）	社会和认知功能发展的全面迟缓	缺陷的严重程度从轻微到严重不等（总体患病率为 1%）	诊断建立在低智商分数和适应功能不良上
学习障碍	在至少具备中等智力水平且拥有学习机会的前提下，存在特定学习能力方面的缺陷	可能涉及数学、写作、阅读或执行功能方面的缺陷；在阅读、写作和数学方面存在学习障碍的学龄儿童占比为 5% ～ 15%	• 数学方面的缺陷表现为不能理解基本的数学运算 • 书写方面的缺陷表现为基本书写技能的严重不足 • 阅读方面的缺陷表现为在识字和理解书面文本上存在困难 • 执行功能方面的缺陷表现为计划和组织能力的不足
交流障碍	理解或使用语言方面的障碍	• 语言障碍 • 语音障碍 • 童年发生的言语流畅障碍（口吃，患病率为 1%） • 社交（语用）交流障碍	• 语言障碍：不能理解或使用口语 • 语音障碍：不能清晰地发音 • 童年发生的言语流畅障碍：不能流利地讲话 • 社交（语用）交流障碍：在对话或社交情境中与他人沟通存在问题
注意缺陷 / 多动障碍和破坏性行为障碍	对他人和社会适应功能具有破坏性的障碍	• 注意缺陷 / 多动障碍（10%） • 品行障碍（男孩的患病率为 12%，女孩的患病率为 7%） • 对立违抗障碍（1% ～ 11%）	• 注意缺陷 / 多动障碍：存在冲动、不能集中注意力、多动等问题 • 品行障碍：存在违反社会规范、侵犯他人权益的反社会行为 • 对立违抗障碍：不服从、消极、对立的行为模式
焦虑障碍和心境障碍	影响儿童和青少年的情绪障碍	• 分离焦虑障碍（4% ～ 5%） • 特定恐怖症 • 社交焦虑障碍 • 广泛性焦虑障碍 • 重性抑郁障碍（儿童的患病率为 5%，青少年的患病率上升到 20%） • 双相障碍	• 焦虑和抑郁在儿童和成年人身上所呈现的特征是相似的，但也存在一些差异 • 儿童更多地受学校恐怖症和分离焦虑的影响 • 抑郁的儿童可能并不知道自己处于抑郁状态，他们更有可能出现行为问题，如品行障碍和躯体不适，而这些问题可能掩盖了抑郁症状
排泄障碍	无法用器质性原因解释的、持续存在的控制排尿和排便方面的问题	• 遗尿症（不能控制排尿，5 岁儿童中的患病率为 5% ～ 10%） • 遗粪症（不能控制排便，5 岁儿童中的患病率为 1%）	• 不能控制排尿：仅在夜间尿床是最常见的类型 • 不能控制排便：主要发生在白天

资料来源：Prevalence rates derived from American Psychiatric Association，2013；Baio et al.，2018；CDC，2012a；Galanter，2013；Hegarty et al.，2018；Kasper，Alderson，& Hudec，2012；Masi，Mucci，& Millipiedi，2001；Nock et al.，2006；Rohde et al.，2013；Shear et al.，2006；Wingert，2000；Yeargin-Allsopp et al.，2003.

13.2 孤独症（自闭症）谱系障碍

孤独症在诊断学上被归类为**孤独症（自闭症）谱系障碍**（Autism Spectrum Disorder，ASD），是童年期最严重的行为障碍之一。它是一种慢性、终身的疾病。患有这种障碍的儿童似乎完全孤立于这个世界上，尽管父母努力弥合他们与外界之间的鸿沟。

"孤独症"（Autism）这个词源于希腊语"Autos"，意思是"自我"。这个词最早由瑞士精神病学家厄根·布洛伊勒（Eugen Bleuler）于 1906 年提出，用来指代精神分裂症患者特有的思维方式。孤独症患者倾向于将自己视为宇宙的中心，认为外部事件在某种程度上都与自己有关。1943 年，另一位精神病学家利奥·坎纳（Leo Kanner）将"早期婴儿孤独症"的诊断应用于一群无法与他人相处的孩子，他们就像完全生活在自己的世界里一样。与患有智力障碍的儿童不同，这些儿童似乎将外界的任何影响都拒之门外，创造出一种"自闭式的孤独"（Kanner，1943）。

DSM-5 将孤独症归入一个更广泛的诊断类别中，这个类别被称为孤独症（自闭症）谱系障碍，包括一系列与孤独症有关的障碍，其严重程度各有不同。DSM-5 根据一组常见的行为来确定孤独症（自闭症）谱系障碍，这些行为表现为在沟通和社交互动方面持续的缺陷、有限或固定的兴趣及行为重复且刻板（见表 13-2）。并非所有这些问题行为都要在某个病例身上出现，但必须有证据表明问题行为存在于一系列不同的设置或环境中。临床医生需要评估孤独症（自闭症）谱系障碍的严重程度，即重度、中度还是轻度。病情

越严重，所需的支持水平就越高。

阿斯伯格综合征（Asperger's Disorder）在上一版 DSM 中是一个独立的诊断类型，但在 DSM-5 中，只有当它满足孤独症（自闭症）谱系障碍的诊断标准，它才被归类为孤独症（自闭症）谱系障碍。阿斯伯格综合征是指一种以社交尴尬、刻板或重复的行为为特征的行为模式，但没有与更严重的孤独症（自闭症）谱系障碍有关的显著的言语或认知缺陷。患有阿斯伯格综合征的儿童在智力、言语和自我照顾方面的能力并没有表现出我们在典型的孤独症患儿身上发现的严重缺陷（Harmon，2012）。他们可能有非凡的言语能力，如在 5 岁或 6 岁时就可以读报纸，还可能对一些晦涩或狭窄的主题产生强迫性的兴趣并想要了解相关的知识，如美国州际高速公路系统，或者像某案例中的情况一样，对吸尘器产生浓厚的兴趣。

表 13-2　孤独症（自闭症）谱系障碍的主要特征

问题行为	举例
社交互动和沟通能力受损	• 无法维持正常的对话 • 无法启动社交互动或对其做出回应 • 无法参与社交互动，不能与他人分享自己的感受或想法，不能与他人进行想象游戏 • 语言缺陷，从完全不会说话到口语使用迟缓，再到只能说简单的句子 • 可能存在言语异常，如言语刻板或言语重复（如模仿言语）；出现词语的奇怪用法；用第二人称或第三人称谈论自己（用"你"或"他"来表示"我"） • 难以与他人进行非言语交流，如无法保持眼神交流，或者使用奇怪的肢体语言或手势 • 对同伴互动缺乏兴趣，或者难以交朋友或维持关系，又或者难以理解关系的基础
受限、重复、刻板的行为模式	• 表现出有限的兴趣范围，或者对特定的兴趣或不寻常的物体着迷（如总是喜欢带着一根绳子） • 坚持相同性或常规（例如，从一个地方到另一个地方总是走相同的路线，每天都吃相同的食物，或者坚持把玩具排成一排），对日常生活中微小的改变感到极度痛苦，难以转移注意力或活动 • 表现出刻板或重复的动作（如甩手、撞头、摇晃、旋转） • 表现出对物体某些部分的过分专注（如反复旋转玩具车的轮子） • 对环境刺激表现出不足或过度的反应（如对疼痛或温度的变化没有反应、对光线着迷、对某些声音或噪声表现出极度的痛苦）

据报道，几十年来，孤独症（自闭症）谱系障碍的患病率一直在稳步上升（CDC，2014）。据估计，目前美国每 59 名儿童中就有 1 人（1.7%）被诊断为孤独症（自闭症）谱系障碍（Baio et al.，2018；Hegarty et al.，2018）。不过，近年来报道的孤独症病例的增加

并不一定意味着这种疾病正在变得更加普遍。专家将报告病例的增加归因于诊断方法的改变及心理健康专业人士对该疾病认识的提高（Blumberg et al.，2016；Wright，2017）。

科学家正在研究其他因素（例如，产前或童年期

彼得

一个关于孤独症（自闭症）谱系障碍的案例

彼得得到了精心的照顾，他像他这个年龄的其他孩子一样会坐、会走。然而，他的一些行为却让我们隐隐感到不安。他从不把任何东西放进嘴里，不管是手指、玩具，还是其他东西……

更令人不安的是，彼得从不看着我们，也不对我们微笑，甚至不会玩那些在婴儿期常见的游戏。他很少笑，即使笑，也是因为一些在我们看来并不好笑的事情。他不喜欢依偎在他人怀里，即便我摇晃他，他也会笔直地坐在我的腿上。但是，每个孩子都是不同的，我们打算让彼得做他自己。虽然彼得是我们的第一个孩子，但他并不孤独。我经常把他放在房子前的游戏围栏里，孩子们上下学时会停下来和他玩耍，但他却完全不理会他们。

彼得到 3 岁时还不会说话。他的游戏总是孤独和重复性的。他会把纸撕成长条状，每天都要装满几个篮子。他总是去转我的一个储存罐的盖子，一旦我们试图转移他的注意力，他就会变得烦躁不安。他偶尔会看我的眼睛，但很快他的目光就会转向我眼镜上的倒影。

彼得与其他孩子玩耍的经历并不愉快。他会破坏众人皆知的规则，不把沙子放在沙箱里，其他孩子会因此而惩罚他。他总是悲伤而孤独地走来走去，手里拿着一架玩具飞机，可那架飞机他却从来都不玩。那时的我还不知道，有个词将主宰我们此后的人生。它隐藏在我们家里的每一次谈话中，每次吃饭时，它都"坐"在我们身旁，形影不离。这个词就是"自闭症"。

资料来源：Adapted from Eberhardy，1967.

感染，或者环境因素，如暴露在有毒素的环境中）是否也是导致孤独症患病率上升的原因。一个重要的线索将母亲在怀孕期间接触杀虫剂与儿童孤独症（自闭症）谱系障碍的高发病率联系在一起（Brown et al.，2018；Reardon，2018）。此外，正如我们在第 11 章介绍的，高龄父亲会增加孩子罹患孤独症和精神分裂症的风险（但奇怪的是，高龄母亲对此却没有影响）（Kong et al.，2012）。对这一现象的解释是，大龄男性的精子中的随机基因突变更加普遍，这可能会导致孤独症发病率的增加，因为现在晚育现象比较普遍（Carey，2012a）。尽管如此，大龄男性的后代患孤独症的风险仍然相对较低，在 40 岁及以上男性的后代中，孤独症（自闭症）谱系障碍的患病率约为 2%。

被很多父母怀疑可能导致孤独症的一个因素是，在儿童中广泛使用的麻疹、腮腺炎、风疹的联合疫苗可能含有化学防腐剂。然而，研究者至今尚未发现孤独症与儿童疫苗接种之间有任何关联（Hoffman，2019；Jain et al.，2015；King，2015）。

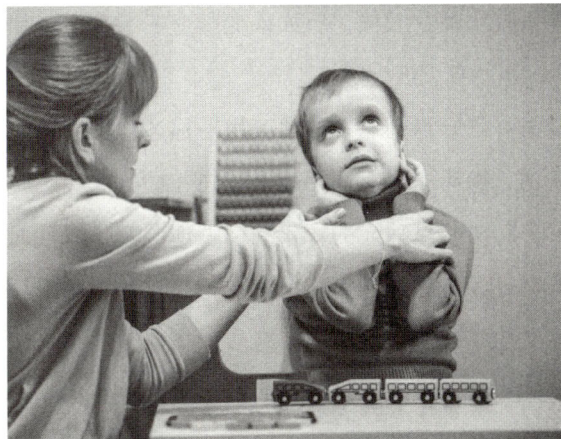

孤独症（自闭症）谱系障碍
患有孤独症或孤独症（自闭症）谱系障碍的儿童缺乏与他人交往的能力，他们似乎完全生活在自己的世界里。

Yevgeny Kurskov/ITAR-TASS News Agency/Alamy Stock Photo

正误判断

儿童疫苗会导致孤独症。

错误　研究者至今尚未发现二者之间有任何关联。

孤独症在男孩中的患病率几乎是在女孩中的五倍（CDC，2014）。科学家怀疑，男性大脑可能比女性大脑对有害的基因突变或变异更加敏感，这些突变或变异可能会导致某些类型的神经发育障碍（Jacquemont et al.，2014）。最近的研究证据也表明，患有孤独症（自闭症）谱系障碍的男孩往往比女孩表现出更严重的重复、刻板的行为，例如，坚持按固定的日常习惯行事，以及出现重复的动作，如反复拍手（Supekar & Menon，2015）。

患有孤独症的儿童在婴儿早期经常被父母描述为"乖宝宝"，这通常意味着他们基本没有什么需求。然而，随着他们的成长，他们开始拒绝身体上的接触，如拥抱和亲吻。他们的语言发展开始落后于正常水平。社交淡漠的迹象往往在他们出生后的第一年就开始显现，如不看他人的脸。虽然这种障碍在儿童二三岁时就可以被诊断出来，但很多孤独症患儿直到 6 岁左右才会被确诊。诊断延迟的后果可能是十分有害的，因为患有孤独症的儿童越早被确诊、越早接受治疗，他们的预后通常就越好。该障碍的一些症状（缺乏非言语交流）可能最早会在婴儿 12 个月到 18 个月大时被观察到（CDC，2014；Pramparo et al.，2015）。

13.2.1 孤独症（自闭症）谱系障碍的特征

描述孤独症（自闭症）谱系障碍的主要特征。

也许，孤独症（自闭症）谱系障碍最令人心碎的特征就是儿童彻底的孤独。其他特征包括在社交技能、语言、沟通等方面的严重缺陷，以及仪式化或刻板的行为。儿童也许会保持沉默，或者即使具备一些语言技能，也会表现出对词语的奇特用法，如模仿言语（孩子用单调的高音重复自己所听到的话）、代词反用（使用"你"或"他"来代指"我"）、使用一些只有非常了解他们的人才能明白的词语，以及倾向于在句末

提高音调（仿佛在问问题）。他们的非言语沟通能力也可能受损或缺失。例如，患有孤独症（自闭症）谱系障碍的儿童可能会避免眼神接触，并且面无表情。他们对那些试图吸引他们注意力的成年人反应迟钝，或者根本没有反应。尽管可能对他人不敏感，但他们可以表现出强烈的情绪，尤其是强烈的消极情绪，如愤怒、悲伤和恐惧。

孤独症（自闭症）谱系障碍的主要特征之一是重复的、无目的的、刻板的动作，如不停地旋转或拍打双手，或者手抱着膝盖前后摇晃（Leekam，Prior, & Uljarevic，2011）。一些患有孤独症（自闭症）谱系障碍的儿童会做出自残行为，即使他们会痛得大声哭喊。他们可能会打自己的头或脸、咬自己的手和肩膀，或者揪掉自己的头发。他们也可能会突然发脾气或感到恐慌。孤独症（自闭症）谱系障碍的另一个主要特征是对环境变化的厌恶，这是一种被称为"保存原样"的特征。即使他们熟悉的物体被稍微移动了一下，他们可能也会发脾气或不停地哭闹。患有孤独症（自闭症）谱系障碍的儿童可能还会坚持每天吃同样的食物。

患有孤独症的儿童有自己固定的仪式。一位患有孤独症的 5 岁女孩的老师学会了每天早上向她打招呼时说："早上好，莉莉，我非常非常高兴见到你（Diamond，Baldwin, & Diamond，1963）。" 虽然莉莉不会回应老师的问候，但如果老师遗漏了其中一个"非常"，她就会大声尖叫。

就像本章开篇的唐娜·威廉姆斯描述自己的童年经历一样，患有孤独症的儿童经常把他人视为威胁。一名患有高功能孤独症的青年在回顾他的童年时代时谈到了他对保持原样的需求，以及执行重复、刻板行为的必要性。对他来说，他人之所以构成威胁，是因为他们并不总是一成不变的，而且是由一些不太吻合的碎片组成的。

"我不知道这究竟是为了什么"

我喜欢重复。每次我打开灯，我都知道会发生什么。当我打开开关时，灯就亮了。它给了我一种奇妙的安全感，因为每次都是一样的。有时，一个面板上有两个开关，我更喜欢这种开关，我很想知道哪个开关可以打开哪盏灯。即使我已经知道了答案，一遍又一遍地去做这件事也是令人兴奋的，因为它总是一样的。

人们会打扰我。我不知道他们究竟是为了什么，也不知道他们会对我做什么。他们并不总是一样的，这让我没有安全感。即使一个平时对我很好的人，有时也会有所不同。对我来说，和他人交往根本不适合我。即使我经常看到他们，他们在我眼里仍然是支离破碎的，我还是无法将他们与任何事物联系起来。

资料来源：Barron & Barron, 2002.

患有孤独症（自闭症）谱系障碍的儿童似乎缺乏分化的自我概念，他们不会认为自己是独特的个体。虽然他们的行为有些异常，但他们看起来很有吸引力，并且给人很聪明的印象。然而，从标准化测验的分数来看，他们的智力发展往往远落后于正常水平（Matson & Shoemaker，2009）。尽管一些患有孤独症（自闭症）谱系障碍的儿童有正常的智力水平，但很多孤独症（自闭症）谱系障碍患儿都表现出智力残疾的迹象（Mefford, Batshaw, & Hoffman, 2012）。即使是那些没有智力障碍的孤独症（自闭症）谱系障碍患儿也很难获得象征能力，如识别情绪、参与象征性游戏及在抽象概念水平上解决问题。他们也会在执行需要与他人互动的任务时表现出困难。然而，由于对这些孩子进行标准化的智力测验存在一定的困难，因此孤独症与智力之间的关系往往难以确定。测验需要合作，而合作是患有孤独症的儿童极为缺乏的一种技能。所以，我们至多只能对他们的智力水平进行估算。

13.2.2　关于孤独症（自闭症）谱系障碍的理论观点

识别孤独症（自闭症）谱系障碍的病因。

一种现在已经被摒弃的早期观点认为，孤独症患儿的冷漠是对冷漠的父母（"情感冰箱"）的一种回应，这种父母缺乏与孩子建立温暖关系的能力。

心理学家 O. 伊瓦尔·洛瓦斯（O. Ivar Lovaas）及其同事（Lovaas, Koegel, & Schreibman, 1979）从认知学习理论的视角对孤独症做出了解释。他们认为，孤独症患儿存在感知缺陷，这种缺陷使他们一次只能处理一种刺激。因此，他们通过经典条件反射（刺激的关联）学习的速度很慢。从学习理论的角度来看，儿童通过基本的强化物，如食物和拥抱等，与他们的主要照料者建立依恋关系。然而，孤独症患儿要么只关注食物，要么只关注拥抱，而不会把这些与照料者联系起来。

患有孤独症的儿童通常难以整合来自不同感觉通道的信息。有时，他们似乎对刺激过度敏感。有时，他们又会显得如此迟钝，以至于观察者可能会怀疑他们是不是聋了。感知和认知缺陷似乎削弱了他们利用信息来理解和应用社会规则的能力。

我们至今尚不清楚是什么原因导致了孤独症，但越来越多的证据表明，孤独症涉及大脑神经元之间连接的异常或脑组织的缺失（Aoki et al., 2017；Cheng et al., 2015）。一种很大的可能性是，产前不良因素的影响导致了发育中的脑回路异常，从而为以后的孤独症行为奠定了基础（Valasquez-Manoff, 2012；Wolff et al., 2012）。

研究者目前正在使用脑扫描寻找婴儿大脑中潜在孤独症的早期迹象，这些婴儿的哥哥或姐姐在婴儿出

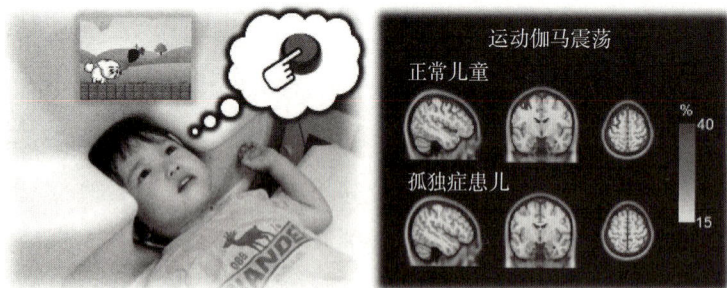

针对孤独症患儿的脑扫描研究

研究者为儿童设计了一款按键游戏，同时记录他们的脑电波模式。孤独症患儿表现出某种与正常儿童不同的大脑活动模式。像这样的研究最终可能将促进对孤独症的大脑标志物的识别。

现任何症状之前就患有孤独症（Callaway，2017）。其他研究者正在探索与幼儿孤独症相关的大脑标志物（An et al.，2018）。科学家在研发血液检测方法方面也取得了一些进展，他们希望通过这种检测方法来判断儿童是否患有孤独症（Howsmon et al.，2018）。

孤独症（自闭症）谱系障碍患儿的大脑发育异常可能是由遗传因素和（目前未知的）环境因素的共同作用导致的（Baio et al.，2018；Brandler et al.，2018；Sandin et al.，2017）。双生子研究显示，同卵双生子的同病率为 50%～80%，这表明遗传因素在孤独症（自闭症）谱系障碍中起着十分重要的作用，但非遗传因素和环境因素也起了一定的作用（Muhle et al.，2018）。我们发现，有些后来罹患孤独症的儿童早在症状出现之前（在他们 6 个月大的时候）就存在大脑发育异常的情况了（Lewis et al.，2017）。

对导致孤独症的大脑异常的进一步理解可能会为我们提供所需的知识，以便制定更有效的干预措施，并给孤独症患儿带来更好的治疗效果。研究者在这方面已经取得了一些进展。最近，科学家报告了对 3 个月大婴儿大脑活动的脑电图记录的研究，研究证据预测了他们在 36 个月大时孤独症的发展情况（Bosl，Tager-Flusberg，& Nelson，2018）。大脑发育异常甚至可能在出生前就已经开始了（Stoner et al.，2014）。包括孕妇

感染在内的某些产前风险因素也会增加儿童罹患孤独症（自闭症）谱系障碍的风险（Mazina et al.，2015）。这些因素可能对胎儿正在发育中的大脑产生不利影响。

与其他儿童相比，孤独症患儿大脑中负责语言和社会行为的区域发育的速度要慢得多（Hua et al.，2011）。正如研究者徐华解释的那样："因为孤独症患儿的大脑在生命的关键阶段发育得更慢，所以他们在建立个人身份认同、发展社交互动技能和情绪技能方面会面临极大的困难（'Autistic Brains'，2011）。"大脑发育迟缓可能会延续到青春期。

科学家认为，多个基因的异常或突变与孤独症的易感性有关（Deneault et al.，2019；Ji et al.，2016）。世界各地的很多实验室都在开展相关的研究工作，寻找孤独症的致病基因（Constantino，Kennon-McGill，et al.，2017；Sandin et al.，2017；Yuen et al.，2016）。研究者最近发现了至少与某些孤独症病例相关的特定基因突变（Bishop et al.，2017；Deliu et al.，2018；Zhou et al.，2019）。科学家开始在理解孤独症相关基因对大脑功能的影响方面取得进展，即理解某些基因的表达会如何导致与孤独症相关的大脑异常（Clarke，Lupton，et al.，2015）。

13.2.3 孤独症（自闭症）谱系障碍的治疗方法

描述孤独症（自闭症）谱系障碍的治疗方法。

尽管目前尚无完全治愈孤独症的方法，但基于学习原则的强化训练和早期行为治疗项目可以显著提高孤独症患儿的学习、语言和沟通技能，增加其社会适应行为（Howard et al.，2014；Pickles et al.，2016）。这些基于学习理论的方法通常涉及应用行为分析治疗模

型。目前尚无其他治疗方法能产生类似的效果。在运用操作性条件反射时，治疗师和患儿的父母需要系统地利用奖励和温和的惩罚提升他们的学习能力，鼓励他们关注他人、与其他孩子玩耍，培养他们的学业技能，减少或消除他们的自残行为。

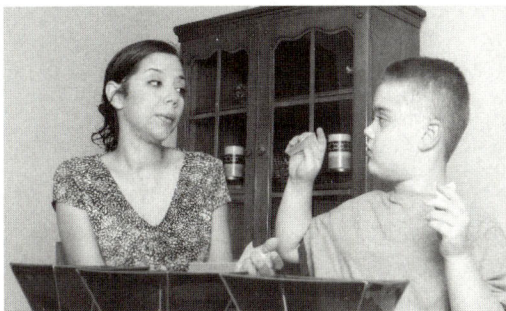

建立人际联系

针对孤独症（自闭症）谱系障碍儿童的主要治疗任务之一是建立人际联系。行为治疗师会使用强化来增加孩子的适应性社会行为，如关注治疗师、与其他孩子玩耍。行为治疗师也可能使用温和的惩罚来抑制儿童的自残行为。

使用最广泛的行为治疗方案是高强度和结构化的，能对患儿及其父母提供大量的一对一指导。在一项经典的研究中，加利福尼亚大学洛杉矶分校的心理学家伊瓦尔·洛瓦斯（Ivar Lovaas）证明了其在治疗患有孤独症的儿童方面取得的显著效果，这些儿童每周至少接受 40 小时的一对一行为治疗，并持续两年的时间（Lovaas，1987）。后续的研究显示，接受长期、高强度的行为治疗的孤独症患儿在语言发展、智力功能、社会功能和其他适应性行为方面都取得了良好的进展（Eikeseth et al.，2012；Green & Garg，2018；Watkins et al.，2019）。这些技巧聚焦于激励（暗示）、示范（展示）和强化（赞扬）那些可取的行为。越早开始治疗（5 岁之前），治疗强度越大，治疗效果就越好（Vismara & Rogers，2010）。认知行为治疗技术也可以帮助孤独症（自闭症）谱系障碍患儿学习如何更好地调节自己的情绪反应，如焦虑、悲伤和愤怒（Weiss et al.，2018）。

孤独症幼儿也能从早期训练中获益，早期训练的目标是帮助他们发展模仿技能，以及奠定社交互动的基础（Kuehn，2011b；Landa et al.，2011）。不幸的是，密集的一对一治疗费用高昂，而寻求公共补贴项目的父母可能需要长期排队等待。

我们目前尚缺乏有效治愈孤独症的药物或治疗方法。生物医学疗法主要局限于使用抗精神病药物来控制孤独症患儿的破坏性行为，如发脾气、攻击行为、自残行为和刻板行为。在儿童接受抗精神病药物治疗的同时让父母也接受培训，教父母如何应对孩子的捣乱行为，比单独使用药物的效果更好（Scahill et al.，2012）。

孤独症通常病程比较缓慢，并在患者成年后持续影响其功能（Frith，2013）。一些孤独症患者可以获得大学学位并独立地工作和生活。另外一些孤独症患者则需要接受终身治疗，甚至需要在专门的机构接受护理。似乎有一小部分孤独症患者能够克服这种疾病。一项有影响力的研究表明，在之前被诊断患有孤独症的孩子中，有一小部分但比例不容忽视的孩子在童年晚期或青春期重新接受评估时已不存在孤独症的症状了（Fein et al.，2013）。尽管这些发现让孤独症患儿及其家庭看到了希望，但我们应该明白，只有很少一部分孤独症患儿会表现出这种程度的改善。

数字时代下的异常心理
帮助孤独症患儿进行交流—— 一个专门的应用程序

现在的手机商店里有各种应用程序，其中也包括帮助孤独症患儿进行交流的应用程序。有一个应用程序叫 iMean™，是迈克尔·伯格曼（Michael Bergmann）的智慧结晶，他的儿子丹尼尔患有孤独症（自闭症）谱系障碍（"iPad App Helps Autistic"，2010）。这个应用程序将"iPhone"转换成了一个带有单词预测功能的大按钮键盘。许多孤独症患儿缺乏在常规键盘或手机显示器上打字所需的控制精细运动的能力。该应用程序的大字体显示允许用户指出特定的字母，并在显示屏幕上看到对完整单词的预测。孤独症患儿可以独立使用该应用程序，并逐步培养沟通技巧。该应用程序的新版本还增加了语音识别功能。

iPad 为孤独症患儿提供了另一种与外界交流的方式，并可以使他们参加一些教育项目。一名 9 岁孤独症患儿的父母对孩子使用 iPad 时的反应感到惊奇（Kendrick，2010）。孩子很快就喜欢上了使用这台设备，而且只经过少量的指导便可以开始使用各种各样的教育工具了，如拼写和计数游戏。像 iPad 这样的电子设备可能预示着将来在接触和教育孤独症患儿方面可能会出现革命性的新方法。

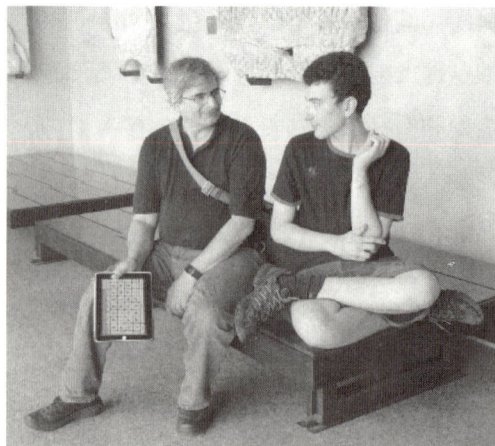

Image courtesy of Michael Bergmann

是的，有这样的应用程序

iMean 应用程序的创始人迈克尔·伯格曼手上的 iPad 正展示着这个应用程序。在这张图上，他和儿子丹尼尔坐在一起，他的儿子可以使用设备上的字母键盘进行抽象思维。

13.3 智力障碍

在一般人群中，大约有 1% 的人患有**智力障碍**（Intellectual Disability，ID，又被称为"智力发育障"）。智力障碍的主要特征是智力发展存在普遍缺陷。智力障碍这一诊断适用于那些在智力活动和适应行为方面具有显著且广泛的缺陷或不足（如缺乏基本的日常生活中的概念技能、社交技能和实用技能）的个体（Toth，de Lacy，& King，2016）。患有智力障碍的儿童在推理、问题解决、抽象思维、判断力和学业表现方面都存在问题。

智力障碍在 18 岁之前出现，伴随儿童发育的整个过程，并持续终生。然而，许多患有智力障碍的儿童会随着时间的推移而有所改善，尤其是当他们可以得到支持、指导和丰富的教育机会时。但是，那些在贫困环境中长大的智力障碍患儿很可能无法得到帮助，他们的病情甚至可能会进一步恶化。

13.3.1 智力障碍的特征和病因

描述智力障碍的主要特征和病因。

智力障碍的诊断标准是 18 岁之前出现的低智商分

数和适应功能受损，导致患者无法独立生活和承担社会责任。这些障碍可能涉及患者在特定的文化背景下难以完成同龄人在日常生活中可以完成的三个领域的任务：

（1）概念领域（与语言使用、阅读、写作、数学、推理、记忆和问题解决有关的技能）；

（2）社交领域（与了解他人的经历、与他人有效沟通的能力、建立友谊的能力有关的技能）；

（3）实用领域（能够自我照顾、履行工作职责、管理财务、组织学业和工作任务等）。

虽然早期版本的 DSM 规定以智商分数低于 70（平均分数为 100）作为智力障碍的诊断标准，但 DSM-5 并没有设立任何数据性的诊断标准。新的诊断基于一个人的适应功能水平，而不是仅仅参照具体的智商分数。

智力障碍的严重程度取决于儿童的适应功能，或者能够达到学校和家庭预期需要达到的能力水平。多数（大约 85%）患有智力障碍的儿童都属于轻度智力障碍范畴。他们大多可以达到学校的基本学习要求，如可以学会阅读一些简单的信息。他们在成年后基本可以自立，尽管他们有时也需要一些支持和指导。表 13-3 描述了与不同严重程度的智力障碍相关的适应功能和对持续性支持的需求。

表 13-3 不同严重程度的智力障碍及适应功能

智力障碍的严重程度	适应功能的水平和所需的支持
轻度（约占病例总数的 85%）	• 具备一定的实用技能，阅读和算术能力可以达到 3～6 年级水平 • 能够胜任一定的工作、自给自足，并在社区中独立生活，只需要很少的支持，例如，在复杂的生活技能方面（如个人财物和营养管理）需要支持
中度（约占病例总数的 10%）	• 言语和运动发展明显迟缓，但能够学习基本的沟通技能 • 能够对安全习惯和简单的手工技能方面的训练做出反应，但在阅读和算术方面可能无法达到正常的功能水平 • 可能缺乏社会判断力和独立做出生活决定的能力，而且持续需要指导和支持 • 可能能够在不需要概念化或社交技能的环境中独立工作，或者在庇护工场中工作 • 可能能够独立生活和照顾自己，但可能需要适度的支持，如居住在集体之家
重度（约占病例总数的 5%）	• 运动和言语发展明显迟缓，但能够学习基本的沟通技能，并对基本的自我照顾技能训练做出反应，如自己吃饭 • 需要在保护性环境中得到持续的支持和安全监护，但可能能够执行一些日常的重复性任务 • 需要支持性的居住环境
极重度（约占病例总数的 1%）	• 严重智力残疾 • 在所有发展领域的能力都严重不足 • 缺乏独立生活的能力，通常需要全天候的照顾和支持，需要密切的监护 • 可能具有基本的言语和沟通技能，能够参加体育和社交活动，但缺乏照顾自己的能力 • 可能伴有其他身体缺陷或先天性异常

智力障碍的成因包括生物学因素、心理社会因素或这些因素的共同作用。生物学因素包括染色体和遗传性疾病、传染病，以及母亲在怀孕期间饮酒。心理社会因素包括从小在贫困的家庭中长大，导致缺乏智力发展方面的足够刺激。

唐氏综合征和其他染色体异常

智力障碍最常见的确定病因是**唐氏综合征**（Down Syndrome），其特征是人体第 21 对染色体上多了一条染色体，导致出现 47 条染色体而非正常的 46 条染色体（Mefford, Batshaw, & Hoffman, 2012）。唐氏综合征在新生儿群体中的发病率约为 1/800。在通常情况下，当卵子或精子中的第 21 对染色体不能正常分裂时，就会产生额外的染色体。随着父母年龄的增长，染色体异常的可能性会越来越大。因此，35 岁及以上的准父母通常需要进行产前基因检测来排查唐氏综合征和其他基因异常情况。在约 90% 的病例中，唐氏综合征可追溯到母亲的卵细胞，约 10% 的病例可归因于父亲的精子（Genetic Science Learning Center, 2012）。

患有唐氏综合征的人有独特的身体特征：圆脸；宽而扁平的鼻子；内眼角处有细小的、向下倾斜的皮肤褶皱，给人以斜眼的印象；突出舌；小而方的手和短手指；弯曲的小拇指；以及与身体相比显得十分短小的手臂和腿。几乎所有唐氏综合征患儿都伴有智力障碍，很多患儿伴有躯体疾病，如心脏畸形和呼吸困难。

唐氏综合征患者的平均预期寿命在过去的几十年里一直在增长，从 1983 年的 25 岁增长到如今的 60 岁（National Down Syndrome Society, 2015）。在晚年，唐氏综合征患者往往会出现记忆丧失的情况，并表现出幼稚的情绪，这是痴呆的一种表现形式。不幸的是，我们还没有治疗唐氏综合征的有效方法，但科学家已经开始对第 21 对染色体上受影响的基因进行更深入的研究，希望可以通过调节它们来改善患者的大脑功能（Einfeld & Brown, 2010）。

患有唐氏综合征的儿童会表现出学习和发育方面的各种缺陷（Sanchez et al., 2012）。他们的身体协调能力一般都明显不足，并且缺乏适当的肌肉张力，这使他们很难像其他孩子一样进行体育锻炼。他们还有记忆障碍，尤其是对口头传达的信息记忆困难，这使他们在学校的学习变得十分困难。他们在听从老师的指示方面也存在困难，并且很难用语言清楚地表达自己的想法或需要。尽管存在这些问题，但如果唐氏综合征患儿能够接受适当的教育和鼓励，他们中的大多数人可以学会阅读、写作和进行简单的运算。

性染色体异常，如克氏综合征和特纳综合征，也可能会导致智力障碍，虽然它们不如唐氏综合征常见。克氏综合征（Klinefelter's Syndrome）只发生在男性身上，其特征是有一条额外的 X 染色体，导致 XXY 染色体模式，而不是正常的 XY 染色体模式。克氏综合征的患病率是每 1000 名男性新生儿中有 1～2 例（Morris et al.，2008）。这些人无法发展出正常的第二性征，从而导致睾丸小且发育不足、精子量少、乳房增大、肌肉发育不良和不育。智力障碍和学习障碍在这些患者中也很常见。患有克氏综合征的男性在接受不孕不育检查之前，通常不会发现自己患有这种疾病。

特纳综合征（Turner's Syndrome）只发生在女性

努力学习

如果给予唐氏综合征患儿学习的机会，并给予他们鼓励，大多数唐氏综合征患儿都可以学会基本的学业技能。

身上，其特征是只有一条 X 染色体（或仅有第二条 X 染色体的一部分），而不是正常的两条（Freriks et al.，2015）。特纳综合征患者的外生殖器发育正常，但卵巢发育不良，雌激素分泌不足。与正常女性相比，她们通常身材矮小且不育，还可能患有内分泌和心血管疾病。患者通常会伴有轻度智力障碍，尤其是在与数学和科学相关的技能方面。

脆性 X 综合征和其他基因异常

科学家已经确定了智力障碍的几种遗传病因。最常见的已确定遗传病因是脆性 X 综合征（Fragile X Syndrome），每 1 万名男性中约有 1.4 人会患此疾病，每 1 万名女性中约有 0.9 人会患此疾病（CDC，2019；Korb et al.，2017）。脆性 X 综合征是仅次于唐氏综合征的第二种常见的智力障碍类型。这种疾病是由 X 染色体上一个看似易发生断裂的区域的单基因突变引起的，并因此而得名。

脆性 X 综合征的影响范围从轻度学习障碍到极重度智力障碍，有的患者甚至不能说话或正常活动。正常的女性通常有两条 X 染色体，而正常的男性只有一条。对女性来说，如果有缺陷的基因只出现在其中一条 X 染色体上，另一条 X 染色体可能会提供一定的保护作用，因此患者通常会表现为较轻微的智力障碍。这也许可以解释为什么这种障碍在男性中的患病率更高。然而，这种突变并不总是会表现出来。许多人虽然携带脆性 X 基因突变，但并未表现出任何临床症状。这些携带者仍然有可能将这种综合征遗传给他们的后代。

基因检测可以确定导致脆性 X 综合征的缺陷基因。虽然目前尚无针对该综合征的有效治疗方法，但专注于确定其分子病因的基因研究或许能为未来开发有效的治疗方法奠定基础（Gross et al.，2019；Swanson et al.，2018）。

苯丙酮尿症（Phenylketonuria，PKU）是一种遗传

性疾病，每 1 万～ 1.5 万名新生儿中就有 1 例（Widaman，2009）。它是由一种隐性基因引起的，该基因会影响人体内苯丙氨酸的代谢（这种氨基酸存在于很多食物中）。因此，该疾病会导致苯丙氨酸及其衍生物苯丙酮酸在体内积聚，对人的中枢神经系统造成损害，进而导致严重的智力残疾。苯丙酮尿症可以通过分析新生儿的血液或尿液样本检测出来。尽管目前尚缺乏治疗苯丙酮尿症的有效方法，但患有这种疾病的儿童在出生后如果只进食苯丙氨酸含量低的食物，可能会遭受较少的损害，甚至可以正常发育。这些儿童需要接受蛋白质补充剂来弥补体内营养的缺失。

如今，很多产前检查都可以检测出染色体异常和遗传性疾病。羊膜穿刺术通常在孕妇怀孕 14 ～ 15 周后进行，具体操作步骤是，首先通过注射器将羊水样本从羊膜囊中抽取出来，然后将胎儿的细胞从羊水中分离出来，置于培养物中生长，并检测是否存在异常情况，包括唐氏综合征。血液检测可用于筛查其他疾病的携带者。

产前风险因素

一些智力障碍是由孕期母体感染或物质滥用引起的。例如，如果孕妇感染风疹（德国麻疹），可能就会传染给未出生的孩子，造成胎儿脑损伤，进而导致智力障碍。风疹病毒感染也可能在孤独症的形成中起到一定的作用。尽管被感染的孕妇可能症状轻微甚至毫无症状，但它对胎儿的影响可能是灾难性的。其他可能导致儿童智力障碍的母体感染包括梅毒、巨细胞病毒和生殖器疱疹。

女性孕前风疹疫苗接种及孕期梅毒检测等项目的广泛推行，有效地降低了胎儿感染的风险。大多数从母亲那里感染生殖器疱疹的儿童是在分娩过程中接触产道内的单纯疱疹病毒而被传染的。因此，剖宫产分娩可以有效防止孕妇将病毒传染给孩子。

母亲在怀孕期间服用的药物可能会通过胎盘传给胎儿。有些药物可能会导致严重的出生畸形和智力障碍。母亲在怀孕期间饮酒会导致孩子出生时患有胎儿酒精综合征（见第 8 章），这也是智力障碍最重要的致病因素之一。

出生并发症，如缺氧或头部受伤，会增加儿童罹患神经系统疾病的风险，其中就包括智力障碍。早产也会增加儿童罹患智力障碍和出现其他发育问题的风险。脑部感染，如脑炎和脑膜炎，或者婴幼儿时期的头部外伤，也可能导致智力障碍和其他健康问题。此外，儿童摄入有毒物质，如含重金属铅的涂料，也可能会导致脑损伤。

文化 - 家庭因素

大多数智力障碍病例属于轻度范畴，并且没有明显的生物学病因或显著的身体特征。这些病例通常具有文化 - 家庭根源，如生活在贫困的家庭中、在缺乏智力刺激活动的社会文化环境中长大，以及遭受忽视或虐待。

出生于贫困家庭的儿童可能缺乏玩具、书籍或与成年人进行能够刺激智力发展的互动的机会。因此，他们可能不会发展出适当的语言能力，也没有学习的动力。经济负担过重，如父母需要同时做多份工作来养家，可能会导致父母没有时间陪孩子读书、与他们长时间交谈，或者让他们参与创造性的游戏或活动。这些孩子可能会把大部分时间花在看电视上。这些父母中的大多数也是在贫困的环境中长大的，因此可能缺乏阅读或沟通能力，也难以帮助孩子发展这些能力。于是，贫穷和智力发展不足的恶性循环便代代相传下去了。

如果为患有这类智力障碍的儿童提供丰富的学习机会，尤其是在早期，可能会取得意想不到的改善效果。在美国，一些社会项目，如"开端计划"，已经帮助了许多面临文化 - 家庭性智力残疾风险的儿童，使其心智能力得以在正常范围内发展。

深度探讨

学者综合征

请你花几分钟的时间，尝试回答以下问题。

1. 不查日历，计算 2079 年 3 月 15 日是周几。

2. 列出 10 到 10 亿之间的质数。（提示：数列从 1、2、3、5、7、11、13、17 开始……）

3. 一字不差地复述你今天吃早餐时读到的报纸上的新闻。

4. 准确地唱出贝多芬《第九交响曲》中第一小提琴演奏的每一个音符。

放弃了吗？请不要为自己的失败而感到难过，因为很少有人能完成这样的智力难题。具有讽刺意味的是，最有可能完成这些艰巨任务的人往往患有孤独症或智力障碍，或者二者兼具。临床医生用"学者综合征"（Savant Syndrome）这个词来形容那些有严重智力缺陷但拥有某些非凡心智能力的人。通常，这些人被称为"学者"（该词源于法语"Savoir"，意思是"知道"）。学者综合征患者会表现出某些非凡但十分局限的心智能力，如日历计算和罕见的音乐天赋，这与他们十分有限的一般智力能力形成了鲜明的对比。一些患有该综合征的人可以进行闪电计算，如日历计算。例如，一个年轻人可以在几秒内说出你所指定的任何一个日期是周几，例如，1996 年 10 月 23 日是周几（Thioux et al.，2006）。一位患者也许在小时候就能画出非凡的画作，却几乎不会讲话（Selfe，2011）。

有些患者虽然失明，但可以凭记忆演奏任何一首乐曲，不管它有多复杂；有些患者能够一字不差地复述一门外语的长篇段落；还有些患者可以精确地估算流逝的时间。据说，有位患者可以一字不漏地重复他刚刚读过的报纸的内容；还有位患者可以将自己刚刚读过的内容倒背如流（Tradgold，1914；Treffert，1988）。

学者综合征现象在男性群体中更常见，男女比例约为 6：1。学者综合征患者的特殊技能往往会突然出现，也可能会突然消失。

科学家提出了许多理论来解释学者综合征，但他们尚未达成共识。其中一种理论认为，学者综合征患者可能继承了两组遗传因素，一组是智力残疾，另一组是特殊的记忆能力。其他理论家推测，这些患者的大脑中存在特殊的神经回路，使他们能够完成十分具体、狭义的任务，如感知数字关系（Treffert，1988）。总之，一个能够强化"学者"的特殊能力，并为他们提供练习、帮助他们集中注意力的环境将进一步促进这些非凡能力的发展。尽管如此，学者综合征仍然是一个谜。

学者综合征

莱斯利·莱姆克（Leslie Lemke）是一名患有孤独症的盲人音乐家，尽管他没有接受过音乐教育，但他不仅能完美演奏自己听过的音乐，还能自己创作音乐。14 岁的一天，他在前一晚听了一遍柴可夫斯基的《第一钢琴协奏曲》，次日便完美地演奏出了整首曲子。

13.3.2　智力障碍的干预措施

描述用于帮助智力障碍儿童的干预措施。

　　患有智力障碍的儿童所需要的服务取决于其智力障碍的类型和严重程度。经过适当的训练，轻度智力障碍患儿可以接近六年级学生的水平。他们可以获得职业技能并在未来通过有意义的工作养活自己。这类儿童大多可以回归普通班级进行学习。在另一个极端，患有重度或极重度智力障碍的儿童可能需要在专门的机构接受照料，或者需要被安置在社区的住宿护理机构，如集体之家。将他们安置在专门的机构是为了控制他们的破坏性行为或攻击行为，而不是因为他们的智力严重受损。接下来，我们可以看到一位中度智力障碍患儿的案例。

　　对于患有智力障碍的儿童应该被纳入普通班级还是进入特殊教育班级这一问题，教育工作者之间常有分歧。尽管一些患有轻度智力障碍的儿童在普通班级中可以有更好的表现，但另一些儿童却发现普通班级的课程难以应付，进而回避自己的同学。还有一种趋势是对那些患有重度智力障碍的人进行去机构化管理，这在很大程度上源于公众对这类机构的负面评价。1975 年，美国国会通过的《发展性残疾人援助和权利法案》（The Developmentally Disabled Assistance and Bill of Rights Act）规定，有智力缺陷（现在被称为智力障碍）的人有权在最宽松的治疗环境中接受适当的治疗。在该法案通过后的几年里，全美国范围内为智力障碍患者设立的机构所收容的人数减少了近 2/3。那些能

够在社区内保持正常生活的智力障碍患者有权获得比大型机构限制更少的照料。许多有生活能力的患者不住在机构内，而是被安置在有监管的集体之家。这些患者通常会共同分担家庭责任，并被鼓励参加一些有意义的日常活动，如参加培训项目和庇护工场的工作。还有一些智力障碍患者与自己的家人一起生活，同时参加有组织的日间课程。患有轻度智力障碍的成年人经常会外出工作，他们住在自己的公寓里，或者和其他轻度智力障碍患者住在一起。尽管精神障碍患者从精神病院大量涌入社区会带来诸多社会问题，并使美国无家可归者的人数激增，但将智力障碍患者去机构化管理在很大程度上是一次成功的尝试（Hemmings，2010；Lemay，2009）。

　　患有智力障碍的人罹患其他心理障碍的风险也比较高，如焦虑障碍和抑郁障碍，并更易出现其他行为问题（Matson & Williams，2013；Melville et al.，2016；Schuiring et al.，2016）。不幸的是，智力障碍患者的情感生活在研究中甚少受到关注。许多专业人士甚至错误地认为，在某种程度上，智力障碍患者可能不会出现心理问题，或者他们缺乏从心理治疗中获益所需的言语技能。然而，有证据显示，智力障碍患者其实可以从针对抑郁和其他情感问题的心理治疗中获益（McGillivray & Kershaw，2013；Vereenooghe & Langdon，2013）。

　　智力障碍患者往往需要心理帮助来使自己很好地适应社区生活（McKenzie，2011）。许多智力障碍患者

无法控制他的行为
一个关于中度智力障碍的案例

　　一位母亲请求医生将她 15 岁的儿子收治，她说她再也无法忍受了。她的儿子患有唐氏综合征，智商分数为 45。从 8 岁起，她的儿子就开始辗转于各个机构和家庭之间。每次母亲去机构看望儿

子，儿子都会恳求母亲带他回家。而每次在机构待大约一年后，母亲都会把儿子接回家，却发现自己根本无法控制儿子的行为。儿子发脾气时会打碎盘子、毁坏家具，最近他甚至开始对母亲动手了。有一次，她看见儿子在用扫帚敲打地板，于是试图阻止他，结果却被他打了。

资料来源：Adapted from Spitzer et al.，1989.

在交友上存在一定的困难，他们在社交上经常被孤立。由于经常被贬低和嘲笑，他们也容易出现自尊方面的问题。心理咨询辅以一些行为技术，可以帮助他们在个人卫生、工作和社会关系等方面获得新的适应性技能。结构化的行为技术可以用来帮助那些重度智力障碍患者学会基本的卫生行为，如刷牙、穿衣和梳头。其他行为治疗技术包括社交技能训练（侧重于提升他们与他人有效交流的能力）和愤怒管理训练（帮助他们发展有效的处理冲突的技能，而不是冲动行事）。

13.4　学习障碍

纳尔逊·洛克菲勒（Nelson Rockefeller）曾任纽约州州长和美国副总统，他才华横溢，并接受过良好的教育。然而，尽管有最好的老师，洛克菲勒却一直存在阅读方面的困扰。他患有**阅读障碍**（Dyslexia），这种疾病的名称源于希腊语词根 "dys"（意为"坏的"）和 "lexkon"（意为"文字"）。阅读障碍是最常见的一种**学习障碍**（Learning Disorder，也被称为学习无能），大约 80% 的学习障碍都属于阅读障碍。患有阅读障碍的人虽然智力水平正常，但在阅读方面存在困难。

正误判断

美国的前副总统纳尔逊在算术方面存在很大的困难，因此他永远也无法平衡收支。

错误　纳尔逊患有阅读障碍，因此困扰他的是阅读，而非算术。

13.4.1　学习障碍的特征、病因及治疗方法

识别学习障碍的类型，描述理解和治疗学习障碍的方法。

学习障碍通常是一种影响发育的慢性疾病，而

且其影响会一直持续到成年期。患有学习障碍的儿童在学校表现不佳，这与他们的智力水平和年龄不相称。老师和父母常常把他们视为失败者。学习障碍患儿往往还存在其他心理问题，如低自尊。与同龄人相比，他们罹患注意缺陷/多动障碍的风险更高。据估计，在那些需要接受特殊教育的学龄儿童中，6%～7%的人患有可诊断的学习障碍或学习无能（International Dyslexia Association，2017）。

DSM-5 对特定学习障碍的诊断涵盖了各种类型的学习障碍或学习无能，涉及阅读、书写、算术和数学及执行功能等方面技能的显著缺陷。这些缺陷严重影响了儿童的学业成绩。它们在小学阶段就已显现，但直到学业要求超过个人能力时才会被发现，如在限时测验中。做出学习障碍的诊断还要求这些缺陷不能用智力发育的普遍迟缓（即智力障碍）、潜在的神经系统疾病或其他躯体疾病来解释。诊断者需要明确影响学业、社会或职业功能的特定学习缺陷，或者更常见的情况是，各种特定缺陷的组合。

阅读问题

患有涉及阅读问题的特定学习障碍的儿童往往在最基本的阅读能力方面存在持续的问题。尽管 DSM-5 没有使用"阅读障碍"这个术语，但它在教师、临床医生和研究者中仍然被广泛用于描述个体在阅读能力方面存在的显著缺陷。

患有阅读障碍的儿童可能很难理解或识别基本的单词或词语、无法理解自己所读的内容，或者阅读异常缓慢或以一种时断时续的方式阅读。大约有 4% 的学龄儿童会受到阅读障碍的影响，其中男孩多于女孩（Arnett et al.，2017；Rutter et al.，2004）。患有阅读障碍的男孩比女孩更有可能在课堂上表现出破坏性行为，因此更有可能被送去接受评估。

患有阅读障碍的儿童可能阅读速度缓慢且读起来非常吃力，还会在大声朗读时曲解、省略或替换词语。

他们不会解码字母和字母的组合，也不会把它们转化为对应的读音（Meyler et al.，2008）。他们也可能将字母看成上下颠倒的（例如，分不清 "W" 和 "M"、"b" 和 "d"）。阅读障碍通常在儿童 7 岁（二年级）时出现，但有时也会在儿童 6 岁时被发现。患有阅读障碍的儿童和青少年容易出现抑郁、低自尊和注意缺陷／多动障碍等问题。

阅读障碍的患病率随着母语的不同而不同。阅读障碍在说英语和说法语国家的比例更高，因为在这两个国家的语言中，相同的语音可能指向许多种不同的拼写方法（例如，单词 "toe" 和 "tow" 中具有相同的 "o" 音）。而在意大利，这一障碍的比例较低，因为意大利语中不同字母的组合有相同发音的现象比较少（Paulesu et al.，2001）。

书面表达问题

书面表达受损的特征表现为在拼写、语法或标点符号上出错，存在易读性或字迹流畅性的问题，或者很难写出有条理、主题思想连贯的句子和段落。严重的书写困难通常会在儿童 7 岁（二年级）时显现出来，症状较轻的患者可能直到 10 岁（五年级）或更晚时才能被发现。

算术和数学推理能力问题

患有学习障碍的儿童可能会在理解基本的数学运算方面存在一些问题，如加减法运算、执行运算、学习乘法表或解决数学推理问题。这些问题可能在儿童一年级（6 岁）时已显现，但直到二年级或三年级时才会被识别出来。

执行功能问题

执行功能能力是一组更高级的心理能力，包括与组织、计划和协调管理、分配任务相关的能力。尽管许多正常儿童也在努力应对这些挑战，但有执行功能问题的儿童在组织和协调学校的相关活动方面存在明显和持续的困难。他们可能经常在学业上落后、无法

记住家庭作业，或者不能提前做好计划以便按时完成作业。

理解和治疗学习障碍的方法

关于学习障碍的大部分研究都集中在阅读障碍上，并且有越来越多的证据表明，大脑异常会影响个体对视觉信息（书面词语）和听觉信息（口语）的感觉处理（Tschentscher et al.，2019；Underwood，2013）。患有阅读障碍的人很难将字母与对应的读音联系起来（例如，看到 "f" "ph" 或 "gh" 时，在脑海中读出或听到的是 "f" 的发音）。他们在区分语音方面也存在困难，如无法识别 "ba" 和 "da" 的发音。有证据表明，这些困难或障碍受到遗传的影响（Gabrieli，2009；Paracchini et al.，2008）。

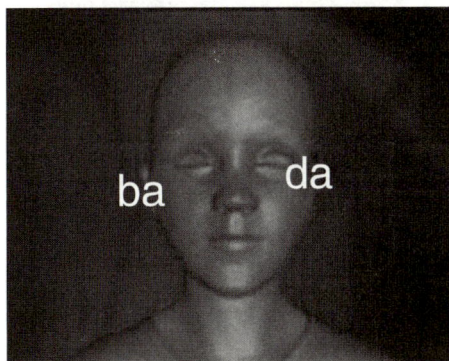

语音分辨困难

患有阅读障碍的儿童似乎难以区分基本的语音，如 "ba" 和 "da"，也难以将这些声音与字母表中的相应字母联系起来。

研究者推测，常见的阅读障碍可能有两种类型，一种倾向于受到遗传的影响，另一种则更多地受到环境的影响（Morris，2003；Shaywitz, Mody, & Shaywitz，2006）。第一种类型的阅读障碍似乎与大脑中用于处理语音的神经回路缺陷有关。患有这种阅读障碍的儿童会通过依赖其他大脑功能来弥补这些缺陷，不过他们的阅读速度可能仍然很慢。在第二种类型的阅读障碍中，患者大脑中的相关神经回路是完整的，但他们依赖于记忆而不是解码策略来理解书面文字。这种类型的阅读障碍在那些缺乏良好教育背景的儿童

中更为普遍，并且与更持久的阅读障碍有关（Kersting，2003）。

如果将学习障碍与负责处理感觉（视觉和听觉）信息的脑回路缺陷联系起来，可能有助于开发帮助儿童调整其感官能力的治疗方案（见图13-1）。治疗师需要针对每个儿童的特殊问题及其教育需求量身定制治疗方案。例如，有的儿童能更好地使用听觉信息，而非视觉信息，这时治疗师就要考虑使用口头教学，如使用录音而非书面材料传授知识。其他干预措施的重点是评估儿童的学习能力，并设计相应的策略，帮助他们掌握完成基本学业任务所需的技能，如算术和阅读技能（Solis et al.，2012）。此外，语言专家还可以帮助患有阅读障碍的儿童更好地掌握词汇的结构和用法。

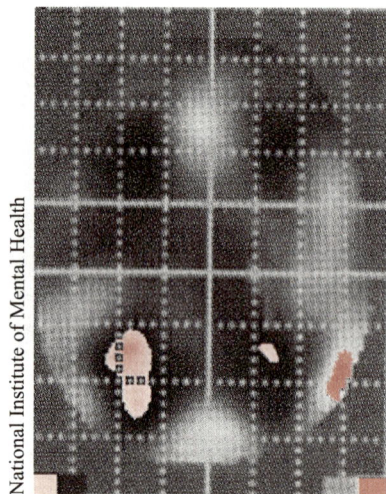

图 13-1　成年阅读障碍患者的脑成像研究

在阅读任务中进行的脑部扫描显示：非阅读障碍被试的大脑左半球阅读系统的激活水平较高（浅红色区域所示），这与较高的阅读能力有关；而阅读障碍被试在阅读中更依赖大脑右半球（深红色区域所示）。与非阅读障碍被试相比，阅读障碍被试似乎依赖于不同的脑神经通路。通过研究大脑特定区域的激活水平差异，科学家希望能更多地了解阅读障碍的神经学基础。

研究者发现，阅读矫正训练可以改善阅读障碍患儿的大脑功能（Meyer et al.，2008）。在接受训练前，这些儿童的大脑中负责字母和声音解码并将其组合成单词和句子的部分大脑皮层的活跃程度明显低于一般儿童。然而，在仅仅接受了100小时的强化指导训练

后，这些大脑区域的神经活动水平就有所提高。在接下来的一年里，神经活动方面的改善得到了进一步的提升，以至于阅读障碍患儿和对照组被试在大脑激活程度上的差异几乎消失了（见图13-2）。

阶段1：阅读能力较好的被试与阅读能力较差的被试（矫正训练前）

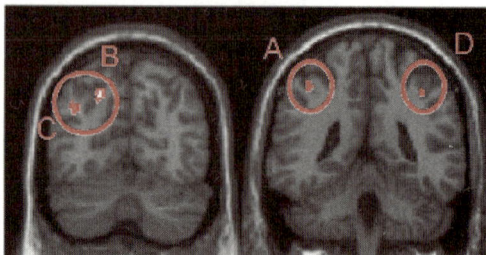

阶段3：阅读能力较好的被试与阅读能力较差的被试（一年后的随访评估）

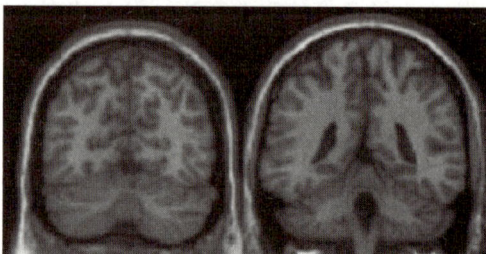

A= 左侧下顶叶　　B= 左侧上顶叶
C= 左侧角回　　　D= 右侧下顶叶

图 13-2　阅读障碍患儿与一般儿童在大脑激活方面的差异

从图中我们可以发现，与阅读能力较差的被试相比，阅读能力较好的被试的大脑区域呈现出更大程度的激活（红色部分）。图的左侧显示的是大脑右半球，图的右侧显示的是大脑左半球。在经过阅读矫正训练后（干预后）及在一年后的随访评估中，这些差异几乎消失了。

资料来源：Image courtesy of Marcel Just of Carnegie Meuon University.

其中一名研究者是来自卡内基梅隆大学的马塞尔·贾斯特（Marcel Just）。他指出，我们可以看到矫正训练如何改善大脑功能的实际证据。他进一步解释道："其实所有的教育形式都是对大脑的训练。当阅读能力欠佳的人学习阅读时，某个特定的大脑区域的表现并不像其他人表现得那样好，而阅读矫正训练有助于提高该特定区域的功能。"正如贾斯特教授所说，这些发现表明，"阅读障碍患者可以获得帮助，并发展出健康的大脑"（"Remedial Instruction"，2008）。

13.5　交流障碍

交流障碍（Communication Disorders）是指在理解、使用语言或清晰且流利地使用语言进行表达方面存在持续的困难。由于语言和言语在日常生活中的首要地位，这类障碍会极大地干扰人们在学校、工作场所或社交场合取得成功的能力。下面我们来讨论一下交流障碍的主要类型。

13.5.1　语言障碍

描述语言障碍的主要特征。

语言障碍（Language Disorder）是指口语表达和理解能力受损，具体表现为词汇积累缓慢、不会正确使用时态、记忆单词困难及缺乏与个人年龄相符的组织长句子或复杂句子的能力。受此障碍影响的儿童也可能有语音（发音）障碍，这使他们的言语问题更加严重。

患有语言障碍的儿童在理解单词或句子方面也存在困难。在某些案例中，儿童难以理解某些特定类型的单词（如表达数量差异的单词——大和巨大）、描述空间的词（如远和近），或者特定的句子类型（如含有"与……不同"的句子）。还有一些儿童会表现出在理解简单句子和词汇方面的问题。

13.5.2　言语方面的问题

描述涉及言语问题的心理障碍的主要特征。

患有交流障碍的儿童也可能在清晰、流利地说话方面出现问题。在**语音障碍**（Speech Sound Disorder）中，儿童并非由于发音器官具有生理缺陷或神经损伤而存在持续的发音困难。患有语音障碍的儿童可能会忽略、替代发音，或者错误发音——尤其是"ch""f""l""r""sh"和"th"的音。他们所说的话听起来就像婴儿在牙牙学语。

患有更严重的语音障碍的儿童很难掌握某些在学龄前就应该掌握的发音，如"b""m""t""d""n"和"h"。语言治疗通常会有所帮助，而症状较轻的患者往往会在 8 岁前自愈。

持续性口吃的特征是说话的流畅性受损，这种交流障碍在 DSM-5 中被归类为**童年发生的言语流畅障碍**（Childhood-Onset Fluency Disorder）。口吃患者很难在恰当的发音时间流利地说话。口吃通常发生于 2 ～ 7 岁（American Psychiatric Association，2013）。口吃具有以下一项或多项特征：（1）语音和音节的重复；（2）某个特定语音的延长；（3）感叹词的不恰当使用；（4）字词的断裂，如在一个单词的发音中间出现停顿；（5）讲话停顿；（6）迂回表述（为避免口吃，用其他单词替换容易造成口吃的单词）；（7）说话时表现出身体的过度紧张；（8）对单音节字的重复（例如，"我、我、我、很高兴见到你"）。

男性口吃的患病率是女性的三倍（Hartung & Lefler，2019）。不过，80% 的口吃儿童会在未接受治疗的情况下克服这个问题（通常在 16 岁之前）。

虽然口吃发生的具体原因仍在研究中，但遗传因素已被证实起着重要作用，这可能涉及影响控制言语产生相关肌肉的基因（Fibiger et al.，2010）。近期，科学家发现了一种与持续性口吃有关的特定基因突变（Kang et al.，2010）。

口吃也包含情绪方面的因素。口吃患儿比一般儿童在情绪反应上更强烈，当面对压力或具有挑战性的情境时，口吃患儿会变得更沮丧或更兴奋（Karrass et al.，2006）。他们也会因为过分担心他人对自己的评价而焦虑不安。口吃患者只要一说话就会焦虑，为了避免尴尬，他们会尽量回避各种说话的场合。

13.5.3　社交（语用）交流障碍

描述社交（语用）交流障碍的主要特征。

社交（语用）交流障碍［Social（Pragmatic）Communication Disorder］是 DSM-5 新增的一种障碍。该障

碍的诊断适用于那些在学校、家庭或游戏等自然场景中与他人进行言语和非言语交流时存在持续且严重困难的儿童。这些儿童难以进行正常的对话，当身处一群孩子中时，他们可能会陷入沉默。他们很难学会使用口头及书面语言进行表达。然而，他们并未表现出普遍的语言或心智能力下降，以解释他们与他人沟通的困难。沟通能力不足使他们很难完全参与社交互动，并对他们在学校或工作中的表现产生不利影响。

交流障碍的治疗通常是通过专门的言语和语言治疗或语言流畅性训练进行的，其中包括学习如何说得更慢、控制呼吸及从简单的单词和句子发展到复杂的单词和句子（National Institute on Deafness and Other Communication Disorders，2010）。针对口吃的治疗还可能包括心理咨询，因为口吃患者在说话时经常会感到焦虑。

13.6 行为问题：注意缺陷 / 多动障碍、对立违抗障碍和品行障碍

我们之所以将这几项相关的心理障碍放在一起讨论，是因为它们都涉及问题行为，这些行为会严重影响儿童在学校、家里及操场上的正常表现。这些障碍对社会具有破坏性，对他人的影响比对患者的影响更大，并且这些障碍的共病率非常高（Beauchaine，Hinshaw，& Pang，2010）。

13.6.1 注意缺陷 / 多动障碍

描述注意缺陷 / 多动障碍的主要特征，识别其致病因素并评估其治疗方法。

许多父母认为孩子对他们不够专注——孩子会心血来潮地四处乱跑，并按照自己的方式行事。儿童注意力不集中是一种很正常的现象，尤其是在童年早期。然而，在**注意缺陷 / 多动障碍**（Attention-Deficit/Hyperactivity Disorder，ADHD）中，儿童会表现出与

他们的发育水平不相符的冲动、注意力不集中和多动。

注意缺陷 / 多动障碍是美国儿童最常被诊断出来的心理障碍，约有 10% 的 6 ～ 17 岁的儿童和青少年受到注意缺陷 / 多动障碍的影响。美国有超过 400 万的孩子被诊断为注意缺陷 / 多动障碍（CDC，2015c；Costandi，2017；Pastor et al.，2015）。近 70%（约 350 万人）被诊断为注意缺陷 / 多动障碍的儿童会服用兴奋剂或其他精神类药物（Stein，2013；Visser et al.，2014）。注意缺陷 / 多动障碍常与其他障碍共病，尤其是学习障碍、品行障碍、焦虑和抑郁障碍及交流障碍（Harvey，Breaux，& Lugo-Candelas，2016；Stein，2011）。

注意缺陷 / 多动障碍在男孩中的发病率大约是在女孩中的两倍（Hartung & Lefler，2019）。与欧美裔儿童相比，黑人和西班牙裔儿童被诊断为注意缺陷 / 多动障碍的可能性较小（Pastor et al.，2015）。这种障碍最早通常在小学期间首次被诊断出来，平均诊断年龄为 7 岁，在这个时期，注意力方面的问题或多动、冲动行为使孩子很难适应学校生活（"By The Numbers"，2015）。然而，注意缺陷 / 多动障碍的注意力不集中、多动、冲动等特征可能在 12 岁之前的任何时候出现。

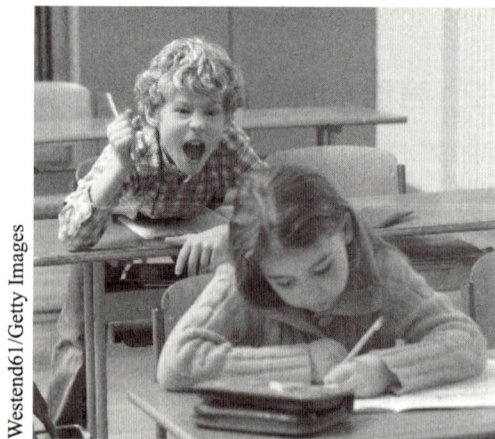

注意缺陷 / 多动障碍

注意缺陷 / 多动障碍在男孩中比在女孩中更常见。其特征是注意力不集中、焦躁不安、冲动、过度的运动行为（不停地四处跑动或攀爬），以及发脾气。

患有注意缺陷 / 多动障碍的儿童（及成年人）通常难以保持注意力集中，并且很容易分心（Martel et al., 2016）。患有注意缺陷 / 多动障碍的儿童还存在其他相关问题，包括无法安静地坐上几分钟、恃强凌弱、脾气暴躁、固执己见及对惩罚没有反应。一些注意缺陷 / 多动障碍患儿的问题基本上只有注意力问题，而另一些注意缺陷 / 多动障碍患儿的问题可能涉及多动或冲动行为，还有一些儿童会同时存在注意力问题和多动 / 冲动问题行为。患有注意缺陷 / 多动障碍的儿童也可能出现其他问题，如焦虑和抑郁。注意缺陷 / 多动障碍的主要特征见表 13-4。

表 13-4　注意缺陷 / 多动障碍的主要特征

问题行为	具体的行为模式
注意力不集中	• 在学业方面不注意细节或粗心大意 • 在学习或玩耍时难以保持注意力集中 • 不注意听他人讲话，不能听从指令或完成工作 • 在组织工作和其他活动方面存在困难 • 回避需要持续注意的工作或活动 • 丢失学习用品（如铅笔、书、作业本、玩具） • 容易分心 • 在日常活动中健忘
多动行为	• 坐立不安或在座椅上扭动身体 • 在要求坐着的情况下离开座位（如上课时） • 不停地跑动或爬上爬下 • 很难安静地玩耍
冲动行为	• 经常在课堂上大喊 • 不能排队等候

患有注意缺陷 / 多动障碍的儿童在适应学校方面存在很大的困难。他们似乎无法安静地坐着，会在座位上不停地动来动去，干扰其他孩子玩游戏或突然发脾气，甚至可能会做出危险的行为，如不看路就跑到马路中间。总之，他们会让父母和老师感到绝望。

什么程度的活跃是正常且与年龄相符的？什么程度的活跃可以被判断为多动？评估多动行为的程度至关重要，因为许多正常的孩子经常被认为是"亢奋"的。一些注意缺陷 / 多动障碍诊断的批评者认为，它只会给那些难以控制的孩子贴上精神错乱或病态的标签。大多数孩子，尤其是男孩，在刚上学的那几年里都非常活跃。该诊断的支持者认为，正常的活跃表现和注意缺陷 / 多动障碍之间存在质的差异。通常，过度活跃的正常孩子是目标导向的，并且可以自觉地控制自己的行为。但是，患有注意缺陷 / 多动障碍的儿童似乎是毫无缘由地表现得异常活跃，无法让自己的行为符合老师和父母的要求。换句话说，大多数正常儿童在需要的时候都能安静地坐着，而患有注意缺陷 / 多动障碍的儿童似乎做不到这一点。

患有注意缺陷 / 多动障碍的儿童的智力可以达到甚至高于平均水平，但他们在学校的表现往往不佳。他们经常在教室里捣乱，而且容易和他人打架（尤其是男孩）。他们可能无法遵守或记住老师的要求，或者忘记完成作业。与未被诊断为注意缺陷 / 多动障碍的儿童相比，被诊断为注意缺陷 / 多动障碍的儿童更可能有学习障碍、留级的困扰，并可能被安排在特殊教育班级。小学阶段的注意力不集中会导致青春期和成年早期学业方面的不良表现，包括可能无法完成高中学业

（Gau，2011；Pingault et al.，2011）。患有注意缺陷 / 多动障碍的儿童往往在工作记忆方面（记住信息以便对其进行处理）存在问题，这使他们很难将注意力集中在当前的任务上（Chiang & Gau，2014）。

患有注意缺陷 / 多动障碍的儿童也更容易出现心境障碍、焦虑障碍及与家人相处的问题。研究者发现，患有注意缺陷 / 多动障碍的儿童往往缺乏同理心，或者无法理解他人的感受（Braaten & Rosén，2000）。因此，他们往往不受同伴的欢迎，而且比其他儿童更容易被拒绝（Hoza et al.，2005）。与同龄儿童相比，患有注意缺陷 / 多动障碍的儿童在青春期和成年早期往往会面临更多问题，包括物质滥用、难以维持一份稳定的工作，以及获得更高的教育水平；他们也更有可能出现违法犯罪行为和反社会行为、心境障碍和焦虑障碍；患有注意缺陷 / 多动障碍的年轻女性出现进食障碍和意外怀孕的概率也更高（Klein et al.，2012；Kuriyan et al.，2013；Owens et al.，2017；Ramos-Olazagasti et al.，2018）。

注意缺陷 / 多动障碍的症状会随着年龄的增长而减轻，但这种心理障碍通常会以比较轻微的形式持续到青春期甚至成年期（Knouse，Teller，& Brooks，2017；Zhao et al.，2017，and others）。大约 4% 的美国成年人在其人生中的某个阶段会受到注意缺陷 / 多动障碍的影响（Kessler et al.，2006）。在成年人中，注意缺陷 / 多动障碍通常表现为注意力不集中、工作记忆出现问题和容易分心，而非多动。患者会表现为思维过度活跃，而非像孩子一样在房间里乱跑（Gonzalez-Gadea et al.，2013）。

理论观点

有证据表明，在注意缺陷 / 多动障碍的形成过程中，遗传因素起着重要的作用（Thapar，2018；Yuan et al.，2017）。与遗传因素对该心理障碍的影响一致的是，研究者发现，与异卵双生子相比，同卵双生子的注意缺陷 / 多动障碍的同病率更高（Burt，2009）。近年来，有研究者表示已经发现了与注意缺陷 / 多动障碍风险增加相关的特定基因变异（Demontis et al.，2018）。

基因并不是单独发挥作用的，在注意缺陷 / 多动障碍的形成过程中，我们还需要考虑环境因素的作用，以及遗传和环境因素的交互作用。与注意缺陷 / 多动障碍相关的环境因素包括母亲在怀孕期间吸烟和承受情绪压力、严重的家庭冲突及在处理孩子的不良行为方面不当的育儿方式。研究者发现，注意缺陷 / 多动障碍的一些症状（多动和注意力不集中）与儿童接触铅有关（Goodlad，Marcus，& Fulton，2013）。科学家也正在寻找与注意缺陷 / 多动障碍有关的特定基因，并试图进一步探究环境因素是如何与遗传易感性相互作用的。另一个可能的影响因素是电子设备的使用时间。研究者发现，花更多时间使用电子设备（主要是用于社交媒体）的青少年更有可能出现注意缺陷 / 多动障碍的症状（Ra et al.，2018）。考虑到如今的年轻人要花很多时间在电子设备上，这项研究结果十分令人担忧。然而，我们需要看到来自其他研究的证据，以进一步确定数字媒体的使用与患注意缺陷 / 多动障碍的风险之间是否存在因果关系。

如今，研究者中逐渐形成了一种观点，即注意缺陷 / 多动障碍可能是由大脑执行控制功能的崩溃引发的，这种功能涉及组织和执行目标导向的行为所需的注意力过程和对冲动行为的控制（Casey & Durston，2006；Winstanley，Eagle，& Robbins，2006）。这一观点得到了越来越多的脑成像研究的支持。这些研究显示，注意缺陷 / 多动障碍患儿大脑的部分区域，尤其是前额皮层，存在异常或发育迟缓的情况，这部分区域负责调节注意力并控制冲动行为（Ball et al.，2019；Hoogman et al.，2017；Jacobson et al.，2017；见图 13-3）。另一种有趣的可能性是，注意缺陷 / 多动障碍患儿大脑中的奖赏回路可能比其他儿童的反应更慢，这可能解释了为什么注意缺陷 / 多动障碍患儿很容易对日常活动感到厌倦，并且比同龄人需要更高水平的刺激

（Friedman，2014b）。

研究者还发现，患有注意缺陷 / 多动障碍的学龄前儿童存在大脑发育异常的迹象（Mahone et al.，2011）。这可能为这些儿童日后在学校中遇到的注意力和学习问题奠定了基础。

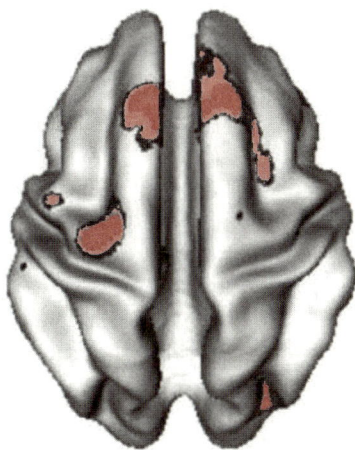

图 13-3　前额皮层的部分区域

与其他儿童相比，注意缺陷 / 多动障碍患儿大脑的某些区域（如图中以浅红色和深红色显示的区域）要更薄。大脑的这些区域负责调节注意力和运动活动的过程，而这些过程在注意缺陷 / 多动障碍患儿中常常会受到影响。请注意，额叶位于该图的上部。

资料来源：National Institute of Mental Health，Image Library.

治疗

令人感到奇怪的是，很多用于帮助注意缺陷 / 多动障碍患儿安静下来并在学校表现更好的药物实际上都属于兴奋剂，如被广泛使用的兴奋剂类药物利他林及一种名为"专注达"的长效兴奋剂类药物（需每日服用 1 次）。然而，当我们了解兴奋剂类药物可以激活前额皮层这一事实时，就不会再感到奇怪了。因为前额皮层负责调节注意力过程及控制与注意缺陷 / 多动障碍相关的冲动和失控行为。我们也有证据表明，利他林能够增强前额皮层与大脑中参与注意力和记忆过程的较低级脑中枢之间的连接（Birn et al.，2018）。兴奋剂还能帮助提升工作记忆，这是一种短期记忆过程，能让你记住信息并对信息进行处理，例如，当你在课堂上解答老师提出的数学问题时（Hawk et al.，2018）。

兴奋剂类药物可以减少注意缺陷 / 多动障碍患儿的破坏性行为和多动行为，同时延长他们的注意力持续时间（Chronis，Jones，& Raggi，2006；Van der Oord et al.，2008）。尽管使用兴奋剂类药物治疗注意缺陷 / 多动障碍存在一些争议，但这些药物确实能够帮助许多注意缺陷 / 多动障碍患儿平静下来，这也许是他们有生以来第一次能够专注于任务和学业。然而，这些药物无法教会他们取得学业成就所需的行为技能，尤其是组织技能和有效的学习技能。因此，专家认识到，用更注重技能训练的行为疗法来辅助药物治疗会有很好的效果（Schwarz，2013）。我们还应该注意到，与其他精神类药物一样，服用兴奋剂类药物的一个常见问题是，在患者停止服用药物后，疾病的复发率很高。而且，药物的有效范围也是有限的，就像下文的案例所呈现的那样。

此外，还有药物治疗副作用的问题。尽管短期副作用（如食欲不振或失眠）通常会在几周内自行消退，或者可以通过降低剂量来消除，但使用兴奋剂类药物可能会导致其他问题，包括身体发育迟缓（DeNoon，2006）。幸运的是，服用兴奋剂类药物的儿童最终会在身高方面赶上同龄人。

第一种被批准用于治疗注意缺陷 / 多动障碍的非兴奋剂类药物是托莫西汀（俗称择思达）。不同于兴奋剂，择思达是一种选择性去甲肾上腺素再摄取抑制剂，这意味着它通过干扰神经元的再摄取来增加神经递质去甲肾上腺素在大脑中的可利用性。虽然我们不清楚该药物对注意缺陷 / 多动障碍的具体作用机制，但去甲肾上腺素可利用性的增加可能会增强大脑调节冲动行为和注意力的能力。与利他林一样，择思达在治疗注意缺陷 / 多动障碍方面似乎比安慰剂更有效，尽管其效果不如利他林（Newcorn et al.，2008）。

不管针对注意缺陷 / 多动障碍的药物治疗的效果有多好，它都不能教授注意缺陷 / 多动障碍患儿新的技能，因此心理干预也是必要的，它可以帮助患有注意缺陷 / 多动障碍的儿童发展更具适应性的行为。例如，行为矫正项目可以训练父母和老师对孩子的适当行为进行强化（例如，老师对孩子安静地坐着给予表扬），这种技术可以与认知矫正技术相结合（例如，训练孩子通过安静地与自己对话来逐步解决具有挑战性的学习问题）。认知行为治疗师会帮助患有注意缺陷 / 多动障碍的儿童在产生愤怒和做出攻击行为之前学会"停下来思考"。有证据支持认知行为技术在治疗注意缺陷 / 多动障碍方面的有效性，尽管其效果可能没有兴奋剂类药物那么显著（Battagliese et al.，2015）。

有些患有注意缺陷 / 多动障碍的儿童仅靠药物就能表现良好，有些儿童仅接受认知行为治疗就能获得很好的效果，还有些儿童则需要同时接受这两种治疗（Pelham et al.，2005）。接受药物治疗的成年注意缺陷 / 多动障碍患者也可能受益于涵盖认知行为疗法的治疗方案（Safren et al.，2010）。有研究者称，一种专注于培养组织能力、制订计划的能力和时间管理能力的认知训练对治疗成年注意缺陷 / 多动障碍患者有效（Solanto et al.，2010）。

13.6.2　品行障碍

描述品行障碍的主要特征。

尽管**品行障碍**（Conduct Disorder，CD）也涉及破坏性行为，但它在很多重要方面与注意缺陷 / 多动障碍有所不同。患有注意缺陷 / 多动障碍的儿童无法控制自己的行为，而患有品行障碍的儿童则是有意识地从事违反社会规范和侵犯他人权利的反社会行为。患有注意缺陷 / 多动障碍的儿童会乱发脾气，而患有品行障碍的儿童则是故意表现出攻击性和残忍的一面，他们会经常挑衅、欺负或威胁其他孩子，或者主动挑起肢体

艾迪几乎从未安静地坐着过
一个关于注意缺陷 / 多动障碍的案例

9 岁的艾迪在课堂上是一个问题儿童。他的老师抱怨说，他总是焦躁不安，以至于班上的其他同学都无法专心听课。他几乎从不安静地坐着，经常在教室里走来走去，和其他正在听课的孩子讲话。他多次被勒令停学，原因是他的行为举止令人愤怒，最近一次是他爬到荧光灯具上荡秋千，结果下不来了。

他的母亲说，他从蹒跚学步起就是一个问题儿童。他从不需要太多睡眠，总是在家人还在睡觉的时候醒来，然后下楼，在客厅和厨房里破坏

东西。他总是坐立不安，并且要求很多。4 岁时，有一次他打开了前门，走到了车流中，幸运的是，他被一位路人救了下来。

心理测验显示，艾迪的学习能力处于中等水平，但他几乎完全无法集中注意力。他对电视、游戏或其他需要集中注意力的事情统统不感兴趣。他不受同伴们的欢迎，喜欢独自骑自行车或和他的狗一起玩。他在家和学校都不听从指令，还从父母或同学那里偷过钱。

艾迪已经接受过低剂量的哌甲酯（利他林）治疗，但由于该药物对他的不服从和偷窃行为不起作用，因此治疗被中止了。然而，该药物的确减少了他的焦躁不安，并延长了他在学校的注意力持续时间。

冲突。就像反社会的成年人一样，许多患有品行障碍的儿童冷酷无情，他们显然不会为自己的罪行感到内疚或懊悔（Frick et al.，2014）。他们可能会为了得到自己想要的东西而撒谎或欺骗他人、偷取或破坏财产、纵火，或者闯入他人家中。当他们年龄大一些时，他们可能会犯下严重的罪行，如强奸、持械抢劫甚至杀人。他们在上学时可能会作弊（如果他们愿意去上学的话），并用撒谎来掩盖自己的"罪行"。他们通常会出现物质滥用问题，或者过早地进行性行为。

品行障碍是一个很常见的问题，大约有 12% 的男孩和 7% 的女孩受到它的影响（总体患病率为 9.5%）（Nock et al.，2006）。这种障碍不仅在男孩中比在女孩中更常见，其表现形式在性别上也略有不同。对男孩来说，品行障碍更有可能表现为偷窃、打架、破坏公物或在学校出现纪律问题。而对女孩来说，品行障碍则更有可能表现为撒谎、逃学、离家出走、物质滥用和卖淫行为。患有品行障碍的儿童经常会共病其他心理障碍，包括注意缺陷 / 多动障碍、重性抑郁障碍和物质使用障碍（Kazdin，2018）。童年期的品行障碍也与成年后的反社会行为和反社会型人格障碍的形成有关（Burke，Waldman，& Lahey，2010；Olino，Seeley，& Lewinsohn，2010）。

品行障碍的平均发病年龄为 11.6 岁，也可能在更小或较大的年龄阶段出现（Nock et al.，2006）。品行障碍通常是一种慢性或持续性的障碍，尽管它与反社会行为密切相关，但其他常见的特征还包括冷酷无情（漠不关心、刻薄和残忍），以及与他人只能保持一种不带情感的关系（Frick et al.，2014）。

13.6.3　对立违抗障碍

描述对立违抗障碍的主要特征。

对立违抗障碍（Oppositional Defiant Disorder，ODD）和品行障碍常被合称为"品行问题"。虽然二者之间可能存在关联，但对立违抗障碍是一个单独的诊断类别，

而不仅仅是品行障碍的一种较轻的形式。对立违抗障碍更多的是一种非违法（消极抵抗或对立）形式的行为障碍，而品行障碍则涉及更严重的违法行为，如逃学、偷窃、撒谎和攻击他人。然而，对立违抗障碍通常比品行障碍更早出现，并且可能会在日后导致品行障碍的发展（Kaminski & Claussen，2017）。大约有 30%的对立违抗障碍会继续发展为品行障碍（Kaminski & Claussen，2017）。

患有对立违抗障碍的儿童往往过于消极或对立。他们蔑视权威，经常与父母和老师进行争论，拒绝服从要求或指示。他们可能会故意惹恼他人，容易生气或发脾气，敏感或容易烦躁，习惯于责怪他人的错误和过失，对他人心怀怨恨，或者以恶意或报复性的方式对待他人。这种障碍通常在 8 岁之前开始出现，并在几个月或几年的时间里逐渐发展。它通常始于家庭环境，但可能会扩展到其他环境，如学校。

对立违抗障碍是儿童中最常见的诊断之一。据估计，这种障碍影响了 1% ～ 11% 的儿童和青少年

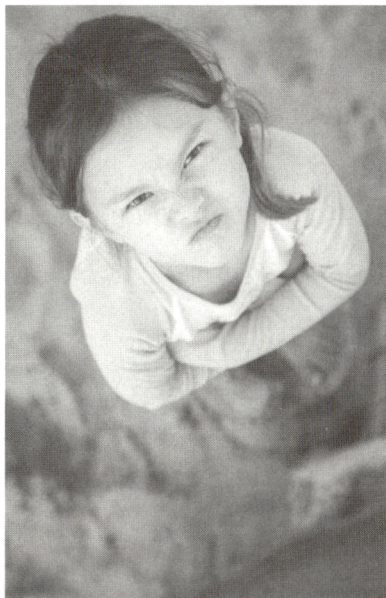

对立违抗障碍

患有对立违抗障碍的儿童会对来自父母、老师或其他权威人士的指示表现出消极和对立的行为。他们可能会对他人怀有恶意或实施报复，但通常不会表现出与品行障碍相关的残忍、攻击性和违法行为。

（American Psychiatric Association，2013）。在 12 岁之前，对立违抗障碍在男孩中比在女孩中更常见，但我们尚不清楚它在青少年和成年人中是否存在性别差异（American Psychiatric Association，2013）。相比之下，大部分研究发现，在所有年龄段中，品行障碍都在男孩中比在女孩中更常见。

关于对立违抗障碍和品行障碍的理论观点

对立违抗障碍的致病因素尚不清楚。一些理论家认为，对立性是一种被描述为"难养型儿童"的潜在气质的表现（Rey，1993）。另一些人则认为，未处理的亲子冲突或父母过度严格的控制是这种障碍的根源所在。心理动力学理论家将对立违抗障碍视为性心理发展的肛欲期固着的一种表现，在这个阶段，父母与孩子之间会因如厕训练而产生明显的冲突。未处理的冲突日后可能会以违背父母意愿的形式表现出来。

学习理论家认为，父母使用不恰当的强化策略会引发孩子的对立行为。在这种观点下，当孩子拒绝服从父母时，父母的让步可能会不恰当地强化儿童的对立行为。

家庭因素与品行障碍的形成有关，这种障碍往往出现在不良的家庭教养环境中，例如，父母未能积极地强化或表扬孩子的恰当行为，以及在孩子犯错后使用严厉、不一致的管教方式（Berkout，Young，& Gross，2011）。品行障碍患儿的家庭成员之间的互动往往是消极和强制性的。

患有品行障碍的儿童往往会对父母和其他家庭成员提出诸多要求，并且不服从管教。家庭成员经常使用不恰当或严厉的行为进行回应，如威胁孩子、对孩子大喊大叫或打骂孩子。父母对患有品行障碍的孩子实施的攻击行为通常包括推搡、拉扯、扇耳光、打屁股、拳打脚踢。不难推测，父母对反社会行为的示范会导致孩子习得这些反社会行为。一些患有品行障碍的孩子会在成年后发展为反社会型人格障碍患者（Burke，Waldman，& Lahey，2010）。

品行障碍经常发生在父母因婚姻冲突等原因而深陷痛苦的家庭环境中。强制性的管教和不良的监护也会增加儿童罹患品行障碍的风险（Kilgore，Snyder，& Lentz，2000）。不良的养育行为，如严厉的管教和缺乏监管，可能会导致儿童对他人缺乏同理心，以及对破坏性行为缺乏控制。

患有破坏性行为障碍（如品行障碍或对立违抗障碍）的儿童也倾向于在处理社会信息时表现出有偏见的方式（Novaco，2017）。例如，他们可能会错误地认为他人有意伤害他们。他们常常会迅速地将自己所处的困境归咎于他人。不管实际情况如何，他们都倾向于认为自己被不公平地对待。他们可能还会表现出其他认知缺陷，如在面对冲突时不能做出替代性的、非暴力的应对方式。

和许多心理障碍一样，品行障碍也是环境影响与遗传因素共同作用的结果（Mann et al.，2018）。例如，有证据显示，早期遭受身体虐待和经历严苛的养育方式会增加儿童罹患品行障碍的风险，但仅限于有特定遗传特征的儿童（Dodge，2009）。研究者报告称，儿童的冷漠无情——一种与品行障碍相关的人格特质——与大脑中参与决策、行为控制和情绪调节的部分区域的结构改变有关（Bolhuis et al.，2019）。这表明，品行障碍可能也是一种神经发育障碍，其中遗传会影响大脑发育，并与环境影响相互作用。遗传因素也可能与对立违抗障碍的形成有关。

治疗方法

基于行为技术的父母训练项目通常被用来帮助减少孩子的攻击行为、破坏性行为和对立行为，增加孩子的适应性行为（Kaminski & Claussen，2017；Kazdin，2018）。治疗目标包括帮助父母制定更清晰、更一致的规则及有效的管教策略，增加正面强化（奖励和表扬孩子的行为），以及增进亲子间的积极互动（Rajwan，Chacko，& Moeller，2012）。因此，父母不仅要学会如何改变孩子的破坏性行为，还要关注孩子的恰当行为并及时给予奖励。愤怒控制训练也可能对有愤怒问题和攻击行为的儿童有效（Sukhodolsky et al.，2005）。

下面的案例说明了在对患有对立违抗障碍的儿童进行行为治疗时，父母的参与所起的作用。

患有品行障碍的儿童有时被安置在有明确奖励和温和惩罚（如撤销已获得的特权）的住宿治疗项目中。许多患有品行障碍的儿童，尤其是男孩，会表现出攻击行为，并且很难控制自己的愤怒。他们中的许多人可以从帮助管理冲突的训练项目中获益，学会在不诉诸攻击行为的情况下处理冲突。如今，许多治疗项目都是基于系统模型进行的。它们会针对影响儿童功能的多个系统（包括学校、社区、朋辈群体和家庭）提供强化治疗（Weiss et al.，2013）。

认知行为疗法也被用来治疗有攻击性的儿童，让他们将社交挑衅重新定义为需要解决的问题，而不是需要用暴力回应的挑战。这些儿童可以学会用平静的自我对话来抑制冲动行为、管理愤怒、找到并使用非暴力的方式解决社交冲突。

13.7　童年期的焦虑和抑郁

焦虑和恐惧是童年期的正常情绪，就像成年人也会有这些情绪一样。童年期的恐惧（如害怕黑暗或

比利
一个关于对立违抗障碍的案例

比利是一名 7 岁的二年级学生，由父母带来接受心理咨询。由于父亲在海军服役，这家人经常搬家。比利通常在父亲照顾他的时候表现得很乖巧，但他不听母亲的话，当母亲对他提要求时，他就对她大喊大叫。比利的母亲在努力管教他时感到压力巨大，尤其是当丈夫不在家时。

上一年级时，比利在家和学校就成了一个麻烦。他无视并违反家和学校的规定，不做家务，还经常对弟弟大喊大叫。当他表现出这些行为时，父母就会把他关在自己的房间或院子里，取消他的一些特权，拿走他的玩具，或者打他的屁股。但是，所有这些管束措施都没有始终如一地执行。他还在家附近的铁轨上玩耍，有两次他因向汽车扔石头而被警察送回了家。

对这个家进行的家庭观察显示，比利的母亲经常给予比利一些不恰当的指令。她尽可能少地与他互动，几乎不给予他任何口头表扬或身体上的亲近，也从不对他微笑或做出积极的面部表情

和手势。只有当他行为不端时，她才会注意到他。当比利不听话时，她会对他大喊大叫，然后试图抓住他，强迫他服从。而比利会笑着从她身边跑开。

咨询师告诉比利的父母，这个孩子的问题行为是不恰当的暗示方式（错误的指令）、对恰当行为缺乏正强化及对不当行为的惩罚缺乏一致性共同作用的产物。咨询师教会了父母如何适当地使用强化、惩罚和暂停技术。然后，父母把比利的问题行为记录下来，以便更清楚地了解是什么触发和强化了这些问题行为。咨询师还向比利的父母展示了如何强化那些可接受的行为，并利用暂停技术对不当行为进行惩罚。比利的母亲还接受了放松训练，以使自己对比利的破坏性行为不再那么敏感。生物反馈技术被用来增强放松的效果。

在为期 15 天的基线观察期内，比利每天大约会有四次违抗行为。之后，比利的违抗行为减少为每隔两天出现一次。后续的数据显示，不遵守规定的行为维持在一个可以接受的水平上，大约每天一次。据反馈，比利在学校的行为问题也减少了，尽管这些行为并没有直接得到处理。

资料来源：Adapted from Kaplan，1986.

小动物）是很常见的，大多数儿童都能自然而然地克服这些恐惧。然而，如果焦虑过度并持续干扰儿童正常的学业或社会功能，这种焦虑就不正常了。持续的心境紊乱也会影响孩子的日常功能。正如我们将看到的，许多儿童也会罹患焦虑障碍或抑郁障碍（Snow & McFadden，2017；Weersing et al.，2017）。此外，许多儿童可能同时患有焦虑障碍和抑郁障碍，这就是我们在本节对此进行探讨的原因（Merry，Hetrick，& Stasiak，2017）。在少数族裔儿童中，焦虑障碍和抑郁障碍的患病率更高，这提醒我们要努力寻找那些可能会使少数族裔儿童面临更大风险的应激源（Anderson & Mayes，2010）。

13.7.1　儿童和青少年焦虑相关障碍

描述儿童和青少年焦虑相关障碍的主要特征。

焦虑障碍是影响儿童和青少年的最常见的心理障碍，多达 1/3 的青少年在成年之前会受到焦虑障碍的影响（Asarnow，Rozenman，& Carlson，2017）。与成年人类似，儿童可能也会罹患与焦虑相关的心理障碍，包括恐怖症、广泛性焦虑障碍、强迫症和创伤后应激障碍。此外，他们也可能罹患另一种较为特殊的焦虑障碍（通常出现在童年早期）：**分离焦虑障碍**（Separation Anxiety Disorder）。

童年期的焦虑问题常常得不到识别，更谈不上治疗，部分原因是专业人士可能很难区分儿童的表现是正常的恐惧、担忧和害羞，还是更加严重的、达到临床诊断标准的焦虑障碍。另一个影响正确诊断的问题是，许多可能患有焦虑障碍的儿童只会表达躯体症状，如头痛和胃痛。他们无法用语言来表达诸如"担忧"和"恐惧"这样的情绪。或者，他们的症状可能被掩盖了，因为他们倾向于回避令他们害怕的东西或情境。例如，患有社交焦虑障碍的儿童可能会避免与其他儿童交往。未能及时发现儿童的焦虑障碍会导致诸多后果，一方面是儿童无法及时获得有效的治疗，另

一方面是未被发现的焦虑障碍也会增加他们日后罹患更严重的焦虑障碍、抑郁障碍及物质使用障碍的风险（Emslie，2008）。

社交焦虑

社交焦虑的儿童往往会过于害羞和孤僻，并且很难与其他儿童进行互动。

分离焦虑障碍

对年幼的孩子来说，与照顾者分开时表现出焦虑是正常的。著名的依恋研究者玛丽·安斯沃斯（Mary Ainsworth）详细地记录了儿童依恋行为的发展过程，她发现分离焦虑通常在儿童 1 岁时开始出现（Ainsworth，1989）。依恋关系所带来的安全感会鼓励儿童探索周围的环境，并促进其逐渐走向独立。儿童与父母之间牢固的依恋关系可能有助于缓冲未来生活中的压力事件对他们造成的影响。与安全依恋程度高的婴儿相比，那些显示出不安全依恋的婴儿更容易出现问题行为，在童年晚期面对家庭中消极的生活事件时更容易产生焦虑情绪（Dallaire & Weinraub，2007）。

只有当儿童对与照顾者或依恋对象分离的恐惧或焦虑是持续、过度的，或者与儿童的发育水平不相符时，才会被诊断为分离焦虑障碍。也就是说，3 岁的儿童应该能够参加学前教育，不会因为焦虑而恶心或呕吐。同样，6 岁的儿童应该能够自如地去上学，而不是持续地担心自己或父母会发生什么可怕的事情。患有分离焦虑障碍的儿童往往会缠着父母，跟着他们，围

绕在他们周围。他们可能会表达对死亡本身和死亡过程的担忧，并坚持在入睡时有人陪着。其他症状包括做噩梦、胃痛、恶心和呕吐、恳求父母不要离开，或者在父母即将离开时发脾气。他们可能会拒绝上学，因为他们害怕自己不在家时会有一些可怕的事情发生在他们的父母身上。

分离焦虑障碍影响着 4% ～ 5% 的儿童，是 12 岁以下的儿童中最常见的焦虑障碍（American Psychiatric Association，2013；Shear et al.，2006）。这种障碍在女孩中更常见，并且常常与拒绝上学有关。这种障碍也常常与社交焦虑一起出现（Ferdinand et al.，2006）。分离焦虑障碍可能会持续存在，或者在个体成年后才开始出现，导致个体对自己的子女和配偶的健康状况过度担忧，并且难以忍受与他们分离（Silove et al.，2015）。

过去，分离焦虑障碍通常是指"上学恐怖症"。然而，分离焦虑障碍也可能发生在学龄前儿童身上。对年幼的孩子来说，拒绝上学通常被视为分离焦虑的表现。然而，对青少年而言，拒绝上学常常与学业和社交方面的担忧有关，因此分离焦虑障碍这个标签并不适用于他们。

分离焦虑障碍常常继发于应激性生活事件，如疾病、亲人或宠物的离世、学校或家庭方面的变故。在下面的案例中，艾莉森的问题就是在其祖母去世后出现的。

理解和治疗儿童焦虑障碍

关于儿童焦虑障碍的理论观点与关于成人焦虑障碍的某些观点是相似的。精神分析理论家认为，与成年人一样，儿童的焦虑和恐惧也象征着无意识的冲突。认知理论家关注认知偏差的作用，认为焦虑的儿童会表现出与成年焦虑障碍患者相同的认知歪曲类型，包括将社交情境解读为威胁，以及总是预期要发生不好的事情（Dudeney，Sharpe，& Hunt，2015；Muris & Field，2013）。他们也倾向于进行消极的自我对话（Kendall & Treadwell，2007）。对最坏结果的预期，加上缺乏自

艾莉森对死亡的恐惧
一个关于分离焦虑障碍的案例

艾莉森 7 岁时，她的祖母去世了。父母同意她最后看一眼躺在棺材里的祖母，于是艾莉森试探性地从父亲胳膊边上的缝隙中看了一眼，然后就被带出了房间。她 5 岁的妹妹不慌不忙地凑近看了看，并没有表现出明显的痛苦。

从那时起，艾莉森就一直担心关于死亡的问题，已经持续两三年了。祖母的去世给她带来了一连串问题，"我会死吗""大家都会死吗"，诸如此类。她的父母安慰她说："祖母已经很老了，她还有心脏病。你很年轻，身体很健康。很多很多年以后，你才需要思考死亡这件事。"

艾莉森不敢一个人待在家中的任何一个房间里。无论走到哪里，她都要拉着她的父母或妹妹。

她还做了关于祖母的噩梦。在之后的几天里，她坚持要和父母睡在同一个房间里。幸运的是，艾莉森的恐惧并未蔓延到学校。艾莉森的老师说，艾莉森花了一些时间谈论她的祖母，但她的学习成绩并没有受到明显的影响。

艾莉森的父母决定给她一些时间，让她"从失去亲人的痛苦中走出来"。艾利森谈论死亡的时间越来越少了，三个月后，她可以一个人进入家中的任何一个房间了。然而，她还是想继续睡在父母的卧室里。所以，父母和她"达成了一项协议"。如果艾莉森同意回到自己的床上睡觉，他们会推迟让她回去的时间，直到本学年结束（一个月后）。作为进一步的激励，父母中的一方会一直陪伴她，直到她在自己的房间里可以独自入睡。艾莉森以这种方式克服了焦虑问题，没有再出现其他状况。

信，促使他们回避那些令自己害怕的活动，无论是与朋友在一起时、在学校里，还是在其他场合。此外，消极的预期也会加剧他们的焦虑情绪，影响他们在课堂或运动场上的表现。

学习理论家认为，广泛性焦虑可能源于对被拒绝或失败的恐惧。儿童对被拒绝的潜在恐惧或感觉自己无能会泛化到广泛的社交互动中及需要取得成就的领域。遗传因素似乎也对儿童焦虑障碍的产生起到了一定的作用，包括分离焦虑障碍和特定恐怖症（Bolton et al.，2006）。

无论导致焦虑障碍的原因是什么，一些针对成人焦虑障碍的认知行为疗法，如逐渐暴露于恐惧刺激和放松训练，也会对患有焦虑障碍的儿童有所帮助（见第 5 章）。认知技术可以帮助儿童识别引发焦虑的想法，代之以其他能让人平静下来的想法。大量证据表明，认知行为疗法在治疗儿童和青少年的焦虑障碍方面效果良好（Asarnow，Rozenman，& Carlson，2017；Davíð et al.，2017；Kodal et al.，2017；Silverman et al.，2019；Skriner et al.，2019；Wang et al.，2017）。

苯二氮䓬类抗焦虑药物，如地西泮（安定）和阿普唑仑，不建议用于治疗儿童焦虑障碍（Kuang et al.，2017）。选择性 5-羟色胺再摄取抑制剂类抗抑郁药物，如氟伏沙明、舍曲林和氟西汀，在治疗儿童和青少年焦虑障碍方面的效果也很好（Locher，Koechlin，et al.，2017；Merry，Hetrick，& Stasiak，2017；Strawn et al.，2018；Wang et al.，2017）。选择性 5-羟色胺再摄取抑制剂的疗效似乎与认知行为疗法的疗效相当（Pine & Freedman，2017）。相关证据也表明，在许多案例中，将认知行为疗法与选择性 5-羟色胺再摄取抑制剂结合使用能比单独使用其中一种治疗方法产生更好的治疗效果（Dubovsky，2017）。然而，由于存在失眠、疲劳感和烦躁不安等药物治疗的副作用，家长可能不愿意让孩子服用抗抑郁药物。

13.7.2　儿童和青少年抑郁障碍

描述儿童和青少年抑郁障碍的常见特征，识别与儿童和青少年抑郁障碍相关的认知偏差及治疗儿童和青少年抑郁障碍的方法。

我们可能会认为，童年是人生中最快乐的时光。大多数儿童在父母的呵护下长大，不用承担成年人的责任。从成年人的角度来看，儿童的身体似乎是由橡胶制成的，他们从来不会感到疼痛。而且，他们似乎有无限的精力。然而，实际情况是儿童和青少年也会罹患心境障碍，包括重性抑郁障碍和双相障碍。重性抑郁障碍是儿童和青少年中最常见的一种心境障碍，影响着大约 5% 的 5 ～ 12.9 岁儿童，以及大约 20% 的 13 ～ 17.9 岁青少年（Rohde et al.，2013）。重性抑郁障碍有时甚至会出现在学龄前儿童中，尽管这种情况很少见。女孩比男孩更有可能在童年期或青春期罹患重性抑郁障碍（Rohde et al.，2013）。抑郁障碍及自杀的想法和行为在美国青少年中呈上升趋势，尤其是在女孩中。研究者指出，网络霸凌现象的增加和社交媒体的使用可能是罪魁祸首（Mojtabai，Olfson，& Han，2016；Twenge et al.，2018）。

与患有抑郁障碍的成年人一样，患有抑郁障碍的儿童和青少年通常也会有无助的感觉和歪曲的思维模式。他们倾向于将负性事件归咎于自己、自尊水平低、缺乏自信并感觉自身能力不足。他们报告的症状有悲伤、哭泣、感觉冷漠、失眠和疲劳感。他们可能会感觉没有食欲，或者出现体重减轻的情况，但一般不会出现体重增加或食欲增加的情况（Cole et al.，2012）。他们也可能有自杀的想法，甚至会尝试自杀。

儿童抑郁障碍还伴有一些独有的特征，如拒绝上学、害怕父母死去及过于依赖父母。他们的抑郁也可能被一些不相关的行为掩盖。品行问题、学习问题、躯体不适及多动都可能源于未被发现的抑郁。在青少年中，攻击行为和性行为失控也可能是抑郁障碍的迹象。

患有抑郁障碍的儿童或青少年可能不会给他们的感受贴上"抑郁"的标签。即使在他人看来他们很悲伤，他们也不会承认，部分原因在于他们的认知发展程度。7 岁前，儿童通常还不能准确识别内心的感受，他们可能无法理解自己的消极情绪状态，如抑郁状态。至少在抑郁障碍的早期阶段，有些孩子表现出来的是无聊或易怒，而非悲伤。

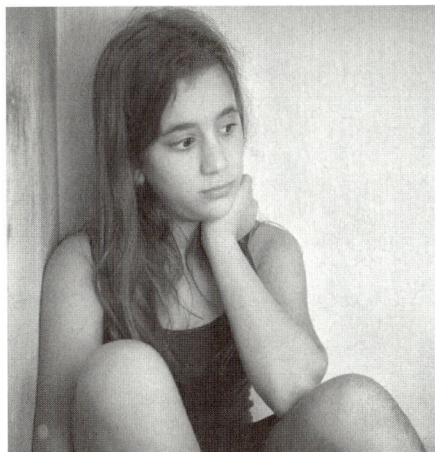

Kmiragaya/Fotolia

孩子太小，就不会抑郁吗

虽然我们倾向于认为，童年是人生中最快乐、最无忧无虑的时期，但抑郁障碍在年龄较大的儿童和青少年中其实很常见。抑郁的孩子可能会说他们感到悲伤，对以前觉得愉快的事情缺乏兴趣。然而，即使他们可能看起来很抑郁，但他们中的许多人并不会表达（或没有意识到）自己抑郁。抑郁也可能被其他问题掩盖，如品行问题、学业问题、躯体不适和多动。

正误判断

学习困难、问题行为和躯体不适可能是儿童抑郁障碍的征兆。

正确　儿童可能不会给他们的感受贴上"抑郁"的标签，也很难把这些感受表达出来。抑郁常常被品行问题、学业问题和躯体不适所掩盖。

朋友相对较少的儿童罹患抑郁障碍的风险更大（Schwartz et al., 2008）。在童年晚期，与朋友或小团体越来越疏离，预示着个体在青春期早期可能会罹患抑郁障碍（Witvliet et al., 2010）。抑郁的儿童往往缺乏学习和运动技能，以及建立友谊所需的社交技巧。他们可能会发现自己在学校很难集中注意力，还可能存在记忆力减退的问题，这使他们很难保持好成绩。他们经常把自己的感受藏在心里，这导致他们的父母很难意识到他们的问题并带他们寻求帮助。他们可能会以愤怒、闷闷不乐或不耐烦的形式来表达消极情绪，这会导致他们与父母发生冲突，进而加剧并延长抑郁状态。

童年期或青春期的一次重性抑郁发作可能会持续一年或更长的时间，并且可能会在以后的日子里再次发作。然而，儿童抑郁障碍很少单独出现，抑郁的儿童往往还存在其他严重的心理问题，包括焦虑障碍、品行障碍或对立违抗障碍，青春期的女孩可能会罹患进食障碍。大约有一半在童年期受到焦虑障碍或抑郁障碍影响的儿童在成年后会继续出现类似的问题（Patton et al., 2014）。

理解和治疗儿童抑郁障碍

儿童抑郁障碍和儿童自杀行为经常与家庭中的问题和冲突有关。儿童和青少年有时会遭遇家庭中的应激性生活事件，如父母冲突或父母失业，这会增加他们罹患抑郁障碍的风险。生活在被歧视的环境中是增加那些被边缘化和遭受刻板印象困扰的青少年罹患抑郁障碍风险的另一个因素（Patila et al., 2017）。应激性生活事件，如失恋或朋友关系紧张，会降低自我价值感和胜任感，从而导致易受影响的青少年罹患抑郁障碍（Hammen, 2009）。对女孩来说，进入青春期后出现的进食障碍和对自己身体的不满往往预示着她们会患上重性抑郁障碍（Stice et al., 2000）。

随着儿童的成熟及其认知能力的发展，消极的思维方式开始显现（Garber, Keiley, & Martin, 2002）。与成年人一样，抑郁的儿童和青少年也倾向于表现出歪曲的思维模式，举例如下：

- 预期最坏的结果（悲观）；
- 灾难化负性事件的后果；
- 把失望和消极的结果归咎于自己，即使是在毫无根据的情况下；

- 最小化个人的成就，只关注事件的消极方面。

研究者还发现，在其他文化中，抑郁的儿童同样存在歪曲的思维模式。例如，一项针对 582 名中国香港地区中学生的研究表明，抑郁情绪与歪曲的思维模式有关，这些思维模式包括将自己的成就最小化并夸大自己的失败与不足（Leung & Poon, 2001）。欧洲的研究者将一些具体的思维模式与青少年的抑郁联系在一起，包括将本不是自己的过错归咎于自己，反复思考自身的问题（在头脑中一遍又一遍地琢磨这些问题），以及夸大自身的问题（Garnefski, Kraaij, & Spinhoven, 2001）。

尽管认知因素与抑郁之间存在联系，但我们尚不清楚它们之间的因果关系，即究竟孩子是因为感觉压力过大而变得抑郁，还是因为抑郁而产生歪曲、消极的想法。很有可能，二者是交互作用的，抑郁会影响思维模式，反过来思维模式也会影响情绪状态。

青春期女孩往往比青春期男孩表现出更严重的抑郁症状，这一发现反映了成年人中抑郁障碍的性别差异（Stewart et al., 2004）。那些采取消极、被动的应对方式（如深陷于自己的问题）的女孩罹患抑郁障碍的可能性会更大。

有证据支持认知行为疗法在治疗儿童和青少年抑郁障碍方面的有效性（Chorpita et al., 2011；Weersing et al., 2017）。一项具有代表性的研究显示，75% 患有抑郁障碍的青少年在接受认知行为治疗后，其抑郁症状消失了（Weisz et al., 2009）。认知行为治疗通常包括社交技能训练（学习如何与他人交谈和交朋友）、问题解决技能训练、增加参与积极活动的频率，以及对抗抑郁的想法。此外，家庭治疗可以帮助家庭解决潜在的冲突，重新调整家庭成员之间的关系，以使家庭成员能够给予彼此更多的支持。

选择性 5-羟色胺再摄取抑制剂类抗抑郁药物对治疗儿童和青少年抑郁障碍的临床效果尚不明确，这些药物包括氟西汀、舍曲林和西酞普兰。而且，抗抑郁药物的疗效（改善程度）十分有限（Dubovsky, 2017；Locher, Koechlin, et al., 2017；Merry, Hetrick, & Stasiak, 2017）。正如我们在下文的"批判性思考"专栏中所探讨的那样，兴奋剂和抗抑郁药物在治疗儿童和青少年心理障碍方面是否被过度使用，这一问题引起了人们的高度关注。

批判性思考
我们是否给孩子过度用药了

近年来，用于治疗注意缺陷/多动障碍、抑郁障碍和其他心理障碍的精神类药物的使用量呈爆炸性增长。有超过 6% 的美国儿童和青少年服用过精神类药物，最常见的情况是使用兴奋剂类药物治疗注意缺陷/多动障碍（"By the Numbers", 2015；Mann, 2013；Olfson, Druss, & Marcus, 2015）。

近年来，用于治疗注意缺陷/多动障碍的兴奋剂类药物的使用量大幅增长——自 20 世纪 80 年代以来增长了约 20 倍（Sroufe, 2012）。有超过 70% 的注意缺陷/多动障碍患儿接受了兴奋剂类药物治疗（CDC, 2015c）。而且，这些药物也越来越多地被用于 2～5 岁的学龄前儿童（Novotney, 2015）。近 3% 的青少年服用过抗抑郁药物，这些药物被用于治疗抑郁障碍、惊恐障碍和进食障碍。越来越多的年轻人也开始服用其他精神类药物，包括心境稳定剂（抗惊厥药物）、抗焦虑药物、安眠药，甚至是强效抗精神病药物（Hartz et al., 2016；Olfson, King, & Schoenbaum, 2015）。

这场争议中的两个焦点问题分别是，强效抗精神病药物的使用，以及利他林和其他兴奋剂类药物用于控制注意缺陷/多动障碍的情况。抗精神病药物，如利培酮和奥氮平（见第 11 章），原本用于治疗成人精神分裂症，如今却被更广泛地用于治疗注意缺陷 / 多动障碍，尽管这些药物并没有获准用于治疗注意缺陷 / 多动障碍，并且它们对大脑发育的影响尚不明晰（Correll & Blader，2015；Olfson, King, & Schoenbaum，2015）。这些药物存在引发严重副作用的风险，包括可能导致体重显著增加、血胆固醇水平升高的代谢紊乱，还可能会引发潜在不可逆的抽动障碍，如迟发性运动障碍（见第 11 章）。这些强效抗精神病药物也被用于治疗儿童和青少年的破坏性行为，包括攻击行为和冲动行为（Correll & Blader，2015）。男孩比女孩更有可能接受抗精神病药物治疗，这一事实表明，这些药物更多地被用于控制破坏性行为，而非精神病性症状（Olfson, King, & Schoenbaum，2015）。（详见"批判性思考：罹患双相障碍的孩子"中的进一步讨论。）

鉴于有如此多的孩子在服用强效精神类药物，批评者认为，我们太急于寻求问题行为的"快速解决方案"，而不是探究诸如家庭冲突等诱发因素，仅仅因为这需要投入更多的精力和时间。如果一个孩子无法安静地坐在自己的书桌前做作业，就会产生一种寻找相应的化学治疗药物的压力。那些习惯于使用强效抗精神病药物来控制消极情绪的年轻人可能不会再去寻找其他方法来管理自己的情绪了（Sharpe，2012）。

一名儿科医生表示："父母坐下来和孩子交谈是需要花时间的，不过直接给孩子吃药就省事多了（Hancock，1996）。"美国疾病控制与预防中心的副主任伊莲娜·阿里亚斯（Ileana Arias）这样说："我们还不清楚抗精神病药物对儿童发育中的大脑和身体究竟会有怎样的长期影响……因为对 6 岁以下的儿童来说，治疗注意缺陷 / 多动障碍最安全的方法是行为疗法。所以，我们应该首先使用行为疗法，然后再对这些儿童进行药物治疗

（CDC，2015c）。"尽管如此，美国疾病控制与预防中心估计，只有大约 44% 患有注意缺陷 / 多动障碍的美国儿童和青少年接受过行为治疗。

争论的双方立场鲜明。批评者认为我们过度使用抗精神病药物，尤其是利他林。他们还指出了潜在的令人担忧的副作用（例如，使用利他林会导致体重减轻和失眠），并表达了这样的担忧：我们其实仍然不清楚兴奋剂和其他强效抗精神病药物是如何影响仍在发育中的大脑的（Geller，2006；Stambor，2006）。而且，我们尚不能完全排除这些药物存在导致儿童和青少年出现心血管问题的可能性（Kratochvil，2012；Vitiello et al.，2012）。

这些药物的作用的确有限。它们可能会在短时间内提高孩子的注意力，但随着时间的推移，这些药物的效果会越来越不明显，而且它们也无法改善孩子的学习成绩（Sroufe，2012）。研究注意缺陷 / 多动障碍的权威人物、心理学家 L. 艾伦·苏劳菲（L. Alan Sroufe）认为，用一粒药丸修复儿童的问题行为是目光短浅的做法："认为儿童的问题行为可以通过药物治愈的错觉，阻碍了我们寻求必要的、更为复杂的解决方案（Sroufe，2012）。"正如苏劳菲所指出的，我们不能指望靠一粒药丸来解决我们生活中的所有问题。批评者认为，虽然认知行为疗法等可用于治疗许多此类问题，但与处方药相比，它们仍未得到充分的使用。

在争论的另一方，药物治疗的支持者指出了药物在治疗注意缺陷 / 多动障碍和抑郁障碍等疾病方面的效果。这些药物可以帮助多动的儿童平静下来，提高他们的注意力，抗抑郁药物还可以缓解焦虑和抑郁。然而，我们仍然缺乏青少年使用抗精神病药物的长期有效性和安全性的证据。

另外，美国食品药品监督管理局（Food and Drug Administration，FDA）发出的警告让情况更加复杂，该警告指出，接受抗抑郁药物治疗的青少年和年轻的成年人自杀的风险会小幅增加。这种风险似乎只适用于年龄在 25 岁以下的年轻人（Stone et al.，2009）。无

论增加的风险有多小，医护人员和患者家属都需要小心、谨慎地留意患者的自杀征兆（Reeves & Ladner，2009）。临床医生还需要意识到一些可能会增加服用抗抑郁药物的青少年自我伤害风险的因素，如存在自杀意念、家庭冲突和药物滥用等（Brent et al.，2009；Sharma et al.，2016）。在选择性 5-羟色胺再摄取抑制剂剂量较高的情况下，青少年出现自杀意念和自杀企图的风险会更大（Brent & Gibbons，2013；Miller et al.，2014）。也有一些专家认为，对儿童和青少年使用抗抑郁药物的情况只适用于那些对心理干预没有反应的重性抑郁障碍病例（Geller，2016）。

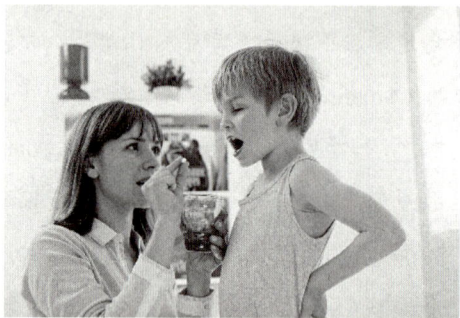

Alice S/BSIP/Alamy Stock Photo

这个孩子应该吃药吗

近年来，儿童使用抗精神病药物的情况急剧增加。你知道有儿童从抗精神病药物中获益吗？使用这些药物会引发哪些问题呢？有什么可供选择的替代性治疗方案吗？

美国食品药品监督管理局发出的警告确实对减少青少年抗抑郁药物的处方数量产生了影响。然而，一些临床医生担心，不给抑郁的儿童和青少年服用抗抑郁药物所带来的风险可能远远大于使用这些药物导致自杀意念小幅增加的风险（Friedman，2014a）。此外，抗抑郁药物使用量的减少所带来的问题，并没有被心理治疗或其他精神类药物等替代疗法解决。

目前不仅有数百万儿童在服用精神类药物，并且据估计，有高达 160 万儿童一次同时服用两种以上药物，有时是三种甚至更多。例如，许多儿童在服用兴奋剂类药物治疗注意缺陷/多动障碍的同时还服用抗抑郁药物或心境稳定剂。然而，我们只有少量的证据支持同时使用两种精神类药物的做法，也完全没有证据支持同时使用三种或更多种药物的可行性（Harris，2006）。正如精神病学家、儿童精神类药物使用方面的权威专家丹尼尔·萨弗（Daniel Safer）所说："没有人可以证明，同时使用多种药物的好处会大于它们所带来的风险（Harris，2006）。"

不过，争论的双方存在的共识是，仅靠药物不足以治疗儿童和青少年的心理问题。那些存在学习困难、家庭问题及低自尊的儿童需要的不仅仅是药片（或多种药片的组合）。任何药物的使用都需要以心理干预为辅助，以帮助陷入困境的儿童发展更具适应性的行为。当非药物治疗被证明无效时，药物治疗才应该被当作主要的治疗方式。有时，综合的治疗方法效果最好。

在对这一议题进行批判性思考时，请尝试回答以下问题。

- 为什么在使用兴奋剂类药物和抗抑郁药物治疗儿童和青少年心理障碍这个问题上存在争议？
- 在很多国家，针对儿童和青少年心理障碍开具药物处方的频率要远低于美国，这说明了什么？

13.7.3 儿童和青少年自杀

识别青少年自杀的风险因素。

自杀在童年期和青春期早期很少见，但在青春期晚期和成年早期很常见。十分不幸的是，美国每年有超过 12 000 名青少年和成年早期的年轻人（10～34 岁）自杀，这使自杀成为这一年龄段人群的第二大死亡原因（Abbasi，2016）。官方统计数据只记录了那些被报告的自杀事件，而一些明显的意外死亡，如从高处坠落身亡，也可能属于自杀。美国年轻人的自杀率正在以惊人的速度上升，近些年，自杀率在青春期女孩中达到了

40 年来的最高水平（见图 13-4）。

尽管人们普遍认为，那些谈论自杀的儿童和青少年只是在发泄自己的情绪，但大多数自杀的青少年事先都发出过要自杀的信号（Bongar，2002）。事实上，那些讨论自杀计划的人是最有可能实施自杀的人。不幸的是，父母往往不会认真对待孩子有关自杀的言论。

在美国，除年龄的增长外，其他与儿童和青少年自杀风险增加相关的因素如下（CDC，2017b；Dervic，Brent，& Oquendo，2008；Fox，2017）。

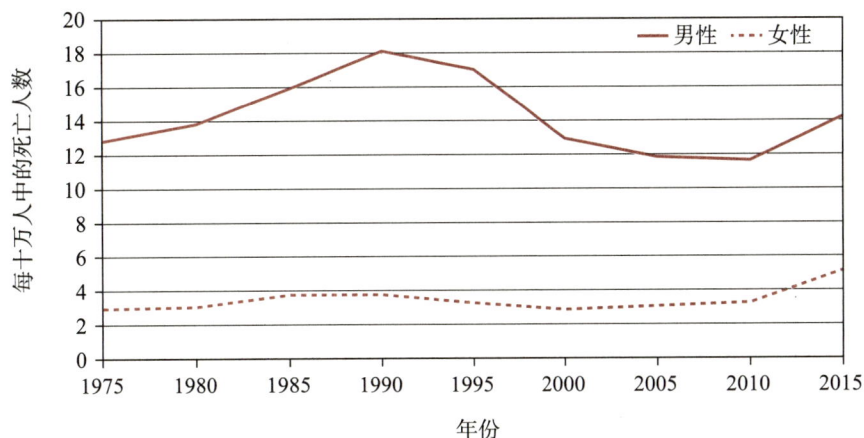

图 13-4　青少年自杀致死的人数

资料来源：Centers for Disease Control and Prevention（CDC），2017b.

- **性别**。与成年女性一样，女孩企图自杀的可能性是男孩的三倍。然而，与成年男性一样，男孩更容易成功地实施自杀，这也许是因为他们更容易使用致命的手段（如枪支）。

- **地理位置**。人口稀少地区的青少年更容易自杀。美国西部乡村地区的青少年自杀率最高。

- **种族**。非裔、亚裔和西班牙裔美国青少年的自杀率比非西班牙裔白人青少年的自杀率低 30%～60%。然而，正如第 7 章所述，美洲原住民青少年和成年男性的自杀率最高（Meyers，2007）。

- **抑郁和绝望**。抑郁在青少年自杀中和在成年人自杀中一样突出，尤其是当抑郁与绝望和低自尊相结合时。

- **过往的自杀行为**。1/4 试图自杀的青少年会反复实施自杀。有超过 80% 的青少年在自杀前谈论过自杀。自杀的青少年可能会携带致命武器、谈论死亡、制订自杀计划或做出一些危险的行为。

- **性虐待史**。澳大利亚的一项研究显示，在童年期遭受过性虐待的年轻人的自杀率比全国平均水平高出 10 倍以上（Plunkett et al.，2001）。此外，大约有 1/3 被性虐待的年轻人曾试图自杀，而未受过虐待的对照组中则没有人试图自杀。

- **家庭问题**。家庭问题会增加人们尝试自杀和实际自杀的风险。这些问题包括家庭不稳定和家庭冲突、遭受身体虐待或性虐待、因死亡或分居而失去父母中的一方，以及亲子之间沟通不畅。

- **应激性生活事件**。在年轻人中，许多自杀是由应激性或创伤性事件直接引发的，如与女朋友或男朋友分手、意外怀孕、被逮捕、在学校出现问题、转入新学校或不得不参加一场重要的考试。

- **物质滥用**。家庭成员有成瘾行为或青少年本人滥用药物也是一个影响因素。

- **社会不良风气**。青少年自杀有时会以群体的形式发生，尤其是当自杀或自杀群体引起了广泛的关注时。青少年可能会将自杀浪漫化为一种英雄式的反抗行为。自杀的青少年身边经常有自杀或企图自杀的兄弟姐妹、朋友、父母或有自杀倾向的成年亲属。也许，家庭成员或同学的自杀使他们觉得自杀是摆脱压力或惩罚他人的一种手段。也许，其他人的自杀给了青少年一种自己"注定"要选择自杀的印象。青少年自杀可能发生在社区里，尤其是当他们面临越来越大的学业压力时，如竞争大学录取名额。下面的案例能很好地说明这一点。

帕姆、金和布莱恩
一个关于群体自杀的案例

帕姆是一个非常有魅力的 17 岁女孩，在割腕后接受住院治疗。她告诉心理学家："在我们搬到纽约郊区一个中上阶层居住的小镇之前，我是班里最聪明的女孩，老师们都喜欢我。如果我们有毕业纪念册的话，我会是最有可能获得成功的那个人。然后，我们就搬家了，我突然受到了很大的打击。在新学校，大家都很聪明，也很努力。突然间，我就成了一名普通的高中生。"

"虽然老师对我很好，但我不再特殊，这让我很受伤。然后，我们都申请了大学。你知道 90% 的高中生都能考上大学吗？我的意思是四年制的大学。我们都知道或怀疑那些好的大学在我们学校每年的招生名额是有限的。我的意思是，班里不会有 30 个孩子考入耶鲁大学、普林斯顿大学或韦尔斯利学院。你最好从犹他大学开始申请。"

"然后，金竟然被布朗大学拒绝了。金可是班里的第一名，没有人相信她会被拒绝。金的父亲是从布朗大学毕业的，金的 SAT 成绩有将近 1500 分。金在外面待了几天，我的意思是她没来上学，突然之间，她就消失了。她自杀了，结束了自己的生命。布莱恩被康奈尔大学拒之门外。几天后，他也消失了。他们的成绩都比我好。我是说他们平时的成绩和 SAT 成绩都比我高，而我也打算申请布朗大学和康奈尔大学。我根本没有机会，何苦呢？"

你可以看到灾难性的想法在这样的悲惨事件中扮演着怎样的角色。与成年人自杀的研究资料一致，企图自杀的年轻人在面对应激事件时不会采用积极的问题解决策略。他们可能看不到任何其他方法来帮助自己摆脱感知到的失败或压力。与成年人一样，改变歪曲的思维模式并从中找到处理问题和应对压力的策略，是帮助有自杀倾向的孩子的一种方法。可能有效的预防方案包括基于学校的技能训练项目，但证明其有效性的证据仍有待进一步收集（Gould et al.，2003）。

批判性思考
罹患双相障碍的孩子

卧室门外有人敲门。6 岁的克莱尔正在网上浏览一些好玩的视频。她用玩具箱把门挡住，然后把玩具和其他重物堆在玩具箱上。"如果是我哥哥敲门，"她对一位来访的记者说，"最好不要开门。"她说她才不在乎自己是不是做得太过分，她就是无法信任她的哥哥，因为她的哥哥总是会突然跳起来吓唬她。

她的哥哥，10 岁的詹姆斯，两年前被诊断患有双相障碍。和其他患有双相障碍的孩子一样，詹姆斯有攻击行为和暴怒发作史。有时，他会向母亲伸出手，渴望获得她的关注，但随后会突然暴怒发作，怒气冲冲地离开她。过一会儿，他又会回来寻求与母亲的接触或拥抱，有时甚至缠着母亲不放。大约在 10 年前，像詹姆斯这样的孩子可能会被诊断为注意缺陷/多动障碍或对立违抗障碍。但在 20 世纪 90 年代，许多专业人士开始将双相障碍的诊断用于儿童群体，而之前这一障碍很少被用来诊断儿童。近年来，对儿童双相障碍的诊断呈爆发式增长，抗精神病药物、抗惊厥药物和用于治疗成人双相障碍的锂盐等强效药物在儿童中的使用量也大幅增长。

到 21 世纪初，高达 1% 的儿童和青少年被诊断为双相障碍。与 20 世纪 90 年代初相比，这一比例增加了将近 40 倍（Holden, 2008; Moreno et al., 2007）。批评者声称，这种疾病的潜在患病率并没有真正增加，而是有些心理健康专业人士将其他心理障碍，如注意缺陷 / 多动障碍或品行障碍，重新贴上了双相障碍的标签（Holtmann, Bölte, & Poustka, 2008）。

批评者对过度诊断的担忧源于美国国家心理健康研究所的研究结果，该研究显示，被诊断为双相障碍的绝大多数儿童（80%）不符合双相障碍的诊断标准（Carey, 2012b; Egan, 2008）。另一些人则认为，双相障碍影响儿童的比例比许多心理健康从业者认为的更大，从业者刚刚开始认识到这一疾病，而多年来这一疾病一直被忽视。

批评者还声称，制药行业从治疗双相障碍的药物中获得了巨大的利润，鼓励医生给患者开出最新的药物，促使了对这种疾病的过度诊断（Holden, 2008）。正如华盛顿大学的精神病学家杰克·麦克莱伦（Jack McClellan）所说："针对双相障碍的治疗，首选是药物，其次是药物，第三还是药物……但如果这些孩子有品行障碍，那么行为疗法应该被列为最主要的治疗方法（Carey, 2010）。"

双相障碍的特征是明显的躁狂和抑郁发作，因此专业人士需要验证儿童在被诊断前是否表现出了心境谱系的两个极端。对儿童和青少年双相障碍的过度诊断的担忧促使 DSM-5 对双相障碍的诊断范围进行了限制——将诊断限制在有明显双相障碍症状的儿童。同时，DSM-5 中增加了一项新的诊断类别——破坏性心境失调障碍（Disruptive Mood Dysregulation Disorder, DMDD），适用于极度易怒、频繁地发脾气（如前面描述的詹姆斯的

情况），但并未表现出心境变化、夸大的自尊、让人有压迫感的言语等其他与双相障碍有关的躁狂特征的儿童（Roy, Lopes, & Klein, 2014）。这一障碍在男孩中似乎比在女孩中更常见（Hartung & Lefler, 2019）。

被诊断为破坏性心境失调障碍的儿童往往会突然大发雷霆，表现出强烈而持久的愤怒情绪。他们的频繁爆发与现实情况严重不符，并伴随着人身攻击、毁坏财物或愤怒的言语表达（Axelson, 2013）。只有频繁的情绪爆发达到每周三次且持续一年以上，才能被诊断为破坏性心境失调障碍。被诊断为破坏性心境失调障碍的儿童在成年早期往往有较高的抑郁障碍和焦虑障碍的发病率，这表明他们受损的心理功能会持续到青春期以后（Copeland et al., 2014）。

破坏性心境失调障碍在很大程度上是一种有争议的诊断类别，因为它可能将儿童的常见行为问题（如经常发脾气）病理化或医疗化。这些担忧可能被夸大了，因为有研究表明，只有 1% 的学龄儿童完全符合这一疾病的诊断标准（Copeland et al., 2013）。然而，我们还应该认识到，暴怒可能是其他疾病的征兆，如注意缺陷 / 多动障碍、品行障碍、对立违抗障碍，甚至是双相障碍。总之，破坏性心境失调障碍的诊断在临床

Glory/Alamy Stock Photo

这是破坏性心境失调障碍的迹象吗

关于新增的破坏性心境失调障碍这一诊断类别的争议之一是将儿童和青少年的常见行为问题（如发脾气）病理化。我们如何命名这些行为问题为何如此重要呢？

实践中如何发挥作用还有待进一步观察。

为什么确定儿童是被诊断为双相障碍还是其他心理疾病（如注意缺陷 / 多动障碍）如此重要呢？主要原因是，诊断是用来指导治疗的。用于治疗注意缺陷 / 多动障碍的药物，尤其是像利他林这样的兴奋剂类药物，会触发或加剧躁狂发作。而像锂盐这种用于治疗双相障碍的药物，如果用于治疗注意缺陷 / 多动障碍则是不合适的，甚至可能是有害的。

使用强效抗精神病药物治疗儿童和青少年的潜在风险也引发了争议，这些药物通常用于治疗成年精神分裂症和双相障碍患者（Olfson, King, & Schoenbaum, 2015）。虽然非典型抗精神病药物（如利培酮）可以缓解愤怒和暴怒，但也有导致患者的体重显著增加的风险（一般约为 7% 或以上），而代谢变化可能会导致糖尿病和心脏病（Correll et al., 2009; Varley & McClellan, 2009）。其他药物，如锂盐和抗惊厥药物，也具有明显的副作用和导致并发症的风险。至今仍无人清楚这些药物

对儿童或青少年发育中的大脑有什么长期影响（Kumra et al., 2008）。

另一个问题是，随着破坏性心境失调障碍这一新的诊断类别的出现，那些经常发脾气的孩子是否会被施以药物治疗。许多专业人士认为，如果把精力放在寻找控制儿童破坏性行为的药物上，而不是帮助他们学会如何控制自己的消极情绪，并利用行为技术帮助他们学会更具适应性的行为，那么破坏性心境失调障碍的诊断只会加剧儿童的过度用药问题。

显然，那些被诊断为双相障碍的孩子具有严重的行为问题，这可能会给他们和他们的家人带来巨大的困扰。随着研究的继续，我们希望更多地了解针对双相障碍患儿的最佳治疗方法。在对这一议题进行批判性思考时，请尝试回答以下问题。

- 你认为近年来儿童双相障碍的诊断数量激增的原因是什么？
- 有这类行为问题的孩子应该被诊断为双相障碍并服用强效抗精神病药物或接受其他形式的治疗吗？请说明你的理由。

13.8　排泄障碍

胎儿和新生儿会本能地排泄。当孩子长大一些并接受了大小便训练后，他们就会发展出抑制排尿和排便的自然反应的能力。然而，对一些孩子来说，控制排泄的问题仍然存在，表现为遗尿症和遗粪症，它们是由非器质性原因导致的排泄障碍。

13.8.1　遗尿症

描述遗尿症的主要特征并评价其治疗方法。

遗尿症（Enuresis）一词源于希腊语词根 "en"（意为 "在里面"）和 "ouron"（意为 "尿"）。遗尿症是指个体在达到了能够控制排尿的 "正常" 年龄后，仍然无法控制排尿的情况。不过，临床医生对达到自主控

制排尿的正常年龄的界定各不相同。

根据 DSM，要被诊断为遗尿症，儿童必须至少年满 5 岁或处于同等发育水平，并符合以下诊断标准：

- 反复尿床或尿湿衣物（无论有意还是无意）；
- 尿床或尿湿衣服的频率为至少每周两次，持续三个月以上，或者导致显著的痛苦或功能受损；
- 没有医学或器质性方面的问题，也不是由使用药物造成的。

像许多其他发育障碍一样，遗尿症在男孩中更常见。在美国，6 岁及以上的儿童中有 700 万人受到尿床问题的影响（Lim, 200）。据估计，在全美国的 5 岁儿童中，有 5%～10% 达到了遗尿症的诊断标准（American Psychiatric Association, 2013）。这种障碍通

常会在青春期或更早时自行消失，尽管在大约 1% 的病例中，这种疾病会持续到成年期。

遗尿问题会让人十分痛苦，尤其是对年龄稍大一些的孩子来说（Butler，2004）。遗尿症既可能发生在夜间睡眠期间，也可能发生在个体醒着时，或者在个体睡眠或醒着时都会发生。夜间遗尿是最常见的类型，睡眠期间发生的遗尿被称为"尿床"。在夜间控制膀胱比在白天更困难。入睡时，儿童必须学会在他们感到膀胱有压力时醒来，然后去洗手间小便。孩子越小，越有可能在夜间尿床。对那些已经学会在白天控制膀胱的孩子来说，在之后的一年或更长时间内出现尿床现象是完全正常的。尿床通常发生在深度睡眠阶段，这可能反映了神经系统的不成熟。遗尿症的诊断只适用于至少 5 岁以上的儿童反复出现尿床或在白天尿湿衣物的情况。

理论观点

对遗尿症的心理动力学解释表明，遗尿代表了孩子因严格的大小便训练而对父母产生敌意。它也可能是对弟弟妹妹的出生，或者其他应激源或生活变故的回应，如开始上学、父母或亲人离世。学习理论家指出，遗尿通常发生在被父母试图过早训练控制排尿的孩子身上。早期的失败可能将焦虑与孩子控制膀胱的努力联系在一起。这种建立起来的条件性焦虑会诱发排尿而不是抑制排尿。

原发性遗尿症（Primary Enuresis）是遗尿症中最常见的一种类型，其特征是此前从未学会如何在夜间控制排尿的孩子持续出现尿床问题。这是由具有遗传基础的发育迟缓导致的（Mast & Smith，2012；Wei et al.，2010）。我们尚不清楚遗尿症的遗传机制，但一种可能性是，某些基因调控着大脑皮层对排泄反射运动控制的发育速度。尽管遗传因素似乎与原发性遗尿症有关，但环境和行为因素在决定疾病的发展和病程方面可能也发挥了作用。另一种类型的遗尿症是继发性

遗尿症（Secondary Enuresis），它显然不受遗传因素的影响，其特征是之前只是偶尔尿床的孩子在学会控制排尿后，又重新出现了遗尿问题。

治疗

遗尿症通常会随着儿童的成长自行痊愈。然而，当遗尿问题一直持续存在或给父母或儿童带来巨大的困扰时，行为疗法会有所帮助。这种方法是让孩子在膀胱充盈时醒来。一个有效的例子是使用尿床警报器，这是在心理学家 O. 霍巴特·莫瑞尔（O. Hobart Mowrer）于 20 世纪 30 年代提出的治疗方法的基础上演变而来的。

尿床的问题在于，虽然膀胱的不适感会让很多在睡梦中的孩子醒来，不过，有些孩子在膀胱充盈的情况下仍会继续睡觉（Butler，2004）。结果，他们就会反射性地在床上小便。莫瑞尔率先使用了尿床警报器，现在的警报器是在熟睡的孩子身下放置的一种由湿度触发的警报装置。当孩子尿床时，传感器会监测到并触发警报器，从而唤醒孩子（Lim，2003）。经过几次重复后，大多数膀胱充盈的孩子会在警报器响起之前醒来。这种技术通常用经典条件反射的原理来解释。儿童膀胱的紧张会与刺激（警报器）反复配对，当他们尿床时就会将他们唤醒。这样一来，膀胱紧张（一种条件刺激）就会引发与警报器（非条件刺激）相同的反应（唤醒 - 条件反应）。

Courtesy of PottyMD. Used by permission.

尿床警报器

尿床警报技术被广泛应用于对夜间遗尿的治疗。这一技术如何说明经典条件反射的原理？

对遗尿症的治疗，包括尿床警报技术或药物治疗，通常都是有帮助的（Houts，2010）。某些精神类药物也能起作用，如氟伏沙明，一种可以作用于控制排尿的大脑系统的 5-羟色胺再摄取抑制剂类抗抑郁药物。尿床警报技术有最高的治愈率和最低的复发率（Glazener，Evans，& Peto，2000；Thiedke，2003）。药物治疗的较高复发率凸显了这样一个事实，即药物治疗本身无法教给孩子任何可以在积极治疗期后持续存在的新的技能或适应性行为。

13.8.2 遗粪症

描述遗粪症的主要特征。

遗粪症（Encopresis）一词源于希腊语词根"en"（意为"在里面"）和"kopros"（意为"粪便"）。这一疾病是指由非器质性问题引起的对肠道运动失去控制的情况。被诊断为遗粪症的儿童必须不小于 4 岁，或者对智力受损的儿童来说，其心理年龄至少要达到 4 岁。大约有 1% 的 5 岁儿童患有遗粪症（American Psychiatric Association，2013）。和遗尿症一样，遗粪症也在男孩中更常见。遗粪症可能是自主或非自主的，并且不是由器质性问题引起的。最可能的诱发因素包括不一致、不完整的如厕训练和心理社会压力，如弟弟妹妹的出生或开始上学。

与遗尿症不同的是，遗粪症更容易发生在白天而非晚上。这对儿童来说是非常尴尬的，同学会因此而躲避或嘲笑他们。因为粪便气味强烈，老师可能很难装作什么都没有发生过。父母最终也会因为孩子反复遗粪的问题而备受折磨，进而增加孩子对自我控制的要求，并对控制排便失败的孩子采取更加严厉的惩罚。这样一来，孩子可能会把弄脏的衣物藏起来，远离其他同学，或者假装生病，待在家里不去上学。不断增加的焦虑程度会加剧遗粪的发生。因为焦虑能够唤醒自主神经系统的交感神经分支，进而促进肠道蠕动，所以控制排便会变得更加困难。因此患有遗粪症的孩子比其他孩子有更多的情绪和行为问题（Joinson et al.，2006）。

如果遗粪症是非自主的，那么它通常与便秘、粪便嵌塞或粪便潴留有关，这会导致随后的粪便溢流。便秘也可能与心理因素有关（如对在某个特定地点进行排便感到恐惧），或者更普遍的是一种消极或对立的行为模式。便秘还可能与生理因素有关，如疾病或由药物引发的并发症。有意的遗粪行为则较少见。

遗粪行为经常在孩子因一两次偶然的遗粪而被严厉地惩罚后出现，尤其是对那些已经极度紧张或焦虑的孩子来说。严厉的惩罚可能会使孩子的注意力与遗粪和失禁联系在一起。他们可能会反复思考这个问题，这又会提升他们的焦虑水平，从而使自我控制能力进一步受损。

行为治疗技术对治疗遗粪症有一定的帮助（Loening-Baucke，2002）。在治疗中，当孩子成功地实现自我控制时，父母要给予孩子奖励（如通过表扬和其他方式），并对持续出现的遗粪问题采取温和的惩罚措施（如温柔地提醒孩子密切地注意肠道的紧张，让孩子自己清理被弄脏的衣物）。如果遗粪问题持续出现，我们建议进行全面的医学和心理评估，以确定可能的原因和适当的治疗方法。

本章总结

13.1　儿童和青少年的正常行为与异常行为

13.1.1　关于什么是正常和异常的文化信仰

解释儿童和青少年正常行为与异常行为之间的差异，以及文化信仰在诊断异常行为方面的作用。

除第 1 章介绍的区分正常和异常行为的一般标准外，我们还需要考虑儿童的年龄和文化背景，以确定儿童或青少年的行为是否偏离了发展和规范标准。在确定某种行为在特定文化中是否被视为"异常"时，我们还需要考虑文化规范。

13.1.2　儿童和青少年心理健康问题的患病率

描述儿童和青少年心理健康问题的患病率。

不幸的是，心理健康问题在年轻人中相当普遍。在过去的几年里，大约有 40% 的青少年被诊断患有心理障碍，大约 1/10 的儿童被足以对其成长造成严重影响的心理障碍困扰。然而，绝大多数有心理健康问题的儿童并没有获得他们所需的治疗。

13.1.3　儿童和青少年心理障碍的风险因素

识别儿童和青少年心理障碍的风险因素，并描述儿童虐待的影响。

与儿童和青少年患心理障碍的高风险相关的因素包括以下几点：遗传易感性；产前因素对发育中的大脑的影响；环境压力源（如生活在衰败的社区）；家庭因素，尤其是不一致或严厉的管教、忽视、身体虐待或性虐待；少数族裔身份（对注意缺陷 / 多动障碍、焦虑障碍和抑郁障碍等问题来说）；性别，男性在童年期更容易受孤独症、注意缺陷 / 多动障碍、排泄障碍及焦虑和抑郁相关问题的影响，而女性在青春期更容易出现焦虑和抑郁方面的问题。

儿童虐待的消极影响包括身体上的伤害甚至死亡，以及情感上的影响，如难以形成健康的依恋关系、自卑、有自杀的想法、抑郁及无法探索外部世界等问题。虐待和忽视儿童的情绪和行为所造成的影响往往会延续到成年期。

13.2　孤独症（自闭症）谱系障碍

13.2.1　孤独症（自闭症）谱系障碍的特征

描述孤独症（自闭症）谱系障碍的主要特征。

患有孤独症（自闭症）谱系障碍的儿童看起来与他人很疏离或非常孤独，在社交互动及发展和维持关系的能力方面表现出缺陷。他们会表现出重复或受限的动作或行为、受限或固定的兴趣，渴望一成不变和维持既有的习惯，同时还会表现出言语异常，如重复言语、模仿言语、代词反用和对词语的奇怪用法。

13.2.2　关于孤独症（自闭症）谱系障碍的理论观点

识别孤独症（自闭症）谱系障碍的病因。

孤独症的病因尚不明确，但越来越多的证据指向遗传因素和大脑异常的影响，也许还有上述因素与（目前尚未知的）环境因素相结合而产生的影响。

13.2.3　孤独症（自闭症）谱系障碍的治疗方法

描述孤独症（自闭症）谱系障碍的治疗方法。

与患有孤独症（自闭症）谱系障碍的儿童接触或进行社交互动是实施治疗计划的关键所在。通过使用被称为应用行为分析的强化行为方法，患者在学业和社会功能方面均取得了进展。这些方法有赖于对儿童进行密集的一对一行为治疗。

13.3　智力障碍

13.3.1　智力障碍的特征和病因

描述智力障碍的主要特征和病因。

智力障碍是以智力和适应能力严重受损为特征的疾病。它是通过智力测验和对功能适应水平的测量来评估的。大多数病例属于轻度智力障碍。智力障碍是由染色体异常（如唐氏综合征）、遗传性疾病（如脆性X综合征和苯丙酮尿症）、产前因素（如产妇患病和饮酒），以及与缺乏智力刺激的家庭或社会环境相关的文化–家庭因素引起的。

13.3.2　智力障碍的干预措施
描述用于帮助智力障碍儿童的干预措施。

　　智力障碍的干预措施会根据功能受损和智力残疾的严重程度不同而有所不同。心理教育干预措施通常用于帮助智力障碍患儿获得职业技能，为有意义的工作做准备。住院或寄宿护理机构仅针对重度和极重度智力障碍患儿。

13.4　学习障碍

13.4.1　学习障碍的特征、病因及治疗方法
识别学习障碍的类型，描述理解和治疗学习障碍的方法。

　　学习障碍是在阅读、写作、数学或执行功能技能发展方面存在的特定缺陷。其形成原因仍在研究中，但可能涉及潜在的大脑功能障碍，这些功能障碍使儿童难以处理或解码视觉和听觉信息。干预主要侧重于对特定技能缺陷的弥补。

13.5　交流障碍

13.5.1　语言障碍
描述语言障碍的主要特征。

　　语言障碍的特征是表达或理解口语有重大困难。它可能与词汇积累缓慢、不会正确使用时态、记忆单词困难，以及缺乏与个人年龄相符的组织长句子和复杂句子的能力等问题有关。

13.5.2　言语方面的问题
描述涉及言语问题的心理障碍的主要特征。

　　这类障碍涉及在发出清晰、流畅的言语方面存在缺陷。语音障碍是指持续存在难以清晰地发出语音的

困难，并且这种困难无法用生理缺陷来解释。童年发生的言语流畅障碍通常被称作口吃，涉及无法流利地说话，以及无法掌握适当的发音时机。

13.5.3　社交（语用）交流障碍
描述社交（语用）交流障碍的主要特征。

　　社交（语用）交流障碍适用于那些在与他人进行言语或非言语交流方面存在持续且显著困难的儿童，包括在家、学校或玩耍时与他人进行对话的困难。

13.6　行为问题：注意缺陷／多动障碍、对立违抗障碍和品行障碍

13.6.1　注意缺陷／多动障碍
描述注意缺陷／多动障碍的主要特征，识别其致病因素并评估其治疗方法。

　　注意缺陷／多动障碍的特征是冲动、注意力不集中和多动。注意缺陷／多动障碍的致病因素集中在遗传和环境因素的相互作用上（例如，不一致或不良的养育行为），从而影响大脑的执行控制功能。兴奋剂类药物在减少注意缺陷／多动障碍患儿的多动和提高其注意力方面通常是有效的，但它并不能带来学业成绩的提升。行为疗法可以帮助注意缺陷／多动障碍患儿更好地适应学校生活。行为疗法对于矫正品行障碍和对立违抗障碍患儿的行为也有帮助。

13.6.2　品行障碍
描述品行障碍的主要特征。

　　患有品行障碍的儿童会故意做出反社会行为，在与其他儿童的互动中往往会表现出攻击性和残忍性。他们可能会欺凌或威胁他人，或者挑起争斗。和反社会的成年人一样，他们会表现出对他人的无情漠视，以及对自己的错误行为缺乏内疚感或焦虑感。

13.6.3　对立违抗障碍
描述对立违抗障碍的主要特征。

　　患有对立违抗障碍的儿童会表现出消极或对立的

行为，但不会表现出品行障碍的违法行为或反社会行为特征。然而，对立违抗障碍可能会发展为品行障碍。

13.7　童年期的焦虑和抑郁

13.7.1　儿童和青少年焦虑相关障碍
描述儿童和青少年焦虑相关障碍的主要特征。

　　儿童和青少年的焦虑障碍通常包括特定恐怖症、社交焦虑障碍和广泛性焦虑障碍。

　　患有分离焦虑障碍的儿童在与父母分离时会表现出与其发展水平不符的过度焦虑。这种障碍可能伴随噩梦、胃痛、恶心和呕吐，当预期要与父母分开（如父母送他们去学校）时，他们会恳求父母不要离开他们，或者在父母即将离开时发脾气。认知歪曲，如预期负面结果、消极的自我对话，以及将模棱两可的情况解释为威胁，在儿童和青少年的焦虑障碍中占据突出地位，这在成年人中也经常发生。

13.7.2　儿童和青少年抑郁障碍
描述儿童和青少年抑郁障碍的共同特征，识别与儿童和青少年抑郁障碍相关的认知偏差及治疗儿童抑郁障碍的方法。

　　患有抑郁障碍的儿童，尤其是年幼的儿童，可能不会报告或意识到自己感到抑郁。抑郁也可能被看似无关的行为所掩盖，如品行问题。

　　患有抑郁障碍的儿童往往会表现出消极的思维方式和认知偏差，如悲观的解释风格和消极、歪曲的思维，这在患有抑郁障碍的成年人中也很常见。儿童抑郁障碍可以通过认知行为疗法、抗抑郁药物治疗或心理和药理学方法相结合的方式进行治疗。

13.7.3　儿童和青少年自杀
识别青少年自杀的风险因素。

　　青少年自杀的风险因素包括性别、年龄、地理位置、种族、抑郁和绝望、过往的自杀行为、性虐待史、家庭问题、应激性生活事件、物质滥用和社会不良风气等。

13.8　排泄障碍

13.8.1　遗尿症
描述遗尿症的主要特征并评价其治疗方法。

　　遗尿症是指对排尿的控制持续受损，并且这种受损不能用器质性原因来解释，也不符合儿童的发育水平。这种疾病在男孩中更常见。治疗遗尿症的最佳方法是尿床警报技术，这种技术可以使患有遗尿症的儿童在排尿前醒来，以对膀胱紧张做出反应。

13.8.2　遗粪症
描述遗粪症的主要特征。

　　遗粪症是指对排便的控制持续受损，并且这种情况与儿童的发育水平不符。它可能与不一致或不完整的如厕训练史和心理社会压力有关，如兄弟姐妹的出生或开始上学。

批判性思考题

请在阅读本章内容的基础上，回答以下问题。

- 你认为患有智力障碍的儿童应该在正常的班级中学习吗？请说明你的理由。
- 你认为患有学习障碍的人在参加标准化测验时应该被给予特殊照顾（如增加额外的答题时间）吗？为什么？
- 如果你有一个患有注意缺陷／多动障碍的孩子，你会考虑使用像利他林这样的兴奋剂类药物吗？为什么？
- 你认识那些接受过心理治疗的孩子吗？他们接受了什么样的治疗？治疗效果如何？

第 **14** 章

神经认知障碍及衰老相关障碍

Katarzyna Bialasiewicz/Alamy Stock Photo

本章音频导读，请扫描二维码收听。

∨ 学习目标

14.1.1　描述神经认知障碍的诊断特征，并识别三种主要的类型。

14.1.2　描述谵妄的主要特征及病因。

14.1.3　描述重度神经认知障碍的主要特征及病因。

14.1.4　描述轻度神经认知障碍的主要特征。

14.1.5　描述阿尔茨海默病所致的神经认知障碍的主要特征及病因，并评价其当前的治疗方法。

14.1.6　识别神经认知障碍的其他亚型。

14.2.1　识别老年人群中的焦虑相关障碍及其治疗方法。

14.2.2　识别与成年晚期抑郁障碍相关的因素及其治疗方法。

14.2.3　识别与老年人的睡眠问题相关的因素及其治疗方法。

在进一步阅读之前，请先完成正误判断测试，看看自己对相关知识的掌握情况。接着，在阅读本章的内容时，请对照穿插其中的参考答案来确认你的答案。

正误判断

正确　错误

☐　☐　痴呆是衰老过程中的正常现象。

☐　☐　大多数患有轻度认知障碍的老年人在 5 ～ 10 年内会发展为阿尔茨海默病患者。

☐　☐　偶尔健忘的人可能正处于阿尔茨海默病的早期阶段。

☐　☐　幸运的是，现在有药物可以阻止阿尔茨海默病的发展，甚至可以在某些情况下治愈该疾病。

☐　☐　最近的证据表明，经常锻炼可以保护大脑免受阿尔茨海默病的侵害。

☐　☐　一位著名的民谣歌手兼词曲作者被误诊为酒精中毒，在精神病院待了好几年后才得到正确的诊断。

☐　☐　有种痴呆与疯牛病有关。

☐　☐　焦虑相关障碍是老年人中最常见的心理障碍，甚至比抑郁障碍更常见。

"你应当祈祷在健康的身体里有一个健康的心灵。"

——尤维纳利斯（Juvenal），
罗马诗人（公元前 55—127 年）

以下简短的叙述来自一名与阿尔茨海默病抗争了 10 年后失去母亲的女性。她讲述了这一可怕的疾病给她的日常生活带来的痛苦，以及这期间片刻的快乐时光。

"玛丽的故事"

看着妈妈在慢慢离开的过程中每天遭受痛苦，我的一部分被撕裂了。然而，当阿尔茨海默病肆虐时，我们全家人设法抓住每一丝生命、希望和爱的可能……

和妈妈一起坐在钢琴前，我会弹她最爱的曲子。有时，音乐会激发记忆，她会跟着唱；但通常她只会微笑……

如果我离开……也许就不会掉那么多眼泪，但也不会拥有那个夜晚的特别记忆了……我走进客厅，亲吻了爸爸，然后走到妈妈面前说："嗨，妈妈。"

然后，我弯下腰亲吻她，如同我往常许多次做过的那样。但就在那个晚上，她不仅回以微笑，还给了我一个轻轻的吻。时隔多年，她第一次拍着手说："玛丽。"然后，她笑了，就这样，没有再多说一个词，只是"玛丽"，那是我最后一次听到妈妈喊我的名字。玛丽，它听起来是多么美妙啊！多年前妈妈认不出我时那种撕心裂肺的痛苦，在某种程度上被这令人振奋的感觉减轻了……那一刻带给我的慰藉，超乎你的想象。

资料来源：Excerpted from "Mary's Story", posted on the Alzheimer's Association website.

"在健康的身体里有一个健康的心灵"是关于健康、幸福生活的古老处方。然而，脑部疾病和损伤会使我们的身心都变得不健康。当大脑因外伤或中风而受损时，认知、社交和职业功能会迅速且严重地退化。相比之下，一些慢性进行性退化疾病（如阿尔茨海默病）会使个体的心理功能逐步衰退，最终导致完全的无助状态，就像玛丽的母亲那样。

本章关注的心理障碍，即神经认知障碍，是由影响大脑的损伤或疾病引发的，其中一些疾病，包括阿尔茨海默病主要影响老年人；另一些神经认知障碍影响的对象则不局限于老年人，而是各个年龄段的人。我们首先从各类神经认知障碍开始讨论。

14.1 神经认知障碍

我们执行认知功能的能力——思考、推理、存储和回忆信息的能力——依赖于大脑的正常运作。当大脑因受伤、疾病、接触有毒物质、使用或滥用精神活性物质而受到损伤或其功能受到损害时，**神经认知障碍**（Neurocognitive Disorders）就会出现。大脑受损的范围越大，其功能受损的程度就越严重、影响范围也越广。

神经认知障碍并不是由心理问题导致的，而是由影响大脑功能的生理或内科疾病、药物使用或戒断引发的。在有些案例中，神经认知障碍的具体病因是可以确定的；在另一些案例中，病因则无法确定。尽管这些障碍基于生物学原因，但心理和环境因素在决定致残症状的严重程度和影响范围，以及个体应对这些症状的能力方面起着关键的作用。

14.1.1 神经认知障碍的类型

描述神经认知障碍的诊断特征，并识别三种主要的类型。

神经认知障碍的诊断基于认知功能缺陷，这标志着个体先前的功能水平发生了显著变化，反映了大脑

的损伤或功能失调。脑功能受损的程度和部位在很大程度上决定了认知问题的范围和严重程度。脑损伤的部位也很关键，因为许多大脑结构或区域执行特定的功能。例如，颞叶损伤与记忆和注意力缺陷有关，而枕叶损伤可能导致视觉-空间缺陷，正如著名的 P 博士的案例所示。P 博士是一位杰出的音乐家兼教师，他丧失了从视觉上识别物体的能力，包括对面孔的辨认能力。

在《错把妻子当帽子》（*The Man Who Mistook His Wife for a Hat*）一书中，已故神经学家奥利弗·萨克斯（Oliver Sacks）讲述了 P 博士在音乐学校辨认不出学生面孔的故事（Sacks, 1985）。然而，P 博士却能在一名学生说话时立即辨认出他的声音。这位教授不仅无法从视觉上区分他人的面孔，有时甚至感知不到任何面孔。他会拍拍消防栓和停车计时器的顶部，因为他误把它们当作小孩子。他会热情地和家具上的圆形把手讲话。P 博士及其同事经常把这些古怪的行为当作玩笑——毕竟 P 博士以他古怪的幽默和诙谐著称。他的音乐造诣一如既往地高，他的身体状况似乎也很好，所以这些认知错误似乎也没什么可担心的。

直到三年后，P 博士才接受了一次神经系统检查。P 博士的眼科医生发现，尽管他视力正常，但在解释视觉刺激方面存在问题。于是，医生把他转介给了神经学家萨克斯。当二人谈话时，P 博士的眼睛很奇怪地盯着萨克斯面部的各个部位——先是鼻子，然后是右耳，接着是下巴。虽然 P 博士可以感知到面部的不同部位，但他显然无法把它们组合成有意义的整体。一次体检后，P 博士在穿鞋时把自己的脚当成了鞋子。当他准备离开时，他又四处寻找自己的帽子，然后……

（P 博士）伸出手，抓住他妻子的头，想把它拿起来戴在自己的头上。他显然把妻子的头误认为是自己的帽子，而他的妻子似乎已经习惯了这样的事情（Sacks, 1985）。

P博士的古怪行为在某些人看来可能很有趣，但丧失视觉感知能力其实是一个悲剧。尽管他可以识别抽象的物体和形状（如立方体），但他却再也无法辨认出家人和自己的脸。一些特殊面孔的特征能让他产生似曾相识的感觉，例如，他能凭借那独特的头发和胡子辨认出爱因斯坦的照片，还可以通过方形下巴和大牙齿辨认出他兄弟的照片。但他只能对孤立的特征做出反应，无法将面部作为一个整体来感知。

在早春的一个特别寒冷的日子里，P博士接受了最后的测试，就在他准备离开办公室时，萨克斯举起一只手套问道："这是什么？"P博士要求检查手套，他拿起手套仔细研究，将其描述成一个单纯的几何形状，一个"连续的、向内折叠的表面"。P博士继续说道："它似乎有五个伸出的分支，如果可以这么描述的话。"萨克斯问道："那么，你认为它是什么呢？"P博士回答："一个容器。"于是，萨克斯又问它可以用来装什么，P博士笑着回答："装它能装的东西呗！"他接着说："也许，这是一个装零钱的钱包，可以装各种大小的硬币。"萨克斯继续提醒，但一无所获。最后，萨克斯悲伤地总结道："他（P博士）的脸上没有露出一丝识别出这是什么东西的神情。任何一个孩子都不会在看到手套后说出'一个连续的、向内折叠的表面……'这样的话，任何一个孩子，哪怕是一个婴儿，都会立刻认出这是手套，对它感到熟悉，知道它是与手相关的东西。P博士却不能，他一点也不觉得熟悉。在视觉上，他迷失在一个没有生命的抽象世界里（Sacks, 1985）。"

随后，我们或许可以补充说，P博士不经意间把手套戴在自己的手上，并惊呼道："天哪，这是一只手套！（Sacks, 1985）。"尽管他的视觉中枢无法将这个形状作为一个整体来识别，但他的大脑能立即获取相应的触觉信息。也就是说，P博士表现出了视觉认知方面的缺陷——一种被称为视觉失认症（Agnosia）的症状，"Agnosia"一词源于希腊语词根，意思是"没有认

知"。不过，P博士的音乐能力和言语能力依然完好无损，他能自己穿衣服、洗澡、吃饭，并在做这些事时唱不同的歌，如在穿衣服时唱"穿衣歌"，在吃饭时唱"吃饭歌"，这些歌都有助于他协调自己的动作。然而，如果他的歌声在穿衣服的过程中被打断，他的思路就会中断，不仅无法辨认出妻子给他准备的衣服，甚至识别不出自己的身体。当音乐停止时，他对世界的理解能力也会随之消失。后来，萨克斯了解到，P博士的脑部负责处理视觉信息的区域有一个巨大的肿瘤。显然，P博士没有意识到自己的缺陷，而是用音乐填补了视觉上的空白世界，以此来维持正常的生活，并赋予自己的生命以意义和目标。

P博士的案例因其症状的特殊性而显得不同寻常，但它说明了一个普遍的现象，即心理功能有赖于一个完整的大脑。该案例也揭示了人们如何调整自己以适应身体或器质性问题的发展，这种调整有时是如此缓慢，以至于人们几乎无法察觉到变化。P博士的视觉问题如果发生在一个没那么有天赋或缺乏社会支持的人身上，情况可能会更糟糕。P博士的案例说明了心理和环境因素是如何决定致残症状的影响程度和范围，以及个人应对这些症状的能力的。

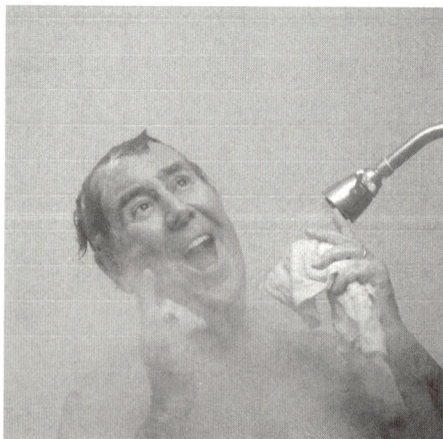

唱歌能帮助他协调动作吗

在一项著名的案例研究中，奥利弗·萨克斯博士探讨了P博士的案例，他发现P博士患有脑部肿瘤，这损害了他处理视觉线索的能力。然而，只要他能自顾自地唱歌，他就能正常吃饭、洗澡、穿衣服。

患有神经认知障碍的人可能需要完全依赖他人来满足进食、如厕和梳洗等基本需求。在某些案例中，尽管患者仍需要他人的协助才能应对日常生活的各项需求，但他们也能在一定程度上依靠自己的能力实现半独立的生活。P 博士所患的认知缺陷又被称为失认症，这通常是痴呆的一种症状表现。痴呆是一种严重的神经认知障碍，会导致心理功能的全面退化。

DSM-5 重新构建了神经认知障碍的分类框架，将其分成三大类：谵妄、重度神经认知障碍和轻度神经认知障碍。表 14-1 对这些障碍进行了概述。

表 14-1　神经认知障碍概览

障碍类型	亚型或详细说明	人群中的终生患病率（近似值）	描述	相关特征
谵妄	• 由一般性躯体疾病引发的谵妄 • 物质中毒性谵妄 • 物质戒断性谵妄 • 药物所致的谵妄	总体患病率为 1%～2%，但老年人的患病率更高	极度精神错乱的状态，干扰注意力和说话的连贯性	• 难以过滤无关刺激或转移注意力，言语激动但缺乏意义 • 对时间和地点的定向障碍，出现可怕的幻觉或其他感知扭曲 • 运动行为可能会减缓至木僵状态，或者在躁动不安和木僵状态之间快速转换 • 精神状态可能在神志清醒期和意识混乱期之间波动
重度神经认知障碍	（如下说明）	65 岁人群中的患病率为 1%～2%，80 岁人群中的患病率上升到 30%	心理功能的严重衰退	• 大多数形式（如由阿尔茨海默病引发的痴呆）都是不可逆和进行性的 • 认知能力显著下降
轻度神经认知障碍	（如下说明）	65 岁人群中的患病率为 2%～10%，85 岁人群中的患病率上升到 5%～25%	随着时间的推移，出现轻度或温和的认知功能退化，也被称为轻度认知障碍	• 关于认知能力下降的主诉必须有正式的认知功能测试作为依据 • 此类患者能独立生活，但会发现完成以往能轻松应对的智力任务变得更加困难了 • 部分（但并非大多数）病例最终会发展为阿尔茨海默病
重度和轻度神经认知障碍的亚型	• 阿尔茨海默病所致的神经认知障碍 • 创伤性脑损伤所致的神经认知障碍 • 帕金森氏病所致的神经认知障碍 • 人类免疫缺陷病毒感染所致的神经认知障碍 • 亨廷顿氏病所致的神经认知障碍 • 朊病毒病所致的神经认知障碍 • 血管性神经认知障碍 • 额颞叶神经认知障碍 • 物质 / 药物所致的神经认知障碍 • 神经认知障碍伴路易体	因基础疾病的不同而有所差异	由影响大脑功能的一系列基础的躯体疾病或障碍导致的认知障碍	• 认知受损的程度从轻度到重度不等 • 治疗取决于脑功能失调的潜在病因

资料来源：Prevalence rates derived from American Psychiatric Association，2000，2013；Hebert et al.，2013.

14.1.2 谵妄

描述谵妄的主要特征及病因。

谵妄（Delirium）一词源自拉丁语词根 "de"（意为 "远离"）和 "lira"（意为 "线" 或 "沟"），意思是感知、认知和行为偏离了航线或常态。谵妄是一种极度精神混乱的状态，患者很难集中注意力，不能清晰、连贯地说话，也无法在环境中确定自己的位置（见表 14-2）。谵妄患者很难将注意力从无关刺激上移开或将注意力转移到新的任务上。他们会激动地讲话，但其话语几乎没有什么实际意义。他们经常会出现时间定向障碍（弄不清当前确切的日期和时间）和地点定向障碍（不知自己身处何地），但对人不会发生定向障碍（识别自己和他人）。他们可能会出现可怕的幻觉，尤其是视幻觉，其症状的严重程度会在一天中有所波动（American Psychiatric Association，2013）。

患者经常会出现感知障碍，如对感觉刺激的错误解读（把闹钟错当成火警铃）或产生错觉（感觉床上好像有电流穿过）。他们可能会戏剧性地逐渐进入一种类似紧张症的状态，也可能会在烦躁不安和木僵状态之间快速转换。烦躁不安的表现包括失眠、焦虑不安、无目的的动作，甚至突然从床上弹起或攻击不存在的物体。这些情况可能会与意识清醒的状态交替出现。

谵妄产生的原因有很多，包括头部创伤、由感染引发的高热、代谢紊乱（如低血糖）、药物的不良相互作用、基础疾病（如严重感染或心力衰竭）、物质滥用或戒断、体液或电解质失衡、癫痫发作、维生素 B1

（硫胺素）的缺乏、脑部病变、中风及影响大脑的疾病（如帕金森氏病、阿尔茨海默病、病毒性脑炎及其他疾病）（Davis et al.，2017；Fong, Inouye, & Jones, 2017；Kuźma et al.，2018）。

据估计，谵妄的患病率在一般人群中为 1%～2%，但在 85 岁以上人群中会上升到 14%（Inouye，2006）。谵妄最常见于住院患者，尤其是那些重症监护室（Intensive Care Unit，ICU）患者和那些接受手术的患者，特别是其中的老年患者（Chen, Li, Liang, et al., 2017；Mark et al.，2014）。谵妄在重症监护室中极为常见，医护人员甚至专门用一个术语来称呼它——重症监护室谵妄。重症监护室患者出现谵妄往往预示着较差的预后，包括较高的早逝风险（Salluh et al.，2015）。

出现谵妄也可能是因为接触有毒物质（如食用某些有毒的蘑菇）、使用某些产生副作用的药物，或者处于药物或酒精中毒状态。年轻人出现谵妄的最常见原因是精神活性物质（尤其是酒精）的突然戒断。对老年患者来说，谵妄通常是一种危及生命的疾病的前兆。

突然戒酒的慢性酒精中毒患者可能会出现震颤性谵妄。震颤性谵妄的症状包括身体震颤、激越状态、易激惹、意识混乱和定向障碍，以及出现可怕的幻觉，如看见虫子沿墙壁爬或在皮肤上爬。震颤性谵妄可以持续一周或更长的时间，患者最好在医院接受治疗，因为那里可以提供密切的监测，并通过温和的镇静剂和良好的环境来缓解患者的症状。尽管谵妄有许

表 14-2　谵妄的特征

领域	严重程度		
	轻度	中度	重度
情绪	忧虑	恐惧	恐慌
认知和感知	混乱，思维奔逸	定向障碍，妄想	无意义的喃喃自语，生动的幻觉
行为	震颤	肌肉痉挛	癫痫发作
自主神经活动	异常快速的心率（心动过速）	出汗	发热

资料来源：Adapted from Freemon（1981）.

多已知的病因，但我们仍无法确定很多谵妄案例的具体病因。

无论病因是什么，谵妄都会导致大脑活动在广泛的范围内受到干扰，这可能是由某些神经递质水平失衡导致的（Inouye，2006），因此患者可能无法处理接收到的信息，从而陷入一种全面的混乱状态——无法清晰地说话或思考，也不能理解周围的环境。谵妄状态可能会因癫痫发作或头部受伤而突然出现，或者由于感染、发热或代谢紊乱在经历数小时或数天的发展后逐渐恶化。在谵妄发作期间，患者的精神状态时而清醒（神志清醒期），时而混乱。谵妄一般在黑暗的环境中及彻夜未眠后会更严重。

不同于痴呆或其他形式的重度神经认知障碍（稍后会讨论），谵妄的发展十分迅速，患者一般在几小时到几天内就会出现明显的注意力和意识障碍（Wong et al.，2010）。另外一个显著的不同点是，痴呆通常是慢性的，其病情有一个渐进发展的过程，而谵妄不一样，当与躯体疾病或物质相关的潜在病因得到解决后，谵妄症状往往会自行消退。精神类药物也可以缓解谵妄患者的症状（Blazer，2019；Wu et al.，2019）。当然，假如潜在病因持续存在或导致病情进一步恶化，谵妄可能会发展为残疾、昏迷，甚至导致患者死亡

（Inouye，2006）。

14.1.3　重度神经认知障碍

描述重度神经认知障碍的主要特征及病因。

重度神经认知障碍 [Major Neurocognitive Disorder, 通常被称为痴呆（Dementia ）] 的特征是心理功能的显著衰退或恶化，具体表现为记忆力、思维过程、注意力、判断力受到严重损害，并出现特定的认知缺陷（见表 14-3）。重度神经认知障碍或痴呆有多种病因，但最常见的病因是阿尔茨海默病，即一种会致残的退行性脑部疾病（Hodson，2018）。其他病因包括皮克病等脑部疾病，以及影响大脑功能的感染或疾病，如脑膜炎、艾滋病病毒感染、脑炎。在某些情况下，重度神经认知障碍或痴呆是可以被控制或逆转的，尤其是当这种疾病由某些类型的肿瘤、癫痫发作、代谢紊乱、可治愈的感染、抑郁及物质滥用引发时。但令人遗憾的是，绝大多数病例，包括由阿尔茨海默病引发的痴呆，通常都呈现出进行性且不可逆的发展过程。

一种由细菌引发的痴呆在精神障碍医学模型的发展历程中具有重要的历史意义。这种痴呆被称为**麻痹性痴呆**（General Paresis，源于希腊语 "Parienai"，意为 "放松"），或者从最消极的含义来讲，就是大脑的

表 14-3　与痴呆相关的认知缺陷

认知缺陷类型	描述	相关特征
失语症	理解和 / 或产生言语的能力受损	失语症有几种类型：感觉性或接受性失语症患者很难理解书面或口头语言，但仍有通过言语表达自己的能力；运动性失语症患者通过言语表达思想的能力受损，但能够听懂他人讲话，他们可能无法说出熟悉物体的名称或使用正常的语序。
失用症	尽管在运动功能方面没有任何缺陷，但执行有目的的动作的能力受损	尽管患者可以描述一些活动如何进行，他们的手臂和手也没有任何问题，但他们仍无法自己系鞋带或扣扣子。患者可能在模仿他人使用某个物品时遇到困难（如模仿他人使用梳子梳头）。
失认症	尽管感觉系统完好，但无法识别物体	失认症可能仅限于特定的感觉通道。视觉失认症患者有完好的视觉系统，却无法从图片中识别出叉子。当允许患者触摸和使用叉子时，他们可能能够识别出来。听觉失认症患者识别声音的能力受损。触觉失认症患者无法通过握持或触摸来识别物体（如硬币或钥匙）。
执行功能紊乱	在计划、组织、安排活动或进行抽象思维方面存在缺陷	负责处理预算和日程安排的办公室经理会因该疾病而失去管理办公室工作流程的能力，并难以适应新的要求。英语教师会因此而丧失从诗歌或故事中提取意义的能力。

"放松"。这种类型的痴呆由神经梅毒引发。神经梅毒是晚期梅毒（梅毒是一种由梅毒螺旋体细菌引发的性传播疾病）的一种形式，在神经梅毒中，细菌会直接攻击大脑，导致痴呆。19 世纪，这种类型的痴呆被发现与梅毒这种具体的躯体疾病相关，这一发现印证了医学模型，并为人们最终找到这些异常行为模式的器质性病因带来了希望。

据统计，麻痹性痴呆的患病率在精神科住院患者中曾高达 30% 以上。然而，检测技术的进步和能够治愈感染的抗生素的发明在很大程度上降低了晚期梅毒和麻痹性痴呆的发病率。治疗的有效性取决于何时采用抗生素及脑损伤的程度。在已经发生大面积脑组织损伤的情况下，抗生素可以阻止感染，防止进一步的损伤，改善智力表现，但不能使患者恢复到最初的功能水平。

记忆受损是由阿尔茨海默病导致的痴呆的主要特征，其他重度神经认知障碍也会导致不同类型的认知障碍，如语言运用方面的严重缺陷。认知障碍的类型在很大程度上取决于受潜在疾病影响的大脑区域。尽管"痴呆"这个术语不再被用作诊断标签，但它仍然被广泛用于描述老年人的认知障碍。然而，对患有认知障碍的年轻患者来说，这个术语的适用性有限。DSM-5 的开发者也认为，这个术语是一个贬义词，带有令人不快的污名化意味。因此，他们决定在诊断手册中用更具描述性的术语——重度神经认知障碍——来替代它。不过，由于痴呆被广泛用于描述某些认知障碍，尤其是老年患者的认知障碍，因此我们将在适用的情况下继续使用这个术语。

痴呆通常发生在 80 岁以上的老年人中。65 岁以后开始出现的痴呆被称为**迟发性痴呆**（Late-Onset Dementia），而在 65 岁或更早发病的则被称为**早发性痴呆**（Early-Onset Dementia）。尽管在晚年患痴呆的风险更高，但它并非正常衰老的结果，而是脑部出现退行性疾病（如阿尔茨海默病）的信号。

14.1.4 轻度神经认知障碍
描述轻度神经认知障碍的主要特征。

轻度神经认知障碍（Mild Neurocognitive Disorder）是 DSM-5 新纳入的一种障碍，适用于描述患者的认知功能水平出现轻微下降，但下降幅度不足以被诊断为重度神经认知障碍的情况。对个体认知功能的担忧需要临床医生通过正式的神经认知测试来评估，这些测试会测量个体的记忆力、注意力和问题解决能力。临床医生需要了解正常的认知老化（如预期的记忆失误、日常的健忘）和更严重的认知缺陷（神经认知障碍的特征）之间的区别。认知老化不是一种疾病，而是一个自然发生的过程，它从出生开始便一直伴随着我们，直至终老，每个人都不例外（Jacob，2015）。

轻度神经认知障碍是一种临床综合征的新名称，这种临床综合征之前被称为轻度认知障碍（Mild Cognitive Impairment，MCI）。罹患轻度认知障碍的风险随着年龄的增长而增加，在 60 岁出头的人群中，约有 7% 的人会受其影响，到 80 岁时，这一比例则上升至约 25%（Molano，2018）。患有轻度神经认知障碍或轻度认知障碍的人能够独立生活，完成家庭和工作中的日常任务，但需要付出更多努力来完成那些曾经可以轻松完成的任务。他们可以以某种方式维持其独立性，如将工作职责转交给他人或使用电子设备来弥补日渐衰退的记忆力。但是，临床医生很难确定轻度认知障碍与因年龄的增长而出现的正常认知能力变化之间的界限，尤其是对名字的记忆和心算能力方面的变化。

我把钥匙放在哪里了

忘记把钥匙放在哪里是一种常见的健忘，随着年龄的增长，这种健忘会变得越来越普遍。忘记钥匙是用来做什么的，则可能是神经认知障碍的迹象，需要进行更全面、深入的评估。

认知功能的轻度受损经常发生在神经退行性疾病（阿尔茨海默病和其他影响大脑的疾病，如创伤性脑损伤、艾滋病病毒感染、与物质使用相关的脑部疾病及糖尿病）的早期阶段。例如，阿尔茨海默病通常会随着时间的推移逐渐发展，很多病例最早会表现出与轻度认知障碍有关的记忆问题，在阿尔茨海默病的明显症状出现之前，这种记忆问题通常会持续数年（Cooper et al.，2014；Vos et al.，2015）。不过，应该注意的是，大多数轻度认知障碍并不会发展为阿尔茨海默病。研究者发现，在 65 岁以上的轻度认知障碍患者中，只有大约 15% 的人会在两年内发展为痴呆患者（Molano，2018）。

DSM-5 纳入轻度神经认知障碍这一新的诊断具有十分重要的意义，原因主要有以下两点。第一，它强调识别轻度认知障碍的必要性，以便在出现更严重的认知障碍之前进行早期干预。早期干预可能包括药物治疗和认知再训练，一旦出现更严重的认知障碍，这些治疗就不再奏效。第二，这一诊断使研究者能够识别可能参与研究的群体，这些人可能愿意参与以"寻找防止认知障碍从轻度发展为重度的方法"为目的的研究。

接下来，我们将讨论神经认知障碍的特定亚型。其中，认知障碍的程度可从轻度神经认知障碍的轻微水平到重度神经认知障碍的严重水平不等。我们讨论的重点是阿尔茨海默病，因为它是重度神经认知障碍的最主要病因。

14.1.5　阿尔茨海默病所致的神经认知障碍

描述阿尔茨海默病所致的神经认知障碍的主要特征及病因，并评价其当前的治疗方法。

阿尔茨海默病（Alzheimer's Disease，AD）是一种退行性脑部疾病，会导致进行性、不可逆的痴呆。这种疾病会使记忆力及其他认知功能（判断、推理能力）严重退化。随着年龄的增长，人们罹患阿尔茨海默病的风险会急剧增加（Matthews et al.，2018）。在 65 岁以上的美国人中，大约有 10% 的人患有该疾病；而在 85 岁以上的美国人中，超过 1/3 的人患有该疾病（Alzheimer's Association，2018a；DiChristina，2017；Hebert et al.，2013）。80% 以上的病例发生在 75 岁以上的成年人中（Alzheimer's Association，2018b）。65 岁之前出现的阿尔茨海默病类型似乎涉及更严重的疾病形式。

总体来说，约有 570 万美国人患有阿尔茨海默病，随着美国人口的老龄化日趋严重，预计到 2050 年，这一数字将至少增加两倍，达到 1500 万以上（Alzheimer's Association，2018a；Murphy，2018）。在美国，阿尔茨海默病是第六大死亡原因，每年导致 9 万多人死亡。该疾病的影响遍及不同性别和种族的人群，不过在女性、非裔美国人和老年人中更常见（Mez et al.，2016）。

绝大多数阿尔茨海默病病例发生在 65 岁以上的人群中，最常见于 70 多岁和 80 多岁的人（见图 14-1）。值得注意的是，尽管阿尔茨海默病与衰老密切相关，但它是一种退行性脑部疾病，而不是正常衰老的结果。其他生理或心理疾病有时会表现出与阿尔茨海默病类似的症状，如严重的抑郁会导致记忆丧失。因此，误诊的情况可能会出现，特别是在疾病的早期阶段，所以医生在诊断这种可怕的疾病时需要特别谨慎。

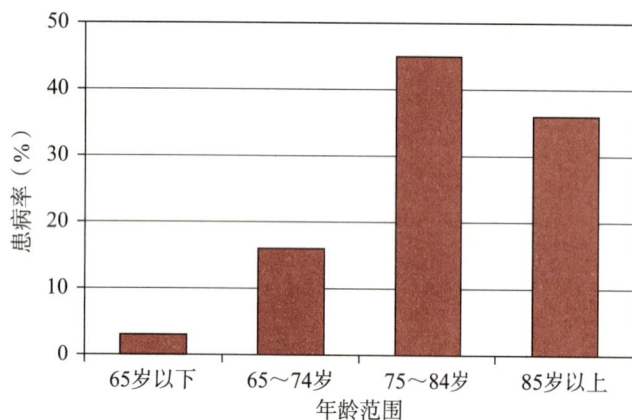

图 14-1　阿尔茨海默病患者的年龄分布

阿尔茨海默病在 75 岁以上人群中的患病率非常高。

资料来源：Alzheimer's Association（2018b）.

与阿尔茨海默病相关的痴呆表现为记忆、语言和问题解决能力的进行性恶化或丧失。中年人偶尔记忆丧失或健忘（如忘记把眼镜放在哪儿）是正常的，这并非阿尔茨海默病早期阶段的征兆。上了年纪的人（及一些年纪尚不算太大的人）会抱怨自己记不住他人的名字，或者忘记他们曾经熟悉的人的名字。

正误判断

偶尔健忘的人可能正处于阿尔茨海默病的早期阶段。

错误　偶尔的记忆丧失或健忘是衰老过程中的正常现象。

忘记把钥匙放在哪里很正常，但忘记自己住在哪里就不正常了。在下面的案例中，一位患有早发性阿尔茨海默病的女士讲述了自己的记忆是如何开始悄然消逝的。她讲述了某天她从丈夫的办公室出来后开车回家的经历。

当认知障碍变得更加严重和普遍，并对个人履行

生活在迷宫里
一个关于早发性阿尔茨海默病的案例

我居然迷路了，不知道该怎么回家……我的身体因恐惧和无法控制的抽泣而颤抖。发生了什么事？

前方不远处有一栋公园管理大楼。我哆嗦着揉了揉眼睛，做了几次深呼吸，试图让自己平静下来……门卫微笑着询问我需要什么帮助。

"我好像迷路了。"我说。

"你要去哪里？"门卫礼貌地问。

当我意识到自己不记得那条街道的名字时，一股寒意袭来。眼泪顺着我的脸颊流下来。我居然不知道自己要去哪里……

当我努力回忆并发现脑中一片空白时，恐惧

感再次笼罩了我。突然，我想起自己曾带孙子来过这个公园。那一定意味着我就住在附近，肯定是这样。

"最近的住宅小区叫什么？"我颤抖着问。

门卫若有所思地挠了挠头。

"最接近这里的住宅小区，可能是派恩希尔斯吧。"他回答道。

"没错，就是那儿！"我感激地喊道。这个小区的名字听起来简直太熟悉了。

我小心翼翼地按照他指引的方向开车，仔细察看每一个十字路口……最后，我认出了小区的入口……

踏进家门后，我如释重负，泪水也涌了出来。我躲进黑暗的主卧室，蜷缩在床上，用双臂紧紧地抱住自己。

日常工作职责、社会角色责任的能力造成广泛影响时，人们便会怀疑自己患上了阿尔茨海默病。在患病过程中，阿尔茨海默病患者可能会在停车场、商店甚至自己的家里迷路。一位阿尔茨海默病患者的妻子描述了阿尔茨海默病是如何影响她的丈夫的："由于无法被治愈，阿尔茨海默病会让人失去自我。看到理查德因为找不到车门而绕着车转了好几圈，真的很令人痛心（Morrow，1998）。"在疾病的发展过程中，焦虑、四处游荡、抑郁和攻击行为都很常见。

当患者感觉到自己的心理功能在逐渐衰退但不明其由时，他们可能会变得抑郁、意识混乱，甚至产生妄想。抑郁、焦虑不安、冷漠可能是阿尔茨海默病患者记忆力减退的早期迹象（Almeida et al.，2017；Brito et al.，2019，Rubin，2018；Steffens，2017）。随着病情的发展，患者可能会出现幻觉和其他精神病性症状。困惑和恐慌会导致偏执妄想或信念，或者让患者认为所爱之人已经背叛、抛弃了他们，不再关心他们。患者可能会忘记所爱之人的名字或认不出他们，甚至会忘记自己的名字。

阿尔茨海默病

包括美国前总统罗纳德·里根（Ronald Reagan）在内的许多名人都患有阿尔茨海默病。这张照片是他被诊断为阿尔茨海默病后首次公开露面时与妻子南希（Nancy）的合影。里根于 2004 年 6 月因该疾病去世。

1907 年，德国医生阿洛伊斯·阿尔茨海默（Alois Alzheimer，1864—1915 年）首次描述了阿尔茨海默病。在对一位 56 岁的严重老年痴呆患者进行尸检时，他发现了其脑部的两处异常，现在这两处异常已被视为该疾病的征象：黏性斑块（由一种被称为 β-淀粉样蛋白的纤维状蛋白质聚集而成）和神经原纤维缠结（由一种被称为 Tau 蛋白的纤维扭曲成束）（Ransohoff，2017；Warmack et al.，2019；见图 14-2）。早在阿尔茨海默病症状出现的数年前，大脑中的 β-淀粉样蛋白沉积就已经开始形成了（Warmack et al.，2019）。图 14-2 底部的一组照片中的红色区域显示了阿尔茨海默病患者大脑中斑块的存在。

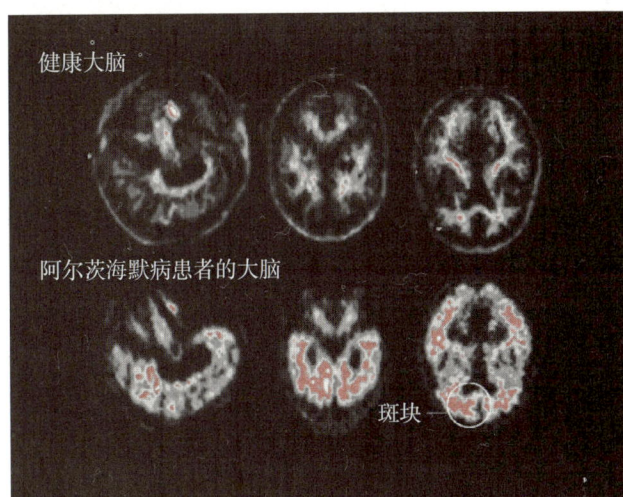

图 14-2　健康大脑与阿尔茨海默病患者大脑的正电子发射断层扫描图像

请注意图中阿尔茨海默病患者大脑的红色区域，这些区域表示斑块的存在。

资料来源：Science Source/Science Source.

阿尔茨海默病的症状

阿尔茨海默病的早期阶段以有限的记忆问题和细微的人格变化为特征。个体起初难以管理自己的财务，记不住近期发生的事情或类似电话号码、地区代码、邮政编码和孙子的名字等基本信息，并在数学运算方面出现问题。一名曾经管理过数百万美元的企业高管可能无法进行简单的计算。阿尔茨海默病患者的人格也会发生微妙的变化，例如，性格外向的人会变得孤僻、内向，原本性情温和的人会变得烦躁、易怒。在阿尔茨海默病的早期阶段，患者通常看起来整洁得体，能与人合作并进行适当的社交活动。

有些阿尔茨海默病患者并没有意识到自己的缺陷，另一些则拒绝承认自己患病。在发病初期，他们可能会把自己面临的问题归咎于其他原因，如压力或疲劳。在疾病的早期或轻度阶段，患者的智力会下降，但他们会因否认自己患病而觉察不到这一点。中度阿尔茨海默病患者则需要他人的协助来处理日常事务。在这个阶段，阿尔茨海默病患者无法选择合适的衣服，也无法回忆起家庭住址或家人的名字；开车时，他们会犯一些错误，如没能及时刹车或在本该刹车的时候踩了油门。他们无法独自如厕和洗澡，经常认不出镜子中的自己；他们可能再也无法说出完整的句子，即便开口说话也仅限于几个词。

阿尔茨海默病患者的运动和协调功能会持续退化。中度阿尔茨海默病患者开始以更小、更缓慢的步伐行走；即便在他人的协助下，他们可能也无法再写出自己的名字；他们可能连使用餐具都有困难。在这个阶段，烦躁不安成为一个显著的特征。患者可能会冲动行事，以此来应对一个似乎不再可控的环境并与其带来的威胁进行对抗。他们会来回踱步、坐立不安，或者表现出攻击行为，如大喊大叫、摔东西或敲打东西。患者可能会因坐立不安而走失，无法找到回家的路。

重度阿尔茨海默病患者可能会开始自言自语，出现视幻觉或偏执妄想。他们可能会认为有人想伤害他们、盗取他们的财物，或者觉得配偶对自己不忠，甚至认为配偶是另外一个人。

在最严重的阶段，阿尔茨海默病患者的认知功能会退化到令人绝望的程度。他们失去说话或运动的能力，大小便失禁，无法交流，无法行走，甚至无法坐起来，在如厕和进食方面都需要他人协助。最终，他们可能会癫痫发作、昏迷，直至死亡。

阿尔茨海默病不仅令患者本人饱受痛苦，更会令整个家庭陷入困境。那些眼睁睁看着自己所爱之人的病情逐步恶化的家庭成员，像在参加一场"永不结束的葬礼"（Aronson，1988）。重度阿尔茨海默病的症状，如四处游荡、攻击性、破坏性、大小便失禁、尖叫、夜里不睡觉等，都给照料者带来了极大的压力。与重度阿尔茨海默病患者生活在一起就像与一个陌生人生活在一起一样，因为他们的人格和行为上的变化是如此彻底。在通常情况下，照料的重担往往会落在家中的成年子女身上，他们上有老、下有小，像"三明治"一样被夹在照顾患病父母和抚养自己子女的责任之间。

病因

我们还不知道是什么原因导致了阿尔茨海默病，但通过了解患者大脑的变化，尤其是淀粉样斑块和神经原纤维缠结的形成过程，我们发现了一些线索（Giannopoulos, Chiu, & Praticò, 2019; Jacobs et al., 2018; Jagust, 2018）。不过，在阿尔茨海默病的发展过程中，究竟是 β-淀粉样蛋白还是 Tau 蛋白扮演着更重要的角色，科学界目前仍存在争论（Underwood, 2016b）。

最近的一项研究表明，淀粉样斑块的沉积会导致脑部炎症，从而损害与记忆形成和记忆存储有关的神经元网络（Ransohoff, 2017; Richards et al., 2016;

Creatista/YAY Media AS/Alamy Stock Photo

你知道我是谁吗

阿尔茨海默病会摧毁患者的家庭。配偶通常要提供大部分的日常照顾，还要承担日复一日地看着他们所爱之人逐渐消逝的情感代价。

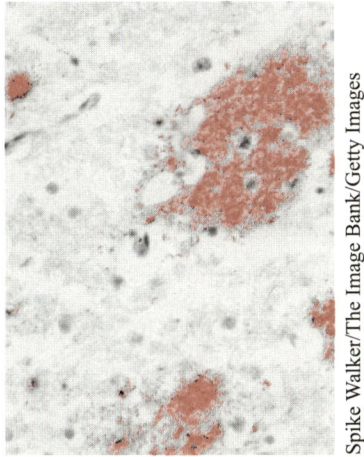

Spike Walker/The Image Bank/Getty Images

与阿尔茨海默病有关的斑块

阿尔茨海默病患者脑部的神经组织退化，形成了由 β-淀粉样蛋白组成的钢丝绒状团块或斑块，如图中的红色区域所示。

Venegas et al.，2017）。炎症过程是人体免疫反应的产物，这使研究者推测阿尔茨海默病可能是一种自身免疫性疾病，在这种疾病中，免疫系统会出现紊乱，破坏神经元之间的突触连接，而在正常情况下，这些突触连接允许神经元之间有效地相互交流（Murphy，2016；Underwood，2016a）。此外，一个经常被忽视的风险因素是酒精使用障碍，因为有慢性问题饮酒史的人罹患阿尔茨海默病，特别是早发性阿尔茨海默病的风险更高（Schwarzinger et al.，2018）。

科学家发现，阿尔茨海默病始于大脑皮层的一个区域（该区域在记忆过程中起着关键的作用），然后扩散到大脑皮层的其他区域（Khan et al.，2013）。深入研究阿尔茨海默病所涉及的生物化学过程，让科学家有望更好地了解阿尔茨海默病的分子基础，从而找到治疗甚至预防这种疾病的特定疗法（Tsai & Madabhushi，2014）。循着这些思路，阿尔茨海默病患者的大脑在正常清除有毒淀粉样蛋白方面存在的异常情况，可能在阿尔茨海默病患者脑部斑块的形成过程中发挥作用（Keaney et al.，2015）。

科学家已经识别出许多与阿尔茨海默病有关的基因（Chung et al.，2018；Jansen et al.，2019；Kunkle et al.，2019；Sims et al.，2017）。阿尔茨海默病的某些类型与特定基因有一定联系，如与 β-淀粉样蛋白的生成有关的基因，或者与淀粉样蛋白斑块和神经原纤维缠结的异常积聚有关的基因（Zhao et al.，2015）。携带 ApoE4 基因遗传变异的人在晚年患阿尔茨海默病的风险要高得多（Tao et al.，2018；Wang et al.，2018；Xian et al.，2018）。与男性相比，这种基因在女性的发病过程中扮演着更重要的角色（Hohman et al.，2018）。环境因素也可能影响阿尔茨海默病的发展。我们尚不了解哪些环境因素可能对阿尔茨海默病产生影响，但压力很可能是一个诱因。科学家正在努力更深入地理解基因和环境因素是如何在该疾病的发展过程中相互作用的。

治疗和预防

目前可用于治疗阿尔茨海默病的药物最多只能在提升认知功能方面发挥作用，尚无药物能延缓阿尔茨海默病的病情发展，更不用说治愈了（Hodson，2018）。一种被广泛使用的药物——多奈哌齐——能提高神经递质乙酰胆碱（Acetylcholine，ACh）的水平。阿尔茨海默病患者体内的乙酰胆碱水平较低，可能是由脑部产生乙酰胆碱区域的脑细胞死亡造成的。然而，对于中重度阿尔茨海默病患者的认知功能，这种药物只能带来较小或有限的改善（Howard et al.，2012；Kuehn，2012a）。

另一种药物——盐酸美金刚——可以阻断神经递质谷氨酸。这种化学物质在阿尔茨海默病患者脑内的浓度高于正常水平（Rettner，2011）。高浓度的谷氨酸可能会损害脑细胞。遗憾的是，没有证据表明此药物对轻度阿尔茨海默病患者的疗效优于安慰剂（Schneider et al.，2011）。抗精神病药物也可用于控制痴呆患者的攻击行为或激越行为，但这些药物存在显著的安全风险（Corbett & Ballard，2012；Devanand et al.，2012）。在预防方面，研究者正在努力开发一种疫苗，希望有朝一日可以保护那些具有高遗传风险的人不再患上这种疾病（Xian et al.，2018）。

大脑中的炎症在阿尔茨海默病的发展中起着关键的作用。因此，研究者正在评估抗炎药（如常见的止痛药布洛芬）的潜在预防作用。医学专家警告称，在

尚未明确这些药物是否能降低罹患阿尔茨海默病的风险或推迟其发病时间的情况下，不要广泛使用这些药物（Rogers，2009）。不幸的是，我们缺乏任何可以预防或延缓阿尔茨海默病发展的药物（Kolata，2010）。科学家怀疑，与阿尔茨海默病有关的生物学过程可能在痴呆症状出现的20多年前就已经开始了（Bateman et al.，2012）。因此，研究者呼吁致力于开发针对该疾病早期阶段而非晚期阶段的药物（Buchhave et al.，2012；Selkoe，2012）。

参与一些促进认知的活动，如解谜、阅读报纸、玩文字游戏等，有助于提升轻度和中度阿尔茨海默病患者的认知能力（Alfini et al.，2019；Hill et al.，2017；

深度探讨
借鉴 Facebook——神经科学家研究阿尔茨海默病患者的大脑神经网络

Facebook 作为美国广受欢迎的社交网站，通过人与人之间共同的朋友或兴趣构建社交网络。人与人之间的共同联系被称为"枢纽"，例如，"嘿，我看到我们俩找的宠物美容师是同一个人，想加入我们的遛狗群吗"。在这个例子中，宠物美容师是将两个及更多人联系在一起的"枢纽"。斯坦福大学医学院的神经科学家采用这一框架比较了健康人和阿尔茨海默病患者大脑中相互连接的神经元网络或"枢纽"（Conger，2008a，2008b；Supekar et al.，2008）。功能性磁共振成像扫描显示，阿尔茨海默病患者大脑中的神经网络连接不如健康人的紧密。实际上，阿尔茨海默病患者大脑中能正常工作的"枢纽"相对较少。大脑中的"枢纽"或连接部位的故障可能有助于解释阿尔茨海默病患者的记忆

丧失和意识混乱（见图14-3）。因此，大脑中神经元之间的相互交流变得更加困难，因为它们在活跃的神经网络中没有那么紧密的联系。

图 14-3 Facebook 上的"大脑"

Facebook 基于共同的熟人或兴趣模式，通过共同的联系或"枢纽"将人们连接起来。神经科学家发现，阿尔茨海默病患者的大脑没有那么发达的"枢纽"或相互连接的神经元网络，这可能有助于解释他们在记忆和思维过程方面的认知障碍。

资料来源：Shutterstock and Michael Flippo/Alamy Stock Photo.

Krell-Roesch et al.，2017）。阿尔茨海默病患者也可能受益于记忆训练，从而更大限度地利用自身尚存的能力。希望未来科学家能研发出一种有效的疫苗来预防这种毁灭性的疾病。

在预防方面，观察性研究表明，人群中的某些生活方式与较低的罹患阿尔茨海默病的风险和普遍的认知功能衰退相关。这些生活方式包括有规律地锻炼身体，与他人交往，控制高血压、糖尿病和体重超标问题，不吸烟，以及遵循健康的饮食习惯，即少吃动物脂肪、多吃蔬菜和鱼类（Iso-Markku et al.，2016；Maher et al.，2017；Mukadam，2017）。采取健康的生活方式或许可以预防 1/3 甚至更多的痴呆病例（Livingston et al.，2017；Young，2017）。

研究者还建议，在晚年参加刺激性的智力活动和认知训练有助于降低个体罹患阿尔茨海默病的风险（Blacker & Weuve，2018；Edwards et al.，2017；Lee et al.，2018）。尽管如此，我们还需要更加直接的证据来证实这些生活方式干预——无论是认知训练、饮食调整，还是心理或身体锻炼项目——可以降低个体罹患阿尔茨海默病的风险（Brasure et al.，2018；Fink et al.，2018；Sabia et al.，2017）。基于目前的证据，我们可以有把握地说，采取一种健康的生活方式——坚持定期锻炼和健康的饮食习惯，并参与具有挑战性的智力活动——总体上有助于老年人保持其认知功能（Hörder

锻炼对身心有益

遵循健康的饮食习惯、不吸烟、参加刺激性的智力活动及定期锻炼可以提高晚年的认知功能。

et al.，2018；Petersen et al.，2017；Saver & Cushman，2018；Servick，2018；and others）。但预防阿尔茨海默病这一目标仍未实现。

正误判断

最近的证据表明，经常锻炼可以保护大脑免受阿尔茨海默病的侵害。

错误 这个观点有可能是正确的，但就目前而言，我们必须承认它是错误的，因为我们缺乏直接的实验证据来证明坚持锻炼确实可以预防阿尔茨海默病。

14.1.6　其他神经认知障碍

识别神经认知障碍的其他亚型。

虽然阿尔茨海默病是最常见的神经认知障碍，但还有其他一系列与大脑相关的障碍会影响认知功能。我们对其他神经认知障碍的讨论将从血管性神经认知障碍开始。

血管性神经认知障碍

大脑和其他活体组织一样，依靠血液循环系统为其供给氧气和葡萄糖，并带走其代谢废物。中风，也被称为**脑血管意外**（Cerebrovascular Accident，CVA），发生于大脑的一部分因血液供给中断而受损时，通常这是因为血凝块卡在为大脑供血的动脉中，从而阻碍了血液循环（Adler，2004）。大脑的某些区域可能会因此而受到损伤或被破坏，使患者在运动、语言和认知方面的功能受损，甚至死亡。

血管性神经认知障碍（Vascular Neurocognitive Disorder，过去被称为血管性痴呆或多发脑梗死性痴呆）是由中风等脑血管事件导致的重度或轻度神经认知障碍（Saver & Cushman，2018）。血管性痴呆是继阿尔茨海默病之后第二大常见的痴呆类型，最常影响老年人，但有时比阿尔茨海默病导致的痴呆更早发病。这种疾病影响的男性比女性多，比例约为 5∶1。尽管中风可能会导致严重的认知障碍，如**失语症**（Aphasia），但一次中风通常不会引发与痴呆相关的更广泛的认知功能衰退。血管性痴呆通常是由在不同时间发生的多次中风引发的，这些中风会对广泛的心理能力产生累积影响。

血管性神经认知障碍的症状与阿尔茨海默病导致的痴呆的症状相似，包括记忆力和语言能力受损、烦躁不安和情绪不稳定，以及丧失基本的自理能力。然而，阿尔茨海默病的特征是起病隐匿和心理功能逐渐衰退，而血管性痴呆通常发病突然，并且遵循一种阶梯式的恶化过程，表现为认知功能的快速衰退，这通常由中风导致。血管性痴呆患者的某些认知功能在病程早期仍相对完好，导致一种斑块状恶化模式，即一部分心理功能仍然完好，但其他能力却严重受损的模式，这取决于大脑中因多次中风而受损的特定区域。

额颞叶神经认知障碍

此类神经认知障碍的特征是大脑皮层额叶和颞叶的脑组织退化（变薄或萎缩）。从症状上看，这通常表现为进行性痴呆，与阿尔茨海默病相似。其症状包括记忆丧失和社交不得体，如丧失谦虚或公然表现出性行为。这种类型的痴呆最初被称为**皮克病**（Pick's Disease），得名于一位发现痴呆患者大脑中的异常结构（现在被称为"皮克小体"）的医生。只有在尸检时确认不存在神经原纤维缠结和斑块（在阿尔茨海默病中存在），而神经细胞中存在皮克小体，这种疾病才能被确诊。据称，皮克病在所有痴呆患者中所占的比例为 6% ~ 12%（Kertesz，2006）。与阿尔茨海默病不同的是，这种疾病通常始于中年而非晚年，偶尔也会影响 20 多岁的年轻人（Love & Spillantini，2011）。70 岁以后，患病风险会随着年龄的增长而降低。男性比女性更容易罹患皮克病。皮克病通常具有家族遗传性，有证据表明，皮克病与遗传因素有关（Jiang et al.，2019；

Love & Spillantini，2011）。

创伤性脑损伤所致的神经认知障碍

由震动、撞击或切割脑组织引起的头部创伤（通常源于意外事件或受到攻击）对大脑造成的损伤，有时会带来很严重的后果。由创伤性脑损伤导致的进行性痴呆更有可能源自多次头部创伤（就像拳击手在职业生涯中受到多次头部撞击一样），而非单次撞击或头部创伤。由于在赛场上持续遭受重复性创伤性脑损伤，橄榄球运动员面临着更高的出现神经症状的风险，包括记忆方面的问题。美国国家橄榄球联盟（National Football League，NFL）的一项被广泛引用的研究发现，退役橄榄球运动员出现痴呆和记忆问题的风险远高于普通人（Schwarz，2009）。其他研究者在曾遭受脑震荡的美国国家橄榄球联盟退役球员身上发现了脑部退行性病变的早期迹象（Barrio et al.，2015）。面临风险的不只是职业运动员：根据最近的一项研究，大学橄榄球运动员大脑中参与记忆形成的脑区体积有所减小，而且他们打球的年限越长，脑区体积减小的幅度就越大（Singh et al.，2014）。

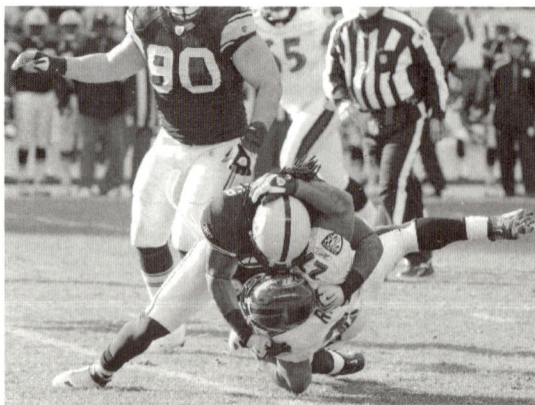

George Gojkovich/Getty Images Sport Classic/Getty Images

迈向痴呆

美国国家橄榄球联盟的一项研究显示，退役职业橄榄球运动员被诊断患有阿尔茨海默病或记忆相关疾病的可能性远高于平均水平。在赛场上头部多次受到撞击可能会使他们罹患痴呆和其他类型的认知障碍。

尽管多次头部受伤会使脑损伤的风险大幅增加，但即使是单次头部创伤也可能会给患者造成心理影响，并导致神经认知障碍。如果情况严重，单次创伤性脑损伤可能会导致患者身体残疾甚至死亡。创伤性脑损伤对患者人格变化的影响也会因损伤的部位和程度等因素的不同而有所差异。例如，额叶损伤与一系列情绪变化有关，包括心境和人格的改变。

遗忘症（Amnesia）常常出现在创伤事件后，如头部受到撞击、电击或经历大型外科手术。头部受伤会使人们丧失事故发生之前的记忆。一场车祸的受害者可能不记得上车后发生的任何事情。一名橄榄球运动员在比赛中因头部受到撞击而失忆，他可能不记得离开更衣室后发生的任何事情。在某些情况下，人们会保留对遥远过去的记忆，却遗忘近期发生的事情。例如，遗忘症患者可能更容易记住童年时期的事情，却想不起昨晚吃了什么。下面我们一起来看看这个关于医学院学生遗忘症的案例。

这名医学院学生丧失的记忆不仅包括与事故有关的记忆，还包括他结婚甚至遇到妻子之前的记忆。和大多数创伤后遗忘症患者一样，这名学生最终完全恢复了记忆。

遗忘症通常有两种类型：**逆行性遗忘症**（Retrograde Amnesia，丧失有关过去事件和个人信息的记忆）和**顺行性遗忘症**（Anterograde Amnesia，无法或难以形成、储存新的记忆）。一名橄榄球运动员不记得离开更衣室后发生的任何事情，这就是逆行性遗忘症；而在医学年鉴上报道的一些病例中，信息对有些人来说就是"左耳进，右耳出"，因为他们无法形成新的记忆，患上了顺行性遗忘症。形成新记忆的困难可以表现为患者无法记住或辨认 5 分钟或 10 分钟前刚见过的人的名字。可以通过重复一串数字的能力来衡量的即时记忆，在遗忘症状态下似乎并未受到损害。然而，事后这个

她是谁
一个关于遗忘症的案例

　　一名医学院学生从摩托车上摔下来后被紧急送往医院。当他醒来时，父母就在病房里陪着他。正当父母向他解释发生的事情时，门突然被推开，

他那几周前刚与他完婚的妻子慌慌张张地冲了进来，跳上他的病床爱抚他，并庆幸他伤得不重。妻子在表达了爱意并安抚了他后离开了。这时，这名慌乱的学生看着母亲问道："她是谁？"

资料来源：Adapted from Freemon, 1981.

National Institutes of Health

H.M.

这位被刊登在神经病学年鉴上、姓名缩写为 H.M. 的顺行性遗忘症患者，是医学史上被研究最多的病例之一。患者亨利·莫莱森（Henry Molaison）于 2008 年去世。该照片拍摄于 20 世纪 70 年代他的家门口。如果你当时遇见亨利，然后走开几分钟，之后就会像第一次见到你一样跟你打招呼。

人可能无论如何也回忆不起这串数字，不管他练习过多少遍。

在一个著名的医学案例中，一位姓名缩写为 H.M. 的癫痫患者在接受了控制癫痫发作的手术后，出现了顺行性遗忘症这一并发症（Carey，2009a）。手术后，他无法再学习任何新的信息。每次去商店，对他来说都好像是第一次去一样。他总会遇到熟人，但他却不记得自己曾经见过这个人。他说："每一天都是孤独的，因为我体会不到任何曾经的愉悦或悲伤。"

遗忘症患者可能会出现定向障碍，通常表现为空间定向障碍（不知道自己当时在哪里）和时间定向障

碍（不知道当天是几月几日），自我定向障碍（不知道自己的名字）则相对少见。他们可能意识不到自己失忆了，或者会在证据面前试图否认自己的记忆缺陷。他们会试图用想象的事件来填补记忆中的空白。或者，他们会承认自己的记忆出现了问题，但表现得漠不关心，并流露出一种情感上的淡漠。

尽管遗忘症患者会遭受严重的记忆丧失，但其整体智力水平仍保持在正常范围内。相比之下，阿尔茨海默病等进行性痴呆患者的记忆力和智力功能都会衰退。可见，对记忆问题的病因的早期发现和诊断非常关键，因为如果可以成功消除潜在病因，这些问题往往是可以治愈的。

除了脑外伤，其他造成遗忘症的原因还包括脑部手术、**低氧**（Hypoxia）或大脑突然缺氧、脑部感染或疾病、**梗死**（Infarction）或脑血管阻塞，以及长期大量使用某些精神活性物质（最常见的是酒精）。

物质 / 药物所致的神经认知障碍

使用或戒断精神活性物质 / 药物会对大脑功能造成多方面的损害，导致轻度或重度神经认知障碍。最常见的例子是**科萨科夫综合征**（Korsakoff's Syndrome），它是指因缺乏维生素 B_1（硫胺素）而使大脑受损，从而导致不可逆的记忆丧失。这种障碍与酒精中毒有关，因为滥用酒精者不太注重自己的营养需求，这导致他们未能摄入足够的富含维生素 B_1 的食物，或者他们浸满酒精的肝脏已经无法有效地代谢这种维生素。即使在戒酒多年后，患者的记忆缺陷仍然会持续存在。然而，科萨科夫综合征并不局限于酒精中毒患者。据报道，某些被剥夺自由的人（如战俘）也会因缺乏硫胺素而罹患这种疾病。

科萨科夫综合征患者对过去经历的记忆存在大量空白，在学习新信息时也十分吃力。尽管存在记忆丧失的问题，但他们的智力仍保持在正常水平上。他们看起来友好，但缺乏洞察力，无法区分真实发生的事件和为填补记忆空白而虚构的故事。他们有时会非常迷茫和困惑，需要监护。

科萨科夫综合征常继发于**韦尼克脑病**（Wernicke's Disease）的急性发作之后。这是另一种由硫胺素缺乏引发的脑部疾病，最常见于酗酒者（Charness，2009）。韦尼克脑病的特征包括：意识混乱和定向障碍；**共济失调**（Ataxia），或者在行走时难以保持平衡；以及控制眼球运动的肌肉麻痹。这些症状可能会消失，但患者仍会遭受科萨科夫综合征和持久的记忆障碍的困扰。然而，如果韦尼克脑病能够及时通过大剂量的维生素 B_1 进行治疗，可能就不会继续发展为科萨科夫综合征。

神经认知障碍伴路易体

由路易体痴呆引发的神经认知障碍是仅次于阿尔茨海默病的又一常见的进行性痴呆，大约有 140 万美国人受其影响（Sanford，2018）。患该疾病的人数占患老年痴呆人数的 10% 左右。该疾病具有阿尔茨海默病和帕金森氏病的特征。

路易体（Lewy Body）是形成于大脑部分细胞的细胞核内的异常蛋白质沉积物，它会干扰控制记忆和运动功能的大脑过程。除了与阿尔茨海默病类似的严重认知衰退外，这种疾病的显著特征还包括警觉性和注意力的波动（表现为经常发呆或感到困乏）、反复出

路易体痴呆

艺人罗宾·威廉姆斯（Robin Williams，左图）及企业家、美国有线电视新闻网和特纳广播公司的创始人特德·特纳（Ted Turner，右图）这两位名人的案例使路易体痴呆问题得以进入公众视野。2014 年，饱受抑郁障碍和痴呆折磨的威廉姆斯自杀了。2018 年，特纳告诉一名记者，因为痴呆，他无法记住自己所患疾病的名字。

现视幻觉，以及帕金森氏病典型的肢体运动僵硬和肌肉僵直（Murata et al.，2018）。路易体痴呆患者也可能会遭受抑郁障碍的折磨。这种疾病通常发病于 50 ~ 85 岁，遗憾的是，目前没有治愈这种疾病的方法。科学家也尚未了解为什么有些人的脑细胞中会积存路易体。

帕金森氏病所致的神经认知障碍

帕金森氏病（Parkinson's Disease）是一种发展缓慢、病因不明的神经系统疾病，影响着北美地区约 93 万人，其中包括著名的已故重量级拳王穆罕默德·阿里（Muhammad Ali）和演员迈克尔·J. 福克斯（Michael J. Fox）（Marras et al.，2018）。该疾病在男性和女性中的发病率大致相同，最常发病于 50 ~ 69 岁。在 65 岁以上的人群中，该疾病的发病率超过 1%。帕金森氏病常伴随痴呆，据估计，近 80% 的帕金森氏病最终都会发展为痴呆（Mashima et al.，2017；Shulman，2010）。

帕金森氏病的特征是无法控制的抖动或震颤、肌肉僵直、姿势失衡（身体前倾），以及无法控制身体运动（Dirkx et al.，2018）。即使患者能够控制身体的抖动或震颤，也只是短暂的。有些患者完全无法行走，有些患者则能费力地挪动，并且身体呈蹲伏状。有些患者难以完成自主的肢体动作，对手指活动等精细动作的控制能力较差，并且反应迟钝。他们看起来毫无表情，就好像戴着面具一样，这一症状明显反映了控制面部肌肉的脑组织的退化。对患者来说，完成一系列复杂的动作（如签名所需的动作）尤其困难。帕金森氏病患者可能无法同时协调两个动作，正如下面的

案例中所描述的那样，这位帕金森氏病患者无法在行走时伸手拿自己的钱包。

帕金森氏病与黑质（Substantia Nigra，意为"黑色物质"）中产生多巴胺的神经细胞不明原因的缺失有关，黑质这个大脑区域主要帮助调节身体运动。尽管目前这种疾病的根本成因尚不清楚，但科学家怀疑它与遗传因素及可能的环境因素（如暴露在某些毒素面前）有关（Alessi & Sammler，2018；Mortiboys et al.，2015；NIH Research Matters，2015）。一位专家指出："多巴胺就好比汽车发动机里的机油……如果有机油，汽车就能平稳地运行；如果没有机油，汽车就会失灵（Carroll，2004）。"

尽管存在严重的运动障碍，但在帕金森氏病的早期阶段，患者的认知功能似乎依然完好。痴呆在疾病的晚期阶段或病情较重的患者中更为常见。与帕金森氏病相关的痴呆通常表现为思维过程变慢，抽象思维能力受损，计划、组织一系列行动的能力受损，以及记忆提取困难。总体来说，由帕金森氏病引发的认知障碍往往比由阿尔茨海默病引发的认知障碍更不易被察觉。帕金森氏病患者通常会变得抑郁（Torbey，Pachana，& Dissanayaka，2015），这可能是因为应对疾病所带来的压力，也可能是由于与该疾病相关的大脑潜在功能紊乱。

不管病因是什么，这种疾病的症状——无法控制的震颤、抖动、肌肉僵直和行走困难——都与大脑中多巴胺水平的不足有关（Sahin & Kirik，2012）。药物左旋多巴在大脑中可以转化为多巴胺，它自 20 世纪 70

运动障碍
一个关于帕金森氏病的案例

　　一名 58 岁的男子正穿过酒店大堂去支付账单。他把手伸进夹克的口袋里，准备拿出自己的钱包。就在他这么做的时候，他立刻停下了脚步，

一动不动地站在大堂里，周围都是陌生人。他意识到自己停了下来，于是继续走向收银台，而他的手仍留在口袋里，就好像他带了一件武器，准备一走到收银台前就拿出来似的。

资料来源：Adapted from Knight, Godfrey, & Shelton (1988).

对抗帕金森氏病

演员迈克尔·J. 福克斯一直在与帕金森氏病做斗争，这也引发了美国政府对投入研究经费的关注，以便开发出更有效的治疗这种退行性脑部疾病的方法。

年代问世后，给帕金森氏病患者带来了希望。尽管帕金森氏病仍然是一种无法治愈的进行性疾病，但左旋多巴能帮助控制疾病的症状，减缓病情的发展。不过，经过几年的治疗后，左旋多巴会失去效力，患者的病情将继续恶化（Figge, Eskow Jaunarajs, & Standaert, 2016）。

有几种药物现处于试验阶段，为治疗的进一步发展带来了希望。此外，寻找有效治疗帕金森氏病的基因研究，以及对大脑深部结构进行电刺激的试验，也为治愈该疾病带来了希望（Neumann et al., 2018）。研究者报告，脑深部电刺激有助于抑制某些帕金森氏病患者的震颤症状（Schuepbach et al., 2013；Tanner, 2013）。

亨廷顿氏病所致的神经认知障碍

亨廷顿氏病（Huntington's Disease）也被称为亨廷顿氏舞蹈病，由神经学家乔治·亨廷顿（George Huntington）于 1872 年发现。在亨廷顿氏病中，调节身体的运动和姿势的基底神经节（大脑的一部分）会逐渐退化。

这种疾病最显著的症状是面部（扮鬼脸）、颈部、四肢和躯干不受控制且突然、快速地抽动，这与帕金森氏病的典型症状（运动迟缓）形成了鲜明的对比。这些抽动症状被命名为"舞蹈样"（Choreiform），该词源自希腊语词根"choreia"，意思是"舞蹈"。心境不稳定，并且交替出现冷漠、焦虑和抑郁状态，在这种疾病的早期阶段很常见（Brito et al., 2019）。随着病情的发展，偏执症状可能会出现，患者可能会陷入严重的抑郁状态，甚至有自杀倾向。在早期出现的记忆提取困难可能会发展为全面性痴呆。最终，患者会完全失去对身体功能的控制，通常在疾病发作后的 15 ~ 20 年内死亡（"Huntington's Disease Advance", 2011）。

美国每 1 万人中就有 1 人患亨廷顿氏病，患者总数约为 3 万人（Nordqvist, 2017）。这种疾病通常发病于 30 ~ 45 岁。著名的民谣歌手伍迪·格思里（Woody Guthrie）就是该疾病的受害者之一，他因创作了《这是你的国土》（*This Land Is Your Land*）等歌曲而深受欢迎。与亨廷顿氏病抗争 22 年后，他于 1967 年病逝。由于这种疾病引发的奇怪、不稳定的抽动，格思里和其他许多亨廷顿氏病患者一样曾被误诊为酒精中毒，在得到正确诊断前，他在精神病院住了好几年。

正误判断

一位著名的民谣歌手兼词曲作者被误诊为酒精中毒，在精神病院待了好几年后才得到正确的诊断。

正确 这位民谣歌手兼词曲作者正是伍迪·格思里，他患有亨廷顿氏病，被误诊好多年。

亨廷顿氏病是由单个基因的突变引发的（Brody, 2018）。有缺陷的基因会导致脑神经细胞中产生异常的蛋白质沉积。这种疾病可以由父母中的任何一方遗传给子女，无论子女的性别如何。父母中有一方患有亨廷顿氏病的人有 50% 的概率会遗传到这种基因。遗传到这种基因的人最终会罹患这种疾病。尽管目前这种疾病尚无法治愈，也没有有效的治疗方法，但科学家正试图阻断、抵消这种缺陷基因的影响，这为潜在的突破性治疗带来了希望（Aronin & Moore, 2012; Olson et al., 2011）。

基因检测可以确定一个人是否携带导致亨廷顿氏病的缺陷基因。对父母中有一方患有亨廷顿氏病的人来说，是否要进行基因检测仍是一个有争议且涉及个人隐私的尖锐问题。我们将在下文的"批判性思考"专栏中详细探讨这一问题。

批判性思考
万一是坏消息呢——潜藏在体内的危险

随着像 23andMe 这样的家用基因检测试剂盒的出现，消费者可以用棉签采集自己的唾液样本并寄给实验室进行检测，然后就能得知自己体内是否潜藏着隐患，即是否携带与某些严重疾病（如阿尔茨海默病和帕金森氏病）相关的基因（Maron, 2017）。然而，对自助检测服务持批评态度的人士警告称，直接告知人们潜在的隐患，而没有遗传顾问或医疗服务提供者随时准备对结果进行筛查并解释其意义，可能会造成混乱，并导致不必要的情绪压力。

基因检测也可用于许多其他遗传性疾病，包括亨廷顿氏病。亨廷顿氏病的基因检测可以查出缺陷基因的携带者，他们如果活得足够久，最终都会患上这种疾病。当然，也许有一天，基因工程可以提供一种改变缺陷基因或降低其影响的方法。不过，由于目前研究者还没有开发出治愈或控制亨廷顿氏病的方法，一些潜在的基因携带者宁愿不知道自己是否遗传了缺陷基因。一个著名的例子是民间歌手阿洛·格思里（Arlo Guthrie），他的父亲——著名民谣歌手伍迪·格思里便死于该疾病。阿洛不想知道，也从未接受过基因检测。幸运的是，他没有重蹈父亲的覆辙。

如果你是阿洛，你想知道自己是否遗传了亨廷顿氏病吗？还是你更愿意被蒙在鼓里，尽可能地过属于自己的生活？

如果换作阿尔茨海默病，你会想知道自己是否患有该疾病或携带了某种使自己处于高患病风险的基因吗？新的脑部扫描技术使诊断此类疾病成为可能，但是知道自己得了阿尔茨海默病在情感上可能是种毁灭性的打击。既然没有任何有效的治疗方案或减缓病情的方法，那么我们还有必要知道真相吗？经脑部扫描被明确诊断为阿尔茨海默病的人也要承担被拒绝提供长期护理保险的风险（Kolata, 2012）。然而，检测的支持者认为，了解信息可以消除不确定性，让人们尽可能地做好准备，并有机会成为实验性治疗项目的候选人，从而进一步探索治疗或预防方案。最近的一项研究显示，当被问及这个问题时，大多数人表示宁愿不知道自己是否携带了阿尔茨海默病的致病基因（Miller, 2012）。

在批判性地思考这些问题时，你可能要挑战一些常见的假设，例如，知情必然比不知情更好。获知疾病情况确实是有价值的，尤其是当它可以抵御或限制疾病的影响时。但是，如果这些信息对健康没有好处，那么不知情是否比知情更好？决定是否进行基因检测是个人的选择。但是，那些潜在的携带者是否有伦理或道德责任在准备生育之前确定自己的遗传风险，这个问题极具争议性。我们提出这个问题是为了鼓励你批判性地审视这个问题。你认为有缺陷基因遗传风险的人有义务在成为父母之前确定其遗传风险吗？更进一步地说，那些发现自己携带潜在致死或致残基因的人在道德（或法律）上有义务不生育子女吗？你会如何从不同的角度看待这个问题？

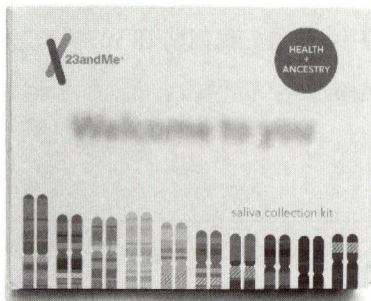

Martin Shields/Alamy Stock Photo

你想知道吗

家用基因检测试剂盒可以评估你患某些疾病（如阿尔茨海默病和帕金森氏病）的遗传风险。也许，技术可以使知情成为可能，但是否在所有情况下，知情就一定比不知情更好？你觉得呢？

遗传因素在本章所讨论的许多疾病中扮演着重要角色，如帕金森氏病和阿尔茨海默病。基因也与许多躯体疾病有关，如泰伊-萨克斯二氏病（Tay-Sachs Disease，TSD）、镰状细胞病（贫血）和囊性纤维化。随着我们掌握更多的知识，并有能力判断人们是否携带多种不同的致病基因，保险公司可能会要求准父母进行基因检测。关于毁灭性疾病的遗传成因的认识对社会产生了深远的影响。

在对这一议题进行批判性思考时，请尝试回答以下问题。

- 人们是否应该被要求接受基因缺陷检测？
- 人们是否应该被要求透露自己患上各种疾病的相对风险，以作为获得健康保险或找到工作的条件？要求人们透露这些信息会产生什么影响？不要求又会怎样？

人类免疫缺陷病毒感染所致的神经认知障碍

引发获得性免疫缺陷综合征（即艾滋病）的人类免疫缺陷病毒可以侵入中枢神经系统，导致轻度或重度神经认知障碍。感染人类免疫缺陷病毒对认知的影响包括健忘、注意力难以集中及解决问题的能力下降。在感染人类免疫缺陷病毒后尚未完全发展为全面性艾滋病的患者中，痴呆症状较为少见。与艾滋病相关的痴呆的常见行为特征是冷漠和社交退缩。随着艾滋病病情的发展，痴呆症状也会变得更加严重，表现为不同形式的妄想、定向障碍、记忆和思维的重度受损，甚至可能出现谵妄。在晚期阶段，这种痴呆可能与重度阿尔茨海默病患者所表现出的严重认知缺陷类似（Clifford et al.，2009）。

朊病毒病所致的神经认知障碍

朊病毒是人体细胞中常见的蛋白质分子。在朊病毒病的病例中，朊病毒形成了异常簇群且极具感染性，并将其他朊病毒分子转化为异常的、具有感染性的形态。异常朊病毒簇群在大脑中扩散时会导致脑损伤。最著名的朊病毒病是克雅氏病（Creutzfeldt-Jakob Disease），这是一种罕见且致命的脑部疾病，其特征是大脑中会形成小腔，看起来就像海绵上的小孔一样。这种疾病造成的脑损伤通常会导致痴呆（重度神经认知障碍）。这种疾病的症状通常在 50 多岁时出现。目前没有针对这种疾病的治疗方法，患者通常在症状出现后的几个月内就会死亡。大多数形式的克雅氏病的发生没有任何明显的原因，极少数病例被怀疑由遗传因素导致（从父母中的一方那里遗传了异常的朊病毒）。有种克雅氏病的变体与疯牛病有关，食用受感染的牛肉会被传染该致命疾病（Servick，2016）。

正误判断

有种痴呆与疯牛病有关。

正确　有种痴呆是由出现在人类身上的疯牛病引发的。

14.2　与衰老相关的心理障碍

我们的身体会随着年龄的增长而变化。钙代谢的变化会使骨骼变得脆弱，从而增加因跌倒而骨折的风险。皮肤会越来越缺乏弹性，产生皱纹和褶皱。感官会变得不再敏锐，因此年纪大的人看到和听到的往往不再那么精确。老年人需要更多的时间来对刺激做出反应（被称为反应时间），不论是开车还是接受智力测验。例如，老龄司机需要更多的时间对交通信号灯和其他车辆做出反应。随着年龄的增长，免疫系统功能也会减弱，使人们更容易生病。

随着年龄的增长，我们的身体会发生哪些变化，这些变化又会如何影响我们的情绪

尽管认知功能和身体机能方面的衰退都与衰老有关，但保持活力、参与有益活动的老年人仍然对自己的生活感到非常满意。

认知方面的变化也会发生。通常，对步入晚年的人来说，记忆力和一般认知能力下降是正常现象，这种衰退可以通过智力测验来衡量。在计时项目（如韦氏成人智力测验的各操作分量表）上，这种能力的下降最为明显（第 3 章已讨论过）。而有些能力，如词汇量的积累和知识储备则保持得很好，甚至可能会随着时间的推移而有所提高。然而，随着年龄的增长，人们通常会经历一定程度的记忆力减退，尤其是在记名字或近期发生的事件方面。但是，除了偶尔因忘记一个人的名字而引起社交尴尬外，在大多数情况下，认知能力下降并不会严重影响个体履行社会或职业责任的能力。认知能力下降也可能在一定程度上被日益增加的知识和生活经验所抵消。

重要的是，痴呆并非正常衰老的结果，而是退行性脑部疾病的标志。对神经功能和神经心理缺陷进行筛查和测试可以将痴呆与正常的衰老过程区分开来。一般来说，痴呆患者的智力功能衰退的速度更快，也更严重。

总而言之，大约 1/5 的老年人患有各种精神障碍，包括痴呆、焦虑障碍和心境障碍（Karel, Gatz, & Smyer, 2012）。接下来，我们会重点讨论其中的几种精神障碍，首先是焦虑障碍，这是最常见的一种影响老年人的心理障碍。

14.2.1　焦虑与衰老

识别老年人群中的焦虑相关障碍及其治疗方法。

尽管焦虑障碍在人生的任何阶段都有可能出现，但它在老年人中的患病率低于在年轻人中的患病率。即便如此，焦虑障碍仍然是老年人中最常见的心理障碍，甚至比抑郁障碍更常见。超过 14% 的老年人患有可确诊的焦虑障碍（Substance Abuse and Mental Health Services Administration, 2013）。老年女性比老年男性更容易受到焦虑障碍的影响（Bryant, Jackson, & Ames, 2008）。

正误判断

焦虑相关障碍是老年人中最常见的心理障碍，甚至比抑郁障碍更常见。

正确　焦虑障碍是最常见的一种影响老年人的心理障碍。

在老年群体中，最常见的焦虑障碍是广泛性焦虑障碍和恐怖症。虽然不太常见，但每 100 名老年人中就有 1 人患有惊恐障碍（Chou, 2010）。大多数影响老年人的场所恐怖症的案例是近期出现的，这可能与因配

偶或亲密朋友的死亡而失去社会支持系统有关。此外，有些身体虚弱的老年人会害怕在大街上摔倒，如果他们拒绝独自出门，可能会被误诊为场所恐怖症。当人们对自己的生活缺乏掌控感时，广泛性焦虑障碍就会随之而来，这种情况可能会出现在与疾病、失去朋友和亲人及经济机会减少做斗争的老年人身上。社交焦虑障碍（也被称作社交恐怖症）影响 2%～5% 的老年人，但这种疾病似乎对他们晚年的生活质量无明显影响（Chou，2009）。

抗焦虑药物（如苯二氮䓬类药物）和抗抑郁药物常用于帮助老年人缓解焦虑（Alaka et al.，2014；Wei et al.，2018）。心理干预（如认知行为疗法）在治疗老年人的焦虑障碍方面有一定疗效，并且没有药物副作用或潜在的药物依赖的风险（Shepardson et al.，2018）。

问卷

审视你对衰老的态度

你对晚年的设想是什么？你认为老年人在行为模式和世界观上与年轻人有着本质上的不同，还是认为他们只是更成熟而已？

为了评估你对衰老的态度，请对下列每一项做出正误判断，然后对照本章末尾的答案来核对你的回答。

	正确	错误
1. 到 60 岁时，大多数夫妻都已失去了拥有令人满意的性关系的能力。	_____	_____
2. 老年人迫不及待地想要退休。	_____	_____
3. 随着年龄的增长，人们会变得更加关注外部世界，较少关注自己。	_____	_____
4. 随着年龄的增长，人们对不断变化的环境的适应能力会越来越差。	_____	_____
5. 随着年龄的增长，人们对生活的总体满意度会下降。	_____	_____
6. 随着年龄的增长，人们往往会变得更加同质。也就是说，所有老年人在很多方面都趋于相似。	_____	_____
7. 对老年人来说，拥有稳定的亲密关系不再那么重要。	_____	_____
8. 老年人比年轻人和中年人更容易罹患多种心理障碍。	_____	_____
9. 多数老年人在大部分时间里都感到抑郁。	_____	_____
10. 在美国，随着年龄的增长，人们去教堂的次数会增多。	_____	_____
11. 年长的员工通常在工作效率上不如年轻的员工。	_____	_____
12. 大多数年纪大的人都学不会新技能。	_____	_____
13. 与年轻人相比，老年人更倾向于回忆过去而不是关注现在或未来。	_____	_____
14. 大多数老年人都无法独立生活，需要住在疗养院或类似的机构里。	_____	_____

资料来源：From Psychology and the challenges of life：Adjustment and modern life (12th ed.)，Nevid & Rathus，© 2013 and Hoboken，NJ：John Wiley and Sons. Reproduced with permission of Wiley Publishing，Inc.

14.2.2　抑郁与衰老

识别与成年晚期抑郁障碍相关的因素及其治疗方法。

抑郁会对老年人，尤其是对有抑郁障碍病史的老年人造成影响（Thirthalli, Sivakumar, & Gangadhar, 2019）。对许多老年人来说，晚年的抑郁障碍往往是其一生抑郁模式的延续。

据估计，目前有 1% ～ 5% 的老年人患有可诊断的重性抑郁障碍，还有大量老年人正在遭受抑郁情绪的困扰，只是其症状还未达到可诊断为抑郁障碍的程度（Kok & Reynolds, 2017; Reppermund et al., 2011）。毫不意外，抑郁障碍会显著降低老年人的生活质量（Jia & Lubetkin, 2017）。

抑郁障碍在一些老年人中发病率较高，如养老院中的老年人。尽管年轻人比老年人更容易罹患重性抑郁障碍，但老年患者的自杀率更高，尤其是老年白人男性患者（见第 7 章）。在老年人中，随着时间的推移而日益恶化的具有临床意义的抑郁障碍，可能会增加老年人日后罹患痴呆的风险（Kaup et al., 2016）。

有色人种的老年人往往承受着特别大的心理压力。在一项研究中，研究者从美国东北部两个大型城市中心的老年项目中招募了 127 名老年非裔美国人作为样

是场所恐怖症，还是需要支持
一些老年人可能会拒绝独自出门，因为他们害怕在街上摔倒。他们需要的可能是社会支持，而不是治疗。

本，并对他们的种族相关压力、生活满意度及健康问题进行了研究（Utsey et al., 2002）。研究者发现，与女性相比，男性报告经历了更高程度的制度性和集体形式的种族歧视。研究者声称对这些发现并不感到意外，因为非裔美国人在历史上一直遭受着严酷的种族歧视和压迫。研究者还发现，制度性的种族歧视与较差的心理健康状况有关。该样本中的许多老年男性在其早年和中年时期都经历过制度性的种族歧视（即在住房、教育、就业、卫生保健和公共政策方面都存在政府默许的歧视）。这一研究催生出越来越多的文献，这些文献阐述了非裔美国人所遭受的与种族歧视相关的压力与他们的心理健康之间的联系。

另外一些研究者探讨了移民群体中老年人的文化适应压力。一项针对墨西哥裔美国人的早期研究表明，文化适应程度低的群体比文化适应程度高或具备双文化背景的群体罹患抑郁障碍的概率更高（Zamanian et al., 1992）。

抑郁障碍常出现在患有各种脑部疾病（如阿尔茨海默病、帕金森氏病及中风）的人群中，这些疾病对老年人的影响最甚（Bomasang-Layno et al., 2015; Even & Weintraub, 2012; Richard et al., 2012）。就帕金森氏病而言，抑郁障碍也许不仅源于应对该疾病的心理压力，还可能由该疾病所引发的大脑神经生物学变化导致。

社会支持有助于缓冲压力、丧亲之痛和疾病的消极影响，从而降低老年人罹患抑郁障碍的风险。社会支持对因身体残疾而面临困难的老年人来说尤为重要。参加志愿者活动或宗教组织不仅可以赋予他们意义感和目标感，还能为他们提供必要的社交渠道。

老年人之所以容易抑郁，可能是因为他们要应对由生活中的各种变化带来的压力：退休，躯体疾病或失能，被安置在养老院或护理机构，配偶、兄弟姐妹、至交好友和熟人离世，或者需要照顾健康状况日益恶化的配偶。不管老年人是自愿退休还是被迫退休，都

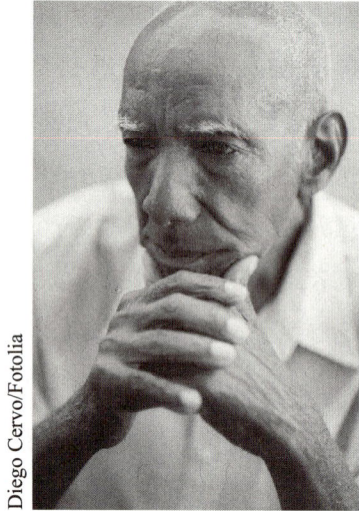

Diego Cervo/Fotolia

老年期抑郁障碍

许多老年人在与抑郁障碍做斗争。是什么因素导致了老年期抑郁障碍呢？

可能导致角色同一性的丧失。亲朋好友的离世除了带来悲伤外，还会让老年人意识到自己年事已高，社会支持也减少了。老年人可能对结交新的朋友或寻找新的生活感到无力。对需要照顾患有阿尔茨海默病的家庭成员的老年人而言，即使不存在其他任何易感因素，长期的负担也会让他们罹患抑郁障碍（Mittelman et al., 2004）。

虽然抑郁障碍在老年人中普遍存在，但医生往往未能认识到这一点，也很难提供恰当的治疗（Bosanquet et al., 2015）。医疗服务提供者更难识别老年人的抑郁症状，部分原因是他们更关注老年人对躯体疾病的主诉，而抑郁障碍往往会被躯体疾病和睡眠问题所掩盖。

好消息是，治疗老年抑郁障碍有一些有效的方法，包括抗抑郁药物治疗、认知行为疗法和人际心理治疗（Kok & Reynolds III, 2017; Thorlund et al., 2015;

Titov et al., 2015）。这些方法的治疗效果表明，应该纠正心理治疗或精神类药物不适用于老年人群的这一错误观念（Taylor, 2014）。记忆问题往往与老年抑郁障碍相关（Al Hazzouri et al., 2018）。值得庆幸的是，如果潜在的抑郁障碍得到解决，患者的记忆障碍可能就会消失。

14.2.3 睡眠问题与衰老

识别与老年人的睡眠问题相关的因素及其治疗方法。

睡眠问题（尤其是失眠）在老年人中很常见。高达 50% 的老年人有睡眠问题（McCall & Winkelman, 2015）。慢性或持续性失眠是最常见的与衰老有关的睡眠问题，5%～10% 的老年人会受其影响（Brody, 2019）。老年人的睡眠问题通常与其他心理障碍有关，如抑郁障碍、阿尔茨海默病和焦虑障碍，当然，也与生理疾病有关（Ju et al., 2017）。在许多病例中，睡眠问题受到心理社会因素的影响，如孤独或丧偶后难以独自入睡等。一些功能失调的思维模式，如过度担心睡眠不足及在控制睡眠方面感到绝望和无助，是导致老年人睡眠问题的另一个因素。

安眠药常被用于治疗老年人的失眠，但它可能会引发副作用并导致药物依赖，这与年轻人使用安眠药的情况类似（McCall & Winkelman, 2015）。幸运的是，类似于第 9 章中描述的行为疗法提供了一种安全、有效的替代方案，其疗效只会优于而不会低于安眠药，并且没有副作用或药物依赖的风险（Bélanger, LeBlanc, & Morin, 2011; Bootzin & Epstein, 2011; Buysse et al., 2011）。此外，与年轻人一样，老年人也能从行为治疗中获益。

本章总结

14.1 神经认知障碍

14.1.1 神经认知障碍的类型

描述神经认知障碍的诊断特征，并识别三种主要的类型。

神经认知障碍是指思维或记忆方面出现的严重紊乱或缺陷，表现为认知功能的显著衰退。这类障碍通常是由影响大脑功能的生理或内科疾病、物质使用或戒断等导致的。DSM-5 中明确的三种主要的神经认知障碍的类型是谵妄、重度神经认知障碍和轻度神经认知障碍。

14.1.2 谵妄

描述谵妄的主要特征及病因。

谵妄是一种精神混乱状态，其特征是注意力受损、定向障碍、思维混乱和语无伦次、意识水平降低和感知障碍。谵妄最常由酒精戒断引发，以震颤性谵妄的形式出现，但也可能发生在住院患者身上，特别是在患者接受了重大手术后。

14.1.3 重度神经认知障碍

描述重度神经认知障碍的主要特征及病因。

重度神经认知障碍（如痴呆）是一种显著的认知功能衰退或恶化，表现为记忆缺陷、判断力受损、人格改变及高级认知功能（如问题解决能力和抽象思维）障碍。痴呆不是正常衰老的结果，而是退行性脑部疾病的标志。重度神经认知障碍的病因有很多，包括阿尔茨海默病、皮克病，以及脑部感染和其他脑部疾病。

14.1.4 轻度神经认知障碍

描述轻度神经认知障碍的主要特征。

轻度神经认知障碍过去被称为轻度认知障碍，是指认知功能水平的轻度下降。患有这种疾病的人能够正常工作，但需要付出更大的努力或使用补偿性的策略来弥补认知功能水平的下降。

14.1.5 阿尔茨海默病所致的神经认知障碍

描述阿尔茨海默病所致的神经认知障碍的主要特征及病因，并评价其当前的治疗方法。

阿尔茨海默病是一种退行性脑部疾病，其特征是记忆力和认知能力的进行性丧失，以及人格功能和自理能力的退化。阿尔茨海默病既无法被治愈，也没有有效的治疗方法。现有的药物治疗充其量只能发挥极其有限的作用。对该疾病病因的研究指出，遗传因素及与大脑中淀粉样蛋白斑块积累相关的因素在其中起到了一定的作用。

14.1.6 其他神经认知障碍

识别神经认知障碍的其他亚型。

其他疾病也会导致神经认知障碍，包括血管疾病、皮克病、帕金森氏病、亨廷顿氏病、朊病毒病、人类免疫缺陷病毒感染和创伤性脑损伤。

14.2 与衰老相关的心理障碍

14.2.1 焦虑与衰老

识别老年人群中的焦虑相关障碍及其治疗方法。

广泛性焦虑障碍和恐怖症是老年人中最常见的焦虑障碍。焦虑问题的治疗通常包括抗焦虑药物治疗或心理治疗（如认知行为疗法）。

14.2.2 抑郁与衰老

识别与成年晚期抑郁障碍相关的因素及其治疗方法。

致病因素包括应对生活变化的挑战，如退休，躯体疾病或失能，被安置在养老院或护理机构，配偶、兄弟姐妹、朋友去世，以及需要照顾健康状况日益恶化的配偶。在移民群体和有色人种中，文化适应压力和应对种族主义等因素也起到了一定的作用。现有的治疗老年人和年轻人的抑郁障碍的方法包括抗抑郁药物治疗、认知行为疗法和人际心理治疗。

14.2.3 睡眠问题与衰老

识别与老年人的睡眠问题相关的因素及其治疗方法。

睡眠问题，尤其是失眠，在老年人中很常见，甚至比抑郁障碍更常见。失眠通常与其他心理障碍、躯体疾病、社会心理因素（如孤独或丧偶后难以独自入睡）及一些功能失调的思维模式有关。行为疗法对治疗老年人和年轻人的失眠问题都是有效的。

批判性思考题

请在阅读本章内容的基础上，回答以下问题。

- 你是否认为人们会随着年龄的增长而患上痴呆？如果是，你的依据是什么？

- 你认为为什么抑郁障碍在老年人中如此普遍？它与社会对老年人的低角色期望有何关联？社会又该如何为逐渐步入老年期的人提供更有意义的社会角色？

- 我们是否应该允许孩子进行可能导致脑震荡或其他头部损伤的身体接触类运动？为什么？我们应该采取哪些预防措施来保护参加这些运动的孩子？

- 你周围有阿尔茨海默病患者吗？他的行为受到了怎样的影响？为了帮助这个人及其家庭，你做过什么事情？你认为有更多可以做或应该做的事情吗？请说明你的理由。

- 人们是否应该被要求进行基因缺陷检测？人们是否应该被要求透露自己患上各种疾病的相对风险，以作为获得健康保险或找到工作的条件？要求人们透露这些信息会产生什么影响？不要求又会怎样？

"审视你对衰老的态度"的答案

1. 错误。大多数健康的夫妻在七八十岁时仍会进行令人满意的性活动。

2. 错误。这种说法过于笼统，那些对工作满意的人并不急着退休。

3. 错误。老年人往往更加关注内在的问题，包括他们的身体机能和情绪。

4. 错误。在整个成年期，人们的适应能力都相当稳定。

5. 错误。年龄本身与生活满意度的显著下降无关。当然，人们在面对疾病或失去配偶时可能会产生消极的反应。

6. 错误。我们可以预测老年人的一些总体趋势，但对于年轻人，我们同样能做到这一点。老年人和年轻人一样，在人格和行为模式上都是多样化的。

7. 错误。拥有稳定亲密关系的老年人对生活的满意度更高。

8. 错误。各个年龄段的人都容易受到一系列心理障碍的影响。

9. 错误。只有少数老年人感到抑郁。

10. 错误。事实上，美国老年人去教堂的次数减少了，但对信仰的口头表达并未减少。

11. 错误。尽管反应时间可能会变长，综合学习能力可能会略有下降，但年长的员工在从事熟悉的工作任务时通常很少或不会遇到困难。对大多数工作来说，经验和动机比年龄更重要。

12. 错误。只是学起来可能要花较长的时间。

13. 错误。老年人回忆过去的时间并不比年轻人多。只要有时间，各个年龄段的人都会花更多时间做白日梦。

14. 错误。只有不到10%的老年人需要某种形式的机构护理。

第 **15** 章
变态心理学与法律

WilleeCole Photography/Shutterstock

本章音频导读，
请扫描二维码收听。

学习目标

15.1.1　解释民事收容和刑事收容之间的区别。

15.1.2　评价心理健康专业人士预测危险性的能力。

15.1.3　描述警告义务的定义，并评价治疗师所面临的两难困境。

15.1.4　识别那些确立了精神疾病患者权利的重大法庭案件。

15.2.1　描述精神错乱辩护的历史，引用具体的法庭案例和美国法学会提出的指导方针。

15.2.2　描述确定刑事收容期限的法律依据。

15.2.3　描述决定受审能力的法律依据。

在进一步阅读之前，请先完成正误判断测试，看看自己对相关知识的掌握情况。接着，在阅读本章的内容时，请对照穿插其中的参考答案来确认你的答案。

正误判断

正确	错误	
☐	☐	人们可能会因为古怪或异乎寻常的行为被送入精神病院。
☐	☐	大多数被诊断为精神障碍的人都会实施暴力犯罪。
☐	☐	在暴力犯罪中，犯罪者为心理障碍患者的比例出奇地高。
☐	☐	即使患者向他人发出了死亡威胁，治疗师也不能违反保密原则。
☐	☐	精神病院的患者有维护精神病院设施的职责。
☐	☐	数以百万计的电视观众目睹了时任美国总统被刺杀的过程，但袭击者却被法庭宣判无罪。
☐	☐	精神错乱辩护在大量的审判中被使用，并且通常都能成功。
☐	☐	因精神错乱而被判无罪的人被监禁在精神病院的时间要比被判定有罪而入狱的时间长得多。
☐	☐	被告被判定具有受审能力，但可能会因精神错乱而被判无罪。

亚利桑那州、科罗拉多州及美国其他诸多地区发生的大规模枪击事件，凸显了异常行为与法律之间的联系，正如下文所描述的那样。

"近距离射杀"

在 2011 年 1 月的一个阳光明媚的日子里，来自亚利桑那州的国会女议员加布里埃尔·吉福兹（Gabrielle Giffords）正在一家超市外向选民们致意。此时，一名枪手正从背后靠近她。她毫无防备，也没有看见袭击者。在这次近距离的枪击事件中，吉福兹头部中弹，伤势严重，但奇迹般地活了下来。不幸的是，有 6 名旁观者在枪击中丧生，另有 13 人受伤。在离开重症监护室后，吉福兹进入一家康复中心，开始了漫长而艰难的康复过程。在这期间，她得以回到众议院，接受同事们发自内心的祝福。后来，她辞去了国会议员的职务，专注于康复，但她承诺会在未来的某个时候重返政坛，为公众服务。

那么，那名被指控的枪手——22 岁的贾里德·洛克纳（Jared Loughner）——究竟是何许人也？洛克纳就读的社区大学里的一名同学形容他是一个"问题少年"，班上没有人愿意跟他坐在一起（Lipton, Savage, & Shane, 2011）。他的行为令人困扰，他的同学甚至怀疑他服用了致幻剂。媒体报道中的洛克纳是一个愤怒且深受困扰的年轻人，他与社会越来越疏离，并表现出古怪甚至怪异的想法和行为。洛克纳在社交网站上发布了一系列短视频，内容混乱且缺乏连贯性。在视频中，洛克纳称自己是"一种新型货币的财务主管"，并控制着"英语的语法结构"。他还在视频中提到了洗脑，他相信自己拥有控制他人思想的能力。

法庭认为洛克纳缺乏受审能力，并要求他到联邦机构接受进一步的精神评估，他的律师也称他是"严重的精神疾病患者"（"Ariz. Shooting Spree Suspect",

2011）。由于洛克纳后来对指控供认不讳，专家始终没有对他在枪击案发生时的精神状况做出正式判定。

2012 年，24 岁的詹姆斯·霍姆斯（James Holmes）在美国科罗拉多州奥罗拉市的电影院进行了大屠杀，造成 12 人死亡，58 人受伤。那么，他的情况又如何呢？据报道，霍姆斯在科罗拉多大学就读期间就接受了一名精神科医生的治疗。在枪击事件后的第一次庭审中，他神情恍惚，还染着一头橘色的头发。虽然霍姆斯以精神错乱为由作无罪抗辩，但陪审团不认可他在杀人时处于精神失常的状态并驳回了他的说法，最终陪审团裁定他谋杀 12 人、伤害 70 人的罪名成立（Cable News Network，2015）。他被判处终身监禁。同样，在 2015 年备受关注的埃迪·劳斯（Eddie Routh）一案中，陪审团也驳回了其精神错乱的抗辩理由。劳斯被判谋杀两名男子，其中包括海豹突击队队员克里斯·凯尔（Chris Kyle），他是电影《美国狙击手》（*American Sniper*）的原型（Payne, Ford, & Morris, 2015）。

这些悲剧事件引发了人们对严重精神障碍患者带来的潜在风险的担忧，这是可以理解的。如果一个人被指控暴力犯罪，甚至犯下令人发指的罪行，但他的怪异行为暗示他缺乏理解诉讼程序的能力，社会应该怎么做？如果被告能够理解诉讼程序并提出可信的辩护，但声称所谓的犯罪行为只是精神缺陷或精神疾病的产物，社会又该怎么做？无论被告在犯下罪行时的精神状况如何，他们是否都应该承担全部的责任？因精神错乱而被判无罪的人应该被监禁还是在精神病院接受治疗，要被监禁或接受治疗多久？

在本章，我们将讨论精神错乱辩护、它在美国法律中的历史，以及支撑其运用的法律和道德论据。我们还将检视精神疾病患者的法律权利及精神卫生服务提供者所承担的法律责任——当患者发出威胁时，向第三方发出警告的责任。我们将讨论如何平衡精神疾病患者的个人权利和社会权利这一普遍议题。那些明显精神失常的患者有权拒绝治疗吗？精神卫生机构有权违背患者的意愿并对他们强制实施抗精神病药物或其他药物治疗吗？有破坏性行为或暴力行为史的精神疾病患者应该被无限期地关在精神病院，还是在病情稳定后可以在受到监管的情况下回归社区生活？当严重精神失常的人触犯法律时，社会应该通过刑事司法系统还是精神卫生系统做出响应？

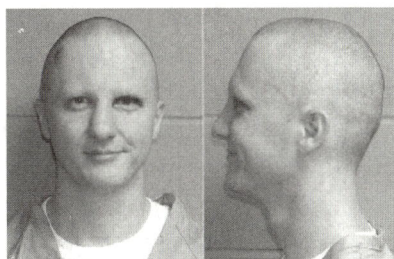
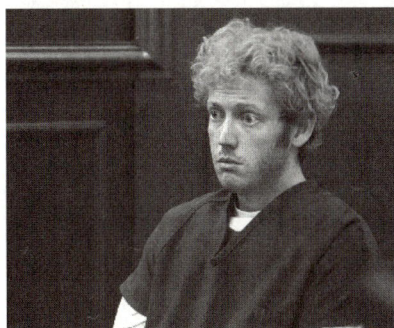

贾里德·洛克纳（上图）和詹姆斯·霍姆斯（下图）

惩罚还是治疗？抑或二者兼顾？社会应该怎样对待那些严重精神失常却犯下可怕罪行的人？

15.1　心理健康治疗中的法律议题

有关变态心理学与法律议题的探讨将从民事或精神病收容的概念及民事收容和刑事收容之间的区别开始。未经本人同意而将个体送入精神病院的情况，使个人权利和社会权利之间的关系成为人们关注的焦点。表 15-1 列出了美国数个具有里程碑意义的法庭案件，它们使与精神疾病患者的权利和社会的权利相关的主题获得关注。

表 15-1　心理健康与法律

案件	所涉议题
德赫姆诉美国案，1954 年	精神错乱辩护
怀亚特诉斯蒂克尼案，1972 年	最低护理标准
唐纳森诉奥康纳案，1975 年	患者权利
杰克逊诉印第安纳州案，1972 年	受审能力
塔拉索夫诉加利福尼亚大学董事会案，1976 年	警告义务
罗杰斯诉奥金案，1979 年	拒绝治疗的权利
罗密欧诉扬伯格案，1982 年	在限制较少的条件下被监禁的权利
琼斯诉美国案，1983 年	刑事收容的持续时间
梅迪那诉加利福尼亚州案，1992 年	精神鉴定的举证责任
塞尔诉美国案，2003 年	对患精神疾病的被告强制实施药物治疗

15.1.1　民事收容和刑事收容

解释民事收容和刑事收容之间的区别。

　　未经当事人同意将其依法安置在精神病院的做法被称为**民事收容**（Civil Commitment），也被称为精神病收容（Psychiatric Commitment）。通过民事收容，被认为患有精神疾病且对自身或他人构成威胁的个体，可能会在非自愿的情况下被送进精神病院。精神病院会为他们提供治疗，并确保他们自身及他人的安全。民事收容应与自愿住院区别开来，自愿住院是指个体自愿前往精神病院寻求治疗，如果想离开，他们可以在合理通知的情况下随时离开（Sisti，2017）。如果医院工作人员认为自愿住院的患者对其自身或他人的福祉构成威胁，那么即使患者是自愿住院，医院工作人员仍然可以请求法院将该患者从自愿住院改为非自愿住院。

　　我们还需要将民事收容和**刑事收容**（Criminal Commitment）区分开来。刑事收容是指因精神错乱被判无罪的个体被安置在精神病院接受治疗。在刑事收容中，法庭判定被告的违法行为是由精神障碍或缺陷导致的，因此被告会被送进精神病院接受治疗，而不是被关进监狱。

　　将某人送入精神病院进行民事收容通常要求其亲属或专业人士向法院提交申请，以授权精神病鉴定人员对患者进行评估。法官会听取精神病鉴定人员的证词，并裁决是否将此人送入精神病院。在收容的情况下，法律通常会要求定期对患者的非自愿住院状况进行法律审查和重新认定。这一法律程序旨在确保人们不会被无限期地"羁押"在精神病院中，医院必须证明患者有继续接受住院治疗的需要。

　　在收容程序中，法律保障措施保护了个体的公民权利。例如，被告有权享有正当程序并获得律师的协助。但是，当个体被认定为对自身或他人构成了明确且迫在眉睫的威胁时，法院可下令立即将其收治入院，直到举行正式的收容听证会。此类紧急权力通常被限定在特定时期内，一般为 72 小时（Failer，2002；Strachen，2008）。在此期间，如果法院没能正式通过收容申请，被告就有权要求出院。

　　经过一代人的努力，民事收容的标准已经变得非常严格，被收容者的权利得到了更严格的保护。在过去，滥用精神病收容的情况很普遍，人们经常在没有确切证据表明其会构成威胁的情况下被送入精神病院。事实上，直到 1979 年，美国最高法院才在"阿丁顿诉得克萨斯州案"中作出裁决：要想强制某人住院，必须证明他患有精神疾病，同时对自身或他人构成明确且现实的威胁。因此，人们不能仅仅因为行为怪异或有某种怪癖就被强制送入精神病院。

正误判断

人们可能会因为古怪或异乎寻常的行为被送入精神病院。

错误　人们不应该因为行为古怪而被送入精神病院。美国最高法院已裁定，只有当个体被认定患有精神疾病，并且对自身或他人构成明确且现实的威胁时，才能被收容至精神病院。

大多数人赞同对民事收容法律的收紧，因为它保护了个体的权利。即便如此，一些精神病学体系的批评者仍在呼吁废除民事收容，理由是它以治疗的名义剥夺了个体的自由，而丧失自由在一个自由的社会中是不公正的。对民事收容最直言不讳且坚持不懈的批评者或许就是于 2012 年去世的精神病学家托马斯·萨斯了（Szasz，1970，2003a，2003b，2007）。萨斯认为，"精神疾病"的标签是社会的一种发明，它将社会偏差行为变成了医学疾病。在萨斯看来，人们不应该因为行为偏离社会或具有破坏性而被剥夺自由。萨斯把强制住院比作制度性奴役（Szasz，2003b）。根据萨斯的观点，违反法律者应该因为其犯罪行为被起诉，而不是被关在精神病院里。虽然民事收容可能会阻止个体的暴力行为，但它确实对很多并未犯罪的无辜者施行了暴力，剥夺了他们最基本的自由权。

我们说，精神疾病患者可能是危险的，因为他们可能会伤害自己或他人。但是，我们这个社会也是危险的：我们破坏了他们的名誉，剥夺了他们的自由，还迫使他们遭受"治疗"的折磨。

——萨斯（Szasz，1970）

英美法系的一项基本原则是，只有被指控犯下某些罪行并被定罪的人才会被监禁。尊重他人的生命权、自由权和财产权的人，对自己的生命、自由和财产也享有不可剥夺的权利。

——萨斯（Szasz，2003a）

萨斯对机构化精神病学的强烈反对，以及对民事收容的谴责，引发了人们对民事收容滥用的关注。许多经历过民事收容的人也强烈反对这种做法。

萨斯有效的劝说让许多专业人士开始质疑有关非自愿住院和强制医疗的法律、伦理和道德基础。然而，许多满怀关切和担忧的专业人士并不支持废除民事收容。他们认为，当人们威胁要自杀或伤害他人，或者他们的行为变得极度混乱以至于无法满足自身的基本需求时，他们可能并未按照最佳利益原则行事（McMillan，2003；Sayers，2003）。包括美国和加拿大在内的大多数国家的法律都允许收容危险的精神疾病患者（Appelbaum，2003）。然而，民事收容问题所引发的争议仍在继续，正如我们在下文的"批判性思考"专栏中所讨论的那样。

批判性思考
我们该重振疯人院吗

拉里·霍格（Larry Hogue）是一位患有严重精神疾病的无家可归者，住在曼哈顿上西区的一个街角。在美国各地的城市和乡镇，我们都能发现像他这样的人。当地媒体称他为"西 96 街的野人"，他在冬天光着脚，从垃圾桶里翻东西吃，还自言自语。当时的报纸报道称，他让附近的居民人心惶惶，吸食可卡因后，他会变得十分暴力。有一次，他因将一名女学生推向驶来的校车而被捕（Shapiro，1992）。所幸，这名女学生并未受伤。

拉里·霍格成了美国一个全国性的象征，凸显了对患有严重且持续性精神健康问题的人提供支持的系统中存在的诸多漏洞。在美国城市的街道和乡镇上，还有许多像霍格这样的人。对霍格来说，刑事司法系统、社会服务系统和精神卫生系统不过是"旋转门"而已。在通常情况下，霍格的病情在短暂的住院期间会有所好转，但出院后，他又会开始吸食可卡因，而不是服用精神类药物。于是，他的症状会再次恶化。

公众的注意力和愤怒也集中在一些由精神疾病患者实施的极端暴力案件上，如我们在本章开篇提到的贾里德·洛克纳和詹姆斯·霍姆斯的案件。还有一起被广泛报道的案件是戴维·塔洛夫（David Tarloff）的案件，他被指控犯下了一起残忍的谋杀案（"Queen's Man Arraigned"，2008）。这起案件发生在纽约，但也可能发生在任何地方。受害者是曼哈顿的心理学家凯瑟琳·福伊（Kathryn Faughey）博士，她在自己的办公室里被残忍杀害。她被塔洛夫用一把切肉刀和一把约 22 厘米长的匕首捅了 15 刀。39 岁的塔洛夫很快被捕并被拘押候审。在传讯听证会上，他显得焦躁不安，警察提供了他的作案动机。塔洛夫本来是打算抢劫被害者的同事的——另一位多年来一直治疗塔洛夫的心理学家。塔洛夫告诉警方，他并非蓄意伤害福伊博士，一开始他并不知道她在办公室。后来，塔洛夫的弟弟提供了一些背景信息。他告诉记者，多年来，他们一家人一直试图帮助塔洛夫。这些年，塔洛夫已经入院、出院多次。塔洛夫的邻居说他"疯疯癫癫的"，时不时会有一些奇怪的反应。

难道社会不应该保护个体免受霍格、洛克纳、霍姆斯和塔洛夫这类人的伤害吗？难道解决这个问题的办法就是重新回到那个疯人院遍布美国各地的时代吗？在那个时代，疯人院往往把守森严，精神严重失常的人会被遗弃在门窗紧锁的房间里度过余生，几乎没有重返家园的希望。而那些行为混乱或偏离常态但并未对他人构成威胁或造成

"西 96 街的野人"

拉里·霍格，这位纽约市"西 96 街的野人"，已成为精神卫生系统、刑事司法系统和社会服务系统中存在漏洞的一个象征。

伤害的人，如睡在巷子的黑暗角落里或人行道上的暖风口上方的那些自言自语但拒绝接受治疗的人，又该被如何处置呢？

正如我们在第 1 章介绍过的，20 世纪 60 年代和 70 年代，去机构化的社会项目在很大程度上使精神病院"人去楼空"。患者被释放出院并回到社区，这一措施是为了让患者能重新融入社会，并获得所需的帮助和支持服务，从而成功地适应生活。去机构化项目确实取得了一定的成功，但患者却经常被忽视，无法获得他们所需的照顾和关注。美国的监狱现在要负责接收大量涌入的需要精神科护理的囚犯，从这个意义上讲，它们已经成为另一个精神卫生系统。许多警察部门和其他急救人员如今都接受了关于如何处理精神障碍患者的专门培训。然而，我们有理由质疑监狱或刑事司法系统是否适合承担填补精神卫生系统漏洞的责任。

社会当然有义务保护自身免受那些行为失常、对他人造成身体伤害或构成威胁之人的侵害。显而易见的是，一个人道的社会有责任为那些看起来无法照顾自己的人提供护理。但重返精神病院是解决之道吗？有没有更好的办法呢？你怎么看？

精神卫生系统的批评者，如已故精神病学家托马斯·萨斯，认为基于自由社会的本质，人们应该可以自由地做出自己的决定，即使这些决定并不代表他们能获得保证自身健康或福祉的最大利益。萨斯认为，如果这些人对他人造成伤害或构成威胁，他们就应该接受刑事司法系统的制裁，而不是被民事收容。

现在让我们来扩展一下这个论点：如果社会有义务保护个体免受自我伤害，如威胁要自杀，那么它是否也有义务保护那些以其他途径实施有害行为的人，如吸烟者、过量饮酒者或肥胖者？你会怎样划定其界限？

那些犯下暴力罪行的精神疾病患者又该被如何对待呢？值得庆幸的是，像洛克纳和霍姆斯这样的案例

并不常见，因为只有一小部分精神障碍患者会犯下暴力罪行。在本章的后续部分，我们将探讨一个重要的问题：精神失常者犯罪是否应该被追究责任。但首先，让我们讨论一个更普遍的问题：如何平衡个人权利和社会权利，并提出一些具有挑战性的问题，以促使我们进行批判性的思考。

在对这一议题进行批判性思考时，请尝试回答以下问题。

- 在一个自由的社会中，人们有权在缺乏卫生条件的街头露宿吗？还是说他们应该被安置在能够人道地满足其基本需求的长期护理机构中？
- 症状明显的精神障碍患者有权拒绝治疗吗？
- 有破坏性行为或暴力行为史的精神疾病患者应

该无限期住院吗？还是说一旦他们的病情稳定下来，他们就可以在接受监管的社区中生活？

- 只要精神疾病患者不违反法律，他们就有权独立生活吗？或者，你更同意精神病学家 E. 富勒·托里（E. Fuller Torrey）和律师玛丽·兹达诺维奇（Mary Zdanowicz）的观点——"对于那些因严重精神疾病而大脑受损的人，捍卫他们维持患病状态的权利是愚蠢的"（Zdanowicz, 1999）？
- 当患有严重精神障碍的人违反法律时，社会应该用刑事司法系统还是精神卫生系统来做出回应？

15.1.2　预测危险性

评价心理健康专业人士预测危险性的能力。

作为法律程序的一部分，心理健康专业人士经常被要求判断患者是否对自身或他人构成威胁，以确定患者是否应该非自愿入院或继续非自愿住院。然而，在预测危险性时，专业人士的判断有多准确？专业人士有特殊的技能或临床经验让他们的预测更准确吗？或者，他们的预测并不比非专业人士的预测更准确？

正误判断

大多数被诊断为精神障碍的人都会实施暴力犯罪。

错误　事实上，只有一小部分精神障碍患者有暴力犯罪倾向。

遗憾的是，依赖临床判断的心理学家和其他心理健康专业人士在预测他们所治疗的患者的危险性时并不十分准确。心理健康专业人士倾向于过度预测危险性。也就是说，他们会将许多并不危险的患者贴上

"危险"的标签。临床医生在预测潜在的危险行为时往往过于谨慎，这可能是因为他们认为未能预测到暴力行为会比过度预测造成更严重的后果。然而，过度预测危险性的确剥夺了许多人的自由。根据萨斯和其他批评者的观点，在美国，为预防少数人的暴力行为而对多数人进行收容，是一种违反基本宪法原则的预防性拘留（Szasz, 2007）。

美国心理学会和美国精神医学学会这两个主要的专业组织都已公开声明，无论是心理学家还是精神病学家，都不能准确地预测暴力行为（American Psychological Association, 1978; American Psychiatric Association, 1998）。作为该领域的权威人士，弗吉尼亚大学的约翰·莫纳汉（John Monahan）总结道："在预测暴力行为时，我们的眼球特别浑浊（Rosenthal, 1993）。"

总体而言，临床医生所做的预测通常不如基于暴力行为史所做的预测准确（Odeh, Zeiss, & Huss, 2006）。在预测暴力行为方面，临床医生并不具备超越普通人的任何特别的知识或能力。事实上，如果将

有关某人过往暴力行为的信息提供给一个非专业人士，他可能比仅依据临床访谈做出预测的临床医生更能准确地预测这个人未来实施暴力行为的可能性（Mossman，1994）。不幸的是，尽管过往的暴力行为是预测未来暴力行为的最佳依据，但医务人员可能无法查阅犯罪记录，抑或缺少时间或资源来查找这些记录。预测上的困难成为某些人主张废除将危险性作为民事收容的一项标准的依据。

为何预测危险性如此困难？研究者已经找出了一些导致预测不准确的因素，如下所述。

事后预测的问题

在暴力事件发生后识别暴力倾向比预测暴力行为更容易，即人们常说的"事后诸葛亮"。在个体实施了暴力行为后，将其先前的行为碎片拼凑起来作为其暴力倾向的证据是更容易做到的。然而，在暴力行为发生之前进行预测是一项更为困难的任务。

预测危险性

2007年，赵承熙（Seung-HuiCho）在弗吉尼亚理工大学疯狂杀戮，心理健康专业人士或学校管理者是否早就应该察觉到他即将实施暴力行为的迹象？事后将一个人先前行为的零碎片段拼凑起来并把它们当作随后发生暴力行为的征兆总是更容易的。然而，在行为发生之前进行预测，即便对专业人士来说，也是一项极为困难的任务。

从一般到特殊的问题

对暴力倾向的一般性认知可能无法预测具体的暴力行为。大多数有"一般暴力倾向"的人不会付诸行动。一些与攻击行为和危险行为相关的诊断，如反社会型人格障碍，也不能成为预测个体暴力行为的充分依据。

界定危险性时存在的问题

预测危险性的难点之一在于，对于何种类型的行为属于暴力或危险行为，人们难以达成共识。大多数人都同意谋杀、强奸和攻击等属于暴力行为。然而，对于其他行为，如鲁莽驾驶、严厉地苛责配偶或孩子、破坏财物、贩卖毒品、在酒馆里推搡他人或偷车，即便是权威人士也没有形成统一的认识。我们还可以思考一下生产和销售烟草的企业的所有者和高管的行为，他们明确知道吸烟可能会导致疾病或死亡。显然，判定什么行为是危险行为涉及特定社会背景下的道德和政治判断。

基础率问题

对危险性的预测之所以复杂，是因为谋杀、袭击和自杀等暴力行为在一般人群中并不常见，尽管报纸头条经常对此进行耸人听闻的报道。其他一些罕见的事件，如地震，会在何时、何地发生，也很难被准确预测。

基础率问题是指对不常发生或罕见的事件做出预测的相对难度。以自杀预测问题为例。如果某一特定年份的自杀率基数很低，约为临床人群的1%，那么准确预测该人群中的任何一个人会自杀的可能性就非常小。如果你预测该人群中的任何一个特定的人在某一年里都不会自杀，那么预测的准确率会高达99%。但是，如果你预测在每一种情况下自杀都不会发生，那么对极少数自杀案例来说，你的预测就是错误的，即使你之前所有的预测都是正确的。因此，在100个人中预测出谁会实施自杀行为是非常困难的。当临床医生进行预测时，他们会权衡假阳性（预测暴力行为不会发生，但确实发生了）和假阴性（预测暴力行为会发生，但并未发生）的相对风险。临床医生常常会故意过度地进行错误的肯定预测，即过度预测危险性。从他们的角度来看，谨慎行事似乎是不会有损失的。然而，这样的预测会导致许多并不会真正对自己或他人实施暴力行为的人被医院强制收容，从而被剥夺自由。

透露直接的暴力威胁的不现实性

真正具有危险性的人有多大可能向正在评估他们的心理健康专业人士或治疗师透露自己的暴力意图？接受治疗的患者不太可能告诉治疗师他们准备实施暴力行为，如"我要在下周三早晨杀了他"。威胁一般是模糊而非特定的，如"我讨厌她，我可能会杀了她""我发誓是他逼我杀人的"。在这种情况下，治疗师必须从充满敌意的姿态和隐晦的威胁中推测危险性。与具体而直接的威胁相比，模糊、间接的暴力威胁是更不可靠的预测指标。

根据医院中的行为对社区中的行为进行预测所面临的困难

心理健康专业人士很难成功地对危险性进行长期预测，所以对于患者出院后是否会变得具有危险性，他们的判断往往并不准确。其中一个原因是，他们常常基于患者在医院的行为做出预测，然而暴力或危险行为是发生在特定情境下的。一位能够适应精神病院的结构化环境的模范患者，可能无法应对独立的社区生活所带来的压力。如果临床医生基于患者过往在社区中的行为而非其在精神病院这种受管控环境下的行为做出预测，那么他们的预测会更准确。

总体而言，尽管临床医生根据危险性做出的预测比靠碰运气做出的预测要好得多，它们仍然经常是不准确的（Kaplan，2000）。虽然在医院工作的心理健康专业人士可能在识别危险性时并不精确，但他们仍然被要求做出预测——主要基于他们对潜在暴力行为的评估来决定让谁住院、让谁出院（McNiel et al.，2003）。研究者正在开发更好的决策工具，如更客观的筛查方法和暴力评级量表，以帮助指导对暴力风险的评估，而不是期望临床医生仅仅依赖他们的临床判断（McNiel et al.，2003；Yang，Wong，& Coid，2010）。

这些努力至少在短期预测方面有助于提高临床医生预测暴力行为的能力（McNiel et al.，2003；Mills，Kroner，& Morgan，2011）。与只考虑任何单一因素相比，临床医生根据包括患者过往的暴力行为在内的综合因素进行预测的成功率更高。物质使用在触发精神病性障碍患者的暴力行为方面起着重要作用，这一点在非精神疾病患者中也是一样的（Sariaslan et al.，2016）。即便如此，预测未来的暴力行为仍是困难的，我们现有的方法远非完美。当临床医生意见统一时，他们对暴力行为预测的准确性通常比他们意见不统一时更高（McNiel，Lam，& Binder，2000）。另外，临床医生在对危险性进行短期预测时，预测的准确性也会更高（Mills，Kroner，& Morgan，2011）。

暴力和严重的精神障碍

有研究表明，与一般人群相比，患有精神分裂症和双相障碍等严重精神障碍的人实施暴力行为的风险更高，这突出了开发危险性预测工具的重要性（Douglas，Guy，& Hart，2009；Friedman，2014c）。如果精神疾病患者没有得到治疗、没有按时服药，或者有被害妄想和暴力行为史，那么他们发生暴力行为的风险就更高（Buchanan et al.，2019；Keer et al.，2013）。然而，在那些包括未接受治疗的患者在内的严重精神病性障碍患者中，只有少数人会实施暴力行为（Torrey，2011）。总体而言，不到10%的暴力犯罪与心理障碍有关（Peterson，Skeem，et al.，2014）。

> **正误判断**
>
> 在暴力犯罪中，犯罪者为心理障碍患者的比例出奇地高。
>
> **错误** 最新的研究表明，只有不到10%的暴力犯罪与心理障碍有关。

由于媒体对少数几起广为人知的案件给予了过度关注，大众认为精神疾病患者具有危险性的看法被极大地夸大了。媒体对少数严重的精神障碍患者实施暴力行为的报道强化了大众的刻板印象，进一步助长了对精神障碍患者的污名化（Kuehn，2012b）。同样重要的是，我们要认识到，在预测暴力行为方面，酒精和物质滥用所起的作用比心理障碍大得多（Friedman，2014c；Luo & McIntire，2013）。

对相关证据的深入挖掘揭示了与精神分裂症患者暴力行为的风险增加相关的因素。其一，滥用酒精或其他物质的精神分裂症患者实施暴力犯罪的风险可能比普通人高四倍甚至更多（Luo & McIntire，2013；Volavka & Swanson，2010）。其二，某些症状（如被害妄想、反社会行为）与精神分裂症患者实施暴力犯罪的更高风险有关（Bo et al.，2011；Harris & Lurigio，2007）。

出现指令性幻觉（有声音命令他们伤害自己或他人）的精神分裂症患者实施暴力行为的风险更高（McNiel，Lam，& Binder，2000）。居住在经济贫困社区的严重精神障碍患者实施暴力行为的潜在风险也

更高（Appelbaum，2006）。在指出严重精神障碍患者实施暴力行为的风险更高的情况后，我们也应该指出，与一般人相比，患有严重精神障碍的人成为暴力犯罪的受害者的风险也更高（Teplin et al.，2005）。与成为施暴者相比，精神障碍患者更有可能成为暴力行为的受害者。

15.1.3　警告义务

描述警告义务的定义，并评价治疗师所面临的两难困境。

当治疗师需要评估患者对他人所构成威胁的严重性时，预测危险性的问题也会随之出现。治疗师是否有**警告义务**（Duty to Warn）——在法律上有义务对被威胁对象发出警告？警告义务是社会在应对异常行为问题时所产生的诸多法律问题之一。在接下来的内容中，我们将讨论一些主要的法律问题，如患者权利、精神错乱辩护、精神疾病患者拒绝接受治疗的权利。在下文的"深度探讨"专栏中，让我们一起思考警告义务标准所带来的两难困境。

深度探讨
警告义务

治疗师面临的最棘手的两难困境之一就是，是否要透露保密信息以保护第三方免受伤害。一部分困难在于确定患者是否真的构成威胁；另一部分困难在于患者在心理治疗中透露的信息通常是作为私密交流受到法律保护的，治疗师有保密的义务。但是，这种义务并非绝对的。美国各州法院已明确规定，在某些特定的情况下，例如，当有明确且有力的证据表明患者对他人构成严重威胁时，治疗师有权打破保密原则。

1976年，加利福尼亚州法院对"塔拉索夫诉加利福尼亚大学董事会案"作出的裁决为治疗师

的警告义务奠定了法律基础（Jones，2003）。1969年，加利福尼亚大学伯克利分校的研究生普罗森吉·波达尔（Prosenjit Poddar）在向一位名叫塔蒂亚娜·塔拉索夫（Tatiana Tarasoff）的年轻女性示爱后遭到拒绝，之后陷入抑郁状态。波达尔在学校的心理健康中心接受了心理治疗，并告诉心理学家他打算在塔蒂亚娜暑假回来后杀死她。心理学家担心波达尔会实施暴力行为，于是先与同事进行了商讨，然后通知了校园警察，称波达尔可能是一个危险人物，并建议将他送到精神病治疗机构。

校园警察对波达尔进行了讯问。他们认为波达尔是理性的，并在他承诺远离塔拉索夫后让他离开了。然而，在结束了与心理学家的治疗后不久，波达尔就杀害了塔拉索夫。基于三名精神科医生的证词，波达

尔被判过失杀人罪，而不是谋杀罪，因为他们诊断波达尔精神能力减退并患有偏执型精神分裂症。根据加利福尼亚州的法律，他的精神能力减退使得法庭无法判定他蓄意谋杀。出狱后，波达尔回到了印度。据报道，他在那里开始了新的生活（Schwitzgebel & Schwitzgebel，1980）。

然而，塔拉索夫的父母起诉了这所大学。他们认为，该大学的心理健康中心未能履行其职责，未就波达尔针对塔拉索夫的威胁向她发出警告。加利福尼亚州最高法院同意了塔拉索夫父母的看法，判定治疗师在有理由相信患者对他人构成严重威胁时，有义务警告潜在的受害者，而不仅仅是通知警察。这项裁决规定，当患者对他人构成威胁并表现出暴力倾向时，治疗师有义务发出警告。

正误判断

即使患者向他人发出了死亡威胁，治疗师也不能违反保密原则。

错误 事实上，美国一些州的法律规定，治疗师有义务打破保密原则，向患者的威胁对象发出警告。

该裁决承认了潜在受害者的权利优先于患者的保密权利。根据"塔拉索夫案"的判决结果，治疗师不仅有权利打破保密原则并向潜在的受害者就可能发生的危险发出警告，而且在法律上有义务向潜在的受害者透露保密信息。

"警告义务"这一规定给临床医生带来了伦理和实务方面的两难困境。根据"塔拉索夫案"的判决结果，治疗师在刚开始怀疑患者有暴力意图时，就必须打破保密原则以保护自己和其他人的利益。但是，由于患者的威胁很少被付诸实践，"塔拉索夫案"的判决可能会因为要防范这种罕见情况的发生而剥夺许多患者应该享有的保密权利。

尽管有些临床医生可能会对"塔拉索夫案"的判决做出"过度反应"，即在没有充分理由的情况下打破保密原则，但也有人认为，少数潜在受害者的权益比打破保密原则所侵犯的多数人的权益更重要。

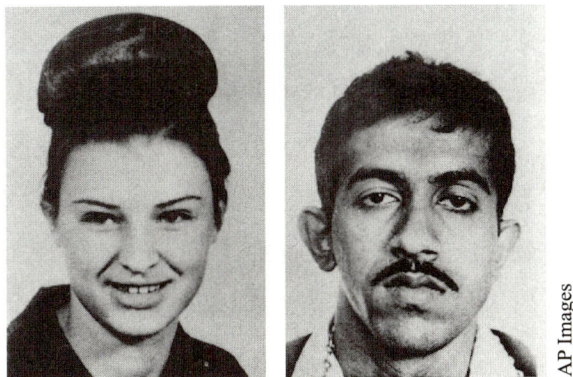

塔蒂亚娜·塔拉索夫（左图）和普罗森吉·波达尔（右图）

波达尔在示爱被拒后杀害了塔拉索夫。在大学的心理健康中心，他向治疗师说出了自己想要杀死塔拉索夫的打算。波达尔随后被判犯有过失杀人罪。塔拉索夫的父母对波达尔所在的大学提起诉讼，促成了一项具有里程碑意义的法庭裁决。这项裁决规定治疗师有义务向受到患者威胁的第三方发出警告。

应用"塔拉索夫法则"标准的另一个问题是，治疗师缺乏预测危险性的特殊能力。而"塔拉索夫案"的判决要求治疗师判断当事人透露的信息是否预示其存在即将伤害他人的意图（VanderCreek & Knapp，2001）。在"塔拉索夫案"中，威胁是显而易见的。然而，在大多数情况下，威胁并不那么明确，也缺乏明确的衡量标准。在暴力行为发生之前，治疗师是否"本应知道"患者具有危险性呢？在缺乏明确的标准指导治疗师履行警告义务的情况下，他们只能依靠自己做出最佳的临床判断。

当治疗师所治疗的艾滋病患者隐瞒自身的艾滋病病毒感染状况，并将其性伴侣置于感染的风险中时，伦理问题会变得更加模糊。治疗师必须平衡警告义务和保护患者隐私的伦理责任。目前，心理学界缺乏一套明确的专业标准供治疗师遵循，以解决这一困境（Huprich，Fuller，& Schneider，2003）。在美国，心理学家必须遵守他们执业所在州的相关法律，根据法律的要求对患者的艾滋病病毒状况保密，并对任何可能打破保密原则的例外情况保持觉察（Barnett，2010）。

"塔拉索夫案"的裁决及随后实施的、规定了警告义务的州法律，引发了临床医生的诸多担忧，他们既要努力履行"塔拉索夫条款"下的法律责任，又要对患者履行临床责任。虽然"塔拉索夫案"裁决的目的是保护潜在的受害者，但被应用于临床实践时，它可能会在无意中增加暴力风险，如下所示（Weiner，2003）。

1. 患者可能不太愿意向治疗师倾诉，导致治疗师更难帮助他们化解暴力情绪。

2. 有潜在暴力倾向的人自愿寻求治疗的可能性降低，因为他们担心治疗师会泄露他们在治疗中透露的信息。

3. 为了避免法律纠纷，治疗师也许不会去探究患者的暴力倾向。治疗师可能会避免询问患者有关潜在暴力的问题，或者避免治疗那些被认为有暴力倾向的患者。

"塔拉索夫案"发生在加利福尼亚州，其裁决只适用于该州。其他州则有不同的法规（Johnson，Persad，& Sisti，2014）。如前所述，治疗师必须了解其执业所在州与警告义务相关的法律。有些州允许治疗师打破保密原则并向第三方发出警告，但并未强制治疗师必须这么做。大多数州规定了治疗师在一些情况下的警告义务（有时也被称为保护义务），例如，当患者对特定对象构成威胁且暴力威胁迫在眉睫时（American Psychological Association，2012）。然而，在美国其他州，即使没有明确的受害者，如患者威胁要随机杀人或威胁要伤害他人但未指明具体的目标，治疗师也有义务发出警告（American Psychological Association，2011）。

不同州的法律也规定了如何履行警告义务，如向警察提交报告、采取措施阻止潜在的暴力行为，或者将患者收治入院。

尽管治疗师有义务遵守其执业所在州的法律，但当法律问题出现时，他们也不能忽视对患者的首要治疗责任。他们必须在履行警告义务条款下的责任和帮助患者化解引发暴力威胁的愤怒情绪之间找到平衡。

15.1.4 患者权利

识别那些确立了精神疾病患者权利的重大法庭案件。

我们已经探讨了有关社会是否有权将那些被判定患有精神疾病并可能对自身或他人构成威胁的人强制收治入院的问题。但这些人被收容之后会发生什么呢？被强制收容的患者有接受或要求治疗的权利吗？还是说社会可以仅仅将他们无限期地安置在精神病治疗机构中而不给予治疗？同时，我们也可以思考一下问题的另一面：那些被强制收容的患者可以拒绝接受治疗吗？这些问题属于患者权利这一范畴，具有里程碑意义的法庭案件将这些问题带入了公众的视野。总体而言，正如《飞越疯人院》（*One Flew Over the Cuckoo's Nest*）等图书和电影所揭示的那样，精神卫生系统中曾存在种种虐待患者的现象，这促使护理标准日趋严格化，并推动了保护患者权利的法律保障措施的确立。

精神疾病患者的权利是什么

许多图书和电影揭示了精神病院中发生的虐待行为，如由杰克·尼科尔森（Jack Nicholson）主演的电影《飞越疯人院》。近年来，护理标准的严格化和法律保障措施的确立，使精神病院患者的权利得到了更好的保护。

接受治疗的权利

我们可能会认为，接收患者的精神卫生机构会为他们提供相应的治疗。然而，直到 1972 年美国联邦法院审理"怀亚特诉斯蒂克尼案"这一具有里程碑意义的案件时，联邦法院才确立了医院应提供的最低护理标准。这是一起集体诉讼，被告是亚拉巴马州的精神卫生专员斯通沃尔·斯蒂克尼（Stonewall Stickney），原告代表是位于塔斯卡卢萨的一家州立医院兼学校的智力残疾的年轻人里基·怀亚特（Ricky Wyatt）及其他患者。

亚拉巴马州的联邦地方法院判定，该医院既没有为怀亚特和其他患者提供治疗，医院的生活条件也很糟糕、不够人性化。法院将该医院的宿舍描述为"谷仓式结构"，患者毫无隐私可言。卫生间没有隔板，患者穿着劣质的衣服，病房肮脏、拥挤，厨房不卫生，食物也不合格。此外，工作人员数量不足且培训不到位。"怀亚特诉斯蒂克尼案"使患者拥有了一些权利，包括不得要求患者从事维护精神病院设施的相关工作。法院判定，精神病院必须至少提供如下条件（*Wyatt v. Stickney*，1972）。

1. 人性化的心理和物理环境。
2. 数量充足且具备专业资质的工作人员，以便为患者提供充分的治疗。
3. 个性化的治疗方案。

正误判断

精神病院的患者有维护精神科医院设施的职责。

错误 亚拉巴马州的"怀亚特诉斯蒂克尼案"确立了患者的一些权利，包括不得要求患者从事维护精神病院设施的相关工作。

法院规定，州政府有义务为那些被非自愿收治在精神病院的患者提供充分的治疗。法院进一步裁定，在非自愿的情况下将患者收治入院，却不提供治疗，侵犯了患者依法享有正当程序的权利。

图 15-1 列出了根据法院裁决授予住院患者的一些权利。尽管法院的裁决仅限于亚拉巴马州，但其他许多州也已经修订了他们的精神病院标准，以确保非自

1. 患者有隐私权，有权被有尊严地对待。
2. 患者应该在最低程度的限制下接受治疗，其标准是达到收容的目的即可。
3. 除非有特殊限制，否则患者有被探视和打电话的权利。
4. 患者有权拒绝过量或不必要的药物。此外，药物不能被用作惩罚的手段。
5. 除非存在患者的行为可能对自身或他人构成威胁，并且低级别的限制已无法起作用的紧急情况，否则不应对患者进行限制或隔离。
6. 除非患者的知情同意权受到保护，否则患者不得成为实验性研究的对象。
7. 患者有权拒绝有潜在危险或非常规的治疗，如脑叶切除术、电休克治疗或厌恶治疗。
8. 除非有危险或不适宜进行治疗，否则患者有自备衣物和保留个人财物的权利。
9. 患者有正常运动并到户外活动的权利。
10. 患者有权获得与异性互动的权利。
11. 患者有权获得人道且适宜的生活条件。
12. 一个房间内的患者不能超过 6 人，医院必须提供屏风或窗帘以保护每个人的隐私。
13. 共用一个卫生间的患者不能超过 8 人，医院必须设立独立的隔间以保护每个人的隐私。
14. 患者有权获得营养均衡的饮食。
15. 不得要求患者从事以维护医院设施为目的的工作。

图 15-1　根据"怀亚特诉斯蒂克尼案"列出的患者权利法案的部分内容

愿入院患者的基本权利不被剥夺。对其他案件的审判则进一步明确了患者的权利。

唐纳森诉奥康纳案

1975年的"肯尼斯·唐纳森案"是患者权利方面的又一个里程碑。肯尼斯·唐纳森（Kenneth Donaldson）曾是佛罗里达州一家州立医院的患者，他起诉了该医院的两名医生，理由是他在未接受任何治疗的情况下被非自愿地监禁14年，而他对自身或他人从未构成严重的威胁。唐纳森最初是因为他的父亲提交的收容申请而被收容的，他的父亲认为他存在妄想。唐纳森在被收容期间没有接受任何治疗，还被剥夺了在医院内活动的权利及获得职业培训的机会，他多次提出的被释放的申请也被驳回了。直到他威胁要起诉医院时，他才最终被释放。出院后，唐纳森起诉了他的医生，从医院负责人J. B. 奥康纳（J. B. O'Connor）那里获得了38.5万美元的赔偿金。该案件最终在美国最高法院开庭审理。

法庭证词证实，尽管医院的工作人员并不认为唐纳森具有危险性，他们还是拒绝释放他。医院的医生辩称，让他继续住院是有必要的，因为他们认为他不能很好地适应社区生活。医生给唐纳森开了抗精神病药物，但唐纳森因为信仰问题而拒绝服用。结果，他只得到了监护。

1975年，美国最高法院在"唐纳森诉奥康纳案"中裁定："不能单纯因为精神疾病而违背个人的意愿将其监管及无限期地监禁。"如果他们并未对他人构成威胁，能够安全地在社区中生活，那么关押他们就是缺乏法律依据的。这项裁决针对的是被认为没有危险性的精神疾病患者，目前我们尚不清楚同样的法律权利是否也适用于被判定为具有危险性的患者。

在"唐纳森诉奥康纳案"的裁决中，最高法院没有处理患者接受治疗的权利这一更大的问题。该裁决并未直接要求州立机构必须治疗被强制收容且不具有危险性的患者，因为机构可能会选择让其出院。

最高法院确实触及了一个更大的问题，即社会有权保护自己不受个人冒犯的权利。在宣读法院的意见时，大法官波特·斯图尔特（Potter Stewart）写道：

政府隔离无害的精神疾病患者仅仅是为了避免公民与那些行为方式与众不同的人接触吗？人们也许会问，为了避免公众感到不安，国家是否会监禁所有外貌不佳或举止古怪的人？仅仅因为公众的不宽容或敌意而剥夺一个人的人身自由是不合法的。

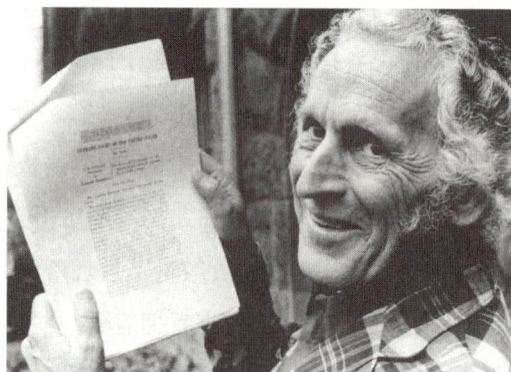

肯尼斯·唐纳森

唐纳森指出，美国最高法院的一项裁决裁定，如果那些被认为患有精神疾病但并不具有危险性的人能在社区中维持不对自己或他人构成威胁的状态，人们就不能违背他们的意愿把他们限制在医院中。

罗密欧诉扬伯格案

在1982年的"罗密欧诉杨勃格案"中，美国最高法院更直接地处理了患者接受治疗的权利这一问题。即便如此，它似乎在某种程度上背离了在"怀亚特诉斯蒂克尼案"中确立的患者权利的标准。33岁的尼古拉斯·罗密欧（Nicholas Romeo）患有严重的智力障碍，他不能说话，也不能自理，于是他被送入宾夕法尼亚州的一家州立医院。在那里，他常常因伤害自己而被监禁。该案件是患者的母亲提请的，她声称医院疏忽大意，没能对患者的自我伤害行为进行有效的预防，长时间对患者进行身体约束，又不提供足够的治疗。

美国最高法院裁定，像尼古拉斯这样被非自愿收容的患者有权要求在限制较少的条件下被监禁，例如，在理由充分的情况下，可以解除对尼古拉斯的身体约束。最高法院的裁决还在一定程度上认可了被收容患者接受治疗的权利。法院认为，被收容患者有权接受最低限度的训练，以帮助他们在不受身体约束的情况下更好地生活，但前提是这种训练需要在合理、安全的条件下进行。法庭还认为，合理性应根据合格的专业人士的判断来确定。联邦法院不应干涉医疗机构的内部运作，因为"没有理由认为法官或陪审团比合适的专业人士更有资格做出这样的决定"。只有当合格的专业人士的判断偏离实践的专业标准时，法院才能对其判断提出疑问。但是，最高法院并没有解决更广泛的被收容患者接受训练的问题，而这才是他们最终能够在医院之外独立生活的关键。

关于居住在社区的严重心理障碍患者是否有接受心理健康服务的权利这一问题（及各州是否有义务提供这些服务），美国各州和各级联邦法院之间一直存在争论。

拒绝接受治疗的权利

请设想如下情形。一位名叫约翰的公民被精神病院强制收容并接受治疗。医院的工作人员判定约翰患有精神病性障碍，即偏执型精神分裂症，应该接受抗精神病药物治疗。然而，约翰决定不接受治疗，他声称医院没有权利违背他的意愿对他进行治疗。医院的工作人员诉诸法院，要求强制对约翰进行治疗，他们认为医院有权按照他们认为合适的方式对患者进行治疗，否则强制收容就没有任何意义了。

像约翰这样被强制收容的患者有权拒绝接受治疗吗？如果有，这一权利是否与各州被强制收容的患者有权接受治疗的规定相冲突？人们可能还想知道，那些被判定需要被强制收容的患者，是否有能力做出关于什么样的治疗符合自己最佳利益的判断？

在 1979 年的"罗杰斯诉奥金案"中，被收容患者拒绝服用抗精神病药物的权利受到了保护，马萨诸塞州联邦地区法院对波士顿的一家州立医院下达了一条禁令，禁止对被收容患者强制用药，除非在紧急情况下——例如，当患者的行为对自身或他人构成重大威胁时。法院承认，患者拒绝接受药物治疗可能是不明智的，但法院主张，患者无论是否患有精神疾病，都有权做出错误的判断，只要"错误"的结果不会对自己、病友和医护人员造成身体伤害。

尽管美国各州的条例和规章不尽相同，但住院患者拒绝服药的案件通常首先会被提交给一个独立审查小组。如果审查小组的裁定不支持患者，那么案件可能会被提交给法官，由他最终判决是否对患者强制用药（Rolon & Jones，2008）。在实际情况中，只有少量患者（可能只有 10%）拒绝服药。此外，绝大多数拒绝服药的情况在复审中最终都被否决了。

我们对异常行为法律问题的讨论现在要转向精神错乱辩护这一具有争议性的问题。

15.2　精神错乱辩护

2011 年时任美国国会议员加布里埃尔·吉福兹遭枪击事件让人回想起另一件备受瞩目的枪击案——1981 年 3 月，时任美国总统罗纳德·里根（Ronald Reagan）在华盛顿特区的一家酒店外遭到枪击。数以百万计的美国人在电视屏幕前目睹了枪击过程，但袭击者——25 岁的流浪汉约翰·欣克利（John Hinckley）——却因精神错乱被判无罪，随后被监禁在一家精神病院中。

正误判断

数以百万计的电视观众目睹了时任美国总统被刺杀的过程，但是袭击者却被法庭宣判无罪。

正确　数以百万计的电视观众目睹了约翰·欣克利试图刺杀美国总统里根，但法庭判决他"因精神错乱而无罪"。

在 1981 年 3 月的一个寒冷的日子里，华盛顿希尔顿酒店外响起了枪声，特勤局特工在总统周围组成了人墙。其中一名特工把总统推进了一辆等候在那里的豪华轿车，轿车飞速开往医院。总统伤势严重，但最终幸运地康复了。联邦警察迅速控制住了枪手约翰·欣克利。其他几名旁观者也受伤了，包括里根总统的新闻秘书詹姆斯·布雷迪（James Brady），他被一颗流弹击中头部，导致半身瘫痪，余生都只能依靠轮椅行动。2014 年布雷迪去世时，美国当局认为他死于他杀，因为这是他在 33 年前的那次暗杀行动中受的枪伤导致的。

欣克利留在酒店房间里的一封信透露，他希望通过刺杀总统给年轻的女演员朱迪·福斯特（Jodie Foster）留下深刻的印象。下文将重现这封信的部分内容。欣克利从未真正见过福斯特，但疯狂地爱上了她。

刺杀里根事件

中枪后，时任美国总统罗纳德·里根被一名特勤局特工推进豪华轿车并迅速送往医院。里根总统在接受了手术后死里逃生。这位共和党总统在最艰难的情况下依然保持着幽默感，他在准备做手术时对医生开玩笑说："希望你们都是共和党派的。"

在对"欣克利案"的审判中，关于他是否开枪并致人受伤是毋庸置疑的，但检察官的责任是证明欣克

利有能力控制自己的行为并明白这种行为是错误的。辩方的证词将欣克利描绘成一位缺乏受审能力的精神分裂症患者，他幻想自己在杀死总统后能与福斯特实现"神奇的结合"。陪审团支持被告，裁定欣克利因精神错乱而无罪。随后，他被送到位于华盛顿特区的一家联邦精神病院——圣伊丽莎白医院。2005 年，一名联邦法官裁定，欣克利可以在父母的监护下回家探访，每次可以住三到四个晚上。2016 年，61 岁的欣克利在被监禁 30 多年后获释。

一想到欣克利或其他因精神错乱而被判无罪的人可能有一天会被完全释放，人们就会感到不安。难道不应该将他们关进监狱，而不是精神病院吗？社会该如何处置那些犯下罪行的精神错乱者？如果欣克利当时被判有罪，他是不是可能已经被释放或至少获得假释了呢？

人们对使用**精神错乱辩护**（Insanity Defense）的看法与事实相去甚远。人们普遍认为，使用精神错乱辩护的成功案例比比皆是。事实刚好相反，它很少被使用，并且通常不会成功。只有不到 1% 的重罪案件涉及精神错乱辩护，其中只有一小部分人成功脱罪，可能最多只占约 1/4，而在杀人案件中，这一比例则更低（Cevallos，2015；L. Friedman，2015）。因此，精神错乱辩护很少被使用，而因精神错乱辩护被无罪释放的人更是少之又少。

正误判断

精神错乱辩护在大量的审判中被使用，并且通常都能成功。

错误 在重罪案件中，精神错乱辩护很少被使用，而因错乱辩护被无罪释放的人更是少之又少。

"看看你的心"

亲爱的朱迪:

我的确有可能在试图刺杀里根的行动中丧命。正是出于这个原因,我才现在给你写信。

你也知道,我非常爱你。在过去的 7 个月里,我给你写了很多诗、信件和情书,就是为了这渺茫的希望:你会对我感兴趣。

朱迪,如果我能赢得你的芳心,和你共度余生,那么不管我是否无人知晓,我都将立刻放弃刺杀里根的念头。

我要向你承认,进行这个尝试的原因是我等不及要给你留下深刻的印象了。现在我必须做点什么让你明白,我是因为你才做这一切的。通过牺牲我的自由,甚至可能是我的生命,我希望改变你对我的看法。

这封信是在我出发去希尔顿酒店之前的 1 小时里写的。朱迪,我请求你看看自己的心,至少给我一个机会,让我凭借这个历史性的举动赢得你的尊重和爱。

这是约翰·欣克利在 1981 年 3 月 31 日,也就是他试图刺杀罗纳德·里根总统前不久写给女演员朱迪·福斯特的信。

资料来源: Linder, 2004.

公众高估了通过精神错乱辩护被无罪释放而非被监禁在精神卫生机构的被告的比例,也低估了他们住院后被监禁的时间(Silver, Cirincione, & Steadman, 1994)。因精神错乱而被判无罪的人被关在精神病院的时间往往比在监狱里服刑的时间更长(Lymburner & Roesch, 1999)。最终的结果是,虽然改变或废除精神错乱辩护可能会防止它在一些恶性案件中被滥用,但这并不能为公众提供更广泛的保护。

"欣克利案"的判决结果引发了公众的强烈抗议,许多人呼吁废除精神错乱辩护。一个反对意见指出了这样一个事实:一旦辩方提出证据支持其精神错乱的抗辩,联邦检察官就有责任证明被告的神志是清醒的。证明一个人当前是神志清醒还是精神失常已经十分困难了,可以想象,要证明一个人在实施犯罪行为时神志清醒会面临多大的挑战。

在"欣克利案"的裁决结果出炉后,美国联邦政府和许多州修改了法律,将证明被告精神错乱的举证责任转移给辩方。美国精神医学学会也公开声明,不应要求精神病学专家证人对被告能否控制自己的行为发表看法。该学会认为,这并不是精神科医生受训的目的。

欣克利被判无罪后,一些州采取了一种新的判决形式,即判决"有罪但患有精神疾病"(Guilty but Mentally Ill, GBMI)(Kimonis, 2015)。"有罪但患有精神疾病"判决为陪审团提供了一种选择,即判定被告患有精神疾病,但精神疾病并非导致被告犯罪的原因。根据"有罪但患有精神疾病"被定罪的人会被判入狱,但会在监禁期间接受治疗。

"有罪但患有精神疾病"判决引发了很大的争议。虽然它旨在减少因精神错乱而无罪的判决数量,但它并未成功做到这一点(Slovenko, 2009)。总体而言,人们普遍认为"有罪但患有精神疾病"判决是一项无法证明其自身价值的社会实验(Palmer & Hazelrigg, 2000)。批评者认为,这种判决不过是给被判有罪的被告打上精神疾病的烙印而已。如今,美国只有不到一半的州允许做出"有罪但患有精神疾病"的判决(Kutys & Esterman, 2009)。

15.2.1　精神错乱辩护的法律基础

描述精神错乱辩护的历史，引用具体的法庭案例和美国法学会提出的指导方针。

　　尽管公众对"欣克利案"及其他备受瞩目的精神病判决案感到愤怒，从而引发了人们对精神错乱辩护的重新审视，但美国社会长久以来的信念一直是，自由意志是判定是否需要为错误行径负责的基础。自由意志论也适用于刑事责任，它规定只有在认定人们当时能够控制自己的行为时，才能判定他们有罪。法庭在判定罪行时不仅必须毫无疑问地确定被告实施了犯罪行为，还必须考虑其精神状况。因此，法庭不仅必须判定被告是否有罪，还需要判定他是否负有道德责任及是否应当受到惩罚。精神错乱辩护基于这样一种信念，即当犯罪行为源自扭曲的精神状态而非自由意志时，个体不应受到惩罚，而应接受治疗。精神错乱辩护有着悠久的法律历史。

　　现代有三项重要的法庭裁决涉及精神错乱辩护。第一项涉及 1834 年俄亥俄州的一起案件，当时的裁决

因精神错乱而无罪

当他向总统开枪时，他的精神状态是异常的吗？约翰·欣克利在 1981 年试图刺杀里根总统，但因精神错乱而被判无罪。公众对"欣克利案"的判决感到愤怒，这引发了许多州对精神错乱辩护的重新审视。

是，如果人们由于不可抗拒的冲动而被迫实施犯罪行为，就无须为罪行承担责任。

　　第二项重要的关于精神错乱辩护的裁决涉及麦纳顿规则，它源于 1843 年发生在英格兰的一起案件。一名苏格兰男性——丹尼尔·麦纳顿（Daniel M' Naghten）——原本打算刺杀英国首相罗伯特·皮尔（Robert Peel）爵士，结果却将皮尔的秘书误认作首相并将其杀害。麦纳顿声称是上帝的声音命令他去刺杀皮尔的。英国法庭基于精神错乱判定麦纳顿无罪，认定被告"因精神疾病而神志不清，并不知道自己所作所为的性质和后果；或者，即使他知道自己行为的性质和后果，他也不知道自己这样做是错误的"。麦纳顿规则认为，如果个体因为精神疾病或精神缺陷而不知道自己在做什么，或者无法分辨是非，就不必承担刑事责任。该规则的问题在于，它的关注点在于被告是否缺乏判断是非的认知能力，而不是控制自己行为的能力（Cevallos，2015）。

　　奠定现代精神错乱辩护基础的第三项判决涉及 1954 年的"德赫姆诉美国案"。这起案件的裁决认为，"如果被告的违法行为是精神疾病或精神缺陷的产物，那么他不必承担刑事责任"。根据德赫姆规则，陪审团不仅要确定被告是否患有精神疾病或存在精神缺陷，还要确定其精神状况是否与犯罪行为有关。美国上诉法院认为，犯罪意图是确定刑事责任的先决条件：

　　西方世界的法律和道德传统要求，那些出于自由意志且有邪恶意图的人……在做出触犯法律的行为时，应被依法追究刑事责任。我们的传统也要求，当这些行为由精神疾病或精神缺陷导致时……不应给予他们道德上的谴责，他们无须承担刑事责任。

　　德赫姆规则的目的是废除两个过时的关于精神错乱的法律标准：不可控制规则和对错原则。法院认为对错原则已经过时，因为精神疾病的概念比分辨是非的能力更广泛。判定精神错乱的法律依据不应仅仅基

于精神疾病的某一个特征，如缺乏推理能力。废除不可控制规则是因为，法院认为，在某些情况下，源于"精神疾病或精神缺陷"的犯罪行为可能是以冷静且慎重的方式实施的，而非以突然、不可抗拒的冲动方式实施的。被告可能知道自己在实施犯罪行为，而并非被不可控制的冲动所驱使（Sokolove，2003）。

然而，德赫姆规则已被证明是行不通的，原因有以下几点，如缺少对"精神疾病"或"精神缺陷"的精确定义。例如，法院对人格障碍（如反社会型人格障碍）是否构成"疾病"感到困惑。并且，陪审团发现很难就一个人的"精神疾病"与犯罪行为之间是否存在因果关系得出结论。由于这些术语缺乏清晰而精确的定义，陪审团只能依赖精神病学专家证人的证词。在许多案件中，判决结果只不过是认可了专家证人的证词。然而，陪审团所依赖的作为专家证人的精神科医生在对被告的诊断上常常意见不一，这使德赫姆规则难以施行（Bazelon，2015）。

到 1972 年，在许多司法管辖区内，德赫姆规则已被美国法学会制定的、用于界定精神错乱法律依据的法律准则所取代（Van Susteren，2002）。这些准则本质上是把麦纳顿原则和不可控制规则结合起来，具体包括以下条款（American Law Institute，1962）。

1. 如果一个人在实施犯罪行为时，因患有精神疾病或存在精神缺陷而丧失了认识到自己行为的犯罪性（违法性）的能力，或者丧失了使自己的行为合乎法律要求的能力，那么这个人就不必对其犯罪行为承担责任。

2. "精神疾病或精神缺陷"并不包括只表现为反复的犯罪行为或其他反社会行为的异常情况。

第一条准则融合了麦纳顿规则（无法分辨是非）和不可控制规则（无法使自己的行为符合法律要求）。第二条准则主张，反复的犯罪行为（如毒品交易）本身不足以作为精神疾病或精神缺陷的证据，从而使个人免除刑事责任。虽然许多法律权威认为，美国法学会的这些准则相较于之前的规定有所改善，但仍然存在这样一个问题：即便有专家证词作为依据，由普通人组成的陪审团是否能够做出关于被告精神状态的复杂判断，尤其是在专家各执一词的情况下（Sadoff，2011）。根据美国法学会的准则，陪审团需要判断被告是否缺乏认识到自己行为的犯罪性或使自己的行为符合法律要求的实质性能力。通过在法律条例中增加"实质性能力"这一术语，美国法学会的准则拓宽了精神错乱辩护的法律基础，这意味着被告无须完全对自己的行为能力丧失控制，便可符合因精神错乱而无罪的法律标准。

就目前的情况来看，尚没有一个统一的标准来界定美国各州精神错乱辩护的基础。各州采用不同的法律标准，有五个州（蒙大拿州、犹他州、内华达州、爱达荷州和堪萨斯州）已经完全废除了精神错乱辩护（Cevallos，2015）。不过，正如我们接下来将看到的，关于精神错乱辩护的不同观点之间仍存在分歧。

关于精神错乱辩护的不同观点

精神错乱辩护给陪审团带来了特殊的负担。在评估刑事责任时，陪审团不仅必须确定被告是否犯罪，还必须确定被告犯罪时的精神状态。拒绝德赫姆规则就意味着法院免除了精神科医生和其他专家证人确定被告的行为是否由精神疾病或精神缺陷导致的责任。那么，陪审团比心理健康专业人士更能评估被告的心理状态，这种假设合理吗？我们不禁要问，陪审团如何评估专家证人之间相互矛盾的证词？由于要确定被告在实施犯罪行为时丧失了精神能力，陪审团的任务变得更加困难。被告在法庭上的行为可能与其在犯罪时的行为几乎没有任何相似之处。

已故精神病学家托马斯·萨斯和其他否认精神疾病存在的人向精神错乱辩护提出了另一个挑战：如果不存在精神疾病，那么精神错乱辩护就毫无根据。萨斯认为，精神错乱辩护是有辱人格的，因为它剥夺了人们对自己行为的责任。萨斯认为，违反法律的人是罪犯，应该被起诉并受到审判。因精神错乱而被判无罪的人没有被当作人来看待，而是被当作不具备自由选择、自我决定和个人责任等人类基本权利的不幸之人。萨斯认为，我们每个人都要对自己的行为负责，我们每个人都应该为自己的错误行为承担责任。

萨斯认为，从历史上看，在涉及重大犯罪或对社会上层人士实施犯罪的案件中，精神错乱辩护常被援引。在社会下层群体对社会上层群体实施犯罪的案件中，精神错乱辩护将人们的注意力从可能激发犯罪的社会问题上移开。尽管萨斯是这么认为的，但精神错乱辩护在许多并不严重的犯罪案件或涉及社会阶层相似的人的案件中也被使用。

那么，我们要如何评价精神错乱辩护呢？废除它将颠覆几百年来的法律传统，这一传统认可人们在控制自己的能力受到精神疾病或精神缺陷的影响时，不需要对自己的犯罪行为负责。

我们可以考虑一个假想的例子。约翰犯了谋杀的重罪，而他的行为基于一种妄想，即他认为受害者企图刺杀他。被告声称，电视节目里发出的声音告诉他被杀者的身份，命令他杀死此人来保护自己和其他潜在的受害者。幸运的是，这种情况很少发生。很少有精神失常的人，甚至很少有精神分裂症等精神病性障碍患者会实施暴力犯罪，而犯下谋杀罪的人就更少了。法院长期以来一直认为，精神分裂症患者对被认定为精神错乱的产物的行为几乎不承担任何责任（Tsimploulis et al.，2018）。

在对精神错乱辩护作出判决时，陪审团需要考虑是否应该在像约翰这样的案件中使用特殊的刑事标准，或者说，是否应该将特殊的刑事标准用于全部案件。如果立法者在某些案件中主张精神错乱辩护的合法性，那么他们仍然需要一个精神错乱的判定标准，以便由普通公民组成的陪审团能够理解和应用。"欣克利"案

的判决表明，关于精神错乱辩护的问题仍悬而未决，这种情况将持续很长一段时间。

在美国的司法体系下，陪审团必须努力解决判定刑事责任的复杂问题，而不仅仅是判定犯罪行为。但是，那些成功使用精神错乱辩护而被判无罪的人又该被如何处理呢？他们应该被送入精神病院，还是应该被关进监狱？监禁应该有一个固定期限吗？还是说对他们的监禁不应该设定期限，而是应该根据他们的精神状态确定是否将其释放？迈克尔·琼斯（Michael Jones）的案件确定了这些问题的法律依据。

15.2.2 判定刑事收容的期限

描述确定刑事收容期限的法律依据。

关于有期限收容和无期限收容的问题在"迈克尔·琼斯案"（琼斯诉美国案中）得到了讨论。琼斯于 1975 年被捕，因企图从华盛顿的一家百货商店偷走一件夹克而被控犯有轻微盗窃罪。琼斯最初被送入了圣伊丽莎白医院，这家医院就是收容约翰·欣克利的那家医院。琼斯被诊断患有偏执型精神分裂症并一直住院接受治疗，直到大约 6 个月后，他才被认定有受审能力。琼斯以精神错乱为由提出无罪抗辩，法院没有任何异议地接受了，并将他送往圣伊丽莎白医院。琼斯所犯的罪最多被判入狱 1 年，期间他多次要求出院，但都被法庭听证会拒绝了。

在他住院 7 年之后，美国最高法院最终受理了他的上诉，并于 1983 年作出判决。法院驳回了琼斯的上诉，并维持下级法院的判决，即他需要继续留在医院。因此，最高法院确立了一项原则，即因精神错乱而被判无罪的人构成了一个特殊的群体，他们需要以不同的方式被对待，以区别于被民事收容的个体（Morris，2002）。只要他们比被民事收容的患者危险性更大，他们就会被无限期地收容在精神病院。所以，因精神错乱而被判无罪的人被监禁在精神病院的时间可能比因有罪而被判入狱的时间长得多。

正误判断

因精神错乱而被判无罪的人被监禁在精神病院的时间比被判定有罪而入狱的时间长得多。

正确 因精神错乱而被判无罪的人被监禁在精神病院的时间可能比他们原本需要在监狱中服刑的时间长得多。

最高法院对"琼斯诉美国案"的裁决还规定，通常法律针对特定罪行规定的刑罚与刑事收容无关。用最高法院的话来说就是：

……对因精神错乱而被判无罪者实施收容的背后有许多方面的考量因素。因为被告未被判有罪，所以他不会受到惩罚。对被告实施监禁基于他持续存在的精神疾病和他所具有的危险性。犯罪行为的严重程度与被告康复所需要的时间之间并不存在简单、必然的关联。

最高法院裁定，被刑事收容的患者可能会被监禁在精神病院中，直至其恢复理智，或者不再对社会构成威胁。就像迈克尔·琼斯那样，因精神错乱而被判无罪的人被监禁在精神病院的时间可能比因被定罪而被判入狱的时间长得多。如果他们的"精神状况"有所改善，他们也可能比入狱更早获得释放。然而，公众对于提早释放罪犯（尤其是犯下重大罪行的罪犯）的愤怒，可能会阻碍他们被提前释放。

刑事收容的不确定性引发了各种问题。像迈克尔·琼斯一样因盗窃这一轻微的罪行而被无限期乃至终身剥夺自由，这样做合理吗？犯下恶劣罪行的人因精神错乱而被判无罪，后来又因专业人士认定他们可以重新回到社会而被提前释放，这又是公平的吗？

最高法院在"琼斯诉美国案"中的裁决似乎暗示着，我们必须将法定量刑的概念与刑事收容的概念区分开来。法定量刑基于"罪罚相当"的原则：罪行越

重，刑罚的期限就越长。而在刑事收容中，因精神错乱而被判无罪者，从法律的角度看是无罪的，他们被收容的时间由他们的精神状态决定。大多数因精神错乱而被判无罪的被告被强制送入州立精神病院，并在那里被无限期地监禁（McClelland，2017）。

15.2.3 受审能力

描述决定受审能力的法律依据。

有一项基本的法律规则是，被指控的罪犯必须能够理解对他们的指控和诉讼，并有能力参与为自己的辩护。**受审能力**（Competency to Stand Trial）不应该与精神错乱辩护混为一谈。被告可以有能力受审，但仍然可能因精神错乱而被判无罪。例如，一位妄想症状明显的患者可以理解法庭诉讼，能够与辩护律师商议，但仍然可能因精神错乱而被判无罪。一个人可能在某一特定时刻无受审能力，但他在受审能力恢复后仍会受到审判（Zapf & Roesch，2011）。那些患有精神病性障碍、失业及有精神病住院史的被告比没有这些特征的人更有可能被判定为缺乏受审能力（Pirelli，Gottdiener，& Zapf，2011）。

正误判断

被告被判定具有受审能力，但可能会因精神错乱而被判无罪。

正确 是的，被告有受审能力，但在审判中可能以精神错乱为由而被判无罪。

与因精神错乱而被判定无罪的被告相比，缺乏受审能力的被告更有可能被送入精神病院（Roesch，Zapf，& Hart，2010）。那些被宣判无受审能力的人通常被监禁在精神病院中，直到他们被认为有受审能力，或者直到可以确定他们不太可能恢复受审能力为止。然而，如果被告被无限期地监禁并等待庭审，可

能就会被卷入虐待事件中。在 1972 年的"杰克逊诉印第安纳州案"中，美国最高法院裁定，个体在精神病院中等待庭审的时间不能超过确定治疗是否能够恢复其受审能力所需的时间。根据"杰克逊案"的裁决，精神病鉴定人员必须确定，在可预见的未来，被告是否有很大的可能性通过治疗恢复受审能力（Hubbard, Zapf, & Ronan, 2003）。如果被告经过治疗也没有恢复受审能力的可能，那么被告就必须被释放，或者通过民事收容的程序被收容。然而，对"杰克逊案"标准的遵守情况并不一致，有些州规定在承认被告永久性无受审能力之前，必须对其进行一段时间（如 5 年）的治疗（Morris，2002）。

1992 年，美国最高法院在"梅迪纳诉加利福尼亚州案"中裁定，确定被告受审能力的举证责任在于被告，而不是州政府。之后，2003 年，美国最高法院在"塞尔诉美国案"中裁定，至少在一些特殊情况下，需要对患有精神疾病的被告实施强制医疗，以使其恢复受审能力（Bassman，2005）。该裁决允许在非自愿的情况下对被告进行治疗，前提是从医学角度来看，用药是合适的，并且不会损害审判的公正性。"塞尔案"的裁决影响了许多审判，因为许多被告因在精神上缺

无受审能力

图中右侧的杰森·罗德里格斯（Jason Rodriguez）在佛罗里达州奥兰多市的一起办公室枪击案中被控一项一级谋杀罪和五项谋杀未遂罪。该图展示的是他在一场关于其受审能力的听证会上，与他的公设辩护律师进行商议的场景。在听取了三名精神科医生和一名心理学家的证词后——他们证实罗德里格斯目前无受审能力——法官下令将他送往一家州立精神病院接受治疗。

乏受审能力而被延迟审判。

本书在开篇就曾指出，尽管人们普遍认为异常行为只影响了少数人，但实际上，它以某种方式影响着我们每一个人。最后，请允许我们呼吁，如果我们共同努力促进对异常行为的成因、治疗和预防的研究，也许我们就能够更好地面对异常行为给整个社会带来的诸多挑战。

本章总结

15.1　心理健康治疗中的法律议题

15.1.1　民事收容和刑事收容

解释民事收容和刑事收容之间的区别。

未经当事人同意将其送入精神病院的法律程序被称为民事收容或精神病收容。民事收容旨在为被认为患有精神疾病并对自身或他人构成威胁的人提供治疗。刑事收容则是将因精神错乱而被判无罪的人送入精神病院接受治疗。自愿住院是指人们自愿前往精神病院寻求治疗，并可以自行离开，除非法院另有裁定。

15.1.2　预测危险性

评价心理健康专业人士预测危险性的能力。

尽管必须判定一个人具有危险性，才能在非自愿的情况下将其强制送入精神病院，但心理健康专业人士并不具备预测危险性的特殊能力。可能导致无法对危险性进行准确预测的原因如下：（1）事后识别暴力倾向比预测暴力倾向更容易；（2）对暴力倾向的笼统认知可能无法预测具体的暴力行为；（3）在对暴力或危险性的定义上缺乏共识；（4）基础率问题使预测罕

见事件变得困难；（5）潜在的罪犯不太可能直接透露其暴力意图；（6）基于个体在医院中的行为所做出的预测可能无法推断出其在社区中的行为。

15.1.3　警告义务

描述警告义务的定义，并评价治疗师所面临的两难困境。

尽管患者向治疗师透露的信息通常享有保密权，但"塔拉索夫案"的裁决认为，治疗师有责任或义务就患者对第三方所发出的威胁向第三方发出警告。这给治疗师带来了道德和实践上的两难困境，他们需要根据自己的判断来决定是否要打破保密原则，即判断患者是否对他人怀有敌意并可能会伤害他人，尽管治疗师没有预测未来危险性的特殊能力。

15.1.4　患者权利

识别那些确立了精神疾病患者权利的重大法庭案件。

在"怀亚特诉斯蒂克尼案"中，亚拉巴马州的联邦地区法院设定了最低护理标准。在"唐纳森诉奥康纳案"中，美国最高法院裁定，如果不具有危险性的精神障碍患者能够安全地在社区中得到妥善的安置，人们就不能违背他们的意愿将他们收容在精神病院里。在"罗密欧诉扬伯格案"中，最高法院裁定，被非自愿收容的患者有权在限制较少的条件下接受治疗和训练，以帮助他们更好地生活。马萨诸塞州的"罗杰斯诉奥金案"的裁决规定，除紧急情况外，患者有权拒绝接受药物治疗。

15.2　精神错乱辩护

15.2.1　精神错乱辩护的法律基础

描述精神错乱辩护的历史，引用具体的法庭案例和美国法学会提出的指导方针。

三个法庭案件为精神错乱辩护确立了法律先例。1834 年，俄亥俄州的一家法院采用了不可控制规则作为精神错乱辩护的基础。麦纳顿规则源于 1843 年发生在英格兰的一起案件，该规则将无法认识到自己行为的违法性作为认定法律意义上的精神错乱的依据。德赫姆规则基于 1954 年发生在美国的一起案件，该案件判定，如果一个人的犯罪行为是"精神疾病或精神缺陷"的产物，那么他就无须承担刑事责任。美国法学会提出的准则融合了麦纳顿规则中的无法分辨是非原则和不可控制规则（由于精神疾病或精神缺陷而不能使自己的行为符合法律的要求）。

15.2.2　判定刑事收容的期限

描述确定刑事收容期限的法律依据。

确定刑事收容期限的法律依据规定，被刑事收容的患者可能会被无限期地监禁在精神病院中，他们最终能否被释放取决于对其精神状态的判定。

15.2.3　受审能力

描述决定受审能力的法律依据。

那些被指控犯罪，但无法理解对他们的指控或不能为自己辩护的人可能会被判定为无受审能力，并被送回精神病院候审。在"杰克逊诉印第安纳州案"中，美国最高法院对被判定为无受审能力的人在精神病院被关押的时间长度进行了限制。

批判性思考题

请在阅读本章内容的基础上，回答以下问题。

- 你认为那些在城市街道上游荡、自言自语并且住在纸箱里的精神疾病患者应该被强迫收治入院吗？为什么？

- 如果你被要求评估某个人是否对自身或他人构成威胁，你会根据什么标准进行判断呢？你需要什么证据来做出你的决定？

- 当患者威胁他人时，你认为治疗师有责任打破保密原则吗？为什么？治疗师对警告义务提出了哪些担忧？你认为他们的担忧有道理吗？

- 你认为是否应该废除因精神错乱而无罪的判决，或者以其他判决取而代之，如"有罪但患有精神疾病"？为什么？

术语表

A

变态心理学（Abnormal Psychology）：心理学的一个分支，主要涉及对异常行为模式的描述，以及对其成因和治疗方法的探究。

文化适应压力（Acculturative Stress）：个体在适应东道主文化或主流文化的过程中感受到的压力。

急性应激障碍（Acute Stress Disorder）：在暴露于创伤事件后的一个月内出现的创伤性应激反应。

成瘾（Addiction）：尽管某种化学物质会带来有害的后果，但个体仍无法对其使用进行有效控制的状态。

适应障碍（Adjustment Disorders）：对明确应激源的适应不良反应，其特征是功能受损或超出正常预期水平的情绪困扰。

寄养子研究（Adoptee Study）：将被收养儿童的特征和行为模式与其亲生父母及养父母的特征和行为模式进行比较的研究。

失认症（Agnosia）：一种会影响视觉感知的感知障碍。

场所恐怖症（Agoraphobia）：对空旷或公共场所的过度、非理性的恐惧。

警报反应（Alarm Reaction）：一般适应综合征的第一阶段，以交感神经系统的活动增强为主要特征。

酒精中毒（Alcoholism）：导致严重的个人、社会、职业或健康问题的酒精成瘾或酒精依赖，也被称为"酗酒"。

阿尔茨海默病（Alzheimer's Disease，AD）：一种进行性脑部疾病，其主要特征是记忆力和智力功能的逐渐衰退及人格的改变，最终导致生活自理能力的丧失。

遗忘症（Amnesia）：通常指个体在受到创伤事件（如头部撞击、电击或重大外科手术）后出现的记忆丧失。

苯丙胺精神病（Amphetamine Psychosis）：一种由摄入苯丙胺引发的、以幻觉和妄想为主要特征的精神病性状态。

苯丙胺（Amphetamines）：一类能够激活中枢神经系统的合成兴奋剂，可使个体进入高度的唤醒状态、产生愉悦感。

神经性厌食（Anorexia Nervosa）：一种进食障碍，其主要特征是维持异常低的体重、扭曲的身体意象及对体重增加的强烈恐惧。

顺行性遗忘症（Anterograde Amnesia）：形成或存储新记忆的能力丧失或受损。

抗焦虑药物（Antianxiety Drug）：用于缓解焦虑症状及减少肌肉紧张状态的药物。

抗抑郁药物（Antidepressant）：用于治疗抑郁障碍的药物，主要通过调节脑内神经递质的可利用性来起效。

抗精神病药物（Antipsychotic Drug）：用于治疗精神分裂症或其他精神病性障碍的药物。

反社会型人格障碍（Antisocial Personality Disorder）：一种人格障碍，其主要特征是违反社会规范和不负责任的行为，以及对自己的恶行毫无悔意。

焦虑（Anxiety）：一种情绪状态，其特征是生理唤起、紧张不安，以及担忧或不祥的预感。

焦虑障碍（Anxiety Disorders）：一类心理障碍，其主

要特征是过度或适应不良的焦虑反应。

失语症（Aphasia）：理解或表达言语的能力受损。

原型（Archetype）：荣格的理论，指的是存在于集体无意识中的原始意象或概念。

共济失调（Ataxia）：肌肉协调能力丧失。

注意缺陷/多动障碍（Attention-Deficit/Hyperactivity Disorder，ADHD）：一种行为障碍，其主要特征是过度的运动活动和无法集中注意力。

孤独症（自闭症）谱系障碍（Autism Spectrum Disorder，ASD）：一种发育障碍，其主要特征是沟通和社交互动方面的显著缺陷、兴趣范围狭窄或固定，以及重复的动作。

自主神经系统（Autonomic Nervous System，ANS）：周围神经系统的一个分支，负责调节腺体活动和不随意功能。

回避型人格障碍（Avoidant Personality Disorder，APD）：一种人格障碍，其特征是由于害怕被拒绝而回避社会关系。

轴突（Axon）：神经元中细长的部分，神经冲动沿着它进行传导。

B

巴比妥酸盐类（Barbiturates）：具有镇静作用和高度成瘾性的抑制剂类药物。

基底神经节（Basal Ganglia）：位于前脑底部的神经元集群，参与调节姿势动作和协调性。

行为疗法（Behavior Therapy）：使用基于学习理论的技术对心理障碍进行干预的治疗方法。

行为评估（Behavioral Assessment）：注重对问题行为的客观的记录和描述的临床评估方法。

行为主义（Behaviorism）：心理学的流派之一，将心理学定义为对可观察行为的研究，注重学习机制在解释行为方面的作用。

暴食障碍（Binge-Eating Disorder，BED）：一种进食障碍，其特征是反复发作的暴食行为但不伴随催吐等清除行为。

生物反馈训练（Biofeedback Training，BFT）：一种向个体提供有关身体机能信息（反馈）的方法，以便在一定程度上提高个体对这些身体机能的控制能力。

生物–心理–社会模型（Biopsychosocial Model）：一种从生物学因素、心理因素和社会文化因素之间的相互作用来解释异常行为的整合模型。

双相障碍（Bipolar Disorder）：一种心理障碍，其主要特征是患者的心境在极度兴奋和抑郁状态之间波动。

盲态（Blind）：一种不知道自己接受的是实验性治疗还是安慰剂的状态。

躯体变形障碍（Body Dysmorphic Disorder，BDD）：一种心理障碍，其特征是对想象中或夸大的身体缺陷的过度关注。

体重指数（Body Mass Index，BMI）：一种以体重和身高作为主要参数的测量指标。

边缘型人格障碍（Borderline Personality Disorder，BPD）：一种人格障碍，其主要特征是情绪骤变、缺乏连贯的自我意识，以及冲动且难以预测的行为。

与呼吸相关的睡眠障碍（Breathing-Related Sleep Disorders）：因无法正常呼吸而导致睡眠反复中断的睡眠障碍。

短暂精神病性障碍（Brief Psychotic Disorder）：一种在暴露于重大应激源之后可能出现的精神病性障碍，其持续时间从一天到一个月不等。

神经性贪食（Bulimia Nervosa）：一种进食障碍，其主要特征是反复发作的暴食且伴随自行引发的清除行为，同时过度关注体重和体形。

C

心血管疾病（Cardiovascular Disease，CVD）：一系列涉及心血管系统的疾病或障碍，如冠心病或高血压等。

个案研究（Case Study）：基于临床访谈、观察和心理测验而精心撰写的个案记录。

猝倒（Cataplexy）：一种由强烈的情绪反应引发的身体状况，表现为肌肉张力丧失和对随意肌失去控制，可能导致个体瘫倒或跌倒在地。

紧张症（Catatonia）：运动活动和认知功能的严重失调，如处于紧张或木僵状态。

中枢神经系统（Central Nervous System）：包括脑和脊髓。

小脑（Cerebellum）：位于后脑的一种结构，参与协调身体活动和维持身体平衡。

大脑皮层（Cerebral Cortex）：大脑表面的皱褶区域，负责处理感觉刺激，并控制思考和语言运用等高级心理功能。

脑血管意外（Cerebrovascular Accident，CVA）：由向大脑供氧的血管破裂或阻塞导致的中风或脑损伤。

大脑（Cerebrum）：前脑的大部分区域，由大脑左右半球组成。

童年发生的言语流畅障碍（Childhood-Onset Fluency Disorder）：持续性口吃，其主要特征是言语流畅性受损。

昼夜节律睡眠–觉醒障碍（Circadian Rhythm Sleep–Wake Disorder）：一种睡眠–觉醒障碍，其主要特征是身体正常的睡眠–觉醒周期与环境需求之间不匹配。

民事收容（Civil Commitment）：在可能违背患者本人意愿的情况下强制将其送入精神病院的法律程序。

经典条件反射（Classical Conditioning）：一种学习形式，通过将两种刺激进行配对或建立关联，使得原本对一种刺激的反应可以在呈现另一种刺激时出现。

可卡因（Cocaine）：一种从古柯植物的叶子中提取的兴奋剂。

认知评估（Cognitive Assessment）：对可能与情绪问题相关的思维、信念和态度进行的测量。

认知行为疗法（Cognitive–Behavioral Therapy，CBT）：一种结合了认知技术和行为技术的心理治疗方法。

认知重构（Cognitive Restructuring）：认知疗法中的一种具体技术，主要是用理性的想法替代非理性的想法。

认知疗法（Cognitive Therapy）：一种帮助来访者识别并纠正错误认知的心理治疗方法，这一疗法认为来访者内心的错误认知（想法、信念和态度）是导致其情绪问题和不良行为的根源。

抑郁的认知三联征（Cognitive Triad of Depression）：这一理论观点认为，抑郁源于患者对自我、周围环境或整个世界及未来持消极的看法。

认知特异性假说（Cognitive-Specificity Hypothesis）：这一假说认为，不同的情绪障碍与特定类型的自动思维有关。

交流障碍（Communication Disorders）：一类心理障碍，其主要特征是在理解或使用语言方面存在困难。

受审能力（Competency to Stand Trial）：刑事案件的被告理解对其提起的指控和诉讼程序并参与自我辩护的能力。

强迫行为（Compulsion）：个体感到自己被迫执行的重复或仪式性行为。

有条件的积极关注（Conditional Positive Regard）：根据他人的行为是否符合自己的认可标准来评价他人。

条件反应（Conditioned Response，CR）：在经典条件反射中，对先前中性刺激的一种习得性反应。

条件刺激（Conditioned Stimulus，CS）：一种原本为中性刺激，经过与先前能引发反应的无条件刺激多次配对后引发条件反应的刺激。

品行障碍（Conduct Disorder，CD）：一种儿童和青少年心理障碍，以破坏性行为和反社会行为为特征。

保密（Confidentiality）：通过确保记录安全且不泄露研究参与者的身份来保护他们。

一致性（Congruence）：一个人的想法、行为和情感之间的连贯性或契合度。

意识（Conscious）：在弗洛伊德的理论中，意识是与我们当下的感知相对应的部分。

结构效度（Construct Validity）：（1）在实验中，指自

变量所代表的理论机制（结构）能够解释干预效果的程度；（2）在测量中，指测验能测量它所要测量的假设结构的程度。

内容效度（Content Validity）：测验或测量的内容能够反映其所要测量的特质的程度。

对照组（Control Group）：在实验中不接受实验处理的组。

转换障碍（Conversion Disorder）：一种躯体症状障碍，其主要特征是在没有任何明显器质性病因的情况下出现身体功能的丧失或受损。

相关系数（Correlation Coefficient）：一种用于表示两个变量之间关系强度的统计指标，其数值在 –1.00 到 +1.00 之间。

相关法（Correlational Method）：一种科学的研究方法，使用统计术语来考察各因素或变量之间的关系。

反移情（Countertransference）：在精神分析中，分析师将其对生活中其他人的情感或态度转移到来访者身上的现象。

伴侣治疗（Couple Therapy）：一种聚焦于解决伴侣之间冲突的治疗形式。

快克（Crack）：一种可吸食的高纯度可卡因。

刑事收容（Criminal Commitment）：将因精神错乱而被判无罪的人关押在精神病院的法律程序。

效标效度（Criterion Validity）：测验与独立的外部标准或通用准则之间的相关程度。

批判性思维（Critical Thinking）：秉持质疑的态度并根据证据仔细审查各种主张和论点。

文化相关综合征（Culture-Bound Syndrome）：主要在一种或少数几种文化中发现的异常行为模式。

环性心境障碍（Cyclothymic Disorder）：一种心境障碍，其主要特征是与双相障碍相比，存在一种慢性且程度较轻的心境波动模式。

D

防御机制（Defense Mechanism）：自我用来扭曲现实以保护自己不去意识到引发焦虑的冲动的策略。

去机构化（Deinstitutionalization）：将患有严重或慢性心理健康问题的患者从住院环境转移到社区康复医疗环境中的政策。

延迟射精（Delayed Ejaculation）：尽管有正常水平的性兴趣和性唤起，但仍持续或反复地无法达到或延迟达到性高潮状态。延迟射精过去被称作"男性性高潮障碍"。

谵妄（Delirium）：一种精神错乱、定向障碍且无法集中注意力的状态。

妄想障碍（Delusional Disorder）：一种以持续性妄想为主要症状的精神病性障碍，这种妄想通常具有偏执性质，但不像偏执型精神分裂症的妄想那样怪异。

妄想（Delusion）：对一些毫无现实基础的错误想法或信念坚信不疑。

早发性痴呆（Dementia Praecox）：克雷佩林用来描述现在被称为"精神分裂症"这种疾病的术语。

树突（Dendrite）：神经元末端的根状结构，负责接收来自其他神经元的神经冲动。

依赖型人格障碍（Dependent Personality Disorder）：一种人格障碍，其主要特征是难以独立做决定和过度依赖行为。

因变量（Dependent Variable）：为了确定操纵自变量所产生的效果而观察的因素。

人格解体/现实解体障碍（Depersonalization/Derealization Disorder）：一种分离障碍，以持续或反复发作的人格解体或现实解体为主要特征。

人格解体（Depersonalization）：对自我或身体产生不真实感或脱离感。

抑制剂（Depressant）：降低中枢神经系统活动水平的药物。

现实解体（Derealization）：对外界环境的不真实感。

脱毒（Detoxification）：在监护条件下清除体内酒精或其他药物的过程。

精液流失恐怖症（Dhat Syndrome）：一种文化相关综合征，主要见于印度男性，其特征是过度担心精液流失。

素质（Diathesis）：对某种特定障碍的易感性或倾向。

素质-应激模型（Diathesis–Stress Model）：一种理论模型，该模型假定异常行为问题涉及易感性或倾向与应激性生活事件或经历之间的交互作用。

分离性遗忘症（Dissociative Amnesia）：一种分离障碍，患者会在没有任何明显器质性病因的情况下丧失记忆。

分离障碍（Dissociative Disorders）：以身份、记忆或意识的破裂或分离为主要特征的精神障碍。

分离性身份障碍（Dissociative Identity Disorder，DID）：一种分离障碍，患者拥有两个或多个截然不同或交替出现的人格。

多巴胺假说（Dopamine Hypothesis）：该假说认为，精神分裂症与大脑中多巴胺传输的过度活跃有关。

双重抑郁（Double Depression）：重性抑郁障碍和心境恶劣同时发生。

唐氏综合征（Down Syndrome）：由于第21对染色体上多出一条染色体而导致的疾病，其特征是智力发育障碍和各种身体异常。

向下迁移假说（Downward Drift Hypothesis）：一种试图解释低社会经济地位与行为问题之间相关性的理论，该理论认为问题行为会导致人们的社会地位向下迁移。

警告义务（Duty to Warn）：治疗师有义务就来访者对第三方构成的威胁发出警告。

阅读障碍（Dyslexia）：一种学习障碍，以阅读能力受损为主要特征。

E

早发性痴呆（Early-Onset Dementia）：泛指65岁之前发病的各类痴呆。

进食障碍（Eating Disorders）：以紊乱的进食模式和适应不良的体重控制方式为主要特征的心理障碍。

折中治疗（Eclectic Therapy）：一种结合了多种体系或理论的原则或技术的心理治疗方法。

自我（Ego）：与"自我概念"相对应的心理结构，受现实原则支配，具有忍受挫折的能力。

自我不协调（Ego Dystonic）：指被认为与自我认同格格不入的行为或感受。

自我心理学（Ego Psychology）：一种当代心理动力学理论流派，更关注自我有意识的努力，较少强调本我的无意识功能。

自我协调（Ego Syntonic）：指被视为自己浑然天成的一部分的那些行为或感受。

电休克治疗（Electro-Convulsive Therapy，ECT）：通过向患者头部施加电击来治疗重性抑郁障碍的一种疗法。

聚焦情绪的应对方式（Emotion-Focused Coping）：一种应对方式，通过忽视或逃避应激源而不是直接处理它来减轻其影响。

共情（Empathy）：从他人的角度理解其经历和感受的能力。

遗粪症（Encopresis）：在4岁及以上的儿童身上出现的由非器质性原因引起的无法控制排便的情况。

内分泌系统（Endocrine System）：直接向血液中分泌激素的无管腺体系统。

内表型（Endophenotype）：解释有机体的遗传密码如何影响其可观察到的特征或表型的可测量的过程或机制。

内啡肽（Endorphins）：在大脑中起神经递质作用的天然物质，其效果类似于阿片类物质。

遗尿症（Enuresis）：在达到预期能控制排尿的年龄后仍无法控制排尿的情况。

流行病学方法（Epidemiological Method）：追踪不同人群中特定障碍发生率的研究方法。

表观遗传学（Epigenetics）：一门研究在承载遗传密码的化学物质（DNA）本身不发生改变的情况下影响基

因表达过程中的可遗传变化的学科。

勃起障碍（Erectile Disorder，ED）：男性的一种性功能障碍，以在性活动中难以达到或维持勃起状态为主要特征。

钟情妄想（Erotomania）：一种妄想障碍，其特征是患者坚信自己被有较高社会地位的人所爱慕。

耗竭阶段（Exhaustion Stage）：一般适应综合征的第三阶段，其特征是抵抗力下降、副交感神经系统活动增强，最终导致身体机能衰退。

露阴癖（Exhibitionism）：一种几乎只发生在男性身上的性欲倒错，患者将自己的生殖器暴露在毫无防备的陌生人面前，由此产生持续且反复的性冲动和引起性唤起的幻想。

期望（Expectancy）：对预期结果的信念。

实验组（Experimental Group）：指在实验中接受实验处理的组。

实验法（Experimental Method）：一种科学方法，旨在通过操纵自变量并观察其对因变量的影响来发现因果关系。

外部效度（External Validity）：实验结果可以推广到其他情境和条件的程度。

眼动脱敏与再加工（Eye Movement Desensitization and Reprocessing，EMDR）：一种用于治疗创伤后应激障碍的有争议的治疗方法，该方法要求患者在脑海中回想创伤经历的同时对视觉目标进行眼动追踪。

F

做作性障碍（Factitious Disorder）：一种心理障碍，其特征是故意伪装心理或躯体症状而无明显的现实层面的获益。

家庭治疗（Family Therapy）：一种以家庭而非个体为治疗单位的心理治疗形式。

恐惧刺激等级（Fear-Stimulus Hierarchy）：一系列按顺序排列的、引发恐惧程度逐渐增加的刺激。

女性性高潮障碍（Female Orgasmic Disorder）：一种女性性功能障碍，主要表现为在受到充分刺激的情况下仍持续难以达到性高潮。

女性性兴趣 / 性唤起障碍（Female Sexual Interest/Arousal Disorder，FSIAD）：一种女性性功能障碍，主要表现为性唤起困难或在性活动中缺乏性兴奋或愉悦感。

恋物癖（Fetishism）：一种性欲倒错，患者会将无生命的物体作为性兴趣的焦点和性唤起的来源。

战斗或逃跑反应（Fight-or-Flight Reaction）：面对威胁时与生俱来的战斗或逃跑的反应倾向。

固着（Fixation）：弗洛伊德的理论，指由于在某一性心理发展阶段过多或过少的满足而形成的一组人格特质。

满灌（Flooding）：一种通过将患者暴露于高水平的恐惧刺激来帮助患者克服恐惧的行为治疗技术。

脆性 X 综合征（Fragile X Syndrome）：一种由 X 染色体上的基因突变引起的遗传性智力发育障碍。

自由联想（Free Association）：不经过意识的加工或审查，将想法直接表达出来的方法。

摩擦癖（Frotteurism）：一种性欲倒错，涉及患者通过跟非自愿的对象进行碰撞和摩擦以获得性满足的性冲动或引起性唤起的幻想。

G

赌博障碍（Gambling Disorder）：一种成瘾障碍，以习惯性赌博及对该行为失去控制为主要特征。

性别烦躁（Gender Dysphoria）：一种心理障碍，以对自己的生理或解剖学性别的强烈且持久的不适感或痛苦为主要特征。

性别认同（Gender Identity）：个体对自己是女性还是男性的心理认知。

一般适应综合征（General Adaptation Syndrome，GAS）：身体对长期或高强度压力的三阶段反应，包括警报反应、抵抗阶段和耗竭阶段。

麻痹性痴呆（General Paresis）：一种由神经梅毒引发的痴呆。

广泛性焦虑障碍（Generalized Anxiety Disorder，GAD）：一种焦虑障碍，以广泛的恐惧和不安感及身体处于高度唤醒状态为主要特征。

生殖器–盆腔痛/插入障碍（Genito-Pelvic Pain/Penetration Disorder）：在阴道性交或尝试插入的过程中出现持续或反复的疼痛感。

基因型（Genotype）：由个体的遗传密码决定的特质集合。

真诚（Genuineness）：识别和表达自己真实感受的能力。

逐级暴露（Gradual Exposure）：（1）一种通过直接暴露于越来越可怕的刺激来克服恐惧的行为治疗技术；（2）在行为治疗中，指通过在想象或现实生活中逐渐暴露于越来越可怕的刺激来克服恐惧的一种方法。

团体治疗（Group Therapy）：一种心理治疗形式，即一组有相似问题的来访者与治疗师共同会面参与治疗。

H

幻觉（Hallucination）：在没有外部刺激的情况下产生的、与现实相混淆的感知。

致幻剂（Hallucinogen）：导致个体产生幻觉的物质。

健康心理学家（Health Psychologist）：研究心理因素与身体健康之间相互关系的心理学家。

海洛因（Heroin）：一种从吗啡中提取的麻醉品，具有极强的成瘾性。

表演型人格障碍（Histrionic Personality Disorder）：一种人格障碍，以极度需要他人的关注、赞美、安慰和认可为主要特征。

囤积障碍（Hoarding Disorder）：一种心理障碍，其主要特征是对获取大量看似无用或非必需的物品的强烈需求，并抗拒丢弃它们。

激素（Hormone）：由内分泌腺分泌的物质，可以调节身体机能并促进生长和发育。

体液（Humor）：来自古代希波克拉底的医学理念，指的是人体内的重要流体（黏液、黑胆汁、血液、黄胆汁）。

亨廷顿氏病（Huntington's Disease）：一种遗传性退行性疾病，以抽动和扭曲的动作、偏执和精神衰退为主要特征。

嗜睡障碍（Hypersomnolence Disorder）：在白天持续存在的过度嗜睡模式。

入睡前幻觉（Hypnagogic Hallucination）：在入睡前或刚醒来的半睡半醒状态下出现的幻觉。

疑病症（Hypochondriasis）：一种异常行为模式，其主要特征是将躯体症状错误地解读为潜在的严重疾病的迹象，现在被归类为躯体症状障碍或疾病焦虑障碍的一种形式。

轻躁狂（Hypomania）：一种相对轻微的躁狂状态。

下丘脑（Hypothalamus）：前脑中参与调节体温、情绪和动机的结构。

假说（Hypothesis）：一种通过实验来验证的预测。

低氧（Hypoxia）：大脑或其他器官的供氧量减少。

性窒息（Hypoxyphilia）：一种性欲倒错，通过套索、塑料袋、化学物质或压迫胸部等手段造成缺氧以获得性满足。

I

本我（Id）：与生俱来的无意识心理结构，其中蕴含原始的本能，并受快乐原则支配。

疾病焦虑障碍（Illness Anxiety Disorder）：一种躯体症状障碍，其主要特征是患者在没有或只有轻微的躯体症状的情况下对罹患严重疾病的过度焦虑或担忧。

免疫系统（Immune System）：人体中用以对抗疾病的防御系统。

冲动控制障碍（Impulse-Control Disorders）：一类心理障碍，以无法控制冲动、诱惑或驱力而导致对自己或他人造成伤害为主要特征。

发病率（Incidence）：在特定时间段内出现的某种障碍的新病例数量。

自变量（Independent Variable）：在实验中被操纵的因素。

梗死（Infarction）：因正常供血的血管阻塞而导致梗死灶（坏死或濒死的组织区域）形成的过程。

知情同意（Informed Consent）：研究参与者在实验前应获得足够的信息以自由决定是否参与的原则。

精神错乱辩护（Insanity Defense）：刑事案件中被告以精神错乱为由提出无罪抗辩的一种法律辩护方式。

失眠（Insomnia）：入睡困难、难以维持睡眠状态或无法获得恢复性睡眠的状况。

失眠障碍（Insomnia Disorder）：一种以慢性或持续性失眠为特征的睡眠-觉醒障碍，并且失眠并非由其他心理障碍、躯体疾病或药物引起。

智力障碍（Intellectual Disability，ID）：在智力和适应能力发展方面的普遍性延迟或受损。

间歇性暴怒障碍（Intermittent Explosive Disorder，IED）：一种以冲动性攻击行为为主要特征的冲动控制障碍。

内部效度（Internal Validity）：指对自变量的操纵能在多大程度上与因变量的变化之间存在因果关系。

网络成瘾障碍（Internet Addiction Disorder，IAD）：一种以过度或适应不良的网络使用为主要特征的非化学成瘾类型。

K

偷窃狂（Kleptomania）：一种以强迫性偷窃行为为主要特征的冲动控制障碍。

恐缩症（Koro Syndrome）：一种主要见于东南亚地区的文化相关综合征，患者十分害怕自己的生殖器会缩小甚至缩回体内。

科萨科夫综合征（Korsakoff's Syndrome）：一种与慢性酒精中毒相关的综合征，其主要特征是记忆丧失和定向障碍。

L

语言障碍（Language Disorder）：一种以理解或使用语言困难为主要特征的交流障碍。

迟发性痴呆（Late-Onset Dementia）：泛指 65 岁以后发病的各类痴呆。

习得性无助（Learned Helplessness）：一种行为模式，以被动和缺乏控制感为主要特征。

学习障碍（Learning Disorder）：在智力正常且有学习机会的环境下存在特定学习能力方面的缺陷。

路易体（Lewy Body）：脑细胞中的异常蛋白质沉积，可引发痴呆。

边缘系统（Limbic System）：前脑的一组结构，涉及与情绪加工、记忆，以及饥饿、口渴和攻击性等基本驱力相关的活动。

纵向研究（Longitudinal Study）：一种在很长的一段时间内对研究对象进行追踪观察的研究方法。

M

重性抑郁障碍（Major Depressive Disorder，MDD）：以重性抑郁发作为主要特征的一种严重的心境障碍。

重度神经认知障碍（Major Neurocognitive Disorder）：认知功能的严重衰退，以记忆、思维、判断和语言运用方面的缺陷为主要特征。重度神经认知障碍在早期版本的 DSM 中被称为"痴呆"。

男性性欲低下障碍（Male Hypoactive Sexual Desire Disorder，MHSDD）：一种男性性功能障碍，表现为持续或反复缺乏性兴趣或性幻想。

诈病（Malingering）：假装生病以逃避工作或职责。

躁狂（Mania）：一种异常兴奋、精力充沛和活跃的状态。

躁狂发作（Manic Episode）：脱离现实的情绪极度高涨、极度坐立不安及过度活动的时期，以行为紊乱和判断力受损为主要特征。

大麻（Marijuana）：一种从大麻植物的叶子和茎中提取的致幻药物。

医学模型（Medical Model）：一种生物学观点，认为异常行为是潜在疾病的症状。

延髓（Medulla）：后脑中参与调节心率、呼吸和血压的区域。

精神状态检查（Mental Status Examination）：一种结构化的临床评估，旨在确定来访者心理功能各方面的状况。

美沙酮（Methadone）：一种合成阿片类物质，在正确使用的情况下不会产生令人愉悦的兴奋感，但可用于防止海洛因成瘾者在停止使用海洛因时产生戒断症状。

轻度神经认知障碍（Mild Neurocognitive Disorder）：认知功能的轻度衰退，患者能够完成日常生活任务，但需要付出更大的努力或通过其他方式进行补偿，以维持独立的功能。

示范（Modeling）：（1）通过观察和模仿他人的行为进行学习；（2）在行为治疗中，通过使患者观察治疗师或其他人示范目标行为来帮助其习得目标行为的一种治疗技术。

心境障碍（Mood Disorders）：以异常严重或持续时间较长的心境紊乱为主要特征的心理障碍。

吗啡（Morphine）：一种从罂粟中提取的高成瘾性麻醉剂，可缓解疼痛并使人产生愉悦感。

孟乔森综合征（Münchausen Syndrome）：一种以制造医学症状为主要特征的做作性障碍。

髓鞘（Myelin Sheath）：轴突的绝缘层或保护性外层，有助于加快神经冲动的传导速度。

N

纳曲酮（Naltrexone）：一种能阻断酒精和阿片类物质所带来的快感的药物。

自恋型人格障碍（Narcissistic Personality Disorder）：一种人格障碍，以自我形象膨胀、极度需要被他人关注和崇拜为主要特征。

发作性睡病（Narcolepsy）：一种睡眠障碍，其主要特征是突然出现且无法抗拒的睡眠发作。

麻醉品（Narcotic）：在医学上用于缓解疼痛的药物，但有极强的成瘾性。

自然观察法（Naturalistic Observation Method）：在自然环境中对行为进行观察和测量的一种研究方法。

负强化物（Negative Reinforcer）：被移除后会增加先前行为出现频率的强化物。

阴性症状（Negative Symptom）：与精神分裂症相关的行为缺陷，如社交技能缺陷、社交退缩、情感淡漠、语言和思维贫乏、精神运动性迟滞及无法体验到愉悦感。

神经认知障碍（Neurocognitive Disorders）：一类以认知功能和日常功能受损为主要特征的心理障碍，涉及潜在的脑部疾病或异常。

神经发育障碍（Neurodevelopmental Disorders）：DSM-5中的一类影响儿童和青少年的精神障碍，涉及脑功能受损或发育异常。

神经元（Neuron）：即神经细胞。

神经心理评估（Neuropsychological Assessment）：对可能表明潜在脑损伤或缺陷的行为或表现的测量。

神经递质（Neurotransmitter）：将信息从一个神经元传递到另一个神经元的化学物质。

梦魇障碍（Nightmare Disorder）：一种睡眠-觉醒障碍，其主要特征是因可怕的噩梦而反复惊醒。

非特异性治疗因素（Nonspecific Treatment Factor）：并非特定于某一种心理治疗形式的因素，如治疗师的关注和支持，以及营造对改变的积极预期。

O

肥胖（Obesity）：一种体内脂肪过多的状态；一般以体重指数达到或超过 $30kg/m^2$ 为标准。

客观测验（Objective Test）：基于研究基础且可进行客观评分的自陈式人格测验。

客体关系理论（Object-Relations Theory）：一种心理动力学理论流派，关注父母和其他重要的依恋对象（称为客体）的人格内化表征所带来的影响。

强迫思维（Obsession）：个体无法控制的反复出现的想法、画面或冲动。

强迫症（Obsessive–Compulsive Disorder，OCD）：一种焦虑障碍，以反复出现的强迫思维、强迫行为或二者兼具为主要特征。

强迫型人格障碍（Obsessive–Compulsive Personality Disorder）：一种人格障碍，其主要特征是与他人相处方式僵化、有完美主义倾向、缺乏自发性及过分关注细节。

阻塞性睡眠呼吸暂停低通气综合征（Obstructive Sleep Apnea Hypopnea Syndrome）：与呼吸相关的睡眠障碍的一种亚型，更常被称为阻塞性睡眠呼吸暂停，通常表现为在睡眠期间反复出现打鼾、喘气、呼吸暂停或异常浅的呼吸等情况。

操作性条件反射（Operant Conditioning）：一种学习形式，即当行为得到强化后，该行为被习得并得到巩固。

对立违抗障碍（Oppositional Defiant Disorder，ODD）：一种儿童和青少年心理障碍，以过度的对立行为或倾向于拒绝父母及他人的要求为主要特征。

P

惊恐障碍（Panic Disorder）：一种焦虑障碍，以反复出现强烈的焦虑或惊恐发作为主要特征。

偏执型人格障碍（Paranoid Personality Disorder）：一种人格障碍，其特征是过度怀疑他人的动机，但尚未达到妄想的程度。

性欲倒错（Paraphilias）：非典型的性吸引模式，表现为患者反复出现性冲动和引起性唤起的幻想，引起这些性幻想的对象有无生命物体（如衣物）、不适宜或非自愿的性对象（如儿童），或者给自己或伴侣带来羞辱或痛苦的情景。

异态睡眠（Parasomnias）：一种睡眠-觉醒障碍，涉及与部分或不完全觉醒相关的异常行为模式。

副交感神经系统（Parasympathetic Nervous System）：自主神经系统的一个分支，其活动可降低唤醒状态并调节身体的各项过程以补充能量储备。

帕金森氏病（Parkinson's Disease）：一种进行性疾病，其主要特征为肌肉震颤和颤抖、僵硬、行走困难、精细动作控制能力差、面部肌肉缺乏张力，在某些情况下还会出现认知障碍。

恋童癖（Pedophilia）：一种涉及对儿童产生性吸引的性欲倒错。

周围神经系统（Peripheral Nervous System）：由躯体神经系统和自主神经系统组成。

持续性抑郁障碍（Persistent Depressive Disorder）：一种慢性抑郁障碍。

人格障碍（Personality Disorders）：过度僵化的行为模式或与他人相处的方式，最终导致自我挫败。

以人为中心疗法（Person-Centered Therapy）：建立一种温暖、接纳的治疗关系，使来访者能够自由地进行自我探索并实现自我接纳。

表现型（Phenotype）：个体实际具有或表现出来的特征。

苯丙酮尿症（Phenylketonuria，PKU）：一种阻碍苯丙酮酸代谢的遗传性疾病，若不严格控制饮食，就会导致智力发育障碍。

恐怖症（Phobia）：一种过度且非理性的恐惧。

生理学评估（Physiological Assessment）：对可能与异常行为相关的生理反应进行测量。

生理依赖（Physiological Dependence）：由经常使用某种物质导致的身体变化，表现为产生耐受性和/或戒断综合征（也被称为化学依赖）。

皮克病（Pick's Disease）：痴呆的一种，类似于阿尔茨海默病，但以神经细胞中存在特定的异常结构（皮克小体）和不存在神经原纤维缠结和斑块为主要特征。

安慰剂（Placebo）：旨在控制预期效应的惰性药物或虚假干预。

快乐原则（Pleasure Principle）：本我的支配原则，要求对需求的即刻满足。

脑桥（Pons）：后脑的一种结构，参与身体运动、注意力、睡眠和呼吸过程。

积极心理学（Positive Psychology）：当代心理学中日益兴起的一股思潮，关注人类行为中的积极属性。

正强化物（Positive Reinforcer）：被引入后会增加先前行为出现频率的强化物。

阳性症状（Positive Symptom）：精神分裂症的明显症状，如幻觉、妄想、怪异的行为及思维障碍。

产后抑郁（Postpartum Depression，PPD）：分娩后出现的持续且严重的心境变化。

创伤后应激障碍（Posttraumatic Stress Disorder，PTSD）：对创伤事件长期适应不良的反应。

前意识（Preconscious）：弗洛伊德的理论，指的是心理的一部分，其内容虽不在当前意识范围内，但可通过集中注意力使其进入意识领域。

早泄（Premature Ejaculation）：一种男性性功能障碍，表现为在性活动中出现非预期的快速射精现象。

经前期烦躁障碍（Premenstrual Dysphoric Disorder，PMDD）：以女性经前期出现显著的心境变化为主要特征的心理障碍。

患病率（Prevalence）：在特定时间段内，某种障碍在某一人群中的总体病例数量。

先证者（Proband）：第一例被诊断出患有某种障碍的患者。

聚焦问题的应对方式（Problem-Focused Coping）：直接面对应激源的应对方式。

前驱期（Prodromal Phase）：在精神分裂症中，首次急性精神病发作前功能衰退的时期。

投射测验（Projective Test）：一种心理测验，提供模棱两可的刺激，受测者被认为会将自己的个性和无意识动机投射到这些刺激上。

精神分析（Psychoanalysis）：由西格蒙德·弗洛伊德创立的一种心理治疗方法。

精神分析理论（Psychoanalytic Theory）：由西格蒙德·弗洛伊德提出的人格理论模型，认为心理问题源于童年时期的无意识动机和冲突，也被称为"精神分析"。

心理动力学模型（Psychodynamic Model）：弗洛伊德及其追随者提出的理论模型，将异常行为视为人格内部相互冲突的力量的产物。

心理动力学疗法（Psychodynamic Therapy）：一种帮助个体洞察并处理无意识中的深层冲突的治疗方法。

心理依赖（Psychological Dependence）：为满足心理需求而强迫性地使用某种物质。

心理障碍（Psychological Disorder）：涉及心理功能或行为受损的异常行为模式。

心理坚韧性（Psychological Hardiness）：以承诺、挑战和控制为特征的一系列具有缓冲压力作用的心理特质。

心理药理学（Psychopharmacology）：研究治疗性药物或精神类药物效果的学科领域。

精神病（Psychosis）：严重的行为紊乱，以理解现实的能力受损、难以应对日常生活需求为主要特征。

心身障碍（psychosomatic Disorder）：由心理因素引发或促成的躯体疾病。

心理治疗（Psychotherapy）：基于心理学框架的结构化治疗形式，由来访者与治疗师之间的一次或多次言语交流或治疗会谈组成。

惩罚（Punishment）：施加令人厌恶或痛苦的刺激，以减少之后行为出现的频率。

纵火狂（Pyromania）：一种以强迫性纵火为主要特征的冲动控制障碍。

R

随机分配（Random Assignment）：一种将研究对象随机分配到实验组或对照组的方法，目的是平衡各组人员的特征。

随机抽样（Random Sampling）：一种抽取样本的方式，这种方式使群体中的每一个成员都有平等的机会被选中。

强奸（Rape）：用任何身体部位或物体强行插入阴道或肛门，或者用性器官强行插入口腔的行为（在 2012 年以前，美国执法人员对强奸的定义仅限于强迫性交）。

理性情绪行为疗法（Rational Emotive Behavior Therapy, REBT）：一种心理治疗方法，主要帮助来访者用其他更具适应性的信念取代不合理的、适应不良的信念。

现实原则（Reality Principle）：自我的支配原则，涉及对社会可接受性和实际可行性的考量。

现实检验（Reality Testing）：准确感知世界并区分现实与幻想的能力。

反跳性焦虑（Rebound Anxiety）：停用镇静剂后出现的强烈焦虑情绪。

受体位点（Receptor Site）：接收神经元的树突上专门用于接收神经递质的结构。

强化（Reinforcement）：使之后响应频率增加的刺激或事件。

信度（Reliability）：在心理评估中，指测量手段、诊断工具或系统的一致性。

快速眼动睡眠行为障碍（Rapid Eye Movement Sleep Behavior Disorder, RBD）：一种睡眠-觉醒障碍，其主要特征是在做梦期间发出声音或剧烈地扭动身体。

残留期（Residual Phase）：精神分裂症急性期之后的阶段，其主要特征是患者恢复到前驱期的功能水平。

抵抗阶段（Resistance Stage）：一般适应综合征的第二阶段，在这一阶段，身体试图承受长期的压力并保存资源。

网状激活系统（Reticular Activating System, RAS）：参与注意力、睡眠和觉醒过程的大脑结构。

逆行性遗忘症（Retrograde Amnesia）：回忆过去事件的能力丧失或受损。

反转设计（Reversal Design）：一种实验设计，通过交替出现的基线阶段和治疗阶段来重复测量被试的行为。

S

施受虐（Sadomasochism）：伴侣之间通过施加和接受痛苦与羞辱的方式来获得性满足的性活动。

精神病歧视（Sanism）：对被认定为精神疾病患者的负面刻板印象。

分裂情感性障碍（Schizoaffective Disorder）：一种精神病性障碍，患者既有严重的心境障碍，又表现出与精神分裂症相关的特征。

分裂样人格障碍（Schizoid Personality Disorder）：一种人格障碍，其主要特征是持续对社会关系缺乏兴趣、情感淡漠及社交退缩。

精神分裂症（Schizophrenia）：一种慢性精神病性障碍，以严重紊乱的行为、思维、情感和感知为主要特征。

精神分裂症样障碍（Schizophreniform Disorder）：一种发病持续时间少于 6 个月的精神病性障碍，其特征类似于精神分裂症。

分裂型人格障碍（Schizotypal Personality Disorder, SPD）：一种人格障碍，其主要特征是缺乏亲密的人际关系，思想和行为古怪，但没有明显的精神病性症状。

科学方法（Scientific Method）：一种进行科学研究的系统方法，根据证据对理论或假设进行检验。

选择因素（Selection Factor）：一种偏差类型，指实验组和对照组之间的差异源于参与者类型的不同，而非自变量的影响。

自我实现（Self-Actualization）：在人本主义心理学中，指个体努力实现其全部潜力的倾向；它是促使个体充分发挥自身潜能并展现自身独特能力的动机。

自我效能期望（Self-Efficacy Expectancy）：相信自己有能力应对挑战并完成特定任务的信念。

自我监测（Self-Monitoring）：观察或记录自己的行为、思想或情绪的过程。

半结构化访谈（Semistructured Interview）：一种临床访谈方式，临床医生遵循一份旨在收集基本信息的问题大纲，但可以自由选择提问的顺序，也可以偏离大纲提出其他问题。

分离焦虑障碍（Separation Anxiety Disorder）：一种儿童心理障碍，其主要特征是极度害怕与父母或其他照料者分离。

性功能失调（Sexual Dysfunction）：在性兴趣、性唤起或性反应方面持续或反复出现问题。

性受虐癖（Sexual Masochism）：一种性欲倒错，其主要特征是对接受羞辱或疼痛的性冲动和引起性唤起的幻想。

性施虐癖（Sexual Sadism）：一种性反常或性欲倒错，其主要特征是反复出现的对性伴侣施加羞辱或身体疼痛的性冲动和引起性唤起的幻想。

单被试实验设计（Single-Case Experimental Design）：被试自身作为对照组的一种案例研究类型。

睡眠瘫痪（Sleep Paralysis）：醒来时出现的一种肌肉暂时瘫痪的状态。

夜惊（Sleep Terror）：一种睡眠-觉醒障碍，其主要特征为在睡眠中反复出现由恐惧诱发的觉醒发作。

睡眠-觉醒障碍（Sleep–Wake Disorders）：持续或反复出现的与睡眠有关的问题，导致个人痛苦或功能受损。

睡行（Sleepwalking）：一种反复出现睡行发作的睡眠-觉醒障碍。

社交（语用）交流障碍［Social（Pragmatic）Communication Disorder］：一种交流障碍，其主要特征是在社交场合与他人沟通存在困难。

社交焦虑障碍（Social Anxiety Disorder）：对社交互动或社交情境的过度恐惧，也被称为"社交恐怖症"。

社会因果模型（Social Causation Model）：认为社会压力因素（如贫困）会导致社会经济地位较低的人罹患严重心理障碍的风险高于社会经济地位较高的人。

社会认知理论（Social Cognitive Theory）：一种基于学习的理论，强调观察学习，并将认知变量纳入决定行为的影响因素中。

躯体神经系统（Somatic Nervous System）：周围神经系统的一个分支，负责将感觉器官的信息传递到大脑，并将大脑的指令传递到骨骼肌。

躯体症状及相关障碍（Somatic Symptom and Related Disorders）：一类心理障碍，以与躯体症状相关的持续性情绪或行为问题为主要特征。

躯体症状障碍（Somatic Symptom Disorder, SSD）：一种心理障碍，其主要特征是过度担忧自己的躯体症状。

特定恐怖症（Specific Phobia）：针对特定物体或情境的恐怖症。

语音障碍（Speech Sound Disorder）：以发音困难为主要特征的一种交流障碍。

分裂（Splitting）：无法整合自身与他人的积极面与消极面，导致对他人的情感体验在积极和消极之间突然转换。

兴奋剂（Stimulant）：增强中枢神经系统活动的精神活性物质。

应激（Stress）：也叫压力，指对有机体适应或调整的要求。

应激源（Stressor）：引发应激的来源。

结构化访谈（Structured Interview）：按照预先设定的一系列问题以特定顺序进行的临床访谈方式。

物质中毒（Substance Intoxication）：一种由物质引发的障碍，以反复的中毒发作为主要特征。

物质使用障碍（Substance Use Disorders）：与物质相关的障碍，其主要特征是以非适应性的方式使用精神活性物质，导致功能的严重受损或个人痛苦。

物质戒断（Substance Withdrawal）：一种由物质引发的

障碍，其主要特征是在对某种精神活性物质产生生理依赖后，突然减少或停止使用该物质后出现的一系列症状。

物质所致的障碍（Substance-Induced Disorders）：一种由使用精神活性物质诱发的与物质相关的障碍。

超我（Superego）：一种心理结构，融入了父母和重要他人的价值观，具有道德良知的功能。

调查法（Survey Method）：一种研究方法，通过各种调查工具（如问卷或访谈大纲）对样本进行提问。

交感神经系统（Sympathetic Nervous System）：自主神经系统的一个分支，其活动可导致唤醒水平的提升。

突触（Synapse）：神经元之间的连接点，神经冲动通过它来传导。

综合征（Syndrome）：可能表明特定疾病或状况的症状群。

系统脱敏（Systematic Desensitization）：一种克服恐怖症的行为治疗技术，方法是在保持深度放松的情况下，让患者接触程度逐渐增强的恐惧刺激（通过想象或观看幻灯片的方式）。

T

迟发性运动障碍（Tardive Dyskinesia，TD）：一种以由长期使用抗精神病药物导致的面部、口部、颈部、躯干或四肢的不随意运动为特征的障碍。

远程医疗（Telehealth）：通过电信或数字技术提供或实施的治疗服务。

终端（Terminal）：轴突末端的小分支结构。

丘脑（Thalamus）：前脑的一种结构，涉及将感觉信息传递到皮层，并调节睡眠和注意力。

理论（Theory）：对所观察到的事件背后蕴含的各种关系的阐述。

思维障碍（Thought Disorder）：以思维之间的逻辑关联断裂为主要特征的思维紊乱。

代币制（Token Economy）：一种行为治疗方案，在受控的环境中通过发放代币来强化患者的期望行为，代币可以兑换成想要的奖励。

耐受性（Tolerance）：对某种物质的身体适应性，频繁使用该物质会导致需要更高的剂量才能达到相同的效果。

跨诊断模型（Transdiagnostic Model）：通过不同诊断类别之间的共同过程或特征来理解异常行为。

移情关系（Transference Relationship）：在精神分析中，指的是来访者将其对生活中重要他人的情感和态度转移或泛化到分析师身上。

跨性别认同（Transgender Identity）：一种性别认同，个体在心理上对自己是男性还是女性的认知与其自身的生理或遗传性别相反。

易装癖（Transvestism）：一种性欲倒错，其主要特征是装扮为异性的性冲动和性幻想，也被称为"易装恋物癖"。

环锯术（Trephination）：一种极为残酷的古老干预方式，即在人的头骨上凿出一个洞，据说这样可以释放居于其中的恶魔。

双因素模型（Two-Factor Model）：一种理论模型，根据经典条件反射和操作性条件反射来解释恐怖症反应的形成。

A 型行为模式（Type A Behavior Pattern，TABP）：一种以时间紧迫感、高竞争性和敌意为主要特征的行为模式。

U

无条件的积极关注（Unconditional Positive Regard）：无论他人在特定时刻的行为如何，都将他们视为拥有基本价值的人来重视。

无条件反应（Unconditioned Response，UR）：一种非习得性的反应。

无条件刺激（Unconditioned Stimulus，US）：引发非习得性反应的刺激。

无意识（Unconscious）：弗洛伊德的理论，指在一般意识范围之外的那部分心理，其中蕴含着大量的本能冲动。

非结构化访谈（Unstructured Interview）：一种临床访谈方式，在这种访谈中，临床医生会采用自己的方式来提问，而不遵循任何标准格式。

V

阴道痉挛（Vaginismus）：在尝试进行阴道插入时，阴道周围肌肉的不自主痉挛，导致性交困难或无法性交。

效度（Validity）：测验或诊断系统测量到其所要测量的特质或结构的程度。

血管性神经认知障碍（Vascular Neurocognitive Disorder）：由反复中风造成脑损伤而引发的痴呆。

虚拟现实疗法（Virtual Reality Therapy，VRT）：一种在虚拟现实环境中呈现恐惧刺激的暴露疗法。

窥阴癖（Voyeurism）：一种性欲倒错，涉及将性冲动和引起性唤起的幻想集中在观察毫不知情的人的裸体、更衣行为或性行为。

W

韦尼克脑病（Wernicke's Disease）：一种与慢性酒精中毒相关的脑部疾病，其主要特征是意识模糊、定向障碍及行走时难以保持平衡。

戒断综合征（Withdrawal Syndrome）：突然停止使用精神活性物质后出现的一系列躯体和心理症状。

致谢和参考文献

为了节省纸张、降低图书定价，本书编辑制作了电子版致谢和参考文献。请扫描下方二维码查看。

致谢

参考文献

出版统筹：贾福新　聂　政

责任编辑联系方式：puhuabook892@126.com

010-81055636

封面设计：韩庆熙

14. 大多数老年人都无法独立生活，需要住在疗养院或类似的机构里。

_____ _____

1. 错误。大多数健康的夫妻在七八十岁时仍会进行令人满意的性活动。

2. 错误。这种说法过于笼统，那些对工作满意的人并不急着退休。

3. 错误。老年人往往更加关注内在的问题，包括他们的身体机能和情绪。

4. 错误。在整个成年期，人们的适应能力都相当稳定。

5. 错误。年龄本身与生活满意度的显著下降无关。当然，人们在面对疾病或失去配偶时可能会产生消极的反应。

6. 错误。我们可以预测老年人的一些总体趋势，但对于年轻人，我们同样能做到这一点。老年人和年轻人一样，在人格和行为模式上都是多样化的。

7. 错误。拥有稳定亲密关系的老年人对生活的满意度更高。

8. 错误。各个年龄段的人都容易受到一系列心理障碍的影响。

9. 错误。只有少数老年人感到抑郁。

10. 错误。事实上，美国老年人去教堂的次数减少了，但对信仰的口头表达并未减少。

11. 错误。尽管反应时间可能会变长，综合学习能力可能会略有下降，但年长的员工在从事熟悉的工作任务时通常很少或不会遇到困难。对大多数工作来说，经验和动机比年龄更重要。

12. 错误。只是学起来可能要花较长的时间。

13. 错误。老年人回忆过去的时间并不比年轻人多。只要有时间，各个年龄段的人都会花更多时间做白日梦。

14. 错误。只有不到 10% 的老年人需要某种形式的机构护理。

问卷

审视你对衰老的态度

你对晚年的设想是什么？你认为老年人在行为模式和世界观上与年轻人有着本质上的不同，还是认为他们只是更成熟而已？

为了评估你对衰老的态度，请对下列每一项做出正误判断，然后对照本章末尾的答案来核对你的回答。

	正确	错误
1. 到 60 岁时，大多数夫妻都已失去了拥有令人满意的性关系的能力。	_____	_____
2. 老年人迫不及待地想要退休。		
3. 随着年龄的增长，人们会变得更加关注外部世界，较少关注自己。	_____	_____
4. 随着年龄的增长，人们对不断变化的环境的适应能力会越来越差。	_____	_____
5. 随着年龄的增长，人们对生活的总体满意度会下降。	_____	_____
6. 随着年龄的增长，人们往往会变得更加同质。也就是说，所有老年人在很多方面都趋于相似。	_____	_____
7. 对老年人来说，拥有稳定的亲密关系不再那么重要。	_____	_____
8. 老年人比年轻人和中年人更容易罹患多种心理障碍。	_____	_____
9. 多数老年人在大部分时间里都感到抑郁。	_____	_____
10. 在美国，随着年龄的增长，人们去教堂的次数会增多。	_____	_____
11. 年长的员工通常在工作效率上不如年轻的员工。	_____	_____
12. 大多数年纪大的人都学不会新技能。	_____	_____
13. 与年轻人相比，老年人更倾向于回忆过去而不是关注现在或未来。	_____	_____

9. _____ a. 我喜欢热闹的派对。

_____ b. 我更喜欢在家里放松或和朋友出去玩。

10. _____ a. 我认为人应该最大限度地享受生活。

_____ b. 我更喜欢节奏慢而稳定的生活。

11. _____ a. 我喜欢在寒风凛冽的天气外出，只是为了感受那种冷空气接触皮肤的感觉。

_____ b. 当天气变冷时，我更喜欢待在室内。

12. _____ a. 我是那种喜欢和平与宁静的人。

_____ b. 我是那种需要高水平的刺激才能感受到自己活着的人。

虽然该量表没有被标准化，但你的选项中出现以下答案越多，就暗示你寻求刺激的需求越强烈。仅仅因为你可能对感觉有很高的需求，并不意味着你有做出反社会行为的倾向。尽管一些寻求刺激的人会滥用药物或触犯法律，但许多人会将他们寻求刺激的行为限制在被认可的活动范围内。因此，寻求刺激不应该被解释为犯罪或反社会的。

1. a 2. a 3. a

4. a 5. a 6. b

7. b 8. a 9. a

10. a 11. a 12. b

感觉寻求量表

你渴望感官刺激吗？你是否可以满足于阅读或看电视，还是说乘风破浪或在废弃的马路上风驰电掣才能满足你？心理学家马文·祖克曼（Marvin Zuckerman）用"感觉寻求者"（Sensation Seeker）来描述那些对唤醒和持续的刺激有强烈需求的人（Zuckerman，2007）。这类人对追求刺激和冒险有强烈的欲望，很容易对常规生活感到厌倦。

下面的量表可以评估你是不是一个感觉寻求者。请针对下面的每一道题，在 a 或 b 中选择更符合你感受的选项。完成作答后，你可以将你的答案与本章末尾的答案进行对照。

1. ＿＿＿ a. 我喜欢在外面过夜。

   ＿＿＿ b. 我喜欢在家里度过安静的夜晚。

2. ＿＿＿ a. 我喜欢游乐园里的一些恐怖设施。

   ＿＿＿ b. 我回避游乐园里的一些恐怖设施。

3. ＿＿＿ a. 我是那种渴望刺激体验的人。

   ＿＿＿ b. 我是那种喜欢安静、令人放松的活动的人。

4. ＿＿＿ a. 我喜欢跳伞，或者想去跳伞。

   ＿＿＿ b. 跳伞不适合我。

5. ＿＿＿ a. 我喜欢时不时地在生活中制造一点小兴奋。

   ＿＿＿ b. 我更喜欢保持平静、温和的状态。

6. ＿＿＿ a. 旅行时，我更喜欢按照预定的行程安排来进行。

   ＿＿＿ b. 旅行时，我喜欢去没有明确计划过的地方。

7. ＿＿＿ a. 我基本上生活在常规之中。

   ＿＿＿ b. 我容易对常规生活感到厌烦。

8. ＿＿＿ a. 我几乎什么都敢做。

   ＿＿＿ b. 如果有可能，我会尽量避免冒险。

外，同意某些形式的亲密接触，无论是亲吻、爱抚还是口交，也并不意味着同意进行生殖器性交或其他性活动。"同意"必须是明确表示出来的，我们不能假定，更不能理所当然地认为。此外，一个人在任何时候都保有说"不"或对其愿意做的事情加以限制的权利。

问卷

强奸信念量表

你认为以下陈述是正确的，还是错误的？请在相应的框中打钩，然后使用本章末尾的计分标准来解读你的回答。

正确　错误

☐　☐　1. 一名女性在酒吧里与一名男性喝酒，就是想与他发生性关系。

☐　☐　2. 女性没法承认自己想要发生性关系，所以她们才会哭喊着说自己被强奸。

☐　☐　3. 当女性以某种方式触碰男性时，她们就应该允许对方与她们发生性行为。

☐　☐　4. 衣着性感的女性基本上就是"自找麻烦"。

☐　☐　5. 大多数女性都能阻止男性的侵犯行为，如果她们真的想的话。

☐　☐　6. 一名女性说"不要"，通常是因为她不想让男性认为她很"随便"。

☐　☐　7. 女性真的希望男性能压倒她们，但她们可能很难承认这一点。

☐　☐　8. 约会强奸基本上是男性和女性之间的沟通不畅导致的。

☐　☐　9. 许多声称自己真的不想要性的女性只是对自己不诚实罢了。

☐　☐　10. 女性如果真的不想发生性关系，就不会在约会后跟男性回家。

这个量表包含了一系列关于强奸的普遍谬论。如果你对任何一个条目的回答是"正确"，那么你可能需要用自己的批判性思考能力重新审视这些信念。例如，女性想被男性支配的信念就是强奸犯为了证明他们行为的正当性而普遍使用的一种合理化理由。除非对方表达出来，否则一个人怎么可能知道另一个人真正的想法呢？有关强奸的谬论通常被用作自我辩护，为不可接受的行为提供解释。

说得更清楚一些，当有人在性情境中说"不要"时，他的意思就是"不要"——不是"可能"，不是"也许"，也不是"几分钟后再停止"，意思很简单，就是"不要"。此

问卷

你上瘾了吗

你对酒精产生依赖了吗？如果你一两天不喝酒，就会出现戒断症状，那么答案可能已经显而易见了。然而，有时线索会更微妙。本问卷并非正式测验，而是与酗酒问题有关的常见症状清单。请在每道题后方勾选"是"或"否"，然后对照本章末尾的计分标准进行分析。

	是	否
1. 饮酒时，你是否会饿着肚子，或者只吃垃圾食品？	____	____
2. 饮酒后，你是否觉得情绪低落？	____	____
3. 你比自己认识的大多数人都饮酒更多吗？	____	____
4. 你比往常饮酒更多吗？	____	____
5. 你会偶尔疯狂饮酒吗？	____	____
6. 你是否会因为前一天晚上出去饮酒，第二天早上就睡过头了？	____	____
7. 你是否曾因饮酒而旷工、旷课或迟到？	____	____
8. 你是否曾因饮酒而感到难堪或内疚，从而逃避朋友或家人？	____	____
9. 你是否觉得很难做到一两天不饮酒？	____	____
10. 为了达到醉酒状态，你是否会饮越来越多的酒？	____	____
11. 你曾因饮酒而变得脾气暴躁吗？	____	____
12. 你是否在饮酒时做过一些事后令自己后悔的事？	____	____

任何"是"的回答都表明你可能有酗酒问题。如果你对上述任何一个问题的回答都为"是"，那么我们建议你认真地审视一下自己的饮酒行为，并与咨询师或专业人士进行讨论，以便获得更正式的评估。那些在酒精或其他物质使用问题上挣扎的人是有办法获得帮助的，而主动寻求帮助就是迈向康复的第一步。假如你不知道应该联系谁，你可以和学校里的心理咨询师或其他专业人士谈一谈。

问卷

你抑郁了吗

下面的自我筛查问卷可以帮助你评估自己是否感到抑郁。但是，它并不能为你提供诊断标准，只能增强你对这方面的意识，帮助你和心理健康专业人士进一步讨论你所关注的问题。

是　　否

☐　　☐　　1. 我每时每刻或在大多数时间里都感到极度悲伤。

☐　　☐　　2. 我感觉没有力气。

☐　　☐　　3. 我在独处时会哭个不停。

☐　　☐　　4. 我对自己过去喜欢的大多数活动都丧失了兴趣。

☐　　☐　　5. 我睡眠过多（或过少）。

☐　　☐　　6. 我的体重增加或减轻了很多。

☐　　☐　　7. 我在集中注意力、回忆和做决定方面存在困难。

☐　　☐　　8. 我感到未来毫无希望。

☐　　☐　　9. 我感觉自己没有价值。

☐　　☐　　10. 我感到焦虑。

☐　　☐　　11. 我易怒，我不再是过去的我了。

☐　　☐　　12. 我考虑过死亡和自杀。

请评估你的作答。如果你出现两个或更多上述症状且持续至少两周，你就应该找心理健康专业人士做一个更加完整的评估了。你可以在你所在学校的心理咨询与教育中心寻求帮助，也可以在你所在地区的社区和专科医院就诊。如果你在"我考虑过死亡和自杀"这一问题上的回答为"是"，请立即寻求帮助。如果你不知道找谁，也可以联系相关的心理咨询机构或拨打当地的心理援助热线以寻求支持。

15. 与他人说话时魂不守舍，不知道对方在说什么。

16. 发现自己不记得做过某事或打算去做某事，例如，不记得自己是已经寄出了一封信还是要去寄一封信。

问卷

解离体验

短暂的解离体验，如片刻的人格解体感，在一般人群中很常见（Bernstein & Putnam，1986；Michal et al.，2009）。但是，与正常人相比，分离障碍患者所报告的解离体验频率更高、问题更复杂。分离障碍患者会陷入持久的、严重的解离体验中。

下面列出了一些解离体验，许多人会经常碰到。需要记住的是，这种短暂的体验在一般人和分离障碍患者身上都存在，只是发生的频率不同。如果这些体验变得越来越持久或普遍，或者让你感到忧虑、痛苦，那么与咨询师或其他心理健康专业人士讨论一下可能是值得的。

你有过如下体验吗?

1. 感到周围的物体或人不真实。
2. 感觉自己在浓雾或梦中穿行。
3. 不确定自己是在熟睡还是醒着。
4. 认不出镜子中的自己。
5. 发现自己在某地行走，却不记得自己要去哪里或在做什么。
6. 感觉自己在远距离观察自己。
7. 感觉脱离了自己或与自己失去联结。
8. 在特定时刻不知道自己是谁、身在何处。
9. 感觉与周围发生的事情相隔甚远。
10. 发现自己在一个原本熟悉却显得陌生或怪异的地方。
11. 发现自己身处某地却不记得自己是怎么来的。
12. 有过栩栩如生的幻想或白日梦，仿佛当时它们真的在发生一样。
13. 有仿佛又在重新经历某个事件的记忆。
14. 感觉在看着自己做一些事情，就像在看着另一个人一样。

29 分之间表示中等水平的悲观。得分在 40 分或以上表明乐观程度较高，而得分在 20 分或以下则表明悲观程度较高。

问卷

你是乐观主义者吗

你是一个常常看到事物光明面的人吗？你会预期有坏事要发生吗？下面的问题会让你了解你是乐观主义者还是悲观主义者。

请用数字标明以下每个项目在多大程度上代表你的感受，并将数字填到空白处，然后翻到本章末尾对照评分标准找到你的答案。

5= 非常同意　　4= 同意　　3= 中立　　2= 不同意　　1= 非常不同意

1. ＿＿＿＿ 我相信人要么生来幸运，要么像我一样生来就是不幸的。

2. ＿＿＿＿ 我的态度是，如果某件事有可能出错，那它就有很大概率会出错。

3. ＿＿＿＿ 我认为自己更像一个乐观主义者，而非悲观主义者。

4. ＿＿＿＿ 我通常认为事情最终都会被解决。

5. ＿＿＿＿ 我会怀疑自己最终是否会成功。

6. ＿＿＿＿ 我对自己的未来充满希望。

7. ＿＿＿＿ 我往往会认为，"黑暗中总有一丝光明"。

8. ＿＿＿＿ 我认为自己是一个现实主义者，认为半杯水是已经少了一半的水，而不是装满了一半的水。

9. ＿＿＿＿ 我认为未来是美好的。

10. ＿＿＿＿ 事情一般不会按我计划的那样发展。

要计算你的总分，首先你需要将第1、2、5、8和10题的得分进行反向计分处理。这意味着1分变为5分，2分变为4分，3分保持不变，4分变为2分，5分变为1分。然后，将你所有题目的得分相加。总分范围在10分（最不乐观）到50分（最乐观）之间。得分在30分左右表示你既不是特别乐观，也不是特别悲观。虽然我们没有这个量表的常模，但你可以认为得分在31到39分之间表示中等水平的乐观，而得分在21到

☐搬家或适应新住所

☐体验到酒精或毒品带来的消极影响

☐在全班同学面前发言

高水平的压力

☐亲朋好友离世

☐因睡过头而错过考试

☐某门课挂科

☐结束一段长期的恋爱关系

☐知道男朋友或女朋友背叛了自己

☐遇到经济问题

☐应对朋友或家人的严重疾病

☐作弊被抓

☐被强奸

☐有人指控你强奸

审视你的回答可以帮助你评估在过去的一年里你经历了多少生活压力。尽管每个人都会经历一定程度的压力，但如果你勾选的事项比较多，尤其是那些压力水平较高的事项，那么在过去的一年里，你很可能一直承受着相对较大的压力。不过，请记住，同等程度的压力对不同的人可能会产生不同的影响。你应对压力的能力取决于许多因素，包括你的应对技巧及你所能获得的社会支持。如果你正承受着高水平的压力，那么你可能需要审视生活中的压力来源。也许，你可以降低自己所承受的压力水平，或者学习更有效的方法来应对那些你无法避免的压力来源。与心理健康专业人士进行沟通也会有所帮助，他们可以帮助你平衡压力水平，并学习应对压力的方法。

问卷

经历变化

最近你的生活压力大吗？下面列出的一些生活变化或事件会给人带来适应上的压力和负担。这些生活事件和大学生样本报告的压力事件类似，并按照它们所带来的压力水平进行了分级（Renner & Mackin，1998）。请你在过去的一年里曾经历的事件前面打钩，然后参照本章末尾的指南来解释你的得分。请勾选所有适用的选项。

低水平的压力

☐注册课程

☐加入"兄弟会"或"姐妹会"

☐结交新朋友

☐通勤上班或走读

☐第一次约会

☐开始新学期

☐与某人稳定交往

☐生病

☐维持稳定的恋爱关系

☐第一次离家生活

中等水平的压力

☐上你讨厌的课

☐跟毒品扯上关系

☐与室友相处困难

☐背叛男朋友或女朋友

☐换工作或在工作中遇到麻烦

☐睡眠不好

☐与父母有冲突

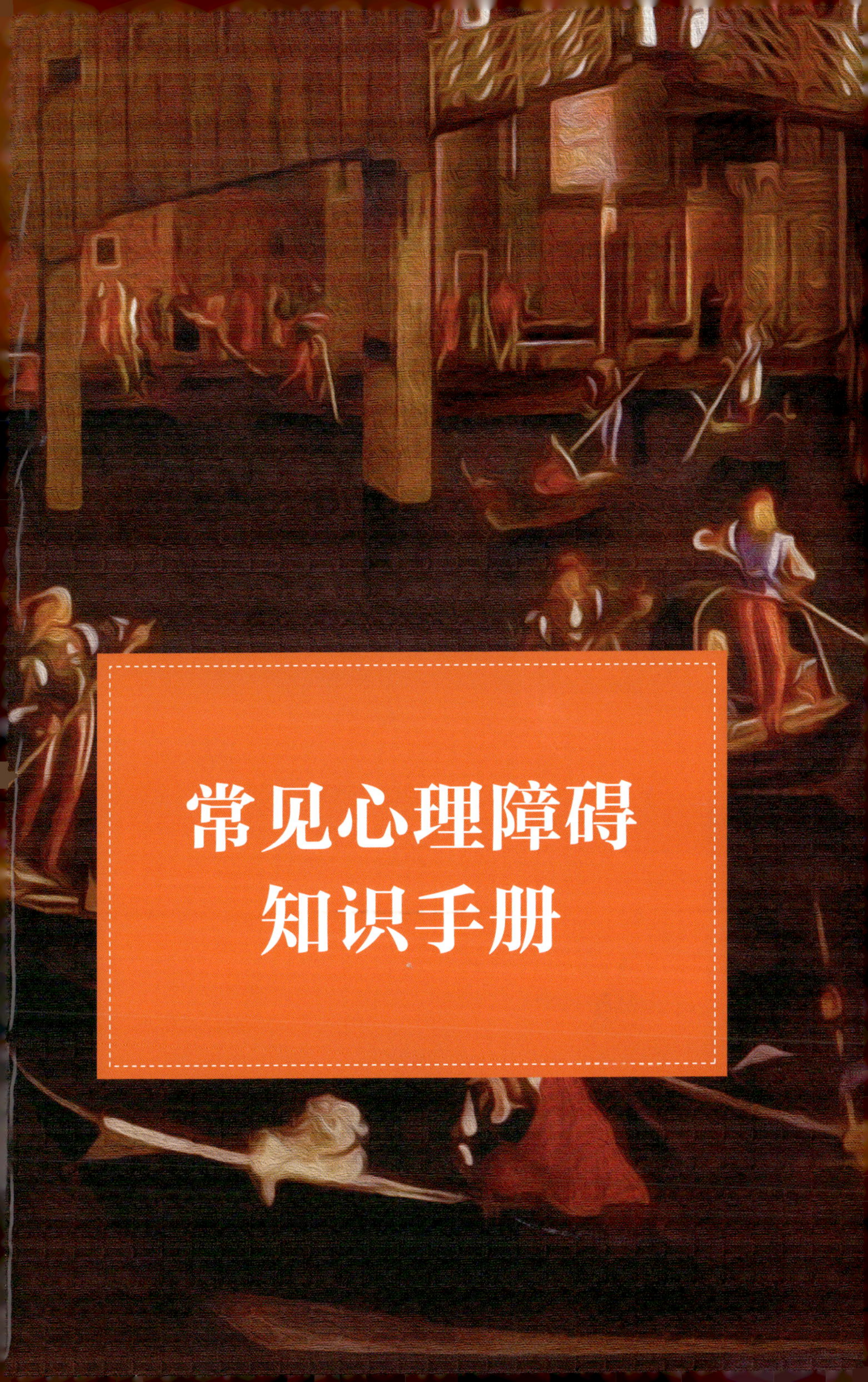

常见心理障碍知识手册

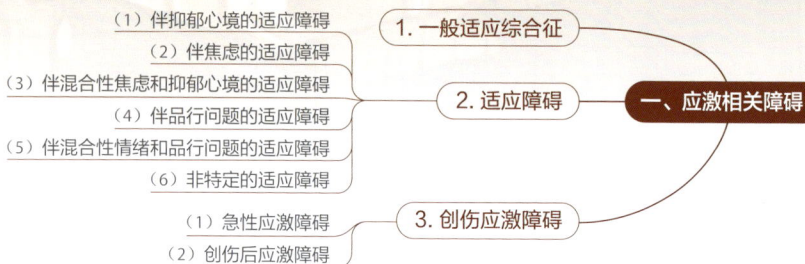

（1）伴抑郁心境的适应障碍
（2）伴焦虑的适应障碍
（3）伴混合性焦虑和抑郁心境的适应障碍 ── 2. 适应障碍
（4）伴品行问题的适应障碍
（5）伴混合性情绪和品行问题的适应障碍
（6）非特定的适应障碍

1. 一般适应综合征

一、应激相关障碍

（1）急性应激障碍
（2）创伤后应激障碍 ── 3. 创伤应激障碍

A. 动物恐怖症
B. 血液恐怖症
C. 注射恐怖症
D. 牙医恐怖症
E. 幽闭恐怖症

（1）特定恐怖症

（2）社交焦虑障碍（社交恐怖症）
（3）场所恐怖症

1. 惊恐障碍
2. 恐怖症
3. 广泛性焦虑障碍

二、焦虑障碍

1. 强迫症
2. 躯体变形障碍
3. 囤积障碍（强迫性囤积）
4. 拔毛障碍
5. 抓痕障碍

三、强迫及相关障碍

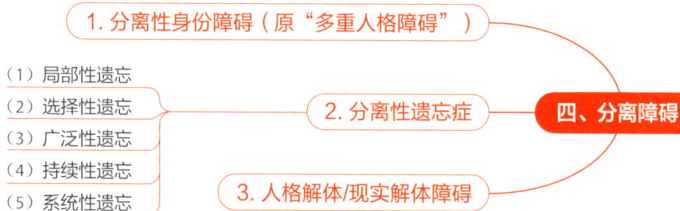

1. 分离性身份障碍（原"多重人格障碍"）

（1）局部性遗忘
（2）选择性遗忘
（3）广泛性遗忘
（4）持续性遗忘
（5）系统性遗忘

2. 分离性遗忘症

3. 人格解体/现实解体障碍

四、分离障碍

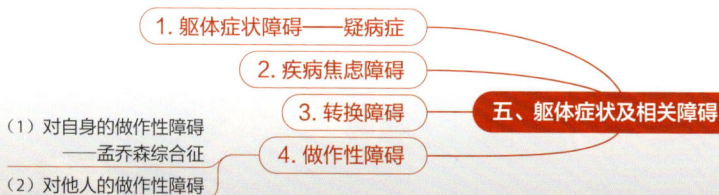

1. 躯体症状障碍──疑病症
2. 疾病焦虑障碍
3. 转换障碍

（1）对自身的做作性障碍
　　──孟乔森综合征
（2）对他人的做作性障碍

4. 做作性障碍

五、躯体症状及相关障碍

六、心身障碍（因涉及躯体疾病，后续不展开介绍）
- 1. 头痛
- 2. 心血管疾病
- 3. 哮喘
- 4. 癌症
- 5. 获得性免疫缺陷综合征

七、心境障碍
- 1. 抑郁障碍
  - （1）重性抑郁障碍
    相关障碍：A. 季节性情感障碍 B. 产后抑郁
  - （2）持续性抑郁障碍（心境恶劣）
    相关障碍：双重抑郁
  - （3）经前期烦躁障碍
- 2. 双相及相关障碍
  - （1）双相障碍
    - A. 双相Ⅰ型障碍
    - B. 双相Ⅱ型障碍
  - （2）环性心境障碍

八、物质相关及成瘾障碍
- 1. 物质所致的障碍
  - （1）物质中毒
  - （2）物质戒断
- 2. 物质使用障碍
  - （1）涉及抑制剂
    A. 酒精 B. 巴比妥酸盐类
    C. 阿片类物质（吗啡、海洛因）
  - （2）涉及兴奋剂
    A. 苯丙胺（安非他明） B. 摇头丸
    C. 可卡因 D. 尼古丁
  - （3）涉及致幻剂
    A. 麦角酸二乙基酰胺 B. 苯环己哌啶
    C. 大麻
- 3. 网络成瘾障碍
- 4. 赌博障碍

九、进食障碍
- 1. 神经性厌食
- 2. 神经性贪食
- 3. 暴食障碍
- 4. 相关议题：肥胖

十、睡眠-觉醒障碍
- 1. 失眠障碍
- 2. 嗜睡障碍
- 3. 发作性睡病
- 4. 与呼吸相关的睡眠障碍：阻塞性睡眠呼吸暂停低通气综合征
- 5. 昼夜节律睡眠-觉醒障碍
- 6. 异态睡眠
  - （1）夜惊
  - （2）睡行（俗称"梦游"）
  - （3）快速眼动睡眠行为障碍
  - （4）梦魇障碍

A. 男性性欲低下障碍
B. 女性性兴趣/性唤起障碍
C. 勃起障碍

（1）与缺乏性兴趣、性兴奋或性唤起相关的障碍

1. 性别烦躁

A. 女性性高潮障碍
B. 延迟射精
C. 早泄

（2）与性高潮反应受损相关的障碍

2. 性功能失调

（3）与性交疼痛相关的障碍
（女性）生殖器－盆腔痛/插入障碍

（1）露阴癖　（2）恋物癖　（3）易装癖　（4）窥阴癖
（5）摩擦癖　（6）恋童癖　（7）性受虐癖
（8）性施虐癖　（9）其他：电话淫秽症、恋尸癖、部分性欲癖、恋兽癖、嗜粪癖、灌肠癖、恋尿癖等

3. 性欲倒错

十一、性与性别相关障碍

4. 网络性成瘾

1. 精神分裂症

2. 短暂精神病性障碍

3. 精神分裂症样障碍

（1）钟情妄想　（2）夸大妄想　（3）嫉妒妄想
（4）被害妄想　（5）躯体妄想　（6）混合妄想

4. 妄想障碍

十二、精神分裂症谱系及其他精神病性障碍

5. 分裂情感性障碍

（1）偏执型人格障碍
（2）分裂样人格障碍
（3）分裂型人格障碍

1. 以古怪和反常的行为为特征的人格障碍

（1）反社会型人格障碍
（2）边缘型人格障碍
（3）表演型人格障碍
（4）自恋型人格障碍

2. 以戏剧性、情绪化和不稳定的行为为特征的人格障碍

十三、人格障碍

（1）回避型人格障碍
（2）依赖型人格障碍
（3）强迫型人格障碍

3. 以焦虑行为和恐惧行为为特征的人格障碍

1. 偷窃狂

2. 间歇性暴怒障碍

十四、冲动控制障碍

3. 纵火狂

十五、儿童和青少年心理障碍
- 1. 孤独症（自闭症）谱系障碍
- 2. 智力障碍
- 3. 学习障碍
- 4. 交流障碍
  - （1）语言障碍
  - （2）语音障碍
  - （3）童年发生的言语流畅障碍
  - （4）社交（语用）交流障碍
- 5. 注意缺陷/多动障碍
- 6. 破坏性行为障碍
  - （1）品行障碍
  - （2）对立违抗障碍
- 7. 焦虑障碍（包括儿童特有的分离焦虑障碍）
- 8. 抑郁障碍
- 9. 排泄障碍
  - （1）遗尿症
  - （2）遗粪症

十六、神经认知障碍
- 1. 谵妄
- 2. 重度神经认知障碍（即痴呆）
- 3. 轻度神经认知障碍
- 4. 重度和轻度神经认知障碍的亚型
  - （1）阿尔茨海默病所致的神经认知障碍
  - （2）创伤性脑损伤所致的神经认知障碍
  - （3）帕金森氏病所致的神经认知障碍
  - （4）人类免疫缺陷病毒感染所致的神经认知障碍
  - （5）亨廷顿氏病所致的神经认知障碍
  - （6）朊病毒病所致的神经认知障碍
  - （7）血管性神经认知障碍
  - （8）额颞叶神经认知障碍（原"皮克病"）
  - （9）物质／药物所致的神经认知障碍（最常见的是科萨科夫综合征）
  - （10）神经认知障碍伴路易体

十七、文化相关综合征
- 1. 杀人狂症
- 2. 神经病发作
- 3. 精液流失恐怖症
- 4. 昏厥
- 5. 幻影病
- 6. 恐缩症
- 7. 鬼魂附体

应激相关障碍

一般适应综合征

一般适应综合征（General Adaptation Syndrome，GAS）由应激研究者汉斯·谢耶提出，指的是对长期或过度应激的常见生物反应模式。

一般适应综合征包含三个阶段：**警报反应、抵抗阶段和耗竭阶段**。

对一个即时应激源的觉知会触发警报反应。警报反应会动员身体为挑战或应激做准备。我们可以把它当作身体抵御威胁性应激源的第一道防线。如果一个应激源持续存在，我们就会进入抵抗阶段。在抵抗阶段，身体会尝试补充被消耗的能量并修复损伤。然而，当应激源持续存在或出现新的应激源时，我们可能就会进入耗竭阶段。在这一阶段，我们会耗尽身体的资源，并可能发展出适应性疾病，包括过敏反应和心脏病。

适应障碍

适应障碍（Adjustment Disorders）是最轻微的一种心理障碍，指的是对痛苦的生活事件或应激源的一种适应不良的反应，在应激源出现后的3个月内发展而来。这种适应不良反应的特征是社交、职业或学业等重要领域的功能严重受损，或者出现明显的情绪困扰，其程度已超过应对该应激源时通常会出现的情绪困扰的水平。

适应障碍的特定类型

障碍类型	主要特征
伴抑郁心境的适应障碍	情绪低落、流泪或无望感
伴焦虑的适应障碍	担心、紧张和神经过敏（在儿童身上表现为害怕与主要依恋对象分离）
伴混合性焦虑和抑郁心境的适应障碍	抑郁和焦虑的混合
伴品行问题的适应障碍	侵犯他人的权利或违反与自己的年龄相适应的社会规范，典型的行为包括破坏公物、逃学、打架、鲁莽驾驶及不履行法律义务（如停止付赡养费）
伴混合性情绪和品行问题的适应障碍	同时存在情绪紊乱（如抑郁或焦虑）和行为紊乱（如上一栏所述）
特定的适应障碍	不能归为任何一种适应障碍特定亚型的适应不良反应

创伤应激障碍

对一些人来说，创伤经历会导致他们罹患创伤应激障碍，其特征是面对创伤时表现出适应不良的行为模式，并伴随显著的个人痛苦或严重的功能受损。

创伤应激障碍的主要类型

障碍类型	人群中的终生患病率（近似值）	描述	相关特征
急性应激障碍	不同的创伤类型会有不同的终生患病率	创伤事件发生后数天或数周内出现的急性适应不良反应	与创伤后应激障碍的特征相似，但仅限于直接暴露于创伤、目睹他人暴露于创伤或得知亲朋好友经历创伤后的一个月内
创伤后应激障碍	9%	对创伤事件产生的长期适应不良反应	重新经历创伤事件；回避与创伤相关的线索或刺激；总体上麻木或情绪麻木、高唤醒水平、情绪困扰和功能受损

急性应激障碍

判断急性应激障碍（Acute Stress Disorder）的依据是，个体会在暴露于创伤事件后3天到1个月内表现出适应不良的行为模式。创伤事件可能包括实际或威胁性的死亡、严重事故或性侵犯。患有急性应激障碍的人可能会直接经历创伤、目睹他人经历创伤，或者得知亲密朋友、家庭成员经历暴力或意外的创伤事件。

创伤后应激障碍

创伤后应激障碍（Posttraumatic Stress Disorder，PTSD）是一种个体在经历创伤后持续超过一个月的长期适应不良反应。创伤后应激障碍的症状与急性应激障碍的症状类似，不过这些症状会持续数月、数年甚至几十年，并且可能要在创伤事件发生后很多个月甚至多年后才表现出来。

创伤应激障碍的共同特征

◆ 回避行为：个体可能会回避与创伤相关的线索或情境。例如，强奸幸存者可能会避免再回到事发现场附近；退伍军人可能会回避与士兵重聚，不愿观看有关战争或战斗的电影或报道。

◆**重新经历创伤**：个体可能会以侵入性回忆、重复出现的令人不安的梦境、有关战场或被攻击者追逐的记忆闪回的形式再次经历创伤。

◆**情绪困扰、消极的想法和功能受损**：个体可能会体验到持续消极的想法和情绪，感觉与他人疏远或隔阂，或者难以有效地执行日常功能。

◆**高唤醒水平**：个体可能会表现出唤醒水平过高的迹象，例如，变得高度警觉（总是保持警惕状态）、难以入睡、难以集中注意力、变得易激惹或突然爆发愤怒，以及表现出夸张的惊跳反应，如听到突如其来的噪声就马上跳起来。

◆**情绪麻木**：在创伤后应激障碍中，个体可能会感觉内心麻木，失去爱的感觉和能力。

主要的治疗方法：认知行为疗法、眼动脱敏与再加工。

焦虑障碍

焦虑是忧虑或预感的一种常见形式。它在促使我们定期体检、激励我们努力学习时是有益的，但当它与现实中的威胁不相称或无端冒出来时，它就变得不正常了。适应不良的焦虑反应引发强烈的情绪困扰或损害个体的正常功能，这样的焦虑反应被称为焦虑障碍（Anxiety Disorder）。

焦虑障碍的主要类型

障碍类型		人群中的终生患病率（近似值）	描述	相关特征
惊恐障碍		5.1%	持续的惊恐发作（极度恐慌，伴随强烈的生理症状、危险逼近或大难临头的想法及想要逃离的冲动）	对惊恐发作复发的恐惧可能会引起对与惊恐发作相联系的情境或可能得不到帮助的情境的回避行为；惊恐发作突然出现，但可能与特定线索或情境有关；可能伴随场所恐怖症或对公共场所的一般性回避
恐怖症	特定恐怖症	12.5%	对特定物体或情境过度恐惧	回避令人恐惧的刺激或情境；例子包括动物恐怖症、血液恐怖症、注射恐怖症、牙医恐怖症、幽闭恐怖症

（接下页）

（接上页）

障碍类型		人群中的终生患病率（近似值）	描述	相关特征
恐怖症	社交焦虑障碍	12.1%	对社会互动过度恐惧	主要以在社交场合对拒绝、羞辱及尴尬的潜在恐惧为特征
	场所恐怖症	1.4%～2%	恐惧或回避开放场所和公共场所	可能出现在因死亡、分离或离婚而失去支持性他人之后
广泛性焦虑障碍		5.7%	不局限于特定情境的持续性焦虑	过度忧虑；身体处于高度唤醒、紧张不安的状态

焦虑的主要特征

◆**生理特征**：可能包括激动、紧张不安、颤抖、胃部或胸口紧绷、多汗、掌心出汗、轻微头痛或眩晕、口干舌燥、呼吸短促、心率加速、四肢冰冷、胃部不适或恶心，以及其他生理症状。

◆**行为特征**：可能包括回避行为、依恋或依赖行为，以及焦虑行为。

◆**认知特征**：可能包括担忧、对未来过分恐惧或担忧、过分关注躯体感觉、对躯体感觉敏感、害怕失去控制、反复思考某个令人困扰的想法、思维混乱或感到困惑、难以集中注意力、觉得事情不可控。

惊恐障碍

惊恐障碍（Panic Disorder）的特征是存在持续不断的、难以预料的惊恐发作。惊恐发作是一种伴随多种生理症状的强烈焦虑反应，如心率加速、呼吸急促或呼吸困难、多汗、身体虚弱或眩晕。

惊恐障碍的主要治疗方法：药物治疗和认知行为疗法。

恐怖症

恐怖症（Phobia）是指个体对某个物体或情境产生与其实际构成的威胁不成比例的恐惧。恐怖症患者大多害怕的是日常生活中的普通事件，如乘坐电梯、在高速公路上开车，这些都不是什么特别的事情。如果恐怖症患者害怕的是一些日常事务，如乘坐公交车、乘坐飞机、乘坐火车、驾车、买东西甚至离开家，就会让他们丧失基本的生活能力。

特定恐怖症

特定恐怖症（Specific Phobia）是一种持续性的对特定物体或情境的过度恐惧，这种恐惧超出了特定物体或情境构成的实际威胁。

社交焦虑障碍

患有社交焦虑障碍（Social Anxiety Disorder，也被称为社交恐怖症）的人对社交情境过于害怕，他们会回避这些情境或忍受巨大的痛苦。社交焦虑障碍潜在的问题就是对来自他人的消极评价过度恐惧，即十分害怕被拒绝、被羞辱或尴尬。

场所恐怖症

患有场所恐怖症（Agoraphbia）的人害怕在拥挤的商场购物，穿过闹市，过桥，乘坐公交车、火车或汽车，以及在餐馆吃饭，在电影院看电影，甚至害怕出门，他们的生活因此而受到了很大限制。他们会尽量避免暴露在令自己感到恐惧的场所，在一些情况下，他们甚至长达几个月甚至几年连出门寄一封信都不敢。场所恐怖症可能是所有恐怖症中最有可能导致社会功能逐渐丧失的一种类型。

恐怖症的主要治疗方法：系统脱敏、逐级暴露、虚拟现实疗法、认知疗法。

广泛性焦虑障碍

广泛性焦虑障碍（Generalized Anxiety Disorder，GAD）的特征是不限于特定的物体、情境或活动所引发的持续性焦虑和担忧。对患有广泛性焦虑障碍的人来说，焦虑会变得过度，并且难以控制，同时还会伴随诸多生理症状，如心神不宁、坐立难安及肌肉紧张。

广泛性焦虑障碍的主要治疗方法：精神类药物治疗和认知行为疗法。

强迫及相关障碍

强迫及相关障碍的主要类型

（接下页）

障碍类型	人群中的终生患病率（近似值）	描述	相关特征
强迫症	2%～3%	反复出现的强迫思维（反复或侵入性的想法）和／或强迫行为（感到不得不做的重复行为）	强迫思维会导致焦虑，部分焦虑可以通过强迫性仪式得到缓解
躯体变形障碍	未知	头脑被想象或夸大的关于身体缺陷的想法占据	个体可能会因感知到的身体缺陷而认为他人看不起自己；个体可能会发展出强迫行为，如过度修饰，以纠正他们感知到的身体缺陷
囤积障碍（强迫性囤积）	2%～5%	囤积东西的强烈需要，不管这些东西是否有价值，并且个体在丢弃它们时表现得很困难或痛苦	可能导致家里因堆积大量的东西（如书本、衣物、家居用品甚至垃圾信件）而杂乱不堪；可能导致一系列不良的后果，包括生活空间被占用、与家庭成员或其他人发生冲突；个体会从收集和维持这些无用或非必需的东西中获得安全感；个体可能无法认识到自己的囤积行为是一个问题，尽管证据确凿
拔毛障碍	未知	强迫性、反复性地拔毛发，导致毛发减少	拔毛发可能会涉及头皮和身体的其他部位，并可能导致看得见的秃块；拔毛发可能具有自我安抚效果，从而被用来应对焦虑或压力
抓痕障碍	1.4%或更高（成年人）	强迫性、反复性地抓挠皮肤，导致皮肤损伤或疼痛，对结痂皮肤反复抓挠导致其无法痊愈	抓皮肤可能涉及刮、抓、摩擦或挖；抓挠皮肤可能是个体想清除皮肤的轻微瑕疵，或者应对压力或焦虑

强迫症

患有**强迫症**（Obsessive-Compulsive Disorder，OCD）的人会受到反复出现的强迫思维或强迫行为的困扰，它们会占用个体大量的时间，如每天持续超过一小时，或者造成严重的痛苦，又或者干扰个体的正常作息、工作或社会功能。

强迫思维和强迫行为示例

强迫思维：

◆尽管反复洗手，还是觉得自己的手很脏。

◆爱人被伤害或被杀的想法挥之不去。

◆不断想象出门后没有锁门。

◆一直担心家里的煤气没关。

◆不断想象自己对心爱的人做了可怕的事。

强迫行为：

◆一遍又一遍地检查自己的工作。

◆在出门前一再检查房门是否上锁、煤气是否关闭。

◆不断地洗手以保持干净和消除细菌。

主要的治疗方法：暴露与反应阻断技术、认知技术、药物治疗、脑深部电刺激。

躯体变形障碍

躯体变形障碍（Body Dysmorphic Disorder，BDD）患者总是会幻想或夸大自己外表上的身体缺陷，如皮肤瑕疵、面部起皱或肿胀、身体上的痣或痘痘，这导致他们总是觉得自己很丑，甚至毁容了。他们担心其他人会根据他们感知到的缺陷和瑕疵给予他们负面评价。他们可能会花费大量的时间站在镜子前检查自己，或者采用极端的措施来修饰自己所感知到的缺陷，甚至接受不必要的整形手术。

主要的治疗方法：暴露与反应阻断技术。

囤积障碍

囤积障碍（Hoarding Disorder）的特征是积累和保留大量不必要或看起来没用的物品，从而给个体造成困扰，或者让个体很难拥有一个安全、适合居住的生存空间。囤积障碍与强迫症密切相关。囤积障碍患者思维上的强迫可能涉及反复出现的想收集东西、害怕失去它们的想法；行为上的强迫可能涉及不断地重新布置、整理成堆的收集物，顽固地拒绝丢弃它们，即使他人强烈反对也毫不动摇。

主要的治疗方法：认知行为疗法。

分离障碍

分离障碍的主要类型

障碍类型	人群中的终生患病率（近似值）	描述	相关特征
分离性身份障碍	未知	存在两个或多个截然不同的人格	不同的人格会争夺控制权；可能代表对童年期严重虐待或创伤的心理防御
分离性遗忘症	未知	无法回忆起重要的个人信息（没有医学原因）	患者通常会遗忘与创伤性或充满压力的经历有关的信息；分为局部性遗忘、选择性遗忘、广泛性遗忘、持续性遗忘、系统性遗忘；可能与分离性神游症相关，在极其罕见的情况下，患者可能会以全新的身份前往一个新的地方，开始新的人生
人格解体/现实解体障碍	2%	脱离自我或躯体的感觉（人格解体），或者对现实环境有不真实感（现实解体）	患者会感觉自己好像身处于梦境中，或者表现得像机器人一样；人格解体的发作是持续、反复出现的，并且会造成显著的困扰

分离性身份障碍

分离性身份障碍（Dissociative Identity Disorder，DID）原名为"多重人格障碍"。在分离性身份障碍中，个体被两个或多个人格"占据"着，这些人格具有不同的特征、记忆、行为举止，甚至说话风格，他们交替出现并争夺对个体的控制权。这些人格中可能具有一个处于支配或核心地位的主人格和几个从属人格。

分离性身份障碍的主要特征

◆同一个人至少存在两个或多个截然不同的人格。

◆替代人格表现出不同的年龄、性别、兴趣及与他人互动的方式。

◆两个或多个人格会重复出现并完全控制个体的行为。

◆遗忘日常生活琐事和重要的个人信息，并且这种遗忘不能用一般的健忘来解释。

◆主人格或支配性人格不一定知道替代人格的存在。

分离性遗忘症

分离性遗忘症（Dissociative Amnesia）被认为是最常见的一种分离障碍。在分离性遗忘症（之前被称作"心因性遗忘症"）中，个体无法回忆起重要的个人信息，但这无法用简单的遗忘来解释。记忆丧失不能归因于特殊的器质性病变或药物、酒精的直接作用。分离性遗忘症的记忆丧失是可逆的。

分离性遗忘症的五种记忆问题

◆局部性遗忘：绝大多数病例表现为局部性遗忘，在这种遗忘中，发生在特定时间段内的事件会从记忆中消失。

◆选择性遗忘：在选择性遗忘中，个体只会忘记在特定时间段内发生的特定事件。

◆广泛性遗忘：在广泛性遗忘中，个体会忘记自己的整个人生经历——自己是谁、做什么工作、住在哪里、跟谁一起生活。

◆持续性遗忘：在这种遗忘中，个体会忘记从某一特定时间点到现在的所有人和事。

◆系统性遗忘：在这种遗忘中，个体遗忘的是某一特定类别的信息，如关于家人或生活中某些特定人物的信息。

人格解体／现实解体障碍

人格解体是指人们对自身的现实感的暂时性丧失或改变。在人格解体的状态下，人们会感到自己与自身或周围的环境相分离，他们会觉得自己好像在做梦或像机器人一样行动。现实解体是一种对外界环境的不真实感，包括对周围环境或时间流逝的感知的奇怪变化。现实解体可能与焦虑的特征有关，如头晕或对精神错乱的恐惧，或者与抑郁有关。健康的人偶尔也会体验到短暂的人格解体或现实解体。人格解体/现实解体障碍（Depersonalization/Derealization Disorder）患者的发作会更频繁、更令人不安。

人格解体/现实解体障碍的主要特征

◆个体反复经历人格解体、现实感丧失，或者二者兼有。

◆个体体验到脱离自己的思想、情感、知觉或脱离周围环境的感觉。

◆个体体验到自己好像是自己生活的旁观者。

◆个体体验到像在梦中一样的感觉。

◆在这些体验中，个体能够区分现实和非现实。

分离障碍的主要治疗方法：心理动力学疗法或其他形式的疗法、抗抑郁药物治疗。

躯体症状及相关障碍

患躯体症状及相关障碍（Somatic Symptom and Related Disorders）的人可能会在没有明确器质性原因的情况下出现躯体症状，或者对症状的性质或意义过度担忧。症状显著影响了患者的生活，导致他们经常去看医生，希望医生能够解释并治疗他们的疾病。有时，他们会坚定地认为自己病得很重，完全不管医生的解释。一些个体还会假装或伪造躯体症状，仅仅是为了接受治疗。

躯体症状及相关障碍的主要类型

障碍类型	人群中的终生患病率（近似值）	描述	相关特征
躯体症状障碍	未知，但在一般成年人群体中可能为5%～7%	与躯体症状相关的异常行为、想法或感受	症状会促使个体频繁地看医生或导致严重的功能受损
疾病焦虑障碍	未知	存在自己患有严重疾病的先占观念	虽然医学诊断显示个体没有患病，但个体仍然对疾病充满恐惧；倾向于把身体的感觉、轻微的疼痛过度解释为患有严重疾病的信号
转换障碍	未知，但有5%的患者就诊于神经内科门诊	医学无法解释的生理功能的改变或丧失	其形成与冲突或应激体验有关，并被证实源于心理因素；可能与"精神性漠视"（对症状漠不关心）相关

（接下页）

（接上页）

障碍类型	人群中的终生患病率（近似值）	描述	相关特征
做作性障碍	未知，但估计有1%的就医患者符合诊断	在没有任何明显动机的情况下虚构或伪造躯体或心理症状	与诈病不同，症状不会导致任何明显的获益；有两种主要亚型：对自身的做作性障碍（在自己身上制造或诱发症状，一般被称为孟乔森综合征）；对他人的做作性障碍（在他人身上制造或诱发症状）

躯体症状障碍

大多数人在其人生中的某个阶段都会出现一些躯体症状。对自己的躯体症状感到担忧并寻求医疗救助是很正常的。但是，躯体症状障碍（Somatic Symptom Disorder，SSD）患者不仅仅是担心躯体症状，而是对躯体症状过度关注，以至于影响了他们日常生活中的想法、感受和行为。

疑病症

疑病症（Hypochondriasis）适用于那些自诉躯体不适的患者，他们认为自己的症状是由严重的、未被诊断的疾病（如癌症或心脏病）引起的，尽管医学诊断表明他们的想法完全不真实。疑病症患者的核心是健康焦虑，他们会先入为主地将躯体症状曲解为健康出现严重问题的征兆。在一般人群中，约有1%～5%的人会罹患疑病症，其中5%的疑病症患者会到医院寻求治疗。之前被诊断为疑病症的案例中有 3/4 如今会被诊断为躯体症状障碍。

疾病焦虑障碍

疾病焦虑障碍（Illness Anxiety Disorder，IAD）强调与疾病相关的焦虑，而非由症状引发的痛苦。对这些患者来说，不是他们发现的症状本身有多恐怖（如不明确的疼痛或腹部、胸部短暂的紧绷感），而是这些症状可能含有的诊断意义让他们感到恐惧。在一些案例中，患者即使没有报告任何症状，依然表现出了对患有未被诊断的严重疾病的过度担忧。

疾病焦虑障碍的两种主要亚型

◆**回避医疗护理亚型**：适用于那些因为对自己可能会得病感到高度焦虑而推迟或避免就医或进行医学检查的人。

◆**寻求医疗护理亚型**：适用于那些四处寻医问诊的人，他们换了一个又一个医生，希望从医学上确认自己是否得了什么疾病。这些人会对指出他们的恐惧毫无根据的医生感到愤怒。

转换障碍

转换障碍（Conversion Disorder）以影响随意运动（如无法行走或转动胳膊）或损害感觉功能〔如无法看、听、感受刺激（触摸、压力、温暖或疼痛）〕为特征。这些躯体症状的丧失或受损与已知的医学状况或疾病既不一致也不相容，这证实了这些问题与心理而非器质性因素有关。因此，转换障碍被认为涉及情绪困扰转化为运动或感觉领域的显著症状。

转换障碍之所以被如此命名，是因为心理动力学理论认为，它代表了将被压抑的性或攻击能量转化为躯体症状。转换障碍原先被称作癔症或歇斯底里性神经官能症，在弗洛伊德的精神分析的发展中发挥着重要作用在弗洛伊德时代，癔症或转换障碍似乎比现在更常见。

做作性障碍

做作性障碍（Factitious Disorder）很令人困惑。患有这种障碍的人会虚构或制造躯体或心理症状，但没有任何明显的动机。有时，他们会明目张胆地伪装，声称自己无法移动胳膊或腿，或者声称实际上并不存在的疼痛。有时，他们会伤害自己或服用会引起麻烦甚至危及生命的药物。令人不解的是，这些欺骗行为缺乏动机。

做作性障碍的两种主要亚型

◆**对自身的做作性障碍**：其特征是在自己身上制造或诱发症状。

◆**对他人的做作性障碍**：其特征是在他人身上制造或诱发症状。

孟乔森综合征

孟乔森综合征（Münchausen Syndrome）是一种对自身的做作性障碍，患者会故意制造或诱发看似合理的躯体不适，但除了扮演患者的角色以获取他人的同情和支持外，患者不会得到任何明显的好处。孟乔森综合征是以卡尔·冯·孟乔森男爵命名的，他是一名德国军官。为了逗朋友开心，他虚构了很多荒谬绝伦的冒险故事。在临床术语中，孟乔森综合征是指患者对医生编造夸张的故事或荒谬的谎言。孟乔森综合征患者通常承受着极大的痛苦，因为他们辗转于各个医院，让自己接受不必要的、痛苦的、有风险的治疗，甚至是手术。

　　躯体症状及相关障碍的主要治疗方法：精神分析、行为疗法、认知行为疗法、抗抑郁药物治疗。

心境障碍

　　心境是给我们的心理生活涂上颜色的情绪状态。当取得高分、获得晋升或被心仪的人喜爱时，我们会兴高采烈；当被约会对象拒绝、考试失利或遭遇经济危机时，我们会感到沮丧、心情低落。但是，患有心境障碍（Mood Disorders）的人所经历的心境紊乱通常非常严重或持续时间较长，以致损害了他们正常的社会功能。他们中的一些人甚至在事情进展顺利或遇到一些其他人能够从容应对的苦恼时，也会陷入严重的抑郁状态。一些人甚至会体验到极端的心境波动：尽管周围的世界基本上保持平稳，他们却像坐在情绪的过山车上，在令人眩晕的高空和深不见底的低谷间来回穿梭。

心境障碍的主要类型

障碍类型		人群中的终生患病率（近似值）	描述	附加说明
抑郁障碍	重性抑郁障碍	男性：14.7% 女性：26.1% 总体：20.6%	情绪低落，感到无望或无意义，睡眠习惯或食欲发生变化，丧失动机，丧失对日常活动的兴趣	经历一次抑郁发作后，个体会恢复到一般的功能状态，但复发的情况很常见；季节性情感障碍是重性抑郁障碍的一种
	持续性抑郁障碍	3%～4%	一种慢性抑郁模式	大多数时候，患者会体验到漫长的轻度或重度抑郁，或者感觉"心情跌入谷底"

（接下页）

（接上页）

障碍类型		人群中的终生患病率（近似值）	描述	附加说明
抑郁障碍	经前期烦躁障碍	未知	在女性经前期内发生的显著心境变化	DSM-5中的一个新的诊断类别，目前的争议在于，给具有显著经前期症状的女性贴上精神障碍或心理障碍的标签是否公平
双相及相关障碍	双相障碍	1%	经历在躁狂和抑郁之间的情绪、能量水平、活动水平的变化，期间也许会有以正常情绪为主的时期；有双相 I 型障碍（一次或多次躁狂发作）和双相 II 型障碍（重性抑郁发作和轻躁狂发作，从未有过躁狂发作）两种亚型	躁狂发作以言语迫促、精力或活动大大增加、思维奔逸、判断错误、不休息或高度兴奋、夸大的情绪和自我感觉良好为特征
	环性心境障碍	0.4%～1%	心境波动的严重程度比双相障碍轻	环性心境障碍通常在青春期或成年早期开始，一般会持续数年

重性抑郁障碍

重性抑郁障碍（Major Depressive Disorder，MDD）的诊断是建立在至少一次重性抑郁发作的基础上的，并且患者没有躁狂或轻躁狂病史。重性抑郁发作伴随着由一系列抑郁症状引发的显著功能变化，包括抑郁心境（感到悲伤、无望或情绪低落），或者对所有的活动都丧失兴趣，时间至少持续两周。重性抑郁障碍并不是简单的悲伤或忧郁状态。重性抑郁障碍患者可能会出现食欲下降、体重急剧增加或减轻、入睡困难或睡眠过多、精神运动性激越或另一个极端——精神运动性迟滞。

季节性情感障碍

尽管我们的情绪可能会随着天气变化，但从夏季到秋季和冬季的季节变化会导致人们罹患一种被叫作季节性情感障碍（Seasonal Affective Disorder，SAD）的抑郁障碍。季节性情感障碍其实十分常见，3%～10%的人会受其影响，其中女性是男性的两倍。在大多数情况下，这种障碍会在春天自行消失。季节性情感障碍本身并不是一个独立的诊断类别，而是重性抑郁障碍的一个子类别。光照疗法、抗抑郁药物和认知行为疗法可以有效改善患者的抑郁症状。

产后抑郁

多达80%的新手妈妈会在孩子出生后体验到心境的变化。这些心境的变化通常被称作"产期忧郁""产后忧郁"或"与婴儿有关的忧郁"。这种心境的变化通常会持续几天，并被认为是对与分娩有关的激素变化的一种正常的反应。但是，一些新手妈妈会经历更严重和持久的心境变化，这被称为产后抑郁（Postpartum Depression，PPD）。产后抑郁的症状一般包括情绪低落、哭泣、睡眠紊乱和食欲变化（食欲不振或暴饮暴食），同时伴随着低自尊、难以集中注意力，以及难以与婴儿建立情感联结等问题。认知行为疗法、人际心理治疗和抗抑郁药物治疗可以有效治疗产后抑郁。

持续性抑郁障碍（心境恶劣）

一些形式的抑郁障碍会演变为持续几年的慢性抑郁状态。持续性抑郁障碍（Persistent Depressive Disorder）的诊断适用于持续至少两年的慢性病例，患者可能患有慢性重性抑郁障碍，也可能患有慢性但较轻形式的抑郁障碍，即心境恶劣（Dysthymia）。心境恶劣一般发病于童年期或青春期，倾向于在个体成年后长期发展。重抑郁障碍患者的病情具有时限性，心境恶劣患者虽病情较轻却不停不休，一般会持续数年之久。

双重抑郁

一些人可能会同时患有心境恶劣和重性抑郁障碍。双重抑郁（Double Depression）这一术语适用于那些在长期心境恶劣的基础上经历过一次重性抑郁发作的个体。双重抑郁患者一般比只患有重性抑郁障碍的患者有更严重的抑郁发作。

经前期烦躁障碍

经前期烦躁障碍（Premenstrual Dysphoric Disorder，PMDD）的诊断适用于在月经前一周出现一系列显著的心理症状（并且这些症状在月经开始后的几天内会逐渐缓解）的女性。经前期烦躁障碍包含一系列症状，如心境波动、突然流泪或感觉悲伤、有抑郁情绪或感到无望、易激惹或愤怒、焦虑、紧张、坐立不安、对拒绝特别敏感，以及对自身的消极想法等。这些症状已导致显著的情绪困扰，或者导致女性在工作、学校或日常社交活动方面的功能受损。

抑郁障碍的共同特征

特征	具体描述
情绪状态的改变	• 心境变化（持续一段时间的情绪低落、忧郁、悲伤或沮丧） • 哭泣或大哭 • 易激惹、情绪易变和易发脾气
动机的改变	• 早晨起床时感觉没动力或起床困难，甚至不想起床 • 社会参与时间减少或对社会活动的兴趣减退 • 对令人愉快的活动丧失兴趣或感受不到快乐 • 性欲减退 • 对称赞和奖励没有反应
功能和运动行为的改变	• 活动或说话比平时缓慢 • 睡眠习惯改变（睡得太多或太少，比平时醒得早，而且很难再入睡，即所谓的"早醒"） • 食欲变化（吃得过多或过少） • 体重变化（体重增加或减少） • 在工作或学习时效率下降，责任感缺失，忽视外表和体形
认知的改变	• 难以集中注意力或清晰地思考 • 对自己和自己的未来抱有消极的心态 • 对自己过去做得不好的事情感到内疚或后悔 • 丧失自尊或感觉缺乏信心 • 考虑死亡或自杀

双相障碍

双相障碍（Bipolar Disorder）以极端的心境波动及精力和活动水平的变化为特征。在几周或几个月的时间里，患者的心境会在极度兴奋和抑郁的深渊之间来回摇摆。患者的第一次发作可能表现为躁狂，也可能表现为抑郁。躁狂发作通常持续数周或一两个月，一般比重性抑郁发作的持续时间短，症状消退得也更突然。

双相障碍的两种类型

◆**双相Ⅰ型障碍**：适用于那些在其人生中的某个阶段经历过至少一次全面的躁狂发作的个体。表现为在具有正常心境间隔期的前提下，经历在躁狂发作和重性抑郁发作之间的极端心境波动。

◆**双相Ⅱ型障碍**：适用于那些有轻躁狂发作和至少一次重性抑郁发作史，但从来没有经历过一次全面的躁狂发作的个体。在轻躁狂发作期间，个体会感觉自己精力旺盛，表现出更高的活动水平和膨胀的自尊感，他们可能会比平时更警觉、焦躁不安和易激惹。个体能够不知疲倦地长时间工作或不需要睡眠。

环性心境障碍

环性心境障碍（Cyclothymic Disorder）代表了一种心境紊乱的慢性循环模式，以持续两年以上（儿童和青少年为一年）的轻度心境波动为特征。这种障碍通常始于青春期晚期或成年早期，并持续数年，患有这种障碍的人很少有持续超过一个月或两个月的正常情绪期。但是，无论是躁狂期还是抑郁期，其严重程度都达不到双相障碍的诊断标准。

心境障碍的主要治疗方法：心理动力学疗法、行为疗法、认知行为疗法、抗抑郁药物治疗、电休克治疗、锂盐和其他心境稳定剂。

物质相关及成瘾障碍

物质所致的障碍

物质所致的障碍（Substance-Induced Disorders）是指由使用精神活性物质直接引发的异常行为模式。不同的物质具有不同的作用，所以这类障碍可能是由一种、多种或几乎所有的物质引发的。

物质所致的障碍的主要类型

◆**物质中毒**（Substance Intoxication）：一种涉及反复发作的中毒模式的物质所致的障碍，表现为一种由使用特定物质带来的醉酒或"兴奋"状态。中毒的特征取决于所摄入物质的品种、剂量及使用者的生物反应性，在某种程度上还取决于使用者的期望。中毒的表现一般包括神志不清、好斗、判断力受损、注意力不集中、运动和空间能力受损。

◆**物质戒断**（Substance Withdrawal）：个体因突然停用长期大量使用的某种物质（或戒掉日常使用的咖啡因）而产生的一系列症状。反复使用一种物质会改变身体的生理反应，继而导致耐受性和明确定义的戒断综合征等生理效应。

物质使用障碍

物质使用障碍（Substance Use Disorders）是指不恰当地使用精神活性物质，导致显著的个人痛苦或功能受损。物质使用障碍一词是一个通用的诊断分类，但对于每个病例，临床医生都会提供一个特定的诊断（如酒精使用障碍），以指明被不当使用的特定物质。做出物质使用障碍的诊断也需要患者在一年内出现两种或更多附加症状。附加症状的特征取决于被滥用的特定物质。

涉及抑制剂

抑制剂（Depressant）是一类可以减缓或抑制中枢神经系统活动的药物。该类药物可以减轻紧张感和焦虑感，使运动变得迟缓，并损伤认知过程。大剂量使用抑制剂会抑制至关重要的日常功能并导致死亡。

抑制剂的分类：酒精、巴比妥酸盐类、阿片类物质。

涉及兴奋剂

兴奋剂（Stimulant）是一种精神活性物质，可以提高中枢神经系统的活动水平，从而提高警觉性，产生愉悦感甚至欣快感。其效果随特定药物而变化。

网络成瘾障碍

网络成瘾障碍（Internet Addiction Disorder，IAD）一词被广泛用于描述一种以不当使用互联网为特征的非化学成瘾形式。网络成瘾障碍可能涉及过度或不当地使用社交网站、网络聊天室、在线游戏和在线色情网站。网络成瘾障碍还与人们访问互联网的各种方式（如通过笔记本电脑、台式计算机、平板电脑和智能手机）有关。网络成瘾障碍的患病率尚不清楚，跨文化研究得出的估算结果之间相差很大，不同国家从1%～20%不等，有些甚至更高。

你有网络成瘾的风险吗

网络成瘾的迹象	示例
网络使用的消极影响	• 对互联网的使用影响了我的学业或工作表现 • 总是把手机放在床头，让我睡不好觉 • 我发现自己一直都在看手机，即使已经半夜了，而这时本该是睡觉的时间
显著性	• 我总是在想着我在线上的活动，例如，我发了什么、没发什么，或者我下次上网时要做些什么 • 我似乎总是迫不及待地想上网，哪怕是在工作、上学或跟人互动的时候
情绪调节	• 我上网是为了让自己感觉好一点 • 如果感到沮丧或焦虑，我会通过上网来重新振作起来
社交上的舒适感	• 与面对面相比，我觉得在网上与人交流更舒适 • 在网上与人交往比在现实生活中与人打交道容易得多
戒断症状	• 每当离开互联网一段时间，我就感到烦躁或焦虑 • 不能上网让我感到情绪低落或沮丧
逃避现实	• 我利用互联网来逃避我的消极情绪 • 我利用互联网来逃避我的生活
欺骗／隐瞒	• 我试图向他人隐瞒我的上网行为 • 我试图隐瞒自己使用网络的程度 • 我曾向他人撒谎，不让他们知道我上网的真实状况

物质使用障碍的主要治疗方法：脱毒、双硫仑、戒烟药物、尼古丁替代疗法、美沙酮维持治疗方案、美沙酮维持治疗方案、纳曲酮、文化敏感性治疗、非专业支持团体、住院治疗、心理动力学疗法、自我控制训练、厌恶条件反射、权变管理程序、社交技能训练、预防复发训练。

赌博障碍

赌博障碍（Gambling Disorder）是一种非化学成瘾障碍，强迫性——反复从事会产生消极结果的行为——是赌博障碍的一个主要特征。强迫性赌徒会持续赌博，哪怕已经损失惨重，他们仍会不断加注，直至倾家荡产。强迫性赌博的形式多种多样，从在赛马、纸牌游 戏和赌场中过度下注，到在体育赛事上豪掷重金，再到在股票市场中冒进。许多强迫性赌徒只有在出现 经济或情感危机（如破产或离婚）时，才不得不寻求治疗。

在一般人群中，大约有0.4%～1.0%的人会在其人生中的某个阶段患上赌博障碍。大约有4%的人会有某种形式的赌博问题。赌博问题的风险因素包括性别（男性面临的风险更高）和较差的学业成绩，而降低赌博风险的保护因素包括父母更高的监管力度和更高的经济地位。

赌博障碍的主要治疗方法：认知行为疗法、抗抑郁药物和心境稳定剂、朋辈支持项目。

进食障碍

进食障碍（Eating Disorders）主要表现为紊乱的饮食行为和不恰当地控制体重的行为。进食障碍经常伴有其他形式的心理障碍，如抑郁障碍、焦虑障碍和物质使用障碍。尽管进食障碍可能会在成年中期甚至晚期出现，但通常始于青春期或成年早期，因为此时的人们往往对身材最关注。随着社会压力的增加，进食障碍的发生率也会上升。进食障碍不仅会影响女性，也会影响男性。

进食障碍的主要类型

障碍类型	人群中的终生患病率（近似值）	描述	相关特征
神经性厌食	女性：1.42% 男性：0.12%	自我饥饿，结果导致与年龄、性别、身高、身体健康和发展水平不符的低体重	•对体重增加或变胖的强烈恐惧 •扭曲的身体意象（尽管已经很消瘦，但仍认为自己很胖） •一般有两种亚型：暴食/清除型和限制型 •潜在的、严重的，甚至致命的后果 •通常影响年轻欧裔美国女性

（接下页）

（接上页）

障碍类型	人群中的终生患病率（近似值）	描述	相关特征
神经性贪食	女性：0.46% 男性：0.08%	反复发作的暴食，并伴随清除行动	•体重通常维持在正常范围内 •过度关注体形和体重 •暴食/催吐发作可能会导致严重的并发症 •通常影响年轻欧裔美国女性
暴食障碍	女性：1.25% 男性：0.42%	反复发作的暴食，但不伴随代偿性清除行为	•患有暴食障碍的个体通常被描述为强迫性暴食者 •通常影响比神经性厌食或神经性贪食患者年长的肥胖女性

神经性厌食

患有神经性厌食（Anorexia Nervosa）的人并非丧失食欲，而是排斥食物，并拒绝摄入超过维持与其年龄和身高相符的最低体重所必需的食物量。通常，他们会把自己饿到极度消瘦、危及生命的程度。神经性厌食（又被称为"厌食症"）多发病于12～18岁，尽管早于或晚于这一阶段的案例也时有发生。

神经性厌食的亚型

◆暴食/清除型：以持续至少三个月频繁发作的暴食或清除行为（如自我催吐或过度使用泻药、利尿剂、灌肠剂等）为特征，个体往往存在冲动控制方面的问题，在暴食期间可能还会有物质滥用或偷窃行为，并倾向于在严格控制和冲动行为之间摇摆不定。

◆限制型：不存在暴食或清除行为，个体则倾向于强硬甚至强迫性地控制自己的饮食和外表。

神经性贪食

神经性贪食（Bulimia Nervosa）最典型的特征是频繁的暴食发作，然后是采取自我催吐，滥用泻药、利尿剂或灌肠剂及禁食或过度运动等代偿行为来防止体重增加。害怕体重增加是神经性贪食的核心特征。其他常见特征包括在暴食发作时感觉对饮食缺乏控制，以及过度关注体形。

神经性厌食和神经性贪食的主要治疗方法：住院治疗、认知行为疗法、心理动力学疗法、人际心理治疗、选择性5-羟色胺再摄取抑制剂类抗抑郁药物。

暴食障碍

暴食障碍（Binge-Eating Disorder，BED）患者会重复出现暴食行为，但与神经性贪食患者不同的是，他们随后并不会做出减轻体重的代偿行为，如催吐、过度使用泻药或过度运动。暴食障碍的暴食发作平均每周至少一次，并且持续三个月的时间。在暴食发作期间，患者会比通常吃得更快，并且即使已经感觉吃撑了也会继续进食。为了避免因在他人面前过度进食而感到尴尬，患者会独自进食。之后，他们会厌恶自己、感到抑郁，或者被负罪感困扰。

暴食障碍的主要治疗方法：认知行为疗法、兴奋剂类药物。

肥胖

肥胖（Obesity）问题涉及身心之间复杂的交互作用。尽管肥胖被归类为躯体疾病，而非心理障碍，但心理因素在其形成和治疗的过程中起重要作用。全世界范围内的肥胖人数已经超过20亿。肥胖是许多慢性疾病和具有潜在生命威胁的疾病的风险因素，其中包括心脏病、中风、糖尿病、呼吸系统疾病及部分癌症。防止肥胖的关键是，消耗的热量要与摄入的热量保持平衡。

睡眠 - 觉醒障碍

睡眠 - 觉醒障碍（Sleep-Wake Disorders）是指导致明显的个人痛苦或社会、职业及其他角色功能受损的极为严重和频发的睡眠问题。

睡眠 - 觉醒障碍的主要类型

障碍类型	人群中的终生患病率（近似值）	描述
失眠障碍	10%～15%	持续性地难以入睡、保持睡眠状态或获得恢复性睡眠

（接下页）

（接上页）

障碍类型		人群中的终生患病率 （近似值）	描述
嗜睡障碍		1.5%	持续性的发生在白天的过度嗜睡模式
发作性睡病		0.05%	在白天突然睡眠发作
与呼吸相关的睡眠障碍		随着年龄变化，从童年期的1%～2%到成年晚期的20%	因呼吸困难导致睡眠频繁中断
昼夜节律睡眠－觉醒障碍		在一般人群中为1%或更低，但在青少年中更常见	在睡眠模式下，由时间的变化导致的睡眠-觉醒周期紊乱
异态睡眠	夜惊	未知	反复发作的夜惊导致突然觉醒
	睡行	据估计，在儿童中为1%～5%	反复的睡行发作
	快速眼动睡眠行为障碍	0.38%～0.5%	在快速眼动睡眠期间发出声音或扭动身体
	梦魇障碍	在成年人中为4%	因噩梦导致反复醒来

失眠障碍

失眠障碍（Insomnia Disorder）是指反复发作的难以入睡或难以熟睡为特征的持续性失眠。诊断失眠障碍需要问题至少已持续三个月，并且每周至少有三个晚上会出现这种情况。慢性失眠也可能是潜在的躯体疾病或心理障碍——如抑郁障碍、物质滥用或生理疾病——的标志。如果潜在的问题被治愈，个体就有机会恢复正常的睡眠模式。尽管反复的失眠问题主要影响40岁以上的人，但许多青少年和年轻人也会受到失眠的影响。

嗜睡障碍

嗜睡障碍（Hypersomnolence Disorder）指的是一种在白天出现的过度睡眠模式，一周至少出现三次，并且至少持续三个月。嗜睡障碍患者一晚上睡9小时或更长时间，但醒来时仍然无法感到精力充沛。他们反复出现无法抗拒的睡眠需求，在需要保持清醒时反复犯困或睡着，或者在看电视时不经意地打盹儿。白天的小睡通常持续1小时或更长的时间，但睡眠并没有让他们感觉神清气爽。睡眠不足、其他心理或生理疾病、物质使用等都无法解释这种障碍。

发作性睡病

发作性睡病（Narcolepsy）患者在过去的三个月里，一周至少有三次会体验到不可抗拒的睡眠需要，或者突然睡眠发作或小睡。在睡眠发作期间，一个人会毫无预兆地突然睡着并保持睡眠大约15分钟。这个人可能此刻还在说话，下一秒就倒在地板上睡着了。发作性睡病的发作与从清醒阶段到快速眼动睡眠阶段的迅速过渡有关，也经常与猝倒有关。发作性睡病患者也会经历睡眠瘫痪和入睡前幻觉。

与呼吸相关的睡眠障碍

与呼吸相关的睡眠障碍（Breathing-Related Sleep Disorders）患者会因呼吸问题而反复经历睡眠中断。这种频繁的睡眠中断会导致失眠或白天过度嗜睡。这种障碍可以依据呼吸问题的潜在原因被划分为不同的亚型。最常见的亚型是阻塞性睡眠呼吸暂停低通气综合征（Obstructive Sleep Apnea Hypopnea Syndrome），通常涉及在睡眠期间反复出现打鼾、呼吸急促、呼吸暂停或呼吸异常浅的情况。

昼夜节律睡眠 - 觉醒障碍

昼夜节律睡眠 - 觉醒障碍（Circadian Rhythm Sleep-Wake Disorder）涉及个体自然的睡眠 - 觉醒周期的持续中断。正常睡眠模式中断会导致失眠、嗜睡及在白天犯困。这种障碍会导致显著的个人痛苦或个体在社会、职业及其他方面的功能受损。频繁地跨越不同时区或更换工作班次会诱发更多持久或反复出现的问题，符合昼夜节律睡眠 - 觉醒障碍的诊断标准。

异态睡眠

睡眠通常以约每90分钟的循环从浅睡眠阶段进入深度睡眠阶段，然后进入快速眼动睡眠阶段，这时，大部分梦境开始出现。但对一些人来说，睡眠会被睡眠过程中部分或不完全的觉醒打断。在此期间，个体会感到困惑、疏离或与环境脱节。他们可能对他人唤醒或安慰他们的尝试没有反应。通常，个体在第二天起床时对这些部分觉醒发作没有任何记忆。这种与部分或不完全觉醒相关的异常行为模式被称为异态睡眠（Parasomnias）。

夜惊

夜惊（Sleep Terror）以反复出现的夜间惊醒为特征，通常以惊恐的尖叫开始。这种觉醒通常始于夜间一声响亮、刺耳的哭泣或尖叫。如果孩子出现夜惊，即使是睡得最香的父母也会被惊醒并冲进孩子的卧室。孩子会坐起来，显得非常恐慌并表现出极度觉醒的迹象，如大量出汗、心率加速、呼吸急促等。孩子会语无伦次或疯狂地扭动身体，但并没有完全清醒。即使孩子完全醒来，他可能也会认不出父母或试图推开他们。几分钟后，孩子会重新进入深度睡眠状态，清晨醒来时完全不记得夜里发生了什么。

睡行

在睡行（Sleepwalking，俗称"梦游"）中，处于睡眠状态的个体会反复出现在房间里走来走去的情况。在睡行发作期间，个体处于部分觉醒状态，能够进行复杂的运动反应，如下床或走到另一个房间。个体并不能意识到这些运动行为，而且在第二天早晨醒来后一般也不会记得曾经发生过的事。因为睡行发作往往发生在深度睡眠（非快速眼动睡眠）阶段，这个阶段里没有梦，所以睡行发作似乎并非梦境的表现。

快速眼动睡眠行为障碍

快速眼动睡眠行为障碍（Rapid Eye Movement Sleep Behavior Disorder，RBD）的特征是，在快速眼动睡眠阶段，个体在做梦时反复以说话或翻来覆去的形式表现自己的梦境。通常，在快速眼动睡眠阶段，肌肉活动是停止的，即除了呼吸和其他重要的生理功能需要动用的肌肉外，身体的其他肌肉基本上处于麻痹状态。但在快速眼动睡眠行为障碍中，肌肉麻痹要么不存在，要么不完全，个体会突然在快速眼动睡眠阶段踢打或挥舞手臂，这可能会对自己或同床者造成伤害。

梦魇障碍

梦魇障碍（Nightmare Disorder）患者会在快速眼动睡眠阶段反复出现令人不安且记忆深刻的噩梦。这些噩梦就像冗长的故事，在梦中，做梦者会试图逃避即将出现的威胁或即将发生的危险，如被追逐、被袭击或被伤害。个体在醒后通常能够生动地回忆起噩梦的内容。由于噩梦带来的挥之不去的恐惧感，做梦者很难再入睡。噩梦或其造成的睡眠中断会导致显著的个人痛苦或干扰重要的日常功能。

睡眠-觉醒障碍的主要治疗方法：抗焦虑药物、促进睡眠的药物、兴奋剂类药物、认知行为疗法。

性与性别相关障碍

性别烦躁

性别认同（Gender Identity）是人们在心理上对自己是男性还是女性的感觉。大多数人的性别认同与其生理或基因性别是一致的。而**性别烦躁**（Gender Dysphoria）的诊断适用于那些因其解剖（生理）性别与性别认同之间产生冲突而经历显著的个人痛苦或功能严重受损的人。

童年期性别烦躁的主要特征

◆强烈渴望成为另一种性别的一员，或者坚称自己是另一种性别（或某种非传统性别）的一员。

◆非常喜欢和另一种性别的成员一起玩耍，对另一种性别的玩具、游戏和活动等有强烈偏好。

◆对自己的性器官感到强烈的厌恶和痛苦。

◆强烈地希望拥有自己所认同性别的生理特征（第一或第二性征）。

◆对在角色幻想和扮演游戏中扮演相反的性别角色有强烈偏好。

◆对相反的性别角色的服装有强烈偏好，但对自己的性别角色的服装却非常排斥。

性功能失调

性功能失调（Sexual Dysfunction）是指持续存在的与性兴趣、性唤起或性反应相关的问题。

性功能失调的主要类型

障碍类型		人群中的终生患病率（近似值）	描述
与缺乏性兴趣、性兴奋或性唤起相关的障碍	男性性欲低下障碍	8%～25%（全年龄段），老年男性的患病率更高	对性缺乏兴趣或缺乏进行性活动的欲望
	女性性兴趣/性唤起障碍	10%～55%（全年龄段），老年女性的患病率更高	对性缺乏兴趣或冲动，难以产生或维持性唤起
	勃起障碍	患病率随着年龄变化：40岁以下男性的患病率为1%～10%；60多岁男性的患病率为20%～40%；老年男性的患病率更高	在性活动中难以达到或维持勃起状态

（接下页）

（接上页）

障碍类型		人群中的终生患病率 （近似值）	描述
与性高潮反应受损相关的障碍	与性高潮反应受损相关的障碍	10%～42%	女性难以达到性高潮
	延迟射精	小于1%～10%	男性难以达到性高潮或射精
	早泄	30%以上的男性报告射精速度很快，1%～2%的人在一分钟内射精	男性过早射精
与性交疼痛相关的障碍（女性）	生殖器-盆腔痛/插入障碍	不同研究的结果不同，但15%的北美女性报告自己在性交时反复体验到疼痛	在性交或尝试插入时体验到疼痛，或者对性交或插入时体验到的疼痛感到恐惧，或者骨盆肌肉的紧绷或紧收导致性交困难或引发疼痛

与缺乏性兴趣、性兴奋或性唤起相关的障碍

男性性欲低下障碍（Male Hypoactive Sexual Desire Disorder，MHSDD）的男性缺乏对性活动的欲望，或者缺乏与色情或性相关的想法和幻想。患有女性性兴趣/性唤起障碍（Female Sexual Interest/Arousal Disorder，FSIAD）的女性缺乏性兴趣、性冲动或性唤起，或者其性欲水平严重低下。患有勃起障碍（Erectile Disorder，ED）的男性可能无法勃起或维持勃起状态以完成性活动，或者勃起缺乏有效的硬度。对勃起障碍进行诊断的时间要求是，这个问题在大约六个月或更长的时间内一直出现，并且它发生在所有或几乎所有（75%～100%）的性活动情境中。

与性高潮反应受损相关的障碍

在女性性高潮障碍（Female Orgasmic Disorder）和延迟射精（Delayed Ejaculation）中，（女性）达到性高潮和（男性）射精存在明显的延迟，或者缺乏性高潮或射精。诊断这些障碍需要满足以下条件：问题已经存在六个月或更长的时间；症状导致了显著的痛苦，并且发生在所有或几乎所有的性活动场合（对男性来说，不存在延迟射精的主观意愿）。早泄（Premature Ejaculation）是指在阴茎插入阴道约一分钟内、在男性想要射精之前就出现射精，并且该现象反复出现。患有早泄的男性无法控制射精行为。

与性交疼痛相关的障碍（女性）

生殖器-盆腔痛/插入障碍（Genito-Pelvic Pain/Penetration Disorder）适用于经历过性交疼

痛和/或难以进行阴道性交或被插入的女性。在某些案例中，女性在进行阴道性交或尝试被插入时会体验到生殖器或盆腔疼痛。这种疼痛不能用某种潜在的生理疾病来解释，因此被认为是由心理因素导致的。

性功能失调的主要治疗方法：精神分析、性治疗、药物治疗。

性欲倒错

性欲倒错（Paraphilias）的人有着异于常人或非典型的性吸引模式，涉及对非典型刺激的性唤起。这种非典型的性唤起模式在他人看来可能是异常、古怪的，或者"变态的"。性欲倒错的人会对非典型刺激产生强烈且反复的性唤起，这体现在他们的性幻想、性冲动和性行为（按冲动行事）上。非典型刺激的范围包括无生命的物体，如内衣、鞋、皮革或丝绸；对自己或伴侣的羞辱或令人痛苦的体验；儿童和其他未表示同意或不具备同意能力的人。

露阴癖

露阴癖（Exhibitionism）的特征是个体通过向毫无戒心的人暴露自己的生殖器来产生性唤起，表现为与此相关的反复且强烈的幻想、冲动或行为。

恋物癖

在恋物癖（Fetishism）中，"魔力"在于物体具有可以产生性唤起的能力。恋物癖的主要特征是对无生命物体（诸如胸罩、内裤、袜子、靴子、鞋、皮革制品、丝绸制品之类的衣物等）产生性唤起，表现为与此相关的反复且强烈的幻想、冲动或行为。

易装癖

易装癖（Transvestism）是指通过变装激起性唤起，表现为与此相关的反复且强烈的幻想、冲动或行为。

窥阴癖

窥阴癖（Voyeurism）是指通过窥视一个毫不知情者（通常是陌生人）的裸体、脱衣的过程或性活动，从而激起性唤起，表现为与此相关的反复且强烈的幻想、冲动或行为。

摩擦癖

摩擦癖（Frotteurism）的主要特征是在未征得他人同意的情况下通过碰触和摩擦他人而产生性唤起，表现为与此相关的反复且强烈的幻想、冲动或行为。

恋童癖

有恋童癖（Pedophilia）的人通过与儿童（通常年龄为13岁或更小）的性活动产生性唤

起，表现为与此相关的反复且强烈的幻想、冲动或行为。

性受虐癖

性受虐癖（Sexual Masochism）涉及通过被羞辱、殴打、捆绑或其他受苦的方式产生性唤起，表现为与此相关的反复且强烈的幻想、冲动或行为。

性施虐癖

性施虐癖（Sexual Sadism）性受虐癖的反面，它的特征是通过使另一个人遭受心理或躯体上的痛苦而产生性唤起，表现为与此相关的反复且强烈的幻想、冲动或行为。

其他类型的性欲倒错

其他类型的性欲倒错，包括电话淫语症（打淫秽电话）、恋尸癖（对尸体产生性幻想或性冲动）、部分性欲癖（只对某个身体部位有兴趣，如乳房）、恋兽癖（对动物产生性冲动或性幻想），以及对粪便（嗜粪癖）、灌肠（灌肠癖）和尿液（恋尿癖）产生性唤起。

性欲倒错的主要治疗方法：精神分析、认知行为疗法、选择性5-羟色胺再摄取抑制剂类抗抑郁药物、抗雄激素药物。

网络性成瘾

患有网络性成瘾（Cybersex Addiction）的人可能会逐渐难以对自己那有血有肉的伴侣产生性欲，因为他们认为伴侣的性魅力不及色情演员。对色情网站的强迫性使用会给他们与伴侣或工作的关系带来一系列问题，尤其是如果他们用上班时间看色情网站的话。

网络性成瘾的预警信号

◆花在性相关网站上的时间越来越多。

◆感觉难以自拔地想要通过网络色情来达到性释放。

◆不愿意与伴侣进行性行为，宁可选择网络色情。

◆在明知不合适的情况下（如在上班期间或有孩子在身旁时）依旧忍不住浏览色情网站。

◆对自己承诺不使用色情网站后一再食言。

◆在网络聊天室与人进行性挑逗和可能有风险的交流。

◆不让你的配偶或孩子看到你在上网。

◆如果有一段时间没有接触网络色情，你就会体验到抑制不住的强烈渴望。

◆将现实生活中的伴侣与色情网站上的演员进行不公平的比较。

精神分裂症谱系及其他精神病性障碍

精神分裂症

精神分裂症（Schizophrenia）是一种慢性、衰竭性的心理障碍，影响个体生活的方方面面。精神分裂症的典型特征是脱离现实，通常表现为幻觉（感觉扭曲，如"听到一些声音"或"看到一些东西"）和妄想（固定不变的、错误的信念），以及反常的行为模式。精神分裂症一般发病于青春期晚期或成年早期。这正是年轻人开始步入社会的时期。

精神分裂症的临床特征

特征分类	具体描述
思维和言语紊乱	妄想（固执的错误观念）及思维混乱（思维无条理，言语不连贯）
注意力缺陷	注意有关刺激和排除无关刺激存在困难
感知障碍	幻觉（感知到并不存在的外部刺激）
情绪紊乱	单调（迟钝）或不恰当的情绪
其他形式的功能受损	个人身份认同混乱，意志缺乏，行为激动或状态呆滞，出现古怪动作或怪异面部表情，与他人发生关联的能力受损，或者可能出现紧张症的行为或整体的运动和定向能力受损，个体的行为可能会变得迟缓直至木僵状态，但又会突然转换到高度激越的状态

精神分裂症的阳性症状和阴性症状

◆阳性症状（Positive Symptom）：与脱离现实相关的一些异常行为，以幻觉和妄想为主要特征。

◆阴性症状（Negative Symptom）：行为缺陷或缺乏一些典型的行为和情绪，影响患者的日常生活功能，其中包括情感缺乏或情感表达的缺乏（包含单调的表达）、动力缺乏或麻木、无法从通常令人愉悦的活动中获得愉悦感、社交退缩或隔离、言语表达受限（言语贫乏）。阴性症状能够损害患者满足日常生活需求的能力，并有可能在阳性症状缓解后持续数月或数年之久，甚至可能伴随患者一生。

精神分裂症的主要治疗方法：抗精神病药物、经过改良的心理动力学疗法、基于学习理论的治疗、心理社会康复训练、家庭干预项目。

短暂精神病性障碍

短暂精神病性障碍（Brief Psychotic Disorder）的诊断类别适用于发病的持续时间从一天到一个月的精神病性障碍，至少包括以下特征中的一项：妄想、幻觉、言语紊乱，或者明显紊乱的行为或紧张症的行为。患者的所有功能最终会完全恢复到先前的水平。短暂精神病性障碍与一些重大的应激事件相关，如失去亲人或在战争中遭受残酷的创伤。女性在产后有时也会出现这种障碍。

精神分裂症样障碍

精神分裂症样障碍（Schizophreniform Disorder）涉及与精神分裂症相同的异常行为，并且这些行为至少持续一个月，但少于六个月，因此尚不足以被诊断为精神分裂症。虽然有些患者愈后良好，但也有些患者在症状的持续时间超过六个月后，可能会被诊断为精神分裂症或其他类型的精神病性障碍，如分裂情感性障碍。

妄想障碍

我们中的大多数人都有怀疑他人动机的时候，我们可能会感觉他人对我们有意见，或者觉得有人在背后议论我们。然而，大多数人的偏执思维并不会表现为彻头彻尾的妄想。妄想障碍（Delusional Disorder）的诊断适用于持有持续、明显的妄想信念的人。这些信念通常涉及偏执的主题。妄想障碍是一种比较罕见的疾病，估计每1万人中有20人会罹患这种疾病。

妄想障碍的类型

类型	描述
钟情妄想	认为他人，通常是社会地位较高的人（如电影明星或政治人物）爱上了自己，也被称为被爱妄想症。
夸大妄想	对自己的价值、重要性、力量、知识、身份或信仰的夸大信念，相信自己与神或名人有特殊的关系。那些相信自己有特殊或神秘力量的邪教头目可能患有这种类型的妄想障碍。
嫉妒妄想	在没有充分理由的情况下，相信伴侣不忠。妄想者可能会把某些线索误解为不忠的迹象，如床单上的污点。

（接下页）

（接上页）

类型	描述
被害妄想	这是最常见的妄想障碍，涉及阴谋、跟踪、监视、欺骗、下毒或其他中伤或虐待。有这种妄想的人会不断地对那些他们认为虐待他们的人采取法律手段，甚至可能对他们实施暴力行为。
躯体妄想	涉及身体状况的妄想。此类妄想障碍患者相信自己的身体散发出难闻的气味，或者身体里的寄生虫在吞噬他们。
混合妄想	不止一种类型的妄想，没有单一的主题。

分裂情感性障碍

分裂情感性障碍（Schizoaffective Disorder）有时被称为症状的"大杂烩"，因为它既包括与精神分裂症相关的精神病性行为（如幻觉和妄想），还伴有严重的心境障碍（重性抑郁发作或躁狂发作）。在病程中的某一阶段，幻觉或妄想会在无严重的心境障碍的情况下持续至少两周（区别于伴有精神病性特征的心境障碍）。从异常行为的严重程度来看，分裂情感性障碍介于心境障碍和精神分裂症之间。这种障碍在一般人群中的终生患病率约为0.3%。

人格障碍

人格障碍（Personality Disorders）的核心特征是过度僵化、适应不良的行为模式及人际交往方式，这些模式和方式反映了潜在人格特质的极端变化，如过度猜疑、过度情绪化和冲动性。这些问题特质在青春期或成年早期就会显现出来，并且在成年后的大部分时间里持续存在并变得根深蒂固，以至于患者往往强烈抗拒改变。

人格障碍的主要类型

（接下页）

障碍类型		人群中的终生患病率（近似值）	描述
以古怪和反常的行为为特征的A类人格障碍	偏执型人格障碍	2.3%～4.4%	对他人的动机持普遍怀疑的态度，但尚未达到偏执妄想的程度
	分裂样人格障碍	3.1%～4.9%	社交冷漠、情感淡漠或情感迟钝
	分裂型人格障碍	4.6%（美国）	持续难以建立亲密的社会关系；伴有明显怪异或奇特的信念和行为，但缺乏明显的精神病性特征
以戏剧性、情绪化和不稳定的行为为特征的B类人格障碍	反社会型人格障碍	6%（男性）2%（女性）	持续的反社会行为，无情地对待他人，对自己的行为不负责任，对自己的不道德或犯罪行为毫无悔意
	边缘型人格障碍	1.4%	不稳定的心境及与他人的动荡关系；不稳定的自我意象及缺乏冲动控制能力
	表演型人格障碍	1.8%	过度戏剧性和情绪化的行为；要求成为他人关注的焦点；过分需要他人的保证、称赞和认可
	自恋型人格障碍	1%～6.2%	自大感；极度需要他人的倾慕
以焦虑行为和恐惧行为为特征的C类人格障碍	回避型人格障碍	0.5%～1%	因害怕被拒绝而习惯性地回避社会关系
	依赖型人格障碍	1%	过度依赖他人，难以独立做决定
	强迫型人格障碍	2.1%～7.9%	对秩序和完美主义的过度需求，对细节的过度关注，与他人交往时的僵化方式

以古怪和反常的行为为特征的人格障碍

偏执型人格障碍

偏执型人格障碍（Paranoid Personality Disorder）的典型特征是无处不在的怀疑——倾向于将他人的行为解释为恶意的威胁和贬低。偏执型人格障碍患者对他人极度不信任，其人际关系也因此而遭到破坏。虽然他们会怀疑同事或上级，但基本可以维持工作。

分裂样人格障碍

分裂样人格障碍（Schizoid Personality Disorder）患者通常被描述为孤僻、古怪、对社会关系缺乏兴趣的人。他们的情感通常显得淡薄或迟钝，但程度不及精神分裂症患者。他们很少感受到强烈的愤怒、快乐或悲伤。他们看上去疏离而冷漠，因为他们往往面无表情，很少对他人点头或微笑。他们似乎对批评和赞扬漠不关心，习惯沉迷于抽象的想法，而不是对人的思考。

分裂型人格障碍

分裂型人格障碍（Schizotypal Personality Disorder，SPD）患者在与他人建立亲密关系方面存在持续的困难，并表现出古怪或反常的行为、习惯和思维模式，但其行为、习惯和思维模式的紊乱程度（并未"完全与现实脱节"）并不足以被诊断为精神分裂症。然而，约有1/4到一半的分裂型人格障碍患者会在五年内罹患精神分裂症。

以戏剧性、情绪化和不稳定的行为为特征的人格障碍

反社会型人格障碍

反社会型人格障碍（Antisocial Personality Disorder）患者经常会表现出反社会行为，如侵犯他人的权利、无视社会规范和习俗，在某些情况下，他们甚至会有违法犯罪行为。他们对自己的罪行毫无悔意，对被侵害者的权利及被他们利用的对象缺乏关心或表现出冷漠的态度。

反社会型人格障碍的主要临床特征

临床特征	示例
不遵守社会规则、社会规范或法律准则	实施可能会被判刑的犯罪行为，如破坏财产、从事非法职业、偷窃、骚扰他人等
攻击行为或敌对行为	不断地与他人发生肢体冲突、打架或殴打他人，甚至殴打自己的孩子或配偶
缺乏负责任的行为	由于长期缺勤或迟到而无法维持正常的工作；未能履行财务义务，如不履行抚养子女的责任或拖欠债务；未能建立或维持稳定的一夫一妻制关系
冲动行为	冲动行事，不提前计划、不考虑后果；在没有明确的就业机会或目标的情况下四处闲逛
缺乏真诚	反复说谎，欺骗他人或通过欺诈行为谋取个人利益或满足私欲
鲁莽的行为	不考虑他人的安全进而导致不必要的风险，如超速行驶或醉酒驾驶等
对恶行缺乏悔意	对自己给他人造成的伤害毫无悔意、漠不关心，把伤害他人的行为合理化

边缘型人格障碍

边缘型人格障碍（Borderline Personality Disorder，BPD）的主要特征是深刻的空虚感、不稳定的自我意象、动荡而不稳定的人际关系、戏剧性的心境变化、冲动、难以调节消极情绪、自伤行为和反复的自杀行为。边缘型人格障碍患者缺乏稳定的个人身份认同，他们的价值观、目标、职业甚至性取向都可能是不稳定的。他们无法忍受孤独，所以会不顾一切地回避被遗弃的感觉。这种对被遗弃的恐惧使他们在人际关系中变得黏人且要求苛刻，但过度黏人的行为反而会把他们想要依恋的对象推开。

表演型人格障碍

表演型人格障碍（Histrionic Personality Disorder）的特征是过度情绪化和异常强烈地需要成为人们关注的焦点。表演型人格障碍患者往往过于戏剧性和情绪化，但他们的情绪是肤浅、夸张且不稳定的。在临床实践中，被诊断为表演型人格障碍的女性多于男性。

自恋型人格障碍

自恋型人格障碍（Narcissistic Personality Disorder）患者的自我感觉是膨胀而浮夸的，他们极度渴求受到他人的仰慕。他们会吹嘘自己的成就，期待他人对自己的赞美。即使成就平平，他们也期望他人注意到他们的独特之处并享受沐浴在这些奉承中的感觉。他们自私、缺乏同理心。他们对自我的感觉比表演型人格障碍患者更膨胀，并且不像表演型人格障碍患者那样富有戏剧性。与边缘型人格障碍患者相比，自恋型人格障碍患者能更有条理地组织自己的想法并付诸行动。他们在事业上更成功，也更有能力获得地位和权力。他们的人际关系也比边缘型人格障碍患者的人际关系更稳定。被诊断为自恋型人格障碍的人大多为男性。

以焦虑行为和恐惧行为为特征的人格障碍

回避型人格障碍

回避型人格障碍（Avoidant Personality Disorder，APD）患者对被拒绝和被批评感到恐惧，当他们无法确定自己在关系中会被热情地接纳时，他们便不愿意进入其中。因此，除直系亲属外，他们可能很少有其他亲密的关系。由于害怕被拒绝，他们也倾向于回避需要合作的职业及参加娱乐活动。他们喜欢独自吃午饭，避开公司的野餐和聚会，除非他们确定会被他人完全接纳。

依赖型人格障碍

依赖型人格障碍（Dependent Personality Disorder）患者是指那些过度需要被他人照顾的

人。这使他们在关系中过于顺从和依赖他人，极度害怕分离。依赖型人格障碍患者很难独立行事，即使是非常小的决定，他们也要征求他人的意见。

强迫型人格障碍

强迫型人格障碍（Obsessive-Compulsive Personality Disorder）的典型特征包括过度的秩序感、完美主义、行为僵化，以及对控制周边环境的欲望。强迫型人格障碍患者太过专注于对完美的追求，以至于无法按时完成工作。他们专注于他人眼中微不足道的细节，坚持以自己的方式行事，绝不妥协。他们往往对金钱很吝啬，很难做决定，并且会因为害怕做出错误的选择而推迟或避免做决定。在人际关系中，他们往往过于拘谨、正式，难以表达自己的情感。

人格障碍的主要治疗方法：心理动力学疗法、认知行为疗法、生物学疗法。

冲动控制障碍

在DSM中，有一类被称为冲动控制障碍（Impulse-Control Disorders）的精神障碍，其特征是难以控制或抑制冲动行为。冲动控制障碍患者在抵制有害的冲动和诱惑上存在持续的困难。在实施冲动行为前，他们会体验到不断上升的紧张感和兴奋感，在行为完成后，他们则会体验到解脱感或释放感。他们通常也有其他心理障碍，尤其是心境障碍。

偷窃狂

偷窃狂（Kleptomania）的特征是重复的强迫性偷窃行为。被偷的物品通常对偷窃狂患者来说毫无价值或用处。患者可能会把偷窃的物品送给他人，或者偷偷地还给物主，又或者丢在家里。在大多数情况下，偷窃狂患者完全可以负担得起他们所偷的物品。即使在有钱人中也存在强迫性偷窃者。这些偷窃行为显然不是出于愤怒或报复，而是一时冲动，这些行为毫无计划性，患者有时会被逮捕。

偷窃狂的主要治疗方法：内隐致敏法。

间歇性暴怒障碍

间歇性暴怒障碍（Intermittent Explosive Disorder，IED）的特征是反复发作的、冲动的、无法控制的攻击行为，间歇性暴怒障碍患者会出现暴怒发作的情况，他们会突然失去控制，袭击或试图袭击他人或砸碎物品。即使是最轻微的挑衅或侮辱也会导致与当下的情况完全不相称的突然爆发的攻击行为。间歇性暴怒障碍患者在愤怒爆发之前通常会经历一种紧张的状态，在爆发之后会有一种解脱感。

间歇性暴怒障碍的主要治疗方法：抗抑郁药物治疗、愤怒管理训练。

纵火狂

纵火狂（Pyromania）的特征因无法抗拒的冲动而反复实施强迫性纵火行为。纵火狂被视为一种罕见的疾病，在纵火时，纵火狂患者会有一种心理上的释放感和解脱感，患者还可能会因促使消防员冲向大火现场甚至引来重型消防设备而产生一种力量感。通过观看和参与灭火工作，纵火狂患者也可以体验到一种兴奋感。纵火狂的成因仍不明确，但患者似乎从很小的时候起就对火有一种病态的迷恋。

纵火狂的主要治疗方法：认知行为疗法。

儿童和青少年心理障碍

儿童和青少年心理障碍的主要类型

障碍类型	描述	主要类型/预估患病率（若已知）	相关特征
孤独症（自闭症）谱系障碍	一系列严重程度各异的孤独症相关障碍	1.7%	功能受损，在人际交往方面存在显著困难，言语、认知功能受损，活动和兴趣范围狭窄
学习障碍	在至少具备中等智力水平且拥有学习机会的前提下，存在特定学习能力方面的缺陷	可能涉及数学、写作、阅读或执行功能方面的缺陷；在阅读、写作和数学方面存在学习障碍的学龄儿童占比为5%~15%	·数学方面的缺陷表现为不能理解基本的数学运算 ·书写方面的缺陷表现为基本书写技能的严重不足 ·阅读方面的缺陷表现为在识字和理解书面文本上存在困难 ·执行功能方面的缺陷表现为计划和组织能力的不足

（接下页）

（接上页）

障碍类型	描述	主要类型/预估患病率（若已知）	相关特征
交流障碍	理解或使用语言方面的障碍	•语言障碍 •语音障碍 •童年发生的言语流畅障碍（口吃，患病率为1%） •社交（语用）交流障碍	•语言障碍：不能理解或使用口语 •语音障碍：不能清晰地发音 •童年发生的言语流畅障碍：不能流利地讲话 •社交（语用）交流障碍：在对话或社交情境中与他人沟通存在问题
注意缺陷/多动障碍和破坏性行为障碍	对他人和社会适应功能具有破坏性的障碍	•注意缺陷/多动障碍（约10%） •品行障碍（男孩患病率为12%，女孩的患病率为7%） •对立违抗障碍（1%～11%）	•注意缺陷/多动障碍：存在冲动、不能集中注意力、多动等问题 •品行障碍：存在违反社会规范、侵犯他人权益的反社会行为 •对立违抗障碍：不服从、消极、对立的行为模式
焦虑障碍和心境障碍	影响儿童和青少年的情绪障碍	•分离焦虑障碍（4%～5%） •特定恐怖症 •社交焦虑障碍 •广泛性焦虑障碍 •重性抑郁障碍（儿童的患病率为5%，青少年的患病率上升到20%） •双相障碍	•焦虑和抑郁在儿童和成年人身上所呈现的特征是相似的，但也存在一些差异 •儿童更多地受学校恐怖症和分离焦虑的影响 •抑郁的儿童可能并不知道自己处于抑郁状态，他们更有可能出现行为问题，如品行障碍和躯体不适，而这些问题可能掩盖了抑郁症状
排泄障碍	无法用器质性原因解释的、持续存在的控制排尿和排便方面的问题	•遗尿症（不能控制排尿，5岁儿童中的患病率为5%～10%） •遗粪症（不能控制排便，5岁儿童中的患病率为1%）	•不能控制排尿：仅在夜间尿床是最常见的类型 •不能控制排便：主要发生在白天

孤独症（自闭症）谱系障碍

孤独症（自闭症）谱系障碍（Autism Spectrum Disorder，ASD）是童年期最严重的行为障碍之一。它是一种慢性、终身的疾病。患有这种障碍的儿童似乎完全孤立于这个世界上，尽管父母努力弥合他们与外界之间的鸿沟。

孤独症（自闭症）谱系障碍的主要特征之一是重复的、无目的的、刻板的动作，如不停地旋转或拍打双手，或者手抱着膝盖前后摇晃。一些患有孤独症（自闭症）谱系障碍的儿童会做出自残行为，即使他们会痛得大声哭喊。他们也可能会突然发脾气或感到恐慌。孤独症（自闭症）谱系障碍的另一个核心特征是对环境变化感到厌恶。

孤独症（自闭症）谱系障碍的主要治疗方法：基于学习原则的强化训练和早期行为治疗项目。

智力障碍

智力障碍（Intellectual Disability，ID）的主要特征是智力发展存在普遍缺陷。智力障碍这一诊断适用于那些在智力活动和适应行为方面具有显著且广泛的缺陷或不足（如缺乏基本的日常生活中的概念技能、社交技能和实用技能）的个体。患有智力障碍的儿童在推理、问题解决、抽象思维、判断力和学业表现方面都存在问题。智力障碍在18岁之前出现，伴随儿童发育的整个过程，并持续终生。

智力障碍的严重程度

◆**轻度（约占病例总数的85%）**：具备一定的实用技能，阅读和算术能力可以达到3～6年级水平；能够胜任一定的工作、自给自足，并在社区中独立生活，只需要很少的支持。

◆**中度（约占病例总数的10%）**：言语和运动发展明显迟缓，但能够学习基本的沟通技能；能够对安全习惯和简单的手工技能方面的训练做出反应，但在阅读和算术方面可能无法达到正常的功能水平；可能缺乏社会判断力和独立做出生活决定的能力，而且持续需要指导和支持；可能能够在不需要概念化或社交技能的环境中独立工作，或者在庇护工场中工作；可能能够独立生活和照顾自己，但可能需要适度的支持，如居住在集体之家。

◆**重度（约占病例总数的5%）**：运动和言语发展明显迟缓，但能够学习基本的沟通技能，并对基本的自我照顾技能训练做出反应，如自己吃饭；需要在保护性环境中得到持续的支持和安全监护，但可能能够执行一些日常的重复性任务；需要支持性的居住环境。

◆**极重度（约占病例总数的1%）**：严重智力残疾；在所有发展领域的能力都严重不足；缺乏独立生活的能力，通常需要全天候的照顾和支持，需要密切的监视；可能具有基本的言语和沟通技能，能够参加体育和社交活动，但缺乏照顾自己的能力；可能伴有其他身体缺陷或先天性异常。

智力障碍的主要干预措施：职业技能训练、机构护理、行为疗法。

学习障碍

学习障碍（Learning Disorder）通常是一种影响发育的慢性疾病，而且其影响会一直持续到成年期。患有学习障碍的儿童在学校表现不佳，这与他们的智力水平和年龄不相称。老师和父母常常把他们视为失败者。学习障碍患儿往往还存在其他心理问题，如低自尊。与同龄人相比，他们罹患注意缺陷/多动障碍的风险更高。

学习障碍的几方面问题

◆ 阅读问题

◆ 书面表达问题

◆ 算数和数学推理能力问题

◆ 执行功能问题

学习障碍的主要治疗方法：调整感官能力的治疗方案、阅读矫正训练。

交流障碍

交流障碍（Communication Disorders）是指在理解、使用语言或清晰且流利地使用语言进行表达方面存在持续的困难。由于语言和言语在日常生活中的首要地位，这类障碍会极大地干扰人们在学校、工作场所或社交场合取得成功的能力。

语言障碍

语言障碍（Language Disorder）是指口语表达和理解能力受损，具体表现为词汇积累缓慢、不会正确使用时态、记忆单词困难及缺乏与个人年龄相符的组织长句子或复杂句子的能力。受此障碍影响的儿童也可能有语音（发音）障碍，这使他们的言语问题更加严重。

语音障碍

在语音障碍（Speech Sound Disorder）中，儿童并非由于发音器官具有生理缺陷或神经损伤而存在持续的发音困难。患有语音障碍的儿童可能会忽略、替代发音，或者错误发音。他们所说的话听起来就像婴儿在牙牙学语。

童年发生的言语流畅障碍

持续性口吃的特征是说话的流畅性受损，这种交流障碍被归类为童年发生的言语流畅障碍（Childhood-Onset Fluency Disorder）。口吃患者很难在恰当的发音时间流利地说话。口吃通常发生于2～7岁。

口吃的特征

◆语音和音节的重复。

◆某个特定语音的延长。

◆感叹词的不恰当使用。

◆字词的断裂，如在一个单词的发音中间出现停顿。

◆讲话停顿。

◆迂回表述（为避免口吃，用其他单词替换容易造成口吃的单词）。

◆说话时表现出身体的过度紧张。

◆对单音节字的重复（例如，"我、我、我、很高兴见到你"）。

社交（语用）交流障碍

社交（语用）交流障碍［Social（Pragmatic）Communication Disorder］的诊断适用于那些在学校、家庭或游戏等自然场景中与他人进行言语和非言语交流时存在持续且严重困难的儿童。这些儿童难以进行正常的对话，当身处一群孩子中时，他们可能会陷入沉默。他们很难学会使用口头或书面语言进行表达。然而，他们并未表现出普遍的语言或心智能力下降，以解释他们与他人沟通的困难。沟通能力不足使他们很难完全参与社交互动，并对他们学校或工作中的表现产生不利影响。

交流障碍的主要治疗方法：专门的言语和语言治疗或语言流畅性训练、心理咨询。

注意缺陷/多动障碍

在注意缺陷/多动障碍（Attention-Deficit/Hyperactivity Disorder，ADHD）中，儿童会表现出与他们的发育水平不相符的冲动、注意力不集中和多动。注意缺陷/多动障碍在男孩中的发病率大约是在女孩中的两倍。这种障碍最早通常在小学期间首次被诊断出来，平均诊断年龄为7岁，在这个时期，注意力方面的问题或多动、冲动行为使孩子很难适应学校生活。然而，注意缺陷/多动障碍的注意力不集中、多动、冲动等特征可能在12岁之前的任何时候出现。

注意缺陷 / 多动障碍的主要特征

（接下页）

问题行为	具体的行为模式
注意力不集中	• 在学业方面不注意细节或粗心大意 • 在学习或玩耍时难以保持注意力集中 • 不注意听他人讲话，不能听从指令或完成工作 • 在组织工作和其他活动方面存在困难 • 回避需要持续注意的工作或活动 • 丢失学习用品（如铅笔、书、作业本、玩具） • 容易分心 • 在日常活动中健忘
多动行为	• 坐立不安或在座椅上扭动身体 • 在要求坐着的情况下离开座位（如上课时） • 不停地跑动或爬上爬下 • 很难安静地玩耍
冲动行为	• 经常在课堂上大喊 • 不能排队等候

注意缺陷/多动障碍的主要治疗方法：兴奋剂类药物、托莫西汀、认知行为疗法。

破坏性行为障碍

品行障碍

品行障碍（Conduct Disorder，CD）涉及破坏性行为，患有品行障碍的儿童会有意识地从事违反社会规范和侵犯他人权利的反社会行为，他们经常挑衅、欺负或威胁其他孩子，或者主动挑起肢体冲突。就像反社会的成年人一样，许多患有品行障碍的儿童冷酷无情，他们显然不会为自己的罪行感到内疚或懊悔。

对立违抗障碍

对立违抗障碍（Oppositional Defiant Disorder，ODD）是一种非违法（消极抵抗或对立）形式的行为障碍，通常比品行障碍更早出现，并且可能会在日后导致品行障碍的发展。大约有30%的对立违抗障碍会继续发展为品行障碍。

破坏性行为障碍的主要治疗方法：行为技术、愤怒控制训练、认知行为疗法。

焦虑障碍

焦虑障碍是影响儿童和青少年的最常见的心理障碍，多达1/3的青少年在成年之前会受到焦虑障碍的影响。与成年人类似，儿童可能也会罹患与焦虑相关的心理障碍，包括恐怖症、广泛性焦虑障碍、强迫症和创伤后应激障碍。此外，他们也可能罹患另一种较为特殊的焦虑障碍（通常出现在童年早期）：分离焦虑障碍。

分离焦虑障碍

当儿童对与照顾者或依恋对象分离的恐惧或焦虑是持续、过度的，或者与儿童的发育水平不相符时，就被诊断为分离焦虑障碍（Separation Anxiety Disorder）。患有分离焦虑障碍的儿童往往会缠着父母，跟着他们，围绕在他们周围。他们可能会表达对死亡本身和死亡过程的担忧，并坚持在入睡时有人陪着。其他症状包括做噩梦、胃痛、恶心和呕吐、恳求父母不要离开，或者在父母即将离开时发脾气。他们可能会拒绝上学，因为他们害怕自己不在家时会有一些可怕的事情发生 在他们的父母身上。

儿童和青少年焦虑障碍的主要治疗方法：认知行为疗法、苯二氮类抗焦虑药物、选择性5-羟色胺再摄取抑制剂。

抑郁障碍

儿童和青少年也会罹患心境障碍，包括重性抑郁障碍和双相障碍。重性抑郁障碍是儿童和青少年中最常见的一种心境障碍，影响着大约5%的5～12.9岁儿童，以及大约20%的13～17.9岁青少年。重性抑郁障碍有时甚至会出现在学龄前儿童中，尽管这种情况很少见。女孩比男孩更有可能在童年期或青春期罹患重性抑郁障碍。抑郁障碍及自杀的想法和行为在美国青少年中呈上升趋势，尤其是在女孩中。网络霸凌现象的增加和社交媒体的使用可能是罪魁祸首。

儿童抑郁障碍还伴有一些独特的特征，如拒绝上学、害怕父母死去及过于依赖父母。他们的抑郁也可能被一些不相关的行为掩盖。品行问题、学习问题、躯体不适及多动都可能源于未被发现的抑郁。在青少年中，攻击行为和性行为失控也可能是抑郁障碍的迹象。

儿童和青少年抑郁障碍的主要治疗方法：认知行为疗法、选择性5-羟色胺再摄取抑制剂类抗抑郁药物。

排泄障碍

遗尿症

遗尿症（Enuresis）是指个体在达到了能够控制排尿的"正常"年龄后，仍然无法控制排尿的情况。不过，临床医生对达到自主控 制排尿的正常年龄的界定各不相同。夜间遗尿是最常见的类型，睡眠期间发生的遗尿被称为"尿床"。

遗尿症的诊断标准

◆反复尿床或尿湿衣物（无论有意还是无意）。

◆尿床或尿湿衣服的频率为至少每周两次，持续三个月以上，或者导致显著的痛苦或功能受损。

◆没有医学或器质性方面的问题，也不是由使用药物造成的。

遗尿症的主要治疗方法：行为疗法、精神类药物治疗。

遗粪症

遗粪症（Encopresis）是指由非器质性问题引起的对肠道运动失去控制的情况。被诊断为遗粪症的儿童必须不小于4岁，或者对智力受损的儿童来说，其心理年龄至少要达到4岁。遗粪症可能是自主或非自主的，并且不是由器质性问题引起的。最可能的诱发因素包括不一致、不完整的如厕训练和心理社会压力，如弟弟妹妹的出生或开始上学。

遗粪症的主要治疗方法：行为治疗技术。

神经认知障碍

我们执行认知功能的能力——思考、推理、存储和回忆信息的能力——依赖于大脑的正常运作。当大脑因受伤、疾病、接触有毒物质、使用或滥用精神活性物质而受到损伤或其功能受到损害时，神经认知障碍（Neurocognitive Disorders）就会出现。

神经认知障碍的主要类型

（接下页）

障碍类型	亚型或详细说明	人群中的终生患病率（近似值）	描述	相关特征
谵妄	• 由一般性躯体疾病引发的谵妄 • 物质中毒性谵妄 • 物质戒断性谵妄 • 药物所致的谵妄	总体患病率为1%～2%，但老年人的患病率更高	极度精神错乱的状态，干扰注意力和说话的连贯性	• 难以过滤无关刺激或转移注意力，言语激动但缺乏意义 • 对时间和地点的定向障碍，出现可怕的幻觉或其他感知扭曲 • 运动行为可能会减缓至木僵状态，或者在躁动不安和木僵状态之间快速转换 • 精神状态可能在神志清醒期和意识混乱期之间波动
重度神经认知障碍	（如下说明）	在65岁人群中的患病率为1%～2%，80岁人群中的患病率上升到30%	心理功能的严重衰退	• 大多数形式（如由阿尔茨海默病引发的痴呆）都是不可逆和进行性的 • 认知能力显著下降
轻度神经认知障碍	（如下说明）	65岁人群中的患病率为2%～10%，85岁人群中的患病率上升到5%～25%	随着时间的推移，出现轻度或温和的认知功能退化，也被称为轻度认知障碍	• 关于认知能力下降的主诉必须有正式的认知功能测试作为依据 • 此类患者能独立生活，但会发现完成以往能轻松应对的智力任务变得更加困难了 • 部分（但并非大多数）病例最终会发展为阿尔茨海默病

（接下页）

障碍类型	亚型或详细说明	人群中的终生患病率（近似值）	描述	相关特征
重度和轻度神经认知障碍的亚型	•阿尔茨海默病所致的神经认知障碍 •创伤性脑损伤所致的神经认知障碍 •帕金森氏病所致的神经认知障碍 •人类免疫缺陷病毒感染所致的神经认知障碍 •亨廷顿氏病所致的神经认知障碍 •朊病毒病所致的神经认知障碍 •血管性神经认知障碍 •额颞叶神经认知障碍 •物质/药物所致的神经认知障碍 •神经认知障碍伴路易体	因基础疾病的不同而有所差异	由影响大脑功能的一系列基础的躯体疾病或障碍导致的认知障碍	•认知受损的程度从轻度到重度不等 •治疗取决于脑功能失调的潜在病因

谵妄

谵妄（Delirium）是一种极度精神混乱的状态，患者很难集中注意力，不能清晰、连贯地说话，也无法在环境中确定自己的位置。

谵妄的特征

领域	严重程度		
	轻度	中度	重度
情绪	忧虑	恐惧	恐慌
认知和感知	混乱，思维奔逸	定向障碍，妄想	无意义的喃喃自语，生动的幻觉
行为	震颤	肌肉痉挛	癫痫发作
自主神经活动	异常快速的心率（心动过速）	出汗	发热

谵妄的主要治疗方法：精神类药物治疗。

重度神经认知障碍

重度神经认知障碍［Major Neurocognitive Disorder，通常被称为痴呆（Dementia）］的特征是心理功能的显著衰退或恶化，具体表现为记忆力、思维过程、注意力、判断力受到严重损害，并出现特定的认知缺陷。

与痴呆相关的认知缺陷

认知缺陷类型	描述	相关特征
失语症	理解和/或产生言语的能力受损	失语症有几种类型：感觉性或接受性失语症患者很难理解书面或口头语言，但仍有通过言语表达自己的能力；运动性失语症患者通过言语表达思想的能力受损，但能够听懂他人讲话，他们可能无法说出熟悉物体的名称或使用正常的语序。
失用症	尽管在运动功能方面没有任何缺陷，但执行有目的的动作的能力受损	尽管患者可以描述一些活动如何进行，他们的手臂和手也没有任何问题，但他们仍无法自己系鞋带或扣扣子。患者可能在模仿他人使用某个物品时遇到困难（如模仿他人使用梳子梳头）。
失认症	尽管感觉系统完好，但无法识别物体	失认症可能仅限于特定的感觉通道。视觉失认症患者有完好的视觉系统，却无法从图片中识别出叉子。当允许患者触摸和使用叉子时，他们可能能够识别出来。听觉失认症患者识别声音的能力受损。触觉失认症患者无法通过握持或触摸来识别物体（如硬币或钥匙）。
执行功能紊乱	在计划、组织、安排活动或进行抽象思维方面存在缺陷	负责处理预算和日程安排的办公室经理会因该疾病而失去管理办公室工作流程的能力，并难以适应新的要求。英语教师会因此而丧失从诗歌或故事中提取意义的能力。

重度神经认知障碍的主要治疗方法：住院治疗。

轻度神经认知障碍

轻度神经认知障碍（Mild Neurocognitive Disorder）适用于描述患者的认知功能水平出现轻微下降，但下降幅度不足以被诊断为重度神经认知障碍的情况。轻度神经认知障碍之前被称为轻度认知障碍。患有轻度神经认知障碍的人能够独立生活，完成家庭和工作中的日常任务，但需要付出更多努力来完成那些曾经可以轻松完成的任务。他们可以以某种方式维持其独立性，如将工作职责转交给他人或使用电子设备来弥补日渐衰退的记忆力。

轻度神经认知障碍的主要治疗方法：药物治疗、认知再训练。

阿尔茨海默病所致的神经认知障碍

阿尔茨海默病（Alzheimer's Disease，AD）是一种退行性脑部疾病，会导致进行性、不可逆的痴呆。这种疾病会使记忆力及其他认知功能（判断、推理能力）严重退化。随着年龄的增长，人们罹患阿尔茨海默病的风险会急剧增加。

阿尔茨海默病的早期阶段以有限的记忆问题和细微的人格变化为特征。个体起初难以管理自己的财务，记不住近期发生的事情或类似电话号码、地区代码、邮政编码和孙子的名字等基本信息，并在数学运算方面出现问题。

中度阿尔茨海默病患者无法选择合适的衣服，也无法回忆起家庭住址或家人的名字；开车时，他们会犯一些错误，如没能及时刹车或在本该刹车的时候踩了油门。他们无法独自如厕和洗澡，经常认不出镜子中的自己；他们可能再也无法说出完整的句子，即便开口说话也仅限于几个词。

重度阿尔茨海默病患者可能会开始自言自语，出现视幻觉或偏执妄想。他们可能会认为有人想伤害他们、盗取他们的财物，或者觉得配偶对自己不忠，甚至认为配偶是另外一个人。

在最严重的阶段，阿尔茨海默病患者的认知功能会退化到令人绝望的程度。他们失去说话或运动的能力，大小便失禁，无法交流，无法行走，甚至无法坐起来，在如厕和进食方面都需要他人协助。最终，他们可能会癫痫发作、昏迷，直至死亡。

阿尔茨海默病的主要治疗方法：多奈哌齐、盐酸美金刚、抗炎药、促进认知的活动。

其他神经认知障碍

血管性神经认知障碍

血管性神经认知障碍（Vascular Neurocognitive Disorder）是由中风等脑血管事件导致的重度或轻度神经认知障碍。血管性痴呆是继阿尔茨海默病之后第二大常见的痴呆类型，最常影响老年人，但有时比阿尔茨海默病导致的痴呆更早发病。这种疾病影响的男性比女性多，比例约为5：1。

额颞叶神经认知障碍

此类神经认知障碍的特征是大脑皮层额叶和颞叶的脑组织退化（变薄或萎缩）。其症状包括记忆丧失和社交不得体，如丧失谦虚或公然表现出性行为。这种类型的痴呆最初被称为皮克病（Pick's Disease），得名于一位发现痴呆患者大脑中的异常结构（现在被称为"皮克小体"）的医生。

创伤性脑损伤所致的神经认知障碍

由震动、撞击或切割脑组织引起的头部创伤（通常源于意外事件或受到攻击）对大脑造成的损伤，有时会带来很严重的后果。由创伤性脑损伤导致的进行性痴呆更有可能源自多次头部创伤（就像拳击手在职业生涯中受到多次头部撞击一样），而非单次撞击或头部创伤。

遗忘症（Amnesia）常常出现在创伤事件后，如头部受到撞击、电击或经历大型外科手术。头部受伤会使人们丧失事故发生之前的记忆。

遗忘症的两种类型

◆逆行性遗忘症（Retrograde Amnesia）：丧失有关过去事件和个人信息的记忆。

◆顺行性遗忘症（Anterograde Amnesia）：无法或难以形成、储存新的记忆。

物质/药物所致的神经认知障碍

使用或戒断精神活性物质/药物会对大脑功能造成多方面的损害，导致轻度或重度神经认知障碍。最常见的例子是科萨科夫综合征（Korsakoff's Syndrome），它是指因缺乏维生素B1（硫胺素）而使大脑受损，从而导致不可逆的记忆丧失。这种障碍与酒精中毒有关，某些被剥夺自由的人也会因缺乏硫胺素而罹患这种疾病。

神经认知障碍伴路易体

由路易体痴呆引发的神经认知障碍是仅次于阿尔茨海默病的又一常见的进行性痴呆。路易体（Lewy Body）是形成于大脑部分细胞的胞核内的异常蛋白质沉积物，它会干扰控制记忆和运动功能的大脑过程。除了严重的认知衰退外，这种疾病的显著特征还包括警觉性和注意力的波动（表现为经常发呆或感到困乏）、反复出现视幻觉，以及帕金森氏病典型的肢体运动僵硬和肌肉僵直。

帕金森氏病所致的神经认知障碍

帕金森氏病（Parkinson's Disease）是一种发展缓慢、病因不明的神经系统疾病，其特征是无法控制的抖动或震颤、肌肉僵直、姿势失衡（身体前倾），以及无法控制身体运动。有些患者完全无法行走，有些患者则能费力地挪动，并且身体呈蹲伏状。有些患者难以完成自主的肢体动作，对手指活动等精细动作的控制能力较差，并且反应迟钝。他们看起来毫无表情，就好像戴着面具一样。

亨廷顿氏病所致的神经认知障碍

亨廷顿氏病（Huntington's Disease）也被称为亨廷顿氏舞蹈病。在亨廷顿氏病中，调节身体的运动和姿势的基底神经节（大脑的一部分）会逐渐退化。这种疾病最显著的症状是面部（扮鬼脸）、颈部、四肢和躯干不受控制且突然、快速地抽动。心境不稳定，并且交替出现冷漠、焦虑和抑郁状态，在这种疾病的早期阶段很常见。随着病情的发展，偏执症状可能会出现，患者可能会陷入严重的抑郁状态，甚至有自杀倾向。

人类免疫缺陷病毒感染所致的神经认知障碍

引发获得性免疫缺陷综合征（即艾滋病）的人类免疫缺陷病毒可以侵入中枢神经系统，导致轻度或重度神经认知障碍。感染人类免疫缺陷病毒对认知的影响包括健忘、注意力难以集中及解决问题的能力下降。与艾滋病相关的痴呆的常见行为特征是冷漠和社交退缩。随着艾滋病病情的发展，痴呆症状也会变得更加严重，表现为不同形式的妄想、定向障碍、记忆和思维的重度受损，甚至可能出现谵妄。

朊病毒病所致的神经认知障碍

朊病毒是人体细胞中常见的蛋白质分子。在朊病毒病的病例中，朊病毒形成了异常簇群且极具感染性，并将其他朊病毒分子转化为异常的、具有感染性的形态。异常朊病毒簇群在大脑中扩散时会导致脑损伤。最著名的朊病毒病是克雅氏病（Creutzfeldt-Jakob Disease），这是一种罕见且致命的脑部疾病，其特征是大脑中会形成小腔，看起来就像海绵上的小孔一样。这种疾病造成的脑损伤通常会导致痴呆。这种疾病的症状通常在50多岁时出现。

文化相关综合征

文化相关综合征示例

（接下页）

文化相关综合征	描述
杀人狂症	这种障碍主要出现在东南亚、太平洋岛屿、传统波多黎各和纳瓦霍文化中的男性身上。它描述的是一种解离状态（意识或自我身份的突然改变），在这种情况下，一个正常人会突然暴怒、攻击他人，有时还会杀人。在发作期间，个体可能会感觉一切都是自动发生的，自己就像机器人一样。这种暴力行为可能会针对人或物，而且常常伴随被迫害的感觉。发作后，个体会恢复到正常的功能状态。在西方，人们用"失控"来形容这种丧失自我并充满暴力的疯狂发作。"失控"（Amuck）一词来自马来西亚语"Amoq"，意为"激烈地卷入战斗中"。
神经病发作	这是描述拉丁美洲和地中海地区拉丁裔人群情绪困扰状态的一种方式，它最常见的特征包括不受控制地大喊大叫、哭喊、颤抖、感觉一股暖流或热气从胸部上升到头部，以及言语或身体方面的攻击行为。这些发作通常由影响家庭的压力事件（如听到家庭成员去世的消息）引起，并且伴随不受控制的情绪。发作后，个体很快会恢复到正常的功能水平，并且可能会忘记发作期间发生的事情。
精液流失恐怖症	一种见于印度男性的障碍，表现为对在夜间遗精、射精或排尿时失去精液（实际上，精液一般并不会混在尿液里）的强烈恐惧和焦虑。在印度文化中，人们普遍相信失去精液会让一个男人元气大伤。
昏厥	这种障碍主要发生在美国南部和加勒比海地区的人群中，症状包括突然崩溃或昏厥。这种障碍在发作时可能毫无征兆，在发作前，个体也可能会有头晕目眩或头脑中有东西"晃动"的感觉。虽然个体的眼睛是睁着的，但他们看不见东西。个体可以听见其他人在说什么，也能理解正在发生什么，但就是感觉无力动弹。
幻影病	一种出现在美洲印第安人群中的障碍，表现为感觉被死亡和先人的"鬼魂"包围。这种障碍的症状有做噩梦、感觉虚弱、没有胃口、恐惧、焦虑及有一种不祥的预感。其他症状也可能会出现，包括幻觉、失去意识和精神错乱。
恐缩症	这种综合征主要出现在东南亚国家，它是指一种极度焦虑的状态，害怕外生殖器（男性的阴茎、女性的外阴和乳头）不断缩小，甚至缩回体内并导致死亡。
鬼魂附体	这个术语在北非和中东的很多国家中使用，用于描述鬼魂附体的体验。在这些国家的文化中，被鬼魂附体常被用来解释解离状态（意识或自我身份的突然改变），其特征可能是大喊大叫、用头撞墙、大笑、唱歌或大哭。受到影响的人可能会对他人冷漠、退缩、拒绝进食或拒绝承担他们的日常责任。

心理障碍与生理上的疾病一样，是与人类息息相关的问题。当我们发现自己正被某种心理问题困扰时，也许我们应该重新审视自己当下的生活，并试图努力调整或改变它。心理障碍与其说是疾病，不如说是身体向我们发出的求救信号。学会读懂它，我们就能拥有更健康的生活和更幸福的人生。

加入"普华读书"交流群，我们一起解决问题

1. 赠书活动

2. 免费线上读书会

3. 与作者面对面交流

4. 新书抢先读

入群口令：一起读书

5. 更多粉丝福利